建筑工程质量验收指南

主编 王立信

中国建筑工业出版社

图书在版编目(CIP)数据

建筑工程质量验收指南/王立信主编．—北京：中国建筑工业出版社,2003
ISBN 7-112-05812-0

Ⅰ.建… Ⅱ.王… Ⅲ.建筑工程—工程验收—建筑规范—中国—指南 Ⅳ.TU711-62

中国版本图书馆 CIP 数据核字(2003)第 029726 号

建筑工程各专业施工质量验收规范已颁布、实施,为了更好地贯彻执行好有关标准和规范,大力提高工程建设的质量,编写了这本《建筑工程质量验收指南》。该书根据国家的现行标准与规范,完全按新的规范要求,依序编整了相关专业规范的单位(子单位)工程、分部(子分部)工程、分项工程、检验批施工质量验收用表及说明,以"一表一述"的方式进行编写,即介绍了1张检验批验收表式后面附有应用指导。书后还附有应用举例。该书特点是简明扼要、一目了然、实用性强。

本书可供城市和村镇大、中、小型建筑企业工长、质量检查员、质量监督员、管理人员使用,也可供监理公司人员参考使用。

* * *

建筑工程质量验收指南
主编 王立信
*
中国建筑工业出版社出版、发行(北京西郊百万庄)
新 华 书 店 经 销
北京中科印刷有限公司印刷
*
开本：787×1092 毫米 1/16 印张：52 字数：1296 千字
2003 年 9 月第一版 2004 年 3 月第二次印刷
印数：5001—7500 册 定价：70.00 元
ISBN 7-112-05812-0
TU·5108(11451)

版权所有 翻印必究
如有印装质量问题,可寄本社退换
(邮政编码 100037)
本社网址：http://www.china-abp.com.cn
网上书店：http://www.china-building.com.cn

前 言

《建设工程质量管理条例》、《工程建设标准强制性条文》、《建设工程监理规范》(GB 50319—2000)等有关法律、法规、规范和技术标准,近年来已陆续修订发行。尤其是 2000 年之后,各专业工程施工质量验收规范已陆续完成修订与发行。

为了更好地贯彻执行好有关标准与规范,根据国家的现行标准与规范,完全按新的规范要求,依序编整了相关专业规范的单位(子单位)工程、分部(子分部)工程、分项工程、检验批施工质量验收用表及说明,编写了应用举例及附录,为新的标准与规范的贯彻、应用尽其微薄之力,作者编写了这本《建筑工程质量验收指南》,以"一表一述",即一张检验批验收表式后面附有应用指导的方式编写,本书力求简单、明了、实用。

本书可供建筑业同行们在标准、规范的贯彻、实施等过程中参考与应用。

限于水平,本书的不足和错误之处在所难免,敬请批评指正。

编者

2003 年 3 月

主　　编：王立信

编写人员：王立信　郭　彦　王春娟　王　倩　郭晓冰
　　　　　罗建森　王常丽　刘伟石　刘海强　张魁英
　　　　　苗凤山　郑　彤　王恩祥　孙现峰　张汉君
　　　　　张玉瑄　邢文阁　孙洪波　陈美玲　任振洪
　　　　　封会翔　孙晓峰　武树春　尹建设　李银祥
　　　　　刘元沛　王常德　赵红星　鲍伯英　付长宏
　　　　　贺武祥　张文彬　王栓明　武林晓　黎　云

目 录

1 建筑工程质量验收 1
  1.1 单位(子单位)工程质量竣工验收记录 1
  1.2 分部(子分部)工程质量验收记录 4
  1.3 分项工程质量验收记录 9
  1.4 检验批质量验收记录 11
  1.5 单位(子单位)工程质量控制资料核查记录 17
  1.6 单位(子单位)工程安全和功能检验资料核查及主要功能抽查记录 19
  1.7 单位(子单位)工程观感质量检查记录 21
2 分项、检验批工程质量验收 24
  2.1 建筑地基与基础工程 24
    2.1.1 灰土地基质量验收记录 24
    2.1.2 砂及砂石地基质量验收记录 26
    2.1.3 土工合成材料地基质量验收记录 29
    2.1.4 粉煤灰地基质量验收记录 31
    2.1.5 强夯地基质量验收记录 33
    2.1.6 注浆地基质量验收记录 35
    2.1.7 预压地基和塑料排水带质量验收记录 38
    2.1.8 振冲地基质量验收记录 41
    2.1.9 高压喷射注浆地基质量验收记录 43
    2.1.10 水泥土搅拌桩地基质量验收记录 45
    2.1.11 土和灰土挤密桩地基质量验收记录 48
    2.1.12 水泥粉煤灰碎石桩复合地基质量验收记录 50
    2.1.13 夯实水泥土桩复合地基质量验收记录 52
    2.1.14 砂桩地基质量验收记录 55
    2.1.15 静力压桩检验批质量验收记录 57
    2.1.16 先张法预应力管桩质量验收记录 60
    2.1.17 预制桩钢筋骨架质量验收记录 63
    2.1.18 钢筋混凝土预制桩质量验收记录 64
    2.1.19 成品钢桩质量验收记录 67
    2.1.20 钢桩施工质量验收记录 69
    2.1.21 混凝土灌注桩钢筋笼质量验收记录 72
    2.1.22 混凝土灌注桩质量验收记录 74
    2.1.23 土方开挖工程质量验收记录 77
    2.1.24 填土工程质量验收记录 80
    2.1.25 基坑工程排桩墙支护重复使用的钢板桩质量验收记录 82

6 目录

- 2.1.26 基坑工程排桩墙支护混凝土板桩制作质量验收记录 85
- 2.1.27 基坑工程水泥土桩墙支护加筋水泥土桩质量验收记录 87
- 2.1.28 基坑工程锚杆及土钉墙支护质量验收记录 90
- 2.1.29 基坑工程钢及混凝土支撑系统工程检验批质量验收记录 92
- 2.1.30 基坑工程地下连续墙检验批质量验收记录 95
- 2.1.31 基坑工程沉井(箱)质量验收记录 98
- 2.1.32 基坑工程降水与排水施工检验批质量验收记录 101

2.2 砌体工程 103
- 2.2.1 砖砌体工程检验批质量验收记录 103
- 2.2.2 混凝土小型空心砌块砌体工程检验批质量验收记录 107
- 2.2.3 石砌体工程检验质量验收记录 110
- 2.2.4 配筋砌体工程检验批质量验收记录 112
- 2.2.5 填充墙砌体工程检验批质量验收记录 115

2.3 混凝土结构工程 118
- 2.3.1 现浇结构模板安装检验批质量验收记录 118
- 2.3.2 预制构件模板安装工程检验批质量验收记录 121
- 2.3.3 模板拆除检验批质量验收记录 124
- 2.3.4 钢筋原材料检验批质量验收记录 126
- 2.3.5 钢筋加工检验批质量验收记录 128
- 2.3.6 钢筋连接检验批质量验收记录 130
- 2.3.7 钢筋安装检验批质量验收记录 133
- 2.3.8 预应力混凝土原材料检验批质量验收记录 135
- 2.3.9 预应力筋的制作与安装检验批质量验收记录 138
- 2.3.10 预应力筋张拉和放张检验批质量验收记录 140
- 2.3.11 预应力灌浆及封锚检验批质量验收记录 143
- 2.3.12 混凝土原材料检验批质量验收记录 145
- 2.3.13 混凝土配合比设计检验批质量验收记录 147
- 2.3.14 混凝土施工检验批质量验收记录 148
- 2.3.15 现浇结构外观质量检验批质量验收记录 151
- 2.3.16 现浇结构尺寸允许偏差检验批质量验收记录 153
- 2.3.17 混凝土设备基础尺寸允许偏差检验批质量验收记录 155
- 2.3.18 装配式结构预制构件检验批质量验收记录 157
- 2.3.19 装配式结构施工检验批质量验收记录 160

2.4 钢结构工程 163
- 2.4.1 钢材、钢铸件质量验收记录 163
- 2.4.2 焊接材料检验批质量验收记录 165
- 2.4.3 连接用紧固标准件质量验收记录 167
- 2.4.4 焊接球及加工检验批质量验收记录 169
- 2.4.5 螺栓球及加工检验批质量验收记录 171
- 2.4.6 封板、锥头和套筒检验批质量验收记录 173
- 2.4.7 金属压型板制作检验批质量验收记录 174
- 2.4.8 钢结构金属压型板安装检验批质量验收记录 176

2.4.9　钢结构防腐涂料涂装检验批质量验收记录 …………………………………… 178
2.4.10　其他分项工程检验批质量验收记录 …………………………………… 181
2.4.11　钢结构焊接工程检验批质量验收记录 …………………………………… 182
2.4.12　钢结构焊钉(栓钉)焊接工程检验批质量验收记录 …………………… 188
2.4.13　钢结构普通紧固件连接工程检验批质量验收记录 …………………… 190
2.4.14　钢结构高强螺栓连接检验批质量验收记录 …………………………… 192
附录B　焊缝外观质量标准及尺寸允许偏差 …………………………………… 194
2.4.15　钢结构零件及部件加工的材料与切割工程检验批质量验收记录 …… 198
2.4.16　钢零件及部件矫正成型与边缘加工工程检验批质量验收记录 ……… 200
2.4.17　钢结构零部件加工的矫正成型与边缘加工工程检验
　　　　批质量验收记录 ……………………………………………………… 203
2.4.18　钢结构零部件加工的管、球加工工程检验批质量验收记录 ………… 205
2.4.19　钢零件及部件制孔质量验收记录 ……………………………………… 207
2.4.20　钢构件组装焊接H型钢检验批质量验收记录 ………………………… 209
2.4.21　钢构件组装检验批质量验收记录 ……………………………………… 210
2.4.22　钢构件组装端部铣平及安装焊缝坡口检验批质量验收记录 ………… 211
2.4.23　钢构件外形尺寸单层钢柱检验批质量验收记录 ……………………… 211
2.4.24　钢构件外形尺寸多节钢柱检验批质量验收记录 ……………………… 213
2.4.25　钢构件外形尺寸焊接实腹钢梁检验批质量验收记录 ………………… 214
2.4.26　钢构件外形尺寸钢桁架检验批质量验收记录 ………………………… 215
2.4.27　钢构件外形尺寸钢管构件检验批质量验收记录 ……………………… 216
2.4.28　钢构件外形尺寸墙架、檩条、支撑系统钢构件检验批质量验收记录 … 217
2.4.29　钢构件外形尺寸钢平台、钢梯和防护栏杆检验批质量验收记录 …… 218
2.4.30　钢构件预拼装工程检验批质量验收记录 ……………………………… 219
2.4.31　单层钢结构安装基础和支承面检验批质量验收记录 ………………… 221
2.4.32　单层钢结构安装与校正钢屋架、桁架、梁、钢柱等检验批质量验收记录 … 223
2.4.33　单层钢结构安装与校正钢吊车梁检验批质量验收记录 ……………… 226
2.4.34　单层钢结构安装与校正墙架、檩条等次要构件检验批质量验收记录 … 229
2.4.35　单层钢结构安装与校正钢平台、钢梯和防护栏杆检验批质量验收记录 … 231
2.4.36　多层及高层钢结构安装基础和支承面检验批质量验收记录 ………… 233
2.4.37　多层及高层钢结构安装钢构件安装检验批质量验收记录 …………… 235
2.4.38　多层及高层钢结构安装钢柱、主次梁检验批质量验收记录 ………… 237
2.4.39　多层及高层钢结构安装钢吊车梁安装检验批质量验收记录 ………… 240
2.4.40　多层及高层钢结构安装檩条、墙架等次要构件安装
　　　　检验批质量验收记录 ………………………………………………… 242
2.4.41　多层及高层钢结构安装钢平台、钢梯和防护栏杆检验批质量验收记录 … 244
2.4.42　钢网架安装支承面顶板和支承垫块检验批质量验收记录 …………… 246
2.4.43　钢网架安装总拼与安装(小拼单元)检验批质量验收记录 …………… 248
2.4.44　钢网架安装总拼与安装(中拼单元)检验批质量验收记录 …………… 250
2.4.45　钢结构(防火涂料涂装)工程检验批质量验收记录 …………………… 253
2.5　木结构工程 ………………………………………………………………………… 255
2.5.1　方木和原木结构木桁架、木梁(含檩条)及木柱制作检验批质量验收记录 … 255
2.5.2　木桁架、木梁(含檩条)及木柱安装检验批质量验收记录 …………… 258

2.5.3 屋面木骨架安装检验批质量验收记录 …………………………………… 260
2.5.4 胶合木结构检验批质量验收记录 ……………………………………… 262
2.5.5 轻型木结构检验批质量验收记录 ……………………………………… 265
2.5.6 木结构防护检验批质量验收记录 ……………………………………… 267

2.6 屋面工程 ……………………………………………………………………… 269
2.6.1 卷材防水屋面找平层检验批质量验收记录 …………………………… 269
2.6.2 卷材(涂膜)防水屋面保温层检验批质量验收记录 …………………… 272
2.6.3 卷材防水层检验批质量验收记录(热风焊接法) ……………………… 275
2.6.4 卷材防水层检验批质量验收记录(冷粘法) …………………………… 278
2.6.5 卷材防水层检验批质量验收记录(热熔法) …………………………… 279
2.6.6 卷材防水层检验批质量验收记录(自粘法) …………………………… 280
2.6.7 涂膜防水屋面涂膜防水层检验批质量验收记录 ……………………… 284
2.6.8 刚性防水屋面细石混凝土防水层检验批质量验收记录 ……………… 287
2.6.9 刚性屋面密封材料嵌缝检验批质量验收记录 ………………………… 290
2.6.10 平瓦屋面检验批质量验收记录 ………………………………………… 292
2.6.11 油毡瓦屋面检验批质量验收记录 ……………………………………… 294
2.6.12 金属板材屋面检验批质量验收记录 …………………………………… 296
2.6.13 架空屋面检验批质量验收记录 ………………………………………… 297
2.6.14 蓄水隔热屋面检验批质量验收记录 …………………………………… 299
2.6.15 种植屋面检验批质量验收记录 ………………………………………… 301
2.6.16 屋面工程细部构造检验批质量验收记录 ……………………………… 303

2.7 地下防水工程 ………………………………………………………………… 306
2.7.1 防水混凝土检验批质量验收记录 ……………………………………… 306
2.7.2 水泥砂浆防水层检验批质量验收记录 ………………………………… 309
2.7.3 卷材防水层检验批质量验收记录 ……………………………………… 311
2.7.4 涂料防水层检验批质量验收记录 ……………………………………… 314
2.7.5 塑料板防水层检验批质量验收记录 …………………………………… 316
2.7.6 金属板防水层检验批质量验收记录 …………………………………… 318
2.7.7 细部构造检验批质量验收记录 ………………………………………… 320
2.7.8 锚喷支护检验批质量验收记录 ………………………………………… 323
2.7.9 地下连续墙检验批质量验收记录 ……………………………………… 325
2.7.10 复合式衬砌检验批质量验收记录 ……………………………………… 327
2.7.11 盾构法隧道检验批质量验收记录 ……………………………………… 330
2.7.12 渗排水、盲沟排水检验批质量验收记录 ……………………………… 332
2.7.13 隧道、坑道排水检验批质量验收记录 ………………………………… 334
2.7.14 预注浆、后注浆检验批质量验收记录 ………………………………… 336
2.7.15 衬砌裂缝注浆检验批质量验收记录 …………………………………… 338

2.8 建筑地面工程 ………………………………………………………………… 340
2.8.1 建筑地面工程基土检验批质量验收记录 ……………………………… 340
2.8.2 建筑地面工程灰土垫层检验批质量验收记录 ………………………… 343
2.8.3 建筑地面砂垫层和砂石垫层检验批质量验收记录 …………………… 345
2.8.4 建筑地面碎石垫层和碎砖垫层检验批质量验收记录 ………………… 347

2.8.5	建筑地面三合土垫层检验批质量验收记录	349
2.8.6	建筑地面炉渣垫层检验批质量验收记录	351
2.8.7	建筑地面混凝土垫层检验批质量验收记录	353
2.8.8	建筑地面找平层检验批质量验收记录	356
2.8.9	建筑地面隔离层检验批质量验收记录	359
2.8.10	建筑地面填充层检验批质量验收记录	362
2.8.11	建筑地面混凝土面层检验批质量验收记录	364
2.8.12	建筑地面水泥砂浆面层检验批质量验收记录	366
2.8.13	建筑地面水磨石面层检验批质量验收记录	369
2.8.14	建筑地面水泥钢(铁)屑面层检验批质量验收记录	372
2.8.15	建筑地面防油渗面层检验批质量验收记录	374
2.8.16	建筑地面不发火(防爆的)面层检验批质量验收记录	377
2.8.17	建筑地面砖面层检验批质量验收记录	380
2.8.18	建筑地面大理石和花岗石面层(含碎拼)检验批质量验收记录	383
2.8.19	建筑地面预制板块面层检验批质量验收记录	386
2.8.20	建筑地面料石面层检验批质量验收记录	388
2.8.21	建筑地面塑料板面层检验批质量验收记录	391
2.8.22	建筑地面活动地板面层检验批质量验收记录	394
2.8.23	建筑地面地毯面层检验批质量验收记录	396
2.8.24	建筑地面实木复合地板面层检验批质量验收记录	399
2.8.25	建筑地面实木地板面层检验批质量验收记录	402
2.8.26	建筑地面中密度(强化)复合地板面层检验批质量验收记录	404
2.8.27	建筑地面竹地板面层检验批质量验收记录	407
2.9	建筑装饰装修工程	410
2.9.1	一般抹灰工程检验批质量验收记录	410
2.9.2	装饰抹灰工程检验批质量验收记录	412
2.9.3	清水砌体勾缝工程检验批质量验收记录	415
2.9.4	木门窗制作工程检验批质量验收记录	417
2.9.5	木门窗安装工程检验批质量验收记录	420
2.9.6	钢门窗安装工程检验批质量验收记录	422
2.9.7	涂色镀锌钢板门窗安装工程检验批质量验收记录	425
2.9.8	铝合金门窗工程检验批质量验收记录	427
2.9.9	塑料门窗安装工程检验批质量验收记录	430
2.9.10	特种门安装工程检验批质量验收记录	433
2.9.11	旋转门安装工程检验批质量验收记录	436
2.9.12	门窗玻璃安装工程检验批质量验收记录	438
2.9.13	暗龙骨吊顶安装工程检验批质量验收记录	440
2.9.14	明龙骨吊顶安装工程检验批质量验收记录	443
2.9.15	板材隔墙工程检验批质量验收记录	445
2.9.16	骨架隔墙工程检验批质量验收记录	447
2.9.17	活动隔墙工程检验批质量验收记录	450
2.9.18	玻璃隔墙工程检验批质量验收记录	452
2.9.19	饰面板安装工程检验批质量验收记录	454

2.9.20 饰面砖粘贴工程检验批质量验收记录 ... 457
2.9.21 明框玻璃幕墙工程检验批质量验收记录 ... 460
2.9.22 隐框、半隐框玻璃幕墙工程检验批质量验收记录 ... 465
2.9.23 金属幕墙工程检验批质量验收记录 ... 469
2.9.24 石材幕墙工程检验批质量验收记录 ... 474
2.9.25 水性涂料涂饰工程检验批质量验收记录 ... 479
2.9.26 溶剂型涂料涂饰工程检验批质量验收记录 ... 481
2.9.27 美术涂饰工程检验批质量验收记录 ... 484
2.9.28 裱糊工程检验批质量验收记录 ... 486
2.9.29 软包工程检验批质量验收记录 ... 488
2.9.30 橱柜制作检验批质量验收记录 ... 490
2.9.31 窗帘盒、窗台板和散热器罩制作检验批质量验收记录 ... 493
2.9.32 门窗套制作与安装检验批质量验收记录 ... 495
2.9.33 护栏和扶手制作与安装检验批质量验收记录 ... 497
2.9.34 花饰制作与安装检验批质量验收记录 ... 499

2.10 建筑给水排水及采暖工程 ... 501
2.10.1 室内给水管道及配件安装检验批质量验收记录 ... 501
2.10.2 室内消火栓系统安装检验批质量验收记录 ... 503
2.10.3 室内给水设备安装检验批质量验收记录 ... 505
2.10.4 室内排水管道及配件安装检验批质量验收记录 ... 507
2.10.5 室内雨水管道及配件安装检验批质量验收记录 ... 512
2.10.6 室内热水供应系统管道及配件安装检验批质量验收记录 ... 514
2.10.7 室内热水供应辅助设备安装检验批质量验收记录 ... 516
2.10.8 卫生器具安装检验批质量验收记录 ... 519
2.10.9 卫生器具给水配件安装检验批质量验收记录 ... 521
2.10.10 卫生器具排水管道安装检验批质量验收记录 ... 522
2.10.11 室内采暖系统管道及配件安装检验批质量验收记录 ... 525
2.10.12 室内采暖系统辅助设备及散热器安装检验批质量验收记录 ... 528
2.10.13 室内采暖金属辐射板安装检验批质量验收记录 ... 531
2.10.14 室内采暖低温热水地板辐射采暖系统安装检验批质量验收记录 ... 533
2.10.15 室内采暖系统水压试验及调试检验批质量验收记录 ... 535
2.10.16 室外给水管网给水管道安装检验批质量验收记录 ... 536
2.10.17 消防水泵接合器及室外消火栓安装(室外)检验批质量验收记录 ... 541
2.10.18 室外给水管网管沟及井室检验批质量验收记录 ... 543
2.10.19 室外排水管网排水管道安装检验批质量验收记录 ... 545
2.10.20 排水管沟及井池检验批质量验收记录 ... 547
2.10.21 室外供热管网管道及配件安装检验批质量验收记录 ... 548
2.10.22 室外供热管网水压试验与调试检验批质量验收记录 ... 552
2.10.23 建筑中水系统管道及附属设备安装检验批质量验收记录 ... 554
2.10.24 游泳池水系统安装检验批质量验收记录 ... 556
2.10.25 锅炉安装检验批质量验收记录 ... 558
2.10.26 锅炉辅助设备及管道安装检验批质量验收记录 ... 563
2.10.27 供热锅炉安全附件安装检验批质量验收记录 ... 567

  2.10.28 锅炉烘炉、煮炉和试运行检验批质量验收记录 570
  2.10.29 换热站安装检验批质量验收记录 571
 2.11 通风与空调工程 573
  2.11.1 风管与配件制作检验批质量验收记录(金属风管) 573
  2.11.2 风管与配件制作检验批质量验收记录(非金属、复合材料风管) 578
  2.11.3 风管部件与消声器制作检验批质量验收记录 583
  2.11.4 风管系统安装检验批质量验收记录(送、排风、排烟系统) 588
  2.11.5 风管系统安装检验批质量验收记录(空调系统) 592
  2.11.6 风管系统安装检验批质量验收记录(净化空调系统) 597
  2.11.7 通风机安装检验批质量验收记录 602
  2.11.8 通风与空调设备安装检验批质量验收记录(通风系统) 604
  2.11.9 通风与空调设备安装检验批质量验收记录(空调系统) 607
  2.11.10 通风与空调设备安装检验批质量验收记录(净化空调系统) 611
  2.11.11 空调制冷系统安装检验批质量验收记录 616
  2.11.12 空调水系统安装检验批质量验收记录(金属管道) 622
  2.11.13 空调水系统安装检验批质量验收记录(非金属管道) 628
  2.11.14 空调水系统安装检验批质量验收记录(设　备) 632
  2.11.15 防腐与绝热施工检验批质量验收记录(风管系统) 635
  2.11.16 防腐与绝热施工检验批质量验收记录(管道系统) 639
  2.11.17 工程系统调试检验批质量验收记录 642
 2.12 建筑电气工程 646
  2.12.1 架空线路及杆上电气设备安装检验批质量验收记录 646
  2.12.2 变压器、箱式变电压安装检验批质量验收记录 649
  2.12.3 成套配电柜、控制距(屏、台)和动力、照明配电箱(盘)
     安装检验批质量验收记录 651
  2.12.4 低压电动机、电加热器及电动执行机构检查接线检验批质量验收记录 655
  2.12.5 柴油发电机组安装检验批质量验收记录 657
  2.12.6 不间断电源安装检验批质量验收记录 659
  2.12.7 低压电气动力设备试验和试运行检验批质量验收记录 662
  2.12.8 裸母线、封闭母线、插接式母线安装检验批质量验收记录 664
  2.12.9 电缆桥架安装和桥架内电缆敷设检验批质量验收记录 667
  2.12.10 电缆沟内和电缆竖井内电缆敷设检验批质量验收记录 670
  2.12.11 电线导管、电缆导管和线槽敷设检验批质量验收记录 673
  2.12.12 电线、电缆导管和线槽敷线检验批质量验收记录 676
  2.12.13 槽板配线检验批质量验收记录 678
  2.12.14 钢索配线检验批质量验收记录 679
  2.12.15 电缆头制作、接地和线路绝缘测试检验批质量验收记录 680
  2.12.16 普通灯具安装检验批质量验收记录 683
  2.12.17 专用灯具安装检验批质量验收记录 686
  2.12.18 建筑物景观照明灯、航空障碍标志灯和庭院灯安装检
     验批量质量验收记录 689
  2.12.19 开关、插座、风扇安装检验批质量验收记录 693
  2.12.20 建筑物通电照明试运行检验批质量验收记录 696

2.12

- 2.12.21 接地装置安装检验批质量验收记录 ... 697
- 2.12.22 避雷引下线和变配电室接地干线敷设检验批质量验收记录 ... 699
- 2.12.23 接闪器安装检验批质量验收记录 ... 702
- 2.12.24 建筑物等电位联结检验批质量验收记录 ... 703

2.13 电梯工程 ... 704

- 2.13.1 电力驱动的曳引式或强制式电梯安装设备进场验收记录 ... 704
- 2.13.2 液压电梯安装设备进场验收记录 ... 705
- 2.13.3 电力驱动的曳引式或强制式电梯安装土建交接检验记录 ... 706
- 2.13.4 电力驱动的曳引式或强制式电梯安装驱动主机工程质量验收记录 ... 709
- 2.13.5 电力驱动的曳引式或强制式电梯安装导轨工程质量验收记录 ... 710
- 2.13.6 电力驱动的曳引式或强制式电梯安装门系统工程质量验收记录 ... 712
- 2.13.7 电力驱动的曳引式或强制式电梯安装轿厢工程质量验收记录 ... 714
- 2.13.8 电力驱动的曳引式或强制式电梯安装对重(平衡重)工程质量验收记录 ... 714
- 2.13.9 电力驱动的曳引式或强制式电梯安装安全部件工程质量验收记录 ... 715
- 2.13.10 电力驱动的曳引式或强制式电梯安装悬挂装置、随行电缆、补偿装置工程质量验收记录 ... 716
- 2.13.11 电力驱动的曳引式或强制式电梯安装电气装置工程质量验收记录 ... 718
- 2.13.12 电力驱动的曳引式或强制式电梯安装整机安装验收工程质量验收记录 ... 720
- 2.13.13 液压电梯安装液压系统工程质量验收记录 ... 724
- 2.13.14 液压电梯安装整机安装验收工程质量验收记录 ... 725
- 2.13.15 自动扶梯、自动人行道安装设备进场验收工程质量验收记录 ... 728
- 2.13.16 自动扶梯、自动人行道安装土建交接检验工程质量验收记录 ... 729
- 2.13.17 自动扶梯、自动人行道安装整机安装验收工程质量验收记录 ... 730

3 建筑工程施工质量验收举例 ... 735

- 3.1 建筑工程施工质量的验收程序与有关说明 ... 735
- 3.2 施工质量验收举例 ... 736

附录 ... 772

- 附录A 专业规范测试规定 ... 772
  - 附录A1 地基与基础施工勘察要点 ... 772
  - 附录A2 混凝土工程测试 ... 773
  - 附录A3 钢结构工程测试 ... 777
  - 附录A4 防水工程防水材料的质量指标及工程测试 ... 779
  - 附录A5 建筑地面工程测试 ... 788
  - 附录A6 建筑电气工程测试 ... 788
  - 附录A7 通风与空调工程测试 ... 789
  - 附录A8 塑料管道施工规则 ... 798
- 附录B 建筑材料标准 ... 798
- 附录C 必试项目与检验规则 ... 809
- 附录D 建筑气候区划指标 ... 816

1 建筑工程质量验收

1.1 单位(子单位)工程质量竣工验收记录

1．资料表式

单位(子单位)工程质量竣工验收记录表　　　　　　表 1-1

工程名称		结构类型		层数/建筑面积	
施工单位		技术负责人		开工日期	
项目经理		项目技术负责人		竣工日期	
序号	项　目	验收记录		验收结论	
1	分部工程	共　　分部,经查符合标准及设计要求		分部分部	
2	质量控制资料核查	共　项,经审查符合要求经核定符合规范要求		项, 项	
3	安全和主要使用功能核查及抽查结果	共核查　项,符合要求共抽查　项,符合要求经返工处理符合要求		项, 项, 项	
4	观感质量验收	共抽查　项,符合要求不符合要求		项, 项	
5	综合验收结论				
参加验收单位	建设单位 (公章) 单位(项目)负责人 年　月　日	监理单位 (公章) 总监理工程师 年　月　日		施工单位 (公章) 单位负责人 年　月　日	设计单位 (公章) 单位(项目)负责人 年　月　日

2．应用指导

(1)《建筑工程施工质量验收统一标准》(GB 50300—2001)经建设部和国家质量监督检验检疫总局联合发布2002年1月1日实施。该标准适用于建筑工程施工质量的验收,并作为建筑工程各专业工程施工质量验收规范编制的统一标准。建筑工程各专业工程施工质量的规范必须与该标准配合使用。

(2)为了控制和保证不断提高工程质量及施工过程中记录、整理资料的完整性,施工单位必须建立必要的质量管理体系和质量责任制度,推行生产控制和合格控制的全过程。质量控制,要有健全的生产控制和合格控制的质量管理体系,包括材料控制、工艺流程控制、施工操作控制、每道工序质量检查、各道相关工序的交接检验、专业工种之间等中间交接环节的质量管理和控制、施工图设计和功能要求的抽检制度等。

(3) 建筑工程应按下列规定进行施工质量控制:

① 建筑工程采用的主要材料、半成品、成品、建筑构配件、器具和设备应进行现场验收。凡涉及安全、功能的有关产品,应按各专业工程质量验收规范规定进行复验,并应经监理工程师(建设单位技术负责人)检查认可;

② 各工序应按施工技术标准进行质量控制,每道工序完成后,应进行检查;

③ 每道工序完成后班组应进行自检、专职质量检查员复检及工序交接检查(上道工序应满足下道工序的施工条件要求),相关工序间的中间交接检验,使各工序间和专业间形成一个有机的整体,并形成记录。未经监理工程师(建设单位技术负责人)检查认可,不得进行下道工序施工。

(4) 建筑工程施工质量应按下列要求进行验收:

① 建筑工程施工质量应符合《建筑工程施工质量验收统一标准》(GB 50300—2001)标准和相关专业验收规范的规定;

② 建筑工程施工应符合工程勘察、设计文件的要求;

③ 参加工程施工质量验收的各方人员应具备规定的资格;

④ 工程质量的验收均应在施工单位自行检查评定合格的基础上进行;

⑤ 隐蔽工程在隐蔽前应由施工单位通知有关单位进行验收,并应形成验收文件;

⑥ 涉及结构安全的试块、试件以及有关材料,应按规定进行见证取样检测;

⑦ 检验批的质量应按主控项目和一般项目验收;

⑧ 对涉及结构安全和使用功能的重要分部工程应进行抽样检测;

⑨ 承担见证取样检测及有关结构安全检测的单位应具有相应资质;

⑩ 工程的观感质量应由验收人员通过现场检查,并应共同评议后确认。

(5) 单位(子单位)工程质量验收合格应符合下列规定:

① 单位(子单位)工程所含分部(子分部)工程的质量均应验收合格;

② 质量控制资料应完整。试验及检验资料符合相应标准的规定;

③ 单位(子单位)工程所含分部工程有关安全和功能的检测资料应完整;

④ 主要功能项目的抽查结果应符合相关专业质量验收规范的规定;

⑤ 观感质量验收应符合要求。

(6) 当建筑工程质量不符合要求时,应按下列规定进行处理:

① 经返工重做或更换器具、设备的检验批,应重新进行验收。

② 经有资质的检测单位检测鉴定能够达到设计要求的检验批,应予以验收。

③ 经有资质的检测单位检测鉴定达不到设计要求、但经原设计单位核算认可能够满足结构安全和使用功能的检验批,可予以验收。

④ 经返修或加固处理的分项、分部工程,虽然改变外形尺寸但仍能满足安全使用要求,可按技术处理方案和协商文件进行验收。

注: 1. 第一种情况是指在检验批验收时,主控项目不满足验收规范或一般项目超过偏差限值要求时,应及时进行处理的方法,重新验收合格也应认为检验批合格。

2. 第四种情况是指严重的缺陷,检测鉴定也未达到规范标准的相应要求时,采取的处理方法。但不能作为轻视质量而回避责任的一种出路,应特别注意。

(7) 通过返修或加固处理仍不能满足安全使用要求的分部工程、单位(子单位)工程,严禁验收。

(8) 建筑工程质量验收程序和组织:

① 检验批及分项工程应由监理工程师(建设单位项目技术负责人)组织施工单位项目专业质量(技术)负责人等进行验收;

② 分部工程应由总监理工程师(建设单位项目负责人)组织施工单位项目负责人和技术、质量负责人等进行验收;地基与基础、主体结构分部工程的验收,勘察、设计单位工程项目负责人和施工单位技术、质量部门负责人也应参加相关分部工程验收;

③ 单位工程完工后,施工单位应自行组织有关人员进行检查评定,并向建设单位提交工程验收报告;

④ 建设单位收到工程验收报告后,应由建设单位(项目)负责人组织施工(含分包单位)、设计、监理等单位(项目)负责人进行单位(子单位)工程验收。

注:单位工程竣工验收记录的形成是:各分部工程完工后,施工单位先行自检合格,项目监理机构的总监理工程师或专业监理工程师验收合格签认后,建设单位组织有关单位验收,确认满足设计和施工规范要求并签认后该表方为正式完成。

⑤ 单位工程有分包单位施工时,分包单位对所承包的工程项目应按本标准规定的程序检查评定,总包单位应派人参加。分包工程完成后,应将工程有关资料交总包单位;

⑥ 当参加验收各方对工程质量验收意见不一致时,可请当地建设行政主管部门或工程质量监督机构协调处理;

⑦ 单位工程质量验收合格后,建设单位应在规定时间内将工程竣工验收报告和有关文件,报建设行政管理部门备案。

(9) 建筑工程质量验收的划分:

1) 建筑工程质量验收应划分为单位(子单位)工程、分部(子分部)工程、分项工程和检验批。

2) 单位工程的划分应按下列原则确定:

① 具备独立施工条件并能形成独立使用功能的建筑物及构筑物为一个单位工程;

② 建筑规模较大的单位工程,可将其形成独立使用功能的部分为一个子单位工程。

3) 分部工程的划分应按下列原则确定:

① 分部工程的划分应按专业性质、建筑部位确定;

② 当分部工程较大或较复杂时,可按材料种类、施工特点、施工程序、专业系统及类别等划分为若干子分部工程。

4) 室外工程可根据专业类别和工程规模划分单位(子单位)工程。

室外单位(子单位)工程、分部工程可按本标准采用。

(10) 表列子项:

① 结构类型:指单位(子单位)工程的结构类型。如砖混或框架结构等。

② 技术负责人:指法人施工单位的技术负责人。照实际。

③ 项目技术负责人:指项目经理部属施工该单位工程的技术负责人。照实际。

④ 分部工程：指按专业性质、建筑部位或分部工程较大或复杂时按材料种类、施工特点、施工顺序、专业系统及类别在开工前划分的分部工程。照实际划分的分部数量，经检查分部符合标准及设计要求的实际填写。

⑤ 质量控制资料核查：指直接影响结构安全和使用功能项目在施工过程中形成的资料之核查，按表 1-7 内容的核查结果填写。

⑥ 安全和主要使用功能核查及抽查结果：指直接影响结构安全和使用功能检验资料；核查及主要功能抽查的检查结果，按表 1-8 内容的核查结果填写。

⑦ 观感质量验收：指对分部工程观感质量和单位(子单位)工程观感质量检查的结果，按实际检查结果填写。

⑧ 综合验收结论：指建设、监理、施工、设计等单位参加竣工初验结果的结论意见。由参加方共议确认后填写。

⑨ 参加验收单位：参加单位盖章，参加人员签字有效。

1.2 分部(子分部)工程质量验收记录

1. 资料表式

分部(子分部)工程质量验收记录表　　　　　表 1-2

工程名称			结构类型		层数	
施工单位			技术部门负责人		质量部门负责人	
分包单位			分包单位负责人		分包技术负责人	
序号	分项工程名称		检验批数	施工单位检查评定	验 收 意 见	
1						
2						
3						
4						
5						
6						
质量控制资料						
安全和功能检验(检测)报告						
观感质量验收						
验收单位	分包单位				项目经理　　年 月 日	
	施工单位				项目经理　　年 月 日	
	勘察单位				项目负责人　年 月 日	
	设计单位				项目负责人　年 月 日	
	监理(建设)单位		总监理工程师 (建设单位项目专业负责人)　年 月 日			

2. 应用指导

(1) 分部工程的划分应按下列原则确定：

1) 分部工程的划分应按专业性质、建筑部位确定。

2) 当分部工程较大或较复杂时，可按材料种类、施工特点、施工程序、专业系统及类别等划分为若干子分部工程。

> 注：1. 由于新型材料大量涌现、施工工艺和技术的发展，使分项工程越来越多，故将相近工作内容和系统划为若干子分部工程，有利于正确评价工程质量，有利于进行验收。
> 2. 将原建筑电气分部工程中的强电和弱电部分独立出来各为一个分部，称其为建筑电气分部和建筑智能化(弱电)分部。

(2) 分部(子分部)工程质量应由总监理工程师(建设单位项目专业负责人)组织施工项目经理和有关勘察、设计单位项目负责人进行验收。

(3) 分部(子分部)工程质量验收合格应符合下列规定：

1) 分部(子分部)工程所含分项工程的质量均应验收合格。

2) 质量控制资料应完整。

3) 地基与基础、主体结构和设备安装等分部工程有关安全及功能的检验和抽样检测结果应符合有关规定。

4) 观感质量验收应符合要求。

> 注：1. 分部工程的验收在其所含各分项工程验收的基础上进行。
> 2. 观感质量验收分部工程必须进行。观感质量验收往往难以定量，可以人的主观印象判断，不评合格或不合格，只综合验收质量评价。检查方法、内容、结论应在相应分部工程的相应部分中阐述。

3. 建筑工程、室外工程分部工程划分

(1) 建筑工程的分部(子分部)工程、分项工程可按表1-3划分。

建筑工程分部工程、分项工程划分　　　　　　　　　　表1-3

序号	分部工程	子分部工程	分项工程
1	地基与基础	无支护土方	土方开挖、土方回填
		有支护土方	排桩、降水、排水、地下连续墙、锚杆、土钉墙、水泥土桩、沉井与沉箱，钢及混凝土支撑
		地基及基础处理	灰土地基、砂和砂石地基、碎砖三合土地基、土工合成材料地基、粉煤灰地基、重锤夯实地基、强夯地基、振冲地基、砂桩地基、预压地基、高压喷射注浆地基、土和灰土挤密桩地基、注浆地基、水泥粉煤灰碎石桩地基、夯实水泥土桩地基
		桩基	锚杆静压桩及静力压桩、预应力离心管桩、钢筋混凝土预制桩、钢桩、混凝土灌注桩(成孔、钢筋笼、清孔、水下混凝土灌注)
		地下防水	防水混凝土，水泥砂浆防水层，卷材防水层，涂料防水层，金属板防水层，塑料板防水层、细部构造，喷锚支护，复合式衬砌，地下连续墙，盾构法隧道；渗排水、盲沟排水，隧道、坑道排水；预注浆、后注浆，对砌裂缝注浆
		混凝土基础	模板、钢筋、混凝土，后浇带混凝土，混凝土结构缝处理
		砌体基础	砖砌体、混凝土砌块砌体、配筋砌体、石砌体
		劲钢(管)混凝土	劲钢(管)焊接、劲钢(管)与钢筋的连接，混凝土
		钢结构	焊接钢结构，栓接钢结构，钢结构制作，钢结构安装，钢结构涂装

续表

序号	分部工程	子分部工程	分项工程
2	主体结构	混凝土结构	模板,钢筋,混凝土,预应力、现浇结构,装配式结构
		劲钢(管)混凝土结构	劲钢(管)焊接、螺栓连接、劲钢(管)与钢筋的连接,劲钢(管)制作、安装,混凝土
		砌体结构	砖砌体,混凝土小型空心砌块砌体,石砌体,填充墙砌体,配筋砖砌体
		钢结构	钢结构焊接,紧固件连接,钢零部件加工,单层钢结构安装,多层及高层钢结构安装,钢结构涂装,钢构件组装,钢构件预拼装,钢网架结构安装,压型金属板
		木结构	方木和原木结构,胶合木结构、轻型木结构,木构件防护
		网架和索膜结构	网架制作,网架安装,索膜安装,网架防火、防腐涂料
3	建筑装饰装修	地面	整体面层:基层、水泥混凝土面层、水泥砂浆面层、水磨石面层、防油渗面层、水泥钢(铁)屑面层、不发火(防爆的)面层;板块面层:基层、砖面层(陶瓷锦砖、缸砖、陶瓷地砖和水泥花砖面层)、大理石面层和花岗石面层,预制板块面层(预制水泥混凝土、水磨石板块面层)、料石面层(条石、块石面层)、塑料板面层、活动地板面层、地毯面层;木竹面层:基层、实木地板面层(条材、块材面层),实木复合地板面层(条材、块材面层),中密度(强化)复合地板面层(条材面层),竹地板面层
		抹灰	一般抹灰,装饰抹灰,清水砌体勾缝
		门窗	木门窗制作与安装,金属门窗安装,塑料门窗安装,特种门安装,门窗玻璃安装
		吊顶	暗龙骨吊顶、明龙骨吊顶
		轻质隔墙	板材隔墙、骨架隔墙、活动隔墙、玻璃隔墙
		饰面板(砖)	饰面板安装,饰面砖粘贴
		幕墙	玻璃幕墙,金属幕墙,石材幕墙
		涂饰	水性涂料涂饰,溶剂型涂料涂饰,美术涂饰
		裱糊与软包	裱糊、软包
		细部	橱柜制作与安装,窗帘盒、窗台板和散热器罩制作与安装,门窗套制作与安装,护栏和扶手制作与安装,花饰制作与安装
4	建筑屋面	卷材防水屋面	保温层,找平层,卷材防水层,细部构造
		涂膜防水屋面	保温层,找平层,涂膜防水层,细部构造
		刚性防水屋面	细石混凝土防水层,密封材料嵌缝,细部构造
		瓦屋面	平瓦屋面,油毡瓦屋面,金属板屋面,细部构造
		隔热屋面	架空屋面,蓄水屋面,种植屋面

续表

序号	分部工程	子分部工程	分项工程
5	建筑给水、排水及采暖	室内给水系统	给排水管道及配件安装,室内消火栓系统安装,给水设备安装,管道防腐、绝热
		室内排水系统	排水管道及配件安装,雨水管道及配件安装
		室内热水供应系统	管道及配件安装,辅助设备安装,防腐,绝热
		卫生器具安装	卫生器具安装,卫生器具给水配件安装,卫生器具排水管道安装
		室内采暖系统	管道及配件安装,辅助设备及散热器安装,金属辐射板安装,低温热水地板辐射采暖系统安装,系统水压试验及调试、防腐,绝热
		室外给水管网	给水管道安装,消防水泵接合器及室外消火栓安装,管沟及井室
		室外排水管网	排水管道安装,排水管沟与井池
		室外供热管网	管道及配件安装,系统水压试验及调试,防腐,绝热
		建筑中水系统及游泳池系统	建筑中水系统管道及辅助设备安装,游泳池水系统安装
		供热锅炉及辅助设备安装	锅炉安装,辅助设备及管道安装,安全附件安装,烘炉、煮炉和试运行,换热站安装,防腐,绝热
6	建筑电气	室外电气	架空线路及杆上电气设备安装,变压器、箱式变电所安装,成套配电柜、控制柜(屏、台)和动力、照明配电箱(盘)及控制柜安装,电线、电缆导管和线槽敷设,电线、电缆穿管和线槽设,电缆头制作、导线连接和线路电气试验,建筑物外部装饰灯具、航空障碍标志灯和庭院路灯安装,建筑明通电试运行,接地装置安装
		变配电室	变压器、箱式变电所安装,成套配电柜、控制柜(屏、台)和动力、照明配电箱(盘)安装,裸母线、封闭母线、插接式母线安装,电缆沟内和电缆竖井内电缆敷设,电缆头制作、导线连接和线路电气试验,接地装置安装,避雷引下线和变配电室接地干线敷设
		供电干线	裸母线、封闭母线、插接式母线安装,桥架安装和桥架内电缆敷设,电缆沟内和电缆竖井内电缆敷设,电线、电缆导管和线槽敷设,电线、电缆穿管和线槽敷线,电缆头制作、导线连接和线路电气试验
		电气动力	成套配电柜、控制柜(屏、台)和动力、照明配电箱(盘)及安装,低压电动机、电加热器及电动执行机构检查、接线,低压电气动力设备检测、试验和空载试运行,桥架安装和桥架内电缆敷设,电线、电缆导管和线槽敷设,电线、电缆穿管和线槽敷设,电缆头制作、导线连接和线路电气试验,插座、开关、风扇安装
		电气照明安装	成套配电柜、控制柜(屏、台)和动力、照明配电箱(盘)安装,电线、电缆导管和线槽敷设,电线、电缆导管和线槽敷线,槽板配线,钢索配线,电缆制作、导线连接和线路电气试验,普通灯具安装,专用灯具安装,插座、开关、风扇安装,建筑照明通电试运行
		备用和不间断电源安装	成套配电柜、控制柜(屏、台)和动力、照明配电箱(盘)安装,柴油发电机组安装,不间断电源的其他功能单元安装,裸母线、封闭母线、插接式母线安装,电线、电缆导管和线槽敷设,电线、电缆导管和线槽敷线,电缆头制作、导线连接和线路电气试验,接地装置安装
		防雷及接地安装	接地装置安装,避雷引下线和变配电室接地干线敷设,建筑物等电位连接,接闪器安装

续表

序号	分部工程	子分部工程	分项工程
7	智能建筑	通信网络系统	通信系统、卫星及有线电视系统,公共广播系统
		办公自动化系统	计算机网络系统,信息平台及办公自动化应用软件,网络安全系统
		建筑设备监控系统	空调与通风系统,变配电系统,照明系统,给排水系统,热源和热交换系统,冷冻和冷却系统,电梯和自动扶梯系统,中央管理工作站与操作分站,子系统通信接口
		火灾报警及消防联动系统	火灾和可燃气体探测系统,火灾报警控制系统,消防联动系统
		安全防范系统	电视监控系统,入侵报警系统,巡更系统,出入口控制(门禁)系统,停车管理系统
		综合布线系统	缆线敷设和终接,机柜、机架、配线架的安装,信息插座和光缆芯线终端的安装
		智能化集成系统	集成系统网络,实时数据库,信息安全,功能接口
		电源与接地	智能建筑电源,防雷及接地
		环境	空间环境、室内空调环境,视觉照明环境,电磁环境
		住宅(小区)智能化系统	火灾自动报警及消防联动系统,安全防范系统(含电视监控系统、入侵报警系统、巡更系统、门禁系统、楼宇对讲系统、住户对讲呼救系统、停车管理系统),物业管理系统(多表现场计量及与远程传输系统、建筑设备监控系统、公共广播系统、小区网络及信息服务系统、物业办公自动化系统),智能家庭信息平台
8	通风与空调	送排风系统	风管与配件制作,部件制作,风管系统安装,空气处理设备安装,消声设备制作与安装,风管与设备防腐,风机安装,系统调试
		防排烟系统	风管与配件制作,部件制作,风管系统安装,防排烟风口、常闭正压风口与设备安装;风管与设备防腐;风机安装;系统调试
		除尘系统	风管与配件制作,部件制作,风管系统安装,除尘器与排污设备安装,风管与设备防腐,风机安装,系统调试
		空调风系统	风管与配件制作,部件制作,风管系统安装,空气处理设备安装,消声设备制作与安装,风管与设备防腐,风机安装,风管与设备绝热,系统调试
		净化空调系统	风管与配件制作,部件制作,风管系统安装,空气处理设备安装,消声设备制作与安装,风管与设备防腐,风机安装,风管与设备绝热,高效过滤器安装,系统调试
		制冷设备系统	制冷机组安装,制冷剂管道及配件安装,制冷附属设备安装,管道及设备的防腐与绝热,系统调试
		空调水系统	管道冷热(媒)水系统安装,冷却水系统安装,冷凝水系统安装,阀门及部件安装,冷却塔安装,水泵及附属设备安装,管道与设备的防腐与绝热,系统调试
9	电梯	电力驱动的曳引式或强制式电梯安装工程	设备进场验收,土建交接检验,驱动主机,导轨,门系统,轿厢,对重(平衡重),安全部件,悬挂装置,随行电缆,补偿装置,电气装置,整机安装验收
		液压电梯安装工程	设备进场验收,土建交接检验,液压系统,导轨,门系统,轿厢,平衡重,安全部件,悬挂装置,随行电缆,电气装置,整机安装验收
		自动扶梯、自动人行道安装工程	设备进场验收,土建交接检验,整机安装验收

(2) 室外单位(子单位)工程和分部工程划分见表1-4。

室外工程划分 表1-4

单位工程	子单位工程	分部(子分部)工程
室外建筑环境	附属建筑	车棚,围墙,大门,挡土墙,垃圾收集站
	室外环境	建筑小品,道路,亭台,连廊,花坛,场坪绿化
室外安装	给排水与采暖	室外给水系统,室外排水系统,室外供热系统
	电气	室外供电系统,室外照明系统

1.3 分项工程质量验收记录

1. 资料表式

分项工程质量验收记录表 表1-5

工程名称		结构类型		检验批数	
施工单位		项目经理		项目技术负责人	
分包单位		分包单位负责人		分包项目经理	
序号	检验批部位、区段	施工单位检查评定结果	监理(建设)单位验收结论		
1					
2					
3					
4					
5					
6					
7					
8					
9					
10					
11					
12					
13					
14					
15					
16					
17					
检查结论	项目专业技术负责人： 年 月 日		验收结论	监理工程师 (建设单位项目专业技术负责人) 年 月 日	

2. 应用指导

(1) 分项工程应按主要工种、材料、施工工艺、设备类别等进行划分。

建筑工程的分部(子分部)、分项工程可按表 1-3 采用。

(2) 分项工程质量应由监理工程师(建设单位项目专业技术负责人)组织项目专业技术负责人等进行验收,并按表记录。

(3) 分项工程质量验收合格应符合下列规定:

① 分项工程所含的检验批均应符合合格质量的规定;

② 分项工程所含的检验批的质量验收记录应完整。

注:分项工程质量的验收应在检验批验收合格的基础上进行。

(4) 表列子项:

① 检验批数:分项工程质量验收是在检验批验收合格的基础上进行的,有关的检验批汇集成一个分项工程。检验批的划分按"统一标准"、"相关专业规范"的规定进行;

② 检验批部位:按拟定的检验批所在施工图设计实际部位填写;

③ 施工单位的检查评定结果:是指由项目专业质量检查员根据执行标准检查评定的结果,照实际检查结果填写;

④ 监理(建设)单位验收结论:分项工程质量由专业监理工程师(建设单位项目专业技术负责人)组织施工方项目专业技术负责人等进行验收。故检验批质量验收结论由监理工程师填写。照实际;

⑤ 检查结论:按实际汇集的检验批组成的分项工程验收结果,由施工单位的项目专业技术负责人填写;

⑥ 验收结论:按实际汇集的检验批组成的分项工程验收结果,由监理单位的项目专业监理工程师或建设单位的项目专业技术负责人填写。照实际。

3. 工程质量验收检查方法

全面地进行建筑工程质量验收的检查,特别是对影响结构安全和使用功能的检查应采用检测设备和科学方法,但对一般建筑工程的质量检查方法大致可分为两类:一是目测检查;二是实测检查。其方法主要包括:

(1) 目测检查

① 看:即外观目测检查。应参照有关质量验收规范进行检查。

② 摸:即手感检查。主要用于装饰工程某些检查项目。

③ 敲:即利用工具进行音感检查。如对地面、墙面的空鼓检查时的敲击。

④ 照:即用镜子反射的方法进行检查或用灯光照射进行检查。

(2) 实测检查

① 靠:即用靠尺检查测量平整度的一种方法。

② 吊:大部分指用托线板紧贴测量面以线坠吊线测量垂直度的方法。

③ 量:指用尺、百格网、刻槽直尺、塞尺、卡尺等工具检查。

④ 套:指用方尺套方,辅以塞尺检查。

1.4 检验批质量验收记录

1. 资料表式

检验批质量验收记录表　　　　　　　　　表 1-6

	质量验收规范的规定		施工单位检查评定记录	监理(建设)单位验收记录
主控项目	1			
	2			
	3			
	4			
	5			
	6			
	7			
	8			
	9			
一般项目	1			
	2			
	3			
	4			
施工单位检查结果评定			项目专业质量检查员： 　　年 月 日	
监理(建设)单位验收结论			监理工程师 (建设单位项目专业技术负责人) 　　年 月 日	

2. 应用指导

（1）分项工程可由一个或若干检验批组成,检验批可根据施工及质量控制和专业验收需要按楼层、施工段、变形缝等进行划分。分项工程划分检验批：

① 多层及高层建筑工程中主体分部的分项工程可按楼层或施工段划分检验批,单层建筑工程中的分项工程可按变形缝等划分检验批;

② 地基基础分部工程中的分项工程一般划分为一个检验批,有地下层的基础工程可按不同地下层划分检验批;

③ 屋面分部工程中的分项工程按不同楼层屋面可划分为不同的检验批;

④ 其他分部工程中的分项工程,一般按楼层划分检验批;

⑤ 对于工程量较少的分项工程可统一划为一个检验批;
⑥ 安装工程一般按一个设计系统或设备组别划分为一个检验批;
⑦ 室外工程统一划分为一个检验批;
⑧ 散水、台阶、明沟等含在地面检验批中。

(2) 检验批合格质量应符合下列规定:
① 主控项目和一般项目的质量经抽样检验合格;
② 具有完整的施工操作依据、质量检查记录。

注:1. 检验批是工程验收的最小单位,检验批是施工过程中条件相同并有一定数量材料、构配件或安装项目,质量基本均匀一致,故可作为检验的基本单位,并按批验收。
2. 检验批质量合格的条件,共两个方面:资料检查、主控项目和一般项目检验。检验批的合格质量主要取决于对主控项目和一般项目的检验结果。主控项目的检验项目必须全部符合有关专业工程验收规范的规定。主控项目的检查具有否决权。

(3) 检验批的质量验收记录由施工项目专业质量检查员填写,监理工程师(建设单位项目专业技术负责人)组织项目专业质量检查员等进行验收,并按表记录。

检验批的质量检验,应根据检验项目的特点在下列抽样方案中进行选择:
① 计量、计数或计量、计数抽样等方案;
② 一次、二次或多次抽样方案;
③ 根据生产连续性和生产控制稳定性情况,尚可采用调整型抽样方案;
④ 对重要的检验项目当可采用简易快速的检验方法时,可选用全数检验方案;
⑤ 经实践检验有效的抽样方案。

注:1. 对于检验项目的质量、计数检验,可分为全数检验的抽样检验,重要的检验项目可采取简易快速的非破损检验方法时,宜选用全数检验。构件截面尺寸和外观质量的检验项目,宜选用考虑合格质量水平的生产方风险和使用方风险的一次或二次抽样方案或经实际经验有效的抽样方案。
2. 合格质量水平的生产方风险,是指合格批被判为不合格的批率,即合格批被拒收的概率。风险控制范围 $\alpha = 1\% \sim 5\%$;使用方风险划为不合格批被判为合格批的概率,即不合格批被误收的概率,风险控制范围 $\beta = 5\% \sim 10\%$。主控项目的 α、β 值均不宜超过 5%;一般项目 α 值不宜超过 5%;β 值不宜超过 10%。

(4) 检验批的验收,只按列为主控项目、一般项目的条款来验收,不能随意扩大内容范围和提高质量标准。只要这些条款达到规定后,检验批就应通过验收。

(5) 表列子项:
① 验收部位:指验收的检验批所处该工程的部位,照实际部位(如一层①~⑤轴等);
② 施工执行标准名称及编号:指该工程施工执行的行业标准、协会标准、施工指南、手册等技术资料进行转化的施工企业专项技术标准名称,如砌砖工艺标准、钢筋工艺标准、混凝土工艺标准;编号指应用该标准的节、条的编号;
③ 主控项目:指该工程执行的专业施工验收规范指明的主控项目,有几条应分别填入表内,并按实际检查结果填在"检查评定记录"栏下;
④ 一般项目:指该工程执行的专业施工验收规范指明的一般项目,有几条应分别填入表内,并按实际检查结果填在"检查评定记录"栏下;
⑤ 施工单位检查结果评定:是指由项目专业质量检查号,根据执行标准检查的结果,照

实际检查结果填写；

⑥ 监理建设单位验收结论：指项目监理机构的专业监理工程师或建设单位项目专业技术负责人复查验收后填写的工程质量的结论意见，照实际填写。

3．不同专业规范检验批的划分规定

（1）地基基础按分项工程进行验收。

（2）地下防水工程按分项工程进行验收。

（3）砌体工程。按（GB 50203—2002）规定划分为 5 个检验批。

（4）混凝土结构工程：

1）施工现场应有相应的施工技术标准、健全的质量管理体系、施工质量控制和质量检验制度。

混凝土结构施工项目应有施工组织设计和施工技术方案，并经审查批准。

2）对混凝土结构子分部工程的验收，应在模板、钢筋、预应力、混凝土、现浇结构或装配式结构等相关分项工程验收合格的基础上，进行质量控制资料检查及观感质量验收，并应对涉及结构安全的重要部位进行结构实体检验。

3）对混凝土结构子分部工程，根据结构的施工方法可分为现浇混凝土结构子分部工程和装配式混凝土结构子分部工程；根据结构的类型，还可分为钢筋混凝土结构子分部工程和预应力混凝土结构子分部工程等。

对现浇混凝土结构子分部工程，应进行钢筋、混凝土、现浇结构三个分项的验收；对装配式混凝土结构，应增加装配式结构分项的验收；对预应力混凝土结构，应增加预应力分项的验收。

4）分项工程的验收应在所含检验批验收合格的基础上，进行质量验收记录检查。

检验批可根据与生产和施工方式相一致且便于控制施工质量的原则进行划分。

5）检验批应在操作者进行自检和施工单位专业检验部门进行质量检查且评定合格的基础上，由监理工程师（建设单位项目专业技术负责人）组织施工单位专业检验部门进行验收。

未经监理工程师（建设单位项目专业技术负责人）检查认可，不得进行后续工序的施工。

根据质量控制和验收的需要，必要时尚应进行见证检测。

6）检验批的验收应包括如下内容：

① 实物检查，按下列方式进行：a．对原材料、构配件和器具等产品的进场复验，应按进场的批次和产品的抽样检验方案执行；b．对混凝土强度、预制构件结构性能等，应按国家现行有关标准和（GB 50204—2002）规范规定的抽样检验方案执行；c．对（GB 50204—2002）规范中采用计数检验的项目，应按抽查总点数的合格点率进行检查；

② 资料检查，包括原材料、构配件和器具等的产品合格证及进场复验报告、施工过程中重要工序的自检和交接检记录、抽样检验报告、见证检测报告、隐蔽工程验收记录等。

7）检验批合格质量应符合下列规定：

① 主控项目和一般项目的质量经抽样检验合格；当采用计数检验时，主控项目的合格点率应达到 90% 及以上；一般项目的合格点率应达到 80% 及以上，且均不得有严重缺陷；

② 具有完整的施工操作依据和质量验收记录。

（5）钢结构工程：

1）进场验收的检验批原则上应与各分项工程检验批一致，也可以根据工程规模及进料实际情况划分检验批；

2）钢结构焊接工程可按相应的钢结构制作或安装工程检验批的划分原则划分为一个或若干个检验批；

3）紧固件连接工程可按相应的钢结构制作或安装工程检验批的划分原则划分为一个或若干个检验批；

4）钢零件及钢部件加工工程，可按相应的钢结构制作工程或钢结构安装工程检验批的划分原则划分为一个或若干个检验批；

5）钢构件预拼装工程可按钢结构制作工程检验批的划分原则划分为一个或若干个检验批；

6）单层钢结构安装工程可按变形缝或空间刚度单元等划分成一个或若干个检验批。地下钢结构可按不同地下层划分检验批；

7）多层及高层钢结构安装工程可按楼层或施工段等划分为一个或若干个检验批。地下钢结构可按不同地下层划分检验批；

8）钢网架结构安装工程可按变形缝、施工段或空间刚度单元划分成一个或若干个检验批；

9）压型金属板的制作和安装工程可按变形缝、楼层、施工段或屋面、墙面、楼面等划分为一个或若干个检验批；

10）钢结构涂装工程可按钢结构制作或钢结构安装工程检验批的划分原则划分成一个或若干个检验批。

（6）木结构工程

检验批应根据结构类型、构件受力特征、连接件种类、截面形状和尺寸及所采用的树种和加工量划分。

（7）装饰装修工程（摘自《建筑装饰装修工程质量验收规范》GB 50210—2001）

4.1.5 各分项工程的检验批应按下列规定划分：

1）相同材料、工艺和施工条件的室外抹灰工程每 500～1000m^2 应划分为一个检验批，不足 500m^2 也应划分为一个检验批；

2）相同材料、工艺和施工条件的室内抹灰工程每 50 个自然间（大面积房间和走廊按抹灰面积 30m^2 为一间）应划分为一个检验批，不足 50 间也应划分为一个检验批；

5.1.5 各分项工程的检验批应按下列规定划分：

1）同一品种、类型和规格的木门窗、金属门窗、塑料门窗及门窗玻璃每 100 樘应划分为一个检验批，不足 100 樘也应划分为一个检验批；

2）同一品种、类型和规格的特种门每 50 樘应划分为一个检验批，不足 50 樘也应划分为一个检验批；

6.1.5 各分项工程的检验批应按下列规定划分：

同一品种的吊顶工程每 50 间（大面积房间和走廊按吊顶面积 30m^2 为一间）应划分为一个检验批，不足 50 间也应划分为一个检验批；

7.1.5 各分项工程的检验批应按下列规定划分：同一品种的轻质隔墙工程每 50 间（大面积房间和走廊按轻质隔墙的墙面 30m^2 为一间）应划分为一个检验批，不足 50 间也应划分为一个检验批；

8.1.5 各分项工程的检验批应按下列规定划分：

1）相同材料、工艺和施工条件的室内饰面板(砖)工程每 50 间(大面积房间和走廊按施工面积 30m² 为一间)应划分为一个检验批,不足 50 间也应划分为一个检验批;

2）相同材料、工艺和施工条件的室外饰面板(砖)工程每 500～1000m² 应划分为一个检验批,不足 500m² 也应划分为一个检验批;

9.1.5 各分项工程的检验批应按下列规定划分:

1）相同设计、材料、工艺和施工条件的幕墙工程每 500～1000m² 应划分为一个检验批,不足 500m² 也应划分为一个检验批;

2）同一单位工程的不连续的幕墙工程应单独划分检验批。

3）对于异型或有特殊要求的幕墙,检验批的划分应根据幕墙的结构、工艺特点及幕墙工程规模,由监理单位(或建设单位)和施工单位协商确定;

10.1.3 各分项工程的检验批应按下列规定划分:

1）室外涂饰工程每一栋楼的同类涂料涂饰的墙面每 500～1000m² 应划分为一个检验批,不足 500m² 也应划分为一个检验批;

2）室内涂饰工程,同类涂料涂饰的墙面每 50 间(大面积房间和走廊按涂饰面积 30m² 为一间)应划分为一个检验批,不足 50 间也应划分为一个检验批;

11.1.3 各分项工程的检验批应按下列规定划分:

同一品种的裱糊或软包工程每 50 间(大面积房间和走廊按施工面积 30m² 为一间)应划分为一个检验批,不足 50 间也应划分为一个检验批;

12.1.5 各分项工程的检验批应按下列规定划分:

1）同类制品每 50 间(处)应划分为一个检验批,不足 50 间(处)也应划分为一个检验批;

2）每部楼梯应划分为一个检验批。

(8) 地面工程(摘自《建筑地面工程施工质量验收规范》GB 50209—2002)

3.0.18 建筑地面工程施工质量的检验,应符合下列规定:

1）基层(各构造层)和各类面层的分项工程的施工质量验收应按每一层次或每层施工段(或变形缝)作为检验批,高层建筑的标准层可按每三层(不足三层按三层计)作为检验批;

2）每检验批应以各子分部工程的基层(各构造层)和各类面层所划分的分项工程按自然间(或标准间)检验,抽查数量应随机检验不少于 3 间;不足 3 间,按全数检查;其中走廊(过道)以 10 延长米为 1 间,工业厂房(按单跨计)、礼堂、门厅应以两个轴线为 1 间计算;

3）有防水要求的建筑地面子分部工程的分项工程施工质量每检验批抽查数量,应按其房间总数随机检验不少于 4 间,不足 4 间按全数检查。

3.0.20 建筑地面工程的分项工程施工质量验收的主控项目必须达到(GB 50309)规范规定的质量标准,认定为合格;一般项目 80% 以上的检查点符合(GB 50309)规范规定的质量要求,其他检查点(处)不得有明显影响装饰效果,并不得大于允许偏差值的 50% 为合格。凡达不到质量标准时,应按国家标准《建筑工程施工质量验收统一标准》的规定处理。

(9) 屋面工程(摘自《屋面工程质量验收规范》GB 50207—2002)

屋面分部工程中的分项工程不同楼层屋面可划分为不同的检验批。

3.0.12 屋面工程中各分项工程的施工质量检验批量应符合下列规定:

1）卷材防水屋面、涂膜防水屋面、刚性防水屋面、瓦屋面和隔热屋面工程,应按屋面面积每 100m² 抽查一处,每处 10m²,但不少于 3 处。

2) 接缝密封防水,应按每 50m² 查一处,每处 5m,但不得少于 3 处。

3) 细部构造应根据分项工程的内容,全部进行检查。

(10) 给排水及采暖工程(摘自《建筑给水排水及采暖工程施工质量验收规范》GB 50242—2002)

3.1.5 建筑给水、排水及采暖工程的分项工程,应按系统、区域、施工段或楼层等划分。分项工程应划分成若干个检验批进行验收。

(11) 电气工程(摘自《建筑电气工程施工质量验收规范》GB 50303—2002)

28.0.1 当建筑电气分部工程施工质量检验时,检验批的划分应符合下列规定:

1) 室外电气安装工程中分项工程的检验批,依据庭院大小、投运时间先后、功能区块不同划分;

2) 变配电室安装工程中分项工程的检验批,主变配电室为一个检验批;有数个分变配电室,且不属于子单位工程的子分部工程,各为一个检验批,其验收记录汇入所有变配电室有关分项工程的验收记录中;如各分变配电室属于各子单位工程的子分部工程,所属分项工程各为一个检验批,其验收记录为一个分项工程验收记录,经子分部工程验收记录汇入分部工程验收记录中;

3) 供电干线安装工程分项工程的检验批,依据供电区段和电气线缆竖井的编号划分;

4) 电气动力和电气照明安装工程中分项工程及建筑物等电位联结分项工程的检验批,其划分的界区,应与建筑土建工程一致;

5) 备用和不间断电源安装工程中分项工程各自成为一个检验批;

6) 防雷及接地装置安装工程中分项工程检验批,人工接地装置和利用建筑物基础钢筋的接地体各为一个检验批,大型基础可按区块划分成几个检验批;避雷引下线安装,6 层以下的建筑为一个检验批,高层建筑依均压环设置间隔的层数为一个检验批;接闪器安装同一屋面为一个检验批。

(12) 通风与空调工程(规范中共列 9 个检验批表式)(摘自《通风与空调工程施工质量验收规范》GB 50243—2002):

1) 风管与配件制作检验批验收质量验收记录见附表 C.2.1-1 与 C.2.1-2。

2) 风管部件与消声器制作检验批质量验收记录见附表 C.2.2。

3) 风管系统安装检验批质量验收记录见附表 C.2.3-1、C.2.3-2 与 C.2.3-3。

4) 通风机安装检验批质量验收记录见附表 C.2.4。

5) 通风与空调设备安装检验批质量验收记录见附表 C.2.5-1、C.2.5-2 与 C.2.5-3。

6) 空调制冷系统安装检验批质量验收记录见附表 C.2.6。

7) 空调水系统安装检验批质量验收记录见附表 C.2.7-1、C.2.7-2 与 C.2.7-3。

8) 防腐与绝热施工检验批质量验收记录见附表 C.2.8-1、C.2.8-2。

9) 工程系统调试检验批质量验收记录见附表 C.2.9。

(13) 电梯工程(摘自《电梯工程施工质量验收规范》GB 50310—2002):

电梯安装工程按设备进场、土建交接、驱动主机、导轨、门、轿厢、对重、安全部件、悬挂装置、随行电缆、补偿器、电气装置、套机安装等进行质量验收。

1.5 单位(子单位)工程质量控制资料核查记录

1. 资料表式

单位(子单位)工程质量控制资料核查记录表　　　表 1-7

工程名称			施工单位		
序号	项目	资　料　名　称	份数	核查意见	核查人
1	建筑与结构	图纸会审、设计变更、洽商记录			
2		工程定位测量、放线记录			
3		原材料出厂合格证书及进场检(试)验报告			
4		施工试验报告及见证检测报告			
5		隐蔽工程验收表			
6		施工记录			
7		预制构件、预拌混凝土合格证			
8		地基、基础、主体结构检验及抽样检测资料			
9		分项、分部工程质量验收记录			
10		工程质量事故及事故调查处理资料			
11		新材料、新工艺施工记录			
12					
1	给排水与采暖	图纸会审、设计变更、洽商记录			
2		材料、配件出厂合格证书及进场检(试)验报告			
3		管道、设备强度试验、严密性试验记录			
4		隐蔽工程验收表			
5		系统清洗、灌水、通水、通球试验记录			
6		施工记录			
7		分项、分部工程质量验收记录			
8					
1	建筑电气	图纸会审、设计变更、洽商记录			
2		材料、设备出厂合格证书及进场检(试)验报告			
3		设备调试记录			
4		接地、绝缘电阻测试记录			
5		隐蔽工程验收表			
6		施工记录			
7		分项、分部工程质量验收记录			
8					

续表

工程名称			施工单位			
序号	项目	资料名称		份数	核查意见	核查人
1	通风与空调	图纸会审、设计变更、洽商记录				
2		材料、设备出厂合格证书及进场检(试)验报告				
3		制冷、空调、水管道强度试验、严密性试验记录				
4		隐蔽工程验收表				
5		制冷设备运行调试记录				
6		通风、空调系统调试记录				
7		施工记录				
8		分项、分部工程质量验收记录				
9						
1	电梯	土建布置图纸会审、设计变更、洽商记录				
2		设备出厂合格证书及开箱检验记录				
3		隐蔽工程验收表				
4		施工记录				
5		接地、绝缘电阻测试记录				
6		负荷试验、安全装置检查记录				
7		分项、分部工程质量验收记录				
8						
1	建筑智能化	图纸会审、设计变更、洽商记录、竣工图及设计说明				
2		材料、设备出厂合格证及技术文件及进场检(试)验报告				
3		隐蔽工程验收表				
4		系统功能测定及设备调试记录				
5		系统技术、操作和维护手册				
6		系统管理、操作人员培训记录				
7		系统检测报告				
8		分项、分部工程质量验收报告				

结论：

总监理工程师
施工单位项目经理　　年　月　日　　(建设单位项目负责人)　年　月　日

2. 应用指导

(1) 工程质量控制资料是利用科学的方法测量实际质量的结果与标准对比,对其差异采取措施,以达到规定的质量标准的过程。实施这一过程形成的技术资料即为工程质量控制资料。对该资料进行核查以达到确保工程质量达标的目的。

(2) 标准规定工程质量控制资料应完整,强制性条文实施指南作了如下解释:应有的质量控制资料,主要强调建筑结构、设备性能、使用功能方面的主要技术性检验。

(3) 资料主要包括:图纸会审及变更记录、定位测量放线记录、施工操作依据、原材料、构配件等质量证书、按规定进行检验的检测报告、隐蔽工程验收记录、施工中有关的施工试验、测试、检验等,以及抽样检测项目的检测报告等。

据此可以说质量控制资料完整,即"统一标准"质量检测资料表例子项中应检项目齐全(合理缺项除外)即为质量控制资料完整。

由总监理工程师进行核查确认,不同分部(子分部)工程应分别核查,也可综合抽查。

3. 表列子项

(1) 施工单位:填写合同法人的施工单位名称。照实际。

(2) 工程名称项下项目栏:工程质量控制资料核查共六项:建筑与结构、给排水与采暖、建筑电气、通风与空调、电梯、建筑智能化。核查项目不得增加或减少。

(3) 资料名称:6个项目共49项核查内容,按单位(子单位)工程实际形成的资料逐项核查,合理缺项除外。

(4) 核查意见:由核查人按实际核查结果填写。

(5) 结论:结论意见由核查人填写。施工单位的项目经理签字,经监理工程师核查后签字有效。

1.6 单位(子单位)工程安全和功能检验资料核查及主要功能抽查记录

1. 资料表式

单位(子单位)工程安全和功能检验资料核查及主要功能抽查记录表　　表1-8

工程名称			施工单位			
序号	项目	安全和功能检查项目	份数	核查意见	抽查结果	核查(抽查)人
1	建筑与结构	屋面淋水试验记录				
2		地下室防水效果检查记录				
3		有防水要求的地面蓄水试验记录				
4		建筑物垂直度、标高、全高测量记录				
5		抽气(风)道检查记录				
6		幕墙及外窗气密性、水密性、耐风压检测报告				
7		建筑物沉降观测测量记录				
8		节能、保温测试记录				
9		室内环境检测报告				
10						

续表

工程名称			施工单位			
序号	项目	安全和功能检查项目	份数	核查意见	抽查结果	核查(抽查)人
1	给排水与采暖	给水管道通水试验记录				
2		暖气管道、散热器压力试验记录				
3		卫生器具满水试验记录				
4		消防管道、燃气管道压力试验记录				
5		排水干管通球试验记录				
6						
1	电气	照明全负荷试验记录				
2		大型灯具牢固性试验记录				
3		避雷接地电阻测试记录				
4		线路、插座、开关接地检验记录				
5						
1	通风与空调	通风、空调系统试运行记录				
2		风量、温度测试记录				
3		洁净室洁净度测试记录				
4		制冷机组试运行调试记录				
5						
1	电梯	电梯运行记录				
2		电梯安全装置检测报告				
1	智能建筑	系统试运行记录				
2		系统电源及接地检测报告				
3						

结论：

施工单位项目经理　　年　月　日　　　总监理工程师（建设单位项目负责人）　年　月　日

注：抽查项目由验收组协商确定。

2. 安全与功能项目说明

(1) 安全与功能项目应在施工过程中进行检验并在竣工验收时进行核查及抽查。

(2) 对涉及安全和使用功能的地基与基础、主体结构和设备安装等分部工程应在施工过程中进行抽样检测。

(3) 工程安全和功能检验资料及主要功能抽查记录均为在施工过程中的应检项目。

(4) 标准规定有关安全与功能方面检测资料应完整。强制性条文实施指南作了如下解释:

1) 有关安全与功能的检测,其检测项目尽可能在分项、子分部、分部工程中完成。

2) 在单位工程验收时,检查其资料是否完整,应包括检查资料的:

检查项目是否齐全、检测程序是否合理、检测方法是否正确、检测报告是否符合专业规范规定要求。

3) 通常的主要功能抽测项目,应为有关项目最终的综合性的使用功能,如室内环境检测、屋面淋水检测、照明全负荷试验检测、智能建筑系统运行等。

安全与功能检测资料,据上解释即"统一标准"规定的工程安全与功能检测资料表列子项中应检项目齐全(合理缺项除外)即为安全与功能检测资料完整。

这种检测应有施工单位来完成,可请监理工程师或建设单位有关负责人参加监督检测,达到要求后共同签字认可。

3. 表列子项

(1) 施工单位:填写合同法人的施工单位名称,照实际。

(2) 工程名称项目栏:工程安全和功能检验资料核查及主要功能抽查共6项:建筑与结构、给排水与采暖、电气、通风与空调、电梯、智能建筑。抽查项目不得增加或减少。

(3) 安全功能检查项目:6个项目共26项核、抽查内容,按C1-4-3表列内容项核、抽查,合理缺项除外。

(4) 核查意见:由抽查人按实际抽查结果填写。

(5) 抽查结果:由核查人按实际抽查结果填写。

(6) 结论:结论意见由核、抽查人员根据核、抽查结果填写。施工单位项目经理签字、总监理工程师核查后签字生效。

1.7 单位(子单位)工程观感质量检查记录

1. 资料表式

2. 应用指导

(1) 核实质量控制资料;

(2) 核查分项、分部工程验收的正确性;

(3) 在分部工程中不能检查的项目或没有检查到的项目在观感质量检查时进行检查;

(4) 查看不应出现裂缝情况、地面空鼓、起砂、墙面空鼓粗糙、门窗开关不灵、关闭不严等,以及分项、分部无法测定或不便测定的项目,如建筑物全高垂直度、上下窗口位置偏移、线角不顺直等。

单位(子单位)工程观感质量检查记录

表 1-9

工程名称			施工单位									
序号		项目	抽查质量状况							质量评价		
										好	一般	差
1	建筑与结构	室外墙面										
2		变形缝										
3		水落管,屋面										
4		室内墙面										
5		室内顶棚										
6		室内地面										
7		楼梯、踏步、护栏										
8		门窗										
1	给排水与采暖	管道接口、坡度、支架										
2		卫生器具、支架、阀门										
3		检查口、扫除口、地漏										
4		散热器、支架										
1	建筑电气	配电箱、盘、板、接线盒										
2		设备器具、开关、插座										
3		防雷、接地										
1	通风与空调	风管、支架										
2		风口、风阀										
3		风机、空调设备										
4		阀门、支架										
5		水泵、冷却塔										
6		绝热										
1	电梯	运行、平层、开关门										
2		层门、信号系统										
3		机房										
1	智能建筑	机房设备安装及布局										
2		现场设备安装										
3												
观感质量综合评价												
检查结论		施工单位项目经理　　年 月 日				总监理工程师 (建设单位项目负责人) 年 月 日							

注:质量评价为差的项目,应进行返修。

3. 表列子项

（1）施工单位：填写合同法人的施工单位名称，照实际。

（2）工程名称项目栏：工程观感质量检查共6项：建筑与结构、给排水与采暖、建筑电气、建筑与空调、电梯、智能建筑。检查项目不得增加或减少。合理缺项除外。

（3）抽查质量状况：一般每个子项目抽查10个点，可以自行设定一个代号，如：好，打√；一般，打∨；差，打○。

（4）质量评价：按抽查质量状况的数理统计结果，权衡给出好、一般或差的评价。照实际。

（5）观感质量综合评价：可由参加观感质量检查人员根据子项目质量评价结果权衡得出，并填写。

（6）检查结论：结论意见由检查记录人根据参加人评价的结果填写。施工单位的项目经理、项目监理机构总监理工程师经核查同意后签字有效。

2 分项、检验批工程质量验收

2.1 建筑地基与基础工程

2.1.1 灰土地基质量验收记录

1. 资料表式

灰土地基质量验收记录表　　　　　　　　表202-1

检控项目	序号	质量验收规范规定	允许偏差或允许值		施工单位检查评定记录	监理(建设)单位验收记录
			单位	数值		
主控项目	1	地基承载力	应符合设计要求			
	2	配合比	应符合设计要求			
	3	压实系数	应符合设计要求			
		项　目	允许偏差(mm)		量　测　值　(mm)	
一般项目	1	石灰粒径	mm	≤5		
	2	土料有机质含量	%	≤5		
	3	土颗粒粒径	mm	≤15		
	4	含水量(与要求的最优含水量比较)	%	±2		
	5	分层厚度偏差(与设计要求比较)	mm	±50		

2. 应用指导

(1) 检查验收统一说明

1) 执行规范章、节

本表的检验批验收执行《建筑地基基础工程施工质量验收规范》(GB 50202—2002)规范第四章、第4.2节主控项目和一般项目有关条目的质量等级要求。应按其质量标准和检查方法逐一进行验收。

表列应检验项目必须全部进行检查验收,不得缺漏,应检项目漏检,应进行补充检查验收,不进行补检不应通过验收。

2) 检验批的划分原则

地基基础的检验批划分原则为一个分项划为一个检验批。

3) 质量等级验收评定

① 主控项目是对检验批的基本质量起决定性影响的检验项目,必须全部符合该专业规范的规定,不允许有不符合规范要求的检验结果;

② 一般项目应有80%以上的抽检处符合该规范规定或偏差值在其允许偏差范围内。

4) 检验批验收应提交资料

检验批验收时,应提交的施工操作依据和质量检查记录应完整。

5) 检验批验收

只按列为主控项目、一般项目的条款来验收,不能随意扩大内容范围和提高质量标准。

6) 检验批验收责任制

检验批表式中的责任制签记必须本人签字,替签为无效检验批验收记录。

(2) 保证质量措施条目(摘自《建筑地基基础工程施工质量验收规范》GB 50202—2002)

3.0.1 地基与基础工程施工前,必须具备完善的地质勘察资料及工程附近管线、建筑物、构筑物和其他公共设施的构造情况,必要时应作施工勘察和调查,以确保工程质量及临近建筑的安全。

3.0.3 从事地基与基础工程检测及见证试验的单位,必须具备省(直辖市)级以上(含省、直辖市级)建设行政主管部门颁发的资质证书和计量行政主管部门颁发的计量认证合格证书。

4.1.4 地基加固工程,应在正式施工前进行试验段施工,论证设定的施工参数及加固效果。为验证加固效果所进行的载荷试验,其施加载荷应不低于设计载荷的2倍。

摘自《建筑地基处理技术规范》JGJ 79—2002

4.4.2 垫层的施工质量检验必须分层进行。应在每层的压实系数符合设计要求后铺填上层土。

(3) 检查验收执行条目(摘自《建筑地基基础工程施工质量验收规范》GB 50202—2002)

4.1.5 对灰土地基,其竣工后的结果(地基强度或承载力)必须达到设计要求的标准,检验数量,每单位工程不应少于3点,1000m^2以上工程,每100m^2至少应有1点,3000m^2以上工程,每300m^2至少应有1点。每一独立基础下至少应有1点,基槽每20延米应有1点。

4.1.7 除4.1.5指定的主控项目外,其他主控项目及一般项目可随意抽查。

4.2.1 灰土土料、石灰或水泥(当水泥替代灰土中的石灰时)等材料及配合比应符合设计要求,灰土应搅拌均匀(石灰质量的检验项目、批量和检验方法应符合国家现行标准规定)。

4.2.2 施工过程中应检查分层铺设的厚度、分段施工时上下两层的搭接长度、夯实时加水量、夯压遍数、压实系数。

4.2.3 施工结束后,应检验灰土地基的承载力。

4.2.4 灰土地基质量验收标准应符合表4.2.4的规定。

另:灰土地基施工注意事项

施工过程中应检查清基、回填料铺设厚度及平整度、土工合成材料的铺设方向、接缝搭接长度或缝接状况、土工合成材料与结构的连接状况等。

(4) 质量验收的检查方法

灰土地基质量验收的检查方法　　　　　表 4.2.4

项次	检查项目	检查方法
1	地基承载力	按规定方法
2	配合比	按拌和时的体积比
3	压实系数	现场实测
4	石灰粒径	筛分法
5	土料有机质含量	试验室焙烧法
6	土颗粒粒径	筛分法
7	含水量(与要求的最优含水量比较)	烘干法
8	分层厚度偏差(与设计要求比较)	水准仪

(5) 检验批验收应提供的附件资料

1) 原材料质量合格证明(白灰或水泥);
2) 水泥试验报告;
3) 进场材料验收记录;
4) 施工记录(搅拌、铺设厚度、上下层搭接、加水量、压实遍数、压实系数、承载力等);
5) 干密度试验报告(见证取样);
6) 隐蔽工程验收记录(每层铺设并夯击完成,进行下一层铺设时);
7) 承载力测试报告;
8) 有关验收文件;
9) 自检、互检及工序交接检查记录;
10) 其他应报或设计要求报送的资料。

注:合理缺项除外。

2.1.2 砂及砂石地基质量验收记录

1. 资料表式

砂及砂石地基质量验收记录表　　　　　表 202-2

检控项目	序号	质量验收规范规定	允许偏差或允许值		施工单位检查评定记录	监理(建设)单位验收记录
			单位	数值		
主控项目	1	地基承载力	应符合设计要求			
	2	配合比	应符合设计要求			
	3	压实系数	应符合设计要求			

续表

检控项目	序号	质量验收规范规定	允许偏差或允许值		施工单位检查评定记录	监理(建设)单位验收记录
			单位	数值		
一般项目	1	砂石料有机质含量	%	≤5		
	2	砂石料含泥量	%	≤5		
	3	石料粒径	mm	≤100		
	4	含水量(与最优含水量比较)	%	±2		
	5	分层厚度(与设计要求比较)	mm	±50		

2. 应用指导

(1) 检查验收统一说明

1) 执行规范章、节

本表的检验批验收执行《建筑地基基础工程施工质量验收规范》(GB 50202—2002)规范第4章、第4.3节主控项目和一般项目有关条目的质量等级要求。应按其质量标准和检查方法逐一进行验收。

表列应检验项目必须全部进行检查验收不得缺漏,应检项目漏检,应进行补充检查验收,不进行补检不应通过验收。

2) 检验批的划分原则

地基基础的检验批划分原则为一个分项划为一个检验批。

3) 质量等级验收评定

① 主控项目是对检验批的基本质量起决定性影响的检验项目,必须全部符合该专业规范的规定,不允许有不符合规范要求的检验结果;

② 一般项目应有80%以上的抽检处符合该规范规定或偏差值在其允许偏差范围内。

4) 检验批验收应提交资料

检验批验收时,应提交的施工操作依据和质量检查记录应完整。

5) 检验批验收

只按列为主控项目、一般项目的条款来验收,不能随意扩大内容范围和提高质量标准。

6) 检验批验收责任制

检验批表式中的责任制签记必须本人签字,替签为无效检验批验收记录。

(2) 保证质量措施条目(摘自《建筑地基基础工程施工质量验收规范》GB 50202—2002)

3.0.1 地基与基础工程施工前,必须具备完善的地质勘察资料及工程附近管线、建筑物、构筑物和其他公共设施的构造情况,必要时应作施工勘察和调查以确保工程质量及临近建筑的安全。

3.0.3 从事地基与基础工程检测及见证试验的单位,必须具备省(直辖市)级以上(含省、直辖市级)建设行政主管部门颁发的资质证书和计量行政主管部门颁发的计量认证合格证书。

4.1.4 地基加固工程,应在正式施工前进行试验段施工,论证设定的施工参数及加固效果。为验证加固效果所进行的载荷试验,其施加载荷应不低于设计载荷的2倍。

摘自《建筑地基处理技术规范》JGJ 79—2002

4.4.2 垫层的施工质量检验必须分层进行。应在每层的压实系数符合设计要求后铺填上层土。

(3) 检查验收执行条目(摘自《建筑地基基础工程施工质量验收规范》GB 50202—2002)

4.1.5 对砂和砂石地基,其竣工后的结果(地基强度或承载力)必须达到设计要求的标准,检验数量,每单位工程不应少于3点,1000m^2以上工程,每100m^2至少应有1点,3000m^2以上工程,每300m^2至少应有1点。每一独立基础下至少应有1点,基槽每20延米应有1点。

4.1.7 除4.1.5指定的主控项目外,其他主控项目及一般项目可随意抽查。

4.3.1 砂、石等原材料质量、配合比应符合设计要求,砂、石应搅拌均匀。

(砂、石质量的检验项目、批量和检验方法应符合国家现行标准规定)。

4.3.2 施工过程中必须检查分层厚度,分段施工时搭接部分的压实情况。加水量、压实遍数、压实系数。

4.3.3 施工结束后,应检验砂石地基的承载力。

4.3.4 砂石地基质量验收标准应符合表4.3.4的规定。

(4) 质量验收的检查方法

砂和砂石地基质量验收检查方法　　　　表4.3.4

项次	检 查 项 目	检 查 方 法
1	地基承载力	按规定方法
2	配合比	检查拌和时的体积比或重量比
3	压实系数	现场实测
4	砂石料有机质含量	焙烧法
5	砂石料含泥量	水洗法
6	石料粒径	筛分法
7	含水量(与最优含水量比较)	烘干法
8	分层厚度(与设计要求比较)	水准仪

(5) 检验批验收应提供的附件资料

1) 原材料质量合格证(砂、石);
2) 砂、石试验报告;
3) 进场材料验收记录;
4) 施工记录(搅拌、铺设厚度、上下层搭接、加水量、压实遍数、压实系数、承载力等);
5) 干密度试验报告(见证取样);
6) 隐蔽工程验收记录(每层铺设并夯击完成,进行下一层铺设时);
7) 承载力测试报告;
8) 有关验收文件;

9) 自检、互检及工序交接检查记录；
10) 其他应报或设计要求报送的资料。

注：合理缺项除外。

2.1.3 土工合成材料地基质量验收记录

1. 资料表式

土工合成材料地基质量验收记录表　　　　　表202-3

检控项目	序号	质量验收规范规定	允许偏差或允许值		施工单位检查评定记录	监理(建设)单位验收记录
			单位	数值		
主控项目	1	土工合成材料强度	%	≤5		
	2	土工合成材料延伸率	%	≤3		
	3	地基承载力	应符合设计要求			
一般项目	1	土工合成材料搭接长度	mm	≥300		
	2	砂石料有机质含量	%	≤5		
	3	层面平整度	mm	≤20		
	4	每层铺设厚度	mm	±25		

2. 应用指导

(1) 检查验收统一说明

1) 执行规范章、节

本表的检验批验收执行《建筑地基基础工程施工质量验收规范》(GB 50202—2002)规范第4章、第4.4节主控项目和一般项目有关条目的质量等级要求。应按其质量标准和检查方法逐一进行验收。

表列应检验项目必须全部进行检查验收不得缺漏，应检项目漏检，应进行补充检查验收，不进行补检不应通过验收。

2) 检验批的划分原则

地基基础的检验批划分原则为一个分项划为一个检验批。

3) 质量等级验收评定

① 主控项目是对检验批的基本质量起决定性影响的检验项目，必须全部符合该专业规范的规定，不允许有不符合规范要求的检验结果；

② 一般项目应有80%以上的抽检处符合该规范规定或偏差值在其允许偏差范围内。

4) 检验批验收应提交资料

检验批验收时，应提交的施工操作依据和质量检查记录应完整。

5) 检验批验收

只按列为主控项目、一般项目的条款来验收，不能随意扩大内容范围和提高质量标准。

6）检验批验收责任制

检验批表式中的责任制签记必须本人签字，替签为无效检验批验收记录。

(2) 保证质量措施条目（摘自《建筑地基基础施工质量验收规范》GB 50202—2002）

3.0.1 地基与基础工程施工前，必须具备完善的地质勘察资料及工程附近管线、建筑物、构筑物和其他公共设施的构造情况，必要时应作施工勘察和调查以确保工程质量及临近建筑的安全。

3.0.3 从事地基与基础工程检测及见证试验的单位，必须具备省（直辖市）级以上（含省、直辖市级）建设行政主管部门颁发的资质证书和计量行政主管部门颁发的计量认证合格证书。

3.0.4 地基与基础工程属分部工程，根据工程规模及工程内容可再划分子分部工程。

4.1.4 地基加固工程，应在正式施工前进行试验段施工，论证设定的施工参数及加固效果。为验证加固效果所进行的载荷试验，其施加载荷应不低于设计载荷的2倍。

摘自《建筑地基处理技术规范》JGJ 79—2002

4.4.2 垫层的施工质量检验必须分层进行。应在每层的压实系数符合设计要求后铺填上层土。

(3) 检查验收执行条目（摘自《建筑地基基础施工质量验收规范》GB 50202—2002）

4.1.5 对土工合成材料地基，其竣工后的结果（地基强度或承载力）必须达到设计要求的标准，检验数量，每单位工程不应少于3点，1000m^2 以上工程，每100m^2 至少应有1点，3000m^2 以上工程，每300m^2 至少应有1点。每一独立基础下至少应有1点，基槽每20延米应有1点。

4.1.7 除4.1.5指定的主控项目外，其他主控项目及一般项目可随意抽查。

4.4.1 施工前应对土工合成材料的物理性能（单位面积的质量、厚度、比重）、强度、延伸率以及土、砂石料等作检验。土工合成材料以100m^2 为一批；每批抽查5%。

4.4.2 施工过程中应检查清基、回填料铺设厚度及平整度、土工合成材料的铺设方向、接缝搭接长度或缝接状况、土工合成材料与结构的连接状况等。

4.4.3 施工结束后，应进行承载力检验。

4.4.4 土工合成材料地基质量验收标准应符合表4.4.4的规定。

(4) 质量验收的检查方法

土工合成材料地基质量验收检查方法

项次	检查项目	检查方法
1	土工合成材料强度	置于夹具上做拉伸试验（结果与设计标准相比）
2	土工合成材料延伸率	置于夹具上做拉伸试验（结果与设计标准相比）
3	地基承载力	按规定方法
4	土工合成材料搭接长度	用钢尺量
5	土石料有机质含量	焙烧法
6	层面平整度	用2m靠尺
7	每层铺设厚度	水准仪

(5) 检验批验收应提供的附件资料

1）原材料质量合格证；

2) 土工合成材料试验报告(拉伸、强度);
3) 进场材料验收记录;
4) 施工记录(清基、铺设厚度、上下层搭接、平整度、铺设方向、与结构连接状况、承载力等);
5) 隐蔽工程验收记录(每层铺设并夯击完成,进行下一层铺设时);
6) 承载力测试报告;
7) 有关验收文件;
8) 自检、互检及工序交接检查记录;
9) 其他应报或设计要求报送的资料。

注:合理缺项除外。

2.1.4 粉煤灰地基质量验收记录

1. 资料表式

粉煤灰地基质量验收记录表　　　　　　表 202-4

检控项目	序号	质量验收规范规定	允许偏差或允许值		施工单位检查评定记录	监理(建设)单位验收记录
			单位	数值		
主控项目	1	压实系数		设计要求		
	2	地基承载力		应符合设计要求		
		项 目	允许偏差			
一般项目	1	粉煤灰粒径	0.001~2.0mm			
	2	氧化铝及二氧化硅含量	≥70%			
	3	烧失量	≤12%			
	4	每层铺筑厚度	±50mm			
	5	含水量(与最优含水量比较)	±2%			

2. 应用指导

(1) 检查验收统一说明

1) 执行规范章、节

本表的检验批验收执行《建筑地基基础施工质量验收规范》(GB 50202—2002)规范第 4 章、第 4.5 节主控项目和一般项目有关条目的质量等级要求。应按其质量标准和检查方法逐一进行验收。

表列应检验项目必须全部进行检查验收不得缺漏,应检项目漏检,应进行补充检查验收,不进行补检不应通过验收。

2) 检验批的划分原则

地基基础的检验批划分原则为一个分项划为一个检验批。

3) 质量等级验收评定

① 主控项目是对检验批的基本质量起决定性影响的检验项目,必须全部符合该专业规范的规定,不允许有不符合规范要求的检验结果;

② 一般项目应有80％以上的抽检处符合该规范规定或偏差值在其允许偏差范围内。

4) 检验批验收应提交资料

检验批验收时,应提交的施工操作依据和质量检查记录应完整。

5) 检验批验收

只按列为主控项目、一般项目的条款来验收,不能随意扩大内容范围和提高质量标准。

6) 检验批验收责任制

检验批表式中的责任制签记必须本人签字,替签为无效检验批验收记录。

(2) 保证质量措施条目(摘自《建筑地基基础工程施工质量验收规范》GB 50202—2002)

3.0.1 地基与基础工程施工前,必须具备完善的地质勘察资料及工程附近管线、建筑物、构筑物和其他公共设施的构造情况,必要时应作施工勘察和调查以确保工程质量及临近建筑的安全。

3.0.3 从事地基与基础工程检测及见证试验的单位,必须具备省(直辖市)级以上(含省、直辖市级)建设行政主管部门颁发的资质证书和计量行政主管部门颁发的计量认证合格证书。

3.0.4 地基与基础工程属分部工程,根据工程规模及工程内容可再划分子分部工程。

4.1.4 地基加固工程,应在正式施工前进行试验段施工,论证设定的施工参数及加固效果。为验证加固效果所进行的载荷试验,其施加载荷应不低于设计载荷的2倍。

摘自《建筑地基处理技术规范》JGJ 79—2002

4.4.2 垫层的施工质量检验必须分层进行。应在每层的压实系数符合设计要求后铺填上层土。

(3) 检查验收执行条目(摘自《建筑地基基础工程施工质量验收规范》GB 50202—2002)

4.1.5 对粉煤灰地基,其竣工后的结果(地基强度或承载力)必须达到设计要求的标准,检验数量,每单位工程不应少于3点,1000m^2以上工程,每100m^2至少应有1点,3000m^2以上工程,每300m^2至少应有1点。每一独立基础下至少应有1点,基槽每20延米应有1点。

4.1.7 除4.1.5指定的主控项目外,其他主控项目及一般项目可随意抽查。

4.5.1 施工前应检查粉煤灰材料,并对基槽清底状况,地质条件予以检验。
(粉煤灰质量的检验项目、批量和检验方法应符合国家现行标准规定。)

4.5.2 施工过程中应检查铺筑厚度,碾压遍数、施工含水量控制、搭接区碾压程度,压实系数等。

4.5.3 施工结束后,应检验地基的承载力。

4.5.4 粉煤灰地基质量检验标准应符合表4.5.4的规定。

（4）质量验收的检查方法

粉煤灰地基质量验收检查方法

项次	检查项目	检查方法
1	压力系数	现场实测
2	地基承载力	按规定方法
3	粉煤灰粒径	过筛
4	氧化铝及二氧化硅含量	试验室化学分析
5	烧失量	试验室烧结结法
6	每层铺筑厚度	水准仪
7	含水量（与最优含水量比较）	取样后试验室确定

（5）检验批验收应提供的附件资料

1）原材料质量合格证（粉煤灰）；
2）粉煤灰试验报告；
3）进场材料验收记录；
4）施工记录（铺设厚度、上下层搭接、含水量控制、压实遍数、碾压程度、压实系数、承载力等）；
5）干密度试验报告（见证取样）；
6）隐蔽工程验收记录（每层铺设并夯击完成，进行下一层铺设时）；
7）承载力测试报告；
8）有关验收文件；
9）自检、互检及工序交接检查记录；
10）其他应报或设计要求报送的资料。

注：合理缺项除外。

2.1.5 强夯地基质量验收记录

1. 资料表式

强夯地基质量验收记录表　　　　　　　表202-5

检控项目	序号	质量验收规范规定	允许偏差或允许值		施工单位检查评定记录	监理（建设）单位验收记录
			单位	数值		
主控项目	1	地基强度	设计要求			
	2	地基承载力	设计要求			
		项目	允许偏差(mm)		量测值(mm)	
一般项目	1	夯锤落距	mm	±300		
	2	锤重	kg	±100		
	3	夯点间距	mm	±500		
	4	夯击遍数及顺序	符合设计要求			
	5	夯击范围（超出基础范围距离）	符合设计要求			
	6	前后两遍间歇时间	符合设计要求			

2．应用指导

(1) 检查验收统一说明

1) 执行规范章、节

本表的检验批验收执行《建筑地基基础工程施工质量验收规范》(GB 50202——2002)规范第4章、第4.6节主控项目和一般项目有关条目的质量等级要求。应按其质量标准和检查方法逐一进行验收。

表列应检验项目必须全部进行检查验收不得缺漏，应检项目漏检，应进行补充检查验收，不进行补检不应通过验收。

2) 检验批的划分原则

地基基础的检验批划分原则为一个分项划为一个检验批。

3) 质量等级验收评定

① 主控项目是对检验批的基本质量起决定性影响的检验项目，必须全部符合该专业规范的规定，不允许有不符合规范要求的检验结果；

② 一般项目应有80%以上的抽检处符合该规范规定或偏差值在其允许偏差范围内。

4) 检验批验收应提交资料

检验批验收时，应提交的施工操作依据和质量检查记录应完整。

5) 检验批验收

只按列为主控项目、一般项目的条款来验收，不能随意扩大内容范围和提高质量标准。

6) 检验批验收责任制

检验批表式中的责任制签记必须本人签字，替签为无效检验批验收记录。

(2) 保证质量措施条目(摘自《建筑地基基础工程施工质量验收规范》GB 50202—2002)

3.0.1 地基与基础工程施工前，必须具备完善的地质勘察资料及工程附近管线、建筑物、构筑物和其他公共设施的构造情况，必要时应作施工勘察和调查以确保工程质量及临近建筑的安全。

3.0.3 从事地基与基础工程检测及见证试验的单位，必须具备省(直辖市)级以上(含省、直辖市级)建设行政主管部门颁发的资质证书和计量行政主管部门颁发的计量认证合格证书。

4.1.4 地基加固工程，应在正式施工前进行试验段施工，论证设定的施工参数及加固效果。为验证加固效果所进行的载荷试验，其施加载荷应不低于设计载荷的2倍。

4.1.5 对强夯地基，其竣工后的结果(地基强度或承载力)必须达到设计要求的标准，检验数量，每单位工程不应少于3点，1000m^2以上工程，每100m^2至少应有1点，3000m^2以上工程，每300m^2至少应有1点。每一独立基础下至少应有1点，基槽每20延米应有1点。

(3) 检查验收执行条目(摘自《建筑地基基础工程施工质量验收规范》GB 50202—2002)

4.1.7 除4.1.5指定的主控项目外，其他主控项目及一般项目可随意抽查。

4.6.1 施工前应检查夯锤重量、尺寸，落距控制手段，排水设施及被夯地基的土质。

4.6.2 施工中应检查落距、夯击遍数、夯点位置、夯击范围。

4.6.3 施工结束后，检查被夯地基的强度并进行承载力检验。

摘自《建筑地基处理技术规范》JGJ 79—2002

6.4.3 强夯处理后的地基竣工验收时，承载力检验应采用原位测试和室内土工试验。

强夯置换后的地基竣工验收时,承载力检验除应采用单墩载荷试验检验外,尚应采用动力触探等有效手段查明置换墩着底情况及承载力与密度随深度的变化,对饱和粉土地基允许采用单墩复合地基载荷试验代替单墩载荷试验。

6.3.5 当强夯施工所产生的振动对邻近建筑物或设备会产生有害的影响时,应设置监测点,并采取挖隔振沟等隔振或防振措施。

4.6.4 强夯地基质量检验标准应符合表4.6.4的规定。

(4) 质量验收的检查方法

强夯地基质量验收检查方法

项次	检查项目	检查方法
1	地基强度	按规定方法
2	地基承载力	按规定方法
3	夯锤落距	钢索设标志
4	锤重	称重
5	夯击遍数及顺序	计数法
6	夯点间距	用钢尺量
7	夯击范围(超出基础范围距离)	用钢尺量
8	前后两遍间歇时间	

(5) 检验批验收应提供的附件资料

1) 原材料质量合格证;
2) 材料试验报告;
3) 进场材料验收记录;
4) 施工记录(锤重、尺寸、落距、夯击遍数、夯点位置、夯击范围、承载力等);
5) 隐蔽工程验收记录(每层铺设并夯击完成,进行下一层铺设时);
6) 承载力测试报告;
7) 有关验收文件;
8) 自检、互检及工序交接检查记录;
9) 其他应报或设计要求报送的资料。

注:合理缺项除外。

2.1.6 注浆地基质量验收记录

1. 资料表式

注浆地基质量验收记录表　　　　　表202-6

检控项目	序号	质量验收规范规定	允许偏差或允许值		施工单位检查评定记录	监理(建设)单位验收记录
			单位	数值		
主控项目	1	原材料检验 水泥		设计要求		

续表

检控项目	序号	质量验收规范规定		允许偏差或允许值		施工单位检查评定记录	监理(建设)单位验收记录
				单位	数值		
主控项目	1	原材料检验	注浆用砂： 　粒径 　细度模数 　含泥量及有机物含量	mm %	<2.5 <2.0 <3		
			注浆用粘土： 　塑性指数 　粘粒含量 　含砂量 　有机物含量	 % % %	>14 >25 <5 <3		
			粉煤灰：细度 　　　　烧失量	不粗于同时使用的水泥 %	 <3		
			水玻璃：模数		2.5~3.3		
			其他化学浆液	设计要求			
	2	注浆体强度		设计要求			
	3	地基承载力		设计要求			
		项目		允许偏差(mm)		量测值(mm)	
一般项目	1	各种注浆材料称量误差		%	<3		
	2	注浆孔位		mm	±20		
	3	注浆孔深		mm	±100		
	4	注浆压力(与设计参数比)		%	±10		

2．应用指导

(1) 检查验收统一说明

1) 执行规范章、节

本表的检验批验收执行《建筑地基基础工程施工质量验收规范》(GB 50202—2002)规范第4章、第4.7节主控项目和一般项目有关条目的质量等级要求。应按其质量标准和检查方法逐一进行验收。

表列应检验项目必须全部进行检查验收不得缺漏,应检项目漏检,应进行补充检查验收,不进行补检不应通过验收。

2) 检验批的划分原则

地基基础的检验批划分原则为一个分项划为一个检验批。

3) 质量等级验收评定

① 主控项目是对检验批的基本质量起决定性影响的检验项目,必须全部符合该专业规范的规定,不允许有不符合规范要求的检验结果。

②一般项目应有80%以上的抽检处符合该规范规定或偏差值在其允许偏差范围内。

4）检验批验收应提交资料

检验批验收时,应提交的施工操作依据和质量检查记录应完整。

5）检验批验收

只按列为主控项目、一般项目的条款来验收,不能随意扩大内容范围和提高质量标准。

6）检验批验收责任制

检验批表式中的责任制签记必须本人签字,替签为无效检验批验收记录。

(2) 保证质量措施条目（摘自《建筑地基基础工程施工质量验收规范》GB 50202—2002）

3.0.1 地基与基础工程施工前,必须具备完善的地质勘察资料及工程附近管线、建筑物、构筑物和其他公共设施的构造情况,必要时应作施工勘察和调查以确保工程质量及临近建筑的安全。

3.0.3 从事地基与基础工程检测及见证试验的单位,必须具备省（直辖市）级以上（含省、直辖市级）建设行政主管部门颁发的资质证书和计量行政主管部门颁发的计量认证合格证书。

4.1.4 地基加固工程,应在正式施工前进行试验段施工,论证设定的施工参数及加固效果。为验证加固效果所进行的载荷试验,其施加载荷应不低于设计载荷的2倍。

(3) 检查验收执行条目（摘自《建筑地基基础工程施工质量验收规范》GB 50202—2002）

4.1.5 对注浆地基,其竣工后的结果（地基强度或承载力）必须达到设计要求的标准,检验数量,每单位工程不应少于3点,1000m² 以上工程,每100m² 至少应有1点,3000m² 以上工程,每300m² 至少应有1点。每一独立基础下至少应有1点,基槽每20延米应有1点。

4.1.7 除4.1.5指定的主控项目外,其他主控项目及一般项目可随意抽查。

4.7.1 施工前应掌握有关技术文件（注浆点位置,浆液配比、注浆施工技术参数,检测要求）等。浆液组成材料的性能应符合设计要求,注浆设备应确保正常运转。

4.7.2 施工中应经常抽查浆液的配比及主要性能指标,注浆的顺序、注浆过程中的压力控制等。

4.7.3 施工结束后,应检查注浆体强度,承载力等。检查孔数为总量的2%～5%,不合格率大于或等于20%时应进行二次注浆。检验应在注浆后15d（砂土、黄土）或60d（粘性土）进行。

4.7.4 注浆地基的质量检验标准应符合表4.7.4的规定。

(4) 质量验收的检查方法

注浆地基质量验收检查方法

项 次	检 验 项 目	检 查 方 法
1	材料：水泥 注浆用砂 注浆用粘土	查产品合格证书或抽样送检 试验室试验 试验室试验

项次	检验项目	检查方法
	粉煤灰	试验室试验
	水玻璃:模数	抽样送检
	其他化学浆液	查产品合格证书或抽样送检
2	注浆体强度	取样检验
3	地基承载力	按规定方法
4	各种注浆材料称量误差	抽查
5	注浆孔位	用钢尺量
6	注浆孔深	量测注浆管长度
7	注浆压力(与设计参数比)	检查压力表读数

(5) 检验批验收应提供的附件资料

1) 原材料质量合格证；
2) 材料试验报告(水泥、粘土、粉煤灰、水玻璃、其他)；
3) 进场材料验收记录；
4) 施工记录(浆液组成、配比与性能、压力控制、承载力等)；
5) 隐蔽工程验收记录(每层铺设并夯击完成,进行下一层铺设时)；
6) 承载力测试报告；
7) 有关验收文件；
8) 自检、互检及工序交接检查记录；
9) 其他应报或设计要求报送的资料。

注：合理缺项除外。

2.1.7 预压地基和塑料排水带质量验收记录

1. 资料表式

预压地基和塑料排水带质量验收记录表　　　　　表202-7

检控项目	序号	质量验收规范规定	允许偏差或允许值		施工单位检查评定记录	监理(建设)单位验收记录
			单位	数值		
主控项目	1	预压载荷	%	≤2		
	2	固结度(与设计要求比)	%	≤2		
	3	承载力或其他性能指标	符合设计要求			
		项　目	允许偏差(mm)		量　测　值　(mm)	
一般项目	1	沉降速率(与控制值比)	%	±10		
	2	砂井或塑料排水带位置	mm	±100		
	3	砂井或塑料排水带插入深度	mm	±200		

续表

检控项目	序号	质量验收规范规定 项目	允许偏差或允许值		施工单位检查评定记录	监理(建设)单位验收记录
			单位 允许偏差(mm)	数值	量 测 值 (mm)	
一般项目	4	插入塑料排水带时的回带长度	mm	≤500		
	5	塑料排水带或砂井高出砂垫层距离	mm	≥200		
	6	插入塑料排水带的回带根数	%	<5		
	注：如真空预压，主控项目中预压载荷的检查为真空度降低值<2%					

2. 应用指导

(1) 检查验收统一说明

1) 执行规范章、节

本表的检验批验收执行《建筑地基基础施工质量验收规范》(GB 50202—2002)规范第4章、第4.8节主控项目和一般项目有关条目的质量等级要求。应按其质量标准和检查方法逐一进行验收。

表列应检验项目必须全部进行检查验收不得缺漏，应检项目漏检，应进行补充检查验收，不进行补检不应通过验收。

2) 检验批的划分原则

地基基础的检验批划分原则为一个分项划为一个检验批。

3) 质量等级验收评定

① 主控项目是对检验批的基本质量起决定性影响的检验项目，必须全部符合该专业规范的规定，不允许有不符合规范要求的检验结果。

② 一般项目应有80%以上的抽检处符合该规范规定或偏差值在其允许偏差范围内。

4) 检验批验收应提交资料

检验批验收时，应提交的施工操作依据和质量检查记录应完整。

5) 检验批验收

只按列为主控项目、一般项目的条款来验收，不能随意扩大内容范围和提高质量标准。

6) 检验批验收责任制

检验批表式中的责任制签记必须本人签字，替签为无效检验批验收记录。

(2) 保证质量措施条目(摘自《建筑地基基础工程施工质量验收规范》GB 50202—2002)

3.0.1 地基与基础工程施工前，必须具备完善的地质勘察资料及工程附近管线、建筑物、构筑物和其他公共设施的构造情况，必要时应作施工勘察和调查以确保工程质量及临近建筑的安全。

3.0.3 从事地基与基础工程检测及见证试验的单位，必须具备省(直辖市)级以上(含省、直辖市级)建设行政主管部门颁发的资质证书和计量行政主管部门颁发的计量认证合格证书。

4.1.4 地基加固工程,应在正式施工前进行试验段施工,论证设定的施工参数及加固效果。为验证加固效果所进行的载荷试验,其施加载荷应不低于设计载荷的2倍。

摘自《建筑地基处理技术规范》JGJ 79—2002

5.4.2 预压法施工验收检验应符合下列规定：

① 排水竖井处理深度范围内和竖井底面以下受压土层,经预压所完成的竖向变形和平均固结度应满足设计要求；

② 应对预压的地基上进行原位十字板剪切试验和室内土工试验。

(3) 检查验收执行条目(摘自《建筑地基基础工程施工质量验收规范》GB 50202—2002)

4.1.5 对预压地基和塑料排水带,其竣工后的结果(地基强度或承载力)必须达到设计要求的标准,检验数量,每单位工程不应少于3点,1000m^2以上工程,每100m^2至少应有1点,3000m^2以上工程,每300m^2至少应有1点。每一独立基础下至少应有1点,基槽每20延米应有1点。

4.1.7 除4.1.5指定的主控项目外,其他主控项目及一般项目可随意抽查。

4.8.1 施工前应检查施工监测措施,沉降、孔隙水压力等原始数据,排水设施,砂井(包括袋装砂井)、塑料排水带等位置。塑料排水带的质量标准应符合(GB 50202—2002)附录B的规定。

4.8.2 堆载施工应检查堆载高度、沉降速率。真空预压施工应检查密封膜的密封性能、真空表读数等。

4.8.3 施工结束后应检查地基土的强度及要求达到的其他物理力学指标,重要建筑物地基应作承载力检验。

4.8.4 预压地基和塑料排水带质量检验标准应符合表4.8.4的规定。

(4) 质量验收的检查方法

预压地基和塑料排水带质量验收的检查方法

项次	检查项目	检查方法
1	预压载荷	水准仪
2	固结度(与设计要求比)	根据设计要求采用不同的方法
3	承载力与或其他性能指标	按规定方法
4	沉降速率(与控制值比)	水准仪
5	砂井或塑料排水带位置	用钢尺量
6	砂井或塑料排水带插入深度	插入时用经纬仪检查
7	塑料排水带或砂井高出砂垫层距离	用钢尺量
8	插入塑料排水带的回带根数	目测

(5) 检验批验收应提供的附件资料

1) 原材料质量合格证；

2) 材料试验报告；

3) 进场材料验收记录；

4) 施工记录(预压荷载、堆高、沉降速率、密封性能、真空表读数)；

5）固结度测试报告；

6）承载力测试报告；

7）有关验收文件；

8）自检、互检及工序交接检查记录；

9）其他应报或设计要求报送的资料。

注：合理缺项除外。

2.1.8 振冲地基质量验收记录

1．资料表式

振冲地基质量验收记录表　　　　　　　表202-8

检控项目	序号	质量验收规范规定	允许偏差或允许值		施工单位检查评定记录	监理(建设)单位验收记录
			单位	数值		
主控项目	1	填料粒径		符合设计要求		
	2	密实电流(粘性土) 密实电流(砂性土或粉土) (以上为功率30kW振冲器) 密实电流(其他类型振冲器)	A A A_0	50~55 40~50 1.5~2.0		
	3	地基强度				
	4	地基承载力(单桩、复合地基)		设计要求		
		项　目	允许偏差(mm)		量　测　值　(mm)	
一般项目	1	填料含泥量	%	<5		
	2	振冲器喷水中心与孔径中心偏差	mm	≤50		
	3	成孔中心与设计孔位中心偏差	mm	≤100		
	4	桩体直径	mm	<50		
	5	孔深	mm	±200		

2．应用指导

（1）检查验收统一说明

1）执行规范章、节

本表的检验批验收执行《建筑地基基础工程施工质量验收规范》(GB 50202—2002)规范第4章、第4.9节主控项目和一般项目有关条目的质量等级要求。应按其质量标准和检查方法逐一进行验收。

表列应检验项目必须全部进行检查验收不得缺漏，应检项目漏检，应进行补充检查验收，不进行补检不应通过验收。

2）检验批的划分原则

地基基础的检验批划分原则为一个分项划为一个检验批。

3）质量等级验收评定

① 主控项目是对检验批的基本质量起决定性影响的检验项目,必须全部符合该专业规范的规定,不允许有不符合规范要求的检验结果;

② 一般项目应有80%以上的抽检处符合该规范规定或偏差值在其允许偏差范围内。

4）检验批验收应提交资料

检验批验收时,应提交的施工操作依据和质量检查记录应完整。

5）检验批验收

只按列为主控项目、一般项目的条款来验收,不能随意扩大内容范围和提高质量标准。

6）检验批验收责任制

检验批表式中的责任制签记必须本人签字,替签为无效检验批验收记录。

(2) 保证质量措施条目(摘自《建筑地基基础施工质量验收规范》GB 50202—2002)

3.0.1 地基与基础工程施工前,必须具备完善的地质勘察资料及工程附近管线、建筑物、构筑物和其他公共设施的构造情况,必要时应作施工勘察和调查以确保工程质量及临近建筑的安全。

3.0.3 从事地基与基础工程检测及见证试验的单位,必须具备省(直辖市)级以上(含省、直辖市级)建设行政主管部门颁发的资质证书和计量行政主管部门颁发的计量认证合格证书。

4.1.4 地基加固工程,应在正式施工前进行试验段施工,论证设定的施工参数及加固效果。为验证加固效果所进行的载荷试验,其施加载荷应不低于设计载荷的2倍。

摘自《建筑地基处理技术规范》JGJ 79—2002

7.4.4 振冲处理后的地基竣工验收时,承载力检验应采用复合地基载荷试验。

(3) 检查验收执行条目(摘自《建筑地基基础施工质量验收规范》GB 50202—2002)

4.1.6 对振冲桩复合地基,其承载力检验,数量为总数的0.5%~1%,但不应少于3处。有单桩强度检验要求时,数量为总数的0.5%~1%,但不应少于3根。

4.1.7 除4.1.6指定的主控项目外,其他主控项目及一般项目可随意抽查。

4.9.1 施工前应检查振冲器的性能,电流表、电压表的准确度及填料的性能。

4.9.2 施工中应检查密实电流、供水压力、供水量、填料量、孔底留振时间,振冲点位置、振冲器施工参数等(施工参数由振冲试验或设计确定)。

4.9.3 施工结束后,应在有代表性的地段作地基强度或地基承载力检验。

4.9.4 振冲地基质量检验标准应符合表4.9.4的规定。

(4) 质量验收的检查方法

振冲地基质量验收的检查方法

项次	检查项目	检查方法
1	填料粒径	抽样检查
2	密实电流(粘性土)、密实电流(砂性土或粉土)(以上为功率30kW振冲器)、密实电流(其他类型振冲器)	电流表读数,A_0为空振电流
3	地基承载力	按规定方法

续表

项次	检查项目	检查方法
4	填料含泥量	抽样检查
5	振冲器喷水中心与孔径中心偏差	用钢尺量
6	成孔中心与设计孔位中心偏差	用钢尺量
7	桩体直径	用钢尺量
8	孔深	量钻杆或重锤测

(5)检验批验收应提供的附件资料

1)原材料质量合格证;
2)砂、石试验报告;
3)进场材料验收记录;
4)施工记录(密实电流、供水压力、供水量、填料量、留振时间、振冲点位置、振冲器施工参数、承载力等);
5)隐蔽工程验收记录;
6)标准贯入试验(施工前、后);
7)静荷载试验报告;
8)有关验收文件;
9)自检、互检及工序交接检查记录;
10)其他应报或设计要求报送的资料。

注:合理缺项除外。

2.1.9 高压喷射注浆地基质量验收记录

1. 资料表式

高压喷射注浆地基质量验收记录表　　　　　表202-9

检控项目	序号	质量验收规范规定	允许偏差或允许值		施工单位检查评定记录	监理(建设)单位验收记录
			单位	数值		
主控项目	1	水泥及外掺剂质量	符合出厂要求			
	2	水泥用量	符合设计要求			
	3	桩体强度及完整性检验	符合设计要求			
	4	地基承载力	符合设计要求			
		项目	允许偏差(mm)		量测值(mm)	
一般项目	1	钻孔位置	mm	≤50		
	2	钻孔垂直度	%	≤1.5		
	3	孔深	mm	±200		
	4	注浆压力	按设定参数指标			
	5	桩体搭接	mm	>200		
	6	桩体直径	mm	≤50		
	7	桩身中心允许偏差		≤0.2D		
		注:D为桩径				

2. 应用指导

(1) 检查验收统一说明

1) 执行规范章、节

本表的检验批验收执行《建筑地基基础工程施工质量验收规范》(GB 50202—2002)规范第4章、第4.10节主控项目和一般项目有关条目的质量等级要求。应按其质量标准和检查方法逐一进行验收。

表列应检验项目必须全部进行检查验收不得缺漏,应检项目漏检,应进行补充检查验收,不进行补检不应通过验收。

2) 检验批的划分原则

地基基础的检验批划分原则为一个分项划为一个检验批。

3) 质量等级验收评定

① 主控项目是对检验批的基本质量起决定性影响的检验项目,必须全部符合该专业规范的规定,不允许有不符合规范要求的检验结果。

② 一般项目应有80%以上的抽检处符合该规范规定或偏差值在其允许偏差范围内。

4) 检验批验收应提交资料

检验批验收时,应提交的施工操作依据和质量检查记录应完整。

5) 检验批验收

只按列为主控项目、一般项目的条款来验收,不能随意扩大内容范围和提高质量标准。

6) 检验批验收责任制

检验批表式中的责任制签记必须本人签字,替签为无效检验批验收记录。

(2) 保证质量措施条目(摘自《建筑地基基础工程施工质量验收规范》GB 50202—2002)

3.0.1 地基与基础工程施工前,必须具备完善的地质勘察资料及工程附近管线、建筑物、构筑物和其他公共设施的构造情况,必要时应作施工勘察和调查以确保工程质量及临近建筑的安全。

3.0.3 从事地基与基础工程检测及见证试验的单位,必须具备省(直辖市)级以上(含省、直辖市级)建设行政主管部门颁发的资质证书和计量行政主管部门颁发的计量认证合格证书。

4.1.4 地基加固工程,应在正式施工前进行试验段施工,论证设定的施工参数及加固效果。为验证加固效果所进行的载荷试验,其施加载荷应不低于设计载荷的2倍。

(3) 检查验收执行条目(摘自《建筑地基基础工程施工质量验收规范》GB 50202—2002)

4.1.6 对高压喷射注浆桩复合地基,其承载力检验,数量为总数的0.5%~1%,但不应少于3处。有单桩强度检验要求时,数量为总数的0.5%~1%,但不应少于3根。

4.1.7 除4.1.6指定的主控项目外,其他主控项目及一般项目可随意抽查。

4.10.1 施工前应检查水泥、外掺剂等的质量,桩位,压力表、流量表的精度和灵敏度,高压喷射设备的性能等。

(水泥、外加剂质量的检验项目、批量和检验方法应符合国家现行标准规定。)

4.10.2 施工中应检查施工参数(压力、水泥浆量、提升速度、旋转速度等)及施工程序。

4.10.3 施工结束后,应检验桩体强度,平均直径,桩身中心位置,桩体质量及承载力等。桩体质量及承载力检验应在施工结束后28d进行。

4.10.4 高压喷射注浆地基质量检验标准应符合表 4.10.4 的规定。
(4) 质量验收的检查方法

高压喷射注浆地基质量验收检查方法

项次	检 查 项 目	检 查 方 法
1	水泥及外渗剂质量	查产品合格证书或抽样送检
2	水泥用量	查看流量表及水泥浆水灰比
3	桩体强度及完整性检验	按规定方法
4	地基承载力	按规定方法
5	钻孔位置	用钢尺量
6	钻孔垂直度	经纬仪测钻杆或实测
7	孔深	用钢尺量
8	注浆压力	查看压力表
9	桩体搭接	用钢尺量
10	桩体直径	开挖后用钢尺量
11	桩身中心允许偏差	开挖后桩顶下 500mm 处用钢尺量,D 为桩径

(5) 检验批验收应提供的附件资料
1) 原材料质量合格证;
2) 水泥、外加剂试验报告;
3) 进场材料验收记录;
4) 施工记录(压力、水泥浆量、提升速度、旋转速度、施工程序);
5) 单桩承载力试验报告;
6) 有关验收文件;
7) 自检、互检及工序交接检查记录;
8) 其他应报或设计要求报送的资料。
注:合理缺项除外。

2.1.10 水泥土搅拌桩地基质量验收记录

1. 资料表式

水泥土搅拌桩地基质量验收记录表　　　　　表 202-10

检控项目	序号	质量验收规范规定	允许偏差或允许值		施工单位检查评定记录	监理(建设)单位验收记录
			单 位	数 值		
主控项目	1	水泥及外掺剂质量	符合出厂要求			
	2	水泥用量	符合参数指标			
	3	桩体强度	符合设计要求			
	4	地基承载力	符合设计要求			

续表

检控项目	序号	质量验收规范规定 项目	允许偏差或允许值		施工单位检查评定记录	监理(建设)单位验收记录
			单位	数值		
			允许偏差(mm)		量测值(mm)	
一般项目	1	机头提升速度	m/min	≤0.5		
	2	桩底标高	mm	±200		
	3	桩顶标高	mm	+100 −50		
	4	桩位偏差	mm	<50		
	5	桩径		<0.04D		
	6	垂直度	%	≤1.5		
	7	搭接	mm	>200		
注：D 为桩径						

2．应用指导

(1) 检查验收统一说明

1) 执行规范章、节

本表的检验批验收执行《建筑地基基础施工质量验收规范》(GB 50202—2002)规范第4章、第4.11节主控项目和一般项目有关条目的质量等级要求。应按其质量标准和检查方法逐一进行验收。

表列应检验项目必须全部进行检查验收不得缺漏，应检项目漏检，应进行补充检查验收，不进行补检不应通过验收。

2) 检验批的划分原则

地基基础的检验批划分原则为一个分项划为一个检验批。

3) 质量等级验收评定

① 主控项目是对检验批的基本质量起决定性影响的检验项目，必须全部符合该专业规范的规定，不允许有不符合规范要求的检验结果。

② 一般项目应有80%以上的抽检处符合该规范规定或偏差值在其允许偏差范围内。

4) 检验批验收应提交资料

检验批验收时，应提交的施工操作依据和质量检查记录应完整。

5) 检验批验收

只按列为主控项目、一般项目的条款来验收，不能随意扩大内容范围和提高质量标准。

6) 检验批验收责任制

检验批表式中的责任制签记必须本人签字，替签为无效检验批验收记录。

(2) 保证质量措施条目（摘自《建筑地基基础工程施工质量验收规范》GB 50202—2002）

3.0.1 地基与基础工程施工前，必须具备完善的地质勘察资料及工程附近管线、建筑物、构筑物和其他公共设施的构造情况，必要时应作施工勘察和调查以确保工程质量及临近建筑的安全。

3.0.3 从事地基与基础工程检测及见证试验的单位,必须具备省(直辖市)级以上(含省、直辖市级)建设行政主管部门颁发的资质证书和计量行政主管部门颁发的计量认证合格证书。

4.1.4 地基加固工程,应在正式施工前进行试验段施工,论证设定的施工参数及加固效果。为验证加固效果所进行的载荷试验,其施加载荷应不低于设计载荷的2倍。

(3) 检查验收执行条目(摘自《建筑地基基础工程施工质量验收规范》GB 50202—2002)

4.1.6 对水泥土搅拌桩复合地基,其承载力检验,数量为总数的 **0.5%～1%**,但不应少于 3 处。有单桩强度检验要求时,数量为总数的 **0.5%～1%**,但不应少于 3 根。

4.1.7 除 4.1.6 指定的主控项目外,其他主控项目及一般项目可随意抽查。

4.11.1 施工前应检查水泥及外掺剂的质量、桩位、搅拌机工作性能及各种计量设备完好程度(主要是水泥浆流量计及其他计量装置)。

(水泥质量的检验项目、批量和检验方法应符合国家现行标准规定。)

摘自《建筑地基处理技术规范》JGJ 79—2002

11.3.15 水泥土搅拌法(干法)喷粉施工机械必须配置经国家计量部门确认的具有能瞬时检测并记录出粉量的粉体计量装置及搅拌深度自动记录仪。

11.4.3 竖向承载水泥土搅拌桩地基竣工验收时,承载力检验应采用复合地基载荷试验和单桩载荷试验。

4.11.2 施工中应检查机头提升速度,水泥浆或水泥注入量、搅拌桩的长度及标高。

4.11.3 施工结束后应检查桩体强度、桩体直径及地基承载力。

4.11.4 进行强度检验时,对承重水泥土搅拌桩应取 90d 后的试件;对支护水泥土搅拌桩应取 28d 后的试件。

4.11.5 水泥土搅拌桩地基质量检验标准应符合表 4.11.5 的规定。

(4) 质量验收的检查方法

水泥土搅拌桩地基质量验收检查方法

项次	检查项目	检查方法
1	水泥及外掺剂质量	查产品合格证书或抽样送检
2	水泥用量	查看流量计
3	桩体强度	按规定方法
4	地基承载力	按规定方法
5	机头提升强度	量机头上升距离及时间
6	桩底标高	测机头深度
7	桩顶标高	水准仪(最上部 500mm 不计入)
8	桩位偏差	用钢尺量
9	桩径	用钢尺量(D:桩径)
10	垂直度	经纬仪
11	搭接	用钢尺量

(5) 检验批验收应提供的附件资料

1) 原材料质量合格证;

2) 水泥试验报告;
3) 进场材料验收记录;
4) 施工记录(桩位、提升速度、桩深标高、垂直度、搭接等);
5) 轻便触探资料;
6) 承载力测试报告;
7) 有关验收文件;
8) 自检、互检及工序交接检查记录;
9) 其他应报或设计要求报送的资料。

注:合理缺项除外。

2.1.11 土和灰土挤密桩地基质量验收记录

1．资料表式

土和灰土挤密桩地基质量验收记录表　　　　　　表202-11

检控项目	序号	质量验收规范规定	允许偏差或允许值		施工单位检查评定记录	监理(建设)单位验收记录
			单位	数值		
主控项目	1	桩体及桩间土干密度	符合设计要求			
		项目	允许偏差(mm)		量　测　值　(mm)	
	2	桩长	mm	+500		
	3	地基承载力	设计要求			
	4	桩径	mm	−20		
		项目	允许偏差(mm)		量　测　值　(mm)	
一般项目	1	土料有机质含量	%	≤5		
	2	石灰粒径	mm	≤5		
	3	桩位偏差		满堂布桩≤0.4D 条基布桩≤0.25D		
	4	垂直度	%	≤1.5		
	5	桩径	mm	−20		

注:1.桩径允许负值是指个别断面

2．应用指导

(1) 检查验收统一说明

1) 执行规范章、节

本表的检验批验收执行《建筑地基基础工程施工质量验收规范》(GB 50202—2002)规范第4章、第4.12节主控项目和一般项目有关条目的质量等级要求。应按其质量标准和检查方法逐一进行验收。

表列应检验项目必须全部进行检查验收不得缺漏,应检项目漏检,应进行补充检查验收,不进行补检不应通过验收。

2) 检验批的划分原则

地基基础的检验批划分原则为一个分项划为一个检验批。

3) 质量等级验收评定

① 主控项目是对检验批的基本质量起决定性影响的检验项目,必须全部符合该专业规范的规定,不允许有不符合规范要求的检验结果;

② 一般项目应有80%以上的抽检处符合该规范规定或偏差值在其允许偏差范围内。

4) 检验批验收应提交资料

检验批验收时,应提交的施工操作依据和质量检查记录应完整。

5) 检验批验收

只按列为主控项目、一般项目的条款来验收,不能随意扩大内容范围和提高质量标准。

6) 检验批验收责任制

检验批表式中的责任制签记必须本人签字,替签为无效检验批验收记录。

(2) 保证质量措施条目(摘自《建筑地基基础工程质量验收规范》GB 50202—2002)

3.0.1 地基与基础工程施工前,必须具备完善的地质勘察资料及工程附近管线、建筑物、构筑物和其他公共设施的构造情况,必要时应作施工勘察和调查以确保工程质量及临近建筑的安全。

3.0.3 从事地基与基础工程检测及见证试验的单位,必须具备省(直辖市)级以上(含省、直辖市级)建设行政主管部门颁发的资质证书和计量行政主管部门颁发的计量认证合格证书。

土和灰土挤密桩地基是指在原土中,成孔后分层填以素土或灰土,并夯实,使填土压密,同时挤密周围土体,构成坚实的地基。

4.1.4 地基加固工程,应在正式施工前进行试验段施工,论证设定的施工参数及加固效果。为验证加固效果所进行的载荷试验,其施加载荷应不低于设计载荷的2倍。

摘自《建筑地基处理技术规范》JGJ 79—2002

11.3.15 水泥土搅拌法(干法)喷粉施工机械必须配置经国家计量部门确认的具有能瞬时检测并记录出粉量的粉体计量装置及搅拌深度自动记录仪。

14.4.3 灰土挤密桩和土挤密桩地基竣工验收时,承载力检验应采用复合地基承载力试验。

(3) 检查验收执行条目(摘自《建筑地基基础工程质量验收规范》GB 50202—2002)

4.1.6 对土和灰土挤密桩复合地基,其承载力检验,数量为总数的0.5%~1%,但不应少于3处。有单桩强度检验要求时,数量为总数的0.5%~1%,但不应少于3根。

4.1.7 除4.1.6指定的主控项目外,其他主控项目及一般项目可随意抽查。

4.12.1 施工前应对土及灰土的质量、桩孔放样位置等做检查。

4.12.2 施工中应对桩孔直径、桩孔深度、夯击次数、填料的含水量等做检查。

4.12.3 施工结束后应检验成桩的质量及地基承载力。

4.12.4 土和灰土挤密桩地基质量检验标准应符合表4.12.4的规定。

(4) 质量验收的检查方法

土和灰土挤密桩地基质量验收检查方法

项次	检查项目	检查方法
1	桩体及桩间土干密度	现场取样
2	桩长	测桩管长度或垂球测孔深
3	地基承载力	按规定方法
4	桩径	用钢尺量
5	土料有机质含量	试验室焙烧法
6	石灰粒径	筛分法
7	桩位偏差	用钢尺量（D：桩径）
8	垂直度	用经纬仪测桩管
9	桩径	用钢尺量

(5) 土和灰土挤密桩检验批验收应提供的附件资料

1) 原材料质量合格证；
2) 进场材料验收记录；
3) 施工记录（孔位、孔深、孔径、配合比、夯实度、垂直度、褥垫夯实度）；
4) 干密度试验报告；
5) 隐蔽工程验收记录；
6) 承载力测试报告；
7) 自检、互检及工序交接检查记录；
8) 其他应报或设计要求报送的资料。

注：合理缺项除外。

2.1.12 水泥粉煤灰碎石桩复合地基质量验收记录

1. 资料表式

水泥粉煤灰碎石桩复合地基质量验收记录表　　　　表202-12

检控项目	序号	质量验收规范规定	允许偏差或允许值		施工单位检查评定记录	监理（建设）单位验收记录
			单位	数值		
主控项目	1	原材料	符合设计要求			
		项目	允许偏差(mm)		量测值（mm）	
	2	桩径	mm	－20		
	3	桩身承载力	符合设计要求			
	4	地基承载力	符合设计要求			
一般项目	1	桩身完整性	按桩基检测技术规范			
		项目	允许偏差(mm)		量测值（mm）	
	2	桩位偏差	满堂布桩≤0.4D 条基布桩≤0.25D			
	3	桩垂直度	%	≤1.5		
	4	桩长	mm	＋100		
	5	褥垫层夯填度	≤0.9			

注：1. 夯填度指夯实后的褥垫层厚度与虚体厚度的比值；
　　2. 桩径允许偏差负值是指个别断面

2. 应用指导
(1) 检查验收统一说明
1) 执行规范章、节

本表的检验批验收执行《建筑地基基础工程施工质量验收规范》(GB 50202—2002)规范第4章、第4.13节主控项目和一般项目有关条目的质量等级要求。应按其质量标准和检查方法逐一进行验收。

表列应检验项目必须全部进行检查验收不得缺漏,应检项目漏检,应进行补充检查验收,不进行补检不应通过验收。

2) 检验批的划分原则

地基基础的检验批划分原则为一个分项划为一个检验批。

3) 质量等级验收评定

① 主控项目是对检验批的基本质量起决定性影响的检验项目,必须全部符合该专业规范的规定,不允许有不符合规范要求的检验结果。

② 一般项目应有80%以上的抽检处符合该规范规定或偏差值在其允许偏差范围内。

4) 检验批验收应提交资料

检验批验收时,应提交的施工操作依据和质量检查记录应完整。

5) 检验批验收

只按列为主控项目、一般项目的条款来验收,不能随意扩大内容范围和提高质量标准。

6) 检验批验收责任制

检验批表式中的责任制签记必须本人签字,替签为无效检验批验收记录。

(2) 保证质量措施条目(摘自《建筑地基基础工程施工质量验收规范》GB 50202—2002)

3.0.1 地基与基础工程施工前,必须具备完善的地质勘察资料及工程附近管线、建筑物、构筑物和其他公共设施的构造情况,必要时应作施工勘察和调查以确保工程质量及临近建筑的安全。

3.0.3 从事地基与基础工程检测及见证试验的单位,必须具备省(直辖市)级以上(含省、直辖市级)建设行政主管部门颁发的资质证书和计量行政主管部门颁发的计量认证合格证书。

4.1.4 地基加固工程,应在正式施工前进行试验段施工,论证设定的施工参数及加固效果。为验证加固效果所进行的载荷试验,其施加载荷应不低于设计载荷的2倍。

摘自《建筑地基处理技术规范》JGJ 79—2002

9.4.2 水泥粉煤灰碎石桩地基竣工验收时,承载力检验应采用复合地基载荷试验。

1. 施工中桩顶标高应高出设计桩顶标高不少于0.5m,留有保护桩长。

2. 清土和截桩时,如要用机械、人工联合清运,应避免机械设备超挖,并应预留至少50cm用人工清除,避免造成桩头断裂和扰动桩间土层。

(3) 检查验收执行条目(摘自《建筑地基基础工程施工质量验收规范》GB 50202—2002)

4.1.6 对水泥粉煤灰碎石桩复合地基,其承载力检验,数量为总数的0.5%～1%,但不应少于3处。有单桩强度检验要求时,数量为总数的0.5%～1%,但不应少于3根。

4.1.7 除4.1.6指定的主控项目外,其他主控项目及一般项目可随意抽查。

4.13.1 水泥、粉煤灰、砂及碎石等原材料应符合设计要求。

4.13.2 施工中应检查桩身混合料的配合比、坍落度和提拔钻杆速度(或提拔套管速度)、成孔深度、混合料灌入量等。

4.13.3 施工结束后,应对桩顶标高、桩位、桩体质量、地基承载力以及褥垫层的质量做检查。

4.13.4 水泥粉煤灰碎石桩复合地基的质量检验标准应符合表4.13.4的规定。

(4) 质量验收的检查方法

水泥粉煤灰碎石桩质量验收检查方法

项次	检查项目	检查方法
1	原材料	查产品合格证书或抽样送检
2	桩径	用钢尺量或计量填料量
3	桩身强度	查28天试块强度
4	地基承载力	按规定的办法
5	桩身完整性	按桩基检测技术规范
6	桩位偏差	用钢尺量
7	桩垂直度	用经纬仪测桩管
8	桩长	测桩管长度或垂球测孔深
9	褥垫层夯填度	用钢尺量

(5) 检验批验收应提供的附件资料

1) 原材料质量合格证(粉煤灰、碎石);
2) 粉煤灰、碎石试验报告;
3) 进场材料验收记录;
4) 施工记录(坍落度、提钻速度、成孔深度、灌入量等);
5) 配合比、试块强度;
6) 隐蔽工程验收记录;
7) 承载力测试报告;
8) 有关验收文件;
9) 自检、互检及工序交接检查记录;
10) 其他应报或设计要求报送的资料。

注:合理缺项除外。

2.1.13 夯实水泥土桩复合地基质量验收记录

1. 资料表式

夯实水泥土桩复合地基质量验收记录表　　　　表202-13

检控项目	序号	质量验收规范规定	允许偏差或允许值		施工单位检查评定记录	监理(建设)单位验收记录
			单位	数值		
		项目	允许偏差(mm)		量测值(mm)	
主控项目	1	桩径	mm	-20		
	2	桩长	mm	+500		
	3	桩体干密度	符合设计要求			
	4	地基承载力	符合设计要求			

续表

检控项目	序号	质量验收规范规定	允许偏差或允许值		施工单位检查评定记录	监理(建设)单位验收记录
			单位	数值		
		项　目	允许偏差(mm)		量　测　值　(mm)	
一般项目	1	土料有机质含量	%	≤5		
	2	含水量(与最优含水量比)	%	±2		
	3	土料粒径	mm	≤20		
	4	水泥质量	设计要求			
	5	桩位偏差	满堂布桩≤0.4D 条基布桩≤0.25D			
	6	桩孔垂直度	%	≤1.5		
	7	褥垫层夯填度	≤0.9			

注：1. 夯填度指夯实后的褥垫层厚度与虚体厚度的比值；
　　2. 桩径允许负值是指个别断面

2．应用指导

(1) 检查验收统一说明

1）执行规范章、节

本表的检验批验收执行《建筑地基基础工程质量验收规范》(GB 50202—2002)规范第4章、第4.14节主控项目和一般项目有关条目的质量等级要求。应按其质量标准和检查方法逐一进行验收。

表列应检验项目必须全部进行检查验收不得缺漏，应检项目漏检，应进行补充检查验收，不进行补检不应通过验收。

2）检验批的划分原则

地基基础的检验批划分原则为一个分项划为一个检验批。

3）质量等级验收评定

① 主控项目是对检验批的基本质量起决定性影响的检验项目，必须全部符合该专业规范的规定，不允许有不符合规范要求的检验结果；

② 一般项目应有80%以上的抽检处符合该规范规定或偏差值在其允许偏差范围内。

4）检验批验收应提交资料

检验批验收时，应提交的施工操作依据和质量检查记录应完整。

5）检验批验收

只按列为主控项目、一般项目的条款来验收，不能随意扩大内容范围和提高质量标准。

6）检验批验收责任制

检验批表式中的责任制签记必须本人签字，替签为无效检验批验收记录。

(2) 保证质量措施条目(摘自《建筑地基基础工程施工质量验收规范》GB 50202—2002)

3.0.1 地基与基础工程施工前，必须具备完善的地质勘察资料及工程附近管线、建筑物、构筑物和其他公共设施的构造情况，必要时应作施工勘察和调查以确保工程质量及临近建筑的安全。

3.0.3 从事地基与基础工程检测及见证试验的单位,必须具备省(直辖市)级以上(含省、直辖市级)建设行政主管部门颁发的资质证书和计量行政主管部门颁发的计量认证合格证书。

4.1.4 地基加固工程,应在正式施工前进行试验段施工,论证设定的施工参数及加固效果。为验证加固效果所进行的载荷试验,其施加载荷应不低于设计载荷的2倍。

摘自《建筑地基处理技术规范》JGJ 79—2002

10.4.2 夯实水泥土桩地基竣工验收时,承载力检验应采用单桩复合地基载荷试验。对重要或大型工程,尚应进行多桩复合地基载荷试验。

(3) 检查验收执行条目(摘自《建筑地基基础工程施工质量验收规范》GB 50202—2002)

4.1.6 对夯实水泥土桩复合地基,其承载力检验,数量为总数的0.5%～1%,但不应少于3处。有单桩强度检验要求时,数量为总数的0.5%～1%,但不应少于3根。

4.1.7 除4.1.6指定的主控项目外,其他主控项目及一般项目可随意抽查。

4.14.1 水泥及夯实用土料的质量应符合设计要求。

4.14.2 施工中应检查孔位、孔深、孔径、水泥和土的配比、混合料含水量等。

4.14.3 施工结束后,应对桩体质量及复合地基承载力做检验,褥垫层应检查其夯填度。

4.14.4 夯实水泥土桩的质量应满足夯实水泥土桩地基质量验收标准内的要求。

4.14.5 夯扩桩的质量检验标准可按本节执行。

(4) 质量验收的检查方法

夯实水泥土桩质量验收的检查方法

项次	检查项目	检查方法
1	桩径	用钢尺量
2	桩长	测桩孔深度
3	桩体干密度	现场取样
4	地基承载力	按规定的方法
5	土料有机质含量	焙烧法
6	含水量(与最优含水量比)	焙烧法
7	土料粒径	筛分法
8	水泥质量	查产品质量合格证书或抽样送检
9	桩位偏差	用钢尺量
10	桩孔垂直度	用经纬仪测桩管
11	褥垫层夯填度	用钢尺量

(5) 检验批验收应提供的附件资料

1) 原材料质量合格证;
2) 水泥试验报告;
3) 进场材料验收记录;
4) 施工记录(孔位、孔深、孔径、配合比、夯实度、垂直度、褥垫层夯实度);
5) 干密度试验报告;

6) 隐蔽工程验收记录;
7) 承载力测试报告;
8) 有关验收文件;
9) 自检、互检及工序交接检查记录;
10) 其他应报或设计要求报送的资料。

注:合理缺项除外。

2.1.14 砂桩地基质量验收记录

1. 资料表式

砂桩地基质量验收记录表　　　　　　表 202-14

检控项目	序号	质量验收规范规定	允许偏差或允许值		施工单位检查评定记录	监理(建设)单位验收记录
			单位	数值		
		项目	允许偏差(mm)		量 测 值 (mm)	
主控项目	1	灌砂量	%	≥95		
	2	地基强度	符合设计要求			
	3	地基承载力	符合设计要求			
		项目	允许偏差(mm)		量 测 值 (mm)	
一般项目	1	砂料的含泥量	%	≤3		
	2	砂料的有机质含量	%	≤5		
	3	桩位	mm	≤50		
	4	砂桩标高	mm	±150		
	5	垂直度	%	≤1.5		

2. 应用指导

(1) 检查验收统一说明

1) 执行规范章、节

本表的检验批验收执行《建筑地基基础工程施工质量验收规范》(GB 50202—2002)规范第 4 章、第 4.15 节主控项目和一般项目有关条目的质量等级要求。应按其质量标准和检查方法逐一进行验收。

表列应检验项目必须全部进行检查验收不得缺漏,应检项目漏检,应进行补充检查验收,不进行补检不应通过验收。

2) 检验批的划分原则

地基基础的检验批划分原则为一个分项划为一个检验批。

3) 质量等级验收评定

① 主控项目是对检验批的基本质量起决定性影响的检验项目,必须全部符合该专业规

范的规定,不允许有不符合规范要求的检验结果;

② 一般项目应有80%以上的抽检处符合该规范规定或偏差值在其允许偏差范围内。

4)检验批验收应提交资料

检验批验收时,应提交的施工操作依据和质量检查记录应完整。

5)检验批验收

只按列为主控项目、一般项目的条款来验收,不能随意扩大内容范围和提高质量标准。

6)检验批验收责任制

检验批表式中的责任制签记必须本人签字,替签为无效检验批验收记录。

(2) 保证质量措施条目(摘自《建筑地基基础工程施工质量验收规范》GB 50202—2002)

3.0.1 地基与基础工程施工前,必须具备完善的地质勘察资料及工程附近管线、建筑物、构筑物和其他公共设施的构造情况,必要时应作施工勘察和调查以确保工程质量及临近建筑的安全。

3.0.3 从事地基与基础工程检测及见证试验的单位,必须具备省(直辖市)级以上(含省、直辖市级)建设行政主管部门颁发的资质证书和计量行政主管部门颁发的计量认证合格证书。

4.1.4 地基加固工程,应在正式施工前进行试验段施工,论证设定的施工参数及加固效果。为验证加固效果所进行的载荷试验,其施加载荷应不低于设计载荷的2倍。

摘自《建筑地基处理技术规范》JGJ 79—2002

8.4.4 砂石桩地基竣工验收时,承载力检验应采用复合地基载荷试验。

(3) 检查验收执行条目(摘自《建筑地基基础工程施工质量验收规范》GB 50202—2002)

4.1.6 对砂桩地基,其承载力检验,数量为总数的 **0.5%～1%**,但不应少于 **3** 处。有单桩强度检验要求时,数量为总数的 **0.5%～1%**,但不应少于 **3** 根。

4.1.7 除 4.1.6 指定的主控项目外,其他主控项目及一般项目可随意抽查。

4.15.1 施工前应检查砂料的含泥量及有机质含量、样桩的位置等。

(砂质量的检验项目、批量和检验方法应符合国家现行标准规定。)

4.15.2 施工中检查每根砂桩的桩位、灌砂量、标高、垂直度等。

4.15.3 施工结束后,应检验被加固地基的强度或承载力。

4.15.4 砂桩地基的质量检验标准应符合表 4.15.4 的规定。

(4) 质量验收的检查方法

砂桩地基质量验收检查方法

项 次	检 查 项 目	检 查 方 法
1	灌砂量	实际用砂量与计算体积比
2	地基强度	按规定方法
3	地基承载力	按规定方法
4	砂料的含泥量	试验室测定
5	砂料的有机质含量	焙烧法
6	桩位	用钢尺量
7	砂桩标高	水准仪
8	垂直度	经纬仪检查桩管垂直度

(5) 检验批验收应提供的附件资料
1) 原材料质量合格证；
2) 砂试验报告；
3) 进场材料验收记录；
4) 施工记录(桩位、灌砂量、标高、垂直度等)；
5) 承载力测试报告；
6) 有关验收文件；
7) 自检、互检及工序交接检查记录；
8) 其他应报或设计要求报送的资料。

注：合理缺项除外。

2.1.15 静力压桩检验批质量验收记录

1．资料表式

静力压桩检验批质量验收记录表 表202-15

检控项目	序号	质量验收规范规定	允许偏差或允许值 单位	允许偏差或允许值 数值	施工单位检查评定记录	监理(建设)单位验收记录
主控项目	1	桩体质量检验	按桩基检测技术规范			
主控项目	2	桩位偏差	见表5.1.3			
主控项目	3	承载力	按桩基检测技术规范			
一般项目	1	成品桩质量：外观 外形尺寸 强度	表面平整，颜色均匀，掉角深度<10mm，蜂窝面积小于总面积0.5%。见规范表5.4.5满足设计要求			
一般项目	2	硫磺胶泥质量(半成品)	设计要求			
一般项目	3	接桩：电焊接桩：焊缝质量 电焊结束后停歇时间	见规范表5.5.4.2			
一般项目	3		min	>1.0		
一般项目	3	硫磺胶泥接桩：胶泥浇注时间	min	<2		
一般项目	3	浇注后停歇时间	min	>7		
一般项目	4	电焊条质量	设计要求			
一般项目	5	压桩压力(设计有要求时)	%	±5		
一般项目	6	接桩时上下节平面偏差接桩时节点弯曲矢高	mm	<10 <1/1000l		
一般项目	7	桩顶标高	mm	±50		

2．应用指导
(1) 检查验收统一说明

1) 执行规范章、节

本表的检验批验收执行《建筑地基基础工程施工质量验收规范》(GB 50202—2002)规范第 5 章、第 5.2 节主控项目和一般项目有关条目的质量等级要求。应按其质量标准和检查方法逐一进行验收。

表列应检验项目必须全部进行检查验收不得缺漏,应检项目漏检,应进行补充检查验收,不进行补检不应通过验收。

2) 检验批的划分原则

地基基础的检验批划分原则为一个分项划为一个检验批。

3) 质量等级验收评定

① 主控项目是对检验批的基本质量起决定性影响的检验项目,必须全部符合该专业规范的规定,不允许有不符合规范要求的检验结果;

② 一般项目应有 80% 以上的抽检处符合该规范规定或偏差值在其允许偏差范围内。

4) 检验批验收应提交资料

检验批验收时,应提交的施工操作依据和质量检查记录应完整。

5) 检验批验收

只按列为主控项目、一般项目的条款来验收,不能随意扩大内容范围和提高质量标准。

6) 检验批验收责任制

检验批表式中的责任制签记必须本人签字,替签为无效检验批验收记录。

(2) 保证质量措施条目(摘自《建筑地基基础工程施工质量验收规范》GB 50202—2002)

3.0.1 地基与基础工程施工前,必须具备完善的地质勘察资料及工程附近管线、建筑物、构筑物和其他公共设施的构造情况,必要时应作施工勘察和调查以确保工程质量及临近建筑的安全。

3.0.3 从事地基与基础工程检测及见证试验的单位,必须具备省(直辖市)级以上(含省、直辖市级)建设行政主管部门颁发的资质证书和计量行政主管部门颁发的计量认证合格证书。

(3) 检查验收执行条目(摘自《建筑地基基础工程施工质量验收规范》GB 50202—2002)

5.1.3 预制桩(钢桩)桩位和电焊接桩焊缝允许偏差

预制桩(钢桩)桩位和电焊接桩焊缝允许偏差　　　　表 5.1.3

	项　　　目	允许偏差(mm)	量　测　值　(mm)
1	盖有基础梁的桩: (1)垂直基础梁的中心线 (2)沿基础梁的中心线	$100+0.01H$ $150+0.01H$	
2	桩数为 1~3 根桩基中的桩	100	
3	桩数为 4~16 根桩基中的桩	1/2 桩径或边长	
4	桩数大于 16 根桩基中的桩: (1)最外边的桩 (2)中间桩	1/3 桩径或边长 1/2 桩径或边长	

续表

项目		允许偏差(mm)	量 测 值 (mm)
电焊接桩焊缝	1	上下节端部错口(外径≥700mm) ≤3	
		(外径<700mm) ≤2	
	2	焊缝咬边深度 ≤0.5	
	3	焊缝加强层高度 2m	
	4	焊缝加强层宽度 2	
	5	焊缝电焊质量外观 无气孔,无焊瘤,无裂缝	
	6	焊缝探伤检验 满足设计要求	

注：H 为施工现场地面标高与拉项设计标高的距离。

5.1.5 工程桩应进行竖向承载力检验。对于地基基础设计等级为甲级或地质条件复杂，成桩质量可靠性低的灌注桩，应采用静载荷试验的方法进行检验，检验桩数不应少于总数的1%，且不少于3根，当总桩数少于50根时，不应少于2根。

5.1.6 桩身质量应进行检验，对设计等级为甲级或地质条件复杂，成桩质量可靠性低的灌注桩，抽检数量不应少于总桩数的30%，且不应少于20根；其他桩基工程的抽检数量不应少于总桩数的20%，且不应少于10根；对混凝土预制桩及地下水位以上且终孔后经过核验的灌注桩，检验数量不应少于总桩数的10%，且不得少于10根。每个柱子承台下不得少于1根。

5.1.8 除5.1.5、5.1.6规定的主控项目外，其他主控项目应全部检查，对一般项目，除已明确规定外，其他可按20%抽查，但混凝土灌注桩应全部检查。

5.2.1 静力压桩包括锚杆静压桩及其他各种非冲击力沉桩。

5.2.2 施工前应对成品桩(锚杆静压成品桩一般均由工厂制造，运至现场堆放)作外观及强度检验，接桩用焊条或半成品硫磺胶泥应有产品合格证书，或送有关部门检验，压桩用压力表、锚杆规格及质量也应进行检查。硫磺胶泥半成品应每100kg做一组试件(3件)。

5.2.3 压桩过程中应检查压力、桩垂直度、接桩间歇时间、桩的连接质量及压入深度。重要工程应对电焊接桩的接头作10%的探伤检查。对承受反力的结构应加强观测。

5.2.4 施工结束后，应做桩的承载力及桩体质量检验。

5.2.5 锚杆静压桩质量检验标准应符合表5.2.5的规定。

(4) 质量验收的检查方法

静力压桩质量验收检查方法

项次	检查项目	检查方法
1	成品桩质量：外观	直观
	外形尺寸	用钢尺量、水平尺
	强度	查产品合格证书或钻芯试压
2	硫磺胶泥质量(半成品)	查产品合格证书或抽样送检
3	接桩 电焊接桩：焊缝质量	按钢桩质量检验方法进行
	电焊结束后停歇时间	秒表测定

续表

项次	检查项目	检查方法
	硫磺胶泥拉桩:胶泥浇注时间	秒表测定
	浇注后停歇时间	秒表测定
4	压桩压力(设计有要求时)	查压力表读数
5	接桩时上下节平面偏差	用钢尺量
	接桩时节点弯曲矢高	用钢尺量(1 为两节桩长)
6	桩顶标高	水准仪

(5) 检验批验收应提供的附件资料
1) 产品质量合格证(成品桩、硫磺胶泥等);
2) 硫磺胶泥试验报告;
3) 成品桩、硫磺胶泥等进场验收记录;
4) 施工记录(成品桩外观检查、硫磺胶泥质量、接桩、接桩偏差、桩顶标高等);
5) 隐蔽工程验收记录(成品桩、硫磺胶泥等);
6) 单桩承载力试验报告。

2.1.16 先张法预应力管桩质量验收记录

1. 资料表式

先张法预应力管桩质量验收记录表　　　　表 202-16

检控项目	序号	质量验收规范规定		允许偏差或允许值		施工单位检查评定记录	监理(建设)单位验收记录
				单位	数值		
主控项目	1	桩体质量检验		按桩基检测技术规范			
	2	桩位偏差		表 5.1.3			
	3	承载力		按桩基检测技术规范			
一般项目	1	成品桩质量:	外观	无蜂窝、露筋、裂缝色感均匀、桩顶处无孔隙			
			桩径	mm	±5		
			管壁厚度	mm	±5		
			桩尖中心线	mm	<5		
			顶面平整度	mm	10		
			桩体弯曲	mm	<1/1000l		
	2	接桩:		见表 5.1.3			
			△焊缝质量				
			△电焊结束后停歇时间	min	>1.0		
			上下节平面偏差	mm	<10		
			节点弯曲矢高		<1/1000l		
	3	停锤标准		设计要求			
	4	桩顶标高		mm	±50		

2. 应用指导

(1) 检查验收统一说明

1) 执行规范章、节

本表的检验批验收执行《建筑地基基础工程施工质量验收规范》(GB 50202——2002)规范第5章、第5.3节主控项目和一般项目有关条目的质量等级要求。应按其质量标准和检查方法逐一进行验收。

表列应检验项目必须全部进行检查验收不得缺漏,应检项目漏检,应进行补充检查验收,不进行补检不应通过验收。

2) 检验批的划分原则

地基基础的检验批划分原则为一个分项划为一个检验批。

3) 质量等级验收评定

① 主控项目是对检验批的基本质量起决定性影响的检验项目,必须全部符合该专业规范的规定,不允许有不符合规范要求的检验结果;

② 一般项目应有80%以上的抽检处符合该规范规定或偏差值在其允许偏差范围内。

4) 检验批验收应提交资料

检验批验收时,应提交的施工操作依据和质量检查记录应完整。

5) 检验批验收

只按列为主控项目、一般项目的条款来验收,不能随意扩大内容范围和提高质量标准。

6) 检验批验收责任制

检验批表式中的责任制签记必须本人签字,替签为无效检验批验收记录。

(2) 保证质量措施条目(摘自《建筑地基基础工程施工质量验收规范》GB 50202—2002)

3.0.1 地基与基础工程施工前,必须具备完善的地质勘察资料及工程附近管线、建筑物、构筑物和其他公共设施的构造情况,必要时应作施工勘察和调查以确保工程质量及临近建筑的安全。

3.0.3 从事地基与基础工程检测及见证试验的单位,必须具备省(直辖市)级以上(含省、直辖市级)建设行政主管部门颁发的资质证书和计量行政主管部门颁发的计量认证合格证书。

(3) 检查验收执行条目(摘自《建筑地基基础工程施工质量验收规范》GB 50202—2002)

5.1.3 预制桩(钢桩)桩位和电焊接桩焊缝允许偏差

预制桩(钢桩)桩位和电焊接桩焊缝允许偏差　　　　表 5.1.3

项 目		允许偏差(mm)	量测值(mm)				
1	盖有基础梁的桩: (1)垂直基础梁的中心线 (2)沿基础梁的中心线	$100+0.01H$ $150+0.01H$					
2	桩数为1~3根桩基中的桩	100					
3	桩数为4~16根桩基中的桩	1/2桩径或边长					
4	桩数大于16根桩基中的桩: (1)最外边的桩 (2)中间桩	1/3桩径或边长 1/2桩径或边长					

续表

项 目		允许偏差(mm)		量 测 值 (mm)							
电焊接桩焊缝	1	上下节端部错口(外径≥700mm)	mm	≤3							
		(外径<700mm)	mm	≤2							
	2	焊缝咬边深度	mm	≤0.5							
	3	焊缝加强层高度	mm	2							
	4	焊缝加强层宽度	mm	2							
	5	焊缝电焊质量外观	无气孔,无焊瘤,无裂缝								
	6	焊缝探伤检验	满足设计要求								

注：H 为施工现场地面标高与拉项设计标高的距离。

5.1.5 工程桩应进行竖向承载力检验。对于地基基础设计等级为甲级或地质条件复杂,成桩质量可靠性低的灌注桩,应采用静载荷试验的方法进行检验,检验桩数不应少于总数的1%,且不少于3根,当总桩数少于50根时,不应少于2根。

5.1.6 桩身质量应进行检验,对设计等级为甲级或地质条件复杂,成桩质量可靠性低的灌注桩,抽检数量不应少于总桩数的30%,且不应少于20根;其他桩基工程的抽检数量不应少于总桩数的20%,且不应少于10根。对混凝土预制桩及地下水位以上且终孔后经过核验的灌注桩,检验数量不应少于总桩数的10%,且不得少于10根,每个柱子承台下不得少于1根。

5.1.8 除5.1.5、5.1.6规定的主控项目外,其他主控项目应全部检查,对一般项目,除已明确规定外,其他可按20%抽查,但混凝土灌注桩应全部检查。

5.3.1 施工前应检查进入现场的成品桩,接桩用电焊条等产品质量。

5.3.2 施工过程中应检查桩的贯入情况、桩顶完整状况、电焊接桩质量、桩体垂直度、电焊后的停歇时间。重要工程应对电焊接头作10%的焊缝探伤检查。

5.3.3 施工结束后,应做承载力检验及桩体质量检验。

5.3.4 先张法预应力管桩的检验标准应符合表5.3.4的规定。

（4）质量验收的检查方法

先张法预应力管桩质量验收的检查方法

项次	检 查 项 目	检 查 方 法
1	桩体质量检验	按桩基检测技术规范
2	桩体偏差	用钢尺量
3	承载力	按桩基检测技术规范
4	成品桩质量:外观桩径、管壁厚度、桩尖中心线、顶面平整度、桩体弯曲	用钢尺量 用钢尺量
5	接桩:焊接质量 电焊结束后停歇时间 上下节平面偏差节 点弯曲矢高	见表5.1.3 秒表测定 用钢尺量 用钢尺量(l 为两节桩长)
6	停锤标准	现场实测或查沉桩记录
7	桩顶标高	水准仪

(5) 检验批验收应提供的附件资料

1) 成品桩、焊条等质量合格证；
2) 成品桩、焊条试验报告；
3) 成品桩、焊条进场验收记录；
4) 施工记录(成品桩质量、接桩、桩顶标高、停锤标准、桩位偏差等)；
5) 隐蔽工程验收记录(成品桩)；
6) 单桩承载力试验报告；
7) 有关验收文件；
8) 自检、互检及工序交接检查记录；
9) 其他应报或设计要求报送的资料。

注：合理缺项除外。

2.1.17 预制桩钢筋骨架质量验收记录

1. 资料表式

预制桩钢筋骨架质量验收记录表　　　　　表 202-17

检控项目	序号	质量验收规范规定	允许偏差或允许值		施工单位检查评定记录	监理(建设)单位验收记录
			单位	数值		
主控项目		项　目	允许偏差(mm)		量　测　值　(mm)	
	1	主筋距桩顶距离	mm	±5		
	2	多节桩锚固钢筋位置	mm	5		
	3	多节桩预埋铁件	mm	±3		
	4	主筋保护层厚度	mm	±5		
一般项目		项　目	允许偏差(mm)		量　测　值　(mm)	
	1	主筋间距	mm	±5		
	2	桩尖中心线	mm	10		
	3	箍筋间距	mm	±20		
	4	桩顶钢筋网片	mm	±10		
	5	多节桩锚固钢筋长度	mm	±10		

2. 应用指导

(1) 检查验收统一说明

1) 执行规范章、节

本表的检验批验收执行《建筑地基基础工程施工质量验收规范》(GB 50202—2002)规范第 5 章、第 5.4 节主控项目和一般项目有关条目的质量等级要求。应按其质量标准和检查方法逐一进行验收。

表列应检验项目必须全部进行检查验收不得缺漏，应检项目漏检，应进行补充检查验收，不进行补检不应通过验收。

2) 检验批的划分原则

地基基础的检验批划分原则为一个分项划为一个检验批。

3) 质量等级验收评定

① 主控项目是对检验批的基本质量起决定性影响的检验项目,必须全部符合该专业规范的规定,不允许有不符合规范要求的检验结果;

② 一般项目应有80%以上的抽检处符合该规范规定或偏差值在其允许偏差范围内。

4) 检验批验收应提交资料

检验批验收时,应提交的施工操作依据和质量检查记录应完整。

5) 检验批验收

只按列为主控项目、一般项目的条款来验收,不能随意扩大内容范围和提高质量标准。

6) 检验批验收责任制

检验批表式中的责任制签记必须本人签字,替签为无效检验批验收记录。

(2) 检查验收执行条目(摘自《建筑地基基础工程施工质量验收规范》GB 50202—2002)

5.4.1 桩在现场预制时,应对原材料、钢筋骨架、混凝土强度做检查;采用工厂生产的成品桩时,桩进场后应作外观及尺寸检查。

(3) 质量验收的检查方法

预制桩钢筋骨架质量检查方法

项次	检查项目	检查方法	项次	检查项目	检查方法
1	主筋距桩顶距离	用钢尺量	6	桩尖中心线	用钢尺量
2	多节桩锚固钢筋位置	用钢尺量	7	箍筋间距	用钢尺量
3	多节桩预埋铁件	用钢尺量	8	桩顶钢筋网片	用钢尺量
4	主筋保护层厚度	用钢尺量	9	多节桩锚固钢筋长度	用钢尺量
5	主筋间距	用钢尺量			

(4) 检验批验收应提供的附件资料

1) 材料、成品、半成品出厂合格证;

2) 材料、成品、半成品进场检查验收记录(品种、规格、数量等);

3) 材料、成品、半成品、复试报告单(设计或规范有要求时);

4) 隐蔽工程验收记录;

5) 施工安装记录;

6) 自检、互检及工序交接检查记录;

7) 其他应报或设计要求报送的资料。

注:合理缺项除外。

2.1.18 钢筋混凝土预制桩质量验收记录

1. 资料表式

钢筋混凝土预制桩质量验收记录表　　　　表202-18

检控项目	序号	质量验收规范规定		施工单位检查评定记录	监理(建设)单位验收记录
主控项目	1	桩体质量检验	按桩基检测技术规范		
	2	桩位偏差	允许偏差(mm)	量 测 值 (mm)	
	1)	盖有基础梁的桩: 垂直基础梁的中心线	$100+0.01H$		
		沿基础梁的中心线	$150+0.01H$		

续表

检控项目	序号	质量验收规范规定		施工单位检查评定记录	监理(建设)单位验收记录
主控项目	2)	桩数为1～3根桩基中的桩	100		
	3)	桩数为4～16根桩基中的桩	1/2桩径或边长		
	4)	桩数大于16根桩基中的桩：最外边的桩	1/3桩径或边长		
		中间桩	1/2桩径或边长		
	3	承载力	按桩基检测技术规范		
一般项目	1	砂、石、水泥、钢材等原材料（现场预制时）	符合设计要求		
	2	混凝土配合比及强度（现场预制时）	符合设计要求		
	3	成品桩外形	表面平整，颜色均匀，掉角深度<10mm，蜂窝面积小于总面积0.5%		
	4	成品桩裂缝（收缩裂缝或起吊、装运、堆放引起的裂缝）	深度<20mm，宽度<0.25mm，横向裂缝不超过边长的一半		
	5	成品桩尺寸：横截面边长	±5		
		桩顶对角线差	<10		
		桩尖中心线	<10		
		桩身弯曲矢高	$\frac{1}{1000}l$		
		桩顶平整度	<2		
	6	电焊接桩：焊缝质量	允许偏差(mm)	量 测 值 (mm)	
		1) 上下节端部错口：(外径>700mm)；(外径<700mm)	≤3mm ≤2mm		
		2) 焊缝咬边深度	≤0.5mm		
		3) 焊缝加强层高度	2mm		
		4) 焊缝加强层宽度	2mm		
		5) 焊缝电焊质量外观	无气孔，无焊瘤，无裂缝		
		6) 焊缝探伤检验	满足设计要求		
		电焊结束后停歇时间；上下节平面偏差；节点弯曲矢高	>1.0mm；<10mm；<$\frac{1}{1000}l$		
	7	硫磺胶泥接桩：胶泥浇注时间；浇注后停歇时间	<2min >7min		
	8	桩顶标高	±50mm		
	9	停锤标准	符合设计要求		

2. 应用指导

(1) 检查验收统一说明

1) 执行规范章、节

本表的检验批验收执行《建筑地基基础工程施工质量验收规范》(GB 50202—2002)规范第 5 章、第 5.4 节主控项目和一般项目有关条目的质量等级要求。应按其质量标准和检查方法逐一进行验收。

表列应检验项目必须全部进行检查验收不得缺漏,应检项目漏检,应进行补充检查验收,不进行补检不应通过验收。

2) 检验批的划分原则

地基基础的检验批划分原则为一个分项划为一个检验批。

3) 质量等级验收评定

① 主控项目是对检验批的基本质量起决定性影响的检验项目,必须全部符合该专业规范的规定,不允许有不符合规范要求的检验结果;

② 一般项目应有 80% 以上的抽检处符合该规范规定或偏差值在其允许偏差范围内。

4) 检验批验收应提交资料

检验批验收时,应提交的施工操作依据和质量检查记录应完整。

5) 检验批验收

只按列为主控项目、一般项目的条款来验收,不能随意扩大内容范围和提高质量标准。

6) 检验批验收责任制

检验批表式中的责任制签记必须本人签字,替签为无效检验批验收记录。

(2) 检查验收执行条目(摘自《建筑地基基础施工质量验收规范》GB 50202—2002)

5.1.3 预制桩(钢桩)桩位和电焊接桩焊缝允许偏差按钢筋混凝土预制桩质量验收记录内的标准要求执行。

5.1.5 工程桩应进行竖向承载力检验。对于地基基础设计等级为甲级或地质条件复杂,成桩质量可靠性低的灌注桩,应采用静载荷试验的方法进行检验,检验桩数不应少于总数的 1%,且不少于 3 根,当总桩数少于 50 根时,不应少于 2 根。

5.1.6 桩身质量应进行检验,对设计等级为甲级或地质条件复杂,成桩质量可靠性低的灌注桩,抽检数量不应少于总桩数的 30%,且不应少于 20 根;其他桩基工程的抽检数量不应少于总桩数的 20%,且不应少于 10 根。对混凝土预制桩及地下水位以上且终孔后经过核验的灌注桩,检验数量不应少于总桩数的 10%,且不得少于 10 根,每个柱子承台下不得少于 1 根。

5.1.8 除 5.1.5、5.1.6 规定的主控项目外,其他主控项目应全部检查,对一般项目,除已明确规定外,其他可按 20% 抽查。

5.4.1 桩在现场预制时,应对原材料、钢筋骨架验收、混凝土强度作检查;采用工厂生产的成品桩时,桩进场后应作外观及尺寸检查。

5.4.2 施工中应对桩体垂直度、沉桩情况,桩顶完整状况。接桩质量等做检查,对电焊接桩,重要工程应作 10% 的焊缝探伤检查。

5.4.3 施工结束后应对承载力及桩体质量做检验。

5.4.4 对长桩或总锤击数超过 500 击的锤击桩,应满足桩体强度及 28d 龄期的两项条件才能锤击。

5.4.5 钢筋混凝土预制桩的质量检验标准应符合表 5.4.5 的规定。

(3) 质量验收的检查方法

钢筋混凝土预制桩质量检查方法

项次	检查项目		检查方法
1	成品桩外形		直观
2	成品桩裂缝(收缩裂缝或起吊、装运、堆放引起的裂缝)		裂缝测定仪,该项在地下水有侵蚀地区及锤击数超过 500 击的长桩不适用
3	电焊接桩	焊缝质量	按钢桩质量验收方法进行
		电焊结束后停歇时间	秒表测定
		上下节平面偏差	用钢尺量
		节点弯曲矢高	用钢尺量(l 为两柱节长)
4	硫磺胶泥接桩	胶泥浇注时间	秒表测定
		浇注后停歇时间	秒表测定
5	桩顶标高		水准仪
6	停锤标准		现场实测或查沉桩记录

(4) 检验批验收应提供的附件资料(表 202-18～表 202-19)

1) 成品桩、焊条等质量合格证;

2) 成品桩、焊条试验报告;

3) 成品桩、焊条进场验收记录;

4) 施工记录(砂石、水泥、配合比、钢材质量(现场预制时);成品桩外形、成品桩裂缝、成品桩尺寸、焊接桩、硫磺胶泥接桩、桩顶标高、停锤标准等);

5) 隐蔽工程验收记录(沉桩前);

6) 单桩承载力试验报告;

7) 有关验收文件;

8) 自检、互检及工序交接检查记录;

9) 其他应报或设计要求报送的资料。

注:1. 合理缺项除外。

2. 表 202-18～表 209-19 表示这几个检验批表式的附件资料均相同。

2.1.19 成品钢桩质量验收记录

1. 资料表式

成品钢桩质量验收记录表　　　　表 202-19

检控项目	序号	质量验收规范规定	允许偏差或允许值		施工单位检查评定记录	监理(建设)单位验收记录
			单位	数值		
		项 目	允许偏差(mm)		量 测 值 (mm)	
主控项目	1	钢桩外径或断面尺寸:桩端 桩身	$\pm 0.5\%D$ $\pm 1D$			
	2	矢高	$<1/1000l$			

续表

检控项目	序号	质量验收规范规定	允许偏差或允许值		施工单位检查评定记录	监理(建设)单位验收记录
			单位	数值		
		项目	允许偏差(mm)		量测值(mm)	
一般项目	1	长度	mm	+10		
	2	端部平整度	mm	≤2		
	3	H钢桩的方正度 $h>300$	mm	$T+T'\leqslant 8$		
		$h<300$	mm	$T-T'\leqslant 6$		
	4	端部平面与桩中心线的倾斜值	mm	≤2		

2．应用指导

(1) 检查验收统一说明

1) 执行规范章、节

本表的检验批验收执行《建筑地基基础工程施工质量验收规范》(GB 50202—2002)规范第5章、第5.5节主控项目和一般项目有关条目的质量等级要求。应按其质量标准和检查方法逐一进行验收。

表列应检验项目必须全部进行检查验收不得缺漏，应检项目漏检，应进行补充检查验收，不进行补检不应通过验收。

2) 检验批的划分原则

地基基础的检验批划分原则为一个分项划为一个检验批。

3) 质量等级验收评定

① 主控项目是对检验批的基本质量起决定性影响的检验项目，必须全部符合该专业规范的规定，不允许有不符合规范要求的检验结果；

② 一般项目应有80%以上的抽检处符合该规范规定或偏差值在其允许偏差范围内。

4) 检验批验收应提交资料

检验批验收时，应提交的施工操作依据和质量检查记录应完整。

5) 检验批验收

只按列为主控项目、一般项目的条款来验收，不能随意扩大内容范围和提高质量标准。

6) 检验批验收责任制

检验批表式中的责任制签记必须本人签字，替签为无效检验批验收记录。

(2) 保证质量措施条目(摘自《建筑地基基础施工质量验收规范》GB 50202—2002)

3.0.1 地基与基础工程施工前，必须具备完善的地质勘察资料及工程附近管线、建筑物、构筑物和其他公共设施的构造情况，必要时应作施工勘察和调查以确保工程质量及临近建筑的安全。

3.0.3 从事地基与基础工程检测及见证试验的单位,必须具备省(直辖市)级以上(含省、直辖市级)建设行政主管部门颁发的资质证书和计量行政主管部门颁发的计量认证合格证书。

(3) 检查验收执行条目(摘自《建筑地基基础施工质量验收规范》GB 50202—2002)

5.5.1 施工前应检查进入现场的成品钢桩,成品桩的质量标准应符合成品钢桩质量验收标准的规定。

5.5.2 施工中应检查钢桩的垂直度、沉入过程、电焊连接质量、电焊后的停歇时间、桩顶锤击后的完整状况。电焊质量除常规检查外,应做10%的焊缝探伤检查。

5.5.3 施工结束后应做承载力检验。

5.5.4 钢桩施工质量检验标准应符合表5.5.4-1的规定。

(4) 质量验收的检查方法

钢桩质量验收检查方法

项次	检 验 项 目	检 查 方 法
1	钢柱外径或断面尺寸;桩端桩身	用钢尺量,D为外径或边长
2	矢高	用钢尺量,l为桩长
3	长度	用钢尺量
4	端部平整度	用水平尺量
5	H钢柱的方正度	用钢尺量,h、T、T'见图示
6	端部平面与桩中心线的倾斜值	用水平尺量

2.1.20 钢桩施工质量验收记录

1. 资料表式

钢桩施工质量验收记录表　　　　　　表202-20

检控项目	序号	质量验收规范规定	允许偏差或允许值		施工单位检查评定记录	监理(建设)单位验收记录
			单位	数值		
		项目	允许偏差(mm)		量 测 值 (mm)	
主控项目	1	桩位偏差	见规范表5.1.3			
	2	承载力	按桩基检测技术规范			
		项目	允许偏差(mm)		量 测 值 (mm)	
一般项目	1	电焊接桩焊缝:				
		1)上下节端部错口				
		(外径≥700mm)	mm	≤3		
		(外径<700mm)	mm	≤2		
		2)焊缝咬边深度	mm	≤0.5		

续表

检控项目	序号	质量验收规范规定	允许偏差或允许值		施工单位检查评定记录	监理(建设)单位验收记录
		项目	单位	数值		
			允许偏差(mm)		量 测 值 (mm)	
一般项目	1	3)焊缝加强层高度	mm	2		
		4)焊加强层宽度	mm	2		
		5)焊缝电焊质量外观	无气孔,无焊瘤,无裂缝			
		6)焊缝探伤检验	满足设计要求			
	2	电焊结束后停歇时间	min	>1.0		
	3	节点弯曲矢高	$<\frac{1}{1000}l$			
	4	桩顶标高	mm	±50		
	5	停锤标准	设 计 要 求			

2．应用指导

(1) 检查验收统一说明

1) 执行规范章、节

本表的检验批验收执行《建筑地基基础工程施工质量验收规范》(GB 50202—2002)规范第5章、第5.5节主控项目和一般项目有关条目的质量等级要求。应按其质量标准和检查方法逐一进行验收。

表列应检验项目必须全部进行检查验收不得缺漏,应检项目漏检,应进行补充检查验收,不进行补检不应通过验收。

2) 检验批的划分原则

地基基础的检验批划分原则为一个分项划为一个检验批。

3) 质量等级验收评定

① 主控项目是对检验批的基本质量起决定性影响的检验项目,必须全部符合该专业规范的规定,不允许有不符合规范要求的检验结果;

② 一般项目应有80%以上的抽检处符合该规范规定或偏差值在其允许偏差范围内。

4) 检验批验收应提交资料

检验批验收时,应提交的施工操作依据和质量检查记录应完整。

5) 检验批验收

只按列为主控项目、一般项目的条款来验收,不能随意扩大内容范围和提高质量标准。

6) 检验批验收责任制

检验批表式中的责任制签记必须本人签字,替签为无效检验批验收记录。

(2) 保证质量措施条目(摘自《建筑地基基础施工质量验收规范》GB 50202—2002)

5.1.3 预制桩(钢桩)桩位的允许偏差

预制桩(钢桩)桩位的允许偏差　　　　表 5.1.3

序号	项目	允许偏差(mm)	量测值 (mm)
1	盖有基础梁的桩： (1)垂直基础梁的中心线 (2)沿基础梁的中心线	$100+0.01H$ $150+0.01H$	
2	桩数为1~3根桩基中的桩	100	
3	桩数为4~16根桩基中的桩	1/2桩径或边长	
4	桩数大于16根桩基中的桩： 1 最外边的桩 2 中间桩	1/3桩径或边长 1/2桩径或边长	

注：H为施工现场地面标高与桩顶设计标高的距离。

(3) 检查验收执行条目

5.1.5 工程桩应进行竖向承载力检验。对于地基基础设计等级为甲级或地质条件复杂，成桩质量可靠性低的灌注桩，应采用静载荷试验的方法进行检验，检验桩数不应少于总数的1%，且不少于3根，当总桩数少于50根时，不应少于2根。

5.1.6 桩身质量应进行检验，对设计等级为甲级或地质条件复杂，成桩质量可靠性低的灌注桩，抽检数量不应少于总桩数的30%，且不应少于20根；其他桩基工程的抽检数量不应少于总桩数的20%，且不应少于10根；对混凝土预制桩及地下水位以上且终孔后经过核验的灌注桩，检验数量不应少于总桩数的10%，且不得少于10根，每个柱子承台下不得少于1根。

5.1.8 除5.1.5、5.1.6规定的主控项目外，其他主控项目应全部检查，对一般项目，除已明确规定外，其他可按20%抽查，但混凝土灌注桩应全部检查。

5.5.1 施工前应检查进入现场的成品钢桩，成品桩的质量标准应符合成品桩质量验收记录内的标准规定。

5.5.2 施工中应检查钢桩的垂直度、沉入过程，电焊连接质量、电焊后的停歇时间、桩顶锤击后的完整状况。电焊质量除常规检查外，应做10%的焊缝探伤检查。

5.5.3 施工结束后应作承载力检验。

5.5.4 钢桩施工质量检验标准应符合表5.5.4-2的规定。

(4) 质量验收的检查方法

钢桩质量验收检查方法

项次	检验项目	检查方法
1	标准偏差	用钢尺量
2	承载力	按桩基检测技术规范
3	电焊接桩焊缝： (1)上下节端部错口 (2)焊接咬边深度 (3)焊缝加强层高度 (4)焊缝加强层宽度 (5)焊缝电焊质量外观 (6)焊缝探伤检验	 用钢尺量 焊缝检查仪 焊缝检查仪 焊缝检查仪 直观 按设计要求
4	电焊结束后停歇时间	秒表测定
5	节点弯曲矢高	用钢尺量(l为两节桩长)
6	桩顶标高	水准仪
7	停锤标准	用钢尺量或沉桩记录

(5) 检验批验收应提供的附件资料

1) 成品桩、焊条等质量合格证;
2) 成品桩、焊条试验报告;
3) 成品桩、焊条进场验收记录;
4) 焊缝探伤试验;
5) 施工记录(桩垂直度、沉桩过程、焊接质量、焊后停歇时间、桩顶完整程度、钢桩的方正度、端部平整度等);
6) 隐蔽工程验收记录(沉桩前检查钢桩外观、垂直度、焊接质量、桩顶完整程度、孔深等);
7) 单桩承载力试验报告;
8) 有关验收文件;
9) 自检、互检及工序交接检查记录;
10) 其他应报或设计要求报送的资料。

注:合理缺项除外。

2.1.21 混凝土灌注桩钢筋笼质量验收记录

1. 资料表式

混凝土灌注桩钢筋笼质量验收记录表　　　　表 202-21

检控项目	序号	质量验收规范规定	允许偏差或允许值		施工单位检查评定记录	监理(建设)单位验收记录
			单位	数值		
		项目	允许偏差(mm)		量测值(mm)	
主控项目	1	主筋间距	mm	±10		
	2	长度	mm	±100		
一般项目	1	钢筋材质检验	设计要求			
	2	箍筋间距	mm	±20		
	3	直径	mm	±10		

2．应用指导

(1) 检查验收统一说明

1) 执行规范章、节

本表的检验批验收执行《建筑地基基础工程施工质量验收规范》(GB 50202—2002)规范第5章、第5.6节主控项目和一般项目有关条目的质量等级要求。应按其质量标准和检查方法逐一进行验收。

表列应检验项目必须全部进行检查验收不得缺漏，应检项目漏检，应进行补充检查验收，不进行补检不应通过验收。

2) 检验批的划分原则

地基基础的检验批划分原则为一个分项划为一个检验批。

3) 质量等级验收评定

① 主控项目是对检验批的基本质量起决定性影响的检验项目，必须全部符合该专业规范的规定，不允许有不符合规范要求的检验结果；

② 一般项目应有80%以上的抽检处符合该规范规定或偏差值在其允许偏差范围内。

4) 检验批验收应提交资料

检验批验收时，应提交的施工操作依据和质量检查记录应完整。

5) 检验批验收，只按列为主控项目、一般项目的条款来验收，不能随意扩大内容范围和提高质量标准。

6) 检验批验收责任制

检验批表式中的责任制签记必须本人签字，替签为无效检验批验收记录。

(2) 保证质量措施条目（摘自《建筑地基基础施工质量验收规范》GB 50202—2002）

5.6.1 施工前应对水泥、砂、石子（如现场搅拌）、钢材等原材料进行检查，对施工组织设计中制定的施工顺序、监测手段（包括仪器、方法）也应检查。

5.6.2 施工中应对成孔、清渣、放置钢筋笼、灌注混凝土等进行全过程检查，人工挖孔桩尚应复验孔底持力层土（岩）性。嵌岩桩必须有桩端持力层的岩性报告。

5.6.3 施工结束后，应检查混凝土强度，并应做桩体质量及承载力的检验。

5.6.4 混凝土灌注桩的质量应满足混凝土灌柱桩钢筋笼质量验收记录内的标准要求。

5.6.5 人工挖孔桩、嵌岩桩的钢筋笼质量检验应按本节（表202-21）执行。

(3) 质量验收的检查方法

混凝土灌注桩钢筋笼质量验收检查方法

项次	检验项目	检查方法	项次	检验项目	检查方法
1	主筋间距	用钢尺量	4	箍筋间距	用钢尺量
2	长度	用钢尺量	5	直径	用钢尺量
3	钢筋材质检验	抽样送检			

2.1.22 混凝土灌注桩质量验收记录

1. 资料表式

混凝土灌注桩质量验收记录表　　　　表 202-22

检控项目	序号	质量验收规范规定			施工单位检查评定记录	监理(建设)单位验收记录
主控项目	1	桩位检测		允许偏差(mm)	量测值（mm）	
	1)	泥浆护壁钻孔桩	$D \leq 1000mm$	甲	$D/6$,且不大于100	
				乙	$D/4$,且不大于150	
			$D > 1000mm$	甲	$100+0.01H$	
				乙	$150+0.01H$	
	2)	套管成孔灌注桩	$D \leq 500mm$	甲	70	
				乙	150	
			$D > 500mm$	甲	100	
				乙	150	
	3)	干成孔灌注桩		甲	70	
				乙	150	
	4)	人工挖孔桩	混凝土护壁	甲	50	
				乙	150	
			钢套管护壁	甲	100	
				乙	200	
		注：甲代表：1~3根、单排桩基垂直于中心线和群桩基础的边桩。乙代表：条形桩基沿中心线方向和群桩基础的中间桩				
	2	孔深			+300	
	3	桩体质量检验			按桩基检测技术规范。如钻芯取样,大直径嵌岩桩应钻至桩尖下50cm	
	4	混凝土强度			设计要求	
	5	承载力			按桩基检测技术规范	
一般项目	1	垂直度、桩经检测			允许偏差(mm)	量测值（mm）
	1)	泥浆护壁钻孔桩	$D \leq 1000mm$	丙	<1%	
				丁	±50mm	
			$D > 1000mm$	丙	<1%	
				丁	±50mm	
	2)	套管成孔灌注桩	$D \leq 500mm$	丙	<1%	
				丁	−20mm	
			$D > 500mm$	丙	<1%	
				丁	−20mm	

续表

检控项目	序号	质量验收规范规定			施工单位检查评定记录	监理(建设)单位验收记录
一般项目	3)	干成孔灌注桩	丙	<1%		
			丁	-20mm		
	4)	人工挖孔桩	混凝土护壁	丙 <0.5%		
				丁 +50mm		
			钢套管护壁	丙 <1%		
				丁 +50mm		
		注：丙代表：灌注桩垂直度 丁代表：灌注桩桩径				
	2	泥浆比重（粘土或砂性土中)		1.15～1.20		
	3	泥浆面标高（高于地下水位）		0.5～1.0m		
	4	沉渣厚度	端承桩	≤50mm		
			摩擦桩	≤150mm		
	5	混凝土坍落度	水下灌注	160～220mm		
			干施工	70～100mm		
	6	钢筋笼安装深度		±100mm		
	7	混凝土充盈系数		>1		
	8	桩顶标高		+30mm -50mm		

2．应用指导

（1）检查验收统一说明

1）执行规范章、节

本表的检验批验收执行《建筑地基基础工程施工质量验收规范》(GB 50202—2002)规范第5章、第5.6节主控项目和一般项目有关条目的质量等级要求。应按其质量标准和检查方法逐一进行验收。

表列应检验项目必须全部进行检查验收不得缺漏,应检项目漏检,应进行补充检查验收,不进行补检不应通过验收。

2）检验批的划分原则

地基基础的检验批划分原则为一个分项划为一个检验批。

3）质量等级验收评定

① 主控项目是对检验批的基本质量起决定性影响的检验项目,必须全部符合该专业规

② 一般项目应有80%以上的抽检处符合该规范规定或偏差值在其允许偏差范围内。

4) 检验批验收应提交资料

检验批验收时,应提交的施工操作依据和质量检查记录应完整。

5) 检验批验收

只按列为主控项目、一般项目的条款来验收,不能随意扩大内容范围和提高质量标准。

6) 检验批验收责任制

检验批表式中的责任制签记必须本人签字,替签为无效检验批验收记录。

(2) 保证质量措施条目(摘自《建筑地基基础工程施工质量验收规范》GB 50202—2002)

3.0.1 地基与基础工程施工前,必须具备完善的地质勘察资料及工程附近管线、建筑物、构筑物和其他公共设施的构造情况,必要时应作施工勘察和调查以确保工程质量及临近建筑的安全。

3.0.3 从事地基与基础工程检测及见证试验的单位,必须具备省(直辖市)级以上(含省、直辖市级)建设行政主管部门颁发的资质证书和计量行政主管部门颁发的计量认证合格证书。

(3) 检查验收执行条目(摘自《建筑地基基础施工质量验收规范》GB 50202—2002)

5.1.5 工程桩应进行竖向承载力检验。对于地基基础设计等级为甲级或地质条件复杂,成桩质量可靠性低的灌注桩,应采用静载荷试验的方法进行检验,检验桩数不应少于总数的1%,且不少于3根,当总桩数少于50根时,不应少于2根。

5.1.6 桩身质量应进行检验,对设计等级为甲级或地质条件复杂,成桩质量可靠性低的灌注桩,抽检数量不应少于总桩数的30%,且不应少于20根;其他桩基工程的抽检数量不应少于总桩数的20%,且不应少于10根。对混凝土预制桩及地下水位以上且终孔后经过核验的灌注桩,检验数量不应少于总桩数的10%,且不得少于10根,每个柱子承台下不得少于1根。

5.1.8 除5.1.5、5.1.6规定的主控项目外,其他主控项目应全部检查,对一般项目,除已明确规定外,其他可按20%抽查,但混凝土灌注桩应全部检查。

5.6.1 施工前应对水泥、砂、石子(如现场搅拌)、钢材等原材料进行检查,对施工组织设计中制定的施工顺序、监测手段(包括仪器、方法)也应检查。

(砂、石、水泥质量的检验项目、批量和检验方法应符合现行标准的规定。)

5.6.2 施工中应对成孔、清渣、放置钢筋笼、灌注混凝土等进行全过程检查,人工控孔桩尚应复验孔底持力层土(岩)性。嵌岩桩必须有桩端持力层的岩性报告。

(清孔不能满足要求,应禁止下道工序进行,到真正满足要求为止,方可浇筑混凝土。)

5.6.3 施工结束后,应检查混凝土强度,并应作桩体质量及承载力的检验。

(灌注桩的试件强度是检验桩体材料的主要手段之一,必须准备够检验的混凝土试件。小于50m³的桩,每根桩要做一组试件,是指单柱单桩的每个承台下的桩需确保有一组试件。)

(混凝土强度等级应符合要求,由设计单位作校核。试件不足应用桩身钻孔取样弥补。)

5.6.4 混凝土灌注桩的质量应满足混凝土灌注桩质量验收记录内的标准规定。

5.6.5 人工挖孔桩、嵌岩桩的质量检验应按本节(表202-22)执行。

(4) 质量验收的检查方法

混凝土灌注桩质量检查方法

序	检查项目	检查方法
1	桩位	基坑开挖前量护筒,开挖后量桩中心
2	孔深	只深不浅,用重锤测,或测钻杆、套管长度,嵌岩桩应确保进入设计要求的嵌岩深度
3	垂直度	测套管或钻杆,或用超声波探测。干施工时吊垂球
4	桩径	井径仪或超声波检测,干施工时用钢尺量,人工挖孔桩不包括内衬厚度
5	泥浆比重(粘土或砂性土中)	用比重计测,清孔后的距孔底50cm处取样
6	泥浆面标高(高于地下水位)	目测
7	沉渣厚度(端承桩)	用沉渣仪或重锤测量
8	混凝土坍落度(水下灌注)	坍落度仪
9	钢筋笼安装深度	用钢尺量
10	混凝土充盈系数	检查每根桩的实际灌注量
11	桩顶标高	水准仪,需扣除桩顶浮浆层及劣质桩体1.0~2.0m

(5) 检验批验收应提供的附件资料

1) 原材料质量合格证(水泥、钢材、焊条(剂)、砂石、外加剂);

2) 材料试验报告;

3) 进场材料验收记录;

4) 施工记录(钢筋笼质量及安装深度、桩位、孔深、混凝土强度、垂直度、桩径、搅拌、泥浆比重、沉渣厚度、桩顶标高等);

5) 隐蔽工程验收记录(钢筋笼质量及安装深度、桩位、孔深、混凝土强度、垂直度、桩径、搅拌、泥浆比重、沉渣厚度、桩顶标高等);

7) 承载力测试报告;

8) 有关验收文件;

9) 自检、互检及工序交接检查记录;

10) 其他应报或设计要求报送的资料。

注:合理缺项除外。

2.1.23 土方开挖工程质量验收记录

1. 资料表式

土方开挖工程检验批质量验收记录表　　　　表202-23

检控项目	序号	质量验收规范规定	允许偏差(mm)					施工单位检查评定记录			监理(建设)单位验收记录
			柱基基坑基槽	挖方场地平整		管沟	地(路)面基层	量测值(mm)			
				人工	机械						
主控项目	1	标高	-50	±30	±50	-50	-50				
	2	长度、宽度(由设计中心线向两边量)	+200 -50	+300 -100	+500 -150	+100	—				

续表

检控项目	序号	质量验收规范规定	允许偏差(mm)					施工单位检查评定记录	监理(建设)单位验收记录
			柱基基坑基槽	挖方场地平整		管沟	地(路)面基层	量测值(mm)	
				人工	机械				
主控项目	3	边坡	设计要求						
一般项目	1	表面平整度	20	20	50	20	20		
	2	基底土性	设计要求						

注：地(路)面基层的偏差只适用于直接在挖、填方上做地(路)面层的。

2．应用指导

(1) 检查验收统一说明

1) 执行规范章、节

本表的检验批验收执行《建筑地基基础工程施工质量验收规范》(GB 50202—2002)规范第6章、第6.2节主控项目和一般项目有关条目的质量等级要求。应按其质量标准和检查方法逐一进行验收。

表列应检验项目必须全部进行检查验收不得缺漏，应检项目漏检，应进行补充检查验收，不进行补检不应通过验收。

2) 检验批的划分原则

地基基础的检验批划分原则为一个分项划为一个检验批。

3) 质量等级验收评定

① 主控项目是对检验批的基本质量起决定性影响的检验项目，必须全部符合该专业规范的规定，不允许有不符合规范要求的检验结果；

② 一般项目应有80%以上的抽检处符合该规范规定或偏差值在其允许偏差范围内。

4) 检验批验收应提交资料

检验批验收时，应提交的施工操作依据和质量检查记录应完整。

5) 检验批验收

只按列为主控项目、一般项目的条款来验收，不能随意扩大内容范围和提高质量标准。

6) 检验批验收责任制

检验批表式中的责任制签记必须本人签字，替签为无效检验批验收记录。

(2) 检查验收执行条目(摘自《建筑地基基础施工质量验收规范》GB 50202—2002)

6.1.5 土方工程施工,应经常测量和校核其平面位置、水平标高和边坡坡度。平面控制桩和水准控制点应采取可靠的保护措施,定期复测和检查。土方不应堆在基坑边缘。

6.2.1 土方开挖前应检查定位放线、排水和降低地下水位系统,合理安排土方运输车的行走路线及弃土场。

6.2.2 施工过程中应检查平面位置、水平标高、边坡坡度、压实度、排水、降低地下水位系统,并随时观测周围的环境变化。

6.2.3 临时性挖方的边坡值

临时性挖方的边坡值　　　　　　　　　　表 6.2.3

土 的 类 别		边坡值(高:宽)
砂土(不包括细砂、粉砂)		1:1.25～1:1.5
一 般 性 粘 土	硬	1:0.75～1:1
	硬、塑	1:1～1:1.25
	软	1:1.5 或更缓
一 般 性 粘 土	充填坚硬、硬塑粘性土	1:0.5～1:1
	充 填 砂 土	1:1～1:1.5

注:1. 设计有要求时,应符合设计标准;
　　2. 如采用降水或其他加固措施,可不受本表限制,但应计算复核;
　　3. 开挖深度,对软土不应超过4米,对硬土不应超过8米。

6.2.4 土方开挖工程的质量检验标准应符合表6.2.4的规定。

7.1.3 土方开挖的顺序、方法必须与设计工况相一致,并遵循"开槽支承,先撑后挖,分层开挖,严禁超挖"的原则。

7.1.7 基坑(槽)、管沟土方工程验收必须确保支护结构安全和周围环境安全为前提。当设计有指标时,以设计要求为依据,如无设计指标时应按表7.1.7的规定

基坑变形的监控值(cm)　　　　　　　　　表 7.1.7

基坑类别	围护结构墙顶位移监控值	围护结构墙体最大位移监控值	地面最大沉降监控值
一 级 基 坑	3	5	3
二 级 基 坑	6	8	6
三 级 基 坑	8	10	10

注:1. 符合下列情况之一,为一级基坑;
　　　1) 重要工程或支护结构做主体结构的一部分;
　　　2) 开挖深度大于10m;
　　　3) 与临近建筑物、重要设施的距离在开挖深度以内的基坑;
　　　4) 基坑范围内有历史文物、近代优秀建筑、重要管线等需严加保护的基坑。
　　2. 三级基坑为开挖深度小于7m,且周围环境无特别要求时的基坑。
　　3. 除一级和三级外的基坑属二级基坑;
　　4. 当周围已有的设施有特殊要求时,尚应符合这些要求。

（3）质量验收的检查方法

土方开挖工程质量验收检查方法

序	项　　目	检 查 方 法
1	标高	水准仪
2	长度、宽度（由设计中心线向两边量）	经纬仪，用钢尺量
3	边坡	观察或用坡度尺检查
4	表面平整度	用2m靠尺和楔形塞尺检查
5	基底土性	观察或土样分析

注：地（路）面基层的偏差只适用于直接在挖、填方上做地（路）面的基层。

摘自《建筑边坡工程技术规范》GB 50330—2002

15.1.2 对土石方开挖后不稳定或欠稳定的边坡，应根据边坡的地质特征和可能发生的破坏等情况，采取自上而下、分段跳槽、及时支护的逆作法或部分逆作法施工。严禁无序大开挖、大爆破作业。

15.1.6 一级边坡工程施工应采用信息施工法。

15.4.1 岩石边坡开挖采用爆破法施工时，应采取有效措施避免爆破对边坡和坡顶建（构）筑物的震害。

（4）检验批验收应提供的附件资料

1）施工记录（基坑（槽）、平面尺寸、平整度、水平标高、边坡坡度、边坡压实度、排水、降水、基土土性、是否超挖等）；

2）必须提供的其他文件。

2.1.24　填土工程质量验收记录

1. 资料表式

填土工程检验批质量验收记录表　　　　　表202-24

检控项目	序号	质量验收规范规定	允许偏差(mm)					施工单位检查评定记录		监理(建设)单位验收记录
			柱基基坑基槽	挖方场地平整		管沟	地(路)面基层	量　测　值　(mm)		
				人工	机械					
主控项目	1	标　高	-50	±30	±50	-50	-50			
	2	分层压实系数	设　计　要　求							

续表

检控项目	序号	质量验收规范规定	允许偏差(mm)					施工单位检查评定记录	监理(建设)单位验收记录
			柱基基坑基槽	挖方场地平整		管沟	地(路)面基层	量测值(mm)	
				人工	机械				
一般项目	1	回填土料	设计要求						
	2	分层厚度及含水量	符合设计要求						
		项目	允许偏差(mm)					量测值(mm)	
	3	表面平整度	20	20	30	20	20		

2. 应用指导

(1) 检查验收统一说明

1) 执行规范章、节

本表的检验批验收执行《建筑地基基础工程施工质量验收规范》(GB 50202—2002)规范第6章、第6.3节主控项目和一般项目有关条目的质量等级要求。应按其质量标准和检查方法逐一进行验收。

表列应检验项目必须全部进行检查验收不得缺漏,应检项目漏检,应进行补充检查验收,不进行补检不应通过验收。

2) 检验批的划分原则

地基基础的检验批划分原则为一个分项划为一个检验批。

3) 质量等级验收评定

① 主控项目是对检验批的基本质量起决定性影响的检验项目,必须全部符合该专业规范的规定,不允许有不符合规范要求的检验结果;

② 一般项目应有80%以上的抽检处符合该规范规定或偏差值在其允许偏差范围内。

4) 检验批验收应提交资料

检验批验收时,应提交的施工操作依据和质量检查记录应完整。

5) 检验批验收

只按列为主控项目、一般项目的条款来验收,不能随意扩大内容范围和提高质量标准。

6) 检验批验收责任制

检验批表式中的责任制签记必须本人签字,替签为无效检验批验收记录。

(2) 检查验收执行条目(摘自《建筑地基基础工程施工质量验收规范》GB 50202—2002)

6.3.1 土方回填前应清除基底的垃圾、树根等杂物,抽除坑穴积水、淤泥,验收基底标高。如在耕植土或松土上填方,应在基底压实后再进行。

6.3.2 对填方土料应按设计要求验收后方可填入。

6.3.3 填方施工过程中应检查排水措施,每层填筑厚度、含水量控制、压实程度。填筑厚度及压实遍数应根据土质,压实系数及所用机具确定。如无试验依据,应符合表6.3.3的规定。

填土施工时的分层厚度及压实遍数   表6.3.3

压实机层	分层厚度(mm)	每层压实遍数
平 碾	250～300	6～8
振动压实机	250～350	3～4
柴油打夯机	200～250	3～4
人工打夯	<200	3～4

6.3.4 填方施工结束后,应检查标高、边坡坡度,压实程度等,检验标准应符合(GB 50202—2002)规范表6.3.4的规定。

(3) 质量验收的检查方法

填土工程质量检查方法

项次	检查项目	检查方法
1	标 高	水准仪
2	分层压实系数	按规定方法
3	回填土料	取样检查或直观鉴别
4	分层厚度及含水量	水准仪及抽样检查
5	表面平整度	用靠尺或水准仪

(4) 检验批验收应提供的附件资料

1) 施工记录(标高、土质量、铺设厚度、上下层搭接、加水量、压实遍数、压实系数、平整度等);

2) 干密度试验报告(见证取样);

3) 隐蔽工程验收记录(每层铺设并夯击完成,进行下一层铺设时);

4) 有关验收文件;

5) 自检、互检及工序交接检查记录;

6) 其他应报或设计要求报送的资料。

注:合理缺项除外。

2.1.25 基坑工程排桩墙支护重复使用的钢板桩质量验收记录

1. 资料表式

基坑工程排桩墙支护重复使用的钢板桩检验批质量验收记录表   表202-25

检控项目	序号	质量验收规范规定	允许偏差或允许值		施工单位检查评定记录	监理(建设)单位验收记录
			单位	数值		
		项 目	允许偏差(mm)		量 测 值 (mm)	
主控项目	1	桩垂直度	%	<1		
	2	桩身弯曲度		<2%l		
	3	齿槽平直度及光滑度	无电焊渣或毛刺			
	4	桩长度	不小于设计长度			

续表

检控项目	序号	质量验收规范规定	允许偏差或允许值		施工单位检查评定记录	监理(建设)单位验收记录
			单位	数值		
一般项目						

2. 应用指导

(1) 检查验收统一说明

1) 执行规范章、节

本表的检验批验收执行《建筑地基基础工程施工质量验收规范》(GB 50202—2002)规范第7章、第7.2节主控项目和一般项目有关条目的质量等级要求。应按其质量标准和检查方法逐一进行验收。

表列应检验项目必须全部进行检查验收不得缺漏,应检项目漏检,应进行补充检查验收,不进行补检不应通过验收。

2) 检验批的划分原则

地基基础的检验批划分原则为一个分项划为一个检验批。

3) 质量等级验收评定

① 主控项目是对检验批的基本质量起决定性影响的检验项目,必须全部符合该专业规范的规定,不允许有不符合规范要求的检验结果;

② 一般项目应有80%以上的抽检处符合该规范规定或偏差值在其允许偏差范围内。

4) 检验批验收应提交资料

检验批验收时,应提交的施工操作依据和质量检查记录应完整。

5) 检验批验收

只按列为主控项目、一般项目的条款来验收,不能随意扩大内容范围和提高质量标准。

6) 检验批验收责任制

检验批表式中的责任制签记必须本人签字,替签为无效检验批验收记录。

(2) 保证质量措施条目(摘自《建筑地基基础工程施工质量验收规范》GB 50202—2002)

7.1.3 土方开挖的顺序、方法必须与设计工况相一致,并遵循"开槽支承,先撑后挖,分层开挖,严禁超挖"的原则。

7.1.7 基坑(槽)、管沟土方工程验收必须确保支护结构安全和周围环境安全为前提。当设计有指标时,以设计要求为依据,如无设计指标时应按表7.1.7的规定执行。

基坑变形的监控值(cm) 表7.1.7

基坑类别	围护结构墙顶位移监控值	围护结构墙体最大位移监控值	地面最大沉降监控值
一级基坑	3	5	3
二级基坑	6	8	6

续表

基坑类别	围护结构墙顶位移监控值	围护结构墙体最大位移监控值	地面最大沉降监控值
三级基坑	8	10	10

注：1. 符合下列情况之一，为一级基坑：
    1）重要工程或支护结构做主体结构的一部分；
    2）开挖深度大于10m；
    3）与临近建筑物，重要设施的距离在开挖深度以内的基坑；
    4）基坑范围内有历史文物、近代优秀建筑、重要管线等需严加保护的基坑。
  2. 三级基坑为开挖深度小于7m，且周围环境无特别要求时的基坑。
  3. 除一级和三级外的基坑属二级基坑。
  4. 当周围已有的设施有特殊要求时，尚应符合这些要求。

(3) 检查验收执行条目（摘自《建筑地基基础工程施工质量验收规范》GB 50202—2002）

7.2.1 排桩墙支护结构包括灌注桩、预制桩、板桩等类型桩构成的支护结构。

7.2.2 灌注桩、预制桩的检验标准应符合（GB 50202—2001）规范第5章的规定，钢板桩均为工厂成品，新桩可按出厂标准检验，重复使用的钢板桩按钢板桩质量验收标准要求，混凝土板桩应符合应满足混凝土板桩质量验收标准要求。

重复使用的钢板桩检验方法

项次	检 查 项 目	检 查 方 法
1	桩垂直度	用钢尺量
2	桩身弯曲度	用钢尺量，l 为桩长
3	齿槽平直度及光滑度	用1米长的桩段用通过试验
4	桩长度	用钢尺量

7.2.3 排桩墙支护的基坑，开挖后应及时支护，每一道支撑施工应确保基坑变形在设计要求的控制范围内。

7.2.4 在含水地层范围内的排桩墙支护基坑，要有确实可靠的止水措施，确保基坑施工及邻近构筑物的安全。

(4) 检验批验收应提供的附件资料
1）成品桩、焊条等质量合格证；
2）成品桩、焊条试验报告；
3）成品桩、焊条进场验收记录；
4）焊缝探伤试验；
5）施工记录（桩垂直度、沉桩过程、焊接质量、焊后停歇时间、桩顶完整程度、钢桩的方正度、端部平整度等）；
6）隐蔽工程验收记录（沉桩前检查钢桩外观、垂直度、焊接质量、桩顶完整程度、孔深等）；
7）单桩承载力试验报告；
8）有关验收文件；
9）自检、互检及工序交接检查记录；
10）其他应报或设计要求报送的资料。
注：合理缺项除外。

2.1.26 基坑工程排桩墙支护混凝土板桩制作质量验收记录

1. 资料表式

基坑工程排桩墙支护混凝土板桩制作检验批质量验收记录表　　　表202-26

检控项目	序号	质量验收规范规定	允许偏差或允许值		施工单位检查评定记录	监理(建设)单位验收记录
			单位	数值		
		项目	允许偏差(mm)		量测值(mm)	
主控项目	1	桩长度	mm	+10 -0		
	2	桩身弯曲度		<0.1%l		
		项目	允许偏差(mm)		量测值(mm)	
一般项目	1	保护层厚度	mm	±5		
	2	横截面相对两面之差	mm	5		
	3	桩尖对桩轴线的位称	mm	10		
	4	桩厚度	mm	+10 -0		
	5	凹、凸槽尺寸	mm	±3		

2. 应用指导

(1) 检查验收统一说明

1) 执行规范章、节

本表的检验批验收执行《建筑地基基础工程施工质量验收规范》(GB 50202—2002)规范第7章、第7.2节主控项目和一般项目有关条目的质量等级要求。应按其质量标准和检查方法逐一进行验收。

表列应检验项目必须全部进行检查验收不得缺漏,应检项目漏检,应进行补充检查验收,不进行补检不应通过验收。

2) 检验批的划分原则

地基基础的检验批划分原则为一个分项划为一个检验批。

3) 质量等级验收评定

① 主控项目是对检验批的基本质量起决定性影响的检验项目,必须全部符合该专业规范的规定,不允许有不符合规范要求的检验结果;

② 一般项目应有80%以上的抽检处符合该规范规定或偏差值在其允许偏差范围内。

4) 检验批验收应提交资料

检验批验收时,应提交的施工操作依据和质量检查记录应完整。

5) 检验批验收

只按列为主控项目、一般项目的条款来验收,不能随意扩大内容范围和提高质量标准。

6) 检验批验收责任制

检验批表式中的责任制签记必须本人签字,替签为无效检验批验收记录。

(2) 保证质量措施条目(摘自《建筑地基基础工程施工质量验收规范》GB 50202—2002)

7.1.3 土方开挖的顺序、方法必须与设计工况相一致,并遵循"开槽支承,先撑后挖,分层开挖,严禁超挖"的原则。

7.1.7 基坑(槽)、管沟土方工程验收必须确保支护结构安全和周围环境安全为前提。当设计有指标时,以设计要求为依据,如无设计指标时应按表7.1.7的规定执行。

基坑变形的监控值(cm)　　　　　　　　　　　　　表7.1.7

基坑类别	围护结构墙顶位移监控值	围护结构墙体最大位移监控值	地面最大沉降监控值
一级基坑	3	5	3
二级基坑	6	8	6
三级基坑	8	10	10

注:1. 符合下列情况之一,为一级基坑:
　　1) 重要工程或支护结构做主体结构的一部分;
　　2) 开挖深度大于10m;
　　3) 与临近建筑物,重要设施的距离在开挖深度以内的基坑;
　　4) 基坑范围内有历史文物、近代优秀建筑、重要管线等需严加保护的基坑。
2. 三级基坑为开挖深度小于7m,且周围环境无特别要求时的基坑。
3. 除一级和三级外的基坑属二级基坑。
4. 当周围已有的设施有特殊要求时,尚应符合这些要求。

(3) 检查验收执行条目(摘自《建筑地基基础工程施工质量验收规范》GB 50202—2002)

7.2.1 排桩墙支护结构包括灌注桩、预制桩、板桩等类型桩构成的支护结构。

7.2.2 灌注桩、预制桩的检验标准应符合(GB 50202—2001)规范第5章的规定,钢板桩均为工厂成品,新桩可按出厂标准检验,重复使用的钢板桩按钢板桩质量验收标准要求,混凝土板桩应满足混凝土板桩质量验收标准要求。

(4) 质量验收的检查方法

基坑工程排桩墙质量检查方法

项次	检查项目	检查方法	项次	检查项目	检查方法
1	桩长度	用钢尺量	5	桩尖对桩轴线的位移	用钢尺量
2	桩身弯曲度	用钢尺量,l 为桩长	6	桩厚度	用钢尺量
3	保护层厚度	用钢尺量	7	凹槽、凸 尺寸	用钢尺量
4	桩截面相对两面之差	用钢尺量			

7.2.3 排桩墙支护的基坑,开挖后应及时支护,每一道支撑施工应确保基坑变形在设计要求的控制范围内。

7.2.4 在含水地层范围内的排桩墙支护基坑,要有确实可靠的止水措施,确保基坑施工及邻近构筑物的安全。

（5）检验批验收应提供的附件资料

1）混凝土灌注桩：

① 原材料质量合格证（水泥、钢材、焊条（剂）、砂石、外加剂）；

② 材料试验报告；

③ 进场材料验收记录；

④ 施工记录（钢筋笼质量及安装深度、桩位、孔深、混凝土强度、垂直度、桩径、搅拌、泥浆比重、沉渣厚度、桩顶标高等）；

⑤ 隐蔽工程验收记录（钢筋笼质量及安装深度、桩位、孔深、混凝土强度、垂直度、桩径、搅拌、泥浆比重、沉渣厚度、桩顶标高等）；

⑥ 承载力测试报告；

⑦ 有关验收文件；

⑧ 自检、互检及工序交接检查记录；

⑨ 其他应报或设计要求报送的资料。

注：合理缺项除外。

2）预制桩：

① 成品桩、焊条等质量合格证；

② 成品桩、焊条试验报告；

③ 成品桩、焊条进场验收记录；

④ 施工记录（砂石、水泥、配合比、钢材质量（现场预制时）；成品桩外形、成品桩裂缝、成品桩尺寸、焊接桩、硫磺胶泥接桩、桩顶标高、停锤标准等）；

⑤ 隐蔽工程验收记录（沉桩前）；

⑥ 单桩承载力试验报告；

⑦ 有关验收文件；

⑧ 自检、互检及工序交接检查记录；

⑨ 其他应报或设计要求报送的资料。

注：合理缺项除外。

3）板桩：同预制桩。

2.1.27 基坑工程水泥土桩墙支护加筋水泥土桩质量验收记录

1. 资料表式

基坑工程水泥土桩墙支护加筋水泥土桩检验批质量验收记录表　　　表202-27

检控项目	序号	质量验收规范规定	允许偏差或允许值		施工单位检查评定记录	监理（建设）单位验收记录
			单位	数值		
		项　目	允许偏差(mm)		量　测　值　(mm)	
主控项目	1	型钢长度	mm	±10		
	2	型钢垂直度	%	<1		
	3	型钢插入标高	mm	±30		
	4	型钢插入平面位置	mm	10		

续表

检控项目	序号	质量验收规范规定	允许偏差或允许值		施工单位检查评定记录	监理(建设)单位验收记录
			单位	数值		
一般项目						

2. 应用指导

(1) 检查验收统一说明

1) 执行规范章、节

本表的检验批验收执行《建筑地基基础工程施工质量验收规范》(GB 50202—2002)规范第 7 章、第 7.3 节主控项目和一般项目有关条目的质量等级要求。应按其质量标准和检查方法逐一进行验收。

表列应检验项目必须全部进行检查验收不得缺漏,应检项目漏检,应进行补充检查验收,不进行补检不应通过验收。

2) 检验批的划分原则

地基基础的检验批划分原则为一个分项划为一个检验批。

3) 质量等级验收评定

① 主控项目是对检验批的基本质量起决定性影响的检验项目,必须全部符合该专业规范的规定,不允许有不符合规范要求的检验结果;

② 一般项目应有 80% 以上的抽检处符合该规范规定或偏差值在其允许偏差范围内。

4) 检验批验收应提交资料

检验批验收时,应提交的施工操作依据和质量检查记录应完整。

5) 检验批验收,只按列为主控项目、一般项目的条款来验收,不能随意扩大内容范围和提高质量标准。

6) 检验批验收责任制

检验批表式中的责任制签记必须本人签字,替签为无效检验批验收记录。

(2) 保证质量措施条目(摘自《建筑地基基础工程施工质量验收规范》GB 50202—2002)

7.1.3 土方开挖的顺序、方法必须与设计工况相一致,并遵循"开槽支承,先撑后挖,分层开挖,严禁超挖"的原则。

7.1.7 基坑(槽)、管沟土方工程验收必须确保支护结构安全和周围环境安全为前提。当设计有指标时,以设计要求为依据,如无设计指标时应按表 7.1.7 的规定执行。

基坑变形的监控值(cm)　　　　表 7.1.7

基坑类别	围护结构墙顶位移监控值	围护结构墙体最大位移监控值	地面最大沉降监控值
一级基坑	3	5	3

续表

基坑类别	围护结构墙顶位移监控值	围护结构墙体最大位移监控值	地面最大沉降监控值
二级基坑	6	8	6
三级基坑	8	10	10

注：1. 符合下列情况之一，为一级基坑：
　　　1）重要工程或支护结构做主体结构的一部分；
　　　2）开挖深度大于10m；
　　　3）与临近建筑物、重要设施的距离在开挖深度以内的基坑；
　　　4）基坑范围内有历史文物、近代优秀建筑、重要管线等需严加保护的基坑。
　　2. 三级基坑为开挖深度小于7m，且周围环境无特别要求时的基坑。
　　3. 除一级和三级外的基坑属二级基坑。
　　4. 当周围已有的设施有特殊要求时，尚应符合这些要求。

(3) 检查验收执行条目（摘自《建筑地基基础工程施工质量验收规范》GB 50202—2002）

7.3.1 水泥土墙支护结构指水泥土搅拌桩（包括加筋水泥土搅拌桩）、高压喷射注浆桩所构成的围护结构。

7.3.2 水泥土搅拌桩及高压喷射注浆桩的质量检验分别应用水泥土搅拌桩和高压喷射注浆表式与说明。

7.3.3 加筋水泥土桩应符合表7.3.3的规定。

(4) 质量验收的检验方法

水泥土桩质量检查方法

项次	检查项目	检查方法	项次	检查项目	检查方法
1	型钢长度	用钢尺量	3	型钢插入标高	水准仪
2	型钢垂直度	经纬仪	4	型钢插入平面位置	用钢尺量

(5) 检验批验收应提供的附件资料

① 原材料质量合格证；
② 水泥试验报告；
③ 进场材料验收记录；
④ 施工记录（桩位、提升速度、桩深标高、垂直度、搭接等）；
⑤ 轻便触探资料；
⑥ 承载力测试报告；
⑦ 有关验收文件；
⑧ 自检、互检及工序交接检查记录；
⑨ 其他应报或设计要求报送的资料。

注：合理缺项除外。

2.1.28 基坑工程锚杆及土钉墙支护质量验收记录

1. 资料表式

基坑工程锚杆及土钉墙支护质量验收记录表　　　　表202-28

检控项目	序号	质量验收规范规定	允许偏差或允许值		施工单位检查评定记录	监理(建设)单位验收记录
			单位	数值		
主控项目		项 目	允许偏差(mm)		量 测 值 (mm)	
	1	锚杆土钉长度	mm	±30		
	2	锚杆锁定力	设 计 要 求			
一般项目		项 目	允许偏差(mm)		量 测 值 (mm)	
	1	锚杆或土钉位置	mm	±100		
	2	钻孔倾斜度	°	±1		
	3	浆体强度	设 计 要 求			
	4	注浆量	大于理论计算浆量			
	5	土钉墙面厚度	mm	±10		
	6	墙体强度	符合设计要求			

2. 应用指导

(1) 检查验收统一说明

1) 执行规范章、节

本表的检验批验收执行《建筑地基基础工程施工质量验收规范》(GB 50202—2002)规范第7章、第7.4节主控项目和一般项目有关条目的质量等级要求。应按其质量标准和检查方法逐一进行验收。

表列应检验项目必须全部进行检查验收不得缺漏,应检项目漏检,应进行补充检查验收,不进行补检不应通过验收。

2) 检验批的划分原则

地基基础的检验批划分原则为一个分项划为一个检验批。

3) 质量等级验收评定

① 主控项目是对检验批的基本质量起决定性影响的检验项目,必须全部符合该专业规范的规定,不允许有不符合规范要求的检验结果;

② 一般项目应有80%以上的抽检处符合该规范规定或偏差值在其允许偏差范围内。

4) 检验批验收应提交资料

检验批验收时,应提交的施工操作依据和质量检查记录应完整。

5) 检验批验收

只按列为主控项目、一般项目的条款来验收,不能随意扩大内容范围和提高质量标准。

6）检验批验收责任制

检验批表式中的责任制签记必须本人签字，替签为无效检验批验收记录。

(2) 保证质量措施条目（摘自《建筑地基基础工程施工质量验收规范》GB 50202—2002）

7.1.3 土方开挖的顺序、方法必须与设计工况相一致，并遵循"开槽支承，先撑后挖，分层开挖，严禁超挖"的原则。

7.1.7 基坑（槽）、管沟土方工程验收必须确保支护结构安全和周围环境安全为前提。当设计有指标时，以设计要求为依据，如无设计指标时应按表7.1.7的规定执行。

基坑变形的监控值(cm)　　　　　　表7.1.7

基坑类别	围护结构墙顶位移监控值	围护结构墙体最大位移监控值	地面大最沉降监控值
一级基坑	3	5	3
二级基坑	6	8	6
三级基坑	8	10	10

注：1. 符合下列情况之一，为一级基坑：
　　1）重要工程或支护结构做主体结构的一部分；
　　2）开挖深度大于10m；
　　3）与临近建筑物，重要设施的距离在开挖深度以内的基坑；
　　4）基坑范围内有历史文物、近代优秀建筑、重要管线等需严加保护的基坑。
　　2. 三级基坑为开挖深度小于7m，且周围环境无特别要求时的基坑。
　　3. 除一级和三级外的基坑属二级基坑。
　　4. 当周围已有的设施有特殊要求时，尚应符合这些要求。

(3) 检查验收执行条目（摘自《建筑地基基础工程施工质量验收规范》GB 50202—2002）

7.4.1 锚杆及土钉墙支护工程施工前应熟悉地质资料、设计图纸及周围环境，降水系统应确保正常工作，必须的施工设备如挖机、钻机、压浆泵、搅拌机等应能正常运转。

7.4.2 一般情况下，应遵循分段开挖，分段支护的原则，不宜按一次挖就再行支护的方式施工。

7.4.3 施工中应对锚杆或土钉位置，钻孔直径、深度及角度，锚杆或土钉插入长度，注浆配比、压力及注浆量、喷锚墙面厚度及强度、锚杆或土钉应力等进行检查。

7.4.4 每段支护体施工完后，应检查坡顶或坡面位移，坡顶沉降及周围环境变化，如有异常情况应采取措施，恢复正常后方可继续施工。

7.4.5 锚杆及土钉墙支护工程质量检验应符合表7.4.5的规定。

(4) 质量验收的检查方法

锚杆及土钉墙支护质量检查方法

项次	检查项目	检查方法	项次	检查项目	检查方法
1	锚杆土钉长度	用钢尺量	5	浆体强度	试样送检
2	锚杆锁定力	现场实测	6	注浆量	检查计量数据
3	锚杆或土钉位置	用钢尺量	7	土钉墙面厚度	用钢尺量
4	钻孔倾斜度	测钻机倾角	8	墙本强度	试样送检

摘自《建筑基坑支护技术规程》JGJ 120—99

3.7.2 基坑边界周围地面应设排水沟,对坡顶、坡面、坡脚采取降排水措施。

3.7.3 基坑周边严禁超堆荷载。

3.7.5 基坑开挖过程中,应采取措施防止碰撞支护结构、工程桩或扰动基底原状土。

(5) 检验批验收应提供的附件资料

1) 原材料质量合格证;
2) 材料试验报告;
3) 进场材料验收记录;
4) 施工记录(锚杆或土钉位置、钻孔直径、钻孔深度、钻孔角度、锚杆或土钉的插入深度、注浆配比、注浆量、锚喷墙厚度及强度、锚填或土钉应力等);
5) 隐蔽工程验收记录;
6) 锚杆锁定力测定、墙体强度测定与试验;
7) 有关验收文件;
8) 自检、互检及工序交接检查记录;
9) 其他应报或设计要求报送的资料。

注:合理缺项除外。

2.1.29 基坑工程钢及混凝土支撑系统工程检验批质量验收记录

1. 资料表式

基坑工程钢及混凝土支撑系统工程检验批质量验收记录表　　　表 202-29

检控项目	序号	质量验收规范规定	允许偏差或允许值		施工单位检查评定记录	监理(建设)单位验收记录
			单位	数值		
		项目	允许偏差(mm)		量 测 值 (mm)	
主控项目	1	支撑位置:标高 平面	mm mm	30 100		
	2	预加顶力	kN	±50		
		项目	允许偏差(mm)		量 测 值 (mm)	
一般项目	1	围檩标高	mm	30		
	2	立柱桩	参见本规范第5章			
	3	立柱位置:标高 平面	mm mm	30 50		
	4	开挖超深(开槽放支撑不在此范围)	mm	<200		
	5	支撑安装时间	符合设计要求			

2．应用指导

(1) 检查验收统一说明

1) 执行规范章、节

本表的检验批验收执行(GB 50202—2002)规范第7章、第7.5节主控项目和一般项目有关条目的质量等级要求。应按其质量标准和检查方法逐一进行验收。

表列应检验项目必须全部进行检查验收不得缺漏，应检项目漏检，应进行补充检查验收，不进行补检不应通过验收。

2) 检验批的划分原则

地基基础的检验批划分原则为一个分项划为一个检验批。

3) 质量等级验收评定

① 主控项目是对检验批的基本质量起决定性影响的检验项目，必须全部符合该专业规范的规定，不允许有不符合规范要求的检验结果；

② 一般项目应有80%以上的抽检处符合该规范规定或偏差值在其允许偏差范围内。

4) 检验批验收应提交资料

检验批验收时，应提交的施工操作依据和质量检查记录应完整。

5) 检验批验收

只按列为主控项目、一般项目的条款来验收，不能随意扩大内容范围和提高质量标准。

6) 检验批验收责任制

检验批表式中的责任制签记必须本人签字，替签为无效检验批验收记录。

(2) 保证质量措施条目(摘自《建筑地基基础工程施工质量验收规范》GB 50202—2002)

7.1.3 土方开挖的顺序、方法必须与设计工况相一致，并遵循"开槽支承，先撑后挖，分层开挖，严禁超挖"的原则。

7.1.7 基坑(槽)、管沟土方工程验收必须确保支护结构安全和周围环境安全为前提。当设计有指标时，以设计要求为依据，如无设计指标时应按表7.1.7的规定执行。

基坑变形的监控值(cm)　　　　　　　　　　表7.1.7

基坑类别	围护结构墙顶位移监控值	围护结构墙体最大位移监控值	地面最大沉降监控值
一级基坑	3	5	3
二级基坑	6	8	6
三级基坑	8	10	10

注：1. 符合下列情况之一，为一级基坑：

　　1) 重要工程或支护结构做主体结构的一部分；

　　2) 开挖深度大于10m；

　　3) 与临近建筑物、重要设施的距离在开挖深度以内的基坑；

　　4) 基坑范围内有历史文物、近代优秀建筑、重要管线等需严加保护的基坑。

2. 三级基坑为开挖深度小于7m，且周围环境无特别要求时的基坑。

3. 除一级和三级外的基坑属二级基坑。

4. 当周围已有的设施有特殊要求时，尚应符合这些要求。

(3) 检查验收执行条目（摘自《建筑地基基础工程施工质量验收规范》GB 50202—2002）

7.5.1 支撑系统包括围檩及支撑,当支撑较长时(一般超过15m),还包括支撑下的立柱及相应的立柱桩。

7.5.2 施工前应熟悉支撑系统的图纸及各种计算工况,掌握开挖及支撑设置的方式,预顶力及周围环境保护的要求。

7.5.3 施工过程中应严格控制开挖及支撑的程序及时间,对支撑的位置(包括立柱及立柱桩的位置),每层开挖深度,预加顶力(如需要时),钢围檩与围护体或支撑与围檩的密贴度应做周密检查。

7.5.4 全部支撑安装结束后,仍应维持整个系统的正常运转直至支撑全部拆除。

7.5.5 作为永久性结构的支撑系统尚应符合现行国家标准《混凝土结构工程施工质量验收规范》GB 50204的要求。

7.5.6 钢或混凝土支撑系统工程质量检验标准应符合表7.5.6的规定。

(4) 质量验收的检验方法

钢或混凝土支撑质量检查方法

项次	检查项目	检查方法	项次	检查项目	检查方法
1	支撑位置:标高	水准仪	5	立柱位置:标高	水准仪
	平面	用钢尺量		平面	用钢尺量
2	预加顶力	油泵读数或传感器	6	开挖超深(开槽放支撑不在此范围)	水准仪
3	围檩标高	水准仪
4	立柱桩	参见规范	7	支撑安装时间	用钟表估测

摘自《建筑基坑支护技术规程》JGJ 120—99

3.7.2 基坑边界周围地面应设排水沟,对坡顶、坡面、坡脚采取降排水措施。

3.7.3 基坑周边严禁超堆荷载。

3.7.5 基坑开挖过程中,应采取措施防止碰撞支护结构、工程桩或扰动基底原状土。

(5) 检验批验收应提供的附件资料

1) 原材料质量合格证;

2) 材料试验报告;

3) 进场材料验收记录;

4) 施工记录(支撑位置、每层开挖深度、预加顶力、立柱桩、立柱位置、标高、开挖超深、支撑安装时间、开挖及支撑程序执行及时间);

5) 有关验收文件;

6) 自检、互检及工序交接检查记录;

7) 其他应报或设计要求报送的资料。

注:合理缺项除外。

2.1.30 基坑工程地下连续墙检验批质量验收记录

1．资料表式

基坑工程地下连续墙检验批质量验收记录表　　　　表202-30

检控项目	序号	质量验收规范规定		允许偏差或允许值		施工单位检查评定记录	监理(建设)单位验收记录
				单位	数值		
主控项目	1	墙体强度			符合设计要求		
	2	项目		允许偏差(mm)		量测值 (mm)	
		垂直度:永久结构			1/300		
		临时结构			1/150		
一般项目		项目		允许偏差(mm)		量　测　值　(mm)	
	1	导墙尺寸	宽度 墙面平整度 导墙平面位置	mm mm mm	W+40 <5 ±10		
	2	沉渣厚度:永久结构 　　　　　临时结构		mm mm	≤100 ≤200		
	3	槽深		mm	+100		
	4	混凝土坍落度		mm	180～220		
	5	钢筋笼尺寸			见表5.6.4(1)		
	6	地下墙表面平整度	永久结构 临时结构 插入式结构	mm mm mm	<100 <150 <20		
	7	永久结构时的预埋件位置	水平向 垂直向	mm mm	≤10 ≤20		

注：W 为地下墙的设计厚度

2．应用指导

(1) 检查验收统一说明

1) 执行规范章、节

本表的检验批验收执行《建筑地基基础工程施工质量验收规范》(GB 50202—2002)规范第7章、第7.6节主控项目和一般项目有关条目的质量等级要求。应按其质量标准和检查方法逐一进行验收。

表列应检验项目必须全部进行检查验收不得缺漏,应检项目漏检,应进行补充检查验收,不进行补检不应通过验收。

2) 检验批的划分原则

地基基础的检验批划分原则为一个分项划为一个检验批。

3) 质量等级验收评定

① 主控项目是对检验批的基本质量起决定性影响的检验项目,必须全部符合该专业规

范的规定,不允许有不符合规范要求的检验结果;
② 一般项目应有80%以上的抽检处符合该规范规定或偏差值在其允许偏差范围内。
4) 检验批验收应提交资料
检验批验收时,应提交的施工操作依据和质量检查记录应完整。
5) 检验批验收
只按列为主控项目、一般项目的条款来验收,不能随意扩大内容范围和提高质量标准。
6) 检验批验收责任制
检验批表式中的责任制签记必须本人签字,替签为无效检验批验收记录。

(2) 保证质量措施条目(摘自《建筑地基基础工程施工质量验收规范》GB 50202—2002)

7.1.3 土方开挖的顺序、方法必须与设计工况相一致,并遵循"开槽支承,先撑后挖,分层开挖,严禁超挖"的原则。

7.1.7 基坑(槽)、管沟土方工程验收必须确保支护结构安全和周围环境安全为前提。当设计有指标时,以设计要求为依据,如无设计指标时应按表7.1.7的规定执行。

基坑变形的监控值(cm)　　　　　　　　　表7.1.7

基 坑 类 别	围护结构墙顶位移监控值	围护结构墙体最大位移监控值	地面最大沉降监控值
一级基坑	3	5	3
二级基坑	6	8	6
三级基坑	8	10	10

注：1. 符合下列情况之一,为一级基坑:
　　1) 重要工程或支护结构做主体结构的一部分;
　　2) 开挖深度大于10m;
　　3) 与临近建筑物,重要设施的距离在开挖深度以内的基坑;
　　4) 基坑范围内有历史文物、近代优秀建筑、重要管线等需严加保护的基坑。
2. 三级基坑为开挖深度小于7m,且周围环境无特别要求时的基坑。
3. 除一级和三级外的基坑属二级基坑。
4. 当周围已有的设施有特殊要求时,尚应符合这些要求。

(3) 检查验收执行条目(摘自《建筑地基基础工程施工质量验收规范》GB 50202—2002)

7.6.1 地下连续墙均应设置导墙,导墙形式有预制及现浇两种,现浇导墙形状有"L"型或倒"L"型,可根据不同土质选用。

7.6.2 地下墙施工前宜先试成槽,以检验泥浆的配比、成槽的选型并可复核地质资料。

7.6.3 作为永久结构的地下连续墙,其抗渗质量标准可按现行国家标准《地下防水工程施工质量验收规范》GB 50208—2002执行。

7.6.4 地下墙槽段间的连接接头形式,应根据地下墙的使用要求选用,且应考虑施工单位的经验,无论选用何种接头,在浇注混凝土前,接头处必须刷洗干净,不留任何泥砂或污物。

7.6.5 地下墙与地下室结构顶板、楼板、底板及梁之间连接可预埋钢筋或接驳器(锥螺纹或直螺纹),对接驳器也应按原材料检验要求,抽样复验。数量每500套为一个检验批,每批抽查3件，复验内容为外观、尺寸、抗拉试验等。

7.6.6 施工前应检验进场的钢材、电焊条。已完工的导墙应检查其净空尺寸，墙面平整度与垂直度。检查泥浆用的仪器、泥浆循环系统应完好。地下连续墙应用商品混凝土。

7.6.7 施工中应检查成槽的垂直度、槽底的淤积物厚度，泥浆比重，钢筋笼尺寸、浇注导管位置、混凝土上升速度，浇注面标高、地下墙连接面的清洗程度、商品混凝土的坍落度，锁口管或接头箱的拔出时间及速度等。

7.6.8 成槽结束后应对成槽的宽度、深度及倾斜度进行检验，重要结构每段槽段都要检查，一般结构可抽查总槽段数的20%，每槽段抽查一个段面。

7.6.9 永久性结构的地下墙，在钢筋笼沉放后，应作二次清孔，沉渣厚度应满足要求。

7.6.10 每50立方米地下墙应做一组试件，每幅槽段不得少于一组，在强度满足设计要求后方可开挖土方。

7.6.11 作为永久性结构的地下连续墙，土方开挖后应进行逐段检查，钢筋混凝土底板也应符合现行国家标准《混凝土工程结构工程施工质量验收规范》GB 50204—2002 的规定。

7.6.12 地下墙的钢筋笼检验标准应符合表7.6.12的规定。

(4) 质量验收的检验方法

地下连续墙质量验收检查方法

序号	检查项目		检查方法
1	墙体强度		查试件记录或取芯试压
2	垂直度：	永久结构	
		临时结构	测声波测槽仪或成槽机上的监测系统
3	导墙尺寸：	宽度	用钢尺量
		墙面平整度	用钢尺量
		导墙平面位置	用钢尺量
4	沉渣厚度：	永久结构	
		临时结构	重锤测或沉积物测定仪测
5	槽深		重锤测
6	混凝土坍落度		坍落度测定器
7	钢筋笼尺寸		按混凝土灌注钢筋笼质量验收标准检查
8	地下墙表面平整度 永久结构临时结构插入式结构		此为均匀粘土层，松散及易坍土层由设计决定
9	永久结构时的预埋件位置：水平向		用钢尺量
		垂直向	水准仪

(5) 检验批验收应提供的附件资料

1) 原材料质量合格证（水泥、钢材、焊条(剂)、砂石、外加剂）；

2) 材料试验报告；

3) 进场材料验收记录；

4) 施工记录（钢筋笼质量及安装深度、桩位、孔深、混凝土强度、垂直度、桩径、搅拌、泥浆比重、沉渣厚度、桩顶标高等）；

5) 隐蔽工程验收记录(钢筋笼质量及安装深度、桩位、孔深、混凝土强度、垂直度、桩径、搅拌、泥浆比重、沉渣厚度、桩顶标高等);

6) 承载力测试报告;

7) 有关验收文件;

8) 自检、互检及工序交接检查记录;

9) 其他应报或设计要求报送的资料。

注：合理缺项除外。

2.1.31 基坑工程沉井(箱)质量验收记录

1. 资料表式

基坑工程沉井(箱)检验批质量验收记录表　　　　表202-31

检控项目	序号	质量验收规范规定	允许偏差或允许值		施工单位检查评定记录	监理(建设)单位验收记录
			单位	数值		
主控项目	1	混凝土强度	满足设计要求(下沉前必须达到70%设计强度)			
		项目	允许偏差(mm)		量测值(mm)	
	2	封底前,沉井(箱)的下沉稳定	mm/8h	<10		
	3	封底结束后的位置:刃脚平均标高(与设计标高比)	mm	<100		
		刃脚平面中心线位移	<1% H 当H<10m控制小于100			
		四角中任何两角的底面高差	<1% L 一般≤300, 当L<10m控制小于100			
		注:上述三项偏差可同时存在,下沉总深度,系指下沉前、后刃脚之高差				
一般项目	1	钢材、对接钢筋、水泥、骨料等原材料检查	满足设计要求			
	2	结构体外观	无裂缝、无风窝、空洞,不露筋			
		项目	允许偏差(mm)		量测值(mm)	
	3	平面尺寸:长与宽	%	±0.5%且<100		
		曲线部分半径	%	±0.5%且<50		
		两对角线差	%	1.0%		
		预埋件	mm	20		
	4	下沉过程中的偏差: 高差	%	1.5~2.0		
		平面轴线	H	<1.5%		
	5	封底混凝土坍落度	cm	18~22		

2．应用指导

(1) 检查验收统一说明

1) 执行规范章、节

本表的检验批验收执行《建筑地基基础工程施工质量验收规范》(GB 50202—2002)规范第 7 章、第 7.7 节主控项目和一般项目有关条目的质量等级要求。应按其质量标准和检查方法逐一进行验收。

表列应检验项目必须全部进行检查验收不得缺漏，应检项目漏检，应进行补充检查验收，不进行补检不应通过验收。

2) 检验批的划分原则

地基基础的检验批划分原则为一个分项划为一个检验批。

3) 质量等级验收评定

① 主控项目是对检验批的基本质量起决定性影响的检验项目，必须全部符合该专业规范的规定，不允许有不符合规范要求的检验结果；

② 一般项目应有 80% 以上的抽检处符合该规范规定或偏差值在其允许偏差范围内。

4) 检验批验收应提交资料

检验批验收时，应提交的施工操作依据和质量检查记录应完整。

5) 检验批验收

只按列为主控项目、一般项目的条款来验收，不能随意扩大内容范围和提高质量标准。

6) 检验批验收责任制

检验批表式中的责任制签记必须本人签字，替签为无效检验批验收记录。

(2) 保证质量措施条目（摘自《建筑地基基础工程施工质量验收规范》GB 50202—2002）

7.1.3 土方开挖的顺序、方法必须与设计工况相一致，并遵循"开槽支承，先撑后挖，分层开挖，严禁超挖"的原则。

7.1.7 基坑(槽)、管沟土方工程验收必须确保支护结构安全和周围环境安全为前提。当设计有指标时，以设计要求为依据，如无设计指标时应按表 7.1.7 的规定执行。

基坑变形的监控值(cm)　　　　表 7.1.7

基坑类别	围护结构墙顶位移监控值	围护结构墙体最大位移监控值	地面最大沉降监控值
一级基坑	3	5	3
二级基坑	6	8	6
三级基坑	8	10	10

注：1. 符合下列情况之一，为一级基坑：
　　　1) 重要工程或支护结构做主体结构的一部分；
　　　2) 开挖深度大于 10m；
　　　3) 与临近建筑物，重要设施的距离在开挖深度以内的基坑；
　　　4) 基坑范围内有历史文物、近代优秀建筑、重要管线等需严加保护的基坑。
　　2. 三级基坑为开挖深度小于 7m，且周围环境无特别要求时的基坑。
　　3. 除一级和三级外的基坑属二级基坑。
　　4. 当周围已有的设施有特殊要求时，尚应符合这些要求。

(3) 检查验收执行条目(摘自《建筑地基基础工程施工质量验收规范》GB 50202—2002)

7.7.1 沉井是下沉结构,必须掌握确凿的地质资料,钻孔可按下述要求进行:

1．面积在 200m² 以下(包括 200m²)的沉井(箱),应有一个钻孔(可布置在中心位置)。

2．面积在 200m² 以上的沉井(箱),在四角(圆形为相互垂直的两直径端点)应各布置一个钻孔。

3．特大沉井(箱)可根据具体情况增加钻孔。

4．钻孔底标高应深于沉井的终沉标高。

5．每座沉井(箱)至少有一个钻孔提供土的各项物理力学指标、地下水位和地下水含量资料。

7.7.2 沉井(箱)的施工应由具有专业施工经验的单位承担。

7.7.3 沉井制作时,承垫木或砂垫层的采用,与沉井的结构情况、地质条件、制作高度等有关。无论采用何种型式,均应有沉井制作时的稳定的计算及措施。

7.7.4 多次制作和下沉的沉井(箱),在每次制作接高时,要对下卧层作稳定复核计算,并确定确保沉井接高的稳定措施。

7.7.5 沉井采用排水封底,应确保终沉时,井内不发生管涌,涌土及沉井止沉稳定。如不能保证时,应采用水下封底。

7.7.6 沉井施工除应符合 GB 50202—2001 规范规定外,可尚应符合现行国家标准《混凝土结构工程质量验收规范》GB 50204 及《地下防水工程施工质量验收规范》GB 50208 的规定。

7.7.7 沉井(箱)在施工前应对钢筋、电焊条及焊接成型的钢筋半成品做检验,如不用商品混凝土,则应对现场的水泥、骨料做检验。

7.7.8 混凝土浇注前,应对模板尺寸、预埋件位置、模板的密封性做检验。拆模后应检查浇注质量(外观及强度),符合要求后方可下沉。浮运沉井尚需做起浮可能性检查。下沉过程中应对下沉偏差做过程控制检查。下沉后的接高对地基强度、沉井的稳定做检查。封底结束后,应对底板的结构(有无裂缝)及渗漏做检查。有关渗漏验收标准应符合现行国家标准《地下防水工程施工质量验收规范》GB 50208 的规定。

7.7.9 沉井(箱)竣工后的验收应包括沉井(箱)的平面位置、终端标高、结构完整性、渗水等进行综合检查。

7.7.10 沉井(箱)的质量检验标准应符合表 7.7.10 的要求。

(4) 质量验收的检查方法

沉井(箱)质量检查方法

项次	检 验 项 目	检 查 方 法
1	混凝土强度	查试件记录或抽样送检
2	封底前,沉井(箱)的下沉稳定	水准仪
3	封底结束后的位置:	
	刃脚平均标高(与设计标高比)	水准仪
	刃脚平面中心线位移	经纬仪,H 为下沉总深度,$H<10m$ 时,控制在 100mm 之内

2.1 建筑地基与基础工程

续表

项次	检验项目	检查方法
	四角中任何两角的底面高差	水准仪，l 为两角的距离，但不超过 300mm，$l<10m$ 时，控制在 100mm 之内
	注：上述三项偏差可同时存在，下沉总深度，系指下沉前、后刃脚之高差	
4	钢材、对接钢筋、水泥、骨料等原材料检查	查出厂质保书或抽样送检
5	结构体外观	直观
6	平面尺寸：长与宽	用钢尺量，最大控制在 100mm 之内
	曲线部分半径	用钢尺量，最大控制在 50mm 之内
	双对角线差	用钢尺量
	预埋件	用钢尺量
7	下沉过程中的偏差：高差	水准仪，但最大不超过 1m
	平面轴线	经纬仪，H 为下沉深度，最大应控制在 300mm 之内，此数值不包括高差引起的中线位移
8	封底混凝土坍落度	坍落度测定器

（5）检验批验收应提供的附件资料

1）原材料质量合格证；
2）材料试验报告；
3）进场材料验收记录；
4）施工组织设计；
5）施工记录（混凝土强度、沉底前的下沉稳定、封底结束后的位置、四角中任两角底面的高差、结构体外观、平面尺寸（长与宽）、下沉过程偏差、封底混凝土坍落度等）；
6）有关验收文件；
7）自检、互检及工序交接检查记录；
8）其他应报或设计要求报送的资料。

注：合理缺项除外。

2.1.32 基坑工程降水与排水施工检验批质量验收记录

1．资料表式

基坑工程降水与排水施工检验批质量验收记录表　　　　表 202-32

检控项目	序号	质量验收规范规定		施工单位检查评定记录	监理（建设）单位验收记录
		检查项目	允许值或允许偏差		
	1	排水沟坡度	(1~2)‰		
	2	井管（点）垂直度	1%		
	3	井管（点）间距（与设计相比）	≤150mm		

检控项目	序号	质量验收规范规定		施工单位检查评定记录	监理(建设)单位验收记录
	4	井管(点)插入深度(与设计相等)	≤200mm		
	5	边滤砂砾料填灌(与计算值相比)	≤5mm		
	6	井点真空度	轻型井点 ±>60kPa		
			喷射井点 >93kPa		
	7	电渗井点阴阳极距离	轻型井点 80～100mm		
			喷射井点 120～150mm		

2．应用指导

(1) 检查验收统一说明

1) 执行规范章、节

本表的检验批验收执行《建筑地基基础工程施工质量验收规范》(GB 50202—2002)规范第 7 章、第 7.8 节主控项目和一般项目有关条目的质量等级要求。应按其质量标准和检查方法逐一进行验收。

表列应检验项目必须全部进行检查验收不得缺漏,应检项目漏检,应进行补充检查验收,不进行补检不应通过验收。

2) 检验批的划分原则

地基基础的检验批划分原则为一个分项划为一个检验批。

3) 质量等级验收评定

① 主控项目是对检验批的基本质量起决定性影响的检验项目,必须全部符合该专业规范的规定,不允许有不符合规范要求的检验结果;

② 一般项目应有 80% 以上的抽检处符合该规范规定或偏差值在其允许偏差范围内。

4) 检验批验收应提交资料

检验批验收时,应提交的施工操作依据和质量检查记录应完整。

5) 检验批验收

只按列为主控项目、一般项目的条款来验收,不能随意扩大内容范围和提高质量标准。

6) 检验批验收责任制

检验批表式中的责任制签记必须本人签字,替签为无效检验批验收记录。

(2) 保证质量措施条目(摘自《建筑地基基础工程施工质量验收规范》GB 50202—2002)

7.8.1 降水与排水是配合基坑开挖的安全措施,施工前应有降水与排水设计。当在基坑外降水时,应有降水范围的估算,对重要建筑物或公共设施在降水过程中应监测。

7.8.2 对不同的土质应用不同的降水形式,表 7.8.2 为常用的降水形式。

降水类型及适用条件   表 7.8.2

适用条件 降水类型	渗透系数 (cm/s)	可能降低的水位深度 (m)
轻型井点 多级轻型井点	$10^{-2} \sim 10^{-5}$	3～6 6～12
喷射井点	$10^{-3} \sim 10^{-6}$	8～20
电渗井点	$<10^{-6}$	宜配合其他形式降水使用
深井井管	$\geqslant 10^{-5}$	>10

7.8.3 降水系统施工完后,应试运转,如发现井管失效,应采取措施使其恢复正常,如无可能恢复则应报废,另行设置新的井管。

7.8.4 降水系统运转过程中应随时检查观测孔中的水位。

7.8.5 基坑内明排水应设置排水沟及集水井,排水沟纵坡宜控制在 1‰～2‰。

(3) 检查验收执行条目(摘自《建筑地基基础工程施工质量验收规范》GB 50202—2002)

7.8.6 降水与排水施工的质量检验应符合基坑工程降水与排水施工质量验收记录内的标准要求。

(4) 检验批验收应提供的附件资料

1) 降水设计文件;
2) 降水试运行记录;
3) 水位测定记录;
4) 施工记录(排水沟坡度、井管垂直度、间距、深度、过滤砂滤料填灌、井点真空度);
5) 其他必须提供的技术文件;
6) 有关验收文件;
7) 自检、互检及工序交接检查记录;
8) 其他应报或设计要求报送的资料。

注:合理缺项除外。

2.2 砌 体 工 程

2.2.1 砖砌体工程检验批质量验收记录

1. 资料表式

砖砌体工程检验批质量验收记录表   表 203-1

检控项目	序号	质量验收规范规定	施工单位检查评定记录	监理(建设)单位验收记录
主控项目	1	砖强度等级	设计要求 MU	
	2	砂浆强度等级	设计要求 M	
	3	砌筑及斜槎留置	第 5.2.3 条	

续表

检控项目	序号	质量验收规范规定		施工单位检查评定记录							监理(建设)单位验收记录
主控项目	4	直槎拉结钢筋及接槎处理	第5.2.4条								
		项目	允许偏差(mm)	量测值(mm)							
	5	水平灰缝砂浆饱满度	≥80%								
	6	轴线位移	≤10mm								
	7	垂直度	≤5mm								
一般项目	1	组砌方法	第5.3.1条								
		项目	允许偏差(mm)	量测值(mm)							
	2	水平灰缝厚度	灰缝:10mm,不大于12mm,不少于8mm								
	3	基础顶(楼)面标高	±15mm以内								
	4	表面平整度	清水墙、柱5mm 混水墙、柱8mm								
	5	门窗洞口	±5mm以内								
	6	窗口偏移	20mm								
	7	水平灰缝平直度	清水7mm 混水10mm								
	8	清水墙游丁走缝	20mm								

注：本表由施工项目专业质量检查员填写，监理工程师(建设单位项目技术负责人)组织项目专业质量(技术)负责人等进行验收。

2．应用指导

(1) 检查验收统一说明

1) 执行规范章、节

本表的检验批验收执行《砌体工程施工质量验收规范》(GB 50203—2002)规范第5章、第5.2～5.3节主控项目和一般项目有关条目的质量等级要求。应按其质量标准和检查方法逐一进行验收。

表列应检验项目必须全部进行检查验收不得缺漏,应检项目漏检,应进行补充检查验收,不进行补检不应通过验收。

2) 检验批的划分原则

砌体工程的检验批划分,GB 50203—2002规范规定共设7个检验批质量验收记录表。其中一般砌体工程5个;配筋砌体工程除执行一般砌体工程的4个表外,还配合采用2个表。

3) 质量等级验收评定

① 主控项目是对检验批的基本质量起决定性影响的检验项目,必须全部符合该专业规

范的规定,不允许有不符合规范要求的检验结果;
② 一般项目应有80%以上的抽检处符合该规范规定或偏差值在其允许偏差范围内。
4) 检验批验收应提交资料
检验批验收时,应提交的施工操作依据和质量检查记录应完整。
5) 检验批验收
只按列为主控项目、一般项目的条款来验收,不能随意扩大内容范围和提高质量标准。
6) 检验批验收责任制
检验批表式中的责任制签记必须本人签字,替签为无效检验批验收记录。

(2) 保证质量措施条目(摘自《砌体工程施工质量验收规范》GB 50203—2002)

5.1.4 砌筑砖砌体时,砖应提前1~2d浇水湿润。

5.1.5 砌砖工程当采用铺浆法砌筑时,铺浆长度不得超过750mm。施工期间气温超过30℃时,铺浆长度不得超过500mm。

5.1.6 240mm厚承重墙的每层墙的最上一皮砖,砖砌体的阶台水平面上及挑出层,应整砖丁砌。

5.1.7 砖砌平拱过梁的灰缝应砌成楔形缝。灰缝的宽度,在过梁的底面不应小于5mm;在过梁的顶面不应大于15mm。
拱脚下面应伸入墙内不小于20mm,拱底应有1%的起拱。

5.1.9 多孔砖的孔洞应垂直于受压面砌筑。

5.1.10 施工时施砌的蒸压(养)砖的产品龄期不应小于28d。

5.1.11 竖向灰缝不得出现透明缝、瞎缝和假缝。

5.1.12 砖砌体施工临时间断处补砌时,必须将接槎处表面清理干净,浇水湿润,并填实砂浆,保持灰缝平直。

《砌筑砂浆配合比设计规程》JGJ 98—2000

3.0.3 掺合料应符合下列规定:严禁使用脱水硬化的石灰膏。

4.0.3 砌筑砂浆稠度、分层度、试配抗压强度必须同时符合要求。

4.0.5 砌筑砂浆的分层度不得大于30mm。

(3) 检查验收执行条目(摘自《砌体工程施工质量验收规范》GB 50203—2002)

5.2.1 砖和砂浆的强度等级必须符合设计要求。
抽检数量:每一生产厂家的砖到现场后,按烧结砖15万块,多孔砖5万块,灰砂砖、粉煤灰砖10万块各为一验收批,抽检数量为1组。砂浆试块的抽检数量执行(GB 50203—2002)规范第4.0.12条的有关规定。

5.2.2 砌体水平灰缝的砂浆饱满度不得小于80%。
抽检数量:每检验批抽查不应少于5处。
检验方法:用百格网检查砖底面与砂浆的粘结痕迹面积。每处检测3块砖,取其平均值。

5.2.3 砖砌体的转角处和交接处应同时砌筑,严禁无可靠措施的内外墙分砌施工。对不能同时砌筑而又必须留置的临时间断处应砌成斜槎,斜槎水平投影长度不应小于高度的2/3。
抽检数量:每检验批抽20%接槎,且不应少于5处。

5.2.4 非抗震设防及抗震设防烈度为6度、7度地区的临时间断处,当不能留斜槎时,除转角处外,可留直槎,但直槎必须做成凸槎。留直槎处应加设拉结钢筋,拉结钢筋的数量为每120mm墙厚放置1ϕ6拉结钢筋(120mm厚墙放置2ϕ6拉结钢筋)。间距沿墙高不应超过500mm;埋入长度从留槎处算起每边均不应小于500mm,对抗震设防烈度6度、7度的地区,不应小于1000mm;末端应有90°弯钩。

抽检数量:每检验批抽20%接槎,且不应少于5处。

合格标准:留槎正确,拉结钢筋设置数量、直径正确,竖向间距偏差不超过100mm,留置长度基本符合规定。

5.2.5 砌体的位置和垂直度允许偏差应符合表5.2.5的规定。

砖砌体的位置及垂直度允许偏差　　　　表5.2.5

项次	项　目			允许偏差(mm)	检 验 方 法
1	轴线位置偏移			10	用经纬仪和尺检查或用其他测量仪器检查
2	垂直度	每　层		5	用2m托线板检查
		全高	≤10m	10	用经纬仪、吊线和尺检查,或用其他测量仪器检查
			>10m	20	

抽检数量:轴线查全部承重墙柱;外墙垂直度全高查阳角,不应少于4处,每层每20m查一处;内墙按有代表性的自然间抽10%,但不应少于3间,每间不应少于2处,柱不少于5根。

5.3.1 砖砌体应组砌方法正确,上、下错缝,内外搭砌,砖柱不得采用包心砌法。

抽检数量:外墙每20m抽查一处,每处3～5m,且不应少于3处;内墙按有代表性的自然间抽10%,且不应少于3间。

检验方法:观察检查。

合格标准:除符合本条要求外,清水墙、窗间墙无通缝;混水墙中长度大于或等于300mm的通缝每间不超过3处,且不得位于同一面墙体上。

5.3.2 砖砌体的灰缝应横平竖直,厚薄均匀。水平灰缝厚度宜为10mm,但不应小于8mm,也不应大于12mm。

抽检数量:每步脚手架施工的砌体,每20m抽查1处。

检验方法:用尺量10皮砖砌体高度折算。

5.3.3 砖砌体的一般尺寸允许偏差应符合表5.3.3的规定。

(4) 质量验收的检验方法

砖砌体一般尺寸检验方法和抽检数量

项次	项　目		检 验 方 法	抽 检 数 量
1	基础顶面和楼面标高		用水平仪和尺检查	不应少于5处
2	表面平整度	清水墙、柱	用2m靠尺和楔形塞尺检查	有代表性自然间10%,但不应少于3间,每间不应少于2处
		混水墙、柱		
3	门窗洞口高、宽(后塞口)		用尺检查	检验批洞口的10%,且不应少于5处

续表

项次	项目	检验方法	抽检数量
4	外墙上下窗口偏移	以底层窗口为准,用经纬仪或吊线检查	检验批的10%,且不应少于5处
5	水平灰缝平直度	清水墙 拉10m线和尺检查 混水墙 拉10m线和尺检查	有代表性自然间10%,但不应少于3间,每间不应少于2处
6	清水墙游丁走缝	吊线和尺检查,以每层第一皮砖为准	有代表性自然间10%,但不应少于3间,每间不应少于2处

(5) 检验批验收应提供的附件资料

1) 砖、水泥、砂出厂合格质量文件、砖、水泥、砂试验报告单;
2) 砂浆试配及通知单;
3) 砂浆试件试验报告;
4) 施工记录(校核放线尺寸、砌筑工艺、组砌方法、临时施工洞口留置与补砌、脚手眼设置位置、灰缝检查、搁置预制梁板顶面座浆(1:2.5)、施工质量控制等级、楼面堆载等);
5) 有关验收文件;
6) 自检、互检及工序交接检查记录;
7) 其他应报或设计要求报送的资料。

注:合理缺项除外。

2.2.2 混凝土小型空心砌块砌体工程检验批质量验收记录

1. 资料表式

混凝土小型空心砌块砌体工程检验批质量验收记录表　　　表203-2

检控项目	序号	质量验收规范规定		施工单位检查评定记录			监理(建设)单位验收记录
主控项目	1	小砌块强度等级	设计要求 MU				
	2	砂浆强度等级	设计要求 M				
	3	砌筑留槎	第6.2.3条				
	4	瞎缝、透明缝	不得出现				
	5	项目	允许偏差(mm)	量 测 值 (mm)			
		1) 水平灰缝饱满度	≥90%				
		2) 竖向灰缝饱满度	≥80%				
		3) 轴线位移	≤10mm				
		4) 垂直度	≤5mm				
		垂直度全高	≤10m:10mm; >10m:20mm				

续表

检控项目	序号	质量验收规范规定		施工单位检查评定记录							监理(建设)单位验收记录
一般项目	1	灰缝厚度宽度	8～12mm								
	2	顶面标高	±15mm								
	3	表面平整度	清水 5mm 混水 8mm								
	4	门窗洞口	±5mm 以内								
	5	窗口偏移	20mm 以内								
	6	水平灰缝平直度	清水:7mm 混水:10mm								

注：本表由施工项目专业质量检查员填写，监理工程师(建设单位项目技术负责人)组织项目专业质量(技术)负责人等进行验收。

2．应用指导
(1) 检查验收统一说明
1) 执行规范章、节

本表的检验批验收执行《砌体工程施工质量验收规范》(GB 50203—2002)规范第 6 章、第 6.2～6.3 节主控项目和一般项目有关条目的质量等级要求。应按其质量标准和检查方法逐一进行验收。

表列应检验项目必须全部进行检查验收不得缺漏，应检项目漏检，应进行补充检查验收，不进行补检不应通过验收。

2) 检验批的划分原则

砌体工程的检验批划分，GB 50203—2002 规范规定共设 7 个检验批质量验收记录表。其中一般砌体工程 5 个；配筋砌体工程除执行一般砌体工程的 4 个表外，还配合采用 2 个表。

3) 质量等级验收评定

① 主控项目是对检验批的基本质量起决定性影响的检验项目，必须全部符合该专业规范的规定，不允许有不符合规范要求的检验结果；

② 一般项目应有 80% 以上的抽检处符合该规范规定或偏差值在其允许偏差范围内。

4) 检验批验收应提交资料

检验批验收时，应提交的施工操作依据和质量检查记录应完整。

5) 检验批验收

只按列为主控项目、一般项目的条款来验收，不能随意扩大内容范围和提高质量标准。

6) 检验批验收责任制

检验批表式中的责任制签记必须本人签字，替签为无效检验批验收记录。

(2) 保证质量措施条目(摘自《砌体工程施工质量验收规范》GB 50203—2002)

6.1.2 施工时所用的小砌块的产品龄期不应小于 28d。

6.1.3 砌筑小砌块时，应清除表面污物和芯柱用小砌块孔洞底部的毛边，剔除外现质量不合格的小砌块。

6.1.5 底层室内地面以下或防潮层以下的砌体,应采用强度等级不低于C20的混凝土灌实小砌块的孔洞。

6.1.6 小砌块砌筑时,在天气干燥炎热的情况下,可提前洒水湿润小砌块;对轻骨料混凝土小砌块,可提前浇水湿润。小砌块表面有浮水时,不得施工。

6.1.7 承重墙体严禁使用断裂小砌块。

6.1.8 小砌块墙体应对孔错缝搭砌,搭接长度不应小于90mm。墙体的个别部位不能满足上述要求时,应在灰缝中设置拉结钢筋或钢筋网片,但竖向通缝仍不得超过两皮小砌块。

6.1.9 小砌块应底面朝上反砌于墙上。

6.1.10 浇灌芯柱的混凝土,宜选用专用的小砌块灌孔混凝土,当采用普通混凝土时,其坍落度不应小于90mm。

6.1.11 浇灌芯柱混凝土,应遵守下列规定:

1)清除孔洞内的砂浆等杂物,并用水冲洗;

2)砌筑砂浆强度大于1MPa时,方可浇灌芯柱混凝土;

3)在浇灌芯柱混凝土前应先注入适量与芯柱混凝土相同的去石水泥砂浆,再浇灌混凝土。

6.1.12 需要移动砌体中的小砌块或小砌块被撞动时,应重新铺砌。

《砌筑砂浆配合比设计规程》JGJ 98—2000

3.0.3 掺合料应符合下列规定:严禁使用脱水硬化的石灰膏。

4.0.3 砌筑砂浆稠度、分层度、试配抗压强度必须同时符合要求。

4.0.5 砌筑砂浆的分层度不得大于30mm。

(3)检查验收执行条目(摘自《砌体工程施工质量验收规范》GB 50203—2002)

6.2.1 小砌块和砂浆的强度等级必须符合设计要求。

抽检数量:每一生产厂家,每1万块小砌块至少应抽检一组。用于多层以上建筑基础和底层的小砌块抽检数量不应少于2组。砂浆试块的抽检数量执行(GB 50205—2002)规范第4.0.12条的有关规定。

检验方法:查小砌块和砂浆试块试验报告。

6.2.2 砌体水平灰缝的砂浆饱满度,应按净面积计算不得低于90%;竖向灰缝饱满度不得小于80%,竖缝凹槽部位应用砌筑砂浆填实;不得出现瞎缝、透明缝。

抽检数量:每检验批不应少于3处。

检验方法:用专用百格网检测小砌块与砂浆粘结痕迹,每处检测3块小砌块,取其平均值。

6.2.3 墙体转角处和纵横墙交接处应同时砌筑。临时间断处应砌成斜槎,斜槎水平投影长度不应小于高度的2/3。

抽检数量:每检验批抽20%接槎,且不应少于5处。

检验方法:观察检查。

6.2.4 砌体的轴线偏移和垂直度偏差应按GB 50203—2002规范第5.2.5条的规定执行。

6.3.1 墙体的水平灰缝厚度和竖向灰缝宽度宜为10mm,但不应大于12mm,也不应小于8mm。

抽检数量:每层楼的检测点不应少于3处。
抽检方法:用尺量5皮小砌块的高度和2m砌体长度折算。

6.3.2 小砌块墙体的一般尺寸允许偏差应按(GB 50203—2002)规范第5.3.3条表5.3.3中1~5项的规定执行。

(4) 检验批验收应提供的附件资料

1) 小型空心砌块、水泥、砂出厂合格质量文件;
2) 砂浆试配及通知单;
3) 砂浆试件试验报告;
4) 施工记录(校核放线尺寸、砌筑工艺、组砌方法、临时施工洞口留置与补砌、脚手眼设置位置、灰缝检查、搁置预制梁板顶面座浆(1:2.5)、施工质量控制等级、楼面堆载、水平灰缝及竖向灰缝宽度检查等);
5) 有关验收文件;
6) 自检、互检及工序交接检查记录;
7) 其他应报或设计要求报送的资料。

注:合理缺项除外。

2.2.3 石砌体工程检验质量验收记录

1. 资料表式

石砌体工程检验批质量验收记录表 表203-3

检控项目	序号	质量验收规范规定								施工单位检查评定记录	监理(建设)单位验收记录
主控项目	1	石材强度等级	必须符合设计要求 MU								
	2	砂浆强度等级	必须符合设计要求 M								
	3	砂浆饱满度	不应小于80%								
			允许偏差(mm)							量测值(mm)	
			毛石砌体		料石砌体						
	4	项目			毛料石		粗料石		细料石		
			基础	墙	基础	墙	基础	墙	墙柱		
	1)	轴线位置	20	15	20	15	15	10	10		
	2)	墙面垂直度 每层		20		20		10	7		
		全高		30		30		25	20		
一般项目	1	基础和墙砌体顶面标高	±25	±15	±25	±15	±15	±15	±10		
	2	砌体厚度	+30	+20 -10	+20	+20 -10	+15	+10 -5	+10 -5		
	3	表面平整度 清水墙、柱	—	20	—	20	—	10	5		
		混水墙、柱	—	20	—	20	—	10			
	4	水平灰缝平直度						10	5		
	5	组砌形式	7.3.2条								

注:本表由施工项目专业质量检查员填写,监理工程师(建设单位项目技术负责人)组织项目专业质量(技术)负责人等进行验收。

2. 应用指导

(1) 检查验收统一说明

1) 执行规范章、节

本表的检验批验收执行《砌体工程施工质量验收规范》(GB 50203—2002)规范第7章、第7.2～7.3节主控项目和一般项目有关条目的质量等级要求。应按其质量标准和检查方法逐一进行验收。

表列应检验项目必须全部进行检查验收不得缺漏,应检项目漏检,应进行补充检查验收,不进行补检不应通过验收。

2) 检验批的划分原则

砌体工程的检验批划分,GB 50203—2002规范规定共设7个检验批质量验收记录表。其中一般砌体工程5个;配筋砌体工程除执行一般砌体工程的4个表外,还配合采用2个表。

3) 质量等级验收评定

① 主控项目是对检验批的基本质量起决定性影响的检验项目,必须全部符合该专业规范的规定,不允许有不符合规范要求的检验结果;

② 一般项目应有80%以上的抽检处符合该规范规定或偏差值在其允许偏差范围内。

4) 检验批验收应提交资料

检验批验收时,应提交的施工操作依据和质量检查记录应完整。

5) 检验批验收

只按列为主控项目、一般项目的条款来验收,不能随意扩大内容范围和提高质量标准。

6) 检验批验收责任制

检验批表式中的责任制签记必须本人签字,替签为无效检验批验收记录。

(2) 保证质量措施条目(摘自《砌筑砂浆配合比设计规程》JGJ 98—2000)

3.0.3 掺合料应符合下列规定:严禁使用脱水硬化的石灰膏。

4.0.3 砌筑砂浆稠度、分层度、试配抗压强度必须同时符合要求。

4.0.5 砌筑砂浆的分层度不得大于30mm。

(3) 检查验收执行条目(摘自《砌体工程施工质量验收规范》GB 50203—2002)

7.2.1 石材及砂浆强度等级必须符合设计要求。

抽检数量:同一产地的石材至少应抽检一组。砂浆试块的抽检数量执行(GB 50203—2002)规范第4.0.12的有关规定。

7.2.2 砂浆饱满度不应小于80%。

抽检数量:每步架抽查不应少于1处。

7.2.3 石砌体的轴线位置及垂直度检验方法

石砌体的轴线位置及垂直度检验方法

项次	检查项目	抽检要求	检验方法
1	轴线位置		用经纬仪和尺检查,或用其他测量仪器检查
2	墙面垂直度	每层	用经纬仪、吊线和尺检查或用其他测量仪器检查
		全高	用经纬仪、吊线和尺检查或用其他测量仪器检查

抽检数量：外墙，按楼层(或4m高以内)每20m抽查1处，每处3延长米，但不应少于3处；内墙，按有代表性的自然间抽查10%，但不应少于3间，每间不应少于2处，柱子不应少于5根。

7.3.1 石砌体的一般尺寸允许偏差应符合表的规定。

抽检数量：外墙，按楼层(4m高以内)每20m抽查1处，每处3延长米，但不应少于3处；内墙，按有代表性的自然间抽查10%，但不应少于3间，每间不应少于2处，柱子不应少于5根。

7.3.2 石砌体的组砌形式应符合下列规定：

1) 内外搭砌，上下错缝，拉结石、丁砌石交错设置；
2) 毛石墙拉结石每 $0.7m^2$ 墙面不应少于1块。

检查数量：外墙，按楼层(或4m高以内)每20m抽查1处，每处3延长米，但不应少于3处；内墙，按有代表性的自然间抽查10%，但不应少于3间。

(4) 检验批验收应提供的附件资料

1) 石、水泥、砂出厂合格质量文件；
2) 砂浆试配及通知单；
3) 砂浆试件试验报告；
4) 施工记录(校核放线尺寸、砌筑工艺、组砌方法、临时施工洞口留置与补砌、脚手眼设置位置、灰缝检查、搁置预制梁板顶面座浆(1:2.5)、施工质量控制等级、楼面堆载、水平灰缝及竖向灰缝宽度检查等)；
5) 有关验收文件；
6) 自检、互检及工序交接检查记录；
7) 其他应报或设计要求报送的资料。

注：合理缺项除外。

2.2.4 配筋砌体工程检验批质量验收记录

1．资料表式

配筋砌体工程检验批质量验收记录表　　　　表 203-4

检控项目	序号	质量验收规范规定		施工单位检查评定记录	监理(建设)单位验收记录
主控项目	1	钢筋品种规格数量	应符合设计要求		
	2	混凝土强度等级	应符合设计要求		
	3	马牙槎拉结筋	第8.2.3条		
	4	芯柱	贯通截面不削弱		
	5				
		项目	允许偏差(mm)	量测值 (mm)	
	6	柱中心线位置	≤10mm		
	7	柱层间错位	≤8mm		
	8	柱垂直度	每层≤10mm		
			全高(≤10m)≤15mm		
			全高(>10m)≤20mm		

续表

检控项目	序号	质量验收规范规定		施工单位检查评定记录	监理(建设)单位验收记录
一般项目	1	水平灰缝钢筋	第8.3.1条		
	2	钢筋防锈	第8.3.2条		
	3	网状配筋及位置	第8.3.3条		
	4	组合砌体拉结筋	第8.3.4条		
	5	砌块砌体钢筋搭接	第8.3.5条		

2．应用指导

(1) 检查验收统一说明

1) 执行规范章、节

本表的检验批验收执行《砌体工程施工质量验收规范》(GB 50203—2002)规范第8章、第8.2~8.3节主控项目和一般项目有关条目的质量等级要求。应按其质量标准和检查方法逐一进行验收。

表列应检验项目必须全部进行检查验收不得缺漏，应检项目漏检，应进行补充检查验收，不进行补检不应通过验收。

2) 检验批的划分原则

砌体工程的检验批划分，GB 50203—2002规范规定共设7个检验批质量验收记录表。其中一般砌体工程5个；配筋砌体工程除执行一般砌体工程的4个表外，还配合采用2个表。

3) 质量等级验收评定

① 主控项目是对检验批的基本质量起决定性影响的检验项目，必须全部符合该专业规范的规定，不允许有不符合规范要求的检验结果；

② 一般项目应有80%以上的抽检处符合该规范规定或偏差值在其允许偏差范围内。

4) 检验批验收应提交资料

检验批验收时，应提交的施工操作依据和质量检查记录应完整。

5) 检验批验收

只按列为主控项目、一般项目的条款来验收，不能随意扩大内容范围和提高质量标准。

6) 检验批验收责任制

检验批表式中的责任制签记必须本人签字，替签为无效检验批验收记录。

(2) 保证质量措施条目(摘自《砌体工程施工质量验收规范》GB 50203—2002)

8.1.1 配筋砌体工程除应满足GB 50203—2002规范配筋砌体工程要求外，尚应符合GB 50203—2002规范第5、6章的规定。

8.1.2 构造柱浇灌混凝土前，必须将砌体留槎部位和模板浇水湿润，将模板内的落地灰、砖渣和其他杂物清理干净，并在结合面处注入适量与构造柱混凝土相同的去石水泥砂浆。振捣时，应避免触碰墙体，严禁通过墙体传震。

8.1.3 设置在砌体水平灰缝中钢筋的锚固长度不宜小于$50d$，且其水平或垂直弯折段的长度不宜小于$20d$和150mm；钢筋的搭接长度不应小于$55d$。

8.1.4 配筋砌块砌体剪力墙,应采用专用的小砌块砌筑砂浆和专用的小砌块灌孔混凝土。

《砌筑砂浆配合比设计规程》JGJ 98—2000

3.0.3 掺合料应符合下列规定:严禁使用脱水硬化的石灰膏。

4.0.3 砌筑砂浆稠度、分层度、试配抗压强度必须同时符合要求。

4.0.5 砌筑砂浆的分层度不得大于 30mm。

(3) 检查验收执行条目(摘自《砌体工程施工质量验收规范》GB 50203—2002)

8.2.1 钢筋的品种、规格和数量应符合设计要求。

8.2.2 构造柱、芯柱、组合砌体构件、配筋砌体剪力墙构件的混凝土或砂浆的强度等级应符合设计要求。

抽检数量:各类构件每一检验批砌体至少应做一组试块。

8.2.3 构造柱与墙体的连接处应砌成马牙槎,马牙槎应先退后进,预留的拉结钢筋应位置正确,施工中不得任意弯折。

抽检数量:每检验批抽 20% 构造柱,且不少于 3 处。

合格标准:钢筋竖向移位不应超过 100mm,每一马牙槎沿高度方向尺寸不应超过 300mm。钢筋竖向位移和马牙槎尺寸偏差每一构造柱不应超过 2 处。

8.2.4 构造柱位置及垂直度的允许偏差应符合表 8.2.4 的规定。

(4) 质量验收的检查方法

构造柱质量检查方法

项次	项 目		抽 检 方 法
1	柱中心线位置		用经纬仪和尺检查或用其他测量仪器检查
2	柱层间错位		用经纬仪和尺检查或用其他测量仪器检查
3	柱垂直度	每层	用 2m 托线板检查
4		全高 ≤10m	用经纬仪、吊线和尺检查,或用其他测量仪器检查
		>10m	用经纬仪、吊线和尺检查,或用其他测量仪器检查

抽检数量:每检验批抽 10%,且不应少于 5 处。

8.2.5 对配筋混凝土小型空心砌块砌体,芯柱混凝土应在装配式楼盖处贯通,不得削弱芯柱截面尺寸。

抽检数量:每检验批抽 10%,且不应少于 5 处。

8.3.1 设置在砌体水平灰缝内的钢筋,应居中置于灰缝中。水平灰缝厚度应大于钢筋直径 4mm 以上。砌体外露面砂浆保护层的厚度不应小于 15mm。

抽检数量:每检验批抽检 3 个构件,每个构件检查 3 处。

8.3.2 设置在砌体灰缝内的钢筋的防腐保护应符合 GB 50203—2002 规范第 3.0.11 条的规定。

抽检数量:每检验批抽检 10% 的钢筋。

合格标准:防腐涂料无漏刷(喷浸),无起皮脱落现象。

8.3.3 网状配筋砌体中,钢筋网及放置间距应符合设计规定。

抽检数量:每检验批抽 10%,且不应少于 5 处。

合格标准:钢筋网沿砌体高度位置超过设计规定一皮砖厚不得多于 1 处。

8.3.4 组合砖砌体构件,竖向受力钢筋保护层应符合设计要求,距砖砌体表面距离不应小于5mm;拉结筋两端应设弯钩,拉结筋及箍筋的位置应正确。

抽检数量:每检验批抽检10%,且不应少于5处。

合格标准:钢筋保护层符合设计要求;拉结筋位置及弯钩设置80%及以上符合要求,箍筋间距超过规定者,每件不得多于2处,且每处不得超过一皮砖。

8.3.5 配筋砌块砌体剪力墙中,采用搭接接头的受力钢筋搭接长度不应小于$35d$,且不应少于300mm。

抽检数量:每检验批每类构件抽20%(墙、柱、连梁),且不应少于3件。

(5) 检验批验收应提供的附件资料

1) 砖、钢筋、水泥、砂出厂合格质量文件;
2) 砂浆试配及通知单;
3) 砖、钢筋、水泥、砂试验报告;
4) 施工记录(校核放线尺寸、砌筑工艺、组砌方法、临时施工洞口留置与补砌、脚手眼设置位置、灰缝检查、置预制梁板顶面座浆(1:2.5)、施工质量控制等级、楼面堆载、水平灰缝及竖向灰缝宽度检查等);
5) 隐蔽工程验收记录;
6) 有关验收文件;
7) 自检、互检及工序交接检查记录;
8) 其他应报或设计要求报送的资料。

注:合理缺项除外。

2.2.5 填充墙砌体工程检验批质量验收记录

1. 资料表式

填充墙砌体工程检验批质量验收记录表　　　　表 203-5

检控项目	序号	质量验收规范规定		施工单位检查评定记录	监理(建设)单位验收记录
主控项目	1	块材强度等级	设计要求 MU		
	2	砂浆强度等级	设计要求 M		
		项　目	允许偏差(mm)	量　测　值　(mm)	
一般项目	1	轴线位移	≤10mm		
	2	垂直度	≤3m;≤5mm >3m;≤10mm		
	3	砂浆饱满度	≥80%		
	4	表面平整度	≤8mm		
	5	门窗洞口	±5mm		

续表

检控项目	序号	质量验收规范规定		施工单位检查评定记录	监理(建设)单位验收记录
		项 目	允许偏差(mm)	量 测 值 (mm)	
一般项目	6	窗口偏移	20mm		
	7	无混砌现象	第9.3.2条		
	8	拉结钢筋	第9.3.4条		
	9	搭砌长度	第9.3.5条		
	10	灰缝厚度、宽度	第9.3.6条		
	11	梁底砌法	第9.3.7条		

注：本表由施工项目专业质量检查员填写，监理工程师(建设单位项目技术负责人)组织项目专业质量(技术)负责人等进行验收。

2．应用指导
（1）检查验收统一说明
1）执行规范章、节

本表的检验批验收执行《砌体工程施工质量验收规范》(GB 50203—2002)规范第9章、第9.2～9.3节主控项目和一般项目有关条目的质量等级要求。应按其质量标准和检查方法逐一进行验收。

表列应检验项目必须全部进行检查验收不得缺漏，应检项目漏检，应进行补充检查验收，不进行补检不应通过验收。

2）检验批的划分原则

砌体工程的检验批划分，GB 50203—2002 规范规定共设7个检验批质量验收记录表。其中一般砌体工程5个；配筋砌体工程除执行一般砌体工程的4个表外，还配合采用2个表。

3）质量等级验收评定

① 主控项目是对检验批的基本质量起决定性影响的检验项目，必须全部符合该专业规范的规定，不允许有不符合规范要求的检验结果；

② 一般项目应有80%以上的抽检处符合该规范规定或偏差值在其允许偏差范围内。

4）检验批验收应提交资料

检验批验收时，应提交的施工操作依据和质量检查记录应完整。

5）检验批验收

只按列为主控项目、一般项目的条款来验收，不能随意扩大内容范围和提高质量标准。

6）检验批验收责任制

检验批表式中的责任制签记必须本人签字，替签为无效检验批验收记录。

（2）保证质量措施条目
① (摘自《砌体工程施工质量验收规范》GB 50203—2002)

9.1.3 空心砖、蒸压加气混凝土砌块、轻骨料混凝土小型空心砌块等的运输、装卸过程中，严禁抛掷和倾倒。进场后应按品种、规格分别堆放整齐，堆置高度不宜超过2m。加气混凝土砌块应防止雨淋。

9.1.4 填充墙砌体砌筑前块材应提前2d浇水湿润。蒸压加气混凝土砌块砌筑时，应向砌筑面适量浇水。

9.1.5 用轻骨料混凝土小型空心砌块或蒸压加气混凝土砌块砌筑墙体时，墙底部应砌烧结普通砖或多孔砖，或普通混凝土小型空心砌块，或现浇混凝土坎台等，其高度不宜小于200mm。

② 摘自《砌筑砂浆配合比设计规程》JGJ 98—2000

3.0.3 掺合料应符合下列规定：严禁使用脱水硬化的石灰膏。

4.0.3 砌筑砂浆稠度、分层度、试配抗压强度必须同时符合要求。

4.0.5 砌筑砂浆的分层度不得大于30mm。

(3) 检查验收执行条目（摘自《砌体工程施工质量验收规范》GB 50203—2002）

9.2.1 砖、砌块和砌筑砂浆的强度等级应符合设计要求。

9.3.1 填充墙砌体一般尺寸的允许偏差应符合表9.3.1规定。

(4) 质量验收的检验方法

填充墙质量检查方法

项次	项目		检验方法
1	轴线位移		用尺检查
	垂直度	小于或等于3m	用2m托线板或吊线、尺检查
		大于3m	用2m托线板或吊线、尺检查
2	表面平整度		用2m靠尺和楔形塞尺检查
3	门窗洞口高、宽(后塞口)		用尺检查
4	外墙上、下窗口偏移		用经纬仪或吊线检查

抽检数量：(1)对轴线位移、垂直度、表面平整度，在检验批的标准间中随机抽查10%，但不应少于3间；大面积房间和楼道按两个轴线或每10延长米安一标准间计数。每间检验不应少于3处。

(2) 对门窗洞口、窗口偏移，在检验批中抽检10%，且不应少于5处。

9.3.2 蒸压加气混凝土砌块和轻骨料混凝土小型空心砌块砌体，不应与其他块材混砌。

抽检数量：在检验批中抽检20%，且不应少于5处。

9.3.3 填充墙砌体的及检验方法

1) 空心砖砌体：采用百格网检查块材底面砂浆的粘结膜痕迹面积

2) 加气混凝土砌体和轻骨料混凝土小砌块：采用百格网检查块材底面砂浆的粘结膜痕迹面积

9.3.4 填充墙砌体留置的拉结钢筋或网片的位置应与块体皮数相符合。拉结钢筋或网片应置于灰缝中，埋置长度应符合设计要求，竖向位置偏差不应超过一皮高度。

抽检数量：在检验批中抽检20%，且不应少于5处。

9.3.5 填充墙砌筑时应错缝搭砌。蒸压加气混凝土砌块搭砌长度不应小于砌块长度的1/3;轻骨料混凝土小型空心砌块搭砌长度不应小于90mm;竖向通缝不应大于2皮。

抽检数量:在检验批的标准间中抽查10%,且不应少于3间。

9.3.6 填充墙砌体的灰缝厚度和宽度应正确。空心砖、轻骨料混凝土小型空心砌块的砌体灰缝应为8~12mm。蒸压加气混凝土砌块砌体的水平灰缝厚度及竖向灰缝宽度分别宜为15mm和20mm。

抽检数量:在检验批的标准间中抽查10%,且不应少于3间。

9.3.7 填充墙砌至接近梁、板底时,应留一定空隙,待填充墙砌筑完并应至少间隔7d后,再将其补砌挤紧。

抽检数量:每验收批抽10%填充墙片(每两柱间的填充墙为一墙片),且不应少于3片墙。

(5) 检验批验收应提供的附件资料

1) 空心砖、蒸压加气混凝土、轻骨料混凝土、水泥、砂出厂合格质量文件;
2) 砂浆试配及通知单;
3) 空心砖、蒸压加气混凝土、轻骨料混凝土、水泥、砂试验报告;
4) 施工记录(校核放线尺寸、砌筑工艺、组砌方法、临时施工洞口留置与补砌、脚手眼设置位置、灰缝检查、搁置预制梁板顶面座浆(1:2.5)、施工质量控制等级、楼面堆载、水平灰缝及竖向灰缝宽度检查等);
5) 有关验收文件;
6) 自检、互检及工序交接检查记录;
7) 其他应报或设计要求报送的资料。

注:合理缺项除外。

2.3 混凝土结构工程

2.3.1 现浇结构模板安装检验批质量验收记录

1. 资料表式

现浇结构模板安装检验批质量验收记录表　　　　表204-1

检控项目	序号	质量验收规范规定		施工单位检查评定记录	监理(建设)单位验收记录
主控项目	1	模板、支架、立柱及垫板	第4.2.1条		
	2	涂刷隔离剂	第4.2.2条		
一般项目	1	模板安装	第4.2.3条		
	2	用作模板的地坪与胎膜	第4.2.4条		
	3	模板起拱	第4.2.5条		

续表

检控项目	序号	质量验收规范规定		施工单位检查评定记录	监理(建设)单位验收记录
		项 目	允许偏差(mm)	量 测 值 (mm)	
一般项目	4	预埋钢板中心线位置	3		
	5	预埋管、预留孔中心线位置	3		
	6	插筋 中心线位置	5		
		插筋 外露长度	+10,0		
	7	预埋螺栓 中心线位置	2		
		预埋螺栓 外露长度	+10,0		
	8	预留洞 中心线位置	10		
		预留洞 外露长度	+10,0		
	9	轴线位置纵、横两个方向	5		
	10	底模上表面标高	±5		
	11	截面内部尺寸 基础	±10		
		截面内部尺寸 柱、墙、梁	+4,-5		
	12	层高垂直度 不大于5m	6		
		层高垂直度 大于5m	8		
	13	相邻两板表面高低差	2		
	14	表面平整度	5		

2. 应用指导

(1) 检查验收统一说明

1) 执行规范章、节

本表的检验批验收执行《混凝土结构工程施工质量验收规范》(GB 50204—2002)规范第4章、第4.2节主控项目和一般项目有关条目的质量等级要求。应按其质量标准和检查方法逐一进行验收。

表列应检验项目必须全部进行检查验收不得缺漏,应检项目漏检,应进行补充检查验收,不进行补检不应通过验收。

2) 检验批的划分原则

混凝土工程的检验批划分,GB 50204—2002规范规定分别按模板、钢筋、预应力、混凝土、现浇结构、装配式结构等,分项按工作班、楼层、结构缝或施工段划分检验批进行验收。

3) 质量等级验收评定

① 主控项目是对检验批的基本质量起决定性影响的检验项目,必须全部符合该专业规范的规定,不允许有不符合规范要求的检验结果;

② 一般项目的质量经抽样检验合格;当采用计数检验时,除有专门要求外,一般项目的合格点率应达到80%及以上,且不得有严重缺陷。

4) 检验批验收应提交资料

检验批验收时,应提交的施工操作依据和质量检查记录应完整。

5) 检验批验收

只按列为主控项目、一般项目的条款来验收,不能随意扩大内容范围和提高质量标准。

6) 检验批验收责任制

检验批表式中的责任制签记必须本人签字,替签为无效检验批验收记录。

(2) 保证质量措施条目(摘自《混凝土结构工程施工质量验收规范》GB 50204—2002)

4.1.1 模板及其支架应根据工程结构形式、荷载大小、地基土类别、施工设备和材料供应等条件进行设计。模板及其支架应具有足够的承载能力、刚度和稳定性,能可靠地承受浇筑混凝土的重量、侧压力以及施工荷载。

(3) 检查验收执行条目(摘自《混凝土结构工程施工质量验收规范》GB 50204—2002)

4.2.1 安装现浇结构的上层模板及其支架时,下层楼板应具有承受上层荷载的承载能力,或加设支架;上、下层支架的立柱应对准,并铺设垫板。

检查数量:全数检查。

4.2.2 在涂刷模板隔离剂时,不得沾污钢筋和混凝土接槎处。

检查数量:全数检查。

4.2.3 模板安装应满足下列要求:

1) 模板的接缝不应漏浆;在浇筑混凝土前,木模板应浇水湿润,但模板内不应有积水;
2) 模板与混凝土的接触面应清理干净并涂刷隔离剂,但不得采用影响结构性能或妨碍装饰工程施工的隔离剂;
3) 浇筑混凝土前,模板内的杂物应清理干净;
4) 对清水混凝土工程及装饰混凝土工程,应使用能达到设计效果的模板。

检查数量:全数检查。

4.2.4 用作模板的地坪、胎模等应平整光洁,不得产生影响构件质量的下沉、裂缝、起砂或起鼓。

检查数量:全数检查。

4.2.5 对跨度不小于4m的现浇钢筋混凝土梁、板,其模板应按设计要求起拱;当设计无具体要求时,起拱高度宜为跨度的1/1000~3/1000。

检查数量:在同一检验批内,对梁,应抽查构件数量的10%,且不少于3件;对板,应按有代表性的自然间抽查10%,且不少于3间;对大空间结构,板可按纵、横轴线划分检查面,抽查10%,且不少于3面。

4.2.6 固定在模板上的预埋件、预留孔和预留洞均不得遗漏,且应安装牢固,其偏差应符合质量验收记录内的标准要求。

检查数量:在同一检验批内,对梁、柱和独立基础,应抽查构件数量的10%,且不少于3件;对墙和板,应按有代表性的自然间抽查10%,且不少于3间;对大空间结构,墙可按相邻轴线间高度5m左右划分检查面,板可按纵横轴线划分检查面,抽查10%,且均不少于3面。

4.2.7 现浇结构模板安装的偏差应符合GB 50204—2002规范表4.2.7的规定。

检查数量:在同一检验批内,对梁、柱和独立基础,应抽查构件数量的10%,且不少于3件;对墙和板,应按有代表性的自然间抽查10%,且不少于3间;对大空间结构,墙可按相邻轴线间高度5m左右划分检查面,板可按纵、横轴线划分检查面,抽查10%,且均不少于

3 面。

（4）质量验收的检验方法

现浇结构模板安装的检验方法

项次	项 目		检 查 方 法
1	轴线位置（纵、横两个方向）		钢尺检查
2	底模上表面标高		水准仪或拉线、钢尺检查
3	截面内部尺寸	基础、柱、墙、梁	钢尺检查
4	层高垂直度	不大于 5m	经纬仪或吊线、钢尺检查
		大于 5m	经纬仪或吊线、钢尺检查
5	相邻两板表面高低差		钢尺检查
6	表面平整度		2m 靠尺和塞尺检查

（5）检验批验收应提供的附件资料

1）模板安装：模板设计、施工技术方案；
2）有关验收文件；
3）自检、互检及工序交接检查记录；
4）其他应报或设计要求报送的资料。

注：合理缺项除外。

2.3.2 预制构件模板安装工程检验批质量验收记录

1．资料表式

预制构件模板安装工程检验批质量验收记录表　　　　　表 204-2

检控项目	序号	质量验收规范规定		施工单位检查评定记录		监理（建设）单位验收记录
主控项目	1	模板、支架、立柱及垫板		第 4.2.1 条		
	2	涂刷隔离剂		第 4.2.2 条		
一般项目	1	模 板 安 装		第 4.2.3 条		
	2	用作模板的地坪与胎膜		第 4.2.4 条		
	3	模 板 起 拱		第 4.2.5 条		
		项 目		允许偏差(mm)	量 测 值 （mm）	
	4	预埋钢板中心线位置		3		
	5	预埋管、预留孔中心线位置		3		
	6	插筋	中心线位置	5		
			外露长度	+10,0		
	7	预埋螺栓	中心线位置	2		
			外露长度	+10,0		
	8	预留洞	中心线位置	10		
			外露长度	+10,0		

续表

检控项目	序号	质量验收规范规定			施工单位检查评定记录	监理(建设)单位验收记录
		项目		允许偏差(mm)	量测值(mm)	
一般项目	9	长度	梁、板	±5		
			薄腹梁、桁架	±10		
			柱	0,−10		
			墙板	0,−5		
	10	宽度	板、墙板	0,−5		
			梁、薄腹梁、板架、柱	+2,−5		
	11	高(厚)度	板	+2,−3		
			墙板	0,−5		
			梁、薄腹梁、板架、柱	+2,−5		
	12	构件长度l内的侧向弯曲	梁、板、柱	$l/1000$ 且≤15		
			墙板、薄腹梁、桁架	$l/1500$ 且≤15		
	13	板的表面平整度		3		
	14	相邻两板表面高低差		1		
	15	对角线差	板	7		
			墙板	5		
	16	构件长度l内的翘曲	板、墙板	$l/1500$		
	17	设计起拱	梁、薄腹梁、桁架	±3		

2．应用指导

(1) 检查验收统一说明

1) 执行规范章、节

本表的检验批验收执行《混凝土结构工程施工质量验收规范》(GB 50204—2002)规范第4章、第4.2节主控项目和一般项目有关条目的质量等级要求。应按其质量标准和检查方法逐一进行验收。

表列应检验项目必须全部进行检查验收不得缺漏,应检项目漏检,应进行补充检查验收,不进行补检不应通过验收。

2) 检验批的划分原则

混凝土工程的检验批划分,(GB 50204—2002)规范规定分别按模板、钢筋、预应力、混凝土、现浇结构、装配式结构等,分项按工作班、楼层、结构缝或施工段划分检验批进行验收。

3）质量等级验收评定

① 主控项目是对检验批的基本质量起决定性影响的检验项目,必须全部符合该专业规范的规定,不允许有不符合规范要求的检验结果；

② 一般项目的质量经抽样检验合格；当采用计数检验时,除有专门要求外,一般项目的合格点率应达到80%及以上,且不得有严重缺陷。

4）检验批验收应提交资料

检验批验收时,应提交的施工操作依据和质量检查记录应完整。

5）检验批验收

只按列为主控项目、一般项目的条款来验收,不能随意扩大内容范围和提高质量标准。

6）检验批验收责任制

检验批表式中的责任制签记必须本人签字,替签为无效检验批验收记录。

(2) 检查验收执行条目(摘自《混凝土结构工程施工质量验收规范》GB 50204—2002)

4.2.1 安装现浇结构的上层模板及其支架时,下层楼板应具有承受上层荷载的承载能力,或加设支架；上层支架的立柱应对准,并铺设垫板。

检查数量：全数检查。

4.2.2 在涂刷模板隔离剂时,不得沾污钢筋和混凝土接槎处。

检查数量：全数检查。

4.2.3 模板安装应满足下列要求：

1）模板的接缝不应漏浆；在浇筑混凝土前,木模板应浇水湿润,但模板内不应有积水；

2）模板与混凝土的接触面应清理干净并涂刷隔离剂,但不得采用影响结构性能或妨碍装饰工程施工的隔离剂；

3）浇筑混凝土前,模板内的杂物应清理干净；

4）对清水混凝土工程及装饰混凝土工程,应使用能达到设计要求效果的模板。

检查数量：全数检查。

4.2.4 用作模板的地坪、胎模等应平整光洁,不得产生影响构件质量的下沉、裂缝、起砂或起鼓。

检查数量：全数检查。

4.2.5 对跨度不小于4m的现浇钢筋混凝土梁、板,其模板应按设计要求起拱；当设计无具体要求时,起拱高度宜为跨度的1/1000～3/1000。

检查数量：在同一检验批内,对梁,应抽查构件数量的10%,且不少于3件；对板,应按有代表性的自然间抽查10%,且不少于3间；对大空间结构,板可按纵、横轴线划分检查面,抽查10%,且不少于3面。

4.2.6 固定在模板上的预埋件、预留孔和预留洞均不得遗漏,且应安装牢固。偏差值应符合质量验收记录内的标准要求。

检查数量：在同一检验批内,对梁、柱和独立基础,应抽查构件数量的10%,且不少于3件；对墙和板,应按有代表性的自然间抽查10%,且不少于3间；对大空间结构,墙可按相邻轴线间高度5m左右划分检查面,板可按纵横轴线划分检查面,抽查10%,且均不少于3面。

4.2.8 预制构件模板安装的偏差应符合表4.2.8的规定。

(3) 质量验收的检验方法

预制构件模板安装质量检查方法

序号	项 目	检 验 方 法
1	长度 板、梁、薄腹梁、桁架、柱、墙板	钢尺量两角边,取其中较大值
2	宽度 板、墙板、梁、薄腹梁、桁架、柱	钢尺量一端及中部,取其中较大值
3	高(厚)度 板、墙板、梁、薄腹梁、桁架、柱	钢尺量一端及中部,取其中较大值
4	构件长度 l 内的侧向弯曲 梁、板、柱、墙板、薄腹梁、桁架	拉线、钢尺量最大弯曲处
5	板的表面平整度	2m 靠尺和塞尺检查
6	相邻两板表面高低差	2m 靠尺和塞尺检查
7	对角线差 板、墙板	钢尺时两个对角线
8	构件长度 l 内的翘曲 板、墙板	调平尺在两端量测
9	设计起拱 薄腹梁、桁架、梁	拉线、钢尺量跨中

检查数量:首次使用及大修后的模板应全数检查;使用中的模板应定期检查,并根据使用情况不定期抽查。

(4) 预制构件模板安装工程检验批验收应提供的附件资料

1)模板设计;
2)模板安装施工技术方案;
3)自检、互检及工序交接检查记录;
4)其他应报或设计要求报送的资料。

注:合理缺项除外。

2.3.3 模板拆除检验批质量验收记录

1. 资料表式

模板拆除检验批质量验收记录表   表 204-3

检控项目	序号	质量验收规范规定		施工单位检查评定记录	监理(建设)单位验收记录
主控项目	1	底模及其支架拆除	第 4.3.1 条		
	2	后张预应力混凝土构件模板拆除	第 4.3.2 条		
	3	后浇带模板的拆除和支顶	第 4.3.3 条		
一般项目	1	侧模拆除对混凝土强度要求	第 4.3.4 条		
	2	对模板拆除的操作要求	第 4.3.5 条		

2. 应用指导
(1) 检查验收统一说明
1) 执行规范章、节

本表的检验批验收执行《混凝土结构工程施工质量验收规范》(GB 50204—2002)第4章、第4.3节主控项目和一般项目有关条目的质量等级要求。应按其质量标准和检查方法逐一进行验收。

表列应检验项目必须全部进行检查验收不得缺漏,应检项目漏检,应进行补充检查验收,不进行补检不应通过验收。

2) 检验批的划分原则

混凝土工程的检验批划分,GB 50204—2002规范规定分别按模板、钢筋、预应力、混凝土、现浇结构、装配式结构等,分项按工作班、楼层、结构缝或施工段划分检验批进行验收。

3) 质量等级验收评定

① 主控项目是对检验批的基本质量起决定性影响的检验项目,必须全部符合该专业规范的规定,不允许有不符合规范要求的检验结果;

② 一般项目的质量经抽样检验合格;当采用计数检验时,除有专门要求外,一般项目的合格点率应达到80%及以上,且不得有严重缺陷。

4) 检验批验收应提交资料

检验批验收时,应提交的施工操作依据和质量检查记录应完整。

5) 检验批验收

只按列为主控项目、一般项目的条款来验收,不能随意扩大内容范围和提高质量标准。

6) 检验批验收责任制

检验批表式中的责任制签记必须本人签字,替签为无效检验批验收记录。

(2) 保证质量措施条目(摘自《混凝土施工结构工程施工质量验收规范》GB 50204—2002)

4.1.3 模板及其支架拆除的顺序及安全措施应按施工技术方案执行。

(3) 检查验收执行条目(摘自《混凝土施工结构工程施工质量验收规范》GB 50204—2002)

4.3.1 底模及其支架拆除时的混凝土强度应符合设计要求;当设计无具体要求时,混凝土强度应符合表4.3.1的规定。

检查数量:全数检查。

底模拆除时的混凝土强度要求 表4.3.1

构件类型	构件跨度(m)	达到设计的混凝土立方体抗压强度标准值的百分率(%)
板	≤2	≥50
	>2,≤8	≥75
	>8	≥100
梁、拱、壳	≤8	≥75
	>8	≥100
悬臂构件	—	≥100

4.3.2 对后张法预应力混凝土结构构件,侧模宜在预应力张拉前拆除;底模支架的拆除应按施工技术方案执行,当无具体要求时,不应在结构构件建立预应力前拆除。

检查数量:全数检查。

4.3.3 后浇带模板的拆除和支顶应按施工技术方案执行。

检查数量:全数检查。

4.3.4 侧模拆除时的混凝土强度应能保证其表面及棱角不受损伤。

检查数量:全数检查。

4.3.5 模板拆除时,不应对楼层形成冲击荷载。拆除的模板和支架宜分散堆放并及时清运。

检查数量:全数检查。

(4) 模板拆除工程检验批验收应提供的附件资料

1) 同条件养护试件试验报告;
2) 同条件养护试件测温记录;
3) 同条件养护混凝土强度试验报告;
4) 自检、互检及工序交接检查记录;
5) 其他应报或设计要求报送的资料。

注:合理缺项除外。

2.3.4 钢筋原材料检验批质量验收记录

1. 资料表式

钢筋原材料检验批质量验收记录表　　　　　表 204-4

检控项目	序号	质量验收规范规定		施工单位检查评定记录	监理(建设)单位验收记录
主控项目	1	钢筋进场抽检	第5.2.1条		
	2	抗震框架结构用钢筋	第5.2.2条		
		抗拉强度与屈服强度比值	≥1.25		
		屈服强度与强度标准值	≤1.3		
	3	钢筋脆断、性能不良等的检验(化学成分)	第5.2.3条		
一般项目	1	钢筋外观质量	第5.2.4条		

2. 应用指导

(1) 检查验收统一说明

1) 执行规范章、节

本表的检验批验收执行《混凝土结构工程施工质量验收规范》GB 50204—2002规范第5章、第5.2节主控项目和一般项目有关条目的质量等级要求。应按其质量标准和检查方法逐一进行验收。

表列应检验项目必须全部进行检查验收不得缺漏,应检项目漏检,应进行补充检查验收,不进行补检不应通过验收。

2)检验批的划分原则

混凝土工程的检验批划分,GB 50204—2002 规范规定分别按模板、钢筋、预应力、混凝土、现浇结构、装配式结构等,分项按工作班、楼层、结构缝或施工段划分检验批进行验收。

3)质量等级验收评定

① 主控项目是对检验批的基本质量起决定性影响的检验项目,必须全部符合该专业规范的规定,不允许有不符合规范要求的检验结果;

② 一般项目的质量经抽样检验合格;当采用计数检验时,除有专门要求外,一般项目的合格点率应达到 80% 及以上,且不得有严重缺陷。

4)检验批验收应提交资料

检验批验收时,应提交的施工操作依据和质量检查记录应完整。

5)检验批验收

只按列为主控项目、一般项目的条款来验收,不能随意扩大内容范围和提高质量标准。

6)检验批验收责任制

检验批表式中的责任制签记必须本人签字,替签为无效检验批验收记录。

(2) 保证质量措施条目(摘自《混凝土结构工程施工质量验收规范》GB 50204—2002)

5.1.1 当钢筋的品种、级别或规格需作变更时,应办理设计变更文件。

5.1.2 在浇筑混凝土之前,应进行钢筋隐蔽工程验收,其内容包括:

1)纵向受力钢筋的品种、规格、数量、位置等;
2)钢筋的连接方式、接头位置、接头数量、接头面积百分率等;
3)箍筋、横向钢筋的品种、规格、数量、间距等;
4)预埋件的规格、数量、位置等。

(3) 检查验收执行条目(摘自《混凝土结构工程施工质量验收规范》GB 50204—2002)

5.2.1 钢筋进场时,应按现行国家标准《钢筋混凝土用热轧带肋钢筋》**GB 1499** 等的规定抽取试件作力学性能检验,其质量必须符合有关标准的规定。

检查数量:按进场的批次和产品的抽样检验方案确定。

检验方法:检查产品合格证、出厂检验报告和进场复验报告。

5.2.2 对有抗震设防要求的框架结构,其纵向受力钢筋的强度应满足设计要求;当设计无具体要求时,对一、二级抗震等级,检验所得的强度实测值应符合下列规定:

1)钢筋的抗拉强度实测值与屈服强度实测值的比值不应小于 **1.25**;
2)钢筋的屈服强度实测值与强度标准值的比值不应大于 **1.3**。

检查数量:按进场的批次和产品的抽样检验方案确定。

检验方法:检查进场复验报告。

5.2.3 当发现钢筋脆断、焊接性能不良或力学性能显著不正常等现象时,应对该批钢筋进行化学成分检验或其他专项检验。

检验方法:检查化学成分等专项检验报告。

5.2.4 钢筋应平直、无损伤,表面不得有裂纹、油污、颗粒状或片状老锈。

检查数量：进场时和使用前全数检查。
(4) 钢筋原材料检验批验收应提供的附件资料
1) 钢筋出厂合格证；
2) 钢筋出厂检验报告；
3) 钢筋进场复验报告；
4) 钢筋化学分析报告(焊接时提供)；
5) 钢筋复试资料(抗震设防有要求时)；
6) 自检、互检及工序交接检查记录；
7) 其他应报或设计要求报送的资料。
注：合理缺项除外。

2.3.5 钢筋加工检验批质量验收记录

1．资料表式

钢筋加工检验批质量验收记录表　　　　　　　　　表204-5

检控项目	序号	质量验收规范规定		施工单位检查评定记录	监理(建设)单位验收记录
主控项目	1	钢筋的弯钩和弯折	第5.3.1条		
	2	箍筋弯钩形式	第5.3.2条		
一般项目	1	钢筋的机械调直与冷拉调直	第5.3.3条		
		项　目	允许偏差(mm)	量　测　值　(mm)	
	2	受力钢筋顺长度方向全长的净尺寸	±10		
	3	弯起钢筋的弯折位置	±20		
	4	箍筋内净尺寸	±5		

2．应用指导
(1) 检查验收统一说明
1) 执行规范章、节

本表的检验批验收执行《混凝土结构工程施工质量验收规范》(GB 50204—2002)规范第5章、第5.3节主控项目和一般项目有关条目的质量等级要求。应按其质量标准和检查方法逐一进行验收。

表列应检验项目必须全部进行检查验收不得缺漏，应检项目漏检，应进行补充检查验收，不进行补检不应通过验收。

2) 检验批的划分原则

混凝土工程的检验批划分,GB 50204—2002 规范规定分别按模板、钢筋、预应力、混凝土、现浇结构、装配式结构等,分项按工作班、楼层、结构缝或施工段划分检验批进行验收。

3) 质量等级验收评定

① 主控项目是对检验批的基本质量起决定性影响的检验项目,必须全部符合该专业规范的规定,不允许有不符合规范要求的检验结果。

② 一般项目的质量经抽样检验合格;当采用计数检验时,除有专门要求外,一般项目的合格点率应达到80%及以上,且不得有严重缺陷。

4) 检验批验收应提交资料

检验批验收时,应提交的施工操作依据和质量检查记录应完整。

5) 检验批验收

只按列为主控项目、一般项目的条款来验收,不能随意扩大内容范围和提高质量标准。

6) 检验批验收责任制

检验批表式中的责任制签记必须本人签字,替签为无效检验批验收记录。

(2) 保证质量措施条目(摘自《混凝土结构工程施工质量验收规范》GB 5004—2002)

5.1.1 当钢筋的品种、级别或规格需作变更时,应办理设计变更文件。

(3) 检查验收执行条目(摘自《混凝土结构工程施工质量验收规范》GB 5004—2002)

5.3.1 受力钢筋的弯钩和弯折应符合下列规定:

1) HPB235 级钢筋末端应作 180°弯钩,其弯弧内径不应小于钢筋直径的 2.5 倍,弯钩的弯后平直部分长度不应小于钢筋直径的 3 倍;

2) 当设计要求钢筋末端需作 135°弯钩时,HRB335 级、HRB400 级钢筋的弯弧内直径不应小于钢筋直径的 4 倍,弯钩的弯后平直部分长度应符合设计要求;

3) 钢筋作不大于 90°的弯折时,弯折处的弯弧内直径不应小于钢筋直径的 5 倍。

检查数量:按每工作班同一类型钢筋、同一加工设备抽查不应少于 3 件。

5.3.2 除焊接封闭环式箍筋外,箍筋的末端应作弯钩,弯钩形式应符合设计要求;当设计无具体要求时,应符合下列规定:

1) 箍筋弯钩的弯弧内直径除应满足 GB 50204—2002 规范第 5.3.1 条的规定外,尚应不小于受力钢筋直径;

2) 箍筋弯钩的弯折角度:对一般结构,不应小于 90°;对有抗震等要求的结构,应为 135°;

3) 箍筋弯后平直部分长度:对一般结构,不宜小于箍筋直径的 5 倍;对有抗震等要求的结构,不应小于箍筋直径的 10 倍。

检查数量:按每工作班同一类型钢筋、同一加工设备抽查不应少于 3 件。

5.3.3 钢筋调直宜采用机械方法,也可采用冷拉方法。当采用冷拉方法调直钢筋时,HPB235 级钢筋的冷拉率不宜大于 4%,HRB335 级、HRB400 级和 RRB400 级钢筋的冷拉率不宜大于 1%。

检查数量:按每工作班同一类型钢筋、同一加工设备抽查不应少于 3 件。

5.3.4 钢筋加工的形状、尺寸应符合设计要求,其偏差应符合表 5.3.4 的规定。

检查数量:按每工作班按同一类型钢筋、同一加工设备抽查不应少于 3 件。

(4) 钢筋加工工程检验批验收应提供的附件资料

1) 核查钢筋出厂合格证明;

2) 核查钢筋试验报告单;
3) 钢筋下料单;
4) 自检、互检及工序交接检查记录;
5) 其他应报或设计要求报送的资料。
注:合理缺项除外。

2.3.6 钢筋连接检验批质量验收记录

1. 资料表式

钢筋连接检验批质量验收记录表　　　　　表 204-6

检控项目	序号	质量验收规范规定		施工单位检查评定记录	监理(建设)单位验收记录
主控项目	1	纵向受力钢筋连接	第 5.4.1 条		
	2	钢筋连接的试件检验	第 5.4.2 条		
一般项目	1	钢筋接头位置的设置	第 5.4.3 条		
	2	钢筋连接的外观检查	第 5.4.4 条		
	3	钢筋连接的位置设置	第 5.4.5 条		
	4	绑扎钢筋接头	第 5.4.6 条		
	5	梁柱类构件的箍筋配置	第 5.4.7 条		

注:绑扎搭接接头面积百分率和搭接长度条目详见附录 B。

2. 应用指导

(1) 检查验收统一说明

1) 执行规范章、节

本表的检验批验收执行《混凝土结构工程施工质量验收规范》(GB 50204—2002)规范第 5 章、第 5.4 节主控项目和一般项目有关条目的质量等级要求。应按其质量标准和检查方法逐一进行验收。

表列应检验项目必须全部进行检查验收不得缺漏,应检项目漏检,应进行补充检查验收,不进行补检不应通过验收。

2) 检验批的划分原则

混凝土工程的检验批划分,GB 50204—2002 规范规定分别按模板、钢筋、预应力、混凝土、现浇结构、装配式结构等分项按工作班、楼层、结构缝或施工段划分检验批进行验收。

3) 质量等级验收评定

① 主控项目是对检验批的基本质量起决定性影响的检验项目,必须全部符合该专业规范的规定,不允许有不符合规范要求的检验结果;

② 一般项目的质量经抽样检验合格;当采用计数检验时,除有专门要求外,一般项目的合格点率应达到 80% 及以上,且不得有严重缺陷。

4) 检验批验收应提交资料

检验批验收时,应提交的施工操作依据和质量检查记录应完整。

5) 检验批验收

只按列为主控项目、一般项目的条款来验收,不能随意扩大内容范围和提高质量标准。

6) 检验批验收责任制

检验批表式中的责任制签记必须本人签字,替签为无效检验批验收记录。

(2) 保证质量措施条目(摘自《混凝土结构工程施工质量验收规范》GB 5004—2002)

5.1.1 当钢筋的品种、级别或规格需作变更时,应办理设计变更文件。

5.1.2 在浇筑混凝土之前,应进行钢筋隐蔽工程验收,其内容包括:

1) 纵向受力钢筋的品种、规格、数量、位置等;
2) 钢筋的连接方式、接头位置、接头数量、接头面积百分率等;
3) 箍筋、横向钢筋的品种、规格、数量、间距等;
4) 预埋件的规格、数量、位置等。

(3) 检查验收执行条目(摘自《混凝土结构工程施工质量验收规范》GB 5004—2002)

5.4.1 纵向受力钢筋的连接方式应符合设计要求。

检查数量:全数检查。

检验方法:观察。

5.4.2 在施工现场,应按国家现行标准《钢筋机械连接通用技术规程》JGJ 107、《钢筋焊接及验收规程》JGJ 18 的规定抽取钢筋机械连接接头、焊接接头试件作力学性能检验,其质量应符合有关规程的规定。

检查数量:按有关规程确定。

检验方法:检查产品合格证、接头力学性能试验报告。

5.4.3 钢筋的接头宜设置在受力较小处。同一纵向受力钢筋不宜设置两个或两个以上的接头。接头末端至钢筋弯起点的距离不应小于钢筋直径的 10 倍。

检查数量:全数检查。

检验方法:观察,钢尺检查。

5.4.4 在施工现场,应按国家现行标准《钢筋机械连接通用技术规程》JGJ 107、《钢筋焊接及验收规程》JGJ 18 的规定对钢筋机械连接接头、焊接接头的外观进行检查,其质量应符合有关规程的规定。

检查数量:全数检查。

检验方法:观察。

5.4.5 当受力钢筋采用机械连接接头或焊接接头时,设置在同一构件内的接头宜相互错开。

纵向受力钢筋机械连接接头及焊接接头连接区段的长度为 35 倍 d(d 为纵向受力钢筋的较大直径)且不大于 500mm,凡接头中点位于该连接区段长度内的接头均属于同一连接区段。同一连接区段内,纵向受力钢筋机械连接及焊接的接头面积百分率为该区段内有接头的纵向受力钢筋截面面积与全部纵向受力钢筋截面面积的比值。

同一连接区段内,纵向受力钢筋的接头面积百分率应符合设计要求;当设计无具体要求时,应符合下列规定:

1) 在受拉区不宜大于 50%;

2）接头不宜设置在抗震设防要求的框架梁端、柱端的箍筋加密区；当无法避开时，对等强度高质量机械连接接头，不应大于50%；

3）直接承受动力荷载的结构构件中，不宜采用焊接接头；当采用机械连接接头时，不应大于50%。

检查数量：在同一检验批内，对梁、柱和独立基础，应抽查构件数量的10%，且不少于3件；对墙和板，应按有代表性的自然间抽查10%，且不少于3件；对大空间结构，墙可按相邻轴线间高度5m左右划分检查面，板可按纵横轴线划分检查面，抽查10%，且均不少于3面。

检验方法：观察，钢尺检查。

5.4.6 同一构件中相邻纵向受力钢筋的绑扎搭接接头宜相互错开。绑扎搭接接头中钢筋的横向净距不应小于钢筋直径，且不应小于25mm。

钢筋绑扎搭接接头连接区段的长度为$1.3l_l$（l_l为搭接长度），凡搭接接头中点位于该连接区段长度内的搭接接头均属于同一连接区段。同一连接区段内，纵向钢筋搭接接头面积百分率为该区段内有搭接接头的纵向受力钢筋截面面积与全部纵向受力钢筋截面面积的比值（见 GB 50204—2002 图 5.4.6）。

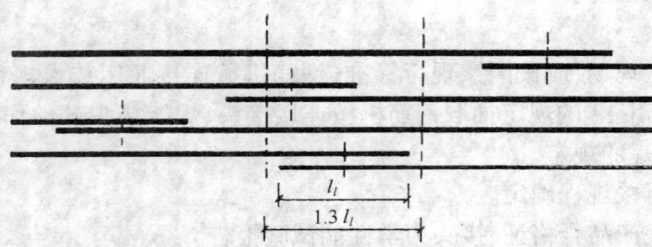

图 5.4.6 钢筋绑扎搭接接头连接区段及接头面积百分率

注：图中所示搭接接头同一连接区段内的搭接钢筋为两根，当各钢筋直径相同时，接头面积百分率为50%。

同一连接区段内，纵向受拉钢筋搭接接头面积百分率应符合设计要求；当设计无具体要求时，应符合下列规定：

1）对梁、板类及墙类构件，不宜大于25%；

2）对柱类构件，不宜大于50%；

3）当工程中确有必要增大接头面积百分率时，对梁类构件，不应大于50%；对其他构件，可根据实际情况放宽。

纵向受力钢筋绑扎搭接接头的搭接长度应符合 GB 50204—2002 规范附录 B 的规定。

检查数量：在同一检验批内，对梁、柱和独立基础，应抽查构件数量的10%，且不少于3间；对墙和板，应按有代表性的自然间抽查10%，且不少于3件；对大空间结构，墙可按相邻轴线间高度5m左右划分检查面，板可按纵横轴线划分检查面，抽查10%，且均不少于3面。

检验方法：观察，钢尺检查。

5.4.7 在梁、柱类构件的纵向受力钢筋搭接长度范围内，应按设计要求配置箍筋。当设计无要求时，应符合下列规定：

1）箍筋直径不应小于搭接钢筋较大直径的0.25倍；

2）受拉搭接区段的箍筋间距不应大于搭接钢筋较小直径的5倍，且不应大于100mm；

3）受压搭接区段的箍筋间距不应大于搭接钢筋较小直径的10倍，且不应大于200mm；

4）当柱中纵向受力钢筋直径大于 25mm 时，应在搭接接头两个端面外 100mm 范围内各设置两个箍筋，其间距宜为 50mm。

检查数量：在同一检验批内，对梁、柱和独立基础，应抽查构件数量的 10%，且不少于 3 间；对墙和板，应按有代表性的自然间抽查 10%，且不少于 3 件；对大空间结构，墙可按相邻轴线间高度 5m 左右划分检查面，板可按纵、横轴线划分检查面，抽查 10%，且均不少于 3 面。

检验方法：钢尺检查。

（4）钢筋连接工程检验批验收应提供的附件资料

1）钢筋出厂合格证；
2）钢筋接头力学性能试验报告；
3）自检、互检及工序交接检查记录；
4）其他应报或设计要求报送的资料。

注：合理缺项除外。

2.3.7 钢筋安装检验批质量验收记录

1．资料表式

钢筋安装检验批质量验收记录表　　　　　表 204-7

检控项目	序号	质量验收规范规定		施工单位检查评定记录	监理（建设）单位验收记录
主控项目	1	受力钢筋的品种、级别规格与数量	第 5.5.1 条		
		项目	允许偏差(mm)	量测值(mm)	
	2	钢筋保护层厚度允许偏差　梁	±5mm		
		板	±3mm		
一般项目	1	绑扎钢筋网　长、宽	±10		
		网眼尺寸	±20		
	2	绑扎钢筋骨架　长	±10		
		宽、高	±5		
	3	受力钢筋　间距	±10		
		排距	±5		
	4	受力钢筋保护层厚度　基础	±10		
		柱、梁	±5		
		板、墙、壳	±3		
	5	绑扎箍筋、横向钢筋间距	±20		
	6	钢筋弯起点位置	20		
	7	预埋件　中心线位置	5		
		水平高差	+3,0		
	注：1.检查埋件中心线位置时，应沿纵、横两个方向量测，并取其中的较大值；2.表中梁类、板类构件上部纵向受力钢筋保护层厚度的合格点率应达到 90% 及以上，且不得有超过表中数值 1.5 倍的尺寸偏差				

2．应用指导

(1) 检查验收统一说明

1) 执行规范章、节

本表的检验批验收执行《混凝土结构工程施工质量验收规范》(GB 50204—2002)规范第5章、第5.5节主控项目和一般项目有关条目的质量等级要求。应按其质量标准和检查方法逐一进行验收。

表列应检验项目必须全部进行检查验收不得缺漏，应检项目漏检，应进行补充检查验收，不进行补检不应通过验收。

2) 检验批的划分原则

混凝土工程的检验批划分，GB 50204—2002规范规定分别按模板、钢筋、预应力、混凝土、现浇结构、装配式结构等，分项按工作班、楼层、结构缝或施工段划分检验批进行验收。

3) 质量等级验收评定

① 主控项目是对检验批的基本质量起决定性影响的检验项目，必须全部符合该专业规范的规定，不允许有不符合规范要求的检验结果。

② 一般项目的质量经抽样检验合格；当采用计数检验时，除有专门要求外，一般项目的合格点率应达到80%及以上，且不得有严重缺陷。

4) 检验批验收应提交资料

检验批验收时，应提交的施工操作依据和质量检查记录应完整。

5) 检验批验收

只按列为主控项目、一般项目的条款来验收，不能随意扩大内容范围和提高质量标准。

6) 检验批验收责任制

检验批表式中的责任制签记必须本人签字，替签为无效检验批验收记录。

(2) 保证质量措施条目（摘自《混凝土结构工程施工质量验收规范》GB 5004—2002）

5.1.2 在浇筑混凝土之前，应进行钢筋隐蔽工程验收，其内容包括：

1 纵向受力钢筋的品种、规格、数量、位置等；
2 钢筋的连接方式、接头位置、接头数量、接头面积百分率等；
3 箍筋、横向钢筋的品种、规格、数量、间距等；
4 预埋件的规格、数量、位置等。

(3) 检查验收执行条目（摘自《混凝土结构工程施工质量验收规范》GB 5004—2002）

5.5.1 钢筋安装时，受力钢筋的品种、级别、规格和数量必须符合设计要求。

检查数量：全数检查。

5.5.2 钢筋安装位置的偏差应符合GB 50204—2002规范表5.5.2的规定。

检查数量：在同一检验批内，对梁、柱和独立基础，应抽查构件数量的10%，且不少于3件；对墙和板，应按有代表性的自然间抽查10%，且不少于3间；对大空间结构，墙可按相邻轴线间高度5m左右划分检查面，板可按纵、横轴线划分检查面，抽查10%，且均不少于3面。

(4) 质量检验的检验方法

钢筋安装位置的检验方法

项次	项目		检验方法
1	绑扎钢筋网	长、宽	钢尺检查
		网眼尺寸	钢尺量连接三档,取最大值
2	绑扎钢筋骨架	长、宽、高	钢尺检查
3	受力钢筋	间距、排距	钢尺量两端、中间各一点,取最大值
4	受力钢筋保护层厚度	基础、柱、梁、板、墙、壳	钢尺检查
5	绑扎箍筋、横向钢筋间距		钢尺量连续三档,取最大值
6	钢筋弯起点位置		钢尺检查
7	预埋件	中心线位置 水平高差	钢尺检查
8	水平高差		钢尺和塞尺检查

注:1. 检查预埋件中心线位置时,应沿纵、横两个方向量测,并取其中的较大值;
2. 表中梁类、板类构件上部纵向受力钢筋保护层厚度的合格点率应达到 90% 及以上,且不得有超过表中数值 1.5 倍的尺寸偏差。

(5) 检验批验收应提供的附件资料

1) 钢筋出厂合格证明;
2) 钢筋试验报告单;
3) 隐蔽工程验收记录;
4) 钢筋接头试验报告;
5) 自检、互检及工序交接检查记录;
6) 其他应报或设计要求报送的资料。

注:合理缺项除外。

2.3.8 预应力混凝土原材料检验批质量验收记录

1. 资料表式

预应力混凝土原材料检验批质量验收记录表　　　表 204-8

检控项目	序号	质量验收规范规定		施工单位检查评定记录	监理(建设)单位验收记录
主控项目	1	预应力筋性能抽检	第 6.2.1 条		
	2	无粘结预应力涂包	第 6.2.2 条		
	3	锚具、夹具和连接器	第 6.2.3 条		
	4	孔道灌浆用水泥与外加剂	第 6.2.4 条		
		1)应采用普通硅酸盐水泥			
		2)外加剂应符合现行国家标准			

续表

检控项目	序号	质量验收规范规定		施工单位检查评定记录	监理(建设)单位验收记录
一般项目	1	预应力筋的外观检查	第6.2.5条		
	2	锚具、夹具和连接器的外观检查	第6.2.6条		
	3	金属螺旋管的尺寸和性能	第6.2.7条		
	4	金属螺旋管的外观检查	第6.2.8条		

2．应用指导

(1) 检查验收统一说明

1) 执行规范章、节

本表的检验批验收执行《混凝土结构工程施工质量验收规范》(GB 50204—2002)规范第6章、第6.2节主控项目和一般项目有关条目的质量等级要求。应按其质量标准和检查方法逐一进行验收。

表列应检验项目必须全部进行检查验收不得缺漏，应检项目漏检，应进行补充检查验收，不进行补检不应通过验收。

2) 检验批的划分原则

混凝土工程的检验批划分，GB 50204—2002规范规定分别按模板、钢筋、预应力、混凝土、现浇结构、装配式结构等，分项按工作班、楼层、结构缝或施工段划分检验批进行验收。

3) 质量等级验收评定

① 主控项目是对检验批的基本质量起决定性影响的检验项目，必须全部符合该专业规范的规定，不允许有不符合规范要求的检验结果；

② 一般项目的质量经抽样检验合格；当采用计数检验时，除有专门要求外，一般项目的合格点率应达到80%及以上，且不得有严重缺陷。

4) 检验批验收应提交资料

检验批验收时，应提交的施工操作依据和质量检查记录应完整。

5) 检验批验收

只按列为主控项目、一般项目的条款来验收，不能随意扩大内容范围和提高质量标准。

6) 检验批验收责任制

检验批表式中的责任制签记必须本人签字，替签为无效检验批验收记录。

(2) 保证质量措施条目(摘自《混凝土结构工程施工质量验收规范》GB 5004—2002)

6.1.3 在浇筑混凝土之前，应进行预应力隐蔽工程验收，其内容包括：

1) 预应力筋的品种、规格、数量、位置等；

2) 预应力筋锚具和连接器的品种、规格、数量、位置等；

3) 预留孔道的规格、数量、位置、形状、及灌浆孔、排气兼泌水管等；

4) 锚固区局部加强构造等。

(3) 检查验收执行条目(摘自《混凝土结构工程施工质量验收规范》GB 5004—2002)

6.2.1 预应力筋进场时,应按现行国家标准《预应力混凝土用钢绞线》GB/T 5224 抽取试件作力学性能检验,其质量必须符合有关标准的规定。

检查数量:按进场的批次和产品的抽样检验方案确定。

检验方法:检查产品合格证、出厂检验报告和进场复验报告。

6.2.2 无粘结预应力筋的涂包质量应符合无粘结预应力钢绞线标准的规定。

检查数量:每 60t 为一批,每批抽取一组试件。

检验方法:观察,检查产品合格证、出厂检验报告和进场复验报告。

注:当有工程经验,并经观察认为质量有保证时,可不作油脂用量和护套厚度的进场复验。

6.2.3 预应力筋用锚具、夹具和连接器应按设计要求采用,其性能应符合现行国家标准《预应力筋用锚具、夹具和连接器》GB/T 14370 等的规定。

检查数量:按进场批次和产品的抽样检验方案确定。

检验方法:检查产品合格证、出厂检验报告和进场复验报告。

注:对锚具用量较少的一般工程,如供货方提供有效的试验报告,可不作静载锚固性能试验。

6.2.4 孔道灌浆用水泥应采用普通硅酸盐水泥,其质量应符合 GB 50204—2002 规范第 7.2.1 条的规定。孔道灌浆用外加剂的质量应符合(GB 50204—2002)规范第 7.2.2 条的规定。

检查数量:按进场批次和产品的抽样检验方案确定。

检验方法:检查产品合格证、出厂检验报告和进场复验报告。

注:对孔道灌浆用水泥和外加剂用量较少的一般工程,当有可靠依据时,可不作材料性能的进场复验。

6.2.5 预应力筋使用前应进行外观检查,其质量应符合下列要求:

1) 有粘结预应力筋展开后应平顺,不得有弯折,表面不应有裂纹、小刺、机械损伤、氧化铁皮和油污等;

2) 无粘结预应力筋护套应光滑、无裂缝,无明显褶皱。

检查数量:全数检查。

注:无粘结预应力筋护套轻微破损者应外包防水塑料胶带修补,严重破损者不得使用。

6.2.6 预应力筋用锚具、夹具和连接器使用前应进行外观检查,其表面应无污物、锈蚀、机械损伤和裂纹。

检查数量:全数检查。

6.2.7 预应力混凝土用金属螺旋管的尺寸和性能应符合国家现行标准《预应力混凝土用金属螺旋管》JG/T 3013 的规定。

检查数量:按进场批次和产品的抽样检验方案确定。

检验方法:检查产品合格证、出厂检验报告和进场复验报告。

注:对金属螺旋管用量较小的一般工程,当有可靠依据时,可不作径向刚度、抗渗漏性能的进场复验

6.2.8 预应力混凝土用金属螺旋管在使用前应进行外观检查,其内外表面应清洁,无锈蚀,不应有油污、孔洞和不规则的褶皱,咬口不应有开裂或脱扣。

检查数量:全数检查。

(4) 预应力原材料检验批验收应提供的附件资料

1) 原材料产品合格证(钢筋、水泥、锚夹具、无粘结预应力筋涂色、金属螺旋管等);

2) 原材料出厂检验报告;
3) 原材料进场复验报告;
4) 自检、互检及工序交接检查记录;
5) 其他应报或设计要求报送的资料。

注:合理缺项除外。

2.3.9 预应力筋的制作与安装检验批质量验收记录

1. 资料表式

预应力筋的制作与安装检验批质量验收记录表　　　　表 204-9

检控项目	序号	质量验收规范规定		施工单位检查评定记录			监理(建设)单位验收记录
主控项目	1	预应力筋的品种、级别、规格和数量	第6.3.1条				
	2	先张法隔离剂选择	第6.3.2条				
	3	受损预应力筋必须更换	第6.3.3条				
一般项目	1	预应力筋的下料要求	第6.3.4条				
	2	端部锚具的制作质量	第6.3.5条				
	3	预留孔道的规格、数量、位置和形状规定	第6.3.6条				
	4	无粘结预应力筋的铺设	第6.3.8条				
	5	穿入孔道的后张法有粘结预应力筋防锈	第6.3.9条				
	6	束形控制点竖向位置偏差	允许偏差(mm)	量	测	值(mm)	
		构件高 $h \leqslant 300$	±5mm				
		构件高 $300 < h \leqslant 1500$	±10mm				
		构件高 $h \geqslant 1500$	±15mm				

2. 应用指导

(1) 检查验收统一说明

1) 执行规范章、节

本表的检验批验收执行《混凝土结构工程施工质量验收规范》(GB 50204—2002)规范第6章、第6.3节主控项目和一般项目有关条目的质量等级要求。应按其质量标准和检查方法逐一进行验收。

表列应检验项目必须全部进行检查验收不得缺漏,应检项目漏检,应进行补充检查验收,不进行补检不应通过验收。

2) 检验批的划分原则

混凝土工程的检验批划分,GB 50204—2002 规范规定分别按模板、钢筋、预应力、混凝土、现浇结构、装配式结构等,分项按工作班、楼层、结构缝或施工段划分检验批进行验收。

3) 质量等级验收评定

① 主控项目是对检验批的基本质量起决定性影响的检验项目,必须全部符合该专业规范的规定,不允许有不符合规范要求的检验结果;

② 一般项目的质量经抽样检验合格;当采用计数检验时,除有专门要求外,一般项目的合格点率应达到 80% 及以上,且不得有严重缺陷。

4) 检验批验收应提交资料

检验批验收时,应提交的施工操作依据和质量检查记录应完整。

5) 检验批验收

只按列为主控项目、一般项目的条款来验收,不能随意扩大内容范围和提高质量标准。

6) 检验批验收责任制

检验批表式中的责任制签记必须本人签字,替签为无效检验批验收记录。

(2) 检查验收执行条目(摘自《混凝土结构工程施工质量验收规范》5004—2002)

6.3.1 预应力筋安装时,其品种、级别、规格、数量必须符合设计要求。

检查数量:全数检查。

6.3.2 先张法预应力施工时应选用非油质类模板隔离剂,并应避免沾污预应力筋。

检查数量:全数检查。

6.3.3 施工过程中应避免电火花损伤预应力筋;受损伤的预应力筋应予以更换。

检查数量:全数检查。

6.3.4 预应力筋下料应符合下列要求:

1) 预应力筋应采用砂轮锯或切断机切断,不得采用电弧切割;

2) 当钢丝束两端采用镦头锚具时,同一束中各根钢丝长度的极差不应大于钢丝长度的 1/5000,且不应大于 5mm。当成组张拉长度不大于 10m 的钢丝时,同组钢丝长度的极差不得大于 2mm。

检查数量:每工作班抽查预应力筋总数的 3%,且不应少于 3 束。

6.3.5 预应力筋端部锚具的制作质量应符合下列要求:

1) 挤压锚具制作时压力表油压应符合操作说明书的规定,挤压后预应力筋外端应露出挤压套筒 1~5mm;

2) 钢绞线压花锚成形时,表面应清洁、无油污,梨形头尺寸和直线段长度应符合设计要求;

3) 钢丝镦头的强度不得低于钢丝强度标准值的 98%。

检查数量:对挤压锚,每工作班抽查 5%,且不应少于 5 件;对压花锚,每工作班抽查 3 件;对钢丝镦头强度,每批钢丝检查 6 个镦头试件。

6.3.6 后张法有粘结预应力筋预留孔道的规格、数量、位置和形状除应符合设计要求外,尚应符合下列规定:

1) 预留孔道的定位应牢固,浇筑混凝土时不应出现移位和变形;

2) 孔道应平顺,端部的预埋锚垫板应垂直于孔道中心线;

3) 成孔用管道应密封良好,接头应严密且不得漏浆;

4) 灌浆孔的间距,对预埋金属螺旋管不宜大于 30m;对抽芯成形孔道不宜大于 12m;

5) 在曲线孔道的曲线波峰部位应设置排气兼泌水管,必要时可在最低点设置排水孔;

6) 灌浆孔及泌水管的孔径应能保证浆液畅通。

检查数量：全数检查。

6.3.7 预应力筋束形控制点的竖向位置偏差应符合表6.3.7的规定。

束形控制点的竖向位置允许偏差　　　　表6.3.7

截面高(厚)度(mm)	$h \leq 300$	$300 < h \leq 1500$	$h > 1500$
允　许　偏　差	±5	±10	±15

检查数量：在同一检验批内，抽查各类构件中预应力筋总数的5%，且对各类型构件均不少于5束，每束不应少于5处。

注：束形控制点的竖向位置偏差合格点率达到90%及以上，且不得有超过表中数值1.5倍的尺寸偏差。

6.3.8 无粘结预应力钢的铺设除应符合本规范第6.3.7条的规定外，尚应符合以下要求：
1) 无粘结预应力筋的定位应牢固，浇筑混凝土时不应出现移位和变形；
2) 端部的预埋铺垫板应垂直于预应力筋；
3) 内埋式固定端垫板不应重叠，锚具与垫板应贴紧；
4) 无粘结预应力筋成束布置时应能保证混凝土密实并能裹住预应力筋；
5) 无粘结预应力筋的护套应完整，局部破损处应采用防水胶带缠绕紧密。

检查数量：全数检查。

6.3.9 浇筑混凝土前穿入孔道的后张法有粘结预应力筋，宜采取防止锈蚀的措施。

检查数量：全数检查。

(3) 预应力筋的制作与安装检验批验收应提供的附件资料
1) 预应力筋的镦头强度试验报告；
2) 核查产品出厂证、试验报告；
3) 隐蔽工程验收记录；
4) 见证取样证明资料；
5) 其他应报或设计要求报送的资料。

注：合理缺项除外。

2.3.10 预应力筋张拉和放张检验批质量验收记录

1. 资料表式

预应力筋张拉和放张检验批质量验收记录表　　　　表204-10

检控项目	序号	质量验收规范规定		施工单位检查评定记录	监理(建设)单位验收记录
主控项目	1	张拉及放张时混凝土强度规定	≥75%第6.4.1条		
	2	实际伸长与设计计算伸长的相对允许偏差	±6%第6.4.2条		
	3	实际建立的预应力值与工程设计规定检验值的相对允许偏差	±5%第6.4.3条		
	4	预应力筋断裂与脱滑规定	第6.4.4条		

续表

检控项目	序号	质量验收规范规定			施工单位检查评定记录	监理(建设)单位验收记录
一般项目		预应力筋内缩量要求		内缩量限值(mm)		
一般项目	1	支承式锚具(镦头锚具等)	螺帽缝隙	1		
一般项目	1	支承式锚具(镦头锚具等)	每块后加垫板的缝隙	1		
一般项目	2	锥塞式锚具		5		
一般项目	3	夹片式锚具	有顶压	5		
一般项目	3	夹片式锚具	无顶压	6~8		
一般项目	4	先张法预应力张拉后与设计位置偏差		≤5mm且不大于截面短边边长4%		

2. 应用指导

(1) 检查验收统一说明

1) 执行规范章、节

本表的检验批验收执行《混凝土结构工程施工质量验收规范》(GB 50204—2002)规范第6章、第6.4节主控项目和一般项目有关条目的质量等级要求。应按其质量标准和检查方法逐一进行验收。

表列应检验项目必须全部进行检查验收不得缺漏,应检项目漏检,应进行补充检查验收,不进行补检不应通过验收。

2) 检验批的划分原则

混凝土工程的检验批划分,GB 50204—2002规范规定分别按模板、钢筋、预应力、混凝土、现浇结构、装配式结构等,分项按工作班、楼层、结构缝或施工段划分检验批进行验收。

3) 质量等级验收评定

① 主控项目是对检验批的基本质量起决定性影响的检验项目,必须全部符合该专业规范的规定,不允许有不符合规范要求的检验结果;

② 一般项目的质量经抽样检验合格;当采用计数检验时,除有专门要求外,一般项目的合格点率应达到80%及以上,且不得有严重缺陷。

4) 检验批验收应提交资料

检验批验收时,应提交的施工操作依据和质量检查记录应完整。

5) 检验批验收

只按列为主控项目、一般项目的条款来验收,不能随意扩大内容范围和提高质量标准。

6) 检验批验收责任制

检验批表式中的责任制签记必须本人签字,替签为无效检验批验收记录。

(2) 检查验收执行条目(摘自《混凝土结构工程施工质量验收规范》GB 5004—2002)

6.4.1 预应力筋张拉及放张时,混凝土强度应符合设计要求;当设计无具体要求时,不应低于设计的混凝土立方体抗压强度标准值的75%。

检查数量:全数检查。

检验方法:检查同条件养护试件试验报告。

6.4.2 预应力筋的张拉力、张拉或放张顺序及张拉工艺应符合设计及施工技术方案的要求。

当采用应力控制方法张拉时,应校核预应力筋的伸长值。实际伸长值与设计计算伸长值的相对允许偏差为±6%。

检查数量:全数检查。

检验方法:检查张拉记录。

6.4.3 预应力筋张拉锚固后实际建立的预应力值与工程设计规定检验值的相对允许偏差为±5%。

检查数量:对先张法施工,每工作班抽查预应力筋总数的1%,且不少于3根;对后张法施工,在同一检验批内,抽查预应力筋总数的3%,且不少于5束。

检验方法:对先张法施工,检查预应力筋应力的检测记录;对后张法施工,检查见证张拉记录。

6.4.4 张拉过程中应避免预应力筋断裂或滑脱;当发生断裂或滑脱时,必须符合下列规定:

1) 对后张法预应力结构构件,断裂或滑脱的数量严禁超过同一截面预应力筋总根数的3%,且每束钢丝不得超过一根;对多跨双向连续板,其同一截面应按每跨计算;

2) 对先张法预应力构件,在浇筑混凝土前发生断裂或滑脱的预应力筋必须予以更换。

检查数量:全数检查。

6.4.5 锚固阶段张拉端预应力筋的内缩量应符合设计要求;当设计无具体要求时,应符合6.4.5规定。

张拉端预应力筋的内缩量限值　　　　　表6.4.5

锚具类别		内缩量限值(mm)
支承式锚具(镦头锚具等)	螺帽缝隙	1
	每块后加垫板的缝隙	1
锥塞式锚具		5
夹片式锚具	有顶压	5
	无顶压	6~8

注:① 内缩量值系指预应力筋锚固过程中,由于锚具零件之间和锚具与预应力筋之间的相对移动和局部塑性变形造成的回缩量;
　② 当设计对锚具内缩量允许值有专门规定时,可按设计规定确定。

检查数量:每工作班抽查预应力筋总数的3%,且不应少于3束。

6.4.6 先张法预应力筋张拉后与设计位置的偏差不得大于5mm,且不得大于构件截面短边边长的4%。

检查数量:每工作班抽查预应力筋总数的3%,且不应少于3束。

(3) 预应力张拉与放张检验批验收应提供的附件资料

1) 预应力同条件养护混凝土试件强度试验报告;

2) 张拉及张拉记录;
3) 预应力筋应力检测记录;
4) 见证取样、张拉及放张、预应力筋应力检测报告;
5) 自检、互检及工序交接检查记录;
6) 其他应报或设计要求报送的资料。

注:合理缺项除外。

2.3.11 预应力灌浆及封锚检验批质量验收记录

1. 资料表式

预应力灌浆及封锚检验批质量验收记录表　　　　表 204-11

检控项目	序号	质量验收规范规定		施工单位检查评定记录	监理(建设)单位验收记录
主控项目	1	预应力筋张拉后的孔道灌浆	第6.5.1条		
	2	锚具及预应力的封闭	第6.5.2条		
		项目	允许偏差(mm)	量测值(mm)	
		1) 凸出式锚固端保护层厚度	≥50mm		
		2) 外露预应力筋保护层厚度:			
		项目	允许偏差(mm)	量测值(mm)	
		① 正常环境	≥20mm		
		② 易受腐蚀环境	≥50mm		
一般项目	1	预应力筋的外露部分,外露长度不宜小于预应力筋直径的1.5倍,且不小于30mm	第6.5.3条		
	2	灌浆用水泥浆	第6.5.4条		
	1)	水泥浆水灰比	不应大于0.45		
	2)	搅拌后3h泌水率	不宜大于2%且不大于3%		
	3)	泌水24h全部被水泥浆吸收			
	3	水泥浆抗压强度不应小于30N/mm^2			

2. 应用指导

(1) 检查验收统一说明

1) 执行规范章、节

本表的检验批验收执行《混凝土结构工程施工质量验收规范》(GB 50204—2002)第6章、第6.5节主控项目和一般项目有关条目的质量等级要求。应按其质量标准和检查方法逐一进行验收。

表列应检验项目必须全部进行检查验收不得缺漏，应检项目漏检，应进行补充检查验收，不进行补检不应通过验收。

2) 检验批的划分原则

混凝土工程的检验批划分，GB 50204—2002 规范规定分别按模板、钢筋、预应力、混凝土、现浇结构、装配式结构等，分项按工作班、楼层、结构缝或施工段划分检验批进行验收。

3) 质量等级验收评定

① 主控项目是对检验批的基本质量起决定性影响的检验项目，必须全部符合该专业规范的规定，不允许有不符合规范要求的检验结果。

② 一般项目的质量经抽样检验合格；当采用计数检验时，除有专门要求外，一般项目的合格点率应达到 80% 及以上，且不得有严重缺陷。

4) 检验批验收应提交资料

检验批验收时，应提交的施工操作依据和质量检查记录应完整。

5) 检验批验收

只按列为主控项目、一般项目的条款来验收，不能随意扩大内容范围和提高质量标准。

6) 检验批验收责任制

检验批表式中的责任制签记必须本人签字，替签为无效检验批验收记录。

(2) 保证质量措施条目（摘自《混凝土结构工程施工质量验收规范》GB 5004—2002）

3.0.2 各分项工程可根据与施工方式相一致且便于控制施工质量的原则，按工作班、楼层、结构缝或施工段划分为若干检验批。

《预应力筋用锚具、夹具和连接器应用技术规程》JGJ 85—92

6.0.10 预应力筋张拉锚固完毕后，应尽快灌浆。切割外露于锚具的预应力筋必须用砂轮锯或氧乙炔焰，严禁使用电弧。当用氧乙炔焰切割时，火焰不得接触锚具，切割过程中还应用水冷却锚具。切割后预应力筋的外露长度不应小于 **30mm**。

6.0.11 预应力筋张拉锚固及灌浆完毕后，对暴露于结构外部的锚具或连接器必须尽快实施永久性防护措施，防止水分和其他有害介质侵入。防护措施还应具有符合设计要求的防火隔热功能。

(3) 检查验收执行条目（摘自《混凝土结构工程施工质量验收规范》GB 5004—2002）

6.5.1 后张法有粘结预应力筋张拉后应及时进行孔道灌浆，孔道内水泥浆应饱满、密实。

检查数量：全数检查。

检验方法：观察，检查灌浆记录。

6.5.2 锚具的封闭保护应符合设计要求；当设计无具体要求时，应符合下列规定：

1) 应采取防止锚具腐蚀和遭受机械损伤的有效措施；
2) 凸出式锚固端锚具的保护层厚度不应小于 50mm；
3) 外露预应力筋的保护层厚度：处于正常环境时，不应小于 20mm；处于易受腐蚀的环境时，不应小于 50mm。

检查数量：在同一验收批内，抽查预应力筋总数的 5%，且不应少于 5 处。

6.5.3 后张法预应力筋锚固后的外露部分宜采用机械方法切割，其外露长度不宜小于预应力筋直径的 1.5 倍,且不宜小于 30mm。

　　检查数量:在同一检验批内,抽查预应力筋总数的 3%,且不少于 5 束。

6.5.4 灌浆用水泥浆的水灰比不应大于 0.45,搅拌后 3h 泌水率不宜大于 2%,且不应大于 3%。泌水应能在 24h 内全部重新被水泥浆吸收。

　　检查数量:同一配合比检查一次。

　　检验方法:检查水泥浆性能试验报告。

6.5.5 灌浆用水泥浆的抗压强度不应小于 $30N/mm^2$。

　　检查数量:每工作班留置一组边长为 70.7mm 的立方体试件。

　　检验方法:检查水泥浆试件强度试验报告。

注:1. 一组试件由 6 个试件组成,试件应标准养护 28d;
　　2. 抗压强度为一组试件的平均值,当一组试件中抗压强度最大值或最小值与平均值相差超过 20%时,应取中间 4 个试件强度的平均值。

(4) 检验批验收应提供的附件资料

1)预应力灌浆记录;
2)水泥浆试件强度试验报告;
3)水泥浆性能试验报告(试验单位或施工单位提供);
4)自检、互检及工序交接检查记录;
5)其他应报或设计要求报送的资料。

注:合理缺项除外。

2.3.12 混凝土原材料检验批质量验收记录

1. 资料表式

混凝土原材料检验批质量验收记录表　　　　　　　　表 204-12

检控项目	序号	质量验收规范规定		施工单位检查评定记录	监理(建设)单位验收记录
主控项目	1	进场水泥的检复验	第 7.2.1 条		
	2	外加剂的质量标准	第 7.2.2 条		
	3	氯化物和碱总含量	第 7.2.3 条		
一般项目	1	掺用矿物掺合料质量	第 7.2.4 条		
	2	粗、细骨料质量	第 7.2.5 条		
	3	拌制混凝土用水	第 7.2.6 条		

2. 应用指导

(1) 检查验收统一说明

1)执行规范章、节

本表的检验批验收执行《混凝土结构工程施工质量验收规范》(GB 50204—2002)第7章、第7.2节主控项目和一般项目有关条目的质量等级要求。应按其质量标准和检查方法逐一进行验收。

表列应检验项目必须全部进行检查验收不得缺漏,应检项目漏检,应进行补充检查验收,不进行补检不应通过验收。

2）检验批的划分原则

混凝土工程的检验批划分,GB 50204—2002 规范规定分别按模板、钢筋、预应力、混凝土、现浇结构、装配式结构等,分项按工作班、楼层、结构缝或施工段划分检验批进行验收。

3）质量等级验收评定

① 主控项目是对检验批的基本质量起决定性影响的检验项目,必须全部符合该专业规范的规定,不允许有不符合规范要求的检验结果;

② 一般项目的质量经抽样检验合格;当采用计数检验时,除有专门要求外,一般项目的合格点率应达到 80% 及以上,且不得有严重缺陷。

4）检验批验收应提交资料

检验批验收时,应提交的施工操作依据和质量检查记录应完整。

5）检验批验收

只按列为主控项目、一般项目的条款来验收,不能随意扩大内容范围和提高质量标准。

6）检验批验收责任制

检验批表式中的责任制签记必须本人签字,替签为无效检验批验收记录。

(2) 检查验收执行条目(摘自《混凝土结构工程施工质量验收规范》GB 5004—2002)

7.2.1 水泥进场时应对其品种、级别、包装或散装仓号、出厂日期等进行检查,并应对其强度、安定性及其他必要的性能指标进行复验,其质量必须符合现行国家标准《硅酸盐水泥、普通硅酸盐水泥》GB 175 等的规定。

当在使用中对水泥质量有怀疑或水泥出厂超过三个月(快硬硅酸盐水泥超过一个月)时,应进行复验,并按复验结果使用。

钢筋混凝土结构、预应力混凝土结构中,严禁使用含氯化物的水泥。

检查数量:按同一生产厂家、同一等级、同一品种、同一批号且连续进场的水泥,袋装不超过 200t 为一批,散装不超过 500t 为一批,每批抽样不少于一次。

检验方法:检查产品合格证、出厂检验报告和进场复验报告。

7.2.2 混凝土中掺用外加剂的质量及应用技术应符合现行国家标准《混凝土外加剂》GB 8076、《混凝土外加剂应用技术规范》GB 50119 等和有关环境保护的规定。

预应力混凝土结构中,严禁使用含氯化物的外加剂。钢筋混凝土结构中,当使用含氯化物的外加剂时,混凝土中氯化物的总含量应符合现行国家标准《混凝土质量控制标准》GB 50164 的规定。

检查数量:按进场的批次和产品的抽样检验方案确定。

检验方法:检查产品合格证、出厂检验报告和进场复验报告。

7.2.3 混凝土中氯化物和碱的总含量应符合现行国家标准《混凝土结构设计规范》GB

50010—2002 和设计的要求。

检验方法：检查原材料试验报告和氯化物、碱的总含量计算书。

7.2.4 混凝土中掺用矿物掺合料的质量应符合现行国家标准《用于水泥和混凝土中的粉煤灰》GB 1596 等的规定。矿物掺合料的掺量应通过试验确定。

检查数量：按进场的批次和产品的抽样检验方案确定。

检验方法：检查出厂合格证和进场复验报告。

7.2.5 普通混凝土所用的粗、细骨料的质量应符合国家现行标准《普通混凝土用碎石或卵石质量标准及检验方法》JGJ 53、《普通混凝土用砂质量标准及检验方法》JGJ 52 的规定。

检查数量：按进场的批次和产品的抽样检验方案确定。

检验方法：检查进场复验报告。

注：1．混凝土用的粗骨料，其最大颗粒粒径不得超过构件截面最小尺寸的1/4，且不得超过钢筋最小净距的3/4。
　　2．对混凝土实心板，骨料的最大粒径不宜超过板厚的1/3，且不得超过40mm。

7.2.6 拌制混凝土宜采用饮用水；当采用其他水源时，水质应符合国家现行标准《混凝土拌合用水标准》JGJ 63 的规定。

检查数量：同一水源检查不应少于一次。

检验方法：检查水质试验报告。

(3) 混凝土原材料检验批验收应提供的附件资料

1) 原材料出厂合格证；
2) 原材料出厂检验报告；
3) 原材料进场复验报告；
4) 原材料试验报告及氯化物、碱的总含量计算书；
5) 水质试验报告；
6) 自检、互检及工序交接检查记录；
7) 其他应报或设计要求报送的资料。

注：合理缺项除外。

2.3.13　混凝土配合比设计检验批质量验收记录

1．资料表式

混凝土配合比设计检验批质量验收记录表　　　　表 204-13

检控项目	序号	质量验收规范规定	施工单位检查评定记录	监理(建设)单位验收记录
主控项目	1	混凝土应按国家现行标准《普通混凝土配合比设计规程》JGJ 55 的有关规定，根据混凝土强度等级、耐久性和工作性等要求进行配合比设计。 对有特殊要求的混凝土，尚应符合国家现行有关标准的专门规定	检查方法：检查配合比设计资料	

续表

检控项目	序号	质量验收规范规定	施工单位检查评定记录	监理(建设)单位验收记录
一般项目	1	首次使用的混凝土应进行开盘鉴定,其工作性应满足设计配合比要求。开始生产时应至少留置一组标准养护试件,作为验证配合比依据	检查方法:检查开盘鉴定资料和试件强度试验报告	
	2	拌制前应测定砂、石含水率,据此调整施工配合比	检查数量:每工作班检查一次;检查含水率测定结果和施工配合比通知单	

2．混凝土配合比工程检验批验收应提供的附件资料

1）配合比设计通知单；
2）混凝土配合比开盘鉴定资料；
3）混凝土试配强度试验报告(提供试配时的试验报告)；
4）现场砂、石、含水率测试；
5）自检、互检及工序交接检查记录；
6）其他应报或设计要求报送的资料。

注：合理缺项除外。

2.3.14　混凝土施工检验批质量验收记录

1．资料表式

混凝土施工检验批质量验收记录表　　　　　　　　　表204-14

检控项目	序号	质量验收规范规定		施工单位检查评定记录	监理(建设)单位验收记录
主控项目	1	混凝土试件的取样与留置	第7.4.1条		
	2	抗渗混凝土的试件留置	第7.4.2条		
	3	混凝土原材料称量偏差	第7.4.3条		
		1）水泥、掺合料	±2%		
		2）粗、细骨料	±3%		
		3）水、外加剂	±2%		
	4	混凝土运输、浇筑及间距的全部时间	第7.4.4条		

续表

检控项目	序号	质量验收规范规定		施工单位检查评定记录	监理(建设)单位验收记录
一般项目	1	施工缝的位置与处理	第7.4.5条		
	2	后浇带的留置位置确定和浇筑	第7.4.6条		
	3	混凝土养护措施规定	第7.4.7条		

2. 应用指导

(1) 检查验收统一说明

1) 执行规范章、节

本表的检验批验收执行《混凝土结构工程施工质量验收规范》(GB 50204—2002)规范第7章、第7.4节主控项目和一般项目有关条目的质量等级要求。应按其质量标准和检查方法逐一进行验收。

表列应检验项目必须全部进行检查验收不得缺漏，应检项目漏检，应进行补充检查验收，不进行补检不应通过验收。

2) 检验批的划分原则

混凝土工程的检验批划分，GB 50204—2002规范规定分别按模板、钢筋、预应力、混凝土、现浇结构、装配式结构等，分项按工作班、楼层、结构缝或施工段划分检验批进行验收。

3) 质量等级验收评定

① 主控项目是对检验批的基本质量起决定性影响的检验项目，必须全部符合该专业规范的规定，不允许有不符合规范要求的检验结果；

② 一般项目的质量经抽样检验合格；当采用计数检验时，除有专门要求外，一般项目的合格点率应达到80%及以上，且不得有严重缺陷。

4) 检验批验收应提交资料

检验批验收时，应提交的施工操作依据和质量检查记录应完整。

5) 检验批验收

只按列为主控项目、一般项目的条款来验收，不能随意扩大内容范围和提高质量标准。

6) 检验批验收责任制

检验批表式中的责任制签记必须本人签字，替签为无效检验批验收记录。

(2) 检查验收执行条目(摘自《混凝土结构工程施工质量验收规范》GB 5004—2002)

7.4.1 混凝土的强度等级必须符合设计要求。用于检查结构构件混凝土强度的试件，应在混凝土的浇筑地点随机抽取。取样与试件留置应符合下列规定：

1) 每拌制100盘且不超过$100m^3$的同配合比的混凝土，取样不得少于一次；

2) 每工作班拌制的同一配合比的混凝土不足100盘时，取样不得少于一次；

3）当一次连续浇筑超过 1000m³ 时,同一配合比的混凝土每 200m³ 取样不得少于一次;

4）每一楼层、同一配合比的混凝土,取样不得少于一次;

5）每次取样应至少留置一组标准养护试件,同条件养护试件的留置组数应根据实际需要确定。

检验方法:检查施工记录及试件强度试验报告。

7.4.2 对有抗渗要求的混凝土结构,其混凝土试件应在浇筑地点随机取样。同一工程、同一配合比的混凝土,取样不应少于一次,留置组数可根据实际需要确定。

检验方法:检查试件抗渗试验报告。

7.4.3 混凝土原材料每盘称量的偏差应符合表 7.4.3 的规定。

混凝土原材料每盘称量的偏差　　　　表 7.4.3

材料名称	允许偏差	材料名称	允许偏差
水泥、掺合料	±2%	水、外加剂	±2%
粗、细骨料	±3%		

注:1. 各种衡器应定期校验,每次使用前应进行零点校核,保持计量准确;

2. 当遇雨天或含水率有显著变化时,应增加含水率检测次数,并及时调整水和骨料的用量。

检查数量:每工作班抽查不应少于一次。

7.4.4 混凝土运输、浇筑及间歇的全部时间不应超过混凝土的初凝时间。同一施工段的混凝土应连续浇筑,并应在底层混凝土初凝之前将上一层混凝土浇筑完毕。

当底层混凝土初凝后浇筑上一层混凝土时,应按施工技术方案中对施工缝的要求进行处理。

检查数量:全数检查。

7.4.5 施工缝的位置应在混凝土浇筑前按设计要求和施工技术方案确定。施工缝的处理应按施工技术方案执行。

检查数量:全数检查。

7.4.6 后浇带的留置位置应按设计要求和施工技术方案确定。后浇带混凝土浇筑应按施工技术方案进行。

检查数量:全数检查。

7.4.7 混凝土浇筑完毕后,应按施工技术方案及时采取有效的养护措施,并应符合下列规定:

1）应在浇筑完毕后的 12h 以内对混凝土加以覆盖并保湿养护;

2）混凝土浇水养护的时间:对采用硅酸盐水泥、普通硅酸盐水泥或矿渣硅酸盐水泥拌制的混凝土,不得少于 7d;对掺用缓凝型外加剂或有抗渗要求的混凝土,不得少于 14d;

3）浇水次数应能保持混凝土处于湿润状态;混凝土养护用水应与拌制用水相同;

4）采用塑料布覆盖养护的混凝土,其敞露的全部表面应覆盖严密,并应保持塑料布内有凝结水;

5）混凝土强度达到 $1.2N/mm^2$ 前,不得在其上踩踏或安装模板及支架。

注:1. 当日平均气温低于 5℃时,不得浇水;

2. 当采用其他品种水泥时,混凝土的养护时间应根据所采用水泥的技术性能确定。

3. 混凝土表面不便浇水或使用塑料布时,宜涂刷养护剂;

4. 对大体积混凝土的养护,应根据气候条件按施工技术方案采取控温措施。

检查数量:全数检查。

检验方法:观察,检查施工记录。

(3) 混凝土施工工程检验批验收应提供的附件资料

1) 混凝土施工记录(浇筑地点制作的试块情况、留置数量、施工缝处理、后浇带浇筑、养护记录、坍落度试验记录);

2) 混凝土试件强度试验报告;

3) 抗渗试件的混凝土试验报告(有抗渗要求时);

4) 自检、互检及工序交接检查记录;

5) 其他应报或设计要求报送的资料。

注:合理缺项除外。

2.3.15 现浇结构外观质量检验批质量验收记录

1. 资料表式

现浇结构外观质量检验批质量验收记录表   表 204-15

检控项目	序号	质量验收规范规定	施工单位检查评定记录	监理(建设)单位验收记录
主控项目	1	现浇结构的外观质量不应有严重缺陷。 对已经出现的严重缺陷,应由施工单位提出技术处理方案,并经监理(建设)单位认可后进行处理。对经处理的部位,应重新检查验收。 检查数量:全数检查。 检查方法:观察,检查技术处理方案		
一般项目	1	现浇结构的外观质量不宜有一般缺陷。 对已经出现的一般缺陷,应由施工单位按技术处理方案进行处理,并重新检查验收。 检查数量:全数检查。 检验方法:观察,检查技术处理方案		

2. 应用指导

(1) 检查验收统一说明

1) 执行规范章、节

本表的检验批验收执行《混凝土结构工程施工质量验收规范》(GB 50204—2002)第8章、第8.2节主控项目和一般项目有关条目的质量等级要求。应按其质量标准和检查方法逐一进行验收。

表列应检验项目必须全部进行检查验收不得缺漏,应检项目漏检,应进行补充检查验收,不进行补检不应通过验收。

2) 检验批的划分原则

混凝土工程的检验批划分,GB 50204—2002规范规定分别按模板、钢筋、预应力、混凝土、现浇结构、装配式结构等,分项按工作班、楼层、结构缝或施工段划分检验批进行验收。

3)质量等级验收评定

① 主控项目是对检验批的基本质量起决定性影响的检验项目,必须全部符合该专业规范的规定,不允许有不符合规范要求的检验结果;

② 一般项目的质量经抽样检验合格;当采用计数检验时,除有专门要求外,一般项目的合格点率应达到80%及以上,且不得有严重缺陷。

4)检验批验收应提交资料

检验批验收时,应提交的施工操作依据和质量检查记录应完整。

5)检验批验收

只按列为主控项目、一般项目的条款来验收,不能随意扩大内容范围和提高质量标准。

6)检验批验收责任制

检验批表式中的责任制签记必须本人签字,替签为无效检验批验收记录。

(2) 保证质量措施条目(摘自《混凝土结构工程施工质量验收规范》GB 5004—2002)

8.1.1 现浇结构的外观质量缺陷,应由监理(建设)单位、施工单位等各方根据其对结构性能和使用功能影响的严重程度,按表8.1.1确定。

现浇结构外观质量缺陷 表8.1.1

名 称	现 象	严 重 缺 陷	一 般 缺 陷
露筋	构件内钢筋未被混凝土包裹而外露	纵向受力钢筋有露筋	其他钢筋有少量露筋
蜂窝	混凝土表面缺少水泥砂浆而形成石子外露	构件主要受力部位有蜂窝	其他部位有少量蜂窝
孔洞	混凝土中孔穴深度和长度超过保护层厚度	构件主要受力部位有孔洞	其他部位有少量孔洞
夹渣	混凝土中夹有杂物且深度超过保护层厚度	构件主要受力部位有夹渣	其他部位有少量夹渣
疏松	混凝土中局部不密实	构件主要受力部位有疏松	其他部位有少量疏松
裂缝	缝隙从混凝土表面延伸至混凝土内部	构件主要受力部位有影响结构性能或使用功能的裂缝	其他部位有少量不影响结构性能或使用功能的裂缝
连接部位缺陷	构件连接处混凝土缺陷及连接钢筋、连接件松动	连接部位有影响结构传力性能的缺陷	连接部位有基本不影响结构传力性能的缺陷
外形缺陷	缺棱掉角、棱角不直、翘曲不平、飞边凸肋等	清水混凝土构件有影响使用性能或装饰效果的外形缺陷	其他混凝土构件有不影响使用功能的外形缺陷
外表缺陷	构件表面麻面、掉皮、起砂、沾污等	具有重要装饰效果的清水混凝土构件有外表缺陷	其他混凝土构件有不影响使用功能的外表缺陷

8.1.2 现浇结构拆模后,应由监理(建设)单位、施工单位对外观质量和尺寸偏差进行检查,做出记录,并应及时按施工技术方案对缺陷进行处理。

(3) 检查验收执行条目(摘自《混凝土结构工程施工质量验收规范》GB 5004—2002)

8.2.1 现浇结构的外观质量不应有严重缺陷。

对已经出现的严重缺陷,应由施工单位提出技术处理方案,并经监理(建设)单位认可后进行处理。对经处理的部位,应重新检查验收。

8.2.2 现浇结构的外观质量不宜有一般缺陷。

对已经出现的一般缺陷,应由施工单位按技术处理方案进行处理,并重新检查验收。

(4) 混凝土现浇结构外观质量工程检验批验收应提供的附件资料

1) 现浇结构外观质量技术处理方案(有质量问题时);

2) 自检、互检及工序交接检查记录;

3) 其他应报或设计要求报送的资料。

注:合理缺项除外。

2.3.16 现浇结构尺寸允许偏差检验批质量验收记录

1. 资料表式

现浇结构尺寸允许偏差检验批质量验收记录表　　　　表 204-16

检控项目	序号	质量验收规范规定			施工单位检查评定记录	监理(建设)单位验收记录
主控项目	1	现浇结构尺寸允许偏差的检查与验收		第8.3.1条		
一般项目		现浇结构拆模后尺寸		允许偏差(mm)	量 测 值(mm)	
	1	轴线位置	基础	15		
			独立基础	10		
			墙、柱、梁	8		
			剪力墙	5		
	2	垂直度	层高 ≤5m	8		
			层高 >5m	10		
			全高(H)	$H/1000$且≤30		
	3	标高	层高	±10		
			全高	±30		
	4	截面尺寸		+8,−5		
	5	电梯井	井筒长、宽对定位中心线	+25,0		
			井筒全高(H)垂直度	$H/1000$且≤30		
	6	表面平整度		8		
	7	预埋设施中心线位置	预埋件	10		
			预埋螺栓	5		
			预埋管	5		
	8	预留洞中心线位置		15		
注:检查轴线,中心线位置时,应沿纵、横两个方向量测,并取其中的较大值						

2. 应用指导
(1) 检查验收统一说明
1) 执行规范章、节

本表的检验批验收执行《混凝土结构工程施工质量验收规范》(GB 50204—2002)第8章、第8.3节主控项目和一般项目有关条目的质量等级要求。应按其质量标准和检查方法逐一进行验收。

表列应检验项目必须全部进行检查验收不得缺漏，应检项目漏检，应进行补充检查验收，不进行补检不应通过验收。

2) 检验批的划分原则

混凝土工程的检验批划分，GB 50204—2002规范规定分别按模板、钢筋、预应力、混凝土、现浇结构、装配式结构等，分项按工作班、楼层、结构缝或施工段划分检验批进行验收。

3) 质量等级验收评定

① 主控项目是对检验批的基本质量起决定性影响的检验项目，必须全部符合该专业规范的规定，不允许有不符合规范要求的检验结果。

② 一般项目的质量经抽样检验合格；当采用计数检验时，除有专门要求外，一般项目的合格点率应达到80%及以上，且不得有严重缺陷。

4) 检验批验收应提交资料

检验批验收时，应提交的施工操作依据和质量检查记录应完整。

5) 检验批验收

只按列为主控项目、一般项目的条款来验收，不能随意扩大内容范围和提高质量标准。

6) 检验批验收责任制

检验批表式中的责任制签记必须本人签字，替签为无效检验批验收记录。

(2) 检查验收执行条目（摘自《混凝土结构工程施工质量验收规范》GB 5004—2002）

8.3.1 现浇结构不应有影响结构性能和使用功能的尺寸偏差。混凝土设备基础不应有影响结构性能和设备安装的尺寸偏差。

对超过尺寸允许偏差且影响结构性能和安装、使用功能的部位，应由施工单位提出技术处理方案，并经监理（建设）单位认可后进行处理。对经处理的部位，应重新检查验收。

检查数量：全数检查。

检验方法：量测，检查技术处理方案。

8.3.2 现浇结构拆模后的尺寸偏差应符合GB 50204—2002规范表8.3.2-1的规定。

检查数量：按楼层、结构缝或施工段划分检验批。在同一检验批内，对梁、柱和独立基础，应抽查构件数量的10%，且不少于3间；对墙和板，应按有代表性的自然间抽查10%，且不少于3间；对大空间结构，墙可按相邻轴线间高度5m左右划分检查面，板可按纵横轴线划分检查面，抽查10%，且均不少于3面；对电梯井，应全数检查。对设备基础，应全数检查。

(3) 质量验收的检验方法

现浇结构尺寸检验方法

项次	项	目	检 验 方 法
1	轴线位置	基础、独立基础、墙、柱、梁、剪力墙	钢尺检查
2	垂直度	层高　（≤5m,>5m）	经纬仪或吊线、钢尺检查
		全高(H)	经纬仪、钢尺检查
3	标高	层高、全高	水准仪或拉线、钢尺检查
4	截面尺寸		钢尺检查
5	电梯井	井筒长、宽对定位中心线	钢尺检查
		井筒全高(H)垂直度	经纬仪、钢尺检查
6	表面平整度		2m靠尺和塞尺检查
7	预埋设施中心线位置	预埋件、预埋螺栓、预埋管	钢尺检查
8	预留洞中心线位置		钢尺检查

注：检查轴线、中心线位置时，应沿纵、横两个方向量测，并取其中的较大值。

(4) 检验批验收应提供的附件资料

1) 混凝土尺寸、质量技术及方案；
2) 自检、互检及工序交接检查记录；
3) 其他应报或设计要求报送的资料。

注：合理缺项除外。

2.3.17 混凝土设备基础尺寸允许偏差检验批质量验收记录

1. 资料表式

混凝土设备基础尺寸允许偏差检验批质量验收记录表　　　表204-17

检控项目	序号	质量验收规范规定		施工单位检查评定记录	监理(建设)单位验收记录
主控项目	1	设备基础尺寸允许偏差的检查与验收	第8.3.1条		
一般项目		混凝土设备基础拆模后尺寸允许偏差	允许偏差(mm)	量　测　值(mm)	
	1	坐标位置	20		
	2	不同平面的标准	0,-20		
	3	平面外形尺寸	±20		
	4	凸台上平面外形尺寸	0,-20		
	5	凹穴尺寸	+20,0		
	6	平面水平度　每　米	5		
		全　长	10		
	7	垂直度　　　每　米	5		
		全　高	10		
	8	预埋地脚螺栓　标高(顶部)	+20,0		
		中心距	±2		

续表

检控项目	序号	质量验收规范规定			施工单位检查评定记录								监理(建设)单位验收记录
一般项目	9	预埋地脚螺栓孔	孔垂直度	10									
			标 高	+20.0									
	10	预埋活动地脚螺栓锚板	中心线位置	5									
			带槽锚板平整度	5									
			带螺纹孔锚板平整度	2									

注：检查坐标、中心线位置时，应沿纵、横两个方向量测，并取其中的较大值

2. 应用指导

(1) 检查验收统一说明

1) 执行规范章、节

本表的检验批验收执行《混凝土结构工程施工质量验收规范》(GB 50204—2002)第8章、第8.3节主控项目和一般项目有关条目的质量等级要求。应按其质量标准和检查方法逐一进行验收。

表列应检验项目必须全部进行检查验收不得缺漏，应检项目漏检，应进行补充检查验收，不进行补检不应通过验收。

2) 检验批的划分原则

混凝土工程的检验批划分，GB 50204—2002规范规定分别按模板、钢筋、预应力、混凝土、现浇结构、装配式结构等，分项按工作班、楼层、结构缝或施工段划分检验批进行验收。

3) 质量等级验收评定

① 主控项目是对检验批的基本质量起决定性影响的检验项目，必须全部符合该专业规范的规定，不允许有不符合规范要求的检验结果。

② 一般项目的质量经抽样检验合格；当采用计数检验时，除有专门要求外，一般项目的合格点率应达到80%及以上，且不得有严重缺陷。

4) 检验批验收应提交资料

检验批验收时，应提交的施工操作依据和质量检查记录应完整。

5) 检验批验收

只按列为主控项目、一般项目的条款来验收，不能随意扩大内容范围和提高质量标准。

6) 检验批验收责任制

检验批表式中的责任制签记必须本人签字，替签为无效检验批验收记录。

(2) 检查验收执行条目(摘自《混凝土结构工程施工质量验收规范》GB 5004—2002)

8.3.1 混凝土设备基础不应有影响结构性能和设备安装的尺寸偏差。对超过尺寸允许偏差且影响结构性能和安装、使用功能的部位，应由施工单位提出技术处理方案，并经监

理(建设)单位认可后进行处理。对经处理的部位,应重新检查验收。

检查数量:全数检查。

检验方法:量测,检查技术处理方案。

8.3.2 混凝土设备基础拆模后的尺寸偏差应符合表 8.3.2-2 的规定。

检查数量:设备基础,应全数检查。

(3) 质量验收的检验方法

混凝土设备基础尺寸检查方法

项次	项 目		检 验 方 法
1	坐标位置		钢尺检查
2	不同平面的标高		水准仪或拉线、钢尺检查
3	平面外形尺寸		钢尺检查
4	凸台上平面外形尺寸		钢尺检查
5	凹穴尺寸		钢尺检查
6	平面水平度	每米	水平尺、塞尺检查
		全长	水准仪或拉线、钢尺检查
7	垂直度	每米、全高	经纬仪或吊线、钢尺检查
8	预埋地脚螺栓	标高(顶部)	水准仪或拉线、钢尺检查
		中心距	钢尺检查
9	预埋地脚螺栓孔	中心线位置、深度	钢尺检查
		孔垂直度	吊线、钢尺检查
10	预埋活动地脚螺栓锚板	标高	水准仪或拉线、钢尺检查
		中心线位置	钢尺检查
		带槽锚板平整度、带螺纹孔锚板平整度	钢尺、塞尺检查

注:检查坐标、中心线位置时,应沿纵、横两个方向量测,并取其中的较大值。

(4) 检验批验收应提供的附件资料

1) 施工记录(浇筑地点制作的试块情况、留置数量、坍落度试验、施工缝处理、后浇带浇筑、养护记录);

2) 混凝土试件强度试验报告;

3) 有关验收文件;

4) 自检、互检及工序交接检查记录;

5) 其他应报或设计要求报送的资料。

注:合理缺项除外。

2.3.18 装配式结构预制构件检验批质量验收记录

1. 资料表式

装配式结构预制构件检验批质量验收记录表　　　　表 204-18

检控项目	序号	质量验收规范规定		施工单位检查评定记录	监理(建设)单位验收记录
主控项目	1	预制构件的标志要求	第 9.2.1 条		
	2	预制构件的外观质量要求	第 9.2.2 条		
	3	预制构件的尺寸偏差的检查与验收	第 9.2.3 条		

续表

检控项目	序号	质量验收规范规定		施工单位检查评定记录	监理(建设)单位验收记录
	1	预制构件外观质量的检查与验收	第9.2.4条		
		项目	允许偏差(mm)		
一般项目		长度 板、梁	+10,-5		
		长度 柱	+5,-10		
		长度 墙板	±5		
		长度 薄腹梁、桁架	+15,-10		
		宽度、高(厚)度 板、梁、柱、墙板、薄腹梁、桁架	±5		
		侧向弯曲 梁、柱、板	$l/750$ 且≤20		
		侧向弯曲 墙板、薄腹梁、桁架	$l/1000$ 且≤20		
		预埋件 中心线位置	10		
		预埋件 螺栓位置	5		
		预埋件 螺栓外露长度	+10,-5		
		预留孔 中心线位置	5		
		预留洞 中心线位置	15		
		主筋保护层厚度 板	+5,-3		
		主筋保护层厚度 梁、柱、墙板、薄腹梁、桁架	+10,-5		
		对角线差 板、墙板	10		
		表面平整度 板、墙板、柱、梁	5		
		预应力构件预留孔道位置 梁、墙板、薄腹梁、桁架	3		
		翘曲 板	$l/750$		
		翘曲 墙板	$l/1000$		

注：l 为构件长度(mm)。

2．应用指导

(1) 检查验收统一说明

1) 执行规范章、节

本表的检验批验收执行《混凝土结构工程施工质量验收规范》(GB 50204—2002)第9章、第9.2节主控项目和一般项目有关条目的质量等级要求。应按其质量标准和检查方法逐一进行验收。

表列应检验项目必须全部进行检查验收不得缺漏,应检项目漏检,应进行补充检查验收,不进行补检不应通过验收。

2) 检验批的划分原则

混凝土工程的检验批划分,GB 50204—2002规范规定分别按模板、钢筋、预应力、混凝土、现浇结构、装配式结构等,分项按工作班、楼层、结构缝或施工段划分检验批进行验收。

3) 质量等级验收评定

① 主控项目是对检验批的基本质量起决定性影响的检验项目,必须全部符合该专业规范的规定,不允许有不符合规范要求的检验结果。

② 一般项目的质量经抽样检验合格;当采用计数检验时,除有专门要求外,一般项目的合格点率应达到80％及以上,且不得有严重缺陷。

4) 检验批验收应提交资料

检验批验收时,应提交的施工操作依据和质量检查记录应完整。

5) 检验批验收

只按列为主控项目、一般项目的条款来验收,不能随意扩大内容范围和提高质量标准。

6) 检验批验收责任制

检验批表式中的责任制签记必须本人签字,替签为无效检验批验收记录。

(2) 保证质量措施条目(摘自《混凝土结构工程施工质量验收规范》GB 5004—2002)

9.1.1 预制构件应进行结构性能检验。结构性能检验不合格的预制构件不得用于混凝土结构。

(3) 检查验收执行条目(摘自《混凝土结构工程施工质量验收规范》GB 5004—2002)

9.2.1 预制构件应在明显部位标明生产单位、构件型号、生产日期和质量验收标志。构件上的预埋件、插筋和预留孔洞的规格、位置和数量应符合标准图或设计的要求。

检查数量:全数检查。

检验方法:观察。

9.2.2 预制构件的外观质量不应有严重缺陷。对已经出现的严重缺陷,应按技术处理方案进行处理,并重新检查验收。

检查数量:全数检查。

检验方法:观察,检查技术处理方案。

9.2.3 预制构件不应有影响结构性能和安装、使用功能的尺寸偏差。对超过尺寸允许偏差且影响结构性能和安装、使用功能的部位,应按技术处理方案进行处理,并重新检查验收。

检查数量:全数检查。

检验方法:量测,检查技术处理方案。

9.2.4 预制构件的外观质量不宜有一般缺陷。对已经出现的一般缺陷,应按技术处理方案进行处理,并重新检查验收。

检查数量:全数检查。

检验方法:观察,检查技术处理方案。

9.2.5 预制构件的尺寸偏差应符合表9.2.5的规定。

检查数量:同一工作班生产的同类型构件,抽查5%且不少于3件。

(4) 质量验收的检验方法

预制构件质量检查方法

项次	项 目		检 验 方 法
1	长度	板、梁	钢尺检查
		柱	钢尺检查
		墙板	钢尺检查
		薄腹梁、桁架	钢尺检查
2	宽度、高(厚)度	板、梁、柱、墙板、薄腹梁、桁架	钢尺量一端及中部,取其中较大值
3	侧向弯曲	梁、柱、板	
		墙板、薄腹梁、桁架	拉线、钢尺量最大侧向弯曲处

续表

项次	项 目		检 验 方 法
4	预埋件	中心线位置	
		螺栓位置	
		螺栓外露长度	钢尺检查
5	预留孔	中心线位置	钢尺检查
6	预留洞	中心线位置	钢尺检查
7	主筋保护层厚度	板	钢尺检查
		梁、柱、墙板、薄腹梁、桁架	钢尺或保护层厚度测定仪量测
8	对角线差	板、墙板	钢尺量两个对角线
9	表面平整度	板、墙板、柱、梁	2m靠尺和塞尺检查
10	预应力构件预留孔道位置	梁、墙板、薄腹梁、桁架	钢尺检查
11	翘曲	板	
		墙板	调平尺在两端量测

注：1. 检查中心线螺栓和孔道位置时,应沿纵、横两个方向量测,并取其中的较大值；
   2. 对形状复杂或有特殊要求的构件,其尺寸偏差应符合标准图或设计的要求。

(5) 装配式结构预制构件检验批验收应提供的附件资料

1) 预制构件出厂合格证(必须附有近期结构试验内容)；
2) 预制构件进场验收记录；
3) 预制构件技术处理方案(有质量问题时)。

注：合理缺项除外。

2.3.19 装配式结构施工检验批质量验收记录

1. 资料表式

装配式结构施工检验批质量验收记录表　　　表204-19

检控项目	序号	质量验收规范规定		施工单位检查评定记录	监理(建设)单位验收记录
主控项目	1	预制构件的进场检验	第9.4.1条		
	2	预制构件与结构之间连接	第9.4.2条		
	3	预制构件吊装工艺要求	第9.4.3条		

续表

检控项目	序号	质量验收规范规定		施工单位检查评定记录	监理(建设)单位验收记录
一般项目	1	构件的码放运输要求	第9.4.4条		
	2	预制构件吊装前构件标高控制尺寸要求	第9.4.5条		
	3	构件吊装时绳索与构件水平面的夹角要求	第9.4.6条		
	4	构件吊装的临时固定措施	第9.4.7条		
	5	装配结构的接头与拼缝规定	第9.4.8条		

2．应用指导

(1) 检查验收统一说明

1) 执行规范章、节

本表的检验批验收执行《混凝土结构工程施工质量验收规范》(GB 50204—2002)第9章、第9.4节主控项目和一般项目有关条目的质量等级要求。应按其质量标准和检查方法逐一进行验收。

表列应检验项目必须全部进行检查验收不得缺漏，应检项目漏检，应进行补充检查验收，不进行补检不应通过验收。

2) 检验批的划分原则

混凝土工程的检验批划分，GB 50204—2002规范规定分别按模板、钢筋、预应力、混凝土、现浇结构、装配式结构等，分项按工作班、楼层、结构缝或施工段划分检验批进行验收。

3) 质量等级验收评定

① 主控项目是对检验批的基本质量起决定性影响的检验项目，必须全部符合该专业规范的规定，不允许有不符合规范要求的检验结果；

② 一般项目的质量经抽样检验合格；当采用计数检验时，除有专门要求外，一般项目的合格点率应达到80%及以上，且不得有严重缺陷。

4) 检验批验收应提交资料

检验批验收时，应提交的施工操作依据和质量检查记录应完整。

5) 检验批验收

只按列为主控项目、一般项目的条款来验收，不能随意扩大内容范围和提高质量标准。

6) 检验批验收责任制

检验批表式中的责任制签记必须本人签字，替签为无效检验批验收记录。

(2) 检查验收执行条目(摘自《混凝土结构工程施工质量验收规范》GB 5004—2002)

9.4.1 进入现场的预制构件，其外观质量、尺寸偏差及结构性能应符合标准图或设计的要求。

检查数量：按批检查。

检验方法：检查构件合格证。

9.4.2 预制构件与结构之间的连接应符合设计要求。

连接处钢筋或埋件采用焊接或机械连接时，接头质量应符合国家现行标准《钢筋焊接及验收规程》JGJ 18、《钢筋机械连接通用技术规程》JGJ 107 的要求。

检查数量：全数检查。

检验方法：观察，检查施工记录。

9.4.3 承受内力的接头和拼缝，当其混凝土强度未达到设计要求时，不得吊装上一层结构构件；当设计无具体要求时，应在混凝土强度不小于 $10N/mm^2$ 或具有足够支承时方可吊装上一层结构构件。

已安装完毕的装配式结构，应在混凝土强度到达设计要求后，方可承受全部设计荷载。

检查数量：全数检查。

检验方法：检查施工记录及试件强度试验报告。

9.4.4 预制构件码放和运输时的支承位置和方法应符合标准图或设计的要求。

检查数量：全数检查。

检验方法：观察检查。

9.4.5 预制构件吊装前，应按设计要求在构件和相应的支承结构上标志中心线、标高等控制尺寸，按标准图或设计文件校核预埋件及连接钢筋等，并做出标志。

检查数量：全数检查。

检验方法：观察，钢尺检查。

9.4.6 预制构件应按标准图或设计的要求吊装；起吊时绳索与构件水平面的夹角不宜小于 45°，否则应采用吊架或经验算确定。

检查数量：全数检查。

检验方法：观察检查。

9.4.7 预制构件安装就位后，应采取保证构件稳定的临时固定措施，并应根据水准点和轴线校正位置。

检查数量：全数检查。

检验方法：观察，钢尺检查。

9.4.8 装配式结构中的接头和拼缝应符合设计要求；当设计无具体要求时，应符合下列规定：

1) 对承受内力的接头和拼缝应采用混凝土浇筑，其强度等级应比构件混凝土强度等级提高一级；

2) 对不承受内力的接头和拼缝应采用混凝土或砂浆浇筑，其强度等级不应低于 C15 或 M15；

3) 用于接头和拼缝的混凝土或砂浆，宜采取微膨胀措施或快硬措施，在浇筑过程中振捣密实，并应采取必要的养护措施。

检查数量：全数检查。

检验方法：检查施工记录及试件强度试验报告。

(3) 检验批验收应提供的附件资料

1) 构件出厂合格证;
2) 施工记录(预制构件与结构连接、承受内力的接头与拼缝、吊装时间、捣实与养护记录);
3) 混凝土试件强度试验报告;
4) 有关验收文件;
5) 自检、互检及工序交接检查记录;
6) 其他应报或设计要求报送的资料。

注:合理缺项除外。

2.4 钢结构工程

2.4.1 钢材、钢铸件质量验收记录

1. 资料表式

钢材、钢铸件检验批质量验收记录表　　　　　表 205-1

	主 控 项 目	合格质量标准 (按本规范)	施工单位检验 评定记录或结果	监理(建设)单位 验收记录或结果	备注
1	钢材、钢铸件的品种、规格、性能要求	第4.2.1条			
2	钢材抽样复验	第4.2.2条			
	一 般 项 目	合格质量标准 (按本规范)	施工单位检验 评定记录或结果	监理(建设)单位 验收记录或结果	备注
1	钢板厚度允许偏差	第4.2.3条			
2	型钢规格、尺寸及允许偏差	第4.2.4条			
3	钢材外观质量	第4.2.5条			

2. 应用指导

(1) 检查验收统一说明

1) 执行规范章、节

本表的检验批验收执行《钢结构工程施工质量验收规范》(GB 50205—2001)第4章、第4.2节主控项目和一般项目有关条目的质量等级要求。应按其质量标准和检查方法逐一进行验收。

表列应检验项目必须全部进行检查验收不得缺漏，应检项目漏检，应进行补充检查验收，不进行补检不应通过验收。

2) 检验批的划分原则

钢结构工程的检验批划分，GB 50205—2001 规范规定，进场验收的检验批原则上应与各分项工程检验批一致，也可以根据工程规模及进料实际情况划分检验批。

3) 质量等级验收评定

① 主控项目是对检验批的基本质量起决定性影响的检验项目，必须全部符合该专业规范的规定，不允许有不符合规范要求的检验结果；

② 一般项目其检查结果应有80%及以上的检查点（值）符合该规范合格质量标准的要求，且最大值不应超过其允许偏差值的1.2倍。

4) 检验批验收应提交资料

检验批验收时，应提交的施工操作依据和质量检查记录应完整。

5) 检验批验收

只按列为主控项目、一般项目的条款来验收，不能随意扩大内容范围和提高质量标准。

6) 检验批验收责任制

检验批表式中的责任制签记必须本人签字，替签为无效检验批验收记录。

(2) 保证质量措施条目（摘自《钢结构工程施工质量验收规范》GB 50205—2001）

4.1.2 进场验收的检验批原则上应与各分项工程检验批一致，也可以根据工程规模及进料实际情况划分检验批。

(3) 检查验收执行条目（摘自《钢结构工程施工质量验收规范》GB 50205—2001）

4.2.1 钢材、钢铸件的品种、规格、性能等应符合现行国家产品标准和设计要求。进口钢材产品的质量应符合设计和合同规定标准的要求。

检查数量：全数检查。

检验方法：检查质量合格证明文件、中文标志及检验报告等。

4.2.2 对属于下列情况之一的钢材，应进行抽样复验，其复验结果应符合现行国家产品标准和设计要求。

1) 国外进口钢材；
2) 钢材混批；
3) 板厚等于或大于40mm，且设计有 Z 向性能要求的厚板；
4) 建筑结构安全等级为一级，大跨度钢结构中主要受力构件所采用的钢材；
5) 设计有复验要求的钢材；
6) 对质量有疑义的钢材。

检查数量：全数检查。

检验方法：检查复验报告。

4.2.3 钢板厚度及允许偏差应符合其产品标准的要求。

检查数量：每一品种、规格的钢板抽查5处。

检验方法：用游标卡尺量测。

4.2.4 型钢的规格尺寸及允许偏差符合其产品标准的要求。

检查数量：每一品种、规格的型钢抽查5处。

检验方法:用钢尺和游标卡尺量测。

4.2.5 钢材的表面外观质量除应符合国家现行有关标准的规定外,尚应符合下列规定:

1)当钢材的表面有锈蚀、麻点或划痕等缺陷时,其深度不得大于该钢材厚度负允许偏差值的1/2;

2)钢材表面的锈蚀等级应符合现行国家标准《涂装前钢材表面锈蚀等级和除锈等级》GB 8923规定的C级及C级以上;

3)钢材端边或断口处不应有分层、夹渣等缺陷。

检查数量:全数检查。

检验方法:观察检查。

(4) 钢材、钢铸件检验批验收应提供的附件资料

1)钢材、钢铸件出厂合格证明(进口件必须附有中文标志及检验报告);

2)钢材、钢铸件复试报告(含见证取样、送样记录);

3)钢材、钢铸件进场验收记录。

4)其他应报或设计要求报送的资料。

2.4.2 焊接材料检验批质量验收记录

1. 资料表式

焊接材料分项工程检验批质量验收记录表　　　　表205-2

本表适用于进入钢结构各分项工程实施现场的主要材料、零(部)件、成品件、标准件等产品的进场验收。

主 控 项 目		合格质量标准 (按本规范)	施工单位检验 评定记录或结果	监理(建设)单位 验收记录或结果	备注
1	焊接材料的品种、规格、性能	第4.3.1条			
2	材料的抽样复验	第4.3.2条			
一 般 项 目		合格质量标准 (按本规范)	施工单位检验 评定记录或结果	监理(建设)单位 验收记录或结果	备注
1	焊钉及焊接瓷环规格、尺寸及偏差	第4.3.3条			
2	焊条外观质量	第4.3.4条			

2．应用指导
(1) 检查验收统一说明

1) 执行规范章、节

本表的检验批验收执行《钢结构工程施工质量验收规范》(GB 50205—2001)第4章、第4.3节主控项目和一般项目有关条目的质量等级要求。应按其质量标准和检查方法逐一进行验收。

表列应检验项目必须全部进行检查验收不得缺漏，应检项目漏检，应进行补充检查验收，不进行补检不应通过验收。

2) 检验批的划分原则

钢结构工程的检验批划分，GB 50205—2001规范规定，进场验收的检验批原则上应与各分项工程检验批一致，也可以根据工程规模及进料实际情况划分检验批(见205-1的②)；共设7个检验批质量验收记录表。其中一般砌体工程5个；配筋砌体工程除执行一般砌体工程的4个表外，还配合采用2个表。

3) 质量等级验收评定

① 主控项目是对检验批的基本质量起决定性影响的检验项目，必须全部符合该专业规范的规定，不允许有不符合规范要求的检验结果；

② 一般项目其检查结果应有80%及以上的检查点(值)符合该规范合格质量标准的要求，且最大值不应超过其允许偏差值的1.2倍。

4) 检验批验收应提交资料

检验批验收时，应提交的施工操作依据和质量检查记录应完整。

5) 检验批验收

只按列为主控项目、一般项目的条款来验收，不能随意扩大内容范围和提高质量标准。

6) 检验批验收责任制

检验批表式中的责任制签记必须本人签字，替签为无效检验批验收记录。

(2) 保证质量措施条目(摘自《钢结构工程施工质量验收规范》GB 50205—2001)

4.1.2 进场验收的检验批原则上应与各分项工程检验批一致，也可以根据工程规模及进料实际情况划分检验批。

(3) 检查验收执行条目(摘自《钢结构工程施工质量验收规范》GB 50205—2001)

4.3.1 焊接材料的品种、规格、性能等应符合现行国家产品标准和设计要求。

检查数量：全数检查。

检验方法：检查焊接材料的质量合格证明文件、中文标志及检验报告等。

4.3.2 重要钢结构采用的焊接材料应进行抽样复验，复验结果应符合现行国家产品标准和设计要求。

检查数量：全数检查。

检验方法：检查复验报告。

4.3.3 焊钉及焊接瓷环的规格、尺寸及偏差应符合现行国家标准《圆柱头焊钉》GB 10433中的规定。

检验数量：按量抽查1%，且不应少于10套。

检验方法：用钢尺和游标卡尺量测。

4.3.4 焊条外观不应有药皮脱落、焊芯生锈等缺陷;焊剂不应受潮结块。

检查数量:按量抽查1%,且不应少于10包。

检验方法:观察检查。

(4) 检验批验收应提供的附件资料

1) 焊接材料出厂合格证明(进口件必须附有中文标志及检验报告);

2) 焊接材料复试报告(含见证取样、送样记录);

3) 焊接材料进场验收记录;

4) 其他应报或设计要求报送的资料。

注:合理缺项除外。

2.4.3 连接用紧固标准件质量验收记录

1. 资料表式

连接用紧固标准件质量验收记录表　　　　　表 205-3

本表适用于进入钢结构各分项工程实施现场的主要材料、零(部)件、成品件、标准件等产品的进场验收。

主控项目		合格质量标准（按本规范）	施工单位检验评定记录或结果	监理(建设)单位验收记录或结果	备注
1	连接用紧固件检验报告	第4.4.1条			
2	大六角头螺栓扭矩系数检验	第4.4.2条			
3	扭剪型高强度螺栓预拉力检验	第4.4.3条			
一般项目		合格质量标准（按本规范）	施工单位检验评定记录或结果	监理(建设)单位验收记录或结果	备注
1	高强度螺栓连接副配套供货要求	第4.4.4条			
2	硬度试验	第4.4.5条			

2. 应用指导

(1) 检查验收统一说明

1) 执行规范章、节

本表的检验批验收执行《钢结构工程施工质量验收规范》(GB 50205—2001)第4章、第4.4节主控项目和一般项目有关条目的质量等级要求。应按其质量标准和检查方法逐一进行验收。

表列应检验项目必须全部进行检查验收不得缺漏,应检项目漏检,应进行补充检查验收,不进行补检不应通过验收。

2）检验批的划分原则

钢结构工程的检验批划分，GB 50205—2001 规范规定，进场验收的检验批原则上应与各分项工程检验批一致，也可以根据工程规模及进料实际情况划分检验批。

3）质量等级验收评定

① 主控项目是对检验批的基本质量起决定性影响的检验项目，必须全部符合该专业规范的规定，不允许有不符合规范要求的检验结果；

② 一般项目其检查结果应有 80% 及以上的检查点（值）符合该规范合格质量标准的要求，且最大值不应超过其允许偏差值的 1.2 倍。

4）检验批验收应提交资料

检验批验收时，应提交的施工操作依据和质量检查记录应完整。

5）检验批验收

只按列为主控项目、一般项目的条款来验收，不能随意扩大内容范围和提高质量标准。

6）检验批验收责任制

检验批表式中的责任制签记必须本人签字，替签为无效检验批验收记录。

(2) 保证质量措施条目（摘自《钢结构工程施工质量验收规范》GB 50205—2001）

4.1.2 进场验收的检验批原则上应与各分项工程检验批一致，也可以根据工程规模及进料实际情况划分检验批。

(3) 检查验收执行条目（摘自《钢结构工程施工质量验收规范》GB 50205—2001）

4.4.1 钢结构连接用高强度大六角头螺栓连接副、扭剪型高强度螺栓连接副、钢网架用高强度螺栓、普通螺栓、铆钉、自攻钉、拉铆钉、射钉、锚栓（机械型和化学试剂型）、地脚锚栓等紧固标准件及螺母、垫圈等标准配件，其品种、规格、性能等应符合现行国家产品标准和设计要求。高强度大六角头螺栓连接副和扭剪型高强度螺栓连接副出厂时应分别随箱带有扭矩系数和紧固轴力（预拉力）的检验报告。

检查数量：全数检查。

检验方法：检查产品的质量合格证明文件、中文标志及检验报告等。

4.4.2 高强度大六角头螺栓连接副应按本规范附录 B 的规定检验其扭矩系数，其检验结果应符合 GB 50205—2001 规范附录 B 的规定。

检查数量：见 GB 50205—2001 规范附录 B。

检验方法：检查复验报告。

4.4.3 扭剪型高强度螺栓连接副应按 GB 50205—2001 规范附录 B 的规定检验预拉力，其检验结果应符合 GB 50205—2001 规范附录 B 的规定。

检查数量：见 GB 50205—2001 规范附录 B。

检验方法：检查复验报告。

4.4.4 高强度螺栓连接副，应按包装箱配套供货，包装箱上应标明批号、规格、数量及生产日期。螺栓、螺母、垫圈外观表面应涂油保护，不应出现生锈和沾染赃物，螺纹不应损伤。

检查数量：按包装箱数抽查 5%，且不应少于 3 箱。

检验方法：观察检查。

4.4.5 对建筑结构安全等级为一级，跨度 40m 及以上的螺栓球节点钢网架结构，其连接高强度螺栓应进行表面硬度试验,对8.8级的高强度螺栓其硬度应为HRC21～29;10.9级高强度螺栓其硬度应为HRC32～36,且不得有裂纹或损伤。

检查数量:按规格抽查8只。

检验方法:硬度计、10倍放大镜或磁粉探伤。

(4) 检验批验收应提供的附件资料

连接用紧固标准件(大六角螺栓、扭剪型高强螺栓、普通螺栓、铆钉、自攻钉、拉铆钉、射钉、锚栓、地脚螺栓等)

1) 连接用紧固标准件出厂合格证明(进口件必须附有中文标志及检验报告);
2) 连接用紧固标准件复试报告(含见证取样、送样记录);
3) 连接用紧固标准件进场验收记录;
4) 硬度试验报告单(设计有要求时);
5) 其他应报或设计要求报送的资料。

注:合理缺项除外。

2.4.4 焊接球及加工检验批质量验收记录

1. 资料表式

焊接球及加工检验批质量验收记录表　　表205-4

本表适用于进入钢结构各分项工程实施现场的主要材料、零(部)件、成品件、标准件等产品的进场验收。

主控项目		合格质量标准(按本规范)	施工单位检验评定记录或结果					监理(建设)单位验收记录或结果				备注
1	焊接球用原材料的品种、规格、性能	第4.5.1条										
2	焊接球焊缝的无损检验	第4.5.2条										
1	焊接球直径、圆度、壁厚减薄量及允许偏差	(mm)										
	1) 直径	$\pm 0.005d$										
	2) 圆度	2.5										
	3) 壁厚减薄量	$0.13t$ 且不应大于1.5										
	4) 两半球对口错边	1.0										
2	焊接球表面	不大于1.5										

2．应用指导

(1) 检查验收统一说明

1) 执行规范章、节

本表的检验批验收执行《钢结构工程施工质量验收规范》(GB 50205—2001)第4章、第4.5节主控项目和一般项目有关条目的质量等级要求。应按其质量标准和检查方法逐一进行验收。

表列应检验项目必须全部进行检查验收不得缺漏，应检项目漏检，应进行补充检查验收，不进行补检不应通过验收。

2) 检验批的划分原则

钢结构工程的检验批划分，GB 50205—2001 规范规定，进场验收的检验批原则上应与各分项工程检验批一致，也可以根据工程规模及进料实际情况划分检验批。

3) 质量等级验收评定

① 主控项目是对检验批的基本质量起决定性影响的检验项目，必须全部符合该专业规范的规定，不允许有不符合规范要求的检验结果；

② 一般项目其检查结果应有80%及以上的检查点(值)符合该规范合格质量标准的要求，且最大值不应超过其允许偏差值的1.2倍。

4) 检验批验收应提交资料

检验批验收时，应提交的施工操作依据和质量检查记录应完整。

5) 检验批验收

只按列为主控项目、一般项目的条款来验收，不能随意扩大内容范围和提高质量标准。

6) 检验批验收责任制

检验批表式中的责任制签记必须本人签字，替签为无效检验批验收记录。

(2) 检查验收执行条目(摘自《钢结构工程施工质量验收规范》GB 50205—2001)

4.5.1 焊接球及制造焊接球所采用的原材料，其品种、规格、性能等应符合现行国家产品标准和设计要求。

检查数量：全数检查。

检验方法：检查产品的质量合格证明文件、中文标志及检验报告等。

4.5.2 焊接球焊缝应进行无损检验，其质量应符合设计要求，当设计无要求时应符合本规范中规定的二级质量标准。

检查数量：每一规格按数量抽查5%，且不应少于3个。

检验方法：超声波探伤或检查检验报告。

4.5.3 焊接球直径、圆度、壁厚减薄量等尺寸及允许偏差应符合本规范的规定。

检查数量：每一规格按数量抽查5%，且不应少于3个。

检验方法：用卡尺和测厚仪检查。

4.5.4 焊接球表面应无明显波纹及局部凹凸不平不大于1.5mm。

检查数量：每一规格按数量抽查5%，且不应少于3个。

检验方法：用弧形套模、卡尺和观察检查。

(3) 焊接球检验批验收应提供的附件资料

1) 焊接球出厂合格证明(进口件必须附有中文标志及检验报告)；

2.4 钢结构工程   171

2) 焊接球复试报告(含见证取样、送样记录);
3) 焊接球进场验收记录;
4) 无损探伤试验报告单;
5) 其他应报或设计要求报送的资料。
注:合理缺项除外。

2.4.5 螺栓球及加工检验批质量验收记录

1. 资料表式

螺栓球及加工检验批质量验收记录表　　　　　　　表205-5

本表适用于进入钢结构各分项工程实施现场的主要材料、零(部)件、成品件、标准件等产品的进场验收。

检控项目	序号	质量验收规范规定		施工单位检查评定记录	监理(建设)单位验收记录
主控项目	1	螺栓球用原材料的品种、规格、性能	4.6.1条		
	2	螺栓球不得有过烧、裂纹及褶皱	4.6.2条		
一般项目		项　目	允许偏差(mm)	量　测　值 (mm)	
	1	螺栓球的螺纹尺寸与公差	4.6.3条		
	2	螺栓球直径、圆度、相邻两螺栓中心线夹角等允许偏差	4.6.4条		
	1)	圆度 $d \leqslant 120$	1.5mm		
		$d > 120$	2.5mm		
	2)	同一轴线上两铣平面平行度 $d \leqslant 120$	0.2mm		
		$d > 120$	0.3mm		
	3)	铣平面距球中心距离	±0.2mm		
	4)	相邻两螺栓孔中心夹角	±30′		
	5)	两铣平面与螺栓孔轴线垂直度	0.005r		
	6)	球毛坯直径 $d \leqslant 120$	+0.2mm −1.0mm		
		$d > 120$	+0.3mm −1.5mm		

2. 应用指导

(1) 检查验收统一说明

1) 执行规范章、节

本表的检验批验收执行《钢结构工程施工质量验收规范》(GB 50205—2001)第4章、第4.6节主控项目和一般项目有关条目的质量等级要求。应按其质量标准和检查方法逐一进行验收。

表列应检验项目必须全部进行检查验收不得缺漏,应检项目漏检,应进行补充检查验收,不进行补检不应通过验收。

2) 检验批的划分原则

钢结构工程的检验批划分,GB 50205—2001 规范规定钢结构焊接工程可按相应的钢结构制作或安装工程检验批的划分原则划分为一个或若干个检验批。

3) 质量等级验收评定

① 主控项目是对检验批的基本质量起决定性影响的检验项目,必须全部符合该专业规范的规定,不允许有不符合规范要求的检验结果;

② 一般项目其检查结果应有80%及以上的检查点(值)符合该规范合格质量标准的要求,且最大值不应超过其允许偏差值的1.2倍。

4) 检验批验收应提交资料

检验批验收时,应提交的施工操作依据和质量检查记录应完整。

5) 检验批验收

只按列为主控项目、一般项目的条款来验收,不能随意扩大内容范围和提高质量标准。

6) 检验批验收责任制

检验批表式中的责任制签记必须本人签字,替签为无效检验批验收记录。

(2) 检查验收执行条目(摘自《钢结构工程施工质量验收规范》GB 50205—2001)

4.6.1 螺栓球及制造螺栓球节点所采用的原材料,其品种、规格、性能等应符合现行国家产品标准和设计要求。

检查数量:全数检查。

检验方法:检查产品的质量合格证明文件、中文标志及检验报告等。

4.6.2 螺栓球不得有过烧、裂纹及褶皱。

检查数量:每种规格抽查5%,且不应少于5只。

检验方法:用10倍放大镜观察和表面探伤。

4.6.3 螺栓球螺纹尺寸应符合现行国家标准《普通螺纹基本尺寸》GB 196 中粗牙螺纹的规定,螺纹公差必须符合现行国家标准《普通螺纹公差与配合》GB 197 中6H级精度的规定。

检查数量:每种规格抽查5%,且不应少于5只。

检验方法:用标准螺纹规。

4.6.4 螺栓球直径、圆度、相邻两螺栓孔中心线夹角等尺寸及允许偏差应符合 GB 50205—2001 规范的规定。

检查数量:每一规格按数量抽查5%,且不应少于3个。

检验方法:用卡尺和分度头仪检查。

(3) 螺栓球检验批验收应提交的附件资料

1) 螺栓球出厂合格证明(进口件必须附有中文标志及检验报告);
2) 螺栓球复试报告(含见证取样、送样记录);
3) 螺栓球进场验收记录;
4) 无损探伤试验报告单;
5) 其他应报或设计要求报送的资料。

注:合理缺项除外。

2.4.6 封板、锥头和套筒检验批质量验收记录

1. 资料表式

封板、锥头和套筒检验批质量验收记录表　　　　表205-6

本表适用于进入钢结构各分项工程实施现场的主要材料、零(部)件、成品件、标准件等产品的进场验收。

	主 控 项 目	合格质量标准（按本规范）	施工单位检验评定记录或结果	监理(建设)单位验收记录或结果	备注
1	封板、锥头和套筒用原材料品种、规格、性能	第4.7.1条			
2	封板、锥头、套筒外观不得有裂纹、过烧及氧化皮	第4.7.2条			

	一 般 项 目	合格质量标准（按本规范）	施工单位检验评定记录或结果	监理(建设)单位验收记录或结果	备注

2. 应用指导

(1) 检查验收统一说明

1) 执行规范章、节

本表的检验批验收执行《钢结构工程施工质量验收规范》(GB 50205—2001)第4章、第4.7节主控项目有关条目的质量等级要求。应按其质量标准和检查方法逐一进行验收。

表列应检验项目必须全部进行检查验收不得缺漏,应检项目漏检,应进行补充检查验收,不进行补检不应通过验收。

2) 检验批的划分原则

钢结构工程的检验批划分,GB 50205—2001规范规定,进场验收的检验批原则上应与各分项工程检验批一致,也可以根据工程规模及进料实际情况划分检验批。

3) 质量等级验收评定

① 主控项目是对检验批的基本质量起决定性影响的检验项目,必须全部符合该专业规范的规定,不允许有不符合规范要求的检验结果;

② 一般项目其检查结果应有80%及以上的检查点(值)符合该规范合格质量标准的要求,且最大值不应超过其允许偏差值的1.2倍。

4) 检验批验收应提交资料

检验批验收时,应提交的施工操作依据和质量检查记录应完整。

5) 检验批验收

只按列为主控项目、一般项目的条款来验收,不能随意扩大内容范围和提高质量标准。

6) 检验批验收责任制

检验批表式中的责任制签记必须本人签字,替签为无效检验批验收记录。

(2) 检查验收执行条目(摘自《钢结构工程施工质量验收规范》GB 50205—2001)

4.7.1 封板、锥头和套筒及制造封板、锥头和套筒所采用的原材料,其品种、规格、性能等应符合现行国家产品标准和设计要求。

检查数量:全数检查。

检验方法:检查产品的质量合格证明文件、中文标志及检验报告等。

4.7.2 封板、锥头、套筒外观不得有裂纹、过烧及氧化皮。

检查数量:每种抽查5%,且不应少于10只。

检验方法:用放大镜观察检查和表面探伤。

(3) 封板、锥头和套筒检验批验收应提交的附件资料

1) 封板、锥头和套筒出厂合格证明(进口件必须附有中文标志及检验报告);
2) 封板、锥头和套筒复试报告(含见证取样、送样记录);
3) 封板、锥头和套筒进场验收记录;
4) 表面探伤记录;
5) 其他应报或设计要求报送的资料。

注:合理缺项除外。

2.4.7 金属压型板制作检验批质量验收记录

1. 资料表式

金属压型板制作检验批质量验收记录表　　　　　表 205-7

检控项目	序号	质量验收规范规定		施工单位检查评定记录	监理(建设)单位验收记录
主控项目	1	金属压型板用材料的品种、规格、性能	符合现行国家产品标准和设计要求		
	2	泛水板、包角板和零配件的品种、规格及防水密封材料性能	符合现行国家产品标准和设计要求		
	3	压型板成型后	基板不应有裂纹		
	4	涂层、镀层	不应有肉眼可见裂纹、剥落和擦痕等		
一般项目		项　目	允许偏差(mm)	量　测　值　(mm)	
	1	金属压型板的表面应干净,不应有明显凹凸和皱褶			
	2	金属压型板的现场制作			

续表

检控项目	序号	质量验收规范规定			施工单位检查评定记录	监理(建设)单位验收记录
一般项目		项 目		允许偏差(mm)	量 测 值 (mm)	
	1)	压型金属板的覆盖宽度	截面高度≤70	+10.0,-2.0		
			截面高度>70	+6.0,-2.0		
	2)	板　长		±9.0		
	3)	横向剪切偏差		6.0		
	4)	泛水板、包角板尺寸	板　长	±6.0		
			折弯面宽度	±3.0		
			折弯面夹角	2°		
	3	金属压型板的尺寸				
	1)	波　距		±2.0		
	2)	压型钢板波高	截面高度≤70	±1.5		
			截面高度>70	±2.0		
	3)	测量长度内侧向弯曲		20.0		

2．应用指导

(1) 检查验收统一说明

1) 执行规范章、节

本表的检验批验收执行《钢结构工程施工质量验收规范》(GB 50205—2001)规范第4章、第4.8节主控项目和一般项目有关条目的质量等级要求。应按其质量标准和检查方法逐一进行验收。

表列应检验项目必须全部进行检查验收不得缺漏，应检项目漏检，应进行补充检查验收，不进行补检不应通过验收。

2) 检验批的划分原则

钢结构工程的检验批划分，GB 50205—2001规范规定，进场验收的检验批原则上应与各分项工程检验批一致，也可以根据工程规模及进料实际情况划分检验批。

3) 质量等级验收评定

① 主控项目是对检验批的基本质量起决定性影响的检验项目，必须全部符合该专业规范的规定，不允许有不符合规范要求的检验结果。

② 一般项目其检查结果应有80％及以上的检查点(值)符合该规范合格质量标准的要求，且最大值不应超过其允许偏差值的1.2倍。

4) 检验批验收应提交资料

检验批验收时，应提交的施工操作依据和质量检查记录应完整。

5) 检验批验收

只按列为主控项目、一般项目的条款来验收，不能随意扩大内容范围和提高质量标准。

6) 检验批验收责任制

检验批表式中的责任制签记必须本人签字,替签为无效检验批验收记录。

(2) 检查验收执行条目(摘自《钢结构工程施工质量验收规范》GB 50205—2001)

4.8.1 金属压型板及制造金属压型板所采用的原材料,其品种、规格、性能等应符合现行国家产品标准和设计要求。

检查数量:全数检查。

检验方法:检查产品的质量合格证明文件、中文标志及检验报告等。

4.8.2 压型金属泛水板、包角板和零配件的品种、规格以及防水密封材料的性能应符合现行国家产品标准和设计要求。

检查数量:全数检查。

检验方法:检查产品的质量合格证明文件、中文标志及检验报告等。

4.8.3 压型金属板的规格尺寸及允许偏差、表面质量、涂层质量等应符合设计要求和GB 50205—2001 的规定。

检查数量:每种规格抽查5%,且不应少于3件。

检验方法:观察和用 10 倍放大镜检查及尺量。

(3) 金属压型板检验批验收应提交的附件资料

1) 金属压型板出厂合格证明(进口件必须附有中文标志及检验报告);
2) 金属压型板复试报告(含见证取样、送样记录);
3) 金属压型板进场验收记录;
4) 施工记录;
5) 其他应报或设计要求报送的资料。

注:合理缺项除外。

2.4.8 钢结构金属压型板安装检验批质量验收记录

1. 资料表式

钢结构金属压型板安装检验批质量验收记录表　　　　　表 205-8

检控项目	序号	质量验收规范规定		施工单位检查评定记录	监理(建设)单位验收记录
主控项目	1	现场安装	13.3.1条		
	2	在支承构件上搭接	搭接长(mm)		
	1)	截面高度>70mm	375		
	2)	截面高度≤70mm			
		屋面坡度<1/10	250		
		屋面坡度≥1/10	200		
	3)	墙面	120		
	3	锚固支承长度	符合设计要求且不小于50mm		

续表

检控项目	序号	质量验收规范规定		施工单位检查评定记录	监理(建设)单位验收记录
一般项目	1	安装质量	13.3.4条		
	2	安装精度	允许偏差(mm)		
	1)	檐口与屋脊的平行度	12.0		
	2)	压型金属板波纹线对屋脊的垂直度	$L/800$,且不应大于25.0		
	3)	檐口相邻两块压型金属板端部错位	6.0		
	4)	屋面压型金属板卷边板件最大波浪高	4.0		
	5)	墙面墙板波纹线的垂直度	$H/800$,且不应大于25.0		
	6)	墙面墙板包角板的垂直度	$H/800$,且不应大于25.0		
	7)	墙面相邻两块压型金属板的下端错位	6.0		

注：1. L 为屋面半坡或单坡长度；
　　2. H 为墙面高度。

2．应用指导

(1) 检查验收统一说明

1) 执行规范章、节

本表的检验批验收执行《钢结构工程施工质量验收规范》(GB 50205—2001)规范第13章、第13.3节主控项目和一般项目有关条目的质量等级要求。应按其质量标准和检查方法逐一进行验收。

表列应检验项目必须全部进行检查验收不得缺漏，应检项目漏检，应进行补充检查验收，不进行补检不应通过验收。

2) 检验批的划分原则

钢结构工程的检验批划分，(GB 50205—2001)规范规定，压型金属板的制作和安装工程可按变形缝、楼层、施工段或屋面、墙面、楼面等划分为一个或若干个检验批。

3) 质量等级验收评定

① 主控项目是对检验批的基本质量起决定性影响的检验项目，必须全部符合该专业规范的规定，不允许有不符合规范要求的检验结果；

② 一般项目其检查结果应有80%及以上的检查点(值)符合该规范合格质量标准的要求，且最大值不应超过其允许偏差值的1.2倍。

4) 检验批验收应提交资料

检验批验收时，应提交的施工操作依据和质量检查记录应完整。

5) 检验批验收

只按列为主控项目、一般项目的条款来验收，不能随意扩大内容范围和提高质量标准。

6) 检验批验收责任制

检验批表式中的责任制签记必须本人签字,替签为无效检验批验收记录。

(2) 保证质量措施条目(摘自《钢结构工程施工质量验收规范》GB 50205—2001)

13.1.3 压型金属板安装应在钢结构安装工程检验批质量验收合格后进行。

(3) 检查验收执行条目(摘自《钢结构工程施工质量验收规范》GB 50205—2001)

13.3.1 压型金属板、泛水板和包角板等应固定可靠、牢固,防腐涂料涂刷和密封材料敷设应完好,连接件数量、间距应符合设计要求和国家现行有关标准规定。

检查数量:全数检查。

13.3.2 压型金属板应在支承构件上可靠搭接,搭接长度应符合设计要求,且不应小于钢结构(压型金属板安装)检验批质量验收记录表所规定的数值。

检查数量:按搭接部位总长度抽查10%,且不应少于10m。

13.3.3 组合楼板中压型钢板与主体结构(梁)的锚固支承长度应符合设计要求,且不应小于50mm,端部锚固件连接应可靠,设置位置应符合设计要求。

检查数量:沿连接纵向长度抽查10%,且不应少于10m。

13.3.4 压型金属板安装应平整、顺直,板面不应有施工残留物和污物。檐口和墙面下端应呈直线,不应有未经处理的错钻孔洞。

检查数量:按面积抽查10%,且不应少于10m^2。

13.3.5 压型金属板安装的允许偏差应符合钢结构(压型金属板安装)检验批质量验收记录表所规定的数值。

检查数量:檐口与屋脊的平行度:按长度抽查10%,且不应少于10m。其他项目:每20m长度应抽查1处,不应少于2处。

(4) 检验批验收应提交的附件资料

1) 施工安装记录;

2) 自检、互检及工序交接检查记录;

3) 其他应报或设计要求报送的资料。

注:合理缺项除外。

2.4.9 钢结构防腐涂料涂装检验批质量验收记录

1. 资料表式

钢结构防腐涂料涂装检验批质量验收记录表   表205-9

检控项目	序号	质量验收规范规定		施工单位检查评定记录	监理(建设)单位验收记录
主控项目	1	防腐涂料、稀释剂和固化剂的品种、规格、性能	符合现行国家产品标准和设计要求 4.9.1条		
	2	钢材表面除锈	14.2.1条		
	3	涂装遍数、厚度,当室外150μm,室内为125μm时;	14.2.2条		

检控项目	序号	质量验收规范规定		施工单位检查评定记录	监理(建设)单位验收记录
主控项目	1)	允许偏差	$-25\mu m$		
	2)	每遍允许偏差	$-5\mu m$		
一般项目	1	涂装质量	14.2.3条		
	2	钢结构处腐蚀环境	14.2.4条		
	3	涂装标志	清晰完整		

2. 应用指导

(1) 检查验收统一说明

1) 执行规范章、节

本表的检验批验收执行《钢结构工程施工质量验收规范》(GB 50205—2001)规范第14章、第14.2节主控项目和一般项目有关条目的质量等级要求。应按其质量标准和检查方法逐一进行验收。

表列应检验项目必须全部进行检查验收不得缺漏,应检项目漏检,应进行补充检查验收,不进行补检不应通过验收。

2) 检验批的划分原则

钢结构工程的检验批划分,(GB 50205—2001)规范规定,钢结构涂装工程可按钢结构制作或钢结构安装工程检验批的划分原则划分成一个或若干个检验批。

3) 质量等级验收评定

① 主控项目是对检验批的基本质量起决定性影响的检验项目,必须全部符合该专业规范的规定,不允许有不符合规范要求的检验结果;

② 一般项目其检查结果应有80%及以上的检查点(值)符合该规范合格质量标准的要求,且最大值不应超过其允许偏差值的1.2倍。

4) 检验批验收应提交资料

检验批验收时,应提交的施工操作依据和质量检查记录应完整。

5) 检验批验收

只按列为主控项目、一般项目的条款来验收,不能随意扩大内容范围和提高质量标准。

6) 检验批验收责任制

检验批表式中的责任制签记必须本人签字,替签为无效检验批验收记录。

(2) 保证质量措施条目(摘自《钢结构工程施工质量验收规范》GB 50205—2001)

4.9.1 钢结构防腐涂料、稀释剂和固化剂等材料的品种、规格、性能等应符合现行国家产品标准和设计要求。

检查数量：全数检查。

检验方法：检查产品的质量合格证明文件、中文标志及检验报告等。

4.9.3 防腐涂料和防火涂料的型号、名称、颜色及有效期应与其质量证明文件相符。开启后，不应存在结皮、结块、凝胶等现象。

检查数量：按桶数抽查5%，且不应少于3桶。

检验方法：观察检查。

(3) 检查验收执行条目（摘自《钢结构工程施工质量验收规范》GB 50205—2001）

14.2.1 涂装前钢材表面除锈应符合设计要求和国家现行有关标准的规定。处理后的钢材表面不应有焊渣、焊疤、灰尘、油污、水和毛刺等。当设计无要求时，钢材表面除锈等级应符合表14.2.1的规定。

检查数量：按构件数抽查10%，且同类构件不应少于3件。

检验方法：用铲刀检查和用现行国家标准《涂装前钢材表面锈蚀等级和除锈等级》GB 8923规定的图片对照观察检查。

各种底漆或防锈漆要求最低的除锈等级　　　　　　　　　　表 14.2.1

涂 料 品 种	除锈等级
油性酚醛、醇酸等底漆或防锈漆	St2
高氯化聚乙烯、氯化橡胶、氯磺化聚乙烯、环氧树脂、聚氨酯等底漆或防锈漆	Sa2
无机富锌、有机硅、过氯乙烯等底漆	$Sa2\frac{1}{2}$

14.2.2 涂料、涂装遍数、涂层厚度均应符合设计要求。当设计对涂层厚度无要求时，涂层干漆膜总厚度：室外应为150μm，室内应为125μm，其允许偏差为－25μm。每遍涂层干漆膜厚度的允许偏差为－5μm。

检查数量：按构件数抽查10%，且同类构件不应少于3件。

检验方法：用干漆膜测厚仪检查。每个构件检测5处，每处的数值为3个相距50mm测点涂层干漆膜厚度的平均值。

14.2.3 构件表面不应误涂、漏涂，涂层不应脱皮和返锈等。涂层应均匀、无明显皱皮、流坠、针眼和气泡等。

检查数量：全数检查。

检验方法：观察检查。

14.2.4 当钢结构处在有腐蚀介质环境或外露且设计有要求时，应进行涂层附着力测试，在检测处范围内，当涂层完整程度达到70%以上时，涂层附着力达到合格质量标准的要求。

检查数量：按构件数抽查1%，且不应少于3件，每件测3处。

检验方法：按照现行国家标准《漆膜附着力测定法》GB 1720或《色漆和清漆、漆膜的划格试验》GB 9286执行。

14.2.5 涂装完成后，构件的标志、标记和编号应清晰完整。

检查数量：全数检查。

检验方法:观察检查。

(4) 涂装材料(防腐涂料、稀释剂、固化剂)检验批验收应提交的附件资料
1) 涂装材料出厂合格证明(进口件必须附有中文标志及检验报告);
2) 涂装材料复试报告(含见证取样、送样记录);
3) 涂装材料进场验收记录;
4) 其他应报或设计要求报送的资料。

注:合理缺项除外。

2.4.10 其他分项工程检验批质量验收记录

1.资料表式

其他分项工程检验批质量验收记录表　　　　　表 205-10

主控项目		合格质量标准 (按本规范)	施工单位检验评定 记录或结果	监理(建设) 单位验收记录或结果	备注
1	橡胶垫的品种、规格、性能	符合现行国家产品标准和设计要求			
2	特殊材料的品种、规格、性能	符合现行国家产品标准和设计要求			
一般项目		合格质量标准 (按本规范)	施工单位检验评定 记录或结果	监理(建设)单位 验收记录或结果	备注

2.应用指导
(1) 检查验收统一说明
1) 执行规范章、节
本表的检验批验收执行《钢结构工程施工质量验收规范》(GB 50205—2001)规范第 4

章、第4.10节主控项目和一般项目有关条目的质量等级要求。应按其质量标准和检查方法逐一进行验收。

表列应检验项目必须全部进行检查验收不得缺漏,应检项目漏检,应进行补充检查验收,不进行补检不应通过验收。

2) 检验批的划分原则

钢结构工程的检验批划分,(GB 50205—2001)规范规定,进场验收的检验批原则上应与各分项工程检验批一致,也可以根据工程规模及进料实际情况划分检验批。

3) 质量等级验收评定

① 主控项目是对检验批的基本质量起决定性影响的检验项目,必须全部符合该专业规范的规定,不允许有不符合规范要求的检验结果;

4) 检验批验收应提交资料

检验批验收时,应提交的施工操作依据和质量检查记录应完整。

5) 检验批验收

只按列为主控项目、一般项目的条款来验收,不能随意扩大内容范围和提高质量标准。

6) 检验批验收责任制

检验批表式中的责任制签记必须本人签字,替签为无效检验批验收记录。

(2) 检查验收执行条目(摘自《钢结构工程质量验收规范》GB 50205—2001)

4.10.1 钢结构用橡胶垫的品种、规格、性能等应符合现行国家产品标准和设计要求。

4.10.2 钢结构工程所涉及到的其他特殊材料,其品种、规格、性能等应符合现行国家产品标准和设计要求。

(3) 其他材料(橡胶垫等)检验批验收应提交的附件资料

1) 其他材料出厂合格证明(进口件必须附有中文标志及检验报告);
2) 其他材料复试报告;
3) 其他材料进场验收记录;
4) 其他应报或设计要求报送的资料。

注:合理缺项除外。

2.4.11 钢结构焊接工程检验批质量验收记录

1. 资料表式

钢结构焊接工程检验批质量验收记录表　　　　　　　　　　表205-11

检控项目	序号	质量验收规范规定		施工单位检查评定记录	监理(建设)单位验收记录
主控项目	1	焊接材料进场	4.3.1条		
	2	焊接材料复验	4.3.2条		
	3	焊接材料与线材匹配	5.2.1条		
	4	焊 工 证 书	应具有相应的合格证书		
	5	焊接工艺评定	符合评定报告		
	6	内部缺陷检验	5.2.4条		

续表

检控项目	序号	质量验收规范规定		施工单位检查评定记录	监理(建设)单位验收记录
主控项目	7	组合焊缝尺寸	一般焊脚尺寸不小于 $t/4$		
			吊车梁等为 $t/2$，且 $\geqslant 10mm$		
			允许偏差 0～4mm		
	8	焊缝表面缺陷	一、二级不得有表面气孔、夹渣、弧坑裂纹、电弧擦伤且一级焊缝不得有咬边、未焊满、根部收缩等		
一般项目	1	预热和后热处理	预热区＞1.5倍焊件厚度且不小于100mm，保温处每25mm板厚1h。		
	2	凹形角焊缝	平缓过渡，不得留下切痕		
	3	焊缝感观	外型均匀，成型较好，焊点与基本金属间过渡较平滑		
	4	焊缝外观质量	允许偏差(mm)		
	1)	未焊满（指不满足设计要求）	二级	$\leqslant 0.2+0.02t$，且 $\leqslant 1.0$；每100.0焊缝内缺陷总长$\leqslant 25.0$	
			三级	$\leqslant 0.2+0.04t$，且 $\leqslant 2.0$；每100.0焊缝内缺陷总长$\leqslant 25.0$	
	2)	根部收缩	二级	$\leqslant 0.2+0.02t$，且 $\leqslant 1.0$；长度不限	
			三级	$\leqslant 0.2+0.04t$，且 $\leqslant 2.0$；长度不限	
	3)	咬边	二级	$\leqslant 0.2t$，且$\leqslant 0.5$；连续长度$\leqslant 100.0$，且焊缝两侧咬边总长$\leqslant 10\%$焊缝全长	
			三级	$\leqslant 0.1t$，且$\leqslant 1.0$；长度不限	

续表

检控项目	序号	质量验收规范规定		施工单位检查评定记录	监理(建设)单位验收记录
一般项目	4) 弧坑裂纹	二级	—		
		三级	允许存在个别长度≤5.0的弧坑裂纹		
	5) 电弧擦伤	二级	—		
		三级	允许存在个别电弧擦伤		
	6) 接头不良	二级	缺口深度 0.05t,且≤0.5;每 1000.0 焊缝不应超过 1 处		
		三级	缺口深度 0.1t,且≤1.0;每 1000.0 焊缝不应超过 1 处		
	7) 表面夹渣	二级	—		
		三级	深≤0.2t 长≤0.5t 且≤20.0		
	8) 表面气孔	二级	—		
		三级	每 50.0 焊缝长度内允许直径≤0.4t,且≤3.0 的气孔 2 个,孔距≥6 倍孔径		
	注:表内 t 为连接处较薄的板厚				
	5 组合焊缝尺寸				
	1) 对接焊缝余高 C	一、二级	$B<20.0 \sim 3.0$ $B \geqslant 20.0 \sim 4.0$		
		三级	$<20.0 \sim 4.0$ $B \leqslant 20.0 \sim 5.0$		
	2) 对接焊缝错边 d	一、二级	$d<0.15t$,且≤2.0		
		三级	$d<0.15t$,且≤3.0		
	5 组合焊缝尺寸				

2.应用指导

(1) 检查验收统一说明

1) 执行规范章、节

本表的检验批验收执行《钢结构工程施工质量验收规范》(GB 50205—2001)规范第 5 章、第 5.2 节主控项目和一般项目有关条目的质量等级要求。应按其质量标准和检查方法逐一进行验收。

表列应检验项目必须全部进行检查验收不得缺漏,应检项目漏检,应进行补充检查验收,不进行补检不应通过验收。

2) 检验批的划分原则

钢结构工程的检验批划分,(GB 50205—2001)规范规定,钢结构焊接工程可按相应的钢结构制作或安装工程检验批的划分原则划分为一个或若干个检验批。

3) 质量等级验收评定

① 主控项目是对检验批的基本质量起决定性影响的检验项目,必须全部符合该专业规范的规定,不允许有不符合规范要求的检验结果;

② 一般项目其检查结果应有80%及以上的检查点(值)符合该规范合格质量标准的要求,且最大值不应超过其允许偏差值的1.2倍。

4) 检验批验收应提交资料

检验批验收时,应提交的施工操作依据和质量检查记录应完整。

5) 检验批验收

只按列为主控项目、一般项目的条款来验收,不能随意扩大内容范围和提高质量标准。

6) 检验批验收责任制

检验批表式中的责任制签记必须本人签字,替签为无效检验批验收记录。

(2) 保证质量措施条目(摘自《钢结构工程施工质量验收规范》GB 50205—2001)

4.3.1、4.3.2、4.3.4 条系已被批准进入钢结构各分项工程实施现场的焊接材料,主控项目、一般项目有关要求,核查原材料及成品进场有关资料,填入有关栏内,记录核查资料编号,不再附送原件资料。

《建筑钢结构焊接技术规程》JGJ 81—2002 规定:

3.0.1 建筑钢结构用钢材及焊接填充材料的选用应符合设计图的要求,并应具有钢厂和焊接材料厂出具的质量证明书或检验报告;其化学成分、力学性能和其他质量要求必须符合国家现行标准规定。当采用其他钢材和焊接材料替代设计选用的材料时,必须经原设计单位同意。

4.4.2 严禁在调质钢上采用塞焊和槽焊焊缝。

5.1.1 凡符合以下情况之一者,应在钢结构件制作及安装施工之前进行焊接工艺评定;

1) 国内首次应用于钢结构工程的钢材(包括钢材牌号与标准相符但微合金强化元素的类别不同和供货状态不同,或国外钢号国内生产);

2) 国内首次应用于钢结构工程的焊接材料;

3) 设计规定的钢材类别、焊接材料、焊接方法、接头形式、焊接位置、焊后热处理制度以及施工单位所采用的焊接工艺参数、预后热措施等各种参数的组合条件为施工企业首次采用。

7.1.5 抽样检查的焊缝如不合格率小于2%时,该批验收应定为合格;不合格率大于5%时,该批验收应定为不合格;不合格率为2%~5%时,应加倍抽检,且必须在原不合格部位两侧的焊缝延长线各增加一处,如在所有抽检焊缝中不合格率不大于3%时,该批验收应定为合格,大于3%时,该批验收应定为不合格。当批量验收不合格时,应对该批余下焊缝的全数进行检查。当检查出一处裂纹缺陷时,应加倍抽查,如在加倍抽检焊缝中未检查出其他裂纹缺陷时,该批验收应定为合格,当检查出多处裂纹缺陷或加倍抽查又发现裂纹缺陷时,应对该批余下焊缝的全数进行检查。

7.3.3 设计要求全焊透缝,其内部缺陷的检验应符合下列要求:

1) 一级焊缝应进行100%的检验,其合格等级应为现行国家标准《钢焊缝手工超声波探伤法及质量分级法》GB 11345B级检验的Ⅱ级或Ⅱ级以上;

2）二级焊缝应进行抽检,抽检比例应不小于20%,其合格等级应为现行国家标准《钢焊缝手工超声波探伤法及质量分级法》GB 11345 B级检验的Ⅲ级或Ⅲ级以上。

(3) 检查验收执行条目(摘自《钢结构工程施工质量验收规范》GB 50205—2001)

5.2.1 焊条、焊丝、焊剂、电渣焊熔嘴等焊接材料与母材的匹配应符合设计要求及国家现行行业标准《建筑钢结构焊接技术规程》JGJ 81的规定。焊条、焊剂、药芯焊丝、熔嘴等在使用前,应按其产品说明书及焊接工艺文件的规定进行烘焙和存放。

检查数量:全数检查。

检验方法:检查质量证明书和烘焙记录。

5.2.2 焊工必须经考试合格并取得合格证书。持证焊工必须在其考试合格项目及其认可范围内施焊。

检查数量:全数检查。

检验方法:检查焊工合格证及其认可范围、有效期。

5.2.3 施工单位对其首次采用的钢材、焊接材料、焊接方法、焊后热处理等,应进行焊接工艺评定,并应根据评定报告确定焊接工艺。

检查数量:全数检查。

检验方法:检查焊接工艺评定报告。

5.2.4 设计要求全焊透的一、二级焊缝应采用超声波探伤进行内部缺陷的检验,超声波探伤不能对缺陷作出判断时,应采用射线探伤,其内部缺陷分级及探伤方法应符合现行国家标准《钢焊缝手工超声波探伤方法和探伤结果分级法》GB 11345或《钢熔化焊对接接头射线照相和质量分级》GB 3323的规定。

焊接球节点网架焊缝、螺栓球节点网架焊缝及圆管T、K、Y形节点相关线焊缝,其内部缺陷分级及探伤方法应分别符合国家现行标准《焊接球节点钢网架焊缝超声波探伤方法及质量分级法》JBJ/T 3034.1、《螺栓球节点钢网架焊缝超声波探伤方法及质量分级法》JBJ/T 3034.2、《建筑钢结构焊接技术规程》JGJ 81的规定。

一级、二级焊缝的质量等级及缺陷分级应符合表5.2.4的规定。

检查数量:全数检查。

检验方法:检查超声波或射线探伤记录。

一、二级焊缝质量等级及缺陷分级　　　　表5.2.4

焊缝质量等级		一　级	二　级
内部缺陷超声波探伤	评定等级	Ⅱ	Ⅲ
	检验等级	B　级	B　级
	探伤比例	100%	20%
内部缺陷射线探伤	评定等级	Ⅱ	Ⅲ
	检验等级	AB级	AB级
	探伤比例	100%	20%

注:探伤比例的计数方法应按以下原则确定:(1)对工厂制作焊缝,应按每条焊缝计算百分比,且探伤长度不小于200mm,当焊接长度不足200mm时,应对整条焊缝进行探伤;(2)对现场安装焊缝,应按同一类型、同一施焊条件的焊缝条数计算百分比,探伤长度应不小于200mm,并应不少于1条焊缝。

5.2.5 T形接头、十字接头、角接接头及设计有疲劳验算要求的吊车梁或类似构件的要求见(GB 50205—2001)第5.2.5条。

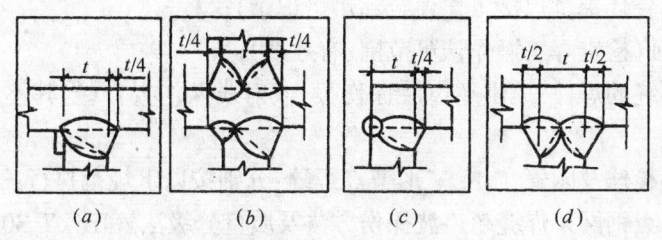

图5.2.5 焊脚尺寸

5.2.6 焊缝表面不得有裂纹、焊瘤等缺陷。一级、二级焊缝不得有表面气孔、夹渣、弧坑裂纹、电弧擦伤等缺陷。且一级焊缝不得有咬边、未焊满、根部收缩等缺陷。

检查数量:每批同类构件抽查10%,且不应少于3件;被抽查构件中,每一类型焊缝按条数抽查5%,且不应少于1条;每条检查1处,总抽查数不应少于10处。

检验方法:观察检查或使用放大镜、焊缝量规和钢尺检查,当存在疑义时,采用渗透或磁粉探伤检查。

5.2.7 对于需要进行焊前预热或焊后热处理的焊缝,其预热温度或后热温度应符合国家现行有关标准的规定或通过工艺试验确定。预热区在焊道两侧,每侧宽度均应大于焊件厚度的1.5倍以上,且不应小于100mm;后热处理应在焊后立即进行,保温时间应根据板厚按每25mm板厚1h确定。

检查数量:全数检查。

检验方法:检查预、后热施工记录和工艺试验报告。

5.2.8 二级、三级焊缝外观质量标准应符合(GB 50205—2001)规范附录A中表A.0.1的规定。三级对接焊缝应按二级焊缝标准进行外观质量检验。

检查数量:每批同类构件抽查10%,且不应少于3件;被抽查构件中,每一类型焊缝按条数抽查5%,且不应少于1条;每条检查1处,总抽查数不应少于10处。

检验方法:观察检查或使用放大镜、焊缝量规和钢尺检查。

5.2.9 焊缝尺寸允许偏差应符合(GB 50205—2001)规范附录A中表A.0.2的规定。

检查数量:每批同类构件抽查10%,且不应少于3件;被抽查构件中,每种焊缝按全数抽查5%,但不应少于1条;每条检查1处,总抽查数不应少于10处。

检验方法:用焊缝量规检查。

5.2.10 焊成凹形的角焊缝,焊缝金属与母材间应平缓过渡;加工成凹形的角焊缝,不得在其表面留下切痕。

检查数量:每批同类构件抽查10%,且不应少于3件。

检验方法:观察检查。

5.2.11 焊缝感观应达到:外形均匀、成型较好、焊道与焊道、焊道与基本金属间过渡较平滑,焊渣和飞溅物基本清除干净。

检查数量:每批同类构件抽查10%,且不应少于3件;被抽查构件中,每种焊缝按数量各抽查5%,总抽查数不应少于5处。

检验方法:观察检查。

(4) 钢构件焊接工程检验批验收应提供的附件资料

1) 焊条、焊剂、药芯、焊丝、熔嘴、瓷环等质量合格证;
2) 烘焙记录(瓷环提供焊接工艺评定和烘焙记录);
3) 焊工合格证(检查焊工操作认可范围、有效期);
4) 一、二级焊缝的焊件:提供超声波探伤报告、射线探伤报告(当其不能对缺陷作出判断时采用);
5) 焊接球、螺栓球及园管 T、K、Y 形节点焊缝:分别按以下规范执行:
①《焊接球节点钢网架焊缝超声波探伤方法及质量分级法》(JBJ/T 3034.1);
②《焊接球钢网架焊缝超声波探伤方法及质量分级法》(JBJ/T 3034.2);
③《建筑钢结构焊接技术规程》(JGJ 81);
6) 当构件存在裂纹、焊瘤、气孔、夹渣、弧坑裂纹等提供渗透或磁粉探伤报告;
7) 自检、互检及工序交接检查记录;
8) 其他应报或设计要求报送的资料。

注:合理缺项除外。

2.4.12 钢结构焊钉(栓钉)焊接工程检验批质量验收记录

1. 资料表式

钢结构焊钉(栓钉)焊接分项工程检验批质量验收记录表　　　　表 205-12

	主 控 项 目	合格质量标准 (按本规范)	施工单位检验 评定记录或结果	监理(建设)单位 验收记录或结果	备 注
1	焊接材料进场	第 4.3.1 条			
2	焊接材料复验	第 4.3.2 条			
3	焊接工艺评定	第 5.3.1 条			
4	焊接弯曲试验	第 5.3.2 条			

	一 般 项 目	合格质量标准 (按本规范)	施工单位检验评定 记录或结果	监理(建)单位验收 记录或结果	备 注
1	焊钉瓷环尺寸	第 4.3.3 条			
2	焊缝外观质量	第 5.3.3 条			

2. 应用指导

(1) 检查验收统一说明

1) 执行规范章、节

本表的检验批验收执行《钢结构工程施工质量验收规范》(GB 50205—2001)规范第5章、第5.3节主控项目和一般项目有关条目的质量等级要求。应按其质量标准和检查方法逐一进行验收。

表列应检验项目必须全部进行检查验收不得缺漏,应检项目漏检,应进行补充检查验收,不进行补检不应通过验收。

2) 检验批的划分原则

地面工程的检验批划分,(GB 50205—2001)规范规定,钢结构焊接工程可按相应的钢结构制作或安装工程检验批的划分原则划分为一个或若干个检验批。

3) 质量等级验收评定

① 主控项目是对检验批的基本质量起决定性影响的检验项目,必须全部符合该专业规范的规定,不允许有不符合规范要求的检验结果;

② 一般项目其检查结果应有80%及以上的检查点(值)符合该规范合格质量标准的要求,且最大值不应超过其允许偏差值的1.2倍。

4) 检验批验收应提交资料

检验批验收时,应提交的施工操作依据和质量检查记录应完整。

5) 检验批验收

只按列为主控项目、一般项目的条款来验收,不能随意扩大内容范围和提高质量标准。

6) 检验批验收责任制

检验批表式中的责任制签记必须本人签字,替签为无效检验批验收记录。

(2) 检查验收执行条目(摘自《钢结构工程施工质量验收规范》GB 50205—2001)

4.3.1 焊接材料的品种、规格、性能等应符合现行国家产品标准和设计要求。

检查数量:全数检查。

检验方法:检查焊接材料的质量合格证明文件、中文标志及检验报告等。

4.3.2 重要钢结构采用的焊接材料应进行抽样复验,复验结果应符合现行国家产品标准和设计要求。

4.3.3 焊钉及焊接瓷环的规格、尺寸及偏差应符合现行国家标准《圆柱头焊钉》GB 10433 中的规定。

检查数量:全数检查。

检验方法:检查复验报告。

5.3.1 施工单位对其采用的焊钉和钢材焊接应进行焊接工艺评定,其结果应符合设计要求和国家现行有关标准的规定。瓷环应按其产品说明书进行烘焙。

检查数量:全数检查。

检验方法:检查焊接工艺评定报告和烘焙记录。

5.3.2 焊钉焊接后应进行弯曲试验检查,其焊缝和热影响区不应有肉眼可见的裂纹。

检查数量:每批同类构件抽查10%,且不应少于10件;被抽查构件中,每件检查焊钉数量的1%,但不应少于1个。

检查数量:每批同类构件抽查10%,且不应少于10件;被抽查构件中,每件检查焊钉数量的1%,但不应少于1个。

检验方法:焊钉弯曲30°后用角尺检查和观察检查。

5.3.3 焊钉根部焊脚应均匀,焊脚立面的局部未熔合或不足360°的焊脚应进行修补。

检查数量:按总焊钉数量抽查1%,且不应少于10个。

检验方法:观察检查。

(3) 焊钉(栓钉)焊接工程检验批验收应提供的附件资料

1) 焊条、焊剂、药芯、焊丝、熔嘴、瓷环等:质量合格证、烘焙记录(瓷环提供焊接工艺评定和烘焙记录);
2) 焊工合格证(检查焊工操作认可范围、有效期);
3) 弯曲试验检查记录;
4) 自检、互检及工序交接检查记录;
5) 其他应报或设计要求报送的资料。

注:合理缺项除外。

2.4.13 钢结构普通紧固件连接工程检验批质量验收记录

1. 资料表式

钢结构普通紧固件连接工程检验批质量验收记录表　　　　表205-13

主控项目		合格质量标准 (按本规范)	施工单位检验 评定记录或结果	监理(建设)单位 验收记录或结果	备 注
1	成品进场	第4.4.1条			
2	螺栓实物复验	第6.2.1条			
3	匹配及间距	第6.2.2条			
一般项目		合格质量标准 (按本规范)	施工单位检验 评定记录或结果	监理(建)单位 验收记录或结果	备 注
1	螺栓紧固	第6.2.3条			
2	外观质量	第6.2.4条			

2. 应用指导

(1) 检查验收统一说明

1) 执行规范章、节

本表的检验批验收执行《钢结构工程施工质量验收规范》(GB 50205—2001)规范第6章、第6.2节主控项目和一般项目有关条目的质量等级要求。应按其质量标准和检查方法逐一进行验收。

表列应检验项目必须全部进行检查验收不得缺漏，应检项目漏检，应进行补充检查验收，不进行补检不应通过验收。

2) 检验批的划分原则

钢结构工程的检验批划分，(GB 50205—2001)规范规定，紧固件连接工程可按相应的钢结构制作或安装工程检验批的划分原则划分为一个或若干个检验批。

3) 质量等级验收评定

① 主控项目是对检验批的基本质量起决定性影响的检验项目，必须全部符合该专业规范的规定，不允许有不符合规范要求的检验结果；

② 一般项目其检查结果应有80%及以上的检查点(值)符合该规范合格质量标准的要求，且最大值不应超过其允许偏差值的1.2倍。

4) 检验批验收应提交资料

检验批验收时，应提交的施工操作依据和质量检查记录应完整。

5) 检验批验收

只按列为主控项目、一般项目的条款来验收，不能随意扩大内容范围和提高质量标准。

6) 检验批验收责任制

检验批表式中的责任制签记必须本人签字，替签为无效检验批验收记录。

(2) 检查验收执行条目(摘自《钢结构工程施工质量验收规范》GB 50205—2001)

4.4.1 钢结构连接用高强度大六角头螺栓连接副、扭剪型高强度螺栓连接副、钢网架用高强度螺栓、普通螺栓、铆钉、自攻钉、拉铆钉、射钉、锚栓(机械型和化学试剂型)、地脚锚栓等紧固标准件及螺母、垫圈等标准配件，其品种、规格、性能等应符合现行国家产品标准和设计要求。高强度大六角头螺栓连接副和扭剪型高强度螺栓连接副出厂时应分别随箱带有扭矩系数和紧固轴力(预拉力)的检验报告。

6.2.1 普通螺栓作为永久性连接螺栓时，当设计有要求或对其质量有疑义时，应进行螺栓实物最小拉力载荷复验，试验方法见(GB 50205—2001)规范附录B，其结果应符合现行国家标准《紧固件机械性能螺栓、螺钉和螺柱》GB 3098 的规定。

检查数量：每一规格螺栓抽查8个。

检验方法：检查螺栓实物复验报告。

6.2.2 连接薄钢板采用的自攻钉、拉铆钉、射钉等其规格尺寸应与被连接钢板相匹配，其间距、边距等应符合设计要求。

检查数量：按连接节点数抽查1%，且不应少于3个。

检验方法：观察和尺量检查。

6.2.3 永久性普通螺栓紧固应牢固、可靠，外露丝扣不应少于2扣。

检查数量：按连接节点数抽查10%，且不应少于3个。

检验方法:观察和用小锤敲击检查。

6.2.4 自攻螺钉、钢拉铆钉、射钉等与连接钢板应紧固密贴,外观排列整齐。

检查数量:按连接节点数抽查10%,且不应少于3个。

检验方法:观察或用小锤敲击检查。

(3) 普通紧固件连接检验批验收应提供的附件资料

1) 螺栓实物最小拉力载荷复验;
2) 自检、互检及工序交接检查记录;
3) 其他应报或设计要求报送的资料。

注:合理缺项除外。

2.4.14 钢结构高强螺栓连接检验批质量验收记录

1. 资料表式

钢结构高强度螺栓连接检验批质量验收记录　　　　表205-14

	主 控 项 目	合格质量标准（按本规范）	施工单位检验评定记录或结果	监理(建设)单位验收记录或结果	备 注
1	成品进场	第4.4.1条			
2	扭矩系数或预拉力复验	第4.4.2条或第4.4.3条			
3	抗滑移系数试验	第6.3.1条			
4	终拧扭矩	第6.3.2条或第6.3.3条			
	一 般 项 目	合格质量标准（按本规范）	施工单位检验评定记录或结果	监理(建)单位验收记录或结果	备 注
1	成品包装	第4.4.4条			
2	表面硬度试验	第4.4.5条			
3	初拧、复拧扭矩	第6.3.4条			
4	连接外观质量	第6.3.5条			
5	摩擦面外观	第6.3.6条			
6	扩 孔	第6.3.7条			
7	网架螺栓紧固	第6.3.8条			

2. 应用指导

(1) 检查验收统一说明

1) 执行规范章、节

本表的检验批验收执行《钢结构工程施工质量验收规范》(GB 50205—2001)规范第6章、第6.3节主控项目和一般项目有关条目的质量等级要求。应按其质量标准和检查方法逐一进行验收。

表列应检验项目必须全部进行检查验收不得缺漏,应检项目漏检,应进行补充检查验收,不进行补检不应通过验收。

2) 检验批的划分原则

钢结构工程的检验批划分,(GB 50205—2001)规范规定,紧固件连接工程可按相应的钢结构制作或安装工程检验批的划分原则划分为一个或若干个检验批。

3) 质量等级验收评定

① 主控项目是对检验批的基本质量起决定性影响的检验项目,必须全部符合该专业规范的规定,不允许有不符合规范要求的检验结果;

② 一般项目其检查结果应有80%及以上的检查点(值)符合该规范合格质量标准的要求,且最大值不应超过其允许偏差值的1.2倍。

4) 检验批验收应提交资料

检验批验收时,应提交的施工操作依据和质量检查记录应完整。

5) 检验批验收

只按列为主控项目、一般项目的条款来验收,不能随意扩大内容范围和提高质量标准。

6) 检验批验收责任制

检验批表式中的责任制签记必须本人签字,替签为无效检验批验收记录。

(2) 检查验收执行条目(摘自《钢结构工程施工质量验收规范》GB 50205—2001)

4.4.1、4.4.2、4.4.3、4.4.4、4.4.5条系指已被批准进入钢结构各分项工程实施现场的紧固标准件,主控项目、一般项目有关要求,核查原材料及成品进场有关资料,填入有关栏内,记录核查资料编号,不再附送原件资料。

6.3.1 钢结构制作和安装单位应按(GB 50205—2001)规范附录 B 的规定分别进行高强度螺栓连接摩擦面的抗滑移系数试验和复验,现场处理的构件摩擦面应单独进行摩擦面抗滑移系数试验,其结果应符合设计要求。

检查数量:见(GB 50205—2001)规范附录 B。

检验方法:检查摩擦面抗滑移系数试验报告和复验报告。

6.3.2 高强度大六角头螺栓连接副组拧完成1h后、48h内应进行终拧扭矩检查,检查结果应符合(GB 50205—2001)规范附录 B 的规定。

检查数量:按节点数抽查10%,且不应少于10个;每个被抽查节点按螺栓数抽查10%,且不应少于2个。

检验方法:见(GB 50205—2001)规范附录 B。

6.3.3 扭剪型高强度螺栓连接副终拧后,除因构造原因无法使用专用扳手终拧掉梅花头者外,未在终拧中拧掉梅花头的螺栓数不应大于该节点螺栓数的5%。对所有梅花头未拧掉的扭剪型高强度螺栓连接副应采用扭矩法或转角法进行终拧并作标记,且按本规范第6.3.2条的规定进行终拧扭矩检查。

  检查数量:按节点数抽查10%,但不应少于10个节点,被抽查节点中梅花头未拧掉的扭剪型高强度螺栓连接副全数进行终拧扭矩检查。

  检验方法:观察检查及(GB 50205—2001)规范附录B。

6.3.4 高强度螺栓连接副的施拧顺序和初拧、复拧扭矩应符合设计要求和国家现行行业标准《钢结构高强度螺栓连接的设计施工及验收规程》JGJ 82 的规定。

  检查数量:全数检查资料。

  检验方法:检查扭矩扳手标定记录和螺栓施工记录。

6.3.5 高强度螺栓连接副终拧后,螺栓丝扣外露应为2~3扣,其中允许有10%的螺栓丝扣外露1扣或4扣。

  检查数量:按节点数抽查5%,且不应少于10个。

  检验方法:观察检查。

6.3.6 高强度螺栓连接摩擦面应保持干燥、整洁,不应有飞边、毛刺、焊接飞溅物、焊疤、氧化铁皮、污垢等,除设计要求外摩擦面不应涂漆。

  检查数量:全数检查。

  检验方法:观察检查。

6.3.7 高强度螺栓应自由穿入螺栓孔。高强度螺栓孔不应采用气割扩孔,扩孔数量应征得设计同意,扩孔后的孔径不应超过$1.2d$(d 为螺栓直径)。

  检查数量:被扩螺栓孔全数检查。

  检验方法:观察检查及用卡尺检查。

6.3.8 螺栓球节点网架总拼完成后,高强度螺栓与球节点应紧固连接,高强度螺栓拧入螺栓球内的螺纹长度不应小于$1.0d$(d 为螺栓直径),连接处不应出现有间隙、松动等未拧紧情况。

  检查数量:按节点数抽查5%,且不应少于10个。

  检验方法:普通扳手及尺量检查。

(3) 高强度螺栓连接检验批验收应提供的附件资料

1) 摩擦面抗滑移系数试验报告;
2) 摩擦面抗滑移系数复验报告;
3) 螺栓实物最小拉力载荷复验;
4) 连接副预拉力复验;
5) 连接副施工扭矩检验;
6) 连接副扭矩系数复验;
7) 自检、互检及工序交接检查记录;
8) 其他应报或设计要求报送的资料。

注:合理缺项除外。

附录 B 焊缝外观质量标准及尺寸允许偏差

B.0.1 螺栓实物最小载荷检验。

目的：测定螺栓实物的抗拉强度是否满足现行国家标准《紧固件机械性能螺栓、螺钉和螺柱》(GB 3098.1)的要求。

检验方法：用专用卡具将螺栓实物置于拉力试验机上进行拉力试验，为避免试件承受横向载荷，试验机的夹具应能自动调正中心，试验时夹头张拉的移动速度不应超过25mm/min。

螺栓实物的抗拉强度应根据螺纹应力截面积(A_s)计算确定，其取值应按现行国家标准《紧固件机械性能螺栓、螺钉和螺柱》GB 3098.1 的规定取值。

进行试验时，承受拉力载荷的未旋合的螺纹长度应为6倍以上螺距；当试验拉力达到现行国家标准《紧固件机械性能螺栓、螺钉和螺柱》GB 3098.1 中规定的最小拉力载荷($A_s \cdot \sigma_b$)时不得断裂。当超过最小拉力载荷直至拉断时，断裂应发生在杆部或螺纹部分，而不应发生在螺头与杆部的交接处。

B.0.2 扭剪型高强度螺栓连接副预拉力复验。

复验用的螺栓应在施工现场待安装的螺栓批中随机抽取，每批应抽取8套连接副进行复验。

连接副预拉力可采用经计量检定、校准合格的轴力计进行测试。

试验用的电测轴力计、油压轴力计、电阻应变仪、扭矩扳手等计量器具，应在试验前进行标定，其误差不得超过2%。

采用轴力计方法复验连接副预拉力时，应将螺栓直接插入轴力计。紧固螺栓分初拧、终拧两次进行，初拧应采用手动扭矩扳手或专用定扭电动扳手；初拧值应为预拉力标准值的50%左右。终拧应采用专用电动扳手，至尾部梅花头拧掉，读出预拉力值。

每套连接副只应做一次试验，不得重复使用。在紧固中垫圈发生转动时，应更换连接副，重新试验。

复验螺栓连接副的预拉力平均值和标准偏差应符合表B.0.2的规定。

扭剪型高强度螺栓紧固预拉力和标准偏差(kN)　　　　表 B.0.2

螺栓直径(mm)	16	20	(22)	24
紧固预拉力的平均值$\overline{P}$	99～120	154～186	191～231	222～270
标准偏差 σ_p	10.1	15.7	19.5	22.7

B.0.3 高强度螺栓连接副施工扭矩检验。

高强度螺栓连接副扭矩检验含初拧、复拧、终拧扭矩的现场无损检验。检验所用的扭矩扳手其扭矩精度误差应不大于3%。

高强度螺栓连接副扭矩检验分扭矩法检验和转角法检验两种，原则上检验法与施工法应相同。扭矩检验应在施拧1h后，48h内完成。

1. 扭矩法检验。

检验方法：在螺尾端头和螺母相对位置划线，将螺母退回60°左右，用扭矩扳手测定拧回至原来位置时的扭矩值。该扭矩值与施工扭矩值的偏差在10%以内为合格。

高强度螺栓连接副终拧扭矩值按下式计算：

$$T_c = K \cdot P_c \cdot d \tag{B.0.3-1}$$

式中 T_c——终拧扭矩值(N·m);
　　P_c——施工预拉力值标准值(kN),见表 B.0.3;
　　　d——螺栓公称直径(mm);
　　K——扭矩系数,按附录 B.0.4 的规定试验确定。

高强度大六角头螺栓连接副初拧扭矩值 T_0 可按 $0.5T_c$ 取值。

扭剪型高强度螺栓连接到初拧扭矩值 T_0 可按下式计算:

$$T_0 = 0.065 P_c \cdot d \qquad (B.0.3\text{-}2)$$

式中 T_0——初拧扭矩值(N·m);
　　P_c——施工预拉力标准值(kN),见表 B.0.3;
　　　d——螺栓公称直径(mm)。

2. 转角法检验。

检验方法:1)检查初拧后在螺母与相对位置所画的终拧起始线和终止线所夹的角度是否达到规定值。2)在螺尾端头和螺母相对位置画线,然后全部卸松螺母,在按规定的初拧扭矩和终拧角度重新拧紧螺栓,观察与原画线是否重合。终拧转角偏差在 10°以内为合格。

终拧转角与螺栓的直径、长度等因素有关,应由试验确定。

3. 扭剪型高强度螺栓施工扭矩检验。

检验方法:观察尾部梅花头拧掉情况。尾部梅花头被拧掉者视同其终拧扭矩达到合格质量标准;尾部梅花头未被拧掉者应按上述扭矩法或转角法检验。

高强度螺栓连接副施工预拉力标准值(kN)　　表 B.0.3

螺栓的性能等级	螺栓公称直径(mm)					
	M16	M20	M22	M24	M27	M30
8.8S	75	120	150	170	225	275
10.9S	110	170	210	250	320	390

B.0.4 高强度大六角头螺栓连接副扭矩系数复验。

复验用螺栓应在施工现场待安装的螺栓批中随机抽取,每批应抽取 8 套连接副进行复验。

连接副扭矩系数复验用的计量器具应在试验前进行标定,误差不得超过 2%。

每套连接副只应做一次试验,不得重复使用。在紧固中垫圈发生转动时,应更换连接副,重新试验。

连接副扭矩系数的复验应将螺栓穿入轴力计,在测出螺栓预拉力 P 的同时,应测定施加于螺母上的施拧扭矩值 T,并应按下式计算扭矩系数 K。

$$K = \frac{T}{P \cdot d} \qquad (B.0.4)$$

式中 T——施拧扭矩(N·m);
　　　d——高强度螺栓的公称直径(mm);
　　P——螺栓预拉力(kN)。

进行连接副扭矩系数试验时,螺栓预拉力值应符合表 B.0.4 的规定。

螺栓预拉力值范围(kN) 表B.0.4

螺栓规格(mm)		M16	M20	M22	M24	M27	M30
预拉力值 P	10.9S	93~113	142~177	175~215	206~250	265~324	325~390
	8.8S	62~78	100~120	125~150	140~170	185~225	230~275

每组8套连接副扭矩系数的平均值应为0.110~0.150,标准偏差小于或等于0.010。
扭剪型高强度螺栓连接副当采用扭矩法施工时,其扭矩系数亦按本附录的规定确定。

B.0.5 高强度螺栓连接摩擦面的抗滑移系数检验。

1. 基本要求。

制造厂和安装单位应分别以钢结构制造批为单位进行抗滑移系数试验。制造批可按分部(子分部)工程划分规定的工程量每2000t为一批,不足2000t的可视为一批。选用两种及两种以上表面处理工艺时,每种处理工艺应单独检验。每批三组试件。

抗滑移系数试验应采用双摩擦面的二栓拼接的拉力试件(图B.0.5)。

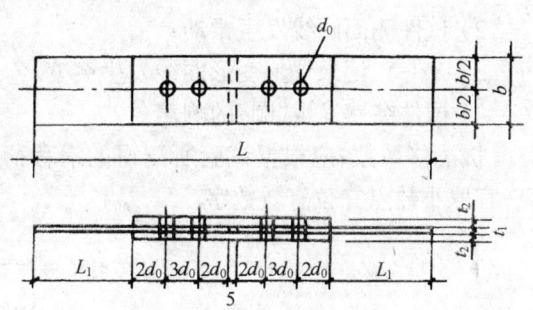

图B.0.5 抗滑移系数拼接试件的形式和尺寸

抗滑移系数试验用的试件应由制造厂加工,试件与所代表的钢结构构件应为同一材质、同批制作、采用同一摩擦面处理工艺和具有相同的表面状态,并应用同批同一性能等级的高强度螺栓连接副,在同一环境条件下存放。

试件钢板的厚度 t_1、t_2 应根据钢结构工程中有代表性的板材厚度来确定,同时应考虑在摩擦面滑移之前,试件钢板的净截面始终处于弹性状态;宽度 b 可参照表B.0.5规定取值。L_1 应根据试验机夹具的要求确定。

试件板的宽度(mm) 表B.0.5

螺栓直径 d	16	20	22	24	27	30
板 宽 b	100	100	105	110	120	120

试件板面应平整,无油污,孔和板的边缘无飞边、毛刺。

2. 试验方法。

试验用的试验机误差应在1%以内。

试验用的贴有电阻片的高强度螺栓、压力传感器和电阻应变仪应在试验前用试验机进行标定,其误差应在2%以内。

试件的组装顺序应符合下列规定:

先将冲钉打入试件孔定位,然后逐个换成装有压力传感器或贴有电阻片的高强度螺栓,或换成同批经预拉力复验的扭剪型高强度螺栓。

紧固高强度螺栓应分初拧、终拧。初拧应达到螺栓预拉力标准值的50%左右。终拧后,螺栓预拉力应符合下列规定:

1) 对装有压力传感器或贴有电阻片的高强度螺栓,采用电阻应变仪实测控制试件每个螺栓的预拉力值应在 $0.95P\sim1.05P$（P 为高强度螺栓设计预拉力值)之间；

2）不进行实测时，扭剪型高强度螺栓的预拉力（紧固轴力）可按同批复验预拉力的平均值取用。

试件应在其侧面画出观察滑移的直线。

将组装好的试件置于拉力试验机上，试件的轴线应与试验机夹具中心严格对中。

加荷时，应先加 10% 的抗滑移设计荷载值，停 1min 后，再平稳加荷，加荷速度为 3～5kN/s。直拉至滑动破坏，测得滑移荷载 N_v。

在试验中当发生以下情况之一时，所对应的荷载可定为试件的滑移荷载：

1）试验机发生回针现象；
2）试件侧面画线发生错动；
3）X—Y 记录仪上变形曲线发生突变；
4）试件突然发生"嘣"的响声。

抗滑移系数，应根据试验所测得的滑移荷载 N_v 和螺栓预拉力 P 的实测值，按下式计算，宜取小数点二位有效数字。

$$\mu = \frac{N_v}{n_f \cdot \sum_{i=1}^{m} P_i}$$

式中 N_v——由试验测得的滑移荷载(kN)；

n_f——摩擦面面数，取 $n_f=2$；

$\sum_{i=1}^{m} P_i$——试件滑移一侧高强度螺栓预拉力实测值（或同批螺栓连接副的预拉力平均值）之和（取三位有效数字）(kN)；

m——试件一侧螺栓数量，取 $m=2$。

2.4.15 钢结构零件及部件加工的材料与切割工程检验批质量验收记录

1. 资料表式

钢结构零件及部件加工的材料与切割工程检验批质量验收记录表　　　表 205-15

主控项目	合格质量标准 （按本规范）	施工单位检验评定记录或结果	监理(建设)单位验收记录或结果	备注
1	切割或剪切面质量	应无裂缝、夹渣、分层和大于 1mm 的缺棱			
一般项目		合格质量标准 （按规范）	施工单位检验评定记录或结果	监理(建)单位验收记录或结果	备注
1	气割				
1)	零件宽度、长度	±3.0			

续表

一 般 项 目		合格质量标准（按规范）	施工单位检验评定记录或结果	监理(建)单位验收记录或结果	备 注
2)	切割面平面度	$0.05t$，且不应大于2.0			
3)	割纹深度	0.3			
4)	局部缺口深度	1.0			
2	机械切割				
1)	零件宽度、长度	±3.0			
2)	边缘缺棱	1.0			
3)	型钢端部垂直度	2.0			

注：允许偏差项目的检查按说明页允许偏差表进行并填写检查结果

2. 应用指导

(1) 检查验收统一说明

1) 执行规范章、节

本表的检验批验收执行《钢结构工程施工质量验收规范》(GB 50205—2001)规范第7章、第7.2节主控项目和一般项目有关条目的质量等级要求。应按其质量标准和检查方法逐一进行验收。

表列应检验项目必须全部进行检查验收不得缺漏，应检项目漏检，应进行补充检查验收，不进行补检不应通过验收。

2) 检验批的划分原则

钢结构工程的检验批划分，(GB 50205—2001)规范规定，钢零件及钢部件加工工程，可按相应的钢结构制作工程或钢结构安装工程检验批的划分原则划分为一个或若干个检验批。

3) 质量等级验收评定

① 主控项目是对检验批的基本质量起决定性影响的检验项目，必须全部符合该专业规范的规定，不允许有不符合规范要求的检验结果；

② 一般项目其检查结果应有80%及以上的检查点(值)符合该规范合格质量标准的要求，且最大值不应超过其允许偏差值的1.2倍。

4) 检验批验收应提交资料

检验批验收时，应提交的施工操作依据和质量检查记录应完整。

5) 检验批验收

只按列为主控项目、一般项目的条款来验收，不能随意扩大内容范围和提高质量标准。

6) 检验批验收责任制

检验批表式中的责任制签记必须本人签字，替签为无效检验批验收记录。

(2) 保证质量措施条目(摘自《钢结构工程施工质量验收规范》GB 50205—2001)

4.2.1、4.2.2、4.2.3、4.2.4、4.2.5条系已被批准进入钢结构各分项工程实施现场的钢材、钢板、钢铸件等,主控项目、一般项目有关要求,核查原材料及成品进场有关资料,填入有关栏内,记录核查资料编号,不再附送原件资料。

(3) 检查验收执行条目(摘自《钢结构工程施工质量验收规范》GB 50205—2001)

7.2.1 钢材切割面或剪切面应无裂纹、夹渣、分层和大于1mm的缺棱。

检查数量:全数检查。

检验方法:观察或用放大镜及百分尺检查,有疑义时作渗透、磁粉或超声波探伤检查。

7.2.2 气割的允许偏差见钢结构(零件及部件加工的材料与切割)分项工程检验批质量验收记录表内的标准规定。

检查数量:按切割面数抽查10%,且不应少于3个。

检验方法:观察检查或用钢尺、塞尺检查。

7.2.3 机械剪切的允许偏差见钢结构(零件及部件加工的材料与切割)分项工程检验批质量验收记录表内的标准规定。

检查数量:按切割面数抽查10%,且不应少于3个。

检验方法:观察检查或用钢尺、塞尺检查。

(4) 钢零件及钢部件切割检验批验收应提供的附件资料

1) 提供渗透、磁粉或超声波探伤检查报告(有怀疑时);
2) 自检、互检及工序交接检查记录;
3) 其他应报或设计要求报送的资料。

注:合理缺项除外。

2.4.16 钢零件及部件矫正成型与边缘加工工程检验批质量验收记录

1. 资料表式

钢零件及部件矫正成型与边缘加工检验批质量验收记录表　　表205-16

检控项目	序号	质量验收规范规定						施工单位检查评定记录	监理(建设)单位验收记录
主控项目	1	碳素和低合金结构钢矫正和成型	第7.3.1条						
	2	零件热加工	第7.3.2条						
	3	边缘加工	刨削量不应小于2.0mm						
一般项目	1	矫正后的钢材表面	第7.3.3条						
	2	冷矫正和冷弯曲最小曲率半径和最大弯曲矢高	对应轴	矫正		弯曲			
			高(mm)	r	f	r	f		
	1)	钢板、扁钢	$x-x$	$50t$	$\dfrac{l^2}{400t}$	$25t$	$\dfrac{l^2}{200t}$		
			$y-y$ (仅对扁钢轴线)	$100b$	$\dfrac{l^2}{800b}$	$50b$	$\dfrac{l^2}{400b}$		
	2)	角钢	$x-x$	$90b$	$\dfrac{l^2}{720b}$	$45b$	$\dfrac{l^2}{360b}$		

续表

检控项目	序号	质量验收规范规定					施工单位检查评定记录	监理(建设)单位验收记录
一般项目		槽钢	$x-x$	$50h$	$\dfrac{l^2}{400h}$	$25h$	$\dfrac{l^2}{200h}$	
			$y-y$	$90b$	$\dfrac{l^2}{720b}$	$45b$	$\dfrac{l^2}{360b}$	
	3)	工字钢	$x-x$	$50h$	$\dfrac{l^2}{400h}$	$25h$	$\dfrac{l^2}{200h}$	
			$y-y$	$50b$	$\dfrac{l^2}{400b}$	$25b$	$\dfrac{l^2}{200b}$	
		项 目	允许偏差(mm)					
	1	钢材矫正						
	1)	钢板的局部平面度	$t\leqslant 14, 1.5; t>14, 1.0$					
	2)	型钢弯曲矢高	$l/1000$ 且不大于 5.0					
	3)	角钢肢的垂直度	$b/100$ 且角度不得大于 90°					
	4)	槽钢翼缘对腹板的垂直度	$b/80$					
	5)	工字钢、H型钢翼缘对腹板的垂直度	$b/100$, 且不大于 2.0					
	2	边缘加工						
		零件宽度、长度	±1.0					
		加工边直线度	$l/3000$, 且不应大于 2.0					
		相邻两边夹角	±6′					
		加工面垂直度	$0.025t$, 且不应大于 0.5					
		加工面表面粗糙度	50 ▽					

2．应用指导

(1) 检查验收统一说明

1) 执行规范章、节

本表的检验批验收执行《钢结构工程施工质量验收规范》(GB 50205—2001)规范第7章、第7.3节主控项目和一般项目有关条目的质量等级要求。应按其质量标准和检查方法逐一进行验收。

表列应检验项目必须全部进行检查验收不得缺漏,应检项目漏检,应进行补充检查验收,不进行补检不应通过验收。

2) 检验批的划分原则

钢结构工程的检验批划分,(GB 50205—2001)规范规定,钢零件及钢部件加工工程,可按相应的钢结构制作工程或钢结构安装工程检验批的划分原则划分为一个或若干个检验批。

3) 质量等级验收评定

① 主控项目是对检验批的基本质量起决定性影响的检验项目,必须全部符合该专业规范的规定,不允许有不符合规范要求的检验结果;

② 一般项目其检查结果应有80%及以上的检查点(值)符合该规范合格质量标准的要求,且最大值不应超过其允许偏差值的1.2倍。

4) 检验批验收应提交资料

检验批验收时,应提交的施工操作依据和质量检查记录应完整。

5) 检验批验收

只按列为主控项目、一般项目的条款来验收,不能随意扩大内容范围和提高质量标准。

6) 检验批验收责任制

检验批表式中的责任制签记必须本人签字,替签为无效检验批验收记录。

(2) 检查验收执行条目(摘自《钢结构工程施工质量验收规范》GB 50205—2001)

7.3.1 碳素结构钢在环境温度低于−16℃、低合金结构钢在环境温度低于−12℃时,不应进行冷矫正和冷弯曲。碳素结构钢和低合金结构钢在加热矫正时,加热温度不应超过900℃。低合金结构钢在加热矫正后应自然冷却。

检查数量:全数检查。

检验方法:检查制作工艺报告和施工记录。

7.3.2 当零件采用热加工成型时,加热温度应控制在900~1000℃;碳素结构钢和低合金结构钢在温度分别下降到700℃和800℃之前,应结束加工;低合金结构钢应自然冷却。

检查数量:全数检查。

检验方法:检查制作工艺报告和施工记录。

7.3.3 矫正后的钢材表面,不应有明显的凹面或损伤,划痕深度不得大于0.5mm,且不应大于该钢材厚度负允许偏差的1/2。

检查数量:全数检查。

检验方法:观察检查和实测检查。

7.3.4 冷矫正和冷弯曲的最小曲率半径和最大弯曲矢高应符合(GB 50205—2001)表7.3.4的规定。

检查数量:按冷矫正和冷弯曲的件数抽查10%,且不应少于3个。

检验方法:观察检查和实测检查。

7.3.5 钢材矫正后的允许偏差应符合(GB 50205—2001)表7.3.5的规定。

检查数量:按矫正件数抽查10%,且不应少于3件。

检验方法:观察检查和实测检查。

(3) 钢零件及钢部件矫正与成型检验批验收应提供的附件资料

1) 提供制作工艺报告;

2) 施工记录;

3) 自检、互检及工序交接检查记录;

4) 其他应报或设计要求报送的资料。

注:合理缺项除外。

2.4.17 钢结构零部件加工的矫正成型与边缘加工工程检验批质量验收记录

1. 资料表式

钢结构零部件加工的矫正成型与边缘加工
工程检验批质量验收记录表 表 205-17

主 控 项 目	合格质量标准（按本规范）	施工单位检验评定记录或结果	监理(建设)单位验收记录或结果	备 注
1 矫正和成型	第7.3.1条和第7.3.2条			
2 边缘加工	第7.4.1条			

一 般 项 目	合格质量标准（按规范）	施工单位检验评定记录或结果	监理(建)单位验收记录或结果	备 注
1 矫正质量	第7.3.3条、第7.3.4条和第7.3.5条			
2 边缘加工精度	第7.4.2条			

注：允许偏差项目的检查按说明页允许偏差表进行并填写检查结果

2. 应用指导

(1) 检查验收统一说明

1) 执行规范章、节

本表的检验批验收执行《钢结构工程施工质量验收规范》(GB 50205—2001)规范第7章、第7.3节、第7.4节主控项目和一般项目有关条目的质量等级要求。应按其质量标准和检查方法逐一进行验收。

表列应检验项目必须全部进行检查验收不得缺漏，应检项目漏检，应进行补充检查验收，不进行补检不应通过验收。

2) 检验批的划分原则

钢结构工程的检验批划分，(GB 50205—2001)规范规定，钢零件及钢部件加工工程，可按相应的钢结构制作工程或钢结构安装工程检验批的划分原则划分为一个或若干个检验批。

3) 质量等级验收评定

① 主控项目是对检验批的基本质量起决定性影响的检验项目，必须全部符合该专业规范的规定，不允许有不符合规范要求的检验结果；

② 一般项目其检查结果应有80%及以上的检查点(值)符合该规范合格质量标准的要求，且最大值不应超过其允许偏差值的1.2倍。

4) 检验批验收应提交资料

检验批验收时，应提交的施工操作依据和质量检查记录应完整。

5) 检验批验收

只按列为主控项目、一般项目的条款来验收,不能随意扩大内容范围和提高质量标准。

6）检验批验收责任制

检验批表式中的责任制签记必须本人签字,替签为无效检验批验收记录。

(2) 检查验收执行条目(摘自《钢结构工程施工质量验收规范》GB 50205—2001)

7.3.1 碳素结构钢在环境温度低于-16℃、低合金结构钢在环境温度低于-12℃时,不应进行冷矫正和冷弯曲。碳素结构钢和低合金结构钢在加热矫正时,加热温度不应超过900℃。低合金结构钢在加热矫正后应自然冷却。

检查数量:全数检查。

检验方法:检查制作工艺报告和施工记录。

7.3.2 当零件采用热加工成型时,加热温度应控制在900～1000℃;碳素结构钢和低合金结构钢在温度分别下降到700℃和800℃之前,应结束加工;低合金结构钢应自然冷却。

检查数量:全数检查。

检验方法:检查制作工艺报告和施工记录。

7.3.3 矫正后的钢材表面,不应有明显的凹面或损伤,划痕深度不得大于0.5mm,且不应大于该钢材厚度负允许偏差的1/2。

检查数量:全数检查。

检验方法:观察检查和实测检查。

7.3.4 冷矫正和冷弯曲的最小曲率半径和最大曲矢高应符合表7.3.4的规定。

检查数量:按冷矫正和冷弯曲的件数抽查10%,且不应少于3个。

检验方法:观察检查和实测检查。

7.3.5 钢材矫正后的允许偏差,应符合表7.3.5的规定。

检查数量:按矫正件数抽查10%,且不应少于3件。

检验方法:观察检查和实测检查。

7.4.1 气割或机械剪切的零件,需要进行边缘加工时,其刨削量不应小于2.0mm。

检查数量:全数检查。

检验方法:检查工艺报告和施工记录。

7.4.2 边缘加工允许偏差见钢结构(零部件加工的矫正成型与边缘加工)分项工程检验批质量验收记录表内的标准规定。

检查数量:按加工面数抽查10%,且不应少于3件。

检验方法:观察检查和实测检查。

边缘加工的允许偏差(mm)　　　　　　　表7.4.2

项目	允许偏差(mm)	量测值(mm)									
零件宽度、长度	±1.0										
加工边直线度	$l/3000$,且不应大于2.0										
相邻两边夹角	±6′										
加工面垂直度	$0.025t$,且不应大于0.5										
加工面表面粗糙度	$\sqrt{50}$										

(3) 钢零件及钢部件边缘加工检验批验收应提供的附件资料

1) 提供制作工艺报告；
2) 施工记录；
3) 表面探伤记录；
4) 自检、互检记录；
5) 其他应报或设计要求报送的资料。

注：合理缺项除外。

2.4.18 钢结构零部件加工的管、球加工工程检验批质量验收记录

1．资料表式

钢结构零部件加工的管、球加工
工程检验批质量验收记录表   表 205-18

主控项目		合格质量标准（按本规范）	施工单位检验评定记录或结果	监理(建设)单位验收记录或结果	备注
1	螺栓球加工	第7.5.1条			
2	焊接球加工	第7.5.2条			
一般项目		合格质量标准（按规范）	施工单位检验评定记录或结果	监理(建)单位验收记录或结果	备注
1	螺栓球加工精度	第7.5.3条			
2	焊接球加工精度	第7.5.4条			
3	管件加工精度	第7.5.5条			

注：允许偏差项目的检查按说明页允许偏差表进行并填写检查结果

2．应用指导

(1) 检查验收统一说明

1) 执行规范章、节

本表的检验批验收执行《钢结构工程施工质量验收规范》(GB 50205—2001)规范第7章、第7.5节主控项目和一般项目有关条目的质量等级要求。应按其质量标准和检查方法逐一进行验收。

表列应检验项目必须全部进行检查验收不得缺漏，应检项目漏检，应进行补充检查验

收，不进行补检不应通过验收。

2) 检验批的划分原则

钢结构工程的检验批划分，(GB 50205—2001)规范规定，钢零件及钢部件加工工程，可按相应的钢结构制作工程或钢结构安装工程检验批的划分原则划分为一个或若干个检验批。

3) 质量等级验收评定

① 主控项目是对检验批的基本质量起决定性影响的检验项目，必须全部符合该专业规范的规定，不允许有不符合规范要求的检验结果。

② 一般项目其检查结果应有80%及以上的检查点(值)符合该规范合格质量标准的要求，且最大值不应超过其允许偏差值的1.2倍。

4) 检验批验收应提交资料

检验批验收时，应提交的施工操作依据和质量检查记录应完整。

5) 检验批验收

只按列为主控项目、一般项目的条款来验收，不能随意扩大内容范围和提高质量标准。

6) 检验批验收责任制

检验批表式中的责任制签记必须本人签字，替签为无效检验批验收记录。

(2) 检查验收执行条目(摘自《钢结构工程施工质量验收规范》GB 50205—2001)

7.5.1 螺栓球成型后，不应有裂纹、褶皱、过烧。

检查数量：每种规格抽查10%，且不应少于5个。

检验方法：10倍放大镜观察检查或表面探伤。

7.5.2 钢板压成半圆球后，表面不应有裂纹、褶皱；焊接球其对接坡口应采用机械加工，对接焊缝表面应打磨平整。

检查数量：每种规格抽查10%，且不应少于5个。

检验方法：10倍放大镜观察检查或表面探伤。

7.5.3 螺栓球加工的允许偏差应符合表7.5.3的规定。

检查数量：每种规格抽查10%，且不应少于5个。

检验方法：见表7.5.3。

螺栓球加工的允许偏差(mm) 表7.5.3

项 目		允许偏差	量 测 值				检验方法
圆 度	$d \leqslant 120$	1.5					用卡尺和游标卡尺检查
	$d > 120$	2.5					
同一轴线上两铣平面平行度	$d \leqslant 120$	0.2					用百分表V形块检查
	$d > 120$	0.3					
铣平面距球中心距离		±0.2					用游标卡尺检查
相邻两螺栓孔中心线夹角		±30′					用分度头检查
两铣平面与螺栓孔轴线垂直度		$0.005r$					用百分表检查
球毛坯直径	$d \leqslant 120$	+2.0 −1.0					用卡尺和游标卡尺检查
	$d > 120$	+3.0 −1.5					

7.5.4 焊接球加工的允许偏差应符合表 7.5.4 的规定。

检查数量：每种规格抽查 10％，且不应少于 5 个。

检验方法：见表 7.5.4。

焊接球加工的允许偏差(mm)　　　　　表 7.5.4

项目	允许偏差	量测值	检验方法
直径	±0.005d ±2.5		用卡尺和游标卡尺检查
圆度	2.5		用卡尺和游标卡尺检查
壁厚减薄量	0.13t, 且不应大于 1.5		用卡尺和测厚仪检查
两半球对口错边	1.0		用套模和游标卡尺检查

7.5.5 钢网架(桁架)用钢管杆件加工的允许偏差应符合表 7.5.5 的规定。

检查数量：每种规格抽查 10％，且不应少于 5 根。

检验方法：见表 7.5.5。

钢网架(桁架)用钢管杆件加工的允许偏差(mm)　　　　　表 7.5.5

项目	允许偏差	量测值	检验方法
长度	±1.0		用钢尺和百分表检查
端面对管轴的垂直度	0.005r		用百分表V形块检查
管口曲线	1.0		用套模和游标卡尺检查

(3) 钢零件及钢部件管球加工检验批验收应提供的附件资料

1) 提供表面探伤报告；
2) 自检、互检记录；
3) 其他应报或设计要求报送的资料。

注：合理缺项除外。

2.4.19 钢零件及部件制孔质量验收记录

1. 资料表式

钢零件及部件制孔质量验收记录表　　　　　表 205-19

检控项目	序号	质量验收规范规定			施工单位检查评定记录		监理(建设)单位验收记录
主控项目	1	制 孔	7.6.1 条				
		项目	允许偏差(mm)		量测值(mm)		
	1	A、B级螺栓孔孔径	螺栓	孔径	螺栓	孔径	
	1)	φ10～18	0.00 -0.21	+0.18 0.00			
	2)	φ18～30	0.00 -0.21	+0.21 0.00			
	3)	φ30～50	0.00 -0.25	+0.25 0.00			

续表

检控项目	序号	质量验收规范规定		施工单位检查评定记录		监理(建设)单位验收记录
主控项目	2	项　目	允许偏差(mm)	量　测　值　(mm)		
主控项目	2	C级螺栓孔径				
主控项目	1)	直　径	+1.0 0.0			
主控项目	2)	圆　度	2.0			
主控项目	3	垂直度	$0.03t$，且不大于2.0			
一般项目	1	螺栓孔距	允许偏差(mm)	量　测　值　(mm)		
一般项目		孔距范围(mm)	同组间　邻组间	同组间	邻组间	
一般项目		≤500	±1.0　　±1.5			
一般项目		501～1200	±1.5　　±2.0			
一般项目		1201～3000	—　　　±2.5			
一般项目		>3000	—　　　±3.0			

注：1. 在节点中连接板与一根杆件相连的所有螺栓孔为一组；
　　2. 对连接头在拼接板一侧的螺栓孔为一组；
　　3. 在两相邻节点或接头间的螺栓孔为一组，但不包括上述两款所规定的螺栓孔；
　　4. 受弯构件翼缘上的连接螺栓孔，每米长度范围内的螺栓孔为一组。

2．应用指导

(1) 检查验收统一说明

1) 执行规范章、节

本表的检验批验收执行《钢结构工程施工质量验收规范》(GB 50205—2001)规范第7章、第7.6节主控项目和一般项目有关条目的质量等级要求。应按其质量标准和检查方法逐一进行验收。

表列应检验项目必须全部进行检查验收不得缺漏，应检项目漏检，应进行补充检查验收，不进行补检不应通过验收。

2) 检验批的划分原则

钢结构工程的检验批划分，(GB 50205—2001)规范规定，钢零件及钢部件加工工程，可按相应的钢结构制作工程或钢结构安装工程检验批的划分原则划分为一个或若干个检验批。

3) 质量等级验收评定

① 主控项目是对检验批的基本质量起决定性影响的检验项目，必须全部符合该专业规范的规定，不允许有不符合规范要求的检验结果；

② 一般项目其检查结果应有80%及以上的检查点(值)符合该规范合格质量标准的要求，且最大值不应超过其允许偏差值的1.2倍。

4) 检验批验收应提交资料

检验批验收时,应提交的施工操作依据和质量检查记录应完整。

5) 检验批验收

只按列为主控项目、一般项目的条款来验收,不能随意扩大内容范围和提高质量标准。

6) 检验批验收责任制

检验批表式中的责任制签记必须本人签字,替签为无效检验批验收记录。

(2) 检查验收执行条目(摘自《钢结构工程施工质量验收规范》GB 50205—2001)

7.6.1 A、B级螺栓孔(Ⅰ类孔)应具有H12的精度,孔壁表面粗糙度 R_a 不应大于 $12.5\mu m$。其孔径的允许偏差应符合表7.6.1-1(表205-19)的规定。

C级螺栓孔(Ⅱ类孔),孔壁表面粗糙度 R_a 不应大于 $25\mu m$,其允许偏差应符合表7.6.1-2(见表205-19)的规定。

检查数量:按钢构件数量抽查10%,且不应少于3件。

检验方法:用游标卡尺或孔径量规检查。

7.6.2 螺栓孔孔距的允许偏差应符合表7.6.2的规定。

检查数量:按钢构件数量抽查10%,且不应少于3件。

检验方法:用钢尺检查。

7.6.3 螺栓孔孔距的允许偏差超过本规范表7.6.2规定的允许偏差时,应采用与母材材质相匹配的焊条补焊后重新制孔。

检查数量:全数检查。

检验方法:观察检查。

(3) 钢零件及钢部件制孔检验批验收应提供的附件资料

1) 施工记录;

2) 自检、互检记录;

3) 其他应报或设计要求报送的资料。

注:合理缺项除外。

2.4.20 钢构件组装焊接H型钢检验批质量验收记录

1. 资料表式

钢构件组装焊接H型钢检验批质量验收记录表　　　　　　表205-20

检控项目	序号	质量验收规范规定			施工单位检查评定记录	监理(建设)单位验收记录
一般项目	1	焊接H型钢的翼缘板拼接缝和腹板拼接缝的间距不应小于200mm,翼缘板拼接长度不应小于2倍板宽;腹板拼接宽度不应小于300mm,长度不应小于600mm		第8.2.1条		
	2	焊接H型钢		允许偏差(mm)	量　测　值　(mm)	
		截面高度 h	$h<500$	±2.0		
			$500<h<1000$	±3.0		
			$h>1000$	±4.0		
		截面宽度 b		±3.0		

续表

检控项目	序号	质量验收规范规定		施工单位检查评定记录						监理(建设)单位验收记录
一般项目		腹板中心偏移	2.0							
		翼缘板垂直度 △	$b/100$,且不应大于3.0							
		弯曲矢高(受压构件除外)	$l/1000$,且不应大于10.0							
		扭 曲	$h/250$,且不应大于5.0							
		腹板局部平面度 f	$t<14$	3.0						
			$t\geqslant 14$	2.0						

注：l—长度、跨度； H—柱高度；
t—板、壁厚度； h—截面高度

2.4.21 钢构件组装检验批质量验收记录

1. 资料表式

钢构件组装检验批质量验收记录表　　　　表 205-21

检控项目	序号	质量验收规范规定		施工单位检查评定记录						监理(建设)单位验收记录
主控项目	1	吊车梁和吊车桁架		不应下挠						
一般项目	1	顶紧接触面		应有75%以上面积紧贴						
	2	桁架结构杆件轴线交点错位允许偏差		不得大于3.0mm						
	3	焊接连接制作组装项目		允许偏差(mm)	量　测　值　(mm)					
		对口错边 △		$t/10$,且不应大于3.0						
		间 隙 a		±1.0						
		搭接长度 a		±5.0						
		缝 隙 △		1.5						
		高 度 h		±2.0						
		垂 直 度 △		$b/100$,且不应大于3.0						
		中心偏移 e		±2.0						
		型钢错位	连接处	1.0						
			其他处	2.0						
		箱形截面高度 h		±2.0						
		宽 度 b		±2.0						
		垂 直 度 △		$b/200$,且不应大于3.0						

注：l—长度、跨度； H—柱高度；
t—板、壁厚度； h—截面高度。

2.4.22 钢构件组装端部铣平及安装焊缝坡口检验批质量验收记录

1. 资料表式

钢构件组装端部铣平及安装焊缝坡口检验批质量验收记录表　　　　表205-22

检控项目	序号	质量验收规范规定		施工单位检查评定记录	监理(建设)单位验收记录
主控项目	1	端部铣平	允许偏差(mm)	量　测　值　(mm)	
	1)	两端铣平时构件长度	±2.0		
	2)	两端铣平时零件长度	±0.5		
	3)	铣平面的平面度	0.3		
	4)	铣平面对轴线的垂直度	$l/1500$		
		按铣平面数量抽查10%,且不应少于3个			
一般项目	1	安装焊缝坡口	允许偏差(mm)	量　测　值　(mm)	
	1)	坡口角度	±5°		
	2)	钝边	±1.0mm		
	2	外露铣平面	应防锈保护(全数检查)		
		注：l—长度、跨度；　　H—柱高度； 　　　t—板、壁厚度；　　h—截面高度。按坡口数量抽查10%,且不应少于3条			
		注：允许偏差项目的检查按说明页允许偏差表进行并填写检查结果			

2.4.23 钢构件外形尺寸单层钢柱检验批质量验收记录

1. 资料表式

钢构件外形尺寸单层钢柱检验批质量验收记录表　　　　表205-23

检控项目	序号	质量验收规范规定		施工单位检查评定记录	监理(建设)单位验收记录
主控项目	1	钢构件外形尺寸	允许偏差(mm)	量　测　值　(mm)	
	1)	单层柱、梁、桁架受力支托(支承面)表面至第一个安装孔距离	±1.0		
	2)	多节柱铣平面至第一个安装孔距离	±1.0		

续表

检控项目	序号	质量验收规范规定		施工单位检查评定记录									监理(建设)单位验收记录
主控项目	3)	实腹梁两端最外侧安装孔距离	±3.0										
	4)	构件连接处的截面几何尺寸	±3.0										
	5)	柱、梁连接处的腹板中心线偏移	2.0										
	6)	受压构件(杆件)弯曲矢高	$l/1000$,且不应大于10.0										
一般项目	1	单层钢柱外形尺寸项目	允许偏差(mm)	量 测 值 (mm)									
		柱底面到柱端与桁架连接的最上一个安装孔距离 l	$±l/1500$ ±15.0										
		柱底面到牛腿支承面距离 l_1	$±l_1/2000$ ±8.0										
		牛腿面的翘曲 Δ	2.0										
		柱身弯曲矢高	$H/1200$,且不应大于12.0										
		柱身扭曲	牛腿处	3.0									
			其他处	8.0									
		柱截面几何尺寸	连接处	±3.0									
			非连接处	±4.0									
		翼缘对腹板的垂直度	连接处	1.5									
			其他处	$b/100$,且不应大于5.0									
		柱脚底板平面度	5.0										
		柱脚螺栓孔中心对柱轴线的距离	3.0										

注:l—长度、跨度;H—柱高度;t—板、壁厚度;h—截面高度。

2.4.24 钢构件外形尺寸多节钢柱检验批质量验收记录

1. 资料表式

钢构件外形尺寸多节钢柱检验批质量验收记录表　　　　表 205-24

检控项目	序号	质量验收规范规定		施工单位检查评定记录	监理(建设)单位验收记录
主控项目	1	钢构件外形尺寸	允许偏差(mm)	量测值 (mm)	
	1)	单层柱、梁、桁架受力支托(支承面)表面至第一个安装孔距离	±1.0		
	2)	多节柱铣平面至第一个安装孔距离	±1.0		
	3)	实腹梁两端最外侧安装孔距离	±3.0		
	4)	构件连接处的截面几何尺寸	±3.0		
	5)	柱、梁连接处的腹板中心线偏移	2.0		
	6)	受压构件(杆件)弯曲矢高	$l/1000$，且不应大于 10.0		
一般项目	1	多节钢柱外形尺寸项目	允许偏差(mm)	量测值 (mm)	
		一节柱高度 H	±3.0		
		两端最外侧安装孔距离 l_3	±2.0		
		铣平面到每一个安装孔距离 a	±1.0		
		柱身弯曲矢高 f	$H/1500$，且不应大于 5.0		
		一节柱的柱身扭曲	$h/250$，且不应大于 5.0		
		牛腿端孔到柱轴线距离 l_2	±3.0		
		牛腿的翘曲或扭曲 Δ　$L_2 \leqslant 1000$	2.0		
		$l_2 > 1000$	3.0		
		柱截面尺寸　连接处	±3.0		
		非连接处	±4.0		
		柱脚底板平面度	5.0		
		翼缘对腹板的垂直度　连接处	1.5		
		其他处	$b/100$，且不应大于 5.0		
		柱脚螺栓孔对柱轴线的距离 a	3.0		
		箱形截面连接处对角线差	3.0		
		箱型柱身板垂直度	$h(b)/150$，且不应大于 5.0		

注：l—长度、跨度；H—柱高度；t—板、壁厚度；h—截面高度。

2.4.25 钢构件外形尺寸焊接实腹钢梁检验批质量验收记录

1. 资料表式

钢构件外形尺寸焊接实腹钢梁检验批质量验收记录表　　　表 205-25

检控项目	序号	质量验收规范规定		允许偏差(mm)	施工单位检查评定记录 量　测　值　(mm)	监理(建设)单位验收记录
主控项目	1	钢构件外形尺寸		允许偏差(mm)	量　测　值　(mm)	
	1)	单层柱、梁、桁架受力支托(支承面)表面至第一个安装孔距离		±1.0		
	2)	多节柱铣平面至第一个安装孔距离		±1.0		
	3)	实腹梁两端最外侧安装孔距离		±3.0		
	4)	构件连接处的截面几何尺寸		±3.0		
	5)	柱、梁连接处的腹板中心线偏移		2.0		
	6)	受压构件(杆件)弯曲矢高		$l/1000$，且不应大于10.0		
一般项目	1	焊接实腹钢梁外形尺寸项目		允许偏差(mm)	量　测　值　(mm)	
		梁长度 l	端部有凸缘支座板	0　-5.0		
			其他形式	±$l/2500$ ±10.0		
		端部高度 h	$h \leqslant 2000$	±2.0		
			$h > 2000$	±3.0		
		拱度	设计要求起拱	±$l/5000$		
			设计未要求起拱	10.0　-5.0		
		侧弯矢高		$l/2000$，且不应大于10.0		
		扭曲		$h/250$，且不应大于10.0		
		腹板局部平面度	$t \leqslant 14$	5.0		
			$t > 14$	4.0		
		翼缘板对腹板的垂直度		$b/1000$，且不应大于3.0		
		吊车梁上翼缘与轨道接触面平面度		1.0		
		箱形截面对角线差		5.0		
		箱形面两腹板至翼缘板中心线距离 a	连接处	1.0		
			其他处	1.5		
		梁端板的平面度(只允许凹进)		$h/500$，且不应大于2.0		
		梁端板与腹板的垂直度		$h/500$，且不应大于2.0		

注：l—长度、跨度；H—柱高度；t—板、壁厚度；h—截面高度。

2.4.26 钢构件外形尺寸钢桁架检验批质量验收记录

1．资料表式

钢构件外形尺寸钢桁架检验批质量验收记录表　　　　表205-26

检控项目	序号	质量验收规范规定		施工单位检查评定记录	监理(建设)单位验收记录
	1	钢构件外形尺寸	允许偏差(mm)	量 测 值 (mm)	
主控项目	1)	单层柱、梁、桁架受力支托(支承面)表面至第一个安装孔距离	±1.0		
	2)	多节柱铣平面至第一个安装孔距离	±1.0		
	3)	实腹梁两端最外侧安装孔距离	±3.0		
	4)	构件连接处的截面几何尺寸	±3.0		
	5)	柱、梁连接处的腹板中心线偏移	2.0		
	6)	受压构件(杆件)弯曲矢高	$l/1000$，且不应大于10.0		
	1	钢桁架外形尺寸项目	允许偏差(mm)	量 测 值 (mm)	
一般项目		桁架最外端两个孔或两端支承面最外侧距离	$l\leqslant24m$	+3.0　－7.0	
			$l>24m$	+5.0　－10.0	
		桁架跨中高度		±10.0	
		桁架跨中拱度	设计要求起拱	±$l/5000$	
			设计未要求起拱	10.0　－5.0	
		相邻节间弦杆弯曲(受压除外)		$l/1000$	
		支承面到第一个安装孔距离 a		±1.0	
		檩条连接支座间距		±5.0	
		注：l—长度、跨度；　H—柱高度； 　　　t—板、壁厚度；　h—截面高度			

2.4.27 钢构件外形尺寸钢管构件检验批质量验收记录

1. 资料表式

钢构件外形尺寸钢管构件检验批质量验收记录表　　　　表 205-27

检控项目	序号	质量验收规范规定		施工单位检查评定记录	监理(建设)单位验收记录
主控项目	1	钢构件外形尺寸	允许偏差（mm）	量 测 值 （mm）	
	1)	单层柱、梁、桁架受力支托（支承面）表面至第一个安装孔距离	±1.0		
	2)	多节柱铣平面至第一个安装孔距离	±1.0		
	3)	实腹梁两端最外侧安装孔距离	±3.0		
	4)	构件连接处的截面几何尺寸	±3.0		
	5)	柱、梁连接处的腹板中心线偏移	2.0		
	6)	受压构件(杆件)弯曲矢高	$l/1000$,且不应大于10.0		
一般项目	1	钢管构件外形尺寸项目	允许偏差（mm）	量 测 值 （mm）	
		直径 d	$\pm d/500$ ±5.0		
		构件长度 l	±3.0		
		管口圆度	$d/500$,且不应大于5.0		
		管面对管轴的垂直度	$d/500$,且不应大于3.0		
		弯曲矢高	$l/1500$,且不应大于5.0		
		对口错边	$t/10$,且不应大于3.0		
	注：l—长度、跨度；　H—柱高度； 　　t—板、壁厚度；　h—截面高度；对方矩形管,d 为长边尺寸				

2.4.28 钢构件外形尺寸墙架、檩条、支撑系统钢构件检验批质量验收记录

1. 资料表式

钢构件外形尺寸墙架、檩条、支撑系统
钢构件检验批质量验收记录表

表 205-28

检控项目	序号	质量验收规范规定		施工单位检查评定记录	监理(建设)单位验收记录
主控项目	1	钢构件外形尺寸	允许偏差(mm)	量 测 值 (mm)	
	1)	单层柱、梁、桁架受力支托(支承面)表面至第一个安装孔距离	±1.0		
	2)	多节柱铣平面至第一个安装孔距离	±1.0		
	3)	实腹梁两端最外侧安装孔距离	±3.0		
	4)	构件连接处的截面几何尺寸	±3.0		
	5)	柱、梁连接处的腹板中心线偏移	2.0		
	6)	受压构件(杆件)弯曲矢高	$l/1000$,且不应大于10.0		
一般项目	1	墙架、檩条、支撑系统钢构件外形尺寸项目	允许偏差(mm)	量 测 值 (mm)	
		构件长度 l	±4.0		
		构件两端最外侧安装孔距离 l_1	±3.0		
		构件弯曲矢高	$l/1000$,且不应大于10.0		
		截面尺寸	+5.0 -2.0		

注:l—长度、跨度; H—柱高度;
t—板、壁厚度; h—截面高度。

2.4.29 钢构件外形尺寸钢平台、钢梯和防护栏杆检验批质量验收记录

1. 资料表式

钢构件外形尺寸钢平台、钢梯和
防护栏杆检验批质量验收记录表

表 205-29

检控项目	序号	质量验收规范规定		施工单位检查评定记录										监理(建设)单位验收记录
主控项目	1	钢构件外形尺寸	允许偏差(mm)	量测值 (mm)										
	1)	单层柱、梁、桁架受力支托(支承面)表面至第一个安装孔距离	±1.0											
	2)	多节柱铣平面至第一个安装孔距离	±1.0											
	3)	实腹梁两端最外侧安装孔距离	±3.0											
	4)	构件连接处的截面几何尺寸	±3.0											
	5)	柱、梁连接处的腹板中心线偏移	2.0											
	6)	受压构件(杆件)弯曲矢高	$l/1000$,且不应大于10.0											
一般项目	1	钢平台、钢梯和防护钢栏杆外形尺寸项目	允许偏差(mm)	量测值 (mm)										
		平台长度和宽度	±5.0											
		平台两对角线差$|l_1-l_2|$	6.0											
		平台支柱高度	±3.0											
		平台支柱弯曲矢高	5.0											
		平台表面平面度(1m范围内)	6.0											
		梯梁长度 l	±5.0											
		钢梯宽度 b	±5.0											
		钢梯安装孔距离 a	±3.0											
		钢梯纵向挠曲矢高	$l/1000$											
		踏步(棍)间距	±5.0											
		栏杆高度	±5.0											
		栏杆立柱间距	±10.0											

注：l—长度、跨度；H—柱高度；t—板、壁厚度；h—截面高度。

2.4.30 钢构件预拼装工程检验批质量验收记录

1. 资料表式

钢构件预拼装工程检验批质量验收记录表　　表205-30

本表适用于钢构件预拼装工程的质量验收

检控项目	序号	质量验收规范规定			施工单位检查评定记录	监理(建设)单位验收记录
主控项目	1	高强度螺栓和普通螺栓连接的多层板叠		第9.2.1条		
一般项目			项目	允许偏差(mm)	量测值(mm)	
		多节柱	预拼装单元总长	±5.0		
			预拼装单元弯曲矢高	$l/1500$,且不应大于10.0		
			接口错边	2.0		
			预拼装单元柱身扭曲	$h/200$,且不应大于5.0		
			顶紧面至任一牛腿距离	±2.0		
		梁、桁架	跨度最外两端安装孔或两端支承面最外侧距离	+5.0 −10.0		
			接口截面错位	2.0		
			拱度　设计要求起拱	±$l/1500$		
			拱度　设计未要求起拱	$l/2000$ 0		
			节点处杆件轴线错位	4.0		
		管构件	预拼装单元总长	±5.0		
			预拼装单元弯曲矢高	$l/1500$,且不应大于10.0		
			对口错边	$t/10$,且不应大于3.0		
			坡口间隙	+2.0 −1.0		
		构件平面总体预拼装	各楼层柱距	±4.0		
			相邻楼层梁与梁之间距离	±3.0		
			各层间框架两对角线之差	$H/2000$,且不应大于5.0		
			任意两对角线之差	$\Sigma H/2000$,且不应大于8.0		

注:l—长度、跨度;H—柱高度;t—板、壁厚度;h—截面高度。

2. 应用指导

(1) 检查验收统一说明

1) 执行规范章、节

本表的检验批验收执行《钢结构工程施工质量验收规范》(GB 50205—2001)规范第9章、第9.2节主控项目和一般项目有关条目的质量等级要求。应按其质量标准和检查方法逐一进行验收。

表列应检验项目必须全部进行检查验收不得缺漏,应检项目漏检,应进行补充检查验收,不进行补检不应通过验收。

2) 检验批的划分原则

钢结构工程的检验批划分,(GB 50205—2001)规范规定,钢构件预拼装工程可按钢结构制作工程检验批的划分原则划分为一个或若干个检验批。

3) 质量等级验收评定

① 主控项目是对检验批的基本质量起决定性影响的检验项目,必须全部符合该专业规范的规定,不允许有不符合规范要求的检验结果;

② 一般项目其检查结果应有80%及以上的检查点(值)符合该规范合格质量标准的要求,且最大值不应超过其允许偏差值的1.2倍。

4) 检验批验收应提交资料

检验批验收时,应提交的施工操作依据和质量检查记录应完整。

5) 检验批验收

只按列为主控项目、一般项目的条款来验收,不能随意扩大内容范围和提高质量标准。

6) 检验批验收责任制

检验批表式中的责任制签记必须本人签字,替签为无效检验批验收记录。

(2) 保证质量措施条目(摘自《钢结构工程施工质量验收规范》GB 50205—2001)

9.1.3 预拼装所用支承凳或平台应测量找平,检查时应拆除全部临时固定和拉紧装置。

9.1.4 进行预拼装的钢构件,其质量应符合设计要求和本规范合格质量标准规定。

(3) 检查验收执行条目(摘自《钢结构工程施工质量验收规范》GB 50205—2001)

9.2.1 高强度螺栓和普通螺栓连接的多层板叠,应采用试孔器进行检查,并应符合下列规定:

1 当采用比孔公称直径小1.0mm的试孔器检查时,每组孔的通过率不应小于85%;

2 当采用比螺栓公称直径大0.3mm的试孔器检查时,通过率应为100%。

检查数量:按预拼装单元全数检查。

检验方法:采用试孔器检查。

9.2.2 预拼装的允许偏差应符合附录D表D的规定。

检查数量:按预拼装单元全数检查。

检验方法:多节柱:预拼装单元总长

(4) 质量验收的检验方法

钢构件预拼装工程质量检查方法

项次	项 目	检 查 方 法
1	预拼单元弯曲矢高	用钢尺检查
2	接口错边	用拉线和钢尺检查
3	预拼装单元柱身扭曲	用焊缝量规检查
4	顶紧面至任一牛腿距离	用拉线、吊线和钢尺检查
5	梁、桁架:跨度最外两端安装孔或两端支承面最外侧距离	用钢尺检查
		用钢尺检查
	接口截面错位	用焊缝量规检查
	拱度	用拉线和钢尺检查
	节点处杆件轴线错位	划线后用钢尺检查
6	管构件:预拼装单元弯曲矢高	用拉线和钢尺检查
	对口错边	用焊缝量规检查
	坡口间隙	用焊缝量规检查
7	构件平面总体预拼装:各楼层柱距	用钢尺检查
	相邻楼层梁与梁之间距离	用钢尺检查
	各层间框架两对角线之差	用钢尺检查
	任意两对角线之差	用钢尺检查

(5) 检验批验收应提供的附件资料(表205-21~表205-30)

1) 提供检验批检查结果。
2) 施工记录;
3) 自检、互检及工序交接检查记录;
4) 其他应报或设计要求报送的资料;

注:1. 合理缺项除外。
  2. 表205-21~表205-30表示这几个检验批表式的附件资料均相同。

2.4.31 单层钢结构安装基础和支承面检验批质量验收记录

1. 资料表式

单层钢结构安装基础和支承面检验批质量验收记录表　　　　表205-31

检控项目	序号	质量验收规范规定		施工单位检查评定记录	监理(建设)单位验收记录
主控项目	1	建筑物定位、基础轴线和标高		第10.2.1条	
	2	基础顶面支承面	允许偏差 (mm)	量 测 值 (mm)	
	1)	支承面 标高	±3.0		
		水平度	$l/1000$		
	2)	地脚螺栓(锚栓)螺栓中心偏移	5.0		
	3)	预留孔中心偏移	10.0		

续表

检控项目	序号	质量验收规范规定		施工单位检查评定记录	监理(建设)单位验收记录
主控项目	3	座浆垫板	允许偏差(mm)	量 测 值 (mm)	
	1)	顶面标高	0.0 −3.0		
	2)	水平度	$l/1000$		
	3)	位置	20.0		
	4	杯口尺寸	允许偏差(mm)	量 测 值 (mm)	
	1)	底面标高	0.0 −5.0		
	2)	杯口深度 H	±5.0		
	3)	杯口垂直度	$H/1000$ 且不应大于 10.0		
	4)	位置	10.0		
一般项目	1	地脚螺栓(锚栓)	允许偏差(mm)	量 测 值 (mm)	
	1)	螺栓(锚栓)露出长度	+30.0 0.0		
	2)	螺纹长度	+30.0 0.0		

注：l—长度、跨度；H—柱高度。

2．应用指导
(1) 检查验收统一说明

1) 执行规范章、节

本表的检验批验收执行《钢结构工程施工质量验收规范》(GB 50205—2001)规范第10章、第10.2节主控项目和一般项目有关条目的质量等级要求。应按其质量标准和检查方法逐一进行验收。

表列应检验项目必须全部进行检查验收不得缺漏，应检项目漏检，应进行补充检查验收，不进行补检不应通过验收。

2) 检验批的划分原则

钢结构工程的检验批划分，(GB 50205—2001)规范规定，单层钢结构安装工程可按变形缝或空间刚度单元等划分成一个或若干个检验批。地下钢结构可按不同地下层划分检验批。

3) 质量等级验收评定

① 主控项目是对检验批的基本质量起决定性影响的检验项目，必须全部符合该专业规范的规定，不允许有不符合规范要求的检验结果；

② 一般项目其检查结果应有80%及以上的检查点(值)符合该规范合格质量标准的要求，且最大值不应超过其允许偏差值的1.2倍。

4) 检验批验收应提交资料

检验批验收时，应提交的施工操作依据和质量检查记录应完整。

5) 检验批验收

只按列为主控项目、一般项目的条款来验收，不能随意扩大内容范围和提高质量标准。

6）检验批验收责任制

检验批表式中的责任制签记必须本人签字,替签为无效检验批验收记录。

(2) 检查验收执行条目(摘自《钢结构工程施工质量验收规范》GB 50205—2001)

10.2.1 建筑物的定位轴线、基础轴线和标高、地脚螺栓的规格及其紧固应符合设计要求。

检查数量:按柱基数抽查10%,且不应少于3个。

检验方法:用经纬仪、水准仪、全站仪和钢尺现场实测。

10.2.2 基础顶面直接作为柱的支承面和基础顶面预埋钢板或支座作为柱的支承面时,其支承面、地脚螺栓(锚栓)位置的允许偏差应符合表10.2.2的规定。

检查数量:按柱基数抽查10%,且不应少于3个。

检验方法:用经纬仪、水准仪、全站仪、水平尺和钢尺实测。

10.2.3 采用座浆垫板时,座浆垫板的资料全数检查。按柱基数抽查10%,且不应少于3个。

检验方法:用水准仪、全站仪、水平尺和钢尺现场实测。

10.2.4 采用杯口基础时,杯口尺寸的检查数量:按基础数抽查10%,且不应少于4处。

检验方法:观察及尺量检查。

10.2.5 地脚螺栓(锚栓)尺寸的检查数量:按柱基数抽查10%,且不应少于3个。

检验方法:用钢尺现场实测。

(3) 单层钢结构安装基础和支承面检验批验收应提供的附件资料

1）提供检验批检查结果；
2）施工及焊接工艺试验或评定资料；
3）施工及焊接工艺方案；
4）施工记录；
5）细石混凝土、灌浆料强度试验报告；
6）自检、互检及工序交接检查记录；
7）其他应报或设计要求报送的资料；

注：合理缺项除外。

2.4.32 单层钢结构安装与校正钢屋架、桁架、梁、钢柱等检验批质量验收记录

1. 资料表式

单层钢结构安装与校正钢屋架、桁架、梁、钢柱等检验批质量验收记录表　　　　表205-32

检控项目	序号	质量验收规范规定		施工单位检查评定记录	监理(建设)单位验收记录
主控项目	1	钢构件的矫正与修补	第10.3.1条		
	2	设计要求顶紧节点	第10.3.2条		
	3	钢屋(托)架、桁架、梁等	允许偏差(mm)	量　测　值　(mm)	
	1)	跨中的垂直度	$h/250$ 且不应大于15.0		

续表

检控项目	序号	质量验收规范规定			施工单位检查评定记录									监理(建设)单位验收记录
主控项目	2)	侧向弯曲矢高 f	$l \leqslant 30\text{m}$	$l/1000$ 且不应大于 10.0										
			$30\text{m} < l \leqslant 60\text{m}$	$l/1000$ 且不应大于 30.0										
			$l > 60\text{m}$	$l/1000$ 且不应大于 50.0										
	4	主体结构整体垂直度、平面弯曲		允许偏差(mm)	量 测 值 (mm)									
	1)	主体结构整体垂直度		$H/1000$ 且不应大于 25.0										
	2)	主体结构整体平面弯曲		$l/1500$ 且不应大于 25.0										
一般项目	1	钢柱中心线和标高		第 10.3.5 条										
	2	定位轴线和间距偏差		第 10.3.6 条										
	3	钢柱安装		允许偏差(mm)	量 测 值 (mm)									
	1)	柱脚底座中心线对定位轴线的偏移		5.0										
	2)	柱基准点标高	有吊车梁的柱	+3.0 −5.0										
			无吊车梁的柱	+5.0 −8.0										
	3)	弯曲矢高		$H/1200$,且不应大于 15.0										
	4)	柱轴线垂直度	单层柱	$H \leqslant 10\text{m}$	$H/1000$									
				$H > 10\text{m}$	$H/1000$,且不应大于 25.0									
			多节柱	单节柱	$H/1000$,且不应大于 10.0									
				柱全高	35.0									
	4	现场焊缝组对		允许偏差(mm)	量 测 值 (mm)									
	1)	无垫板间隙		+3.0 −0.0										
	2)	有垫板间隙		+3.0 −2.0										
	5	钢结构表面		第 10.3.12 条										
		注：l—长度、跨度；H—柱高度；h—截面高度													

2．应用指导

(1) 检查验收统一说明

1) 执行规范章、节

本表的检验批验收执行《钢结构工程施工质量验收规范》(GB 50205—2001)规范第10章、第10.3节主控项目和一般项目有关条目的质量等级要求。应按其质量标准和检查方法逐一进行验收。

表列应检验项目必须全部进行检查验收不得缺漏，应检项目漏检，应进行补充检查验收，不进行补检不应通过验收。

2) 检验批的划分原则

钢结构工程的检验批划分，(GB 50205—2001)规范规定，单层钢结构安装工程可按变形缝或空间刚度单元等划分成一个或若干个检验批。地下钢结构可按不同地下层划分检验批。

3) 质量等级验收评定

① 主控项目是对检验批的基本质量起决定性影响的检验项目，必须全部符合该专业规范的规定，不允许有不符合规范要求的检验结果；

② 一般项目其检查结果应有80%及以上的检查点(值)符合该规范合格质量标准的要求，且最大值不应超过其允许偏差值的1.2倍。

4) 检验批验收应提交资料

检验批验收时，应提交的施工操作依据和质量检查记录应完整。

5) 检验批验收

只按列为主控项目、一般项目的条款来验收，不能随意扩大内容范围和提高质量标准。

6) 检验批验收责任制

检验批表式中的责任制签记必须本人签字，替签为无效检验批验收记录。

(2) 检查验收执行条目(摘自《钢结构工程施工质量验收规范》GB 50205—2001)

10.3.1 钢构件应符合设计要求和(GB 50205—2001)规范的规定。运输、堆放和吊装等造成的钢构件变形及涂层脱落，应进行矫正和修补。

检查数量：按构件数抽查10%，且不应少于3个。

检验方法：用拉线、钢尺现场实测或观察。

10.3.2 设计要求顶紧的节点，接触面不应少于70%紧贴，且边缘最大间隙不应大于0.8mm。

检查数量：按节点数抽查10%，且不应少于3个。

检验方法：用钢尺及0.3mm和0.8mm厚的塞尺现场实测。

10.3.3 钢屋(托)架、桁架、梁及受压杆件的垂直度和侧向弯曲矢高的允许偏差应符合(GB 50205—2001)规范表10.3.3的规定。

检查数量：按同类构件数抽查10%，且不应少于3个。

检验方法：用吊线、拉线、经纬仪和钢尺现场实测。

10.3.4 单层钢结构主体结构的整体垂直度和整体平面弯曲的允许偏差应符合(GB 50205—2001)规范表10.3.4的规定。

检查数量：对主要立面全部检查。对每个所检查的立面，除两列角柱外，尚应至少选取一列中间柱。

检验方法：采用经纬仪、全站仪等测量。

10.3.5 钢柱等主要构件的中心线及标高基准点等标记应齐全。

检查数量:按同类构件数抽查10%,且不应少于3件。

检验方法:观察检查。

10.3.6 当钢桁架(或梁)安装在混凝土柱上时,其支座中心对定位轴线的偏差不应大于10mm;当采用大型混凝土屋面板时,钢桁架(或梁)间距的偏差不应大于10mm。

检查数量:按同类构件数抽查10%,且不应少于3榀。

检验方法:用拉线和钢尺现场实测。

10.3.7 钢柱安装的允许偏差应符合(GB 50205—2001)规范附录E中表E.0.1的规定。

检查数量:接钢柱数抽查10%,且不应少于3件。

检验方法:见(GB 50205—2001)规范附录E中表E.0.1。

10.3.11 现场焊缝组对间隙的允许偏差应符合(GB 50205—2001)规范表10.3.11的规定。

检查数量:按同类节点数抽查10%,且不应少于3个。

检验方法:尺量检查。

10.3.12 钢结构表面应干净,结构主要表面不应有疤痕、泥沙等污垢。

检查数量:按同类构件数抽查10%,且不应少于3件。

检验方法:观察检查。

(3) 单层钢结构安装和校正检验批验收应提供的附件资料

1) 提供检验批检查结果;
2) 施工及焊接工艺试验或评定资料;
3) 施工及焊接工艺方案;
4) 细石混凝土、灌浆料强度试验报告;
5) 施工记录;
6) 自检、互检及工序交接检查记录;
7) 其他应报或设计要求报送的资料;

注:合理缺项除外。

2.4.33 单层钢结构安装与校正钢吊车梁检验批质量验收记录

1. 资料表式

单层钢结构安装与校正钢吊车梁检验批质量验收记录表　　　表205-33

检控项目	序号	质量验收规范规定		施工单位检查评定记录	监理(建设)单位验收记录
主控项目	1	钢构件的矫正与修补		第10.3.1条	
	2	设计要求顶紧节点		第10.3.2条	
一般项目	1	钢结构表面		第10.3.12条	
	2	现场焊缝组对间隙	允许偏差(mm)	量　测　值　(mm)	
	1)	无垫板间隙	+3.0　-0.0		
	2)	有垫板间隙	+3.0　-2.0		

续表

检控项目	序号	质量验收规范规定		施工单位检查评定记录						监理(建设)单位验收记录
	3	钢吊车梁	允许偏差(mm)	量 测 值 (mm)						
一般项目	1)	梁的跨中垂直度 Δ	$h/500$							
	2)	侧向弯曲矢高	$l/1500$,且不应大于10.0							
	3)	垂直上拱矢高	10.0							
	4)	两端支座中心位移 Δ	安装在钢柱上时,对牛腿中心的偏移	5.0						
			安装在混凝土柱上时,对定位轴线的偏移	5.0						
	5)	吊车梁支座加劲板中心与柱子承压加劲中心的偏移 Δ_1	$t/2$							
	6)	同跨间内同一横截面吊车梁顶面高差 Δ	支座处	10.0						
			其他处	15.0						
	7)	同跨间内同一横截面下挂式吊车梁底面高差 Δ	10.0							
	8)	同列相邻两柱间吊车梁顶面高差 Δ	$l/1500$,且不应大于10.0							
	9)	相邻两吊车梁接头部位 Δ	中心错位	3.0						
			上承式顶面高差	1.0						
			下承式底面高差	1.0						
	10)	同跨间任一截面的吊车梁中心跨距 Δ	±10.0							
	11)	轨道中心对吊车梁腹板轴线的偏移 Δ	$t/2$							
	注: l—长度、跨度; Δ—增量; h—截面高度。									

2. 应用指导

(1) 检查验收统一说明

1) 执行规范章、节

本表的检验批验收执行《钢结构工程施工质量验收规范》(GB 50205—2001)规范第10

章、第10.3节主控项目和一般项目有关条目的质量等级要求。应按其质量标准和检查方法逐一进行验收。

表列应检验项目必须全部进行检查验收不得缺漏,应检项目漏检,应进行补充检查验收,不进行补检不应通过验收。

2) 检验批的划分原则

钢结构工程的检验批划分,(GB 50205—2001)规范规定,单层钢结构安装工程可按变形缝或空间刚度单元等划分成一个或若干个检验批。地下钢结构可按不同地下层划分检验批。

3) 质量等级验收评定

① 主控项目是对检验批的基本质量起决定性影响的检验项目,必须全部符合该专业规范的规定,不允许有不符合规范要求的检验结果;

② 一般项目其检查结果应有80%及以上的检查点(值)符合该规范合格质量标准的要求,且最大值不应超过其允许偏差值的1.2倍。

4) 检验批验收应提交资料

检验批验收时,应提交的施工操作依据和质量检查记录应完整。

5) 检验批验收

只按列为主控项目、一般项目的条款来验收,不能随意扩大内容范围和提高质量标准。

6) 检验批验收责任制

检验批表式中的责任制签记必须本人签字,替签为无效检验批验收记录。

(2) 检查验收执行条目(摘自《钢结构工程施工质量验收规范》GB 50205—2001)

10.3.1 钢构件应符合设计要求和(GB 50205—2001)规范的规定。运输、堆放和吊装等造成的钢构件变形及涂层脱落,应进行矫正和修补。

检查数量:按构件数抽查10%,且不应少于3个。

检验方法:用拉线、钢尺现场实测或观察。

10.3.2 设计要求顶紧的节点,接触面不应少于70%紧贴,且边缘最大间隙不应大于0.8mm。

检查数量:按节点数抽查10%,且不应少于3个。

检验方法:用钢尺及0.3mm和0.8mm厚的塞尺现场实测。

10.3.8 钢吊车梁或直接承受动力荷载的类似构件,其安装的检查数量:按钢吊车梁数抽查10%,且不应少于3榀。

检验方法:见(GB 50205—2001)规范附录E中表E.0.2

10.3.11 现场焊缝组对间隙的允许偏差应符合(GB 50205—2001)规范表10.3.11的规定。

检查数量:按同类节点数抽查10%,且不应少于3个。

检验方法:尺量检查。

10.3.12 钢结构表面应干净,结构主要表面不应有疤痕、泥沙等污垢。

检查数量:按同类构件数抽查10%,且不应少于3件。

检验方法:观察检查。

2.4.34 单层钢结构安装与校正墙架、檩条等次要构件检验批质量验收记录

1. 资料表式

单层钢结构安装与校正墙架、檩条等次要构件检验批质量验收记录表　　表205-34

检控项目	序号	质量验收规范规定		施工单位检查评定记录				监理(建设)单位验收记录
主控项目	1	钢构件的矫正与修补	第10.3.1条					
	2	设计要求顶紧节点	第10.3.2条					
一般项目	1	定位轴线和间距偏差	第10.3.6条					
	2	现场焊接组对间隙	允许偏差(mm)	量	测	值	(mm)	
	1)	无垫板间隙	+3.0　-0.0					
	2)	有垫板间隙	+3.0　-2.0					
	3	墙架、檩条等次要构件	允许偏差(mm)	量	测	值	(mm)	
	1)	墙架立柱 中心线对定位轴线的偏移	10.0					
		墙架立柱 垂直度	$H/1000$,且不应大于10.0					
		墙架立柱 弯曲矢高	$H/1000$,且不应大于15.0					
	2)	抗风桁架的垂直度	$h/250$,且不应大于15.0					
	3)	檩条、墙梁的间距	±5.0					
	4)	檩条的弯曲矢高	$L/750$,且不应大于12.0					
	5)	墙梁的弯曲矢高	$L/750$,且不应大于10.0					
	4	钢结构表面	第10.3.12条					

注：H 为墙架立柱的高度；
　　h 为抗风桁架的高度；
　　L 为檩条或墙梁的长度。

2. 应用指导

(1) 检查验收统一说明

1) 执行规范章、节

本表的检验批验收执行《钢结构工程施工质量验收规范》(GB 50205—2001)规范第10章、第10.3节主控项目和一般项目有关条目的质量等级要求。应按其质量标准和检查方法逐一进行验收。

表列应检验项目必须全部进行检查验收不得缺漏,应检项目漏检,应进行补充检查验收,不进行补检不应通过验收。

2) 检验批的划分原则

钢结构工程的检验批划分,(GB 50205—2001)规范规定,单层钢结构安装工程可按变形缝或空间刚度单元等划分成一个或若干个检验批。地下钢结构可按不同地下层划分检验批。

3) 质量等级验收评定

① 主控项目是对检验批的基本质量起决定性影响的检验项目,必须全部符合该专业规范的规定,不允许有不符合规范要求的检验结果;

② 一般项目其检查结果应有80%及以上的检查点(值)符合该规范合格质量标准的要求,且最大值不应超过其允许偏差值的1.2倍。

4) 检验批验收应提交资料

检验批验收时,应提交的施工操作依据和质量检查记录应完整。

5) 检验批验收

只按列为主控项目、一般项目的条款来验收,不能随意扩大内容范围和提高质量标准。

6) 检验批验收责任制

检验批表式中的责任制签记必须本人签字,替签为无效检验批验收记录。

(2) 检查验收执行条目(摘自《钢结构工程施工质量验收规范》GB 50205—2001)

10.3.1 钢构件应符合设计要求和(GB 50205—2001)规范的规定。运输、堆放和吊装等造成的钢构件变形及涂层脱落,应进行矫正和修补。

检查数量:按构件数抽查10%,且不应少于3个。

检验方法:用拉线、钢尺现场实测或观察。

10.3.2 设计要求顶紧的节点,接触面不应少于70%紧贴,且边缘最大间隙不应大于0.8mm。

检查数量:按节点数抽查10%,且不应少于3个。

检验方法:用钢尺及0.3mm和0.8mm厚的塞尺现场实测。

10.3.6 当钢桁架(或梁)安装在混凝土柱上时,其支座中心对定位轴线的偏差不应大于10mm;当采用大型混凝土屋面板时,钢桁架(或梁)间距的偏差不应大于10mm。

检查数量:按同类构件数抽查10%,且不应少于3榀。

检验方法:用拉线和钢尺现场实测。

10.3.9 檩条、墙架等次要构件安装的允许偏差应符合(GB 50205—2001)规范表10.3.9的规定。

检查数量:按同类构件数抽查10%,且不应少于3件。检验方法:见(GB 50205—2001)规范附录E中表E.0.3。

10.3.11 现场焊缝组对间隙的允许偏差应符合(GB 50205—2001)规范表10.3.11的规定。

检查数量:按同类节点数抽查10%,且不应少于3个。检验方法:尺量检查。

10.3.12 钢结构表面应干净,结构主要表面不应有疤痕、泥沙等污垢。

检查数量:按同类构件数抽查10%,且不应少于3件。

检验方法:观察检查。

2.4.35 单层钢结构安装与校正钢平台、钢梯和防护栏杆检验批质量验收记录

1. 资料表式

单层钢结构安装与校正钢平台、钢梯和
防护栏杆检验批质量验收记录表

表 205-35

检控项目	序号	质量验收规范规定		施工单位检查评定记录								监理(建设)单位验收记录
主控项目	1	钢构件的矫正与修补	第10.3.1条									
	2	设计要求顶紧节点	第10.3.2条									
一般项目	1	现场焊接组对间隙	允许偏差(mm)	量 测 值 (mm)								
	1)	无垫板间隙	+3.0 -0.0									
	2)	有垫板间隙	+3.0 -2.0									
	2	钢结构表面	第10.3.12条									
	3	钢平台、钢梯和防护栏杆	允许偏差(mm)	量 测 值 (mm)								
	1)	平台高度	±15.0									
	2)	平台梁水平度	$l/1000$,且不应大于20.0									
	3)	平台支柱垂直度	$H/1000$,且不应大于15.0									
	4)	承重平台梁侧向弯曲	$l/1000$,且不应大于10.0									
	5)	承重平台梁垂直度	$h/1000$,且不应大于15.0									
	6)	直梯垂直度	$l/1000$,且不应大于15.0									
	7)	栏杆高度	±15.0									
	8)	栏杆立柱间距	±15.0									
	注:H为平台支柱的高度; h为承重平台梁的高度; l为测试构件的长度。											

2. 应用指导

(1) 检查验收统一说明

1) 执行规范章、节

本表的检验批验收执行《钢结构工程施工质量验收规范》(GB 50205—2001)规范第10章、第10.3节主控项目和一般项目有关条目的质量等级要求。应按其质量标准和检查方法逐一进行验收。

表列应检验项目必须全部进行检查验收不得缺漏,应检项目漏检,应进行补充检查验收,不进行补检不应通过验收。

2) 检验批的划分原则

钢结构工程的检验批划分,(GB 50205—2001)规范规定,单层钢结构安装工程可按变形缝或空间刚度单元等划分成一个或若干个检验批。地下钢结构可按不同地下层划分检验批。

3) 质量等级验收评定

① 主控项目是对检验批的基本质量起决定性影响的检验项目,必须全部符合该专业规范的规定,不允许有不符合规范要求的检验结果;

② 一般项目其检查结果应有80%及以上的检查点(值)符合该规范合格质量标准的要求,且最大值不应超过其允许偏差值的1.2倍。

4) 检验批验收应提交资料

检验批验收时,应提交的施工操作依据和质量检查记录应完整。

5) 检验批验收

只按列为主控项目、一般项目的条款来验收,不能随意扩大内容范围和提高质量标准。

6) 检验批验收责任制

检验批表式中的责任制签记必须本人签字,替签为无效检验批验收记录。

(2) 检查验收执行条目(摘自《钢结构工程施工质量验收规范》GB 50205—2001)

10.3.1 钢构件应符合设计要求和(GB 50205—2001)规范的规定。运输、堆放和吊装等造成的钢构件变形及涂层脱落,应进行矫正和修补。

检查数量:按构件数抽查10%,且不应少于3个。

检验方法:用拉线、钢尺现场实测或观察。

10.3.2 设计要求顶紧的节点,接触面不应少于70%紧贴,且边缘最大间隙不应大于0.8mm。

检查数量:按节点数抽查10%,且不应少于3个。

检验方法:用钢尺及0.3mm和0.8mm厚的塞尺现场实测。

10.3.10 钢平台、钢梯、栏杆安装应符合现行国家标准《固定式钢直梯》GB 4053.1、《固定式钢斜梯》GB 4053.4 的规定。钢平台、钢梯和防护栏杆安装的检查数量:按钢平台总数抽查10%,栏杆、钢梯按总长度各抽查10%,但钢平台不应少于1个,栏杆不应少于5m,钢梯不应少于1跑。

检验方法:见(GB 50205—2001)规范附录E中表E.0.4。

10.3.11 现场焊缝组对间隙的允许偏差应符合(GB 50205—2001)规范表10.3.11的规定。

检查数量:按同类节点数抽查10%,且不应少于3个。

检验方法:尺量检查。

10.3.12 钢结构表面应干净,结构主要表面不应有疤痕、泥沙等污垢。

检查数量:按同类构件数抽查10%,且不应少于3件。

检验方法:观察检查。

(3) 检验批验收应提供的附件资料(表205-33~表205-35)

1) 提供检验批检查结果;
2) 施工及焊接工艺试验或评定资料、施工工艺方案;
3) 施工记录;
4) 自检、互检及工序交接检查记录;

5) 其他应报或设计要求报送的资料。

注：1. 合理缺项除外。

2. 表205-33～表205-35表示这几个检验批表式的附件资料均相同。

2.4.36 多层及高层钢结构安装基础和支承面检验批质量验收记录

1. 资料表式

多层及高层钢结构安装基础和支承面检验批质量验收记录表　　表205-36

检控项目	序号	质量验收规范规定		施工单位检查评定记录	监理(建设)单位验收记录
主控项目	1	建筑物定位轴线、基础上柱定位轴线和标高、地脚螺栓(锚栓)	允许偏差(mm)	量　测　值　(mm)	
		1) 建筑物定位轴线	$L/20000$,且不应大于3.0		
		2) 基础上柱定位轴线	1.0		
		3) 基础上柱底标高	±2.0		
		4) 地脚螺栓(锚栓)螺栓位移	2.0		
	2	基础顶面支承面、地脚	允许偏差(mm)	量　测　值　(mm)	
		1) 支承面　标高	±3.0		
		水平度	$l/1000$		
		2) 地脚螺栓(锚栓)螺栓中心偏移	5.0		
		3) 预留孔中心偏移	10.0		
	3	座浆垫板	允许偏差(mm)	量　测　值　(mm)	
		1) 顶面标高	0.0　-3.0		
		2) 水平度	$l/1000$		
		3) 位置	20.0		
	4	杯口尺寸	允许偏差(mm)	量　测　值　(mm)	
		1) 底面标高	0.0　-5.0		
		2) 杯口深度 H	±5.0		
		3) 杯口垂直度	$H/1000$且不应大于10.0		
		4) 位置	10.0		
一般项目	1	地脚螺栓(锚栓)	允许偏差(mm)	量　测　值　(mm)	
		1) 螺栓(锚栓)露出长度	+30.0　0.0		
		2) 螺纹长度	+30.0　0.0		

注：l—长度，跨度；H—柱高度。

2. 应用指导

(1) 检查验收统一说明

1) 执行规范章、节

本表的检验批验收执行《钢结构工程施工质量验收规范》(GB 50205—2001)规范第11章、第11.2节主控项目和一般项目有关条目的质量等级要求。应按其质量标准和检查方法逐一进行验收。

表列应检验项目必须全部进行检查验收不得缺漏,应检项目漏检,应进行补充检查验收,不进行补检不应通过验收。

2) 检验批的划分原则

钢结构工程的检验批划分,(GB 50205—2001)规范规定,多层及高层钢结构安装工程可按楼层或施工段等划分为一个或若干个检验批。地下钢结构可按不同地下层划分检验批。

3) 质量等级验收评定

① 主控项目是对检验批的基本质量起决定性影响的检验项目,必须全部符合该专业规范的规定,不允许有不符合规范要求的检验结果;

② 一般项目其检查结果应有80%及以上的检查点(值)符合该规范合格质量标准的要求,且最大值不应超过其允许偏差值的1.2倍。

4) 检验批验收应提交资料

检验批验收时,应提交的施工操作依据和质量检查记录应完整。

5) 检验批验收

只按列为主控项目、一般项目的条款来验收,不能随意扩大内容范围和提高质量标准。

6) 检验批验收责任制

检验批表式中的责任制签记必须本人签字,替签为无效检验批验收记录。

(2) 检查验收执行条目(摘自《钢结构工程施工质量验收规范》GB 50205—2001)

11.2.1 建筑物的定位轴线、基础上柱的定位轴线和标高、地脚螺栓(锚栓)的规格和位置、地脚螺栓(锚栓)紧固应符合设计要求。当设计无要求时,应符合多层及高层钢结构安装基础和支承面检验批质量验收记录的规定。

检查数量:按柱基数抽查10%,且不应少于3个。

检验方法:采用经纬仪、水准仪、全站仪和钢尺实测。

11.2.2 多层建筑以基础顶面直接作为柱的支承面,或以基础项面预埋钢板或支座作为柱的支承面时,其支承面、地脚螺栓(锚栓)位置的允许偏差应符合(GB 50205—2001)规范单层钢结构安装基础和支承面检验批质量验收记录的规定。

检查数量:按往基数抽查10%,且不应少于3个。

检验方法:用经纬仪、水准仪、全站仪、水平尺和钢尺实测。

11.2.3 多层建筑采用座浆垫板时,座浆垫板的允许偏差应符合(GB 50205—2001)规范多层及高层钢结构安装基础和支承面检验批质量验收记录的规定。

检查数量:资料全数检查。按柱基数抽查10%,且不应少于3个。

检验方法:用水准仪、全站仪、水平尺和钢尺实测。

11.2.4 当采用杯口基础时,杯口尺寸的允许偏差应符合(GB 50205—2001)规范多层及高层钢结构安装基础和支承面检验批质量验收记录的规定。

检查数量:按基础数抽查10%,且不应少于4处。

检验方法:观察及尺量检查。

11.2.5 地脚螺栓(锚栓)尺寸的允许偏差应符合(GB 50205—2001)规范多层及高层钢结构安装基础和支承面检验批质量验收记录的规定。地脚螺栓(锚栓)的螺纹应受到保护。

检查数量:按柱基数抽查10%,且不应少于3个。

检验方法:用钢尺现场实测。

(3) 多层及高层钢结构安装基础和支承面检验批验收应提供的附件资料

1) 提供检验批检查结果；
2) 施工及焊接工艺试验或评定资料；
3) 施工及焊接工艺方案；
4) 细石混凝土、灌浆料强度试验报告；
5) 施工记录；
6) 自检、互检及工序交接检查记录；
7) 其他应报或设计要求报送的资料；

注：合理缺项除外。

2.4.37 多层及高层钢结构安装钢构件安装检验批质量验收记录

1. 资料表式

多层及高层钢结构安装钢构件安装检验批质量验收记录表　　表 205-37

检控项目	序号	质量验收规范规定		施工单位检查评定记录							监理(建设)单位验收记录
主控项目	1	钢构件的矫正与修补	第11.3.1条								
	2	设计要求顶紧的节点	第11.3.3条								
一般项目	1	钢结构表面	第11.3.6条								
	2	钢柱等标记	第11.3.7条								
	3	钢构件安装	允许偏差(mm)	量　测　值　(mm)							
	1)	上下柱连接处错口 △	3.0								
	2)	同一层柱的各柱顶高度差 △	5.0								
	3)	同一根梁两侧顶面高差 △	$l/1000$，且不应大于10.0								
	4)	主梁与次梁表面高差 △	±2.0								
	5)	压型金属板在钢梁上相邻列的错位 △	15.00								
	4	主体结构总高度	允许偏差(mm)	量　测　值　(mm)							
	1)	用相对标高控制安装	$\pm\Sigma(\Delta_h+\Delta_s+\Delta_w)$								
	2)	用设计标高控制安装	$H/1000$，且不应大于30.0－$H/1000$，且不应小于－30.0								
	5	钢构件安装定位轴线偏差	第11.3.10条								
	6	现场焊缝组对	允许偏差(mm)	量　测　值　(mm)							
	1)	无垫板间隙	+3.0　－0.0								
	2)	有垫板间隙	+3.0　－2.0								
	7	钢结构表面	第11.3.12条								

注：l—长度、跨度；H—柱高度；△—增量。

2．应用指导

(1) 检查验收统一说明

1）执行规范章、节

本表的检验批验收执行《钢结构工程施工质量验收规范》(GB 50205—2001)规范第11章、第11.3节主控项目和一般项目有关条目的质量等级要求。应按其质量标准和检查方法逐一进行验收。

表列应检验项目必须全部进行检查验收不得缺漏，应检项目漏检，应进行补充检查验收，不进行补检不应通过验收。

2）检验批的划分原则

钢结构工程的检验批划分，(GB 50205—2001)规范规定，多层及高层钢结构安装工程可按楼层或施工段等划分为一个或若干个检验批。地下钢结构可按不同地下层划分检验批。

3）质量等级验收评定

① 主控项目是对检验批的基本质量起决定性影响的检验项目，必须全部符合该专业规范的规定，不允许有不符合规范要求的检验结果；

② 一般项目其检查结果应有80%及以上的检查点(值)符合该规范合格质量标准的要求，且最大值不应超过其允许偏差值的1.2倍。

4）检验批验收应提交资料

检验批验收时，应提交的施工操作依据和质量检查记录应完整。

5）检验批验收

只按列为主控项目、一般项目的条款来验收，不能随意扩大内容范围和提高质量标准。

6）检验批验收责任制

检验批表式中的责任制签记必须本人签字，替签为无效检验批验收记录。

(2) 检查验收执行条目(摘自《钢结构工程施工质量验收规范》GB 50205—2001)

11.3.1 钢构件应符合设计要求和(GB 50205—2001)规范的规定。运输、堆放和吊装等造成的钢构件变形及涂层脱落，应进行矫正和修补。

检查数量：按构件数抽查10%，且不应少于3个。

检验方法：用拉线、钢尺现场实测或观察。

11.3.3 设计要求顶紧的节点，接触面不应少于70%紧贴，且边线最大间隙不应大于0.8mm。

检查数量：按节点数抽查10%，且不应少于3个。

检验方法：用钢尺及0.3mm和0.8mm厚的塞尺现场实测。

11.3.5 多层及高层钢结构主体结构的整体垂直度和整体平面弯曲的检查数量：对主要立面全部检查。对每个所检查的立面，除两列角柱外，尚应至少选取一列中间柱。

检验方法：对于整体垂直度，可采用激光经纬仪、全站仪测量，也可根据各节柱的垂直度允许偏差累计(代数和)计算。对于整体平面弯曲，可按产生的允许偏差累计(代数和)计算。

11.3.6 钢结构表面应干净，结构主要表面不应有疤痕、泥沙等污垢。

检查数量：按同类构件数抽查10%，且不应少于3件。

检验方法：观察检查。

11.3.7 钢桩等主要构件的中心线及标高基准点等标记应齐全。

检查数量：按同类构件数抽查10%，且不应少于3件。

检验方法：观察检查。

11.3.8 钢构件安装的允许偏差应符合(GB 50205—2001)规范附录表E.0.5的规定。

检查数量：按同类构件或节点数抽查10%。其中柱和梁各不应少于3件，主梁与次梁连接节点不应少于3个，支承压型金属板的钢梁长度不应少于5m。

检验方法：见(GB 50205—2001)规范附录E中表E.0.5。

11.3.9 主体结构总高度的允许偏差应符合(GB 50205—2001)规范附录E中表E.0.6的规定。

检查数量：按标准柱列数抽查10%，且不应少于4列。

检验方法：采用全站仪、水准仪和钢尺实测。

11.3.10 当钢构件安装在混凝土柱上时，其支座中心对定位轴线的偏差不应大于10mm；当采用大型混凝土屋面板时，钢梁（或桁架）间距的偏差不应大于10mm。

检查数量：按同类构件数抽查10%，且不应少于3榀。

检验方法：用拉线和钢尺现场实测。

11.3.14 多层及高层钢结构中现场焊缝组对间隙的允许偏差应符合(GB 50205—2001)规范表10.3.11的规定。

检查数量：按同类节点数抽查10%，且不应少于3个。

检验方法：尺量检查。

2.4.38 多层及高层钢结构安装钢柱、主次梁检验批质量验收记录

1．资料表式

多层及高层钢结构安装钢柱、主次梁检验批质量验收记录表　　　　表205-38

检控项目	序号	质量验收规范规定		施工单位检查评定记录					监理(建设)单位验收记录
主控项目	1	钢构件的矫正与修补	第11.3.1条						
	2	柱子安装	允许偏差(mm)	量　测　值　(mm)					
	1)	底层柱柱底轴线，对定位轴线的偏移	3.0						
	2)	柱子定位轴线	1.0						
	3)	单节柱垂直度	$H/1000$,且不应大于10.0						
	3	设计要求顶紧的节点	第11.3.3条						
	4	钢主梁、次梁及受压构件	允许偏差(mm)	量　测　值　(mm)					
	1)	主体结构整体垂直度	$H/1000$且不应大于25.0						
	2)	主体结构整体平面弯曲	$L/1500$且不应大于25.0						

检控项目	序号	质量验收规范规定		施工单位检查评定记录							监理(建设)单位验收记录
主控项目	5	主体结构整体垂直度、平面弯曲	允许偏差(mm)	量 测 值 (mm)							
	1)	主体结构整体垂直度、平面弯曲	$H/2500+10.0$,且不应大于50.0								
	2)	主体结构整体平面弯曲	$L/1500$,且不应大于25.0								
一般项目	1	钢结构表面	第11.3.6条								
	2	钢柱等标记	第11.3.7条								
		注:l—长度、跨度;H—柱高度。									

2.应用指导

(1)检查验收统一说明

1)执行规范章、节

本表的检验批验收执行《钢结构工程施工质量验收规范》(GB 50205—2001)规范第11章、第11.3节主控项目和一般项目有关条目的质量等级要求。应按其质量标准和检查方法逐一进行验收。

表列应检验项目必须全部进行检查验收不得缺漏,应检项目漏检,应进行补充检查验收,不进行补检不应通过验收。

2)检验批的划分原则

钢结构工程的检验批划分,(GB 50205—2001)规范规定,多层及高层钢结构安装工程可按楼层或施工段等划分为一个或若干个检验批。地下钢结构可按不同地下层划分检验批。

3)质量等级验收评定

① 主控项目是对检验批的基本质量起决定性影响的检验项目,必须全部符合该专业规范的规定,不允许有不符合规范要求的检验结果;

② 一般项目其检查结果应有80%及以上的检查点(值)符合该规范合格质量标准的要求,且最大值不应超过其允许偏差值的1.2倍。

4)检验批验收应提交资料

检验批验收时,应提交的施工操作依据和质量检查记录应完整。

5)检验批验收

只按列为主控项目、一般项目的条款来验收,不能随意扩大内容范围和提高质量标准。

6)检验批验收责任制

检验批表式中的责任制签记必须本人签字,替签为无效检验批验收记录。

(2)检查验收执行条目(摘自《钢结构工程施工质量验收规范》GB 50205—2001)

11.3.1 钢构件应符合设计要求和(GB 50205—2001)规范的规定。运输、堆放和吊装等造成的钢构件变形及涂层脱落,应进行矫正和修补。

检查数量:按构件数抽查10%,且不应少于3个。

检验方法:用拉线、钢尺现场实测或观察。

11.3.2 柱子安装的允许偏差应符合(GB 50205—2001)规范表10.3.2的规定。

检查数量:标准柱全部检查;非标准柱抽查10%,且不应少于3根。

检验方法:用全站仪或激光经纬仪和钢尺实测。

11.3.3 设计要求顶紧的节点,接触面不应少于70%紧贴,且边线最大间隙不应大于0.8mm。

检查数量:按节点数抽查10%,且不应少于3个。

检验方法:用钢尺及0.3mm和0.8mm厚的塞尺现场实测。

11.3.4 钢主梁、次梁及受压杆件的垂直度和侧向弯曲矢高的允许偏差应符合(GB 50205—2001)规范10.3.3条中有关钢屋(托)架允许偏差的规定。

检查数量:按同类构件数抽查10%,且不应少于3个。

检验方法:用吊线、拉线、经纬仪和钢尺现场实测。

11.3.5 多层及高层钢结构主体结构的整体垂直度和整体平面弯曲的允许偏差应符合表11.3.5的规定。

检查数量:对主要立面全部检查。对每个所检查的立面,除两列角柱外,尚应至少选取一列中间柱。

检验方法:对于整体垂直度,可采用激光经纬仪、全站仪测量,也可根据各节柱的垂直度允许偏差累计(代数和)计算。对于整体平面弯曲,可按产生的允许偏差累计(代数和)计算。

11.3.6 钢结构表面应干净,结构主要表面不应有疤痕、泥沙等污垢。

检查数量:按同类构件数抽查10%,且不应少于3件。

检验方法:观察检查。

11.3.7 钢柱等主要构件的中心线及标高基准点等标记应齐全。

检查数量:按同类构件数抽查10%,且不应少于3件。

检验方法:观察检查。

11.3.8 钢构件安装的检查数量:按同类构件或节点数抽查10%。其中柱和梁各不应少于3件,主梁与次梁连接节点不应少于3个,支承压型金属板的钢梁长度不应少于5m。

检验方法:见(GB 50205—2001)规范附录E中表E.0.5。

11.3.10 当钢构件安装在混凝土柱上时,其支座中心对定位轴线的偏差不应大于10mm;当采用大型混凝土屋面板时,钢梁(或桁架)间距的偏差不应大于10mm。

检查数量:按同类构件数抽查10%,且不应少于3榀。

检验方法:用拉线和钢尺现场实测。

11.3.14 多层及高层钢结构中现场焊缝组对间隙的允许偏差应符合(GB 50205—2001)规范表10.3.11的规定。

检查数量:按同类节点数抽查10%,且不应少于3个。

检验方法:尺量检查。

2.4.39 多层及高层钢结构安装钢吊车梁安装检验批质量验收记录

1. 资料表式

多层及高层钢结构安装钢吊车梁安装检验批质量验收记录表　　表205-39

检控项目	序号	质量验收规范规定		施工单位检查评定记录										监理(建设)单位验收记录
主控项目	1	钢构件的矫正与修补		第11.3.1条										
	2	设计要求顶紧的节点		第11.3.3条										
一般项目	1	钢结构表面		第11.3.6条										
	2	钢柱等标记		第11.3.7条										
	3	钢吊车梁安装		允许偏差(mm)	量　测　值　(mm)									
	1)	梁的跨中垂直度△		$h/500$										
	2)	侧向弯曲矢高		$l/1500$,且不应大于10.0										
	3)	垂直上拱矢高		10.0										
	4)	两端支座中心位移△	安装在钢柱上时,对牛腿中心的偏移	5.0										
			安装在混凝土柱上时,对定位轴线的偏移	5.0										
	5)	吊车梁支座加劲板中心与柱子承压加劲中心的偏移△$_1$		$t/2$										
	6)	同跨间内同一横截面吊车梁顶面高差△	支座处	10.0										
			其他处	15.0										
	7)	同跨间内同一横截面下挂式吊车梁底面高差△		10.0										
	8)	同列相邻两柱间吊车梁顶面高差△		$l/1500$,且不应大于10.0										
	9)	相邻两吊车梁接头部位△	中心错位	3.0										
			上承式顶面高差	1.0										
			下承式底面高差	1.0										
	10)	同跨间任一截面的吊车梁中心跨距△		±10.0										
	11)	轨道中心对吊车梁腹板轴线的偏移△		$t/2$										
	4	现场焊缝组对间隙		允许偏差(mm)	量　测　值　(mm)									
	1)	无垫板间隙		+3.0　-0.0										
	2)	有垫板间隙		+3.0　-2.0										
	注：l—长度、跨度；△—增量；h—截面高度。													

2. 应用指导
(1) 检查验收统一说明
1) 执行规范章、节

本表的检验批验收执行《钢结构工程施工质量验收规范》(GB 50205—2001)规范第11章、第11.3节主控项目和一般项目有关条目的质量等级要求。应按其质量标准和检查方法逐一进行验收。

表列应检验项目必须全部进行检查验收不得缺漏,应检项目漏检,应进行补充检查验收,不进行补检不应通过验收。

2) 检验批的划分原则

钢结构工程的检验批划分,(GB 50205—2001)规范规定,多层及高层钢结构安装工程可按楼层或施工段等划分为一个或若干个检验批。地下钢结构可按不同地下层划分检验批。

3) 质量等级验收评定

① 主控项目是对检验批的基本质量起决定性影响的检验项目,必须全部符合该专业规范的规定,不允许有不符合规范要求的检验结果;

② 一般项目其检查结果应有80%及以上的检查点(值)符合该规范合格质量标准的要求;且最大值不应超过其允许偏差值的1.2倍。

4) 检验批验收应提交资料

检验批验收时,应提交的施工操作依据和质量检查记录应完整。

5) 检验批验收

只按列为主控项目、一般项目的条款来验收,不能随意扩大内容范围和提高质量标准。

6) 检验批验收责任制

检验批表式中的责任制签记必须本人签字,替签为无效检验批验收记录。

(2) 检查验收执行条目(摘自《钢结构工程施工质量验收规范》GB 50205—2001)

11.3.1 钢构件应符合设计要求和(GB 50205—2001)规范的规定。运输、堆放和吊装等造成的钢构件变形及涂层脱落,应进行矫正和修补。

检查数量:按构件数抽查10%,且不应少于3个。

检验方法:用拉线、钢尺现场实测或观察。

11.3.3 设计要求顶紧的节点,接触面不应少于70%紧贴,且边线最大间隙不应大于0.8mm。

检查数量:按节点数抽查10%,且不应少于3个。

检验方法:用钢尺及0.3mm和0.8mm厚的塞尺现场实测。

11.3.6 钢结构表面应干净,结构主要表面不应有疤痕、泥沙等污垢。

检查数量:按同类构件数抽查10%,且不应少于3件。

检验方法:观察检查。

11.3.7 钢柱等主要构件的中心线及标高基准点等标记应齐全。

检查数量:按同类构件数抽查10%,且不应少于3件。

检验方法:观察检查。

11.3.10 当钢构件安装在混凝土柱上时,其支座中心对定位轴线的偏差不应大于

10mm；当采用大型混凝土屋面板时，钢梁（或桁架）间距的偏差不应大于10mm。

检查数量：按同类构件数抽查10%，且不应少于3根。

检验方法：用拉线和钢尺现场实测。

11.3.11 多层及高层钢结构中钢吊车梁或直接承受动力荷载的类似构件，其安装的允许偏差应符合（GB 50205—2001）规范附录表E.0.2的规定。

检查数量：按钢吊车梁数抽查10%，且不应少于3根。

检验方法：见（GB 50205—2001）规范附录E中表E.0.2。

11.3.14 多层及高层钢结构中现场焊缝组对间隙的允许偏差应符合（GB 50205—2001）规范表10.3.11的规定。

检查数量：按同类节点数抽查10%，且不应少于3个。

检验方法：尺量检查。

2.4.40 多层及高层钢结构安装檩条、墙架等次要构件安装检验批质量验收记录

1. 资料表式

多层及高层钢结构安装檩条、墙架等次要构件安装检验批质量验收记录表　　表205-40

检控项目	序号	质量验收规范规定			施工单位检查评定记录										监理（建设）单位验收记录
主控项目	1	钢构件的矫正与修补		第11.3.1条											
	2	设计要求顶紧的节点		第11.3.3条											
一般项目	1	钢结构表面		第11.3.6条											
	2	钢檩条、墙架等次要构件		允许偏差(mm)	量 测 值 (mm)										
		1)墙架立柱	中心线对定位轴线的偏移	10.0											
			垂直度	H/1000,且不应大于10.0											
			弯曲矢高	H/1000,且不应大于15.0											
		2)	抗风桁架的垂直度	h/250,且不应大于15.0											
		3)	檩条、墙梁的间距	±5.0											
		4)	檩条的弯曲矢高	L/750,且不应大于12.0											
		5)	墙梁的弯曲矢高	L/750,且不应大于10.0											
	3	现场焊缝组对间隙		允许偏差(mm)	量 测 值 (mm)										
		1)	无垫板间隙	+3.0　−0.0											
		2)	有垫板间隙	+3.0　−2.0											
		注：H为墙架立柱的高度；h为抗风桁架的高度；L为檩条或墙梁的长度													

2. 应用指导

(1) 检查验收统一说明

1) 执行规范章、节

本表的检验批验收执行《钢结构工程施工质量验收规范》(GB 50205—2001)规范第11章、第11.3节主控项目和一般项目有关条目的质量等级要求。应按其质量标准和检查方法逐一进行验收。

表列应检验项目必须全部进行检查验收不得缺漏,应检项目漏检,应进行补充检查验收,不进行补检不应通过验收。

2) 检验批的划分原则

钢结构工程的检验批划分,(GB 50205—2001)规范规定,多层及高层钢结构安装工程可按楼层或施工段等划分为一个或若干个检验批。地下钢结构可按不同地下层划分检验批。

3) 质量等级验收评定

① 主控项目是对检验批的基本质量起决定性影响的检验项目,必须全部符合该专业规范的规定,不允许有不符合规范要求的检验结果;

② 一般项目其检查结果应有80%及以上的检查点(值)符合该规范合格质量标准的要求,且最大值不应超过其允许偏差值的1.2倍。

4) 检验批验收应提交资料

检验批验收时,应提交的施工操作依据和质量检查记录应完整。

5) 检验批验收

只按列为主控项目、一般项目的条款来验收,不能随意扩大内容范围和提高质量标准。

6) 检验批验收责任制

检验批表式中的责任制签记必须本人签字,替签为无效检验批验收记录。

(2) 检查验收执行条目(摘自《钢结构工程施工质量验收规范》GB 50205—2001)

11.3.1 钢构件应符合设计要求和(GB 50205—2001)规范的规定。运输、堆放和吊装等造成的钢构件变形及涂层脱落,应进行矫正和修补。

检查数量:按构件数抽查10%,且不应少于3个。

检验方法:用拉线、钢尺现场实测或观察。

11.3.3 设计要求顶紧的节点,接触面不应少于70%紧贴,且边线最大间隙不应大于0.8mm。

检查数量:按节点数抽查10%,且不应少于3个。

检验方法:用钢尺及0.3mm和0.8mm厚的塞尺现场实测。

11.3.6 钢结构表面应干净,结构主要表面不应有疤痕、泥沙等污垢。

检查数量:按同类构件数抽查10%,且不应少于3件。

检验方法:观察检查。

11.3.10 当钢构件安装在混凝土柱上时,其支座中心对定位轴线的偏差不应大于10mm;当采用大型混凝土屋面板时,钢梁(或桁架)间距的偏差不应大于10mm。

检查数量:按同类构件数抽查10%,且不应少于3根。

检验方法:用拉线和钢尺现场实测。

11.3.12 多层及高层钢结构中檩条、墙架等次要构件安装的允许偏差应符合(GB

50205—2001)规范附录表 E.0.3 的规定。

检查数量:按同类构件数抽查 10%,且不应少于 3 件。

检验方法:见(GB 50205—2001)规范附录 E 中表 E.0.3。

11.3.14 多层及高层钢结构中现场焊缝组对间隙的允许偏差应符合(GB 50205—2001)规范表 10.3.11 的规定。

检查数量:按同类节点数抽查 10%,且不应少于 3 个。

检验方法:尺量检查。

2.4.41 多层及高层钢结构安装钢平台、钢梯和防护栏杆检验批质量验收记录

1. 资料表式

多层及高层钢结构安装钢平台、钢梯和防护栏杆检验批质量验收记录表　　表 205-41

检控项目	序号	质量验收规范规定		施工单位检查评定记录	监理(建设)单位验收记录
主控项目	1	钢构件的矫正与修补	第 11.3.1 条		
	2	设计要求顶紧的节点	第 11.3.3 条		
一般项目	1	钢结构表面	第 11.3.6 条		
	2	钢平台、钢梯和防护栏杆	允许偏差(mm)	量　测　值　(mm)	
	1)	平台高度	±15.0		
	2)	平台梁水平度	$l/1000$,且不应大于 20.0		
	3)	平台支柱垂直度	$H/1000$,且不应大于 15.0		
	4)	承重平台梁侧向弯曲	$l/1000$,且不应大于 10.0		
	5)	承重平台梁垂直度	$h/1000$,且不应大于 15.0		
	6)	直梯垂直度	$l/1000$,且不应大于 15.0		
	7)	栏杆高度	±15.0		
	8)	栏杆立柱间距	±15.0		
	3	现场焊缝组对间隙	允许偏差(mm)	量　测　值　(mm)	
	1)	无垫板间隙	+3.0　-0.0		
	2)	有垫板间隙	+3.0　-2.0		
		注:H 为墙架立柱的高度;h 为抗风桁架的高度;L 为檩条或墙梁的长度			

2. 应用指导

(1) 检查验收统一说明

1) 执行规范章、节

本表的检验批验收执行《钢结构工程施工质量验收规范》(GB 50205—2001)规范第 11

章、第11.3节主控项目和一般项目有关条目的质量等级要求。应按其质量标准和检查方法逐一进行验收。

表列应检验项目必须全部进行检查验收不得缺漏，应检项目漏检，应进行补充检查验收，不进行补检不应通过验收。

2）检验批的划分原则

钢结构工程的检验批划分，(GB 50205—2001)规范规定，多层及高层钢结构安装工程可按楼层或施工段等划分为一个或若干个检验批。地下钢结构可按不同地下层划分检验批。

3）质量等级验收评定

① 主控项目是对检验批的基本质量起决定性影响的检验项目，必须全部符合该专业规范的规定，不允许有不符合规范要求的检验结果；

② 一般项目其检查结果应有80%及以上的检查点（值）符合该规范合格质量标准的要求，且最大值不应超过其允许偏差值的1.2倍。

4）检验批验收应提交资料

检验批验收时，应提交的施工操作依据和质量检查记录应完整。

5）检验批验收

只按列为主控项目、一般项目的条款来验收，不能随意扩大内容范围和提高质量标准。

6）检验批验收责任制

检验批表式中的责任制签记必须本人签字，替签为无效检验批验收记录。

(2) 检查验收执行条目（摘自《钢结构工程施工质量验收规范》GB 50205—2001）

11.3.1 钢构件应符合设计要求和(GB 50205—2001)规范的规定。运输、堆放和吊装等造成的钢构件变形及涂层脱落，应进行矫正和修补。

检查数量：按构件数抽查10%，且不应少于3个。

检验方法：用拉线、钢尺现场实测或观察。

11.3.3 设计要求顶紧的节点，接触面不应少于70%紧贴，且边线最大间隙不应大于0.8mm。

检查数量：按节点数抽查10%，且不应少于3个。

检验方法：用钢尺及0.3mm和0.8mm厚的塞尺现场实测。

11.3.6 钢结构表面应干净，结构主要表面不应有疤痕、泥沙等污垢。

检查数量：按同类构件数抽查10%，且不应少于3件。

检验方法：观察检查。

11.3.13 多层及高层钢结构中钢平台、钢梯、栏杆安装应符合现行国家标准《固定式钢直梯》GB 4053.1、《固定式钢斜梯》GB 4053.2、《固定式防护栏杆》GB 4053.3和《固定式钢平台》GB 4053.4的规定。钢平台、钢梯和防护栏杆安装的允许偏差符合GB 50205—2001附录1中表E.0.4(见表205-41)的规定。

检查数量：按钢平台总数抽查10%，栏杆、钢梯按总长度各抽查10%，但钢平台不应少于1个，栏杆不应少于5m，钢梯不应少于1跑。

检验方法：见(GB 50205—2001)规范附录E中表E.04。

11.3.14 多层及高层钢结构中现场焊缝组对间隙的允许偏差应符合(GB 50205—

2001)规范表 10.3.11 的规定。

检查数量:按同类节点数抽查 10%,且不应少于 3 个。

检验方法:尺量检查。

(3) 检验批验收应提供的附件资料(表 205-37~表 205-41)

1) 提供检验批检查结果。

2) 施工记录;

3) 自检、互检及工序交接检查记录;

4) 其他应报或设计要求报送的资料;

注:1. 合理缺项除外。

2. 表 205-37~表 205-41 表示这几个检验批表式的附件资料均相同。

2.4.42 钢网架安装支承面顶板和支承垫块检验批质量验收记录

1. 资料表式

钢网架安装支承面顶板和支承垫块检验批质量验收记录表　　表 205-42

检控项目	序号	质量验收规范规定			施工单位检查评定记录	监理(建设)单位验收记录
主控项目	1	支座定位轴线		第 12.2.1 条		
	2	支承面顶板、支座锚栓		允许偏差(mm)	量 测 值 (mm)	
	1)	支承面顶板	位　置	15		
			顶面标高	0 -3.0		
			顶面水平度	$L/1000$		
	2)	支座锚栓中心偏移		±5.0		
	3	支承垫块		第 12.2.3 条		
	4	支座锚栓紧固		第 12.2.4 条		
一般项目	1	支座锚栓		允许偏差(mm)	量 测 值 (mm)	
	1)	螺栓(锚栓)露出长度		+30.0 0.0		
	2)	螺纹长度		+30.0 0.0		
		L 为檩条或墙梁的长度。				

2. 应用指导

(1) 检查验收统一说明

1) 执行规范章、节

本表的检验批验收执行《钢结构工程施工质量验收规范》(GB 50205—2001)规范,第 12

章、第12.2节主控项目和一般项目有关条目的质量等级要求。应按其质量标准和检查方法逐一进行验收。

表列应检验项目必须全部进行检查验收不得缺漏,应检项目漏检,应进行补充检查验收,不进行补检不应通过验收。

2) 检验批的划分原则

钢网架结构工程的检验批划分,(GB 50205—2001)规范规定,钢网架结构安装工程可按变形缝、施工段或空间刚度单元划分成一个或若干检验批。

3) 质量等级验收评定

① 主控项目是对检验批的基本质量起决定性影响的检验项目,必须全部符合该专业规范的规定,不允许有不符合规范要求的检验结果;

② 一般项目其检查结果应有80%及以上的检查点(值)符合该规范合格质量标准的要求,且最大值不应超过其允许偏差值的1.2倍。

4) 检验批验收应提交资料

检验批验收时,应提交的施工操作依据和质量检查记录应完整。

5) 检验批验收

只按列为主控项目、一般项目的条款来验收,不能随意扩大内容范围和提高质量标准。

6) 检验批验收责任制

检验批表式中的责任制签记必须本人签字,替签为无效检验批验收记录。

(2) 保证质量措施条目(摘自《钢结构工程施工质量验收规范》GB 50205—2001)

4.5.1、4.5.2、4.5.3、4.5.4、4.6.1、4.6.2、4.6.3、4.6.4、4.7.2、4.10.1条计11条系已被批准进入钢结构各分项工程实施现场的钢材、钢板、钢铸件等,主控项目、一般项目有关要求,核查原材料及成品进场有关资料,填入有关栏内,记录核查资料编号,不再附送原件资料。

(3) 检查验收执行条目(摘自《钢结构工程施工质量验收规范》GB 50205—2001)

12.2.1 钢网架结构支座定位轴线的位置、支座锚栓的规格应符合设计要求。

检查数量:按支座数抽查10%,且不应少于4处。

检验方法:用经纬仪和钢尺实测。

12.2.2 支承面顶板的位置、标高、水平度以及支座锚栓位置的允许偏差应符合表12.2.2的规定。

检查数量:按支座数抽查10%,且不应少于4处。

检验方法:用经纬仪、水准仪、水平尺和钢尺实测。

12.2.3 支承垫块的种类、规格、摆放位置和朝向,必须符合设计要求和国家现行有关标准的规定。橡胶垫块与刚性垫块之间或不同类型刚性垫块之间不得互换使用。

检查数量:按支座数抽查10%,且不应少于4处。

检验方法:观察和用钢尺实测。

12.2.4 网架支座锚栓的紧固应符合设计要求。

检查数量:按支座数抽查10%,且不应少于4处。

检验方法:观察检查。

12.2.5 支座锚栓尺寸的允许偏差应符合(GB 50205—2001)规范表10.2.5的规定。

支座锚栓的螺纹应受到保护。
    检查数量：按支座数抽查10%，且不应少于4处。
    检验方法：用钢尺实测。

2.4.43 钢网架安装总拼与安装(小拼单元)检验批质量验收记录

1．资料表式

钢网架安装总拼与安装(小拼单元)检验批质量验收记录表　　　表205-43

检控项目	序号	质量验收规范规定			施工单位检查评定记录								监理(建设)单位验收记录
主控项目	1	小拼单元		允许偏差(mm)	量 测 值 (mm)								
	1)	节点中心偏移		2.0									
	2)	焊接球节点与钢管中心偏称		1.0									
	3)	杆件轴线的弯曲矢高		$L_1/1000$，且不应大于5.0									
	4)	锥体型小拼单元	弦杆长度	±2.0									
			锥体高度	±2.0									
			上弦杆对角线长度	±3.0									
	5)	平面桁架型小拼单元	跨长 ≤24m	+3.0，-7.0									
			跨长 >24m	+5.0，-10.0									
			跨中高度	±3.0									
			跨中拱度 设计要求起拱	±$L/5000$									
			跨中拱度 设计未要求起拱	+10.0									
		注：L_1—为杆件长度；L—为跨长											
	2	节点承载力试验		第12.3.3条									
	3	钢网架挠度测量		第12.3.4条									
一般项目	1	节点及杆件表面		第12.3.5条									
	2	网架安装		允许偏差(mm)	量 测 值 (mm)								
	1)	纵长、横向长度		$L/2000$，且不应大于30.0 $-L/2000$，且不应大于-30.0									
	2)	支座中心偏移		$L/3000$，且不应大于30.0									
	3)	周边支承网架相邻支座高差		$L/400$，且不应大于15.0									
	4)	多点支承网架相邻支座高差		$L_1/800$，且不应大于30.0									
	5)	支座最大高差		30.0									

注：L为纵向、横向长度；L_1为相邻支座间距。

2. 应用指导
(1) 检查验收统一说明
1) 执行规范章、节

本表的检验批验收执行《钢结构工程施工质量验收规范》(GB 50205—2001)规范第12章、第12.3节主控项目和一般项目有关条目的质量等级要求。应按其质量标准和检查方法逐一进行验收。

表列应检验项目必须全部进行检查验收不得缺漏,应检项目漏检,应进行补充检查验收,不进行补检不应通过验收。

2) 检验批的划分原则

钢网架工程的检验批划分,(GB 50203—2002)规范规定,钢网架结构安装工程可按变形缝、施工段或空间刚度单元划分成一个或若干检验批。

3) 质量等级验收评定

① 主控项目是对检验批的基本质量起决定性影响的检验项目,必须全部符合该专业规范的规定,不允许有不符合规范要求的检验结果;

② 一般项目其检查结果应有80%及以上的检查点(值)符合该规范合格质量标准的要求,且最大值不应超过其允许偏差值的1.2倍。

4) 检验批验收应提交资料

检验批验收时,应提交的施工操作依据和质量检查记录应完整。

5) 检验批验收

只按列为主控项目、一般项目的条款来验收,不能随意扩大内容范围和提高质量标准。

6) 检验批验收责任制

检验批表式中的责任制签记必须本人签字,替签为无效检验批验收记录。

(2) 保证质量措施条目(摘自《钢结构工程施工质量验收规范》GB 50205—2001)

4.5.1、4.5.2、4.5.3、4.5.4、4.6.1、4.6.2、4.6.3、4.6.4、4.7.2、4.10.1条计11条系已被批准进入钢结构各分项工程实施现场的钢材、钢板、钢铸件等,主控项目、一般项目有关要求,核查原材料及成品进场有关资料,填入有关栏内,记录核查资料编号,不再附送原件资料。

(3) 检查验收执行条目(摘自《钢结构工程施工质量验收规范》GB 50205—2001)

12.3.1 小拼单元的应符合钢网架安装总拼与安装(小拼单元)检验批质量验收记录表内的标准规定。

检查数量:按单元数抽查5%,且不应少于5个。

检验方法:用钢尺和拉线等辅助量具实测。

12.3.3 对建筑结构安全等级为一级,跨度40m及以上的公共建筑钢网架结构,且设计有要求时,应按下列项目进行节点承载力试验,其结果应符合以下规定:

1) 焊接球节点应按设计指定规格的球及其匹配的钢管焊接成试件,进行轴心拉、压承载力试验,其试验破坏荷载值大于或等于1.6倍设计承载力为合格。

2) 螺栓球节点应按设计指定规格的球最大螺栓孔螺纹进行抗拉强度保证荷载试验,当达到螺栓的设计承载力时,螺孔、螺纹及封板仍完好无损为合格。

检查数量:每项试验做3个试件。

检验方法:在万能试验机上进行检验,检查试验报告。

12.3.4 钢网架结构总拼完成后及屋面工程完成后应分别测量其挠度值,且所测的挠度值不应超过相应设计值的 **1.15** 倍。

检查数量:跨度 **24m** 及以下钢网架结构测量下弦中央一点;跨度 **24m** 以上钢网架结构测量下弦中央一点及各向下弦跨度的四等分点。

检验方法:用钢尺和水准仪实测。

12.3.5 钢网架结构安装完成后,其节点及杆件表面应干净,不应有明显的疤痕、泥沙和污垢。螺栓球节点应将所有接缝用油腻子填嵌严密,并应将多余螺孔封口。

检查数量:按节点及杆件数抽查 5%,且不应少于 10 个节点。

检验方法:观察检查。

12.3.6 钢网架结构安装完成后,其安装的允许偏差应符合规范表 10.3.6 的规定。

检查数量:除杆件弯曲矢高按杆件数抽查 5%外,其余全数检查。

(4) 质量验收的检验方法

钢网架安装质量检查方法

项次	项目	检查方法
1	纵向、横向长度	用钢尺实测
2	支座中心偏移	用钢尺和经纬仪实测
3	周边支承网架相邻支座高差	用钢尺和水准仪实测
4	支座最大高差	用钢尺和水准仪实测
5	多点支承网架相邻支座高差	用钢尺和水准仪实测

2.4.44 钢网架安装总拼与安装(中拼单元)检验批质量验收记录

1. 资料表式

钢网架安装总拼与安装(中拼单元)检验批质量验收记录表　　　表 205-44

检控项目	序号	质量验收规范规定			施工单位检查评定记录	监理(建设)单位验收记录
主控项目	1	中拼单元		允许偏差(mm)	量 测 值 (mm)	
	1)	单元长度≤20m 拼接长度	单　跨	±10.0		
			多跨连续	±5.0		
	2)	单元长度>20m 拼接长度	单　跨	±20.0		
			多跨连接	±10.0		
		注:L_1 为杆件长度;L 为跨长				
	2	节点承载力试验		第 12.3.3 条		
	3	钢网架挠度测量		第 12.3.4 条		

续表

检控项目	序号	质量验收规范规定		施工单位检查评定记录							监理(建设)单位验收记录
一般项目	1	节点及杆件表面	第12.3.5条								
	2	网架安装	允许偏差(mm)	量 测 值 (mm)							
	1)	纵长横向长度	$L/2000$,且不应大于30.0 $-L/2000$,且不应大于-30.0								
	2)	支座中心偏移	$L/3000$,且不应大于30.0								
	3)	周边支承网架相邻支座高差	$L/400$,且不应大于15.0								
	4)	多点支承网架相邻支座高差	$L_1/800$,且不应大于30.0								
	5)	支座最大高差	30.0								

注：L为纵向、横向长度；L_1为相邻支座间距。

2．应用指导

(1) 检查验收统一说明

1) 执行规范章、节

本表的检验批验收执行《钢结构工程施工质量验收规范》(GB 50205—2001)规范第12章、第12.3节主控项目和一般项目有关条目的质量等级要求。应按其质量标准和检查方法逐一进行验收。

表列应检验项目必须全部进行检查验收不得缺漏，应检项目漏检，应进行补充检查验收，不进行补检不应通过验收。

2) 检验批的划分原则

钢结构工程的检验批划分，(GB 50205—2001)规范规定，钢网架结构安装工程可按变形缝、施工段或空间刚度单元划分成一个或若干检验批。

3) 质量等级验收评定

① 主控项目是对检验批的基本质量起决定性影响的检验项目，必须全部符合该专业规范的规定，不允许有不符合规范要求的检验结果；

② 一般项目其检查结果应有80%及以上的检查点(值)符合该规范合格质量标准的要求，且最大值不应超过其允许偏差值的1.2倍。

4) 检验批验收应提交资料

检验批验收时，应提交的施工操作依据和质量检查记录应完整。

5) 检验批验收

只按列为主控项目、一般项目的条款来验收，不能随意扩大内容范围和提高质量标准。

6) 检验批验收责任制

检验批表式中的责任制签记必须本人签字，替签为无效检验批验收记录。

(2) 保证质量措施条目(摘自《钢结构工程施工质量验收规范》GB 50205—2001)

4.5.1、4.5.2、4.5.3、4.5.4、4.6.1、4.6.2、4.6.3、4.6.4、4.10.1 条系已被批准进入钢结构各分项工程实施现场的钢材、钢板、钢铸件等主控项目、一般项目有关要求,核查原材料及成品进场有关资料,填入有关栏内,记录核查资料编号,不再附送原件资料。

(3) 检查验收执行条目(摘自《钢结构工程施工质量验收规范》GB 50205—2001)

12.3.2 中拼单元的允许偏差应符合(GB 50205—2001)规范表 10.3.2 的规定。

检查数量:全数检查。

检验方法:用钢尺和辅助量具实测。

12.3.3 对建筑结构安全等级为一级,跨度 40m 及以上的公共建筑钢网架结构,且设计有要求时,应按下列项目进行节点承载力试验,其结果应符合以下规定:

1 焊接球节点应按设计指定规格的球及其匹配的钢管焊接成试件,进行轴心拉、压承载力试验,其试验破坏荷载值大于或等于 1.6 倍设计承载力为合格。

2 螺栓球节点应按设计指定规格的球最大螺栓孔螺纹进行抗拉强度保证荷载试验,当达到螺栓的设计承载力时,螺孔、螺纹及封板仍完好无损为合格。

检查数量:每项试验做 3 个试件。

检验方法:在万能试验机上进行检验,检查试验报告。

12.3.4 钢网架结构总拼完成后及屋面工程完成后应分别测量其挠度值,且所测的挠度值不应超过相应设计值的 **1.15 倍**。

检查数量:跨度 24m 及以下钢网架结构测量下弦中央一点;跨度 **24m** 以上钢网架结构测量下弦中央一点及各向下弦跨度的四等分点。

检验方法:用钢尺和水准仪实测。

12.3.5 钢网架结构安装完成后,其节点及杆件表面应干净,不应有明显的疤痕、泥沙和污垢。螺栓球节点应将所有接缝用油腻子填嵌严密,并应将多余螺孔封口。

检查数量:按节点及杆件数抽查 5%,且不应少于 10 个节点。

检验方法:观察检查。

12.3.6 钢网架结构安装完成后,其安装的允许偏差应符合表 10.3.6 的规定。

检查数量:除杆件弯曲矢高按杆件数抽查 5%外,其余全数检查。

(4) 质量验收的检验方法

钢网架安装质量检查方法

项次	项 目	检查方法
1	纵向、横向长度	用钢尺实测
2	支座中心偏移	用钢尺和经纬仪实测
3	周边支承网架相邻支座高差	用钢尺和水准仪实测
4	支座最大高差	用钢尺和水准仪实测
5	多点支承网架相邻支座高差	用钢尺和水准仪实测

(5) 检验批验收应提供的附件资料(表 205-42～表 205-44)

1) 提供检验批检查结果;

2) 施工及焊接工艺试验或评定资料;

3) 施工及焊接工艺方案;

4) 施工记录；
5) 自检、互检及工序交接检查记录；
6) 其他应报或设计要求报送的资料；

注：1. 合理缺项除外。
　　2. 表 205-42～表 205-44 表示这几个检验批表式的附件资料均相同。

2.4.45　钢结构(防火涂料涂装)工程检验批质量验收记录

1. 资料表式

钢结构(防火涂料涂装)工程检验批质量验收记录表　　　　表 205-45

主控项目		合格质量标准（按本规范）	施工单位检验评定记录或结果	监理(建设)单位验收记录或结果	备 注
1	产品进场	第 4.9.2 条			
2	涂装基层验收	第 14.3.1 条			
3	强度试验	第 14.3.2 条			
4	涂层厚度	第 14.3.3			
1)	符合设计要求厚度面积	≥80%			
2)	最薄处	不低于设计值85%			
5	表面裂纹	第 14.3.4 条			
1)	一般	不应大于 0.5			
2)	厚涂型	不应大于 1.0			
一般项目		合格质量标准（按本规范）	施工单位检验评定记录或结果	监理(建设)单位验收记录或结果	备 注
1	产品进场	第 4.9.3 条			
2	基层表面	不应有油污、灰尘和泥沙等			
3	涂层表面质量	第 14.3.6 条			

2. 应用指导

(1) 检查验收统一说明

1) 执行规范章、节

本表的检验批验收执行《钢结构工程施工质量验收规范》(GB 50205—2001)规范第 14 章、第 14.3 节主控项目和一般项目有关条目的质量等级要求。应按其质量标准和检查方法逐一进行验收。

表列应检验项目必须全部进行检查验收不得缺漏，应检项目漏检，应进行补充检查验收，不进行补检不应通过验收。

2) 检验批的划分原则

钢结构工程的检验批划分,(GB 50205—2001)规范规定,钢结构涂装工程可按钢结构制作或钢结构安装工程检验批的划分原则划分成一个或若干个检验批。

3) 质量等级验收评定

① 主控项目是对检验批的基本质量起决定性影响的检验项目,必须全部符合该专业规范的规定,不允许有不符合规范要求的检验结果;

② 一般项目其检查结果应有80%及以上的检查点(值)符合该规范合格质量标准的要求,且最大值不应超过其允许偏差值的1.2倍。

4) 检验批验收应提交资料

检验批验收时,应提交的施工操作依据和质量检查记录应完整。

5) 检验批验收

只按列为主控项目、一般项目的条款来验收,不能随意扩大内容范围和提高质量标准。

6) 检验批验收责任制

检验批表式中的责任制签记必须本人签字,替签为无效检验批验收记录。

(2) 检查验收执行条目(摘自《钢结构工程施工质量验收规范》GB 50205—2001)

4.9.2 钢结构防火涂料的品种和技术性能应符合设计要求,并应经过具有资质的检测机构检测符合国家现行有关标准的规定。

检查数量:全数检查。

检验方法:检查产品的质量合格证明文件、中文标志及检验报告等。

4.9.3 防腐涂料和防火涂料的型号、名称、颜色及有效期应与其质量证明文件相符。开启后,不应存在结皮、结块、凝胶等现象。

检查数量:按桶数抽查5%,且不应少于3桶。

检验方法:观察检查。

14.3.1 防火涂料涂装前钢材表面除锈及防锈底漆涂装应符合设计要求和国家现行有关标准的规定。

检查数量:按构件数抽查10%,且同类构件不应少于3件。

检验方法:表面除锈用铲刀检查和用现行国家标准《涂装前钢材表面锈蚀等级和除锈等级》GB 8923规定的图片对照观察检查。底漆涂装用干漆膜测厚仪检查,每个构件检测5处,每处的数值为3个相距50mm测点涂层干漆膜厚度的平均值。

14.3.2 钢结构防火涂料的粘结强度、抗压强度应符合国家现行标准《钢结构防火涂料应用技术规程》CECS 524:90的规定。检验方法应符合现行国家标准《建筑构件防火喷涂材料性能试验方法》GB 9978的规定。

检查数量:每使用100t或不足100t薄涂型防火涂料应抽检一次粘结强度;每使用500t或不足500t厚涂型防火涂料应抽检一次粘结强度和抗压强度。

检验方法:检查复检报告。

14.3.3 薄涂型防火涂料的涂层厚度应符合有关耐火极限的设计要求。厚涂型防火涂料涂层的厚度,80%及以上面积应符合有关耐火极限的设计要求,且最薄处厚度不应低于设计要求的85%。

检查数量:按同类构件数抽查10%,且均不应少于3件。

检验方法:用涂层厚度测量仪、测针和钢尺检查。测量方法应符合国家现行标准《钢结构防火涂料应用技术规程》CECS 24:90 的规定及(GB 50205—2001)规范附录 F。

14.3.4 薄涂型防火涂料涂层表面裂纹宽度不应大于 0.5mm;厚涂型防火涂料涂层表面裂纹宽度不应大于 1mm。

检查数量:按同类构件数抽查 10%,且均不应少于 3 件。

检验方法:观察和用尺量检查。

14.3.5 防火涂料涂装基层不应有油污、灰尘和泥砂等污垢。

检查数量:全数检查。

检验方法:观察检查。

14.3.6 防火涂料不应有误涂、漏涂,涂层应闭合无脱层、空鼓、明显凹陷、粉化松散和浮浆等外观缺陷,乳突已剔除。

检查数量:全数检查。

检验方法:观察检查。

(3) 涂装材料检验批验收应提供的附件资料

1) 涂装材料出厂合格证明(进口件必须附有中文标志及检验报告);
2) 涂装材料复试报告(含见证取样、送样记录);
3) 涂装材料进场验收记录;
4) 涂料粘结强度、抗压强度试验报告(设计有要求或涂料质量有怀疑时);
5) 涂层厚度测定记录;
6) 其他应报或设计要求报送的资料。

注:合理缺项除外。

2.5 木结构工程

2.5.1 方木和原木结构木桁架、木梁(含檩条)及木柱制作检验批质量验收记录

1. 资料表式

方木和原木结构木桁架、木梁(含檩条)及木柱制作检验批质量验收记录表　　表 206-1

本表适用于方木和原木结构的质量检验。

检控项目	序号	质量验收规范规定		施工单位检查评定记录			监理(建设)单位验收记录
主控项目	1	检查方木、板材及原木构件的材料缺陷限值	第 4.2.1 条				
	2	检查木构件含水率	允许偏差	量 测 值(mm)			
		1) 原木或方木结构	不大于 25%				
		2) 板材结构及受拉构件连接板	不大于 18%				
		3) 通风条件较差木构件	不大于 20%				

续表

检控项目	序号	质量验收规范规定			施工单位检查评定记录									监理(建设)单位验收记录
一般项目	1	木桁架、梁、柱制作允许偏差(mm)												
		构件截面尺寸	方木构件高度宽度	−3										
			板材厚度宽度	−2										
			原木构件梢径	−5										
		结构长度	长度不大于15m	±10										
			长度大于15m	±15										
		桁架高度	跨度不大于15m	±10										
			跨度大于15m	±15										
		受压或压弯构件纵向弯曲	方木构件	$L/500$										
			原木构件	$L/200$										
		弦杆节点间距		±5										
		齿连接刻槽深度		±2										
		支座节点受剪面	长度	−10										
			宽方式 方木	−3										
			原木	−4										
		螺栓中心间距	进孔处	±0.2d										
			出孔处 垂直木纹方向	±0.5d 且不大于 4B/100										
			出孔处 顺木纹方向	±1d										
		钉进孔处的中心间距		±1d										
		桁架起拱		+20 −10										

注：d 为螺栓成钉的直径；L 为构件的长度；B 为板束总厚度。

2．应用指导

(1) 检查验收统一说明

1) 执行规范章、节

本表的检验批验收执行《木结构工程施工质量验收规范》(GB 50206—2002)规范第4章、第4.2节、第4.3节主控项目和一般项目有关条目的质量等级要求。应按其质量标准和检查方法逐一进行验收。

表列应检验项目必须全部进行检查验收不得缺漏，应检项目漏检，应进行补充检查验收，不进行补检不应通过验收。

2) 检验批的划分原则

木结构工程的检验批划分，(GB 50206—2002)规范规定，检验批应根据结构类型、构件受力特征、连接受力特征、连接件种类、截面形状和尺寸及采用的树种和加工量划分。

3) 质量等级验收评定

① 主控项目是对检验批的基本质量起决定性影响的检验项目,必须全部符合该专业规范的规定,不允许有不符合规范要求的检验结果。

② 一般项目应有80%以上的抽检处符合该规范规定或偏差值在其允许偏差范围内。

4) 检验批验收应提交资料

检验批验收时,应提交的施工操作依据和质量检查记录应完整。

5) 检验批验收

只按列为主控项目、一般项目的条款来验收,不能随意扩大内容范围和提高质量标准。

6) 检验批验收责任制

检验批表式中的责任制签记必须本人签字,替签为无效检验批验收记录。

(2) 保证质量措施条目(摘自《木结构工程施工质量验收规范》GB 50206—2002)

4.1.2 方木和原木结构包括齿连接的方木、板材或原木屋架,屋面木骨架及上弦横向支撑组成的木屋盖,支承在砖墙、砖柱或木柱上。

(3) 检查验收执行条目(摘自《木结构工程施工质量验收规范》GB 50206—2002)

4.2.1 木构件的材质等级标准及缺陷限值详见(GB 50206—2002)第4.2.1条

4.2.2 应按下列规定检查木构件的含水率:

1 原木或方木结构应不大于25%;

2 板材结构及受拉构件的连接板应不大于18%;

3 通风条件较差的木构件应不大于20%。

注:本条中规定的含水率为木构件全截面的平均值。

检查数量:每检验批检查全部构件。

检查方法:按国家标准《木材物理力学试验方法》GB 1927~1943—1991的规定测定木构件全截面的平均含水率。

4.3.1 木桁架、木梁(含檩条)及木柱制作的允许偏差应符合表4.3.1的规定。

(4) 质量验收的检验方法

木结构件质量检查方法

项次	项 目	检 验 方 法
1	构件截面尺寸:	钢尺量
2	结构长度:	钢尺量桁架支座节点中心间距,梁、柱全长(高)
3	桁架高度:	钢尺量检查脊节点中心与下弦中心距离
4	受压或压弯构件纵向弯曲:	拉线钢尺量
5	弦杆节点间距、齿连接刻槽深度:	钢尺量
6	支座节点受剪面:	钢尺量
7	螺栓中心间距:	钢尺量
8	钉进孔处的中心间距	
9	桁架起拱	以两支座节点不弦中心线为准,拉一水平线,用钢尺量跨中下弦中心线与拉线之间距离

检查数量:检验批全数。

(5) 检验批验收应提供的附件资料(表206-1~表206-1B)

1) 木材(含规格材、木基结构板材)、钢构件和连接件、胶合剂及层板胶合木构件、器具及设备的现场验收记录；

2) 材料产品的复验报告(涉及安全、功能的部分)；

3) 自检互检交接检记录；

4) 木构件全截面平均含水率测定报告；

5) 有关验收文件；

6) 自检、互检及工序交接检查记录；

7) 其他应报或设计要求报送的资料。

注：1. 合理缺项除外。
　　2. 表206-1~表206-1B表示这几个检验批表式的附件资料均相同。

2.5.2 木桁架、木梁(含檩条)及木柱安装检验批质量验收记录

1. 资料表式

木桁架、木梁(含檩条)及木柱安装检验批质量验收记录表　　表206-1A

检控项目	序号	质量验收规范规定		施工单位检查评定记录	监理(建设)单位验收记录
主控项目	1	检查方木、板材及原木构件的材料缺陷限值	第4.2.1条		
	2	检查木构件含水率	允许偏差　　量　测　值		
		1) 原木或方木结构	不大于25%		
		2) 板材结构及受拉构件连接板	不大于18%		
		3) 通风条件较差木构件	不大于20%		
一般项目	1	木桁架、梁、柱安装	允许偏差(mm)　　量　测　值(mm)		
		结构中心线的间距	±20		
		垂直度	$H/200$ 且不大于15		
		受压或压弯构件纵向弯曲	$L/300$		
		支座轴线对支承面中心位移	10		
		支座标高	±5		
	2	木屋盖上弦平面横向支撑设置	按设计文件		

注：H 为桁架柱的高度；L 为构件长度。

2．应用指导
(1) 检查验收统一说明
1) 执行规范章、节

本表的检验批验收执行《木结构工程施工质量验收规范》(GB 50206—2002)规范第4章、第4.2节主控项目和一般项目有关条目的质量等级要求。应按其质量标准和检查方法逐一进行验收。

表列应检验项目必须全部进行检查验收不得缺漏，应检项目漏检，应进行补充检查验收，不进行补检不应通过验收。

2) 检验批的划分原则

木结构工程的检验批划分，(GB 50206—2002)规范规定，检验批应根据结构类型、构件受力特征、连接受力特征、连接件种类、截面形状和尺寸及采用的树种和加工量划分。

3) 质量等级验收评定

① 主控项目是对检验批的基本质量起决定性影响的检验项目，必须全部符合该专业规范的规定，不允许有不符合规范要求的检验结果；

② 一般项目应有80%以上的抽检处符合该规范规定或偏差值在其允许偏差范围内。

4) 检验批验收应提交资料

检验批验收时，应提交的施工操作依据和质量检查记录应完整。

5) 检验批验收

只按列为主控项目、一般项目的条款来验收，不能随意扩大内容范围和提高质量标准。

6) 检验批验收责任制

检验批表式中的责任制签记必须本人签字，替签为无效检验批验收记录。

(2) 保证质量措施条目(摘自《木结构工程施工质量验收规范》GB 50206—2002)

4.1.2 方木和原木结构包括齿连接的方木、板材或原木屋架，屋面木骨架及上弦横向支撑组成的木屋盖，支承在砖墙、砖柱或木柱上。

(3) 检查验收执行条目(摘自《木结构工程施工质量验收规范》GB 50206—2002)

4.2.1 木构件的材质等级标准及缺陷限值相见(GB 50206—2002)第4.2.1条。

4.2.2 应按下列规定检查木构件的含水率：

1 原木或方木结构应不大于25%；
2 板材结构及受拉构件的连接板应不大于18%；
3 通风条件较差的木构件应不大于20%。

本条中规定的含水率为木构件全截面的平均值。

检查数量：每检验批检查全部构件。

检查方法：按国家标准《木材物理力学试验方法》GB 1927～1943—1991的规定测定木构件全截面的平均含水率。

4.3.2 木桁架、梁、柱安装的允许偏差应符合表4.3.2的规定。

(4) 质量验收的检验方法

木构件安装质量检查方法

项次	项 目	检 验 方 法
1	结构中心线的间距	钢尺量
2	垂直度	吊线钢尺量
3	受压或压弯构件纵向弯曲	吊(拉)线钢尺量
4	支座轴线对支承面中心位移	钢尺量
5	支座标高	用水准仪

4.3.4 木屋盖上弦平面横向支撑设置的完整性应按设计文件检查。
检查数量：整个横向支撑。
检查方法：按施工图检查。

2.5.3 屋面木骨架安装检验批质量验收记录

1. 资料表式

屋面木骨架安装检验批质量验收记录表　　　　表206-1B

检控项目	序号	质量验收规范规定		施工单位检查评定记录			监理(建设)单位验收记录
主控项目	1	检查方木、板材及原木构件的材料缺陷限值	第4.2.1条				
	2	检查木构件含水率	允许偏差	量 测 值			
		1)原木或方木结构	不大于25%				
		2)板材结构及受拉构件连接板	不大于18%				
		3)通风条件较差木构件	不大于20%				
一般项目	1	屋面木骨架安装允许偏差	允许偏差(mm)	量 测 值(mm)			
	檩条橼条	方木截面	-2				
		原木梢径	-5				
		间距	-10				
		方木上表面平直	4				
		原木上表面平直	7				
	油毡搭接宽度		-10				
	挂瓦条间距		±5				
	封山、封檐板平直	下边缘	5				
		表面	8				

2. 应用指导

(1) 检查验收统一说明

1) 执行规范章、节

本表的检验批验收执行《木结构工程施工质量验收规范》(GB 50206—2002)规范第4章、第4.3节主控项目和一般项目有关条目的质量等级要求。应按其质量标准和检查方法逐一进行验收。

表列应检验项目必须全部进行检查验收不得缺漏,应检项目漏检,应进行补充检查验收,不进行补检不应通过验收。

2) 检验批的划分原则

木结构工程的检验批划分,(GB 50206—2002)规范规定,检验批应根据结构类型、构件受力特征、连接受力特征、连接件种类、截面形状和尺寸及采用的树种和加工量划分。

3) 质量等级验收评定

① 主控项目是对检验批的基本质量起决定性影响的检验项目,必须全部符合该专业规范的规定,不允许有不符合规范要求的检验结果;

② 一般项目应有80%以上的抽检处符合该规范规定或偏差值在其允许偏差范围内。

4) 检验批验收应提交资料

检验批验收时,应提交的施工操作依据和质量检查记录应完整。

5) 检验批验收

只按列为主控项目、一般项目的条款来验收,不能随意扩大内容范围和提高质量标准。

6) 检验批验收责任制

检验批表式中的责任制签记必须本人签字,替签为无效检验批验收记录。

(2) 保证质量措施条目(摘自《木结构工程施工质量验收规范》GB 50206—2002)

4.1.2 方木和原木结构包括齿连接的方木、板材或原木屋架,屋面木骨架及上弦横向支撑组成的木屋盖,支承在砖墙、砖柱或木柱上。

(3) 检查验收执行条目(摘自《木结构工程施工质量验收规范》GB 50206—2002)

4.2.1 木构件的材质等级标准及缺陷限值相见(GB 50206—2002)第4.2.1条。

4.2.2 应按下列规定检查木构件的含水率:

1 原木或方木结构应不大于25%;

2 板材结构及受拉构件的连接板应不大于18%;

3 通风条件较差的木构件应不大于20%。

本条中规定的含水率为木构件全截面的平均值。

检查数量:每检验批检查全部构件。

检查方法:按国家标准《木材物理力学试验方法》GB 1927~1943—1991的规定测定木构件全截面的平均含水率。

4.3.3 屋面木骨架的安装允许偏差应符合表4.3.3的规定。

(4) 质量验收的检验方法

屋面木骨架安装质量检验方法

项次	项 目		检 验 方 法
1	檩条、椽条	方木截面	钢尺量
		原木梢径	钢尺量,椭圆时取大小径的平均值
		间距	钢尺量
		方木上表面平直	
		原木上表面平直	沿坡拉线钢尺量
2	油毡搭接宽度		钢尺量
3	挂瓦条间距		钢尺量
4	封山、封檐板平直	下边缘	拉10m线,不足10m拉通线,钢尺量
		表面	拉10m线,不足10m拉通线,钢尺量

4.3.4 木屋盖上弦平面横向支撑设置的完整性应按设计文件进行检查。

检查数量:整个横向支撑。

检查方法:按施工图检查。

2.5.4 胶合木结构检验批质量验收记录

1. 资料表式

胶合木结构检验批质量验收记录表　　　　表 206-2

检控项目	序号	质量验收规范规定		施工单位检查评定记录		监理(建设)单位验收记录
主控项目	1	检查木材缺陷限值	第5.2.1条			
	2	胶缝的完整性检验	第5.2.2条			
	3	指接范围内的木材缺陷和加工缺陷	第5.2.3条			
	4	检验弯曲强度	第5.2.4条			
一般项目	1	胶合时木板宽度方向的厚度允许偏差应不超过±0.2mm,每块木板长度方向的厚度允许偏差不超过±0.3mm				
	2	最后表面加工的截面	允许偏差(mm)	量 测 值(mm)		
		1)宽度:	±2.0mm			
		2)高度:	±6.0mm			
		3)规方:以承载处截面为准,最大偏离为:	1/200			
	3	胶合木构件的外观要求	第5.3.3条			

2. 应用指导

(1) 检查验收统一说明

1) 执行规范章、节

本表的检验批验收执行《木结构工程施工质量验收规范》(GB 50206—2002)规范第 5 章、第 5.2 节、第 5.3 节主控项目和一般项目有关条目的质量等级要求。应按其质量标准和检查方法逐一进行验收。

表列应检验项目必须全部进行检查验收不得缺漏,应检项目漏检,应进行补充检查验收,不进行补检不应通过验收。

2) 检验批的划分原则

木结构工程的检验批划分,(GB 50206—2002)规范规定,检验批应根据结构类型、构件受力特征、连接受力特征、连接件种类、截面形状和尺寸及采用的树种和加工量划分。

3) 质量等级验收评定

① 主控项目是对检验批的基本质量起决定性影响的检验项目,必须全部符合该专业规范的规定,不允许有不符合规范要求的检验结果。

② 一般项目应有 80%以上的抽检处符合该规范规定或偏差值在其允许偏差范围内。

4) 检验批验收应提交资料

检验批验收时,应提交的施工操作依据和质量检查记录应完整。

5) 检验批验收

只按列为主控项目、一般项目的条款来验收,不能随意扩大内容范围和提高质量标准。

6) 检验批验收责任制

检验批表式中的责任制签记必须本人签字,替签为无效检验批验收记录。

(2) 检查验收执行条目(摘自《木结构工程施工质量验收规范》GB 50206—2002)

5.2.1 应根据胶合木构件对层板目测等级的要求,按(GB 50206—2002)规范表 5.2.1 规定检查木材缺陷的限值。

检查数量:在层板接长前应根据每一树种,截面尺寸按等级随机取样 100 片木板。

检查方法:用钢尺成量角器量测。

当采用弹性模量与目测配合定级时,除检查目测等级外,尚应遵照(GB 50206—2002)附录 A 第 A.4.1 条检测层板的弹性模量。应在每个工作班的开始、结尾和在生产过程中每间隔 4h 各选取 1 片木板。目测定级合格后测定弹性模量。

5.2.2 胶缝应检验完整性,并应按照表 5.2.2-1 规定胶缝脱胶试验方法进行。对于每个树种、胶种、工艺过程至少应检验 5 个全截面试件,脱胶面积与试验方法及循环次数有关,每个试件的脱胶面积所占的百分率应小于表 5.2.2-2 所列限值。

注:1. 层板胶合木的使用条件根据气候环境分为 3 类:
   1 类——空气温度达到 20℃,相对湿度每年有 2~3 周超过 65%,大部分软质树种木材的平均平衡含水率不超过 12%;
   2 类——空气温度达到 20℃,相对湿度每年有 2~3 周超过 85%,大部分软质树种木材的平均平衡含水率不超过 20%;
   3 类——导致木材的平均平衡含水率超过 20%的气候环境,或木材处于室外无遮盖的环境中。

2. 胶的型号有Ⅰ型和Ⅱ型两种：

　　Ⅰ型　可用于各类使用条件下的结构构件（当选用间苯二酚树脂胶或酚醛间苯二酚树脂胶时，结构构件温度应低于85℃）。

　　Ⅱ型　只能用于1类或2类使用条件，结构构件温度应经常低于50℃（可选用三聚氰胺脲醛树脂胶）。

5.2.3　对于每个工作班应从每个流程或每10m³的产品中随机抽取1个全截面试件，对胶缝完整性进行常规检验，并应按照表5.2.3-1规定胶缝完整性试验方法进行。结构胶的型号与使用条件应满足表5.2.2-2的要求。脱胶面积与试验方法及循环次数有关，每个试件的脱胶面积所占的百分率应小于表5.2.2-2和表5.2.3-2所列限值。

每个全截面试件胶缝抗剪试验所求得的抗剪强度和木材破坏百分率应符合下列要求：

1) 每条胶缝的抗剪强度平均值应小于6.0N/mm²，对于针叶材和杨木当木材破坏达到100%时，其抗剪强度达到4.0N/mm²也被认可。

2) 与全截面试件平均抗剪强度相应的最小木材破坏百分率及与某些抗剪强度相应的木材破坏百分率列于表5.2.3-3。

5.2.4　应按下列规定检查指接范围内的木材缺陷和加工缺陷：

1) 不允许存在裂缝、涡纹及树脂条纹；

2) 木节距指端的净距不应小于木节直径的3倍；

3) I_b和I_{bt}级木板不允许有缺指或坏指，II_b和III_b级木板的缺指或坏指的宽度不得超过允许木节尺寸的1/3；

4) 在指长范围内及离指根75mm的距离内，允许存在钝棱或边缘缺损，但不得超过两个角，且任一角的钝棱面积不得大于木板正常面面积的1%。

检查数量：应在每个工作班的开始、结尾和在生产过程中每间隔4h各选取1块木板。

检查方法：用钢尺量和辨认。

5.3.1　胶合时木板宽度方向的厚度允许偏差应不超过±0.2mm，每块木板长度方向的厚度允许偏差应不超过±0.3mm。

检查数量：每检验批100块。

检查方法：用钢尺量。

5.3.2　表面加工的截面允许偏差：

1) 宽度：±2.0mm；

2) 高度：±6.0mm；

3) 规方：以承载处的截面为准，最大的偏离为1/200。

检查数量：每检验批10个。

检查方法：用钢尺量。

5.3.3　胶合木构件的外观质量：

1) A级——构件的外观要求很重要而需油漆，所有表面空隙均需封填或用木料修补。表面需用砂纸打磨达到粒度为60的要求。下列空隙应用木料修补。

① 直径超过30mm的孔洞。

② 尺寸超过40mm×20mm的长方形孔洞。

③ 宽度超过3mm的侧边裂缝长度为40～100mm。

注：填料应为不收缩的材料符合构件表面加工的要求。

2）B级——构件的外观要求表面用机具刨光并加油漆。表面加工应达到第5.3.2条的要求。表面允许有偶尔的漏刨,允许有细小的缺陷、空隙及生产中的缺损。最外的层板不允许有松软节和空隙。

3）C级——构件的外观要求不重要,允许有缺陷和空隙,构件胶合后无须表面加工。构件的允许偏差和层板左右错位限值示于图5.363及表5.3.3之中。

(3) 检验批验收应提供的附件资料

1）木测合格后的弹性模量测定（达到95%为合格）；
2）全截面试件胶缝抗剪试验；
3）层板接长指接弯曲强度见证试验（指生产线试运转或发生显著变化时进行并提供）；
4）木试件的含水率测定报告（按规定频率测定）；
5）有关验收文件；
6）自检、互检及工序交接检查记录；
7）其他应报或设计要求报送的资料。

注：合理缺项除外。

2.5.5 轻型木结构检验批质量验收记录

1．资料表式

轻型木结构检验批质量验收记录表　　　　表206-3

检控项目	序号	质量验收规范规定	施工单位检查评定记录	监理(建设)单位验收记录
主控项目	1	检查规格木材的材质和木材含水率（≤19%）	第6.2.1条	
	2	用作楼面板或屋面板的木基结构板材应按（GB 50206—2002）附录E和附录F进行集中静载与冲击荷载试验和均匀布荐试验,其结果应分别符合该规范表6.2.1-1和表6.2.2-2的规定 结构用胶合板每层单板所含木材缺陷不应超过该规范表6.2.2-3规定	第6.2.2条	
	3	普通圆钢钉最小屈服强度应符合该规范表6.2.3规定	第6.2.3条	

续表

检控项目	序号	质量验收规范规定	施工单位检查评定记录	监理(建设)单位验收记录
一般项目	1	应按表6.3.1-1的规定检查木框架各种构件的钉连接当外墙底梁板未与搁相间填块连接时，上层墙面板向下延伸至楼盖框架，并用钉或U形钉与框架构件连接时，应按该规范表6.3.1-2规定检查连接。 当屋脊板无支座椽条与木阁相连接时，应按该规范表6.3.1-3规定检查钉连接	第6.3.1条	

2．应用指导

(1) 检查验收统一说明

1）执行规范章、节

本表的检验批验收执行《木结构工程施工质量验收规范》(GB 50206—2002)规范第6章、第6.2节、第6.3节主控项目和一般项目有关条目的质量等级要求。应按其质量标准和检查方法逐一进行验收。

表列应检验项目必须全部进行检查验收不得缺漏，应检项目漏检，应进行补充检查验收，不进行补检不应通过验收。

2）检验批的划分原则

木结构工程的检验批划分，(GB 50206—2002)规范规定，检验批应根据结构类型、构件受力特征、连接受力特征、连接件种类、截面形状和尺寸及采用的树种和加工量划分。

3）质量等级验收评定

① 主控项目是对检验批的基本质量起决定性影响的检验项目，必须全部符合该专业规范的规定，不允许有不符合规范要求的检验结果。

② 一般项目应有80%以上的抽检处符合该规范规定或偏差值在其允许偏差范围内。

4）检验批验收应提交资料

检验批验收时，应提交的施工操作依据和质量检查记录应完整。

5）检验批验收

只按列为主控项目、一般项目的条款来验收，不能随意扩大内容范围和提高质量标准。

6）检验批验收责任制

检验批表式中的责任制签记必须本人签字，替签为无效检验批验收记录。

(2) 保证质量措施条目(摘自《木结构工程施工质量验收规范》GB 50206—2002)

6.1.2 轻型木结构是由锚固在条形基础上，用规格材作墙骨，木基结构板材作面板的框架墙承重，支承规格材组合梁或层板胶合梁作主梁或屋脊梁，规格材作栅、椽条与木基结构板材构成的楼盖和屋盖，并加必要的剪力墙和支撑系统。

6.1.3 楼盖主梁或屋脊梁可采用结构复合木材梁，栅可采用预制工字形木栅，屋盖框架可采用齿板连接的轻型木屋架。这3种木制品必须是按照各自的工艺标准在专门的工厂制造，并经有资质的木结构检测机构检验合格。

(3) 检查验收执行条目（摘自《木结构工程施工质量验收规范》GB 50206—2002）

6.2.1 规格材的应力等级检验应满足下列要求：

1) 对于每个树种、应力等级、规格尺寸至少应随机抽取 **15** 个足尺试件进行侧立受弯试验，测定抗弯强度。

2) 根据全部试验数据统计分析后求得的抗弯强度设计值应符合规定。

6.2.2 应根据设计要求的树种、等级按表6.2.2的规定检查规格材的材质和木材含水率(≤18%)。

检查数量：每检验批随机取样 100 块。

检查方法：用钢尺或量角器测，按国家标准《木材物理力学试验方法》GB 1927～1943—1991 的规定测定规格材全截面的平均含水率，并对照规格材的标识。

6.2.3 用作楼面板或屋面板的木基结构板材应进行集中静载与冲击荷载试验和均布荷载试验，其结果应分别符合表6.2.3-1和表6.2.3-2的规定。

此外，结构用胶合板每层单板所含的木材缺陷不应超过表6.2.3-3中的规定，并对照木基结构板材的标识。

6.2.4 普通圆钉的最小屈服强度应符合设计要求。

检查数量：每种长度的圆钉至少随机抽取 10 枚。

检查方法：进行受弯试验。

(4) 检验批验收应提供的附件资料

1) 抗弯强度测定报告；

2) 规格材的全截面平均含水率测定报告；

3) 圆钉的最小屈服强度试验（随机抽10枚以上）；

4) 规格材材质和含水率报告（等于小于18%，抽取100块）；

5) 有关验收文件；

6) 自检、互检及工序交接检查记录；

7) 其他应报或设计要求报送的资料。

注：合理缺项除外。

2.5.6 木结构防护检验批质量验收记录

1. 资料表式

木结构防护检验批质量验收记录表   表206-4

检控项目	序号	质量验收规范规定	施工单位检查评定记录	监理(建设)单位验收记录
主控项目	1	木结构防腐（含防虫）的构造措施应按《木结构设计规范》(GB 505—2002)的规定和设计文件要求检查	第7.2.1条	

检控项目	序号	质量验收规范规定	施工单位检查评定记录	监理(建设)单位验收记录
主控项目	2	下列木构件均应按规定检测防腐剂的保持量和透入度。 1) 根据设计文件要求,需要防腐加压,处理的木构件,包括锯材、层板胶合木、结构复合木材及结构胶合板制作的构件。 2) 根据《木结构设计规范》(GB 505—2002)的规定,需要防腐剂加压处理木麻黄、马尾松、桦木、湿地松、辐射松、杨木等易腐或易虫蛀的木材制作的构件。 3) 设计文件中规定与地面接触或埋入混凝土、砌体中及处于通风不良而经常潮湿的木构件	第7.2.2条	
	3	木结构防火的构造措施,应按《木结构设计规范》(GB 505—2002)和《建筑设计防火规范》(GB 50,6—2001)的规定和设计文件的要求检查	第7.2.3条	

2. 应用指导

(1) 检查验收统一说明

1) 执行规范章、节

本表的检验批验收执行《木结构工程施工质量验收规范》(GB 50206—2002)规范第7章、第7.2节主控项目和一般项目有关条目的质量等级要求。应按其质量标准和检查方法逐一进行验收。

表列应检验项目必须全部进行检查验收不得缺漏,应检项目漏检,应进行补充检查验收,不进行补检不应通过验收。

2) 检验批的划分原则

木结构工程的检验批划分,(GB 50206—2002)规范规定,检验批应根据结构类型、构件受力特征、连接受力特征、连接件种类、截面形状和尺寸及采用的树种和加工量划分。

3) 质量等级验收评定

① 主控项目是对检验批的基本质量起决定性影响的检验项目,必须全部符合该专业规范的规定,不允许有不符合规范要求的检验结果;

② 一般项目应有80%以上的抽检处符合该规范规定或偏差值在其允许偏差范围内。

4) 检验批验收应提交资料

检验批验收时,应提交的施工操作依据和质量检查记录应完整。

5）检验批验收

只按列为主控项目、一般项目的条款来验收,不能随意扩大内容范围和提高质量标准。

6）检验批验收责任制

检验批表式中的责任制签记必须本人签字,替签为无效检验批验收记录。

(2) 检查验收执行条目（摘自《木结构工程施工质量验收规范》GB 50206—2002）

7.2.1 木结构防腐的构造措施应符合设计要求。

检查数量:以一幢木结构房屋或一个木屋盖为检验批全面检查。

检查方法:根据规定和施工图逐项检查。

7.2.2 木构件防护剂的保持量和透入度应符合下列规定。

1） 根据设计文件的要求,需要防护剂加压处理的木构件,包括锯材、层板胶合木、结构复合木材及结构胶合板制作的构件。

2） 木麻黄、马尾松、云南松、桦木、湿地松、杨木等易腐或易虫蛀木材制作的构件。

3） 在设计文件中规定与地面接触或埋入混凝土、砌体中及处于通风不良而经常潮湿的木构件。

检查数量:以一幢木结构房屋或一个木屋盖为检验批。属于本条第1和第2款列出的木构件,每检验批油类防护剂处理的20个木心,其他防护剂处理的48个木心构件;属于本条第3款列出的木构件,检验批全数检查。

检查方法:采用化学试剂显色反应或X光衍射检测。

7.2.3 木结构防火的构造措施,应符合设计文件的要求。

检查数量:以一幢木结构房屋或一个木屋盖为检验批全面检查。

检查方法:根据规定和施工图逐项检查。

(3) 检验批验收应提供的附件资料

1）化学试剂显色反应或X光衍射检测报告;

2）有关验收文件;

3）自检、互检及工序交接检查记录;

4）其他应报或设计要求报送的资料。

注:合理缺项除外。

2.6 屋 面 工 程

2.6.1 卷材防水屋面找平层检验批质量验收记录

1. 资料表式

卷材防水屋面找平层检验批质量验收记录表　　　　　表207-1

检控项目	序号	质量验收规范规定		施工单位检查评定记录	监理(建设)单位验收记录
主控项目	1	找平层材料质量及配合比	第4.1.7条		
	2	屋面(含天沟、檐沟)找平层排水坡度	第4.1.8条		

续表

检控项目	序号	质量验收规范规定		施工单位检查评定记录								监理(建设)单位验收记录
一般项目	1)	酥松、起砂、起皮；沥青砂浆拌合不匀、蜂窝检查	第4.1.10条									
	2)	连接处、转角处的圆弧形检查	第4.1.9条									
	3)	分格缝位置与间距	第4.1.11条									
	4)	找平层表面平整度允许偏差为	第4.1.12条									

注：涂膜防水屋面找平层也用此表。

2．应用指导

(1) 检查验收统一说明

1) 执行规范章、节

本表的检验批验收执行《屋面工程施工质量验收规范》(GB 50207—2002)规范第4章、第4.1节主控项目和一般项目有关条目的质量等级要求。应按其质量标准和检查方法逐一进行验收。

表列应检验项目必须全部进行检查验收不得缺漏，应检项目漏检，应进行补充检查验收，不进行补检不应通过验收。

2) 检验批的划分原则

屋面工程的检验批划分，(GB 50207—2002)规范规定，屋面分部工程中的分项工程不同楼层屋面可划分为不同的检验批。

屋面工程中各分项工程的施工质量检验批量应符合下列规定：

① 卷材防水屋面、涂膜防水屋面、刚性防水屋面、瓦屋面和隔热屋面工程，应按屋面面积每100m^2抽查一处，每处10m^2，但不少于3处。

② 接缝密封防水，应按每50m应抽查一处，每处5m，但不得少于3处。

③ 细部构造应根据分项工程的内容，全部进行检查。

3) 质量等级验收评定

① 主控项目是对检验批的基本质量起决定性影响的检验项目，必须全部符合该专业规范的规定，不允许有不符合规范要求的检验结果；

② 一般项目应有80%以上的抽检处符合该规范规定或偏差值在其允许偏差范围内。

4) 检验批验收应提交资料

检验批验收时，应提交的施工操作依据和质量检查记录应完整。

5) 检验批验收

只按列为主控项目、一般项目的条款来验收，不能随意扩大内容范围和提高质量标准。

6) 检验批验收责任制

检验批表式中的责任制签记必须本人签字,替签为无效检验批验收记录。

(2) 保证质量措施条目(摘自《屋面工程施工质量验收规范》GB 50207—2002)

3.0.4 屋面工程施工时,应建立各道工序的自检、交接检和专职人员检查的"三检"制度,并有完整的检查记录。每道工序完成,应经监理单位(或建设单位)检查验收,合格后方可进行下道工序的施工。

3.0.6 屋面工程所采用的防水、保温隔热材料应有产品合格证书和性能检测报告,材料的品种、规格、性能等应符合现行国家产品标准和设计要求。

4.1.2 找平层的厚度和技术要求应符合表 4.1.2 的规定。

找平层厚度和技术要求　　　　　　　　　　表 4.1.2

类　别	基层种类	厚度(mm)	技 术 要 求
水泥砂浆找平层	整体混凝土	15~20	1:2.5~1:3(水泥:砂)体积比,水泥强度等级不低于 32.5 级
	整体或板状材料保温层	20~25	
	装配式混凝土板,松散材料保温层	20~30	
细石混凝土找平层	松散材料保温层	30~35	混凝土强度等级不低于 C20
沥青砂浆找平层	整体混凝土	15~20	1:8(沥青:砂)质量比
	装配式混凝土板,整体或板状材料保温层	20~25	

4.1.3 找平层的基层采用装配式钢筋混凝土板时,应符合下列规定:
1) 板端、侧缝应用细石混凝土灌缝,其强度等级不应低于 C20;
2) 板缝宽度大于 40mm 或上窄下宽时,板缝内应设置构造钢筋;
3) 板端缝应进行密封处理。

4.1.4 找平层的排水坡度应符合设计要求。平屋面采用结构找坡不应小于 3%,采用材料找坡宜为 2%;天沟、檐沟纵向找坡不应小于 1%,沟底水落差不得超过 200mm。

4.1.5 基层与突出屋面结构(女儿墙、山墙、天窗壁、变形缝、烟囱等)的交接处和基层的转角处,找平层均应做成圆弧形,圆弧半径应符合表 4.1.5 的要求。内部排水的水落口周围,找平层应做成略低的凹坑。

转角处圆弧半径　　　　　　　　　　表 4.1.5

卷材种类	圆弧半径(mm)	卷材种类	圆弧半径(mm)
沥青防水卷材	100~150	合成高分子防水卷材	20
高聚物改性沥青防水卷材	50		

4.1.6 找平层应设分格缝,并嵌填密封材料。分格缝应留设在板端缝处,其纵横缝的最大间距:水泥砂浆或细石混凝土找平层,不宜大于 6m;沥青砂浆找平层,不宜大于 4m。

(3) 检查验收执行条目(摘自《屋面工程施工质量验收规范》GB 50207—2002)

4.1.7 找平层的材料质量及配合比,必须符合设计要求。

检验方法:检查出厂合格证、质量检验报告和计量措施。

4.1.8 屋面(含天沟、檐沟)找平层的排水坡度必须符合设计要求。

检验方法:用水平仪(水平尺)、拉线和尺量检查。

4.1.10 水泥砂浆、细石混凝土找平层应平整、压光,不得有酥松、起砂。起皮现象;沥青砂浆找平层不得有拌合不匀、蜂窝现象。

检验方法:观察检查。

4.1.9 基层与突出屋面结构的交接处和基层的转角处,均应做成圆弧形,且整齐平顺。

检验方法:观察和尺量检查。

4.1.11 找平层分格缝的位置和间距应符合设计要求。

检验方法:观察和尺量检查。

4.1.12 找平层的表面平整度允许偏差为5mm。

检验方法:用2m靠尺和楔形塞尺检查。

(4) 检验批验收应提供的附件资料

1) 水泥、砂、出厂合格证;
2) 混凝土试配及通知单;
3) 混凝土试件强度试验报告;
4) 施工记录(计量措施);
5) 有关验收文件;
6) 自检、互检及工序交接检查记录;
7) 其他应报或设计要求报送的资料。

注:合理缺项除外。

2.6.2 卷材(涂膜)防水屋面保温层检验批质量验收记录

1. 资料表式

卷材(涂膜)防水屋面保温层检验批质量验收记录表   表207-2

检控项目	序号	质量验收规范规定		施工单位检查评定记录	监理(建设)单位验收记录
主控项目	1	保温层材料的质量要求	第4.2.8条		
	2	保温层的含水率	第4.2.9条		
一般项目	1	保温层铺设	第4.2.10条		
	1)	松散保温材料			
	2)	板状保温材料			
	3)	整体现浇保温材料			

续表

检控项目	序号	质量验收规范规定			施工单位检查评定记录							监理(建设)单位验收记录
一般项目	2	保温层厚度		允许偏差	量 测 值							
		2) 保温厚度	松 散	+10%								
			整 浇	-5%								
			板 状	±5且不大于4mm								
		3) 倒置式屋面保护层		第4.2.12条								

2. 应用指导

(1) 检查验收统一说明

1) 执行规范章、节

本表的检验批验收执行《屋面工程施工质量验收规范》(GB 50207—2002)规范第4章、第4.2节主控项目和一般项目有关条目的质量等级要求。应按其质量标准和检查方法逐一进行验收。

表列应检验项目必须全部进行检查验收不得缺漏,应检项目漏检,应进行补充检查验收,不进行补检不应通过验收。

2) 检验批的划分原则

① 屋面工程的检验批划分,(GB 50207—2002)规范规定,屋面分部工程中的分项工程不同楼层屋面可划分为不同的检验批。

② 屋面工程中各分项工程的施工质量检验批量应符合下列规定:

a. 卷材防水屋面、涂膜防水屋面、刚性防水屋面、瓦屋面和隔热屋面工程,应按屋面面积每100m²抽查一处,每处10m²,但不少于3处。

b. 接缝密封防水,应按每50m查一处,每处5m,但不得少于3处。

c. 细部构造应根据分项工程的内容,全部进行检查。

3) 质量等级验收评定

① 主控项目是对检验批的基本质量起决定性影响的检验项目,必须全部符合该专业规范的规定,不允许有不符合规范要求的检验结果;

② 一般项目应有80%以上的抽检处符合该规范规定或偏差值在其允许偏差范围内。

4) 检验批验收应提交资料

检验批验收时,应提交的施工操作依据和质量检查记录应完整。

5) 检验批验收

只按列为主控项目、一般项目的条款来验收,不能随意扩大内容范围和提高质量标准。

6) 检验批验收责任制

检验批表式中的责任制签记必须本人签字,替签为无效检验批验收记录。

(2) 保证质量措施条目(摘自《屋面工程施工质量验收规范》GB 50207—2002)

3.0.4 屋面工程施工时,应建立各道工序的自检、交接检和专职人员检查的"三检"制度,并有完整的检查记录。每道工序完成,应经监理单位(或建设单位)检查验收,合格后方可进行下道工序的施工。

3.0.6 屋面工程所采用的防水、保温隔热材料应有产品合格证书和性能检测报告,材料的品种、规格、性能等应符合现行国家产品标准和设计要求。

4.2.5 松散材料保温层施工应符合下列规定:
1) 铺设松散材料保温层的基层应平整、干燥和干净。
2) 保温层含水率应符合设计要求。
3) 松散保温材料应分层铺设并压实,压实的程度与厚度应经试验确定。
4) 保温层施工完成后,应及时进行找平层和防水层的施工;在雨季施工时,保温层应采取遮盖措施。

4.2.6 板状材料保温层施工应符合下列规定:
1) 板状材料保温层的基层应平整、干燥和干净。
2) 板状保温材料应紧靠在需保温的基层表面上,并应铺平垫稳。
3) 分层铺设的板块上下层接缝应相互错开;板间缝隙应采用同类材料嵌填密实。

4.2.7 整体现浇(喷)保温层施工应符合下列规定:
1) 沥青膨胀蛭石、沥青膨胀珍珠岩宜用机械搅拌,并应色泽均匀一致,无沥青团;压实程度根据试验确定,其厚度应符合设计要求,表面应平整。
2) 硬质聚氨酯泡沫塑料应按配比准确计量,发泡厚度均匀一致。

(3) 检查验收执行条目(摘自《屋面工程施工质量验收规范》GB 50207—2002)

4.2.8 保温材料的堆积密度或表观密度、导热系数以及板材的强度、吸水率,必须符合设计要求。

检验方法:检查出厂合格证、质量检验报告和现场抽样复验报告。

4.2.9 保温层的含水率必须符合设计要求。

检验方法:检查现场抽样检验报告。

4.2.10 保温层的铺设应符合下列要求:
1) 松散保温材料:分层铺设,压实适当,表面平整,找坡正确。
2) 板状保温材料:紧贴(靠)基层铺平垫稳,拼缝严密,找坡正确。
3) 整体现浇保温层:拌合均匀,分层铺设,压实适当,表面平整,找坡正确。

检验方法:观察检查。

4.2.11 保温层厚度的允许偏差应符合(GB 50207—2002)规范第4.2.11条的规定。

检验方法:用钢针插入和尺量检查

4.2.12 当倒置式屋面保护层采用卵石铺压时,卵石应分布均匀,卵石的质(重)量应符合设计要求。

检验方法:观察检查和按堆积密度计算其质(重)量。

A.0.4 保温材料的质量指标
1) 松散保温材料的质量应符合表A.0.4-1的要求:

松散保温材料的质量要求　　　　　表 A.0.4-1

项　目	膨胀蛭石	膨胀珍珠岩
粒径	3～15mm	≥0.15mm,<0.15mm 的含量不大于8%
堆积密度	≤300kg/m³	≤120kg/m³

2) 板状保温材料的质量应符合表 A.0.4-2 的要求。

板状保温材料的质量要求　　　　　表 A.0.4-2

项　目	聚苯乙烯泡沫塑料类		硬质聚氨酯泡沫塑料	泡沫玻璃	微孔混凝土类	膨胀蛭石(珍珠岩)制品
	挤压	模压				
表观密度(kg/m³)	≥32	15～30	≥30	≥150	500～700	300～800
导热系数(W/m·K)	≤0.03	≤0.041	≤0.027	≤0.062	≤0.22	≤0.26
抗压强度(MPa)	—	—	—	≥0.4	≥0.4	≥0.3
在10%形变下的压缩应力(MPa)	≥0.15	≥0.06	≥0.15			
70℃,48h后尺寸变化率(%)	≤2.0	≤5.0	≤5.0	≤0.5		
吸水率(V/V,%)	≤1.5	≤6	≤3	≤0.5		
外观质量	板的外形基本平整,无严重凹凸不平;厚度允许偏差为5%,且不大于4mm					

(4) 检验批验收应提供的附件资料

1) 保温材料(松散、板状、整体现浇膨胀蛭石、珍珠岩)出厂合格证；
2) 材料进场检验收记录；
3) 材料性能试验报告(厂家提供)；
4) 材料试验报告单；
5) 施工记录(施工方法、方案、技术措施、质保措施执行、抽样检验及现场检查)；
6) 技术交底；
7) 隐蔽验收记录；
8) 有关验收文件；
9) 自检、互检及工序交接检查记录；
10) 其他应报或设计要求报送的资料。

注：合理缺项除外。

2.6.3　卷材防水层检验批质量验收记录(热风焊接法)

1. 资料表式

卷材防水层检验批质量验收记录表(热风焊接法)　　　　表 207-3

检控项目	序号	质量验收规范规定		施工单位检查评定记录	监理(建设)单位验收记录
主控项目	1	卷材防水层材料质量	第4.3.15条		
	2	卷材防水层不得有渗漏或积水现象	第4.3.16条		

续表

检控项目	序号	质量验收规范规定		施工单位检查评定记录	监理(建设)单位验收记录
主控项目	3	卷材防水层细部做法	第4.3.17条		
一般项目	1	卷材搭接缝	第4.3.18条		
	2	保护层铺撒	第4.3.19条		
	3	排气道要求	第4.3.20条		
	4	搭接宽度允许偏差	-10mm		

2. 应用指导

(1) 检查验收统一说明

1) 执行规范章、节

本表的检验批验收执行《屋面工程施工质量验收规范》(GB 50207—2002)规范第4章、第4.3节主控项目和一般项目有关条目的质量等级要求。应按其质量标准和检查方法逐一进行验收。

表列应检验项目必须全部进行检查验收不得缺漏,应检项目漏检,应进行补充检查验收,不进行补检不应通过验收。

2) 检验批的划分原则

① 屋面工程中各分项工程的施工质量检验批量应符合下列规定:

a. 卷材防水屋面、涂膜防水屋面、刚性防水屋面、瓦屋面和隔热屋面工程,应按屋面面积每100m^{2}抽查一处,每处10m^2,但不少于3处。

b. 接缝密封防水,应按每50m查一处,每处5m,但不得少于3处。

c. 细部构造应根据分项工程的内容,全部进行检查。

3) 质量等级验收评定

① 主控项目是对检验批的基本质量起决定性影响的检验项目,必须全部符合该专业规范的规定,不允许有不符合规范要求的检验结果;

② 一般项目应有80%以上的抽检处符合该规范规定或偏差值在其允许偏差范围内。

4) 检验批验收应提交资料

检验批验收时,应提交的施工操作依据和质量检查记录应完整。

5) 检验批验收

只按列为主控项目、一般项目的条款来验收,不能随意扩大内容范围和提高质量标准。

6) 检验批验收责任制

检验批表式中的责任制签记必须本人签字,替签为无效检验批验收记录。

(2) 保证质量措施条目(摘自《屋面工程施工质量验收规范》GB 50207—2002)

4.3.2 卷材防水层应采用高聚物改性沥青防水卷材、合成高分子防水卷材或沥青防水卷材。所选用的基层处理剂、接缝胶粘剂、密封材料等配套材料应与铺贴的卷材材性相容。

4.3.3 在坡度大于25%的屋面上采用卷材作防水层时,应采取固定措施。固定点应密封严密。

4.3.4 铺设屋面防水层前,基层必须干净、干燥。

干燥程度的简易检验方法,是将$1m^2$卷材平坦地平铺在找平层上,静置3~4h后掀开检查,找平层覆盖部位与卷材上未见水印即可铺设。

4.3.5 卷材铺设方向应符合下列规定:

1) 屋面坡度小于3%时,卷材宜平行屋脊铺贴。
2) 屋面坡度在3%~15%时,卷材可平行或垂直屋脊铺贴。
3) 屋面坡度大于15%或屋面受震动时,沥青防水卷材应垂直屋脊铺贴,高聚物改性沥青防水卷材和合成高分子防水卷材可平行或垂直屋脊铺贴。
4) 上下层卷材不得相互垂直铺贴。

4.3.6 卷材厚度选用应符合《屋面工程质量验收规范》表4.3.6的规定。

4.3.7 铺贴卷材采用搭接法时,上下层及相邻两幅卷材的搭接缝应错开。各种卷材搭接宽度应符合《屋面工程质量验收规范》表4.3.7的要求。

4.3.11 卷材热风焊接施工应符合下列规定:

1) 焊接前卷材的铺设应平整顺直,搭接尺寸准确,不得扭曲、皱折。
2) 卷材的焊接面应清扫干净,无水滴、油污及附着物。
3) 焊接时应先焊长边搭接缝,后焊短边搭接缝。
4) 控制热风加热温度和时间,焊接处不得有漏焊、跳焊、焊焦或焊接不牢现象。
5) 焊接时不得损害非焊接部位的卷材。

4.3.12 沥青玛瑞脂的配制和使用应符合下列规定:

1) 配制沥青玛瑞脂的配合比应视使用条件、坡度和当地历年极端最高气温,并根据所用的材料经试验确定,施工中应按确定的配合比严格配料,每工作班应检查软化点和柔韧性。
2) 热沥青玛瑞脂的加热温度不应高于240℃,使用温度不应低于190℃。
3) 冷沥青玛瑞脂使用时应搅匀,稠度太大时可加少量溶剂稀释搅匀。
4) 沥青玛瑞脂应涂刮均匀,不得过厚或堆积。

粘结层厚度:热沥青玛瑞脂宜为1~1.5mm,冷沥青玛瑞脂宜为0.5~1mm;

面层厚度:热沥青玛瑞脂宜为2~3mm,冷沥青玛瑞脂宜为1~1.5mm。

4.3.13 天沟、檐沟、檐口、泛水和立面卷材收头的端都应裁齐,塞入预留凹槽内,用金属压条钉压固定,最大钉距不应大于900mm,并用密封材料嵌填封严。

(3) 检查验收执行条目(摘自《屋面工程施工质量验收规范》GB 50207—2002)

4.3.15 卷材防水层所用卷材及其配套材料,必须符合设计要求。

检验方法:检查出厂合格证、质量检验报告和现场抽样复验报告。

4.3.16 **卷材防水层不得有渗漏或积水现象。**

检验方法:雨后或淋水、蓄水检验。

4.3.17 卷材防水层在天沟、檐沟、檐口、水落口、泛水、变形缝和伸出屋面管道的防水构造,必须符合设计要求。

检验方法:观察检查和检查隐蔽工程验收记录。

4.3.18 卷材防水层的搭接缝应粘(焊)结牢固,密封严密,并不得有皱折、翘边和鼓泡等缺陷;防水层的收头应与基层粘结并固定牢固,缝口封严,不得翘边。

检验方法:观察检查。

4.3.19 卷材防水层上的撒布材料和浅色涂料保护层应铺撒或涂刷均匀,粘结牢固;水泥砂浆、块材或细石混凝土保护层与卷材防水层间应设置隔离层;刚性保护层的分格缝留置应符合设计要求。

检验方法:观察检查。

4.3.20 排汽屋面的排汽道应纵横贯通,不得堵塞。排汽管应安装牢固,位置正确,封闭严密。

检验方法:观察检查。

4.3.21 卷材的铺贴方向应正确,卷材搭接宽度的允许偏差为-10mm。

检验方法:观察和尺量检查。

2.6.4 卷材防水层检验批质量验收记录(冷粘法)

1. 资料表式

卷材防水层检验批质量验收记录表(冷粘法)　　　　表207-3A

检控项目	序号	质量验收规范规定		施工单位检查评定记录	监理(建设)单位验收记录
主控项目	1	卷材防水层材料质量	第4.3.15条		
	2	卷材防水层不得有渗漏或积水现象	第4.3.16条		
	3	卷材防水层细部做法	第4.3.17条		
一般项目	1	卷材防水层用材料质量	第4.3.2条		
	2	坡度大于25%时卷材固定与密封	第4.3.3条		
	3	基层的干净、干燥与检查方法	第4.3.4条		
	4	卷材铺设方向	第4.3.5条		
	5	卷材的厚度规定	第4.3.6条		
	6	卷材的搭接要求	第4.3.7条		
	7	冷粘法铺贴卷材	第4.3.8条		
	8	沥青玛碲脂的配制和使用	第4.3.12条		

续表

检控项目	序号	质量验收规范规定		施工单位检查评定记录							监理(建设)单位验收记录
一般项目	9	细部做法	第4.3.13条								
	10	卷材防水层的成品保护	第4.3.14条								
	11	卷材的外观质量和物理性能	第4.3.15条								
	12	卷材防水层质量检验	允许偏差			量	测	值			
		1)卷材搭接缝	第4.3.18条								
		2)保护层铺撒	第4.3.19条								
		3)排气道	第4.3.20条								
		4)卷材铺设方向	-10mm								

2.6.5 卷材防水层检验批质量验收记录(热熔法)

1. 资料表式

卷材防水层检验批质量验收记录表(热熔法)　　表207-3B

检控项目	序号	质量验收规范规定		施工单位检查评定记录	监理(建设)单位验收记录
主控项目	1	卷材防水层材料质量	第4.3.15条		
	2	卷材防水层不得有渗漏或积水现象	第4.3.16条		
	3	卷材防水层细部做法	第4.3.17条		
一般项目	1	卷材防水层用材料质量	第4.3.2条		
	2	坡度大于25%时卷材固定与密封	第4.3.3条		
	3	基层的干净、干燥与检查方法	第4.3.4条		
	4	卷材铺设方向	第4.3.5条		
	5	卷材的厚度规定	第4.3.6条		

续表

检控项目	序号	质量验收规范规定		施工单位检查评定记录	监理(建设)单位验收记录
一般项目	6	卷材的搭接要求	第4.3.7条		
	7	热熔法铺贴卷材	第4.3.9条		
	8	沥青玛碲脂的配制和使用	第4.3.12条		
	19	细部做法	第4.3.13条		
	10	卷材防水层的成品保护	第4.3.14条		
	11	卷材的外观质量和物理性能	第4.3.15条		
	12	卷材防水层质量检验	允许偏差	量测值	
		1) 卷材搭接缝	第4.3.18条		
		2) 保护层铺撒	第4.3.19条		
		3) 排气道	第4.3.20条		
		4) 卷材铺设方向	－10mm		

2.6.6 卷材防水层检验批质量验收记录(自粘法)

1. 资料表式

卷材防水层检验批质量验收记录表(自粘法)   表207-3C

检控项目	序号	质量验收规范规定		施工单位检查评定记录	监理(建设)单位验收记录
主控项目	1	卷材防水层材料质量	第4.3.15条		
	2	卷材防水层不得有渗漏或积水现象	第4.3.16条		
	3	卷材防水层细部做法	第4.3.17条		
一般项目	1	防水层用材料相容性	第4.3.2条		
	2	坡度大于25%时卷材固定与密封	第4.3.3条		
	3	基层的干净、干燥与检查方法	第4.3.4条		
	4	卷材铺设方向	第4.3.5条		
	5	卷材的厚度规定	第4.3.6条		

续表

检控项目	序号	质量验收规范规定		施工单位检查评定记录								监理(建设)单位验收记录
一般项目	6	卷材的搭接要求	第4.3.7条									
	9	自粘法铺贴卷材	第4.3.10条									
	11	沥青玛琋脂的配制和使用	第4.3.12条									
	12	细部做法	第4.3.13条									
	13	卷材防水层的成品保护	第4.3.14条									
	14	卷材的外观质量和物理性能	第4.3.15条									
	15	卷材防水层质量检验	允许偏差	量 测 值								
		1) 卷材搭接缝	第4.3.18条									
		2) 保护层铺撒	第4.3.19条									
		3) 排气道	第4.3.20条									
		4) 卷材铺设搭接宽度	−10mm									

2．应用指导

(1) 检查验收统一说明

1) 执行规范章、节

本表的检验批验收执行《屋面工程施工质量验收规范》(GB 50207—2002)规范第4章、第4.3节主控项目和一般项目有关条目的质量等级要求。应按其质量标准和检查方法逐一进行验收。

表列应检验项目必须全部进行检查验收不得缺漏，应检项目漏检，应进行补充检查验收，不进行补检不应通过验收。

2) 检验批的划分原则

① 屋面工程的检验批划分，(GB 50207—2002)规范规定，检验批应根据不同楼层屋面可划分为不同的检验批。

② 屋面工程中各分项工程的施工质量检验批量应符合下列规定：

a．卷材防水屋面、涂膜防水屋面、刚性防水屋面、瓦屋面和隔热屋面工程，应按屋面面积每 $100m^2$ 抽查一处，每处 $10m^2$，但不少于3处。

b．接缝密封防水，应按每50m查一处，每处5m，但不得少于3处。

c．细部构造应根据分项工程的内容，全部进行检查。

3) 质量等级验收评定

① 主控项目是对检验批的基本质量起决定性影响的检验项目，必须全部符合该专业规范的规定，不允许有不符合规范要求的检验结果；

② 一般项目应有80%以上的抽检处符合该规范规定或偏差值在其允许偏差范围内。

4) 检验批验收应提交资料

检验批验收时,应提交的施工操作依据和质量检查记录应完整。

5) 检验批验收

只按列为主控项目、一般项目的条款来验收,不能随意扩大内容范围和提高质量标准。

6) 检验批验收责任制

检验批表式中的责任制签记必须本人签字,替签为无效检验批验收记录。

(2) 保证质量措施条目(摘自《屋面工程施工质量验收规范》GB 50207—2002)

4.3.2 卷材防水层应采用高聚物改性沥青防水卷材、合成高分子防水卷材或沥青防水卷材。所选用的基层处理剂、接缝胶粘剂、密封材料等配套材料应与铺贴的卷材材性相容。

4.3.3 在坡度大于25%的屋面上采用卷材作防水层时,应采取固定措施。固定点应密封严密。

4.3.4 铺设屋面防水层前,基层必须干净、干燥。

干燥程度的简易检验方法,是将1m² 卷材平坦地平铺在找平层上,静置3~4h后掀开检查,找平层覆盖部位与卷材上未见水印即可铺设。

4.3.5 卷材铺设方向应符合下列规定:

1) 屋面坡度小于3%时,卷材宜平行屋脊铺贴。

2) 屋面坡度在3%~15%时,卷材可平行或垂直屋脊铺贴。

3) 屋面坡度大于15%或屋面受震动时,沥青防水卷材应垂直屋脊铺贴,高聚物改性沥青防水卷材和合成高分子防水卷材可平行或垂直屋脊铺贴。

4) 上下层卷材不得相互垂直铺贴。

4.3.6 卷材厚度选用应符合《屋面工程质量验收规范》表4.3.6的规定。

4.3.7 铺贴卷材采用搭接法时,上下层及相邻两幅卷材的搭接缝应错开。各种卷材搭接宽度应符合《屋面工程质量验收规范》表4.3.7的要求。

4.3.8 冷粘法铺贴卷材应符合下列规定:

1) 胶粘剂涂刷应均匀,不露底,不堆积。

2) 根据胶粘剂的性能,应控制胶粘剂涂刷与卷材铺贴的间隔时间。

3) 铺贴的卷材下面的空气应排尽,并辊压粘结牢固。

4) 铺贴卷材应平整顺直,搭接尺寸准确,不得扭曲、皱折。

5) 接缝口应用密封材料封严,宽度不应小于10mm。

4.3.9 热熔法铺贴卷材应符合下列规定:

1) 火焰加热器加热卷材应均匀,不得过分加热或烧穿卷材;厚度小于3mm的高聚物改性沥青防水卷材严禁采用热熔法施工。

2) 卷材表面热熔后应立即滚铺卷材,卷材下面的空气应排尽,并辊压粘结牢固,不得空鼓。

3) 卷材接缝部位必须溢出热熔的改性沥青胶。

4) 铺贴的卷材应平整顺直,搭接尺寸准确,不得扭曲、皱折。

4.3.10 自粘法铺贴卷材应符合下列规定:

1) 铺贴卷材前基层表面应均匀涂刷基层处理剂,干燥后及时铺贴卷材。

2) 铺贴卷材时,应将自粘胶底面的隔离纸全部撕净。
3) 卷材下面的空气应排尽,并辊压粘结牢固。
4) 铺贴的卷材应平整顺直,搭接尺寸准确,不得扭曲、皱折。搭接部位宜采用热风加热,随即粘贴牢固。
5) 接缝口应用密封材料封严,宽度不应小于10mm。

4.3.11 卷材热风焊接施工应符合下列规定:
1) 焊接前卷材的铺设应平整顺直,搭接尺寸准确,不得扭曲、皱折。
2) 卷材的焊接面应清扫干净,无水滴、油污及附着物。
3) 焊接时应先焊长边搭接缝,后焊短边搭接缝。
4) 控制热风加热温度和时间,焊接处不得有漏焊、跳焊、焊焦或焊接不牢现象。
5) 焊接时不得损害非焊接部位的卷材。

4.3.12 沥青玛瑞脂的配制和使用应符合下列规定:
1) 配制沥青玛瑞脂的配合比应视使用条件、坡度和当地历年极端最高气温,并根据所用的材料经试验确定;施工中应按确定的配合比严格配料,每工作班应检查软化点和柔韧性。
2) 热沥青玛瑞脂的加热温度不应高于240℃,使用温度不应低于190℃。
3) 冷沥青玛瑞脂使用时应搅匀,稠度太大时可加少量溶剂稀释搅匀。
4) 沥青玛瑞脂应涂刮均匀,不得过厚或堆积。
粘结层厚度:热沥青玛瑞脂宜为1~1.5mm,冷沥青玛瑞脂宜为0.5~1mm;
面层厚度:热沥青玛瑞脂宜为2~3mm,冷沥青玛瑞脂宜为1~1.5mm。

4.3.13 天沟、檐沟、檐口、泛水和立面卷材收头的端都应裁齐,塞入预留凹槽内,用金属压条钉压固定,最大钉距不应大于900mm,并用密封材料嵌填封严。

4.3.14 卷材防水层完工并经验收合格后,应做好成品保护,保护层的施工应符合下列规定:
1) 绿豆砂应清洁、预热、铺撒均匀,并使其与沥青玛瑞脂粘结牢固,不得残留未粘结的绿豆砂。
2) 云母或蛭石保护层不得有粉料,撒铺应均匀,不得露底,多余的云母或蛭石应清除。
3) 水泥砂浆保护层的表面应抹平压光,并设表面分格缝,分格面积宜为$1m^2$。
4) 块体材料保护层应留设分格缝,分格面积不宜大于$100m^2$,分格缝宽度不宜小于20mm。
5) 细石混凝土保护层,混凝土应密实,表面抹平压光,并留设分格缝,分格面积不大于$36m^2$。
6) 浅色涂料保护层应与卷材粘结牢固,厚薄均匀,不得漏涂。
7) 水泥砂浆、块材或细石混凝土保护层与防水层之间应设置隔离层。
8) 刚性保护层与女儿墙、山墙之间应预留宽度为30mm的缝隙,并用密封材料嵌填严密。

(3) 检查验收执行条目(摘自《屋面工程施工质量验收规范》GB 50207—2002)

4.3.15 卷材防水层所用卷材及其配套材料,必须符合设计要求。
检验方法:检查出厂合格证、质量检验报告和现场抽样复验报告。

4.3.16 卷材防水层不得有渗漏或积水现象。

检验方法：雨后或淋水、蓄水检验。

4.3.17 卷材防水层在天沟、檐沟、檐口、水落口、泛水、变形缝和伸出屋面管道的防水构造，必须符合设计要求。

检验方法：观察检查和检查隐蔽工程验收记录。

4.3.18 卷材防水层的搭接缝应粘（焊）结牢固，密封严密，并不得有皱折、翘边和鼓泡等缺陷；防水层的收头应与基层粘结并固定牢固，缝口封严，不得翘边。

检验方法：观察检查。

4.3.19 卷材防水层上的撒布材料和浅色涂料保护层应铺撒或涂刷均匀，粘结牢固；水泥砂浆、块材或细石混凝土保护层与卷材防水层间应设置隔离层；刚性保护层的分格缝留置应符合设计要求。

检验方法：观察检查。

4.3.20 排汽屋面的排气道应纵横贯通，不得堵塞。排气管应安装牢固，位置正确，封闭严密。

检验方法：观察检查。

4.3.21 卷材的铺贴方向应正确，卷材搭接宽度的允许偏差为-10mm。

检验方法：观察和尺量检查。

(4) 检验批验收应提供的附件资料（表207-3～表207-3C）

1) 材料出厂合格证；
2) 材料进场检验收记录；
3) 材料性能试验报告（厂家提供）；
4) 材料试验报告单；
5) 施工记录（施工方法、方案、技术措施、质保措施执行、抽样检验及现场检查）；
6) 技术交底；
7) 隐蔽验收记录（檐沟、檐口、水落口、泛水、变形缝、伸出屋面部分的防水构造、找平层等）；
8) 蓄水或淋水试验（或雨后检验）；
9) 有关验收文件；
10) 自检、互检及工序交接检查记录；
11) 其他应报或设计要求报送的资料。

注：1. 合理缺项除外。
　　2. 表207-3～表207-3C表示这几个检验批表式的附件资料均相同。

2.6.7 涂膜防水屋面涂膜防水层检验批质量验收记录

1. 资料表式

涂膜防水屋面涂膜防水层检验批质量验收记录表　　　　　　表207-4

检控项目	序号	质量验收规范规定		施工单位检查评定记录	监理（建设）单位验收记录
主控项目	1	防水涂料和胎体增强材料	符合设计要求		

检控项目	序号	质量验收规范规定		施工单位检查评定记录								监理(建设)单位验收记录
主控项目	2	涂膜防水层	不得有渗漏或积水现象									
	3	涂膜防水的细部做法	第5.3.11条									
一般项目	1	防水层平均厚度	≥设计厚80%									
	2	防水层与基层粘结	第5.3.13条									
	3	保护层	第5.3.14条									

2. 应用指导

(1) 检查验收统一说明

1) 执行规范章、节

本表的检验批验收执行《屋面工程施工质量验收规范》(GB 50207—2002)规范第5章、第5.3节主控项目和一般项目有关条目的质量等级要求。应按其质量标准和检查方法逐一进行验收。

表列应检验项目必须全部进行检查验收不得缺漏,应检项目漏检,应进行补充检查验收,不进行补检不应通过验收。

2) 检验批的划分原则

① 屋面工程的检验批划分,(GB 50207—2002)规范规定,检验批应根据不同楼层屋面可划分为不同的检验批。

② 屋面工程中各分项工程的施工质量检验批量应符合下列规定:

a. 卷材防水屋面、涂膜防水屋面、刚性防水屋面、瓦屋面和隔热屋面工程,应按屋面面积每100m² 抽查一处,每处10m²,但不少于3处。

b. 接缝密封防水,应按每50m查一处,每处5m,但不得少于3处。

c. 细部构造应根据分项工程的内容,全部进行检查。

3) 质量等级验收评定

① 主控项目是对检验批的基本质量起决定性影响的检验项目,必须全部符合该专业规范的规定,不允许有不符合规范要求的检验结果;

② 一般项目应有80%以上的抽检处符合该规范规定或偏差值在其允许偏差范围内。

4) 检验批验收应提交资料

检验批验收时,应提交的施工操作依据和质量检查记录应完整。

5) 检验批验收

只按列为主控项目、一般项目的条款来验收,不能随意扩大内容范围和提高质量标准。

6) 检验批验收责任制

检验批表式中的责任制签记必须本人签字,替签为无效检验批验收记录。

(2) 保证质量措施条目(摘自《屋面工程施工质量验收规范》GB 50207—2002)

5.3.2 防水涂料应采用高聚物改性沥青防水涂料、合成高分子防水涂料。

5.3.3 防水涂料施工应符合下列规定：

1）涂膜应根据防水涂料的品种分层分遍涂布，不得一次涂成。

2）应待先涂的涂层干燥成膜后，方可涂布后一遍涂料。

3）需铺设胎体增强材料时，屋面坡度小于15%时可平行屋脊铺设，屋面坡度大于15%时应垂直于屋脊铺设。

4）胎体长边搭接宽度不应小于50mm，短边搭接宽度不应小于70mm。

5）采用二层胎体增强材料时，上下层不得相互垂直铺设，搭接缝应错开，其间距不应小于幅宽的1/3。

5.3.4 涂膜厚度选用应符合表5.3.4的规定。

涂膜厚度选用表   表5.3.4

屋面防水等级	设防道数	高聚物改性沥青防水涂料	合成高分子防水涂料
Ⅰ级	三道或三道以上设防	—	不应小于1.5mm
Ⅱ级	二道设防	不应小于3mm	不应小于1.5mm
Ⅲ级	一道设防	不应小于3mm	不应小于2mm
Ⅳ级	一道设防	不应小于2mm	—

5.3.5 屋面基层的干燥程度应视所用涂料特性确定。当采用溶剂型涂料时，屋面基层应干燥。

5.3.6 多组份涂料应按配合比准确计量，搅拌均匀，并应根据有效时间确定使用量。

5.3.7 天沟、檐沟、檐口、泛水和立面涂膜防水层的收头，应用防水涂料多遍涂刷或用密封材料封严。

5.3.8 涂膜防水层完工并经验收合格后，应做好成品保护。保护层的施工应遵守《屋面工程质量验收规范》规范第4.3.14条的有关规定：

4.3.14 卷材防水层完工并经验收合格后，应做好成品保护。保护层的施工应符合下列规定：

1）绿豆砂应清洁、预热、铺撒均匀，并使其与沥青玛琋脂粘结牢固，不得残留未粘结的绿豆砂。

2）云母或蛭石保护层不得有粉料，撒铺应均匀，不得露底，多余的云母或蛭石应清除。

3）水泥砂浆保护层的表面应抹平压光，并设表面分格缝，分格面积宜为1m²。

4）块体材料保护层应留设分格缝，分格面积不宜大于100m²，分格缝宽度不宜小于20mm。

5）细石混凝土保护层，混凝土应密实，表面抹平压光，并留设分格缝，分格面积不大于36m²。

6）浅色涂料保护层应与卷材粘结牢固，厚薄均匀，不得漏涂。

7）水泥砂浆、块材或细石混凝土保护层与防水层之间应设置隔离层。

8）刚性保护层与女儿墙、山墙之间应预留宽度为30mm的缝隙，并用密封材料嵌填严密。

(3) 检查验收执行条目(摘自《屋面工程施工质量验收规范》GB 50207—2002)

5.3.9 防水涂料和胎体增强材料必须符合设计要求。

检验方法:检查出厂合格证、质量检验报告和现场抽样复验报告。

5.3.10 涂膜防水层不得有渗漏或积水现象。

检验方法:雨后或淋水、蓄水检验。

5.3.11 涂膜防水层在天沟、檐沟、檐口、水落口、泛水、变形缝和伸出屋面管道的防水构造,必须符合设计要求。

检验方法:观察检查和检查隐蔽工程验收记录。

5.3.12 涂膜防水层的平均厚度应符合设计要求,最小厚度不应小于设计厚度的80%。

检验方法:针测法或取样量测。

5.3.13 涂膜防水层与基层应粘结牢固,表面平整,涂刷均匀,无流淌、皱折、鼓泡、露胎体和翘边等缺陷。

检验方法:观察检查。

5.3.14 涂膜防水层撒布材料或浅色涂料保护层应铺撒或涂刷均匀,粘结牢固;水泥砂浆、块材或细石混凝土保护层与涂膜防水层间应设置隔离层;刚性保护层的分格缝留置应符合设计要求。

检验方法:观察检查。

(4) 检验批验收应提供的附件资料

1) 材料出厂合格证;
2) 材料进场检验收记录;
3) 材料性能试验报告(厂家提供);
4) 材料试验报告单;
5) 施工记录(施工方法、方案、技术措施、质保措施执行、抽样检验及现场检查);
6) 技术交底;
7) 隐蔽验收记录(檐沟、檐口、水落口、泛水、变形缝、伸出屋面部分的防水构造、找平层等);
8) 蓄水或淋水试验(或雨后检验);
9) 有关验收文件;
10) 自检、互检及工序交接检查记录;
11) 其他应报或设计要求报送的资料。

注:合理缺项除外。

2.6.8 刚性防水屋面细石混凝土防水层检验批质量验收记录

1. 资料表式

刚性防水屋面细石混凝土防水层检验批质量验收记录表　　表 207-5

检控项目	序号	质量验收规范规定	施工单位检查评定记录	监理(建设)单位验收记录
主控项目	1	细石混凝土的原材料及配比	符合设计要求	

检控项目	序号	质量验收规范规定		施工单位检查评定记录							监理(建设)单位验收记录
主控项目	2	**细石混凝土防水层**	不得渗漏或积水								
	3	细石混凝土细部做法	第6.1.9条								
一般项目	1	防水层表面	第6.1.10								
	2	防水层厚度及钢筋位置	符合设计要求								
	3	分格缝的位置与间距	符合设计要求								
	4	防水层平整度	允许偏差为5mm								

2．应用指导

(1) 检查验收统一说明

1) 执行规范章、节

本表的检验批验收执行《屋面工程施工质量验收规范》(GB 50207—2002)规范第6章、第6.1节主控项目和一般项目有关条目的质量等级要求。应按其质量标准和检查方法逐一进行验收。

表列应检验项目必须全部进行检查验收不得缺漏，应检项目漏检，应进行补充检查验收，不进行补检不应通过验收。

2) 检验批的划分原则

① 屋面工程的检验批划分，(GB 50207—2002)规范规定，屋面分部工程中的分项工程不同楼层、屋面可划分为不同的检验批。

② 屋面工程中各分项工程的施工质量检验批量应符合下列规定：

a．卷材防水屋面、涂膜防水屋面、刚性防水屋面、瓦屋面和隔热屋面工程，应按屋面面积每100m^2抽查一处，每处10m^2，但不少于3处。

b．接缝密封防水，应按每50m查一处，每处5m，但不得少于3处。

c．细部构造应根据分项工程的内容，全部进行检查。

3) 质量等级验收评定

① 主控项目是对检验批的基本质量起决定性影响的检验项目，必须全部符合该专业规范的规定，不允许有不符合规范要求的检验结果；

② 一般项目应有80%以上的抽检处符合该规范规定或偏差值在其允许偏差范围内。

4) 检验批验收应提交资料

检验批验收时，应提交的施工操作依据和质量检查记录应完整。

5) 检验批验收

只按列为主控项目、一般项目的条款来验收，不能随意扩大内容范围和提高质量标准。

6) 检验批验收责任制

检验批表式中的责任制签记必须本人签字，替签为无效检验批验收记录。

(2) 保证质量措施条目(摘自《屋面工程施工质量验收规范》GB 50207—2002)

6.1.2 细石混凝土不得使用火山灰质水泥；当采用矿渣硅酸盐水泥时，应采用减少泌水性的措施。粗骨料合泥量不应大于1%,细骨料含泥量不应大于2%。

混凝土水灰比不应大于0.55;每立方米混凝土水泥用量不应小于330kg;含砂率应为35%～40%;灰砂比应为1:2～1:2.5;混凝土强度等级不应低于C20。

6.1.3 混凝土中掺加膨胀剂、减水剂、防水剂等外加剂时,应按配合比准确计量,投料顺序得当,并应用机械搅拌,机械振捣。

6.1.4 细石混凝土防水层的分格缝,应设在屋面板的支承端、屋面转折处、防水层与突出屋面结构的交接处,其纵横间距不宜大于6m。分格缝内应嵌填密封材料。

6.1.5 细石混凝土防水层的厚度不应小于40mm,并应配置双向钢筋网片。钢筋网片在分格缝处应断开,其保护层厚度不应小于10mm。

6.1.6 细石混凝土防水层与立墙及突出屋面结构等交接处,均应做柔性密封处理;细石混凝土防水层与基层间宜设置隔离层。

(3) 检查验收执行条目(摘自《屋面工程施工质量验收规范》GB 50207—2002)

6.1.7 细石混凝土的原材料及配合比必须符合设计要求。

检验方法:检查出厂合格证、质量检验报告、计量措施和现场抽样复验报告。

6.1.8 细石混凝土防水层不得有渗漏或积水现象。

检验方法:雨后或淋水、蓄水检验。

6.1.9 细石混凝土防水层在天沟、檐沟、檐口、水落口、泛水、变形缝和伸出屋面管道的防水构造,必须符合设计要求。

检验方法:观察检查和检查隐蔽工程验收记录。

6.1.10 细石混凝土防水层应表面平整、压实抹光,不得有裂缝、起壳、起砂等缺陷。

检验方法:观察检查。

6.1.11 细石混凝土防水层的厚度和钢筋位置应符合设计要求。

检验方法:观察和尺量检查。

6.1.12 细石混凝土分格缝的位置和间距应符合设计要求。

检验方法:观察和尺量检查。

6.1.13 细石混凝土防水层表面平整度的允许偏差为5mm。

检验方法:用2m靠尺和楔形塞尺检查。

(4) 检验批验收应提供的附件资料

1) 材料出厂合格证;

2) 材料进场检验收记录;

3) 材料试验报告单;

4) 施工记录(施工方法、方案、技术措施、质保措施执行、抽样检验及现场检查);

5) 技术交底;

6) 隐蔽验收记录(檐沟、檐口、水落口、泛水、变形缝、伸出屋面部分的防水构造、找平层等);

7) 蓄水或淋水试验(或雨后检验);

8) 有关验收文件;

9) 自检、互检及工序交接检查记录;

10) 其他应报或设计要求报送的资料。

注:合理缺项除外。

2.6.9 刚性屋面密封材料嵌缝检验批质量验收记录

1. 资料表式

刚性屋面密封材料嵌缝检验批质量验收记录表　　　　　表207-6

检控项目	序号	质量验收规范规定		施工单位检查评定记录							监理(建设)单位验收记录
主控项目	1	密封材料质量	第6.2.6条								
	2	密封材料嵌填	第6.2.7条								
一般项目	1	嵌填密封材料基层	第6.2.8条								
	2	接缝宽度防水层表面	宽度	允许偏差为±10%								
			深度	宽度的0.5~0.7倍								
	3	密封材料表面	第6.2.10条								

2. 应用指导

(1) 检查验收统一说明

1) 执行规范章、节

本表的检验批验收执行《屋面工程施工质量验收规范》(GB 50207—2002)规范第6章、第6.2节主控项目和一般项目有关条目的质量等级要求。应按其质量标准和检查方法逐一进行验收。

表列应检验项目必须全部进行检查验收不得缺漏，应检项目漏检，应进行补充检查验收，不进行补检不应通过验收。

2) 检验批的划分原则

① 屋面工程的检验批划分，(GB 50207—2002)规范规定，屋面分部工程中的分项工程不同楼层、屋面可划分为不同的检验批。

② 屋面工程中各分项工程的施工质量检验批量应符合下列规定：

a. 卷材防水屋面、涂膜防水屋面、刚性防水屋面、瓦屋面和隔热屋面工程，应按屋面面积每100m^{2}抽查一处，每处10m^2，但不少于3处。

b. 接缝密封防水，应按每50m查一处，每处5m，但不得少于3处。

c. 细部构造应根据分项工程的内容，全部进行检查。

3) 质量等级验收评定

① 主控项目是对检验批的基本质量起决定性影响的检验项目，必须全部符合该专业规范的规定，不允许有不符合规范要求的检验结果；

② 一般项目应有80%以上的抽检处符合该规范规定或偏差值在其允许偏差范围内。

4) 检验批验收应提交资料

检验批验收时，应提交的施工操作依据和质量检查记录应完整。

5) 检验批验收

只按列为主控项目、一般项目的条款来验收,不能随意扩大内容范围和提高质量标准。

6)检验批验收责任制

检验批表式中的责任制签记必须本人签字,替签为无效检验批验收记录。

(2)检查验收执行条目(摘自《屋面工程施工质量验收规范》GB 50207—2002)

6.2.2 密封防水部位的基层质量应符合下列要求:

1)基层应牢固,表面应平整、密实,不得有蜂窝、麻面、起皮和起砂现象。

2)嵌填密封材料的基层应干净、干燥。

6.2.3 密封防水处理连接部位的基层,应涂刷与密封材料相配套的基层处理剂。基层处理剂应配比准确,搅拌均匀。采用多组份基层处理剂时,应根据有效时间确定使用量。

6.2.4 接缝处的密封材料底部应填放背衬材料,外露的密封材料上应设置保护层,其宽度不应小于200mm。

6.2.5 密封材料嵌填完成后应避免碰损及污染,固化前不得踩踏。

6.2.6 密封材料质量必须符合设计要求。

检验方法:检查产品出厂合格证、配合比和现场抽样复验报告。

6.2.7 **密封材料嵌填必须密实、连续、饱满,粘结牢固,无气泡、开裂、脱落等缺陷。**

检验方法:观察检查。

6.2.8 嵌填密封材料的基层应牢固、干净、干燥,表面应平整,密实。

检验方法:观察检查。

6.2.9 密封防水的接缝宽度允许偏差为±10%,接缝深度为宽度的0.5~0.7倍。

检验方法:尺量检查。

6.2.10 嵌填的密封材料表面应平滑,缝边应顺直,无凹凸不平现象。

检验方法:观察检查。

改性石油沥青密封材料物理性能 表 A.0.3-1

项 目		性 能 要 求	
		I	II
耐热度	温 度(℃)	70	80
	下 垂 值(mm)	≤0.4	
低温柔性	温 度(℃)	-20	-10
	粘 结 状 态	无裂纹和剥离现象	
拉伸粘结性(%)		≥125	
浸水后拉伸粘结性(%)		≥125	
挥发性(%)		≤2.8	
施工度(mm)		≥22.0	≥20.0

注:改性石油沥青密封材料按耐热度和低温柔性分为I类和II类。

(3)检验批验收应提供的附件资料

1)材料出厂合格证;

2)材料进场检验收记录;

合成高分子密封材料物理性能　　　　　　　A.0.3-2

项　目		性　能　要　求	
		弹性体密封材料	塑料体密封材料
拉伸粘结性	拉伸强度(MPa)	≥0.2	≥0.22
	延伸率(%)	≥200	≥250
柔　性　(℃)		-30,无裂纹	-20,无裂纹
拉伸-压缩循环性能	拉伸-压缩率(%)	≥±20	≥±10
	粘结和内聚破坏面积(%)	≤25	

3) 材料试验报告单;
4) 施工记录(施工方法、方案、技术措施、质保措施执行、抽样检验及现场检查);
5) 技术交底;
6) 蓄水或淋水试验(或雨后检验);
7) 有关验收文件;
8) 自检、互检及工序交接检查记录;
9) 其他应报或设计要求报送的资料。
注:合理缺项除外。

2.6.10　平瓦屋面检验批质量验收记录

1. 资料表式

平瓦屋面检验批质量验收记录表　　　　　　　表207-7

本表适用于防水等级为Ⅱ、Ⅲ级以及坡度不小于20%的屋面。

检控项目	序号	质量验收规范规定		施工单位检查评定记录	监理(建设)单位验收记录
主控项目	1	平瓦及其脊瓦质量	符合设计要求		
	2	平瓦的铺置与固定	第7.1.5条		
一般项目	1	挂瓦条分档	第7.1.6条		
	2	脊瓦搭盖	第7.1.7条		
	3	泛水做法	第7.1.8条		

2. 应用指导

(1) 检查验收统一说明

1) 执行规范章、节

本表的检验批验收执行《屋面工程施工质量验收规范》(GB 50207—2002)规范第7章、第7.1节主控项目和一般项目有关条目的质量等级要求。应按其质量标准和检查方法逐一进行验收。

表列应检验项目必须全部进行检查验收不得缺漏,应检项目漏检,应进行补充检查验

收,不进行补检不应通过验收。

2) 检验批的划分原则

① 屋面工程的检验批划分,(GB 50207—2002)规范规定,屋面分部工程中的分项工程不同楼层、屋面可划分为不同的检验批。

② 屋面工程中各分项工程的施工质量检验批量应符合下列规定:

a. 卷材防水屋面、涂膜防水屋面、刚性防水屋面、瓦屋面和隔热屋面工程,应按屋面面积每 $100m^2$ 抽查一处,每处 $10m^2$,但不少于 3 处。

b. 接缝密封防水,应按每 50m 查一处,每处 5m,但不得少于 3 处。

c. 细部构造应根据分项工程的内容,全部进行检查。

3) 质量等级验收评定

① 主控项目是对检验批的基本质量起决定性影响的检验项目,必须全部符合该专业规范的规定,不允许有不符合规范要求的检验结果;

② 一般项目应有 80% 以上的抽检处符合该规范规定或偏差值在其允许偏差范围内。

4) 检验批验收应提交资料

检验批验收时,应提交的施工操作依据和质量检查记录应完整。

5) 检验批验收

只按列为主控项目、一般项目的条款来验收,不能随意扩大内容范围和提高质量标准。

6) 检验批验收责任制

检验批表式中的责任制签记必须本人签字,替签为无效检验批验收记录。

(2) 保证质量措施条目(摘自《屋面工程施工质量验收规范》GB 50207—2002)

7.1.2 平瓦屋面与立墙及突出屋面结构等交接处,均应做泛水处理。天沟、檐沟的防水层,应采用合成高分子防水卷材、高聚物改性沥青防水卷材、沥青防水卷材、金属板材或塑料板材等材料铺设。

7.1.3 平瓦屋面的有关尺寸应符合下列要求:

1) 脊瓦在两坡面瓦上的搭盖宽度,每边不小于 40mm。
2) 瓦伸入天沟、檐沟的长度为 50~70mm。
3) 天沟、檐沟的防水层伸入瓦内宽度不小于 150mm。
4) 瓦头挑出封檐板的长度为 50~70mm。
5) 突出屋面的墙或烟囱的侧面瓦伸入泛水宽度不小于 50mm。

(3) 检查验收执行条目(摘自《屋面工程施工质量验收规范》GB 50207—2002)

7.1.4 平瓦及其脊瓦的质量必须符合设计要求。

检验方法:观察检查和检查出厂合格证或质量检验报告。

7.1.5 平瓦必须铺置牢固。地震设防地区或坡度大于 50% 的屋面,应采取固定加强措施。

检验方法:观察和手扳检查。

7.1.6 挂瓦条分档均匀,铺钉平整、牢固;瓦面平整,行列整齐,搭接紧密,檐口平直。

检验方法:观察检查。

7.1.7 脊瓦搭盖正确,间距均匀,封固严密;屋脊和斜脊应顺直,无起伏现象。
检验方法:观察或手扳检查。
7.1.8 泛水做法应符合设计要求,顺直整齐,结合严密,无渗漏。
检验方法:观察检查和雨后或淋水检验。

(4) 检验批验收应提供的附件资料(表207-7~表207-8)
1) 材料出厂合格证;
2) 材料进场检验收记录;
3) 施工记录(施工方法、方案、技术措施、质保措施执行、抽样检验及现场检查);
4) 技术交底;
5) 淋水试验(或雨后检验);
6) 有关验收文件;
7) 自检、互检及工序交接检查记录;
8) 其他应报或设计要求报送的资料。

注:1. 合理缺项除外。
2. 表207-7~表207-8表示这几个检验批表式的附件资料均相同。

2.6.11 油毡瓦屋面检验批质量验收记录

1. 资料表式

油毡瓦屋面检验批质量验收记录表 表207-8

本表使用于防水等级为Ⅱ、Ⅲ级以及坡度不小于20%的屋面。

检控项目	序号	质量验收规范规定		施工单位检查评定记录	监理(建设)单位验收记录
主控项目	1	油毡瓦质量	第7.2.5条		
	2	油毡瓦固定	第7.2.6条		
一般项目	1	油毡瓦铺设	第7.2.7条		
	2	油毡与基层	第7.2.8条		
	3	泛水做法	第7.2.9条		

2. 应用指导
(1) 检查验收统一说明
1) 执行规范章、节

本表的检验批验收执行《屋面工程施工质量验收规范》(GB 50207—2002)规范第7章、第7.2节主控项目和一般项目有关条目的质量等级要求。应按其质量标准和检查方法逐一进行验收。

表列应检验项目必须全部进行检查验收不得缺漏,应检项目漏检,应进行补充检查验

收,不进行补检不应通过验收。

2) 检验批的划分原则

① 屋面工程的检验批划分,(GB 50207—2002)规范规定,屋面分部工程中的分项工程不同楼层、屋面可划分为不同的检验批。

② 屋面工程中各分项工程的施工质量检验批量应符合下列规定:

a. 卷材防水屋面、涂膜防水屋面、刚性防水屋面、瓦屋面和隔热屋面工程,应按屋面面积每 $100m^2$ 抽查一处,每处 $10m^2$,但不少于 3 处。

b. 接缝密封防水,应按每 $50m$ 查一处,每处 $5m$,但不得少于 3 处。

c. 细部构造应根据分项工程的内容,全部进行检查。

3) 质量等级验收评定

① 主控项目是对检验批的基本质量起决定性影响的检验项目,必须全部符合该专业规范的规定,不允许有不符合规范要求的检验结果;

② 一般项目应有 80% 以上的抽检处符合该规范规定或偏差值在其允许偏差范围内。

4) 检验批验收应提交资料

检验批验收时,应提交的施工操作依据和质量检查记录应完整。

5) 检验批验收

只按列为主控项目、一般项目的条款来验收,不能随意扩大内容范围和提高质量标准。

6) 检验批验收责任制

检验批表式中的责任制签记必须本人签字,替签为无效检验批验收记录。

(2) 保证质量措施条目(摘自《屋面工程施工质量验收规范》GB 50207—2002)

7.2.2 油毡瓦屋面与立墙及突出屋面结构等交接处,均应做泛水处理。

7.2.3 油毡瓦的基层应牢固平整。如为混凝土基层,应用专用水泥钢钉与冷沥青玛𤧛脂粘结固定在混凝土基层上;如为木基层,铺瓦前应在木基层上铺设一层沥青防水卷材垫毡,用油毡钉铺钉,钉帽应盖在垫毡下面。

7.2.4 油毡瓦屋面的有关尺寸应符合下列要求:

1) 脊瓦与两坡面油毡瓦搭盖宽度每边不小于 100mm。

2) 脊瓦与脊瓦的压盖面不小于脊瓦面积的 1/2。

3) 油毡瓦在屋面与突出屋面结构的连接处铺贴高度不小于 250mm。

(3) 检查验收执行条目(摘自《屋面工程施工质量验收规范》GB 50207—2002)

7.2.5 油毡瓦的质量必须符合设计要求。

检验方法:检查出厂合格证和质量检验报告。

7.2.6 油毡瓦所用固定钉必须钉平、钉牢,严禁钉帽外露油毡瓦表面。

检验方法:观察检查。

7.2.7 油毡瓦的铺设方法应正确;油毡瓦之间的对缝,上下层不得重合。

检验方法:观察检查。

7.2.8 油毡瓦应与基层紧贴,瓦面平整,檐口顺直。

检验方法:观察检查。

7.2.9 泛水做法应符合设计要求,顺直整齐,结合严密,无渗漏。

检验方法:观察检查和雨后或淋水检验。

2.6.12 金属板材屋面检验批质量验收记录

1．资料表式

金属板材屋面检验批质量验收记录表　　　　　表207-9

本表适用于防水等级为Ⅰ～Ⅲ级的屋面。

检控项目	序号	质量验收规范规定		施工单位检查评定记录	监理(建设)单位验收记录
主控项目	1	金属板材及辅助材料	第7.3.5条		
	2	金属板材连接与密封处理	第7.3.6条		
一般项目		1) 金属板材屋面安装	第7.3.7条		
		2) 檐口线、泛水段	第7.3.8条		

2．应用指导

(1) 检查验收统一说明

1) 执行规范章、节

本表的检验批验收执行《屋面工程施工质量验收规范》(GB 50207—2002)规范第7章、第7.3节主控项目和一般项目有关条目的质量等级要求。应按其质量标准和检查方法逐一进行验收。

表列应检验项目必须全部进行检查验收不得缺漏,应检项目漏检,应进行补充检查验收,不进行补检不应通过验收。

2) 检验批的划分原则

① 屋面工程的检验批划分,(GB 50207—2002)规范规定,屋面分部工程中的分项工程不同楼层、屋面可划分为不同的检验批。

② 屋面工程中各分项工程的施工质量检验批量应符合下列规定:

a．卷材防水屋面、涂膜防水屋面、刚性防水屋面、瓦屋面和隔热屋面工程,应按屋面面积每100m² 抽查一处,每处10m²,但不少于3处。

b．接缝密封防水,应按每50m查一处,每处5m,但不得少于3处。

c．细部构造应根据分项工程的内容,全部进行检查。

3) 质量等级验收评定

① 主控项目是对检验批的基本质量起决定性影响的检验项目,必须全部符合该专业规范的规定,不允许有不符合规范要求的检验结果。

② 一般项目应有80%以上的抽检处符合该规范规定或偏差值在其允许偏差范围内。

4) 检验批验收应提交资料

检验批验收时,应提交的施工操作依据和质量检查记录应完整。

5) 检验批验收

只按列为主控项目、一般项目的条款来验收,不能随意扩大内容范围和提高质量标准。

6) 检验批验收责任制

检验批表式中的责任制签记必须本人签字,替签为无效检验批验收记录。

(2) 保证质量措施条目(摘自《屋面工程施工质量验收规范》GB 50207—2002)

7.3.2 金属板材屋面与立墙及突出屋面结构等交接处,均应做泛水处理。两板间应放置通长密封条;螺栓拧紧后,两板的搭接口处应用密封材料封严。

7.3.3 压型板应采用带防水垫圈的镀锌螺栓(螺钉)固定,固定点应设在波峰上。所有外露的螺栓(螺钉),均应涂抹密封材料保护。

7.3.4 压型板屋面的有关尺寸应符合下列要求:

1) 压型板的横向搭接不小于一个波,纵向搭接不小于200mm。
2) 压型板挑出墙面的长度不小于200mm。
3) 压型板伸入檐沟内的长度不小于150mm。
4) 压型板与泛水的搭接宽度不小于200mm。

(3) 检查验收执行条目(摘自《屋面工程施工质量验收规范》GB 50207—2002)

7.3.5 金属板材及辅助材料的规格和质量,必须符合设计要求。

检验方法:检查出厂合格证和质量检验报告。

7.3.6 金属板材的连接和密封处理必须符合设计要求,不得有渗漏现象。

检验方法:观察检查和雨后或淋水检验。

7.3.7 金属板材屋面应安装平整,固定方法正确,密封完整;排水坡度符合设计要求。

检验方法:观察和尺量检查。

7.3.8 金属板材屋面的檐口线、泛水段应顺直,无起伏现象。

检验方法:观察检查。

(4) 检验批验收应提供的附件资料

1) 材料出厂合格证;
2) 材料进场检验收记录;
3) 施工记录(施工方法、方案、技术措施、质保措施执行、抽样检验及现场检查);
4) 技术交底;
5) 淋水试验(或雨后检验);
6) 有关验收文件;
7) 自检、互检及工序交接检查记录;
8) 其他应报或设计要求报送的资料。

注:合理缺项除外。

2.6.13 架空屋面检验批质量验收记录

1. 资料表式

架空屋面检验批质量验收记录表　　　　表207-10

检控项目	序号	质量验收规范规定		施工单位检查评定记录	监理(建设)单位验收记录
主控项目	1	架空隔热制品质量	第8.1.4条		

续表

检控项目	序号	质量验收规范规定		施工单位检查评定记录	监理(建设)单位验收记录
一般项目	1	架空隔热制品铺设制品距山墙、女儿墙距离	≥250mm		
	2	相邻两块制品高低差	≤3mm		

2．应用指导

(1) 检查验收统一说明

1）执行规范章、节

本表的检验批验收执行《屋面工程施工质量验收规范》(GB 50207—2002)规范第 8 章、第 8.1 节主控项目和一般项目有关条目的质量等级要求。应按其质量标准和检查方法逐一进行验收。

表列应检验项目必须全部进行检查验收不得缺漏，应检项目漏检，应进行补充检查验收，不进行补检不应通过验收。

2）检验批的划分原则

① 屋面工程的检验批划分，(GB 50207—2002)规范规定，屋面分部工程中的分项工程不同楼层、屋面可划分为不同的检验批。

② 屋面工程中各分项工程的施工质量检验批量应符合下列规定：

a．卷材防水屋面、涂膜防水屋面、刚性防水屋面、瓦屋面和隔热屋面工程，应按屋面面积每 $100m^2$ 抽查一处，每处 $10m^2$，但不少于 3 处。

b．接缝密封防水，应按每 50m 查一处，每处 5m，但不得少于 3 处。

c．细部构造应根据分项工程的内容，全部进行检查。

3）质量等级验收评定

① 主控项目是对检验批的基本质量起决定性影响的检验项目，必须全部符合该专业规范的规定，不允许有不符合规范要求的检验结果；

② 一般项目应有 80% 以上的抽检处符合该规范规定或偏差值在其允许偏差范围内。

4）检验批验收应提交资料

检验批验收时，应提交的施工操作依据和质量检查记录应完整。

5）检验批验收

只按列为主控项目、一般项目的条款来验收，不能随意扩大内容范围和提高质量标准。

6）检验批验收责任制

检验批表式中的责任制签记必须本人签字，替签为无效检验批验收记录。

(2) 保证质量措施条目（摘自《屋面工程施工质量验收规范》GB 50207—2002）

8.1.1 架空隔热层的高度应按照屋面宽度或坡度大小的变化确定。如设计无要求，一般以 100～300mm 为宜。当屋面宽度大于 10m 时，应设置通风屋脊。

8.1.2 架空隔热制品支座底面的卷材、涂膜防水层上应采取加强措施，操作时不得损伤已完工的防水层。

8.1.3 架空隔热制品的质量应符合下列要求：

1 非上人屋面的粘土砖强度等级不应低于 MU7.5；上人屋面的粘土砖强度等级不应低于 MU10。

2 混凝土板的强度等级不应低于 C20，板内宜加放钢丝网片。

(3) 检查验收执行条目（摘自《屋面工程施工质量验收规范》GB 50207—2002）

8.1.4 架空隔热制品的质量必须符合设计要求，严禁有断裂和露筋等缺陷。

检验方法：观察检查和检查构件合格证或试验报告。

8.1.5 架空隔热制品的铺设应平整、稳固，缝隙勾填应密实；架空隔热制品距山墙或女儿墙不得小于 250mm，架空层中不得堵塞，架空高度及变形缝做法应符合设计要求。

检验方法：观察和尺量检查。

8.1.6 相邻两块制品的高低差不得大于 3mm。

检验方法：用直尺和楔形塞尺检查。

(4) 检验批验收应提供的附件资料

1) 材料出厂合格证；

2) 材料进场检验收记录；

3) 材料试验报告单；

4) 施工记录（施工方法、方案、技术措施、质保措施执行、抽样检验及现场检查）；

5) 技术交底；

6) 蓄水或淋水试验（或雨后检验）；

7) 有关验收文件；

8) 自检、互检及工序交接检查记录；

9) 其他应报或设计要求报送的资料。

注：合理缺项除外。

2.6.14 蓄水隔热屋面检验批质量验收记录

1. 资料表式

蓄水隔热屋面检验批质量验收记录表　　　表 207-11

检控项目	序号	质量验收规范规定		施工单位检查评定记录	监理(建设)单位验收记录
主控项目	1	蓄水屋面	第 8.2.5 条		
	2	蓄水屋面防水层	第 8.2.6 条		
一般项目					

2. 应用指导

(1) 检查验收统一说明

1) 执行规范章、节

本表的检验批验收执行《屋面工程施工质量验收规范》(GB 50207—2002)规范第8章、第8.2节主控项目有关条目的质量等级要求。应按其质量标准和检查方法逐一进行验收。

表列应检验项目必须全部进行检查验收不得缺漏,应检项目漏检,应进行补充检查验收,不进行补检不应通过验收。

2) 检验批的划分原则

① 屋面工程的检验批划分,(GB 50207—2002)规范规定,屋面分部工程中的分项工程不同楼层、屋面可划分为不同的检验批。

② 屋面工程中各分项工程的施工质量检验批量应符合下列规定:

a. 卷材防水屋面、涂膜防水屋面、刚性防水屋面、瓦屋面和隔热屋面工程,应按屋面面积每 $100m^2$ 抽查一处,每处 $10m^2$,但不少于3处。

b. 接缝密封防水,应按每 50m 查一处,每处 5m,但不得少于3处。

c. 细部构造应根据分项工程的内容,全部进行检查。

3) 质量等级验收评定

① 主控项目是对检验批的基本质量起决定性影响的检验项目,必须全部符合该专业规范的规定,不允许有不符合规范要求的检验结果;

② 一般项目应有80%以上的抽检处符合该规范规定或偏差值在其允许偏差范围内。

4) 检验批验收应提交资料

检验批验收时,应提交的施工操作依据和质量检查记录应完整。

5) 检验批验收

只按列为主控项目、一般项目的条款来验收,不能随意扩大内容范围和提高质量标准。

6) 检验批验收责任制

检验批表式中的责任制签记必须本人签字,替签为无效检验批验收记录。

(2) 保证质量措施条目(摘自《屋面工程施工质量验收规范》GB 50207—2002)

8.2.1 蓄水屋面应采用刚性防水层或在卷材、涂膜防水层上面再做刚性防水层,防水层应采用耐腐蚀、耐霉烂、耐穿刺性能好的材料。

8.2.2 蓄水屋面应划分为若干蓄水区,每区的边长不宜大于10m,在变形缝的两侧应分成两个互不连通的蓄水区;长度超过40m的蓄水屋面应做横向伸缩缝一道。蓄水屋面应设置人行通道。

8.2.3 蓄水屋面所设排水管、溢水口和给水管等,应在防水层施工前安装完毕。

8.2.4 每个蓄水区的防水混凝土应一次浇筑完毕,不得留施工缝。

(3) 检查验收执行条目(摘自《屋面工程施工质量验收规范》GB 50207—2002)

8.2.5 蓄水屋面上设置的溢水口、过水孔、排水管、溢水管,其大小、位置、标高留设必须符合设计要求。

检验方法:观察和尺量检查。

8.2.6 蓄水屋面防水层施工,必须符合设计要求,不得有渗漏现象。

检验方法:蓄水至规定高度观察检查。

(4) 检验批验收应提供的附件资料
1) 材料出厂合格证;
2) 材料进场检验收记录;
3) 材料试验报告单;
4) 施工记录(施工方法、方案、技术措施、质保措施执行、抽样检验及现场检查);
5) 技术交底;
6) 蓄水试验;
7) 有关验收文件;
8) 自检、互检及工序交接检查记录;
9) 其他应报或设计要求报送的资料。
注:合理缺项除外。

2.6.15 种植屋面检验批质量验收记录

1. 资料表式

种植屋面检验批质量验收记录表　　　　　　表 207-12

检控项目	序号	质量验收规范规定		施工单位检查评定记录	监理(建设)单位验收记录
主控项目	1	种植屋面挡墙泄水孔的留设	第8.3.5条		
	2	种植屋面防水层施工	第8.3.6条		
一般项目					

2. 应用指导

(1) 检查验收统一说明

1) 执行规范章、节

本表的检验批验收执行《屋面工程施工质量验收规范》(GB 50207—2002)规范第8章、第8.3节主控项目有关条目的质量等级要求。应按其质量标准和检查方法逐一进行验收。

表列应检验项目必须全部进行检查验收不得缺漏,应检项目漏检,应进行补充检查验收,不进行补检不应通过验收。

2) 检验批的划分原则

① 屋面工程的检验批划分,(GB 50207—2002)规范规定,屋面分部工程中的分项工程不同楼层、屋面可划分为不同的检验批。

② 屋面工程中各分项工程的施工质量检验批量应符合下列规定：

a. 卷材防水屋面、涂膜防水屋面、刚性防水屋面、瓦屋面和隔热屋面工程,应按屋面面积每 $100m^2$ 抽查一处,每处 $10m^2$,但不少于 3 处。

b. 接缝密封防水,应按每 $50m$ 查一处,每处 $5m$,但不得少于 3 处。

c. 细部构造应根据分项工程的内容,全部进行检查。

3) 质量等级验收评定

① 主控项目是对检验批的基本质量起决定性影响的检验项目,必须全部符合该专业规范的规定,不允许有不符合规范要求的检验结果；

② 一般项目应有 80% 以上的抽检处符合该规范规定或偏差值在其允许偏差范围内。

4) 检验批验收应提交资料

检验批验收时,应提交的施工操作依据和质量检查记录应完整。

5) 检验批验收

只按列为主控项目、一般项目的条款来验收,不能随意扩大内容范围和提高质量标准。

6) 检验批验收责任制

检验批表式中的责任制签记必须本人签字,替签为无效检验批验收记录。

(2) 保证质量措施条目(摘自《屋面工程施工质量验收规范》GB 50207—2002)

8.3.1 种植屋面的防水层应采用耐腐蚀、耐霉烂、耐穿刺性能好的材料。

8.3.2 种植屋面采用卷材防水层时,上部应设置细石混凝土保护层。

8.3.3 种植屋面应有 1%~3% 的坡度。种植屋面四周应设挡墙,挡墙下部应设泄水孔,孔内侧放置疏水粗细骨料。

8.3.4 种植覆盖层的施工应避免损坏防水层；覆盖材料的厚度、质(重)量应符合设计要求。

(3) 检查验收执行条目(摘自《屋面工程施工质量验收规范》GB 50207—2002)

8.3.5 种植屋面挡墙泄水孔的留设必须符合设计要求,并不得堵塞。

检验方法：观察和尺量检查。

8.3.6 种植屋面防水层施工必须符合设计要求,不得有渗漏现象。

检验方法：蓄水至规定高度观察检查。

(4) 检验批验收应提供的附件资料

1) 材料出厂合格证；
2) 材料进场检验收记录；
3) 材料试验报告单；
4) 施工记录(施工方法、方案、技术措施、质保措施执行、抽样检验及现场检查)；
5) 技术交底；
6) 蓄水试验；
7) 有关验收文件；
8) 自检、互检及工序交接检查记录；

9）其他应报或设计要求报送的资料。

注：合理缺项除外。

2.6.16 屋面工程细部构造检验批质量验收记录

1．资料表式

屋面工程细部构造检验批质量验收记录表　　　　　表207-13

本表适用于屋面的天沟、据沟、檐口、泛水、水落口、变形缝、伸出屋面管道等防水构造。

检控项目	序号	质量验收规范规定		施工单位检查评定记录	监理(建设)单位验收记录
主控项目	1	天沟、檐沟的排水坡度	第9.0.10条		
	2	防水构造	第9.0.11条		
	3	细部构造防水材料质量	第9.0.1条		
	4	卷材或涂膜附加层	第9.0.3条		
	5	天沟、檐沟防水构造	第9.0.4条	量　测　值	
	1)	沟内附加层	第9.0.4(1)条		
	2)	卷材防水层	第9.0.4(2)条		
	3)	涂膜收头	第9.0.4(3)条		
	4)	天沟、檐沟与防水交接处	第9.0.4(4)条		
	6	檐口的防水构造	第9.0.5条	量　测　值	
	1)	铺贴檐口	第9.0.5(1)条		
	2)	卷材收头	第9.0.5(2)条		
	3)	涂膜收头	第9.0.5(3)条		
	4)	鹰嘴和滴水槽	第9.0.5(4)条		
	7	女儿墙泛水的防水构造	第9.0.6条	量　测　值	
	1)	铺贴泛水	第9.0.6(1)条		
	2)	卷材收头	第9.0.6(2)条		
	3)	涂膜防水层	第9.0.6(3)条		
	4)	混凝土墙卷材收头	第9.0.6(4)条		
	8	水落口的防水构造	第9.0.7条	量　测　值	
	1)	水落口杯上口标高	第9.0.7(1)条		
	2)	防水层	第9.0.7(2)条		
	3)	水落口周围直径	第9.0.7(3)条		
	4)	水落口杯与基层接触处	第9.0.7(4)条		
	9	变形缝的防水构造	第9.0.8条	量　测　值	
	1)	泛水高度	第9.0.8(1)条		
	2)	防水层	第9.0.8(2)条		
	3)	变形缝内填充与衬垫	第9.0.8(3)条		
	4)	变形缝顶部	第9.0.8(4)条		
	10	伸出屋面管道的防水构造	第9.0.9条	量　测　值	
	1)	管道根部	第9.0.9(1)条		
	2)	管道周围	第9.0.9(2)条		
	3)	管道根部四周	第9.0.9(3)条		
	4)	防水层收头	第9.0.9(4)条		

2．应用指导
(1) 检查验收统一说明
1) 执行规范章、节

本表的检验批验收执行《屋面工程施工质量验收规范》(GB 50207—2002)规范第9章、第9.0节主控项目和一般项目有关条目的质量等级要求。应按其质量标准和检查方法逐一进行验收。

表列应检验项目必须全部进行检查验收不得缺漏，应检项目漏检，应进行补充检查验收，不进行补检不应通过验收。

2) 检验批的划分原则

① 屋面工程的检验批划分，(GB 50207—2002)规范规定，屋面分部工程中的分项工程不同楼层、屋面可划分为不同的检验批。

② 屋面工程中各分项工程的施工质量检验批量应符合下列规定：

a. 卷材防水屋面、涂膜防水屋面、刚性防水屋面、瓦屋面和隔热屋面工程，应按屋面面积每 $100m^2$ 抽查一处，每处 $10m^2$，但不少于 3 处。

b. 接缝密封防水，应按每 50m 查一处，每处 5m，但不得少于 3 处。

c. 细部构造应根据分项工程的内容，全部进行检查。

3) 质量等级验收评定

① 主控项目是对检验批的基本质量起决定性影响的检验项目，必须全部符合该专业规范的规定，不允许有不符合规范要求的检验结果；

② 一般项目应有 80% 以上的抽检处符合该规范规定或偏差值在其允许偏差范围内。

4) 检验批验收应提交资料

检验批验收时，应提交的施工操作依据和质量检查记录应完整。

5) 检验批验收

只按列为主控项目、一般项目的条款来验收，不能随意扩大内容范围和提高质量标准。

6) 检验批验收责任制

检验批表式中的责任制签记必须本人签字，替签为无效检验批验收记录。

(2) 保证质量措施条目(摘自《屋面工程施工质量验收规范》GB 50207—2002)

9.0.2 用于细部构造处理的防水卷材、防水涂料和密封材料的质量，均应符合《屋面工程质量验收规范》(GB 50207—2002)有关规定的要求。

9.0.3 卷材或涂膜防水层在天沟、檐沟与屋面交接处、泛水、阴阳角等部位，应增加卷材或涂膜附加层。

9.0.4 天沟、檐沟的防水构造应符合下列要求：

1) 沟内附加层在天沟、檐沟与屋面交接处宜空铺，空铺的宽度不应小于 200mm。

2) 卷材防水层应由沟底翻上至沟外檐顶部，卷材收头应用水泥钉固定，并用密封材料封严。

3) 涂膜收头应用防水涂料多遍涂刷或用密封材料封严。

4) 在天沟、檐沟与细石混凝土防水层的交接处，应留凹槽并用密封材料嵌填严密。

9.0.5 檐口的防水构造应符合下列要求：
1) 铺贴檐口 800mm 范围内的卷材应采取满粘法。
2) 卷材收头应压入凹槽，采用金属压条钉压，并用密封材料封口。
3) 涂膜收头应用防水涂料多遍涂刷或用密封材料封严。
4) 檐口下端应抹出鹰嘴和滴水槽。

9.0.6 女儿墙泛水的防水构造应符合下列要求：
1) 铺贴泛水处的卷材应采取满粘法。
2) 砖墙上的卷材收头可直接铺压在女儿墙压顶下，压顶应做防水处理；也可压入砖墙凹槽内固定密封，凹槽距屋面找平层不应小于 250mm，凹槽上部的墙体应做防水处理。
3) 涂膜防水层应直接涂刷至女儿墙的压顶下，收头处理应用防水涂料多遍涂刷封严，压顶应做防水处理。
4) 混凝土墙上的卷材收头应采用金属压条钉压，并用密封材料封严。

9.0.7 水落口的防水构造应符合下列要求：
1) 水落口杯上口的标高应设置在沟底的最低处。
2) 防水层贴入水落口杯内不应小于 50mm。
3) 水落口四周围直径 500mm 范围内坡度不应小于 5%，并采用防水涂料或密封材料涂封，其厚度不应小于 2mm。
4) 水落口杯与基层接触处应留宽 20mm，深 20mm 凹槽，并嵌填密封材料。

9.0.8 变形缝的防水构造应符合下列要求：
1) 变形缝的泛水高度不应小于 250mm。
2) 防水层应铺贴到变形缝两侧砌体的上部。
3) 变形缝内应填充聚苯乙烯泡沫塑料，上部填放衬垫材料，并用卷材封盖。
4) 变形缝顶部应加扣混凝土或金属盖板，混凝土盖板的接缝应用密封材料嵌填。

9.0.9 伸出屋面管道的防水构造应符合下列要求：
1) 管道根部直径 500mm 范围内，找平层应抹出高度不小于 30mm 的圆台。
2) 管道周围与找平层或细石混凝土防水层之间，应预留 20mm×20mm 的凹槽，并用密封材料嵌填严密。
3) 管道根部四周应增设附加层，宽度和高度均不应小于 300mm。
4) 管道上的防水层收头处应用金属箍紧固，并用密封材料封严。

(3) 检查验收执行条目（摘自《屋面工程施工质量验收规范》GB 50207—2002）

9.0.10 天沟、檐沟的排水坡度，必须符合设计要求。
检验方法：用水平仪（水平尺）、拉线和尺量检查。

9.0.11 天沟、檐沟、檐口、水落口、泛水、变形缝和伸出屋面管道的防水构造，必须符合设计要求。
检验方法：观察检查和检查隐藏工程验收记录。

(4) 检验批验收应提供的附件资料
1) 材料出厂合格证；
2) 材料进场检验收记录；
3) 材料试验报告单；

4) 施工记录(施工方法、方案、技术措施、质保措施执行、抽样检验及现场检查);
5) 技术交底;
6) 隐蔽验收记录(檐沟、檐口、水落口、泛水、变形缝、伸出屋面部分的防水构造、找平层等);
7) 蓄水试验;
8) 有关验收文件;
9) 自检、互检及工序交接检查记录;
10) 其他应报或设计要求报送的资料。

注：合理缺项除外。

2.7 地下防水工程

2.7.1 防水混凝土检验批质量验收记录

1. 资料表式

防水混凝土检验批质量验收记录表　　　　　　　　　　　　　表208-1

本表适用于防水等级为1～4级的地下整体式混凝土结构。不适用环境温度高于80℃或处于耐蚀系数小于0.8的侵蚀性介质中使用的地下工程。

检控项目	序号	质量验收规范规定		施工单位检查评定记录	监理(建设)单位验收记录
主控项目	1	防水混凝土原材料	第4.1.7条		
	2	防水混凝土配合比	第4.1.7条		
	3	防水混凝土坍落度	第4.1.7条		
	4	抗压强度和抗渗压力	第4.1.8条		
	5	**变形缝、施工缝、后浇带、穿墙管道、埋设件设置**	**第4.1.9条**		
一般项目	1	防水混凝土结构表面	第4.1.10条		
	2	结构表面裂缝宽度	≤0.2mm 并不得贯通		
	3	结构厚度	允许偏差(mm)	量　测　值(mm)	
		不应小于250mm	+15mm －10mm		
		迎水面钢筋保护层不应小于50mm	±10mm		

2. 应用指导
(1) 检查验收统一说明
1) 执行规范章、节

本表的检验批验收执行《地下防水工程施工质量验收规范》(GB 50208—2002)规范第 4 章、第 4.1 节主控项目和一般项目有关条目的质量等级要求。应按其质量标准和检查方法逐一进行验收。

表列应检验项目必须全部进行检查验收不得缺漏,应检项目漏检,应进行补充检查验收,不进行补检不应通过验收。

2) 检验批的划分原则

地下防水工程的检验批划分原则为一个分项划为一个检验批。

3) 质量等级验收评定

① 主控项目是对检验批的基本质量起决定性影响的检验项目,必须全部符合该专业规范的规定,不允许有不符合规范要求的检验结果。

② 一般项目应有 80% 以上的抽检处符合该规范规定或偏差值在其允许偏差范围内。

4) 检验批验收应提交资料

检验批验收时,应提交的施工操作依据和质量检查记录应完整。

5) 检验批验收

只按列为主控项目、一般项目的条款来验收,不能随意扩大内容范围和提高质量标准。

6) 检验批验收责任制

检验批表式中的责任制签记必须本人签字,替签为无效检验批验收记录。

(2) 保证质量措施条目(摘自《地下防水工程施工质量验收规范》GB 50208—2002)

4.1.2 防水混凝土所用的材料应符合下列规定:

1) 水泥品种应按设计要求选用,其强度等级不应低于 32.5 级,不得使用过期或受潮结块水泥;
2) 碎石或卵石的粒径宜为 5~40mm,含泥量不得大于 1.0%,泥块含量不得大于 0.5%;
3) 砂宜用中砂,含泥量不得大于 3.0%,泥块含量不得大于 1.0%;
4) 拌制混凝土所用的水,应采用不含有害物质的洁净水;
5) 外加剂的技术性能,应符合国家或行业标准一等品及以上的质量要求;
6) 粉煤灰的级别不应低于二级,掺量不大于 20%;硅粉掺量不应大于 3%,其他掺合料的掺量应通过试验确定。

4.1.3 防水混凝土的配合比应符合下列规定:

1) 试配要求的抗渗水压值应比设计值提高 0.2MPa;
2) 水泥用量不得少于 300kg/m³;掺有活性掺合料时,水泥用量不得少于 280kg/m³;
3) 砂率宜为 35%~45%,灰砂比宜为 1:2~1:2.5;
4) 水灰比不得大于 0.55;
5) 普通防水混凝土坍落度不宜大于 50mm,泵送时入泵坍落度宜为 100~140mm。

4.1.4 混凝土拌制和浇筑过程控制应符合下列规定:

1) 拌制混凝土所用材料的品种、规格和用量,每工作班检查不应少于两次。每盘混凝土各组成材料计量结果的偏差应符合表4.1.4-1的规定。

混凝土组成材料计量结果的允许偏差(%) 表4.1.4-1

混凝土组成材料	每盘计量	累计计量
水泥、掺合料	±2	±1
粗、细骨料	±3	±2
水、外加剂	±2	±1

注：累计计量仅适用于微机控制计量的搅拌站。

2）混凝土在浇筑地点的坍落度，每工作班至少检查两次。混凝土的坍落度试验应符合现行《普通混凝土拌合物性能试验方法》GBJ 80的有关规定。

混凝土实测的坍落度与要求坍落度之间的偏差应符合表4.1.4-2的规定。

混凝土坍落度允许偏差 表4.1.4-2

要求坍落度(mm)	允许偏差(mm)	要求坍落度(mm)	允许偏差(mm)
≤40	±10	≥100	±20
50～90	±15		

4.1.5 防水混凝土抗渗性能，应采用标准条件下养护混凝土抗渗试件的试验结果评定。试件应在浇筑地点制作。

连续浇筑混凝土每500m³应留置一组抗渗试件(一组为6个抗渗试件)，且每项工程不得少于两组。采用预拌混凝土的抗渗试件，留置组数应视结构的规模和要求而定。

抗渗性能试验应符合现行《普通混凝土长期性能和耐久性能试验方法》GBJ82的有关规定。

4.1.6 防水混凝土的施工质量检验数量，应按混凝土外露面积每100m²抽查1处，每处10m²，且不得少于3处；细部构造应按全数检查。

(3) 检查验收执行条目(摘自《地下防水工程施工质量验收规范》GB 50208—2002)

4.1.7 防水混凝土的原材料、配合比及坍落度必须符合设计要求。

检验方法：检查出厂合格证、质量检验报告、计量措施和现场抽样试验报告。

4.1.8 防水混凝土的抗压强度和抗渗压力必须符合设计要求。

检验方法：检查混凝土抗压、抗渗试验报告。

4.1.9 防水混凝土的变形缝、施工缝、后浇带、穿墙管道、埋设件等设置和构造，均须符合设计要求，严禁有渗漏。

检验方法：观察检查和检查隐蔽工程验收记录。

4.1.10 防水混凝土结构表面应坚实、平整，不得有露筋、蜂窝等缺陷；埋设件位置应正确。

检验方法：观察和尺量检查。

4.1.11 防水混凝土结构表面的裂缝宽度不应大于0.2mm，并不得贯通。

检验方法：用刻度放大镜检查。

4.1.12 防水混凝土结构厚度不应小于250mm，其允许偏差为+15mm、-10mm；迎水面钢筋保护层厚度不应小于50mm，其允许偏差为±10mm。

检验方法:尺量检查和检查隐蔽工程验收记录。
(4) 检验批验收应提供的附件资料
1) 原材料出厂合格证;
2) 材料进场检验收记录;
3) 材料试验报告单;
4) 混凝土试配通知单;
5) 混凝土试件强度试验报告单;
6) 施工记录(施工方法、方案、技术措施、质保措施执行、抽样检验及现场检查);技术交底;隐蔽验收记录(变形缝、施工缝、后浇带、穿墙管、预埋件等);
7) 抗渗混凝土试件试验报告单;
8) 有关验收文件;
9) 自检、互检及工序交接检查记录;
10) 其他应报或设计要求报送的资料。
注:合理缺项除外。

2.7.2 水泥砂浆防水层检验批质量验收记录

1. 资料表式

水泥砂浆防水层检验批质量验收记录表　　　　　　表208-2

本表适用于混凝土或砌体结构的基层上采用多层抹面的水泥砂浆防水层。不适用环境有侵蚀性、持续振动或温度高于80℃的地下工程。

检控项目	序号	质量验收规范规定	施工单位检查评定记录	监理(建设)单位验收记录
主控项目	1	原材料及配合比	符合设计要求	
	2	防水层各层之间	结合牢固无空鼓	
一般项目	1	水泥砂浆防水层表面	第4.2.9条	
	2	防水层施工留槎与接槎	第4.2.10条	
	3	防水层平均厚度		
		1) 符合设计要求		
		2) 最小厚度不小于设计值85%		

2. 应用指导
(1) 检查验收统一说明
1) 执行规范章、节
本表的检验批验收执行《地下防水工程施工质量验收规范》(GB 50208—2002)规范第4

章、第4.2节主控项目和一般项目有关条目的质量等级要求。应按其质量标准和检查方法逐一进行验收。

表列应检验项目必须全部进行检查验收不得缺漏,应检项目漏检,应进行补充检查验收,不进行补检不应通过验收。

2）检验批的划分原则

地下防水工程的检验批划分原则为一个分项划为一个检验批。

3）质量等级验收评定

① 主控项目是对检验批的基本质量起决定性影响的检验项目,必须全部符合该专业规范的规定,不允许有不符合规范要求的检验结果；

② 一般项目应有80%以上的抽检处符合该规范规定或偏差值在其允许偏差范围内。

4）检验批验收应提交资料

检验批验收时,应提交的施工操作依据和质量检查记录应完整。

5）检验批验收

只按列为主控项目、一般项目的条款来验收,不能随意扩大内容范围和提高质量标准。

6）检验批验收责任制

检验批表式中的责任制签记必须本人签字,替签为无效检验批验收记录。

(2) 保证质量措施条目(摘自《地下防水工程施工质量验收规范》GB 50208—2002)

4.2.2 普通水泥砂浆防水层的配合比应按表4.2.2选用；掺外加剂、掺合料、聚合物水泥砂浆的配合比应符合所掺材料的规定。

普通水泥砂浆防水层的配合比 表 4.2.2

名 称	配合比（质量比）		水 灰 比	适 用 范 围
	水 泥	砂		
水泥浆	1	—	0.55～0.60	水泥砂浆防水层的第一层
水泥浆	1	—	0.37～0.40	水泥砂浆防水层的第三、五层
水泥砂浆	1	1.5～2.0	0.40～0.50	水泥砂浆防水层的第二、四层

4.2.5 水泥砂浆防水层施工应符合下列要求：

1）分层铺抹或喷涂,铺抹时应压实、抹平和表面压光；

2）防水层各层应紧密贴合,每层宜连续施工,必须留施工缝时应采用阶梯坡形槎,但离开阴阳角处不得小于200mm；

3）防水层的阴阳角处应做成圆弧形；

4）水泥砂浆终凝后应及时进行养护,养护温度不宜低于5℃并保持湿润,养护时间不得少于14d。

4.2.6 水泥砂浆防水层的施工质量检验数量,应按施工面积每100m^2抽查1处,每处10m^2,且不得少于3处。

(3) 检查验收执行条目(摘自《地下防水工程施工质量验收规范》GB 50208—2002)

4.2.7 水泥砂浆防水层的原材料及配合比必须符合设计要求。

检验方法：检查出厂合格证、质量检验报告、计量措施和现场抽样试验报告。

4.2.8 水泥砂浆防水层各层之间必须结合牢固,无空鼓现象。

检验方法:观察和用小锤轻击检查。

4.2.9 水泥砂浆防水层表面应密实、平整,不得有裂纹、起砂、麻面等缺陷;阴阳角处应做成圆弧形。

检验方法:观察检查。

4.2.10 水泥砂浆防水层施工缝留槎位置应正确,接槎应按层次顺序操作,层层搭接紧密。

检验方法:观察检查和检查隐蔽工程验收记录。

4.2.11 水泥砂浆防水层的平均厚度应符合设计要求,最小厚度不得小于设计值的85%。

检验方法:观察和尺量检查。

(4) 检验批验收应提供的附件资料

1) 原材料出厂合格证;
2) 材料进场检验收记录;
3) 材料试验报告单;
4) 水泥砂浆试件强度试验报告单;
5) 施工记录(施工方法、方案、技术措施、质保措施执行、抽样检验及现场检查);
6) 技术交底;
7) 隐蔽验收记录(施工缝留槎、穿墙管、预埋件等);
8) 有关验收文件;
9) 自检、互检及工序交接检查记录;
10) 其他应报或设计要求报送的资料。

注:合理缺项除外。

2.7.3 卷材防水层检验批质量验收记录

1. 资料表式

卷材防水层检验批质量验收记录表 表 208-3

本表适用于受侵蚀性介质或受振动作用的地下工程主体迎水面铺贴的卷材防水层。

检控项目	序号	质量验收规范规定	施工单位检查评定记录	监理(建设)单位验收记录
主控项目	1	卷材防水层所用卷材及主要配套材料	符合设计要求	
	2	卷材防水层及其转角处、变形缝、穿墙管道等细部做法	符合设计要求	
一般项目	1	卷材防水层的基层应牢固,基面应洁净、平整,不得有空鼓、松动、起砂和脱皮现象;基层阴阳角处应做成圆弧形		

续表

检控项目	序号	质量验收规范规定	施工单位检查评定记录	监理(建设)单位验收记录
一般项目	2	卷材防水层的搭接缝应粘(焊)结牢固,密封严密,不得有皱折、翘边和鼓泡等缺陷		
	3	卷材防水层的保护层与防水层应粘结牢固,结合紧密,厚度均匀一致		
	4	卷材搭接宽度允许偏差为-10mm		

2．应用指导

(1) 检查验收统一说明

1) 执行规范章、节

本表的检验批验收执行《地下防水工程施工质量验收规范》(GB 50208—2002)规范第4章、第4.3节主控项目和一般项目有关条目的质量等级要求。应按其质量标准和检查方法逐一进行验收。

表列应检验项目必须全部进行检查验收不得缺漏,应检项目漏检,应进行补充检查验收,不进行补检不应通过验收。

2) 检验批的划分原则

地下防水工程的检验批划分原则为一个分项划为一个检验批。

3) 质量等级验收评定

① 主控项目是对检验批的基本质量起决定性影响的检验项目,必须全部符合该专业规范的规定,不允许有不符合规范要求的检验结果;

② 一般项目应有80%以上的抽检处符合该规范规定或偏差值在其允许偏差范围内。

4) 检验批验收应提交资料

检验批验收时,应提交的施工操作依据和质量检查记录应完整。

5) 检验批验收

只按列为主控项目、一般项目的条款来验收,不能随意扩大内容范围和提高质量标准。

6) 检验批验收责任制

检验批表式中的责任制签记必须本人签字,替签为无效检验批验收记录。

(2) 保证质量措施条目(摘自《地下防水工程施工质量验收规范》GB 50208—2002)

4.3.2 卷材防水层应采用高聚物改性沥青防水卷材和合成高分子防水卷材。所选用的基层处理剂、胶粘剂、密封材料等配套材料,均应与铺贴的卷材材性相容。

4.3.3 铺贴防水卷材前,应将找平层清扫干净,在基面上涂刷基层处理剂;当基面较潮湿时,应涂刷湿固化型胶粘剂或潮湿界面隔离剂。

4.3.4 防水卷材厚度选用应符合表4.3.4的规定。

防水卷材厚度　　　　　　　表 4.3.4

防水等级	设防道数	合成高分子防水卷材	高聚物改性沥青防水卷材
1 级	三道或三道以上设防	单层：不应小于 1.5mm；双层：每层不应小于 1.2mm	单层：不应小于 4mm；双层：每层不应小于 3mm
2 级	二道设防		
3 级	一道设防	不应小于 1.5mm	不应小于 4mm
	复合设防	不应小于 1.2mm	不应小于 3mm

4.3.8 卷材防水层完工并经验收合格后应及时做保护层。保护层应符合下列规定：
1) 顶板的细石混凝土保护层与防水层之间宜设置隔离层；
2) 底板的细石混凝土保护层厚度应大于 50mm；
3) 侧墙宜采用聚苯乙烯泡沫塑料保护层，或砌砖保护墙（边砌边填实）和铺抹 30mm 厚水泥砂浆。

4.3.9 卷材防水层的施工质量检验数量，应按铺贴面积每 100m² 抽查 1 处，每处 10m²，且不得少于 3 处。

(3) 检查验收执行条目（摘自《地下防水工程施工质量验收规范》GB 50208—2002）

4.3.10 卷材防水层所用卷材及主要配套材料必须符合设计要求。
检验方法：检查出厂合格证、质量检验报告和现场抽样试验报告。

4.3.11 卷材防水层及其转角处、变形缝、穿墙管道等细部做法均须符合设计要求。
检验方法：观察检查和检查隐蔽工程验收记录。

4.3.12 卷材防水层的基层应牢固，基面应洁净、平整，不得有空鼓、松动、起砂和脱皮现象；基层阴阳角处应做成圆弧形。
检验方法：观察检查和检查隐蔽工程验收记录。

4.3.13 卷材防水层的搭接缝应粘（焊）结牢固，密封严密，不得有皱折、翘边和鼓泡等缺陷。
检验方法：观察检查。

4.3.14 侧墙卷材防水层的保护层与防水层应粘结牢固，结合紧密、厚度均匀一致。
检验方法：观察检查。

4.3.15 卷材搭接宽度的允许偏差为 −10mm。
检验方法：观察和尺量检查。

(4) 检验批验收应提供的附件资料
1) 原材料出厂合格证；
2) 材料进场检验收记录；
3) 防水材料试验报告单；
4) 施工记录（施工方法、方案、技术措施、质保措施执行、抽样检验及现场检查）；
5) 技术交底；
6) 隐蔽验收记录（施工缝留槎、穿墙管、预埋件等）；
7) 有关验收文件；
8) 自检、互检及工序交接检查记录；

9) 其他应报或设计要求报送的资料。

注：合理缺项除外。

2.7.4 涂料防水层检验批质量验收记录

1. 资料表式

涂料防水层检验批质量验收记录表　　　　　　表208-4

本表适用于受侵蚀性介质或受振动作用的地下工程主体迎水面或背水面涂刷的涂料防水层。

检控项目	序号	质量验收规范规定	施工单位检查评定记录	监理(建设)单位验收记录
主控项目	1	涂料防水层所用卷材及配合比	必须符合设计要求	
	2	涂料防水层及其转角处、变形缝、穿墙管道等细部做法	必须符合设计要求	
一般项目	1	涂料防水层的基层应牢固，基面应洁净、平整，不得有空鼓、松动、起砂和脱皮现象；基层阴阳角处应做成圆弧形		
	2	涂料防水层应与基层粘结牢固，表面平整、涂刷均匀，不得有流淌、皱折、鼓泡、露胎体和翘边等缺陷		
	3	涂料防水层的平均厚度应符合设计要求，最小厚度不得小于设计厚度的80%		
	4	涂料防水层的保护层与防水层粘结牢固，结合紧密，厚度均匀一致		

2. 应用指导

(1) 检查验收统一说明

1) 执行规范章、节

本表的检验批验收执行《地下防水工程施工质量验收规范》(GB 50208—2002)规范第4章、第4.4节主控项目和一般项目有关条目的质量等级要求。应按其质量标准和检查方法逐一进行验收。

表列应检验项目必须全部进行检查验收不得缺漏，应检项目漏检，应进行补充检查验收，不进行补检不应通过验收。

2) 检验批的划分原则

地下防水工程的检验批划分原则为一个分项划为一个检验批。

3) 质量等级验收评定

① 主控项目是对检验批的基本质量起决定性影响的检验项目，必须全部符合该专业规

范的规定,不允许有不符合规范要求的检验结果;

② 一般项目应有80%以上的抽检处符合该规范规定或偏差值在其允许偏差范围内。

4) 检验批验收应提交资料

检验批验收时,应提交的施工操作依据和质量检查记录应完整。

5) 检验批验收

只按列为主控项目、一般项目的条款来验收,不能随意扩大内容范围和提高质量标准。

6) 检验批验收责任制

检验批表式中的责任制签记必须本人签字,替签为无效检验批验收记录。

(2) 保证质量措施条目(摘自《地下防水工程施工质量验收规范》GB 50208—2002)

4.4.2 涂料防水层应采用反应型、水乳型、聚合物水泥防水涂料或水泥基、水泥基渗透结晶型防水涂料。

4.4.3 防水涂料厚度选用应符合表4.4.3的规定:

防水涂料厚度(mm) 表4.4.3

防水等级	设防道数	有机涂料			无机涂料	
		反应型	水乳型	聚合物水泥	水泥基	水泥基渗透结晶型
1 级	三道或三道以上设防	1.2~2.0	1.2~1.5	1.5~2.0	1.5~2.0	≥0.8
2 级	二道设防	1.2~2.0	1.2~1.5	1.5~2.0	1.5~2.0	≥0.8
3 级	一道设防	—	—	≥2.0	≥2.0	—
	复合设防	—	—	≥1.5	≥1.5	—

4.4.6 涂料防水层的施工质量检验数量,应按涂层面积每100m^2抽查1处,每处10m^2,且不得少于3处。

(3) 检查验收执行条目(摘自《地下防水工程施工质量验收规范》GB 50208—2002)

4.4.7 涂料防水层所用材料及配合比必须符合设计要求。

检验方法:检查出厂合格证、质量检验报告、计量措施和现场抽样试验报告。

4.4.8 涂料防水层及其转角处、变形缝、穿墙管道等细部做法均须符合设计要求。

检验方法:观察检查和检查隐蔽工程验收记录。

4.4.9 涂料防水层的基层应牢固,基面应洁净、平整,不得有空鼓、松动、起砂和脱皮现象;基层阴阳角处应做成圆弧形。

检验方法:观察检查和检查隐蔽工程验收记录。

4.4.10 涂料防水层应与基层粘结牢固,表面平整、涂刷均匀,不得有流淌、皱折、鼓泡、露胎体和翘边等缺陷。

检验方法:观察检查。

4.4.11 涂料防水层的平均厚度应符合设计要求,最小厚度不得小于设计厚度的80%。

检验方法:针测法或割取20mm×20mm实样用卡尺测量。

4.4.12 侧墙涂料防水层的保护层与防水层粘结牢固,结合紧密,厚度均匀一致。

检验方法:观察检查。

(4) 检验批验收应提供的附件资料

1) 原材料出厂合格证；
2) 材料进场检验收记录；
3) 防水材料试验报告单；
4) 施工记录(施工方法、方案、技术措施、质保措施执行、抽样检验及现场检查)；
5) 技术交底；
6) 隐蔽验收记录(施工缝留槎、穿墙管、砖角、变形缝、细部构造等)；
7) 有关验收文件；
8) 自检、互检及工序交接检查记录；
9) 其他应报或设计要求报送的资料。
注：合理缺项除外。

2.7.5 塑料板防水层检验批质量验收记录

1. 资料表式

塑料板防水层检验批质量验收记录表　　　　　　　表208-5

本表适用于铺设在初期支护与二次衬砌间的塑料防水板(简称"塑料板")防水层。

检控项目	序号	质量验收规范规定	施工单位检查评定记录	监理(建设)单位验收记录
主控项目	1	防水层所用塑料板及配套材料必须符合设计要求		
	2	塑料板的搭接缝必须采用双焊缝焊接,不得有渗漏		
一般项目	1	塑料板防水层的基层应坚实、平整、圆顺,无漏水现象；阴阳角处应做成圆弧形		
	2	塑料板的铺设,应平顺并与基层固定牢固,不得有下垂、绷紧和破损现象。		
	3	塑料搭接宽度的允许偏差为 −10mm		

2. 应用指导
(1) 检查验收统一说明
1) 执行规范章、节

本表的检验批验收执行《地下防水工程施工质量验收规范》(GB 50208—2002)规范第4章、第4.5节主控项目和一般项目有关条目的质量等级要求。应按其质量标准和检查方法逐一进行验收。

表列应检验项目必须全部进行检查验收不得缺漏,应检项目漏检,应进行补充检查验

收,不进行补检不应通过验收。

2) 检验批的划分原则

地下防水工程的检验批划分原则为一个分项划为一个检验批。

3) 质量等级验收评定

① 主控项目是对检验批的基本质量起决定性影响的检验项目,必须全部符合该专业规范的规定,不允许有不符合规范要求的检验结果。

② 一般项目应有80%以上的抽检处符合该规范规定或偏差值在其允许偏差范围内。

4) 检验批验收应提交资料

检验批验收时,应提交的施工操作依据和质量检查记录应完整。

5) 检验批验收

只按列为主控项目、一般项目的条款来验收,不能随意扩大内容范围和提高质量标准。

6) 检验批验收责任制

检验批表式中的责任制签记必须本人签字,替签为无效检验批验收记录。

(2) 保证质量措施条目(摘自《地下防水工程施工质量验收规范》GB 50208—2002)

4.5.2 塑料板防水层的铺设应符合下列规定:

1 塑料板的缓冲衬垫应用暗钉圈固定在基层上,塑料板边铺边将其与暗钉圈焊接牢固;

2 两幅塑料板的搭接宽度应为100mm,下部塑料板应压住上部塑料板;

3 搭接缝采用双条焊缝焊接,单条焊缝的有效焊接宽度不应小于10mm;

4 复合式衬砌的塑料板铺设与内衬混凝土的施工距离不应小于5m。

4.5.3 塑料板防水层的施工质量检验数量,应按铺设面积每100m^2抽查1处,每处10m^2,但不少于3处。焊缝的检验应按焊缝数量抽查5%,每条焊缝为1处,但不少于3处。

(3) 检查验收执行条目(摘自《地下防水工程施工质量验收规范》GB 50208—2002)

4.5.4 防水层所用塑料板及配套材料必须符合设计要求。

检验方法:检查出厂合格证、质量检验报告和现场抽样试验报告。

4.5.5 **塑料板的搭接缝必须采用双焊缝焊接,不得有渗漏。**

检验方法:双焊缝间空腔内充气检查。

4.5.6 塑料板防水层的基面应坚实、平整、圆顺,无漏水现象;阴阳角处应做成圆弧形。

检验方法:观察和尺量检查。

4.5.7 塑料板的铺设应平顺并与基层固定牢固,不得有下垂、绷紧和破损现象。

检验方法:观察检查。

4.5.8 塑料板搭接宽度的允许偏差为-10mm。

检验方法:尺量检查。

(4) 检验批验收应提供的附件资料

1) 原材料出厂合格证;

2) 材料进场检验收记录;

3) 防水材料试验报告单

4) 施工记录(施工方法、方案、技术措施、质保措施执行、抽样检验及现场检查);

5) 技术交底;

6) 隐蔽验收记录(施工缝留槎、穿墙管、砖角、变形缝、细部构造等);
7) 有关验收文件;
8) 自检、互检及工序交接检查记录;
9) 其他应报或设计要求报送的资料。

注:合理缺项除外。

2.7.6 金属板防水层检验批质量验收记录

1. 资料表式

金属板防水层检验批质量验收记录表 表208-6

本表适用于抗渗性能要求较高的地下工程中以金属板材焊接而成的防水层。

检控项目	序号	质量验收规范规定	施工单位检查评定记录	监理(建设)单位验收记录
主控项目	1	金属板防水层所用的金属板材和焊条(剂)必须符合设计要求		
	2	焊工必须经考试合格并取得相应的执业资格证书		
一般项目	1	金属板表面不得有明显凹面和损伤		
	2	焊缝不得有裂纹、未熔合、夹渣、焊瘤、咬边、烧穿、弧坑、针状气孔等缺陷		
	3	焊缝的焊波应均匀,焊渣和飞溅物应清除干净;保护涂层不得有漏涂、脱皮和反锈现象		

2. 应用指导

(1) 检查验收统一说明

1) 执行规范章、节

本表的检验批验收执行《地下防水工程施工质量验收规范》(GB 50208—2002)规范第4章、第4.6节主控项目和一般项目有关条目的质量等级要求。应按其质量标准和检查方法逐一进行验收。

表列应检验项目必须全部进行检查验收不得缺漏,应检项目漏检,应进行补充检查验收,不进行补检不应通过验收。

2) 检验批的划分原则

地下防水工程的检验批划分原则为一个分项划为一个检验批。

3) 质量等级验收评定

① 主控项目是对检验批的基本质量起决定性影响的检验项目,必须全部符合该专业规

范的规定,不允许有不符合规范要求的检验结果;

② 一般项目应有80%以上的抽检处符合该规范规定或偏差值在其允许偏差范围内。

4) 检验批验收应提交资料

检验批验收时,应提交的施工操作依据和质量检查记录应完整。

5) 检验批验收

只按列为主控项目、一般项目的条款来验收,不能随意扩大内容范围和提高质量标准。

6) 检验批验收责任制

检验批表式中的责任制签记必须本人签字,替签为无效检验批验收记录。

(2) 保证质量措施条目(摘自《地下防水工程施工质量验收规范》GB 50208—2002)

4.6.2 金属板防水层所采用的金属材料和保护材料应符合设计要求。金属材料及焊条(剂)的规格、外观质量和主要物理性能,应符合国家现行标准的规定。

4.6.3 金属板的拼接及金属板与建筑结构的锚固件连接应采用焊接。金属板的拼接焊缝应进行外观检查和无损检验。

4.6.4 当金属板表面有锈蚀、麻点或划痕等缺陷时,其深度不得大于该板材厚度的负偏差值。

4.6.5 金属板防水层的施工质量检验数量,应按铺设面积每 $10m^2$ 抽查1处,每处 $1m^2$,且不得少于3处。焊缝检验应按不同长度的焊缝各抽查5%,但均不得少于1条。长度小于500mm的焊缝,每条检查1处;长度500~2000mm的焊缝,每条检查2处;长度大于2000mm的焊缝,每条检查3处。

(3) 检查验收执行条目(摘自《地下防水工程施工质量验收规范》GB 50208—2002)

4.6.6 金属防水层所采用的金属板材和焊条(剂)必须符合设计要求。

检验方法:检查出厂合格证或质量检验报告和现场抽样试验报告。

4.6.7 焊工必须经考试合格并取得相应的执业资格证书。

检验方法:检查焊工执业资格证书和考核日期。

4.6.8 金属板表面不得有明显凹面和损伤。

检验方法:观察检查。

4.6.9 焊缝不得有裂纹、未熔合、夹渣、焊瘤、咬边、烧穿、弧坑、针状气孔等缺陷。

检验方法:观察检查和无损检验。

4.6.10 焊缝的焊波应均匀,焊渣和飞溅物应清除干净;保护涂层不得有漏涂、脱皮和反锈现象。

检验方法:观察检查。

(4) 检验批验收应提供的附件资料

1) 原材料出厂合格证;
2) 材料进场检验收记录;
3) 防水材料试验报告单;
4) 施工记录(施工方法、方案、技术措施、质保措施执行、抽样检验及现场检查);
5) 技术交底;
6) 隐蔽验收记录(施工缝留槎、穿墙管、砖角、变形缝、细部构造等)。

2.7.7 细部构造检验批质量验收记录

1. 资料表式

细部构造检验批质量验收记录表　　　　　　　表 208-7

本表适用于防水混凝土结构的变形缝、施工缝、后浇带、穿墙管道、埋设件等细部构造。

检控项目	序号	质量验收规范规定	施工单位检查评定记录	监理(建设)单位验收记录
主控项目	1	细部构造所用止水带、遇水膨胀橡胶腻子止水条和接缝密封材料必须符合设计要求		
	2	变形缝、施工缝、后浇带、穿墙管道、埋设件等细部构造做法,均须符合设计要求,严禁有渗漏		
		注：见 4.7.3、4.7.4、4.7.5、4.7.6、4.7.7、4.7.8、4.7.9 条		
一般项目	1	中埋式止水带中心线应与变形缝中心线重合,止水带应固定牢靠、平直,不得有卷曲现象		
	2	穿墙管止水环与主管式翼环与套管应连续满焊,并做防腐处理		
	3	接缝处混凝土表面应密实、洁净、干燥;密封材料应嵌填严密、粘结牢固,不得有开裂、鼓泡和下塌现象		
		注：见 4.7.12、4.7.13、4.7.14 条		

2. 应用指导

(1) 检查验收统一说明

1) 执行规范章、节

本表的检验批验收执行《地下防水工程施工质量验收规范》(GB 50208—2002)规范第 4 章、第 4.7 节主控项目和一般项目有关条目的质量等级要求。应按其质量标准和检查方法逐一进行验收。

表列应检验项目必须全部进行检查验收不得缺漏,应检项目漏检,应进行补充检查验收,不进行补检不应通过验收。

2) 检验批的划分原则

地下防水工程的检验批划分原则为一个分项划为一个检验批。

3) 质量等级验收评定

① 主控项目是对检验批的基本质量起决定性影响的检验项目,必须全部符合该专业规范的规定,不允许有不符合规范要求的检验结果;

②一般项目应有80%以上的抽检处符合该规范规定或偏差值在其允许偏差范围内。

4）检验批验收应提交资料

检验批验收时，应提交的施工操作依据和质量检查记录应完整。

5）检验批验收

只按列为主控项目、一般项目的条款来验收，不能随意扩大内容范围和提高质量标准。

6）检验批验收责任制

检验批表式中的责任制签记必须本人签字，替签为无效检验批验收记录。

(2) 保证质量措施条目（摘自《地下防水工程施工质量验收规范》GB 50208—2002）

4.7.3 变形缝的防水施工应符合下列规定：

1）止水带宽度和材质的物理性能均应符合设计要求，且无裂缝和气泡；接头应采用热接，不得叠接，接缝平整、牢固，不得有裂口和脱胶现象；

2）中埋式止水带中心线应和变形缝中心线重合，止水带不得穿孔或用铁钉固定；

3）变形缝设置中埋式止水带时，混凝土浇筑前应校正止水带位置，表面清理干净，止水带损坏处应修补；顶、底板止水带的下侧混凝土应振捣密实，边墙止水带内外侧混凝土应均匀，保持止水带位置正确、平直，无卷曲现象；

4）变形缝处增设的卷材或涂料防水层，应按设计要求施工。

4.7.4 施工缝的防水施工应符合下列规定：

1）水平施工缝浇筑混凝土前，应将其表面浮浆和杂物清除，铺水泥砂浆或涂刷混凝土界面处理剂并及时浇筑混凝土；

2）垂直施工缝浇筑混凝土前，应将其表面清理干净，涂刷混凝土界面处理剂并及时浇筑混凝土；

3）施工缝采用遇水膨胀橡胶腻子止水条时，应将止水条牢固地安装在缝表面预留槽内；

4）施工缝采用中埋式止水带时，应确保止水带位置准确、固定牢靠。

4.7.5 后浇带的防水施工应符合下列规定：

1）后浇带应在其两侧混凝土龄期达到42d后再施工；

2）后浇带的接缝处理应符合（GB 50204—2002）规范第4.7.4条的规定；

3）后浇带应采用补偿收缩混凝土，其强度等级不得低于两侧混凝土；

4）后浇带混凝土养护时间不得少于28d。

4.7.6 穿墙管道的防水施工应符合下列规定：

1）穿墙管止水环与主管或翼环与套管应连续满焊，并做好防腐处理；

2）穿墙管处防水层施工前，应将套管内表面清理干净；

3）套管内的管道安装完毕后，应在两管间嵌入内衬填料，端部用密封材料填缝。柔性穿墙时，穿墙内侧应用法兰压紧；

4）穿墙管外侧防水层应铺设严密，不留接茬；增铺附加层时，应按设计要求施工。

4.7.7 埋设件的防水施工应符合下列规定：

1）埋设件端部或预留孔（槽）底部的混凝土厚度不得小于250mm；当厚度小于250mm

时,必须局部加厚或采取其他防水措施;

2) 预留地坑、孔洞、沟槽内的防水层,应与孔(槽)外的结构防水层保持连续;

3) 固定模板用的螺栓必须穿过混凝土结构时,螺栓或套管应满焊止水环或翼环;采用工具式螺栓或螺栓加堵头做法,拆模后应采取加强防水措施将留下的凹槽封堵密实。

4.7.8 密封材料的防水施工应符合下列规定:

1) 检查粘结基层的干燥程度以及接缝的尺寸,接缝内部的杂物应清除干净;

2) 热灌法施工应自下向上进行并尽量减少接头,接头应采用斜槎;密封材料熬制及浇灌温度,应按有关材料要求严格控制;

3) 冷嵌法施工应分次将密封材料嵌填在缝内,压嵌密实并与缝壁粘结牢固,防止裹入空气。接头应采用斜槎;

4) 接缝处的密封材料底部应嵌填背衬材料,外露密封材料上应设置保护层,其宽度不得小于100mm。

4.7.9 防水混凝土结构细部构造的施工质量检验应按全数检查。

(3) 检查验收执行条目(摘自《地下防水工程施工质量验收规范》GB 50208—2002)

4.7.10 细部构造所用止水带、遇水膨胀橡胶腻子止水条和接缝密封材料必须符合设计要求。

检验方法:检查出厂合格证、质量检验报告和进场抽样试验报告。

4.7.11 变形缝、施工缝、后浇带、穿墙管道、埋设件等细部构造作法,均须符合设计要求,严禁有渗漏。

检验方法:观察检查和检查隐蔽工程验收记录。

4.7.12 中埋式止水带中心线应与变形缝中心线重合,止水带应固定牢靠、平直,不得有扭曲现象。

检验方法:观察检查和检查隐蔽工程验收记录。

4.7.13 穿墙管止水环与主管或翼环与套管应连续满焊,并做防腐处理。

检验方法:观察检查和检查隐蔽工程验收记录。

4.7.14 接缝处混凝土表面应密实、洁净、干燥;密封材料应嵌填严密、粘结牢固,不得有开裂、鼓泡和下塌现象。

检验方法:观察检查。

(4) 检验批验收应提供的附件资料

1) 原材料出厂合格证;

2) 材料进场检验收记录;

3) 防水材料试验报告单;

4) 施工记录(施工方法、方案、技术措施、质保措施执行、抽样检验及现场检查);

5) 技术交底;

6) 隐蔽验收记录(止水带、遇水膨胀橡胶腻子止水条、密封材料等);

7) 有关验收文件;

8) 自检、互检及工序交接检查记录;

9) 其他应报或设计要求报送的资料。

注:合理缺项除外。

2.7.8 锚喷支护检验批质量验收记录

1. 资料表式

锚喷支护检验批质量验收记录表　　　　　　　　　　表 208-8

本表适用于地下工程的支护结构以及复合式衬砌的初期支护。

检控项目	序号	质量验收规范规定	施工单位检查评定记录	监理(建设)单位验收记录
主控项目	1	喷射混凝土所用原材料及钢筋网锚杆必须符合设计要求		
	2	喷射混凝土抗压强度、抗渗压力及锚杆抗拔力必须符合设计要求		
一般项目	1	喷层与围岩及喷层之间应粘结紧密,不得有空鼓现象		
	2	喷层厚度有60%不少于设计厚度,平均厚度不得小于设计厚度,最小厚度不得小于设计厚度的50%		
	3	喷射混凝土应密实平整、无裂缝、脱落、漏喷、露筋、空鼓和渗漏水		
	4	喷射混凝土表面平整度的允许偏差为30mm,且矢弦比不得大于1/6	检查10个点取其平均值	

2. 应用指导

(1) 检查验收统一说明

1) 执行规范章、节

本表的检验批验收执行《地下防水工程施工质量验收规范》(GB 50208—2002)规范第5章、第5.1节主控项目和一般项目有关条目的质量等级要求。应按其质量标准和检查方法逐一进行验收。

表列应检验项目必须全部进行检查验收不得缺漏,应检项目漏检,应进行补充检查验收,不进行补检不应通过验收。

2) 检验批的划分原则

地下防水工程的检验批划分原则为一个分项划为一个检验批。

3) 质量等级验收评定

① 主控项目是对检验批的基本质量起决定性影响的检验项目,必须全部符合该专业规范的规定,不允许有不符合规范要求的检验结果;

② 一般项目应有80%以上的抽检处符合该规范规定或偏差值在其允许偏差范围内。

4）检验批验收应提交资料

检验批验收时，应提交的施工操作依据和质量检查记录应完整。

5）检验批验收

只按列为主控项目、一般项目的条款来验收，不能随意扩大内容范围和提高质量标准。

6）检验批验收责任制

检验批表式中的责任制签记必须本人签字，替签为无效检验批验收记录。

(2) 保证质量措施条目（摘自《地下防水工程施工质量验收规范》GB 50208—2002）

5.1.2 喷射混凝土所用原材料应符合下列规定：

1）水泥优先选用普通硅酸盐水泥，其强度等级不应低于32.5级；

2）细骨料：采用中砂或粗砂，细度模数应大于2.5，使用时的含水率宜为5%～7%；

3）粗骨料：卵石或碎石粒径不应大于15mm；使用碱性速凝剂时，不得使用活性二氧化硅石料；

4）水：采用不含有害物质的洁净水；

5）速凝剂：初凝时间不应超过5min，终凝时间不应超过10min。

5.1.3 混合料应搅拌均匀并符合下列规定：

1）配合比：水泥与砂石质量比宜为1:4～4.5，砂率宜为45%～55%，水灰比不得大于0.45，速凝剂掺量应通过试验确定；

2）原材料称量允许偏差：水泥和速凝剂±2%，砂石±3%；

3）运输和存放中严防受潮，混合料应随拌随用，存放时间不应超过20min。

5.1.4 在有水的岩面上喷射混凝土时应采取下列措施：

1）潮湿岩面增加速凝剂掺量；

2）表面渗、滴水采用导水盲管或盲沟排水；

3）集中漏水采用注浆堵水。

5.1.5 喷射混凝土2h后应养护，养护时间不得少于14d；当气温低于5℃时不得喷水养护。

5.1.6 喷射混凝土试件制作组数应符合下列规定：

1）抗压强度试件：区间或小于区间断面的结构，每20延米拱和墙各取一组；车站各取两组。

2）抗渗试件：区间结构每40延米取一组；车站每20延米取一组。

5.1.7 锚杆应进行抗拔试验。同一批锚杆每100根应取一组试件，每组3根，不足100根也取3根。

同一批试件抗拔力的平均值不得小于设计锚固力，且同一批试件抗拔力的最低值不应小于设计锚固力的90%。

5.1.8 锚喷支护的施工质量检验数量，应按区间或小于区间断面的结构，每20延米检查1处，车站每10延米检查1处，每处10m²，且不得少于3处。

(3) 检查验收执行条目（摘自《地下防水工程施工质量验收规范》GB 50208—2002）

5.1.9 喷射混凝土所用原材料及钢筋网、锚杆必须符合设计要求。

检验方法：检查出厂合格证、质量检验报告和现场抽样试验报告。

5.1.10 喷射混凝土抗压强度、抗渗压力及锚杆抗拔力必须符合设计要求。

检验方法:检查混凝土抗压、抗渗试验报告和锚杆抗拔力试验报告。

5.1.11 喷层与围岩及喷层之间应粘结紧密,不得有空鼓现象。

检验方法:用锤击法检查。

5.1.12 喷层厚度有60%不小于设计厚度,平均厚度不得小于设计厚度,最小厚度不得小于设计厚度的50%。

检验方法:用针刺或钻孔检查。

5.1.13 喷射混凝土应密实、平整,无裂缝、脱落、漏喷、露筋、空鼓和渗漏水。

检验方法:观察检查。

5.1.14 喷射混凝土表面平整度的允许偏差为30mm,且矢弦比不得大于1/6。

检验方法:尺量检查。

(4) 检验批验收应提供的附件资料

1) 原材料出厂合格证;
2) 材料进场检验收记录;
3) 防水材料质检报告(厂家提供);
4) 防水材料试验报告单;
5) 混凝土强度抗压试验报告;
6) 混凝土抗渗试验报告;
7) 施工记录(施工方法、方案、技术措施、质保措施执行、抽样检验及现场检查);
8) 技术交底;
9) 隐蔽验收记录;
10) 锚杆抗拔力试验报告;
11) 有关验收文件;
12) 自检、互检及工序交接检查记录;
13) 其他应报或设计要求报送的资料。

注:合理缺项除外。

2.7.9 地下连续墙检验批质量验收记录

1. 资料表式

地下连续墙检验批质量验收记录表　　　　表208-9

本表适用于地下工程的主体结构、支护结构以及隧道工程复合式衬砌的初期支护。

检控项目	序号	质量验收规范规定	施工单位检查评定记录	监理(建设)单位验收记录
主控项目	1	防水混凝土所用材料、配合比以及其他防水材料必须符合设计要求		
	2	地下连续墙混凝土抗压强度和抗渗压力必须符合设计要求		

检控项目	序号	质量验收规范规定		施工单位检查评定记录	监理(建设)单位验收记录
一般项目	1	地下连续墙的槽段接缝以及墙体与内衬结构接缝应符合设计要求			
	2	地下连续墙的露筋部分应小于1%墙面面积,且不得有露石和夹泥现象			
	3	地下连续墙墙体表面平整度	允许偏差(mm)	量 测 值 (mm)	
		1) 临时支护墙体为	50mm		
		2) 单一或复合墙体为	30mm		

2. 应用指导

(1) 检查验收统一说明

1) 执行规范章、节

本表的检验批验收执行《地下防水工程施工质量验收规范》(GB 50208—2002)规范第5章、第5.2节主控项目和一般项目有关条目的质量等级要求。应按其质量标准和检查方法逐一进行验收。

表列应检验项目必须全部进行检查验收不得缺漏,应检项目漏检,应进行补充检查验收,不进行补检不应通过验收。

2) 检验批的划分原则

地下防水工程的检验批划分原则为一个分项划为一个检验批。

3) 质量等级验收评定

① 主控项目是对检验批的基本质量起决定性影响的检验项目,必须全部符合该专业规范的规定,不允许有不符合规范要求的检验结果。

② 一般项目应有80%以上的抽检处符合该规范规定或偏差值在其允许偏差范围内。

4) 检验批验收应提交资料

检验批验收时,应提交的施工操作依据和质量检查记录应完整。

5) 检验批验收

只按列为主控项目、一般项目的条款来验收,不能随意扩大内容范围和提高质量标准。

6) 检验批验收责任制

检验批表式中的责任制签记必须本人签字,替签为无效检验批验收记录。

(2) 保证质量措施条目(摘自《地下防水工程施工质量验收规范》GB 50208—2002)

5.2.2 地下连续墙应采用掺外加剂的防水混凝土,水泥用量:采用卵石时不得少于370kg/m³,采用碎石时不得少于400kg/m³,坍落度宜为180~220mm。

5.2.3 地下连续墙施工时,混凝土应按每一个单元槽段留置一组抗压强度试件,每五个单元槽段留置一组抗渗试件。

5.2.4 地下连续墙墙体内侧采用水泥砂浆防水层、卷材防水层、涂料防水层或塑料板防水层时,应分别按(GB 50208—2002)规范第4.2节、第4.3节、第4.4节和第4.5节的有关规定执行。

5.2.5 单元槽段接头不宜设在拐角处;采用复合式衬砌时,内外墙接头宜相互错开。

5.2.6 地下连续墙与内衬结构连接处,应凿毛并清理干净,必要时应做特殊防水处理。

5.2.7 地下连续墙的施工质量检验数量,应按连续墙每10个槽段抽查1处,每处为1个槽段,且不得少于3处。

(3) 检查验收执行条目(摘自《地下防水工程施工质量验收规范》GB 50208—2002)

5.2.8 防水混凝土所用原材料、配合比以及其他防水材料必须符合设计要求。
检验方法:检查出厂合格证、质量检验报告、计量措施和现场抽样试验报告。

5.2.9 地下连续墙混凝土抗压强度和抗渗压力必须符合设计要求。
检验方法:检查混凝土抗压、抗渗试验报告。

5.2.10 地下连续墙的槽段接缝以及墙体与内衬结构接缝应符合设计要求。
检验方法:观察检查和检查隐蔽工程验收记录。

5.2.11 地下连续墙墙面的露筋部分应小于1%墙面面积,且不得有露石和夹泥现象。
检验方法:观察检查。

5.2.12 地下连续墙墙体表面平整度的允许偏差:
临时支护墙体为50mm,单一或复合墙体为30mm。
检验方法:尺量检查。

(4) 检验批验收应提供的附件资料
1) 原材料出厂合格证;
2) 材料进场检验收记录;
3) 材料试验报告单;
4) 混凝土强度抗压试验报告;
5) 混凝土抗渗试验报告(按设计要求);
6) 施工记录(施工方法、方案、技术措施、质保措施执行、抽样检验及现场检查);
7) 技术交底;
8) 隐蔽验收记录(槽段接缝、内衬结构接缝);
9) 有关验收文件;
10) 自检、互检及工序交接检查记录;
11) 其他应报或设计要求报送的资料。

注:合理缺项除外。

2.7.10 复合式衬砌检验批质量验收记录

1. 资料表式

复合式衬砌检验批质量验收记录表　　　　　表 208-10

本表适用于混凝土初期支护与二次衬砌中间设置防水层和缓冲排水层的隧道工程复合式衬砌。

检控项目	序号	质量验收规范规定	施工单位检查评定记录	监理(建设)单位验收记录
主控项目	1	塑料防水板、土工复合材料和内衬混凝土原材料必须符合设计要求		

续表

检控项目	序号	质量验收规范规定	施工单位检查评定记录	监理(建设)单位验收记录
主控项目	2	防水混凝土的抗压强度和抗渗压力必须符合设计要求		
	3	施工缝、变形缝、穿墙管道、埋设件等细部作法,均须符合设计要求,严禁有渗漏		
一般项目	1	二次衬砌混凝土渗漏水量应控制在设计防水等级要求范围内		
	2	二次衬砌混凝土表面应坚实、平整,不得有露筋、蜂窝等缺陷		

2. 应用指导

(1) 检查验收统一说明

1) 执行规范章、节

本表的检验批验收执行《地下防水工程施工质量验收规范》(GB 50208—2002)规范第5章、第5.3节主控项目和一般项目有关条目的质量等级要求。应按其质量标准和检查方法逐一进行验收。

表列应检验项目必须全部进行检查验收不得缺漏,应检项目漏检,应进行补充检查验收,不进行补检不应通过验收。

2) 检验批的划分原则

地下防水工程的检验批划分原则为一个分项划为一个检验批。

3) 质量等级验收评定

① 主控项目是对检验批的基本质量起决定性影响的检验项目,必须全部符合该专业规范的规定,不允许有不符合规范要求的检验结果;

② 一般项目应有80%以上的抽检处符合该规范规定或偏差值在其允许偏差范围内。

4) 检验批验收应提交资料

检验批验收时,应提交的施工操作依据和质量检查记录应完整。

5) 检验批验收

只按列为主控项目、一般项目的条款来验收,不能随意扩大内容范围和提高质量标准。

6) 检验批验收责任制

检验批表式中的责任制签记必须本人签字,替签为无效检验批验收记录。

(2) 保证质量措施条目(摘自《地下防水工程施工质量验收规范》GB 50208—2002)

5.3.2 初期支护的线流漏水或大面积渗水,应在防水层和缓冲排水层铺设之前进行封堵或引排。

5.3.3 防水层和缓冲排水层铺设与内衬混凝土的施工距离均不应小于5m。

5.3.4 二次衬砌应采用防水混凝土浇筑,应符合下列规定:

1) 混凝土泵送时,入泵坍落度:墙体宜为100~150mm,拱部宜为160~210mm;
2) 振捣不得直接触及防水层;
3) 混凝土浇筑至墙拱交界处,应间断1~1.5h后方可继续浇筑;
4) 混凝土强度达到2.5MPa后方可拆模。

5.3.5 复合式衬砌的施工质量检验数量,应按区间或小于区间断面的结构,每20延米检查1处,车站每10延米检查1处,每处10m^2,且不得少于3处。

(3) 检查验收执行条目(摘自《地下防水工程施工质量验收规范》GB 50208—2002)

5.3.6 塑料防水板、土工复合材料和内衬混凝土原材料必须符合设计要求。

检验方法:检查出厂合格证、质量检验报告和现场抽样试验报告。

5.3.7 防水混凝土的抗压强度和抗渗压力必须符合设计要求。

检验方法:检查混凝土抗压、抗渗试验报告。

5.3.8 施工缝、变形缝、穿墙管道、埋设件等细部构造作法,均须符合设计要求,严禁有渗漏。

检验方法:观察检查和检查隐蔽工程验收记录。

5.3.9 二次衬砌混凝土渗漏水量应控制在设计防水等级要求范围内。

检验方法:观察检查和渗漏水量测。

5.3.10 二次衬砌混凝土表面应坚实、平整,不得有露筋、蜂窝等缺陷。

检验方法:观察检查。

(4) 检验批验收应提供的附件资料

1) 原材料出厂合格证;
2) 材料进场检验收记录;
3) 材料试验报告单;
4) 混凝土强度抗压试验报告;
5) 混凝土抗渗试验报告(按设计要求);
6) 施工记录(施工方法、方案、技术措施、质保措施执行、抽样检验及现场检查、渗漏水量测);
7) 技术交底;
8) 隐蔽验收记录;
9) 有关验收文件;
10) 自检、互检及工序交接检查记录;
11) 其他应报或设计要求报送的资料。

注:合理缺项除外。

2.7.11 盾构法隧道检验批质量验收记录

1. 资料表式

盾构法隧道检验批质量验收记录表 表208-11

本节适用于在软土和软岩中采用盾构掘进和拼装钢筋混凝土管片方法修建的区间隧道结构。

检控项目	序号	质量验收规范规定	施工单位检查评定记录	监理(建设)单位验收记录
主控项目	1	盾构法隧道采用防水材料的品种、规格、性能必须符合设计要求		
	2	钢筋混凝土管片的抗压强度和抗渗压力必须符合设计要求		
一般项目	1	隧道的渗漏水量应控制在设计的防水等级要求范围内。衬砌接缝不得有线流和漏泥砂现象		
	2	管片拼装接缝防水应符合设计要求		
	3	环向和纵向螺栓应全部穿进并拧紧,衬砌内表面的外露铁件防腐处理应符合设计要求		

2. 应用指导

(1) 检查验收统一说明

1) 执行规范章、节

本表的检验批验收执行《地下防水工程施工质量验收规范》(GB 50208—2002)规范第5章、第5.4节主控项目和一般项目有关条目的质量等级要求。应按其质量标准和检查方法逐一进行验收。

表列应检验项目必须全部进行检查验收不得缺漏,应检项目漏检,应进行补充检查验收,不进行补检不应通过验收。

2) 检验批的划分原则

地下防水工程的检验批划分原则为一个分项划为一个检验批。

3) 质量等级验收评定

① 主控项目是对检验批的基本质量起决定性影响的检验项目,必须全部符合该专业规范的规定,不允许有不符合规范要求的检验结果;

② 一般项目应有80%以上的抽检处符合该规范规定或偏差值在其允许偏差范围内。

4) 检验批验收应提交资料

检验批验收时,应提交的施工操作依据和质量检查记录应完整。

5) 检验批验收

只按列为主控项目、一般项目的条款来验收,不能随意扩大内容范围和提高质量标准。

6) 检验批验收责任制

检验批表式中的责任制签记必须本人签字,替签为无效检验批验收记录。

(2) 保证质量措施条目(摘自《地下防水工程施工质量验收规范》GB 50208—2002)

5.4.3 钢筋混凝土管片制作应符合下列规定:

1) 混凝土抗压强度和抗渗压力应符合设计要求;

2) 表面应平整,无缺棱、掉角、麻面和露筋;

3) 单块管片制作尺寸允许偏差应符合表5.4.3的规定。

单块管片制作尺寸允许偏差　　　　表5.4.3

项　目	允许偏差(mm)	项　目	允许偏差(mm)
宽度	±1.0	厚度	+3,-1
弧长、弦长	±1.0		

5.4.4 钢筋混凝土管片同一配合比每生产5环应制作抗压强度试件一组,每10环制作抗渗试件一组;管片每生产两环应抽查一块做检漏测试,检验方法按设计抗渗压力保持时间不小于2h,渗水深度不超过管片厚度的1/5为合格。若检验管片中有25%不合格时,应按当天生产管片逐块检漏。

5.4.5 钢筋混凝土管片拼装应符合下列规定:

1) 管片验收合格后方可运至工地,拼装前应编号并进行防水处理;

2) 管片拼装顺序应先就位底部管片,然后自下而上左右交叉安装,每环相邻管片应均布摆匀并控制环面平整度和封口尺寸,最后插入封顶管片成环;

3) 管片拼装后螺栓应拧紧,环向及纵向螺栓应全部穿进。

5.4.6 钢筋混凝土管片接缝防水应符合下列规定:

1) 管片至少应设置一道密封垫沟槽,粘贴密封垫前应将槽内清理干净;

2) 密封垫应粘贴牢固,平整、严密,位置正确,不得有起鼓、超长和缺口现象;

3) 管片拼装前应逐块对粘贴的密封垫进行检查,拼装时不得损坏密封垫。有嵌缝防水要求的,应在隧道基本稳定后进行;

4) 管片拼装接缝连接螺栓孔之间应按设计加设螺孔密封圈。必要时,螺栓孔与螺栓间应采取封堵措施。

5.4.7 盾构法隧道的施工质量检验数量,应按每连续20环抽查1处,每处为一环,且不得少于3处。

(3) 检查验收执行条目(摘自《地下防水工程施工质量验收规范》GB 50208—2002)

5.4.8 盾构法隧道采用防水材料的品种、规格、性能必须符合设计要求。

检验方法:检查出厂合格证、质量检验报告和现场抽样试验报告。

5.4.9 钢筋混凝土管片的抗压强度和抗渗压力必须符合设计要求。

检验方法:检查混凝土抗压、抗渗试验报告和单块管片检漏测试报告。

5.4.10 隧道的渗漏水量应控制在设计的防水等级要求范围内。衬砌接缝不得有线流和漏泥砂现象。

检验方法:观察检查和渗漏水量测。

5.4.11 管片拼装接缝防水应符合设计要求。

检验方法:检查隐蔽工程验收记录。

5.4.12 环向及纵向螺栓应全部穿进并拧紧,衬砌内表面的外露铁件防腐处理应符合设计要求。

检验方法:观察检查。

(4) 检验批验收应提供的附件资料

1) 原材料出厂合格证;
2) 材料进场检验收记录;
3) 材料试验报告单;
4) 混凝土强度抗压试验报告;
5) 混凝土抗渗试验报告(按设计要求);
6) 施工记录(施工方法、方案、技术措施、质保措施执行、抽样检验及现场检查);
7) 技术交底;
8) 隐蔽验收记录(管片拼装接缝);
9) 有关验收文件;
10) 自检、互检及工序交接检查记录;
11) 其他应报或设计要求报送的资料。

注:合理缺项除外。

2.7.12 渗排水、盲沟排水检验批质量验收记录

1. 资料表式

渗排水、盲沟排水检验批质量验收记录表　　　　表 208-12

检控项目	序号	质量验收规范规定	施工单位检查评定记录	监理(建设)单位验收记录
主控项目	1	反滤层的砂、石粒径和含泥量必须符合设计要求		
	2	集水管的埋设深度及坡度必须符合设计要求		
一般项目	1	渗排水层的构造应符合设计要求		
	2	渗排水层的铺设应分层、铺平、拍实		
	3	盲沟的构造应符合设计要求		

2. 应用指导

(1) 检查验收统一说明

1) 执行规范章、节

本表的检验批验收执行《地下防水工程施工质量验收规范》(GB 50208—2002)规范第6章、第6.1节主控项目和一般项目有关条目的质量等级要求。应按其质量标准和检查方法逐一进行验收。

表列应检验项目必须全部进行检查验收不得缺漏,应检项目漏检,应进行补充检查验收,不进行补检不应通过验收。

2) 检验批的划分原则

地下防水工程的检验批划分原则为一个分项划为一个检验批。

3) 质量等级验收评定

① 主控项目是对检验批的基本质量起决定性影响的检验项目，必须全部符合该专业规范的规定，不允许有不符合规范要求的检验结果；

② 一般项目应有80%以上的抽检处符合该规范规定或偏差值在其允许偏差范围内。

4) 检验批验收应提交资料

检验批验收时，应提交的施工操作依据和质量检查记录应完整。

5) 检验批验收

只按列为主控项目、一般项目的条款来验收，不能随意扩大内容范围和提高质量标准。

6) 检验批验收责任制

检验批表式中的责任制签记必须本人签字，替签为无效检验批验收记录。

(2) 保证质量措施条目（摘自《地下防水工程施工质量验收规范》GB 50208—2002）

6.1.1 渗排水、盲沟排水适用于无自流排水条件、防水要求较高且有抗浮要求的地下工程。

6.1.2 渗排水应符合下列规定：

1) 渗排水层用砂、石应洁净，不得有杂质；

2) 粗砂过滤层总厚度宜为300mm，如较厚时应分层铺填。过滤层与基坑土层接触处应用厚度为100～150mm、粒径为5～10mm的石子铺填；

3) 集水管应设置在粗砂过滤层下部，坡度不宜小于1%，且不得有倒坡现象。集水管之间的距离宜为5～10m，并与集水井相通；

4) 工程底板与渗排水层之间应做隔浆层，建筑周围的渗排水层顶面应做散水坡。

6.1.3 盲沟排水应符合下列规定：

1) 盲沟成型尺寸和坡度应符合设计要求；

2) 盲沟用砂、石应洁净，不得有杂质；

3) 反滤层的砂、石粒径组成和层次应符合设计要求；

4) 盲沟在转弯处和高低处应设置检查井，出水口处应设置滤水箅子。

6.1.4 渗排水、盲沟排水应在地基工程验收合格后进行施工。

6.1.5 盲沟反滤层的材料应符合下列规定：

1) 砂、石粒径

滤水层（贴天然土）：塑性指数$I_p \leqslant 3$（砂性土）时，采用0.1～2mm粒径砂子；$I_p > 3$（粘性土）时，采用2～5mm粒径砂子。

渗水层：塑性指数$I_p \leqslant 3$（砂性土时），采用1～7mm粒径卵石；$I_p > 3$（粘性土时），采用5～10mm粒径卵石。

2) 砂子含泥量不得大于2%。

6.1.6 渗排水管应采用无砂混凝土管、普通硬塑料管和加筋软管式透水盲管。

6.1.7 渗排水、盲沟排水的施工质量检验数量应按10%抽查，其中按两轴线间或10延米为1处，且不得少于3处。

(3) 检查验收执行条目（摘自《地下防水工程施工质量验收规范》GB 50208—2002）

6.1.8 反滤层的砂、石粒径和含泥量必须符合设计要求。

检验方法:检查砂、石试验报告。

6.1.9 集水管的埋设深度及坡度必须符合设计要求。

检验方法:观察和尺量检查。

6.1.10 渗排水层的构造应符合设计要求。

检验方法:检查隐蔽工程验收记录。

6.1.11 渗排水层的铺设应分层、铺平、拍实。

检验方法:检查隐蔽工程验收记录。

6.1.12 盲沟的构造应符合设计要求。

检验方法:检查隐蔽工程验收记录。

(4) 检验批验收应提供的附件资料

1) 原材料出厂合格证;
2) 材料进场检验记录;
3) 材料试验报告单;
4) 施工记录(施工方法、方案、管材质量、分层铺填、坡度、滤水苈子、反滤层材料、砂石粒径等);
5) 技术交底;
6) 隐蔽验收记录;
7) 自检、互检及工序交接检查记录;
8) 其他应报或设计要求报送的资料。

注:合理缺项除外。

2.7.13 隧道、坑道排水检验批质量验收记录

1. 资料表式

隧道、坑道排水检验批质量验收记录表　　　　表 208-13

本节适用于贴壁式、复合式、离壁式衬砌构造的隧道或坑道排水。

检控项目	序号	质量验收规范规定	施工单位检查评定记录	监理(建设)单位验收记录
主控项目	1	隧道、坑道排水系统必须畅通		
	2	反滤层的砂、石粒径和含泥量必须符合设计要求		
	3	土工复合材料必须符合设计要求		
一般项目	1	隧道纵向集水盲管和排水明沟的坡度应符合设计要求		
	2	隧道导水盲管和横向排水管的设置间距应符合设计要求		
	3	中心排水盲沟的断面尺寸、集水管埋设及检查井设置应符合设计要求		
	4	复合式衬砌的缓冲排水层应铺设平整、均匀、连续,不得有扭曲、折皱和重叠现象		

2. 应用指导

(1) 检查验收统一说明

1) 执行规范章、节

本表的检验批验收执行《地下防水工程施工质量验收规范》(GB 50208—2002)规范第6章、第6.2节主控项目和一般项目有关条目的质量等级要求。应按其质量标准和检查方法逐一进行验收。

表列应检验项目必须全部进行检查验收不得缺漏,应检项目漏检,应进行补充检查验收,不进行补检不应通过验收。

2) 检验批的划分原则

地下防水工程的检验批划分原则为一个分项划为一个检验批。

3) 质量等级验收评定

① 主控项目是对检验批的基本质量起决定性影响的检验项目,必须全部符合该专业规范的规定,不允许有不符合规范要求的检验结果。

② 一般项目应有80%以上的抽检处符合该规范规定或偏差值在其允许偏差范围内。

4) 检验批验收应提交资料

检验批验收时,应提交的施工操作依据和质量检查记录应完整。

5) 检验批验收

只按列为主控项目、一般项目的条款来验收,不能随意扩大内容范围和提高质量标准。

6) 检验批验收责任制

检验批表式中的责任制签记必须本人签字,替签为无效检验批验收记录。

(2) 保证质量措施条目(摘自《地下防水工程施工质量验收规范》GB 50208—2002)

6.2.2 隧道或坑道内的排水泵站(房)设置,主排水泵站和辅助排水泵站、集水池的有效容积应符合设计规定。

6.2.3 主排水泵站、辅助排水泵站和污水泵房的废水及污水,应分别排入城市雨水和污水管道系统。污水的排放尚应符合国家现行有关标准的规定。

6.2.4 排水盲管应采用无砂混凝土集水管;导水盲管应采用外包土工布与螺旋钢丝构成的软式透水管。

盲沟应设反滤层,其所用材料应符合(GB 50204—2002)规范第6.1.5条的规定。

6.2.5 复合式衬砌的缓冲排水层铺设应符合下列规定:

1) 土工织物的搭接应在水平铺设的场合采用缝合法或胶结法,搭接宽度不应小于300mm;

2) 初期支护基面清理后即用暗钉圈将土工织物固定在初期支护上;

3) 采用土工复合材料时,土工织物面应为迎水面,涂膜面应与后浇混凝土相接触。

6.2.6 隧道、坑道排水的施工质量检验数量应按10%抽查,其中按两轴线间或10延米为1处,且不得少于3处。

(3) 检查验收执行条目(摘自《地下防水工程施工质量验收规范》GB 50208—2002)

6.2.7 隧道、坑道排水系统必须畅通。

检验方法:观察检查。

6.2.8 反滤层的砂、石粒径和含泥量必须符合设计要求。

检验方法：检查砂、石试验报告。

6.2.9 土工复合材料必须符合设计要求。

检验方法：检查出厂合格证和质量检验报告。

6.2.10 隧道纵向集水盲管和排水明沟的坡度应符合设计要求。

检验方法：尺量检查。

6.2.11 隧道导水盲管和横向排水管的设置间距应符合设计要求。

检验方法：尺量检查。

6.2.12 中心排水盲沟的断面尺寸、集水管埋设及检查井设置应符合设计要求。

检验方法：观察和尺量检查。

6.2.13 复合式衬砌的缓冲排水层应铺设平整、均匀、连续，不得有扭曲、折皱和重叠现象。

检验方法：观察检查和检查隐蔽工程验收记录。

(4) 检验批验收应提供的附件资料

1) 原材料出厂合格证；

2) 材料进场检验记录；

3) 材料试验报告单；

4) 施工记录（施工方法、方案、排水盲管质量、土工织物质量、反滤层材料、坡度、排水管间距、盲沟断面等）；

5) 隐蔽验收记录；

6) 自检、互检及工序交接检查记录；

7) 其他应报或设计要求报送的资料。

注：合理缺项除外。

2.7.14 预注浆、后注浆检验批质量验收记录

1. 资料表式

预注浆、后注浆检验批质量验收记录表　　　　　　　　表208-14

本表适用于工程开挖前预计涌水量较大的地段或软弱地采用的预注浆，以及工程开挖后处理围岩渗漏、回填衬砌壁后空隙采用的后注浆。

检控项目	序号	质量验收规范规定	施工单位检查评定记录	监理（建设）单位验收记录
主控项目	1	配制浆液的原材料及配合比必须符合设计要求		
	2	注浆效果必须符合设计要求		
一般项目	1	注浆各阶段的控制压力和进浆量必须符合设计要求		
	2	注浆时浆液不得逸出地面和超出有效注浆范围		
	3	注浆对地面产生的沉降量不得超过30mm，地面的隆起不得超过20mm		
	4	注浆孔的数量、布置间距、钻孔深度及角度必须符合设计要求		

2. 应用指导

(1) 检查验收统一说明

1) 执行规范章、节

本表的检验批验收执行《地下防水工程施工质量验收规范》(GB 50208—2002)规范第7章、第7.1节主控项目和一般项目有关条目的质量等级要求。应按其质量标准和检查方法逐一进行验收。

表列应检验项目必须全部进行检查验收不得缺漏,应检项目漏检,应进行补充检查验收,不进行补检不应通过验收。

2) 检验批的划分原则

地下防水工程的检验批划分原则为一个分项划为一个检验批。

3) 质量等级验收评定

① 主控项目是对检验批的基本质量起决定性影响的检验项目,必须全部符合该专业规范的规定,不允许有不符合规范要求的检验结果;

② 一般项目应有80%以上的抽检处符合该规范规定或偏差值在其允许偏差范围内。

4) 检验批验收应提交资料

检验批验收时,应提交的施工操作依据和质量检查记录应完整。

5) 检验批验收

只按列为主控项目、一般项目的条款来验收,不能随意扩大内容范围和提高质量标准。

6) 检验批验收责任制

检验批表式中的责任制签记必须本人签字,替签为无效检验批验收记录。

(2) 保证质量措施条目 (摘自《地下防水工程施工质量验收规范》GB 50208—2002)

7.1.2 注浆材料应符合下列要求:

1) 具有较好的可注性;
2) 具有固结收缩小、良好的粘结性、抗渗性、耐久性和化学稳定性;
3) 无毒并对环境污染小;
4) 注浆工艺简单,施工操作方便,安全可靠。

7.1.3 在砂卵石层中宜采用渗透注浆法;在砂层中宜采用劈裂注浆法;在粘土层中宜采用劈裂或电动硅化注浆法;在淤泥质软土中宜采用高压喷射注浆法。

7.1.4 注浆浆液应符合下列规定:

1) 预注浆和高压喷射注浆宜采用水泥浆液、粘土水泥浆液或化学浆液;
2) 壁后回填注浆宜采用水泥浆液、水泥砂浆或掺有石灰、粘土、粉煤灰等水泥浆液;
3) 注浆浆液配合比应经现场试验确定。

7.1.5 注浆过程控制应符合下列规定:

1) 根据工程地质、注浆目的等控制注浆压力;
2) 回填注浆应在衬砌混凝土达到设计强度的70%后进行;衬砌后围岩注浆应在充填注浆固结体达到设计强度的70%后进行;
3) 浆液不得溢出地面和超出有效注浆范围,地面注浆结束后注浆孔应封填密实;
4) 注浆范围和建筑物的水平距离很近时,应加强对临近建筑物和地下埋设物的现场监控;
5) 注浆点距离饮用水源或公共水域较近时,注浆施工如有污染应及时采取相应措施。

7.1.6 注浆的施工质量检验数量,应按注浆加固或堵漏面积每100m² 抽查1处,每处10m²,且不得少于3处。

(3) 检查验收执行条目(摘自《地下防水工程施工质量验收规范》GB 50208—2002)

7.1.7 配制浆液的原材料及配合比必须符合设计要求。

检验方法:检查出厂合格证、质量检验报告、计量措施和试验报告。

7.1.8 注浆效果必须符合设计要求。

检验方法:采用钻孔取芯、压水(或压气)等方法检查。

7.1.9 注浆孔的数量、布置间距、钻孔深度及角度必须符合设计要求。

检验方法:检查隐蔽工程验收记录。

7.1.10 注浆各阶段的控制压力和进浆量应符合设计要求。

检验方法:检查隐蔽工程验收记录。

7.1.11 注浆时浆液不得逸出地面和超出有效注浆范围。

检验方法:观察检查。

7.1.12 注浆对地面产生的沉降量不得超过30mm,地面的隆起不得超过20mm。

检验方法:用水准仪测量。

(4) 检验批验收应提供的附件资料

1) 原材料出厂合格证;

2) 材料进场检验记录;

3) 材料试验报告单;

4) 施工记录(施工方法、方案、浆液配置、注浆效果、钻孔数量、间距、深度、控制压力、地面隆起);

5) 隐蔽验收记录;

6) 自检、互检及工序交接检查记录;

7) 其他应报或设计要求报送的资料。

注:合理缺项除外。

2.7.15 衬砌裂缝注浆检验批质量验收记录

1. 资料表式

衬砌裂缝注浆检验批质量验收记录表　　　　　　　　　表208-15

本节适用于衬砌裂缝渗漏水采用的堵水注浆处理。裂缝注浆应待衬砌结构基本稳定和混凝土达到设计强度后进行。

检控项目	序号	质量验收规范规定	施工单位检查评定记录	监理(建设)单位验收记录
主控项目	1	注浆材料及其配合比必须符合设计要求		
	2	注浆效果必须符合设计要求		
一般项目	1	钻孔埋管的孔径和孔距 第7.2.8条		
	2	注浆的控制压力和进浆量 第7.2.9条		

2．应用指导

(1) 检查验收统一说明

1) 执行规范章、节

本表的检验批验收执行《地下防水工程施工质量验收规范》(GB 50208—2002)规范第7章、第7.2节主控项目和一般项目有关条目的质量等级要求。应按其质量标准和检查方法逐一进行验收。

表列应检验项目必须全部进行检查验收不得缺漏，应检项目漏检，应进行补充检查验收，不进行补检不应通过验收。

2) 检验批的划分原则

地下防水工程的检验批划分原则为一个分项划为一个检验批。

3) 质量等级验收评定

① 主控项目是对检验批的基本质量起决定性影响的检验项目，必须全部符合该专业规范的规定，不允许有不符合规范要求的检验结果。

② 一般项目应有80%以上的抽检处符合该规范规定或偏差值在其允许偏差范围内。

4) 检验批验收应提交资料

检验批验收时，应提交的施工操作依据和质量检查记录应完整。

5) 检验批验收

只按列为主控项目、一般项目的条款来验收，不能随意扩大内容范围和提高质量标准。

6) 检验批验收责任制

检验批表式中的责任制签记必须本人签字，替签为无效检验批验收记录。

(2) 保证质量措施条目（摘自《地下防水工程施工质量验收规范》GB 50208—2002）

7.2.2 防水混凝土结构出现宽度小于2mm的裂缝应选用化学注浆，注浆材料宜采用环氧树脂、聚氨酯、甲基丙烯酸甲酯等浆液；宽度大于2mm的混凝土裂缝要考虑注浆的补强效果，注浆材料宜采用超细水泥、改性水泥浆液或特殊化学浆液。

7.2.3 裂缝注浆所选用水泥的细度应符合表7.2.3的规定。

裂缝注浆水泥的细度　　　　　　　　　　表7.2.3

项　目	普通硅酸盐水泥	磨细水泥	湿磨细水泥
平均粒径($D50,\mu m$)	20~25	8	6
比表面(cm^2/g)	3250	6300	8200

7.2.4 衬砌裂缝注浆应符合下列规定：

1) 浅裂缝应骑槽粘埋注浆嘴，必要时沿缝开凿"V"槽并用水泥砂浆封缝；

2) 深裂缝应骑缝钻孔或斜向钻孔至裂缝深部，孔内埋设注浆管，间距应根据裂缝宽度而定，但每条裂缝至少有一个进浆孔和排气孔；

3) 注浆嘴及注浆管应设于裂缝的交叉处、较宽处及贯穿处等部位。对封缝的密封效果应进行检查；

4) 采用低压低速注浆，化学注浆压力宜为0.2~0.4MPa，水泥浆灌浆压力宜为0.4~

0.8MPa；

5) 注浆后待缝内浆液初凝而不外流时，方可拆下注浆嘴并进行封口抹平。

7.2.5 衬砌裂缝注浆的施工质量检验数量，应按裂缝条数的10%抽查，每条裂缝为1处，且不得少于3处。

(3) 检查验收执行条目（摘自《地下防水工程施工质量验收规范》GB 50208—2002）

7.2.6 注浆材料及其配合比必须符合设计要求。

检验方法：检查出厂合格证、质量检验报告、计量措施和试验报告。

7.2.8 钻孔埋管的孔径和孔距应符合设计要求。

检验方法：检查隐蔽工程验收记录。

7.2.7 注浆效果必须符合设计要求。

检验方法：渗漏水量测，必要时采用钻孔取芯、压水（或空气）等方法检查。

7.2.9 注浆的控制压力和进浆量应符合设计要求

检验方法：检验隐蔽工程验收记录。

(4) 检验批验收应提供的附件资料

1) 原材料出厂合格证；
2) 材料进场检验记录；
3) 材料试验报告单；
4) 施工记录（浆液配比、孔径和孔距、控制压力等）；
5) 隐蔽验收记录；
6) 自检、互检及工序交接检查记录；
7) 其他应报或设计要求报送的资料。

注：合理缺项除外。

2.8 建筑地面工程

2.8.1 建筑地面工程基土检验批质量验收记录

1. 资料表式

建筑地面工程基土检验批质量验收记录表　　　　表209-1

检控项目	序号	质量验收规范规定		施工单位检查评定记录	监理（建设）单位验收记录
主控项目	1	基土填土土料要求	第4.2.4条		
	2	基土的压密	第4.2.5条		
		压实系数	≥0.90		

续表

检控项目	序号	质量验收规范规定		施工单位检查评定记录							监理(建设)单位验收记录
一般项目	1	基土表面的	允许偏差(mm)	量 测 值(mm)							
		1) 平整度	15								
		2) 标高	+0，-50								
		3) 坡度	不大于房间相应尺寸的2/1000，且不大于30								
		4) 厚度	个别地方不大于设计厚度的1/10								

2．应用指导

(1) 检查验收统一说明

1) 执行规范章、节

本表的检验批验收执行《建筑地面工程施工质量验收规范》(GB 50209—2002)规范第4章、第4.2节主控项目和一般项目有关条目的质量等级要求。应按其质量标准和检查方法逐一进行验收。

表列应检验项目必须全部进行检查验收不得缺漏，应检项目漏检，应进行补充检查验收，不进行补检不应通过验收。

2) 检验批的划分原则

地面工程的检验批划分，(GB 50209—2002)规范规定：

① 建筑地面工程施工质量的检验，应符合下列规定：

a．基层（各构造层）和各类面层的分项工程的施工质量验收应按每一层次或每层施工段（或变形缝）作为检验批，高层建筑的标准层可按每三层（不足三层按三层计）作为检验批；

b．每检验批应以各子分部工程的基层（各构造层）和各类面层所划分的分项工程按自然间（或标准间）检验，抽查数量应随机检验不少于3间，不足3间，应全数检查；其中走廊（过道）以10延长米为1间，工业厂房（按单跨计）、礼堂、门厅应以两个轴线为1间计算；

c．有防水要求的建筑地面子分部工程的分项工程施工质量每检验批抽查数量应按其房间总数随机检验不少于4间，不足4间按全数检查。

② 建筑地面工程的分项工程施工质量检验的主控项目，必须达到(GB 50309)规范规定的质量标准，认定为合格；一般项目80%以上的检查点（处）符合(GB 50309)规范规定的质量要求，其他检查点（处）不得有明显影响装饰效果，并不得大于允许偏差值的50%为合格。凡达不到质量标准时，应按国家标准《建筑工程施工质量验收统一标准》GB 50300的规定处理。

3) 质量等级验收评定

① 主控项目是对检验批的基本质量起决定性影响的检验项目,必须全部符合该专业规范的规定,不允许有不符合规范要求的检验结果;

② 一般项目应有80%以上的抽检处符合该规范规定或偏差值在其允许偏差范围内。

4) 检验批验收应提交资料

检验批验收时,应提交的施工操作依据和质量检查记录应完整。

5) 检验批验收

只按列为主控项目、一般项目的条款来验收,不能随意扩大内容范围和提高质量标准。

6) 检验批验收责任制

检验批表式中的责任制签记必须本人签字,替签为无效检验批验收记录。

(2) 保证质量措施条目(摘自《建筑地面工程施工质量验收规范》GB 50209—2002)

4.2.1 对软弱土层应按设计要求进行处理。

4.2.2 填土应分层压(夯)实,填土质量应符合国家标准《地基与基础工程施工质量验收规范》GB 50202 的有关规定。

4.2.3 填土时应控制最优含水量。重要工程或大面积的地面填土前,应取土样,按击实试验确定最优含水量与相应的最大干密度。

(3) 检查验收执行条目(摘自《建筑地面工程施工质量验收规范》GB 50209—2002)

4.2.4 基土严禁用淤泥、腐植土、冻土、耕植土、膨胀土和含有有机物质大于8%的土作为填土。

检验方法:观察检查和检查土质记录。

4.2.5 基土应均匀密实,压实系数应符合设计要求,设计无要求时,不应小于0.90。

检验方法:观察检查和检查试验记录。

4.2.6 基土表面的允许偏差应符合表4.1.5(见表209-1)的规定。

(4) 质量验收的检验方法

地面基土质量检验方法

项次	项 目	检验方法	项次	项 目	检验方法
1	表面平整度	用2m靠尺和楔形塞尺检查	3	坡 度	用坡度尺检查
2	标 高	用水准仪检查	4	厚 度	用钢尺检查

(5) 检验批验收应提供的附件资料

1) 干密度测定或压实系数;

2) 土质检查记录;

3) 最优含水率测定;

4) 有关验收文件;

5) 自检、互检及工序交接检查记录;

6) 其他应报或设计要求报送的资料。

注:合理缺项除外。

2.8.2 建筑地面工程灰土垫层检验批质量验收记录

1．资料表式

建筑地面工程灰土垫层检验批质量验收记录表　　　　　表 209-2

检控项目	序号	质量验收规范规定		施工单位检查评定记录	监理(建设)单位验收记录
主控项目	1	灰土体积比	符合设计要求		
一般项目	1	灰土土料与粘土(粉粘、粉土)颗粒	第4.3.6条		
		1) 石灰颗粒粒径	不得大于5mm		
		2) 土料颗粒粒径	不得大于15mm		
	2	灰土垫层表面允许偏差	允许偏差(mm)	量 测 值(mm)	
		1) 平整度	10		
		2) 标高	±10		
		3) 坡度	不大于房间相应尺寸2/1000,且不大于30mm		
		4) 厚度	在个别地方不大于设计厚度1/10		

2．应用指导

(1) 检查验收统一说明

1) 执行规范章、节

本表的检验批验收执行《建筑地面工程施工质量验收规范》(GB 50209—2002)规范第4章、第4.3节主控项目和一般项目有关条目的质量等级要求。应按其质量标准和检查方法逐一进行验收。

表列应检验项目必须全部进行检查验收不得缺漏,应检项目漏检,应进行补充检查验收,不进行补检不应通过验收。

2) 检验批的划分原则

地面工程的检验批划分,(GB 50209—2002)规范规定:

① 建筑地面工程施工质量的检验,应符合下列规定:

a．基层(各构造层)和各类面层的分项工程的施工质量验收应按每一层次或每层施工

段(或变形缝)作为检验批,高层建筑的标准层可按每三层(不足三层按三层计)作为检验批;

b. 每检验批应以各子分部工程的基层(各构造层)和各类面层所划分的分项工程按自然间(或标准间)检验,抽查数量应随机检验不少于3间;不足3间,应全数检查;其中走廊(过道)以10延长米为1间,工业厂房(按单跨计)、礼堂、门厅应以两个轴线为1间计算;

c. 有防水要求的建筑地面子分部工程的分项工程施工质量每检验批抽查数量应按其房间总数随机检验不少于4间,不足4间按全数检查。

② 建筑地面工程的分项工程施工质量检验的主控项目,必须达到(GB 50309)规范规定的质量标准,认定为合格;一般项目80%以上的检查点处符合(GB 50309)规范规定的质量要求,其他检查点(处)不得有明显影响装饰效果,并不得大于允许偏差值的50%为合格。凡达不到质量标准时,应按国家标准《建筑工程施工质量验收统一标准》GB 50300的规定处理。

3) 质量等级验收评定

① 主控项目是对检验批的基本质量起决定性影响的检验项目,必须全部符合该专业规范的规定,不允许有不符合规范要求的检验结果;

② 一般项目应有80%以上的抽检处符合该规范规定或偏差值在其允许偏差范围内。

4) 检验批验收应提交资料

检验批验收时,应提交的施工操作依据和质量检查记录应完整。

5) 检验批验收

只按列为主控项目、一般项目的条款来验收,不能随意扩大内容范围和提高质量标准。

6) 检验批验收责任制

检验批表式中的责任制签记必须本人签字,替签为无效检验批验收记录。

(2) 保证质量措施条目(摘自《建筑地面工程施工质量验收规范》GB 50209—2002)

4.3.1 灰土垫层应采用熟化石灰与粘土(或粉质粘土、粉土)的拌和料铺设,其厚度不应小于100mm。

4.3.2 熟化石灰可采用磨细生石灰,亦可用粉煤灰或电石渣代替。

4.3.3 灰土垫层应铺设在不受地下水浸泡的基土上。施工后应有防止水浸泡的措施。

4.3.4 灰土垫层应分层夯实,经湿润养护、晾干后方可进行下道工序施工。

(3) 检查验收执行条目(摘自《建筑地面工程施工质量验收规范》GB 50209—2002)

4.3.5 灰土体积比应符合设计要求。

检验方法:观察检查和检查配合比通知单记录。

4.3.6 熟化石灰颗粒粒径不得大于5mm;粘土(或粉质粘土、粉土)内不得含有有机杂质,颗粒粒径不得大于15mm。

检验方法:观察检查和检查材质合格记录。

4.3.7 灰土垫层表面的允许偏差应符合表4.1.5的规定。

(4) 质量验收的检验方法

灰土垫层质量检验方法

项次	项 目	检验方法	项次	项 目	检验方法
1	表面平整度	用2m靠尺和楔形塞尺检查	3	坡 度	用坡度尺检查
2	标 高	用水准仪检查	4	厚 度	用钢尺检查

(5) 检验批验收应提供的附件资料

1) 干密度测定或压实系数；
2) 石灰及土的质量检查记录；
3) 最优含水率测定；
4) 隐蔽工程验收（每层夯实完成后）；
5) 有关验收文件；
6) 自检、互检及工序交接检查记录；
7) 其他应报或设计要求报送的资料。

注：合理缺项除外。

2.8.3 建筑地面砂垫层和砂石垫层检验批质量验收记录

1．资料表式

建筑地面砂垫层和砂石垫层检验批质量验收记录表　　　　表 209-3

检控项目	序号	质量验收规范规定		施工单位检查评定记录							监理(建设)单位验收记录
主控项目	1	对砂、石材料要求	第4.4.3条								
	2	干密度(或贯入度)	符合设计要求								
	3	石子最大粒径	不得大于垫层厚度的2/3								
一般项目	1	垫层表面	第4.4.5条								
	2	垫层表面允许偏差	允许偏差(mm)	量　测　值(mm)							
		1) 表面平整度	15mm								
		2) 标高	±20mm								
		3) 坡度	不大于房间相应尺寸 2/1000，且不大于30mm								
		4) 厚度	个别地方不大于设计厚度1/10								

2．应用指导

(1) 检查验收统一说明

1) 执行规范章、节

本表的检验批验收执行《建筑地面工程施工质量验收规范》(GB 50209—2002)规范第 4 章、第 4.4 节主控项目和一般项目有关条目的质量等级要求。应按其质量标准和检查方法逐一进行验收。

表列应检验项目必须全部进行检查验收不得缺漏，应检项目漏检，应进行补充检查验收，不进行补检不应通过验收。

2) 检验批的划分原则

地面工程的检验批划分，(GB 50209—2002)规范规定：

① 建筑地面工程施工质量的检验，应符合下列规定：

a. 基层(各构造层)和各类面层的分项工程的施工质量验收应按每一层次或每层施工段(或变形缝)作为检验批，高层建筑的标准层可按每三层(不足三层按三层计)作为检验批；

b. 每检验批应以各子分部工程的基层(各构造层)和各类面层所划分的分项工程按自然间(或标准间)检验，抽查数量应随机检验不少于 3 间；不足 3 间，应全数检查；其中走廊(过道)以 10 延长米为 1 间，工业厂房(按单跨计)、礼堂、门厅应以两个轴线为 1 间计算；

c. 有防水要求的建筑地面子分部工程的分项工程施工质量每检验批抽查数量应按其房间总数随机检验不少于 4 间，不足 4 间按全数检查。

② 建筑地面工程的分项工程施工质量检验的主控项目，必须达到(GB 50309)规范规定的质量标准，认定为合格；一般项目 80% 以上的检查点处符合(GB 50309)规范规定的质量要求，其他检查点(处)不得有明显影响装饰效果，并不得大于允许偏差值的 50% 为合格。凡达不到质量标准时，应按国家标准《建筑工程施工质量验收统一标准》GB 50300 的规定处理。

3) 质量等级验收评定

① 主控项目是对检验批的基本质量起决定性影响的检验项目，必须全部符合该专业规范的规定，不允许有不符合规范要求的检验结果。

② 一般项目应有 80% 以上的抽检处符合该规范规定或偏差值在其允许偏差范围内。

4) 检验批验收应提交资料

检验批验收时，应提交的施工操作依据和质量检查记录应完整。

5) 检验批验收

只按列为主控项目、一般项目的条款来验收，不能随意扩大内容范围和提高质量标准。

6) 检验批验收责任制

检验批表式中的责任制签记必须本人签字，替签为无效检验批验收记录。

(2) 保证质量措施条目(摘自《建筑地面工程施工质量验收规范》GB 50209—2002)

4.4.1 砂垫层厚度不应小于 60mm；砂石垫层厚度不应小于 100mm。

4.4.2 砂石应选用天然级配材料。铺设时不应有粗细颗粒分离现象，压(夯)至不松动为止。

(3) 检查验收执行条目(摘自《建筑地面工程施工质量验收规范》GB 50209—2002)

4.4.3 砂和砂石不得含有草根等有机杂质；砂应采用中砂；石子最大粒径不得大于垫层厚度的 2/3。

检验方法：观察检查和检查材质合格证明文件及检测报告。

4.4.4 砂垫层和砂石垫层的干密度(或贯入度)应符合设计要求。

检验方法:观察检查和检查试验记录。

4.4.5 表面不应有砂窝、石堆等质量缺陷。

检验方法:观察检查。

4.4.6 砂垫层和砂石垫层表面的允许偏差应符合表4.1.5的规定。

(4) 质量验收的检验方法

质量验收的检验方法

项次	项 目	检验方法	项次	项 目	检验方法
1	表面平整度	用2m靠尺和楔形塞尺检查	3	坡 度	用坡度尺检查
2	标 高	用水准仪检查	4	厚 度	用钢尺检查

(5) 检验批验收应提供的附件资料

1) 原材料出厂合格证;
2) 材料进场检验收记录;
3) 材料试验报告单;
4) 干密度测定或压实系数;
5) 隐蔽工程验收(各构造层夯实完成后);
6) 有关验收文件;
7) 自检、互检及工序交接检查记录;
8) 其他应报或设计要求报送的资料。

注:合理缺项除外。

2.8.4 建筑地面碎石垫层和碎砖垫层检验批质量验收记录

1. 资料表式

建筑地面碎石垫层和碎砖垫层检验批质量验收记录表　　　　表209-4

检控项目	序号	质量验收规范规定		施工单位检查评定记录	监理(建设)单位验收记录
主控项目	1	对碎石、碎砖材料要求	第4.5.3条		
	2	碎石、碎砖密实度	符合设计要求		
	3	碎砖不应风化,夹有杂质,粒径	不应大于60mm		
一般项目	1	碎石、碎砖垫层表面	允许偏差(mm)	量　测　值(mm)	
		1) 表面平整度	15mm		
		2) 标高	±20mm		
		3) 坡度	不大于房间相应尺寸2/1000,且不大于30mm		
		4) 厚度	个别地方不大于设计厚度1/10		

2．应用指导

(1) 检查验收统一说明

1) 执行规范章、节

本表的检验批验收执行《建筑地面工程施工质量验收规范》(GB 50209—2002)规范第4章、第4.5节主控项目和一般项目有关条目的质量等级要求。应按其质量标准和检查方法逐一进行验收。

表列应检验项目必须全部进行检查验收不得缺漏,应检项目漏检,应进行补充检查验收,不进行补检不应通过验收。

2) 检验批的划分原则

地面工程的检验批划分,(GB 50209—2002)规范规定:

① 建筑地面工程施工质量的检验,应符合下列规定:

a．基层(各构造层)和各类面层的分项工程的施工质量验收应按每一层次或每层施工段(或变形缝)作为检验批,高层建筑的标准层可按每三层(不足三层按三层计)作为检验批;

b．每检验批应以各子分部工程的基层(各构造层)和各类面层所划分的分项工程按自然间(或标准间)检验,抽查数量应随机检验不少于3间;不足3间,应全数检查;其中走廊(过道)以10延长米为1间,工业厂房(按单跨计)、礼堂、门厅应以两个轴线为1间计算;

c．有防水要求的建筑地面子分部工程的分项工程施工质量每检验批抽查数量应按其房间总数随机检验不少于4间,不足4间按全数检查。

② 建筑地面工程的分项工程施工质量检验的主控项目,必须达到(GB 50309)规范规定的质量标准,认定为合格;一般项目80%以上的检查点处符合(GB 50309)规范规定的质量要求,其他检查点(处)不得有明显影响装饰效果,并不得大于允许偏差值的50%为合格。凡达不到质量标准时,应按国家标准《建筑工程施工质量验收统一标准》GB 50300的规定处理。

3) 质量等级验收评定

① 主控项目是对检验批的基本质量起决定性影响的检验项目,必须全部符合该专业规范的规定,不允许有不符合规范要求的检验结果;

② 一般项目应有80%以上的抽检处符合该规范规定或偏差值在其允许偏差范围内。

4) 检验批验收应提交资料

检验批验收时,应提交的施工操作依据和质量检查记录应完整。

5) 检验批验收

只按列为主控项目、一般项目的条款来验收,不能随意扩大内容范围和提高质量标准。

6) 检验批验收责任制

检验批表式中的责任制签记必须本人签字,替签为无效检验批验收记录。

(2) 保证质量措施条目(摘自《建筑地面工程施工质量验收规范》GB 50209—2002)

4.5.1 碎石垫层和碎砖垫层厚度不应小于100mm。

4.5.2 垫层应分层压(夯)实,达到表面坚实、平整。

(3) 检查验收执行条目(摘自《建筑地面工程施工质量验收规范》GB 50209—2002)

4.5.3 碎石的强度应均匀,最大粒径不应大于垫层厚度的2/3;碎砖不应采用风化、酥松、夹有有机杂质的砖料,颗粒粒径不应大于60mm。

检验方法:观察检查和检查材质合格证明文件及检测报告。

4.5.4 碎石、碎砖垫层的密实度应符合设计要求。

检验方法:观察检查和检查试验记录。

4.5.5 碎石、碎砖垫层的表面允许偏差应符合表4.1.5的规定。

(4) 质量验收的检验方法

质量验收的检验方法

项次	项 目	检 验 方 法	项次	项 目	检 验 方 法
1	表面平整度	用2m靠尺和楔形塞尺检查	3	坡 度	用坡度尺检查
2	标 高	用水准仪检查	4	厚 度	用钢尺检查

(5) 检验批验收应提供的附件资料

1) 原材料出厂合格证;
2) 材料进场检验收记录;
3) 材料试验报告单;
4) 干密度测定或压实系数;
5) 隐蔽工程验收(各构造层夯实完成后);
6) 有关验收文件;
7) 自检、互检及工序交接检查记录;
8) 其他应报或设计要求报送的资料。

注:合理缺项除外。

2.8.5 建筑地面三合土垫层检验批质量验收记录

1. 资料表式

建筑地面三合土垫层检验批质量验收记录表　　　　表209-5

检控项目	序号	质量验收规范规定		施工单位检查评定记录	监理(建设)单位验收记录
主控项目	1	对三合土用材要求	第4.6.3条		
	2	三合土体积比	符合设计要求		
一般项目	1	三合土垫层表面	允许偏差(mm)	量 测 值(mm)	
		1) 表面平整度	10		
		2) 标高	±10		
		3) 坡度	不大于房间相应尺寸2/1000,且不大于30mm		
		4) 厚度	个别地方不大于设计厚度1/10		

2. 应用指导

(1) 检查验收统一说明

1) 执行规范章、节

本表的检验批验收执行《建筑地面工程施工质量验收规范》(GB 50209—2002)规范第4章、第4.6节主控项目和一般项目有关条目的质量等级要求。应按其质量标准和检查方法逐一进行验收。

表列应检验项目必须全部进行检查验收不得缺漏,应检项目漏检,应进行补充检查验收,不进行补检不应通过验收。

2) 检验批的划分原则

① 建筑地面工程施工质量的检验,应符合下列规定:

a. 基层(各构造层)和各类面层的分项工程的施工质量验收应按每一层次或每层施工段(或变形缝)作为检验批,高层建筑的标准层可按每三层(不足三层按三层计)作为检验批;

b. 每检验批应以各子分部工程的基层(各构造层)和各类面层所划分的分项工程按自然间(或标准间)检验,抽查数量应随机检验不少于3间;不足3间,应全数检查;其中走廊(过道)以10延长米为1间,工业厂房(按单跨计)、礼堂、门厅应以两个轴线为1间计算;

c. 有防水要求的建筑地面子分部工程的分项工程施工质量每检验批抽查数量应按其房间总数随机检验不少于4间,不足4间按全数检查。

② 建筑地面工程的分项工程施工质量检验的主控项目,必须达到(GB 50309)规范规定的质量标准,认定为合格;一般项目80%以上的检查点处符合(GB 50309)规范规定的质量要求,其他检查点(处)不得有明显影响装饰效果,并不得大于允许偏差值的50%为合格。凡达不到质量标准时,应按国家标准《建筑工程施工质量验收统一标准》GB 50300的规定处理。

3) 质量等级验收评定

① 主控项目是对检验批的基本质量起决定性影响的检验项目,必须全部符合该专业规范的规定,不允许有不符合规范要求的检验结果;

② 一般项目应有80%以上的抽检处符合该规范规定或偏差值在其允许偏差范围内。

4) 检验批验收应提交资料

检验批验收时,应提交的施工操作依据和质量检查记录应完整。

5) 检验批验收

只按列为主控项目、一般项目的条款来验收,不能随意扩大内容范围和提高质量标准。

6) 检验批验收责任制

检验批表式中的责任制签记必须本人签字,替签为无效检验批验收记录。

(2) 保证质量措施条目(摘自《建筑地面工程施工质量验收规范》GB 50209—2002)

4.6.1 三合土垫层采用石灰、砂(可掺入少量粘土)与碎砖的拌和料铺设,其厚度不应小于100mm。

4.6.2 三合土垫层应分层夯实。

(3) 检查验收执行条目(摘自《建筑地面工程施工质量验收规范》GB 50209—2002)

4.6.3 熟化石灰颗粒粒径不得大于5mm;砂应用中砂,并不得含有草根等有机杂质;碎砖不应采用风化、酥松和有机杂质的砖料,颗粒粒径不应大于60mm。

检验方法:观察检查和检查材质合格证明文件及检测报告。

4.6.4 三合土的体积比应符合设计要求。

检验方法:观察检查和检查配合比通知单记录。

4.6.5 三合土垫层表面的允许偏差应符合表4.1.5的规定。

(4) 质量验收的检验方法

质量验收的检验方法

项次	项　目	检验方法	项次	项　目	检验方法
1	表面平整度	用2m靠尺和楔形塞尺检查	3	坡　度	用坡度尺检查
2	标　高	用水准仪检查	4	厚　度	用钢尺检查

(5) 检验批验收应提供的附件资料

1) 原材料出厂合格证;
2) 材料进场检验收记录;
3) 材料试验报告单;
4) 隐蔽工程验收(各构造层夯实完成后);
5) 有关验收文件;
6) 自检、互检及工序交接检查记录;
7) 其他应报或设计要求报送的资料。

注:合理缺项除外。

2.8.6 建筑地面炉渣垫层检验批质量验收记录

1. 资料表式

建筑地面炉渣垫层检验批质量验收记录表　　　　表209-6

检控项目	序号	质量验收规范规定		施工单位检查评定记录								监理(建设)单位验收记录
主控项目	1	对炉渣的材质要求	第4.7.4条									
	2	炉渣垫层体积比	符合设计要求									
	3	熟化石灰粒径	不得大于5mm									
一般项目	1	炉渣垫层与下层粘结	第4.7.6条									
	2	炉渣垫层表面	允许偏差(mm)		量　测　值(mm)							
		1) 表面平整度	10									
		2) 标高	±10									
		3) 坡高	不大于房间相应尺寸2/1000,且不大于30mm									
		4) 厚度	个别地方不大于设计厚度1/10									

2. 应用指导
(1) 检查验收统一说明
1) 执行规范章、节

本表的检验批验收执行《建筑地面工程施工质量验收规范》(GB 50209—2002)规范第 4 章、第 4.7 节主控项目和一般项目有关条目的质量等级要求。应按其质量标准和检查方法逐一进行验收。

表列应检验项目必须全部进行检查验收不得缺漏,应检项目漏检,应进行补充检查验收,不进行补检不应通过验收。

2) 检验批的划分原则

地面工程的检验批划分,(GB 50209—2002)规范规定:

① 建筑地面工程施工质量的检验,应符合下列规定:

a. 基层(各构造层)和各类面层的分项工程的施工质量验收应按每一层次或每层施工段(或变形缝)作为检验批,高层建筑的标准层可按每三层(不足三层按三层计)作为检验批;

b. 每检验批应以各子分部工程的基层(各构造层)和各类面层所划分的分项工程按自然间(或标准间)检验,抽查数量应随机检验不少于 3 间;不足 3 间,应全数检查;其中走廊(过道)以 10 延长米为 1 间,工业厂房(按单跨计)、礼堂、门厅应以两个轴线为 1 间计算;

c. 有防水要求的建筑地面子分部工程的分项工程施工质量每检验批抽查数量应按其房间总数随机检验不少于 4 间,不足 4 间按全数检查。

② 建筑地面工程的分项工程施工质量检验的主控项目,必须达到(GB 50309)规范规定的质量标准,认定为合格;一般项目 80% 以上的检查点(处)符合(GB 50309)规范规定的质量要求,其他检查点(处)不得有明显影响装饰效果,并不得大于允许偏差值的 50% 为合格。凡达不到质量标准时,应按国家标准《建筑工程施工质量验收统一标准》GB 50300 的规定处理。

3) 质量等级验收评定

① 主控项目是对检验批的基本质量起决定性影响的检验项目,必须全部符合该专业规范的规定,不允许有不符合规范要求的检验结果;

② 一般项目应有 80% 以上的抽检处符合该规范规定或偏差值在其允许偏差范围内。

4) 检验批验收应提交资料

检验批验收时,应提交的施工操作依据和质量检查记录应完整。

5) 检验批验收

只按列为主控项目、一般项目的条款来验收,不能随意扩大内容范围和提高质量标准。

6) 检验批验收责任制

检验批表式中的责任制签记必须本人签字,替签为无效检验批验收记录。

(2) 保证质量措施条目(摘自《建筑地面工程施工质量验收规范》GB 50209—2002)

4.7.1 炉渣垫层采用炉渣或水泥与炉渣或水泥、石灰与炉渣的拌和料铺设,其厚度不应小于 80mm。

4.7.2 炉渣或水泥炉渣垫层的炉渣,使用前应浇水闷透;水泥石灰炉渣垫层的炉渣,使用前应用石灰浆或用熟化石灰浇水拌和闷透;闷透时间均不得少于 5d。

4.7.3 在垫层铺设前,其下一层应湿润;铺设时应分层压实,铺设后应养护,待其凝结后方可进行下一道工序施工。

(3) 检查验收执行条目(摘自《建筑地面工程施工质量验收规范》GB 50209—2002)

4.7.4 炉渣内不应含有有机杂质和未燃尽的煤块,颗粒粒径不应大于40mm,且颗粒粒径在5mm及其以下的体积,不得超过总颗粒的40%;熟化石灰颗粒粒径不得大于5mm。

检验方法:观察检查和检查材质合格证明文件及检测报告。

4.7.5 炉渣垫层的体积比应符合设计要求。

检验方法:观察检查和检查配合比通知单。

4.7.6 炉渣垫层与其下一层粘结牢固,不得有空鼓和松散炉渣颗粒。

检验方法:观察检查和用小锤轻击检查。

4.7.7 炉渣垫层表面的允许偏差应符合表4.1.5的规定。

(4) 质量验收的检验方法

质量验收的检验方法

项次	项目	检验方法	项次	项目	检验方法
1	表面平整度	用2m靠尺和楔形塞尺检查	3	坡度	用坡度尺检查
2	标高	用水准仪检查	4	厚度	用钢尺检查

(5) 检验批验收应提供的附件资料

1) 原材料出厂合格证;
2) 材料进场检验收记录;
3) 材料试验报告单;
4) 配合比通知单;
5) 隐蔽工程验收(各构造层夯实完成后);
6) 有关验收文件;
7) 自检、互检及工序交接检查记录;
8) 其他应报或设计要求报送的资料。

注:合理缺项除外。

2.8.7 建筑地面混凝土垫层检验批质量验收记录

1. 资料表式

建筑地面水泥混凝土垫层检验批质量验收记录表　　　　表209-7

检控项目	序号	质量验收规范规定		施工单位检查评定记录	监理(建设)单位验收记录
主控项目	1	对水泥混凝土用材质要求	第4.8.8条		
	2	水泥混凝土强度等级	符合设计要求且不小于C10		
	3	砂为中粗砂	含泥量不应大于3%		
	4	水泥混凝土强度等级	符合设计要求且不应小于C10		

续表

检控项目	序号	质量验收规范规定		施工单位检查评定记录							监理(建设)单位验收记录
一般项目	1	水泥混凝土垫层表面	偏差值(mm)	量 测 值(mm)							
		1) 表面平整度	10								
		2) 标高	±10								
		3) 坡高	不大于房间相应尺寸 2/1000,且不大于 30mm								
		4) 厚度	个别地方不大于设计厚度 1/10								

2．应用指导

(1) 检查验收统一说明

1) 执行规范章、节

本表的检验批验收执行《建筑地面工程施工质量验收规范》(GB 50209—2002)规范第4章、第4.8节主控项目和一般项目有关条目的质量等级要求。应按其质量标准和检查方法逐一进行验收。

表列应检验项目必须全部进行检查验收不得缺漏,应检项目漏检,应进行补充检查验收,不进行补检不应通过验收。

2) 检验批的划分原则

地面工程的检验批划分,(GB 50209—2002)规范规定:

① 建筑地面工程施工质量的检验,应符合下列规定:

a. 基层(各构造层)和各类面层的分项工程的施工质量验收应按每一层次或每层施工段(或变形缝)作为检验批,高层建筑的标准层可按每三层(不足三层按三层计)作为检验批;

b. 每检验批应以各子分部工程的基层(各构造层)和各类面层所划分的分项工程按自然间(或标准间)检验,抽查数量应随机检验不少于 3 间;不足 3 间,应全数检查;其中走廊(过道)以 10 延长米为 1 间,工业厂房(按单跨计)、礼堂、门厅应以两个轴线为 1 间计算;

c. 有防水要求的建筑地面子分部工程的分项工程施工质量每检验批抽查数量应按其房间总数随机检验不少于 4 间,不足 4 间按全数检查。

② 建筑地面工程的分项工程施工质量检验的主控项目,必须达到(GB 50309)规范规定的质量标准,认定为合格;一般项目 80% 以上的检查点(处)符合(GB 50309)规范规定的质量要求,其他检查点(处)不得有明显影响装饰效果,并不得大于允许偏差值的 50% 为合格。凡达不到质量标准时,应按国家标准《建筑工程施工质量验收统一标准》GB 50300 的规定处理。

3) 质量等级验收评定

① 主控项目是对检验批的基本质量起决定性影响的检验项目,必须全部符合该专业规范的规定,不允许有不符合规范要求的检验结果;

② 一般项目应有80%以上的抽检处符合该规范规定或偏差值在其允许偏差范围内。

4) 检验批验收应提交资料

检验批验收时,应提交的施工操作依据和质量检查记录应完整。

5) 检验批验收

只按列为主控项目、一般项目的条款来验收,不能随意扩大内容范围和提高质量标准。

6) 检验批验收责任制

检验批表式中的责任制签记必须本人签字,替签为无效检验批验收记录。

(2) 保证质量措施条目(摘自《建筑地面工程施工质量验收规范》GB 50209—2002)

4.8.1 水泥混凝土垫层铺设在基土上,当气温长期处于0℃以下,当设计无要求时,垫层应设置伸缩缝。

4.8.2 水泥混凝土垫层的厚度不应小于60mm。

4.8.3 垫层铺设前,其下一层表面应湿润。

4.8.4 室内地面的水泥混凝土垫层,应设置纵向缩缝和横向缩缝;纵向缩缝间距不得大于6m,横向缩缝不得大于12m。

4.8.5 垫层的纵向缩缝应做平头缝或加肋板平头缝。当垫层厚度大于150mm时,可做企口缝。横向缩缝应做假缝。

平头缝和企口缝的缝间不得放置隔离材料,浇筑时应互相紧贴。企口缝的尺寸应符合设计要求,假缝宽度为5~20mm,深度为垫层厚度的1/3,缝内填水泥砂浆。

4.8.6 工业厂房、礼堂、门厅等大面积水泥混凝土垫层应分区段浇筑。分区段应结合变形缝位置、不同类型的建筑地面连接处和设备基础的位置进行划分,并应与设置的纵向、横向缩缝的间距相一致。

4.8.7 水泥混凝土施工质量检验尚应符合现行国家标准《混凝土结构工程施工质量验收规范》GB 50204 的有关规定。

(3) 检查验收执行条目(摘自《建筑地面工程施工质量验收规范》GB 50209—2002)

4.8.8 水泥混凝土垫层采用的粗骨料,其最大粒径不应大于垫层厚度的2/3;含泥量不应大于2%;砂为中粗砂,其含泥量不应大于3%。

检验方法:观察检查和检查材质合格证明文件及检测报告。

4.8.9 混凝土的强度等级应符合设计要求,且不应小于C10。

检验方法:观察检查和检查配合比通知单及检测报告。

4.8.10 水泥混凝土垫层表面的允许偏差应符合表4.1.5的规定。

(4) 质量验收的检验方法

质量验收的检验方法

项次	项　目	检验方法	项次	项　目	检验方法
1	表面平整度	用2m靠尺和楔形塞尺检查	3	坡　度	用坡度尺检查
2	标　高	用水准仪检查	4	厚　度	用钢尺检查

(5) 检验批验收应提供的附件资料

1) 原材料出厂合格证；
2) 材料进场检验收记录；
3) 材料试验报告单；
4) 配合比通知单；
5) 混凝土强度评定；
6) 有关验收文件；
7) 自检、互检及工序交接检查记录；
8) 其他应报或设计要求报送的资料。

注：合理缺项除外。

2.8.8 建筑地面找平层检验批质量验收记录

1．资料表式

建筑地面找平层检验批质量验收记录表　　　　　表209-8

检控项目	序号	质量验收规范规定		施工单位检查评定记录								监理(建设)单位验收记录
主控项目	1	对找平层用材料的质量要求	第4.9.6条									
	2	砂浆体积比或混凝土强度等级	第4.9.7条									
		1) 水泥砂浆体积比	不小于1:3									
		2) 混凝土强度等级	不小于C15									
	3	立管、套管、地漏处的处理	第4.9.8条									
一般项目	1	找平层与下层的结合	第4.9.9条									
	2	找平层表面	第4.9.10条									
	2	找平层表面允许偏差(mm)		量 测 值(mm)								
		项目	毛地板的其他种类面层	用沥青玛琋脂作结合层铺设拼花地板、板块面层	用水泥砂浆做结合层铺设拼花地板、板块面层	用胶粘剂做结合层铺设拼花木板、塑料板、强化复合地板、竹地板面层						
		表面平整度	5	3	5	2						
		标高	±8	±5	±8	±4						
		坡度	不大于房间相应尺寸2/1000且不大于30									
		厚度	在个别地方不大于设计厚度1/10									

2. 应用指导

(1) 检查验收统一说明

1) 执行规范章、节

本表的检验批验收执行《建筑地面工程施工质量验收规范》(GB 50209—2002)规范第4章、第4.9节主控项目和一般项目有关条目的质量等级要求。应按其质量标准和检查方法逐一进行验收。

表列应检验项目必须全部进行检查验收不得缺漏,应检项目漏检,应进行补充检查验收,不进行补检不应通过验收。

2) 检验批的划分原则

地面工程的检验批划分,(GB 50209—2002)规范规定:

① 建筑地面工程施工质量的检验,应符合下列规定:

a. 基层(各构造层)和各类面层的分项工程的施工质量验收应按每一层次或每层施工段(或变形缝)作为检验批,高层建筑的标准层可按每三层(不足三层按三层计)作为检验批;

b. 每检验批应以各子分部工程的基层(各构造层)和各类面层所划分的分项工程按自然间(或标准间)检验,抽查数量应随机检验不少于3间;不足3间,应全数检查;其中走廊(过道)以10延长米为1间,工业厂房(按单跨计)、礼堂、门厅应以两个轴线为1间计算;

c. 有防水要求的建筑地面子分部工程的分项工程施工质量每检验批抽查数量应按其房间总数随机检验不少于4间,不足4间按全数检查。

② 建筑地面工程的分项工程施工质量检验的主控项目,必须达到(GB 50309)规范规定的质量标准,认定为合格;一般项目80%以上的检查点(处)符合(GB 50309)规范规定的质量要求,其他检查点(处)不得有明显影响装饰效果,并不得大于允许偏差值的50%为合格。凡达不到质量标准时,应按国家标准《建筑工程施工质量验收统一标准》GB 50300的规定处理。

3) 质量等级验收评定

① 主控项目是对检验批的基本质量起决定性影响的检验项目,必须全部符合该专业规范的规定,不允许有不符合规范要求的检验结果;

② 一般项目应有80%以上的抽检处符合该规范规定或偏差值在其允许偏差范围内。

4) 检验批验收应提交资料

检验批验收时,应提交的施工操作依据和质量检查记录应完整。

5) 检验批验收

只按列为主控项目、一般项目的条款来验收,不能随意扩大内容范围和提高质量标准。

6) 检验批验收责任制

检验批表式中的责任制签记必须本人签字,替签为无效检验批验收记录。

(2) 保证质量措施条目(摘自《建筑地面工程施工质量验收规范》GB 50209—2002)

4.9.3 有防水要求的建筑地面工程,铺设前必须对立管、套管和地漏与楼板节点之间进行密封处理;排水坡度应符合设计要求。

4.9.4 在预制钢筋混凝土板上铺设找平层前,板缝填嵌的施工应符合下列要求:

1) 预制钢筋混凝土板相邻缝底宽不应小于20mm;

2) 填嵌时,板缝内应清理干净,保持湿润;

3) 填缝采用细石混凝土,其强度等级不得小于C20。填缝高度应低于板面10~20mm,且振捣密实,表面不应压光;填缝后应养护;

4) 当板缝底宽大于40mm时,应按设计要求配置钢筋。

4.9.5 在预制钢筋混凝土板上铺设找平层时,其板端应按设计要求做防裂的构造措施。

(3) 检查验收执行条目(摘自《建筑地面工程施工质量验收规范》GB 50209—2002)

4.9.6 找平层采用碎石或卵石的粒径不应大于其厚度的2/3,含泥量不应大于2%;砂为中粗砂,其含泥量不应大于3%。

检验方法:观察检查和检查材质合格证明文件及检测报告。

4.9.7 水泥砂浆体积比或水泥混凝土强度等级应符合设计要求,且水泥砂浆体积比不应小于1:3(或相应的强度等级);水泥混凝土强度等级不应小于C15。

检验方法:观察检查和检查配合比通知单及检测报告。

4.9.8 有防水要求的建筑地面工程的立管、套管、地漏处严禁渗漏,坡向应正确、无积水。

检验方法:观察检查和蓄水、泼水检验及坡度尺检查。

4.9.9 找平层与其下一层结合牢固,不得有空鼓。

检验方法:用小锤轻击检查。

4.9.10 找平层表面应密实,不得有起砂、蜂窝和裂缝等缺陷。

检验方法:观察检查。

4.9.11 找平层的表面允许偏差应符合表4.1.5的规定。

(4) 质量验收的检验方法

质量验收的检验方法

项次	项 目	检验方法	项次	项 目	检验方法
1	表面平整度	用2m靠尺和楔形塞尺检查	3	坡 度	用坡度尺检查
2	标 高	用水准仪检查	4	厚 度	用钢尺检查

(5) 检验批验收应提供的附件资料

1) 原材料出厂合格证;

2) 材料进场检验收记录;

3) 材料试验报告单;

4) 混凝土强度等级评定、配合比通知单;

5) 隐蔽工程验收(各构造隐验);

6) 蓄水或泼水试验。

2.8.9 建筑地面隔离层检验批质量验收记录

1．资料表式

建筑地面隔离层检验批质量验收记录表   表 209-9

检控项目	序号	质量验收规范规定		施工单位检查评定记录							监理(建设)单位验收记录
主控项目	1	隔离层材质必须符合	设计要求国家产品标准								
	2	隔离层设置要求	第4.10.8条								
	3	防水性能和强度等级	必须符合设计要求								
	4	对隔离层的质量要求	严禁渗漏、坡向应正确,排水通畅								
一般项目	1	隔离层厚度	符合设计要求								
	2	隔离层与下一层粘结	粘结牢固不得有空鼓								
	3	防水涂层应平整、均匀,无脱皮、起壳、裂缝、鼓泡等缺陷									
	4	隔离层表面	允许偏差(mm)	量 测 值(mm)							
		1) 表面平整度	3								
		2) 标高	±4								
		3) 坡度	不大于房间相应尺寸2/1000且不大于30								
		4) 厚度	在个别地方不大于设计厚度1/10								

2．应用指导

(1) 检查验收统一说明

1) 执行规范章、节

本表的检验批验收执行《建筑地面工程施工质量验收规范》(GB 50209—2002)规范第4章、第4.10节主控项目和一般项目有关条目的质量等级要求。应按其质量标准和检查方法逐一进行验收。

表列应检验项目必须全部进行检查验收不得缺漏,应检项目漏检,应进行补充检查验收,不进行补检不应通过验收。

2) 检验批的划分原则

地面工程的检验批划分,(GB 50209—2002)规范规定:
① 建筑地面工程施工质量的检验,应符合下列规定:
a. 基层(各构造层)和各类面层的分项工程的施工质量验收应按每一层次或每层施工段(或变形缝)作为检验批,高层建筑的标准层可按每三层(不足三层按三层计)作为检验批;
b. 每检验批应以各子分部工程的基层(各构造层)和各类面层所划分的分项工程按自然间(或标准间)检验,抽查数量应随机检验不少于3间;不足3间,应全数检查;其中走廊(过道)以10延长米为1间,工业厂房(按单跨计)、礼堂、门厅应以两个轴线为1间计算;
c. 有防水要求的建筑地面子分部工程的分项工程施工质量每检验批抽查数量应按其房间总数随机检验不少于4间,不足4间按全数检查。
② 建筑地面工程的分项工程施工质量检验的主控项目,必须达到(GB 50309)规范规定的质量标准,认定为合格;一般项目80%以上的检查点(处)符合(GB 50309)规范规定的质量要求,其他检查点(处)不得有明显影响装饰效果,并不得大于允许偏差值的50%为合格。凡达不到质量标准时,应按国家标准《建筑工程施工质量验收统一标准》GB 50300 的规定处理。

3) 质量等级验收评定
① 主控项目是对检验批的基本质量起决定性影响的检验项目,必须全部符合该专业规范的规定,不允许有不符合规范要求的检验结果;
② 一般项目应有80%以上的抽检处符合该规范规定或偏差值在其允许偏差范围内。

4) 检验批验收应提交资料
检验批验收时,应提交的施工操作依据和质量检查记录应完整。

5) 检验批验收
只按列为主控项目、一般项目的条款来验收,不能随意扩大内容范围和提高质量标准。

6) 检验批验收责任制
检验批表式中的责任制签记必须本人签字,替签为无效检验批验收记录。

(2) 保证质量措施条目(摘自《建筑地面工程施工质量验收规范》GB 50209—2002)

4.10.2 在水泥类找平层上铺设沥青类防水卷材、防水涂料或以水泥类材料作为防水隔离层时,其表面应坚固、洁净、干燥。铺设前,应涂刷基层处理剂。基层处理剂应采用与卷材性能配套的材料或采用同类涂料的底子油。

4.10.3 当采用掺有防水剂的水泥类找平层作为防水隔离层时,其掺量和强度等级(或配合比)应符合设计要求。

4.10.4 铺设防水隔离层时,在管道穿过楼板面四周,防水材料应向上铺涂,并超过套管的上口;在靠近墙面处,应高出面层200～300mm 或按设计要求的高度铺涂。阴阳角和管道穿过楼板面的根部应增加铺涂附加防水隔离层。

4.10.5 防水材料铺设后,必须蓄水检验。蓄水深度应为20～30mm,24h 内无渗漏为合格,并做记录。

(3) 检查验收执行条目(摘自《建筑地面工程施工质量验收规范》GB 50209—2002)

4.10.7 隔离层材质必须符合设计要求和国家产品标准的规定。

检验方法：观察检查和检查材质合格证明文件、检测报告。

4.10.8 厕浴间和有防水要求的建筑地面必须设置防水隔离层。楼层结构必须采用现浇混凝土或整块预制混凝土板，混凝土强度等级不应小于 **C20**，楼板四周除门洞外，应做混凝土翻边，其高度不应小于 **120mm**。施工时结构层标高和预留孔洞位置应准确，严禁乱凿洞。

检验方法：观察和钢尺检查。

4.10.9 水泥类防水隔离层的防水性能和强度等级必须符合设计要求。

检验方法：观察检查和检查检测报告。

4.10.10 防水隔离层严禁渗漏，坡向应正确、排水通畅。

检验方法：观察检查和蓄水、泼水检验或坡度尺检查及检查检验记录。

4.10.11 隔离层厚度应符合设计要求。

检验方法：观察检查和用钢尺检查。

4.10.12 隔离层与其下一层粘结牢固，不得有空鼓；防水涂层应平整、均匀，无脱皮、起壳、裂缝、鼓泡等缺陷。

检验方法：用小锤轻击检查和观察检查。

4.10.13 隔离层表面的允许偏差应符合表 4.1.5 的规定。

(4) 质量验收的检验方法

质量验收的检验方法

项次	项 目	检 验 方 法	项次	项 目	检 验 方 法
1	表面平整度	用2m靠尺和楔形塞尺检查	3	坡 度	用坡度尺检查
2	标 高	用水准仪检查	4	厚 度	用钢尺检查

(5) 检验批验收应提供的附件资料

1) 原材料出厂合格证；
2) 材料进场检查验收记录；
3) 材料试验报告单；
4) 防水卷材、涂料、水泥类、冷底子油等性能试验报告；
5) 蓄水或泼水试(检)验；
6) 混凝土试件强度试验报告；
7) 配合比通知单；
8) 隐蔽工程验收(施工前对构造层隐验)；
9) 有关验收文件；
10) 自检、互检及工序交接检查记录；
11) 其他应报或设计要求报送的资料。

注：合理缺项除外。

2.8.10 建筑地面填充层检验批质量验收记录

1. 资料表式

建筑地面填充层检验批质量验收记录表　　　　表 209-10

检控项目	序号	质量验收规范规定			施工单位检查评定记录							监理(建设)单位验收记录
主控项目	1	填充层材质要求	第 4.11.5 条									
	2	填充层配合比	必须符合设计要求									
一般项目	1	填充层铺设	第 4.11.7 条									
	2	填充层表面	允许偏差(mm)		量　测　值(mm)							
		项目	松散材料	板、块材料								
	1)	表面平整度	7	5								
	2)	标高	±4	±4								
	3)	坡度	不大于房间相应尺寸 2/1000 且不大于 30mm									
	4)	厚度	在个别地方不大于设计厚度 1/10									

2. 应用指导

(1) 检查验收统一说明

1) 执行规范章、节

本表的检验批验收执行《建筑地面工程施工质量验收规范》(GB 50209—2002)规范第 4 章、第 4.11 节主控项目和一般项目有关条目的质量等级要求。应按其质量标准和检查方法逐一进行验收。

表列应检验项目必须全部进行检查验收不得缺漏,应检项目漏检,应进行补充检查验收,不进行补检不应通过验收。

2) 检验批的划分原则

地面工程的检验批划分,(GB 50209—2002)规范规定:

① 建筑地面工程施工质量的检验,应符合下列规定:

a. 基层(各构造层)和各类面层的分项工程的施工质量验收应按每一层次或每层施工段(或变形缝)作为检验批,高层建筑的标准层可按每三层(不足三层按三层计)作为检验批;

b. 每检验批应以各子分部工程的基层(各构造层)和各类面层所划分的分项工程按自然间(或标准间)检验,抽查数量应随机检验不少于 3 间;不足 3 间,应全数检查;其中走廊(过道)以 10 延长米为 1 间,工业厂房(按单跨计)、礼堂、门厅应以两个轴线为 1 间计算;

c. 有防水要求的建筑地面子分部工程的分项工程施工质量每检验批抽查数量应按其房间总数随机检验不少于 4 间,不足 4 间按全数检查。

② 建筑地面工程的分项工程施工质量检验的主控项目,必须达到(GB 50309)规范规定的质量标准,认定为合格;一般项目80%以上的检查点处符合(GB 50309)规范规定的质量要求,其他检查点(处)不得有明显影响装饰效果,并不得大于允许偏差值的50%为合格。凡达不到质量标准时,应按国家标准《建筑工程施工质量验收统一标准》GB 50300 的规定处理。

3) 质量等级验收评定

① 主控项目是对检验批的基本质量起决定性影响的检验项目,必须全部符合该专业规范的规定,不允许有不符合规范要求的检验结果;

② 一般项目应有80%以上的抽检处符合该规范规定或偏差值在其允许偏差范围内。

4) 检验批验收应提交资料

检验批验收时,应提交的施工操作依据和质量检查记录应完整。

5) 检验批验收

只按列为主控项目、一般项目的条款来验收,不能随意扩大内容范围和提高质量标准。

6) 检验批验收责任制

检验批表式中的责任制签记必须本人签字,替签为无效检验批验收记录。

(2) 保证质量措施条目(摘自《建筑地面工程施工质量验收规范》GB 50209—2002)

4.11.1 填充层应按设计要求选用材料,其密度和导热系数应符合国家有关产品标准的规定。

4.11.2 填充层的下一层表面应平整。当为水泥类时,尚应洁净、干燥,并不得有空鼓、裂缝和起砂等缺陷。

4.11.3 采用松散材料铺设填充层时,应分层铺平拍实;采用板、块状材料铺设填充层时,应分层错缝铺贴。

(3) 检查验收执行条目(摘自《建筑地面工程施工质量验收规范》GB 50209—2002)

4.11.5 填充层的材料质量必须符合设计要求和国家产品标准的规定。

检验方法:观察检查和检查材质合格证明文件、检测报告。

4.11.6 填充层的配合比必须符合设计要求。

检验方法:观察检查和检查配合比通知单。

4.11.7 松散材料填充层铺设应密实;板块状材料填充层应压实、无翘曲。

检验方法:观察检查。

4.11.8 填充层表面的允许偏差应符合表4.1.5 的规定。

(4) 质量验收的检验方法

质量验收的检验方法

项次	项目	检验方法	项次	项目	检验方法
1	表面平整度	用2m靠尺和楔形塞尺检查	3	坡度	用坡度尺检查
2	标高	用水准仪检查	4	厚度	用钢尺检查

(5) 检验批验收应提供的附件资料

1) 原材料出厂合格证;

2) 材料进场检查验收记录;

3) 材料试验报告单;

4）水泥及填充材料；
5）混凝土试件强度试验报告；
6）配合比通知单；
7）隐蔽工程验收（施工前对构造层隐验）；
8）有关验收文件；
9）自检、互检及工序交接检查记录；
10）其他应报或设计要求报送的资料。

注：合理缺项除外。

2.8.11 建筑地面混凝土面层检验批质量验收记录

1. 资料表式

建筑地面混凝土面层检验批质量验收记录表　　表209-11

检控项目	序号	质量验收规范规定		施工单位检查评定记录	监理（建设）单位验收记录
主控项目	1	对粗骨料的品质要求	第5.2.3条		
	2	面层的强度等级要求	第5.2.4条		
	3	面层与基层结合	牢固无空鼓		
	4	混凝土垫层及面层强度等级要求	不低于C15		
	5	面层与基层结合要求	应牢固、无空鼓、裂纹		
一般项目	1	面层表面	第5.2.6条		
	2	面层表面坡度	第5.2.7条		
	3	踢脚线与墙面质量	第5.2.8条		
	4	楼梯梯段、踏步的质量	第5.2.9条		
	5	面层	允许偏差(mm)	量　测　值(mm)	
		1）表面平整度	5		
		2）踢脚线上口平直	4		
		3）缝格平直	3		
	6	旋转楼梯踏步宽度允许偏差	5mm		

2. 应用指导

（1）检查验收统一说明

1）执行规范章、节

本表的检验批验收执行《建筑地面工程施工质量验收规范》(GB 50209—2002)规范第5章、第5.2节主控项目和一般项目有关条目的质量等级要求。应按其质量标准和检查方法逐一进行验收。

表列应检验项目必须全部进行检查验收不得缺漏，应检项目漏检，应进行补充检查验收，不进行补检不应通过验收。

2) 检验批的划分原则

地面工程的检验批划分，(GB 50209—2002)规范规定：

① 建筑地面工程施工质量的检验，应符合下列规定：

a. 基层(各构造层)和各类面层的分项工程的施工质量验收应按每一层次或每层施工段(或变形缝)作为检验批，高层建筑的标准层可按每三层(不足三层按三层计)作为检验批；

b. 每检验批应以各子分部工程的基层(各构造层)和各类面层所划分的分项工程按自然间(或标准间)检验，抽查数量应随机检验不少于3间；不足3间，应全数检查；其中走廊(过道)以10延长米为1间，工业厂房(按单跨计)、礼堂、门厅应以两个轴线为1间计算；

c. 有防水要求的建筑地面子分部工程的分项工程施工质量每检验批抽查数量应按其房间总数随机检验不少于4间，不足4间按全数检查。

② 建筑地面工程的分项工程施工质量检验的主控项目，必须达到(GB 50309)规范规定的质量标准，认定为合格；一般项目80%以上的检查点处符合(GB 50309)规范规定的质量要求，其他检查点(处)不得有明显影响装饰效果，并不得大于允许偏差值的50%为合格。凡达不到质量标准时，应按国家标准《建筑工程施工质量验收统一标准》GB 50300的规定处理。

3) 质量等级验收评定

① 主控项目是对检验批的基本质量起决定性影响的检验项目，必须全部符合该专业规范的规定，不允许有不符合规范要求的检验结果。

② 一般项目应有80%以上的抽检处符合该规范规定或偏差值在其允许偏差范围内。

4) 检验批验收应提交资料

检验批验收时，应提交的施工操作依据和质量检查记录应完整。

5) 检验批验收

只按列为主控项目、一般项目的条款来验收，不能随意扩大内容范围和提高质量标准。

6) 检验批验收责任制

检验批表式中的责任制签记必须本人签字，替签为无效检验批验收记录。

(2) 保证质量措施条目(摘自《建筑地面工程施工质量验收规范》GB 50209—2002)

5.1.4 整体面层施工后，养护时间不应少于7d；抗压强度应达到5MPa后，方准上人行走；抗压强度应达到设计要求后，方可正常使用。

5.1.5 当采用掺有水泥拌合料做踢脚线时，不得用石灰砂浆打底。

5.1.6 整体面层的抹平工作应在水泥初凝前完成，压光工作应在水泥终凝前完成。

5.2.2 水泥混凝土面层铺设不得留施工缝。当施工间隙超过允许时间规定时，应对接槎处进行处理。

(3) 检查验收执行条目(摘自《建筑地面工程施工质量验收规范》GB 50209—2002)

5.2.3 混凝土采用的粗骨料，其最大粒径不应大于面层厚度的2/3，细石混凝土面层采用的石子柱径不应大于15mm。

检验方法：观察检查和检查材质合格证明文件及检测报告。

5.2.4 面层的强度等级应符合设计要求，且水泥混凝土面层强度等级不应小于C20；水泥混凝土垫层兼面层强度等级不应小于C15。

检验方法：检查配合比通知单及检测报告。

5.2.5 面层与基层结合应牢固、无空鼓。

注：空鼓面积不大于400cm²，无裂纹，每自然间（标准间）不多于2处可不计。

检验方法：用小锤轻击检查。

5.2.6 面层表面不应有裂纹、脱皮、麻面、起砂等缺陷。

检验方法：观察检查。

5.2.7 面层表面的坡度应符合设计要求，不得有倒泛水和积水现象。

检验方法：观察和采用泼水或用坡度尺检查。

5.2.8 水泥砂浆踢脚线与墙面应紧密贴合，高度一致，出墙厚度均匀。

注：局部空鼓长度不得大于300mm，每自然间（标准间）不多于2处可不计。

检验方法：用小锤轻击、钢尺和观察检查。

5.2.9 楼梯踏步的宽度、高度应符合设计要求。楼层梯段相邻踏步高度差不应大于10mm，每踏步两端宽度差不应大于10mm；旋转楼梯梯段的每踏步两端宽度的允许偏差为5mm。楼梯踏步的齿角应整齐，防滑条应顺直。

检验方法：观察和钢尺检查。

5.2.10 水泥混凝土面层的允许偏差应符合表5.1.7（见表209-11）的规定。

（4）质量验收的检验方法

质量验收的检验方法

项次	项 目	检 验 方 法	项次	项 目	检 验 方 法
1	表面平整度	2m靠尺和楔形塞尺检查	3	缝格平直	拉5m线和用钢尺检查
2	踢脚线上口平直	拉5m线和用钢尺检查			

（5）检验批验收应提供的附件资料

1）原材料出厂合格证；

2）材料进场检查验收记录；

3）材料试验报告单；

4）混凝土试件强度试验报告；

5）配合比通知单；

6）隐蔽工程验收（施工前对构造层隐验）。

7）自检、互检、交接检、工序执行记录；

8）其他应报或设计要求报送的资料。

注：合理缺项除外。

2.8.12 建筑地面水泥砂浆面层检验批质量验收记录

1. 资料表式

建筑地面水泥砂浆面层检验批质量验收记录表　　　　　表209-12

检控项目	序号	质量验收规范规定		施工单位检查评定记录	监理（建设）单位验收记录
主控项目	1	对水泥砂浆用材质要求	第5.3.2条		
	2	水泥砂浆面层体积比及强度等级	第5.3.3条		

续表

检控项目	序号	质量验收规范规定	施工单位检查评定记录	监理(建设)单位验收记录
主控项目	3	面层与基层结合要求	应牢固、无空鼓、裂纹	
	4	水泥砂浆面层体积比及强度	1:2 MU/15	
一般项目	1	面层表面坡度	第5.3.5条	
	2	面层表面质量	第5.3.6条	
	3	踢脚线与墙面质量	第5.3.7条	
	4	楼梯梯段、踏步质量	第5.3.8条	
	5	水泥砂浆	允许偏差(mm)	量 测 值(mm)
		1) 表面平整度	4	
		2) 踢脚线上口平直	4	
		3) 缝格平直	3	
	6	旋转楼梯踏步宽度	5	

2．应用指导

(1) 检查验收统一说明

1) 执行规范章、节

本表的检验批验收执行《建筑地面工程施工质量验收规范》(GB 50209—2002)规范第5章、第5.3节主控项目和一般项目有关条目的质量等级要求。应按其质量标准和检查方法逐一进行验收。

表列应检验项目必须全部进行检查验收不得缺漏，应检项目漏检，应进行补充检查验收，不进行补检不应通过验收。

2) 检验批的划分原则

地面工程的检验批划分，(GB 50209—2002)规范规定：

① 建筑地面工程施工质量的检验，应符合下列规定：

a．基层(各构造层)和各类面层的分项工程的施工质量验收应按每一层次或每层施工段(或变形缝)作为检验批，高层建筑的标准层可按每三层(不足三层按三层计)作为检验批；

b．每检验批应以各子分部工程的基层(各构造层)和各类面层所划分的分项工程按自然间(或标准间)检验，抽查数量应随机检验不少于3间；不足3间，应全数检查；其中走廊(过道)以10延长米为1间，工业厂房(按单跨计)、礼堂、门厅应以两个轴线为1间计算；

c．有防水要求的建筑地面子分部工程的分项工程施工质量每检验批抽查数量应按其房间总数随机检验不少于4间，不足4间按全数检查。

② 建筑地面工程的分项工程施工质量检验的主控项目，必须达到(GB 50309)规范规定的质量标准，认定为合格；一般项目80%以上的检查点处符合(GB 50309)规范规定的质量要求，其他检查点(处)不得有明显影响装饰效果，并不得大于允许偏差值的50%为合格。

凡达不到质量标准时,应按国家标准《建筑工程施工质量验收统一标准》GB 50300 的规定处理。

3) 质量等级验收评定

① 主控项目是对检验批的基本质量起决定性影响的检验项目,必须全部符合该专业规范的规定,不允许有不符合规范要求的检验结果;

② 一般项目应有80%以上的抽检处符合该规范规定或偏差值在其允许偏差范围内。

4) 检验批验收应提交资料

检验批验收时,应提交的施工操作依据和质量检查记录应完整。

5) 检验批验收

只按列为主控项目、一般项目的条款来验收,不能随意扩大内容范围和提高质量标准。

6) 检验批验收责任制

检验批表式中的责任制签记必须本人签字,替签为无效检验批验收记录。

(2) 保证质量措施条目(摘自《建筑地面工程施工质量验收规范》GB 50209—2002)

5.1.4 整体面层施工后,养护时间不应少于 7d;抗压强度应达到 5MPa 后,方准上人行走;抗压强度应达到设计要求后,方可正常使用。

5.1.5 当采用掺有水泥拌合料做踢脚线时,不得用石灰砂浆打底。

5.1.6 整体面层的抹平工作应在水泥初凝前完成,压光工作应在水泥终凝前完成。

5.3.1 水泥砂浆面层的厚度应符合设计要求,且不应小于 20mm。

(3) 检查验收执行条目(摘自《建筑地面工程施工质量验收规范》GB 50209—2002)

5.3.2 水泥采用硅酸盐水泥、普通硅酸盐水泥,其强度等级不应小于 32.5,不同品种、不同强度等级的水泥严禁混用;砂应为中粗砂,当采用石屑时,其粒径应为 1~5mm,且含泥量不应大于 3%。

检验方法:观察检查和检查材质合格证明文件及检测报告。

5.3.3 水泥砂浆面层的体积比(强度等级)必须符合设计要求;且体积比应为 1:2,强度等级不应小于 M15。

检验方法:检查配合比通知单和检测报告。

5.3.4 面层与下层应结合牢固,无空鼓裂纹。

注:空鼓面积不大于 400cm^2,无裂纹,每自然间(标准间)不多于 2 处可不计。

检验方法:用小锤轻击检查。

5.3.5 面层表面的坡度应符合设计要求,不得有倒泛水和积水现象。

检验方法:观察和采用泼水或坡度尺检查。

5.3.6 面层表面应洁净,无裂纹、脱皮、麻面和起砂等缺陷。

检验方法:观察检查。

5.3.7 踢脚线与墙面应紧密贴合,高度一致,出墙厚度均匀。

注:局部空鼓长度不得大于 300mm,且每自然间(标准间)不多于 2 处可不计。

检验方法:用小锤轻击、钢尺和观察检查。

5.3.8 楼梯踏步的宽度、高度应符合设计要求。楼层梯段相邻踏步高度差不大于 10mm,每踏步两端宽度差不应大于 10mm;旋转楼梯梯段的每踏步两端宽度的允许偏差为 5mm。楼梯踏步的齿角应整齐,防滑条应顺直。

检验方法:观察和钢尺检查。

5.3.9 水泥砂浆面层的允许偏差应符合表 5.1.7 的规定。

(4) 质量验收的检验方法

质量验收的检验方法

项次	项目	检验方法	项次	项目	检验方法
1	表面平整度	2m靠尺和楔形塞尺检查	3	缝格平直	拉5m线,和用钢尺检查
2	踢脚线上口平直	拉5m线,和用钢尺检查			

(5) 检验批验收应提供的附件资料

1) 原材料出厂合格证;
2) 材料进场检查验收记录;
3) 材料试验报告单;
4) 水泥砂浆试件强度试验报告;
5) 隐蔽工程验收(施工前对构造层隐验);
6) 自检、互检及工序交接检查记录;
7) 其他应报或设计要求报送的资料。

注:合理缺项除外。

2.8.13 建筑地面水磨石面层检验批质量验收记录

1. 资料表式

建筑地面水磨石面层检验批质量验收记录表　　　　表 209-13

<table>
<tr><th rowspan="2">检控项目</th><th rowspan="2">序号</th><th colspan="2">质量验收规范规定</th><th colspan="2">施工单位检查评定记录</th><th>监理(建设)单位验收记录</th></tr>
<tr><th></th><th></th><th></th><th></th><th></th></tr>
<tr><td rowspan="5">主控项目</td><td>1</td><td>水磨石面层材质</td><td>第5.4.6条</td><td colspan="2"></td><td></td></tr>
<tr><td>1)</td><td>粒径</td><td>6~15mm</td><td colspan="2"></td><td></td></tr>
<tr><td>2)</td><td>水泥强度等级</td><td>不小于32.5</td><td colspan="2"></td><td></td></tr>
<tr><td>2</td><td>拌合料的体积比</td><td>第5.4.7条</td><td colspan="2"></td><td></td></tr>
<tr><td>3</td><td>面层与下一层结合</td><td>牢固无空鼓</td><td colspan="2"></td><td></td></tr>
<tr><td rowspan="9">一般项目</td><td>1</td><td>面层表面坡度</td><td>第5.4.9条</td><td colspan="2"></td><td></td></tr>
<tr><td>2</td><td>踢脚线与墙面质量</td><td>第5.4.10条</td><td colspan="2"></td><td></td></tr>
<tr><td>3</td><td>楼梯梯段、踏步质量</td><td>第5.4.11条</td><td colspan="2"></td><td></td></tr>
<tr><td rowspan="2">4</td><td colspan="1">面层</td><td colspan="2">允许偏差(mm)</td><td colspan="2" rowspan="2">量测值(mm)</td></tr>
<tr><td>项目</td><td>普通水磨石</td><td>高级水磨石</td></tr>
<tr><td></td><td>表面平整度</td><td>3</td><td>2</td><td colspan="2"></td></tr>
<tr><td></td><td>踢脚线上口平直</td><td>3</td><td>3</td><td colspan="2"></td></tr>
<tr><td></td><td>缝格平直</td><td>3</td><td>2</td><td colspan="2"></td></tr>
<tr><td>5</td><td>旋转楼梯踏步宽度允许偏差(mm)</td><td colspan="2">5</td><td colspan="2"></td></tr>
</table>

2．应用指导
(1) 检查验收统一说明
1) 执行规范章、节

本表的检验批验收执行《建筑地面工程施工质量验收规范》(GB 50209—2002)规范第5章、第5.4节主控项目和一般项目有关条目的质量等级要求。应按其质量标准和检查方法逐一进行验收。

表列应检验项目必须全部进行检查验收不得缺漏，应检项目漏检，应进行补充检查验收，不进行补检不应通过验收。

2) 检验批的划分原则

地面工程的检验批划分，(GB 50209—2002)规范规定：

① 建筑地面工程施工质量的检验，应符合下列规定：

a．基层(各构造层)和各类面层的分项工程的施工质量验收应按每一层次或每层施工段(或变形缝)作为检验批，高层建筑的标准层可按每三层(不足三层按三层计)作为检验批；

b．每检验批应以各子分部工程的基层(各构造层)和各类面层所划分的分项工程按自然间(或标准间)检验，抽查数量应随机检验不少于3间；不足3间，应全数检查；其中走廊(过道)以10延长米为1间，工业厂房(按单跨计)、礼堂、门厅应以两个轴线为1间计算；

c．有防水要求的建筑地面子分部工程的分项工程施工质量每检验批抽查数量应按其房间总数随机检验不少于4间，不足4间按全数检查。

② 建筑地面工程的分项工程施工质量检验的主控项目，必须达到(GB 50309)规范规定的质量标准，认定为合格；一般项目80%以上的检查点处符合(GB 50309)规范规定的质量要求，其他检查点(处)不得有明显影响装饰效果，并不得大于允许偏差值的50%为合格。凡达不到质量标准时，应按国家标准《建筑工程施工质量验收统一标准》GB 50300的规定处理。

3) 质量等级验收评定

① 主控项目是对检验批的基本质量起决定性影响的检验项目，必须全部符合该专业规范的规定，不允许有不符合规范要求的检验结果；

② 一般项目应有80%以上的抽检处符合该规范规定或偏差值在其允许偏差范围内。

4) 检验批验收应提交资料

检验批验收时，应提交的施工操作依据和质量检查记录应完整。

5) 检验批验收

只按列为主控项目、一般项目的条款来验收，不能随意扩大内容范围和提高质量标准。

6) 检验批验收责任制

检验批表式中的责任制签记必须本人签字，替签为无效检验批验收记录。

(2) 保证质量措施条目(摘自《建筑地面工程施工质量验收规范》GB 50209—2002)

5.1.4 整体面层施工后，养护时间不应少于7d；抗压强度应达到5MPa后，方准上人行走；抗压强度应达到设计要求后，方可正常使用。

5.1.5 当采用掺有水泥拌合料做踢脚线时，不得用石灰砂浆打底。

5.1.6 整体面层的抹平工作应在水泥初凝前完成，压光工作应在水泥终凝前完成。

5.4.1 水磨石面层应采用水泥与石粒的拌合料铺设。面层厚度除有特殊要求外，宜为

12~18mm,且按石粒粒径确定。水磨石面层的颜色和图案应符合设计要求。

5.4.2 白色或浅色的水磨石面层,应采用白水泥;深色的水磨石面层,宜采用硅酸盐水泥、普通硅酸盐水泥或矿渣硅酸盐水泥;同颜色的面层应使用同一批水泥。同一彩色面层应使用同厂、同批的颜料其掺入量宜为水泥重量的3%~6%或由试验确定。

5.4.3 水磨石面层的结合层的水泥砂浆体积比宜为1∶3,相应的强度等级不应小于M10,水泥砂浆稠度(以标准圆锥体沉入度计)宜为30~35mm。

5.4.4 普通水磨石面层磨光遍数不应少于3遍。高级水磨石面层的厚度和磨光遍数由设计确定。

5.4.5 在水磨石面层磨光后,涂草酸和上蜡前,其表面不得污染。

(3) 检查验收执行条目(摘自《建筑地面工程施工质量验收规范》GB 50209—2002)

5.4.6 水磨石面层的石粒,应采用坚硬可磨白云石、大理石等岩石加工而成,石粒应洁净无杂物,其粒径除特殊要求外应为6~15mm;水泥强度等级不应小于32.5;颜料应采用耐光、耐碱的矿物原料,不得使用酸性颜料。

检验方法:观察检查和检查材质合格证明文件。

5.4.7 水磨石面层拌合料的体积比应符合设计要求,且为1∶1.5~1∶2.5(水泥∶石粒)。

检验方法:检查配合比通知单和检测报告。

5.4.8 面层与下一层结合应牢固、无空鼓、裂纹。

注:空鼓面积不大于400cm²,无裂纹,且每自然间(标准间)不多于2处可不计。

检验方法:用小锤轻击检查。

5.4.9 面层表面应光滑;无明显裂纹、砂眼和磨纹;石粒密实,显露均匀;颜色图案一致,不混色;分格条牢固、顺直和清晰。

检验方法:观察检查。

5.4.10 踢脚线与墙面应紧密结合牢固,高度一致,出墙厚度均匀。

注:局部空鼓长度不大于300mm,且每自然间(标准间)不多于2处可不计。

检验方法:用小锤轻击、钢尺和观察检查。

5.4.11 楼梯踏步的宽度、高度应符合设计要求。楼层梯段相邻踏步高度差不应大于10mm,每踏步两端宽度差不应大于10mm,旋转楼梯梯段的每踏步两端宽度的允许偏差为5mm。楼梯踏步的齿角应整齐,防滑条应顺直。

检验方法:观察和钢尺检查。

5.4.12 水磨石面层允许偏差应符合表5.1.7的规定。

(4) 质量验收的检验方法

质量验收的检验方法

项次	项 目	检验方法	项次	项 目	检验方法
1	表面平整度	2m靠尺和楔形塞尺检查	3	缝格平直	拉5m线,和用钢尺检查
2	踢脚线上口平直	拉5m线,和用钢尺检查			

(5) 检验批验收应提供的附件资料

1) 原材料出厂合格证；
2) 材料进场检查验收记录；
3) 材料试验报告单；
4) 配合比通知单；
5) 隐蔽工程验收(施工前对构造层隐验)；
6) 自检、互检及工序交接检查记录；
7) 其他应报或设计要求报送的资料。

注：合理缺项除外。

2.8.14 建筑地面水泥钢(铁)屑面层检验批质量验收记录

1. 资料表式

建筑地面水泥钢(铁)屑面层检验批质量验收记录表　　　　　表209-14

检控项目	序号	质量验收规范规定		施工单位检查评定记录					监理(建设)单位验收记录
主控项目	1	钢(铁)屑面层材质	第5.5.4条						
	2	面层的强度等级和体积比	第5.5.5条						
	3	面层与基层结合	牢固无空鼓						
	4	结合层体积比	1:2(或不应小于M15)						
	5	面层与基层结合要求	必须牢固无空鼓						
一般项目	1	面层表面坡度	符合设计要求						
	2	面层表面不应有	裂纹、脱皮、麻面						
	3	踢脚线与墙面质量	第5.5.9条						
	4	面层	允许偏差(mm)	量　　测　　值(mm)					
		1) 表面平整度	4						
		2) 踢脚线上口平直	4						
		3) 缝格平直	3						

2. 应用指导

(1) 检查验收统一说明

1) 执行规范章、节

本表的检验批验收执行《建筑地面工程施工质量验收规范》(GB 50209—2002)规范第5章、第5.5节主控项目和一般项目有关条目的质量等级要求。应按其质量标准和检查方法逐一进行验收。

表列应检验项目必须全部进行检查验收不得缺漏,应检项目漏检,应进行补充检查验收,不进行补检不应通过验收。

2) 检验批的划分原则

地面工程的检验批划分,(GB 50209—2002)规范规定:

① 建筑地面工程施工质量的检验,应符合下列规定:

a. 基层(各构造层)和各类面层的分项工程的施工质量验收应按每一层次或每层施工段(或变形缝)作为检验批,高层建筑的标准层可按每三层(不足三层按三层计)作为检验批;

b. 每检验批应以各子分部工程的基层(各构造层)和各类面层所划分的分项工程按自然间(或标准间)检验,抽查数量应随机检验不少于3间;不足3间,应全数检查;其中走廊(过道)以10延长米为1间,工业厂房(按单跨计)、礼堂、门厅应以两个轴线为1间计算;

c. 有防水要求的建筑地面子分部工程的分项工程施工质量每检验批抽查数量应按其房间总数随机检验不少于4间,不足4间按全数检查。

② 建筑地面工程的分项工程施工质量检验的主控项目,必须达到(GB 50309)规范规定的质量标准,认定为合格;一般项目80%以上的检查点处符合(GB 50309)规范规定的质量要求,其他检查点(处)不得有明显影响装饰效果,并不得大于允许偏差值的50%为合格。凡达不到质量标准时,应按国家标准《建筑工程施工质量验收统一标准》GB 50300的规定处理。

3) 质量等级验收评定

① 主控项目是对检验批的基本质量起决定性影响的检验项目,必须全部符合该专业规范的规定,不允许有不符合规范要求的检验结果;

② 一般项目应有80%以上的抽检处符合该规范规定或偏差值在其允许偏差范围内。

4) 检验批验收应提交资料

检验批验收时,应提交的施工操作依据和质量检查记录应完整。

5) 检验批验收

只按列为主控项目、一般项目的条款来验收,不能随意扩大内容范围和提高质量标准。

6) 检验批验收责任制

检验批表式中的责任制签记必须本人签字,替签为无效检验批验收记录。

(2) 保证质量措施条目(摘自《建筑地面工程施工质量验收规范》GB 50209—2002)

5.1.4 整体面层施工后,养护时间不应少于7d;抗压强度应达到5MPa后,方准上人行走;抗压强度应达到设计要求后,方可正常使用。

5.1.5 当采用掺有水泥拌合料做踢脚线时,不得用石灰砂浆打底。

5.1.6 整体面层的抹平工作应在水泥初凝前完成,压光工作应在水泥终凝前完成。

5.5.1 水泥钢(铁)屑面层应采用水泥与钢(铁)屑的拌合料铺设。

5.5.2 水泥钢(铁)屑面层配合比应通过试验确定。当采用振动法使水泥钢(铁)屑拌和料密实时,其密度不应小于2000kg/m³,其稠度不应大于10mm。

5.5.3 水泥钢(铁)屑面层铺设时应先铺一层厚20mm的水泥砂浆结合层,面层的铺设应在结合层的水泥初凝前完成。

(3) 检查验收执行条目(摘自《建筑地面工程施工质量验收规范》GB 50209—2002)

5.5.4 水泥强度等级应不小于32.5;钢(铁)屑的粒径应为1～5mm;钢(铁)屑中不应

有其他杂质,使用前应去油除锈,冲洗干净并干燥。

检验方法:观察检查和检查材质合格证明文件及检测报告。

5.5.5 面层和结合层的强度等级必须符合设计要求,且面层抗压强度标准值不应小于40MPa;结合层体积比为1:2(相应强度等级不应小于M15)。

检验方法:检查配合比通知单和检测报告。

5.5.6 面层与下一层结合必须牢固、无空鼓。

检验方法:用小锤轻击检查。

5.5.7 面层表面坡度应符合设计要求。

检验方法:用坡度尺检查。

5.5.8 面层表面不应有裂纹、脱皮和麻面等缺陷。

检验方法:观察检查。

5.5.9 踢脚线与墙面应结合牢固,高度一致,出墙厚度均匀。

检验方法:用小锤轻击、钢尺和观察检查。

5.5.10 水泥钢(铁)屑面层的质量验收的检验方法应符合表5.1.7的规定。

(4) 质量验收的检验方法

质量验收的检验方法

项次	项目	检验方法	项次	项目	检验方法
1	表面平整度	2m靠尺和楔形塞尺检查	3	缝格平直	拉5m线,和用钢尺检查
2	踢脚线上口平直	拉5m线,和用钢尺检查			

(5) 检验批验收应提供的附件资料

1) 原材料出厂合格证;
2) 材料进场检查验收记录;
3) 材料试验报告单;
4) 配合比通知单;
5) 隐蔽工程验收(施工前对构造层隐验);
6) 自检、互检及工序交接检查记录;
7) 其他应报或设计要求报送的资料。

注:合理缺项除外。

2.8.15 建筑地面防油渗面层检验批质量验收记录

1. 资料表式

建筑地面防油渗面层检验批质量验收记录表　　　表209-15

检控项目	序号	质量验收规范规定	施工单位检查评定记录	监理(建设)单位验收记录
主控项目	1	防油渗混凝土材质	第5.6.7条	
	2	强度等级和抗渗性能	第5.6.8条	
	3	面层与基层结合	牢固无空鼓	

续表

检控项目	序号	质量验收规范规定		施工单位检查评定记录						监理(建设)单位验收记录
主控项目	4	防油渗涂料面层与基层粘结	第5.6.10条							
	5	防油渗涂料抗拉强度	不应小于0.3MPa							
一般项目	1	面层表面坡度	第5.6.11条							
	2	面层表面质量	第5.6.12条							
	3	踢脚线与墙面质量	第5.6.13条							
	4	面层	允许偏差(mm)	量		测		值	(mm)	
		1) 表面平整度	5							
		2) 踢脚线上口平直	4							
		3) 缝格平直	3							

2. 应用指导

(1) 检查验收统一说明

1) 执行规范章、节

本表的检验批验收执行《建筑地面工程施工质量验收规范》(GB 50209—2002)规范第5章、第5.6节主控项目和一般项目有关条目的质量等级要求。应按其质量标准和检查方法逐一进行验收。

表列应检验项目必须全部进行检查验收不得缺漏,应检项目漏检,应进行补充检查验收,不进行补检不应通过验收。

2) 检验批的划分原则

地面工程的检验批划分,(GB 50209—2002)规范规定:

① 建筑地面工程施工质量的检验,应符合下列规定:

a. 基层(各构造层)和各类面层的分项工程的施工质量验收应按每一层次或每层施工段(或变形缝)作为检验批,高层建筑的标准层可按每三层(不足三层按三层计)作为检验批;

b. 每检验批应以各子分部工程的基层(各构造层)和各类面层所划分的分项工程按自然间(或标准间)检验,抽查数量应随机检验不少于3间;不足3间,应全数检查;其中走廊(过道)以10延长米为1间,工业厂房(按单跨计)、礼堂、门厅应以两个轴线为1间计算;

c. 有防水要求的建筑地面子分部工程的分项工程施工质量每检验批抽查数量应按其房间总数随机检验不少于4间,不足4间按全数检查。

② 建筑地面工程的分项工程施工质量检验的主控项目,必须达到(GB 50309)规范规定的质量标准,认定为合格;一般项目80%以上的检查点符合(GB 50309)规范规定的质量要求,其他检查点(处)不得有明显影响装饰效果,并不得大于允许偏差值的50%为合格。凡达不到质量标准时,应按国家标准《建筑工程施工质量验收统一标准》GB 50300的规定处理。

3) 质量等级验收评定

① 主控项目是对检验批的基本质量起决定性影响的检验项目,必须全部符合该专业规范的规定,不允许有不符合规范要求的检验结果;

② 一般项目应有80%以上的抽检处符合该规范规定或偏差值在其允许偏差范围内。

4) 检验批验收应提交资料

检验批验收时,应提交的施工操作依据和质量检查记录应完整。

5) 检验批验收

只按列为主控项目、一般项目的条款来验收,不能随意扩大内容范围和提高质量标准。

6) 检验批验收责任制

检验批表式中的责任制签记必须本人签字,替签为无效检验批验收记录。

(2) 保证质量措施条目(摘自《建筑地面工程施工质量验收规范》GB 50209—2002)

5.1.4 整体面层施工后,养护时间不应少于7d;抗压强度应达到5MPa后,方准上人行走;抗压强度应达到设计要求后,方可正常使用。

5.1.5 当采用掺有水泥拌合料做踢脚线时,不得用石灰砂浆打底。

5.1.6 整体面层的抹平工作应在水泥初凝前完成,压光工作应在水泥终凝前完成。

5.6.1 防油渗面层应采用防油渗混凝土铺设或采用防油渗涂料涂刷。

5.6.2 防油渗面层设置防油渗隔离层(包括与墙、柱连接处的构造)时,应符合设计要求。

5.6.3 防油渗混凝土层厚度应符合设计要求,防油渗混凝土的配合比应按设计要求的强度等级和抗渗性能通过试验确定。

5.6.4 防油渗混凝土面层应按厂房柱网分区段浇筑,区段划分及分区段缝应符合设计要求。

5.6.5 防油渗混凝土面层内不得敷设管线。凡露出面层的电线管、接线盒、预埋套管和地脚螺栓等处理,以及与墙、柱、变形缝、孔洞等连接处泛水沟应符合设计要求。

5.6.6 防油渗面层采用防油渗涂料时,材料应按设计要求选用,涂层厚度宜为5~7mm。

(3) 检查验收执行条目(摘自《建筑地面工程施工质量验收规范》GB 50209—2002)

5.6.7 防油渗混凝土面层所用水泥应采用普通硅酸盐水泥,其强度等级应不小于32.5;碎石应采用花岗石或石英石,严禁使用松散多孔和吸水率大的石子,粒径为5~15mm,其最大粒径不应大于20mm,含泥量不应大于1%;砂应为中砂,洁净无杂物,其细度模数应为2.3~2.6;掺入的外加剂和防油渗剂应符合产品质量标准。防油渗涂料应具有耐油、耐磨、耐火和粘结性能。

检验方法:观察检查和检查材质合格证明文件及检测报告。

5.6.8 防油渗混凝土的强度等级和抗渗性能必须符合设计要求,且强度等级不应小于C30;防油渗涂料抗拉粘结强度不应小于0.3MPa。

检验方法:检查配合比通知单和检测报告。

5.6.9 防油渗混凝土面层与下一层应结合牢固、无空鼓。

检验方法:用小锤轻击检查。

5.6.10 防油渗涂料面层与基层应粘结牢固,严禁有起皮、开裂和漏涂等缺陷。

检验方法:观察检查。

5.6.11 防油渗面层表面坡度应符合设计要求,不得有倒泛水和积水现象。

检验方法:观察和泼水或用坡度尺检查。

5.6.12 防油渗混凝土面层表面不应有裂纹、脱皮、麻面和起砂现象。

检验方法:观察检查。

5.6.13 踢脚线与墙面应紧密结合、高度一致,出墙厚度均匀。

检验方法:用小锤轻击、钢尺和观察检查。

5.6.14 防油渗面层允许偏差应符合表5.1.7的规定。

(4) 质量验收的检验方法

质量验收的检验方法

项次	项 目	检 验 方 法	项次	项 目	检 验 方 法
1	表面平整度	2m靠尺和楔形塞尺检查	3	缝格平直	拉5m线,和用钢尺检查
2	踢脚线上口平直	拉5m线,和用钢尺检查			

(5) 检验批验收应提供的附件资料

1) 原材料出厂合格证;
2) 材料进场检查验收记录;
3) 材料试验报告单;
4) 隐蔽工程验收(施工前对构造层隐验);
5) 自检、互检及工序交接检查记录;
6) 其他应报或设计要求报送的资料。

注:合理缺项除外。

2.8.16 建筑地面不发火(防爆的)面层检验批质量验收记录

1. 资料表式

建筑地面不发火(防爆的)面层检验批质量验收记录表　　　表209-16

检控项目	序号	质量验收规范规定		施工单位检查评定记录	监理(建设)单位验收记录
主控项目	1	不发火(防爆)面层用材质	第5.7.4条		
	2	面层的强度等级	符合设计要求		
	3	面层与基层结合(凡单块板块边角有局部空鼓,每自然间(标准间)不超过总数的5%可不计)	第5.7.6条		
	3	面层的试件	必须检验合格		
一般项目	1	面层表面坡度	第5.7.8条		
	2	踢脚线与墙面质量	第5.7.9条		
	3	面层	允许偏差(mm)	量　测　值(mm)	
		1) 表面平整度	5		
		2) 踢脚线上口平直	4		
		3) 缝格平直	3		

2. 应用指导

(1) 检查验收统一说明

1) 执行规范章、节

本表的检验批验收执行《建筑地面工程施工质量验收规范》(GB 50209—2002)规范第5章、第5.7节主控项目和一般项目有关条目的质量等级要求。应按其质量标准和检查方法逐一进行验收。

表列应检验项目必须全部进行检查验收不得缺漏,应检项目漏检,应进行补充检查验收,不进行补检不应通过验收。

2) 检验批的划分原则

地面工程的检验批划分,(GB 50209—2002)规范规定:

① 建筑地面工程施工质量的检验,应符合下列规定:

a. 基层(各构造层)和各类面层的分项工程的施工质量验收应按每一层次或每层施工段(或变形缝)作为检验批,高层建筑的标准层可按每三层(不足三层按三层计)作为检验批;

b. 每检验批应以各子分部工程的基层(各构造层)和各类面层所划分的分项工程按自然间(或标准间)检验,抽查数量应随机检验不少于3间;不足3间,应全数检查;其中走廊(过道)以10延长米为1间,工业厂房(按单跨计)、礼堂、门厅应以两个轴线为1间计算;

c. 有防水要求的建筑地面子分部工程的分项工程施工质量每检验批抽查数量应按其房间总数随机检验不少于4间,不足4间按全数检查。

② 建筑地面工程的分项工程施工质量检验的主控项目,必须达到(GB 50309)规范规定的质量标准,认定为合格;一般项目80%以上的检查点处符合(GB 50309)规范规定的质量要求,其他检查点(处)不得有明显影响装饰效果,并不得大于允许偏差值的50%为合格。凡达不到质量标准时,应按国家标准《建筑工程施工质量验收统一标准》GB 50300 的规定处理。

3) 质量等级验收评定

① 主控项目是对检验批的基本质量起决定性影响的检验项目,必须全部符合该专业规范的规定,不允许有不符合规范要求的检验结果;

② 一般项目应有80%以上的抽检处符合该规范规定或偏差值在其允许偏差范围内。

4) 检验批验收应提交资料

检验批验收时,应提交的施工操作依据和质量检查记录应完整。

5) 检验批验收

只按列为主控项目、一般项目的条款来验收,不能随意扩大内容范围和提高质量标准。

6) 检验批验收责任制

检验批表式中的责任制签记必须本人签字,替签为无效检验批验收记录。

(2) 保证质量措施条目(摘自《建筑地面工程施工质量验收规范》GB 50209—2002)

5.1.4 整体面层施工后,养护时间不应少于7d;抗压强度应达到5MPa后,方准上人行走;抗压强度应达到设计要求后,方可正常使用。

5.1.5 当采用掺有水泥拌合料做踢脚线时,不得用石灰砂浆打底。

5.1.6 整体面层的抹平工作应在水泥初凝前完成,压光工作应在水泥终凝前完成。

5.7.1 不发火(防爆的)面层应采用水泥类的拌合料铺设,其厚度应符合设计要求。

5.7.2 不发火(防爆的)各类面层的铺设,应符合本规程相应面层的规定。

5.7.3 不发火(防爆的)面层采用石料和硬化后的试件,应在金刚砂轮上作摩擦试验。试验时应符合本规范附录A的规定。

(3) 检查验收执行条目(摘自《建筑地面工程施工质量验收规范》GB 50209—2002)

5.7.4 不发火(防爆的)面层采用的碎石应选用大理石、白云石或其他石料加工而成,并以金属或石料撞击时不发生火花为合格;砂应质地坚硬、表面粗糙,其粒径宜为**0.15～5mm**,含泥量不应大于**3%**,有机物含量不应大于**0.5%**;水泥应采用普通硅酸盐水泥,其强度等级不应小于**32.5**;面层分格的嵌条应采用不发生火花的材料配制。配制时应随时检查,不得混入金属或其他易发生火花的杂质。

检验方法:观察检查和检查材质合格证明文件及检测报告。

5.7.5 不发火(防爆的)面层的强度等级应符合设计要求。

检验方法:检查配合比通知单和检测报告。

5.7.6 面层与下一层应结合牢固,无空鼓、无裂纹

注:空鼓面积不大于400cm^2,无裂纹,每自然间(标准间)不多于2处可不计。

检验方法:用小锤轻击检查。

5.7.7 不发火(防爆的)面层的试件,必须检验合格。

检验方法:检查检测报告。

5.7.8 面层表面应密实,无裂缝、蜂窝、麻面等缺陷。

检验方法:观察检查。

5.7.9 踢脚线与墙面应结合牢固、高度一致、出墙厚度均匀。

检验方法:用小锤轻击、钢尺和观察检查。

5.7.10 不发火(防爆的)面层允许偏差应符合表5.1.7的规定。

(4) 质量验收的检验方法

质量验收的检验方法

项次	项 目	检 验 方 法	项次	项 目	检 验 方 法
1	表面平整度	2m靠尺和楔形塞尺检查	3	缝格平直	拉5m线,和用钢尺检查
2	踢脚线上口平直	拉5m线,和用钢尺检查			

(5) 检验批验收应提供的附件资料

1) 原材料出厂合格证;
2) 材料进场检查验收记录;
3) 材料试验报告单;
4) 配合比通知单;
5) 隐蔽工程验收(施工前对构造层隐验);
6) 自检、互检及工序交接检查记录;
7) 其他应报或设计要求报送的资料。

注:合理缺项除外。

2.8.17 建筑地面砖面层检验批质量验收记录

1. 资料表式

建筑地面砖面层检验批质量验收记录表　　　　　表 209-17

检控项目	序号	质量验收规范规定				施工单位检查评定记录								监理(建设)单位验收记录
主控项目	1	板块的品种、质量			符合设计要求									
	2	胶粘剂的选用			第6.2.7条									
	3	面层与基层结合			牢固无空鼓(凡单块板块边角有局部空鼓,每自然间(标准间)不超过总数的5%可不计)									
一般项目	1	面层表面质量要求			第6.2.9条									
	2	邻接处镶边用料及尺寸			第6.2.10条									
	3	踢脚线表面质量			第6.2.11条									
	4	楼梯梯段、踏步质量			第6.2.12条									
	5	面层表面坡度及质量			第6.2.13条									
	6	砖表面			允许偏差(mm)				量　测　值(mm)					
	项目	陶瓷锦砖高级水磨石板	缸砖面层	水泥花砖	陶瓷地砖面层									
	表面平整度	2	4	3	2									
	缝格平直	3	3	3	3									
	接缝高低差	0.5	1.5	0.5	0.5									
	踢脚线上口平直	3	4	—	3									
	板块间隙宽度	2	2	2	2									

2. 应用指导

(1) 检查验收统一说明

1) 执行规范章、节

本表的检验批验收执行《建筑地面工程施工质量验收规范》(GB 50209—2002)规范第6章、第6.2节主控项目和一般项目有关条目的质量等级要求。应按其质量标准和检查方法逐一进行验收。

表列应检验项目必须全部进行检查验收不得缺漏,应检项目漏检,应进行补充检查验收,不进行补检不应通过验收。

2) 检验批的划分原则

地面工程的检验批划分,(GB 50209—2002)规范规定:

① 建筑地面工程施工质量的检验,应符合下列规定:

a. 基层(各构造层)和各类面层的分项工程的施工质量验收应按每一层次或每层施工

段(或变形缝)作为检验批,高层建筑的标准层可按每三层(不足三层按三层计)作为检验批;

b. 每检验批应以各子分部工程的基层(各构造层)和各类面层所划分的分项工程按自然间(或标准间)检验,抽查数量应随机检验不少于3间;不足3间,应全数检查;其中走廊(过道)以10延长米为1间,工业厂房(按单跨计)、礼堂、门厅应以两个轴线为1间计算;

c. 有防水要求的建筑地面子分部工程的分项工程施工质量每检验批抽查数量应按其房间总数随机检验不少于4间,不足4间按全数检查。

② 建筑地面工程的分项工程施工质量检验的主控项目,必须达到(GB 50309)规范规定的质量标准,认定为合格;一般项目80%以上的检查点处符合(GB 50309)规范规定的质量要求,其他检查点(处)不得有明显影响装饰效果,并不得大于允许偏差值的50%为合格。凡达不到质量标准时,应按国家标准《建筑工程施工质量验收统一标准》GB 50300的规定处理。

3) 质量等级验收评定

① 主控项目是对检验批的基本质量起决定性影响的检验项目,必须全部符合该专业规范的规定,不允许有不符合规范要求的检验结果;

② 一般项目应有80%以上的抽检处符合该规范规定或偏差值在其允许偏差范围内。

4) 检验批验收应提交资料

检验批验收时,应提交的施工操作依据和质量检查记录应完整。

5) 检验批验收

只按列为主控项目、一般项目的条款来验收,不能随意扩大内容范围和提高质量标准。

6) 检验批验收责任制

检验批表式中的责任制签记必须本人签字,替签为无效检验批验收记录。

(2) 保证质量措施条目(摘自《建筑地面工程施工质量验收规范》GB 50209—2002)

6.1.5 板块的铺砌应符合设计要求,当设计无要求时,宜避免出现板块小于四分之一边长的边角料。

6.1.6 铺设水泥混凝土板块、水磨石板块、水泥花砖、陶瓷锦砖、陶瓷地砖、缸砖、料石、大理石和花岗石面层等的结合层和填缝的水泥砂浆,在面层铺设后,表面应覆盖、湿润,其养护时间不应少于7d。当板块面层的水泥砂浆结合层的抗压强度达到设计要求后,方可正常使用。

6.1.7 板块类踢脚线施工时,不得采用石灰砂浆打底。

6.2.1 砖面层采用陶瓷锦砖、缸砖、陶瓷地砖和水泥花砖应在结合层上铺设。

6.2.2 有防腐蚀要求的砖面层采用的耐酸瓷砖、浸渍沥青砖、缸砖的材质、铺设以及施工质量验收应符合现行国家标准《建筑防腐蚀工程施工及验收规范》GB 50212的规定。

6.2.3 在水泥砂浆结合层上铺贴缸砖、陶瓷地砖和水泥花砖面层时,应符合下列规定:

1) 在铺贴前,应对砖的规格尺寸、外观质量、色泽等进行预选,浸水湿润晾干待用;

2) 勾缝和压缝应采用同品种、同强度等级、同颜色的水泥,并做养护和保护。

6.2.4 在水泥砂浆结合层上铺贴陶瓷锦砖面层时,砖底面应洁净,每联陶瓷锦砖之间、与结合层之间以及在墙角、镶边和靠墙处,应紧密贴合。在靠墙处不得采用砂浆填补。

6.2.5 在沥青胶结料结合层上铺贴缸砖面层时,缸砖应干净,铺贴时应在摊铺热沥青胶结料上进行,并应在胶结料凝结前完成。

6.2.6 采用胶粘剂在结合层上粘贴砖面层时,胶粘剂选用应符合现行国家标准《民用建筑工程室内环境污染控制规范》GB 50325 的规定。

(3) 检查验收执行条目(摘自《建筑地面工程施工质量验收规范》GB 50209—2002)

6.2.7 面层所用的板块的品种、质量必须符合设计要求。

6.2.8 面层与下一层的结合(粘结)应牢固、无空鼓。

注:凡单块砖边角有局部空鼓,每自然间(标准间)不超过总数的5%可不计。

检验方法:用小锤轻击检查。

6.2.9 砖面层的表面应洁净、图案清晰,色泽一致,接缝平整,深浅一致,周边顺直。板块无裂纹、掉角和缺棱等缺陷。

检验方法:观察检查。

6.2.10 面层连接处的镶边用料及尺寸应符合设计要求,边角整齐、光滑。

检验方法:观察和用钢尺检查。

6.2.11 踢脚线表面应洁净、高度一致、结合牢固、出墙厚度一致。

检验方法:观察和用小锤轻击及钢尺检查。

6.2.12 楼梯踏步和台阶板块的缝隙宽度应一致、齿角整齐;楼层梯段相邻踏步高度差不应大于 10mm;防滑条顺直。

检验方法:观察和用钢尺检查。

6.2.13 面层表面的坡度应符合设计要求,不倒泛水、无积水;与地漏、管道结合处应严密牢固,无渗漏。

检验方法:观察、泼水或坡度尺及蓄水检查。

6.2.14 砖面层的允许偏差应符合表 6.1.8(见表 209-17)的规定。

(4) 质量验收的检验方法

质量验收的检验方法

项次	项目	检验方法
1	表面平整度	用2米靠尺和楔形塞尺检查
2	缝格平直	拉5米线和用钢尺检查
3	接缝高低差	用钢尺和楔形塞尺检查
4	踢脚线上口平直	拉5米线和用钢尺检查
5	板块间隙宽度	用钢尺检查

(5) 检验批验收应提供的附件资料

1) 原材料出厂合格证;
2) 材料进场检查验收记录;
3) 材料试验报告单;
4) 各构造层强度等级试验报告;
5) 密实度测定记录(有灰土或素土垫层时);
6) 隐蔽工程验收(施工前对构造层隐验);
7) 有关验收文件(如防辐射试验报告等);
8) 自检、互检及工序交接检查记录;

9) 其他应报或设计要求报送的资料。

注：合理缺项除外。

2.8.18 建筑地面大理石和花岗石面层(含碎拼)检验批质量验收记录

1. 资料表式

建筑地面大理石和花岗石面层(含碎拼)检验批质量验收记录表　　　表209-18

检控项目	序号	质量验收规范规定		施工单位检查评定记录					监理(建设)单位验收记录
主控项目	1	板块的品种、质量	第6.3.5条						
	2	面层与基层结合	牢固无空鼓						
		（凡单块板块边角有局部空鼓，每自然间(标准间)不超过总数的5%可不计）							
一般项目	1	面层表面质量要求	第6.3.7条						
	2	踢脚线表面质量	第6.3.8条						
	3	楼梯梯段、踏步质量	第6.3.9条						
	4	楼梯踏步高度差	不应大于10mm						
	5	面层表面坡质	第6.3.10条						
	6	面层	允许偏差(mm)	量		测	值(mm)		
		1)表面平整度	1.0(3.0)						
		2)缝格平直	2.0						
		3)接缝高低差	0.5						
		4)踢脚线上口平直	1.0(1.0)						
		5)板块间隙宽度	1.0						
	注：括号内为碎拼大理石、花岗石石层偏差值。碎拼大理石、花岗石其他项目不检查								

注：碎拼大理石、碎拼花岗石表面平整度为3mm，其他详表。

2. 应用指导

(1) 检查验收统一说明

1) 执行规范章、节

本表的检验批验收执行《建筑地面工程施工质量验收规范》(GB 50209—2002)规范第6章、第6.3节主控项目和一般项目有关条目的质量等级要求。应按其质量标准和检查方法逐一进行验收。

表列应检验项目必须全部进行检查验收不得缺漏，应检项目漏检，应进行补充检查验收，不进行补检不应通过验收。

2) 检验批的划分原则

地面工程的检验批划分，(GB 50209—2002)规范规定：

① 建筑地面工程施工质量的检验,应符合下列规定:

a．基层(各构造层)和各类面层的分项工程的施工质量验收应按每一层次或每层施工段(或变形缝)作为检验批,高层建筑的标准层可按每三层(不足三层按三层计)作为检验批;

b．每检验批应以各子分部工程的基层(各构造层)和各类面层所划分的分项工程按自然间(或标准间)检验,抽查数量应随机检验不少于3间;不足3间,应全数检查;其中走廊(过道)以10延长米为1间,工业厂房(按单跨计)、礼堂、门厅应以两个轴线为1间计算;

c．有防水要求的建筑地面子分部工程的分项工程施工质量每检验批抽查数量应按其房间总数随机检验不少于4间,不足4间按全数检查。

② 建筑地面工程的分项工程施工质量检验的主控项目,必须达到(GB 50309)规范规定的质量标准,认定为合格;一般项目80%以上的检查点处符合(GB 50309)规范规定的质量要求,其他检查点(处)不得有明显影响装饰效果,并不得大于允许偏差值的50%为合格。凡达不到质量标准时,应按国家标准《建筑工程施工质量验收统一标准》GB 50300的规定处理。

3) 质量等级验收评定

① 主控项目是对检验批的基本质量起决定性影响的检验项目,必须全部符合该专业规范的规定,不允许有不符合规范要求的检验结果;

② 一般项目应有80%以上的抽检处符合该规范规定或偏差值在其允许偏差范围内。

4) 检验批验收应提交资料

检验批验收时,应提交的施工操作依据和质量检查记录应完整。

5) 检验批验收

只按列为主控项目、一般项目的条款来验收,不能随意扩大内容范围和提高质量标准。

6) 检验批验收责任制

检验批表式中的责任制签记必须本人签字,替签为无效检验批验收记录。

(2) 保证质量措施条目(摘自《建筑地面工程施工质量验收规范》GB 50209—2002)

6.1.5 板块的铺砌应符合设计要求,当设计无要求时,宜避免出现板块小于四分之一边长的边角料。

6.1.6 铺设水泥混凝土板块、水磨石板块、水泥花砖、陶瓷锦砖、陶瓷地砖、缸砖、料石、大理石和花岗石面层等的结合层和填缝的水泥砂浆,在面层铺设后,表面应覆盖、湿润,其养护时间不应少于7d。当板块面层的水泥砂浆结合层的抗压强度达到设计要求后,方可正常使用。

6.1.7 板块类踢脚线施工时,不得采用石灰砂浆打底。

6.3.1 大理石、花岗石面层采用天然大理石、花岗石(或碎拼大理石、碎拼花岗石)板材应在结合层上铺设。

6.3.2 天然大理石、花岗石的技术等级、光泽度、外观等质量要求应符合建材行业标准《天然大理石建筑板材》、《天然花岗石建筑板材》JC 205的规定。

6.3.3 板材有裂缝、掉角、翘曲和表面有缺陷时应予剔除,品种不同的板材不得混杂使用;在铺设前,应根据石材的颜色、花纹、图案、纹理等按设计要求,试拼编号。

6.3.4 铺设大理石、花岗石面层前,板材应浸湿、晾干;结合层与板材应分段同时铺设。

(3) 检查验收执行条目(摘自《建筑地面工程施工质量验收规范》GB 50209—2002)

6.3.5 大理石、花岗石面层所用板块的品种、质量应符合设计要求。

检验方法:观察检查和检查材质合格记录。

6.3.6 面层与下一层应结合牢固、无空鼓。

注:凡单块板块边角有局部空鼓,每自然间(标准间)不超过总数的5%可不计。

检验方法:用小锤轻击检查。

6.3.7 大理石、花岗石面层的表面应洁净、平整、无磨痕,且应图案清晰、色泽一致、接缝均匀、周边顺直、镶嵌正确、板块无裂纹、掉角和缺棱等现象。

检验方法:观察检查。

6.3.8 踢脚线表面应洁净、高度一致、结合牢固、出墙厚度一致。

检验方法:观察和用小锤轻击及钢尺检查。

6.3.9 楼梯踏步和台阶板块的缝隙宽度应一致、齿角整齐,楼层梯段相邻踏步高度差不应大于10mm,防滑条应顺直、牢固。

检验方法:观察和用钢尺检查。

6.3.10 面层表面的坡度应符合设计要求,不倒泛水、无积水;与地漏、管道结合处应严密牢固,无渗漏。

检验方法:观察、泼水或坡度尺及蓄水检查。

6.3.11 大理石和花岗石面层(或碎拼大理石、碎拼花岗石)的允许偏差应符合表6.1.8的规定。

(4) 质量验收的检验方法

质量验收的检验方法

项次	项目	检验方法
1	表面平整度	用2米靠尺和楔形塞尺检查
2	缝格平直	拉5米线和用钢尺检查
3	接缝高低差	用钢尺和楔形塞尺检查
4	踢脚线上口平直	拉5米线和用钢尺检查
5	板块间隙宽度	用钢尺检查

(5) 检验批验收应提供的附件资料

1) 原材料出厂合格证;
2) 材料进场检查验收记录;
3) 材料试验报告单;
4) 各构造层强度等级试验报告;
5) 隐蔽工程验收(施工前对构造层隐验);
6) 蓄水、泼水试验记录;
7) 有关验收文件(如防辐射试验报告等);
8) 自检、互检及工序交接检查记录;
9) 其他应报或设计要求报送的资料。

注:合理缺项除外。

2.8.19 建筑地面预制板块面层检验批质量验收记录

1. 资料表式

建筑地面预制板块面层检验批质量验收记录表　　　　表 209-19

检控项目	序号	质量验收规范规定		施工单位检查评定记录								监理(建设)单位验收记录
主控项目	1	强度等级、规格与质量	第6.4.4条									
	2	面层与基层结合(凡单块板块边角有局部空鼓,每自然间(标准间)不超过总数的5%可不计)	牢固无空鼓									
一般项目	1	预制板块表面缺陷	第6.4.6条									
	2	预制板块面层质量	第6.4.7条									
	3	邻接处的镶边用料尺寸	第6.4.8条									
	4	踢脚线表面质量	第6.4.9条									
	5	楼梯梯段、踏步质量	第6.4.10条									
	6	楼梯踏步高度差	不应大于10mm									
	7	板块面层	允许偏差(mm)									
		项目	水磨石板块面层	混凝土板块面层	量 测 值(mm)							
		表面平整度	3	4								
		缝格平直	3	3								
		接缝高低差	1	1.5								
		踢脚线上口平直	4	4								
		板块间隙宽度	2	6								

2. 应用指导

(1) 检查验收统一说明

1) 执行规范章、节

本表的检验批验收执行《建筑地面工程施工质量验收规范》(GB 50209—2002)规范第6章、第6.4节主控项目和一般项目有关条目的质量等级要求。应按其质量标准和检查方法逐一进行验收。

表列应检验项目必须全部进行检查验收不得缺漏,应检项目漏检,应进行补充检查验收,不进行补检不应通过验收。

2) 检验批的划分原则

地面工程的检验批划分,(GB 50209—2002)规范规定:

①建筑地面工程施工质量的检验,应符合下列规定:

a. 基层(各构造层)和各类面层的分项工程的施工质量验收应按每一层次或每层施工段(或变形缝)作为检验批,高层建筑的标准层可按每三层(不足三层按三层计)作为检验批;

b. 每检验批应以各子分部工程的基层(各构造层)和各类面层所划分的分项工程按自然间(或标准间)检验,抽查数量应随机检验不少于3间;不足3间,应全数检查;其中走廊

(过道)以10延长米为1间,工业厂房(按单跨计)、礼堂、门厅应以两个轴线为1间计算;

c.有防水要求的建筑地面子分部工程的分项工程施工质量每检验批抽查数量应按其房间总数随机检验不少于4间,不足4间按全数检查。

② 建筑地面工程的分项工程施工质量检验的主控项目,必须达到(GB 50309)规范规定的质量标准,认定为合格;一般项目80%以上的检查点处符合(GB 50309)规范规定的质量要求,其他检查点(处)不得有明显影响装饰效果,并不得大于允许偏差值的50%为合格。凡达不到质量标准时,应按国家标准《建筑工程施工质量验收统一标准》GB 50300的规定处理。

3) 质量等级验收评定

① 主控项目是对检验批的基本质量起决定性影响的检验项目,必须全部符合该专业规范的规定,不允许有不符合规范要求的检验结果;

② 一般项目应有80%以上的抽检处符合该规范规定或偏差值在其允许偏差范围内。

4) 检验批验收应提交资料

检验批验收时,应提交的施工操作依据和质量检查记录应完整。

5) 检验批验收

只按列为主控项目、一般项目的条款来验收,不能随意扩大内容范围和提高质量标准。

6) 检验批验收责任制

检验批表式中的责任制签记必须本人签字,替签为无效检验批验收记录。

(2) 保证质量措施条目(摘自《建筑地面工程施工质量验收规范》GB 50209—2002)

6.1.5 板块的铺砌应符合设计要求,当设计无要求时,宜避免出现板块小于四分之一边长的边角料。

6.1.6 铺设水泥混凝土板块、水磨石板块、水泥花砖、陶瓷锦砖、陶瓷地砖、缸砖、料石、大理石和花岗石面层等的结合层和填缝的水泥砂浆,在面层铺设后,表面应覆盖、湿润,其养护时间不应少于7d。当板块面层的水泥砂浆结合层的抗压强度达到设计要求后,方可正常使用。

6.1.7 板块类踢脚线施工时,不得采用石灰砂浆打底。

6.4.1 预制板块面层采用预制水泥混凝土板块、水磨石板块应在结合层上铺设。

6.4.2 在现场加工的预制板块应按本规范相应整体面层的有关规定执行。

6.4.3 水泥混凝土板块面层的缝隙,应采用水泥浆(或砂浆)填缝;彩色水泥混凝土板块和水磨石板块应用同色水泥浆(或砂浆)擦缝。

(3) 检查验收执行条目(摘自《建筑地面工程施工质量验收规范》GB 50209—2002)

6.4.4 预制板块的强度等级、规格、质量应符合设计要求;水磨石板块尚应符合国家现行行业标准《建筑水磨石制品》JC 507的规定。

检验方法:观察检查和检查材质合格证明文件及检测报告。

6.4.5 面层与下一层应结合牢固、无空鼓。

注:凡单块板块料边角有局部空鼓,每自然间(标准间)不超过总数的5%可不计。

检验方法:用小锤轻击检查。

6.4.6 预制板块表面应无裂缝、掉角、翘曲等明显缺陷。

检验方法:观察检查。

6.4.7 预制板块面层应平整洁净,图案清晰,色泽一致,接缝均匀,周边顺直,镶嵌正确。

检验方法:观察检查。

6.4.8 面层邻接处的镶边用料尺寸应符合设计要求,边角整齐、光滑。

检验方法:观察和钢尺检查。

6.4.9 踢脚残表面应洁净、高度一致、结合牢固、出墙厚度一致。

检验方法:观察和用小锤轻击及钢尺检查。

6.4.10 楼梯踏步和台阶板块的缝隙宽度一致、齿角整齐,楼层梯段相邻踏步高度差不应大于10mm,防滑条顺直。

检验方法:观察和钢尺检查。

6.4.11 水泥混凝土板块和水磨石板块面层允许偏差应符合表4.1.5的规定。

(4) 质量验收的检验方法

质量验收的检验方法

项次	项目	检验方法
1	表面平整度	用2米靠尺和楔形塞尺检查
2	缝格平直	拉5米线和用钢尺检查
3	接缝高低差	用钢尺和楔形塞尺检查
4	踢脚线上口平直	拉5米线和用钢尺检查
5	板块间隙宽度	用钢尺检查

(5) 检验批验收应提供的附件资料

1) 原材料出厂合格证;
2) 材料进场检查验收记录;
3) 材料试验报告单;
4) 各构造层强度等级试验报告;
5) 密实度测定记录(有灰土或素土垫层时);
6) 隐蔽工程验收(施工前对构造层隐验);
7) 有关验收文件(如防辐射试验报告等);
8) 自检、互检及工序交接检查记录;
9) 其他应报或设计要求报送的资料。

注:合理缺项除外。

2.8.20 建筑地面料石面层检验批质量验收记录

1. 资料表式

建筑地面料石面层检验批质量验收记录表　　　　表209-20

检控项目	序号	质量验收规范规定	施工单位检查评定记录	监理(建设)单位验收记录
主控项目	1	面层材质	第6.5.5条	
	2	面层与基层结合	牢固无松动	
	3	条块石的强度等级	第6.5.5条	
	4	面层与下一层结合	应牢固、无松动	

续表

检控项目	序号	质量验收规范规定			施工单位检查评定记录						监理(建设)单位验收记录
一般项目	1	面层质量	第6.5.7条								
	2	面层	允许偏差值(mm)		量 测 值(mm)						
		项目	条石面层	块石面层							
		表面平整度	10	10							
		缝格平直	8	8							
		接缝高低差	2	—							
		踢脚线上口平直	—	—							
		板块间隙宽度	5								

2. 应用指导

(1) 检查验收统一说明

1) 执行规范章、节

本表的检验批验收执行《建筑地面工程施工质量验收规范》(GB 50209—2002)规范第6章、第6.5节主控项目和一般项目有关条目的质量等级要求。应按其质量标准和检查方法逐一进行验收。

表列应检验项目必须全部进行检查验收不得缺漏,应检项目漏检,应进行补充检查验收,不进行补检不应通过验收。

2) 检验批的划分原则

地面工程的检验批划分,(GB 50209—2002)规范规定:

① 建筑地面工程施工质量的检验,应符合下列规定:

a. 基层(各构造层)和各类面层的分项工程的施工质量验收应按每一层次或每层施工段(或变形缝)作为检验批,高层建筑的标准层可按每三层(不足三层按三层计)作为检验批;

b. 每检验批应以各子分部工程的基层(各构造层)和各类面层所划分的分项工程按自然间(或标准间)检验,抽查数量应随机检验不少于3间;不足3间,应全数检查;其中走廊(过道)以10延长米为1间,工业厂房(按单跨计)、礼堂、门厅应以两个轴线为1间计算;

c. 有防水要求的建筑地面子分部工程的分项工程施工质量每检验批抽查数量应按其房间总数随机检验不少于4间,不足4间按全数检查。

② 建筑地面工程的分项工程施工质量检验的主控项目,必须达到(GB 50309)规范规定的质量标准,认定为合格;一般项目80%以上的检查点处符合(GB 50309)规范规定的质量要求,其他检查点(处)不得有明显影响装饰效果,并不得大于允许偏差值的50%为合格。凡达不到质量标准时,应按国家标准《建筑工程施工质量验收统一标准》GB 50300的规定处理。

3) 质量等级验收评定

① 主控项目是对检验批的基本质量起决定性影响的检验项目,必须全部符合该专业规范的规定,不允许有不符合规范要求的检验结果;

② 一般项目应有80%以上的抽检处符合该规范规定或偏差值在其允许偏差范围内。

4) 检验批验收应提交资料

检验批验收时,应提交的施工操作依据和质量检查记录应完整。

5) 检验批验收

只按列为主控项目、一般项目的条款来验收,不能随意扩大内容范围和提高质量标准。

6) 检验批验收责任制

检验批表式中的责任制签记必须本人签字,替签为无效检验批验收记录。

(2) 保证质量措施条目(摘自《建筑地面工程施工质量验收规范》GB 50209—2002)

6.1.5 板块的铺砌应符合设计要求,当设计无要求时,宜避免出现板块小于四分之一边长的边角料。

6.1.6 铺设水泥混凝土板块、水磨石板块、水泥花砖、陶瓷锦砖、陶瓷地砖、缸砖、料石、大理石和花岗石面层等的结合层和填缝的水泥砂浆,在面层铺设后,表面应覆盖、湿润,其养护时间不应少于7d。当板块面层的水泥砂浆结合层的抗压强度达到设计要求后,方可正常使用。

6.1.7 板块类踢脚线施工时,不得采用石灰砂浆打底。

6.5.1 料石面层采用天然条石和块石应在结合层上铺设。

6.5.2 条石和块石面层所用的石材的规格、技术等级和厚度应符合设计要求。条石的质量应均匀,形状为矩形六面体,厚度为80~120mm;块石形状为直棱柱体,顶面粗琢平整,底面面积不宜小于顶面面积的60%,厚度为100~150mm。

6.5.3 不导电的料石面层的石料应采用辉绿岩石加工制成。填缝材料亦采用辉绿岩石加工的砂嵌实。耐高温的料石面层的石料,应按设计要求选用。

6.5.4 块石面层结合层铺设厚度:砂垫层不应小于60mm;基土层应为均匀密实的基土或夯实的基土。

(3) 检查验收执行条目(摘自《建筑地面工程施工质量验收规范》GB 50209—2002)

6.5.5 面层材质应符合设计要求;条石的强度等级应大于Mu60,块石的强度等级应大于Mu30。

检验方法:观察检查和检查材质合格证明文件及检测报告。

6.5.6 面层与下一层的结合应牢固、无松动。

检验方法:观察检查和用锤击检查。

6.5.7 条石面层应组砌合理,无十字缝,铺砌方向和坡度应符合设计要求;块石面层石料缝隙应相互错开,通缝不超过两块石料。

检验方法:观察和用坡度尺检查。

6.5.8 条石面层和块石面层的允许偏差应符合表6.1.8的规定。

(4) 质量验收的检验方法

质量验收的检验方法

项次	项目	检验方法
1	表面平整度	用2m靠尺和楔形塞尺检查
2	缝格平直	拉5m线和用钢尺检查
3	接缝高低差	用钢尺和楔形塞尺检查
4	踢脚线上口平直	拉5m线和用钢尺检查
5	板块间隙宽度	用钢尺检查

(5) 检验批验收应提供的附件资料

1) 原材料出厂合格证;
2) 材料进场检查验收记录;
3) 材料试验报告单;
4) 各构造层强度等级试验报告;
5) 密实度测定记录(有灰土或素土垫层);
6) 隐蔽工程验收(施工前对构造层隐验);
7) 有关验收文件(如防辐射试验报告等);
8) 自检、互检及工序交接检查记录;
9) 其他应报或设计要求报送的资料。

注:合理缺项除外。

2.8.21 建筑地面塑料板面层检验批质量验收记录

1. 资料表式

建筑地面塑料板面层检验批质量验收记录表　　　　表209-21

检控项目	序号	质量验收规范规定		施工单位检查评定记录			监理(建设)单位验收记录
主控项目	1	面层材料质量	第6.6.4条				
	2	面层与下一层粘结	第6.6.5条				
一般项目	1	塑料板面层质量	第6.6.6条				
	2	缝隙焊接质量	第6.6.7条				
	3	镶边用料质量	第6.6.8条				
	4	面层	允许偏差值(mm)	量　测　值(mm)			
		1)表面平整度	2				
		2)缝格平直	3				
		3)接缝高低差	0.5				
		4)踢脚线上口平直	2				

2．应用指导

(1) 检查验收统一说明

1) 执行规范章、节

本表的检验批验收执行《建筑地面工程施工质量验收规范》(GB 50209—2002)规范第6章、第6.6节主控项目和一般项目有关条目的质量等级要求。应按其质量标准和检查方法逐一进行验收。

表列应检验项目必须全部进行检查验收不得缺漏，应检项目漏检，应进行补充检查验收，不进行补检不应通过验收。

2) 检验批的划分原则

地面工程的检验批划分，(GB 50209—2002)规范规定：

① 建筑地面工程施工质量的检验，应符合下列规定：

a．基层(各构造层)和各类面层的分项工程的施工质量验收应按每一层次或每层施工段(或变形缝)作为检验批，高层建筑的标准层可按每三层(不足三层按三层计)作为检验批；

b．每检验批应以各子分部工程的基层(各构造层)和各类面层所划分的分项工程按自然间(或标准间)检验，抽查数量应随机检验不少于3间；不足3间，应全数检查；其中走廊(过道)以10延长米为1间，工业厂房(按单跨计)、礼堂、门厅应以两个轴线为1间计算；

c．有防水要求的建筑地面子分部工程的分项工程施工质量每检验批抽查数量应按其房间总数随机检验不少于4间，不足4间按全数检查。

2) 建筑地面工程的分项工程施工质量检验的主控项目，必须达到(GB 50309)规范规定的质量标准，认定为合格；一般项目80%以上的检查点处符合(GB 50309)规范规定的质量要求，其他检查点(处)不得有明显影响装饰效果，并不得大于允许偏差值的50%为合格。凡达不到质量标准时，应按国家标准《建筑工程施工质量验收统一标准》GB 50300的规定处理。

3) 质量等级验收评定

① 主控项目是对检验批的基本质量起决定性影响的检验项目，必须全部符合该专业规范的规定，不允许有不符合规范要求的检验结果；

② 一般项目应有80%以上的抽检处符合该规范规定或偏差值在其允许偏差范围内。

4) 检验批验收应提交资料

检验批验收时，应提交的施工操作依据和质量检查记录应完整。

5) 检验批验收

只按列为主控项目、一般项目的条款来验收，不能随意扩大内容范围和提高质量标准。

6) 检验批验收责任制

检验批表式中的责任制签记必须本人签字，替签为无效检验批验收记录。

(2) 保证质量措施条目（摘自《建筑地面工程施工质量验收规范》GB 50209—2002）

6.1.5 板块的铺砌应符合设计要求，当设计无要求时，宜避免出现板块小于四分之一边长的边角料。

6.1.6 铺设水泥混凝土板块、水磨石板块、水泥花砖、陶瓷锦砖、陶瓷地砖、缸砖、料石、大理石和花岗石面层等的结合层和填缝的水泥砂浆，在面层铺设后，表面应覆盖、湿润，其养护时间不应少于7d。当板块面层的水泥砂浆结合层的抗压强度达到设计要求后，方可正常使用。

6.1.7 板块类踢脚线施工时，不得采用石灰砂浆打底。

6.6.1 塑料板面层应采用塑料板块材、塑料板焊接、塑料卷材以胶粘剂在水泥类基层上铺设。

6.6.2 水泥类基层表面应平整、坚硬、干燥、密实、洁净、无油脂及其他杂质，不得有麻面、起砂、裂缝等缺陷。

6.6.3 胶粘剂选用应符合现行国家标准《民用建筑工程室内环境污染控制规范》GB 50325的规定。其产品应按基层材料和面层材料使用的相容性要求，通过试验确定。

(3) 检查验收执行条目（摘自《建筑地面工程施工质量验收规范》GB 50209—2002）

6.6.4 塑料板面层所用的塑料板块和卷材的品种、规格、颜色、等级应符合设计要求和国家标准的规定。

检验方法：观察检查和检查材质合格证明文件及检测报告。

6.6.5 面层与下一层的粘结应牢固，不翘边、不脱胶、无溢胶。

注：卷材局部脱胶处面积不大于200cm^2，且相隔间距不小于50cm可不计；凡单块板块料边角局部脱胶处且每自然间（标准间）不超过总数的5%者可不计。

检验方法：观察检查和检查检测报告。

6.6.6 塑料板面层应表面洁净，图案清晰，色泽一致，接缝严密、美观。拼缝处的图案、花纹吻合，无胶痕；与墙边交接严密，阴阳角收边方正。

检验方法：观察检查。

6.6.7 板块的焊接，焊缝应平整、光洁，无焦化变色、斑点、焊瘤和起鳞等缺陷，其凹凸允许偏差为±0.6mm。焊缝的抗拉强度不得小于塑料板强度的75%。

检验方法：观察检查和检查检测报告。

6.6.8 镶边用料应尺寸准确、边角整齐、拼缝严密、接缝顺直。

检验方法：用钢尺和观察检查。

6.6.9 塑料板面层允许偏差应符合表6.1.8的规定。

(4) 质量验收的检验方法

质量验收的检验方法

项次	项目	检验方法
1	表面平整度	用2m靠尺和楔形塞尺检查
2	缝格平直	拉5m线用钢尺检查
3	接缝高低差	用钢尺和楔形塞尺检查
4	踢脚线上口平直	拉5m线和用钢尺检查
5	板块间隙宽度	用钢尺检查

(5) 检验批验收应提供的附件资料

1) 原材料出厂合格证；
2) 材料进场检查验收记录；
3) 材料试验报告单；
4) 各构造层强度等级试验报告；
5) 密实度测定记录（有灰土或素土垫层时）；
6) 隐蔽工程验收（施工前对构造层隐验）；
7) 有关验收文件（如防辐射试验报告等）；

8）自检、互检及工序交接检查记录；
9）其他应报或设计要求报送的资料。

注：合理缺项除外。

2.8.22 建筑地面活动地板面层检验批质量验收记录

1．资料表式

建筑地面活动地板面层检验批质量验收记录表　　　　表 209-22

检控项目	序号	质量验收规范规定		施工单位检查评定记录	监理(建设)单位验收记录
主控项目	1	面层材质	第6.7.8条		
	2	活动地板面层质量	第6.7.9条		
一般项目	1	活动地板面层外观质量	第6.7.10条		
	2	面层	允许偏差值(mm)	量　测　值(mm)	
		1)表面平整度	2.0		
		2)缝格平直	2.5		
		3)接缝高低差	0.4		
		4)板块间隙宽度	0.3		

2．应用指导

(1) 检查验收统一说明

1）执行规范章、节

本表的检验批验收执行《建筑地面工程施工质量验收规范》(GB 50209—2002)规范第6章、第6.7节主控项目和一般项目有关条目的质量等级要求。应按其质量标准和检查方法逐一进行验收。

表列应检验项目必须全部进行检查验收不得缺漏，应检项目漏检，应进行补充检查验收，不进行补检不应通过验收。

2）检验批的划分原则

地面工程的检验批划分，(GB 50209—2002)规范规定：

① 建筑地面工程施工质量的检验，应符合下列规定：

a. 基层(各构造层)和各类面层的分项工程的施工质量验收应按每一层次或每层施工段(或变形缝)作为检验批，高层建筑的标准层可按每三层(不足三层按三层计)作为检验批；

b. 每检验批应以各子分部工程的基层(各构造层)和各类面层所划分的分项工程按自然间(或标准间)检验，抽查数量应随机检验不少于3间；不足3间，应全数检查；其中走廊(过道)以10延长米为1间，工业厂房(按单跨计)、礼堂、门厅应以两个轴线为1间计算；

c. 有防水要求的建筑地面子分部工程的分项工程施工质量每检验批抽查数量应按其

房间总数随机检验不少于4间,不足4间按全数检查。

② 建筑地面工程的分项工程施工质量检验的主控项目,必须达到(GB 50309)规范规定的质量标准,认定为合格;一般项目80%以上的检查点处符合(GB 50309)规范规定的质量要求,其他检查点(处)不得有明显影响装饰效果,并不得大于允许偏差值的50%为合格。凡达不到质量标准时,应按国家标准《建筑工程施工质量验收统一标准》GB 50300的规定处理。

3) 质量等级验收评定

① 主控项目是对检验批的基本质量起决定性影响的检验项目,必须全部符合该专业规范的规定,不允许有不符合规范要求的检验结果;

② 一般项目应有80%以上的抽检处符合该规范规定或偏差值在其允许偏差范围内。

4) 检验批验收应提交资料

检验批验收时,应提交的施工操作依据和质量检查记录应完整。

5) 检验批验收

只按列为主控项目、一般项目的条款来验收,不能随意扩大内容范围和提高质量标准。

6) 检验批验收责任制

检验批表式中的责任制签记必须本人签字,替签为无效检验批验收记录。

(2) 保证质量措施条目(摘自《建筑地面工程施工质量验收规范》GB 50209—2002)

6.1.5 板块的铺砌应符合设计要求,当设计无要求时,宜避免出现板块小于四分之一边长的边角料。

6.1.6 铺设水泥混凝土板块、水磨石板块、水泥花砖、陶瓷锦砖、陶瓷地砖、缸砖、料石、大理石和花岗石面层等的结合层和填缝的水泥砂浆,在面层铺设后,表面应覆盖、湿润,其养护时间不应少于7d。当板块面层的水泥砂浆结合层的抗压强度达到设计要求后,方可正常使用。

6.1.7 板块类踢脚线施工时,不得采用石灰砂浆打底。

6.7.1 活动地板面层用于防尘和防静电要求的专业用房的建筑地面工程。用特制的平压刨花板为基材,表面饰以装饰板和底层用镀锌板经粘结胶合组成的活动地板块,配以横梁、橡胶垫条和可供调节高度的金属支架组装成架空板铺设在水泥类面层(或基层)上。

6.7.2 活动地板所有的支座柱和横梁应构成框架一体,并与基层连接牢固,支架抄平后高度应符合设计要求。

6.7.3 活动地板面层包括标准地板、异形地板和地板附件(即支架和横梁组件)。采用的活动地板块应平整、坚实,面层承载力不得小于7.5MPa,其系统电阻:A级板为$1.0 \times 10^5 \sim 1.0 \times 10^8 \Omega$;B级板为$1.0 \times 10^5 \sim 1.0 \times 10^{10} \Omega$。

6.7.4 活动地板面层的金属支架应支承在现浇水泥混凝土基层(或面层)上,基层表面应平整、光洁、不起灰。

6.7.5 活动板块与横梁接触搁置处应达到四角平整、严密。

6.7.6 当活动地板不符合模数时,其不足部分在现场根据实际尺寸将板块切割后镶补,并配装相应的可调支撑和横梁。切割边不经处理不得镶补安装,并不得有局部膨胀变形情况。

6.7.7 活动地板在门口处或预留洞口处应满足设置构造要求,四周侧边应用耐磨硬质板材封闭或用镀锌钢板包裹,胶余封边应符合耐磨要求。

(3) 检查验收执行条目(摘自《建筑地面工程施工质量验收规范》GB 50209—2002)

6.7.8 面层材质必须符合设计要求，且应具有耐磨、防潮、阻燃、耐污染、耐老化和导静电等特点。

检验方法：观察检查和检查材质合格证明文件及检测报告。

6.7.9 活动地板面层应无裂纹、掉角和缺棱等缺陷。行走无声响、无摆动。

检验方法：观察和脚踩检查。

6.7.10 活动地板面层应排列整齐、表面洁净、色泽一致、接缝均匀、周边顺直。

检验方法：观察检查。

6.7.11 活动地板面层允许偏差应符合表6.1.8的规定。

(4) 质量验收的检验方法

质量验收的检验方法

项次	项目	检验方法
1	表面平整度	用2m靠尺和楔形塞尺检查
2	缝格平直	拉5m线和用钢尺检查
3	接缝高低差	用钢尺和楔形塞尺检查
4	踢脚线上口平直	拉5m线和用钢尺检查
5	板块间隙宽度	用钢尺检查

(5) 检验批验收应提供的附件资料

1) 原材料出厂合格证；
2) 材料进场检查验收记录；
3) 材料试验报告单；
4) 各构造层强度等级试验报告；
5) 密实度测定记录（有灰土或素土垫层时）；
6) 隐蔽工程验收（施工前对构造层隐验）；
7) 有关验收文件（如防辐射试验报告等）；
8) 自检、互检及工序交接检查记录；
9) 其他应报或设计要求报送的资料。

注：合理缺项除外。

2.8.23 建筑地面地毯面层检验批质量验收记录

1. 资料表式

建筑地面地毯面层检验批质量验收记录表　　　　表209-23

检控项目	序号	质量验收规范规定	施工单位检查评定记录	监理(建设)单位验收记录
主控项目	1	地毯、胶料及其辅料材质	第6.8.7条	
	2	地毯表面质量	第6.8.8条	

续表

检控项目	序号	质量验收规范规定		施工单位检查评定记录	监理(建设)单位验收记录
一般项目	1	地毯外观质量	第6.8.9条		
	2	地毯同其他地面、墙、柱交接	第6.8.10条		

2．应用指导

(1) 检查验收统一说明

1) 执行规范章、节

本表的检验批验收执行《建筑地面工程施工质量验收规范》(GB 50209—2002)规范第6章、第6.8节主控项目和一般项目有关条目的质量等级要求。应按其质量标准和检查方法逐一进行验收。

表列应检验项目必须全部进行检查验收不得缺漏，应检项目漏检，应进行补充检查验收，不进行补检不应通过验收。

2) 检验批的划分原则

地面工程的检验批划分，(GB 50209—2002)规范规定：

① 建筑地面工程施工质量的检验，应符合下列规定：

a．基层(各构造层)和各类面层的分项工程的施工质量验收应按每一层次或每层施工段(或变形缝)作为检验批，高层建筑的标准层可按每三层(不足三层按三层计)作为检验批；

b．每检验批应以各子分部工程的基层(各构造层)和各类面层所划分的分项工程按自然间(或标准间)检验，抽查数量应随机检验不少于3间；不足3间，应全数检查；其中走廊(过道)以10延长米为1间，工业厂房(按单跨计)、礼堂、门厅应以两个轴线为1间计算；

c．有防水要求的建筑地面子分部工程的分项工程施工质量每检验批抽查数量应按其房间总数随机检验不少于4间，不足4间按全数检查。

② 建筑地面工程的分项工程施工质量检验的主控项目，必须达到(GB 50309)规范规定的质量标准，认定为合格；一般项目80％以上的检查点处符合(GB 50309)规范规定的质量要求，其他检查点(处)不得有明显影响装饰效果，并不得大于允许偏差值的50％为合格。凡达不到质量标准时，应按国家标准《建筑工程施工质量验收统一标准》GB 50300的规定处理。

3) 质量等级验收评定

① 主控项目是对检验批的基本质量起决定性影响的检验项目，必须全部符合该专业规范的规定，不允许有不符合规范要求的检验结果；

② 一般项目应有80%以上的抽检处符合该规范规定或偏差值在其允许偏差范围内。

4) 检验批验收应提交资料

检验批验收时,应提交的施工操作依据和质量检查记录应完整。

5) 检验批验收

只按列为主控项目、一般项目的条款来验收,不能随意扩大内容范围和提高质量标准。

6) 检验批验收责任制

检验批表式中的责任制签记必须本人签字,替签为无效检验批验收记录。

(2) 保证质量措施条目(摘自《建筑地面工程施工质量验收规范》GB 50209—2002)

6.1.5 板块的铺砌应符合设计要求,当设计无要求时,宜避免出现板块小于四分之一边长的边角料。

6.1.6 铺设水泥混凝土板块、水磨石板块、水泥花砖、陶瓷锦砖、陶瓷地砖、缸砖、料石、大理石和花岗石面层等的结合层和填缝的水泥砂浆,在面层铺设后,表面应覆盖、湿润,其养护时间不应少于7d。当板块面层的水泥砂浆结合层的抗压强度达到设计要求后,方可正常使用。

6.1.7 板块类踢脚线施工时,不得采用石灰砂浆打底。

6.8.1 地毯面层采用方块、卷材地毯在水泥类面层(或基层)上铺设。

6.8.2 水泥类面层(或基层)表面应坚硬、平整、光洁、干燥,无凹坑、麻面、裂缝,并应清除油污、钉头和其他突出物。

6.8.3 海绵衬垫应满铺平整,地毯接缝处不露底衬。

6.8.4 固定式地毯铺设应符合下列规定:

1) 固定地毯用的金属卡条(倒刺板)、金属压条、专用双面胶带等必须符合设计要求;

2) 铺设的地毯张拉应适宜,四周卡条固定牢;门口处应用金属压条等固定;

3) 地毯周边应塞入卡条和踢脚线之间的缝中;

4) 粘贴地毯应用胶粘剂与基层粘贴牢固。

6.8.5 活动式地毯铺设应符合下列规定:

1) 地毯拼成整块后直接铺在洁净的地上,地毯周边应塞入踢脚线下;

2) 与不同类型的建筑地面连接处,应按设计要求收口;

3) 小方块地毯铺设,块与块之间应挤紧服贴。

6.8.6 楼梯地毯铺设,每梯段顶级地毯应用压条固定于平台上,每级阴角处应用卡条固定牢。

(3) 检查验收执行条目(摘自《建筑地面工程施工质量验收规范》GB 50209—2002)

6.8.7 地毯的品种、规格、颜色、花色、胶料和辅料及其材质必须符合设计要求和国家现行《地毯产品》标准的规定。

检验方法:观察检查和检查材质合格记录。

6.8.8 地毯表面应平服,拼缝处粘贴牢固、严密平整、图案吻合。

检验方法:观察检查。

6.8.9 地毯表面不应起鼓、起皱、翘边、卷边、显拼缝、露线和无毛边,绒面毛顺光一致,毯面干净,无污染和损伤。

检验方法:观察检查。

6.8.10 地毯同其他地面连接处、收口处和墙边、柱子周围应顺直、压紧。
检验方法:观察检查。

(4) 检验批验收应提供的附件资料
1) 原材料出厂合格证;
2) 材料进场检查验收记录;
3) 材料试验报告单;
4) 隐蔽工程验收(施工前对构造层隐验);
5) 有关验收文件(如防辐射试验报告等);
6) 自检、互检及工序交接检查记录;
7) 其他应报或设计要求报送的资料。
注:合理缺项除外。

2.8.24 建筑地面实木复合地板面层检验批质量验收记录

1. 资料表式

建筑地面实木复合地板面层检验批质量验收记录表　　　表209-24

检控项目	序号	质量验收规范规定				施工单位检查评定记录	监理(建设)单位验收记录
主控项目	1	地板面层材质与防腐、防蛀			第7.2.7条		
	2	木搁栅安装			应牢固、平直		
	3	面层铺设			应牢固、粘结无空鼓		
一般项目	1	地板面层质量			第7.2.10条		
	2	面层缝隙应严密			接头位置应错开、表面洁净		
	3	拼花地板接缝与粘、钉			第7.2.12条		
	4	踢脚线外观			第7.2.13条		
		项目	松木地板	硬木地板	拼花地板	量测值(mm)	
		板面缝隙宽度	1	0.5	0.2		
		表面平整度	3	2	2		
		踢脚线上口平齐	3	3	3		
		板面拼缝平直	3	3	3		
		相邻板材高差	0.5	0.5	0.5		
		踢脚线与面层接缝		1			

2. 应用指导

(1) 检查验收统一说明

1) 执行规范章、节

本表的检验批验收执行《建筑地面工程施工质量验收规范》(GB 507209—2002)规范第

7章、第7.2节主控项目和一般项目有关条目的质量等级要求。应按其质量标准和检查方法逐一进行验收。

表列应检验项目必须全部进行检查验收不得缺漏,应检项目漏检,应进行补充检查验收,不进行补检不应通过验收。

2）检验批的划分原则

地面工程的检验批划分,(GB 50209—2002)规范规定：

① 建筑地面工程施工质量的检验,应符合下列规定：

a. 基层（各构造层）和各类面层的分项工程的施工质量验收应按每一层次或每层施工段（或变形缝）作为检验批,高层建筑的标准层可按每三层（不足三层按三层计）作为检验批；

b. 每检验批应以各子分部工程的基层（各构造层）和各类面层所划分的分项工程按自然间（或标准间）检验,抽查数量应随机检验不少于3间；不足3间,应全数检查；其中走廊（过道）以10延长米为1间,工业厂房（按单跨计）、礼堂、门厅应以两个轴线为1间计算；

c. 有防水要求的建筑地面子分部工程的分项工程施工质量每检验批抽查数量应按其房间总数随机检验不少于4间,不足4间按全数检查。

② 建筑地面工程的分项工程施工质量检验的主控项目,必须达到（GB 50309）规范规定的质量标准,认定为合格；一般项目80%以上的检查点处符合（GB 50309）规范规定的质量要求,其他检查点（处）不得有明显影响装饰效果,并不得大于允许偏差值的50%为合格。凡达不到质量标准时,应按国家标准《建筑工程施工质量验收统一标准》GB 50300的规定处理。

3）质量等级验收评定

① 主控项目是对检验批的基本质量起决定性影响的检验项目,必须全部符合该专业规范的规定,不允许有不符合规范要求的检验结果；

② 一般项目应有80%以上的抽检处符合该规范规定或偏差值在其允许偏差范围内。

4）检验批验收应提交资料

检验批验收时,应提交的施工操作依据和质量检查记录应完整。

5）检验批验收

只按列为主控项目、一般项目的条款来验收,不能随意扩大内容范围和提高质量标准。

6）检验批验收责任制

检验批表式中的责任制签记必须本人签字,替签为无效检验批验收记录。

(2) 保证质量措施条目（摘自《建筑地面工程施工质量验收规范》GB 50209—2002）

7.1.3 与厕浴间、厨房等潮湿场所相邻木、竹面层连接处应做防水（防潮）处理。

7.2.1 实木地板面层采用条材和块材实木地板或采用拼花实木地板,以空铺或实铺方式在基层上铺设。

7.2.2 实木地板面层可采用双层面层和单层面层铺设,其厚度应符合设计要求。实木地板面层的条材和块材应采用具有商品检验合格证的产品,其产品类别、型号、适用树种、检验规则以及技术条件等均应符合现行国家标准《实木地板块》GB/T 15036.1～6的规定。

7.2.3 铺设实木地板面层时,其木搁栅的截面尺寸、间距和稳固方法等均应符合设计要求。木搁栅固定时,不得损坏基层和预埋管线。木搁栅应垫实钉牢,与墙之间应留出30mm的缝隙,表面应平直。

7.2.4 毛地板铺设时,木材髓心应向上,其板间缝隙不应大于3mm,与墙之间应留8~12mm空隙,表面应刨平。

7.2.5 实木地板面层铺设时,面板与墙之间应留8~12mm缝隙。

7.2.6 采用实木制作的踢脚线,背面应抽槽并做防腐处理。

(3) 检查验收执行条目(摘自《建筑地面工程施工质量验收规范》GB 50209—2002)

7.2.7 实木地板面层所采用的材质和铺设时的木材含水率必须符合设计要求。木搁栅、垫木和毛地板等必须做防腐、防蛀处理。

检验方法:观察检查和检查材质合格证明文件及检测报告。

7.2.8 木搁栅安装应牢固、平直。

检验方法:观察、脚踩检查。

7.2.9 面层铺设应牢固;粘结无空鼓。

检验方法:观察、脚踩或用小锤轻击检查。

7.2.10 实木地板面层应刨平、磨光,无明显刨痕和毛刺等现象;图案清晰、颜色均匀一致。

检验方法:观察、手摸和脚踩检查。

7.2.11 面层缝隙应严密;接头位置应错开、表面洁净。

检验方法:观察检查。

7.2.12 拼花地板接缝应对齐,粘、钉严密;缝隙宽度均匀一致;表面洁净,胶粘无溢胶。

检验方法:观察检查。

7.2.13 踢脚线表面应光滑,接缝严密,高度一致。

检验方法:观察和钢尺检查。

7.2.14 实木地板面层的允许偏差应符合表7.1.7(见表209-24)的规定。

(4) 质量验收的检验方法

质量验收的检验方法

项　次	项　目	检　验　方　法
1	板面缝隙宽度	用钢尺检查
2	表面平整度	用2m靠尺和楔形塞尺检查
3	踢脚线上口平齐	拉5m通线,不足5m拉通线和用钢尺检查
4	板面拼缝平直	拉5m通线,不足5m拉通线和用钢尺检查
5	相邻板材高差	用钢尺和楔形塞尺检查
6	踢脚线与面层的接缝	楔形塞尺检查

(5) 检验批验收应提供的附件资料

1) 原材料出厂合格证;
2) 材料进场检查验收记录;
3) 材料试验报告单;
4) 隐蔽工程验收(施工前对构造层隐验);
5) 有关验收文件(如防辐射试验报告等);
6) 自检、互检及工序交接检查记录;
7) 其他应报或设计要求报送的资料。

注:合理缺项除外。

2.8.25 建筑地面实木地板面层检验批质量验收记录

1. 资料表式

建筑地面实木地板面层检验批质量验收记录表　　　　表 209-25

检控项目	序号	质量验收规范规定		施工单位检查评定记录										监理(建设)单位验收记录
主控项目	1	地板面层材质与防腐防蛀	第7.3.9条											
	2	木搁栅安装	应牢固、平直											
	3	面层铺设要求	应牢固；粘结无空鼓											
一般项目	1	地板面层外观质量	第7.3.12条											
	2	面层接头	应错开、缝隙严密、表面洁净											
	3	踢脚线外观	应光滑、接缝严密、高度一致											
	4	面层	允许偏差(mm)											
		项目	实木复合地板、中密度复合、竹地板面层	量 测 值(mm)										
		板面缝隙宽度	0.5											
		表面平整度	2											
		踢脚线上口平齐	3											
		板面拼缝平直	3											
		相邻板材高差	0.5											
		踢脚线与面层接缝	1											

2. 应用指导

(1) 检查验收统一说明

1) 执行规范章、节

本表的检验批验收执行《建筑地面工程施工质量验收规范》(GB 50209—2002)规范第7章、第7.3节主控项目和一般项目有关条目的质量等级要求。应按其质量标准和检查方法逐一进行验收。

表列应检验项目必须全部进行检查验收不得缺漏，应检项目漏检，应进行补充检查验收，不进行补检不应通过验收。

2) 检验批的划分原则

地面工程的检验批划分，(GB 50209—2002)规范规定：

① 建筑地面工程施工质量的检验，应符合下列规定：

a. 基层(各构造层)和各类面层的分项工程的施工质量验收应按每一层次或每层施工段(或变形缝)作为检验批，高层建筑的标准层可按每三层(不足三层按三层计)作为检验批；

b.每检验批应以各子分部工程的基层(各构造层)和各类面层所划分的分项工程按自然间(或标准间)检验,抽查数量应随机检验不少于3间;不足3间,应全数检查;其中走廊(过道)以10延长米为1间,工业厂房(按单跨计)、礼堂、门厅应以两个轴线为1间计算;

　　c.有防水要求的建筑地面子分部工程的分项工程施工质量每检验批抽查数量应按其房间总数随机检验不少于4间,不足4间按全数检查。

　　② 建筑地面工程的分项工程施工质量检验的主控项目,必须达到(GB 50309)规范规定的质量标准,认定为合格;一般项目80%以上的检查点处符合(GB 50309)规范规定的质量要求,其他检查点(处)不得有明显影响装饰效果,并不得大于允许偏差值的50%为合格。凡达不到质量标准时,应按国家标准《建筑工程施工质量验收统一标准》GB 50300的规定处理。

　　3) 质量等级验收评定

　　① 主控项目是对检验批的基本质量起决定性影响的检验项目,必须全部符合该专业规范的规定,不允许有不符合规范要求的检验结果;

　　② 一般项目应有80%以上的抽检处符合该规范规定或偏差值在其允许偏差范围内。

　　4) 检验批验收应提交资料

　　检验批验收时,应提交的施工操作依据和质量检查记录应完整。

　　5) 检验批验收

　　只按列为主控项目、一般项目的条款来验收,不能随意扩大内容范围和提高质量标准。

　　6) 检验批验收责任制

　　检验批表式中的责任制签记必须本人签字,替签为无效检验批验收记录。

　　(2) 保证质量措施条目(摘自《建筑地面工程施工质量验收规范》GB 50209—2002)

　　7.1.3 与厕浴间、厨房等潮湿场所相邻木、竹面层连接处应做防水(防潮)处理。

　　7.3.1 实木复合地板面层采用条材和块材实木复合地板或采用拼花实木复合地板,以空铺或实铺方式在基层上铺设。

　　7.3.2 实木复合地板面层的条材和块材应采用具有商品检验合格证的产品,其技术等级及质量要求均应符合国家现行标准的规定。

　　7.3.3 铺设实木复合地板面层时,其木搁栅的截面尺寸、间距和稳固方法等均应符合设计要求。木搁栅固定时,不得损坏基层和预埋管线。木搁栅应垫实钉牢,与墙之间应留出30mm的缝隙,表面应平直。

　　7.3.4 毛地板铺设时,按(GB 50209)规范第7.2.4条规定执行。

　　7.3.5 实木复合地板面层可采用整贴和点贴法施工。粘贴材料应采用具有耐老化、防水和防菌、无毒等性能的材料,或按设计要求选用。

　　7.3.6 实木复合地板面层下衬垫的材质和厚度应符合设计要求。

　　7.3.7 实木复合地板面层铺设时,相邻板材接头位置应错开不小于300mm距离;与墙之间应留不小于10mm空隙。

　　7.3.8 大面积铺设实木复合地板面层时,应分段铺设,分段缝的处理应符合设计要求。

　　(3) 检查验收执行条目(摘自《建筑地面工程施工质量验收规范》GB 50209—2002)

　　7.3.9 实木复合地板面层所采用的条材和块材,其技术等级及质量要求应符合设计要求。木搁栅、垫木和毛地板等必须做防腐、防蛀处理。

　　检验方法:观察检查和检查材质合格证明文件及检测报告。

7.3.10 木搁栅安装应牢固、平直。

检验方法:观察、脚踩检查。

7.3.11 面层铺设应牢固;粘贴无空鼓。

检验方法:观察、脚踩或用小锤轻击检查。

7.3.12 实木复合地板面层图案和颜色应符合设计要求,图案清晰,颜色一致,板面无翘曲。

检验方法:观察、用2m靠尺和楔形塞尺检查。

7.3.13 面层的接头应错开、缝隙严密,表面洁净。

检验方法:观察检查。

7.3.14 踢脚线表面光滑,接缝严密,高度一致。

检验方法:观察和钢尺检查。

7.3.15 实木复合地板面层允许偏差应符合表7.1.7的规定。

(4) 质量验收的检验方法

质量验收的检验方法

项次	项目	检验方法
1	板面缝隙宽度	用钢尺检查
2	表面平整度	用2m靠尺和楔形塞尺检查
3	踢脚线上口平齐	拉5m通线,不足5m拉通线和用钢尺检查
4	板面拼缝平直	拉5m通线,不足5m拉通线和用钢尺检查
5	相邻板材高差	用钢尺和楔形塞尺检查
6	踢脚线与面层的接缝	楔形塞尺检查

(5) 检验批验收应提供的附件资料

1) 原材料出厂合格证;
2) 材料进场检查验收记录;
3) 材料试验报告单;
4) 隐蔽工程验收(施工前对构造层隐验);
5) 有关验收文件(如防辐射试验报告等);
6) 自检、互检及工序交接检查记录;
7) 其他应报或设计要求报送的资料。

注:合理缺项除外。

2.8.26 建筑地面中密度(强化)复合地板面层检验批质量验收记录

1. 资料表式

建筑地面中密度(强化)复合地板面层检验批质量验收记录表　　表209-26

检控项目	序号	质量验收规范规定		施工单位检查评定记录	监理(建设)单位验收记录
主控项目	1	地板材质与防腐、防蛀	第7.4.3条		
	2	木搁栅安装	应牢固、平直		
	3	面层铺设	牢固、无空鼓		

续表

检控项目	序号	质量验收规范规定		施工单位检查评定记录	监理(建设)单位验收记录
一般项目	1	地板面层外观质量	第7.4.6条		
	2	面层的接头	应错开、缝隙严密、表面洁净		
	3	踢脚线表面	第7.4.8条		
	4	面层	允许偏差(mm)	量 测 值(mm)	
		1)板面缝隙宽度	0.5		
		2)表面平整度	2.0		
		3)踢脚线上口平齐	3.0		
		4)板面拼缝平直	3.0		
		5)相邻板材高差	0.5		
		6)踢脚线与面层接缝	1.0		

2．应用指导

(1) 检查验收统一说明

1) 执行规范章、节

本表的检验批验收执行《建筑地面工程施工质量验收规范》(GB 50209—2002)规范第7章、第7.4节主控项目和一般项目有关条目的质量等级要求。应按其质量标准和检查方法逐一进行验收。

表列应检验项目必须全部进行检查验收不得缺漏，应检项目漏检，应进行补充检查验收，不进行补检不应通过验收。

2) 检验批的划分原则

地面工程的检验批划分，(GB 50209—2002)规范规定：

① 建筑地面工程施工质量的检验，应符合下列规定：

a．基层(各构造层)和各类面层的分项工程的施工质量验收应按每一层次或每层施工段(或变形缝)作为检验批，高层建筑的标准层可按每三层(不足三层按三层计)作为检验批；

b．每检验批应以各子分部工程的基层(各构造层)和各类面层所划分的分项工程按自然间(或标准间)检验，抽查数量应随机检验不少于3间；不足3间，应全数检查；其中走廊(过道)以10延长米为1间，工业厂房(按单跨计)、礼堂、门厅应以两个轴线为1间计算；

c．有防水要求的建筑地面子分部工程的分项工程施工质量每检验批抽查数量应按其房间总数随机检验不少于4间，不足4间按全数检查。

② 建筑地面工程的分项工程施工质量检验的主控项目，必须达到(GB 50309)规范规定的质量标准，认定为合格；一般项目80%以上的检查点处符合(GB 50309)规范规定的质量要求，其他检查点(处)不得有明显影响装饰效果，并不得大于允许偏差值的50%为合格。

凡达不到质量标准时,应按国家标准《建筑工程施工质量验收统一标准》GB 50300 的规定处理。

3）质量等级验收评定

① 主控项目是对检验批的基本质量起决定性影响的检验项目,必须全部符合该专业规范的规定,不允许有不符合规范要求的检验结果;

② 一般项目应有 80% 以上的抽检处符合该规范规定或偏差值在其允许偏差范围内。

4）检验批验收应提交资料

检验批验收时,应提交的施工操作依据和质量检查记录应完整。

5）检验批验收

只按列为主控项目、一般项目的条款来验收,不能随意扩大内容范围和提高质量标准。

6）检验批验收责任制

检验批表式中的责任制签记必须本人签字,替签为无效检验批验收记录。

(2) 保证质量措施条目(摘自《建筑地面工程施工质量验收规范》GB 50209—2002)

7.1.3 与厕浴间、厨房等潮湿场所相邻木、竹面层连接处应做防水（防潮）处理。

7.4.1 中密度（强化）复合地板面层的材料以及面层下的板或衬垫等材质应符合设计要求,并采用具有商品检验合格证的产品,其技术等级及质量要求均应符合国家现行标准的规定。

7.4.2 中密度（强化）复合地板面层铺设时,相邻条板端头应错开不小于300mm 距离;衬垫层及面层与墙之间应留不小于 10mm 空隙。

(3) 检查验收执行条目(摘自《建筑地面工程施工质量验收规范》GB 50209—2002)

7.4.3 中密度（强化）复合地板面层所采用的材料,其技术等级及质量要求应符合设计要求。木搁栅、垫木和毛地板等应做防腐、防蛀处理。

检验方法:观察检查和检查材质合格证明文件及检测报告。

7.4.4 木搁栅安装应牢固、平直。

检验方法:观察、脚踩检查。

7.4.5 面层铺设应牢固。

检验方法:观察、脚踩检查。

7.4.6 中密度（强化）复合地板面层图案和颜色应符合设计要求,图案清晰,颜色一致,板面无翘曲。

检验方法:观察、用2m靠尺和楔形塞尺检查。

7.4.7 面层的接头应错开、缝隙严密、表面洁净。

检验方法:观察检查。

7.4.8 踢脚线表面应光滑,接缝严密,高度一致。

检验方法:观察和钢尺检查。

7.4.9 中密度（强化）复合木地板面层允许偏差应符合表 7.1.7 的规定。

(4) 质量验收的检验方法

质量验收的检验方法

项次	项 目	检 验 方 法
1	板面缝隙宽度	用钢尺检查
2	表面平整度	用2m靠尺和楔形塞尺检查
3	踢脚线上口平齐	拉5m通线,不足5m拉通线和用钢尺检查
4	板面拼缝平直	拉5m通线,不足5m拉通线和用钢尺检查
5	相邻板材高差	用钢尺和楔形塞尺检查
6	踢脚线与面层的接缝	楔形塞尺检查

(5) 检验批验收应提供的附件资料

1) 原材料出厂合格证;
2) 材料进场检查验收记录;
3) 材料试验报告单;
4) 隐蔽工程验收(施工前对构造层隐验);
5) 有关验收文件(如防辐射试验报告等);
6) 自检、互检及工序交接检查记录;
7) 其他应报或设计要求报送的资料。

注:合理缺项除外。

2.8.27 建筑地面竹地板面层检验批质量验收记录

1. 资料表式

建筑地面竹地板面层检验批质量验收记录表　　　　表209-27

检控项目	序号	质量验收规范规定		施工单位检查评定记录	监理(建设)单位验收记录
主控项目	1	地板材质与防腐蛀	第7.5.3条		
	2	木搁栅安装	牢固、平直		
	3	面层铺设	牢固、粘贴无空鼓		
一般项目	1	面层的品种与规格	第7.5.6条		
	2	面层缝隙应均匀,接头位置错开,表面洁净			
	3	踢脚线表面应光滑,接缝均匀高度一致			
	4	面层	允许偏差(mm)	量 测 值(mm)	
		1)板面缝隙宽度	0.5		
		2)表面平整度	2.0		
		3)踢脚线上口平齐	3.0		
		4)板面拼缝平直	3.0		
		5)相邻板材高差	0.5		
		6)踢脚线与面层接缝	1.0		

2. 应用指导

(1) 检查验收统一说明

1) 执行规范章、节

本表的检验批验收执行《建筑地面工程施工质量验收规范》(GB 50209—2002)规范第7章、第7.5节主控项目和一般项目有关条目的质量等级要求。应按其质量标准和检查方法逐一进行验收。

表列应检验项目必须全部进行检查验收不得缺漏,应检项目漏检,应进行补充检查验收,不进行补检不应通过验收。

2) 检验批的划分原则

地面工程的检验批划分,(GB 50209—2002)规范规定:

① 建筑地面工程施工质量的检验,应符合下列规定:

a. 基层(各构造层)和各类面层的分项工程的施工质量验收应按每一层次或每层施工段(或变形缝)作为检验批,高层建筑的标准层可按每三层(不足三层按三层计)作为检验批;

b. 每检验批应以各子分部工程的基层(各构造层)和各类面层所划分的分项工程按自然间(或标准间)检验,抽查数量应随机检验不少于3间;不足3间,按全数检查;其中走廊(过道)以10延长米为1间,工业厂房(按单跨计)、礼堂、门厅应以两个轴线为1间计算;

c. 有防水要求的建筑地面子分部工程的分项工程施工质量每检验批抽查数量应按其房间总数随机检验不少于4间,不足4间按全数检查。

② 建筑地面工程的分项工程施工质量验收的主控项目必须达到(GB 50309)规范规定的质量标准,认定为合格;一般项目80%以上的检查点符合(GB 50309)规范规定的质量要求,其他检查点(处)不得有明显影响装饰效果,并不得大于允许偏差值的50%为合格。凡达不到质量标准时,应按国家标准《建筑工程施工质量验收统一标准》的规定处理。

3) 质量等级验收评定

① 主控项目是对检验批的基本质量起决定性影响的检验项目,必须全部符合该专业规范的规定,不允许有不符合规范要求的检验结果;

② 一般项目应有80%以上的抽检处符合该规范规定或偏差值在其允许偏差范围内。

4) 检验批验收应提交资料

检验批验收时,应提交的施工操作依据和质量检查记录应完整。

5) 检验批验收

只按列为主控项目、一般项目的条款来验收,不能随意扩大内容范围和提高质量标准。

6) 检验批验收责任制

检验批表式中的责任制签记必须本人签字,替签为无效检验批验收记录。

(2) 保证质量措施条目(摘自《建筑地面工程施工质量验收规范》GB 50209—2002)

3.0.19 建筑地面工程的分项工程施工质量验收的主控项目必须达到(GB 50309)规范规定的质量标准,认定为合格;一般项目80%以上的检查点符合(GB 50309)规范规定的质量要求,其他检查点(处)不得有明显影响使用,并不得大于允许偏差值的50%为合格。凡达不到质量标准时,应按现行国家标准《建筑工程施工质量验收统一标准》的规定处理。

7.1.3 与厕浴间、厨房等潮湿场所相邻木、竹面层连接处应做防水(防潮)处理。

7.5.1 竹地板面层的铺设应按实木地板面层的规定执行。

7.5.2 竹子具有纤维硬、密度大、水分少、不易变形等优点。竹地板应经严格选材、硫化、防腐、防蛀处理，并采用具有商品检验合格证的产品，其技术等级及质量要求均应符合国家现行行业标准《竹地板》LY/T 1573 的规定。

(3) 检查验收执行条目(摘自《建筑地面工程施工质量验收规范》GB 50209—2002)

7.5.3 竹地板面层所采用的材料，其技术等级和质量要求应符合设计要求。木搁栅、毛地板和垫木等应做防腐、防蛀处理。

检验方法：观察检查和检查材质合格证明文件及检测报告。

7.5.4 木搁栅安装应牢固、平直。

检验方法：观察、脚踩检查。

7.5.5 面层铺设应牢固；粘贴无空鼓。

检验方法：观察、脚踩或用小锤轻击检查。

7.5.6 竹地板面层品种与规格应符合设计要求，板面无翘曲。

检验方法：观察、用 2m 靠尺和楔形塞尺检查。

7.5.7 面层缝隙应均匀、接头位置错开，表面洁净。

检验方法：观察检查。

7.5.8 踢脚线表面应光滑，接缝均匀，高度一致。

检验方法：观察和用钢尺检查。

7.5.9 竹地板面层允许偏差应符合表 7.1.7 的规定。

(4) 质量验收的检验方法

质量验收的检验方法

项　次	项　目	检　验　方　法
1	板面缝隙宽度	用钢尺检查
2	表面平整度	用 2m 靠尺和楔形塞尺检查
3	踢脚线上口平齐	拉 5m 通线，不足 5m 拉通线和用钢尺检查
4	板面拼缝平直	拉 5m 通线，不足 5m 拉通线和用钢尺检查
5	相邻板材高差	用钢尺和楔形塞尺检查
6	踢脚线与面层的接缝	楔形塞尺检查

(5) 检验批验收应提供的附件资料

1) 原材料出厂合格证；

2) 材料进场检查验收记录；

3) 材料试验报告单；

4) 隐蔽工程验收(施工前对构造层隐验)；

5) 有关验收文件(如防辐射试验报告等)；

6) 自检、互检及工序交接检查记录；

7) 其他应报或设计要求报送的资料。

注：合理缺项除外。

2.9 建筑装饰装修工程

2.9.1 一般抹灰工程检验批质量验收记录

1. 资料表式

一般抹灰工程检验批质量验收记录表　　　　　表 210-1

本表适用于石灰砂浆、水泥砂浆、水泥混合砂浆、聚合物水泥砂浆和麻刀石灰、纸筋石灰、石膏灰等一般抹灰工程的质量验收。一般抹灰工程分为普通抹灰和高级抹灰,当设计无要求时,按普通抹灰验收。

检控项目	序号	质量验收规范规定		施工单位检查评定记录	监理(建设)单位验收记录
主控项目	1	基层清理及洒水	第4.2.2条		
	2	抹灰用材料质量配合比	第4.2.3条		
	3	抹灰分层施工规定	第4.2.4条		
	4	抹灰层与基层之间及各抹灰层之间必须粘结牢固,抹灰层应无脱层、空鼓,面层应无爆灰和裂缝			
一般项目	1	一般抹灰工程表面质量	第4.2.6条		
	2	护角、孔洞、槽、盒周围抹灰表面	第4.2.7条		
	3	抹灰层总厚度及抹灰相容要求	第4.2.8条		
	4	分格缝设置及宽、深表面及棱角	第4.2.9条		
	5	滴水线(槽)质量及表面	第4.2.10条		
	6	抹灰工程质量的	允许偏差(mm)		量测值(mm)(　)
			普通	高级	
	1)	立面垂直度	4	3	
	2)	表面平整度	4	3	
	3)	阴阳角方正	4	3	
	4)	分格条(缝)直线度	4	3	
	5)	墙裙、勒脚上口直线度	4	3	

2. 应用指导

(1) 检查验收统一说明

1) 执行规范章、节

本表的检验批验收执行《建筑装饰装修工程施工质量验收规范》(GB 50210—2001)规范第4章、第4.2节主控项目和一般项目有关条目的质量等级要求。应按其质量标准和检查方法逐一进行验收。

表列应检验项目必须全部进行检查验收不得缺漏,应检项目漏检,应进行补充检查验收,不进行补检不应通过验收。

2) 检验批的划分原则

抹灰工程各分项工程的检验批应按下列规定划分：

① 相同材料、工艺和施工条件的室外抹灰工程每 500～1000m² 应划分为一个检验批，不足 500m² 也应划分为一个检验批。

② 相同材料、工艺和施工条件的室内抹灰工程每 50 个自然间（大面积房间和走廊按抹灰面积 30m² 为一间）应划分为一个检验批，不足 50 间也应划分为一个检验批。

3）质量等级验收评定

① 主控项目是对检验批的基本质量起决定性影响的检验项目，必须全部符合该专业规范的规定，不允许有不符合规范要求的检验结果。

② 一般项目应有 80% 以上的抽检处符合该规范规定或偏差值在其允许偏差范围内。

4）检验批验收应提交资料

检验批验收时，应提交的施工操作依据和质量检查记录应完整。

5）检验批验收

只按列为主控项目、一般项目的条款来验收，不能随意扩大内容范围和提高质量标准。

6）检验批验收责任制

检验批表式中的责任制签记必须本人签字，替签为无效检验批验收记录。

(2) 保证质量措施条目（摘自《建筑装饰装修工程施工质量验收规范》GB 50210—2001）

4.1.6 检查数量应符合下列规定：

1）室内每个检验批应至少抽查 10%，并不得少于 3 间；不足 3 间时应全数检查。

2）室外每个检验批每 100m² 应至少抽查一处，每处不得小于 10m²。

(3) 检查验收执行条目（摘自《建筑装饰装修工程施工质量验收规范》GB 50210—2001）

4.2.2 抹灰前基层表面的尘土、污垢、油渍等应清除干净，并应洒水润湿。

检验方法：检查施工记录。

4.2.3 一般抹灰所用材料的品种和性能应符合设计要求。水泥的凝结时间和安定性复验应合格。砂浆的配合比应符合设计要求。

检验方法：检查产品合格证书、进场验收记录、复验报告和施工记录。

4.2.4 抹灰工程应分层进行。当抹灰总厚度大于或等于 35mm 时，应采取加强措施。不同材料基体交接处表面的抹灰，应采取防止开裂的加强措施，当采用加强网时，加强网与各基体的搭接宽度不应小于 100mm。

检验方法：检查隐蔽工程验收记录和施工记录。

4.2.5 抹灰层与基层之间及各抹灰层之间必须粘结牢固，抹灰层应无脱层、空鼓，面层应无爆灰和裂缝。

检验方法：观察；用小锤轻击检查；检查施工记录。

4.2.6 一般抹灰工程的表面质量应符合下列规定：

1）普通抹灰表面应光滑、洁净、接槎平整，分格缝应清晰。

2）高级抹灰表面应光滑、洁净、颜色均匀、无抹纹，分格缝和灰线应清晰美观。

检验方法：观察；手摸检查。

4.2.7 护角、孔洞、槽、盒周围的抹灰表面应整齐、光滑；管道后面的抹灰表面应平整。

检验方法：观察。

4.2.8 抹灰层的总厚度应符合设计要求；水泥砂浆不得抹在石灰砂浆层上；罩面石膏

灰不得抹在水泥砂浆层上。

检验方法:检查施工记录。

4.2.9 抹灰分格缝的设置应符合设计要求,宽度和深度应均匀,表面应光滑,棱角应整齐。

检验方法:观察;尺量检查。

4.2.10 有排水要求的部位应做滴水线(槽)。滴水线(槽)应整齐顺直,滴水线应内高外低,滴水槽的宽度和深度均不应小于10mm。

检验方法:观察;尺量检查。

4.2.11 一般抹灰工程质量的允许偏差应符合表4.2.11(见表210-1)的规定。

(4) 质量验收的检验方法

质量验收的检验方法

项次	项目	检验方法
1	立面垂直度	用2m垂直检测尺检查
2	表面平整度	用2m靠尺和塞尺检查
3	阴阳角方正	用直角检测尺检查
4	分格条(缝)直线度	拉5m线,不足5m拉通线,用钢直尺检查
5	墙裙、勒脚上口直线度	拉5m线,不足5m拉通线,用钢直尺检查

注:1. 普通抹灰,阴角方正可不检查;
　　2. 顶棚抹灰,表面平整度可不检查,但应平顺。

(5) 检验批验收应提供的附件资料

1) 原材料出厂合格证;
2) 材料进场检查验收记录;
3) 材料试验报告单;
4) 施工记录(砂浆配比、清理基层、抹灰层粘结、抹灰层总厚度检查等);
5) 隐蔽工程验收(施工前对构造层隐验);
6) 有关验收文件;
7) 自检、互检及工序交接检查记录;
8) 其他应报或设计要求报送的资料。

注:合理缺项除外。

2:9.2 装饰抹灰工程检验批质量验收记录

1. 资料表式

装饰抹灰工程检验批质量验收记录表　　　　表210-2

本表适用于水刷石、斩假石、干粘石、假面砖等装饰抹灰工程的质量验收。

检控项目	序号	质量验收规范规定		施工单位检查评定记录	监理(建设)单位验收记录
主控项目	1	基层清理及洒水	第4.3.2条		
	2	抹灰用材料质量配合比	第4.3.3条		
	3	抹灰分层施工规定	第4.3.4条		
	4	抹灰层与基层之间及各抹灰层之间必须粘结牢固,抹灰层应无脱层、空鼓,面层应无爆灰和裂缝			

续表

检控项目	序号	质量验收规范规定				施工单位检查评定记录	监理(建设)单位验收记录
一般项目	1	装饰工程抹灰表面质量			第4.3.6条		
	2	分格条(缝)设置宽、深度、表面及棱角			第4.3.7条		
	3	滴水线(槽)质量及表面			第4.3.8条		
	4	装饰抹灰工程	允许偏差(mm)			量 测 值	
			水刷石	斩假石	干粘石	假面砖		
	1)	立面垂直度	5	4	5	5		
	2)	表面平整度	3	3	5	4		
	3)	阴阳角方正	3	3	4	4		
	4)	分格条(缝)直线度	3	3	3	3		
	5)	墙裙、勒脚上口直线度	3	3	—	—		

2．应用指导

(1) 检查验收统一说明

1) 执行规范章、节

本表的检验批验收执行《建筑装饰装修工程施工质量验收规范》(GB 50210—2001)规范第4章、第4.3节主控项目和一般项目有关条目的质量等级要求。应按其质量标准和检查方法逐一进行验收。

表列应检验项目必须全部进行检查验收不得缺漏，应检项目漏检，应进行补充检查验收，不进行补检不应通过验收。

2) 检验批的划分原则

抹灰工程各分项工程的检验批应按下列规定划分：

① 相同材料、工艺和施工条件的室外抹灰工程每500～1000m^2应划分为一个检验批，不足500m^2也应划分为一个检验批。

② 相同材料、工艺和施工条件的室内抹灰工程每50个自然间(大面积房间和走廊按抹灰面积30m^2为一间)应划分为一个检验批，不足50间也应划分为一个检验批。

3) 质量等级验收评定

① 主控项目是对检验批的基本质量起决定性影响的检验项目，必须全部符合该专业规范的规定，不允许有不符合规范要求的检验结果；

② 一般项目应有80%以上的抽检处符合该规范规定或偏差值在其允许偏差范围内。

4) 检验批验收应提交资料

检验批验收时，应提交的施工操作依据和质量检查记录应完整。

5) 检验批验收

只按列为主控项目、一般项目的条款来验收，不能随意扩大内容范围和提高质量标准。

6) 检验批验收责任制

检验批表式中的责任制签记必须本人签字,替签为无效检验批验收记录。

(2) 保证质量措施条目(摘自《建筑装饰装修工程施工质量验收规范》GB 50210—2001)

4.1.6 检查数量应符合下列规定:

1 室内每个检验批应至少抽查10%,并不得少于3间;不足3间时应全数检查。

2 室外每个检验批每$100m^2$应至少抽查一处,每处不得小于$10m^2$。

(3) 检查验收执行条目(摘自《建筑装饰装修工程施工质量验收规范》GB 50210—2001)

4.3.2 抹灰前基层表面的尘土、污垢、油渍等应清除干净,并应洒水润湿。

检验方法:检查施工记录。

4.3.3 装饰抹灰工程所用材料的品种和性能应符合设计要求。水泥的凝结时间和安定性复验应合格。砂浆的配合比应符合设计要求。

检验方法:检查产品合格证书、进场验收记录、复验报告和施工记录。

4.3.4 抹灰工程应分层进行。当抹灰总厚度大于或等于35mm时,应采取加强措施。不同材料基体交接处表面的抹灰,应采取防止开裂的加强措施,当采用加强网时,加强网与各基体的搭接宽度不应小于100mm。

检验方法:检查隐蔽工程验收记录和施工记录。

4.3.5 各抹灰层之间及抹灰层与基体之间必须粘接牢固,抹灰层应无脱层、空鼓和裂缝。

检验方法:观察;用小锤轻击检查;检查施工记录。

4.3.6 装饰抹灰工程的表面质量应符合下列规定:

1)水刷石表面应石粒清晰、分布均匀、紧密平整、色泽一致,应无掉粒和接搓痕迹。

2)斩假石表面剁纹应均匀顺直、深浅一致,应无漏剁处;阳角处应横剁并留出宽窄一致的不剁边条,棱角应无损坏。

3)干粘石表面应色泽一致、不露浆、不漏粘,石粒应粘结牢固、分布均匀,阳角处应无明显黑边。

4)假面砖表面应平整、沟纹清晰、留缝整齐、色泽一致,应无掉角、脱皮、起砂等缺陷。

检验方法:观察;手摸检查。

4.3.7 装饰抹灰分格条(缝)的设置应符合设计要求,宽度和深度应均匀,表面应平整光滑,棱角应整齐。

检验方法:观察。

4.3.8 有排水要求的部位应做滴水线(槽)。滴水线(槽)应整齐顺直,滴水线应内高外低,滴水槽的宽度和深度均不应小于10mm。

检验方法:观察;尺量检查。

4.3.9 装饰抹灰工程质量的允许偏差应符合表4.3.9的规定。

(4) 质量验收的检验方法

质量验收的检验方法

项次	项目	检验方法
1	立面垂直度	用2m垂直检测尺检查。
2	表面平整度	用2m靠尺和塞尺检查
3	阳角方正	用直角检测尺检查

续表

项次	项目	检验方法
4	分格条(缝)直线度	拉5m线,不足5m拉通线,用钢直尺检查
5	墙裙、勒脚上口直线度	拉5m线,不足5m拉通线,用钢直尺检查

(5) 检验批验收应提供的附件资料

1) 原材料出厂合格证;
2) 材料进场检查验收记录;
3) 材料试验报告单;
4) 施工记录(砂浆配比、清理基层、抹灰层粘结等);
5) 隐蔽工程验收(施工前对构造层隐验);
6) 有关验收文件(如防辐射试验报告等);
7) 自检、互检及工序交接检查记录;
8) 其他应报或设计要求报送的资料。

注:合理缺项除外。

2.9.3 清水砌体勾缝工程检验批质量验收记录

清水砌体勾缝工程检验批质量验收记录表　　　　表210-3

本表适用于清水砌体砂浆勾缝和原浆勾缝工程的质量验收。

检控项目	序号	质量验收规范规定	施工单位检查评定记录	监理(建设)单位验收记录
主控项目	1	清水砌体勾缝所用水泥的凝结时间和安定性复验应合格。砂浆配合比应符合设计要求		
	2	清水砌体勾缝应无漏勾,勾缝材料应粘结牢固、无开裂		
一般项目	1	清水砌体勾缝应横平竖直,交接处应平顺,宽度和深度应均匀,表面应压实抹平		
	2	灰缝应颜色一致,砌体表面应干净		

注:勾缝用水泥应测试凝结时间,用于勾缝工程的水泥不测试凝结时间为不符合规范要求,不得用于工程。

2. 应用指导

(1) 检查验收统一说明

1) 执行规范章、节

本表的检验批验收执行《建筑装饰装修工程施工质量验收规范》(GB 50210—2001)规范第 4 章、第 4.4 节主控项目和一般项目有关条目的质量等级要求。应按其质量标准和检查方法逐一进行验收。

表列应检验项目必须全部进行检查验收不得缺漏,应检项目漏检,应进行补充检查验收,不进行补检不应通过验收。

2) 检验批的划分原则

抹灰工程各分项工程的检验批应按下列规定划分:

① 相同材料、工艺和施工条件的室外抹灰工程每 500~1000m^2 应划分为一个检验批,不足 500m^2 也应划分为一个检验批。

② 相同材料、工艺和施工条件的室内抹灰工程每 50 个自然间(大面积房间和走廊按抹灰面积 30m^2 为一间)应划分为一个检验批,不足 50 间也应划分为一个检验批。

3) 质量等级验收评定

① 主控项目是对检验批的基本质量起决定性影响的检验项目,必须全部符合该专业规范的规定,不允许有不符合规范要求的检验结果;

② 一般项目应有 80% 以上的抽检处符合该规范规定或偏差值在其允许偏差范围内。

4) 检验批验收应提交资料

检验批验收时,应提交的施工操作依据和质量检查记录应完整。

5) 检验批验收

只按列为主控项目、一般项目的条款来验收,不能随意扩大内容范围和提高质量标准。

6) 检验批验收责任制

检验批表式中的责任制签记必须本人签字,替签为无效检验批验收记录。

(2) 保证质量措施条目(摘自《建筑装饰装修工程施工质量验收规范》GB 50210—2001)

4.1.6 检查数量应符合下列规定:

1 室内每个检验批应至少抽查 10%,并不得少于 3 间;不足 3 间时应全数检查。

2 室外每个检验批每 100m^2 应至少抽查一处,每处不得小于 10m^2。

(3) 检查验收执行条目(摘自《建筑装饰装修工程施工质量验收规范》GB 50210—2001)

4.4.2 清水砌体勾缝所用水泥的凝结时间和安定性复验应合格。砂浆的配合比应符合设计要求。

检验方法:检查复验报告和施工记录。

4.4.3 清水砌体勾缝应无漏勾。勾缝材料应粘结牢固、无开裂。

检验方法:观察。

4.4.4 清水砌体勾缝应横平竖直,交接处应平顺,宽度和深度应均匀,表面应压实抹平。

检验方法:观察;尺量检查。

4.4.5 灰缝应颜色一致,砌体表面应洁净。

检验方法:观察。

(4) 检验批验收应提供的附件资料

1) 原材料出厂合格证;

2) 材料进场检查验收记录;

3) 材料试验报告单;

4) 施工记录(砂浆配比);
5) 有关验收文件;
6) 自检、互检及工序交接检查记录;
7) 其他应报或设计要求报送的资料。

注:合理缺项除外。

2.9.4 木门窗制作工程检验批质量验收记录

1. 资料表式

木门窗制作工程检验批质量验收记录表   表210-4

本表适用于木门窗制作与安装工程的质量验收。

检控项目	序号	质量验收规范规定		施工单位检查评定记录	监理(建设)单位验收记录
主控项目	1	木门窗用木材材质及等级、人造木板甲醛含量规定	第5.2.2条		
	2	木门窗应采用烘干木材,含水率应符合《建筑木门、木窗》(JG/T 122)的规定			
	3	木门窗的防火、防腐、防虫处理应符合设计要求			
	4	木门窗结合处和安装配件处的材质及填补处理要求	第5.2.5条		
	5	门窗扇双榫连接嵌合要求	第5.2.6条		
	6	胶合、纤维和模压门制作质量	第5.2.7条		
一般项目	1	木门窗表面应洁净,不得有创痕、锤印			
	2	割角、拼缝及裁口创面	第5.2.13条		
	3	木门窗上的插孔应边缘整齐,无毛刺			

	项目	构件名称	允许偏差(mm)		量 测 值(mm)( )
			普通	高级	
一般项目	1)翘曲	框	3	2	
		扇	2	2	
	2)对角线长度差	框、扇	3	2	
	3)表面平整度	扇	2	2	
	宽度、高度	框	0;-2	0;-1	
		扇	+2;0	+1;0	
	裁口线条结合处高低差	框、扇	1	0.5	
	相邻棂子两端间距	扇	2	1	

2. 应用指导

(1) 检查验收统一说明

1) 执行规范章、节

本表的检验批验收执行《建筑装饰装修工程施工质量验收规范》(GB 50210—2001)规范第5章、第5.2节主控项目和一般项目有关条目的质量等级要求。应按其质量标准和检查方法逐一进行验收。

表列应检验项目必须全部进行检查验收不得缺漏，应检项目漏检，应进行补充检查验收，不进行补检不应通过验收。

2) 检验批的划分原则

门窗工程各分项工程的检验批应按下列规定划分：

① 同一品种、类型和规格的木门窗、金属门窗、塑料门窗及门窗玻璃每100樘应划分为一个检验批，不足100樘也应划分为一个检验批。

② 同一品种、类型和规格的特种门每50樘应划分为一个检验批，不足50樘也应划分为一个检验批。

3) 质量等级验收评定

① 主控项目是对检验批的基本质量起决定性影响的检验项目，必须全部符合该专业规范的规定，不允许有不符合规范要求的检验结果；

② 一般项目应有80%以上的抽检处符合该规范规定或偏差值在其允许偏差范围内。

4) 检验批验收应提交资料

检验批验收时，应提交的施工操作依据和质量检查记录应完整。

5) 检验批验收

只按列为主控项目、一般项目的条款来验收，不能随意扩大内容范围和提高质量标准。

6) 检验批验收责任制

检验批表式中的责任制签记必须本人签字，替签为无效检验批验收记录。

(2) 保证质量措施条目(摘自《建筑装饰装修工程施工质量验收规范》GB 50210—2001)

5.1.6 检查数量应符合下列规定：

门每个检验批应至少抽查5%，并不得少于3樘，不足3樘时应全数检查；高层建筑的外窗，每个检验批应至少抽查10%，并不得少于6樘，不足6樘时应全数检查。

5.1.7 门窗安装前，应对门窗洞口尺寸进行检验。

(3) 检查验收执行条目(摘自《建筑装饰装修工程施工质量验收规范》GB 50210—2001)

5.2.2 木门窗的木材品种、材质等级、规格、尺寸、框扇的线型及人造木板的甲醛含量应符合设计要求。设计未规定材质等级时，所用木材的质量应符合(GB 50210—2001)规范附录A的规定。

检验方法：观察；检查材料进场验收记录和复验报告。

5.2.3 木门窗应采用烘干的木材，含水率应符合《建筑木门、木窗》(JG/T 122)的规定。

检验方法：检查材料进场验收记录。

5.2.4 木门窗的防火、防腐、防虫处理应符合设计要求

检验方法：观察，检查材料进场验收记录。

5.2.5 木门窗的结合处和安装配件处不得有木节或已填补的木节。木门窗如有允许限值以内的死节及直径较大的虫眼时，应用同一材质的木塞加胶填补。对于清漆制品，木塞的木纹和色泽应与制品一致。

5.2.6 门窗框和厚度大于50mm的门窗扇应用双榫连接。榫槽应采用胶料严密嵌合，

并应用胶楔加紧。

5.2.7 胶合板门、纤维板门和模压门不得脱胶。胶合板不得刨透表层单板，不得有戗槎。制作胶合板门、纤维板门时，边框和横楞应在同一平面上，面层、边框及横楞应加压胶结。横楞和上、下冒头应各钻两个以上的透气孔，透气孔应通畅。

检验方法：观察。

5.2.8 木门窗的品种、类型、规格、开启方向、安装位置及连接方式应符合设计要求。

检验方法：观察；尺量检查；检查成品门的产品合格证书。

5.2.9 木门窗框的安装必须牢固。预埋木砖的防腐处理、木门窗框固定点的数量、位置及固定方法应符合设计要求。

检验方法：观察；手扳检查；检查隐蔽工程验收记录和施工记录。

5.2.10 木门窗扇必须安装牢固，并应开关灵活，关闭严密，无倒翘。

检验方法：观察；开启和关闭检查；手扳检查。

5.2.11 木门窗配件的型号、规格、数量应符合设计要求，安装应牢固，位置应正确，功能应满足使用要求。

检验方法：观察；开启和关闭检查；手扳检查。

5.2.12 木门窗表面应洁净，不得有刨痕、锤印。

检验方法：观察。

5.2.13 木门窗的割角、拼缝应严密平整。门窗框、扇裁口应顺直，刨面应平整。

检验方法：观察。

5.2.14 木门窗上的槽、孔应边缘整齐，无毛刺。

检验方法：观察。

5.2.15 木门窗与墙体间缝隙的填嵌材料应符合设计要求，填嵌应饱满。寒冷地区外门窗（或门窗框）与砌体间的空隙应填充保温材料。

检验方法：轻敲门窗框检查；检查隐蔽工程验收记录和施工记录。

5.2.16 木门窗批水、盖口条、压缝条、密封条的安装应顺直，与门窗结合应牢固、严密。

检验方法：观察；手扳检查。

5.2.17 木门窗制作的允许偏差和检验方法应符合表 5.2.17 的规定。

(4) 检验批验收应提供的附件资料（表 210-4～210-5）

1) 原材料或门窗出厂合格证；
2) 材料进场检查验收记录（应检查材质、防火、防虫、防腐处理等）；
3) 材料试验报告单（人造板甲醛含量）；
4) 施工记录；
5) 隐蔽工程验收（木砖预埋、防腐和固定点）；
6) 有关验收文件；
7) 自检、互检及工序交接检查记录；
8) 其他应报或设计要求报送的资料。

注：1. 合理缺项除外。
　　2. 表 210-4～表 210-5 表示这几个检验批表式的附件资料均相同。

2.9.5 木门窗安装工程检验批质量验收记录

1. 资料表式

木门窗安装工程检验批质量验收记录表　　　　表 210-5

本表适用于木门窗制作与安装工程的质量验收。

检控项目	序号	质量验收规范规定				施工单位检查评定记录	监理(建设)单位验收记录
主控项目	1	木门窗的开启方向、安装位置及连接			第5.2.8条		
	2	木门框安装及防腐质量			第5.2.9条		
	3	木门窗扇的安装质量			第5.2.10条		
	4	木门窗配件型号、规格及数量			第5.2.11条		
一般项目	1	木门窗与墙体缝隙的填嵌			第5.2.15条		
	2	排水盖口条、压缝条、密封条安装			第5.2.16条		
		项目	允许偏差(mm)			量　测　值(mm)	
			普通	高级	普通	高级	
		1)门窗槽口对角线长度差	—	—	3	2		
		2)门窗框的正、侧面垂直度	—	—	2	1		
		3)框与扇、扇与扇接缝高度	—	—	2	1		
		4)门窗扇对口缝	1~2.5	1.5~2	—	—		
		5)工业厂房双扇大门对口缝	2~5	—	—	—		
		6)门窗扇与上框间留缝	1~2	1~1.5	—	—		
		7)门窗扇与侧框间留缝	1~2.5	1~1.5	—	—		
		8)窗扇与下框间留缝	2~3	2~2.5	—	—		
		9)门扇与下框间留缝	3~5	3~4	—	—		
		10)双扇门窗内外框间距	—	—	4	3		
		11)无下框时门扇与地面间留缝 外门	4~7	5~6	—	—		
		内门	5~8	6~7	—	—		
		卫生间门	8~12	8~10	—	—		
		厂房大门	10~20	—	—	—		

2. 应用指导

(1) 检查验收统一说明

1) 执行规范章、节

本表的检验批验收执行《建筑装饰装修工程施工质量验收规范》(GB 50210—2001)规范第5章、第5.2节主控项目和一般项目有关条目的质量等级要求。应按其质量标准和检查方法逐一进行验收。

表列应检验项目必须全部进行检查验收不得缺漏,应检项目漏检,应进行补充检查验

收,不进行补检不应通过验收。

2) 检验批的划分原则

门窗工程各分项工程的检验批应按下列规定划分:

① 同一品种、类型和规格的木门窗、金属门窗、塑料门窗及门窗玻璃每100樘应划分为一个检验批,不足100樘也应划分为一个检验批。

② 同一品种、类型和规格的特种门每50樘应划分为一个检验批,不足50樘也应划分为一个检验批。

3) 质量等级验收评定

① 主控项目是对检验批的基本质量起决定性影响的检验项目,必须全部符合该专业规范的规定,不允许有不符合规范要求的检验结果。

② 一般项目应有80%以上的抽检处符合该规范规定或偏差值在其允许偏差范围内。

4) 检验批验收应提交资料

检验批验收时,应提交的施工操作依据和质量检查记录应完整。

5) 检验批验收

只按列为主控项目、一般项目的条款来验收,不能随意扩大内容范围和提高质量标准。

6) 检验批验收责任制

检验批表式中的责任制签记必须本人签字,替签为无效检验批验收记录。

(2) 检查验收执行条目(摘自《建筑装饰装修工程施工质量验收规范》GB 50210—2001)

5.2.8 木门窗的品种、类型、规格、开启方向、安装位置及连接方式应符合设计要求。

检验方法:观察;尺量检查;检查成品门的产品合格证书。

5.2.9 木门窗框的安装必须牢固。预埋木砖的防腐处理、木门窗框固定点的数量、位置及固定方法应符合设计要求。

检验方法:观察;手扳检查;检查隐蔽工程验收记录和施工记录。

5.2.10 木门窗扇必须安装牢固,并应开关灵活,关闭严密,无倒翘。

检验方法:观察;开启和关闭检查;手扳检查。

5.2.11 木门窗配件的型号、规格、数量应符合设计要求,安装应牢固,位置应正确,功能应满足使用要求。

检验方法:观察;开启和关闭检查;手扳检查。

5.2.12 木门窗表面应洁净,不得有刨痕、锤印。

检验方法:观察。

5.2.13 木门窗的割角、拼缝应严密平整。门窗框、扇裁口应顺直,刨面应平整。

检验方法:观察。

5.2.14 木门窗上的槽、孔应边缘整齐,无毛刺。

检验方法:观察。

5.2.15 木门窗与墙体间缝隙的填嵌材料应符合设计要求,填嵌应饱满。寒冷地区外门窗(或门窗框)与砌体间的空隙应填充保温材料。

检验方法:轻敲门窗框检查;检查隐蔽工程验收记录和施工记录。

5.2.16 木门窗批水、盖口条、压缝条、密封条的安装应顺直,与门窗结合应牢固、严密。

检验方法:观察;手扳检查。

5.2.18 木门窗安装的留缝限值,允许偏差和检验方法应符合表5.2.18的规定。

(3) 质量验收的检验方法

木门窗安装检验方法

项次	项 目	检验方法
1	门窗槽口对角线长度差	用钢尺检查
2	门窗框的正、侧面垂直度	用1m垂直检测尺检查
3	框与扇、扇与扇接缝高低差	用钢尺和塞尺检查
4	门窗扇对口缝、工业厂房双扇大门对口缝、门窗扇与上框间留缝、门窗扇与侧框间留缝、窗扇与下框间留缝、门扇与下框间留缝	用塞尺检查
5	双层门窗内外框间距	用钢尺检查
6	无下框时门扇与地面间留缝(外门、内门、卫生间门、厂房大门)	用塞尺检查

2.9.6 钢门窗安装工程检验批质量验收记录

1. 资料表式

钢门窗安装工程检验批质量验收记录表　　　　表210-6

本表适用于钢门窗安装工作工程的质量验收。

检控项目	序号	质量验收规范规定		施工单位检查评定记录							监理(建设)单位验收记录
主控项目	1	门窗品种…、位置、连接、型材壁厚	第5.3.2条								
	2	门窗框、副框、预埋件等	第5.3.3条								
	3	窗扇、推拉门窗扇	第5.3.4条								
	4	配件、安装、位置、功能	第5.3.5条								
一般项目	1	门窗表面	第5.3.6条								
	2	门窗扇开关力	第5.3.7条								
	3	门窗框与墙体缝隙	第5.3.8条								
	4	门窗扇橡胶密封条	第5.3.9条								
	5	门窗扇排水孔	第5.3.10条								
		项 目	允许偏差(mm)		量 测 值(mm)						
			留缝限值	偏差值							
	6	门窗槽口宽度、高度 ≤1500mm >1500mm	—	2.5 3.5							
	7	门窗插口对角线长度差 ≤2000mm >2000mm	—	5 6							
	8	门窗框正、侧面垂直度	—	3							
	9	门窗横框水平度	—	3							
	10	门窗横框标高	—	5							

续表

检控项目	序号	质量验收规范规定			施工单位检查评定记录	监理(建设)单位验收记录
一般项目	11	门窗竖向偏移中心	—	4		
	12	双层门窗内外框间距	—	5		
	13	门窗框、扇配合间隙	≤2	—		
	14	无下框时门扇距地面间留缝	4~8	—		

2．应用指导

(1) 检查验收统一说明

1) 执行规范章、节

本表的检验批验收执行《建筑装饰装修工程施工质量验收规范》(GB 50210—2001)规范第5章、第5.3节主控项目和一般项目有关条目的质量等级要求。应按其质量标准和检查方法逐一进行验收。

表列应检验项目必须全部进行检查验收不得缺漏，应检项目漏检，应进行补充检查验收，不进行补检不应通过验收。

2) 检验批的划分原则

门窗工程各分项工程的检验批应按下列规定划分：

① 同一品种、类型和规格的木门窗、金属门窗、塑料门窗及门窗玻璃每100樘应划分为一个检验批，不足100樘也应划分为一个检验批。

② 同一品种、类型和规格的特种门每50樘应划分为一个检验批，不足50樘也应划分为一个检验批。

3) 质量等级验收评定

① 主控项目是对检验批的基本质量起决定性影响的检验项目，必须全部符合该专业规范的规定，不允许有不符合规范要求的检验结果。

② 一般项目应有80%以上的抽检处符合该规范规定或偏差值在其允许偏差范围内。

4) 检验批验收应提交资料

检验批验收时，应提交的施工操作依据和质量检查记录应完整。

5) 检验批验收

只按列为主控项目、一般项目的条款来验收，不能随意扩大内容范围和提高质量标准。

6) 检验批验收责任制

检验批表式中的责任制签记必须本人签字，替签为无效检验批验收记录。

(2) 保证质量措施条目(摘自《建筑装饰装修工程施工质量验收规范》GB 50210—2001)

5.1.6 检查数量应符合下列规定：

金属门窗每个检验批应至少抽查5%，并不得少于3樘，不足3樘时应全数检查；高层建筑的外窗，每个检验批应至少抽查10%，并不得少于6樘，不足6樘时应全数检查。

(3) 检查验收执行条目(摘自《建筑装饰装修工程施工质量验收规范》GB 50210—2001)

5.3.2 金属门窗的品种、类型、规格、尺寸、性能、开启方向、安装位置、连接方式及铝合金门窗的型材壁厚应符合设计要求。金属门窗的防腐处理及填嵌、密封处理应符合设计要求。

检验方法：观察；尺量检查；检查产品合格证书、性能检测报告、进场验收记录和复验报告；检查隐蔽工程验收记录。

5.3.3 金属门窗框和副框的安装必须牢固。预埋件的数量、位置、埋设方式、与框的连接方式必须符合设计要求。

检验方法：手扳检查；检查隐蔽工程验收记录。

5.3.4 金属门窗扇必须安装牢固，并应开关灵活、关闭严密，无倒翘。推拉门窗扇必须有防脱落措施。

检验方法：观察；开启和关闭检查；手扳检查。

5.3.5 金属门窗配件的型号、规格、数量应符合设计要求，安装应牢固，位置应正确，功能应满足使用要求。

检验方法：观察；开启和关闭检查；手扳检查。

5.3.6 金属门窗表面应洁净、平整、光滑、色泽一致，无锈蚀。大面应无划痕、碰伤。漆膜或保护层应连续。

检验方法：观察。

5.3.8 金属门窗框与墙体之间的缝隙应填嵌饱满，并采用密封胶密封。密封胶表面应光滑、顺直，无裂纹。

检验方法：观察；轻敲门窗框检查；检查隐蔽工程验收记录。

5.3.9 金属门窗扇的橡胶密封条或毛毡密封条应安装完好，不得脱槽。

检验方法：观察；开启和关闭检查。

5.3.10 有排水孔的金属门窗，排水孔应畅通，位置和数量应符合设计要求。

检验方法：观察。

5.3.11 钢门窗安装的留缝限值，允许偏差和检验方法应符合表5.3.11的规定。

(4) 质量验收的检验方法

质量验收的检验方法

项次	项目	检验方法
1	门窗槽口宽度、高度	用钢尺检查
2	门窗槽口对角线长度差	用钢尺检查
3	门窗框的正、侧面垂直度	用1m垂直检测尺检查
4	门窗横框的水平度	用1m水平尺和塞尺检查
5	门窗横框标高	用钢尺检查
6	门窗竖向偏离中心	用钢尺检查
7	双层门窗内外框间距	用钢尺检查
8	门窗框、扇配合间隙	用塞尺检查
9	无下框时门扇与地面间留缝	用塞尺检查

(5) 检验批验收应提供的附件资料

1) 门窗出厂合格证；
2) 金属门窗进场检查验收记录（应检查门窗性能试验报告、材质、防腐处理等）；
3) 外窗气密性、水密性、耐风压检测报告；

4）施工记录；
5）隐蔽工程验收（预埋件位置、数量、埋设、连接方式、密封处理、嵌填、防腐）；
6）有关验收文件；
7）自检、互检及工序交接检查记录；
8）其他应报或设计要求报送的资料。

注：合理缺项除外。

2.9.7 涂色镀锌钢板门窗安装工程检验批质量验收记录

1．资料表式

涂色镀锌钢板门窗安装工程检验批质量验收记录表　　　表210-7

检控项目	序号	质量验收规范规定		施工单位检查评定记录	监理(建设)单位验收记录
主控项目	1	门窗品种…、位置、连接、型材壁厚	第5.3.2条		
	2	门窗框、副框、预埋件等	第5.3.3条		
	3	窗扇、推拉门窗扇	第5.3.4条		
	4	配件、安装、位置、功能	第5.3.5条		
一般项目	1	门窗表面	第5.3.6条		
	2	门窗框与墙体缝隙	第5.3.8条		
	3	门窗扇橡胶密封条	第5.3.9条		
	4	门窗扇排水孔	第5.3.10条		
		项　目	允许偏差(mm)	量　测　值(mm)	
	5	门窗槽口宽度、高度 ≤1500mm >1500mm	2 3		
	6	门窗槽口对角线长度差 ≤2000mm >2000mm	4 5		
	7	门窗框正、侧面垂直度	3		
	8	门窗横框水平度	3		
	9	门窗横框标高	5		
	10	门窗竖向偏移中心	5		
	12	双层门窗内外框间距	4		
	13	推拉门窗扇与框搭接量	2		

2．应用指导

(1) 检查验收统一说明

1）执行规范章、节

本表的检验批验收执行《建筑装饰装修工程施工质量验收规范》(GB 50210—2001)规范第5章、第5.3节主控项目和一般项目有关条目的质量等级要求。应按其质量标准和检查方法逐一进行验收。

表列应检验项目必须全部进行检查验收不得缺漏，应检项目漏检，应进行补充检查验收，不进行补检不应通过验收。

2）检验批的划分原则

门窗工程各分项工程的检验批应按下列规定划分：

① 同一品种、类型和规格的木门窗、金属门窗、塑料门窗及门窗玻璃每100樘应划分为一个检验批，不足100樘也应划分为一个检验批。

② 同一品种、类型和规格的特种门每50樘应划分为一个检验批，不足50樘也应划分为一个检验批。

3）质量等级验收评定

① 主控项目是对检验批的基本质量起决定性影响的检验项目，必须全部符合该专业规范的规定，不允许有不符合规范要求的检验结果；

② 一般项目应有80%以上的抽检处符合该规范规定或偏差值在其允许偏差范围内。

4）检验批验收应提交资料

检验批验收时，应提交的施工操作依据和质量检查记录应完整。

5）检验批验收

只按列为主控项目、一般项目的条款来验收，不能随意扩大内容范围和提高质量标准。

6）检验批验收责任制

检验批表式中的责任制签记必须本人签字，替签为无效检验批验收记录。

(2) 保证质量措施条目(摘自《建筑装饰装修工程施工质量验收规范》GB 50210—2001)

5.1.6 检查数量应符合下列规定：

金属门窗每个检验批应至少抽查5%，并不得少于3樘，不足3樘时应全数检查；高层建筑的外窗，每个检验批应至少抽查10%，并不得少于6樘，不足6樘时应全数检查。

(3) 检查验收执行条目(摘自《建筑装饰装修工程施工质量验收规范》GB 50210—2001)

5.3.2 金属门窗的品种、类型、规格、尺寸、性能、开启方向、安装位置、连接方式及铝合金门窗的型材壁厚应符合设计要求。金属门窗的防腐处理及填嵌、密封处理应符合设计要求。

检验方法：观察；尺量检查；检查产品合格证书、性能检测报告、进场验收记录和复验报告；检查隐蔽工程验收记录。

5.3.3 金属门窗框和副框的安装必须牢固。预埋件的数量、位置、埋设方式、与框的连接方式必须符合设计要求。

检验方法：手扳检查；检查隐蔽工程验收记录。

5.3.4 金属门窗扇必须安装牢固，并应开关灵活、关闭严密，无倒翘。推拉门窗扇必须有防脱落措施。

检验方法：观察；开启和关闭检查；手扳检查。

5.3.5 金属门窗配件的型号、规格、数量应符合设计要求,安装应牢固,位置应正确,功能应满足使用要求。

检验方法:观察;开启和关闭检查;手扳检查。

5.3.6 金属门窗表面应洁净、平整、光滑、色泽一致,无锈蚀。大面应无划痕、碰伤。漆膜或保护层应连续。

检验方法:观察。

5.3.8 金属门窗框与墙体之间的缝隙应填嵌饱满,并采用密封胶密封。密封胶表面应光滑、顺直,无裂纹。

检验方法:观察;轻敲门窗框检查;检查隐蔽工程验收记录。

5.3.9 金属门窗扇的橡胶密封条或毛毡密封条应安装完好,不得脱槽。

检验方法:观察;开启和关闭检查。

5.3.10 有排水孔的金属门窗,排水孔应畅通,位置和数量应符合设计要求。

检验方法:观察。

5.3.13 涂色镀锌钢板门窗安装,允许偏差和检验方法应符合表5.3.12的规定。

(4) 质量验收的检验方法

质量验收的检验方法

项次	项目	检验方法
1	门窗槽口宽度、高度	用钢尺检查
2	门窗槽口对角线长度差	用钢尺检查
3	门窗框的正、侧面垂直度	用1m垂直检测尺检查
4	门窗横框的水平度	用1m水平尺和塞尺检查
5	门窗横框标高	用钢尺检查
6	门窗竖向偏离中心	用钢直尺检查
7	双层门窗内外框间距	用钢尺检查
8	推拉门窗扇与框搭接量	用钢直尺

2.9.8 铝合金门窗工程检验批质量验收记录

1. 资料表式

铝合金门窗工程检验批质量验收记录表　　　　表210-8

本表适用于铝合金门窗安装工程的质量验收。

检控项目	序号	质量验收规范规定		施工单位检查评定记录	监理(建设)单位验收记录
主控项目	1	门窗品种…、位置、连接、型材壁厚	第5.3.2条		
	2	门窗框、副框、预埋件等	第5.3.3条		
	3	窗扇、推拉门窗扇	第5.3.4条		
	4	配件、安装、位置、功能	第5.3.5条		

续表

检控项目	序号	质量验收规范规定		施工单位检查评定记录		监理(建设)单位验收记录
一般项目	1	门窗表面	第5.3.6条			
	2	门窗扇开关力	第5.3.7条			
	3	门窗框与墙体缝隙	第5.3.8条			
	4	门窗扇橡胶密封条	第5.3.9条			
	5	门窗扇排水孔	第5.3.10条			
		项 目	允许偏差(mm)	量 测 值(mm)		
	6	门窗槽口宽度、高度 ≤1500mm >1500mm	1.5 2			
	7	门窗插口对角线长度差 ≤2000mm >2000mm	3 4			
	8	门窗框正、侧面垂直度	2.5			
	9	门窗横框水平度	2			
	10	门窗横框标高	5			
	11	门窗竖向偏移中心	5			
	12	双层门窗内外框间距	4			
	13	门窗框扇配合间隙	1.5			

2．应用指导

(1) 检查验收统一说明

1) 执行规范章、节

本表的检验批验收执行《建筑装饰装修工程施工质量验收规范》(GB 50210—2001)规范第5章、第5.3节主控项目和一般项目有关条目的质量等级要求。应按其质量标准和检查方法逐一进行验收。

表列应检验项目必须全部进行检查验收不得缺漏，应检项目漏检，应进行补充检查验收，不进行补检不应通过验收。

2) 检验批的划分原则

门窗工程各分项工程的检验批应按下列规定划分：

① 同一品种、类型和规格的木门窗、金属门窗、塑料门窗及门窗玻璃每100樘应划分为一个检验批，不足100樘也应划分为一个检验批。

② 同一品种、类型和规格的特种门每50樘应划分为一个检验批，不足50樘也应划分为一个检验批。

3) 质量等级验收评定

① 主控项目是对检验批的基本质量起决定性影响的检验项目，必须全部符合该专业规范的规定，不允许有不符合规范要求的检验结果；

② 一般项目应有80%以上的抽检处符合该规范规定或偏差值在其允许偏差范围内。

4) 检验批验收应提交资料

检验批验收时,应提交的施工操作依据和质量检查记录应完整。

5) 检验批验收

只按列为主控项目、一般项目的条款来验收,不能随意扩大内容范围和提高质量标准。

6) 检验批验收责任制

检验批表式中的责任制签记必须本人签字,替签为无效检验批验收记录。

(2) 保证质量措施条目(摘自《建筑装饰装修工程施工质量验收规范》GB 50210—2001)

5.1.6 检查数量应符合下列规定:

金属门窗每个检验批应至少抽查5%,并不得少于3樘,不足3樘时应全数检查;高层建筑的外窗,每个检验批应至少抽查10%,并不得少于6樘,不足6樘时应全数检查。

(3) 检查验收执行条目(摘自《建筑装饰装修工程施工质量验收规范》GB 50210—2001)

5.3.2 金属门窗的品种、类型、规格、尺寸、性能、开启方向、安装位置、连接方式及铝合金门窗的型材壁厚应符合设计要求。金属门窗的防腐处理及填嵌、密封处理应符合设计要求。

检验方法:观察;尺量检查;检查产品合格证书、性能检测报告、进场验收记录和复验报告;检查隐蔽工程验收记录。

5.3.3 金属门窗框和副框的安装必须牢固。预埋件的数量、位置、埋设方式、与框的连接方式必须符合设计要求。

检验方法:手扳检查;检查隐蔽工程验收记录。

5.3.4 金属门窗扇必须安装牢固,并应开关灵活、关闭严密,无倒翘。推拉门窗扇必须有防脱落措施。

检验方法:观察;开启和关闭检查;手扳检查。

5.3.5 金属门窗配件的型号、规格、数量应符合设计要求,安装应牢固,位置应正确,功能应满足使用要求。

检验方法:观察;开启和关闭检查;手扳检查。

5.3.6 金属门窗表面应洁净、平整、光滑、色泽一致,无锈蚀。大面应无划痕、碰伤。漆膜或保护层应连续。

检验方法:观察。

5.3.7 铝合金门窗推拉门窗扇开关力应不大于100N。

检验方法:用弹簧秤检查。

5.3.8 金属门窗框与墙体之间的缝隙应填嵌饱满,并采用密封胶密封。密封胶表面应光滑、顺直,无裂纹。

检验方法:观察;轻敲门窗框检查;检查隐蔽工程验收记录。

5.3.9 金属门窗扇的橡胶密封条或毛毡密封条应安装完好,不得脱槽。

检验方法:观察;开启和关闭检查。

5.3.10 有排水孔的金属门窗,排水孔应畅通,位置和数量应符合设计要求。

检验方法:观察。

5.3.12 铝合金门窗安装,允许偏差和检验方法应符合表5.4.12的规定。

(4) 质量验收的检验方法

质量验收的检验方法

项次	项目	检验方法
1	门窗槽口宽度、高度	用钢尺检查
2	门窗槽口对角线长度差	用钢尺检查
3	门窗框的正、侧面垂直度	用1m垂直检测尺检查
4	门窗横框的水平度	用1m水平尺和塞尺检查
5	门窗横框标高	用钢尺检查
6	门窗竖向偏离中心	用钢直尺检查
7	双层门窗内外框间距	用钢尺检查
8	推拉门窗扇与框搭接量	用钢直尺检查

2.9.9 塑料门窗安装工程检验批质量验收记录

1. 资料表式

塑料门窗安装工程检验批质量验收记录表　　　　表210-9

检控项目	序号	质量验收规范规定		施工单位检查评定记录	监理(建设)单位验收记录
主控项目	1	塑料门窗质量要求	第5.4.2条		
	2	塑料门窗框、副框和扇安装	第5.4.3条		
	3	拼樘料内衬增强型钢塑料门窗的连接	第5.4.4条		
	4	塑料门窗开闭与防脱落	第5.4.5条		
	5	塑料门窗配件与安装	第5.4.6条		
	6	塑料门窗框与墙体缝隙填嵌与密封	第5.4.7条		
一般项目	1	塑料门窗表面	第5.4.8条		
	2	窗扇密封条、旋转窗间隙	第5.4.9条		
	3	窗扇的开关力规定	第5.4.10条		
	4	玻璃密封条、排水孔	第5.4.11条 第5.4.12条		
		项目		量测值(mm)	
		1)门窗槽口宽度、高度	≤1500mm		
			>1500mm	3	
		2)门窗槽口对角线长度差	≤2000mm	3	
			>2000mm	5	
		3)门窗框的正、侧面垂直度		3	
		4)门窗横框的水平度		3	
		5)门窗横框标高		5	
		6)门窗竖向偏离中心		5	
		7)双层门窗内外框间距		4	
		8)同樘平开门窗相邻扇高度差		2	
		9)平开门窗铰链部位配合间隙		+2;-1	
		10)推拉门窗扇与框搭接量		+1.5;-2.5	
		11)推拉门窗扇与竖框平行度		2	

2. 应用指导

(1) 检查验收统一说明

1) 执行规范章、节

本表的检验批验收执行《建筑装饰装修工程施工质量验收规范》(GB 50210—2001)规范第 5 章、第 5.4 节主控项目和一般项目有关条目的质量等级要求。应按其质量标准和检查方法逐一进行验收。

表列应检验项目必须全部进行检查验收不得缺漏,应检项目漏检,应进行补充检查验收,不进行补检不应通过验收。

2) 检验批的划分原则

门窗工程各分项工程的检验批应按下列规定划分:

① 同一品种、类型和规格的木门窗、金属门窗、塑料门窗及门窗玻璃每 100 樘应划分为一个检验批,不足 100 樘也应划分为一个检验批。

② 同一品种、类型和规格的特种门每 50 樘应划分为一个检验批,不足 50 樘也应划分为一个检验批。

3) 质量等级验收评定

① 主控项目是对检验批的基本质量起决定性影响的检验项目,必须全部符合该专业规范的规定,不允许有不符合规范要求的检验结果。

② 一般项目应有 80% 以上的抽检处符合该规范规定或偏差值在其允许偏差范围内。

4) 检验批验收应提交资料

检验批验收时,应提交的施工操作依据和质量检查记录应完整。

5) 检验批验收

只按列为主控项目、一般项目的条款来验收,不能随意扩大内容范围和提高质量标准。

6) 检验批验收责任制

检验批表式中的责任制签记必须本人签字,替签为无效检验批验收记录。

(2) 保证质量措施条目(摘自《建筑装饰装修工程施工质量验收规范》GB 50210—2001)

5.1.6 检查数量应符合下列规定:

塑料门窗每个检验批应至少抽查 5%,并不得少于 3 樘,不足 3 樘时应全数检查;高层建筑的外窗,每个检验批应至少抽查 10%,并不得少于 6 樘,不足 6 樘时应全数检查。

(3) 检查验收执行条目(摘自《建筑装饰装修工程施工质量验收规范》GB 50210—2001)

5.4.2 塑料门窗的品种、类型、规格、尺寸、开启方向、安装位置、连接方式及填嵌密封处理应符合设计要求,内衬增强型钢的壁厚及设置应符合国家现行产品标准的质量要求。

检验方法:观察;尺量检查;检查产品合格证书、性能检测报告、进场验收记录和复验报告;检查隐蔽工程验收记录。

5.4.3 塑料门窗框、副框和扇的安装必须牢固。固定片或膨胀螺栓的数量与位置应正确,连接方式应符合设计要求。固定点应距窗角、中横框、中竖框 150~200mm,固定点间距应不大于 600mm。

检验方法:观察;手扳检查;检查隐蔽工程验收记录。

5.4.4 塑料门窗拼樘料内衬增强型钢的规格、壁厚必须符合设计要求,型钢应与型材内腔紧密吻合,其两端必须与洞口固定牢固。窗框必须与拼樘料连接紧密,固定点间距应不大于600mm。

检验方法:观察;手扳检查;尺量检查;检查进场验收记录。

5.4.5 塑料门窗扇应开关灵活、关闭严密,无倒翘。推拉门窗扇必须有防脱落措施。

检验方法:观察;开启和关闭检查;手扳检查。

5.4.6 塑料门窗配件的型号、规格、数量应符合设计要求,安装应牢固,位置应正确,功能应满足使用要求。

检验方法:观察;手扳检查;尺量检查。

5.4.7 塑料门窗框与墙体间缝隙应采用闭孔弹性材料填嵌饱满,表面应采用密封胶密封。密封胶应粘结牢固,表面应光滑、顺直、无裂纹。

检验方法:观察;检查隐蔽工程验收记录。

5.4.8 塑料门窗表面应洁净、平整、光滑,大面应无划痕、碰伤。

检验方法:观察。

5.4.9 塑料门窗扇的密封条不得脱槽。旋转窗间隙应基本均匀。

5.4.10 塑料门窗扇的开关力应符合下列规定:

1) 平开门窗扇平铰链的开关力应不大于80N;滑撑铰链的开关力应不大于80N,并不小于30N。

2) 推拉门窗扇的开关力应不大于100N。

检验方法:观察;用弹簧秤检查。

5.4.11 玻璃密封条与玻璃及玻璃槽口的接缝应平整,不得卷边、脱槽。

检验方法:观察。

5.4.12 排水孔应畅通,位置和数量应符合设计要求。

检验方法:观察。

5.4.13 塑料门窗安装,允许偏差和检验方法应符合表5.4.13的规定。

(4) 质量验收的检验方法

质量验收的检验方法

项次	项目	检验方法
1	门窗槽口宽度、高度	用钢尺检查
2	门窗槽口对角线长度差	用钢尺检查
3	门窗框的正、侧面垂直度	用1m垂直检测尺检查
4	门窗横框的水平度	用1m水平尺和塞尺检查
5	门窗横框标高	用钢尺检查
6	门窗竖向偏离中心	用钢直尺检查
7	双层门窗内外框间距	用钢尺检查
8	同樘平开门窗相邻扇高度差	用钢直尺检查
9	平开门窗铰链部位配合间隙	用塞尺检查
10	推拉门窗扇与框搭接量	用钢直尺检查
11	推拉门窗扇与竖框平行度	用1m水平尺和塞尺检查

(5) 检验批验收应提供的附件资料(表210-7~表210-9)

1) 门窗出厂合格证；
2) 塑料门窗进场检查验收记录(应检查门窗性能试验报告、材质等)；
3) 外窗气密性、水密性、耐风压检测报告；
4) 施工记录；
5) 隐蔽工程验收(预埋件位置、数量、埋设、连接方式、密封处理、嵌填)；
6) 有关验收文件；
7) 自检、互检及工序交接检查记录；
8) 其他应报或设计要求报送的资料。

注：1. 合理缺项除外。
2. 表210-7～表210-9表示这几个检验批表式的附件资料均相同。

2.9.10 特种门安装工程检验批质量验收记录

1. 资料表式

特种门安装工程检验批质量验收记录表　　　　　　表210-10

本表适用于防火门、防盗门、自动门、全玻门、旋转门、金属卷帘门等特种门安装工程的质量验收。

检控项目	序号	质量验收规范规定			施工单位检查评定记录	监理(建设)单位验收记录
主控项目	1	特种门质量和各项性能	应符合设计要求			
	2	特种门的品种、类型、规格、尺寸、开启方向、安装位置及防腐处理	应符合设计要求			
	3	带有机械装置、自动装置或智能化装置的特种门的功能	第5.5.4条			
	4	特种门安装，预埋件、埋设方向、连接方式	第5.5.5条			
	5	特种门配件的使用要求和各项性能	第5.5.6条			
一般项目	1	特种门的表面装饰	应符合设计要求			
	2	特种门的表面应清洁，无划痕、碰伤				
	3	推拉门的安装	允许偏差		量测值(mm)	
			留缝限值	偏差值		
		1)门槽口宽度、高度	≤1500mm	1.5		
			>1500mm	2		
		2)门槽口对角线长度差	≤2000mm	2		
			>2000mm	2.5		
		3)门框的正、侧面垂直度	—	1		
		4)门构件装配间隙	—	0.3		
		5)门梁导轨水平度	—	1		
		6)下导轨与门梁导轨平行度	—	1.5		
		7)门扇与侧框间留缝	1.2～1.8	—		
		8)门扇对口缝	1.2～1.8	—		

续表

检控项目	序号	质量验收规范规定		施工单位检查评定记录	监理(建设)单位验收记录
一般项目	4	推拉自动门的感应时间限值	(S)		
	1)	开门响应时间	≤0.5		
	2)	堵门保护延时	16～20		
	3)	门扇全开启后保持时间	13～17		

2. 应用指导

(1) 检查验收统一说明

1) 执行规范章、节

本表的检验批验收执行《建筑装饰装修工程施工质量验收规范》(GB 50210—2001)规范第5章、第5.5节主控项目和一般项目有关条目的质量等级要求。应按其质量标准和检查方法逐一进行验收。

表列应检验项目必须全部进行检查验收不得缺漏，应检项目漏检，应进行补充检查验收，不进行补检不应通过验收。

2) 检验批的划分原则

门窗工程各分项工程的检验批应按下列规定划分：

① 同一品种、类型和规格的木门窗、金属门窗、塑料门窗及门窗玻璃每100樘应划分为一个检验批，不足100樘也应划分为一个检验批。

② 同一品种、类型和规格的特种门每50樘应划分为一个检验批，不足50樘也应划分为一个检验批。

3) 质量等级验收评定

① 主控项目是对检验批的基本质量起决定性影响的检验项目，必须全部符合该专业规范的规定，不允许有不符合规范要求的检验结果；

② 一般项目应有80%以上的抽检处符合该规范规定或偏差值在其允许偏差范围内。

4) 检验批验收应提交资料

检验批验收时，应提交的施工操作依据和质量检查记录应完整。

5) 检验批验收

只按列为主控项目、一般项目的条款来验收，不能随意扩大内容范围和提高质量标准。

6) 检验批验收责任制

检验批表式中的责任制签记必须本人签字，替签为无效检验批验收记录。

(2) 保证质量措施条目(摘自《建筑装饰装修工程施工质量验收规范》GB 50210—2001)

5.1.6 检查数量应符合下列规定：

特种门每个检验批应至少抽查50%，并不得少于10樘，不足10樘时应全数检查。

(3) 检查验收执行条目(摘自《建筑装饰装修工程施工质量验收规范》GB 50210—2001)

5.5.2 特种门的质量和各项性能应符合设计要求。

检验方法：检查生产许可证、产品合格证书和性能检测报告。

5.5.3 特种门的品种、类型、规格、尺寸、开启方向、安装位置及防腐处理应符合设计要求。

检验方法：观察；尺量检查；检查进场验收记录和隐蔽工程验收记录。

5.5.4 带有机械装置、自动装置或智能化装置的特种门,其机械装置、自动装置或智能化装置的功能应符合设计要求和有关标准的规定。

检验方法:启动机械装置、自动装置或智能化装置,观察。

5.5.5 特种门的安装必须牢固。预埋件的数量、位置、埋设方式、与框的连接方式必须符合设计要求。

检验方法:观察;手扳检查;检查隐蔽工程验收记录。

5.5.6 特种门的配件应齐全,位置应正确,安装应牢固,功能应满足使用要求和特种门的各项性能要求。

检验方法:观察;手扳检查;检查产品合格证书、性能检测报告和进场验收记录。

5.5.7 特种门的表面装饰应符合设计要求。

检验方法:观察。

5.5.8 特种门的表面应洁净、无划痕、碰伤。

检验方法:观察。

5.5.9 推拉自动门安装的留缝限值,允许偏差和检验方法应符合表5.5.9的规定。

(4) 质量验收的检验方法

质量验收的检验方法

项次	项目	检验方法
1	门窗槽口宽度、高度	用钢尺检查
2	门窗槽口对角线长度差	用钢尺检查
3	门窗框的正、侧面垂直度	用1m垂直检测尺检查
4	门构件装配间隙	用塞尺检查
5	门梁导轨水平度	用1m水平尺和塞尺检查
6	下导轨与门梁导轨平行度	用钢直尺检查
7	门扇与侧框间留缝	用塞尺检查
8	门扇对口缝	用塞尺检查

5.5.10 推拉自动门的感应时间限值和检验方法

质量验收的检验方法

项次	项目	感应时间限值(s)	检验方法
1	开门响应时间	≤0.5	用秒表检查
2	堵门保护延时	16~20	用秒表检查
3	门扇全开启后保持时间	13~17	用秒表检查

(5) 检验批验收应提供的附件资料(表210-10~表210-10A)

1) 门出厂合格证;

2) 金属门进场检查验收记录(应检查门性能试验报告、材质、防腐处理等);

3) 施工记录;

4) 隐蔽工程验收(预埋件位置、数量、埋设、连接方式、密封处理、嵌填、防腐);

5) 有关验收文件(如防辐射试验报告等);

6) 自检、互检及工序交接检查记录；
7) 其他应报或设计要求报送的资料。

注：1. 合理缺项除外。
    2. 表210-10~表210-10A表示这几个检验批表式的附件资料均相同。

2.9.11 旋转门安装工程检验批质量验收记录

1. 资料表式

旋转门安装工程检验批质量验收记录表　　　　表210-10A

检控项目	序号	质量验收规范规定		施工单位检查评定记录		监理(建设)单位验收记录
主控项目	1	特种门质量和各项性能	应符合设计要求			
	2	特种门的品种、类型、规格、尺寸、开启方向、安装位置及防腐处理	应符合设计要求			
	3	带有机械装置、自动装置或智能化装置的特种门的功能	第5.5.4条			
	4	特种门安装，预埋件、埋设方向、连接方式	第5.5.5条			
	5	特种门配件的使用要求和各项性能	第5.5.6条			
一般项目	1	特种门的表面装饰	应符合设计要求			
	2	特种门的表面应清洁、无划痕、碰伤	第5.5.8条			
	3	旋转门安装	允许偏差		量 测 值(mm)	
			金属框架玻璃旋转门	木质旋转门		
		1) 门扇正、侧面垂直度	1.5	1.5		
		2) 门扇对角线长度差	1.5	1.5		
		3) 相邻扇高度差	1	1		
		4) 扇与圆弧边留缝	1.5	2		
		5) 扇与上顶间留缝	2	2.5		
		6) 扇与地面间留缝	2	2.5		

2. 应用指导

(1) 检查验收统一说明

1) 执行规范章、节

本表的检验批验收执行《建筑装饰装修工程施工质量验收规范》(GB 50210—2001)规范第5章、第5.5节主控项目和一般项目有关条目的质量等级要求。应按其质量标准和检查方法逐一进行验收。

表列应检验项目必须全部进行检查验收不得缺漏,应检项目漏检,应进行补充检查验收,不进行补检不应通过验收。

2) 检验批的划分原则

门窗工程各分项工程的检验批应按下列规定划分:

① 同一品种、类型和规格的木门窗、金属门窗、塑料门窗及门窗玻璃每 100 樘应划分为一个检验批,不足 100 樘也应划分为一个检验批。

② 同一品种、类型和规格的特种门每 50 樘应划分为一个检验批,不足 50 樘也应划分为一个检验批。

3) 质量等级验收评定

① 主控项目是对检验批的基本质量起决定性影响的检验项目,必须全部符合该专业规范的规定,不允许有不符合规范要求的检验结果;

② 一般项目应有 80% 以上的抽检处符合该规范规定或偏差值在其允许偏差范围内。

4) 检验批验收应提交资料

检验批验收时,应提交的施工操作依据和质量检查记录应完整。

5) 检验批验收

只按列为主控项目、一般项目的条款来验收,不能随意扩大内容范围和提高质量标准。

6) 检验批验收责任制

检验批表式中的责任制签记必须本人签字,替签为无效检验批验收记录。

(2) 保证质量措施条目(摘自《建筑装饰装修工程施工质量验收规范》GB 50210—2001)

5.1.6 检查数量应符合下列规定:

特种门每个检验批应至少抽查 50%,并不得少于 10 樘,不足 10 樘时应全数检查。

(3) 检查验收执行条目(摘自《建筑装饰装修工程施工质量验收规范》GB 50210—2001)

5.5.2 特种门的质量和各项性能应符合设计要求。

检验方法:检查生产许可证、产品合格证书和性能检测报告。

5.5.3 特种门的品种、类型、规格、尺寸、开启方向、安装位置及防腐处理应符合设计要求。

检验方法:观察;尺量检查;检查进场验收记录和隐蔽工程验收记录。

5.5.4 带有机械装置、自动装置或智能化装置的特种门,其机械装置、自动装置或智能化装置的功能应符合设计要求和有关标准的规定。

检验方法:启动机械装置、自动装置或智能化装置,观察。

5.5.5 特种门的安装必须牢固。预埋件的数量、位置、埋设方式、与框的连接方式必须符合设计要求。

检验方法:观察;手扳检查;检查隐蔽工程验收记录。

5.5.6 特种门的配件应齐全,位置应正确,安装应牢固,功能应满足使用要求和特种门的各项性能要求。

检验方法:观察;手扳检查;检查产品合格证书、性能检测报告和进场验收记录。

5.5.7 特种门的表面装饰应符合设计要求。

检验方法:观察。

5.5.8 特种门的表面应洁净,无划痕、碰伤。

检验方法:观察。

5.5.11 旋转门安装的允许偏差和检验方法应符合表5.5.11的规定。

（4）质量验收的检验方法

质量验收的检验方法

项 次	项 目	检 验 方 法
1	门扇正、侧面垂直度	用1m垂直检测尺检查
2	门窗对角线长度差	用钢尺检查
3	相邻扇高度差	用钢尺检查
4	扇与圆弧边留缝	用塞尺检查
5	扇与上顶间留缝	用塞尺检查
6	扇与地面间留缝	用塞尺检查

2.9.12 门窗玻璃安装工程检验批质量验收记录

1．资料表式

门窗玻璃安装工程检验批质量验收记录表　　　　表210-11

本表适用于平板、吸热、反射、中空、夹层、夹丝、磨砂、钢化、压花玻璃等玻璃安装工程的质量验收。

检控项目	序号	质量验收规范规定	施工单位检查评定记录	监理(建设)单位验收记录
主控项目	1	玻璃的品种、规格、尺寸、色彩、图案、涂膜朝向及使用要求	第5.6.2条	
	2	门窗玻璃裁割与安装要求	第5.6.3条	
	3	玻璃的安装方法与固定	第5.6.4条	
	4	框、条、镶钉要求	第5.6.5条	
	5	密封条、密封胶与玻璃及玻璃槽口装设	第5.6.6条	
	6	带密封条的玻璃压条装设	第5.6.7条	
一般项目	1	玻璃表面及中空玻璃内外表面	第5.6.8条	
	2	玻璃安装要求	第5.6.9条	
	3	玻璃腻子的施工要求	第5.6.10条	

2．应用指导

（1）检查验收统一说明

1）执行规范章、节

本表的检验批验收执行《建筑装饰装修工程施工质量验收规范》(GB 50210—2001)规范第5章、第5.6节主控项目和一般项目有关条目的质量等级要求。应按其质量标准和检查方法逐一进行验收。

表列应检验项目必须全部进行检查验收不得缺漏,应检项目漏检,应进行补充检查验收,不进行补检不应通过验收。

2) 检验批的划分原则

门窗工程各分项工程的检验批应按下列规定划分:

① 同一品种、类型和规格的木门窗、金属门窗、塑料门窗及门窗玻璃每100樘应划分为一个检验批,不足100樘也应划分为一个检验批。

② 同一品种、类型和规格的特种门每50樘应划分为一个检验批,不足50樘也应划分为一个检验批。

3) 质量等级验收评定

① 主控项目是对检验批的基本质量起决定性影响的检验项目,必须全部符合该专业规范的规定,不允许有不符合规范要求的检验结果。

② 一般项目应有80%以上的抽检处符合该规范规定或偏差值在其允许偏差范围内。

4) 检验批验收应提交资料

检验批验收时,应提交的施工操作依据和质量检查记录应完整。

5) 检验批验收

只按列为主控项目、一般项目的条款来验收,不能随意扩大内容范围和提高质量标准。

6) 检验批验收责任制

检验批表式中的责任制签记必须本人签字,替签为无效检验批验收记录。

(2) 保证质量措施条目(摘自《建筑装饰装修工程施工质量验收规范》GB 50210—2001)

5.1.6 检查数量应符合下列规定:

门窗玻璃,每个检验批应至少抽查5%,并不得少于3樘,不足3樘时应全数检查。

(3) 检查验收执行条目(摘自《建筑装饰装修工程施工质量验收规范》GB 50210—2001)

5.6.2 玻璃的品种、规格、尺寸、色彩、图案和涂膜朝向应符合设计要求。单块玻璃大于$1.5m^2$时应使用安全玻璃。

检验方法:观察;检查产品合格证书、性能检测报告和进场验收记录。

5.6.3 门窗玻璃裁割尺寸应正确。安装后的玻璃应牢固,不得有裂纹、损伤和松动。

检验方法:观察;轻敲检查。

5.6.4 玻璃的安装方法应符合设计要求。固定玻璃的钉子或钢丝卡的数量、规格应保证玻璃安装牢固。

检验方法:观察;检查施工记录。

5.6.5 镶钉木压条接触玻璃处,应与裁口边缘平齐。木压条应互相紧密连接,并与裁口边缘紧贴,割角应整齐。

检验方法:观察。

5.6.6 密封条与玻璃、玻璃槽口的接触应紧密、平整。密封胶与玻璃、玻璃槽口的边缘应粘结牢固、接缝平齐。

检验方法:观察。

5.6.7 带密封条的玻璃压条,其密封条必须与玻璃全部贴紧,压条与型材之间应无明显缝隙,压条接缝应不大于0.5mm。

检验方法:观察;尺量检查。

5.6.8 玻璃表面应洁净,不得有腻子、密封胶、涂料等污渍。中空玻璃内外表面均应洁净,玻璃中空层内不得有灰尘和水蒸气。

检验方法:观察。

5.6.9 门窗玻璃不应直接接触型材。单面镀膜玻璃的镀膜层及磨砂玻璃的磨砂面应朝向室内。中空玻璃的单面镀膜玻璃应在最外层,镀膜层应朝向室内。

检验方法:观察。

5.6.10 腻子应填抹饱满、粘结牢固;腻子边缘与裁口应平齐。固定玻璃的卡子不应在腻子表面显露。

检验方法:观察。

(4) 检验批验收应提供的附件资料

1) 玻璃出厂合格证;
2) 玻璃进场检查验收记录(应检查玻璃性能试验报告、材质等);
3) 施工记录;
4) 有关验收文件;
5) 自检、互检及工序交接检查记录;
6) 其他应报或设计要求报送的资料。

注:合理缺项除外。

2.9.13 暗龙骨吊顶安装工程检验批质量验收记录

1. 资料表式

暗龙骨吊顶安装工程检验批质量验收记录表　　　　表210-12

本表适用于以轻钢龙骨、铝合金龙骨、木龙骨等为骨架,以石膏板、金属板、矿棉板、木板、塑料板或格栅等为饰面材料的暗龙骨吊顶工程的质量验收。

检控项目	序号	质量验收规范规定		施工单位检查评定记录	监理(建设)单位验收记录
主控项目	1	吊顶标高、尺寸、起拱和造型	应符合设计要求		
	2	饰面材料的材质、品种、规格、图案、颜色	应符合设计要求		
	3	暗龙骨吊顶工程的吊杆、龙骨和饰面材料	安装必须牢固		
	4	吊顶、龙骨的材质、防腐、防火处理	第6.2.5条		
	5	石膏板的接缝	第6.2.6条		
一般项目	1	饰面材料表面	第6.2.7条		
	2	饰面板上安装设备	第6.2.8条		
	3	金属吊杆龙骨的接缝及木质吊杆、龙骨质量	第6.2.9条		
	4	吊顶及填充吸声材料及铺设厚度	第6.2.10条		

续表

检控项目	序号	质量验收规范规定					施工单位检查评定记录				监理(建设)单位验收记录
一般项目	5	暗龙骨吊顶					量 测 值(mm)				
			允许偏差(mm)								
			纸面石膏板	金属板	矿棉板	木板塑料板格栅					
	1)	表面平整度	3	2	2	2					
	2)	接缝直线度	3	1.5	3	3					
	3)	接缝高低差	1	1	1.5	1					

2. 应用指导

(1) 检查验收统一说明

1) 执行规范章、节

本表的检验批验收执行《建筑装饰装修工程施工质量验收规范》(GB 50210—2001)规范第 5 章、第 6.2 节主控项目和一般项目有关条目的质量等级要求。应按其质量标准和检查方法逐一进行验收。

表列应检验项目必须全部进行检查验收不得缺漏,应检项目漏检,应进行补充检查验收,不进行补检不应通过验收。

2) 检验批的划分原则

吊顶工程各分项工程的检验批应按下列规定划分:

同一品种的吊顶工程每 50 间(大面积房间和走廊按吊顶面积 30m² 为一间)应划分为一个检验批,不足 50 间也应划分为一个检验批。

3) 质量等级验收评定

① 主控项目是对检验批的基本质量起决定性影响的检验项目,必须全部符合该专业规范的规定,不允许有不符合规范要求的检验结果;

② 一般项目应有 80% 以上的抽检处符合该规范规定或偏差值在其允许偏差范围内。

4) 检验批验收应提交资料

检验批验收时,应提交的施工操作依据和质量检查记录应完整。

5) 检验批验收

只按列为主控项目、一般项目的条款来验收,不能随意扩大内容范围和提高质量标准。

6) 检验批验收责任制

检验批表式中的责任制签记必须本人签字,替签为无效检验批验收记录。

(2) 保证质量措施条目(摘自《建筑装饰装修工程施工质量验收规范》GB 50210—2001)

6.1.6 检查数量应符合下列规定:

每个检验批应至少抽查 10%,并不得少于 3 间;不足 3 间时应全数检查。

(3) 检查验收执行条目(摘自《建筑装饰装修工程施工质量验收规范》GB 50210—2001)

6.2.2 吊顶标高、尺寸、起拱和造型应符合设计要求。

检验方法:观察;尺量检查。

6.2.3 饰面材料的材质、品种、规格、图案和颜色应符合设计要求。

检验方法:观察;检查产品合格证书、性能检测报告、进场验收记录和复验报告。

6.2.4 暗龙骨吊顶工程的吊杆、龙骨和饰面材料的安装必须牢固。

检验方法:观察;手扳检查;检查隐蔽工程验收记录和施工记录。

6.2.5 吊杆、龙骨的材质、规格、安装间距及连接方式应符合设计要求。金属吊杆、龙骨应进行表面防腐处理;木吊杆、龙骨应进行防腐、防火处理。

检验方法:观察;尺量检查;检查产品合格证书、性能检测报告、进场验收记录和隐蔽工程验收记录。

6.2.6 石膏板的接缝应按其施工工艺标准进行板缝防裂处理。安装双层石膏板时,面层板与基层板的接缝应错开,并不得在同一根龙骨上接缝。

检验方法:观察。

6.2.7 饰面材料表面应洁净、色泽一致,不得有翘曲、裂缝及缺损。压条应平直、宽窄一致。

检验方法:观察;尺量检查。

6.2.8 饰面板上的灯具、烟感器、喷淋头、风口篦子等设备的位置应合理、美观,与饰面板的交接应吻合、严密。

检验方法:观察。

6.2.9 金属吊杆、龙骨的接缝应均匀一致,角缝应吻合,表面应平整,无翘曲、锤印。木质吊杆、龙骨应顺直,无劈裂、变形。

检验方法:检查隐蔽工程验收记录和施工记录。

6.2.10 吊顶内填充吸声材料的品种和铺设厚度应符合设计要求,并应有防散落措施。

检验方法:检查隐蔽工程验收记录和施工记录。

6.2.11 暗龙骨吊顶工程安装的允许偏差和检验方法应符合表6.2.11的规定。

(4) 质量验收的检验方法

质量验收的检验方法

项 次	项 目	检 验 方 法
1	表面平整度	用2m靠尺和塞尺检查
2	接缝直线度	拉5m线,不足5m拉通线,用钢直尺检查
3	接缝高低差	用钢直尺和塞尺检查

(5) 检验批验收应提供的附件资料

1) 材料出厂合格证;
2) 材料进场检查验收记录;
3) 施工记录(吊杆、龙骨、饰面材料安装等);
4) 隐蔽工程验收(吊杆、龙骨安装、连接方式、防腐);
5) 有关验收文件;
6) 自检、互检及工序交接检查记录;
7) 其他应报或设计要求报送的资料。

注:合理缺项除外。

2.9.14 明龙骨吊顶安装工程检验批质量验收记录

1．资料表式

明龙骨吊顶安装工程检验批质量验收记录表　　　　表 210-13

本表适用于以轻钢龙骨、铝合金龙骨、木龙骨等为骨架，以石膏板、金属板、矿棉板、塑料板、玻璃板或格栅等为饰面材料的明龙骨吊顶工程的质量验收。

检控项目	序号	质量验收规范规定				施工单位检查评定记录									监理(建设)单位验收记录
主控项目	1	吊顶标高、尺寸、起拱和造型				应符合设计要求									
	2	饰面材料的材质及玻璃板饰面的安全措施				第 6.3.3 条									
	3	饰面材料安装				第 6.3.4 条									
	4	吊顶龙骨的材质及其防腐或防火				第 6.3.5 条									
	5	明龙骨吊顶的吊杆				龙骨安装牢固									
一般项目	1	饰面材料表面				第 6.3.7 条									
	2	饰面板上安装设备				第 6.3.8 条									
	3	金属龙骨接缝及木质龙骨质量				第 6.3.9 条									
	4	吊顶及填充吸声材料及铺设厚度、防散落措施				第 6.2.10 条									
	5	明吊顶龙骨	允许偏差(mm)				量 测 值(mm)								
			石膏板	金属板	矿棉板	塑料板玻璃板									
	1)	表面平整度	3	2	3	2									
	2)	接缝直线度	3	2	3	3									
	3)	接缝高低差	1	1	2	1									

2．应用指导

(1) 检查验收统一说明

1) 执行规范章、节

本表的检验批验收执行《建筑装饰装修工程施工质量验收规范》(GB 50210—2001)规范第 6 章、第 6.3 节主控项目和一般项目有关条目的质量等级要求。应按其质量标准和检查方法逐一进行验收。

表列应检验项目必须全部进行检查验收不得缺漏，应检项目漏检，应进行补充检查验收，不进行补检不应通过验收。

2) 检验批的划分原则

吊顶工程各分项工程的检验批应按下列规定划分：

同一品种的吊顶工程每 50 间(大面积房间和走廊按吊顶面积 30m² 为一间)应划分为一个检验批，不足 50 间也应划分为一个检验批。

3) 质量等级验收评定

① 主控项目是对检验批的基本质量起决定性影响的检验项目,必须全部符合该专业规范的规定,不允许有不符合规范要求的检验结果;

② 一般项目应有80%以上的抽检处符合该规范规定或偏差值在其允许偏差范围内。

4) 检验批验收应提交资料

检验批验收时,应提交的施工操作依据和质量检查记录应完整。

5) 检验批验收

只按列为主控项目、一般项目的条款来验收,不能随意扩大内容范围和提高质量标准。

6) 检验批验收责任制

检验批表式中的责任制签记必须本人签字,替签为无效检验批验收记录。

(2) 保证质量措施条目(摘自《建筑装饰装修工程施工质量验收规范》GB 50210—2001)

6.1.6 检查数量应符合下列规定:

每个检验批应至少抽查10%,并不得少于3间;不足3间时应全数检查。

(3) 检查验收执行条目(摘自《建筑装饰装修工程施工质量验收规范》GB 50210—2001)

6.3.2 吊顶标高、尺寸、起拱和造型应符合设计要求。

检验方法:观察;尺量检查。

6.3.3 饰面材料的材质、品种、规格、图案和颜色应符合设计要求。当饰面材料为玻璃板时,应使用安全玻璃或采取可靠的安全措施。

检验方法:观察;检查产品合格证书、性能检测报告和进场验收记录。

6.3.4 饰面材料的安装应稳固严密。饰面材料与龙骨的搭接宽度应大于龙骨受力面宽度的2/3。

检验方法:观察;手扳检查;尺量检查。

6.3.5 吊杆、龙骨的材质、规格、安装间距及连接方式应符合设计要求。金属吊杆、龙骨应进行表面防腐处理;木龙骨应进行防腐、防火处理。

检验方法:观察;尺量检查;检查产品合格证书、进场验收记录和隐蔽工程验收记录。

6.3.6 明龙骨吊顶工程的吊杆和龙骨安装必须牢固。

检验方法:手扳检查;检查隐蔽工程验收记录和施工记录。

6.3.7 饰面材料表面应洁净、色泽一致,不得有翘曲、裂缝及缺损。饰面板与明龙骨的搭接应平整、吻合,压条应平直、宽窄一致。

检验方法:观察;尺量检查。

6.3.8 饰面板上的灯具、烟感器、喷淋头、风口篦子等设备的位置应合理、美观,与饰面板的交接应吻合、严密。

检验方法:观察。

6.3.9 金属龙骨的接缝应平整、吻合、颜色一致,不得有划伤、擦伤等表面缺陷。木质龙骨应平整、顺直,无劈裂。

检验方法:观察。

6.3.10 吊顶内填充吸声材料的品种和铺设厚度应符合设计要求,并应有防散落措施。

检验方法:检查隐蔽工程验收记录和施工记录。

6.3.11 明龙骨吊顶工程安装允许偏差和检验方法应符合表6.3.11的规定。

(4) 质量验收的检验方法

质量验收的检验方法

项 次	项 目	检 验 方 法
1	表面平整度	用2m靠尺和塞尺检查
2	接缝直线度	拉5m线,不足5m拉通线,用钢直尺检查
3	接缝高低差	用钢直尺和塞尺检查

(5) 检验批验收应提供的附件资料

1) 材料出厂合格证;
2) 材料进场检查验收记录;
3) 施工记录(吊杆、龙骨、饰面材料安装等);
4) 隐蔽工程验收(吊杆、龙骨安装、连接方式、防腐);
5) 有关验收文件;
6) 自检、互检及工序交接检查记录;
7) 其他应报或设计要求报送的资料。

注:合理缺项除外。

2.9.15 板材隔墙工程检验批质量验收记录

1. 资料表式

板材隔墙工程检验批质量验收记录　　　　表210-14

本表适用于复合轻质墙板、石膏空心板、预制或现制的钢丝网水泥板等板材隔墙工程的质量验收。

检控项目	序号	质量验收规范规定		施工单位检查评定记录				监理(建设)单位验收记录
主控项目	1	隔墙板材材质及性能	第7.2.3条					
	2	安装隔墙板材的预埋件、连接件	第7.2.4条					
	3	隔墙板材的安装	第7.2.5条					
	4	隔墙板材所用接缝材料的品种及接缝方法	应符合设计要求					
一般项目	1	隔墙材料安装	第7.2.7条					
	2	板材隔墙表面	第7.2.8条					
	3	隔墙上的孔洞、槽、盒应位置正确、套割方正、边缘整齐						
	4	板材隔墙安装	允许偏差(mm)				量 测 值(mm)	
			复合轻质墙板		石膏空心板	钢丝网水泥板		
			金属夹芯板	其他复合板				
		1) 立面垂直度	2	3	3	3		
		2) 表面平整度	2	3	3	3		
		3) 阴阳角方正	3	3	3	4		
		4) 接缝高低差	1	2	2	3		

2．应用指导

(1) 检查验收统一说明

1) 执行规范章、节

本表的检验批验收执行《建筑装饰装修工程施工质量验收规范》(GB 50210—2001)规范第7章、第7.2节主控项目和一般项目有关条目的质量等级要求。应按其质量标准和检查方法逐一进行验收。

表列应检验项目必须全部进行检查验收，不得缺漏，应检项目漏检，应进行补充检查验收，不进行补检不应通过验收。

2) 检验批的划分原则

轻质隔墙各分项工程的检验批应按下列规定划分：同一品种的轻质隔墙工程每50间（大面积房间和走廊按轻质隔墙的墙面30m^2为一间）应划分为一个检验批，不足50间也应划分为一个检验批。

3) 质量等级验收评定

① 主控项目是对检验批的基本质量起决定性影响的检验项目，必须全部符合该专业规范的规定，不允许有不符合规范要求的检验结果；

② 一般项目应有80%以上的抽检处符合该规范规定或偏差值在其允许偏差范围内。

4) 检验批验收应提交资料

检验批验收时，应提交的施工操作依据和质量检查记录应完整。

5) 检验批验收

只按列为主控项目、一般项目的条款来验收，不能随意扩大内容范围和提高质量标准。

6) 检验批验收责任制

检验批表式中的责任制签记必须本人签字，替签为无效检验批验收记录。

(2) 保证质量措施条目（摘自《建筑装饰装修工程施工质量验收规范》GB 50210—2001）

7.2.2 板材隔墙工程的检查数量应符合下列规定：

每个检验批应至少抽查10%，并不得少于3间；不足3间时应全数检查。

(3) 检查验收执行条目（摘自《建筑装饰装修工程施工质量验收规范》GB 50210—2001）

7.2.3 隔墙板材的品种、规格、性能、颜色应符合设计要求。有隔声、隔热、阻燃、防潮等特殊要求的工程，板材应有相应性能等级的检测报告。

检验方法：观察；检查产品合格证书、进场验收记录和性能检测报告。

7.2.4 安装隔墙板材所需预埋件、连接件的位置、数量及连接方法应符合设计要求。

检验方法：观察；尺量检查；检查隐蔽工程验收记录。

7.2.5 隔墙板材安装必须牢固。现制钢丝网水泥隔墙与周边墙体的连接方法应符合设计要求，并应连接牢固。

检验方法：观察；手扳检查。

7.2.6 隔墙板材所用接缝材料的品种及接缝方法应符合设计要求。

检验方法：观察；检查产品合格证书和施工记录。

7.2.7 隔墙板材安装应垂直、平整、位置正确，板材不应有裂缝或缺损。

检验方法：观察；尺量检查。

7.2.8 板材隔墙表面应平整光滑、色泽一致、洁净，接缝应均匀、顺直。

检验方法:观察;手摸检查。

7.2.9 隔墙上的孔洞、槽、盒应位置正确、套割方正、边缘整齐。

检验方法:观察。

7.2.10 板材隔墙安装的允许偏差和检验方法应符合表7.2.10的规定。

(4) 质量验收的检验方法

质量验收的检验方法

项 次	项 目	检 验 方 法
1	立面垂直度	用2m垂直检测尺检查
2	表面平整度	用2m靠尺和塞尺检查
3	阴阳角方正	用直角检测尺检查
4	接缝高低差	用钢直尺和塞尺检查

(5) 检验批验收应提供的附件资料

1) 材料出厂合格证;
2) 材料进场检查验收记录;
3) 施工记录(接缝材料品种及方法等);
4) 隐蔽工程验收(预埋件、连接件、数量、方法、防腐);
5) 有关验收文件;
6) 自检、互检及工序交接检查记录;
7) 其他应报或设计要求报送的资料。

注:合理缺项除外。

2.9.16 骨架隔墙工程检验批质量验收记录

1. 资料表式

骨架隔墙工程检验批质量验收记录表　　　　表210-15

本表适用于以轻钢龙骨、木龙骨等为骨架,以纸面石膏板、人造木板、水泥纤维板等为墙面板的隔墙工程的质量验收。

检控项目	序号	质量验收规范规定		施工单位检查评定记录	监理(建设)单位验收记录
主控项目	1	骨架隔墙用材材质、性能、含水率及有特殊要求时的要求	第7.3.3条		
	2	边框龙骨与基体结构连接	第7.3.4条		
	3	骨架隔墙中龙骨、骨架内设备管线、门窗洞口加强龙骨、填充材料设置等	第7.3.5条		
	4	木龙骨、木墙面板的防火、防腐	第7.3.6条		
	5	骨架隔墙墙面板安装	第7.3.7条		
	6	墙面板用接缝材料的接缝方法应符合	设计要求		

续表

检控项目	序号	质量验收规范规定			施工单位检查评定记录	监理(建设)单位验收记录
一般项目	1	骨架隔墙表面		第7.3.9条		
	2	骨架隔墙上孔洞、槽、盒		第7.3.10条		
	3	骨架隔墙内填充材料		第7.3.11条		
	4	骨架隔墙安装	允许偏差(mm)		量 测 值(mm)	
			纸面石膏板	人造木板、水泥纤维板		
	1)	立面垂直度	3	4		
	2)	表面平整度	3	3		
	3)	阴阳角方正	3	3		
	4)	接缝直线度	—	3		
	5)	压条直线度	—	3		
	6)	接缝高低差	1	1		

2．应用指导
(1) 检查验收统一说明
1) 执行规范章、节

本表的检验批验收执行《建筑装饰装修工程施工质量验收规范》(GB 50210—2001)规范第7章、第7.3节主控项目和一般项目有关条目的质量等级要求。应按其质量标准和检查方法逐一进行验收。

表列应检验项目必须全部进行检查验收不得缺漏，应检项目漏检，应进行补充检查验收，不进行补检不应通过验收。

2) 检验批的划分原则

轻质隔墙各分项工程的检验批应按下列规定划分：同一品种的轻质隔墙工程每50间(大面积房间和走廊按轻质隔墙的墙面30m² 为一间)应划分为一个检验批，不足50间也应划分为一个检验批。

3) 质量等级验收评定

① 主控项目是对检验批的基本质量起决定性影响的检验项目，必须全部符合该专业规范的规定，不允许有不符合规范要求的检验结果；

② 一般项目应有80%以上的抽检处符合该规范规定或偏差值在其允许偏差范围内。

4) 检验批验收应提交资料

检验批验收时，应提交的施工操作依据和质量检查记录应完整。

5) 检验批验收

只按列为主控项目、一般项目的条款来验收，不能随意扩大内容范围和提高质量标准。

6) 检验批验收责任制

检验批表式中的责任制签记必须本人签字，替签为无效检验批验收记录。

(2) 保证质量措施条目(摘自《建筑装饰装修工程施工质量验收规范》GB 50210—2001)

7.3.2 骨架隔墙工程的检查数量应符合下列规定：

每个检验批应至少抽查10%，并不得少于3间；不足3间时应全数检查。

(3) 检查验收执行条目(摘自《建筑装饰装修工程施工质量验收规范》GB 50210—2001)

7.3.3 骨架隔墙所用龙骨、配件、墙面板、填充材料及嵌缝材料的品种、规格、性能和木材的含水率应符合设计要求。有隔声、隔热、阻燃、防潮等特殊要求的工程，材料应有相应性能等级的检测报告。

检验方法：观察；检查产品合格证书、进场验收记录、性能检测报告和复验报告。

7.3.4 骨架隔墙工程边框龙骨必须与基体结构连接牢固，并应平整、垂直、位置正确。

检验方法：手扳检查；尺量检查；检查隐蔽工程验收记录。

7.3.5 骨架隔墙中龙骨间距和构造连接方法应符合设计要求。骨架内设备管线的安装、门窗洞口等部位加强龙骨应安装牢固。位置正确，填充材料的设置应符合设计要求。

检验方法：检查隐蔽工程验收记录。

7.3.6 木龙骨及木墙面板的防火和防腐处理必须符合设计要求。

检验方法：检查隐蔽工程验收记录。

7.3.7 骨架隔墙的墙面板应安装牢固，无脱层、翘曲、折裂及缺损。

检验方法：观察；手扳检查。

7.3.8 墙面板所用接缝材料的接缝方法应符合设计要求。

检验方法：观察。

7.3.9 骨架隔墙表面应平整光滑、色泽一致、洁净、无裂缝，接缝应均匀、顺直。

检验方法：观察；手摸检查。

7.3.10 骨架隔墙上的孔洞、槽、盒应位置正确、套割吻合、边缘整齐。

检验方法：观察。

7.3.11 骨架隔墙内的填充材料应干燥，填充应密实、均匀、无下坠。

检验方法：轻敲检查；检查隐蔽工程验收记录。

7.3.12 骨架隔墙安装的允许偏差和检验方法应符合表7.3.12的规定。

(4) 质量验收的检验方法

质量验收的检验方法

项　次	项　目	检　验　方　法
1	立面垂直度	用2m垂直检测尺检查
2	表面平整度	用2m靠尺和塞尺检查
3	阴阳角方正	用直角检测尺检查
4	接缝直线度	拉5m线，不足5m拉通线，用钢直尺检查
5	压条直线度	拉5m线，不足5m拉通线，用钢直尺检查
6	接缝高低差	用钢直尺和塞尺检查

(5) 检验批验收应提供的附件资料

1) 材料出厂合格证；
2) 材料进场检查验收记录(材料性能检测报告等)；
3) 材料试验报告；

4）施工记录（龙骨、其他材料等）；

5）隐蔽工程验收（龙骨间距、连接方法、龙骨与基体连接、牢固程度、填充料的干燥、密实程度、均匀程度、是否下坠）；

6）有关验收文件；

7）自检、互检及工序交接检查记录；

8）其他应报或设计要求报送的资料。

注：合理缺项除外。

2.9.17 活动隔墙工程检验批质量验收记录

1．资料表式

活动隔墙工程检验批质量验收记录表　　　　表210-16

本表适用于各种活动隔墙工程的质量验收。

检控项目	序号	质量验收规范规定		施工单位检查评定记录	监理（建设）单位验收记录
主控项目	1	活动隔墙所用墙板、配件材料	第7.4.3条		
	2	活动隔墙轨道必须与基体结构连接牢固，并应位置正确			
	3	活动隔墙用于组装、推拉和制动的构配件	第7.4.5条		
	4	活动隔墙制作方法、组合方式应符合	设计要求		
一般项目	1	活动隔墙表面	第7.4.7条		
	2	活动隔墙上的孔洞、槽盒	第7.4.8条		
	3	活动隔墙推拉应无噪声			
	4	活动隔墙安装	允许偏差(mm)	量测值(mm)	
	1)	立面垂直度	3		
	2)	表面平整度	2		
	3)	接缝直线度	3		
	4)	接缝高低差	2		
	5)	接缝宽度	2		

2．应用指导

(1) 检查验收统一说明

1）执行规范章、节

本表的检验批验收执行《建筑装饰装修工程施工质量验收规范》(GB 50210—2001)规范第7章、第7.4节主控项目和一般项目有关条目的质量等级要求。应按其质量标准和检查方法逐一进行验收。

表列应检验项目必须全部进行检查验收不得缺漏，应检项目漏检，应进行补充检查验收,不进行补检不应通过验收。

2) 检验批的划分原则

轻质隔墙各分项工程的检验批应按下列规定划分:同一品种的轻质隔墙工程每50间(大面积房间和走廊按轻质隔墙的墙面30m^{2}为一间)应划分为一个检验批,不足50间也应划分为一个检验批。

3) 质量等级验收评定

① 主控项目是对检验批的基本质量起决定性影响的检验项目,必须全部符合该专业规范的规定,不允许有不符合规范要求的检验结果;

② 一般项目应有80%以上的抽检处符合该规范规定或偏差值在其允许偏差范围内。

4) 检验批验收应提交资料

检验批验收时,应提交的施工操作依据和质量检查记录应完整。

5) 检验批验收

只按列为主控项目、一般项目的条款来验收,不能随意扩大内容范围和提高质量标准。

6) 检验批验收责任制

检验批表式中的责任制签记必须本人签字,替签为无效检验批验收记录。

(2) 保证质量措施条目(摘自《建筑装饰装修工程施工质量验收规范》GB 50210—2001)

7.4.2　活动隔墙工程的检查数量应符合下列规定:

每个检验批应至少抽查20%,并不得少于6间;不足6间时应全数检查。

(3) 检查验收执行条目(摘自《建筑装饰装修工程施工质量验收规范》GB 50210—2001)

7.4.3　活动隔墙所用墙板、配件等材料的品种、规格、性能和木材的含水率应符合设计要求。有阻燃、防潮等特性要求的工程,材料应有相应性能等级的检测报告。

检验方法:观察;检查产品合格证书、进场验收记录、性能检测报告和复验报告。

7.4.4　活动隔墙轨道必须与基体结构连接牢固,并应位置正确。

检验方法:尺量检查;手扳检查。

7.4.5　活动隔墙用于组装、推拉和制动的构配件必须安装牢固、位置正确,推拉必须安全、平稳、灵活。

检验方法:尺量检查;手扳检查;推拉检查。

7.4.6　活动隔墙制作方法、组合方式应符合设计要求。

检验方法:观察。

7.4.7　活动隔墙表面应色泽一致、平整光滑、洁净,线条应顺直、清晰。

检验方法:观察;手摸检查。

7.4.8　活动隔墙上的孔洞、槽、盒应位置正确、套割吻合、边缘整齐。

检验方法:观察;尺量检查。

7.4.9　活动隔墙推拉应无噪声。

检验方法:推拉检查。

7.4.10　活动隔墙安装的允许偏差和检验方法应符合表7.4.10的规定。

(4) 质量验收的检验方法

质量验收的检验方法

项次	项目	检验方法
1	立面垂直度	用2m垂直检测尺检查
2	表面平整度	用2m靠尺和塞尺检查
3	接缝直线度	拉5m线,不足5m拉通线,用钢直尺检查
4	接缝高低差	用钢直尺和塞尺检查
5	接缝宽度	用钢直尺检查

(5) 检验批验收应提供的附件资料

1) 材料出厂合格证;
2) 材料进场检查验收记录(材料性能检测报告等);
3) 材料试验的报告;
4) 施工记录(龙骨、其他材料等);
5) 隐蔽工程验收(龙骨间距、连接方法、龙骨与基体连接、牢固程度、填充料的干燥、密实程度、均匀程度、是否下坠);
6) 有关验收文件;
7) 自检、互检及工序交接检查记录;
8) 其他应报或设计要求报送的资料。

注:合理缺项除外。

2.9.18 玻璃隔墙工程检验批质量验收记录

1. 资料表式

玻璃隔墙工程检验批质量验收记录表　　　　表210-17

本表适用于玻璃砖、玻璃板隔墙工程的质量验收。

检控项目	序号	质量验收规范规定			施工单位检查评定记录						监理(建设)单位验收记录
主控项目	1	玻璃隔墙所用材料	第7.5.3条								
	2	玻璃砖隔墙的砌筑或玻璃板隔墙的安装方法应符合	设计要求								
	3	玻璃砖隔墙砌筑中埋设的拉结筋必须与基体结构连接牢固,并应位置正确。									
	4	玻璃板隔墙的安装必须牢固。玻璃板隔墙胶垫的安装应正确。									
一般项目	1	玻璃隔墙表面应色泽一致、平整洁净、清晰美观									
	2	玻璃隔墙接缝应横平竖直,玻璃应无裂痕、缺损和划痕									
	3	玻璃板隔墙嵌缝、勾缝	第7.5.9条								
	4	玻璃隔墙安装	允许偏差(mm)		量　测　值(mm)						
			玻璃砖	玻璃板							
	1)	立面垂直度	3	2							

续表

检控项目	序号	质量验收规范规定		施工单位检查评定记录	监理(建设)单位验收记录
一般项目	2)	表面平整度	3	—	
	3)	阴阳角方正	—	2	
	4)	接缝直线度	—	2	
	5)	接缝高低差	3	2	
	6)	接缝宽度	—	1	

2. 应用指导

(1) 检查验收统一说明

1) 执行规范章、节

本表的检验批验收执行《建筑装饰装修工程施工质量验收规范》(GB 50210—2001)规范第 7 章、第 7.5 节主控项目和一般项目有关条目的质量等级要求。应按其质量标准和检查方法逐一进行验收。

表列应检验项目必须全部进行检查验收不得缺漏,应检项目漏检,应进行补充检查验收,不进行补检不应通过验收。

2) 检验批的划分原则

轻质隔墙各分项工程的检验批应按下列规定划分:同一品种的轻质隔墙工程每 50 间(大面积房间和走廊按轻质隔墙的墙面 30m² 为一间)应划分为一个检验批,不足 50 间也应划分为一个检验批。

3) 质量等级验收评定

① 主控项目是对检验批的基本质量起决定性影响的检验项目,必须全部符合该专业规范的规定,不允许有不符合规范要求的检验结果;

② 一般项目应有 80% 以上的抽检处符合该规范规定或偏差值在其允许偏差范围内。

4) 检验批验收应提交资料

检验批验收时,应提交的施工操作依据和质量检查记录应完整。

5) 检验批验收

只按列为主控项目、一般项目的条款来验收,不能随意扩大内容范围和提高质量标准。

6) 检验批验收责任制

检验批表式中的责任制签记必须本人签字,替签为无效检验批验收记录。

(2) 保证质量措施条目(摘自《建筑装饰装修工程施工质量验收规范》GB 50210 2001)

7.5.2 玻璃隔墙工程的检查数量应符合下列规定:

每个检验批应至少抽查 20%,并不得少于 6 间;不足 6 间时应全数检查。

(3) 检查验收执行条目(摘自《建筑装饰装修工程施工质量验收规范》GB 50210—2001)

7.5.3 玻璃隔墙工程所用材料的品种、规格、性能、图案和颜色应符合设计要求。玻璃板隔墙应使用安全玻璃。

检验方法:观察;检查产品合格证书、进场验收记录和性能检测报告。

7.5.4 玻璃砖隔墙的砌筑或玻璃板隔墙的安装方法应符合设计要求。

检验方法:观察。

7.5.5 玻璃砖隔墙砌筑中埋设的拉结筋必须与基体结构连接牢固,并应位置正确。

检验方法:手扳检查;尺量检查;检查隐蔽工程验收记录。

7.5.6 玻璃板隔墙的安装必须牢固。玻璃板隔墙胶垫的安装应正确。

检验方法:观察;手推检查;检查施工记录。

7.5.7 玻璃隔墙表面应色泽一致、平整洁净、清晰美观。

检验方法:观察。

7.5.8 玻璃隔墙接缝应横平竖直,玻璃应无裂痕、缺损和划痕。

检验方法:观察。

7.5.9 玻璃板隔墙嵌缝及玻璃砖隔墙勾缝应密实平整、均匀顺直、深浅一致。

检验方法:观察。

7.5.10 玻璃隔墙安装的允许偏差和检验方法应符合表7.5.10的规定。

(4) 质量验收的检验方法

质量验收的检验方法

项次	项目	检验方法
1	立面垂直度	用2m垂直检测尺检查
2	表面平整度	用2m靠尺和塞尺检查
3	阴阳角方正	用直角检测尺检查
4	接缝直线度	用5m线,不足5m拉通线,用钢直尺检查
5	接缝高低差	用钢直尺和塞尺检查
6	接缝宽度	用钢直尺检查

(5) 检验批验收应提供的附件资料

1) 材料出厂合格证;
2) 材料进场检查验收记录(材料性能检测报告等);
3) 材料试验的报告;
4) 施工记录(龙骨、其他材料等);
5) 隐蔽工程验收(埋设拉结筋、与基体连接、位置、牢固程度);
6) 有关验收文件;
7) 自检、互检及工序交接检查记录;
8) 其他应报或设计要求报送的资料。

注:合理缺项除外。

2.9.19 饰面板安装工程检验批质量验收记录

1. 资料表式

饰面板安装工程检验批质量验收记录表　　　　表 210-18

本表适用于内墙饰面板安装工程和高度不大于 24m、抗震设防烈度不大于 7 度的外墙饰面板安装工程的质量验收。

检控项目	序号	质量验收规范规定							施工单位检查评定记录	监理(建设)单位验收记录
主控项目	1	饰面板的材质和性能							第8.2.2条	
	2	饰面板孔、槽的数量、位置和尺寸应符合							设计要求	
	3	饰面板安装预埋件、连接件、防腐处理和现场拉拔强度							第8.2.4条	
一般项目	1	饰面板表面							第8.2.5条	
	2	饰面板嵌缝							第8.2.6条	
	3	湿作业法施工石材的防碱背涂处理							第8.2.7条	
	4	饰面板上的孔洞应套割吻合,边缘应整齐								
	5	饰面板安装								
		项目	允许偏差(mm)						量 测 值(mm)	
			石 材			瓷板	木材	塑料	金属		
			光面	剁斧石	蘑菇石						
		1)立面垂直度	2	3	3	2	1.5	2	2		
		2)表面平整度	2	3	—	1.5	1	3	3		
		3)阴阳角方正	2	4	4	2	1.5	3	3		
		4)接缝直线度	2	4	4	2	1	1	1		
		5)墙裙、勒脚上口直线度	2	3	3	2	2	2	2		
		6)接缝高低差	0.5	3	—	0.5	0.5	1	1		
		7)接缝宽度	1	2	2	1	1	1	1		

2．应用指导
(1) 检查验收统一说明

1) 执行规范章、节

本表的检验批验收执行《建筑装饰装修工程施工质量验收规范》(GB 50210—2001)规范第 8 章、第 8.2 节主控项目和一般项目有关条目的质量等级要求。应按其质量标准和检查方法逐一进行验收。

表列应检验项目必须全部进行检查验收不得缺漏,应检项目漏检,应进行补充检查验收,不进行补检不应通过验收。

2）检验批的划分原则

饰面板（砖）各分项工程的检验批应按下列规定划分：

① 相同材料、工艺和施工条件的室内饰面板（砖）工程每50间（大面积房间和走廊按施工面积30m^2为一间）应划分为一个检验批，不足50间也应划分为一个检验批。

② 相同材料、工艺和施工条件的室外饰面板（砖）工程每500～1000m^2应划分为一个检验批，不足500m^2也应划分为一个检验批。

3）质量等级验收评定

① 主控项目是对检验批的基本质量起决定性影响的检验项目，必须全部符合该专业规范的规定，不允许有不符合规范要求的检验结果；

② 一般项目应有80%以上的抽检处符合该规范规定或偏差值在其允许偏差范围内。

4）检验批验收应提交资料

检验批验收时，应提交的施工操作依据和质量检查记录应完整。

5）检验批验收，只按列为主控项目、一般项目的条款来验收，不能随意扩大内容范围和提高质量标准。

6）检验批验收责任制

检验批表式中的责任制签记必须本人签字，替签为无效检验批验收记录。

(2) 保证质量措施条目（摘自《建筑装饰装修工程施工质量验收规范》GB 50210—2001）

8.1.6 检查数量应符合下列规定：

1 室内每个检验批应至少抽查10%，并不得少于3间；不足3间时应全数检查。

2 室外每个检验批每100m^2应至少抽查一处，每处不得小于10m^2。

(3) 检查验收执行条目（摘自《建筑装饰装修工程施工质量验收规范》GB 50210—2001）

8.2.2 饰面板的品种、规格、颜色和性能应符合设计要求，木龙骨、木饰面板和塑料饰面板的燃烧性能等级应符合设计要求。

检验方法：观察；检查产品合格证书、进场验收记录和性能检测报告。

8.2.3 饰面板孔、槽的数量、位置和尺寸应符合设计要求。

检验方法：检查进场验收记录和施工记录。

8.2.4 饰面板安装工程的预埋件（或后置埋件）、连接件的数量、规格、位置、连接方法和防腐处理必须符合设计要求。后置埋件的现场拉拔强度必须符合设计要求。饰面板安装必须牢固。

检验方法：手扳检查；检查进场验收记录、现场拉拔检测报告、隐蔽工程验收记录和施工记录。

8.2.5 饰面板表面应平整、洁净、色泽一致，无裂痕和缺损。石材表面应无泛碱等污染。

检验方法：观察。

8.2.6 饰面板嵌缝应密实、平直，宽度和深度应符合设计要求，嵌填材料色泽应一致。

检验方法：观察；尺量检查。

8.2.7 采用湿作业法施工的饰面板工程，石材应进行防碱背涂处理。饰面板与基体之间的灌注材料应饱满、密实。

检验方法：用小锤轻击检查；检查施工记录。

8.2.8 饰面板上的孔洞应大套割吻合,边缘应整齐。
检验方法:观察。
8.2.9 饰面板安装的允许偏差和检验方法应符合表8.2.9的规定。

(4) 质量验收的检验方法

质量验收的检验方法

项 次	项 目	检 验 方 法
1	立面垂直度	用2m垂直检测尺检查
2	表面平整度	用2m靠尺和塞尺检查
3	阴阳角方正	用直角检测尺检查
4	接缝直线度	拉5m线,不足5m接通线,用钢直尺检查
5	墙裙、勒脚上口直线度	拉5m线,不足5m接通线,用钢直尺检查
6	接缝高低差	用钢直尺和塞尺检查
7	接缝宽度	用钢直尺检查

(5) 检验批验收应提供的附件资料
1) 材料出厂合格证;
2) 材料进场检查验收记录(品种、规格、颜色、性能、数量等);
3) 材料试验的报告(有要求时);
4) 施工记录(饰面板的孔槽位置、尺寸和数量、防碱、背涂处理、灌筑材料饱满度等);
5) 隐蔽工程验收(预埋件、后置件、连接件数量、规格、位置、连接方法和防腐后置件的现场拉拔试验、牢固程度);
6) 有关验收文件;
7) 自检、互检及工序交接检查记录;
8) 其他应报或设计要求报送的资料。
注:合理缺项除外。

2.9.20 饰面砖粘贴工程检验批质量验收记录

1. 资料表式

饰面砖粘贴工程检验批质量验收记录表   表210-19

本表适用于内墙饰面砖粘贴工程和高度不大于100mm、抗震设防烈度不大于8度、采用满粘法施工的外墙饰面砖粘贴工程的质量验收。

检控项目	序号	质量验收规范规定		施工单位检查评定记录	监理(建设)单位验收记录
主控项目	1	饰面砖材料的材质与性能	第8.3.2条		
	2	饰面砖粘贴工程施工	第8.3.3条		
	3	饰面砖粘贴必须牢固	第8.3.4条		
	4	粘贴法施工的饰面砖工程应无空鼓、裂缝	第8.3.5条		

续表

检控项目	序号	质量验收规范规定			施工单位检查评定记录	监理(建设)单位验收记录
一般项目	1	饰面砖表面	第8.3.6条			
	2	阴阳角处搭接方式、非套砖使用部位应符合	设计要求			
	3	墙面突出物周围饰面砖施工	第8.3.8条			
	4	饰面砖接缝	第8.3.9条			
	5	有排水要求部位的滴水线(槽)	第8.3.10条			
	6	饰面砖粘贴	允许偏差(mm)		量 测 值(mm)	
			外墙面砖	内墙面砖		
	1)	立面垂直度	3	2		
	2)	表面平整度	4	3		
	3)	阴阳角方正	3	3		
	4)	接缝直线度	3	2		
	5)	接缝高低差	1	0.5		
	6)	接缝宽度	1	1		

2．应用指导

(1) 检查验收统一说明

1) 执行规范章、节

本表的检验批验收执行《建筑装饰装修工程施工质量验收规范》(GB 50210—2001)规范第8章、第8.3节主控项目和一般项目有关条目的质量等级要求。应按其质量标准和检查方法逐一进行验收。

表列应检验项目必须全部进行检查验收不得缺漏，应检项目漏检，应进行补充检查验收，不进行补检不应通过验收。

2) 检验批的划分原则

饰面板(砖)各分项工程的检验批应按下列规定划分：

① 相同材料、工艺和施工条件的室内饰面板(砖)工程每50间(大面积房间和走廊按施工面积30m^2为一间)应划分为一个检验批，不足50间也应划分为一个检验批。

② 相同材料、工艺和施工条件的室外饰面板(砖)工程每500～1000m^2应划分为一个检验批，不足500m^2也应划分为一个检验批。

3) 质量等级验收评定

① 主控项目是对检验批的基本质量起决定性影响的检验项目，必须全部符合该专业规范的规定，不允许有不符合规范要求的检验结果；

② 一般项目应有80%以上的抽检处符合该规范规定或偏差值在其允许偏差范围内。

4) 检验批验收应提交资料

检验批验收时，应提交的施工操作依据和质量检查记录应完整。

5) 检验批验收

只按列为主控项目、一般项目的条款来验收,不能随意扩大内容范围和提高质量标准。

6) 检验批验收责任制

检验批表式中的责任制签记必须本人签字,替签为无效检验批验收记录。

(2) 保证质量措施条目(摘自《建筑装饰装修工程施工质量验收规范》GB 50210—2001)

8.1.6 检查数量应符合下列规定:

1 室内每个检验批应至少抽查10%,并不得少于3间;不足3间时应全数检查。

2 室外每个检验批每100m^2应至少抽查一处,每处不得小于10m^2。

(3) 检查验收执行条目(摘自《建筑装饰装修工程施工质量验收规范》GB 50210—2001)

8.3.2 饰面砖的品种、规格、图案、颜色和性能应符合设计要求。

检验方法:观察;检查产品合格证书、进场验收记录、性能检测报告和复验报告。

8.3.3 饰面砖粘贴工程的找平、防水、粘结和勾缝材料及施工方法应符合设计要求及国家现行产品标准和工程技术标准的规定。

检验方法:检查产品合格证书、复验报告和隐蔽工程验收记录。

8.3.4 饰面砖粘贴必须牢固。

检验方法:检查样板件粘结强度检测报告和施工记录。

8.3.5 满粘法施工的饰面砖工程应无空鼓、裂缝。

检验方法:观察;用小锤轻击检查。

8.3.6 饰面砖表面应平整、洁净、色泽一致,无裂痕和缺损。

检验方法:观察。

8.3.7 阴阳角处搭接方式、非整砖使用部位应符合设计要求。

检验方法:观察。

8.3.8 墙面突出物周围的饰面砖应整砖套割吻合,边缘应整齐。墙裙、贴脸突出墙面的厚度应一致。

检验方法:观察;尺量检查。

8.3.9 饰面砖接缝应平直、光滑,填嵌应连续、密实;宽度和深度应符合设计要求。

检验方法:观察;尺量检查。

8.3.10 有排水要求的部位应做滴水线(槽)。滴水线(槽)应顺直,流水坡向应正确,坡度应符合设计要求。

检验方法:观察;用水平尺检查。

8.3.11 饰面砖粘贴的允许偏差和检验方法应符合表8.3.11的规定。

(4) 质量验收的检验方法

质量验收的检验方法

项次	项目	检验方法
1	立面垂直度	用2m垂直检测尺检查
2	表面平整度	用2m靠尺和塞尺检查
3	阴阳角方正	用直角检测尺检查
4	接缝直线度	拉5m线,不足5m接通线,用钢直尺检查
5	接缝高低差	用钢直尺和塞尺检查
6	接缝宽度	用钢直尺检查

(5) 检验批验收应提供的附件资料

1) 材料出厂合格证；
2) 材料进场检查验收记录（品种、规格、颜色、性能、数量等）；
3) 材料试验的报告（有要求时）；
4) 粘贴测试报告；
5) 施工记录（饰面砖的尺寸和数量、防碱、背涂处理、粘贴方法及粘贴测试等）；

隐蔽工程验收[预埋件（后置件）、连接件数量、规格、位置、连接方法和防腐后置件的现场拉拔试验、牢固程度]；

6) 有关验收文件；
7) 自检、互检及工序交接检查记录；
8) 其他应报或设计要求报送的资料。

注：合理缺项除外。

2.9.21 明框玻璃幕墙工程检验批质量验收记录

1. 资料表式

明框玻璃幕墙工程检验批质量验收记录表　　　　表 210-20

本表适用于建筑高度不大于 150m、抗震设防烈度不大于 8 度的隐框玻璃幕墙、半隐框玻璃幕墙、明框玻璃幕墙、全玻幕墙及点支承玻璃幕墙工程的质量验收。

检控项目	序号	质量验收规范规定		施工单位检查评定记录	监理（建设）单位验收记录
主控项目	1	玻璃幕墙材料、构件和组件质量	第 9.2.2 条		
	2	玻璃幕墙的造型和立面分格	应符合设计要求		
	3	玻璃幕墙使用的玻璃	第 9.2.4 条		
	4	玻璃幕墙与主体结构连接	第 9.2.5 条		
	5	连接件、紧固件的防松动及焊接连接	第 9.2.6 条		
	6	明框玻璃幕墙的玻璃	第 9.2.8 条		
	7	高度超过 4m 的全玻幕墙	第 9.2.9 条		
	8	点支承玻璃幕做法	第 9.2.10 条		
	9	玻璃幕墙四周、内表面与连接节点、变形缝做法	第 9.2.11 条		
	10	玻璃幕墙应无渗漏	第 9.2.12 条		
	11	玻璃幕墙结构胶与密封胶	第 9.2.13 条		
	12	玻璃幕墙的开启窗	第 9.2.14 条		
	13	玻璃幕墙的防雷装置	第 9.2.15 条		

续表

检控项目	序号	质量验收规范规定		施工单位检查评定记录						监理(建设)单位验收记录
一般项目	1	玻璃幕墙表面	第9.2.16条							
	2	每平方米玻璃表面质量	质量要求	量 测 值 (mm)						
	1)	明显划伤和长度>100mm的轻微划伤	不允许							
	2)	长度≤100mm;轻微划伤	≤8条							
	3)	擦伤总面积	≤500mm²							
	3	一个分格铝合金型材表面质量	质量要求							
	1)	明显划伤和长度≥100mm轻微划伤	不允许							
	2)	长度≤100mm轻微划伤	≤2条							
	3)	擦伤总面积	≤500mm²							
	4	明框玻璃幕墙外窗框和压条	第9.2.19条							
	5	玻璃幕墙的密封胶缝	第9.2.20条							
	6	防火、保温材料填充	第9.2.21条							
	7	玻璃幕墙的隐蔽节点的遮封装修	应牢固、整齐、美观							
	8	明框玻璃幕墙	允许偏差(mm)	量 测 值(mm)						
	1)幕墙垂直度	幕墙高度≤30m	10							
		30m<幕墙高度≤60m	15							
		60m<幕墙高度≤90m	20							
		幕墙高度>90m	25							
	2)幕墙水平度	幕墙幅宽≤35m	5							
		幕墙幅宽>35m	7							
	3)构件直线度		2							
	4)构件水平度	构件长度≤2m	2							
		构件长度>2m	3							
	5)相邻构件错位		1							
	6)分格框对角线长度差	对角线长度≤2m	3							
		对角线长度>2m	4							

2．应用指导
(1) 检查验收统一说明

1) 执行规范章、节

本表的检验批验收执行《建筑装饰装修工程施工质量验收规范》(GB 50210—2001)规范第9章、第9.2节主控项目和一般项目有关条目的质量等级要求。应按其质量标准和检查方法逐一进行验收。

表列应检验项目必须全部进行检查验收不得缺漏,应检项目漏检,应进行补充检查验收,不进行补检不应通过验收。

2) 检验批的划分原则

幕墙各分项工程的检验批应按下列规定划分:

① 相同设计、材料、工艺和施工条件的幕墙工程每500~1000m² 应划分为一个检验批,不足 500m² 也应划分为一个检验批。

② 同一单位工程的不连续的幕墙工程应单独划分检验批。

③ 对于异型或有特殊要求的幕墙,检验批的划分应根据幕墙的结构、工艺特点及幕墙工程规模,由监理单位(或建设单位)和施工单位协商确定。

3) 质量等级验收评定

① 主控项目是对检验批的基本质量起决定性影响的检验项目,必须全部符合该专业规范的规定,不允许有不符合规范要求的检验结果;

② 一般项目应有80%以上的抽检处符合该规范规定或偏差值在其允许偏差范围内。

4) 检验批验收应提交资料

检验批验收时,应提交的施工操作依据和质量检查记录应完整。

5) 检验批验收

只按列为主控项目、一般项目的条款来验收,不能随意扩大内容范围和提高质量标准。

6) 检验批验收责任制

检验批表式中的责任制签记必须本人签字,替签为无效检验批验收记录。

(2) 保证质量措施条目(摘自《建筑装饰装修工程施工质量验收规范》(GB 50210—2001)

9.1.6 检查数量应符合下列规定:

1 每个检验批每100m² 应至少抽查一处,每处不得小于10m²。

2 对于异型或有特殊要求的幕墙工程,应根据幕墙的结构和工艺特点,由监理单位(或建设单位)和施工单位协商确定。

(3) 检查验收执行条目(摘自《建筑装饰装修工程施工质量验收规范》(GB 50210—2001)

9.2.2 玻璃幕墙工程所使用的各种材料、构件和组件的质量,应符合设计要求及国家现行产品标准和工程技术规范的规定。

检验方法:检查材料、构件、组件的产品合格证书、进场验收记录、性能检测报告和材料的复验报告。

9.2.3 玻璃幕墙的造型和立面分格应符合设计要求。

检验方法:观察;尺量检查。

9.2.4 玻璃幕墙使用的玻璃见(GB 50210—2001)玻璃幕墙第9.2.4条。

9.2.5 玻璃幕墙与主体结构连接的各种预埋件、连接件、紧固件必须安装牢固,其数量、规格、位置、连接方法和防腐处理应符合设计要求。

检验方法：观察；检查隐蔽工程验收记录和施工记录。

9.2.6 各种连接件、紧固件的螺栓应有防松动措施；焊接连接应符合设计要求和焊接规范的规定。

检验方法：观察；检查隐蔽工程验收记录和施工记录。

9.2.8 明框玻璃幕墙的玻璃安装应符合下列规定：

1) 玻璃槽口与玻璃的配合尺寸应符合设计要求和技术标准的规定。

2) 玻璃与构件不得直接接触，玻璃四周与构件凹槽底部应保持一定的空隙，每块玻璃下部应至少放置两块宽度与槽口宽度相同、长度不小于100mm的弹性定位垫块；玻璃两边嵌入量及空隙应符合设计要求。

3) 玻璃四周橡胶条的材质、型号应符合设计要求，镶嵌应平整，橡胶条长度应比边框内槽长1.5%～2.0%，橡胶条在转角处应斜面断开，并应用粘结剂粘结牢固后嵌入槽内。

检验方法：观察；检查施工记录。

9.2.9 高度超过4m的全玻幕墙应吊挂在主体结构上，吊夹具应符合设计要求，玻璃与玻璃、玻璃与玻璃肋之间的缝隙，应采用硅酮结构密封胶填嵌严密。

检验方法：观察；检查隐蔽工程验收记录和施工记录。

9.2.10 点支承玻璃幕墙应采用带万向头的活动不锈钢爪，其钢爪间的中心距离应大于250mm。

检验方法：观察；尺量检查。

9.2.11 玻璃幕墙四周、玻璃幕墙内表面与主体结构之间的连接节点、各种变形缝、墙角的连接节点应符合设计要求和技术标准的规定。

检验方法：观察；检查隐蔽工程验收记录和施工记录。

9.2.12 玻璃幕墙应无渗漏。

检验方法：在易渗漏部位进行淋水检查。

9.2.13 玻璃幕墙结构胶和密封胶的打注应饱满、密实、连续、均匀、无气泡，宽度和厚度应符合设计要求和技术标准的规定。

检验方法：观察；尺量检查；检查施工记录。

9.2.14 玻璃幕墙开启窗的配件应齐全，安装应牢固，安装位置和开启方向、角度应正确；开启应灵活，关闭应严密。

检验方法：观察；手扳检查；开启和关闭检查。

9.2.15 玻璃幕墙的防雷装置必须与主体结构的防雷装置可靠连接。

检验方法：观察；检查隐蔽工程验收记录和施工记录。

9.2.16 玻璃幕墙表面应平整、洁净；整幅玻璃的色泽应均匀一致；不得有污染和镀膜损坏。

检验方法：观察。

9.2.17 每平方米玻璃的表面质量和检验方法应符合（GB 50210—2001）规范表9.2.17的规定。

质量验收的检验方法 表9.2.17

项次	项 目	质量要求	检验方法
1	明显划伤和长度>100mm的轻微划伤	不允许	观察
2	长度≤100mm的轻微划伤	≤8条	用钢尺检查
3	擦伤总面积	≤500mm^2	用钢尺检查

9.2.18 一个分格铝合金型材的表面质量和检验方法应符合(GB 50210—2001)规范表9.2.18的规定。

质量验收的检验方法 表9.2.18

项次	项 目	质量要求	检验方法
1	明显划伤和长度>100mm的轻微划伤	不允许	观察
2	长度≤100mm的轻微划伤	≤2条	用钢尺检查
3	擦伤总面积	≤500mm^2	用钢尺检查

9.2.19 明框玻璃幕墙的外露框或压条应横平竖直,颜色、规格应符合设计要求,压条安装应牢固。单元玻璃幕墙的单元拼缝或隐框玻璃幕墙的分格玻璃拼缝应横平竖直、均匀一致。
检验方法:观察;手扳检查;检查进场验收记录。

9.2.20 玻璃幕墙的密封胶缝应横平竖直、深浅一致、宽窄均匀、光滑顺直。
检验方法:观察;手摸检查。

9.2.21 防火、保温材料填充应饱满、均匀,表面应密实、平整。
检验方法:检查隐蔽工程验收记录。

9.2.22 玻璃幕墙隐蔽节点的遮封装修应牢固、整齐、美观。
检验方法:观察;手扳检查。

9.2.23 明框玻璃幕墙安装的允许偏差和检验方法应符合表9.2.23的规定。

(4) 质量验收的检验方法

质量验收的检查方法 表9.2.23

项次	项 目	质量要求	检验方法
1	幕墙垂直度	幕墙高度≤30m	
		30m<幕墙高度≤60m	
		60m<幕墙高度≤90m	
		幕墙高度>90m	用经纬仪检查
2	幕墙水平度	幕墙幅宽≤35m	
		幕墙幅宽>35m	用水平仪检查
3	构件直线度		用2m靠尺和塞尺检查
4	构件水平度	构件长度≤2m	
		构件长度>2m	用水平仪检查
5	相邻构件错位		用钢直尺检查
6	分格框对角线长度差	对角线长度≤2m	
		对角线长度>2m	用钢尺检查

2.9.22 隐框、半隐框玻璃幕墙工程检验批质量验收记录

1. 资料表式

隐框、半隐框玻璃幕墙工程检验批质量验收记录表　　　表 210-21

本表适用于建筑高度不大于150m、抗震设防烈度不大于8度的隐框玻璃幕墙、半隐框玻璃幕墙、明框玻璃幕墙、全玻幕墙及点支承玻璃幕墙工程的质量验收。

检控项目	序号	质量验收规范规定		施工单位检查评定记录	监理(建设)单位验收记录
主控项目	1	玻璃幕墙材料、构件和组件质量	第9.2.2条		
	2	玻璃幕墙的造型和立面分格	应符合设计要求		
	3	玻璃幕墙使用的玻璃	第9.2.4条		
	4	玻璃幕墙与主体结构连接	第9.2.5条		
	5	连接件、紧固件的防松动及焊接连接	第9.2.6条		
	6	隐框和半隐框玻璃幕墙玻璃托条要求	第9.2.7条		
	7	高度超过4m的全玻幕墙	第9.2.9条		
	8	点支承玻璃幕做法	第9.2.10条		
	9	玻璃幕墙四周、内表面与连接节点、变形缝做法	第9.2.11条		
	10	玻璃幕墙应无渗漏	第9.2.12条		
	11	玻璃幕墙结构胶与密封胶	第9.2.13条		
	12	玻璃幕墙的开启窗	第9.2.14条		
	13	玻璃幕墙的防雷装置	第9.2.15条		
一般项目	1	玻璃幕墙表面		第9.2.16条	
	2	每平方米玻璃表面质量		质量要求	
		1）明显划伤和长度>100mm的轻微划伤		不允许	
		2）长度≤100mm;轻微划伤		≤8条	
		3）擦伤总面积		≤500mm^2	

续表

检控项目	序号	质量验收规范规定		施工单位检查评定记录		监理(建设)单位验收记录
一般项目	3	一个分格铝合金型材表面质量	质量要求	量测值(mm)		
		1) 明显划伤和长度≥100mm轻微划伤	不允许			
		2) 长度≤100mm轻微划伤	≤2条			
		3) 擦伤总面积	≤500mm²			
	4	隐框玻璃幕墙的分格玻璃拼缝应横平竖直、均匀一致				
	5	玻璃幕墙的密封胶缝	第9.2.20条			
	6	防火、保温材料填充	第9.2.21条			
	7	玻璃幕墙的隐蔽节点的遮封装修	应牢固、整齐、美观			
	8	隐框、半隐框玻璃幕墙	允许偏差	量测值(mm)		
		1) 幕墙垂直度	幕墙高度≤30m	10		
			30m<幕墙高度≤60m	15		
			60m<幕墙高度≤90m	20		
			幕墙高度>90m	25		
		2) 幕墙水平度	幕墙幅宽≤35m	3		
			幕墙幅宽>35m	5		
		3) 幕墙表面平整度		2		
		4) 板材立面垂直度		2		
		5) 板材上沿水平度		2		
		6) 相邻板材板角错位		1		
		7) 阳角方正		2		
		8) 接缝直线度		3		
		9) 接缝高低差		1		
		10) 接缝宽度		1		

2．应用指导

(1) 检查验收统一说明

1) 执行规范章、节

本表的检验批验收执行《建筑装饰装修工程施工质量验收规范》(GB 50210—2001)规范第9章、第9.2节主控项目和一般项目有关条目的质量等级要求。应按其质量标准和检查方法逐一进行验收。

表列应检验项目必须全部进行检查验收不得缺漏，应检项目漏检，应进行补充检查验收，不进行补检不应通过验收。

2) 检验批的划分原则

幕墙各分项工程的检验批应按下列规定划分：

① 相同设计、材料、工艺和施工条件的幕墙工程每 500～1000m² 应划分为一个检验批，不足 500m² 也应划分为一个检验批。

② 同一单位工程的不连续的幕墙工程应单独划分检验批。

③ 对于异型或有特殊要求的幕墙，检验批的划分应根据幕墙的结构、工艺特点及幕墙工程规模，由监理单位(或建设单位)和施工单位协商确定。

3) 质量等级验收评定

① 主控项目是对检验批的基本质量起决定性影响的检验项目，必须全部符合该专业规范的规定，不允许有不符合规范要求的检验结果；

② 一般项目应有 80% 以上的抽检处符合该规范规定或偏差值在其允许偏差范围内。

4) 检验批验收应提交资料

检验批验收时，应提交的施工操作依据和质量检查记录应完整。

5) 检验批验收

只按列为主控项目、一般项目的条款来验收，不能随意扩大内容范围和提高质量标准。

6) 检验批验收责任制

检验批表式中的责任制签记必须本人签字，替签为无效检验批验收记录。

(2) 保证质量措施条目(摘自《建筑装饰装修工程施工质量验收规范》GB 50210—2001)

9.1.6 检查数量应符合下列规定：

1) 每个检验批每 100m² 应至少抽查一处，每处不得小于 10m²。

2) 对于异型或有特殊要求的幕墙工程，应根据幕墙的结构和工艺特点，由监理单位(或建设单位)和施工单位协商确定。

(3) 检查验收执行条目(摘自《建筑装饰装修工程施工质量验收规范》GB 50210—2001)

9.2.2 玻璃幕墙工程所使用的各种材料、构件和组件的质量，应符合设计要求及国家现行产品标准和工程技术规范的规定。

检验方法：检查材料、构件、组件的产品合格证书、进场验收记录、性能检测报告和材料的复验报告。

9.2.3 玻璃幕墙的造型和立面分格应符合设计要求。

检验方法：观察；尺量检查。

9.2.4 玻璃幕墙使用的玻璃见(GB 50210—2001)规范第 9.2.4 条的规定。

9.2.5 玻璃幕墙与主体结构连接的各种预埋件、连接件、紧固件必须安装牢固，其数量、规格、位置、连接方法和防腐处理应符合设计要求。

检验方法：观察；检查隐蔽工程验收记录和施工记录。

9.2.6 各种连接件、紧固件的螺栓应有防松动措施；焊接连接应符合设计要求和焊接规范的规定。

检验方法：观察；检查隐蔽工程验收记录和施工记录。

9.2.7 隐框或半隐框玻璃幕墙，每块玻璃下端应设置两个铝合金或不锈钢托条，其长度不应小于 10mm，厚度不应小于 2mm，托条外端应低于玻璃外表面 2mm。

检验方法：观察；检查施工记录。

9.2.9 高度超过 4m 的全玻幕墙应吊挂在主体结构上，吊夹具应符合设计要求，玻璃与玻璃、玻璃与玻璃肋之间的缝隙,应采用硅酮结构密封胶填嵌严密。

检验方法:观察;检查隐蔽工程验收记录和施工记录。

9.2.10 点支承玻璃幕墙应采用带万向头的活动不锈钢爪,其钢爪间的中心距离应大于250mm。

检验方法:观察;尺量检查。

9.2.11 玻璃幕墙四周、玻璃幕墙内表面与主体结构之间的连接节点、各种变形缝、墙角的连接节点应符合设计要求和技术标准的规定。

检验方法:观察;检查隐蔽工程验收记录和施工记录。

9.2.12 玻璃幕墙应无渗漏。

检验方法:在易渗漏部位进行淋水检查。

9.2.13 玻璃幕墙结构胶和密封胶的打注应饱满、密实、连续、均匀、无气泡,宽度和厚度应符合设计要求和技术标准的规定。

检验方法:观察;尺量检查;检查施工记录。

9.2.14 玻璃幕墙开启窗的配件应齐全,安装应牢固,安装位置和开启方向、角度应正确;开启应灵活,关闭应严密。

检验方法:观察;手扳检查;开启和关闭检查。

9.2.15 玻璃幕墙的防雷装置必须与主体结构的防雷装置可靠连接。

检验方法:观察;检查隐蔽工程验收记录和施工记录。

9.2.16 玻璃幕墙表面应平整、洁净;整幅玻璃的色泽应均匀一致;不得有污染和镀膜损坏。

检验方法:观察。

9.2.17 每平方米玻璃的表面质量和检验方法应符合表9.2.17的规定。

质量验收的检验方法　　　　　　　　　　　　　　　　表 9.2.17

项　次	项　目	质 量 要 求	检 验 方 法
1	明显划伤和长度>100mm的轻微划伤	不允许	观　察
2	长度≤100mm的轻微划伤	≤8条	用钢尺检查
3	擦伤总面积	≤500mm²	用钢尺检查

9.2.18 一个分格铝合金型材的表面质量和检验方法应符合(GB 50210—2001)规范表9.2.18的规定。

质量验收的检验方法　　　　　　　　　　　　　　　　表 9.2.18

项　次	项　目	质 量 要 求	检 验 方 法
1	明显划伤和长度>100mm的轻微划伤	不允许	观　察
2	长度≤100mm的轻微划伤	≤2条	用钢尺检查
3	擦伤总面积	≤500mm²	用钢尺检查

9.2.20 玻璃幕墙的密封胶缝应横平竖直、深浅一致、宽窄均匀、光滑顺直。

检验方法:观察;手摸检查。

9.2.21 防火、保温材料填充应饱满、均匀,表面应密实、平整。

检验方法:检查隐蔽工程验收记录。

9.2.22 玻璃幕墙隐蔽节点的遮封装修应牢固、整齐、美观。

检验方法:观察;手扳检查。

9.2.24 隐框、半隐框玻璃幕墙安装的允许偏差和检验方法应符合表9.2.24的规定。

(4) 质量验收的检查方法

玻璃幕墙质量验收的检验方法

项次	项目	检验方法
1	幕墙垂直度	用经纬仪检查
2	幕墙水平度	用水平仪检查
3	幕墙表面平整度	用2m靠尺和塞尺检查
4	板材立面垂直度	用垂直检测尺检查
5	板材上沿水平度	用1m水平尺和钢直尺检查
6	相邻板材板角错位	用钢直尺检查
7	阳角方正	用直角检测尺检查
8	接缝直线度	拉5m线,不足5m拉通线,用钢直尺检查
9	接缝高低差	用钢直尺和塞尺检查
10	接缝宽度	用钢直尺检查

(5) 检验批验收应提供的附件资料(表210-20～表210-21)

1) 材料、构件、组件的产品出厂合格证;

2) 材料、构件、组件的进场检查验收记录(品种、规格、性能测试报告、数量等);

3) 材料、构件、组件的试验的报告;

4) 施工记录(玻璃品种、规格、颜色、光学性能、安装方向、玻璃厚度、密封、钢化玻璃的引爆处理、边缘处理、连接方法、预埋件、连接件、紧固件的数量等);

5) 隐蔽工程验收(预埋件、连接件数量、紧固件的规格、数量、位置、连接方法、防腐、节点、变形缝、防雷装置、保温材料填充);

6) 有关验收文件;

7) 自检、互检及工序交接检查记录;

8) 其他应报或设计要求报送的资料。

注:1. 合理缺项除外。

2. 表210-20～表210-21表示这几个检验批表式的附件资料均相同。

2.9.23 金属幕墙工程检验批质量验收记录

金属幕墙工程检验批质量验收记录表　　　表210-22

本表适用于建筑高度不大于150m的金属幕墙工程的质量验收。

检控项目	序号	质量验收规范规定		施工单位检查评定记录	监理(建设)单位验收记录
主控项目	1	金属幕墙用各种材料和配件	第9.3.2条		
	2	金属幕墙的造型和立面分格	第9.3.3条		

续表

检控项目	序号	质量验收规范规定		施工单位检查评定记录						监理(建设)单位验收记录
主控项目	3	金属面板材质和安装方向	第9.3.4条							
	4	金属幕墙的预埋件、后置埋件及拉拔力	第9.3.5条							
	5	金属幕墙连接和安装	第9.3.6条							
	6	金属幕墙防火、保温、防潮材料的设置	第9.3.7条							
	7	金属框架及连接件的防腐处理应符合	设计要求							
	8	金属幕墙的防雷装置	第9.3.9条							
	9	各种变形缝、墙角的连接节点	第9.3.10条							
	10	金属幕墙的板缝注胶	第9.3.11条							
	11	金属幕墙应无渗漏								
一般项目	1	金属板表面应平整、洁净、色泽一致								
	2	金属幕墙压条应平直、洁净、接口严密、安装牢固								
	3	金属幕墙的密封胶缝	第9.3.15条							
	4	金属幕墙上滴水线、流水坡向应正确、顺直								
	5	每平方金属板的表面质量	质量要求	量 测 值 (mm)						
	1)	明显划伤和长度≥100mm,轻微划伤	不允许							
	2)	长度≤100mm轻微划伤	≤8条							
	3)	擦伤总面积	≤500mm²							
	6	金属幕墙安装	允许偏差(mm)	量 测 值(mm)						
	1)幕墙垂直度	幕墙高度≤30m	10							
		30m<幕墙高度≤60m	15							
		60m<幕墙高度≤90m	20							
		幕墙高度>90m	25							
	2)幕墙水平度	幕墙幅宽≤35m	3							
		幕墙幅宽>35m	5							
	3)幕墙表面平整度		2							
	4)板材立面垂直度		3							
	5)板材上沿水平度		2							

检控项目	序号	质量验收规范规定		施工单位检查评定记录							监理(建设)单位验收记录
一般项目	6)	相邻板材板角错位	1								
	7)	阳角方正	2								
	8)	接缝直线度	3								
	9)	接缝高低差	1								
	10)	接缝宽度	1								

2. 应用指导

(1) 检查验收统一说明

1) 执行规范章、节

本表的检验批验收执行《建筑装饰装修工程施工质量验收规范》(GB 50210—2001)规范第9章、第9.3节主控项目和一般项目有关条目的质量等级要求。应按其质量标准和检查方法逐一进行验收。

表列应检验项目必须全部进行检查验收不得缺漏,应检项目漏检,应进行补充检查验收,不进行补检不应通过验收。

2) 检验批的划分原则

幕墙各分项工程的检验批应按下列规定划分:

① 相同设计、材料、工艺和施工条件的幕墙工程每500～1000m^2应划分为一个检验批,不足500m^2也应划分为一个检验批。

② 同一单位工程的不连续的幕墙工程应单独划分检验批。

③ 对于异型或有特殊要求的幕墙,检验批的划分应根据幕墙的结构、工艺特点及幕墙工程规模,由监理单位(或建设单位)和施工单位协商确定。

3) 质量等级验收评定

① 主控项目是对检验批的基本质量起决定性影响的检验项目,必须全部符合该专业规范的规定,不允许有不符合规范要求的检验结果;

② 一般项目应有80%以上的抽检处符合该规范规定或偏差值在其允许偏差范围内。

4) 检验批验收应提交资料

检验批验收时,应提交的施工操作依据和质量检查记录应完整。

5) 检验批验收

只按列为主控项目、一般项目的条款来验收,不能随意扩大内容范围和提高质量标准。

6) 检验批验收责任制

检验批表式中的责任制签记必须本人签字,替签为无效检验批验收记录。

(2) 保证质量措施条目(摘自《建筑装饰装修工程施工质量验收规范》GB 50210—2001)

9.1.6 检查数量应符合下列规定:

1) 每个检验批每100m^2应至少抽查一处,每处不得小于10m^2。

2) 对于异型或有特殊要求的幕墙工程,应根据幕墙的结构和工艺特点,由监理单位(或建设单位)和施工单位协商确定。

摘自《金属与石材幕墙工程技术规范》(JGJ 133—2001)

6.5.1 金属幕墙构件应按同一种类构件的5%进行抽样检查,且每种构件不得少于5件。当有一个构件抽检不符合上述规定时,应加倍抽样复验,全部合格后方可出厂。

7.2.4 金属幕墙与主体结构连接的预埋件,应在主体结构施工时按设计要求埋设。预埋件应牢固,位置准确,预埋件的位置误差应按设计要求进行复查。当设计无明确要求时,预埋件的标高偏差不应大于10mm,预埋件位置差不应大于20mm。

7.3.4 金属板安装应符合下列规定:

1) 应对横竖连接件进行检查、测量、调整;
2) 金属板安装时,左右、上下的偏差不应大于1.5mm;
3) 金属板空缝安装时,必须有防水措施,并应有符合设计要求的排水出口;
4) 填充硅酮耐候密封胶时,金属板的宽度、厚度应根据硅酮耐候密封胶的技术参数,经计算后确定。

7.3.10 幕墙安装施工应对下列项目进行验收:

1) 主体结构与立柱、立柱与横梁连接节点安装及防腐处理;
2) 幕墙的防火、保温安装;
3) 幕墙的伸缩缝、沉降缝、防震缝及阴阳角的安装;
4) 幕墙的防雷节点的安装;
5) 幕墙的封口安装。

(3) 检查验收执行条目(摘自《建筑装饰装修工程施工质量验收规范》GB 50210—2001)

9.3.2 金属幕墙工程所使用的各种材料和配件,应符合设计要求及国家现行产品标准和工程技术规范的规定。

检验方法:检查产品合格证书、性能检测报告、材料进场验收记录和复验报告。

9.3.3 金属幕墙的造型和立面分格应符合设计要求。

检验方法:观察;尺量检查。

9.3.4 金属面板的品种、规格、颜色、光泽及安装方向应符合设计要求。

检验方法:观察;检查进场验收记录。

9.3.5 金属幕墙主体结构上的预埋件、后置埋件的数量、位置及后置埋件的拉拔力必须符合设计要求。

检验方法:检查拉拔力检测报告和隐蔽工程验收记录。

9.3.6 金属幕墙的金属框架立柱与主体结构预埋件的连接、立柱与横梁的连接、金属面板的安装必须符合设计要求,安装必须牢固。

检验方法:手扳检查;检查隐蔽工程验收记录。

9.3.7 金属幕墙的防火、保温、防潮材料的设置应符合设计要求,并应密实、均匀、厚度一致。

检验方法:检查隐蔽工程验收记录。

9.3.8 金属框架及连接件的防腐处理应符合设计要求。

检验方法:检查隐蔽工程验收记录和施工记录。

9.3.9 金属幕墙的防雷装置必须与主体结构的防雷装置可靠连接。

检验方法:检查隐蔽工程验收记录。

9.3.10 各种变形缝、墙角的连接节点应符合设计要求和技术标准的规定。

检验方法:观察;检查隐蔽工程验收记录。

9.3.11 金属幕墙的板缝注胶应饱满、密实、连续、均匀、无气泡,宽度和厚度应符合设计要求和技术标准的规定。

检验方法:观察;尺量检查;检查施工记录。

9.3.12 金属幕墙应无渗漏。

检验方法:在易渗漏部位进行淋水检查。

9.3.13 金属板表面应平整、洁净、色泽一致。

检验方法:观察。

9.3.14 金属幕墙的压条应平直、洁净、接口严密、安装牢固。

检验方法:观察;手扳检查。

9.3.15 金属幕墙的密封胶缝应横平竖直、深浅一致、宽窄均匀、光滑顺直。

检验方法:观察。

9.3.16 金属幕墙上的滴水线、流水坡向应正确、顺直。

检验方法:观察;用水平尺检查。

9.3.17 每平方米金属板的表面质量和检验方法应符合表9.3.17的规定。

表 9.3.17

项次	项 目	质 量 要 求	检 验 方 法
1	明显划伤和长度>100mm 的轻微划伤	不允许	观 察
2	长度≤100mm 的轻微划伤	≤8 条	用钢尺检查
3	擦伤总面积	≤500mm²	用钢尺检查

9.3.18 金属幕墙安装的允许偏差和检验方法应符合表9.3.18的规定。

(4) 质量验收的检验方法

质量验收的检验方法

项次	项 目	检 验 方 法
1	幕墙垂直度	用经纬仪检查
2	幕墙水平度	用水平仪检查
3	幕墙表面平整度	用2m靠尺和塞尺检查
4	板材立面垂直度	用垂直检测尺检查
5	板材上沿水平度	用1m水平尺和钢尺检查
6	相邻板材板角错位	用钢直尺检查
7	阳角方正	用直角检测尺检查
8	接缝直线度	拉5m线,不足5m拉通线,用钢直尺检查
9	接缝高低差	用钢直尺和塞尺检查
10	接缝宽度	用钢直尺检查

(5) 检验批验收应提供的附件资料

1) 材料、构件、组件的产品出厂合格证;

2) 材料、构件、组件的进场检查验收记录(品种、规格、性能测试报告、数量等);

3) 材料、构件、组件的试验的报告；

4) 施工记录(金属框架及连接件的防腐处理、板缝注胶(饱满、密实、连续、均匀、无气泡、宽度和厚度符合程度)等)；

5) 隐蔽工程验收(预埋件、后置件的数量、位置、拉拔力、连接方式、立柱、横梁、防火、防潮、保温材料、紧固件的规格、数量、位置、连接方法、防腐、墙角连接节点、变形缝、防雷装置)；

6) 有关验收文件；

7) 自检、互检及工序交接检查记录；

8) 其他应报或设计要求报送的资料。

注：合理缺项除外。

2.9.24 石材幕墙工程检验批质量验收记录

石材幕墙工程检验批质量验收记录表　　　　　　　　　　　表 210-23

本表适用于建筑高度不大于100m、抗震设防烈度不大于8度的石材幕墙工程的质量验收。

检控项目	序号	质量验收规范规定		施工单位检查评定记录	监理(建设)单位验收记录
主控项目	1	石材幕墙材料材质、弯曲强度、吸水率、铝合金、不锈钢挂件厚度等	第9.4.2条		
	2	石材幕墙造型、分格、颜色等	第9.4.3条		
	3	石材孔、槽数量、深度、位置、尺寸	应符合设计要求		
	4	石材幕墙预埋件、后置埋件及拉拔力	第9.4.5条		
	5	石材幕墙的连接与安装	第9.4.6条		
	6	金属框架和连接件的防腐处理	应符合设计要求		
	7	石材幕墙的防雷装置	第9.4.8条		
	8	石材幕墙防水、保温、防潮材料的设置	第9.4.9条		
	9	各种结构变形缝、墙角连接点	第9.4.10条		
	10	石材表面和板缝处理应符合	设计要求		
	11	石材幕墙板缝的注胶	第9.4.12条		
	12	石材幕墙应无渗漏	第9.4.13条		
一般项目	1	石材幕墙表面	第9.4.14条		
	2	石材幕墙压条	第9.4.15条		
	3	石材接缝、阴阳角石板压向、凸凹线出墙厚度、石材板上洞口	第9.4.16条		

续表

检控项目	序号	质量验收规范规定		施工单位检查评定记录	监理(建设)单位验收记录
一般项目	4	石材幕墙密封胶缝	第9.4.17条		
	5	石材幕墙滴水线、滴水坡向应正确、顺直			
	6	每平方米石材表面质量	质量要求	量 测 值 (mm)	
		1) 裂痕、明显划伤和长度>100mm轻微划伤	不允许		
		2) 长度≤100mm轻微划伤	≤8条		
		3) 擦伤总面积	≤500mm²		
	7	石材幕墙安装	允许偏差(mm)	量 测 值(mm)	
		1) 幕墙垂直度 幕墙高度≤30m	10		
		30m<幕墙高度≤60m	15		
		60m<幕墙高度≤90m	20		
		幕墙高度>90m	25		
		2) 幕墙水平度	3		
		3) 板材立面垂直度	3		
		4) 板材上沿水平度	2		
		5) 相邻板材板角错位	1		
		6) 幕墙表面平整度	2 3		
		7) 阳角方正	2 4		
		8) 接缝直线度	3 4		
		9) 接缝高低差	1 —		
		10) 接缝宽度	1 2		

2．应用指导

(1) 检查验收统一说明

1) 执行规范章、节

本表的检验批验收执行《建筑装饰装修工程施工质量验收规范》(GB 50210—2001)规范第9章、第9.4节主控项目和一般项目有关条目的质量等级要求。应按其质量标准和检查方法逐一进行验收。

表列应检验项目必须全部进行检查验收不得缺漏,应检项目漏检,应进行补充检查验收,不进行补检不应通过验收。

2) 检验批的划分原则

幕墙各分项工程的检验批应按下列规定划分:

① 相同设计、材料、工艺和施工条件的幕墙工程每500~1000m²应划分为一个检验批,不足500m²也应划分为一个检验批。

② 同一单位工程的不连续的幕墙工程应单独划分检验批。

③ 对于异型或有特殊要求的幕墙,检验批的划分应根据幕墙的结构、工艺特点及幕墙工程规模,由监理单位(或建设单位)和施工单位协商确定。

3) 质量等级验收评定

① 主控项目是对检验批的基本质量起决定性影响的检验项目,必须全部符合该专业规范的规定,不允许有不符合规范要求的检验结果。

② 一般项目应有80%以上的抽检处符合该规范规定或偏差值在其允许偏差范围内。

4) 检验批验收应提交资料

检验批验收时,应提交的施工操作依据和质量检查记录应完整。

5) 检验批验收

只按列为主控项目、一般项目的条款来验收,不能随意扩大内容范围和提高质量标准。

6) 检验批验收责任制

检验批表式中的责任制签记必须本人签字,替签为无效检验批验收记录。

(2) 保证质量措施条目(摘自《建筑装饰装修工程施工质量验收规范》GB 50210—2001)

9.1.6 检查数量应符合下列规定:

1) 每个检验批每100m² 应至少抽查一处,每处不得小于10m²。

2) 对于异型或有特殊要求的幕墙工程,应根据幕墙的结构和工艺特点,由监理单位(或建设单位)和施工单位协商确定。

(摘自《金属与石材幕墙工程技术规范》JGJ 133—2001)

6.5.1 石材幕墙构件应按同一种类构件的5%进行抽样检查,且每种构件不得少于5件。当有一个构件抽检不符合上述规定时,应加倍抽样复验,全部合格后方可出厂。

7.2.4 石材幕墙与主体结构连接的预埋件,应在主体结构施工时按设计要求埋设。预埋件应牢固,位置准确,预埋件的位置误差应按设计要求进行复查。当设计无明确要求时,预埋件的标高偏差不应大于10mm,预埋件位置差不应大于20mm。

7.3.4 石板安装应符合下列规定:

1) 应对横竖连接件进行检查、测量、调整;

2) 石板安装时,左右、上下的偏差不应大于1.5mm;

3) 石板空缝安装时,必须有防水措施,并应有符合设计要求的排水出口;

4) 填充硅酮耐候密封胶时,金属板的宽度、厚度应根据硅酮耐候密封胶的技术参数,经计算后确定。

7.3.10 幕墙安装施工应对下列项目进行验收:

1) 主体结构与立柱、立柱与横梁连接节点安装及防腐处理;

2) 幕墙的防火、保温安装;

3) 幕墙的伸缩缝、沉降缝、防震缝及阴阳角的安装;

4) 幕墙的防雷节点的安装;

5) 幕墙的封口安装。

(3) 检查验收执行条目(摘自《建筑装饰装修工程施工质量验收规范》50210—2001)

9.4.2 石材幕墙工程所用材料的品种、规格、性能和等级,应符合设计要求及国家现行产品标准和工程技术规范的规定。石材的弯曲强度不应小于8.0MPa;吸水率应小于

0.8%。石材幕墙的铝合金挂件厚度不应小于4.0mm,不锈钢挂件厚度不应小于3.0mm。

检验方法:观察;尺量检查;检查产品合格证书、性能检测报告、材料进场验收记录和复验报告。

9.4.3 石材幕墙的造型、立面分格、颜色、光泽、花纹和图案应符合设计要求。

检验方法:观察。

9.4.4 石材孔、槽的数量、深度、位置、尺寸应符合设计要求。

检验方法:检查进场验收记录或施工记录。

9.4.5 石材幕墙主体结构上的预埋件和后置埋件的位置、数量及后置埋件的拉拔力必须符合设计要求。

检验方法:检查拉拔力检测报告和隐蔽工程验收记录。

9.4.6 石材幕墙的金属框架立柱与主体结构预埋件的连接、立柱与横梁的连接、连接件与金属框架的连接、连接件与石材面板的连接必须符合设计要求,安装必须牢固。

检验方法:手扳检查;检查隐蔽工程验收记录。

9.4.7 金属框架和连接件的防腐处理应符合设计要求。

检验方法:检查隐蔽工程验收记录。

9.4.8 石材幕墙的防雷装置必须与主体结构防雷装置可靠连接。

检验方法:观察;检查隐蔽工程验收记录和施工记录。

9.4.9 石材幕墙的防火、保温、防潮材料的设置应符合设计要求,填充应密实、均匀、厚度一致。

检验方法:检查隐蔽工程验收记录。

9.4.10 各种结构变形缝、墙角的连接节点应符合设计要求和技术标准的规定。

检验方法:检查隐蔽工程验收记录和施工记录。

9.4.11 石材表面和板缝的处理应符合设计要求。

检验方法:观察。

9.4.12 石材幕墙的板缝注胶应饱满、密实、连续、均匀、无气泡,板缝宽度和厚度应符合设计要求和技术标准的规定。

检验方法:观察;尺量检查;检查施工记录。

9.4.13 石材幕墙应无渗漏。

检验方法:在易渗漏部位进行淋水检查。

9.4.14 石材幕墙表面应平整、洁净,无污染、缺损和裂痕。颜色和花纹应协调一致,无明显色差,无明显修痕。

检验方法:观察。

9.4.15 石材幕墙的压条应平直、洁净、接口严密、安装牢固。

检验方法:观察;手扳检查。

9.4.16 石材接缝应横平竖直、宽窄均匀;阴阳角石板压向应正确,板边合缝应顺直;凸凹线出墙厚度应一致,上下口应平直;石材面板上洞口、槽边应套割吻合,边缘应整齐。

检验方法:观察;尺量检查。

9.4.17 石材幕墙的密封胶缝应横平竖直、深浅一致、宽窄均匀、光滑顺直。

检验方法:观察。

9.4.18 石材幕墙上的滴水线、流水坡向应正确、顺直。

检验方法:观察;用水平尺检查。

9.4.19 每平方米石材的表面质量和检验方法应符合表 9.4.19 的规定。

每平方米石材表面质量和检验方法   表 9.4.19

项次	项目	质量要求	检验方法
1	明显划伤和长度>100mm 的轻微划伤	不允许	观察
2	长度≤100mm 的轻微划伤	≤8条	用钢尺检查
3	擦伤总面积	≤500mm²	用钢尺检查

9.4.20 石材幕墙安装的允许偏差和检验方法应符合(GB 50210—2001)规范表 9.4.20 的规定。

(4) 质量验收的检查方法

质量验收的检验方法

项次	项目	检验方法
1	幕墙垂直度	用经纬仪检查
2	幕墙水平度	用水平仪检查
3	幕墙表面平整度	用垂直检测尺检查
4	板材立面垂直度	用水平仪检查
5	板材上沿水平度	用 1m 水平尺和钢直尺检查
6	相邻板材板角错位	用钢直尺检查
7	阳角方正	用直角检测尺检查
8	接缝直线度	拉 5m 线,不足 5m 拉通线,用钢直尺检查
9	接缝高低差	用钢直尺和塞尺检查
10	接缝宽度	用钢直尺检查

(5) 检验批验收应提供的附件资料

1) 材料、构件、组件的产品出厂合格证;

2) 材料、构件、组件的进场检查验收记录(品种、规格、性能测试报告、数量等);

3) 材料、构件、组件的试验的报告;

4) 施工记录(石材孔槽数量、深度、位置、尺寸、变形缝、墙角节点、注浆(饱满、密实、位置、尺寸、变形缝、墙角节点、注浆(饱满、密实、连续、均匀、无气泡、宽度和厚度符合程度)等);

5) 隐蔽工程验收(预埋件、后置件的数量、位置、拉拔力、连接方式、立柱、横梁、防火、防潮、保温材料、紧固件的规格、数量、位置、连接方法、防腐、墙角连接节点、变形缝、防雷装置);

6) 有关验收文件;

7) 自检、互检及工序交接检查记录;

8) 其他应报或设计要求报送的资料。

注:合理缺项除外。

2.9.25 水性涂料涂饰工程检验批质量验收记录

1．资料表式

水性涂料涂饰工程检验批质量验收记录表　　　　　表 210-24

本表适用于乳液型涂料、无机涂料、水溶性涂料等水性涂料涂饰工程的质量验收。

检控项目	序号	质量验收规范规定		施工单位检查评定记录							监理(建设)单位验收记录
主控项目	1	水性涂料涂饰涂料	第10.2.2条								
	2	水性涂料涂饰工程颜色、图案应符合	设计要求								
	3	水性涂料涂饰质量	第10.2.4条								
	4	水性涂料涂饰基层处理	第10.2.5条								
一般项目	1	薄涂料的涂饰质量	普通	高级	量	测	值(mm)				
	1)	颜色	均匀一致	均匀一致							
	2)	泛碱、咬色	允许少量轻微	不允许							
	3)	流坠、疙瘩	允许少量轻微	不允许							
	4)	砂眼、刷纹	允许少量轻微砂眼,刷纹通顺	无砂眼,无刷纹							
	5)	装饰线、分色线直线度允许偏差(mm)	2	1							
	2	厚涂料的涂饰质量	普通	高级	量	测	值(mm)				
	1)	颜色	均匀一致	均匀一致							
	2)	泛碱、咬色	允许少量轻微	不允许							
	3)	点状分布	—	疏密均匀							
	3	复层涂料的涂饰质量	质量要求		量	测	值(mm)				
	1)	颜色	均匀一致								
	2)	泛碱、咬色	不允许								
	3)	喷点疏密程度	均匀,不允许连片								
	4	涂层与其他装修材料和设备衔接处应吻合,界面应清晰									

2．应用指导
(1) 检查验收统一说明

1) 执行规范章、节

本表的检验批验收执行《建筑装饰装修工程施工质量验收规范》(GB 50210—2001)规范第10章、第10.2节主控项目和一般项目有关条目的质量等级要求。应按其质量标准和检查方法逐一进行验收。

表列应检验项目必须全部进行检查验收不得缺漏,应检项目漏检,应进行补充检查验

收,不进行补检不应通过验收。

2）检验批的划分原则

涂饰工程各分项工程的检验批应按下列规定划分：

① 室外涂饰工程每一栋楼的同类涂料涂饰的墙面每 500～1000m² 应划分为一个检验批,不足 500m² 也应划分为一个检验批。

② 室内涂饰工程同类涂料涂饰的墙面每 50 间(大面积房间和走廊按涂饰面积 30m² 为一间)应划分为一个检验批,不足 50 间也应划分为一个检验批。

3）质量等级验收评定

① 主控项目是对检验批的基本质量起决定性影响的检验项目,必须全部符合该专业规范的规定,不允许有不符合规范要求的检验结果。

② 一般项目应有 80% 以上的抽检处符合该规范规定或偏差值在其允许偏差范围内。

4）检验批验收应提交资料

检验批验收时,应提交的施工操作依据和质量检查记录应完整。

5）检验批验收

只按列为主控项目、一般项目的条款来验收,不能随意扩大内容范围和提高质量标准。

6）检验批验收责任制

检验批表式中的责任制签记必须本人签字,替签为无效检验批验收记录。

(2) 保证质量措施条目(摘自《建筑装饰装修工程施工质量验收规范》GB 50210—2001)

10.1.4 检查数量应符合下列规定：

1 室外涂饰工程每 100m² 应至少检查一处,每处不得小于 10m²。

2 室内涂饰工程每个检验批应至少抽查 10%,并不得少于 3 间;不足 3 间时应全数检查。

(3) 检查验收执行条目(摘自《建筑装饰装修工程施工质量验收规范》GB 50210—2001)

10.2.2 水性涂料涂饰工程所用涂料的品种、型号和性能应符合设计要求。

检验方法:检查产品合格证书、性能检测报告和进场验收记录。

10.2.3 水性涂料涂饰工程的颜色、图案应符合设计要求。

检验方法:观察。

10.2.4 水性涂料涂饰工程应涂饰均匀、粘结牢固,不得漏涂、透底、起皮和掉粉。

检验方法:观察;手摸检查。

10.2.5 水性涂料涂饰工程的基层处理应符合本规范第 10.1.5 条的要求。

检验方法:观察;手摸检查;检查施工记录。

10.2.6 薄涂料的涂饰质量和检验方法应符合表 10.2.6 的规定。

质量验收的检验方法　　　　　　　　　表 10.2.6

项次	项目	普通涂饰	高级涂饰	检验方法
1	颜色	均匀一致	均匀一致	
2	泛碱、咬色	允许少量轻微	不允许	
3	流坠、疙瘩	允许少量轻微	不允许	
4	砂眼、刷纹	允许少量轻微砂眼、刷纹通须	无砂眼,无刷纹	观察
5	装饰线、分色线直线度允许偏差(mm)	2	1	拉 5m 线,不足 5m 拉通线,用钢直尺检查

10.2.7 厚涂料的涂饰质量和检验方法应符合(GB 50210—2001)规范表 10.2.7 的规定。

表 10.2.7

项次	项 目	普通涂饰	高级涂饰	检验方法
1	颜 色	均匀一致	均匀一致	
2	泛碱、咬色	允许少量轻微	不允许	
3	点状分布	—	疏密均匀	观 察

10.2.8 复层涂料的涂饰质量和检验方法应符合(GB 50210—2001)规范表 10.2.8 的规定。

表 10.2.8

项次	项 目	质量要求	检验方法
1	颜 色	均匀一致	
2	泛碱、咬色	不允许	
3	喷点疏密程度	均匀,不允许连片	观 察

10.2.9 涂层与其他装修材料和设备衔接处应吻合,界面应清晰。
检验方法:观察。

(4) 检验批验收应提供的附件资料
1) 材料出厂合格证;
2) 材料进场检查验收记录(品种、性能、数量等);
3) 施工记录(基层处理);
4) 有关验收文件;
5) 自检、互检及工序交接检查记录;
6) 其他应报或设计要求报送的资料。
注:合理缺项除外。

2.9.26 溶剂型涂料涂饰工程检验批质量验收记录

1. 资料表式

溶剂型涂料涂饰工程检验批质量验收记录表　　　　表 210-25

本表适用于丙烯酸酯涂料、聚氨酯丙烯酸涂料、有机硅丙烯酸涂料等溶剂型涂料涂饰工程的质量验收。

检控项目	序号	质量验收规范规定		施工单位检查评定记录	监理(建设)单位验收记录
主控项目	1	溶剂型涂料涂饰工程所选用涂料的品种、型号和性能应符合	设计要求		
	2	溶剂型涂料涂饰工程的颜色、光泽、图案应符合	设计要求		
	3	溶剂型涂料涂饰工程应涂饰均匀、粘结牢固,少量漏涂、透底、起皮和反锈			
	4	溶剂型涂料涂饰工程的基层处理	第10.3.5条		

续表

检控项目	序号	质量验收规范规定			施工单位检查评定记录									监理(建设)单位验收记录
一般项目	1	色漆的涂饰质量	普通	高级	量 测 值(mm)									
	1)	颜色	均匀一致	均匀一致										
	2)	光泽、光滑	光泽基本均匀光滑无挡手感	光泽均匀一致光滑										
	3)	刷纹	刷纹通顺	无刷纹										
	4)	裹棱、流坠、皱皮	明显处不允许	不允许										
	5)	装饰线、分色线直线度允许偏差(mm)	2	1										
		注：无光色漆不检查光泽												
	2	清漆的涂饰质量	普通	高级	量 测 值(mm)									
	1)	颜色	基本一致	均匀一致										
	2)	木纹	棕眼刮平、木纹清楚	棕眼刮平、木纹清楚										
	3)	光泽、光滑	光泽基本均匀光滑无挡手感	光泽均匀一致光滑										
	4)	刷纹	无刷纹	无刷纹										
	5)	裹棱、流坠、皱皮	明显处不允许	不允许										
	3	涂层与其他装修材料和设备衔接处应吻合，界面应清晰												

2．应用指导

(1) 检查验收统一说明

1) 执行规范章、节

本表的检验批验收执行《建筑装饰装修工程施工质量验收规范》(GB 50210—2001)规范第10章、第10.3节主控项目和一般项目有关条目的质量等级要求。应按其质量标准和检查方法逐一进行验收。

表列应检验项目必须全部进行检查验收不得缺漏，应检项目漏检，应进行补充检查验收，不进行补检不应通过验收。

2) 检验批的划分原则

涂饰工程各分项工程的检验批应按下列规定划分：

① 室外涂饰工程每一栋楼的同类涂料涂饰的墙面每 $500\sim1000m^2$ 应划分为一个检验

批,不足 500m² 也应划分为一个检验批。

② 室内涂饰工程同类涂料涂饰的墙面每 50 间(大面积房间和走廊按涂饰面积 30m² 为一间)应划分为一个检验批,不足 50 间也应划分为一个检验批。

3) 质量等级验收评定

① 主控项目是对检验批的基本质量起决定性影响的检验项目,必须全部符合该专业规范的规定,不允许有不符合规范要求的检验结果。

② 一般项目应有 80% 以上的抽检处符合该规范规定或偏差值在其允许偏差范围内。

4) 检验批验收应提交资料

检验批验收时,应提交的施工操作依据和质量检查记录应完整。

5) 检验批验收

只按列为主控项目、一般项目的条款来验收,不能随意扩大内容范围和提高质量标准。

6) 检验批验收责任制

检验批表式中的责任制签记必须本人签字,替签为无效检验批验收记录。

(2) 检查验收执行条目(摘自《建筑装饰装修工程施工质量验收规范》GB 50210—2001)

10.3.2 溶剂型涂料涂饰工程所选用涂料的品种、型号和性能应符合设计要求。

检验方法:检查产品合格证书、性能检测报告和进场验收记录。

10.3.3 溶剂型涂料涂饰工程的颜色、光泽、图案应符合设计要求。

检验方法:观察。

10.3.4 溶剂型涂料涂饰工程应涂饰均匀、粘结牢固,不得漏涂、透底、起皮和反锈。

检验方法:观察;手摸检查。

10.3.5 溶剂型涂料涂饰工程的基层处理应符合(GB 50210—2001)规范第 10.1.5 条的要求。

检验方法:观察;手摸检查;检查施工记录。

10.3.6 色漆的涂饰质量和检验方法应符合表 10.3.6 的规定。

质量验收的检验方法　　　　表 10.3.6

项次	项　目	普通涂饰	高级涂饰	检验方法
1	颜　色	均匀一致	均匀一致	
2	光泽、光滑	光泽基本均匀,光滑无挡手感	光泽均匀一致,光滑	观察,手摸检查
3	刷　纹	刷纹通须	无刷纹	观　察
4	裹棱、流坠、皱皮	明显处不允许	不允许	观　察
5	装饰线、分色线直线度允许偏差(mm)	2	1	拉 5m 线,不足 5m 拉通线,用钢直尺检查

注:无光色漆不检查光泽。

10.3.7 清漆的涂饰质量和检验方法应符合表 10.3.7 的规定。

质量验收的检验方法 表 10.3.7

项次	项 目	普通涂饰	高级涂饰	检验方法
1	颜 色	基本一致	均匀一致	观 察
2	木 纹	棕眼刮平、木纹清楚	棕眼刮平、木纹清楚	观 察
3	光泽、光滑	光泽基本均匀 光滑无挡手感	光泽均匀一致光滑	观察、手摸检查
4	刷 纹	无刷纹	无刷纹	观 察
5	裹棱、流坠、皱皮	明显处不允许	不允许	观 察

10.3.8 涂层与其他装修材料和设备衔接处应吻合,界面应清晰。
检验方法:观察。

(3) 检验批验收应提供的附件资料

1) 材料出厂合格证;
2) 材料进场检查验收记录(品种、性能、数量等);
3) 施工记录(基层处理);
4) 有关验收文件;
5) 自检、互检及工序交接检查记录;
6) 其他应报或设计要求报送的资料。

注:合理缺项除外。

2.9.27 美术涂饰工程检验批质量验收记录

1. 资料表式

美术涂饰工程检验批质量验收记录表 表 210-26

本表适用于套色涂饰、滚花涂饰、仿花纹涂饰等室内外美术涂饰工程的质量验收。

检控项目	序号	质量验收规范规定		施工单位检查评定记录	监理(建设)单位验收记录
主控项目	1	美术涂饰所用材料的品种、型号和性能应符合设计要求			
	2	美术涂饰工程应涂饰均匀、粘结牢固,不得漏涂、透底、起皮、掉粉和反锈			
	3	美术涂饰工程的基层处理	第10.4.4条		
	4	美术涂饰的套色、花纹和图案应符合	设计要求		
一般项目	1	美术涂饰表面应洁净,不得有流坠现象			
	2	仿花纹涂饰的饰面应具有被模仿材料的纹理。			
	3	套色涂饰的图案不得移位,纹理和轮廓应清晰			

2．应用指导

(1) 检查验收统一说明

1）执行规范章、节

本表的检验批验收执行《建筑装饰装修工程施工质量验收规范》(GB 50210—2001)规范第 10 章、第 10.4 节主控项目和一般项目有关条目的质量等级要求。应按其质量标准和检查方法逐一进行验收。

表列应检验项目必须全部进行检查验收不得缺漏，应检项目漏检，应进行补充检查验收，不进行补检不应通过验收。

2）检验批的划分原则

涂饰工程各分项工程的检验批应按下列规定划分：

① 室外涂饰工程每一栋楼的同类涂料涂饰的墙面每 500～1000m^2 应划分为一个检验批，不足 500m^2 也应划分为一个检验批。

② 室内涂饰工程同类涂料涂饰的墙面每 50 间（大面积房间和走廊按涂饰面积 30m^2 为一间）应划分为一个检验批，不足 50 间也应划分为一个检验批。

3）质量等级验收评定

① 主控项目是对检验批的基本质量起决定性影响的检验项目，必须全部符合该专业规范的规定，不允许有不符合规范要求的检验结果。

② 一般项目应有 80% 以上的抽检处符合该规范规定或偏差值在其允许偏差范围内。

4）检验批验收应提交资料

检验批验收时，应提交的施工操作依据和质量检查记录应完整。

5）检验批验收

只按列为主控项目、一般项目的条款来验收，不能随意扩大内容范围和提高质量标准。

6）检验批验收责任制

检验批表式中的责任制签记必须本人签字，替签为无效检验批验收记录。

(2) 保证质量措施条目（摘自《建筑装饰装修工程施工质量验收规范》GB 50210—2001）

10.1.4 检查数量应符合下列规定：

1 室外涂饰工程每 100m^2 应至少检查一处，每处不得小于 10m^2。

2 室内涂饰工程每个检验批应至少抽查 10%，并不得少于 3 间；不足 3 间时应全数检查。

(3) 检查验收执行条目（摘自《建筑装饰装修工程施工质量验收规范》GB 50210—2001）

10.4.2 美术涂饰所用材料的品种、型号和性能应符合设计要求。

检验方法：观察；检查产品合格证书、性能检测报告和进场验收记录。

10.4.3 美术涂饰工程应涂饰均匀、粘结牢固，不得漏涂、透底、起皮、掉粉和反锈。

检验方法：观察；手摸检查。

10.4.4 美术涂饰工程的基层处理应符合本规范第 10.1.5 条的要求。

检验方法：观察；手摸检查；检查施工记录。

10.4.5 美术涂饰的套色、花纹和图案应符合设计要求。

检验方法：观察。

10.4.6 美术涂饰表面应洁净，不得有流坠现象。

检验方法：观察。

10.4.7 仿花纹涂饰的饰面应具有被模仿材料的纹理。

检验方法：观察。

10.4.8 套色涂饰的图案不得移位，纹理和轮廓应清晰。

检验方法：观察。

(4) 检验批验收应提供的附件资料

1) 材料出厂合格证；
2) 材料进场检查验收记录（品种、性能、数量等）；
3) 施工记录（基层处理）；
4) 有关验收文件；
5) 自检、互检及工序交接检查记录；
6) 其他应报或设计要求报送的资料。

注：合理缺项除外。

2.9.28 裱糊工程检验批质量验收记录

1. 资料表式

裱糊工程检验批质量验收记录表　　　　　表210-27

本表适用于聚氯乙烯塑料壁纸、复合纸质壁纸、墙布等裱糊工程的质量验收。

检控项目	序号	质量验收规范规定		施工单位检查评定记录	监理(建设)单位验收记录
主控项目	1	壁纸、墙布的种类、规格、图案、颜色和燃烧性能等级必须符合设计要求及国家现行标准的有关规定			
	2	裱糊工程基层处理质量	第11.2.3条		
	3	裱糊后各幅拼接应横平竖直，拼接处花纹、图案应吻合，不离缝，不搭接，不显拼缝			
	4	壁纸、墙布应粘贴牢固，不得有漏贴、补贴、脱层、空鼓和翘边			
一般项目	1	裱糊后的壁纸、墙布表面应平整，色泽应一致，不得有波纹起伏、气泡、裂缝、皱折及斑污，斜视时应无胶痕			
	2	复合压花壁纸的压痕及发泡壁纸的发泡层应无损坏			
	3	壁纸、墙布与各种装饰线、设备线盒应交接严密			
	4	壁纸、墙布边缘应平直整齐，不得有纸毛、飞刺			
	5	壁纸、墙布阴角处搭接应顺光，阳角处应无接缝			

2. 应用指导

(1) 检查验收统一说明

1) 执行规范章、节

本表的检验批验收执行《建筑装饰装修工程施工质量验收规范》(GB 50210—2001)规范第11章、第11.2节主控项目和一般项目有关条目的质量等级要求。应按其质量标准和检查方法逐一进行验收。

表列应检验项目必须全部进行检查验收不得缺漏,应检项目漏检,应进行补充检查验收,不进行补检不应通过验收。

2) 检验批的划分原则

裱糊与软包各分项工程的检验批应按下列规定划分:

同一品种的裱糊或软包工程每50间(大面积房间和走廊按施工面积30m^2为一间)应划分为一个检验批,不足50间也应划分为一个检验批。

3) 质量等级验收评定

① 主控项目是对检验批的基本质量起决定性影响的检验项目,必须全部符合该专业规范的规定,不允许有不符合规范要求的检验结果。

② 一般项目应有80%以上的抽检处符合该规范规定或偏差值在其允许偏差范围内。

4) 检验批验收应提交资料

检验批验收时,应提交的施工操作依据和质量检查记录应完整。

5) 检验批验收

只按列为主控项目、一般项目的条款来验收,不能随意扩大内容范围和提高质量标准。

6) 检验批验收责任制

检验批表式中的责任制签记必须本人签字,替签为无效检验批验收记录。

(2) 保证质量措施条目(摘自《建筑装饰装修工程施工质量验收规范》GB 50210—2001)

11.1.4 检查数量应符合下列规定:

1 裱糊工程每个检验批应至少抽查10%,并不得少于3间,不足3间时应全数检查。

2 软包工程每个检验批应至少抽查20%,并不得少于6间,不足6间时应全数检查。

(3) 检查验收执行条目(摘自《建筑装饰装修工程施工质量验收规范》GB 50210—2001)

11.2.2 壁纸、墙布的种类、规格、图案、颜色和燃烧性能等级必须符合设计要求及国家现行标准的有关规定。

检验方法:观察;检查产品合格证书、进场验收记录和性能检测报告。

11.2.3 裱糊工程基层处理质量应符合本规范第11.1.5条的要求。

检验方法:观察;手摸检查;检查施工记录。

11.2.4 裱糊后各幅拼接应横平竖直,拼接处花纹、图案应吻合,不离缝,不搭接,不显拼缝。

检验方法:观察;拼缝检查距离墙面1.5m处正视。

11.2.5 壁纸、墙布应粘贴牢固,不得有漏贴、补贴、脱层、空鼓和翘边。

检验方法:观察;手摸检查。

11.2.6 裱糊后的壁纸、墙布表面应平整,色泽应一致,不得有波纹起伏、气泡、裂缝、皱折及斑污,斜视时应无胶痕。

检验方法:观察;手摸检查。

11.2.7 复合压花壁纸的压痕及发泡壁纸的发泡层应无损坏。
检验方法:观察。

11.2.8 壁纸、墙布与各种装饰线、设备线盒应交接严密。
检验方法:观察。

11.2.9 壁纸、墙布边缘应平直整齐,不得有纸毛、飞刺。
检验方法:观察。

11.2.10 壁纸、墙布阴角处搭接应顺光,阳角处应无接缝。
检验方法:观察。

(4) 检验批验收应提供的附件资料

1) 材料出厂合格证;
2) 材料进场检查验收记录(品种、性能测试报告、数量等);
3) 施工记录(基层处理);
4) 有关验收文件;
5) 自检、互检及工序交接检查记录;
6) 其他应报或设计要求报送的资料。

注:合理缺项除外。

2.9.29 软包工程检验批质量验收记录

1. 资料表式

软包工程检验批质量验收记录表　　　　　　　　　表 210-28

本表适用于墙面、门等软包工程的质量验收。

检控项目	序号	质量验收规范规定	施工单位检查评定记录					监理(建设)单位验收记录
主控项目	1	软包面料、内衬材料及边框的材质、颜色、图案、燃烧性能等级和木材的含水率应符合设计要求及国家现行标准的有关规定						
	2	软包工程的安装位置及构造做法应符合设计要求						
	3	软包工程的龙骨、衬板、边框应安装牢固,无翘曲,拼缝应平直						
	4	单块软包面料不应有接缝,四周应绷压严密						
一般项目	1	软包工程表面应平整、洁净,无凹凸不平及皱折;图案应清晰、无色差,整体应协调美观						
	2	软包边框应平整、顺直、接缝吻合。其表面涂饰质量应符合本规范第 10 章的有关规定						
	3	清漆涂饰木制边框的颜色、木纹应协调一致						
	4	软包工程安装	允许偏差(mm)		量 测 值(mm)			
	1)	垂直度	3					
	2)	边框宽度、高度	0;−2					
	3)	对角线长度差	3					
	4)	裁口、线条接缝高低差	1					

2. 应用指导
(1) 检查验收统一说明
1) 执行规范章、节

本表的检验批验收执行《建筑装饰装修工程施工质量验收规范》(GB 50210—2001)规范第 11 章、第 11.3 节主控项目和一般项目有关条目的质量等级要求。应按其质量标准和检查方法逐一进行验收。

表列应检验项目必须全部进行检查验收不得缺漏,应检项目漏检,应进行补充检查验收,不进行补检不应通过验收。

2) 检验批的划分原则

裱糊与软包各分项工程的检验批应按下列规定划分：

同一品种的裱糊或软包工程每 50 间(大面积房间和走廊按施工面积 $30m^2$ 为一间)应划分为一个检验批,不足 50 间也应划分为一个检验批。

3) 质量等级验收评定

① 主控项目是对检验批的基本质量起决定性影响的检验项目,必须全部符合该专业规范的规定,不允许有不符合规范要求的检验结果。

② 一般项目应有 80% 以上的抽检处符合该规范规定或偏差值在其允许偏差范围内。

4) 检验批验收应提交资料

检验批验收时,应提交的施工操作依据和质量检查记录应完整。

5) 检验批验收

只按列为主控项目、一般项目的条款来验收,不能随意扩大内容范围和提高质量标准。

6) 检验批验收责任制

检验批表式中的责任制签记必须本人签字,替签为无效检验批验收记录。

(2) 保证质量措施条目(摘自《建筑装饰装修工程施工质量验收规范》GB 50210—2001)

11.1.4 检查数量应符合下列规定：

1 裱糊工程每个检验批应至少抽查 10%,并不得少于 3 间,不足 3 间时应全数检查。

2 软包工程每个检验批应至少抽查 20%,并不得少于 6 间,不足 6 间时应全数检查。

(3) 检查验收执行条目(摘自《建筑装饰装修工程施工质量验收规范》GB 50210—2001)

11.3.2 软包面料、内衬材料及边框的材质、颜色、图案、燃烧性能等级和木材的含水率应符合设计要求及国家现行标准的有关规定。

检验方法：观察；检查产品合格证书、进场验收记录和性能检测报告。

11.3.3 软包工程的安装位置及构造做法应符合设计要求。

检验方法：观察；尺量检查；检查施工记录。

11.3.4 软包工程的龙骨、衬板、边框应安装牢固,无翘曲,拼缝应平直。

检验方法：观察；手扳检查。

11.3.5 单块软包面料不应有接缝,四周应绷压严密。

检验方法：观察；手摸检查。

11.3.6 软包工程表面应平整、洁净,无凹凸不平及皱折；图案应清晰、无色差,整体应协调美观。

检验方法：观察。

11.3.7 软包边框应平整、顺直、接缝吻合。其表面涂饰质量应符合(GB 50210—2001)规范第10章的有关规定。

检验方法:观察;手摸检查。

11.3.8 清漆涂饰木制边框的颜色、木纹应协调一致。

检验方法:观察。

11.3.9 软包工程安装的允许偏差和检验方法应符合表11.3.9的规定。

(4) 质量验收的检验方法

质量验收的检验方法

项次	项目	检验方法
1	垂直度	用1m垂直检测尺检查
2	边框宽度、高度	用钢尺检查
3	对角线长度差	用钢尺检查
4	裁口、线条接缝高低差	用钢直尺和塞尺检查

(5) 检验批验收应提供的附件资料

1) 材料出厂合格证;
2) 材料进场检查验收记录(品种、性能测试报告、数量等);
3) 施工记录(安装位置和构造);
4) 有关验收文件;
5) 自检、互检及工序交接检查记录;
6) 其他应报或设计要求报送的资料。

注:合理缺项除外。

2.9.30 橱柜制作检验批质量验收记录

1. 资料表式

橱柜制作检验批质量验收记录表　　　　　　　表210-29

本表适用于位置固定的壁柜、吊柜等橱柜制作与安装工程的质量验收。

检控项目	序号	质量验收规范规定	施工单位检查评定记录	监理(建设)单位验收记录
主控项目	1	橱柜制作与安装所用材料的材质和规格、木材的燃烧性能等级和含水率、花岗石的放射性及人造木板的甲醛含量应符合设计要求及国家现行标准的有关规定		
	2	橱柜安装预埋件或后置埋件的数量、规格、位置应符合设计要求		
	3	橱柜的造型、尺寸、安装位置、制作和固定方法应符合设计要求。橱柜安装必须牢固		
	4	橱柜配件的品种、规格应符合设计要求。配件应齐全,安装应牢固		

续表

检控项目	序号	质量验收规范规定		施工单位检查评定记录							监理(建设)单位验收记录
一般项目	1	橱柜表面应平整、洁净、色泽一致,不得有裂缝、翘曲及损坏									
	2	橱柜裁口应顺直、拼缝应严密									
	3	橱柜安装	允许偏差(mm)	量 测 值							
	1)	外型尺寸	3								
	2)	立面垂直度	2								
	3)	门与框架的平行度	2								

2．应用指导

(1) 检查验收统一说明

1) 执行规范章、节

本表的检验批验收执行《建筑装饰装修工程施工质量验收规范》(GB 50210—2001)规范第12章、第12.2节主控项目和一般项目有关条目的质量等级要求。应按其质量标准和检查方法逐一进行验收。

表列应检验项目必须全部进行检查验收不得缺漏,应检项目漏检,应进行补充检查验收,不进行补检不应通过验收。

2) 检验批的划分原则

细部工程各分项工程的检验批应按下列规定划分：

① 同类制品每50间(处)应划分为一个检验批,不足50间(处)也应划分为一个检验批。

② 每部楼梯应划分为一个检验批。

3) 质量等级验收评定

① 主控项目是对检验批的基本质量起决定性影响的检验项目,必须全部符合该专业规范的规定,不允许有不符合规范要求的检验结果。

② 一般项目应有80％以上的抽检处符合该规范规定或偏差值在其允许偏差范围内。

4) 检验批验收应提交资料

检验批验收时,应提交的施工操作依据和质量检查记录应完整。

5) 检验批验收

只按列为主控项目、一般项目的条款来验收,不能随意扩大内容范围和提高质量标准。

6) 检验批验收责任制

检验批表式中的责任制签记必须本人签字,替签为无效检验批验收记录。

(2) 保证质量措施条目(摘自《建筑装饰装修工程施工质量验收规范》GB 50210—2001)

12.2.2 检查数量应符合下列规定：

每个检验批应至少抽查3间(处),不足3间(处)时应全数检查。

(3) 检查验收执行条目(摘自《建筑装饰装修工程施工质量验收规范》GB 50210—2001)

12.2.3 橱柜制作与安装所用材料的材质和规格、木材的燃烧性能等级和含水率、花岗石的放射性及人造木板的甲醛含量应符合设计要求及国家现行标准的有关规定。

检验方法:观察;检查产品合格证书、进场验收记录、性能检测报告和复验报告。

12.2.4 橱柜安装预埋件或后置埋件的数量、规格、位置应符合设计要求。

检验方法:检查隐蔽工程验收记录和施工记录。

12.2.5 橱柜的造型、尺寸、安装位置、制作和固定方法应符合设计要求。橱柜安装必须牢固。

检验方法:观察;尺量检查;手扳检查。

12.2.6 橱柜配件的品种、规格应符合设计要求。配件应齐全,安装应牢固。

检验方法:观察;手扳检查;检查进场验收记录。

12.2.7 橱柜的抽屉和柜门应开关灵活、回位正确。

检验方法:观察;开启和关闭检查。

12.2.8 橱柜表面应平整、洁净、色泽一致,不得有裂缝、翘曲及损坏。

检验方法:观察。

12.2.9 橱柜裁口应顺直、拼缝应严密。

检验方法:观察。

12.2.10 橱柜安装的允许偏差和检验方法应符合表12.2.10的规定。

(4) 质量验收的检验方法

质量验收的检验方法

项次	项目	检验方法
1	外型尺寸	用钢尺检查
2	立面垂直度	用1m垂直检测尺检查
3	门与框架的平行度	用钢尺检查

(5) 检验批验收应提供的附件资料

1) 材料、组件的产品出厂合格证;

2) 材料、组件的进场检查验收记录(品种规格、性能测试报告、数量等);

3) 材料试验的报告;

4) 施工记录(预埋件、后置件的数量、规格、位置);

5) 隐蔽工程验收(预埋件、后置件的数量、规格、位置);

6) 有关验收文件;

7) 自检、互检及工序交接检查记录;

8) 其他应报或设计要求报送的资料。

注:合理缺项除外。

2.9.31 窗帘盒、窗台板和散热器罩制作检验批质量验收记录

1. 资料表式

窗帘盒、窗台板和散热器罩制作检验批质量验收记录表　　　　表 210-30

本表适用于窗帘盒、窗台板和散热器罩制作与安装工程的质量验收。

检控项目	序号	质量验收规范规定		施工单位检查评定记录	监理(建设)单位验收记录
主控项目	1	窗帘盒、窗台板和散热器罩制作与安装所使用材料的材质和规格、木材的燃烧性能等级和含水率、花岗石的放射性及人造木板的甲醛含量应符合设计要求及国家现行标准的有关规定			
	2	窗帘盒、窗台板和散热器罩的造型、规格、尺寸、安装位置和固定方法必须符合设计要求。窗帘盒、窗台板和散热罩的安装必须牢固			
	3	窗帘盒配件的品种、规格应符合设计要求,安装应牢固。			
一般项目	1	窗帘盒、窗台板和散热器罩表面应平整、洁净、线条顺直、接缝严密、色泽一致,不得有裂缝、翘曲及损坏			
	2	窗帘盒、窗台板和散热器罩与墙面、窗框的衔接应严密,密封胶缝应顺直、光滑			
	3	窗帘盒、窗台板和散热器安装	允许偏差(mm)	量　测　值　(mm)	
	1)	水平度	2		
	2)	上口、下口直线度	3		
	3)	两端距窗洞口长度差	2		
	4)	两端出墙厚度差	3		

2. 应用指导

(1) 检查验收统一说明

1) 执行规范章、节

本表的检验批验收执行《建筑装饰装修工程施工质量验收规范》(GB 50210—2001)规范第 12 章、第 12.3 节主控项目和一般项目有关条目的质量等级要求。应按其质量标准和检查方法逐一进行验收。

表列应检验项目必须全部进行检查验收不得缺漏,应检项目漏检,应进行补充检查验收,不进行补检不应通过验收。

2) 检验批的划分原则

细部工程各分项工程的检验批应按下列规定划分:

① 同类制品每50间(处)应划分为一个检验批,不足50间(处)也应划分为一个检验批。
② 每部楼梯应划分为一个检验批。

3) 质量等级验收评定

① 主控项目是对检验批的基本质量起决定性影响的检验项目,必须全部符合该专业规范的规定,不允许有不符合规范要求的检验结果。

② 一般项目应有80%以上的抽检处符合该规范规定或偏差值在其允许偏差范围内。

4) 检验批验收应提交资料

检验批验收时,应提交的施工操作依据和质量检查记录应完整。

5) 检验批验收

只按列为主控项目、一般项目的条款来验收,不能随意扩大内容范围和提高质量标准。

6) 检验批验收责任制

检验批表式中的责任制签记必须本人签字,替签为无效检验批验收记录。

(2) 保证质量措施条目(摘自《建筑装饰装修工程施工质量验收规范》GB 50210—2001)

12.3.2 检查数量应符合下列规定:

每个检验批应至少抽查3间(处),不足3间(处)时应全数检查。

(3) 检查验收执行条目(摘自《建筑装饰装修工程施工质量验收规范》GB 50210—2001)

12.3.3 窗帘盒、窗台板和散热器罩制作与安装所使用材料的材质和规格、木材的燃烧性能等级和含水率、花岗石的放射性及人造木板的甲醛含量应符合设计要求及国家现行标准的有关规定。

检验方法:观察;检查产品合格证书、进场验收记录、性能检测报告和复验报告。

12.3.4 窗帘盒、窗台板和散热器罩的造型、规格、尺寸、安装位置和固定方法必须符合设计要求。窗帘盒、窗台板和散热器罩的安装必须牢固。

检验方法:观察;尺量检查;手扳检查。

12.3.5 窗帘盒配件的品种、规格应符合设计要求,安装应牢固。

检验方法:手扳检查;检查进场验收记录。

12.3.6 窗帘盒、窗台板和散热器罩表面应平整、洁净、线条顺直、接缝严密、色泽一致,不得有裂缝、翘曲及损坏。

检验方法:观察。

12.3.7 窗帘盒、窗台板和散热器罩与墙面、窗框的衔接应严密,密封胶缝应顺直、光滑。

检验方法:观察。

12.3.8 窗帘盒、窗台板和散热器罩安装检验方法应符合表12.3.8的规定。

(4) 质量验收的检验方法

质量验收的检验方法

项次	项目	检验方法
1	水平度	用1m水平尺和塞尺检查
2	上口、下口直线度	拉5m线,不足5m拉通线,用钢直尺检查
3	两端距窗洞口长度差	用钢直尺检查
4	两端出墙厚度差	用钢直尺检查

(5) 检验批验收应提供的附件资料
1) 材料产品出厂合格证
2) 材料进场检查验收记录(材质、品种、规格、数量、颜色、木材燃烧性能和含水率、花岗石放射性试验、人造板甲醛等);
3) 有关验收文件;
4) 自检、互检及工序交接检查记录;
5) 其他应报或设计要求报送的资料。
注:合理缺项除外。

2.9.32 门窗套制作与安装检验批质量验收记录

1. 资料表式

门窗套制作与安装检验批质量验收记录表   表210-31

本表适用于门窗套制作与安装工程的质量验收。

检控项目	序号	质量验收规范规定		施工单位检查评定记录	监理(建设)单位验收记录
主控项目	1	门窗套制作与安装所使用材料的材质、规格、花纹和颜色、木材的燃烧性能等级和含水率、花岗石的放射性及人造木板的甲醛含量应符合设计要求及国家现行标准的有关规定			
	2	门窗套的造型、尺寸和固定方法应符合设计要求,安装应牢固			
一般项目	1	门窗套表面应平整、洁净、线条顺直、接缝严密、色泽一致、不得有裂缝、翘曲及损坏			
	2	门窗套安装	允许偏差(mm)	量 测 值 (mm)	
	1)	正、侧面垂直度	3		
	2)	门窗套上口水平度	1		
	3)	门窗套上口直线度	3		

2. 应用指导

(1) 检查验收统一说明

1) 执行规范章、节

本表的检验批验收执行《建筑装饰装修施工质量验收规范》(GB 50210—2001)规范第12章、第12.4节主控项目和一般项目有关条目的质量等级要求。应按其质量标准和检查方法逐一进行验收。

表列应检验项目必须全部进行检查验收不得缺漏,应检项目漏检,应进行补充检查验收,不进行补检不应通过验收。

2) 检验批的划分原则

细部工程各分项工程的检验批应按下列规定划分:

① 同类制品每50间(处)应划分为一个检验批,不足50间(处)也应划分为一个检验

批。

② 每部楼梯应划分为一个检验批。

3) 质量等级验收评定

① 主控项目是对检验批的基本质量起决定性影响的检验项目,必须全部符合该专业规范的规定,不允许有不符合规范要求的检验结果。

② 一般项目应有80%以上的抽检处符合该规范规定或偏差值在其允许偏差范围内。

4) 检验批验收应提交资料

检验批验收时,应提交的施工操作依据和质量检查记录应完整。

5) 检验批验收

只按列为主控项目、一般项目的条款来验收,不能随意扩大内容范围和提高质量标准。

6) 检验批验收责任制

检验批表式中的责任制签记必须本人签字,替签为无效检验批验收记录。

(2) 保证质量措施条目(摘自《建筑装饰装修工程施工质量验收规范》GB 50210—2001)

12.4.2 检查数量应符合下列规定:

每个检验批应至少抽查3间(处),不足3间(处)时应全数检查。

(3) 检查验收执行条目(摘自《建筑装饰装修工程施工质量验收规范》GB 50210—2001)

12.4.3 门窗套制作与安装所使用材料的材质、规格、化纹和颜色、木材的燃烧性能等级和含水率、花岗石的放射性及人造木板的甲醛含量应符合设计要求及国家现行标准的有关规定。

检验方法:观察;检查产品合格证书、进场验收记录、性能检测报告和复验报告。

12.4.4 门窗套的造型、尺寸和固定方法应符合设计要求,安装应牢固。

检验方法:观察;尺量检查;手扳检查。

12.4.5 门窗套表面应平整、洁净、线条顺直、接缝严密、色泽一致,不得有裂缝、翘曲及损坏。

检验方法:观察。

12.4.6 门窗套安装的允许偏差和检验方法应符合表12.4.6的规定。

(4) 质量验收的检验方法

质量验收的检验方法

项 次	项 目	检 验 方 法
1	正、侧面垂直度	用1m垂直检测尺检查
2	门窗套上口水平度	用1m水平检测尺和塞尺检查
3	门窗套上口直线度	拉5m线,不足5m拉通线,用钢直尺检查

(5) 检验批验收应提供的附件资料

1) 材料出厂合格证;

2) 材料进场检查验收记录(材质、品种、规格、数量、颜色、木材燃烧性能和含水率、花岗石放射性试验、人造板甲醛等);

3) 有关验收文件;

4）自检、互检及工序交接检查记录；

5）其他应报或设计要求报送的资料。

注：合理缺项除外。

2.9.33 护栏和扶手制作与安装检验批质量验收记录

1．资料表式

护栏和扶手制作与安装检验批质量验收记录表　　　　　　表210-32

本表适用于护栏和扶手制作与安装工程的质量验收。

检控项目	序号	质量验收规范规定		施工单位检查评定记录					监理(建设)单位验收记录
主控项目	1	护栏和扶手制作与安装所使用材料的材质、规格、数量和木材、塑料的燃烧性能等级应符合设计要求							
	2	护栏和扶手的造型、尺寸及安装位置应符合设计要求							
	3	护栏和扶手安装预埋件的数量、规格、位置以及护栏与预埋件的连接节点应符合设计要求							
	4	护栏高度、栏杆间距、安装位置必须符合设计要求。护栏安装必须牢固							
	5	护栏玻璃应使用公称厚度不小于12mm的钢化玻璃或钢化夹层玻璃。当护栏一侧距楼地面高度为5m及以上时,应使用钢化夹层玻璃							
一般项目	1	护栏和扶手转角弧度应符合设计要求,接缝应严密,表面应光滑,色泽应一致,不得有裂缝、翘曲及损坏							
	2	护栏和扶手安装	允许偏差(mm)		量测值(mm)				
		1）护栏垂直度	3						
		2）栏杆间距	3						
		3）扶手直线度	4						
		4）扶手高度	3						

2．应用指导

(1) 检查验收统一说明

1）执行规范章、节

本表的检验批验收执行《建筑装饰装修工程施工质量验收规范》(GB 50210—2001)规范第12章、第12.5节主控项目和一般项目有关条目的质量等级要求。应按其质量标准和检查方法逐一进行验收。

表列应检验项目必须全部进行检查验收不得缺漏,应检项目漏检,应进行补充检查验收,不进行补检不应通过验收。

2) 检验批的划分原则

细部工程各分项工程的检验批应按下列规定划分:

① 同类制品每50间(处)应划分为一个检验批,不足50间(处)也应划分为一个检验批。

② 每部楼梯应划分为一个检验批。

3) 质量等级验收评定

① 主控项目是对检验批的基本质量起决定性影响的检验项目,必须全部符合该专业规范的规定,不允许有不符合规范要求的检验结果。

② 一般项目应有80%以上的抽检处符合该规范规定或偏差值在其允许偏差范围内。

4) 检验批验收应提交资料

检验批验收时,应提交的施工操作依据和质量检查记录应完整。

5) 检验批验收

只按列为主控项目、一般项目的条款来验收,不能随意扩大内容范围和提高质量标准。

6) 检验批验收责任制

检验批表式中的责任制签记必须本人签字,替签为无效检验批验收记录。

(2) 保证质量措施条目(摘自《建筑装饰装修工程施工质量验收规范》GB 50210—2001)

12.5.2 检查数量应符合下列规定:

每个检验批的护栏和扶手应全部检查。

(3) 检查验收执行条目(摘自《建筑装饰装修工程施工质量验收规范》GB 50210—2001)

12.5.3 护栏和扶手制作与安装所使用材料的材质、规格、数量和木材、塑料的燃烧性能等级应符合设计要求。

检验方法:观察;检查产品合格证书、进场验收记录和性能检测报告。

12.5.4 护栏和扶手的造型、尺寸及安装位置应符合设计要求。

检验方法:观察;尺量检查;检查进场验收记录。

12.5.5 护栏和扶手安装预埋件的数量、规格、位置以及护栏与预埋件的连接节点应符合设计要求。

检验方法:检查隐蔽工程验收记录和施工记录。

12.5.6 护栏高度、栏杆间距、安装位置必须符合设计要求。护栏安装必须牢固。

检验方法:观察;尺量检查;手板检查。

12.5.7 护栏玻璃应使用公称厚度不小于12mm的钢化玻璃或钢化夹层玻璃。当护栏一侧距楼地面高度为5m及以上时,应使用钢化夹层玻璃。

检验方法:观察;尺量检查;检查产品合格证书和进场验收记录。

12.5.8 护栏和扶手转角弧度应符合设计要求,接缝应严密,表面应光滑,色泽应一致,不得有裂缝、翘曲及损坏。

检验方法:观察;手摸检查。

12.5.9 护栏和扶手安装的允许偏差和检验方法应符合表12.5.9的规定。

(4) 质量验收的检验方法

质量验收的检验方法

项 次	项 目	检 验 方 法
1	护栏垂直度	用1m垂直检测尺检查
2	栏杆间距	用钢尺检查
3	扶手直线度	拉通线,用钢直尺检查
4	扶手高度	用钢尺检查

(5) 检验批验收应提供的附件资料

1) 材料、构件、组件的产品出厂合格证;
2) 材料、构件、组件的进场检查验收记录(品种、规格、数量等);
3) 施工记录(预埋件的数量、规格、位置、连接点);
4) 隐蔽验收(预埋件的数量、规格、位置、连接点);
5) 有关验收文件;
6) 自检、互检及工序交接检查记录;
7) 其他应报或设计要求报送的资料。

注:合理缺项除外。

2.9.34 花饰制作与安装检验批质量验收记录

1. 资料表式

花饰制作与安装检验批质量验收记录表　　　　表 210-33

本表适用于混凝土、石材、木材、塑料、金属、玻璃、石膏等花饰制作与安装工程的质量验收。

检控项目	序号	质量验收规范规定			施工单位检查评定记录	监理(建设)单位验收记录
主控项目	1	花饰制作与安装所使用材料的材质、规格应符合设计要求				
	2	花饰的造型、尺寸应符合设计要求				
	3	花饰的安装位置和固定方法必须符合设计要求,安装必须牢固				
一般项目	1	花饰表面应洁净,接缝应严密吻合,不得有歪斜、裂缝、翘曲及损坏				
	2	花饰安装	允许偏差(mm)		量 测 值(mm)	
			室内	室外		
	1)	条型花饰的水平度或垂直度　每米	1	2		
		全长	3	6		
	2)	单独花饰中心位置偏移	10	15		

2. 应用指导

(1) 检查验收统一说明

1) 执行规范章、节

本表的检验批验收执行《建筑装饰装修工程施工质量验收规范》(GB 50210—2001)规范第12章、第12.6节主控项目和一般项目有关条目的质量等级要求。应按其质量标准和检查方法逐一进行验收。

表列应检验项目必须全部进行检查验收不得缺漏,应检项目漏检,应进行补充检查验收,不进行补检不应通过验收。

2) 检验批的划分原则

细部工程各分项工程的检验批应按下列规定划分:

① 同类制品每50间(处)应划分为一个检验批,不足50间(处)也应划分为一个检验批。

② 每部楼梯应划分为一个检验批。

3) 质量等级验收评定

① 主控项目是对检验批的基本质量起决定性影响的检验项目,必须全部符合该专业规范的规定,不允许有不符合规范要求的检验结果。

② 一般项目应有80%以上的抽检处符合该规范规定或偏差值在其允许偏差范围内。

4) 检验批验收应提交资料

检验批验收时,应提交的施工操作依据和质量检查记录应完整。

5) 检验批验收

只按列为主控项目、一般项目的条款来验收,不能随意扩大内容范围和提高质量标准。

6) 检验批验收责任制

检验批表式中的责任制签记必须本人签字,替签为无效检验批验收记录。

(2) 保证质量措施条目(摘自《建筑装饰装修工程施工质量验收规范》GB 50210—2001)

12.6.2 检查数量应符合下列规定:

1) 室外每个检验批应全部检查。

2) 室内每个检验批应至少抽查3间(处);不足3间(处)时应全数检查。

(3) 检查验收执行条目(摘自《建筑装饰装修工程施工质量验收规范》GB 50210—2001)

12.6.3 花饰制作与安装所使用材料的材质、规格应符合设计要求。

检验方法:观察;检查产品合格证书和进场验收记录。

12.6.4 花饰的造型、尺寸应符合设计要求。

检验方法:观察;尺量检查。

12.6.5 花饰的安装位置和固定方法必须符合设计要求,安装必须牢固。

检验方法:观察;尺量检查;手扳检查。

12.6.6 花饰表面应洁净,接缝应严密吻合,不得有歪斜、裂缝、翘曲及损坏。

检验方法:观察。

12.6.7 花饰安装的允许偏差和检验方法应符合规范表12.6.7的规定。

(4) 质量验收的检验方法

质量验收的检验方法

项次	项 目	检 验 方 法
1	条型花饰的水平度或垂直度	拉线和用1m垂直检测尺检查
2	单独花饰中心位置偏移	拉线和用钢直尺检查

(5) 检验批验收应提供的附件资料

1) 材料、组件的产品出厂合格证；
2) 材料、组件的进场检查验收记录（品种、规格、数量等）；
3) 有关验收文件；
4) 自检、互检及工序交接检查记录；
5) 其他应报或设计要求报送的资料。

注：合理缺项除外。

2.10 建筑给水排水及采暖工程

2.10.1 室内给水管道及配件安装检验批质量验收记录

1．资料表式

室内给水管道及配件安装检验批质量验收记录表　　　表242-1

检控项目	序号	质量验收规范规定			施工单位检查评定记录	监理(建设)单位验收记录
主控项目	1	室内给水管道水压试验		第4.2.1条		
	2	给水系统通水试验		第4.2.2条		
	3	生产给水系统管道的冲洗与消毒		第4.2.3条		
	4	室内直埋给水管道的防腐处理		第4.2.4条		
一般项目	1	给水管道安装		第4.2.5条		
	2	管道及管件焊接的焊缝表面质量		第4.2.6条		
	3	给水水平管道应有2‰～5‰的坡度坡向汇水装置				
	4	管道的支、吊架安装		第4.2.9条		
	5	水表安装		第4.2.10条		
	6	管道和阀门安装		允许偏差(mm)	量 测 值 (mm)	
	1)	水平管道纵横方向弯曲	钢管	每米 全长25m以上	1 ≯25	
			塑料管复合管	每米 全长25m以上	1.5 ≯25	
			铸铁管	每米 全长25m以上	2 ≯25	
	2)	立管垂直度	钢管	每米 5m以上	3 ≯8	
			塑料管复合管	每米 5m以上	2 ≯8	
			铸铁管	每米 5m以上	3 ≯10	
	3)	成排管段和成排阀门		在同一平面上间距	3	

2．应用指导

（1）检查验收统一说明

1）执行规范章、节

本表的检验批验收执行《建筑给水排水及采暖工程施工质量验收规范》(GB 50242—2002)规范第4章、第4.2节主控项目和一般项目有关条目的质量等级要求。应按其质量标准和检查方法逐一进行验收。

表列应检验项目必须全部进行检查验收不得缺漏，应检项目漏检，应进行补充检查验收，不进行补检不应通过验收。

2）检验批的划分原则

建筑给水、排水及采暖工程的分项工程，应按系统、区域、施工段或楼层等划分。分项工程应划分成若干个检验批进行验收。

3）质量等级验收评定

① 主控项目是对检验批的基本质量起决定性影响的检验项目，必须全部符合该专业规范的规定，不允许有不符合规范要求的检验结果。

② 一般项目应有80%以上的抽检处符合该规范规定或偏差值在其允许偏差范围内。

4）检验批验收应提交资料

检验批验收时，应提交的施工操作依据和质量检查记录应完整。

5）检验批验收

只按列为主控项目、一般项目的条款来验收，不能随意扩大内容范围和提高质量标准。

6）检验批验收责任制

检验批表式中的责任制签记必须本人签字，替签为无效检验批验收记录。

（2）检查验收执行条目（摘自《建筑给水排水及采暖工程施工质量验收规范》GB 50242—2002)

4.2.1 室内给水管道的水压试验必须符合设计要求。当设计未注明时，各种材质的给水管道系统试验压力均为工作压力的1.5倍，但不得小于0.6MPa。

检验方法：金属及复合管给水管道系统在试验压力下观测10min，压力降不应大于0.02MPa，然后降到工作压力进行检查，应不渗不漏；塑料管给水系统应在试验压力下稳压1h，压力降不得超过0.05MPa，然后在工作压力的1.15倍状态下稳压2h，压力降不得超过0.03MPa，同时检查各连接处不得渗漏。

4.2.2 给水系统交付使用前必须进行通水试验并做好记录。

检验方法：观察和开启阀门、水嘴等放水。

4.2.3 生产给水系统管道在交付使用前必须冲洗和消毒，并经有关部门取样检验，符合国家《生活饮用水标准》方可使用。

检验方法：检查有关部门提供的检测报告。

4.2.4 室内直埋给水管道（塑料管道和复合管道除外）应做防腐处理。埋地管道防腐层材质和结构应符合设计要求。

检验方法：观察或局部解剖检查。

4.2.5 给水引入管与排水排出管的水平净距不得小于1m。室内给水与排水管道平行敷设时，两管间的最小水平净距不得小于0.5m；交叉铺设时，垂直净距不得小于0.15m。给水管应铺在排水管上面,若给水管必须铺在排水管的下面时,给水管应加套管,其长度不得小于排水管管径的3倍。

检验方法: 尺量检查。

4.2.6 管道及管件焊接的焊缝表面质量应符合下列要求:

1) 焊缝外形尺寸应符合图纸和工艺文件的规定,焊缝高度不得低于母材表面,焊缝与母材应圆滑过渡。

2) 焊缝及热影响区表面应无裂纹、未熔合、未焊透、夹渣、弧坑和气孔等缺陷。

检验方法:观察检查。

4.2.7 给水水平管道应有2‰~5‰的坡度坡向泄水装置。

检验方法:水平尺和尺量检查。

4.2.8 给水管道和阀门安装的允许偏差应符合(GB 50242—2002)规范表4.2.8的规定。

4.2.9 管道的支、吊架安装应平整牢固,其间距应符合(GB 50242—2002)规范第3.3.8条、第3.3.9条或第3.3.10条的规定。

检验方法:观察、尺量及手扳检查。

4.2.10 水表应安装在便于检修、不受曝晒、污染和冻结的地方。安装螺翼式水表,表前与阀门应有不小于8倍水表接口直径的直线管段。表外壳距墙表面净距为10~30mm;水表进水口中心标高按设计要求,允许偏差为±10mm。

检验方法:观察和尺量检查。

(3) 检验批验收应提供的附件资料

1) 材料、成品、半成品、配件、器具和设备出厂合格证;
2) 材料、成品、半成品、配件、器具和设备进场检查验收记录(品种、规格、数量等);
3) 材料、成品、半成品、配件、器具和设备复试报告单(设计或规范有要求时);
4) 给水管道系统、设备和阀门水压试验;
5) 给水管道系统、设备和阀门通水试验;
6) 隐蔽工程验收;
7) 有关验收文件;
8) 自检、互检及工序交接检查记录;
9) 其他应报或设计要求报送的资料。

注:合理缺项除外。

2.10.2 室内消火栓系统安装检验批质量验收记录

1. 资料表式

室内消火栓系统安装检验批质量验收记录表　　　　表242-2

检控项目	序号	质量验收规范规定	施工单位检查评定记录	监理(建设)单位验收记录
主控项目	1	室内消火栓系统安装完成后应取屋顶层(或水箱间内)试验消火栓和首层取二处消火栓做试射试验,达到设计要求为合格		

续表

检控项目	序号	质量验收规范规定		施工单位检查评定记录									监理(建设)单位验收记录
一般项目	1	安装消火栓水龙带,水龙带与水枪和快速接头绑扎好后,应根据箱内构造将水龙带挂放在箱内的挂钉、托盘或支架上											
	2	箱式消火栓安装	允许偏差(mm)	量 测 值 (mm)									
		1)栓口应朝外,并不应安装在门轴侧											
		2)栓口中心距地面1.1mm	±20										
		3)阀门中心距箱侧面140mm	±5										
		阀门中心距箱后内表面100mm	±5										
		4)箱体安装垂直度	3mm										

2. 应用指导

(1) 检查验收统一说明

1) 执行规范章、节

本表的检验批验收执行《建筑给水排水及采暖工程施工质量验收规范》(GB 50242—2002)规范第4章、第4.3节主控项目和一般项目有关条目的质量等级要求。应按其质量标准和检查方法逐一进行验收。

表列应检验项目必须全部进行检查验收不得缺漏,应检项目漏检,应进行补充检查验收,不进行补检不应通过验收。

2) 检验批的划分原则

建筑给水、排水及采暖工程的分项工程,应按系统、区域、施工段或楼层等划分。分项工程应划分成若干个检验批进行验收。

3) 质量等级验收评定

① 主控项目是对检验批的基本质量起决定性影响的检验项目,必须全部符合该专业规范的规定,不允许有不符合规范要求的检验结果。

② 一般项目应有80%以上的抽检处符合该规范规定或偏差值在其允许偏差范围内。

4) 检验批验收应提交资料

检验批验收时,应提交的施工操作依据和质量检查记录应完整。

5) 检验批验收

只按列为主控项目、一般项目的条款来验收,不能随意扩大内容范围和提高质量标准。

6) 检验批验收责任制

检验批表式中的责任制签记必须本人签字,替签为无效检验批验收记录。

(2) 保证质量措施条目(摘自《建筑给水排水及采暖工程施工质量验收规范》GB 50242—2002)

3.1.6 建筑给水、排水及采暖工程的施工单位应当具有相应的资质。工程质量验收人员应具备相应的专业技术资格。

(3) 检查验收执行条目(摘自《建筑给水排水及采暖工程施工质量验收规范》GB 50242—2002)

4.3.1 室内消火栓系统安装完成后应取屋顶层(或水箱间内)试验消火栓和首层取二处消火栓做试射试验,达到设计要求为合格。

检验方法:实地试射检查。

4.3.2 安装消火栓水龙带,水龙带与水枪和快速接头绑扎好后,应根据箱内构造将水龙带挂放在箱内的挂钉、托盘或支架上。

检验方法:观察检查。

4.3.3 箱式消火栓的安装应符合下列规定:

1) 栓口应朝外,并不应安装在门轴侧。
2) 栓口中心距地面为1.1m,允许偏差±20mm。
3) 阀门中心距箱侧面为140mm,距箱后内表面为100mm,允许偏差±5mm。
4) 消火栓箱体安装的垂直度允许偏差为3mm。

检验方法:观察和尺量检查。

(4) 检验批验收应提供的附件资料

1) 材料、成品、半成品、配件、器具和设备出厂合格证;
2) 材料、成品、半成品、配件、器具和设备进场检查验收记录(品种、规格、数量等);
3) 材料、成品、半成品、配件、器具和设备复试报告单(设计或规范有要求时);
4) 消防管道系统、设备和阀门水压试验、试射试验记录;
5) 消防管道系统、设备和阀门系统测试记录;
6) 有关验收文件;
7) 自检、互检及工序交接检查记录;
8) 其他应报或设计要求报送的资料。

注:合理缺项除外。

2.10.3 室内给水设备安装检验批质量验收记录

1. 资料表式

室内给水设备安装检验批质量验收记录表　　　　　表 242-3

检控项目	序号	质量验收规范规定		施工单位检查评定记录	监理(建设)单位验收记录
主控项目	1	水泵就位前的混凝土强度、坐标、标高、尺寸等	第4.4.1条		
	2	水泵试运转的轴承温升	第4.4.2条		
	3	满水试验和水压试验	第4.4.3条		

续表

检控项目	序号	质量验收规范规定			施工单位检查评定记录							监理(建设)单位验收记录
一般项目	1	水箱支架或底座安装		第4.4.4条								
	2	水箱溢流管和泄放管设置		第4.4.5条								
	3	立式水泵的减振装置不应采用弹簧减振器										
	4	室内给水设备安装		允许偏差(mm)	量 测 值 (mm)							
	1)	静置设备	坐 标	15								
			标 高	±5								
			垂直度(每米)	5								
	2)	离心式水泵	立式泵体垂直度(每米)	0.1								
			卧式泵体水平度(每米)	0.1								
			联轴器 轴向倾斜(每米)	0.8								
			同心度 径向位移	0.1								
	5	管道及设备保温		允许偏差(mm)	量 侧 值 (mm)							
	1)	厚 度		+0.1δ −0.05δ								
	2)	表面平整度	卷 材	5								
			涂 抹	10								

注：δ为保温层厚度。

2．应用指导
(1) 检查验收统一说明
1) 执行规范章、节

本表的检验批验收执行《建筑给水排水及采暖工程施工质量验收规范》(GB 50242—2002)规范第4章、第4.4节主控项目和一般项目有关条目的质量等级要求。应按其质量标准和检查方法逐一进行验收。

表列应检验项目必须全部进行检查验收不得缺漏，应检项目漏检，应进行补充检查验收，不进行补检不应通过验收。

2) 检验批的划分原则

建筑给水、排水及采暖工程的分项工程，应按系统、区域、施工段或楼层等划分。分项工程应划分成若干个检验批进行验收。

3) 质量等级验收评定

① 主控项目是对检验批的基本质量起决定性影响的检验项目，必须全部符合该专业规范的规定，不允许有不符合规范要求的检验结果。

② 一般项目应有80%以上的抽检处符合该规范规定或偏差值在其允许偏差范围内。

4) 检验批验收应提交资料

检验批验收时，应提交的施工操作依据和质量检查记录应完整。

5) 检验批验收

只按列为主控项目、一般项目的条款来验收，不能随意扩大内容范围和提高质量标准。

6) 检验批验收责任制

检验批表式中的责任制签记必须本人签字,替签为无效检验批验收记录。

(2) 保证质量措施条目(摘自《建筑给水排水及采暖工程施工质量验收规范》GB 50242—2002)

3.1.6 建筑给水、排水及采暖工程的施工单位应当具有相应的资质。工程质量验收人员应具备相应的专业技术资格。

(3) 检查验收执行条目(摘自《建筑给水排水及采暖工程施工质量验收规范》GB 50242—2002)

4.4.1 水泵就位前的基础混凝土强度、坐标、标高、尺寸和螺栓孔位置必须符合设计规定。

检验方法:对照图纸用仪器和尺量检查。

4.4.2 水泵试运转的轴承温升必须符合设备说明书的规定。

检验方法:温度计实测检查。

4.4.3 敞口水箱的满水试验和密闭水箱(罐)的水压试验必须符合设计与本规范的规定。

检验方法:满水试验静置24h观察,不渗不漏;水压试验在试验压力下10min压力不降,不渗不漏。

4.4.4 水箱支架或底座安装,其尺寸及位置应符合设计规定,埋设平整牢固。

检验方法:对照图纸,尺量检查。

4.4.5 水箱溢流管和泄放管应设置在排水地点附近但不得与排水管直接连接。

检验方法:观察检查。

4.4.6 立式水泵的减振装置不应采用弹簧减振器。

检验方法:观察检查。

4.4.7 室内给水设备安装的允许偏差应符合表4.4.7的规定。

4.4.8 管道及设备保温层的厚度和平整度的允许偏差应符合表4.4.8的规定。

(4) 检验批验收应提供的附件资料

1) 材料、成品、半成品、配件、器具和设备出厂合格证;
2) 材料、成品、半成品、配件、器具和设备进场检查验收记录(品种、规格、数量等);
3) 材料、成品、半成品、配件、器具和设备复试报告单(设计或规范有要求时);
4) 给水管道系统、设备和阀门水压试验记录;
5) 混凝土试块试验报告和强度评定;
6) 满水试验记录;
7) 隐蔽工程验收记录;
8) 有关验收文件;
9) 自检、互检及工序交接检查记录;
10) 其他应报或设计要求报送的资料。

注:合理缺项除外。

2.10.4 室内排水管道及配件安装检验批质量验收记录

1. 资料表式

室内排水管道及配件安装检验批质量验收记录表 表 242-4

检控项目	序号	质量验收规范规定				施工单位检查评定记录	监理(建设)单位验收记录
主控项目	1	排水管道的灌水试验			第5.2.1条		
	2	生活污水铸铁管道坡度			第5.2.2条		
	3	生活污水塑料管道坡度			第5.2.3条		
	4	排水塑料管装设伸缩节			第5.2.4条		
	5	排水管道的通球试验			第5.2.5条		
一般项目	1	检查口或清扫口设置			第5.2.6条		
	2	排水管道检查口设置原则			第5.2.7条		
	3	吊钩或吊箍固定与设置			第5.2.8条		
	4	塑料管道的支、吊架间距			第5.2.9条		
	5	排水通气管做法规定			第5.2.10条		
	6	医院的含菌污水管道			第5.2.11条		
	7	饮食业的排水管、溢流管			第5.2.12条		
	8	通向室外排水管的连接			第5.2.13条		
	9	通向室外排水检查井的排水管			第5.2.14条		
	10	室内排水管道的连接要求			第5.2.15条		
	11	室内排水管道安装			允许偏差(mm)	量 测 值 (mm)	
	1)	坐标			15		
	2)	标高			±15		
	3)	横管纵横方向弯曲	铸铁管	每1m	≥1		
				全长(25m以上)	≥25		
			钢管	每1m	管径小于或等于100mm	1	
					管径大于100mm	1.5	
				全长(25m以上)	管径小于或等于100mm	≥25	
					管径大于100mm	≥308	
			塑料管	每1m	1.5		
				全长(25m以上)	≥38		
			钢筋混凝土管、混凝土管	每1m	3		
				全长(25m以上)	≥75		
	4)	立管垂直度	铸铁管	每1m	3		
				全长(5m以上)	≥15		
			钢管	每1m	3		
				全长(5m以上)	≥10		
			塑料管	每1m	3		
				全长(5m以上)	≥15		

2．应用指导
(1) 检查验收统一说明
1) 执行规范章、节

本表的检验批验收执行《建筑给水排水及采暖工程施工质量验收规范》(GB 50242—2002)规范第 5 章、第 5.2 节主控项目和一般项目有关条目的质量等级要求。应按其质量标准和检查方法逐一进行验收。

表列应检验项目必须全部进行检查验收不得缺漏,应检项目漏检,应进行补充检查验收,不进行补检不应通过验收。

2) 检验批的划分原则

建筑给水、排水及采暖工程的分项工程,应按系统、区域、施工段或楼层等划分。分项工程应划分成若干个检验批进行验收。

3) 质量等级验收评定

① 主控项目是对检验批的基本质量起决定性影响的检验项目,必须全部符合该专业规范的规定,不允许有不符合规范要求的检验结果。

② 一般项目应有 80% 以上的抽检处符合该规范规定或偏差值在其允许偏差范围内。

4) 检验批验收应提交资料

检验批验收时,应提交的施工操作依据和质量检查记录应完整。

5) 检验批验收

只按列为主控项目、一般项目的条款来验收,不能随意扩大内容范围和提高质量标准。

6) 检验批验收责任制

检验批表式中的责任制签记必须本人签字,替签为无效检验批验收记录。

(2) 检查验收执行条目(摘自《建筑给水排水及采暖工程施工质量验收规范》GB 50242—2002)

5.2.1 隐蔽或埋地的排水管道在隐蔽前必须做灌水试验,其灌水高度应不低于底层卫生器具的上边缘或底层地面高度。

检验方法:满水 15min 水面下降后,再灌满观察 5min,液面不降,管道及接口无渗漏为合格。

5.2.2 生活污水铸铁管道的坡度必须符合设计或表 5.2.2 的规定。

生活污水铸铁管道的坡度　　　　表 5.2.2

项　次	管　径(mm)	标准坡度(‰)	最小坡度(‰)
1	50	35	25
2	75	25	15
3	100	20	12
4	125	15	10
5	150	10	7
6	200	8	5

检验方法:水平尺、拉线尺量检查。

5.2.3 生活污水塑料管道的坡度必须符合设计或表 5.2.3 的规定。

生活污水塑料管道的坡度 表 5.2.3

项 次	管 径(mm)	标准坡度(‰)	最小坡度(‰)
1	50	25	12
2	75	15	8
3	110	12	6
4	125	10	5
5	160	7	4

检验方法:水平尺、拉线尺量检查。

5.2.4 排水塑料管必须按设计要求及位置装设伸缩节。如设计无要求时,伸缩节间距不得大于 4m。

高层建筑中明设排水塑料管道应按设计要求设置阻火圈或防火套管。

检验方法:观察检查。

5.2.5 排水主立管及水平干管管道均应做通球试验,通球球径不小于排水管道管径的 2/3,通球率必须达到 100%。

检查方法:通球检查。

5.2.6 在生活污水管道上设置的检查口或清扫口,当设计无要求时应符合下列规定:

1) 在立管上应每隔一层设置一个检查口,但在最底层和有卫生器具的最高层必须设置。如为两层建筑时,可仅在底层设置立管检查口;如有乙字弯管时,则在该层乙字弯管的上部设置检查口。检查口中心高度距操作地面一般为 1m,允许偏差 ±20mm;检查口的朝向应便于检修。暗装立管,在检查口处应安装检修门。

2) 在连接 2 个及 2 个以上大便器或 3 个及 3 个以上卫生器具的污水横管上应设置清扫口。当污水管在楼板下悬吊敷设时,可将清扫口设在上一层楼地面上,污水管起点的清扫口与管道相垂直的墙面距离不得小于 200mm;若污水管起点设置堵头代替清扫口时,与墙面距离不得小于 400mm。

3) 在转角小于 135°的污水横管上,应设置检查口或清扫口。

4) 污水横管的直线管段,应按设计要求的距离设置检查口或清扫口。

检验方法:观察和尺量检查。

5.2.7 埋在地下或地板下的排水管道的检查口,应设在检查井内。井底表面标高与检查口的法兰相平,井底表面应有 5% 坡度,坡向检查口。

检验方法:尺量检查。

5.2.8 金属排水管道上的吊钩或卡箍应固定在承重结构上。固定件间距:横管不大于 2m;立管不大于 3m。楼层高度小于或等于 4m,立管可安装 1 个固定件。立管底部的弯管处应设支墩或采取固定措施。

检验方法:观察和尺量检查。

5.2.9 排水塑料管道支、吊架间距应符合表 5.2.9 的规定。

检验方法:尺量检查。

排水塑料管道支架最大间距(m)　　　　　　　　　　　　　　　　表 5.2.9

管径(mm)	50	75	110	125	160
立 管	1.2	1.5	2.0	2.0	2.0
横 管	0.5	0.75	1.10	1.30	1.6

5.2.10 排水通气管不得与风道或烟道连接,且应符合下列规定:

1) 通气管应高出屋面300mm,但必须大于最大积雪厚度。
2) 在通气管出口4m以内有门、窗时,通气管应高出门、窗顶600mm或引向无门、窗一侧。
3) 在经常有人停留的平屋顶上,通气管应高出屋面2m,并应根据防雷要求设置防雷装置。
4) 屋顶有隔热层应从隔热层板面算起。

检验方法:观察和尺量检查。

5.2.11 安装未经消毒处理的医院含菌污水管道,不得与其他排水管道直接连接。

检验方法:观察检查。

5.2.12 饮食业工艺设备引出的排水管及饮用水水箱的溢流管,不得与污水管道直接连接,并应留出不小于100mm隔断空间。

5.2.13 通向室外的排水管,穿过墙壁或基础必须下返时,应采用45°三通和45°弯头连接,并应在垂直管段顶部设置清扫口。

检验方法:观察和尺量检查。

5.2.14 由室内通向室外排水检查井的排水管,井内引入管应高于排出管或两管顶相平,并有不小于90°的水流转角,如跌落差大于300mm可不受角度限制。

检验方法:观察和尺量检查。

5.2.15 用于室内排水的水平管道与水平管道、水平管道与立管的连接,应采用45°三通或45°四通和90°斜三通或90°斜四通。立管与排出管端部的连接,应采用两个45°弯头或曲率半径不小于4倍管径的90°弯头。

检验方法:观察和尺量检查。

(3) 检验批验收应提供的附件资料

1) 材料、成品、半成品、配件、器具和设备出厂合格证;
2) 材料、成品、半成品、配件、器具和设备进场检查验收记录(品种、规格、数量等);
3) 材料、成品、半成品、配件、器具和设备复试报告单(设计或规范有要求时);
4) 排水管道系统灌水试验;
5) 排水管道系统通水试验;
6) 排水管道系统通球试验;
7) 地漏及地面清扫口排水试验;
8) 隐蔽工程验收;
9) 有关验收文件;
10) 自检、互检及工序交接检查记录;
11) 其他应报或设计要求报送的资料。

注:合理缺项除外。

2.10.5 室内雨水管道及配件安装检验批质量验收记录

1. 资料表式

室内雨水管道及配件安装检验批质量验收记录表　　　　表 242-5

检控项目	序号	质量验收规范规定			施工单位检查评定记录	监理(建设)单位验收记录
主控项目	1	雨水管道的灌水试验		第5.3.1条		
	2	雨水管道如采用塑料管,其伸缩节安装应符合设计要求				
	3	雨水管的坡度		第5.3.3条		
一般项目	1	雨水管道不得与生活污水管道相连接				
	2	雨水斗管的连接		第5.3.5条		
	3	悬吊管检查口间距		第5.3.6条		
	4	雨水管道安装		允许偏差(mm)	量测值(mm)	
	1)	焊口平直度:管壁厚10mm以内		管壁厚1/4		
	2)	焊缝加强面	高度	+1mm		
			宽度	+1mm		
	3)	咬边	深度	小于0.5mm		
			连续长度	25mm		
			总长度(两侧)	小于焊缝长度的10%		

2. 应用指导

(1) 检查验收统一说明

1) 执行规范章、节

本表的检验批验收执行《建筑给水排水及采暖工程施工质量验收规范》(GB 50242—2002)规范第5章、第5.3节主控项目和一般项目有关条目的质量等级要求。应按其质量标准和检查方法逐一进行验收。

表列应检验项目必须全部进行检查验收不得缺漏,应检项漏检,应进行补充检查验收,不进行补检不应通过验收。

2) 检验批的划分原则

建筑给水、排水及采暖工程的分项工程,应按系统、区域、施工段或楼层等划分。分项工程应划分成若干个检验批进行验收。

3) 质量等级验收评定

① 主控项目是对检验批的基本质量起决定性影响的检验项目,必须全部符合该专业规范的规定,不允许有不符合规范要求的检验结果。

② 一般项目应有80%以上的抽检处符合该规范规定或偏差值在其允许偏差范围内。

4) 检验批验收应提交资料

检验批验收时,应提交的施工操作依据和质量检查记录应完整。

5) 检验批验收

只按列为主控项目、一般项目的条款来验收,不能随意扩大内容范围和提高质量标准。

6) 检验批验收责任制

检验批表式中的责任制签记必须本人签字,替签为无效检验批验收记录。

(2) 检查验收执行条目(摘自《建筑给水排水及采暖工程施工质量验收规范》GB 50242—2002)

5.3.1 安装在室内的雨水管道安装后应做灌水试验,灌水高度必须到每根立管上部的雨水斗。

检验方法:灌水试验持续1h,不渗不漏。

5.3.2 雨水管道如采用塑料管,其伸缩节安装应符合设计要求。

检验方法:对照图纸检查。

5.3.3 悬吊式雨水管道的敷设坡度不得小于5‰;埋地雨水管道的最小坡度,应符合表5.3.3的规定。

地下埋设雨水排水管道的最小坡度　　　　　表5.3.3

项 次	管 径(mm)	最小坡度(‰)	项 次	管 径(mm)	最小坡度(‰)
1	50	20	4	125	6
2	75	15	5	150	5
3	100	8	6	200~400	4

检验方法:水平尺、拉线尺量检查。

5.3.4 雨水管道不得与生活污水管道相连接。

检验方法:观察检查。

5.3.5 雨水斗管的连接应固定在屋面承重结构上。雨水斗边缘与屋面相连处应严密不漏。连接管管径当设计无要求时,不得小于100mm。

检验方法:观察和尺量检查。

5.3.6 悬吊式雨水管道的检查口或带法兰堵口的三通的间距不得大于表5.3.6的规定。

悬吊管检查口间距　　　　　表5.3.6

项 次	悬吊管直径(mm)	检查口间距(m)
1	≤150	≥15
2	≥200	≥20

检验方法:拉线、尺量检查。

5.3.7 雨水管道安装的允许偏差应符合(GB 50242—2002)规范表 5.2.16 的规定。

(3) 检验批验收应提供的附件资料

1) 材料、成品、半成品、配件、器具和设备出厂合格证;
2) 材料、成品、半成品、配件、器具和设备进场检查验收记录(品种、规格、数量等);
3) 材料、成品、半成品、配件、器具和设备复试报告单(设计或规范有要求时);
4) 雨水管道系统灌水试验;
5) 雨水管道系统通水试验;
6) 隐蔽工程验收;
7) 有关验收文件;
8) 自检、互检及工序交接检查记录;
9) 其他应报或设计要求报送的资料。

注:合理缺项除外。

2.10.6 室内热水供应系统管道及配件安装检验批质量验收记录

1. 资料表式

室内热水供应系统管道及配件安装检验批质量验收记录表　　　　表 242-6

检控项目	序号	质量验收规范规定			施工单位检查评定记录	监理(建设)单位验收记录
主控项目	1	系统水压试验、管道热伸缩补偿		第6.2.1条 第6.2.2条		
	2	热水供应系统竣工后必须进行冲洗				
一般项目	1	管道安装坡度应符合设计要求				
	2	温度控制器及阀门应安装在便于观察和维护的位置				
	3	管道和阀门安装		允许偏差(mm)	量　测　值　(mm)	
	1)	水平管道纵横方向弯曲	钢管	每米 全长25m以上	1 ≥25	
			塑料管复合管	每米 全长25m以上	1.5 ≥25	
			铸铁管	每米 全长25m以上	2 ≥25	
	2)	立管垂直度	钢管	每米 5m以上	3 ≥8	
			塑料管复合管	每米 5m以上	2 ≥8	
			铸铁管	每米 5m以上	3 ≥10	
	3)	成排管段和成排阀门		在同一平面上间距	3	
	4	管道保温要求		第6.2.7条		

2.10 建筑给水排水及采暖工程

续表

检控项目	序号	质量验收规范规定			施工单位检查评定记录							监理(建设)单位验收记录
一般项目	5	管道及设备保温		允许偏差(mm)	量测值(mm)							
	1)	厚度		+0.1δ -0.05δ								
	2)	表面平整度	卷材	5								
			涂抹	10								

δ：为保温层厚度。

2．应用指导

(1) 检查验收统一说明

1) 执行规范章、节

本表的检验批验收执行《建筑给水排水及采暖工程施工质量验收规范》(GB 50242—2002)规范第6章、第6.2节主控项目和一般项目有关条目的质量等级要求。应按其质量标准和检查方法逐一进行验收。

表列应检验项目必须全部进行检查验收不得缺漏，应检项目漏检，应进行补充检查验收，不进行补检不应通过验收。

2) 检验批的划分原则

建筑给水、排水及采暖工程的分项工程，应按系统、区域、施工段或楼层等划分。分项工程应划分成若干个检验批进行验收。

3) 质量等级验收评定

① 主控项目是对检验批的基本质量起决定性影响的检验项目，必须全部符合该专业规范的规定，不允许有不符合规范要求的检验结果。

② 一般项目应有80%以上的抽检处符合该规范规定或偏差值在其允许偏差范围内。

4) 检验批验收应提交资料

检验批验收时，应提交的施工操作依据和质量检查记录应完整。

5) 检验批验收

只按列为主控项目、一般项目的条款来验收，不能随意扩大内容范围和提高质量标准。

6) 检验批验收责任制

检验批表式中的责任制签记必须本人签字，替签为无效检验批验收记录。

(2) 检查验收执行条目（摘自《建筑给水排水及采暖工程施工质量验收规范》GB 50242—2002）

6.2.1 热水供应系统安装完毕，管道保温之前应进行水压试验。试验压力应符合设计要求。当设计未注明时，热水供应系统水压试验压力应为系统顶点的工作压力加0.1MPa，同时在系统顶点的试验压力不小于0.3MPa。

检验方法：钢管或复合管道系统试验压力下10min内压力降不大于0.02MPa，然后降至工作压力检查，压力应不降，且不渗不漏；塑料管道系统在试验压力下稳压1h，压力降不得超过0.05MPa，然后在工作压力1.15倍状态下稳压2h，压力降不得超过0.03MPa，连接处不得渗漏。

6.2.2 热水供应管道应尽量利用自然弯补偿热伸缩,直线段过长则应设置补偿器。补偿器型式、规格、位置应符合设计要求,并按有关规定进行预拉伸。

检验方法:对照设计图纸检查。

6.2.3 热水供应系统竣工后必须进行冲洗。

检验方法:现场观察检查。

6.2.4 管道安装坡度应符合设计规定。

检验方法:水平尺、拉线尺量检查。

6.2.5 温度控制器及阀门应安装在便于观察和维护的位置。

检验方法:观察检查。

6.2.6 热水供应管道和阀门安装的允许偏差应符合表242-6的规定。

6.2.7 热水供应系统管道应保温(浴室内明装管道除外),保温材料、厚度、保护壳等应符合设计规定。保温层厚度和平整度的允许偏差应符合表242-6的规定。

(3) 检验批验收应提供的附件资料

1) 材料、成品、半成品、配件、器具和设备出厂合格证;
2) 材料、成品、半成品、配件、器具和设备进场检查验收记录(品种、规格、数量等);
3) 材料、成品、半成品、配件、器具和设备复试报告单(设计或规范有要求时);
4) 室内热水供应系统水压试验;
5) 隐蔽工程验收;
6) 有关验收文件;
7) 自检、互检及工序交接检查记录;
8) 其他应报或设计要求报送的资料。

注:合理缺项除外。

2.10.7 室内热水供应辅助设备安装检验批质量验收记录

1. 资料表式

室内热水供应辅助设备安装检验批质量验收记录表　　表242-7

检控项目	序号	质量验收规范规定		施工单位检查评定记录	监理(建设)单位验收记录
主控项目	1	太阳能集热器的水压试验	第6.3.1条		
	2	热交换器的水压试验	第6.3.2条		
	3	水泵就位前的基础混凝土强度、坐标、标高、尺寸等	第6.3.3条		
	4	水泵试运转的轴承温升	第6.3.4条		
	5	水箱的满水和闭水试验	第6.3.5条		

续表

检控项目	序号	质量验收规范规定			施工单位检查评定记录								监理(建设)单位验收记录
一般项目	1	固定式太阳能热水器的安装朝向		第6.3.6条									
	2	集热器循环管道坡度		第6.3.7条									
	3	热水箱底部与集热器上集管间的距离		第6.3.8条									
	4	吸热钢板制作与集热排管安装		第6.3.9条									
	5	太阳能热水器泄水装置		第6.3.10条									
	6	热水箱及循环管道保温		第6.3.11条									
	7	太阳能热水器的防冻		第6.3.12条									
	8	热水供应辅助设备安装			允许偏差(mm)	量 测 值 （mm）							
	1)	静置设备	坐 标		15								
			标 高		±5								
			垂直直度(每米)		5								
	2)	离心式水泵	立式泵体垂直度(每米)		0.1								
			卧式泵体水平度(每米)		0.1								
			联轴器	轴向倾斜(每米)	0.8								
			同心度	径向位移	0.1								
	9	太阳能热水器安装			允许偏差(mm)	量 测 值 （mm）							
		板式直管太阳能热水器	标高	中心线距地面(mm)	±20								
			固定安装朝向	最大偏移角	不大于15°								

2．应用指导

(1) 检查验收统一说明

1) 执行规范章、节

本表的检验批验收执行《建筑给水排水及采暖工程施工质量验收规范》(GB 50242—2002)规范第6章、第6.3节主控项目和一般项目有关条目的质量等级要求。应按其质量标准和检查方法逐一进行验收。

表列应检验项目必须全部进行检查验收不得缺漏，应检项目漏检，应进行补充检查验收，不进行补检不应通过验收。

2) 检验批的划分原则

建筑给水、排水及采暖工程的分项工程，应按系统、区域、施工段或楼层等划分。分项工程应划分成若干个检验批进行验收。

3) 质量等级验收评定

① 主控项目是对检验批的基本质量起决定性影响的检验项目，必须全部符合该专业规

范的规定,不允许有不符合规范要求的检验结果。

② 一般项目应有80%以上的抽检处符合该规范规定或偏差值在其允许偏差范围内。

4) 检验批验收应提交资料

检验批验收时,应提交的施工操作依据和质量检查记录应完整。

5) 检验批验收

只按列为主控项目、一般项目的条款来验收,不能随意扩大内容范围和提高质量标准。

6) 检验批验收责任制

检验批表式中的责任制签记必须本人签字,替签为无效检验批验收记录。

(2) 检查验收执行条目(摘自《建筑给水排水及采暖工程施工质量验收规范》GB 50242—2002)

6.3.1 在安装太阳能集热器玻璃前,应对集热排管和上、下集管作水压试验,试验压力为工作压力的1.5倍。

检验方法:试验压力下10min内压力不降,不渗不漏。

6.3.2 热交换器应以工作压力的1.5倍作水压试验。蒸汽部分应不低于蒸汽供汽压力加0.3MPa;热水部分应不低于0.4MPa。

检验方法:试验压力下10min内压力不降,不渗不漏。

6.3.3 水泵就位前的基础混凝土强度、坐标、标高、尺寸和螺栓孔位置必须符合设计要求。

检验方法:对照图纸用仪器和尺量检查。

6.3.4 水泵试运转的轴承温升必须符合设备说明书的规定。

检验方法:温度计实测检查。

6.3.5 敞口水箱的满水试验和密闭水箱(罐)的水压试验必须符合设计与(GB 50242—2002)规范的规定。

检验方法:满水试验静置24h,观察不渗不漏;水压试验在试验压力下10min压力不降,不渗不漏。

6.3.6 安装固定式太阳能热水器,朝向应正南。如受条件限制时,其偏移角不得大于15°。集热器的倾角,对于春、夏、秋三个季节使用的,应采用当地纬度为倾角;若以夏季为主,可比当地纬度减少10°。

检验方法:观察和分度仪检查。

6.3.7 由集热器上、下集管接往热水箱的循环管道,应有不小于5‰的坡度。

检验方法:尺量检查。

6.3.8 自然循环的热水箱底部与集热器上集管之间的距离为0.3~1.0m。

检验方法:尺量检查。

6.3.9 制作吸热钢板凹槽时,其圆度应准确,间距应一致。安装集热排管时,应用卡箍和钢丝紧固在钢板凹槽内。

检验方法:手扳和尺量检查。

6.3.10 太阳能热水器的最低处应安装泄水装置。

检验方法:观察检查。

6.3.11 热水箱及上、下集管等循环管道均应保温。

检验方法:观察检查。

6.3.12 凡以水作介质的太阳能热水器,在0℃以下地区使用,应采取防冻措施。
检验方法:观察检查。

6.3.13 热水供应辅助设备安装的允许偏差应符合表242-7的规定。

6.3.14 太阳能热水器安装的允许偏差应符合表6.3.14的规定。
检验方法:尺量、分度仪。

(3) 检验批验收应提供的附件资料
1) 材料、成品、半成品、配件、器具和设备出厂合格证;
2) 材料、成品、半成品、配件、器具和设备进场检查验收记录(品种、规格、数量等);
3) 材料、成品、半成品、配件、器具和设备复试报告单(设计或规范有要求时);
4) 辅助设备系统水压试验;
5) 满水试验;
6) 隐蔽工程验收;
7) 有关验收文件;
8) 自检、互检及工序交接检查记录;
9) 其他应报或设计要求报送的资料。

注:合理缺项除外。

2.10.8 卫生器具安装检验批质量验收记录

1. 资料表式

卫生器具安装检验批质量验收记录表　　　　　表242-8

检控项目	序号	质量验收规范规定		施工单位检查评定记录	监理(建设)单位验收记录
主控项目	1	排水栓和地漏安装	第7.2.1条		
	2	满水和通水试验	第7.2.2条		
一般项目	1	卫生器具安装	允许偏差(mm)	量 测 值 (mm)	
	1)	坐标　单独器具	10		
		成排器具	5		
	2)	标高　单独器具	±15		
		成排器具	±10		
	3)	器具水平度	2		
	4)	器具垂直度	3		
	2	浴盆排水口的检修门	第7.2.4条		
	3	小便槽冲洗管安装	第7.2.5条		
	4	卫生器具的支、托架	第7.2.6条		

2. 应用指导
(1) 检查验收统一说明

1) 执行规范章、节

本表的检验批验收执行《建筑给水排水及采暖工程施工质量验收规范》(GB 50242—2002)规范第7章、第7.2节主控项目和一般项目有关条目的质量等级要求。应按其质量标准和检查方法逐一进行验收。

表列应检验项目必须全部进行检查验收不得缺漏,应检项目漏检,应进行补充检查验收,不进行补检不应通过验收。

2) 检验批的划分原则

建筑给水、排水及采暖工程的分项工程,应按系统、区域、施工段或楼层等划分。分项工程应划分成若干个检验批进行验收。

3) 质量等级验收评定

① 主控项目是对检验批的基本质量起决定性影响的检验项目,必须全部符合该专业规范的规定,不允许有不符合规范要求的检验结果。

② 一般项目应有80%以上的抽检处符合该规范规定或偏差值在其允许偏差范围内。

4) 检验批验收应提交资料

检验批验收时,应提交的施工操作依据和质量检查记录应完整。

5) 检验批验收

只按列为主控项目、一般项目的条款来验收,不能随意扩大内容范围和提高质量标准。

6) 检验批验收责任制

检验批表式中的责任制签记必须本人签字,替签为无效检验批验收记录。

(2) 检查验收执行条目(摘自《建筑给水排水及采暖工程施工质量验收规范》GB 50242—2002)

7.2.1 排水栓和地漏的安装应平正、牢固,低于排水表面,周边无渗漏。地漏水封高度不得小于50mm。

检验方法:试水观察检查。

7.2.2 卫生器具交工前应做满水和通水试验。

检验方法:满水后各连接件不渗不漏;通水试验给、排水畅通。

7.2.3 卫生器具安装的允许偏差应符合表7.2.3的规定。

检查方法:拉线、吊线、尺量、水平尺。

7.2.4 有饰面的浴盆,应留有通向浴盆排水口的检修门。

检验方法:观察检查。

7.2.5 小便槽冲洗管,应采用镀锌钢管或硬质塑料管。冲洗孔应斜向下方安装,冲洗水流同墙面成45°角。镀锌钢管钻孔后应进行二次镀锌。

检验方法:观察检查。

7.2.6 卫生器具的支、托架必须防腐良好,安装平整、牢固,与器具接触紧密、平稳。

检验方法:观察和手扳检查。

(3) 检验批验收应提供的附件资料

1) 材料、成品、半成品、配件、器具和设备出厂合格证;
2) 材料、成品、半成品、配件、器具和设备进场检查验收记录(品种、规格、数量等);
3) 材料、成品、半成品、配件、器具和设备复试报告单(设计或规范有要求时);

4) 卫生器具水压试验；
5) 卫生器具满水试验；
6) 隐蔽工程验收；
7) 有关验收文件；
8) 自检、互检及工序交接检查记录；
9) 其他应报或设计要求报送的资料。

注：合理缺项除外。

2.10.9 卫生器具给水配件安装检验批质量验收记录

1．资料表式

卫生器具给水配件安装检验批质量验收记录表　　　　表 242-9

检控项目	序号	质量验收规范规定		施工单位检查评定记录				监理(建设)单位验收记录
主控项目	1	卫生器具给水配件应完好无损伤，接口严密，启闭部分灵活						
一般项目	1	卫生器具给水配件安装标高	允许偏差 (mm)	量　测　值　(mm)				
		1) 大便器高、低水箱角阀及截止阀	±10					
		2) 水嘴	±10					
		3) 淋浴器喷头下沿	±15					
		4) 浴盆软管淋浴器挂钩	±20					
	2	浴盆软管淋浴器挂钩高度，如设计无要求，应距地面1.8m						

2．应用指导

(1) 检查验收统一说明

1) 执行规范章、节

本表的检验批验收执行《建筑给水排水及采暖工程施工质量验收规范》(GB 50242—2002)规范第7章、第7.3节主控项目和一般项目有关条目的质量等级要求。应按其质量标准和检查方法逐一进行验收。

表列应检验项目必须全部进行检查验收不得缺漏，应检项目漏检，应进行补充检查验收，不进行补检不应通过验收。

2) 检验批的划分原则

建筑给水、排水及采暖工程的分项工程,应按系统、区域、施工段或楼层等划分。分项工程应划分成若干个检验批进行验收。

3) 质量等级验收评定

① 主控项目是对检验批的基本质量起决定性影响的检验项目,必须全部符合该专业规范的规定,不允许有不符合规范要求的检验结果。

② 一般项目应有80%以上的抽检处符合该规范规定或偏差值在其允许偏差范围内。

4) 检验批验收应提交资料

检验批验收时,应提交的施工操作依据和质量检查记录应完整。

5) 检验批验收

只按列为主控项目、一般项目的条款来验收,不能随意扩大内容范围和提高质量标准。

6) 检验批验收责任制

检验批表式中的责任制签记必须本人签字,替签为无效检验批验收记录。

(2) 检查验收执行条目(摘自《建筑给水排水及采暖工程施工质量验收规范》GB 50242—2002)

7.3.1 卫生器具给水配件应完好无损伤,接口严密,启闭部分灵活。

检验方法:观察及手扳检查。

7.3.2 卫生器具给水配件安装的允许偏差应符合表7.3.2的规定。

检验方法:尺量检查。

7.3.3 浴盆软管淋浴器挂钩的高度,如设计无要求,应距地面1.8m。

检验方法:尺量检查。

(3) 检验批验收应提供的附件资料

1) 材料、成品、半成品、配件、器具和设备出厂合格证;
2) 材料、成品、半成品、配件、器具和设备进场检查验收记录(品种、规格、数量等);
3) 材料、成品、半成品、配件、器具和设备复试报告单(设计或规范有要求时);
4) 卫生器具水压试验;
5) 有关验收文件;
6) 自检、互检及工序交接检查记录;
7) 其他应报或设计要求报送的资料。

注:合理缺项除外。

2.10.10 卫生器具排水管道安装检验批质量验收记录

1. 资料表式

卫生器具排水管道安装检验批质量验收记录表　　　　表242-10

检控项目	序号	质量验收规范规定		施工单位检查评定记录	监理(建设)单位验收记录
主控项目	1	卫生器具的固定及防渗漏	第7.4.1条		
	2	卫生器具的管道接口及支架管卡支撑	第7.4.2条		

续表

检控项目	序号	质量验收规范规定		施工单位检查评定记录									监理(建设)单位验收记录
一般项目	1	卫生器具排水管道安装		允许偏差(mm)	量 测 值 (mm)								
	1)	横管弯曲度	每1m长	2									
			横管长度≤10m,全长	<8									
			横管长度>10m,全长	10									
	2)	卫生器具的排水管口及横支管的纵横坐标	单独器具	10									
			成排器具	5									
	3)	卫生器具的接口标高	单独器具	±10									
			成排器具	±5									
	2	连接卫生器具的排水管管径和最小坡度		第7.4.4条									

2．应用指导

(1) 检查验收统一说明

1) 执行规范章、节

本表的检验批验收执行《建筑给水排水及采暖工程施工质量验收规范》(GB 50242—2002)规范第7章、第7.4节主控项目和一般项目有关条目的质量等级要求。应按其质量标准和检查方法逐一进行验收。

表列应检验项目必须全部进行检查验收不得缺漏,应检项目漏检,应进行补充检查验收,不进行补检不应通过验收。

2) 检验批的划分原则

建筑给水、排水及采暖工程的分项工程,应按系统、区域、施工段或楼层等划分。分项工程应划分成若干个检验批进行验收。

3) 质量等级验收评定

① 主控项目是对检验批的基本质量起决定性影响的检验项目,必须全部符合该专业规范的规定,不允许有不符合规范要求的检验结果。

② 一般项目应有80%以上的抽检处符合该规范规定或偏差值在其允许偏差范围内。

4) 检验批验收应提交资料

检验批验收时,应提交的施工操作依据和质量检查记录应完整。

5) 检验批验收

只按列为主控项目、一般项目的条款来验收,不能随意扩大内容范围和提高质量标准。

6) 检验批验收责任制

检验批表式中的责任制签记必须本人签字,替签为无效检验批验收记录。

(2) 检查验收执行条目(摘自《建筑给水排水及采暖工程施工质量验收规范》GB 50242—2002)

7.4.1 与排水横管连接的各卫生器具的受水口和立管均应采取妥善可靠的固定措施;管道与楼板的接合部位应采取牢固可靠的防渗、防漏措施。

检验方法:观察和手扳检查。

7.4.2 连接卫生器具的排水管道接口应紧密不漏,其固定支架、管卡等支撑位置应正确、牢固,与管道的接触应平整。

检验方法:观察及通水检查。

7.4.3 卫生具排水管道安装的允许偏差应符合表 7.4.3 的规定。

7.4.4 连接卫生器具的排水管管径和最小坡度,如设计无要求时,应符合表 7.4.4 的规定。

表 7.4.4

项次	卫生器具名称		排水管管径(mm)	管道的最小坡度(‰)
1	污水盆(池)		50	25
2	单、双格洗涤盆(池)		50	25
3	洗手盆、洗脸盆		32～50	20
4	浴盆		50	20
5	淋浴器		50	20
6	大便器	高、低水箱	100	12
		自闭式冲洗阀	100	12
		拉管式冲洗阀	100	12
7	小便器	手动、自闭式冲洗阀	40～50	20
		自动冲洗水箱	40～50	20
8	化验盆(无塞)		40～50	25
9	净身器		40～50	20
10	饮水器		20～50	10～20
11	家用洗衣机		50(软管为 30)	

检验方法:用水平尺和尺量检查。

(3) 检验批验收应提供的附件资料

1) 材料、成品、半成品、配件、器具和设备出厂合格证;

2) 材料、成品、半成品、配件、器具和设备进场检查验收记录(品种、规格、数量等);

3) 材料、成品、半成品、配件、器具和设备复试报告单(设计或规范有要求时);

4) 卫生器具通水试验记录;

5) 具有溢水功能器具的满水试验记录;

6) 隐蔽工程验收记录;

7) 有关验收文件;

8) 自检、互检及工序交接检查记录;

9) 其他应报或设计要求报送的资料。

注:合理缺项除外。

2.10.11 室内采暖系统管道及配件安装检验批质量验收记录

1. 资料表式

室内采暖系统管道及配件安装检验批质量验收记录表　　表 242-11

检控项目	序号	质量验收规范规定			施工单位检查评定记录	监理(建设)单位验收记录
主控项目	1	管道的安装坡度		第8.2.1条		
	2	补偿器安装、预拉伸和支架构造		第8.2.2条		
	3	平衡阀及调节阀安装		第8.2.3条		
	4	减压阀、安全阀安装		第8.2.4条		
	5	方形补偿器制作		第8.2.5条		
	6	方形补偿器安装		第8.2.6条		
一般项目	1	热量表、疏水器、除污器等安装		第8.2.7条		
	2	钢管管道焊口尺寸		允许偏差(mm)	量 测 值 (mm)	
	1)	焊口平直度:管壁厚10mm以内		管壁厚1/4		
	2)	焊缝加强面	高度	+1mm		
			宽度	+1mm		
	3)	咬边	深度	小于0.5mm		
			长度 连续长度	25mm		
			长度 总长度(两侧)	小于焊缝长度的10%		
	3	系统入口装置及分户热计量		第8.2.9条		
	4	散热器支管长度超过1.5m时,应在支管上安装管卡				
	5	上供下回式系统干管变径		第8.2.11条		

续表

检控项目	序号	质量验收规范规定			施工单位检查评定记录	监理(建设)单位验收记录
一般项目	6	干管焊接的废弃物清理及焊接要求		第8.2.12条		
	7	膨胀水箱的膨胀管及循环管上不得安装阀门				
	8	热媒为110~130℃高温水时管道拆卸使用法兰规定		第8.2.14条		
	9	钢管、塑料管的转弯要求		第8.2.15条		
	10	管道、金属支架和设备的防腐、涂漆		第8.2.16条		
	11	管道和设备保温		允许偏差(mm)	量 测 值 (mm)	
	1)	厚度(δ为保温层厚度)		$+0.1\delta$ -0.05δ		
	2)	表面平整度	卷 材	5		
			涂 抹	10		
	12	采暖管道安装		允许偏差(mm)	量 测 值 (mm)	
	1)	横管道纵、横方向弯曲(mm)	每1m 管径≤100mm	1		
			每1m 管径>100mm	1.5		
			全长(25m以上) 管径≤100mm	≥13		
			全长(25m以上) 管径>100mm	≥25		
	2)	立管垂直度(mm)	每1m	2		
			全长(5m以上)	≥10		
	3)	弯管	椭圆率 $\dfrac{D_{max}-D_{min}}{D_{max}}$ 管径≤100mm	10%		
			椭圆率 管径>100mm	8%		
			折皱不平度(mm) 管径≤100mm	4		
			折皱不平度(mm) 管径>100mm	5		

注:D_{max},D_{min}分别为管子最大外径及最小外径。

2. 应用指导

(1) 检查验收统一说明

1)执行规范章、节

本表的检验批验收执行《建筑给水排水及采暖工程施工质量验收规范》(GB 50242—2002)规范第8章、第8.2节主控项目和一般项目有关条目的质量等级要求。应按其质量标准和检查方法逐一进行验收。

表列应检验项目必须全部进行检查验收不得缺漏,应检项目漏检,应进行补充检查验收,不进行补检不应通过验收。

2)检验批的划分原则

建筑给水、排水及采暖工程的分项工程,应按系统、区域、施工段或楼层等划分。分项工程应划分成若干个检验批进行验收。

3）质量等级验收评定

① 主控项目是对检验批的基本质量起决定性影响的检验项目,必须全部符合该专业规范的规定,不允许有不符合规范要求的检验结果。

② 一般项目应有80％以上的抽检处符合该规范规定或偏差值在其允许偏差范围内。

4）检验批验收应提交资料

检验批验收时,应提交的施工操作依据和质量检查记录应完整。

5）检验批验收

只按列为主控项目、一般项目的条款来验收,不能随意扩大内容范围和提高质量标准。

6）检验批验收责任制

检验批表式中的责任制签记必须本人签字,替签为无效检验批验收记录。

(2) 检查验收执行条目（摘自《建筑给水排水及采暖工程施工质量验收规范》GB 50242—2002）

8.2.1 管道安装坡度,当设计未注明时,应符合下列规定：

1） 气、水同向流动的热水采暖管道和汽、水同向流动的蒸汽管道及凝结水管道,坡度应为3‰,不得小于2‰;

2） 气、水逆向流动的热水采暖管道和汽、水逆向流动的蒸汽管道,坡度不应小于5‰;

3） 散热器支管的坡度应为1％,坡向应利于排气和泄水。

检验方法：观察,水平尺、拉线、尺量检查。

8.2.2 补偿器的型号、安装位置及预拉伸和固定支架的构造及安装位置应符合设计要求。

检验方法：对照图纸,现场观察,并查验预拉伸记录。

8.2.3 平衡阀及调节阀型号、规格、公称压力及安装位置应符合设计要求。安装完后应根据系统平衡要求进行调试并作出标志。

检验方法：对照图纸查验产品合格证,并现场查看。

8.2.4 蒸汽减压阀和管道及设备上安全阀的型号、规格、公称压力及安装位置应符合设计要求。安装完毕后应根据系统工作压力进行调试,并做出标志。

检验方法：对照图纸查验产品合格证及调试结果证明书。

8.2.5 方形补偿器制作时,应用整根无缝钢管煨制,如需要接口,其接口应设在垂直臂的中间位置,且接口必须焊接。

检验方法：观察检查。

8.2.6 方形补偿器应水平安装,并与管道的坡度一致;如其臂长方向垂直安装必须设排气及泄水装置。

检验方法：观察检查。

8.2.7 热量表、疏水器、除污器、过滤器及阀门的型号、规格、公称压力及安装位置应符合设计要求。

检验方法：对照图纸查验产品合格证。

8.2.8 钢管管道焊口尺寸的允许偏差应符合表5.3.8的规定。

8.2.9 采暖系统入口装置及分户热计量系统入户装置,应符合设计要求。安装位置应便于检修、维护和观察。

检验方法:现场观察。

8.2.10 散热器支管长度超过1.5m时,应在支管上安装管卡。

检验方法:尺量和观察检查。

8.2.11 上供下回式系统的热水干管变径应顶平偏心连接,蒸汽干管变径应底平偏心连接。

检验方法:观察检查。

8.2.12 在管道干管上焊接垂直或水平分支管道时,干管开孔所产生的钢渣及管壁等废弃物不得残留管内,且分支管道在焊接时不得插入干管内。

检验方法:观察检查。

8.2.13 膨胀水箱的膨胀管及循环管上不得安装阀门。

检验方法:观察检查。

8.2.14 当采暖热媒为110~130℃的高温水时,管道可拆卸件应使用法兰,不得使用长丝和活接头。法兰垫料应使用耐热橡胶板。

检验方法:观察和查验进料单。

8.2.15 焊接钢管管径大于32mm的管道转弯,在作为自然补偿时应使用煨弯。塑料管及复合管除必须使用直角弯头的场合外应使用管道直接弯曲转弯。

检验方法:观察检查。

8.2.16 管道、金属支架和设备的防腐和涂漆应附着良好,无脱皮、起泡、流淌和漏涂缺陷。

检验方法:现场观察检查。

8.2.17 管道和设备保温的允许偏差应符合表4.4.8的规定。

(3) 检验批验收应提供的附件资料

1) 材料、成品、半成品、配件、器具和设备出厂合格证;
2) 材料、成品、半成品、配件、器具和设备进场检查验收记录(品种、规格、数量等);
3) 材料、成品、半成品、配件、器具和设备复试报告单(设计或规范有要求时);
4) 室内采暖系统压力试验;
5) 系统调试记录;
6) 补偿器预拉伸记录;
7) 有关验收文件;
8) 自检、互检及工序交接检查记录;
9) 其他应报或设计要求报送的资料。

注:合理缺项除外。

2.10.12 室内采暖系统辅助设备及散热器安装检验批质量验收记录

1. 资料表式

室内采暖系统辅助设备及散热器安装检验批质量验收记录表

表 242-12

检控项目	序号	质量验收规范规定		施工单位检查评定记录	监理(建设)单位验收记录
主控项目	1	散热器组对及水压试验	第8.3.1条		
	2	水泵、水箱、热交换器质检与验收	第8.3.2条		
一般项目	1	散热器组对平直度	允许偏差(mm)	量测值(mm)	
		1）长翼型 2～4片	4		
		5～7片	6		
		2）铸铁片式钢制片式 3～15片	4		
		16～25片	6		
	2	组对散热器的垫片	第8.3.4条		
	3	散热器支架、托架安装	第8.3.5条		
	4	散热器距墙内表面距离	第8.3.6条		
	5	散热器安装	允许偏差(mm)	量测值(mm)	
		1）散热器背面与墙内表面距离	3		
		2）与窗中心线或设计定位尺寸	20		
		3）散热器垂直度	3		
	6	铸铁或钢制散热器表面的防腐及面漆应附着良好，色泽均匀，无脱落、起泡、流淌和漏涂缺陷			

2．应用指导
(1) 检查验收统一说明

1) 执行规范章、节

本表的检验批验收执行《建筑给水排水及采暖工程施工质量验收规范》(GB 50242—2002)规范第8章、第8.3节主控项目和一般项目有关条目的质量等级要求。应按其质量标准和检查方法逐一进行验收。

表列应检验项目必须全部进行检查验收不得缺漏，应检项目漏检，应进行补充检查验收，不进行补检不应通过验收。

2) 检验批的划分原则

建筑给水、排水及采暖工程的分项工程，应按系统、区域、施工段或楼层等划分。分项工程应划分成若干个检验批进行验收。

3) 质量等级验收评定

① 主控项目是对检验批的基本质量起决定性影响的检验项目,必须全部符合该专业规范的规定,不允许有不符合规范要求的检验结果。

② 一般项目应有80%以上的抽检处符合该规范规定或偏差值在其允许偏差范围内。

4) 检验批验收应提交资料

检验批验收时,应提交的施工操作依据和质量检查记录应完整。

5) 检验批验收

只按列为主控项目、一般项目的条款来验收,不能随意扩大内容范围和提高质量标准。

6) 检验批验收责任制

检验批表式中的责任制签记必须本人签字,替签为无效检验批验收记录。

(2) 检查验收执行条目(摘自《建筑给水排水及采暖工程施工质量验收规范》GB 50242—2002)

8.3.1 散热器组对后,以及整组出厂的散热器在安装之前应作水压试验。试验压力如设计无要求时,应为工作压力的 **1.5** 倍,但不小于 **0.6MPa**。

检验方法:试验时间为 2~3min,压力不降,且不渗不漏。

8.3.2 水泵、水箱、热交换器等辅助设备安装的质量检验与验收应按本规范第4.4节和第13.6节的相关规定执行。

8.3.3 散热器组对应平直紧密,组对后的平直度应符合表8.3.3的规定。

8.3.4 组对散热器的垫片应符合下列规定:

1) 组对散热器垫片应使用成品,组对后垫片外露不应大于1mm。
2) 散热器垫片材质当设计无要求时,应采用耐热橡胶。

检验方法:观察和尺量检查。

8.3.5 散热器支架、托架安装,位置应准确,埋设牢固。散热器支架、托架数量,应符合设计或产品说明书要求。如设计未注时,则应符合表8.3.5的规定。

散热器支架、托架数量　　　　表8.3.5

项次	散热器型式	安装方式	每组片数	上部托钩或卡架数	下部托钩或卡架数	合　计
1	长翼型	挂　墙	2~4	1	2	3
			5	2	2	4
			6	2	3	5
			7	2	4	6
2	柱型柱翼型	挂　墙	3~8	1	2	3
			9~12	1	3	4
			13~16	2	4	6
			17~20	2	5	7
			21~25	2	6	8

续表

项次	散热器型式	安装方式	每组片数	上部托钩或卡架数	下部托钩或卡架数	合 计
3	柱型柱翼型	带足落地	3~8	1	—	1
			8~12	1	—	1
			13~16	2	—	2
			17~20	2	—	2
			21~25	2	—	2

检验方法：现场清点检查

8.3.6 散热器背面与装饰后的墙内表面安装距离，应符合设计或产品说明书要求。如设计未注明，应为30mm。检验方法：尺量检查。

8.3.7 散热器安装允许偏差应符合表8.3.7的规定。

8.3.8 铸铁或钢制散热器表面的防腐及面漆应附着良好，色泽均匀，无脱落、起泡、流淌和漏涂缺陷。

检验方法：现场观察。

(3) 检验批验收应提供的附件资料

1) 材料、成品、半成品、配件、器具和设备出厂合格证；
2) 材料、成品、半成品、配件、器具和设备进场检查验收记录(品种、规格、数量等)；
3) 材料、成品、半成品、配件、器具和设备复试报告单(设计或规范有要求时)；
4) 散热器压力试验；
5) 混凝土强度试验报告及强度评定；
6) 隐蔽工程验收；
7) 有关验收文件；
8) 自检、互检及工序交接检查记录；
9) 其他应报或设计要求报送的资料。

注：合理缺项除外。

2.10.13 室内采暖金属辐射板安装检验批质量验收记录

1．资料表式

室内采暖金属辐射板安装检验批质量验收记录表　　　表242-13

检控项目	序号	质量验收规范规定		施工单位检查评定记录	监理(建设)单位验收记录
主控项目	1	辐射板安装前应作水压试验	第8.4.1条		
	2	水平安装辐射板应有不小于5‰的坡度坡向回水管	第8.4.2条		
	3	辐射板管道及带状辐射板连接	第8.4.3条		

续表

检控项目	序号	质量验收规范规定	施工单位检查评定记录	监理(建设)单位验收记录
一般项目				

2. 应用指导

(1) 检查验收统一说明

1) 执行规范章、节

本表的检验批验收执行《建筑给水排水及采暖工程施工质量验收规范》(GB 50242—2002)规范第8章、第8.4节主控项目和一般项目有关条目的质量等级要求。应按其质量标准和检查方法逐一进行验收。

表列应检验项目必须全部进行检查验收不得缺漏,应检项目漏检,应进行补充检查验收,不进行补检不应通过验收。

2) 检验批的划分原则

建筑给水、排水及采暖工程的分项工程,应按系统、区域、施工段或楼层等划分。分项工程应划分成若干个检验批进行验收。

3) 质量等级验收评定

① 主控项目是对检验批的基本质量起决定性影响的检验项目,必须全部符合该专业规范的规定,不允许有不符合规范要求的检验结果。

② 一般项目应有80%以上的抽检处符合该规范规定或偏差值在其允许偏差范围内。

4) 检验批验收应提交资料

检验批验收时,应提交的施工操作依据和质量检查记录应完整。

5) 检验批验收

只按列为主控项目、一般项目的条款来验收,不能随意扩大内容范围和提高质量标准。

6) 检验批验收责任制

检验批表式中的责任制签记必须本人签字,替签为无效检验批验收记录。

(2) 检查验收执行条目(摘自《建筑给水排水及采暖工程施工质量验收规范》GB 50242—2002)

8.4.1 辐射板在安装前应作水压试验,如设计无要求时试验压力应为工作压力1.5倍,但不得小于0.6MPa。

检验方法:试验压力下2~3min压力不降且不渗不漏。

8.4.2 水平安装的辐射板应有不小于5‰的坡度坡向回水管。
检验方法:水平尺、拉线和尺量检查。
8.4.3 辐射板管道及带状辐射板之间的连接,应使用法兰连接。
检验方法:观察检查。

(3) 检验批验收应提供的附件资料
1) 材料、成品、半成品、配件、器具和设备出厂合格证;
2) 材料、成品、半成品、配件、器具和设备进场检查验收记录(品种、规格、数量等);
3) 材料、成品、半成品、配件、器具和设备复试报告单(设计或规范有要求时);
4) 金属辐射板水压试验;
5) 隐蔽工程验收;
6) 有关验收文件;
7) 自检、互检及工序交接检查记录;
8) 其他应报或设计要求报送的资料。
注:合理缺项除外。

2.10.14 室内采暖低温热水地板辐射采暖系统安装检验批质量验收记录

1. 资料表式

室内采暖低温热水地板辐射采暖系统安装检验批质量验收记录表　　表242-14

检控项目	序号	质量验收规范规定	施工单位检查评定记录	监理(建设)单位验收记录
主控项目	1	地面下敷设的盘管埋地部分不应有接头		
	2	盘管隐蔽前水压试验	第8.5.2条	
	3	加热盘管的弯曲	第8.5.3条	
一般项目	1	分、集水器安装	第8.5.4条	
	2	加热盘管管径、间距和长度应符合设计要求。间距偏差不大于±10mm		
	3	防潮层、防水层、隔热层及伸缩缝应符合设计要求		
	4	填充层强度标号应符合设计要求		

2. 应用指导
(1) 检查验收统一说明

1）执行规范章、节

本表的检验批验收执行《建筑给水排水及采暖工程施工质量验收规范》(GB 50242—2002)规范第8章、第8.5节主控项目和一般项目有关条目的质量等级要求。应按其质量标准和检查方法逐一进行验收。

表列应检验项目必须全部进行检查验收不得缺漏，应检项目漏检，应进行补充检查验收，不进行补检不应通过验收。

2）检验批的划分原则

建筑给水、排水及采暖工程的分项工程，应按系统、区域、施工段或楼层等划分。分项工程应划分成若干个检验批进行验收。

3）质量等级验收评定

① 主控项目是对检验批的基本质量起决定性影响的检验项目，必须全部符合该专业规范的规定，不允许有不符合规范要求的检验结果。

② 一般项目应有80%以上的抽检处符合该规范规定或偏差值在其允许偏差范围内。

4）检验批验收应提交资料

检验批验收时，应提交的施工操作依据和质量检查记录应完整。

5）检验批验收

只按列为主控项目、一般项目的条款来验收，不能随意扩大内容范围和提高质量标准。

6）检验批验收责任制

检验批表式中的责任制签记必须本人签字，替签为无效检验批验收记录。

(2) 检查验收执行条目（摘自《建筑给水排水及采暖工程施工质量验收规范》GB 50242—2002）

8.5.1 地面下敷设的盘管埋地部分不应有接头。

检验方法：隐蔽前现场查看。

8.5.2 盘管隐蔽前必须进行水压试验，试验压力为工作压力的 1.5 倍，但不小于 **0.6MPa**。

检验方法：稳压 1h 内压力降不大于 0.05MPa，且不渗不漏。

8.5.3 加热盘管弯曲部分不得出现硬折弯现象，曲率半径应符合下列规定：

1）塑料管：不应小于管道外径的 8 倍。

2）复合管：不应小于管道外径的 5 倍。

检验方法：尺量检查

8.5.4 分、集水器型号、规格、公称压力及安装位置、高度等应符合设计要求。

检验方法：对照图纸及产品说明书，尺量检查。

8.5.5 加热盘管管径、间距和长度应符合设计要求。间距偏差不大于 ±10mm。

检验方法：拉线和尺量检查。

8.5.6 防潮层、防水层、隔热层及伸缩缝应符合设计要求。

检验方法：填充层浇灌前观察检查。

8.5.7 填充层强度标号应符合设计要求。

检验方法：作试块抗压试验。

(3) 检验批验收应提供的附件资料

1) 材料、成品、半成品、配件、器具和设备出厂合格证;
2) 材料、成品、半成品、配件、器具和设备进场检查验收记录(品种、规格、数量等);
3) 材料、成品、半成品、配件、器具和设备复试报告单(设计或规范有要求时);
4) 低温热水地板辐射采暖系统水压试验;
5) 隐蔽工程验收;
6) 有关验收文件;
7) 自检、互检及工序交接检查记录;
8) 其他应报或设计要求报送的资料。

注:合理缺项除外。

2.10.15 室内采暖系统水压试验及调试检验批质量验收记录

1. 资料表式

室内采暖系统水压试验及调试检验批质量验收记录表   表 242-15

检控项目	序号	质量验收规范规定	施工单位检查评定记录	监理(建设)单位验收记录
主控项目	1	安装完毕,管道保温前的水压试验	第8.6.1条	
	2	系统的冲洗	第8.6.2条	
	3	系统冲洗完毕应充水、加热,进行试运行和调试		
一般项目				

2. 应用指导

(1) 检查验收统一说明

1) 执行规范章、节

本表的检验批验收执行《建筑给水排水及采暖工程施工质量验收规范》(GB 50242—2002)规范第8章、第8.6节主控项目和一般项目有关条目的质量等级要求。应按其质量标准和检查方法逐一进行验收。

表列应检验项目必须全部进行检查验收不得缺漏,应检项目漏检,应进行补充检查验

收,不进行补检不应通过验收。

2) 检验批的划分原则

建筑给水、排水及采暖工程的分项工程,应按系统、区域、施工段或楼层等划分。分项工程应划分成若干个检验批进行验收。

3) 质量等级验收评定

① 主控项目是对检验批的基本质量起决定性影响的检验项目,必须全部符合该专业规范的规定,不允许有不符合规范要求的检验结果。

② 一般项目应有80%以上的抽检处符合该规范规定或偏差值在其允许偏差范围内。

4) 检验批验收应提交资料

检验批验收时,应提交的施工操作依据和质量检查记录应完整。

5) 检验批验收

只按列为主控项目、一般项目的条款来验收,不能随意扩大内容范围和提高质量标准。

6) 检验批验收责任制

检验批表式中的责任制签记必须本人签字,替签为无效检验批验收记录。

(2) 检查验收执行条目(摘自《建筑给水排水及采暖工程施工质量验收规范》GB 50242—2002)

8.6.1 采暖系统安装完毕,管道保温之前应进行水压试验。试验压力应符合设计要求。当设计未注明时,应符合下列规定:

1) 蒸汽、热水采暖系统,应以系统顶点工作压力加 0.1MPa 作水压试验,同时在系统顶点的试验压力不小于 0.3MPa。

2) 高温热水采暖系统,试验压力应为系统顶点工作压力加 0.4MPa。

3) 使用塑料管及复合管的热水采暖系统,应以系统顶点工作压力加 0.2MPa 作水压试验,同时在系统顶点的试验压力不小于 0.4MPa。

检验方法:使用钢管及复合管的采暖系统,应在试验压力下 10min 内压力降不大于 0.02MPa,降至工作压力后检查,不渗、不漏;

使用塑料管的采暖系统应在试验压力下,1h 内压力降不大于 0.05MPa,然后降压至工作压力的 1.15 倍,稳压 2h,压力降不大于 0.03MPa,同时各连接处不渗、不漏。

8.6.2 系统试压合格后,应对系统进行冲洗并清扫过滤器及除污器。

检验方法:现场观察,直至排出水不含泥沙、铁屑等杂质,且水色不浑浊为合格。

8.6.3 系统冲洗完毕应充水、加热,进行试运行和调试。

检验方法:观察、测量室温应满足设计要求。

(3) 检验批验收应提供的附件资料

1) 蒸汽、热水系统水压试验;

2) 蒸汽、热水系统冲洗记录;

3) 蒸汽、热水系统调试记录。

2.10.16 室外给水管网给水管道安装检验批质量验收记录

1. 资料表式

室外给水管网给水管道安装检验批质量验收记录表

表 242-16

检控项目	序号	质量验收规范规定			施工单位检查评定记录								监理(建设)单位验收记录
主控项目	1	给水管道埋地敷设		第9.2.1条									
	2	给水管道不得直接穿越污水井、化粪池、公共厕所等污染源											
	3	管道接口法兰、卡扣、卡箍安装		第9.2.3条									
	4	给水系统各种室内的管道安装		第9.2.4条									
	5	管网水压试验		第9.2.5条									
	6	镀锌钢管及钢管的埋地防腐		第9.2.6条									
	7	管道的冲洗与消毒		第9.2.7条									
一般项目	1	管道的坐标、标高和坡度			允许偏差(mm)	量 测 值 (mm)							
	1)	坐标	铸铁管	埋地	100								
				敷设在沟槽内	50								
			钢管、塑料管、复合管	埋地	100								
				敷设在沟槽内或架空	40								
	2)	标高	铸铁管	埋地	±50								
				敷设在沟槽内	±30								
			钢管、塑料管、复合管	埋地	±50								
				敷设在沟槽内或架空	±30								
	3)	水平管纵横向弯曲	铸铁管	直段(25m以上)起点~终点	40								
			钢管、塑料管、复合管	直段(25m以上)起点~终点	30								
	2	管道和金属支架涂漆		第9.2.9条									
	3	管道连接阀门水表安装		第9.2.10条									
	4	给水与污水管道不同标高的平行敷设		第9.2.11条									
	5	铸铁管承插捻口连接		第9.2.12条									
	6	铸铁承插捻口连接		环型间隙	允许偏差(mm)	量 测 值 (mm)							
	1)	75~200mm		10mm	+3 -2								
	2)	250~450mm		11mm	+4 -2								

续表

检控项目	序号	质量验收规范规定			施工单位检查评定记录	监理(建设)单位验收记录
一般项目	3)	500mm	12mm	+4 −2		
	7	铸铁管沿曲线敷设,每个接口允许有2°转角		第9.2.13条		
	8	捻口油麻填料与操作		第9.2.14条		
	9	捻口用水泥与操作		第9.2.15条		
	10	水泥捻口的防腐		第9.2.16条		
	11	橡胶圈接口防腐与最大允许偏转角		第9.2.17条		

2. 应用指导

(1) 检查验收统一说明

1) 执行规范章、节

本表的检验批验收执行《建筑给水排水及采暖工程施工质量验收规范》(GB 50242—2002)规范第9章、第9.2节主控项目和一般项目有关条目的质量等级要求。应按其质量标准和检查方法逐一进行验收。

表列应检验项目必须全部进行检查验收不得缺漏,应检项目漏检,应进行补充检查验收,不进行补检不应通过验收。

2) 检验批的划分原则

建筑给水、排水及采暖工程的分项工程,应按系统、区域、施工段或楼层等划分。分项工程应划分成若干个检验批进行验收。

3) 质量等级验收评定

① 主控项目是对检验批的基本质量起决定性影响的检验项目,必须全部符合该专业规范的规定,不允许有不符合规范要求的检验结果。

② 一般项目应有80%以上的抽检处符合该规范规定或偏差值在其允许偏差范围内。

4) 检验批验收应提交资料

检验批验收时,应提交的施工操作依据和质量检查记录应完整。

5) 检验批验收

只按列为主控项目、一般项目的条款来验收,不能随意扩大内容范围和提高质量标准。

6) 检验批验收责任制

检验批表式中的责任制签记必须本人签字,替签为无效检验批验收记录。

(2) 检查验收执行条目(摘自《建筑给水排水及采暖工程施工质量验收规范》GB 50242—2002)

9.2.1 给水管道在埋地敷设时,应在当地的冰冻线以下,如必须在冰冻线以上铺设时,应做可靠的保温防潮措施。在无冰冻地区,埋地敷设时,管顶的覆土埋深不得小于500mm,

穿越道路部位的埋深不得小于700mm。

检验方法:现场观察检查。

9.2.2 给水管道不得直接穿越污水井、化粪池、公共厕所等污染源。

检验方法:观察检查。

9.2.3 管道接口法兰、卡扣、卡箍等应安装在检查井或地沟内,不应埋在土壤中。

检验方法:观察检查。

9.2.4 给水系统各种井室内的管道安装,如设计无要求,井壁距法兰或承口的距离:管径小于或等于450mm时,不得小于250mm;管径大于450mm时,不得小于350mm。

检验方法:尺量检查。

9.2.5 管网必须进行水压试验,试验压力为工作压力的1.5倍,但不得小于0.6MPa。

检验方法:管材为钢管、铸铁管时,试验压力下10min内压力降不应大于0.05MPa,然后降至工作压力进行检查,压力应保持不变,不渗不漏;管材为塑料管时,试验压力下,稳压1h压力降不大于0.05MPa,然后降至工作压力进行检查,压力应保持不变,不渗不漏。

9.2.6 镀锌钢管、钢管的埋地防腐必须符合设计要求,如设计无规定时,可按表9.2.6的规定执行。卷材与管材间应粘贴牢固,无空鼓、滑移、接口不严等。

检验方法:观察和切开防腐层检查。

管道防腐层种类 表9.2.6

防腐层层次 (从金属表面起)	正常防腐层	加强防腐层	特加强防腐层
1	冷底子油	冷底子油	冷底子油
2	沥青涂层	沥青涂层	沥青涂层
3	外包保护层	加强包扎层 (封闭层)	加强包扎层 (封闭层)
4		沥青涂层	沥青涂层
5		外保护层	加强包扎层
6			(封闭层)
7			沥青涂层
			外包保护层
防腐层厚度不小于(mm)	3	6	9

9.2.7 给水管道在竣工后,必须对管道进行冲洗,饮用水管道还要在冲洗后进行消毒,满足饮用水卫生要求。

检验方法:观察冲洗水的浊度,查看有关部门提供的检验报告。

9.2.8 管道的坐标、标高、坡度应符合设计要求,管道安装的允许偏差应符合(GB 50242—2002)规范表9.2.8的规定。

9.2.9 管道和金属支架的涂漆应附着良好,无脱皮、起泡、流淌和漏涂等缺陷。

检验方法:现场观察检查。

9.2.10 管道连接应符合工艺要求,阀门、水表等安装位置应正确。塑料给水管道上的水表、阀门等设施其重量或启闭装置的扭矩不得作用于管道上,当管径≥50mm时必须设独立的支承装置。

检验方法：现场观察检查。

9.2.11 给水管道与污水管道在不同标高平行敷设，其垂直间距在500mm以内时，给水管管径小于或等于200mm的，管壁水平间距不得小于1.5m；管径大于200mm的，不得小于3m。

检验方法：观察和尺量检查。

9.2.12 铸铁管承插捻口连接的对口间隙应不小于3mm，最大间隙不得大于表9.2.12的规定。

铸铁管承插捻口的对口最大间隙　　　　表9.2.12

管 径(mm)	沿直线敷设(mm)	沿曲线敷设(mm)
75	4	5
100～250	5	7～13
300～500	6	14～22

检验方法：尺量检查。

9.2.13 铸铁管沿直线敷设，承插捻口连接的环型间隙应符合(GB 50242—2002)规范表9.2.13的规定；沿曲线敷设，每个接口允许有2°转角。

9.2.14 捻口用的油麻填料必须清洁，填塞后应捻实，其深度应占整个环型间隙深度的1/3。

检验方法：观察和尺量检查。

9.2.15 捻口用水泥强度应不低于32.5MPa，接口水泥应密实饱满，其接口水泥面凹入承口边缘的深度不得大于2mm。

检验方法：观察和尺量检查。

9.2.16 采用水泥捻口的给水铸铁管，在安装地点有侵蚀性的地下水时，应在接口处涂抹沥青防腐层。

检验方法：观察检查。

9.2.17 采用橡胶圈接口的埋地给水管道，在土壤或地下水对橡胶圈有腐蚀的地段，在回填土前应用沥青胶泥、沥青麻丝或沥青锯末等材料封闭橡胶圈接口。橡胶圈接口的管道，每个接口的最大偏转角不得超过表9.2.17的规定。

橡胶圈接口最大允许偏转角　　　　表9.2.17

公称直径(mm)	100	125	150	200	250	300	350	400
允许偏转角度	5°	5°	5°	5°	4°	4°	4°	3°

检验方法：观察和尺量检查。

(3) 检验批验收应提供的附件资料

1) 材料、成品、半成品、配件、器具和设备出厂合格证；
2) 材料、成品、半成品、配件、器具和设备进场检查验收记录（品种、规格、数量等）；
3) 材料、成品、半成品、配件、器具和设备复试报告单（设计或规范有要求时）；
4) 室外给水管网系统水压试验；

5) 室外给水管网系统冲洗记录;
6) 隐蔽工程验收;
7) 有关验收文件;
8) 自检、互检及工序交接检查记录;
9) 其他应报或设计要求报送的资料。

注:合理缺项除外。

2.10.17 消防水泵接合器及室外消火栓安装(室外)检验批质量验收记录

1. 资料表式

消防水泵接合器及室外消火栓安装(室外)检验批质量验收记录表　　表 242-17

检控项目	序号	质量验收规范规定		施工单位检查评定记录						监理(建设)单位验收记录
主控项目	1	系统的水压试验	第9.3.1条							
	2	消防管道冲洗	第9.3.2条							
	3	消防水泵接合器和消火栓的安装	第9.3.3条							
一般项目	1	消防水泵、消火栓安装	允许偏差(mm)	量　测　值 (mm)						
	1)	各项安装尺寸	符合设计要求							
	2)	栓口安装高度	±20							
	2	消防水泵、消火栓安装位置	第9.3.5条							
	3	安全阀及止回阀安装	第9.3.6条							

2. 应用指导

(1) 检查验收统一说明

1) 执行规范章、节

本表的检验批验收执行《建筑给水排水及采暖工程施工质量验收规范》(GB 50242—2002)规范第9章、第9.3节主控项目和一般项目有关条目的质量等级要求。应按其质量标准和检查方法逐一进行验收。

表列应检验项目必须全部进行检查验收不得缺漏,应检项目漏检,应进行补充检查验收,不进行补检不应通过验收。

2）检验批的划分原则

建筑给水、排水及采暖工程的分项工程,应按系统、区域、施工段或楼层等划分。分项工程应划分成若干个检验批进行验收。

3）质量等级验收评定

① 主控项目是对检验批的基本质量起决定性影响的检验项目,必须全部符合该专业规范的规定,不允许有不符合规范要求的检验结果。

② 一般项目应有80%以上的抽检处符合该规范规定或偏差值在其允许偏差范围内。

4）检验批验收应提交资料

检验批验收时,应提交的施工操作依据和质量检查记录应完整。

5）检验批验收

只按列为主控项目、一般项目的条款来验收,不能随意扩大内容范围和提高质量标准。

6）检验批验收责任制

检验批表式中的责任制签记必须本人签字,替签为无效检验批验收记录。

(2) 检查验收执行条目（摘自《建筑给水排水及采暖工程施工质量验收规范》GB 50242—2002）

9.3.1 系统必须进行水压试验,试验压力为工作压力的1.5倍,但不得小于0.6MPa。

检验方法:试验压力下,10min内压力降不大于0.05MPa,然后降至工作压力进行检查,压力保持不变,不渗不漏。

9.3.2 消防管道在竣工前,必须对管道进行冲洗。

检验方法:观察冲洗出水的浊度。

9.3.3 消防水泵接合器和消火栓的位置标志应明显,栓口的位置应方便操作。消防水泵接合器和室外消火栓当采用墙壁式时,如设计未要求,进、出水栓口的中心安装高度距地面应为1.10m,其上方应设有防坠落物打击的措施。

检验方法:观察和尺量检查。

9.3.4 室外消火栓和消防水泵接合器的各项安装尺寸应符合设计要求,检口安装高度允许偏差为±20mm。

检验方法:尺量检查。

9.3.5 地下式消防水泵接合器顶部进水口或地下式消火栓的顶部出水口与消防井盖底面的距离不得大于400mm,井内应有足够的操作空间,并设爬梯。寒冷地区井内应做防冻保护。

检验方法:观察和尺量检查。

9.3.6 消防水泵接合器的安全阀及止回阀安装位置和方向应正确,阀门启闭应灵活。

检验方法:现场观察和手扳检查。

(3) 检验批验收应提供的附件资料

1）材料、成品、半成品、配件、器具和设备出厂合格证;

2）材料、成品、半成品、配件、器具和设备进场检查验收记录(品种、规格、数量等);

3）材料、成品、半成品、配件、器具和设备复试报告单(设计或规范有要求时);

4）消防水泵接合器及室外消防栓系统水压试验;

5）消防水泵接合器及室外消防栓系统冲洗记录;

6) 隐蔽工程验收；

7) 有关验收文件；

8) 自检、互检及工序交接检查记录；

9) 其他应报或设计要求报送的资料。

注：合理缺项除外。

2.10.18 室外给水管网管沟及井室检验批质量验收记录

1. 资料表式

室外给水管网管沟及井室检验批质量验收记录表　　　　表 242-18

检控项目	序号	质量验收规范规定		施工单位检查评定记录	监理(建设)单位验收记录
主控项目	1	基层处理及地基	第9.4.1条		
	2	各类井室和井盖	第9.4.2条		
	3	通车路面用井圈与井盖	第9.4.3条		
	4	重型铸铁和混凝土井盖	第9.4.4条		
一般项目	1	管沟坐标、位置、沟底标高	第9.4.5条		
	2	管沟的沟底层	第9.4.6条		
	3	管沟为岩石时的做法	第9.4.7条		
	4	管沟回填土	第9.4.8条		
	5	井室砌筑及不同底标高做法	第9.4.9条		
	6	管道穿过井壁	第9.4.10条		

2. 应用指导

(1) 检查验收统一说明

1) 执行规范章、节

本表的检验批验收执行《建筑给水排水及采暖工程施工质量验收规范》(GB 50242—2002)规范第9章、第9.4节主控项目和一般项目有关条目的质量等级要求。应按其质量标准和检查方法逐一进行验收。

表列应检验项目必须全部进行检查验收不得缺漏，应检项目漏检，应进行补充检查验收，不进行补检不应通过验收。

2) 检验批的划分原则

建筑给水、排水及采暖工程的分项工程，应按系统、区域、施工段或楼层等划分。分项工程应划分成若干个检验批进行验收。

3) 质量等级验收评定

① 主控项目是对检验批的基本质量起决定性影响的检验项目，必须全部符合该专业规范的规定，不允许有不符合规范要求的检验结果。

② 一般项目应有80%以上的抽检处符合该规范规定或偏差值在其允许偏差范围内。

4）检验批验收应提交资料

检验批验收时,应提交的施工操作依据和质量检查记录应完整。

5）检验批验收

只按列为主控项目、一般项目的条款来验收,不能随意扩大内容范围和提高质量标准。

6）检验批验收责任制

检验批表式中的责任制签记必须本人签字,替签为无效检验批验收记录。

(2) 检查验收执行条目（摘自《建筑给水排水及采暖工程施工质量验收规范》GB 50242—2002）

9.4.1 管沟的基层处理和井室的地基必须符合设计要求。

检验方法:现场观察检查。

9.4.2 各类井室的井盖应符合设计要求,应有明显的文字标识,各种井盖不得混用。

检验方法:现场观察检查。

9.4.3 设在通车路面下或小区道路下的各种井室,必须使用重型井圈和井盖,井盖上表面应与路面相平,允许偏差为±5mm。绿化带上和不通车的地方可采用轻型井圈和井盖,井盖的上表面应高出地坪50mm,并在井口周围以2%的坡度向外做水泥砂浆护坡。

检验方法:观察和尺量检查。

9.4.4 重型铸铁或混凝土井圈,不得直接放在井室的砖墙上,砖墙上应做不少于80mm厚的细石混凝土垫层。

检验方法:观察和尺量检查。

9.4.5 管沟的坐标、位置、沟底标高应符合设计要求。

检验方法:观察、尺量检查。

9.4.6 管沟的沟底层应是原土层,或是夯实的回填土,沟底应平整,坡度应顺畅,不得有尖硬的物体、块石等。

检验方法:观察检查。

9.4.7 如沟基为岩石、不易清除的块石或为砾石层时,沟底应下挖100～200mm,填铺细砂或粒径不大于5mm的细土,夯实到沟底标高后,方可进行管道敷设。

检验方法:观察和尺量检查。

9.4.8 管沟回填土,管顶上部200mm以内应用砂子或无块石及冻土块的土,并不得用机械回填；管顶上部500mm以内不得回填直径大于100mm的块石和冻土块；500mm以上部分回填土中的块石或冻土块不得集中。上部用机械回填时,机械不得在管沟上行走。

检验方法:观察和尺量检查。

9.4.9 井室的砌筑应按设计或给定的标准图施工。井室的底标高在地下水位以上时,基层应为素土夯实；在地下水位以下时,基层应打100mm厚的混凝土底板。砌筑应采用水泥砂浆,内表面抹灰后应严密不透水。

检验方法:观察和尺量检查。

9.4.10 管道穿过井壁处,应用水泥砂浆分二次填塞严密、抹平,不得渗漏。

检验方法:观察检查。

(3) 检验批验收应提供的附件资料

1）材料、成品、半成品、配件出厂合格证；

2) 材料、成品、半成品、配件进场检查验收记录(品种、规格、数量等);
3) 材料、成品、半成品、配件复试报告单(设计或规范有要求时);
4) 隐蔽工程验收;
5) 有关验收文件;
6) 自检、互检及工序交接检查记录;
7) 其他应报或设计要求报送的资料。

注:合理缺项除外。

2.10.19 室外排水管网排水管道安装检验批质量验收记录

1. 资料表式

室外排水管网排水管道安装检验批质量验收记录表　　　表242-19

检控项目	序号	质量验收规范规定			施工单位检查评定记录		监理(建设)单位验收记录
主控项目	1	排水管道坡度		第10.2.1条			
	2	灌水和通水试验		第10.2.2条			
一般项目	1	管道坐标、标高		允许偏差(mm)	量测值(mm)		
	1)	坐标	埋地	100			
			敷设在沟槽内	50			
	2)	标高	埋地	±20			
			敷设在沟槽内	±20			
	3)	水平管道纵横向弯曲	每5m长	10			
			全长(两井间)	30			
	2	铸铁管水泥捻口		第10.2.4条			
	3	铸铁管外壁除锈		第10.2.5条			
	4	承插接口的安装方向		第10.2.6条			
	5	混凝土管、钢筋混凝土管抹带接口		第10.2.7条			

2. 应用指导

(1) 检查验收统一说明

1) 执行规范章、节

本表的检验批验收执行《建筑给水排水及采暖工程施工质量验收规范》(GB 50242—2002)规范第10章、第10.2节主控项目和一般项目有关条目的质量等级要求。应按其质量标准和检查方法逐一进行验收。

表列应检验项目必须全部进行检查验收不得缺漏,应检项目漏检,应进行补充检查验

收,不进行补检不应通过验收。

2) 检验批的划分原则

建筑给水、排水及采暖工程的分项工程,应按系统、区域、施工段或楼层等划分。分项工程应划分成若干个检验批进行验收。

3) 质量等级验收评定

① 主控项目是对检验批的基本质量起决定性影响的检验项目,必须全部符合该专业规范的规定,不允许有不符合规范要求的检验结果。

② 一般项目应有80%以上的抽检处符合该规范规定或偏差值在其允许偏差范围内。

4) 检验批验收应提交资料

检验批验收时,应提交的施工操作依据和质量检查记录应完整。

5) 检验批验收

只按列为主控项目、一般项目的条款来验收,不能随意扩大内容范围和提高质量标准。

6) 检验批验收责任制

检验批表式中的责任制签记必须本人签字,替签为无效检验批验收记录。

(2) 检查验收执行条目（摘自《建筑给水排水及采暖工程施工质量验收规范》GB 50242—2002）

10.2.1 排水管道的坡度必须符合设计要求,严禁无坡或倒坡。

检验方法:用水准仪、拉线和尺量检查。

10.2.2 管道埋设前必须做灌水试验和通水试验,排水应畅通,无堵塞,管接口无渗漏。

检验方法:按排水检查井分段试验,试验水头应以试验段上游管顶加1m,时间不少于30min,逐段观察。

10.2.3 管道的坐标和标高应符合设计要求,安装的允许偏差应符合表10.2.3的规定。

10.2.4 排水铸铁管采用水泥捻口时,油麻填塞应密实,接口水泥应密实饱满,其接口面凹入承口边缘且深度不得大于2mm。

检验方法:观察和尺量检查。

10.2.5 排水铸铁管外壁在安装前应除锈,涂二遍石油沥青漆。

检验方法:观察检查。

10.2.6 承插接口的排水管道安装时,管道和管件的承口应与水流方向相反。

检验方法:观察检查。

10.2.7 混凝土管或钢筋混凝土管采用抹带接口时,应符合下列规定:

1) 抹带前应将管口的外壁凿毛,扫净,当管径小于或等于500mm时,抹带可一次完成;当管径大于500mm时,应分二次抹成,抹带不得有裂纹。

2) 钢丝网应在管道就位前放入下方,抹压砂浆时应将钢丝网抹压牢固,钢丝网不得外露。

3) 抹带厚度不得小于管壁的厚度,宽度直为80~100mm。

检验方法:观察和尺量检查。

(3) 检验批验收应提供的附件资料

1) 材料、成品、半成品、配件、器具出厂合格证;

2) 材料、成品、半成品、配件、器具进场检查验收记录(品种、规格、数量等);
3) 材料、成品、半成品、配件、器具复试报告单(设计或规范有要求时);
4) 室外排水管网通水试验;
5) 室外排水管网灌水试验;
6) 隐蔽工程验收;
7) 有关验收文件;
8) 自检、互检及工序交接检查记录;
9) 其他应报或设计要求报送的资料。

注:合理缺项除外。

2.10.20 排水管沟及井池检验批质量验收记录

1. 资料表式

排水管沟及井池检验批质量验收记录表　　　　表 242-20

检控项目	序号	质量验收规范规定		施工单位检查评定记录							监理(建设)单位验收记录
主控项目	1	沟基处理和井池底板强度	第10.3.1条								
	2	检查井、化粪池标高	允许偏差(mm)	量 测 值 (mm)							
	1)	符合设计要求									
	2)	底板和进出口标高	±15								
一般项目	1	井、池规格尺寸和位置	第10.3.3条								
	2	井盖选用	第10.3.4条								

2. 应用指导

(1) 检查验收统一说明

1) 执行规范章、节

本表的检验批验收执行《建筑给水排水及采暖工程施工质量验收规范》(GB 50242—2002)规范第10章、第10.3节主控项目和一般项目有关条目的质量等级要求。应按其质量标准和检查方法逐一进行验收。

表列应检验项目必须全部进行检查验收不得缺漏,应检项目漏检,应进行补充检查验收,不进行补检不应通过验收。

2）检验批的划分原则

建筑给水、排水及采暖工程的分项工程,应按系统、区域、施工段或楼层等划分。分项工程应划分成若干个检验批进行验收。

3）质量等级验收评定

① 主控项目是对检验批的基本质量起决定性影响的检验项目,必须全部符合该专业规范的规定,不允许有不符合规范要求的检验结果。

② 一般项目应有80％以上的抽检处符合该规范规定或偏差值在其允许偏差范围内。

4）检验批验收应提交资料

检验批验收时,应提交的施工操作依据和质量检查记录应完整。

5）检验批验收

只按列为主控项目、一般项目的条款来验收,不能随意扩大内容范围和提高质量标准。

6）检验批验收责任制

检验批表式中的责任制签记必须本人签字,替签为无效检验批验收记录。

(2) 检查验收执行条目（摘自《建筑给水排水及采暖工程施工质量验收规范》GB 50242—2002）

10.3.1 沟基的处理和井池的底板强度必须符合设计要求。

检验方法：现场观察和尺量检查,检查混凝土强度报告。

10.3.2 排水检查井、化粪池的底板及进、出水管的标高,必须符合设计要求,其允许偏差为±15mm。

检验方法：用水准仪及尺量检查。

10.3.3 井、池的规格、尺寸和位置应正确,砌筑和抹灰符合要求。

检验方法：观察及尺量检查。

10.3.4 井盖选用应正确,标志应明显,标高应符合设计要求。

检验方法：观察、尺量检查。

(3) 检验批验收应提供的附件资料

1) 材料、成品、半成品、配件、器具出厂合格证；

2) 材料、成品、半成品、配件、器具进场检查验收记录（品种、规格、数量等）；

3) 材料、成品、半成品、配件、器具复试报告单（设计或规范有要求时）；

4) 混凝土强度试验报告及强度评定；

5) 有关验收文件；

6) 自检、互检及工序交接检查记录；

7) 其他应报或设计要求报送的资料。

注：合理缺项除外。

2.10.21 室外供热管网管道及配件安装检验批质量验收记录

1. 资料表式

室外供热管网管道及配件安装检验批质量验收记录表

表 242-21

检控项目	序号	质量验收规范规定			施工单位检查评定记录	监理(建设)单位验收记录
主控项目	1	平衡阀与调节阀		第11.2.1条		
	2	管道预热伸长、管道加固及回填		第11.2.2条		
	3	补偿器位置、预拉伸、固定支架位置及构造		第11.2.3条		
	4	管道布置		第11.2.4条		
	5	管道保温		第11.2.5条		
一般项目	1	管道水平敷设坡度		应符合设计要求		
	2	除污器构造		第11.2.7条		
	3	管道安装		允许偏差(mm)	量 测 值 (mm)	
	1)	坐标(mm)	敷设在沟槽内及架空	20		
			埋 地	50		
	2)	标高(mm)	敷设在沟槽内及架空	±10		
			埋 地	±15		
	3)	水平管道纵、横方向弯曲(mm)	txgu1m	管径≤100mm	1		
				管径>100mm	1.5		
			全长(25m以上)	管径≤100mm	≯13		
				管径>100mm	≯25		
	4)	弯管	椭圆率 $\dfrac{D_{max}-D_{min}}{D_{max}}$	管径≤100mm	8%		
				管径>100mm	5%		
			折皱不平度(mm)	管径≤100mm	4		
				管径125~200mm	5		
				管径250~400mm	7		
	4	管道焊口		允许偏差(mm)	量 测 值 (mm)	
	1)	焊口平直度:管壁厚10mm以内		管壁厚1/4		
	2)	焊缝加强面	高度	+1mm		
			宽度	+1mm		

续表

检控项目	序号	质量验收规范规定				施工单位检查评定记录	监理(建设)单位验收记录
一般项目	3)	咬边	长度	深度	小于0.5mm		
				连续长度	25mm		
				总长度(两则)	小于焊缝长度的10%		
	5	焊缝表面质量			第11.2.10条		
	6	供水管、蒸气管敷设位置			第11.2.11条		
	7	沟内管道安装位置			第11.2.12条		
	8	供热管道安装高度			第11.2.13条		
	9	防锈漆涂刷			第11.2.14条		
	10	保温层厚度及平整度			允许偏差(mm)	量 测 值 (mm)	
	1)	厚度			$+0.1\delta$ -0.05δ		
	2)	表面平整度	卷材		5		
			涂抹		10		
		δ为保温层厚度					

2．应用指导

（1）检查验收统一说明

1）执行规范章、节

本表的检验批验收执行《建筑给水排水及采暖工程施工质量验收规范》(GB 50242—2002)规范第11章、第11.2节主控项目和一般项目有关条目的质量等级要求。应按其质量标准和检查方法逐一进行验收。

表列应检验项目必须全部进行检查验收不得缺漏，应检项目漏检，应进行补充检查验收，不进行补检不应通过验收。

2）检验批的划分原则

建筑给水、排水及采暖工程的分项工程，应按系统、区域、施工段或楼层等划分。分项工程应划分成若干个检验批进行验收。

3）质量等级验收评定

① 主控项目是对检验批的基本质量起决定性影响的检验项目，必须全部符合该专业规范的规定，不允许有不符合规范要求的检验结果。

② 一般项目应有80%以上的抽检处符合该规范规定或偏差值在其允许偏差范围内。

4）检验批验收应提交资料

检验批验收时，应提交的施工操作依据和质量检查记录应完整。

5）检验批验收

只按列为主控项目、一般项目的条款来验收,不能随意扩大内容范围和提高质量标准。

6) 检验批验收责任制

检验批表式中的责任制签记必须本人签字,替签为无效检验批验收记录。

(2) 检查验收执行条目(摘自《建筑给水排水及采暖工程施工质量验收规范》GB 50242—2002)

11.2.1 平衡阀及调节阀型号、规格及公称压力应符合设计要求。安装后应根据系统要求进行调试,并做出标志。

检验方法:对照设计图纸及产品合格证,并现场观察调试结果。

11.2.2 直埋无补偿供热管道预热伸长及三通加固应符合设计要求。回填前应注意检查预制保温层外壳及接口的完好性。回填应按设计要求进行。

检验方法:回填前现场验核和观察。

11.2.3 补偿器的位置必须符合设计要求,并应按设计要求或产品说明书进行预拉伸。管道固定支架的位置和构造必须符合设计要求。

检验方法:对照图纸,并查验预拉伸记录。

11.2.4 检查井室、用户入口处管道布置应便于操作及维修,支、吊、托架稳固,并满足设计要求。

检验方法:对照图纸,观察检查。

11.2.5 直埋管道的保温应符合设计要求,接口在现场发泡时,接头处厚度应与管道保温层厚度一致,接头处保护层必须与管道保护层成一体,符合防潮防水要求。

检验方法:对照图纸,观察检查。

11.2.6 管道水平敷设其坡度应符合设计要求。

检验方法:对照图纸,用水准仪(水平尺)、拉线和尺量检查。

11.2.7 除污器构造应符合设计要求,安装位置和方向应正确。管网冲洗后应清除内部污物。

检验方法:打开清扫口检查。

11.2.8 室外供热管道安装的允许偏差应符合表11.2.8的规定。

11.2.9 管道焊口的允许偏差应符合表5.3.8的规定。

11.2.10 管道及管件焊接的焊缝表面质量应符合下列规定:

1) 焊缝外形尺寸应符合图纸和工艺文件的规定,焊缝高度不得低于母材表面,焊缝与母材应圆滑过渡;

2) 焊缝及热影响区表面应无裂纹、未熔合、未焊透、夹渣、弧坑和气孔等缺陷。

检验方法:观察检查。

11.2.11 供热管道的供水管或蒸汽管,如设计无规定时,应敷设在载热介质前进方向的右侧或上方。

检验方法:对照图纸,观察检查。

11.2.12 地沟内的管道安装位置,其净距(保温层外表面)应符合下列规定:

与沟壁　　　　　　　　　　100~150mm;
与沟底　　　　　　　　　　100~200mm;
与沟顶(不通行地沟)　　　　50~100mm;

（半通行和通行地沟）　　　　200～300mm。

检验方法：尺量检查。

11.2.13 架空敷设的供热管道安装高度，如设计无规定时，应符合下列规定(以保温层外表面计算)：

1) 人行地区，不小于2.5m。
2) 通行车辆地区，不小于4.5m。
3) 跨越铁路，距轨顶不小于6m。

检验方法：尺量检查。

11.2.14 防锈漆的厚度应均匀，不得有脱皮、起泡、流淌和漏涂等缺陷。

检验方法：保温前观察检查。

11.2.15 管道保温层的厚度和平整度的允许偏差应符合表4.4.8的规定。

(3) 检验批验收应提供的附件资料

1) 管道及配件安装
1) 材料、配件、器具出厂合格证；
2) 材料、配件、器具进场检查验收记录(品种、规格、数量等)；
3) 材料、配件、器具复试报告单(设计或规范有要求时)；
4) 管道系统调试记录；
5) 室外供热管网补偿器预拉伸记录；
6) 隐蔽工程验收记录(管道保温)；
7) 有关验收文件；
8) 自检、互检及工序交接检查记录；
9) 其他应报或设计要求报送的资料。

注：合理缺项除外。

2.10.22　室外供热管网水压试验与调试检验批质量验收记录

1. 资料表式

室外供热管网水压试验与调试检验批质量验收记录表　　　表242-22

检控项目	序号	质量验收规范规定		施工单位检查评定记录	监理(建设)单位验收记录
主控项目	1	水压试验的压力	第11.3.1条		
	2	管道冲洗	第11.3.2条		
	3	试运行和调试	第11.3.3条		
	4	供热管道做水压试验时，试验管道上的阀门应开启，试验管道与非试验管道应隔断			

续表

检控项目	序号	质量验收规范规定	施工单位检查评定记录	监理(建设)单位验收记录
一般项目				

2．应用指导

(1) 检查验收统一说明

1) 执行规范章、节

本表的检验批验收执行《建筑给水排水及采暖工程施工质量验收规范》(GB 50242—2002)规范第11章、第11.3节主控项目和一般项目有关条目的质量等级要求。应按其质量标准和检查方法逐一进行验收。

表列应检验项目必须全部进行检查验收不得缺漏，应检项目漏检，应进行补充检查验收，不进行补检不应通过验收。

2) 检验批的划分原则

建筑给水、排水及采暖工程的分项工程，应按系统、区域、施工段或楼层等划分。分项工程应划分成若干个检验批进行验收。

3) 质量等级验收评定

① 主控项目是对检验批的基本质量起决定性影响的检验项目，必须全部符合该专业规范的规定，不允许有不符合规范要求的检验结果。

② 一般项目应有80%以上的抽检处符合该规范规定或偏差值在其允许偏差范围内。

4) 检验批验收应提交资料

检验批验收时，应提交的施工操作依据和质量检查记录应完整。

5) 检验批验收

只按列为主控项目、一般项目的条款来验收，不能随意扩大内容范围和提高质量标准。

6) 检验批验收责任制

检验批表式中的责任制签记必须本人签字，替签为无效检验批验收记录。

(2) 检查验收执行条目（摘自《建筑给水排水及采暖工程施工质量验收规范》GB 50242—2002）

11.3.1 供热管道的水压试验压力应为工作压力的1.5倍，但不得小于0.6MPa。

检验方法：在试验压力下10min内压力降不大于0.05MPa，然后降至工作压力下检查，不渗不漏。

11.3.2 管道试压合格后,应进行冲洗。

检验方法:现场观察,以水色不浑浊为合格。

11.3.3 管道冲洗完毕应通水、加热,进行试运行和调试。当不具备加热条件时,应延期进行。

检验方法:测量各建筑物热力入口处供回水温度及压力。

11.3.4 供热管道作水压试验时,试验管道上的阀门应开启,试验管道与非试验管道应隔断。

检验方法:开启和关闭阀门检查。

(3) 检验批验收应提供的附件资料

1)系统水压试验记录;

2)系统冲洗记录;

3)系统调试记录。

2.10.23 建筑中水系统管道及附属设备安装检验批质量验收记录

1. 资料表式

建筑中水系统管道及附属设备安装检验批质量验收记录表　　　　表 242-23

检控项目	序号	质量验收规范规定		施工单位检查评定记录	监理(建设)单位验收记录
主控项目	1	中水高位水箱与生活高位水箱	第12.2.1条		
	2	中水给水管道	第12.2.2条		
	3	中水供水管道	第12.2.3条		
	4	中水管道装设	第12.2.4条		
一般项目	1	中水管道管材与配件	第12.2.5条		
	2	中水管道与生活饮水管、排水管道安装距离与位置	第12.2.6条		

2. 应用指导

(1) 检查验收统一说明

1)执行规范章、节

本表的检验批验收执行《建筑给水排水及采暖工程施工质量验收规范》(GB 50242—2002)规范第12章、第12.2节主控项目和一般项目有关条目的质量等级要求。应按其质量标准和检查方法逐一进行验收。

表列应检验项目必须全部进行检查验收不得缺漏,应检项目漏检,应进行补充检查验收,不进行补检不应通过验收。

2)检验批的划分原则

建筑给水、排水及采暖工程的分项工程,应按系统、区域、施工段或楼层等划分。分项工程应划分成若干个检验批进行验收。

3)质量等级验收评定

① 主控项目是对检验批的基本质量起决定性影响的检验项目,必须全部符合该专业规范的规定,不允许有不符合规范要求的检验结果。

② 一般项目应有80%以上的抽检处符合该规范规定或偏差值在其允许偏差范围内。

4)检验批验收应提交资料

检验批验收时,应提交的施工操作依据和质量检查记录应完整。

5)检验批验收

只按列为主控项目、一般项目的条款来验收,不能随意扩大内容范围和提高质量标准。

6)检验批验收责任制

检验批表式中的责任制签记必须本人签字,替签为无效检验批验收记录。

(2) 检查验收执行条目(摘自《建筑给水排水及采暖工程施工质量验收规范》GB 50242—2002)

12.2.1 中水高位水箱应与生活高位水箱分设在不同的房间内,如条件不允许只能设在同一房间时,与生活高位水箱的净距离应大于2m。

检验方法:观察和尺量检查。

12.2.2 中水给水管道不得装设取水水嘴。便器冲洗宜采用密闭型设备和器具。绿化、浇洒、汽车冲洗宜采用壁式或地下式的给水栓。

检验方法:观察检查。

12.2.3 中水供水管道严禁与生活饮用水给水管道连接,并应采取下列措施:

1) 中水管道外壁应涂浅绿色标志;

2) 中水池(箱)、阀门。水表及给水栓均应有"中水"标志。

检验方法:观察检查。

12.2.4 中水管道不宜暗装于墙体和楼板内。如必须暗装于墙槽内时,必须在管道上有明显且不会脱落的标志。

检验方法:观察检查。

12.2.5 中水给水管道管材及配件应采用耐腐蚀的给水管管材及附件。

检验方法:观察检查。

12.2.6 中水管道与生活饮用水管道、排水管道平行埋设时,其水平净距离不得小于0.5m;交叉埋设时,中水管道应位于生活饮用水管道下面,排水管道的上面,其净距离不应小于0.15m。

检验方法:观察和尺量检查。

(3) 检验批验收应提供的附件资料

1) 材料、成品、半成品、配件、器具和设备出厂合格证；
2) 材料、成品、半成品、配件、器具和设备进场检查验收记录（品种、规格、数量等）；
3) 材料、成品、半成品、配件、器具和设备复试报告单（设计或规范有要求时）；
4) 给水管道系统、设备和阀门水压试验；
5) 给水管道系统、设备和阀门通水试验；
6) 排水管道系统灌水试验；
7) 排水管道系统通水试验；
8) 排水管道系统通球试验；
9) 地漏及地面清扫口排水试验；
10) 隐蔽工程验收；
11) 有关验收文件；
12) 自检、互检及工序交接检查记录；
13) 其他应报或设计要求报送的资料。

注：合理缺项除外。

2.10.24 游泳池水系统安装检验批质量验收记录

1. 资料表式

游泳池水系统安装检验批质量验收记录表　　　　　表 242-24

检控项目	序号	质量验收规范规定	施工单位检查评定记录	监理(建设)单位验收记录
主控项目	1	游泳池给水口、回水口、泄水口埋设	第12.3.1条		
	2	游泳池的毛发聚集器	第12.3.2条		
	3	游泳池地面	第12.3.3条		
一般项目	1	循环水系统加药	第12.3.4条		
	2	游泳池浸脚、浸腰消毒	第12.3.5条		

2．应用指导

(1) 检查验收统一说明

1）执行规范章、节

本表的检验批验收执行《建筑给水排水及采暖工程施工质量验收规范》(GB 50242—2002)规范第12章、第12.3节主控项目和一般项目有关条目的质量等级要求。应按其质量标准和检查方法逐一进行验收。

表列应检验项目必须全部进行检查验收不得缺漏,应检项目漏检,应进行补充检查验收,不进行补检不应通过验收。

2）检验批的划分原则

建筑给水、排水及采暖工程的分项工程,应按系统、区域、施工段或楼层等划分。分项工程应划分成若干个检验批进行验收。

3）质量等级验收评定

① 主控项目是对检验批的基本质量起决定性影响的检验项目,必须全部符合该专业规范的规定,不允许有不符合规范要求的检验结果。

② 一般项目应有80%以上的抽检处符合该规范规定或偏差值在其允许偏差范围内。

4）检验批验收应提交资料

检验批验收时,应提交的施工操作依据和质量检查记录应完整。

5）检验批验收

只按列为主控项目、一般项目的条款来验收,不能随意扩大内容范围和提高质量标准。

6）检验批验收责任制

检验批表式中的责任制签记必须本人签字,替签为无效检验批验收记录。

(2) 检查验收执行条目(摘自《建筑给水排水及采暖工程施工质量验收规范》GB 50242—2002)

12.3.1 游泳池的给水口、回水口、泄水口应采用耐腐蚀的铜、不锈钢、塑料等材料制造。溢流槽、格栅应为耐腐蚀材料制造,并为组装型。安装时其外表面应与池壁或池底面相平。

检验方法:观察检查。

12.3.2 游泳池的毛发聚集器应采用铜或不锈钢等耐腐蚀材料制造,过滤筒(网)的孔径应不大于3mm,其面积应为连接管截面积的1.5~2倍。

检验方法:观察和尺量计算方法。

12.3.3 游泳池地面,应采取有效措施防止冲洗排水流入池内。

检验方法:观察检查。

12.3.4 游泳池循环水系统加药(混凝剂)的药品溶解池、溶液池及定量投加设备应采用耐腐蚀材料制作。输送溶液的管道应采用塑料管、胶管或铜管。

检验方法:观察检查。

12.3.5 游泳池的浸脚、浸腰消毒池的给水管、投药管、溢流管、循环管和泄空管应采用耐腐蚀材料制成。

检验方法:观察检查。

(3) 检验批验收应提供的附件资料

1) 材料、成品、半成品、配件、器具、设备和耐腐蚀材料出厂合格证；

2) 材料、成品、半成品、配件、器具、设备和耐腐蚀材料进场检查验收记录(品种、规格、数量等)；

3) 材料、成品、半成品、配件、器具、设备和耐腐蚀材料复试报告单(设计或规范有要求时)；

4) 给水管道系统、设备和阀门水压试验；

5) 给水管道系统、设备和阀门通水试验；

6) 排水管道系统灌水试验；

7) 排水管道系统通水试验；

8) 排水管道系统通球试验；

9) 地漏及地面清扫口排水试验；

10) 隐蔽工程验收；

11) 有关验收文件；

12) 自检、互检及工序交接检查记录；

13) 其他应报或设计要求报送的资料。

注：合理缺项除外。

2.10.25 锅炉安装检验批质量验收记录

1. 资料表式

锅炉安装检验批质量验收记录表　　　　表 242-25

检控项目	序号	质量验收规范规定		施工单位检查评定记录		监理(建设)单位验收记录
主控项目	1	锅炉及辅助设备基础	允许偏差(mm)	量　测　值　(mm)		
	1)	基础坐标位置	20			
	2)	基础各不同平面的标高	0,-20			
	3)	基础平面外形尺寸	20			
	4)	凸台上平面尺寸	0,-20			
	5)	凹穴尺寸	+20,0			
	6)	基础上平面水平度	每　米　5			
			全　长　10			
	7)	竖向偏差	每　米　5			
			全　高　10			
	8)	预埋地脚螺栓	标高(顶端)　+20,0			
			中心距(根部)　2			
	9)	预留地脚螺栓孔	中心位置　10			
			深　度　-20,0			
			孔壁垂直度　10			

续表

检控项目	序号	质量验收规范规定			施工单位检查评定记录								监理(建设)单位验收记录
主控项目	1)	预埋活动地脚螺栓锚板	中心位置	5									
			标 高	+20.0									
			水平度(带槽锚板)	5									
			水平度(带螺纹孔锚板)	2									
	2	非承压锅炉											
	3	天然气燃料锅炉的天然气释放管											
	4	燃油锅炉											
	5	锅炉的锅筒、水冷壁和排污阀及排污管道											
	6	锅炉水压试验		第13.2.6条									
	7	锅炉冷态运转试验		第13.2.7条									
	8	锅炉本体焊缝质量		第13.2.8条									
一般项目	1	锅炉安装		允许偏差(mm)	量 测 值 (mm)								
	1)	坐标		10									
	2)	标高		±5									
	3)	中心线垂直度	卧式锅炉炉体全高	3									
			立式锅炉炉体全高	4									
	2	组装链条炉排安装		允许偏差(mm)	量 测 值 (mm)								
	1)	炉排中心位置		2									
	2)	墙板的标高		65									
	3)	墙板的垂直度,全高		3									
	4)	墙板间两对角线的长度之差		5									
	5)	墙板框的纵向位置		5									
	6)	墙板顶面的纵向水平度		长度l/1000,且≯5									
	7)	墙板间的距离	跨距≤2m	+3 0									
			跨距>2m	+5 0									
	8)	两墙板的顶面在同一水平面上相对高差		5									
	9)	前轴、后轴的水平度		长度l/1000									
	10)	前轴和后轴和轴心线相对标高差		5									
	11)	各轨道在同一水平面上的相对高差		5									
	12)	相邻两轨道间的距离		±2									

续表

检控项目	序号	质量验收规范规定		施工单位检查评定记录							监理(建设)单位验收记录
一般项目	3	往复炉排安装		允许偏差(mm)			量 测 值 (mm)				
	1)	两侧板的相对标高		3							
	2)	两侧板间距离	跨距≤2m	+3,0							
			跨距>2m	+4,0							
	3)	两侧板的垂直度,全高		3							
	4)	两侧板间对角线的长度之差		5							
	5)	炉排片的纵向间隙		1							
	6)	炉排两侧的间隙		2							
	4	铸铁省煤器破损		第13.2.12条							
		铸铁省煤器支架安装		允许偏差(mm)			量 测 值 (mm)				
	1)	支承架的位置		3							
	2)	支承架的标高		0,-5							
	3)	支承架的纵、横向水平度(每米)		1							
	5	锅炉本体安装		第13.2.13条							
	6	锅炉由炉底送风的风室及锅炉底座与基础之间必须封、堵严密		第13.2.14条							
	7	省煤器的出口		第13.2.15条							
	8	电动调节阀门		第13.2.16条							

2．应用指导

(1) 检查验收统一说明

1) 执行规范章、节

本表的检验批验收执行《建筑给水排水及采暖工程施工质量验收规范》(GB 50242—2002)规范第13章、第13.2节主控项目和一般项目有关条目的质量等级要求。应按其质量标准和检查方法逐一进行验收。

表列应检验项目必须全部进行检查验收不得缺漏,应检项目漏检,应进行补充检查验收,不进行补检不应通过验收。

2) 检验批的划分原则

建筑给水、排水及采暖工程的分项工程,应按系统、区域、施工段或楼层等划分。分项工程应划分成若干个检验批进行验收。

3) 质量等级验收评定

① 主控项目是对检验批的基本质量起决定性影响的检验项目,必须全部符合该专业规范的规定,不允许有不符合规范要求的检验结果。

② 一般项目应有80%以上的抽检处符合该规范规定或偏差值在其允许偏差范围内。

4) 检验批验收应提交资料

检验批验收时,应提交的施工操作依据和质量检查记录应完整。

5) 检验批验收

只按列为主控项目、一般项目的条款来验收,不能随意扩大内容范围和提高质量标准。

6) 检验批验收责任制

检验批表式中的责任制签记必须本人签字,替签为无效检验批验收记录。

(2) 检查验收执行条目(摘自《建筑给水排水及采暖工程施工质量验收规范》GB 50242—2002)

13.2.1 锅炉设备基础的混凝土基础强度必须达到设计要求,基础的坐标、标高、几何尺寸和螺栓孔位置应符合表13.2.1的规定。

13.2.2 非承压锅炉,应严格按设计或产品说明书的要求施工。锅筒顶部必须敞口或装设大气连通管,连通管上不得安装阀门。

检验方法:对照设计图纸或产品说明书检查。

13.2.3 以天然气为燃料的锅炉的天然气释放管或大气排放管不得直接通向大气,应通向贮存或处理装置。

检验方法:对照设计图纸检查。

13.2.4 两台或两台以上燃油锅炉共用一个烟囱时,每一台锅炉的烟道上均应配备风阀或挡板装置,并应具有操作调节和闭锁功能。

检验方法:观察和手板检查。

13.2.5 锅炉的锅筒和水冷壁的下集箱及后棚管的后集箱的最低处排污阀及排污管道不得采用螺纹连接。

检验方法:观察检查。

13.2.6 锅炉的汽、水系统安装完毕后,必须进行水压试验。水压试验的压力应符合表13.2.6的规定。

水压试验压力规定　　　　　　表13.2.6

项次	设备名称	工作压力 P(MPa)	试验压力(MPa)
1	锅炉本体	<0.59	1.5P但不小于0.2
		0.59≤P≤1.18	P+0.3
		P>1.18	1.25P
2	可分式省煤器	P	1.25P+0.5
3	非承压锅炉	大气压力	0.2

注:① 工作压力P对蒸汽锅炉指锅筒工作压力,对热水锅炉指锅炉额定出水压力;
② 铸铁锅炉水压试验同热水锅炉;
③ 非承压锅炉水压试验压力为0.2MPa,试验期间压力应保持不变。

检验方法：

1）在试验压力下 10min 内压力降不超过 0.02MPa；然后降至工作压力进行检查，压力不降，不渗、不漏；

2）观察检查，不得有残余变形，受压元件金属壁和焊缝上不得有水珠和水雾。

13.2.7 机械炉排安装完毕后应做冷态运转试验，连续运转时间不应少于 8h。

检验方法：观察运转试验全过程。

13.2.8 锅炉本体管道及管件焊接的焊缝质量应符合下列规定：

1）焊缝表面质量应符合(GB 50242—2002)规范第 11.2.10 条的规定。

2）管道焊口尺寸的允许偏差应符合(GB 50242—2002)规范表 5.3.8 的规定。

3）无损探伤的检测结果应符合锅炉本体设计的相关要求。

检验方法：观察和检验无损探伤检测报告。

13.2.9 锅炉安装的坐标、标高、中心线和垂直度的允许偏差应符合表 13.2.9 的规定。

13.2.10 组装链条炉排安装的允许偏差应符合表 13.2.10 的规定。

13.2.11 往复炉排安装的允许偏差应符合表 13.2.11 的规定。

13.2.12 铸铁省煤器破损的肋片数不应大于总肋片数的 5%，有破损肋片的根数不应大于总根数的 10%。

13.2.13 锅炉本体安装应按设计或产品说明书要求布置坡度并坡向排污阀。

检验方法：用水平尺或水准仪检查。

13.2.14 锅炉由炉底送风的风室及锅炉底座与基础之间必须封、堵严密。

检验方法：观察检查。

13.2.15 省煤器的出口处(或入口处)应按设计或锅炉图纸要求安装阀门和管道。

检验方法：对照设计图纸检查。

13.2.16 电动调节阀门的调节机构与电动执行机构的转臂应在同一平面内动作，传动部分应灵活、无空行程及卡阻现象，其行程及伺服时间应满足使用要求。

检验方法：操作时观察检查。

(3) 检验批验收应提供的附件资料

1）材料、成品、半成品、配件、器具和设备出厂合格证；

2）材料、成品、半成品、配件、器具和设备进场检查验收记录(品种、规格、数量等)；

3）材料、成品、半成品、配件、器具和设备复试报告单(设计或规范有要求时)；

4）混凝土强度试验报告及强度评定；

5）供热锅炉及辅助设备水压试验；

6）锅炉冷态试运转记录；

7）焊缝无损探伤检测报告；

8）隐蔽工程验收；

9）有关验收文件；

10）自检、互检及工序交接检查记录；

11）其他应报或设计要求报送的资料。

注：合理缺项除外。

2.10.26 锅炉辅助设备及管道安装检验批质量验收记录

1. 资料表式

锅炉辅助设备及管道安装检验批质量验收记录表　　　　表242-26

检控项目	序号	质量验收规范规定			施工单位检查评定记录	监理(建设)单位验收记录
主控项目	1	辅助设备基础		第13.3.1条		
	2	风机试运转		第13.3.2条		
	3	分气缸水压试验		第13.3.3条		
	4	敞口箱、灌的满水试验		第13.3.4条		
	5	直埋油灌的气密性试验		第13.3.5条		
	6	锅炉工艺管道安装		第13.3.6条		
	7	设备操作通道净距		第13.3.7条		
	8	仪表阀门安装		第13.3.8条		
	9	管道焊接质量		第13.3.9条		
		焊接管道安装		允许偏差(mm)	量　测　值　(mm)	
	1)	焊口平直度:管壁厚10mm以内		管壁厚1/4		
	2)	焊缝加强面	高度	+1mm		
			宽度	+1mm		
	3)	咬边	深度	小于0.5mm		
			连续长度	25mm		
			总长度(两则)	小于焊缝长度的10%		
一般项目	1	单斗式提升机安装		第13.3.12条		
	2	安装锅炉送、引风机		第13.3.13条		
	3	水泵安装外观质量		第13.3.14条		
	4	锅炉辅助设备安装		允许偏差(mm)	量　测　值　(mm)	
	1)	送、引风机	坐标	10		
			标高	±5		
	2)	各种静置设备(各种容器、箱、罐等)	坐标	15		
			标高	±5		
			垂直度(1m)	2		
	3)	离心式水泵	泵体水平度(1m)	0.1		
			联轴器同心度 轴向倾斜(1m)	0.8		
			联轴器同心度 径向位移	0.1		

续表

检控项目	序号	质量验收规范规定			施工单位检查评定记录							监理(建设)单位验收记录
一般项目	5	锅炉工艺管道安装		允许偏差(mm)	量 测 值 (mm)							
	1)	坐标	架空	15								
			地沟	10								
	2)	标高	架空	±15								
			地沟	±10								
	3)	水平管道纵、横方向弯曲	$DN \leqslant 100mm$	2‰,最大50								
			$DN > 100mm$	3‰,最大70								
	4)	立管垂直		2‰,最大15								
	5)	成排管道间距		3								
	6)	交叉管的外壁或绝热层间距		10								
	6	手摇示安装		第13.3.15条								
	7	水泵试运转		第13.3.16条								
	8	注水器安装		第13.3.17条								
	9	除尘器安装		第13.3.18条								
	10	除氧器排气管		第13.3.19条								
	11	软化水设备视镜		第13.3.20条								
	12	管道及设备保温		第13.3.21条								
	13	涂刷油漆		第13.3.22条								

2．应用指导

(1) 检查验收统一说明

1) 执行规范章、节

本表的检验批验收执行《建筑给水排水及采暖工程施工质量验收规范》(GB 50242—2002)规范第13章、第13.3节主控项目和一般项目有关条目的质量等级要求。应按其质量标准和检查方法逐一进行验收。

表列应检验项目必须全部进行检查验收不得缺漏,应检项目漏检,应进行补充检查验收,不进行补检不应通过验收。

2) 检验批的划分原则

建筑给水、排水及采暖工程的分项工程,应按系统、区域、施工段或楼层等划分。分项工程应划分成若干个检验批进行验收。

3) 质量等级验收评定

① 主控项目是对检验批的基本质量起决定性影响的检验项目,必须全部符合该专业规范的规定,不允许有不符合规范要求的检验结果。

② 一般项目应有80%以上的抽检处符合该规范规定或偏差值在其允许偏差范围内。

4) 检验批验收应提交资料

检验批验收时,应提交的施工操作依据和质量检查记录应完整。

5) 检验批验收

只按列为主控项目、一般项目的条款来验收,不能随意扩大内容范围和提高质量标准。

6) 检验批验收责任制

检验批表式中的责任制签记必须本人签字,替签为无效检验批验收记录。

(2) 检查验收执行条目(摘自《建筑给水排水及采暖工程施工质量验收规范》GB 50242—2002)

13.3.1 辅助设备基础的混凝土强度必须达到设计要求,基础的坐标、标高、几何尺寸和螺栓孔位置必须符合本规范表 13.2.1 的规定。

13.3.2 风机试运转,轴承温升应符合下列规定:

1) 滑动轴承温度最高不得超过 60℃。

2) 滚动轴承温度最高不得超过 80℃。

检验方法:用温度计检查。

轴承径向单振幅应符合下列规定:

1) 风机转速小于 1000r/min 时,不应超过 0.10mm;

2) 风机转速为 1000~1450r/min 时,不应超过 0.08mm。

检验方法:用测振仪表检查。

13.3.3 分汽缸(分水器、集水器)安装前应进行水压试验,试验压力为工作压力的 1.5 倍,但不得小于 0.6MPa。

检验方法:试验压力下 10min 内无压降、无渗漏。

13.3.4 敞口箱、罐安装前应做满水试验;密闭箱、罐应以工作压力的 1.5 倍作水压试验,但不得小于 0.4MPa。

检验方法:满水试验满水后静置 24h 不渗不漏;水压试验在试验压力下 10min 内无压降,不渗不漏。

13.3.5 地下直埋油罐在埋地前应做气密性试验,试验压力降不应小于 0.03MPa。

检验方法:试验压力下观察 30min 不渗、不漏,无压降。

13.3.6 连接锅炉及辅助设备的工艺管道安装完毕后,必须进行系统的水压试验,试验压力为系统中最大工作压力的 1.5 倍。

检验方法:在试验压力 10min 内压力降不超过 0.05MPa,然后降至工作压力进行检查,不渗不漏。

13.3.7 各种设备的主要操作通道的净距如设计不明确时不应小于 1.5m,辅助的操作通道净距不应小于 0.8m。

检验方法:尺量检查。

13.3.8 管道连接的法兰、焊缝和连接管件以及管道上的仪表、阀门的安装位置应便于检修,并不得紧贴墙壁、楼板或管架。

检验方法:观察检查。

13.3.9 管道焊接质量应符合第 11.2.10 条的要求和表 5.3.8 的规定。

13.3.10 锅炉辅助设备安装的允许偏差应符合表 13.3.10 的规定。

13.3.11 连接锅炉及辅助设备的工艺管道安装的允许偏差应符合表13.3.11的规定。

13.3.12 单斗式提升机安装应符合下列规定：

1) 导轨的间距偏差不大于2mm。

2) 垂直式导轨的垂直度偏差不大于1‰；倾斜式导轨的倾斜度偏差不大于2‰。

3) 料斗的吊点与料斗垂心在同一垂线上，重合度偏差不大于10mm。

4) 行程开关位置应准确，料斗运行平稳，翻转灵活。

检验方法：吊线坠、拉线及尺量检查。

13.3.13 安装锅炉送、引风机，转动应灵活无卡碰等现象；送、引风机的传动部位，应设置安全防护装置。

检验方法：观察和启动检查。

13.3.14 水泵安装的外观质量检查：泵壳不应有裂纹、砂眼及凹凸不平等缺陷；多级泵的平衡管路应无损伤或折陷现象；蒸汽往复泵的主要部件、活塞及活动轴必须灵活。

检验方法：观察和启动检查。

13.3.15 手摇泵应垂直安装。安装高度如设计无要求时，泵中心距地面为800mm。

检验方法：吊线和尺量检查。

13.3.16 水泵试运转，叶轮与泵壳不应相碰，进、出口部位的阀门应灵活。轴承温升应符合产品说明书的要求。

检验方法：通电、操作和测温检查。

13.3.17 注水器安装高度，如设计无要求时，中心距地面为1.0~1.2m。

检验方法：尺量检查。

13.3.18 除尘器安装应平稳牢固，位置和进、出口方向应正确。烟管与引风机连接时应采用软接头，不得将烟管重量压在风机上。

检验方法：观察检查。

13.3.19 热力除氧器和真空除氧器的排汽管应通向室外，直接排入大气。

检验方法：观察检查。

13.3.20 软化水设备罐体的视镜应布置在便于观察的方向。树脂装填的高度应按设备说明书要求进行。

检验方法：对照说明书，观察检查。

13.3.21 管道及设备保温层的厚度和平整度的允许偏差应符合表4.4.8的规定。

13.3.22 在涂刷油漆前，必须清除管道及设备表面的灰尘、污垢、锈斑、焊渣等物。涂漆的厚度应均匀，不得有脱皮、起泡、流淌和漏涂等缺陷。

检验方法：现场观察检查。

(3) 检验批验收应提供的附件资料

1) 材料、成品、半成品、配件、器具和设备出厂合格证；

2) 材料、成品、半成品、配件、器具和设备进场检查验收记录（品种、规格、数量等）；

3) 材料、成品、半成品、配件、器具和设备复试报告单（设计或规范有要求时）；

4) 混凝土强度试验报告及强度评定；

5）水泵、分气缸、工艺管道等水压试验；
6）轴承温升测试记录；
7）风机试运转记录；
8）敞口水箱、罐满水试验；
9）地下直埋油罐气密性试验；
10）有关验收文件；
11）自检、互检及工序交接检查记录；
12）其他应报或设计要求报送的资料。

注：合理缺项除外。

2.10.27 供热锅炉安全附件安装检验批质量验收记录

1．资料表式

供热锅炉安全附件安装检验批质量验收记录表　　　　表 242-27

检控项目	序号	质量验收规范规定		施工单位检查评定记录	监理(建设)单位验收记录
主控项目	1	安全阀门定压与调整	第 13.4.1 条		
	2	压力表	第 13.4.2 条		
	3	安装水位表	第 13.4.3 条		
	4	报警器及联锁保护装置	第 13.4.4 条		
	5	蒸汽锅炉安全阀安装	第 13.4.5 条		
一般项目	1	安装压力表	第 13.4.6 条		
	2	测压仪表取压口方位	第 13.4.7 条		
	3	安装温度计	第 13.4.8 条		
	4	温度计与压力表安装	第 13.4.9 条		

2．应用指导

（1）检查验收统一说明

1）执行规范章、节

本表的检验批验收执行《建筑给水排水及采暖工程施工质量验收规范》（GB 50242—2002）规范第 13 章、第 13.4 节主控项目和一般项目有关条目的质量等级要求。应按其质量标准和检查方法逐一进行验收。

表列应检验项目必须全部进行检查验收不得缺漏，应检项目漏检，应进行补充检查验收，不进行补检不应通过验收。

2）检验批的划分原则

建筑给水、排水及采暖工程的分项工程,应按系统、区域、施工段或楼层等划分。分项工程应划分成若干个检验批进行验收。

3) 质量等级验收评定

① 主控项目是对检验批的基本质量起决定性影响的检验项目,必须全部符合该专业规范的规定,不允许有不符合规范要求的检验结果。

② 一般项目应有80%以上的抽检处符合该规范规定或偏差值在其允许偏差范围内。

4) 检验批验收应提交资料

检验批验收时,应提交的施工操作依据和质量检查记录应完整。

5) 检验批验收

只按列为主控项目、一般项目的条款来验收,不能随意扩大内容范围和提高质量标准。

6) 检验批验收责任制

检验批表式中的责任制签记必须本人签字,替签为无效检验批验收记录。

(2) 检查验收执行条目(摘自《建筑给水排水及采暖工程施工质量验收规范》GB 50242—2002)

13.4.1 锅炉和省煤器安全阀的定压和调整应符合表13.4.1的规定。锅炉上装有两个安全阀时,其中的一个按表中较高值定压,另一个按较低值定压。装有一个安全阀时,应按较低值定压。

安全阀定压规定　　　　　　　　　　　　表 13.4.1

项次	工作设备	安全阀开启压力(MPa)
1	蒸汽锅炉	工作压力+0.02MPa
		工作压力+0.04MPa
2	热水锅炉	1.12倍工作压力,但不少于工作压力+0.07MPa
		1.14倍工作压力,但不少于工作压力+0.10MPa
3	省煤器	1.1倍工作压力

检验方法:检查定压合格证书。

13.4.2 压力表的刻度极限值,应大于或等于工作压力的1.5倍,表盘直径不得小于100mm。

检验方法:现场观察和尺量检查。

13.4.3 安装水位表应符合下列规定:

1) 水位表应有指示最高、最低安全水位的明显标志,玻璃板(管)的最低可见边缘应比最低安全水位低25mm;最高可见边缘应比最高安全水位高25mm。

2) 玻璃管式水位表应有防护装置。

3) 电接点式水位表的零点应与锅筒正常水位重合。

4) 采用双色水位表时,每台锅炉只能装设一个,另一个装设普通水位表。

5) 水位表应有放水旋塞(或阀门)和接到安全地点的放水管。

检验方法:现场观察和尺量检查。

13.4.4 锅炉的高低水位报警器和超温、超压报警器及联锁保护装置必须按设计要求安装齐全和有效。

检验方法：启动、联动试验并作好试验记录。

13.4.5 蒸汽锅炉安全阀应安装通向室外的排汽管。热水锅炉安全阀泄水管应接到安全地点。在排汽管和泄水管上不得装设阀门。

检验方法：观察检查。

13.4.6 安装压力表必须符合下列规定：

1）压力表必须安装在便于观察和吹洗的位置，并防止受高温、冰冻和振动的影响，同时要有足够的照明。

2）压力表必须设有存水弯管。存水弯管采用钢管煨制时，内径不应小于10mm；采用铜管煨制时，内径不应小于6mm。

3）压力表与存水弯管之间应安装三通旋塞。

检验方法：观察和尺量检查。

13.4.7 测压仪表取源部件在水平工艺管道上安装时，取压口的方位应符合下列规定：

1）测量液体压力的，在工艺管道的下半部与管道的水平中心线成0°~45°夹角范围内。

2）测量蒸汽压力的，在工艺管道的上半部或下半部与管道水平中心线成0°~45°夹角范围内。

3）测量气体压力的，在工艺管道的上半部。

检验方法：观察和尺量检查。

13.4.8 安装温度计应符合下列规定：

1）安装在管道和设备上的套管温度计，底部应插入流动介质内，不得装在引出的管段上或死角处。

2）压力式温度计的毛细管应固定好并有保护措施，其转弯处的弯曲半径不应小于50mm，温包必须全部浸入介质内；

3）热电偶温度计的保护套管应保证规定的插入深度。

检验方法：观察和尺量检查。

13.4.9 温度计与压力表在同一管道上安装时，按介质流动方向温度计应在压力表下游处安装，如温度计需在压力表的上游安装时，其间距不应小于300mm。

检验方法：观察和尺量检查。

(3) 检验批验收应提供的附件资料

1）材料、成品、半成品、配件、器具和设备出厂合格证；

2）材料、成品、半成品、配件、器具和设备进场检查验收记录（品种、规格、数量等）；

3）材料、成品、半成品、配件、器具和设备复试报告单（设计或规范有要求时）；

4）锅炉报警器、联锁保护装置的启动、联动试验记录；

5）安全附件冲洗记录；

6）有关验收文件；

7）自检、互检及工序交接检查记录；

8）其他应报或设计要求报送的资料。

注：合理缺项除外。

2.10.28 锅炉烘炉、煮炉和试运行检验批质量验收记录

1. 资料表式

锅炉烘炉、煮炉和试运行检验批质量验收记录表　　　　表 242-28

检控项目	序号	质量验收规范规定		施工单位检查评定记录	监理(建设)单位验收记录
主控项目	1	锅炉火焰烘炉	第13.5.1条		
	2	烘炉结束	第13.5.2条		
	3	烘炉、煮炉后的定压检验与调整	第13.5.3条		
一般项目	1	煮炉时间	第13.5.4条		

2. 应用指导

(1) 检查验收统一说明

1) 执行规范章、节

本表的检验批验收执行《建筑给水排水及采暖工程施工质量验收规范》(GB 50242—2002)规范第13章、第13.5节主控项目和一般项目有关条目的质量等级要求。应按其质量标准和检查方法逐一进行验收。

表列应检验项目必须全部进行检查验收不得缺漏,应检项目漏检,应进行补充检查验收,不进行补检不应通过验收。

2) 检验批的划分原则

建筑给水、排水及采暖工程的分项工程,应按系统、区域、施工段或楼层等划分。分项工程应划分成若干个检验批进行验收。

3) 质量等级验收评定

① 主控项目是对检验批的基本质量起决定性影响的检验项目,必须全部符合该专业规范的规定,不允许有不符合规范要求的检验结果。

② 一般项目应有80%以上的抽检处符合该规范规定或偏差值在其允许偏差范围内。

4) 检验批验收应提交资料

检验批验收时,应提交的施工操作依据和质量检查记录应完整。

5) 检验批验收

只按列为主控项目、一般项目的条款来验收,不能随意扩大内容范围和提高质量标准。

6) 检验批验收责任制

检验批表式中的责任制签记必须本人签字,替签为无效检验批验收记录。

(2) 检查验收执行条目(摘自《建筑给水排水及采暖工程施工质量验收规范》GB 50242—2002)

13.5.1 锅炉火焰烘炉应符合下列规定:

1) 火焰应在炉膛中央燃烧,不应直接烧烤炉墙及炉拱。

2) 烘炉时间一般不少于 4d,升温应缓慢,后期烟温不应高于 160℃,且持续时间不应少于 24h。

3) 链条炉排在烘炉过程中应定期转动。

4) 烘炉的中、后期应根据锅炉水水质情况排污。

检验方法:计时测温、操作观察检查。

13.5.2 烘炉结束后应符合下列规定:

1) 炉墙经烘烤后没有变形、裂纹及塌落现象。

2) 炉墙砌筑砂浆含水率达到 7% 以下。

检验方法:测试及观察检查。

13.5.3 锅炉在烘炉、煮炉合格后,应进行 **48h** 的带负荷连续试运行,同时应进行安全阀的热状态定压检验和调整。

检验方法:检查烘炉、煮炉及试运行全过程。

13.5.4 煮炉时间一般应为 2~3d,如蒸汽压力较低,可适当延长煮炉时间。非砌筑或浇注保温材料保温的锅炉,安装后可直接进行煮炉。煮炉结束后,锅筒和集箱内壁应无油垢,擦去附着物后金属表面应无锈斑。

检验方法:打开锅筒和集箱检查孔检查。

(3) 检验批验收应提供的附件资料

1) 锅炉烘炉记录;

2) 锅炉煮炉记录;

3) 锅炉热状态定压检验和调整记录;

4) 有关验收文件;

5) 自检、互检及工序交接检查记录;

6) 其他应报或设计要求报送的资料。

注:合理缺项除外。

2.10.29　换热站安装检验批质量验收记录

1. 资料表式

换热站安装检验批质量验收记录表　　　　表 242-29

检控项目	序号	质量验收规范规定			施工单位检查评定记录	监理(建设)单位验收记录
主控项目	1	热交换器水压试验		第13.6.1条		
	2	循环水泵和热交换器的相对安装位置		第13.6.2条		
	3	壳管式热交换器安装		第13.6.3条		
一般项目	1	换热站内设备安装		允许偏差(mm)	量 测 值 (mm)	
	1)	送、引风机	坐　标	10		
			标　高	±5		
	2)	各种静置设备(各种容器、箱、罐等)	坐　标	15		
			标　高	±5		
			垂直度(1m)	2		
	3)	离心式水泵	泵体水平度(1m)	0.1		
			联轴器同心度 轴向倾斜(1m)	0.8		
			联轴器同心度 径向位移	0.1		
	2	循环泵、调节阀等的安装		第13.6.5条		
	3	换热站内管道安装		允许偏差(mm)	量 测 值 (mm)	
	1)	坐标	架　空	15		
			地　沟	10		
	2)	标高	架　空	±15		
			地　沟	±10		
	3)	水平管道纵、横方向弯曲	$DN \leqslant 100mm$	2‰,最大50		
			$DN > 100mm$	3‰,最大70		
	4)	立管垂直		2‰,最大15		
	5)	成排管道间距		3		
	6)	交叉管的外壁或绝热层间距		10		
	4	设备及管道保温		允许偏差(mm)	量 测 值 (mm)	
	1)	厚度		$+0.1\delta; -0.05\delta$		
	2)	表面平整度	卷　材	5		
			涂　抹	10		
	注:δ为保温层厚度。					

2．应用指导

(1) 检查验收统一说明

1) 执行规范章、节

本表的检验批验收执行《建筑给水排水及采暖工程施工质量验收规范》(GB 50242—2002)规范第13章、第13.6节主控项目和一般项目有关条目的质量等级要求。应按其质量标准和检查方法逐一进行验收。

表列应检验项目必须全部进行检查验收不得缺漏,应检项目漏检,应进行补充检查验收,不进行补检不应通过验收。

2) 检验批的划分原则

建筑给水、排水及采暖工程的分项工程,应按系统、区域、施工段或楼层等划分。分项工程应划分成若干个检验批进行验收。

3) 质量等级验收评定

① 主控项目是对检验批的基本质量起决定性影响的检验项目,必须全部符合该专业规范的规定,不允许有不符合规范要求的检验结果。

② 一般项目应有80%以上的抽检处符合该规范规定或偏差值在其允许偏差范围内。

4) 检验批验收应提交资料

检验批验收时,应提交的施工操作依据和质量检查记录应完整。

5) 检验批验收

只按列为主控项目、一般项目的条款来验收,不能随意扩大内容范围和提高质量标准。

6) 检验批验收责任制

检验批表式中的责任制签记必须本人签字,替签为无效检验批验收记录。

(2) 检查验收执行条目(摘自《建筑给水排水及采暖工程施工质量验收规范》GB 50242—2002)

13.6.1 热交换器应以最大工作压力的1.5倍作水压试验,蒸汽部分应不低于蒸汽供汽压力加0.3MPa;热水部分应不低于0.4MPa。

检验方法:在试验压力下,保持10min压力不降。

13.6.2 高温水系统中,循环水泵和换热器的相对安装位置应按设计文件施工。

检验方法:对照设计图纸检查。

13.6.3 壳管式热交换器的安装,如设计无要求时,其封头与墙壁或屋顶的距离不得小于换热管的长度。

检验方法:观察和尺量检查。

13.6.4 换热站内设备安装的允许偏差应符合表13.3.10的规定。

13.6.5 换热站内的循环泵、调节阀、减压器、疏水器、除污器、流量计等安装应符合(GB 50242—2002)规范的相关规定。

13.6.6 换热站内管道安装的允许偏差应符合表13.3.11的规定。

13.6.7 管道及设备保温层的厚度和平整度的允许偏差应符合表4.4.8的规定。

(3) 检验批验收应提供的附件资料

1) 热交换器水压试验;
2) 系统调试记录;
3) 有关验收文件;
4) 自检、互检及工序交接检查记录;
5) 其他应报或设计要求报送的资料。

注:合理缺项除外。

2.11 通风与空调工程

2.11.1 风管与配件制作检验批质量验收记录(金属风管)

1. 资料表式

风管与配件制作检验批质量验收记录表

(金属风管)

表 243-1

检控项目	序号	质量验收规范规定		施工单位检查评定记录	监理(建设)单位验收记录
主控项目	1	材质种类、性能及厚度	第4.2.1条		
	2	防火风管	第4.2.3条		
	3	风管强度及严密性工艺性检测	必须为不燃材料耐火等级符合设计规定		
	4	风管的连接	第4.2.6条		
	5	风管的加固	第4.2.10条		
	6	矩形弯管导流片	第4.2.12条		
	7	洁净风管	第4.2.13条		
一般项目	1	圆形弯管制作	第4.3.1-1		
	2	风管的外形尺寸	第4.3.1-2,3条		
	3	焊接风管	第4.3.1-4条		
	4	法兰风管制作	第4.3.2条		
	5	铝板或不锈钢板风管	第4.3.2条		
	6	无法兰矩形风管制作	第4.3.3条		
	7	无法兰圆形风管制作	第4.3.3条		
	8	风管的加固	第4.3.4条		
	9	净化空调风管	第4.3.11条		

2．应用指导

(1) 检查验收统一说明

1) 执行规范章、节

本表的检验批验收执行《通风与空调工程施工质量验收规范》(GB 50243—2002)规范第4章、第4.2节、4.3节主控项目和一般项目有关条目的质量等级要求。应按其质量标准和检查方法逐一进行验收。

表列应检验项目必须全部进行检查验收不得缺漏,应检项目漏检,应进行补充检查验收,不进行补检不应通过验收。

2) 检验批的划分原则

通风与空调工程的检验批划分,(GB 50243—2002)规范将其划分为17个表式,其中涉及有关风管制作与安装的6个检验批:

C.2.1 风管与配件制作检验批验收质量验收记录见附表C.2.1-1与C.2.1-2。

C.2.2 风管部件与消声器制作检验批验收质量验收记录见附表C.2.2。

C.2.3 风管系统安装检验批验收质量验收记录见附表C.2.3-1、C.2.3-2与C.2.3-3。

3) 质量等级验收评定

① 主控项目是对检验批的基本质量起决定性影响的检验项目,必须全部符合该专业规

范的规定,不允许有不符合规范要求的检验结果。

② 一般项目应有80%以上的抽检处符合该规范规定或偏差值在其允许偏差范围内。

4）检验批验收应提交资料

检验批验收时,应提交的施工操作依据和质量检查记录应完整。

5）检验批验收

只按列为主控项目、一般项目的条款来验收,不能随意扩大内容范围和提高质量标准。

6）检验批验收责任制

检验批表式中的责任制签记必须本人签字,替签为无效检验批验收记录。

(2) 检查验收执行条目（摘自《通风与空调工程施工质量验收规范》GB 50243—2002）

4.2.1　金属风管材料的品种、规格、性能等应符合现行国家产品标准的规定。当设计无规定时,应按本规范执行。钢板或镀锌钢板的厚度不得小于表4.2.1-1的规定；不锈钢板的厚度不得小于表4.2.1-2的规定；铝板的厚度不得小于表4.2.1-3的规定。

钢板风管板材厚度(mm)　　　　表4.2.1-1

类　　别 风管直径D或长边尺寸b	圆形风管	矩形风管		除尘系统风管
		中、低压系统	高压系统	
$D(b) \leqslant 320$	0.5	0.5	0.75	1.5
$320 < D(b) \leqslant 450$	0.6	0.6	0.75	1.5
$450 < D(b) \leqslant 630$	0.75	0.6	0.75	2.0
$630 < D(b) \leqslant 1000$	0.75	0.75	1.0	2.0
$1000 < D(b) \leqslant 1250$	1.0	1.0	1.0	2.0
$1250 < D(b) \leqslant 2000$	1.2	1.0	1.2	按设计
$2000 < D(b) \leqslant 4000$	按设计	1.2	按设计	

注：1. 螺旋风管的钢板厚度可适当减小10%～15%。
　　2. 排烟系统风管钢板厚度可按高压系统。
　　3. 特殊除尘系统风管钢板厚度应符合设计要求。
　　4. 不适用于地下人防与防火隔墙的预埋管。

高、中、低压系统不锈钢板风管板材厚度(mm)　　　　表4.2.1-2

风管直径或长边尺寸b	不锈钢板厚度	风管直径或长边尺寸b	不锈钢板厚度
$b \leqslant 500$	0.5	$1120 < b \leqslant 2000$	1.0
$500 < b \leqslant 1120$	0.75	$2000 < b \leqslant 4000$	1.2

中、低压系统铝板风管板材厚度(mm)　　　　表4.2.1-3

风管直径或长边尺寸b	铝板厚度	风管直径或长边尺寸b	铝板厚度
$b \leqslant 320$	1.0	$630 < b \leqslant 2000$	2.0
$320 < b \leqslant 630$	1.5	$2000 < b \leqslant 4000$	按设计

检查数量：按材料与风管加工批数量抽查10%,不得少于5件。

4.2.3　防火风管的本体、框架与固定材料、密封整料必须为不燃材料,其耐火等级应符合设计的规定。

检查数量:按材料与风管加工批数量抽查10%,不少于5件。

4.2.5 风管必须通过工艺性的检测或验证,其强度和严密性要求应符合设计或下列规定:

1) 风管的强度应能满足在1.5倍工作压力下接缝处无开裂;

2) 矩形风管的允许漏风量应符合第4.2.5条规定;

3) 低压、中压圆形金属风管、复合材料风管以及采用非法兰形式的非金属风管的允许漏风量,应为矩形风管规定值的50%;

4) 砖、混凝土风道的允许漏风量不应大于矩形低压系统风管规定值的1.5倍;

5) 排烟、除尘、低温送风系统按中压系统风管的规定,1~5级净化空调系统按高压系统风管的规定。

检查数量:按风管系统的类别和材质分别抽查,不得少于3件及15m²。

检查方法:检查产品合格证明文件和测试报告,或进行风管强度和漏风量测试(见附录A)。

4.2.6 金属风管的连接应符合下列规定:

1) 风管板材拼接的咬口缝应错开,不得有十字型拼接缝;

2) 金属风管法兰材料规格不应小于表4.2.6-1或表4.2.6-2的规定。中、低压系统风管法兰的螺栓及铆钉孔的孔距不得大于150mm;高压系统风管不得大于100mm。矩形风管法兰的四角部位应设有螺孔;

当采用加固方法提高了风管法兰部位的强度时,其法兰材料规格相应的使用条件可适当加宽。

检查数量:按加工批数量抽查5%,不得少于5件。

4.2.10 金属风管的加固应符合下列规定:

1) 圆形风管(不包括螺旋风管)直径大于等于800mm,且其管段长度大于1250mm或总表面积大于4m²均应采取加固措施;

2) 矩形风管边长大于630mm、保温风管边长大于800mm,管段长度大于1250mm或低压风管单边平面积大于1.2m²、中、高压风管大于1.0m²,均应采取加固措施;

3) 非规则椭圆风管加固,应参照矩形风管执行。

检查数量:按加工批抽查5%,不得少于5件。

4.2.12 矩形风管弯管的制作,一般应采用曲率半径为一个平面边长的内外同心弧形弯管。当采用其他形式的弯管,平面边长大于500mm时,必须设置弯管导流片。

检查数量:其他形式的弯管抽查20%,不得少于2件。

4.2.13 净化空调系统风管还应符合下列规定:

1) 矩形风管边长小于或等于900mm时,底面板不应有拼接缝;大于900mm时,不应有横向拼接缝;

2) 风管所用的螺栓、螺母、垫圈和铆钉均应采用与管材性能相匹配、不会产生电化学腐蚀的材料,或采取镀锌或其他防腐措施,并不得采用抽芯铆钉;

3) 不应在风管内设加固框及加固筋,风管无法兰连接不得使用S形插条、直角形插条及立联合角型插条等形式;

4) 空气洁净度等级为1~5级的净化空调系统风管不得采用按扣式咬口;

5) 风管的清洗不得用对人体和材质有危害的清洁剂;

6) 镀锌钢板风管不得有镀锌层严重损坏的现象,如表层大面积白花、锌层粉化等。

检查数量:按风管数抽查20%,每个系统不得少于5个。

检查方法:查阅材料质量合格证明文件和观察检查,白绸布擦拭。

4.3.1 金属风管的制作应符合下列规定:

1) 圆形弯管的曲率半径(以中心线计)和最少分节数量应符合表4.3.1-1的规定。圆形弯管的弯曲角度及圆形三通、四通支管与总管夹角的制作偏差不应大于3°;

2) 风管与配件的咬口缝应紧密、宽度应一致,折角应平直,圆弧应均匀;两端面平行。风管无明显扭曲与翘角;表面应平整,凹凸不大于10mm;

3) 风管外径或外边长的允许偏差:当小于或等于300mm时,为2mm;当大于300mm时,为3mm。管口平面度的允许偏差为2mm,矩形风管两条对角线长度之差不应大于3mm;圆形法兰任意正交两直径之差不应大于2mm;

4) 焊接风管的焊缝应平整,不应有裂缝、凸瘤、穿透的夹渣、气孔及其他缺陷等,焊接后板材的变形应矫正,并将焊渣及飞溅物清除干净。

检验数量:通风与空调工程按制作数量10%抽查,不得少于5件;净化空调工程按制作数量抽查20%,不得少于5件。

检验方法:查验测试记录,进行装配试验,观察和尺量检查。

4.3.2 金属法兰连接风管的制作还应符合下列规定:

1) 风管法兰的焊缝应熔合良好、饱满,无假焊和孔洞;法兰平面度的允许偏差为2mm,同一批量加工的相同规格法兰的螺孔排列应一致,并具有互换性;

2) 风管与法兰采用铆接连接时,铆接应牢固、不应有脱铆和漏铆现象;翻边应平整、紧贴法兰,其宽度应一致,且不应小于6mm;咬缝与四角处不应有开裂与孔洞;

3) 风管与法兰采用焊接连接时,风管端面不得高于法兰接口平面。除尘系统风管,宜采用内侧满焊、外侧间断焊形式,风管端面距法兰接口平面不应小于5mm。当风管与法兰采用点焊固定连接时,焊点应融合良好,间距不应大于100mm;法兰与风管应紧贴,不应有穿透的缝隙或孔洞;

4) 当不锈钢板和铝板风管的法兰采用碳素钢材时,其规格应符合本规范表4.2.6-1、4.3.6-2的规定,并应根据设计要求做防腐处理。铆钉应采用与风管材质相同或不产生电化学腐蚀的材料。

检验数量:通风与空调工程按制作数量抽查10%,不得少于5件;净化空调按制作数量抽查20%,不得少于5件。

检验方法:查验测试记录,进行装配试验,观察和尺量检查。

4.3.3 无法兰连接风管的制作还应符合下列规定:

1) 无法兰连接的接口及连接件,应符合表4.3.3-1、4.3.3-2的要求。圆形风管的芯管连接应符合表4.3.3-3的要求;

2) 薄钢板法兰矩形风管的接口及附件,其尺寸应准确,形状应规则,接口处应严密;

薄钢板法兰的折边(或法兰条)应平直,弯曲度不大于5/1000;弹性插条或弹簧夹应与薄钢板法兰相匹配;角件与风管薄钢板法兰四角接口的固定应稳固、紧贴,端面应平整,相连处不应有缝隙大于 2mm 的连续穿透缝;

3) 矩形风管采用 C、S 插条连接的矩形风管,其长边尺寸不应大于 630mm;插条与风管加工插口的宽度应匹配一致,其允许偏差为 2mm;连接应平整、严密,插条两端压倒长度不应小于 20mm;

4) 采用立咬口、包边立咬口连接的矩形风管,其立筋的高度应大于或等于同规格风管的角钢法兰宽度。同一规格风管的立咬口、包边立咬口的高度应一致,折角应倾角、直线度允许偏差为 5/1000;咬口连接铆钉的间距不大于 150mm,间隔应均匀;立咬口四角连接处的铆固,应紧密、无孔洞。

检验数量:按制作数量抽查 10%,不得少于 5 件;净化空调工程抽查 20%,均不得少于 5 件。

4.3.4 风管的加固应符合下列规定:

1) 风管的加固可采用楞筋、立筋、角钢(内、外加固)、扁钢、加固筋和管内支撑等形式,见第 4.3.4 条,图 4.3.4 风管的加固形式;

2) 楞筋或楞线的加固,排列应规则,间隔应均匀,板面不应有明显的变形;

3) 角钢、加固筋的加固,应排列整齐、均匀对称,其高度应小于或等于风管的法兰宽度。角钢、加固筋与风管的铆接应牢固、间隔应均匀,不应大于 220mm;两相交处应连接成一体;

4) 管内支撑与风管的固定应牢固,各支撑点之间或与风管的边沿或法兰的间距应均匀,不应大于 950mm;

5) 中压和高压系统风管的管段,其长度大于 1250mm 时,应采用加固框补强。高压系统金属风管的单咬口缝,还应有防止咬口缝胀裂的加固或补强措施。

检验数量:按制作数量抽查 10%,净化空调系统抽查 20%,均不得少于 5 件。

4.3.11 净化空调系统风管还应符合以下规定:

1) 现场应保持清洁,存放时应避免积尘和受潮。风管的咬口缝、折边和铆接等处有损坏时,应做防腐处理;

2) 风管法兰的铆钉孔的间距,当系统洁净度的等级为 1~5 级时,不应大于 65mm;为 6~9 级时,不应大于 100mm;

3) 静压箱本体、箱内固定高效过滤器的框架及固定件应做镀锌、镀镍等防腐处理;

4) 制作完成的风管应进行第二次清洗,干燥后经检查达到要求后应及时封口。

检查数量:按风管总数抽查 20%,法兰数抽查 10%,不得少于 5 件。

2.11.2 风管与配件制作检验批质量验收记录
(非金属、复合材料风管)

1. 资料表式

风管与配件制作检验批质量验收记录表
（非金属、复合材料风管）

表 243-2

检控项目	序号	质量验收规范规定		施工单位检查评定记录	监理(建设)单位验收记录
主控项目	1	材质种类、性能及厚度	第4.2.2条		
	2	复合材料风管的材料	第4.2.4条		
	3	风管强度及严密性工艺性检测	第4.2.5条		
	4	风管的连接	第4.2.7条		
	5	复合材料风管的连接	第4.2.8条		
	6	砖、混凝土风道的变形缝	第4.2.9条		
	7	风管的加固	第4.2.11条		
	8	矩形弯管导流片	第4.2.12条		
	9	净化空调风管	第4.2.13条		
一般项目	1	风管的外形尺寸	第4.3.1条		
	2	硬聚氯乙烯风管	第4.3.5条		
	3	有机玻璃钢风管	第4.3.6条		
	4	无机玻璃钢风管	第4.3.7条		
	5	砖、混凝土风管	第4.3.8条		
	6	双面铝箔绝热板风管	第4.3.9条		
	7	铝箔玻璃纤维板风管	第4.3.10条		
	8	净化空调风管	第4.3.11条		

2．应用指导

(1) 检查验收统一说明

1) 执行规范章、节

本表的检验批验收执行《通风与空调工程施工质量验收规范》(GB 50243—2002)规范第4章、第4.2节、4.2节主控项目和一般项目有关条目的质量等级要求。应按其质量标准和检查方法逐一进行验收。

表列应检验项目必须全部进行检查验收不得缺漏，应检项目漏检，应进行补充检查验收，不进行补检不应通过验收。

2) 检验批的划分原则

通风与空调工程的检验批划分(GB 50243—2002)规范将其划分为17个表式，其中涉及有关风管制作与安装的6个检验批：

C.2.1 风管与配件制作检验批验收质量验收记录见附表 C.2.1-1 与 C.2.1-2。

C.2.2 风管部件与消声器制作检验批验收质量验收记录见附表 C.2.2。

C.2.3 风管系统安装检验批验收质量验收记录见附表 C.2.3-1、C.2.3-2 与 C.2.3-3。

3) 质量等级验收评定

① 主控项目是对检验批的基本质量起决定性影响的检验项目，必须全部符合该专业规

范的规定,不允许有不符合规范要求的检验结果。

② 一般项目应有80%以上的抽检处符合该规范规定或偏差值在其允许偏差范围内。

4) 检验批验收应提交资料

检验批验收时,应提交的施工操作依据和质量检查记录应完整。

5) 检验批验收

只按列为主控项目、一般项目的条款来验收,不能随意扩大内容范围和提高质量标准。

6) 检验批验收责任制

检验批表式中的责任制签记必须本人签字,替签为无效检验批验收记录。

(2) 检查验收执行条目(摘自《通风与空调工程施工质量验收规范》GB 50243—2002)

4.2.2 非金属风管的材料的品种、规格、性能与厚度等应符合现行国家产品标准和设计规定。当设计无规定时,应按本规范的规定执行,硬聚氯乙烯风管板材的厚度,不得小于表4.2.2-1或表4.2.2-2的规定;有机玻璃钢风管板材的厚度,不得小于表4.2.2-3的规定;无机玻璃钢风管板材的厚度应符合表4.2.2-4的规定,相应的玻璃布层数不应少于表4.2.2-5的规定,其表面不得出现返卤或严重泛霜。

用于高压风管系统的非金属风管厚度应按设计规定。

检查数量:按材料与风管加工批数量抽查10%,不得少于5件。

检查方法:查验材料质量合格证明文件、性能检测报告,观察与尺量检查。

4.2.4 复合材料风管的覆面材料必须为不燃材料,内部的绝热材料应为不燃或难燃B_1级,且对人体无害的材料。

检查数量:按材料与风管加工批数量抽查10%,不应少于5件。

4.2.5 风管必须通过工艺性的检测或验证,其强度和严密性要求应符合设计或下列规定:

1) 风管的强度应能满足在1.5倍工作压力下接缝处无开裂;

2) 矩形风管的允许漏风量应符合表4.2.4的规定;

3) 低压、中压圆形金属风管、复合材料风管以及采用非法兰形式的非金属风管的允许漏风量,应为矩形风管规定值的50%;

4) 砖、混凝土风道的允许漏风量不应大于矩形低压系统风管规定值的1.5倍;

5) 排烟、除尘、低温送风系统按中压系统风管的规定,1~5级净化空调系统按高压系统风管的规定。

检查数量:按风管系统的类别和材质分别抽查,不得少于3件及15m²。

4.2.7 非金属(硬聚氯乙烯、有机、无机玻璃钢)风管的连接还应符合下列规定:

1) 法兰的规格应分别符合表4.2.7-1、4.2.7-2、4.2.7-3的规定,其螺栓孔的间距不得大于120mm;矩形风管法兰的四角处,应设有螺孔;

2) 采用套管连接时,套管厚度不得小于风管板材厚度。

检查数量:按加工批数量,抽查5%,不得少于5件。

4.2.8 复合材料风管采用法兰连接时,法兰与风管板材的连接应可靠,其绝热层不得外露,不得采用降低板材强度和绝热性能的连接方法。

检查数量:按加工批数量抽查5%,不得少于5件。

4.2.9 砖、混凝土风道的变形缝,应符合设计要求,不应渗水和漏风。

检查数量:全数检查。

4.2.11 非金属风管的加固,除应符合(GB 50243—2002)规范第 4.2.10 条的规定外还应符合下列规定:

1) 硬聚氯乙烯风管的直径或边长大于 500mm 时,其风管与法兰的连接处应设加强板,且间距不得大于 450mm;

2) 有机及无机玻璃钢风管的加固,应为本体材料或防腐性能相同的材料,并与风管成一整体。

检查数量:按加工批抽查 5%,不得少于 5 件。

4.2.12 短形风管弯管的制作,一般应采用曲率半径为一个平面边长的内外同心弧型弯管。当采用其他形式的弯管,平面边长大于 500mm 时,必须设置弯管导流片。

检查数量:其他形式的弯管抽查 20%,不得少于 2 件。

4.2.13 净化空调系统风管还应符合下列规定:

1) 矩形风管边长小于或等于 900mm 时,底面板不应有拼接缝;大于 900mm 时,不应有横向拼接缝;

2) 风管所用的螺栓、螺母、垫圈和铆钉均应采用与管材性能相匹配,不会产生电化学腐蚀的材料,或采取镀锌或其他防腐措施,并不得采用抽芯铆钉;

3) 不应在风管内设加固框及加固筋。风管无法兰连接不得使用 S 形插条、直角形插条及立联合角形插条等形式;

4) 空气洁净度等级为 1~5 级的净化空调系统风管不得采用按扣式咬口;

5) 风管的清洗不得用对人和材质有危害的清洁剂;

检查数量:按风管数抽查 20%,每个系统不得少于 5 个。

6) 镀锌钢板风管不得有镀锌层严重损坏的现象,如表层大面积白花、锌层粉化等。

4.3.1 金属风管的制作应符合下列规定:

1) 圆形弯管的曲率半径(以中心线计)和最少分节数量应符合表 4.3.1-1 的规定。圆形弯管的弯曲角度及圆形三通、四通支管与总管夹角的制作偏差不应大于 3°。

2) 风管与配件的咬口缝应紧密、宽度应一致,折角应平直,圆弧应均匀;两端面平行。风管无明显扭曲与翘角;表面应平整,凹凸不大于 10mm;

3) 风管外径或外边长的允许偏差:当小于或等于 300mm 时,为 2mm;当大于 300mm 时,为 3mm。管口平面度的允许偏差为 2mm,矩形风管两条对角线长度之差不应大于 3mm;圆形法兰任意两正交直径之差不应大于 2mm;

4) 焊接风管的焊缝应平整,不应有裂缝、凸瘤、穿透的夹渣、气孔及其他缺陷等,焊接后板材的变形应矫正,并将焊渣及飞溅物清除干净。

检验数量:通风与空调工程按制作数量 10%抽查,不得少于 5 件;净化空调工程按制作数量抽查 20%,不得少于 5 件。

4.3.5 硬聚氯乙烯风管除应执行第 4.3.1 条第 1.3 款和 4.3.2 条第 1 款外,还应符合下列规定:

1) 风管的两端面平行,无明显扭曲,外径或外边长的允许偏差为 2mm;表面平整、圆弧均匀,凹凸不应大于 5mm;

2) 焊缝的坡口形式和角度应符合表 4.3.5 的规定;

3）焊缝应饱满、焊条排列应整齐,无焦黄、断裂现象；
4）用于洁净室时,还应按第 4.3.11 条的有关规定执行。
检查数量：按风管总数抽查 10%,法兰数抽查 5%,不得少于 5 件。

4.3.6 有机玻璃钢风管除应执行第 4.3.1 条第 1～3 款和第 4.3.2 条第 1 款外,还应符合下列规定：

1）风管不应有明显扭曲、内表面应平整光滑,外表面应整齐美观,厚度应均匀,且边缘无毛刺,并无气泡及分层现象；
2）风管的外径或外边长尺寸的允许偏差为 3mm,圆形风管的任意正交两直径之差不应大于 5mm；矩形风管的两对角线之差不大于 5mm；
3）法兰应与风管成一整体,并应有过渡圆弧,并与风管轴线成直角,管口平面度的允许偏差为 3mm,螺孔的排列应均匀,至管壁的距离应一致,允许偏差为 2mm；
4）矩形风管的边长大于 900mm,且管段长度大于 1250mm 时,应加固。加固筋的分布应均匀、整齐。

检查数量：按风管总数抽查 10%,法兰数抽查 5%,不得少于 5 件。

4.3.7 无机玻璃钢风管除应执行第 4.3.1 条第 1～3 款和第 4.3.2 条第 1 款外,还应符合下列规定：

1）风管的表面应光洁、无裂纹、无明显泛霜和分层现象；
2）风管的外形尺寸的允许偏差应符合表 4.3.7 的规定；
3）风管法兰的规定与有机玻璃钢法兰相同。

检查数量：按风管总数抽查 10%,法兰数抽查 5%,不得少于 5 件。
检查方法：尺量及观察检查。

4.3.8 砖、混凝土风道内表面水泥砂浆应抹平整、无裂缝,不渗水。
检查数量：按风管总数抽查 10%,不得少于一段。
检查方法：观察检查。

4.3.9 双面铝箔绝热板风管除应执行第 4.3.1 条第 2.3 款和第 4.3.2 条第 2 款外,还应符合下列规定：

1）板材拼接宜采用专用的连接构件,连接后板面平面度的允许偏差为 5mm；
2）风管的折角平直,拼缝粘接牢固、平整。风管的粘结材料宜为难燃材料；
3）风管采用法兰连接时,连接应牢固,法兰平面度的允许偏差为 2mm；
4）风管的加固,应根据系统工作压力及产品技术标准的规定执行,按产品标准的规定进行。

检查数量：按风管总数抽查 10%,法兰数抽查 5%,不得少于 5 件。
检查方法：尺量及观察检查。

4.3.10 铝箔玻璃纤维板风管除应执行第 4.3.1 条第 2.3 款和第 4.3.2 条第 2 款外,还应符合下列规定：

1）风管的离心玻璃纤维板材应干燥、平整；板外表面的铝箔隔气保护层应与内芯玻璃纤维材料粘合牢固；内表面应有防纤维脱落的保护层,并应对人体无危害；
2）当风管连接采用插入接口形式时,接缝处的粘接应严密、牢固,外表面铝箔胶带密封的每一边粘贴宽度不应少于 25mm,并应有辅助的连接固定措施。当风管的连接采用法兰

形式时,法兰与风管的连接应牢固,并应能防止板材纤维逸出和冷桥产生;

3) 风管表面平整、两端面平行,无明显凹穴、变形、起泡,铝箔无破损等;

4) 风管的加固,应根据系统工作压力及产品技术标准的规定执行。

检查数量:按风管总数抽查10%,不得少于5个。

检查方法:尺量及观察检查。

4.3.11 净化空调系统风管还应符合以下规定:

1) 现场应保持清洁,存放时应避免积尘和受潮。风管的咬口缝、折边和铆接等处有损坏时,应做防腐处理;

2) 风管法兰的铆钉孔的间距,当系统洁净度的等级为1~5级时,不应大于65mm;为6~9级时,不应大于100mm;

3) 静压箱本体、箱内固定高效过滤器的框架及固定件应作镀锌、镀镍等防腐处理;

4) 制作完成的风管应进行第二次清洗,经检查达到清洁要求后应及时封口。

检查数量:按风管数抽查20%,法兰数10%,不得少于5件。

检验方法:观察检查,查阅风管清洗记录、用白绸布擦拭。

(3) 检验批验收应提供的附件资料(表243-1~表243-2)

1) 材料质量合格证明;

2) 材料性能检测报告;

3) 风管强度和漏风量检测报告;

4) 净化空调系统应提供风管清洗记录;

5) 施工记录;

6) 自检、互检及工序交接检查记录;

7) 其他应报或设计要求报送的资料。

注:1. 合理缺项除外。

2. 表243-1~表243-2表示这几个检验批表式的附件资料均相同。

2.11.3 风管部件与消声器制作检验批质量验收记录

1. 资料表式

风管部件与消声器制作检验批质量验收记录表　　　　表243-3

检控项目	序号	质量验收规范规定		施工单位检查评定记录	监理(建设)单位验收记录
主控项目	1	一般风阀	第5.2.1条		
	2	电动风阀	第5.2.2条		
	3	防火阀、排烟阀(口)	第5.2.3条		
	4	防爆风阀	第5.2.4条		
	5	净化空调系统风阀	第5.2.5条		
	6	特殊风阀	第5.2.6条		
	7	排烟柔性短管	第5.2.7条		
	8	消声弯管、消声器	第5.2.8条		

续表

检控项目	序号	质量验收规范规定		施工单位检查评定记录	监理(建设)单位验收记录
一般项目	1	调节风阀	第5.3.1条		
	2	止回风阀	第5.3.2条		
	3	插板风阀	第5.3.3条		
	4	三通调节阀	第5.3.4条		
	5	风量平衡阀	第5.3.5条		
	6	风罩	第5.3.6条		
	7	风帽	第5.3.7条		
	8	矩形弯管导流片	第5.3.8条		
	9	柔性短管	第5.3.9条		
	10	消声器	第5.3.10条		
	11	检查门	第5.3.11条		
	12	风口	第5.3.12条		

2．应用指导

(1) 检查验收统一说明

1) 执行规范章、节

本表的检验批验收执行《通风与空调工程施工质量验收规范》(GB 50243—2002)规范第5章、第5.2节、5.3节主控项目和一般项目有关条目的质量等级要求。应按其质量标准和检查方法逐一进行验收。

表列应检验项目必须全部进行检查验收不得缺漏，应检项目漏检，应进行补充检查验收，不进行补检不应通过验收。

2) 检验批的划分原则

通风与空调工程的检验批划分(GB 50243—2002)规范将其划分为17个表式，其中涉及有关风管制作与安装的6个检验批：

C.2.1 风管与配件制作检验批验收质量验收记录见附表C.2.1-1与C.2.1-2。

C.2.2 风管部件与消声器制作检验批验收质量验收记录见附表C.2.2。

C.2.3 风管系统安装检验批验收质量验收记录见附表C.2.3-1、C.2.3-2与C.2.3-3。

3) 质量等级验收评定

① 主控项目是对检验批的基本质量起决定性影响的检验项目，必须全部符合该专业规范的规定，不允许有不符合规范要求的检验结果。

② 一般项目应有80%以上的抽检处符合该规范规定或偏差值在其允许偏差范围内。

4) 检验批验收应提交资料

检验批验收时，应提交的施工操作依据和质量检查记录应完整。

5) 检验批验收

只按列为主控项目、一般项目的条款来验收，不能随意扩大内容范围和提高质量标准。

6) 检验批验收责任制

检验批表式中的责任制签记必须本人签字,替签为无效检验批验收记录。

(2) 检查验收执行条目(摘自《通风与空调工程施工质量验收规范》GB 50243—2002)

5.2.1 手动单叶片或多叶片调节风阀的手轮或扳手,应以顺时针方向转动为关闭,其调节范围及开启角度指示应与叶片开启角度一致。

用于除尘系统间歇工作点的风阀,关闭时应能密封。

检查数量:按批抽查10%,不得少于1个。

检查方法:手动操作、观察检查。

5.2.2 电动、气动调节风阀的驱动装置,动作应可靠,在最大工作压力下工作正常。

检查数量:按批抽查10%,不得少于1个。

检查方法:核对产品的合格证明文件、性能检测报告、观察或测试。

5.2.3 防火阀和排烟阀(排烟口)必须符合有关消防产品标准的规定,并具有相应的产品合格证明文件。

检查数量:按种类、批抽查10%,不得少于2个。

检查方法:核对产品的合格证明文件、性能检测报告。

5.2.4 防爆风阀的制作材料必须符合设计规定,不得自行替换。

检查数量:全数检查。

检查方法:核对材料品种、规格,观察检查。

5.2.5 净化空调系统的风阀,其活动件、固定件以及紧固件均应采取镀锌或作其他防腐处理(如喷塑或烤漆);阀体与外界相通的缝隙处,应有可靠的密封措施。

检查数量:按批抽查10%,不得少于1个。

检查方法:核对产品的材料,手动操作、观察。

5.2.6 工作压力大于1000Pa的调节风阀,生产厂应提供(在1.5倍工作压力下能自由开关)强度测试合格的证书(或试验报告)。

检查数量:按批抽查10%,不得少于1个。

检查方法:核对产品的合格证明文件、性能检测报告。

5.2.7 防排烟系统柔性短管的制作材料必须为不燃材料。

检查数量:全数检查。

检查方法:核对材料品种的合格证明文件。

5.2.8 消声弯管的平面边长大于800mm时,应加设吸声导流片;消声器内直接迎风面的布质覆面层应有保护措施;净化空调系统消声器内的覆面应为不易产生尘埃的材料。

检查数量:全数检查。

检查方法:观察检查、核对产品的合格证明文件。

5.3.1 手动单叶片或多叶片调节风阀应符合下列规定:

1) 结构应牢固,启闭应灵活,法兰应与相应材质风管的相一致;

2) 叶片的搭接应贴合一致,与阀体缝隙应小于2mm;

3) 截面积大于1.2m²的风阀应实施分组调节。

检查数量:按类别、批抽查10%,不得少于1个。

检查方法:观察、尺量、手动操作检查。

5.3.2 止回风阀应符合下列规定:

1) 启闭灵活,关闭时应严密;
2) 阀叶的转轴、铰链应采用不易锈蚀的材料制作,保证转动灵活、耐用;
3) 阀片的强度应保证在最大负荷压力下不弯曲变形;
4) 水平安装的止回风阀应有可靠的平衡调节机构。

检查数量:按类别、批抽查10%,不得少于1个。

检查方法:观察、尺量、手动操作试验与核对产品的合格证明文件。

5.3.3 插板风阀应符合下列规定:
1) 壳体应严密,内壁应作防腐处理;
2) 插板应平整,启闭灵活,并有可靠的定位固定装置;
3) 斜插板风阀的上下接管应成一直线。

检查数量:按类别、批抽查10%,不得少于1个。

检查方法:观察、尺量、手动操作检查。

5.3.4 三通调节风阀应符合下列规定:
1) 拉杆或手柄的转轴与风管的结合处应严密;
2) 拉杆可在任意位置上固定,手柄开关应标明调节的角度;
3) 阀板调节方便,并不与风管相碰擦。

检查数量:按类别、批分别抽查10%,不得少于1个。

检查方法:观察、尺量、手动操作试验。

5.3.5 风量平衡阀应符合产品技术文件的规定。

检查数量:按类别、批分别抽查10%,不得少于1个。

检查方法:观察、尺量、核对产品的合格证明文件。

5.3.6 风罩的制作应符合下列规定:
1) 尺寸正确、连接牢固,形状规则,表面平整光滑,其外壳不应有尖锐边角;
2) 槽边侧吸罩、条缝抽风罩尺寸应正确,转角处弧度均匀,形状规则,吸入口平整,罩口加强板分隔间距应一致;
3) 厨房锅灶排烟罩应采用不易锈蚀材料制作,其下部集水槽应严密不漏水,并坡向排放口。罩内油烟过滤器应便于拆卸和清洗。

检查数量:每批抽查10%,不得少于一个。

检验方法:观察、尺量检查。

5.3.7 风帽的制作应符合下列规定:
1) 尺寸应正确,结构牢靠,风帽接管尺寸的允许偏差同风管的规定一致;
2) 伞形风帽伞盖的边缘应有加固措施,支撑高度尺寸应一致;
3) 锥形风帽内外锥体的中心应同心,锥体组合的连接缝应顺水,下部排水应畅通;
4) 筒形风帽的形状应规则、外筒体的上下沿口应加固,其不圆度不应大于直径的2%。伞盖边缘与外筒体的距离应一致,挡风圈的位置应正确;
5) 三叉形风帽三个支管的夹角应一致,与主管的连接应严密。主管与支管的锥度应为3°~4°。

检查数量:按批抽查10%,不得少于一个。

检查方法:观察、尺量检查。

5.3.8 矩形弯管导流叶片的迎风侧边缘应圆滑,固定应牢固。导流片的弧度应与弯管的角度相一致。导流片的分布应符合设计规定。当导流叶片的长度超过1250mm时,应有加强措施。

检查数量:按批抽查10%,不得少于一个。

检查方法:核对材料,观察、尺量检查。

5.3.9 柔性短管应符合下列规定:

1) 应选用防腐、防潮、不透气、不易霉变的柔性材料。用于空调系统的应采取防止结露的措施;用于净化空调系统的还应是内壁光滑、不易产生尘埃的材料;
2) 柔性短管的长度,一般宜为150mm~300mm,其连接处应严密、牢固可靠;
3) 柔性短管不宜作为找正、找平的异径连接管;
4) 设于结构变缝形的柔性短管,其长度宜为变缝形的宽度加100mm及以上。

检查数量:按数量抽查10%,不得少于1个。

检查方法:尺量、观察检查。

5.3.10 消声器的制作应符合下列规定:

1) 所选用的材料,应符合设计的规定,如防火、防腐、防潮和卫生性能等要求;
2) 外壳应牢固、严密,其漏风量应符合规范4.2.5的规定;
3) 充填的消声材料,应按规定的密度均匀铺设,并应有防止下沉的措施。消声材料的覆面层不得破损,搭接应顺气流,且应拉紧,界面无毛边;
4) 隔板与壁板结合处应紧贴、严密;穿孔板应平整、无毛刺,其孔径和穿孔率应符合设计要求。

检查数量:按批抽查10%,不得少于1个。

检查方法:尺量、观察检查,核对材料合格的证明文件。

5.3.11 检查门应平整、启闭灵活、关闭严密,其与风管或空气处理室的连接处应采取密封措施,无明显渗漏。

净化空调系统风管检查门的密封垫料,宜采用成型密封胶带或软橡胶条制作。

检查数量:按数量抽查20%,不得少于1个。

检查方法:观察检查。

5.3.12 风口的验收,规格以颈部外径与外边长为准,其尺寸的允许偏差值应符合表5.3.12的规定。风口的外表装饰面应平整,叶片或扩散环的分布应匀称、颜色应一致,无明显的划伤、压痕;调节装置转动应灵活、可靠,定位后应无明显自由松动。

风口尺寸允许偏差 表5.3.12

13	风口尺寸		允许偏差(mm)	量 测 值 (mm)
1)	圆形风口	直径 (mm) ≤250	0~-2	
		>250	0~-3	
2)	矩形风口	边长 (mm) <300	0~-1	
		300~800	0~-2	
		>800	0~-3	
		对角线长度 (mm) <300	≤1	
		300~500	≤2	
		>500	≤3	

检查数量：按类别、批分别抽查5%，不得少于1个。
检验方法：尺量、观察检查，核对材料合格的证明文件与手动操作检查。

(3) 检验批验收应提供的附件资料

1）材料质量合格证明；
2）材料性能检测报告；
3）施工记录；
4）自检、互检及工序交接检查记录；
5）其他应报或设计要求报送的资料。

注：合理缺项除外。

2.11.4 风管系统安装检验批质量验收记录（送、排风、排烟系统）

1．资料表式

风管系统安装检验批质量验收记录表（送、排风、排烟系统）　　表243-4

检控项目	序号	质量验收规范规定		施工单位检查评定记录	监理(建设)单位验收记录
主控项目	1	风管穿越防火、防爆墙	第6.2.1条		
	2	风管内严禁其他管线穿越	第6.2.2条		
	3	高于80℃风管系统	第6.2.3条		
	4	室外立管的拉索	第6.2.2-3条		
	5	风阀的安装	第6.2.4条		
	6	手动密闭阀安装	第6.2.9条		
	7	风管严密性检验	第6.2.8条		
一般项目	1	风管系统的安装	第6.3.1条		
	2	无法兰风管系统的安装	第6.3.2条		
	3	风管安装的水平、垂直质量	第6.3.3条		
	4	风管的支、吊架	第6.3.4条		
	5	铝板、不锈钢板风管安装	第6.3.1-8条		
	6	非金属风管的安装	第6.3.5条		
	7	风阀的安装	第6.3.8条		
	8	风帽的安装	第6.3.9条		
	9	吸、排风罩的安装	第6.3.10条		
	10	风口的安装	第6.3.11条		

2．应用指导

(1) 检查验收统一说明

1) 执行规范章、节

本表的检验批验收执行《通风与空调工程施工质量验收规范》(GB 50243—2002)规范第 6 章、第 6.2 节、6.3 节主控项目和一般项目有关条目的质量等级要求。应按其质量标准和检查方法逐一进行验收。

表列应检验项目必须全部进行检查验收不得缺漏，应检项目漏检，应进行补充检查验收，不进行补检不应通过验收。

2) 检验批的划分原则

通风与空调工程的检验批划分(GB 50243—2002)规范将其划分为 17 个表式，其中涉及有关风管制作与安装的 6 个检验批：

C.2.1　风管与配件制作检验批验收质量验收记录见附表 C.2.1-1 与 C.2.1-2。

C.2.2　风管部件与消声器制作检验批验收质量验收记录见附表 C.2.2。

C.2.3　风管系统安装检验批验收质量验收记录见附表 C.2.3-1、C.2.3-2 与 C.2.3-3。

3) 质量等级验收评定

① 主控项目是对检验批的基本质量起决定性影响的检验项目，必须全部符合该专业规范的规定，不允许有不符合规范要求的检验结果。

② 一般项目应有 80% 以上的抽检处符合该规范规定或偏差值在其允许偏差范围内。

4) 检验批验收应提交资料

检验批验收时，应提交的施工操作依据和质量检查记录应完整。

5) 检验批验收

只按列为主控项目、一般项目的条款来验收，不能随意扩大内容范围和提高质量标准。

6) 检验批验收责任制

检验批表式中的责任制签记必须本人签字，替签为无效检验批验收记录。

(2) 检查验收执行条目(摘自《通风与空调工程施工质量验收规范》GB 50243—2002)

6.2.1　在风管穿过需要封闭的防火、防爆的墙体或楼板时，应设预埋管或防护套管，其钢板厚度不应小于 1.6mm。风管与防护套管之间，应用不燃且对人体无危害的柔性材料封堵。

检查数量：按数量抽查 20%，不得少于 1 个系统。

检查方法：观察检查、尺量。

6.2.2　风管安装必须符合下列规定：

1) 风管内严禁其他管线穿越；

2) 输送含有易燃、易爆气体或安装在易燃、易爆环境的风管系统应有良好的接地，通过生活区或其他辅助生产房间时必须严密，并不得设置接口；

3) 室外立管的固定拉索严禁拉在避雷针或避雷网上。

检查数量：按数量抽查 20%，不得少于 1 个系统。

检查方法：观察检查、尺量、手扳。

6.2.3　输送空气温度高于 80℃ 的风管，应按设计规定做好防护措施。

检查数量：按数量抽查 20%，不得少于 1 个系统。

检查方法：观察检查。

6.2.4　风管部件安装必须符合下列规定：

1) 各类风管部件及操作机构的安装，应能保证其正常的使用功能，并便于操作；

2) 斜插板阀的安装,阀板必须为向上拉启。水平安装时,阀板还应为顺气流方向插入;
3) 止回风阀、自动排气活门的安装方向应正确。

检查数量:抽查20%,但不得少于5件。

检查方法:观察检查、尺量、动作试验。

6.2.8 风管系统安装完毕后,应按系统类别进行严密性检验,漏风量应符合设计与第4.2.5条的规定。风管系统的严密性检验,应符合下列规定:

1) 低压系统风管的严密性检验应采用抽检,抽检率为5%,且不得少于一个系统。在加工工艺得到保证的前提下,采用漏光法检测。检测不合格时,应按规定的抽检率,作漏风量测试。

中压系统风管的严密性检验,应在漏光法检测合格后,对系统漏风量测试进行抽检,抽检率为20%,且不得少于一个系统。

高压系统风管的严密性检验,为全数进行漏风量测试。

系统风管严密性检验的被抽检系统,应全数合格,则视为通过;如有不合格时,则应再加倍抽检,直至全数合格。

2) 净化空调系统风管的严密性检验,1~5级的系统按高压系统风管的规定执行;6~9级的系统按规范第4.2.5条的规定执行。

检查数量:按条文中的规定。

检查方法:按附录A的规定进行严密性测试。

6.2.9 手动密闭阀安装,阀门上标志的箭头方向必须与受冲击波方向一致。

检查数量:全数检查。

检查方法:观察、核对检查。

6.3.1 风管的安装应符合下列规定:

1) 风管安装前,应清除内、外杂物,并做好清洁和保护工作;
2) 风管安装的位置、标高、走向,应符合设计要求。现场风管接口的配置,不得缩小其有效截面;
3) 连接法兰的螺栓应均匀拧紧,其螺母宜在同一侧;
4) 风管接口的连接应严密、牢固。风管法兰的垫片材质应符合系统功能的要求,厚度不应小于3mm。垫片不应凸入管内,亦不宜突出法兰外;
5) 柔性短管的安装,应松紧适度,无明显扭曲;
6) 可伸缩性金属或非金属软风管的长度不宜超过2m,并不应有死弯或塌凹;
7) 风管与砖、混凝土风道的连接接口,应顺着气流方向插入,并应采取密封措施。风管穿出屋面处应设有防雨装置;
8) 不锈钢板、铝板风管与碳素钢支架的接触处,应有隔绝或防腐绝缘措施。

检查数量:按数量抽查10%,但不少于1个系统。

检查方法:尺量和观察检查。

6.3.2 无法兰连接风管的安装还应符合下列规定:

1) 风管的连接处,应完整无缺损、表面应平整无明显扭曲;
2) 承插式风管的四周缝隙应一致,无明显的弯曲或折皱;内涂的密封胶应完整,外粘的密封胶带应粘贴牢固、完整无缺损;

3) 薄钢板法兰形式风管的连接,弹性插条、弹簧夹或紧固螺栓的间隔不应大于150mm,且分布均匀,无松动现象;

4) 插条连接的矩形风管,连接后的板面应平整、无明显弯曲。

检查数量:按数量抽查10%,但不少于1个系统。

检查方法:尺量和观察检查。

6.3.3 风管的连接应平直、不扭曲。明装风管水平安装,水平度的允许偏差为3/1000,总偏差不应大于20mm。明装风管垂直安装,垂直度的允许偏差为2/1000,总偏差不应大于20mm。暗装风管的位置,应正确、无明显偏差。

除尘系统的风管,宜垂直或倾斜敷设,与水平夹角宜大于或等于45°,小坡度和水平管应尽量短。

对含有凝结水或其他液体的风管,坡度应符合设计要求,并在最低处设排液装置。

检查数量:按数量抽查10%,但不得少于1个系统。

检查方法:尺量和观察检查。

6.3.4 风管支、吊架的安装应符合下列规定:

1) 风管水平安装,直径或长边尺寸小于等于400mm,间距不应大于4m;大于400mm,不应大于3m。螺旋风管的支、吊架间距可分别至5m和3.75m;对于薄钢板法兰的风管,其支、吊架间距不应大于3m;

2) 风管垂直安装,间距不应大于4m,单根直管至少应有二个固定点;

3) 风管支、吊架宜按国标图集与规范选用强度和刚度相适应的形式和规格。对于直径或边长大于2500mm的超宽、超重等特殊风管的支、吊架应按设计规定;

4) 支、吊架不宜设置在风口、阀门、检查门及自控机构处;离风口或插接管的距离不宜小于200mm;

5) 当水平悬吊的主、干风管长度超过20m时,应设置防止摆动的固定点,每个系统不得少于1个;

6) 吊架的螺孔应采用机械加工。吊杆应平直,螺纹完整、光洁。安装后各副支、吊架的受力应均匀,无明显变形;风管或空调设备使用的可调隔振支、吊架的拉伸或压缩量应按设计的要求进行调整;

7) 抱箍支架,折角应平直,抱箍应紧贴并箍紧风管。安装在支架上的圆形风管应设托座和抱箍,其圆弧应均匀,且与风管外径相一致;

检查数量:按数量抽查10%,不得少于1个系统。

检查方法:尺量和观察检查。

6.3.5 非金属风管的安装还应符合下列的规定:

1) 风管连接两法兰端面应平行、严密;法兰螺栓两侧应加镀锌垫圈;

2) 应适当增加支、吊架与水平风管的接触面积;

3) 硬聚氯乙烯风管的直段连续长度大于20m,应按设计要求设置伸缩节;支管的重量不得由干管来承受,必须自行设置支、吊架;

4) 风管垂直安装,支架间距不应大于3m。

检查数量:按数量抽查10%,不得少于1个系统。

检查方法:尺量和观察检查。

6.3.8 各类风阀应安装在便于操作及检修的部位,安装后的手动或电动操作装置应灵活、可靠,阀板关闭应保持严密。

防火阀直径或长边尺寸大于等于630mm时,宜设独立支、吊架;

排烟阀(排烟口)及手控装置(包括预埋套管)的位置应符合设计要求。预埋套管不得有死弯及瘪陷;

除尘系统吸入管段的调节阀,宜安装在垂直管段上;

检查数量:按数量抽查10%,不得少于5件。

检验方法:观察检查或尺量。

6.3.9 风帽安装必须牢固,连接风管与屋面或墙面的交接处不应渗水。

检查数量:按数量抽查10%,不得少于5件。

检验方法:观察检查或尺量。

6.3.10 排、吸风罩的安装位置应正确,排列整齐,牢固可靠。

检查数量:按数量抽查10%,不得少于5件。

检验方法:观察检查或尺量。

6.3.11 风口与风管的连接应严密、牢固,与装饰面相紧贴;表面平整、不变形,调节灵活、可靠。条形风口的安装,接缝处应衔接自然,无明显缝隙。同一厅室、房间内的相同风口的安装高度应一致,排列应整齐。

明装无吊顶的风口,安装位置和标高偏差不应大于10mm。

风口水平安装,水平度的偏差不大于3/1000。

风口垂直安装,垂直度的偏差不大于2/1000。

检查数量:按数量抽查10%,不得少于1个系统或不少于5件和两个房间的风口。

检验方法:观察检查或尺量。

2.11.5 风管系统安装检验批质量验收记录(空调系统)

1. 资料表式

风管系统安装检验批质量验收记录表(空调系统)　　　　表243-5

检控项目	序号	质量验收规范规定		施工单位检查评定记录	监理(建设)单位验收记录
主控项目	1	风管穿越防火、防爆墙	第6.2.1条		
	2	风管内严禁其他管线穿越	第6.2.2条		
	3	高于80℃风管系统	第6.2.3条		
	4	室外立管的拉索	第6.2.2-3条		
	5	风阀的安装	第6.2.4条		
	6	手动密闭阀安装	第6.2.9条		
	7	风管严密性检验	第6.2.8条		

续表

检控项目	序号	质量验收规范规定		施工单位检查评定记录	监理(建设)单位验收记录
一般项目	1	风管系统的安装	第6.3.1条		
	2	无法兰风管系统的安装	第6.3.2条		
	3	风管安装的水平、垂直质量	第6.3.3条		
	4	风管的支、吊架	第6.3.4条		
	5	铝板、不锈钢板风管安装	第6.3.1-8条		
	6	非金属风管的安装	第6.3.5条		
	7	复合材料风管安装	第6.3.6条		
	8	风阀的安装	第6.3.8条		
	9	风口的安装	第6.3.11条		
	10	变风量末端装置安装	第7.3.20条		

2．应用指导

(1) 检查验收统一说明

1) 执行规范章、节

本表的检验批验收执行《通风与空调工程施工质量验收规范》(GB 50243—2002)规范第6章、第6.2节、6.3节主控项目和一般项目有关条目的质量等级要求。应按其质量标准和检查方法逐一进行验收。

表列应检验项目必须全部进行检查验收不得缺漏，应检项目漏检，应进行补充检查验收，不进行补检不应通过验收。

2) 检验批的划分原则

通风与空调工程的检验批划分(GB 50243—2002)规范将其划分为17个表式，其中涉及有关风管制作与安装的6个检验批：

C.2.1 风管与配件制作检验批验收质量验收记录见附表C.2.1-1与C.2.1-2。

C.2.2 风管部件与消声器制作检验批验收质量验收记录见附表C.2.2。

C.2.3 风管系统安装检验批验收质量验收记录见附表C.2.3-1、C.2.3-2与C.2.3-3。

3) 质量等级验收评定

① 主控项目是对检验批的基本质量起决定性影响的检验项目，必须全部符合该专业规范的规定，不允许有不符合规范要求的检验结果。

② 一般项目应有80%以上的抽检处符合该规范规定或偏差值在其允许偏差范围内。

4) 检验批验收应提交资料

检验批验收时，应提交的施工操作依据和质量检查记录应完整。

5) 检验批验收

只按列为主控项目、一般项目的条款来验收，不能随意扩大内容范围和提高质量标准。

6) 检验批验收责任制

检验批表式中的责任制签记必须本人签字，替签为无效检验批验收记录。

(2) 检查验收执行条目(摘自《通风与空调工程施工质量验收规范》GB 50243—2002)

6.2.1 在风管穿过需要封闭的防火、防爆的墙体或楼板时,应设预埋管或防护套管,其钢板厚度不应小于 1.6mm。风管与防护套管之间,应用不燃且对人体无危害的柔性材料封堵。

检查数量:按数量抽查 20%,不得少于 1 个系统。

检查方法:观察检查、尺量。

6.2.2 风管安装必须符合下列规定:

3)室外立管的固定拉索严禁拉在避雷针或避雷网上。

检查数量:按数量抽查 20%,但不得少于 1 个系统。

检查方法:观察检查、尺量、手扳。

6.2.3 输送空气温度高于 80℃ 的风管,应按设计规定做好防护措施。

检查数量:按数量抽查 20%,不得少于 1 个系统。

检查方法:观察检查。

6.2.4 风管部件安装必须符合下列规定:

1)各类风管部件及操作机构的安装,应能保证其正常的使用功能,并便于操作;

2)斜插板间的安装,阀板必须为向上拉启。水平安装时,阀板还应为顺气流方向插入;

3)止回风阀、自动排气活门的安装方向正确。

检查数量:按数量抽查 20%,但不得少于 5 件。

检查方法:观察检查、尺量、动作试验。

6.2.8 风管系统安装完毕后,应按系统类别进行严密性检验,漏风量应符合设计与第 4.2.5 条的规定。风管系统的严密性检验,应符合下列规定:

1)低压系统风管的严密性检验应采用抽检,抽检率为 5%,且不得少于一个系统。在加工工艺得到保证的前提下,采用漏光法检测。检测不合格时,应按规定的抽检率,作漏风量测试。

中压系统风管的严密性检验,应在漏光法检测合格后,对系统漏风量测试进行抽检,抽检率为 20%,且不得少于一个系统。

高压系统风管的严密性检验,为全数进行漏风量测试。

系统风管严密性检验的被抽检系统,应全数合格,则视为通过;如有不合格时,则应再加倍抽检,直至全数合格。

2)净化空调系统风管的严密性检验,1~5 级的系统按高压系统风管的规定执行;6~9 级的系统按第 4.2.5 条的规定执行。

检查数量:按条文中的规定。

检查方法:按(GB 50243—2002)规范附录 A 的规定进行严密性测试。

6.2.9 手动密闭阀安装,阀门上标志的箭头方向必须与受冲击波方向一致。

检查数量:全数检查。

检查方法:观察、核对检查。

6.3.1 风管的安装应符合下列规定:

1)风管安装前,应清除内、外杂物,并做好清洁和保护工作;

2)风管安装的位置、标高、走向,应符合设计要求。现场风管接口的配置,不得缩小其有效截面;

3) 连接法兰的螺栓应均匀拧紧,其螺母宜在同一侧;

4) 风管接口的连接应严密、牢固。风管法兰的垫片材质应符合系统功能的要求,厚度不应小于3mm。垫片不应凸入管内,亦不宜突出法兰外;

5) 柔性短管的安装,应松紧适度,无明显扭曲;

6) 可伸缩性金属或非金属软风管的长度不宜超过2m,并不应有死弯或塌凹;

7) 风管与砖、混凝土风道的连接接口,应顺着气流方向插入,并应采取密封措施。风管穿出屋面处应设有防雨装置;

8) 不锈钢板、铝板风管与碳素钢支架的接触处,应有隔绝或防腐绝缘措施。

检查数量:按数量抽查10%,但不得少于1个系统。

检查方法:尺量和观察检查。

6.3.2 无法兰连接风管的安装还应符合下列规定:

1) 风管的连接处,应完整无缺损、表面应平整无明显扭曲;

2) 承插式风管的四周缝隙应一致,无明显的弯曲或折皱;内涂的密封胶应完整,外粘的密封胶带应粘贴牢固、完整无缺损;

3) 薄钢板法兰形式风管的连接,弹性插条、弹簧夹或紧固螺栓的间隔不应大于150mm,且分布均匀,无松动现象;

4) 插条连接的矩形风管,连接后的板面应平整、无明显弯曲。

检查数量:按数量抽查10%,不得少于1个系统。

检查方法:尺量和观察检查。

6.3.3 风管的连接应平直、不扭曲。明装风管水平安装,水平度的允许偏差为3/1000,总偏差不应大于20mm。明装风管垂直安装,垂直度的允许偏差为2/1000,总偏差不应大于20mm。暗装风管的位置,应正确、无明显偏差。

除尘系统的风管,宜垂直或倾斜敷设,与水平夹角宜大于或等于45°,小坡度和水平管应尽量短。

对含有凝结水或其他液体的风管,坡度应符合设计要求,并在最低处设排液装置。

检查数量:按数量抽查10%,不得少于1个系统。

检查方法:尺量和观察检查。

6.3.4 风管支、吊架的安装应符合下列规定:

1) 风管水平安装,直径或长边尺寸小于等于400mm,间距不应大于4m;大于400mm,不应大于3m。螺旋风管的支、吊架间距可分别至5m和3.75m;对于薄钢板法兰的风管,其支、吊架间距不应大于3m;

2) 风管垂直安装,间距不应大于4m,单根直管至少应有二个固定点;

3) 风管支、吊架宜按国标图集与规范选用强度和刚度相适应的形式和规格。对于直径或边长大于2500mm的超宽、超重等特殊风管的支、吊架应按设计规定;

4) 支、吊架不宜设置在风口、阀门、检查门及自控机构处,离风口或插接管的距离不宜小于200mm;

5) 当水平悬吊的主、干风管长度超过20m时,应设置防止摆动的固定点,每个系统不少于1个;

6) 吊架的螺孔应采用机械加工。吊杆应平直,螺纹完整、光洁。安装后各副支、吊架的受力应均匀，无明显变形。

风管或空调设备使用的可调隔振支、吊架的拉伸或压缩量应按设计的要求进行调整。

7）抱箍支架，折角应平直，抱箍应紧贴并箍紧风管。安装在支架上的圆形风管应设托座和抱箍，其圆弧应均匀，且与风管外径一致；

检查数量：按数量抽查10%，不得少于1个系统。

检查方法：尺量和观察检查。

6.3.5 非金属风管的安装还应符合下列的规定：

1）风管连接两法兰端面应平行、严密；法兰螺栓两侧应加镀锌垫圈；

2）应适当增加支、吊架与水平风管的接触面积；

3）硬聚氯乙烯风管的直段连续长度大于20m，应按设计要求设置伸缩节；支管的重量不得由干管来承受，必须自行设置支、吊架；

4）风管垂直安装，支架间距不应大于3m。

检查数量：按数量抽查10%，不得少于1个系统。

检查方法：尺量和观察检查。

6.3.6 复合材料风管的安装还应符合下列规定：

1）复合材料风管的连接处，接缝应牢固，无孔洞和开裂。当采用插接连接时，接口应匹配、无松动，端口缝隙不大于5mm；

2）采用法兰连接时，应有防冷桥的措施；

3）支、吊架的安装宜按产品标准的规定执行。

检查数量：按数量抽查10%，不得少于1个系统。

检查方法：尺量和观察检查。

6.3.8 各类风阀应安装在便于操作及检修的部位，安装后的手动或电动操作装置应灵活、可靠，阀板关闭应保持严密。

防火阀直径或长边尺寸大于等于630mm时，宜设独立支、吊架。

排烟阀（排烟口）及手控装置（包括预埋套管）的位置应符合设计要求。预埋套管不得有死弯及瘪陷；

除尘系统吸入管段的调节阀，宜安装在垂直管段上。

检查数量：按数量抽查10%，不得少于5件。

检查方法：观察检查或尺量。

6.3.11 风口与风管的连接应严密、牢固，与装饰面相紧贴；表面平整、不变形，调节灵活、可靠。条形风口的安装，接缝处应衔接自然，无明显缝隙。同一厅室、房间内的相同风口的安装高度应一致，排列应整齐。

明装无吊顶的风口，安装位置和标高偏差不应大于10mm。

风口水平安装，水平度的偏差不大于3/1000。

风口垂直安装，垂直度的偏差不大于2/1000。

检查数量：按数量抽查10%，但不少于1个系统或不少于5件和两个房间的风口。

检查方法：观察检查或尺量。

7.3.20 变风量末端装置的安装，应设单独支、吊架，与风管连接前宜做动作试验。

检查数量：按总数抽查10%，且不得少于1台。

检查方法:观察检查、查阅检查试验记录。

2.11.6 风管系统安装检验批质量验收记录(净化空调系统)

1. 资料表式

风管系统安装检验批质量验收记录表(净化空调系统)　　表 243-6

检控项目	序号	质量验收规范规定		施工单位检查评定记录	监理(建设)单位验收记录
主控项目	1	风管穿越防火、防爆墙	第 6.2.1 条		
	2	风管内严禁其他管线穿越	第 6.2.2 条		
	3	高于 80℃风管系统	第 6.2.3 条		
	4	室外立管的拉索	第 6.2.1-3 条		
	5	风阀的安装	第 6.2.4 条		
	6	手动密闭阀安装	第 6.2.5 条		
	7	净化风管安装	第 6.2.6 条		
	8	真空吸尘系统安装	第 6.2.7 条		
	9	风管严密性检验	第 6.2.8 条		
一般项目	1	风管系统的安装	第 6.3.1 条		
	2	无法兰风管系统的安装	第 6.3.2 条		
	3	风管安装的水平、垂直质量	第 6.3.3 条		
	4	风管的支、吊架	第 6.3.4 条		
	5	铝板、不锈钢板风管安装	第 6.3.1-8 条		
	6	非金属风管的安装	第 6.3.5 条		
	7	复合材料风管安装	第 6.3.6 条		
	8	风阀的安装	第 6.3.8 条		
	9	净化空调风口的安装	第 6.3.12 条		
	10	真空吸尘系统安装	第 6.3.7 条		
	11	风口的安装	第 6.3.11 条		

2. 应用指导

(1) 检查验收统一说明

1) 执行规范章、节

本表的检验批验收执行《通风与空调工程施工质量验收规范》(GB 50243—2002)规范第 6 章、第 6.2 节、6.3 节主控项目和一般项目有关条目的质量等级要求。应按其质量标准和检查方法逐一进行验收。

表列应检验项目必须全部进行检查验收不得缺漏,应检项目漏检,应进行补充检查验收,不进行补检不应通过验收。

2) 检验批的划分原则

通风与空调工程的检验批划分(GB 50243—2002)规范将其划分为17个表式,其中涉及有关风管制作与安装的6个检验批:

C.2.1 风管与配件制作检验批验收质量验收记录见附表 C.2.1-1 与 C.2.1-2。
C.2.2 风管部件与消声器制作检验批验收质量验收记录见附表 C.2.2。
C.2.3 风管系统安装检验批验收质量验收记录见附表 C.2.3-1、C.2.3-2 与 C.2.3-3。

3) 质量等级验收评定

① 主控项目是对检验批的基本质量起决定性影响的检验项目,必须全部符合该专业规范的规定,不允许有不符合规范要求的检验结果。

② 一般项目应有80%以上的抽检处符合该规范规定或偏差值在其允许偏差范围内。

4) 检验批验收应提交资料

检验批验收时,应提交的施工操作依据和质量检查记录应完整。

5) 检验批验收

只按列为主控项目、一般项目的条款来验收,不能随意扩大内容范围和提高质量标准。

6) 检验批验收责任制

检验批表式中的责任制签记必须本人签字,替签为无效检验批验收记录。

(2) 检查验收执行条目(摘自《通风与空调工程施工质量验收规范》GB 50243—2002)

6.2.1 在风管穿过需要封闭的防火、防爆的墙体或楼板时,应设预埋管或防护套管,其钢板厚度不应小于1.6mm。风管与防护套管之间,应用不燃且对人体无危害的柔性材料封堵。

检查数量:按数量抽查20%,不得少于1个系统。

检查方法:观察检查、尺量。

6.2.2 风管安装必须符合下列规定:

3) 室外风管的固定拉索严禁拉在避雷针或避雷网上。

检查数量:按数量抽查20%,但不得少于1个系统。

检查方法:观察检查、尺量、手扳。

6.2.3 输送空气温度高于80℃的风管,应按设计规定做好防护措施。

检查数量:按数量抽查20%,不得少于1个系统。

检查方法:观察检查。

6.2.4 风管部件安装必须符合下列规定:

1) 各类风管部件及操作机构的安装,应能保证其正常的使用功能,并便于操作;
2) 斜插板阀的安装,阀板必须为向上拉启。水平安装时,阀板还应为顺气流方向插入;
3) 止回风阀、自动排气活门的安装方向应正确。

检查数量:按数量抽查20%,但不得少于5件。

检查方法:观察检查、尺量、动作试验。

6.2.5 防火阀、排烟阀(口)的安装方向、位置应正确。防火分区隔墙两侧的防火阀,距墙表面距离不应大于200mm;

检查数量:按数量抽查20%,但不得少于5件。

检查方法:观察检查、尺量、动作试验。

6.2.6 净化空调系统风管的安装还应符合下列规定:

1) 风管、静压箱及其他部件,必须擦拭干净,做到无油污和浮尘,当施工停顿或完毕时,端口应封好；

2) 法兰垫料应为不产尘、不易老化和具有一定强度和弹性的材料，厚度为5~8mm，不得采用乳胶海绵。法兰垫片应尽量减少拼接，并不允许直缝对接连接，严禁在垫料表面涂涂料；

3) 风管与洁净空吊顶、隔墙等围护结构的接缝处应严密。

检查数量：按数量抽查20%，不得少于1个系统。

检查方法：观察、用白绸布擦拭。

6.2.7 集中式真空吸尘系统的安装应符合下列规定：

1) 真空吸尘系统弯管的曲率半径不应小于4倍管径，弯管的内壁面应光滑，不得采用折皱弯管；

2) 真空吸尘系统三通的夹角不得大于45°；四通制作应采用两个斜三通的做法。

检查数量：按数量抽查20%，不得少于2件。

检查方法：尺量、观察检查。

6.2.8 风管系统安装完毕后，应按系统类别进行严密性检验，漏风量应符合设计与第4.2.5条的规定。风管系统的严密性检验，应符合下列规定：

1) 低压系统风管的严密性检验应采用抽检，抽检率为5%，且不得少于一个系统。在加工工艺得到保证的前提下，采用漏光法检测。检测不合格时，应按规定的抽检率，做漏风量测试。

中压系统风管的严密性检验，应在漏光法检测合格后，对系统漏风量测试进行抽检，抽检率为20%，且不得少于一个系统。

高压系统风管的严密性检验，为全数进行漏风量测试。

系统风管严密性检验的被抽检系统，应全数合格，则视为通过；如有不合格时，则应再加倍抽检，直至全数合格。

2) 净化空调系统风管的严密性检验，1~5级的系统按高压系统风管的规定执行；6~9级的系统按第4.2.5条的规定执行。

检查数量：按条文中的规定。

检查方法：按附录A的规定进行严密性测试。

6.3.1 风管的安装应符合下列规定：

1) 风管安装前，应清除内、外杂物，并做好清洁利保护工作；

2) 风管安装的位置、标高、走向，应符合设计要求。现场风管接口的配置，不得缩小其有效截面；

3) 连接法兰的螺栓应均匀拧紧，其螺母宜在同一侧；

4) 风管接口的连接应严密、牢固。风管法兰的垫片材质应符合系统功能的要求，厚度不应小于3mm。垫片不应凸入管内，亦不宜突出法兰外；

5) 柔性短管的安装，应松紧适度，无明显扭曲；

6) 可伸缩性金属或非金属软风管的长度不宜超过2m，并不应有死弯或塌凹；

7) 风管与砖、混凝土风道的连接接口，应顺着气流方向插入，并应采取密封措施。风管穿出屋面处应设有防雨装置；

8) 不锈钢板、铝板风管与碳素钢支架的接触处，应有隔绝或防腐绝缘措施。

检查数量:按数量抽查 10%,但不得少于 1 个系统。

检查方法:尺量和观察检查。

6.3.2 无法兰连接风管的安装还应符合下列规定:

1) 风管的连接处,应完整无缺损、表面应平整,无明显扭曲;

2) 承插式风管的四周缝隙应一致,无明显的弯曲或折皱;内涂的密封胶应完整,外粘的密封胶带应粘贴牢固、完整无缺损;

3) 薄钢板法兰形式风管的连接,弹性插条、弹簧夹或紧固螺栓的间隔不应大于 150mm,且分布均匀,无松动现象;

4) 插条连接的矩形风管,连接后的板面应平整、无明显弯曲。

检查数量:按数量抽查 10%,但不得少于 1 个系统。

检查方法:尺量和观察检查。

6.3.3 风管的连接应平直、不扭曲。明装风管水平安装,水平度的允许偏差为 3/1000,总偏差不应大于 20mm。明装风管垂直安装,垂直度的允许偏差为 2/1000,总偏差不应大于 20mm。暗装风管的位置,应正确、无明显偏差。

除尘系统的风管,宜垂直或倾斜敷设,与水平夹角宜大于或等于 45°,小坡度和水平管应尽量短。

对含有凝结水或其他液体的风管,坡度应符合设计要求,并在最低处设排液装置。

检查数量:按数量抽查 10%,但不得少于 1 个系统。

检查方法:尺量和观察检查。

6.3.4 风管支、吊架的安装应符合下列规定:

1) 风管水平安装,直径或长边尺寸小于等于 400mm,间距不应大于 4m;大于 400mm,不应大于 3m。螺旋风管的支、吊架间距可分别至 5m 和 3.75m;对于薄钢板法兰的风管,其支、吊架间距不应大于 3m;

2) 风管垂直安装,间距不应大于 4m,单根直管至少应有二个固定点;

3) 风管支、吊架宜按国标图集与规范选用强度和刚度相适应的形式和规格。对于直径或边长大于 2500mm 的超宽、超重等特殊风管的支、吊架应按设计规定;

4) 支、吊架不宜设置在风口、阀门、检查门及自控机构处,离风口或插接管的距离不宜小于 200mm;

5) 水平悬吊的主、干、风管长度超过 20m 时,应设置防止摆动的固定点,每个系统不得少于 1 个;

6) 吊架的螺孔应采用机械加工。吊杆应平直,螺纹完整、光洁。安装后各副支、吊架的受力应均匀,无明显变形。风管或空调设备使用的可调隔振支、吊架的拉伸或压缩量应按设计的要求进行调整;

7) 抱箍支架,折角应平直,抱箍应紧贴并箍紧风管。安装在支架上的圆形风管应设托座和抱箍,其圆弧应均匀,且与风管外径相一致;

检查数量:按数量抽查 10%,但不得少于 1 个系统。

检查方法:尺量和观察检查。

6.3.5 非金属风管的安装还应符合下列的规定:

1) 风管连接两法兰端面应平行、严密;法兰螺栓两侧应加镀锌垫圈;

2) 应适当增加支、吊架与水平风管的接触面积;

3) 硬聚氯乙烯风管的直段连续长度大于20m,应按设计要求设置伸缩节;支管的重量不得由干管来承受,必须自行设置支、吊架;

4) 风管垂直安装,支架间距不应大于3m。

检查数量:按数量抽查10%,不得少于1个系统。

检查方法:尺量和观察检查。

6.3.6 复合材料风管的安装还应符合下列规定:

1) 复合材料风管的连接处,接缝应牢固,无孔洞和开裂。当采用插接连接时,接口应匹配、无松动,端口缝隙不大于5mm;

2) 采用法兰连接时,应有防冷桥的措施;

3) 支、吊架的安装宜按产品标准的规定执行。

检查数量:按数量抽查10%,但不得少于1个系统。

检查方法:尺量和观察检查。

6.3.7 集中式真空吸尘系统的安装应符合下列规定:

1) 吸尘管道的坡度宜为5/1000,并坡向主管或吸尘点;

2) 吸尘嘴与管道连接应牢固、严密。

检查数量:按数量抽查20%,不得少于5件。

检查方法:观察检查或尺量。

6.3.8 各类风阀应安装在便于操作及检修的部位,安装后的手动或电动操作装置应灵活、可靠,阀板关闭应保持严密。

防火阀直径或长边尺寸大于等于630mm时,宜设独立支、吊架。

排烟阀(排烟口)及手控装置(包括预埋套管)的位置应符合设计要求。预埋套管不得有死弯及瘪陷;

除尘系统吸入管段的调节阀,宜安装在垂直管段上。

检查数量:按数量抽查10%,不得少于5件。

检查方法:观察检查或尺量。

6.3.11 风口与风管的连接应严密、牢固,与装饰面相紧贴;表面平整、不变形,调节灵活、可靠。条形风口的安装,接缝处应衔接自然,无明显缝隙。同一厅室、房间内的相同风口的安装高度应一致,排列应整齐。

明装无吊顶的风口,安装位置和标高偏差不应大于10mm。

风口水平安装,水平度的偏差不应大于3/1000。

风口垂直安装,垂直度的偏差不应大于2/1000。

检查数量:按数量抽查10%,不少于1个系统或不少于5件和两个房间的风口。

检查方法:观察检查或尺量。

6.3.12 净化空调系统风口安装还应符合下列规定:

1) 风口安装前应清扫干净,其边框与建筑顶棚或墙面间的接缝处应加密封垫料或密封胶,不应漏风;

2) 带高效过滤器的活风口,应采用可分别调节高度的吊杆。

检查数量:按数量抽查20%,不得少于1个系统或不少于5件和两个房间的风口。

检查方法:尺量和观察检查。

(3) 检验批验收应提供的附件资料(表243-4~表243-6)

1) 风管系统严密性试验;
2) 系统风管的漏风量测试报告;
3) 施工记录;
4) 自检、互检及工序交接检查记录;
5) 其他应报或设计要求报送的资料。

注:1. 合理缺项除外。
   2. 表243-4~表242-6表示这几个检验批表式的附件资料均相同。

2.11.7 通风机安装检验批质量验收记录

1. 资料表式

通风机安装检验批质量验收记录表　　　　表243-7

检控项目	序号	质量验收规范规定		施工单位检查评定记录	监理(建设)单位验收记录
主控项目	1	通风机的安装	第7.2.1条		
	2	通风机安全措施	第7.2.2条		
一般项目	1	离心风机的安装	第7.3.1-1条		
	2	轴流风机的安装	第7.3.1-2条		
	3	风机的隔振支架	第7.3.1-3, 7.3.1-4条		

2. 应用指导

(1) 检查验收统一说明

1) 执行规范章、节

本表的检验批验收执行《通风与空调工程施工质量验收规范》(GB 50243—2002)规范第7章、第7.2节、7.3节主控项目和一般项目有关条目的质量等级要求。应按其质量标准和检查方法逐一进行验收。

表列应检验项目必须全部进行检查验收不得缺漏,应检项目漏检,应进行补充检查验收,不进行补检不应通过验收。

2) 检验批的划分原则

通风与空调工程的检验批划分(GB 50243—2002)规范将其划分为17个表式,其中涉及有关通风机安装的1个检验批:

C.2.4 通风机安装检验批验收质量验收记录见附表C.2.4。

3) 质量等级验收评定

① 主控项目是对检验批的基本质量起决定性影响的检验项目,必须全部符合该专业规范的规定,不允许有不符合规范要求的检验结果。

② 一般项目应有80%以上的抽检处符合该规范规定或偏差值在其允许偏差范围内。

4) 检验批验收应提交资料

检验批验收时,应提交的施工操作依据和质量检查记录应完整。

5) 检验批验收

只按列为主控项目、一般项目的条款来验收,不能随意扩大内容范围和提高质量标准。

6) 检验批验收责任制

检验批表式中的责任制签记必须本人签字,替签为无效检验批验收记录。

(2) 检查验收执行条目(摘自《通风与空调工程施工质量验收规范》GB 50243—2002)

7.2.1 通风机的安装应符合下列规定:

1) 型号、规格应符合设计规定,其出口方向应正确;

2) 叶轮旋转应平稳,停转后不应每次停留在同一位置上;

3) 固定通风机的地脚螺栓应拧紧,并有防松动措施。

检查数量:全数检查。

检查方法:依据设计图核对、观察检查。

7.2.2 通风机传动装置的外露部位以及直通大气的进、出口,必须装设防护罩(网)或采取其他安全设施。

检查数量:全数检查。

检查方法:依据设计图核对、观察检查。

7.3.1 通风机的安装应符合下列规定:

1) 通风机的安装,应符合表7.3.1的规定,叶轮转子与机壳的组装位置正确,叶轮进风口插入风机机壳进风口或密封圈的深度,应符合设备技术文件的规定,或为叶轮外径值的1/100;

2) 现场组装的轴流风机叶片安装角度应一致,达到在同一平面内运转,叶轮与筒体之间的间隙应均匀,水平度允许偏差为1/1000;

3) 安装隔振器的地面应平整,各级隔振器承受荷载的压缩量应均匀,高度误差应小于2mm;

4) 安装风机的隔振钢支、吊架,其结构形式和外形尺寸应符合设计或设备技术文件的规定;焊接应牢固,焊缝应饱满、均匀。

检查数量:按总数抽查20%,不得少于1台。

检查方法:尺量、观察或检查施工记录。

2.11.8 通风与空调设备安装检验批质量验收记录(通风系统)

1. 资料表式

通风与空调设备安装检验批质量验收记录表(通风系统) 表243-8

检控项目	序号	质量验收规范规定		施工单位检查评定记录	监理(建设)单位验收记录
主控项目	1	通风机的安装	第7.2.1条		
	2	通风机安全措施	第7.2.2条		
	3	除尘器的安装	第7.2.4条		
	4	布袋与静电除尘器的接地	第7.2.4-3条		
	5	静电空气过滤器安装	第7.2.7条		
	6	电加热器的安装	第7.2.8条		
	7	过滤吸收器的安装	第7.2.10条		
一般项目	1	离心风机的安装	第7.3.1条		
	2	除尘设备的安装	第7.3.5条		
	3	现场组装静电除尘器的安装	第7.3.6条		
	4	现场组装布袋除尘器的安装	第7.3.7条		
	5	消声器的安装	第7.3.13条		
	6	空气过滤器的安装	第7.3.14条		
	7	蒸汽加湿器的安装	第7.3.18条		
	8	空气风幕机的安装	第7.3.19条		

2. 应用指导

(1) 检查验收统一说明

1) 执行规范章、节

本表的检验批验收执行《通风与空调工程施工质量验收规范》(GB 50243—2002)规范第7章、第7.2节、7.3节主控项目和一般项目有关条目的质量等级要求。应按其质量标准和检查方法逐一进行验收。

表列应检验项目必须全部进行检查验收不得缺漏,应检项目漏检,应进行补充检查验收,不进行补检不应通过验收。

2) 检验批的划分原则

通风与空调工程的检验批划分(GB 50243—2002)规范将其划分为17个表式,其中涉及有关通风与空调设备安装的3个检验批:

C.2.5 通风与空调设备安装检验批验收质量验收记录见附表 C.2.5-1、C.2.5-2 与 C.2.5-3。

3）质量等级验收评定

① 主控项目是对检验批的基本质量起决定性影响的检验项目，必须全部符合该专业规范的规定，不允许有不符合规范要求的检验结果。

② 一般项目应有 80% 以上的抽检处符合该规范规定或偏差值在其允许偏差范围内。

4）检验批验收应提交资料

检验批验收时，应提交的施工操作依据和质量检查记录应完整。

5）检验批验收

只按列为主控项目、一般项目的条款来验收，不能随意扩大内容范围和提高质量标准。

6）检验批验收责任制

检验批表式中的责任制签记必须本人签字，替签为无效检验批验收记录。

(2) 检查验收执行条目（摘自《通风与空调工程施工质量验收规范》GB 50243—2002）

7.2.1 通风机的安装应符合下列规定：

1）型号、规格应符合设计规定，其出口方向应正确；

2）叶轮旋转应平稳，停转后不应每次停留在同一位置上；

3）固定通风机的地脚螺栓应拧紧，并有防松动措施。

检查数量：全数检查。

检查方法：依据设计图核对、观察检查。

7.2.2 通风机传动装置的外露部位以及直通大气的进、出口，必须装设防护罩（网）或采取其他安全设施。

检查数量：全数检查。

检查方法：依据设计图核对、观察检查。

7.2.4 除尘器的安装应符合下列规定：

1）型号、规格、进出口方向必须符合设计要求；

2）现场组装的除尘器壳体应做漏风量检测，在设计工作压力下允许漏风率为 5%，其中离心式除尘器为 3%；

3）布袋除尘器、电除尘器的壳体及辅助设备接地应可靠。

检查数量：按总数抽查 20%，不得少于 1 台。接地全数检查。

检查方法：按图核对、检查测试记录和观察检查。

7.2.7 静电空气过滤器金属外壳接地必须良好。

检查数量：按总数抽查 20%，不得少于 1 台。

检查方法：核对材料、观察检查或电阻测定。

7.2.8 电加热器的安装必须符合下列规定：

1）电加热器与钢构架间的绝热层必须为不燃材料；接线柱外露的应加设安全防护罩；

2）电加热器的金属外壳接地必须良好；

3）连接电加热器的风管法兰垫片，应采用耐热不燃材料。

检查数量：按总数抽查 20%，不得少于 1 台。

检查方法：核对材料、观察检查或电阻测定。

7.2.10 过滤吸收器的安装方向必须正确,并应设独立支架,与室外的连接管段不应泄漏。

检查数量:全数检查。

检查方法:观察或检测。

7.3.1 通风机的安装应符合下列规定:

通风机的安装,应符合表 7.3.1 的规定,叶轮转子与机壳的组装位置正确,叶轮进风口插入风机机壳避风口或密封圈的深度,应符合设备技术文件的规定,或为叶轮外径值的 1/100。

检查数量:按总数抽查 20%,不得少于 1 台。

检查方法:尺量、观察或检查施工记录。

7.3.5 除尘设备的安装应符合下列规定:

1) 除尘器的安装,位置应正确、牢固平稳,允许误差应符合表 7.3.5 的规定;

除尘器安装允许偏差和检验方法　　　　表 7.3.5

项次	项 目		允许偏差(mm)	量 测 值 (mm)
1	平面位移		≤10	
2	标 高		±10	
3	垂直度	每 米	≤2	
		总偏差	≤10	

2) 除尘器的活动或转动部件的动作应灵活、可靠并符合设计要求;
3) 除尘器的排灰阀、卸料阀、排泥阀的安装应严密,并便于操作与维护修理。

检查数量:按总数抽查 20%,不得少于 1 台。

检查方法:尺量、观察检查及检查施工记录。

7.3.6 现场组装的静电除尘器的安装,还应符合设备技术文件及下列规定:

1) 阳极板组合后的阳极排平面度允许偏差为 5mm,其对角线允许偏差为 10mm;
2) 阴极小框架组合后主平面的平面度允许偏差为 5mm,其对角线允许偏差为 10mm;
3) 阴极大框架的整体平面度允许偏差为 15mm,整体对角线允许偏差为 10mm;
4) 阳极板高度小于或等于 7m 的电除尘器,阴、阳极间距允许偏差为 5mm。阳极板高度大于 7m 的电除尘器,阴、阳极间距允许偏差为 10mm;
5) 振打锤装置的固定,应可靠;振打锤的转动,应灵活。锤头方向应正确;振打锤头与振打砧之间应保持良好的线接触状态,接触长度应大于锤头厚度的 0.7 倍。

检查数量:按总数抽查 20%,不得少于 1 组。

检查方法:尺量、观察检查及检查施工记录。

7.3.7 现场组装布袋过滤式除尘器的安装还应符合下列规定:

1) 外壳应严密、不漏,布袋接口应牢固;
2) 分室反吹袋式除尘器的滤袋安装,必须平直。每条滤袋的拉紧力应保持在 25～35N/m;与滤袋连接接触的短管和袋帽,应无毛刺;
3) 机械回转扁袋袋式除尘器的旋臂,转动应灵活可靠,净气室上部的顶盖,应密封不漏气,旋转应灵活,无卡阻现象;
4) 脉冲袋式除尘器的喷吹孔,应对准文氏管的中心,同心度允许偏差为 2mm。

检查数量:按总数抽查20%,不少于1台。
检查方法:尺量、观察检查及检查施工记录。

7.3.13 消声器的安装应符合下列规定:

1) 消声器安装前应保持干净,做到无油污和浮尘;

2) 消声器安装的位置、方向应正确,与风管的连接应严密,不得有损坏与受潮。两组同类型消声器不宜直接串联;

3) 现场安装的组合式消声器,消声组件的排列、方向和位置应符合设计要求。单个消声器组件的固定应牢固;

4) 消声器、消声弯管均应设独立支、吊架。

检查数量:整体安装的消声器,按总数抽查10%,且不得少于5台。现场组装的消声器全数检查。

检查方法:手板和观察检查、核对安装记录。

7.3.14 空气过滤器的安装应符合下列规定:

1) 安装平整、牢固,方向正确。过滤器与框架、框架与围护结构之间应严密无穿透缝;

2) 框架式或粗效、中效袋式空气过滤器的安装,过滤器四周与框架应均匀压紧,无可见缝隙,并应便于拆卸和更换滤料;

3) 卷绕式过滤器的安装,框架应平整、展开的滤料,应松紧适度、上下筒体应平行。

检查数量:按总数抽查10%,但不得少于1台。

检查方法:观察检查。

7.3.18 蒸汽加湿器的安装应设置独立支架,并固定牢固;接管尺寸正确、无泄漏。

检查数量:全数检查。

检查方法:观察检查。

7.3.19 空气风幕机的安装,位置方向应正确、牢固可靠,纵向垂直度与横向水平度的偏差均不应大于2/1000。

检查数量:按总数10%的比例抽查,且不得少于1台。

检查方法:观察检查。

2.11.9 通风与空调设备安装检验批质量验收记录(空调系统)

1. 资料表式

通风与空调设备安装检验批质量验收记录表(空调系统)　　表243 9

检控项目	序号	质量验收规范规定	施工单位检查评定记录	监理(建设)单位验收记录
主控项目	1	通风机的安装	第7.2.1条	
	2	通风机安全措施	第7.2.2条	
	3	空调机的安装	第7.2.3条	
	4	静电空气过滤器安装	第7.2.7条	
	5	电加热器的安装	第7.2.8条	
	6	干蒸汽加湿器的安装	第7.2.9条	
	7	过滤吸收器的安装	第7.2.10条	

续表

检控项目	序号	质量验收规范规定		施工单位检查评定记录	监理(建设)单位验收记录
一般项目	1	通风机的安装	第7.3.1条		
	2	组合式空调机组的安装	第7.3.2条		
	3	现场组装的空气处理室安装	第7.3.3条		
	4	单元式空调机组的安装	第7.3.4条		
	5	消声器的安装	第7.3.13条		
	6	风机盘管机组安装	第7.3.15条		
	7	粗、中效空气过滤器的安装	第7.3.14条		
	8	空气风幕机的安装	第7.3.19条		
	9	转轮式换热器安装	第7.3.16条		
	10	转轮式去湿器安装	第7.3.17条		
	11	蒸汽加湿器安装	第7.3.18条		

2．应用指导

（1）检查验收统一说明

1）执行规范章、节

本表的检验批验收执行《通风与空调工程施工质量验收规范》(GB 50243—2002)规范第7章、第7.2节、7.3节主控项目和一般项目有关条目的质量等级要求。应按其质量标准和检查方法逐一进行验收。

表列应检验项目必须全部进行检查验收不得缺漏，应检项目漏检，应进行补充检查验收，不进行补检不应通过验收。

2）检验批的划分原则

通风与空调工程的检验批划分(GB 50243—2002)规范将其划分为17个表式，其中涉及有关通风与空调设备安装的3个检验批：

C.2.5 通风与空调设备安装检验批验收质量验收记录见附表C.2.5-1、C.2.5-2与C.2.5-3。

3）质量等级验收评定

① 主控项目是对检验批的基本质量起决定性影响的检验项目，必须全部符合该专业规范的规定，不允许有不符合规范要求的检验结果。

② 一般项目应有80%以上的抽检处符合该规范规定或偏差值在其允许偏差范围内。

4）检验批验收应提交资料

检验批验收时，应提交的施工操作依据和质量检查记录应完整。

5）检验批验收

只按列为主控项目、一般项目的条款来验收，不能随意扩大内容范围和提高质量标准。

6）检验批验收责任制

检验批表式中的责任制签记必须本人签字,替签为无效检验批验收记录。

(2) 检查验收执行条目(摘自《通风与空调工程施工质量验收规范》GB 50243—2002)

7.2.1 通风机的安装应符合下列规定:

1) 型号、规格应符合设计规定,其出口方向应正确;

2) 叶轮旋转应平稳,停转后不应每次停留在同一位置上;

3) 固定通风机的地脚螺栓应拧紧,并有防松动措施。

检查数量:全数检查。

检查方法:依据设计图核对、观察检查。

7.2.2 通风机传动装置的外露部位以及直通大气的进、出口,必须装设防护罩(网)或采取其他安全设施。

检查数量:全数检查。

检查方法:依据设计图核对、观察检查。

7.2.3 空调机组的安装应符合下列规定:

1) 型号、规格、方向与技术参数应符合设计要求;

2) 现场组装的组合式空气调节机组应做漏风量的检测,其漏风量必须符合国标《组合式空调机组》GB/T 14294 的规定。

检查数量:按总数抽检 20%,不得少于 1 台。净化空调系统的机组,1~5 级全数检查,6~9 级抽查 50%。

检查方法:依据设计图核对,检查测试记录。

7.2.7 静电空气过滤器金属外壳接地必须良好。

检查数量:按总数抽查 20%,不得少于 1 台。

检查方法:核对材料、观察检查或电阻测定。

7.2.8 电加热器的安装必须符合下列规定:

1) 电加热器与钢构架间的绝热层必须为不燃材料;接线柱外露的应加设安全防护罩;

2) 电加热器的金属外壳接地必须良好;

3) 连接电加热器的风管的法兰垫片,应采用耐热不燃材料。

检查数量:按总数抽查 20%,不得少于 1 台。

检查方法:核对材料、观察检查或电阻测定。

7.2.9 干蒸汽加湿器的安装,蒸汽喷管不应朝下。

检查数量:全数检查。

检验方法:观察检查。

7.2.10 过滤吸收器的安装方向必须正确,并应设独立支架,与室外的连接管段不得泄漏。

检查数量:全数检查。

检查方法:观察或检测。

7.3.1 通风机的安装应符合下列规定:

1) 通风机的安装,应符合表 7.3.1 的规定,叶轮转子与机壳的组装位置正确,叶轮进风口插入风机机壳避风口成密封圈的深度,应符合设备技术文件的规定,或为叶轮外径值的 1/100;

2) 现场组装的轴流风机叶片安装角度应一致,达到在同一平面内运转,叶轮与筒体之间的间隙应均匀,水平度允许偏差为1/1000;

3) 安装隔振器的地面应平整,各级隔振器承受荷载的压缩量应均匀,高度误差应小于2mm;

4) 安装风机的隔振钢支、吊架,其结构形式和外形尺寸应符合设计或设备技术文件的规定;焊接应牢固,焊缝应饱满、均匀。

检查数量:按总数抽查20%,不得少于1台。

检查方法:尺量、观察或检查施工记录。

7.3.2 组合式空调机组及柜式空调机组的安装应符合下列规定:

1) 组合式空调机组各功能段的组装,应符合设计规定的顺序和要求;各功能段之间的连接应严密,整体应平直;

2) 机组与供回水管的连接应正确,机组下部冷凝水排放管的水封高度应符合设计要求;

3) 机组应清扫干净,箱体内应无杂物、垃圾和积尘;

4) 机组内空气过滤器(网)和空气热交换器翅片应清洁、完好。

检查数量:按总数抽查20%,不得少于1台。

检查方法:观察检查。

7.3.3 空气处理室的安装应符合下列规定:

1) 金属空气处理室壁板及各段的组装位置应正确,表面平整,连接严密、牢固;

2) 喷水段的本体及其检查门不得漏水,喷水管和喷嘴的排列、规格应符合设计规定;

3) 表面式换热器的散热面应保持清洁、完好。当用于冷却空气时,在下部应设有排水装置,冷凝水的引流管或槽应畅通,冷凝水不外溢;

4) 表面式换热器与围护结构间的缝隙,以及表面式热交换器之间的缝隙,应封堵严密;

5) 换热器与系统的供回水管连接应正确,且严密不漏。

检查数量:按总数抽查20%,不得少于1台。

检查方法:观察检查。

7.3.4 单元式空调机组的安装应符合下列规定:

1) 分体式空调机组的室外机和风冷整体式空调机组的安装,固定应牢固、可靠,除应满足冷却风循环空间的要求外,还应符合环境卫生保护有关法规的规定;

2) 分体式空调机组的室内机的位置应正确、并保持水平,冷凝水排放应畅通。管道穿墙处必须密封,不得有雨水渗入;

3) 整体式空调机组管道的连接应严密、无渗漏,四周应留有相应的维修空间。

检查数量:按总数抽查20%,不得少于1台。

检查方法:观察检查。

7.3.13 消声器的安装应符合下列规定:

1) 消声器安装前应保持干净,做到无油污和浮尘;

2) 消声器安装的位置、方向应正确,与风管的连接应严密,不得有损坏与受潮。两组同类型消声器不宜直接串联;

3) 现场安装的组合式消声器,消声组件的排列、方向和位置应符合设计要求。单个消

声器组件的固定应牢固;

4) 消声器、消声弯管均应设独立支、吊架。

检查数量:整体安装的消声器,按总数抽查10%,且不得少于5台。现场组装的消声器全数检查。

检查方法:手扳和观察检查、核对安装记录。

7.3.14 空气过滤器的安装应符合下列规定:

1) 安装平整、牢固,方向正确。过滤器与框架、框架与围护结构之间应严密无穿透缝;

2) 框架式或粗效、中效袋式空气过滤器的安装,过滤器四周与框架应均匀压紧,无可见缝隙,并应便于拆卸和更换滤料;

3) 卷绕式过滤器的安装,框架应平整、展开的滤料,应松紧适度、上下筒体应平行。

检查数量:按总数抽查10%,且不得少于1台。

检查方法:观察检查。

7.3.15 风机盘管机组的安装应符合下列规定:

1) 机组安装前宜进行单机三速试运转及水压检漏试验。试验压力为系统工作压力的1.5倍,试验观察时间为2min,不渗漏为合格;

2) 机组应设独立支、吊架,安装的位置、高度及坡度应正确、固定牢固;

3) 机组与风管、回风箱或风口的连接,应严密、可靠。

检查数量:按总数抽查10%,但不得少于1台。

检查方法:观察检查、查阅检查试验记录。

7.3.16 转轮式换热器的安装位置、转轮旋转方向及接管应正确,运转应平稳。

检查数量:按总数抽查20%,且不得少于1台。

检查方法:观察检查。

7.3.17 转轮去湿机安装应牢固,转轮及传动部件应灵活、可靠,方向正确。处理空气与再生空气接管应正确;排风水平管须保持一定的坡度,并坡向排出方向。

检查数量:按总数抽查10%,但不得少于1台。

检查方法:观察检查。

7.3.18 蒸汽加湿器的安装应设置独立支架,并固定牢固;接管尺寸正确、无泄漏。

检查数量:全数检查。

检查方法:观察检查。

7.3.19 空气风幕机的安装,位置方向应正确、牢固可靠,纵向垂直度与横向水平度的偏差等均不应大于2/1000。

检查数量:按总数10%的比例抽查,但不得少于1台。

检查方法:观察检查。

2.11.10 通风与空调设备安装检验批质量验收记录(净化空调系统)

1. 资料表式

通风与空调设备安装检验批质量验收记录表(净化空调系统)　　表 243-10

检控项目	序号	质量验收规范规定		施工单位检查评定记录	监理(建设)单位验收记录
主控项目	1	通风机的安装	第7.2.1条		
	2	通风机安全措施	第7.2.2条		
	3	空调机的安装	第7.2.3条		
	4	净化空调设备的安装	第7.2.6条		
	5	高效过滤器的安装	第7.2.5条		
	6	静电空气过滤器安装	第7.2.7条		
	7	电加热器的安装	第7.2.8条		
	8	干蒸汽加湿器的安装	第7.2.9条		
一般项目	1	通风机的安装	第7.3.1条		
	2	组合式净化空调机组的安装	第7.3.2条		
	3	净化室设备安装	第7.3.8条		
	4	装配式洁净室的安装	第7.3.9条		
	5	洁净室层流罩的安装	第7.3.10条		
	6	风机过滤单元安装	第7.3.11条		
	7	粗、中效空气过滤器的安装	第7.3.14条		
	8	高效过滤器安装	第7.3.12条		
	9	消声器的安装	第7.3.13条		
	10	蒸汽加湿器安装	第7.3.18条		

2. 应用指导

(1) 检查验收统一说明

1) 执行规范章、节

本表的检验批验收执行《通风与空调工程施工质量验收规范》(GB 50243—2002)规范第7章、第7.2节、第7.3节主控项目和一般项目有关条目的质量等级要求。应按其质量标准和检查方法逐一进行验收。

表列应检验项目必须全部进行检查验收不得缺漏,应检项目漏检,应进行补充检查验收,不进行补检不应通过验收。

2) 检验批的划分原则

通风与空调工程的检验批划分(GB 50243—2002)规范将其划分为17个表式,其中涉及有关通风与空调设备安装的3个检验批:

C.2.5　通风与空调设备安装检验批验收质量验收记录见附表 C.2.5-1、C.2.5-2 与 C.2.5-3。

3) 质量等级验收评定

① 主控项目是对检验批的基本质量起决定性影响的检验项目,必须全部符合该专业规

范的规定,不允许有不符合规范要求的检验结果。

② 一般项目应有80%以上的抽检处符合该规范规定或偏差值在其允许偏差范围内。

4) 检验批验收应提交资料

检验批验收时,应提交的施工操作依据和质量检查记录应完整。

5) 检验批验收

只按列为主控项目、一般项目的条款来验收,不能随意扩大内容范围和提高质量标准。

6) 检验批验收责任制

检验批表式中的责任制签记必须本人签字,替签为无效检验批验收记录。

(2) 检查验收执行条目(摘自《通风与空调工程施工质量验收规范》GB 50243—2002)

7.2.1 通风机的安装应符合下列规定:

1) 型号、规格应符合设计规定,其出口方向应正确;
2) 叶轮旋转应平稳,停转后不应每次停留在同一位置上;
3) 固定通风机的地脚螺栓应拧紧,并有防松动措施;

检查数量:全数检查。

检查方法:依据设计图核对、观察检查。

7.2.2 通风机传动装置的外露部位以及直通大气的进、出口,必须装设防护罩(网)或采取其他安全设施。

检查数量:全数检查。

检查方法:依据设计图核对、观察检查。

7.2.3 空调机组的安装应符合下列规定:

1) 型号、规格、方向与技术参数应符合设计要求;
2) 现场组装的组合式空气调节机组应做漏风量的检测,其漏风量必须符合国标《组合式空调机组》GB/T 14294 的规定。

检查数量:按总数抽检20%,不得少于1台。净化空调系统的机组,1~5级全数检查,6~9级抽查50%。

检查方法:依据设计图核对,检查测试记录。

7.2.5 高效过滤器应在洁净室及净化空调系统进行全面清扫和系统连续试车12h以上后,在现场拆开包装并进行安装。

安装前需进行外观检查和仪器漏检。目测不得有变形、脱落、断裂等破损现象;仪器抽检检漏应符合产品质量文件的规定。

合格后立即安装,其方向必须正确,安装后的高效过滤器四周及接口,应严密不漏;在调试前应进行扫描检漏。

检查数量:高效过滤器的仪器抽检检漏按批抽检5%,不得少于一台。

检查方法:观察检查、按本规范附录B规定扫描检测或查看检测记录。

7.2.6 净化空调设备的安装还应符合下列规定:

1) 净化空调设备与洁净室围护结构相连的接缝必须密封;
2) 风机过滤器单元(FFU与FMU空气净化装置)应在清洁的现场进行外观检查,目测不得有变形、锈蚀、漆膜脱落、拼接板破损等现象。在系统试运转时,必须在进风口处加装临时中效过滤器作为保护。

检查数量：全数检查。
检查方法：按设计图核对、观察检查。

7.2.7 静电空气过滤器金属外壳接地必须良好。
检查数量：按总数抽查20%，不得少于1台。
检查方法：核对材料、观察检查或电阻测定。

7.2.8 电加热器的安装必须符合下列规定：
1）电加热器与钢构架间的绝热层必须为不燃材料，接线柱外露的应加设安全防护罩；
2）电加热器的金属外壳接地必须良好；
3）连接电加热器的风管的法兰垫片，应采用耐热不燃材料。
检查数量：按总数抽查20%，不得少于1台。
检查方法：核对材料、观察检查或电阻测定。

7.2.9 干蒸汽加湿器的安装，蒸汽喷管不应朝下。
检查数量：全数检查。
检查方法：观察检查。

7.3.1 通风机的安装应符合下列规定：
1）通风机的安装，应符合表7.3.1的规定，叶轮转子与机壳的组装位置正确，叶轮进风口插入风机机壳避风口或密封圈的深度，应符合设备技术文件的规定，或为叶轮外径值的1/100；
2）现场组装的轴流风机叶片安装角度应一致，达到在同一平面内运转，叶轮与筒体之间的间隙应均匀，水平度允许偏差为1/1000；
3）安装隔振器的地面应平整，各级隔振器承受荷载的压缩量应均匀，高度误差应小于2mm；
4）安装风机的隔振钢支、吊架，其结构形式和外形尺寸应符合设计或设备技术文件的规定；焊接应牢固，焊缝应饱满、均匀。
检查数量：按总数抽查20%，不得少于1台。
检查方法：尺量、观察或检查施工记录。

7.3.2 组合式空调机组及柜式空调机组的安装应符合下列规定：
1）组合式空调机组各功能段的组装，应符合设计规定的顺序和要求；各功能段之间的连接应严密，整体应平直；
2）机组与供回水管的连接应正确，机组下部冷凝水排放管的水封高度应符合设计要求；
3）机组应清扫干净，箱体内应无杂物、垃圾和积尘；
4）机组内空气过滤器（网）和空气热交换器翅片应清洁、完好。
检查数呈：按总数抽查20%，不得少于1台。
检查方法：观察检查。

7.3.8 洁净室空气净化设备的安装，应符合下列规定：
1）带有通风机的气闸室、吹淋室与地面间应有隔振垫；
2）机械式余压阀的安装，阀体、阀板的转轴均应水平，允许偏差为2/1000。余压阀的安装位置应在室内气流的下风侧，并不应在工作面高度范围内；

3）传递窗的安装,应牢固、垂直,与墙体的连接处应密封。

检查数量:按总数抽查20%,不得少于1件。

检查方法:尺量与观察检查。

7.3.9 装配式洁净室的安装应符合下列规定:

1）洁净室的顶板和壁板（包括夹芯材料）应为不燃材料;

2）洁净室的地面应干燥、平整,平整度允许偏差为1/1000;

3）壁板的构配件和辅助材料的开箱,应在清洁的室内进行,安装前应严格检查其规格和质量。壁板应垂直安装,底部宜采用圆弧或钝角交接;安装后的壁板之间、壁板与顶板间的拼缝,应平整严密,墙板的垂直允许偏差为1/1000,顶板水平度的允许偏差与每个单间的几何尺寸的允许偏差均为2/1000;

4）洁净室吊顶在受荷载后应保持平直,压条全部紧贴。洁净室壁板若为上、下槽形板时,其接头应平整、严密;组装完毕的洁净室所有拼接缝,包括与建筑的接缝,均应采取密封措施,做到不脱落,密封良好。

检查数量:按总数抽查20%,不得少于5处。

检查方法:尺量与观察检查及检查施工记录。

7.3.10 洁净层流罩的安装应符合下列规定:

1）应设独立的吊杆,并有防晃动的固定措施;

2）层流罩安装的水平度允许偏差为1/1000,高度的允许偏差为±1mm;

3）层流罩安装在吊顶上,其四周与顶板之间应设有密封、隔振措施。

检查数量:按总数抽查20%,不得少于5件。

检查方法:尺量与观察检查及检查施工记录。

7.3.11 风机过滤器单元（FFU、FMU）安装应符合下列规定:

1）风机过滤器单元的高效过滤器安装前应按第7.2.5条的规定检漏,合格后进行安装,方向必须正确;安装后的FFU或FMU机组应便于检修;

2）安装后的FFU风机过滤器单元,应保持整体平整,与吊顶衔接良好。风机箱与过滤器之间的连接,过滤器单元与吊顶框架间应有可靠的密封措施。

检查数量:按总数抽查20%,不得少于2个。

检查方法:尺量与观察检查及检查施工记录。

7.3.12 高效过滤器安装应符合下列规定:

1）高效过滤器采用机械密封时,须采用密封垫料,其厚度为6~8mm。并定位贴在过滤器边框上,安装后的垫料压缩量应均匀,压缩率为25%~50%;

2）采用液槽密封时,槽架安装应水平,不得有渗漏现象,槽内无污物和水分,槽内密封液高度宜为2/3槽深。密封液的熔点宜高于50℃。

检查数量:按总数抽查20%,不得少于5个。

检查方法:尺量与观察检查。

7.3.13 消声器的安装应符合下列规定:

1）消声器安装前应保持干净,做到无油污和浮尘;

2）消声器安装的位置、方向应正确,与风管的连接应严密,不得有损坏与受潮。两组同类型消声器不宜直接串联;

3) 现场安装的组合式消声器,消声组件的排列、方向和位置应符合设计要求。单个消声器组件的固定应牢固;

4) 消声器、消声弯管均应设独立支、吊架。

检查数量:整体安装的消声器,按总数抽查10%,不得少于5台。现场组装的消声器全数检查。

检查方法:手扳和观察检查、核对安装记录。

7.3.14 空气过滤器的安装应符合下列规定:

1) 安装平整、牢固,方向正确。过滤器与框架、框架与围护结构之间应严密,无穿透缝;

2) 框架式或粗效、中效袋式空气过滤器的安装,过滤器四周与框架应均匀压紧,无可见缝隙,并应便于拆卸和更换滤料;

3) 卷绕式过滤器的安装,框架应平整、展开的滤料,应松紧适度、上下筒体应平行。

检查数量:按总数抽查10%,且不得少于1台。

检查方法:观察检查。

7.3.18 蒸汽加湿器的安装应设置独立支架,并固定牢固;接管尺寸正确、无渗漏。

检查数量:全数检查。

检查方法:观察检查。

(3) 检验批验收应提供的附件资料(表243-7~表243-10)

1) 材料设备质量合格证明;
2) 过滤器扫描检测记录;
3) 通风机除尘器、空调机组等测试记录;
4) 过滤器与加热器电阻测试记录;
5) 风机、除尘器、振打锤装置、洁净室等设备安装记录;
6) 风机盘管机组的试验记录;
7) 变风量末端装置试验记录;
8) 施工记录;
9) 自检、互检及工序交接检查记录;
10) 其他应报或设计要求报送的资料。

注:1. 合理缺项除外。

2. 表243-7~表243-10表示这几个检验批表式的附件资料均相同。

2.11.11 空调制冷系统安装检验批质量验收记录

1. 资料表式

空调制冷系统安装检验批质量验收记录表　　　　表243-11

检控项目	序号	质量验收规范规定	施工单位检查评定记录	监理(建设)单位验收记录
主控项目	1	制冷设备与附属设备安装	第8.2.1-1,3条	
	2	设备混凝土基础的验收	第8.2.1-2条	
	3	表面式冷却器的安装	第8.2.2条	

续表

检控项目	序号	质量验收规范规定		施工单位检查评定记录	监理(建设)单位验收记录
主控项目	4	燃气、燃油系统设备的安装	第8.2.3条		
	5	制冷设备的严密性试验及试运行	第8.2.4条		
	6	管道及管配件的安装	第8.2.5条		
	7	燃油管道系统接地	第8.2.6条		
	8	燃气系统的安装	第8.2.7条		
	9	氨管道焊缝的无损检测	第8.2.8条		
	10	乙二醇管道系统的规定	第8.2.9条		
一般项目	1	制冷设备安装	第8.3.1-1,2,4,5条		
	2	制冷附属设备安装	第8.3.1-3条		
	3	模块式冷水机组安装	第8.3.2条		
	4	泵的安装	第8.3.3条		
	5	制冷剂管道的安装	第8.3.4-1,2,3,4条		
	6	管道的焊接	第8.3.4-5,6条		
	7	阀门安装	第8.3.5-2~5条		
	8	阀门的试压	第8.3.5-1条		
	9	制冷系统的吹扫	第8.3.6条		

2．应用指导

(1) 检查验收统一说明

1) 执行规范章、节

本表的检验批验收执行《通风与空调工程施工质量验收规范》(GB 50243—2002)规范第8章、第8.2节、第8.3节主控项目和一般项目有关条目的质量等级要求。应按其质量标准和检查方法逐一进行验收。

表列应检验项目必须全部进行检查验收不得缺漏，应检项目漏检，应进行补充检查验收，不进行补检不应通过验收。

2) 检验批的划分原则

通风与空调工程的检验批划分(GB 50243—2002)规范将其划分为17个表式，其中涉及有关空调制冷系统安装的1个检验批：

C.2.6 空调制冷系统安装检验批验收质量验收记录见附表C.2.6。

3) 质量等级验收评定

① 主控项目是对检验批的基本质量起决定性影响的检验项目，必须全部符合该专业规

范的规定,不允许有不符合规范要求的检验结果。
② 一般项目应有80％以上的抽检处符合该规范规定或偏差值在其允许偏差范围内。
4) 检验批验收应提交资料
检验批验收时,应提交的施工操作依据和质量检查记录应完整。
5) 检验批验收
只按列为主控项目、一般项目的条款来验收,不能随意扩大内容范围和提高质量标准。
6) 检验批验收责任制
检验批表式中的责任制签记必须本人签字,替签为无效检验批验收记录。

(2) 检查验收执行条目(摘自《通风与空调工程施工质量验收规范》GB 50243—2002)

8.2.1 制冷设备与制冷附属设备安装应符合下列规定:
1) 制冷设备、制冷附属设备的型号、规格和技术参数必须符合设计要求,并具有产品合格证书、产品性能检验报告;
2) 设备的混凝土基础必须进行质量交接验收,合格后方可安装;
3) 设备安装的位置、标高和管口方向必须符合设计要求。用地脚螺栓固定的制冷设备或制冷附属设备,其垫铁的放置位置应正确、接触紧密;螺栓必须拧紧,并有防松动措施。
检查数量:全数检查。
检查方法:查阅图纸核对设备型号、规格;产品质量合格证书和性能检验报告。

8.2.2 直接膨胀表面式冷却器的表面应保持清洁、完整,空气与制冷剂应呈逆向流动;表面式冷却器与外壳四周的缝隙应堵严,冷凝水排放应畅通。
检查数量:全数检查。
检查方法:观察检查。

8.2.3 燃油系统的设备与管道,以及储油罐及日用油箱的安装,位置和连接方法应符合设计与消防要求。
燃气系统设备的安装应符合设计和消防要求。调压装置、过滤器的安装和调节应符合设备技术文件的规定,且应可靠接地。
检查数量:全数检查。
检查方法:按图纸核对、观察、查阅接地测试记录。

8.2.4 制冷设备的各项严密性试验和试运行的技术数据,均应符合设备技术文件的规定。对组装式的制冷机组和现场充注制冷剂的机组,必须进行吹污、气密性试验、真空试验和充注制冷剂检漏试验,其相应的技术数据必须符合产品技术文件和有关现行国家标准、规范的规定。
检查数量:全数检查。
检查方法:旁站观察、检查和查阅试运行记录。

8.2.5 制冷系统管道、管件和阀门安装应符合下列规定:
1) 制冷剂系统的管道、管件与阀门的型号、材质及工作压力等必须符合设计要求,并应具有出厂合格证、质量证明书;
2) 法兰、螺纹等处的密封材料应与管内的介质性能相适应;
3) 制冷剂液体管不得向上装成"Ω"形。气体管道不得向下装成"U"形(特殊回油管除外);液体支管引出时,必须从干管底部或侧面接出;气体支管引出时,必须从干管顶部或侧面接出；有两根以上的支管从干管引出时，连接部位应错开，且间距不应小于 2 倍支管直径，且不小于 200mm；

制冷剂管道坡度、坡向 表 8.2.5

管道名称	坡向	坡度
压缩机吸气水平管（氟）	压缩机	≥10/1000
压缩机吸气水平管（氨）	蒸发器	≥3/1000
压缩机排气水平管	油分离器	≥10/1000
冷凝器水平供液管	贮液器	(1~3)/1000
油分离器至冷凝器水平管	油分离器	(3~5)/1000

4）制冷机与附属设备之间制冷剂管道的连接，其坡度与坡向应符合设计及设备技术文件要求，当设计无规定时，应符合表 8.2.5 的规定；

5）制冷系统投入运行前，应对安全阀进行调试校核，其开启和回座压力应符合设备技术文件的要求。

检查数量：按总数抽检 20%，且不得少于 5 件。第 5 款全数检查。

检验方法：核查合格证明文件、观察、水平仪测量、查阅调校记录。

8.2.6 燃油管道系统必须设置可靠的防静电接地装置，其管道法兰应采用镀锌螺栓连接或在法兰处用铜导线进行跨接，且接合良好。

检查数量：系统全数检查。

检验方法：观察、检查、查阅试验记录。

8.2.7 燃气系统管道与机组的连接不得使用非金属软管。燃气管道的吹扫和压力试验应为压缩空气或氮气，严禁用水。当燃气供气管道压力大于 **0.005MPa** 时，焊缝的无损检测的执行标准应按设计规定。当设计无规定时，且采纳超声波探伤，应全数检测，以质量不低于Ⅱ级为合格。

检查数量：系统全数检查。

检验方法：观察、检查、查阅探伤报告和试验记录。

8.2.8 氨制冷剂系统管道、附件、阀门及填料不得采用铜或铜合金材料（磷青铜除外），管内不得镀锌。氨系统的管道焊缝应进行射线照相检验，抽检率为 10%，以质量不低于Ⅲ级为合格。在不易进行射线照相检验操作的场合，可用超声波检验代替，以质量不低于Ⅱ级为合格。

检查数量：系统全数检查。

检验方法：观察、检查、查阅探伤报告和试验记录。

8.2.9 输送乙二醇溶液的管道系统，不得使用内镀锌管道及配件。

检查数量：按系统的管段抽查 20%，且不得少于 5 件。

检验方法：观察检查、查阅安装记录。

8.3.1 制冷机组与制冷附属设备的安装应符合下列规定：

1）制冷设备及制冷附属设备安装位置，标高允许偏差，应符合表 8.3.1 的规定；

制冷设备与制冷附属设备安装允许偏差和检验方法　　表8.3.1

项次	项目	允许偏差(mm)	量 测 值 （mm）						
1	平面位移	10							
2	标高	±10							

2) 整体安装的制冷机组,其机身纵、横向水平度的允许偏差为1/1000,并应符合设备技术文件的规定；

3) 制冷附属设备安装的水平度或垂直度允许偏差为1/1000,并应符合设备技术文件的规定；

4) 采用隔振措施的制冷设备或制冷附属设备,其隔振器安装位置应正确；各个隔振器的压缩量,应均匀一致,偏差不应大于2mm；

5) 设置弹簧隔振的制冷机组,应设有防止机组运行时水平位移的定位装置。

检查数量：全数检查。

检查方法：在机座或指定的基准面上,用水平仪、水准仪等检测、尺量与观察检查。

8.3.2 模块式冷水机组单元多台并联组合时,接口应牢固,且严密不漏。连接后机组的外表,应平整、完好,无明显的扭曲。

检查数量：全数检查。

检查方法：尺量与观察检查。

8.3.3 燃油系统油泵和蓄冷系统载冷剂泵的安装,纵、横向水平度允许偏差为1/1000,联轴器两轴芯轴向倾斜允许偏差为0.2/1000,径向位移为0.05mm。

检查数量：全数检查。

检查方法：在机座或指定的基准面上,用水平仪、水准仪等检测、尺量与观察检查。

8.3.4 制冷系统管道、管件的安装应符合下列规定：

1) 管道、管件的内外壁应清洁、干燥；铜管管道支吊架的型式、位置、间距及管道安装标高应符合设计要求,连接制冷机的吸、排气管道应设单独支架；管径小于等于20mm的铜管道,在阀门处应设置支架；管道上下平行敷设时,吸气管应在下方；

2) 制冷剂管道弯管的弯曲半径不应小于3.5D（管道直径）,其最大外径与最小外径之差不应大于0.08D,且不应使用焊接弯管及皱褶弯管；

3) 制冷剂管道分支管应按介质流向弯成90°弧度与主管连接,不宜使用弯曲半径小于1.5D的压制弯管；

4) 铜管切口应平整、不得有毛刺、凹凸等缺陷,切口允许倾斜偏差为管径的1%,管口翻边后应保持同心,不得有开裂及皱褶,并应有良好的密封面；

5) 采用承插、钎焊焊接连接的铜管,其插接深度应符合表8.3.4的规定,承插的扩口方向应迎介质流向。当采用套接钎焊焊接连接时,其插接深度应不小于承插连接的规定。采用对接焊缝组对管道的内壁应齐平,错边量不大于0.1倍壁厚,且不大于1mm；

承插式焊接的铜管承口的扩口深度表(mm)　　表8.3.4

铜管规格	≤DN15	DN20	DN25	DN32	DN40	DN50	DN65
承插口的扩口深度	9～12	12～15	15～18	17～20	21～24	24～26	26～30

6) 管道穿越墙体或楼板、管道的支吊架和钢管的焊接应按第9章的有关规定执行。

检查数量：按系统抽查20%，且不得少于5件。

检查方法：尺量、观察检查。

8.3.5 制冷系统阀门的安装应符合下列规定：

1) 制冷剂阀门安装前应进行强度和严密性试验。强度试验压力为阀门公称压力的1.5倍，时间不得少于5min；严密性试验压力为阀门公称压力的1.1倍，持续时间30s不漏为合格。合格后应保持阀体内干燥。如阀门进、出口封闭破损或阀体锈蚀的还应进行解体清洗；

2) 位置、方向和高度应符合设计要求；

3) 水平管道上的阀门的手柄不应朝下；垂直管道上的阀门手柄应朝向便于操作的地方；

4) 自控阀门安装的位置应按符合设计要求。电磁阀、调节阀、热力膨胀阀、升降式止回阀等的阀头均应向上；热力膨胀阀的安装位置应高于感温包，感温包应装在蒸发器末端的回气管上，与管道接触良好，绑扎紧密；

5) 安全阀应垂直安装在便于检修的位置，其排气管出口应朝向安全地带，排液管应装在泄水管上。

检查数量：按系统抽查20%，且不得少于5件。

检查方法：尺量、观察检查、旁站或查阅试验记录。

8.3.6 制冷系统的吹扫排污应采用压力为0.6MPa的干燥压缩空气或氮气，以浅色布检查5min无污物为合格。系统吹扫干净后，应将系统中阀门的阀芯拆下清洗干净。

检查数量：全数检查。

检查方法：观察、旁站或查阅试验记录。

(3) 检验批验收应提供的附件资料

1) 制冷设备与附属设备质量合格证明文件；
2) 产品性能检测报告；
3) 接地电阻测试记录；
4) 严密性试运行记录；
5) 施工调试记录；
6) 防静电接地试验记录；
7) 制冷管道焊接探伤报告和试验报告；
8) 气密性试验及真空试验报告；
9) 制冷系统阀门强度、严密性试验记录；
10) 施工记录；
11) 自检、互检及工序交接检查记录；
12) 其他应报或设计要求报送的资料。

注：合理缺项除外。

2.11.12 空调水系统安装检验批质量验收记录(金属管道)

1. 资料表式

空调水系统安装检验批质量验收记录表(金属管道)　　　　表243-12

检控项目	序号	质量验收规范规定		施工单位检查评定记录	监理(建设)单位验收记录
主控项目	1	系统的管材与配件验收	第9.2.1条		
	2	管道柔性接管的安装	第9.2.2-3条		
	3	管道的套管	第9.2.2-5条		
	4	管道补偿器安装及固定支架	第9.2.5条		
	5	系统的冲洗、排污	第9.2.2-4条		
	6	阀门的安装	第9.2.4条		
	7	阀门的试压	第9.2.4-3条		
	8	系统的试压	第9.2.3条		
	9	隐蔽管道的验收	第9.2.2-1条		
一般项目	1	管道的焊接	第9.3.2条		
	2	管道的螺纹连接	第9.3.3条		
	3	管道的法兰连接	第9.3.4条		
	4	管道的安装	第9.3.5条		
	5	钢塑复合管道的安装	第9.3.6条		
	6	管道沟槽式连接	第9.3.6条		
	7	管道的支、吊架	第9.3.8条		
	8	阀门及其他部件的安装	第9.3.10条		
	9	系统放气阀与排水阀	第9.3.10-4条		

2. 应用指导

(1) 检查验收统一说明

1) 执行规范章、节

本表的检验批验收执行《通风与空调工程施工质量验收规范》(GB 50243—2002)规范第9章、第9.2节、第9.3节主控项目和一般项目有关条目的质量等级要求。应按其质量标准和检查方法逐一进行验收。

表列应检验项目必须全部进行检查验收不得缺漏,应检项目漏检,应进行补充检查验收,不进行补检不应通过验收。

2) 检验批的划分原则

通风与空调工程的检验批划分(GB 50243—2002)规范将其划分为17个表式,其中涉及有关空调水系统的3个检验批:

C.2.7 空调水系统安装检验批验收质量验收记录见附表C.2.7-1、C.2.7-2与C.2.7-3。

3) 质量等级验收评定

① 主控项目是对检验批的基本质量起决定性影响的检验项目,必须全部符合该专业规范的规定,不允许有不符合规范要求的检验结果。

② 一般项目应有80%以上的抽检处符合该规范规定或偏差值在其允许偏差范围内。

4) 检验批验收应提交资料

检验批验收时,应提交的施工操作依据和质量检查记录应完整。

5) 检验批验收

只按列为主控项目、一般项目的条款来验收,不能随意扩大内容范围和提高质量标准。

6) 检验批验收责任制

检验批表式中的责任制签记必须本人签字,替签为无效检验批验收记录。

(2) 检查验收执行条目(摘自《通风与空调工程施工质量验收规范》GB 50243—2002)

9.2.1 空调工程水系统的设备与附属设备、管道、管配件及阀门的型号、规格、材质及连接形式应符合设计规定。

检查数量:按总数抽查10%,且得少于5件。

检查方法:观察检查外观质量并检查产品质量证明文件、材料进场验收记录。

9.2.2 管道安装应符合下列规定:

1) 隐蔽管道必须按(GB 50243—2002)规范第3.0.11的规定执行;

2) 焊接钢管、镀锌钢管不得采用热煨弯;

3) 管道与设备的连接,应在设备安装完毕后进行,与水泵、制冷机组的接管必须为柔性接口。柔性短管不得强行对口连接,与其连接的管道应设置独立支架;

4) 冷热水及冷却水系统应在系统冲洗、排污合格(目测:以排出口的水色和透明度与入水口对比相近,无可见杂物),再循环试运行2h以上,且水质正常后才能与制冷机组、空调设备相贯通;

5) 固定在建筑结构上的管道支、吊架,不得影响结构的安全。管道穿越墙体或楼板处应设钢制套管,管道接口不得置于套管内,钢制套管应与墙体饰面或楼板底部平齐,上部应高出楼层地面20~50mm,并不得将套管作为管道支撑。

保温管道与套管四周间隙应使用不燃绝热材料填塞紧密。

检查数量:系统全数检查,每个系统管道、部件数量抽查10%,且不得少于5件。

检查方法:尺量、观察检查,旁站或查阅试验记录、隐蔽工程记录。

9.2.3 管道系统安装完毕,外观检查合格后,应按设计要求进行水压试验。当设计无规定时,应符合下列规定:

1) 冷热水、冷却水系统的试验压力,当工作压力小于等于1.0MPa时,为1.5倍工作压力,但最低不小于0.6MPa;当工作压力大于1.0MPa时,为工作压力加0.5MPa;

2) 对于大型或高层建筑垂直位差较大的冷(热)媒水、冷却水管道系统宜采用分区、分层试压和系统试压相结合的方法。一般建筑可采用系统试压方法。

分区、分层试压:对相对独立的局部区域的管道进行试压。在试验压力下,稳压10min。压力不得下降,再将系统压力降至工作压力,在60min内压力不得下降,外观检查无渗漏为合格。

系统试压:在各分区管道与系统主、干管全部连通后,对整个系统的管道进行系统的试压。试验压力以最低点的压力为准,但最低点的压力不得超过管道与组成件的承受压力。压力试验升至试验压力后,稳压10min,压力下降不得大于0.02MPa,再将系统压力降至工作压力,外观检查无渗漏为合格;

　　3)各类耐压塑料管的强度试验压力为1.5倍工作压力,严密性工作压力为1.15倍的设计工作压力;

　　4)凝结水系统采用充水试验,应以不渗漏为合格。

　　检查数量:系统全数检查。

　　检查方法:旁站观察或查阅试验记录。

9.2.4 阀门的安装应符合下列规定:

　　1)阀门的安装位置、高度、进出口方向必须符合设计要求,连接应牢固紧密;

　　2)安装在保温管道上的各类手动阀门,手柄均不得向下;

　　3)阀门安装前必须进行外观检查,阀门的铭牌应符合现行国家标准《通用阀门标志》GB 12220的规定。对于工作压力大于1MPa及在主干管上起到切断作用的阀门,必须进行强度和严密性试验,合格后方准使用。其他阀门可不单独进行试验,待在系统试压中检验。

　　强度试验时,试验压力为公称压力的1.5倍,持续时间不少于5min,阀门的壳体、填料应无渗漏。

　　严密性试验时,试验压力为公称压力的1.1倍。试验压力在试验持续的时间内应保持不变,时间应符合表9.2.4的规定,以阀瓣密封面无渗漏为合格。

阀门压力持续时间 表9.2.4

公称直径 DN(mm)	最短试验持续时间(s) 严密性试验	
	金属密封	非金属密封
≤50	15	15
65~150	60	15
200~300	60	30
≥500	120	60

　　检查数量:1、2款抽查5%,不得少于一个。水压试验以每批(同牌号、同规格、同型号)数量中抽查20%,且不得少于一个。对于安装在主干管上起切断作用的闭路阀门,全数检查。

　　检查方法:按设计图核对、观察检查;旁站或查阅试验记录。

9.2.5 补偿器的补偿量和安装位置必须符合设计及产品技术文件的要求,并应根据设计计算的补偿量进行预拉伸或预压缩。

　　设有补偿器(膨胀节)的管道应设置固定支架,其结构形式和固定位置应符合设计要求,并应在补偿器的预拉伸(或预压缩)前固定;导向支架的设置应符合所安装产品技术文件的要求。

　　检查数量:抽查20%,且不得少于一个。

　　检查方法:观察检查;旁站或查阅补偿器的预拉伸或预压缩记录。

9.3.2 金属管道的焊接应符合下列规定:

1) 管道焊接材料的品种、规格、性能应符合设计要求。管道对接焊口的组对和坡口形式等应符合表9.3.2的规定;对口的平直度,为1/100,全长不大于10mm。管道的固定焊口应远离设备,且不宜与设备接口中心线相重合。管道对接焊缝与支、吊架的距离应大于50mm;

2) 管道焊缝表面应清理干净,并进行外观质量的检查。焊缝外观质量不得低于现行国家标准《现场设备、工业管道焊接工程施工及验收规范》GB 50236中第11.3.3条的Ⅳ级规定(氨管为Ⅲ级)。

检查数量:按总数抽查20%,且不得少于1处。

检查方法:尺量、观察检查。

管道焊接坡口形式和尺寸 表9.3.2

项次	厚度T (mm)	坡口名称	坡口形式	坡口尺寸			备注
				间隙C (mm)	钝边P (mm)	坡口角度 α°	
1	1~3	Ⅰ型坡口		0~1.5	—	—	内壁错边量≤0.1T,且≤2mm;外壁≤3mm
	3~6			1~2.5	—	—	
2	6~9	V型坡口		0~2.0	0~2	65~75	
	9~26			0~3.0	0~3	55~65	
3	2~30	T型坡口		0~2.0			

9.3.3 螺纹连接的管道,螺纹应清洁、规整,断丝或缺丝不大于螺纹全扣数的10%;连接牢固;接口处根部外露螺纹为2~3扣,无外露填料;镀锌管道的镀锌层应注意保护,对局部的破损处,应作防腐处理。

检查数量:按总数抽查5%,且不得少于5处。

检查方法:观察、尺量检查。

9.3.4 法兰连接的管道,法兰面应与管道中心线垂直,并同心。法兰对接应平行,其偏差不应大于其外径的1.5/1000,且不得大于2mm;连接螺栓长度应一致、螺母在同侧、均匀拧紧。螺栓紧固后不应低于螺母平面。法兰的衬垫规格、品种与厚度应符合设计要求。

检查数量:按总数抽查5%,不得少于5处。

检查方法:观察、尺量检查。

9.3.5 钢制管道的安装应符合下列规定:

1) 管道和管件在安装前,应将其内、外壁的污物和锈蚀消除干净。当管道安装间断时,应及时封闭敞开的管口;

2) 管道弯管弯制的弯曲半径,热弯不应小于管道外径的3.5倍、冷弯不应小于4倍;焊接弯管不应小于1.5倍;冲压弯管不应小于1倍。弯管的最大外径与最小外径的差不应大

于管道外径的8/100,管壁减薄率不应大于15%;

3) 冷凝水排水管坡度,应符合设计文件的规定。当设计无规定时,其坡度宜大于或等于8‰;软管连接的长度,不宜大于150mm;

管道安装的允许偏差　　　　　表9.3.5

项　目		允许偏差(mm)	量　测　值　(mm)					
坐标	架空及地沟 室外	25						
	架空及地沟 室内	15						
	埋　地	60						
标高	架空及地沟 室外	±20						
	架空及地沟 室内	±15						
	埋　地	±25						
水平管道平直度	$DN \leqslant 100mm$	$2L‰$,最大40						
	$DN > 100mm$	$3L‰$,最大60						
立管垂直度		$5L‰$,最大25						
成排管段间距		15						
成排管段或成排阀门在同一平面上		3						

注:L——管子的有效长度(mm)。

4) 冷(热)媒管道与支、吊架之间应垫以绝热衬垫(承压强度能满足管道重量的不燃、难燃硬质绝热材料或经防腐处理的木衬垫),其厚度不应小于绝热层厚度,宽度应大于支、吊架支承面的宽度。衬垫的表面应平整、衬垫接合面的空隙应填实;

5) 管道安装的坐标、标高和纵、横向弯曲度应符合表9.3.5的规定。在吊顶内等暗装管道的位置应正确,无明显偏差。

检查数量:按总数抽查10%,且不得少于5处。

检查方法:观察、尺量检查。

9.3.6 钢塑复合管道的安装,当系统工作压力不大于1.0MPa时,可采用涂(衬)塑焊接钢管螺纹连接,与管道配件的连接深度和扭矩应符合表9.3.6-1的规定;系统工作压力为1.0~2.5MPa时,可采用涂(衬)塑无缝钢管法兰连接或沟槽式连接,管道配件均为无缝钢管涂(衬)塑管件。沟槽式连接的管道,其沟槽与橡胶密封圈和卡箍套必须为配套合格产品,其支、吊架的间距应符合表9.3.6-2的规定。

钢塑复合管螺纹连接深度及紧固扭矩　　　　　表9.3.6-1

公称直径(mm)		15	20	25	32	40	50	65	80	100
螺纹连接	深度(mm)	11	13	15	17	18	20	23	27	35
	牙　数	6.0	6.5	7.0	7.5	8.0	9.0	10.0	11.5	13.5
扭矩(N·m)		40	60	100	120	150	200	250	300	400

沟槽式连接管道的沟槽及支、吊架的间距　　　　表 9.3.6-2

公称直径(mm)	沟槽深度(mm)	允许偏差(mm)	支、吊架的间距(mm)	端面垂直度允许偏差(mm)
65~100	2.20	0~+0.3	3.5	1.0
125~150	2.20	0~+0.3	4.2	
200	2.50	0~+0.3	4.2	
225~250	2.50	0~+0.3	5.0	1.5
300	3.0	0~+0.5	5.0	

注：1. 连接管端面应平整光滑、无毛刺；沟槽过深，应作为废品，不得使用；
　　2. 支、吊架不得支承在连接头上，水平管的任意两个连接头之间必须有支、吊架。

检查数量：按总数抽查 10%，不少于 5 处。

检查方法：观察、尺量检查、产品合格证。

9.3.8 金属管道的支、吊架的型式、位置、间距、标高应符合设计或有关技术标准的要求。设计无规定时，应符合下列规定：

1）支、吊架的安装应平整牢固，与管道接触紧密。管道与设备连接处，应设独立支、吊架；

2）冷（热）媒水、冷却水系统管道机房内总、干管的支、吊架，应采用承重防晃管架；与设备连接的管道管架宜有减振措施。当水平支管的管架采用单杆吊架时，应在管道起始点、阀门、三通、弯头及长度每隔 15m 设置承重防晃支、吊架；

3）无热位移的管道吊架，其吊杆应垂直安装；有热位移的，其吊杆应向热膨胀（或冷收缩）的反方向偏移安装，偏移量按计算确定；

4）滑动支架的滑动面应清洁、平整，其安装位置应从支承面中心向位移反方向偏移 1/2 位移值或符合设计文件规定；

5）竖井内的立管，每隔二～三层应设导向支架。在建筑结构负重允许的情况下，水平安装管道支、吊架的间距应符合表 9.3.8 的规定。

6）管道支、吊架的焊接应由合格持证焊工施焊，并不得有漏焊、欠焊或焊接裂纹等缺陷。支架与管道焊接时，管子侧的咬边量，应小于 0.1 管壁厚。

钢管道支、吊架的最大间距　　　　表 9.3.8

公称直径(mm)		15	20	25	32	40	50	70	80	100	125	150	200	250	300
支架的最大间距(m)	L_1	1.5	2.0	2.5	2.5	3.0	3.5	4.0	5.0	5.0	5.5	6.5	7.5	8.5	9.5
	L_2	2.5	3	3.5	4	4.5	5.0	6.0	6.5	6.5	7.5	7.5	9.0	9.5	10.5
		对大于 300mm 的管道可参考 300mm 管道													

注：1. 适用于工作压力不大于 2.0MPa，不保温或保温材料密度不大于 200kg/m³ 的管道系统；
　　2. L_1 用于保温管道，L_2 用于不保温管道。

检查数量：按系统支架数量抽查 5%，不得少于 5 个。

检查方法：尺量、观察检查。

9.3.10 阀门、集气罐、自动排气装置、除污器（水过滤器）等管道部件的安装应符合设计要求，并应符合下列规定：

4) 闭式系统管路应在系统最高处及所有可能积聚空气的高点设置排气阀,在管路最低点应设置排水管及排水阀。

检查数量:按规格、型号抽查10%,且不得少于2个。

检查方法:对照设计文件尺量、观察和操作检查。

2.11.13 空调水系统安装检验批质量验收记录(非金属管道)

1. 资料表式

空调水系统安装检验批质量验收记录表(非金属管道)　　表 243-13

检控项目	序号	质量验收规范规定		施工单位检查评定记录	监理(建设)单位验收记录
主控项目	1	系统的管材与配件验收	第9.2.1条		
	2	管道柔性接管的安装	第9.2.2-3条		
	3	管道的套管	第9.2.2-5条		
	4	管道补偿器安装及固定支架	第9.2.5条		
	5	系统的冲洗、排污	第9.2.2-4条		
	6	阀门的安装	第9.2.4条		
	7	阀门的试压	第9.2.4-3条		
	8	系统的试压	第9.2.3条		
	9	隐蔽管道的验收	第9.2.2-1条		
一般项目	1	PVC-U管道的安装	第9.3.1条		
	2	PP-R管道的安装	第9.3.1条		
	3	PEX管道的安装	第9.3.1条		
	4	管道安装的位置	第9.3.9条		
	5	管道的支、吊架	第9.3.8条		
	6	阀门的安装	第9.3.10条		
	7	系统放气阀与排水阀	第9.3.10-4条		

2. 应用指导

(1) 检查验收统一说明

1) 执行规范章、节

本表的检验批验收执行《通风与空调工程施工质量验收规范》(GB 50243—2002)规范第9章、第9.2节、第9.3节主控项目和一般项目有关条目的质量等级要求。应按其质量标准和检查方法逐一进行验收。

表列应检验项目必须全部进行检查验收不得缺漏,应检项目漏检,应进行补充检查验收,不进行补检不应通过验收。

2) 检验批的划分原则

通风与空调工程的检验批划分(GB 50243—2002)规范将其划分为17个表式,其中涉及有关空调水系统安装的3个检验批：

C.2.7 空调水系统安装检验批验收质量验收记录见附表C.2.7-1、C.2.7-2与C.2.7-1。

3) 质量等级验收评定

① 主控项目是对检验批的基本质量起决定性影响的检验项目，必须全部符合该专业规范的规定，不允许有不符合规范要求的检验结果。

(2) 一般项目应有80%以上的抽检处符合该规范规定或偏差值在其允许偏差范围内。

4) 检验批验收应提交资料

检验批验收时，应提交的施工操作依据和质量检查记录应完整。

5) 检验批验收

只按列为主控项目、一般项目的条款来验收，不能随意扩大内容范围和提高质量标准。

6) 检验批验收责任制

检验批表式中的责任制签记必须本人签字，替签为无效检验批验收记录。

(2) 检查验收执行条目(摘自《通风与空调工程施工质量验收规范》GB 50243—2002)

9.2.1 空调工程水系统的设备与附属设备、管道、管配件及阀门的型号、规格、材质及连接形式应符合设计规定。

检查数量：按总数抽查10%，且不得少于5件。

检查方法：观察检查外观质量并检查产品质量证明文件、材料进场验收记录。

9.2.2 管道安装应符合下列规定：

3) 管道与设备的连接，应在设备安装完毕后进行。与水泵、制冷机组的接管必须为柔性接口。柔性短管不得强行对口连接，与其连接的管道应设置独立支架；

4) 冷热水及冷却水系统应在系统冲洗、排污合格（目测：以排出口的水色和透明度与入水口对比相近，无可见杂物），再循环试运行2h以上，且水质正常后才能与制冷机组、空调设备相贯通；

5) 固定在建筑结构上的管道支、吊架，不得影响结构的安全。管道穿越墙体或楼板处应设钢制套管，管道接口不得置于套管内，钢制套管应与墙体饰面成楼板底部平齐，上部应高出楼层地面20~50mm，并不得将套管作为管道支撑。

保温管道与套管四周间隙应使用不燃绝热材料填塞紧密。

检查数量：系统全数检查，每个系统管道、部件数量抽查10%，且不得少于5件。

检查方法：尺量、观察检查，旁站或查阅试验记录、隐蔽工程记录。

9.2.3 管道系统安装完毕，外观检查合格后，应按设计要求进行水压试验。当设计无规定时，应符合下列规定：

1) 冷热水、冷却水系统的试验压力，当工作压力小于等于1.0MPa时，为1.5倍工作压力，但最低不小于0.6MPa；当工作压力大于1.0MPa时，为工作压力加0.5MPa。

2) 对于大型或高层建筑垂直位差较大的冷(热)媒水、冷却水管道系统宜采用分区、分层试压和系统试压相结合的方法。一般建筑可采用系统试压方法。

分区、分层试压：对相对独立的局部区域的管道进行试压。在试验压力下，稳压10min。压力不得下降，再将系统压力降至工作压力，在60min内压力不得下降、外观检查无渗漏为合格。

系统试压:在各分区管道与系统主、干管全部连通后,对整个系统的管道进行系统的试压。试验压力以最低点的压力为准,但最低点的压力不得超过管道与组成件的承受压力。压力试验升至试验压力后,稳压10min,压力下降不得大于0.02MPa,再将系统压力降至工作压力,外观检查无渗漏为合格;

3) 各类耐压塑料管的强度试验压力为1.5倍工作压力,严密性工作压力为1.15倍的设计工作压力。

4) 凝结水系统采用充水试验,应以不渗漏为合格。

检查数量:系统全数检查。

检查方法:旁站观察或查阅试验记录。

9.2.4 阀门的安装应符合下列规定:

1) 阀门的安装位置、高度、进出口方向必须符合设计要求,连接应牢固紧密;

2) 安装在保温管道上的各类手动阀门,手柄均不得向下;

3) 阀门安装前必须进行外观检查,阀门的铭牌应符合现行国家标准《通用阀门标志》GB 12220的规定。对于工作压力大于1MPa及在主干管上起到切断作用的阀门,必须进行强度和严密性试验,合格后方准使用。其他阀门可不单独进行试验,待在系统试压中检验。

强度试验时,试验压力为公称压力的1.5倍,持续时间不少于5min,阀门的壳体、填料应无渗漏。

严密性试验时,试验压力为公称压力的1.1倍,试验压力在试验持续的时间内应保持不变,时间应符合表9.2.4的规定,以阀瓣密封面无渗漏为合格。

阀门压力持续时间　　　　　　　表 9.2.4

公称直径 DN(mm)	最短试验持续时间(s)	
	严密性试验	
	金属密封	非金属密封
≤50	15	15
65~200	30	15
200~450	60	30
≥500	120	60

检查数量:1、2款抽查5%,不少于一个。水压试验以每批(同牌号、同规格、同型号)数量中抽查20%,且不得少于一个。对于安装在主干管上起切断作用的闭路阀门,全数检查。

检查方法:按设计图核对、观察检查;旁站或查阅试验记录。

9.2.5 补偿器的补偿量和安装位置必须符合设计及产品技术文件的要求,并应根据设计计算的补偿量进行预拉伸或预压缩。

设有补偿器(膨胀节)的管道应设置固定支架,其结构形式和固定位置应符合设计要求,并应在补偿器的预拉伸(或预压缩)前固定;导向支架的设置应符合所安装产品技术文件的要求。

检查数量:抽查20%,且不得少于一个。

检查方法:观察检查;旁站或查阅补偿器的预拉伸或预压缩记录。

9.3.1 当空调水系统的管道,采用建筑用硬聚氯乙烯(PVC-U)、聚丙烯(PP-R)、聚丁烯(PB)与交联聚乙烯(PEX)等有机材料管道时,其连接方法应符合设计和产品技术要求的规定。

检查数量:按总数抽查20%,不得少于2处。

检查方法:观察尺量检查,验证产品合格证书和试验记录。

9.3.8 金属管道的支、吊架的型式、位置、间距、标高应符合设计或有关技术标准的要求。设计无规定时,应符合下列规定:

1) 支、吊架的安装应平整牢固,与管道接触紧密。管道与设备连接处,应设独立支、吊架;

2) 冷(热)媒水、冷却水系统管道机房内总、干管的支、吊架,应采用承重防晃管架;与设备连接的管道管架宜有减振措施。当水平支管的管架采用单杆吊架时,应在管道起始点、阀门、三通、弯头及长度每隔15m设置承重防晃支、吊架;

3) 无热位移的管道吊架,其吊杆应垂直安装;有热位移的,其吊杆应向热膨胀(或冷收缩)的反方向偏移安装,偏移量按计算确定;

4) 滑动支架的滑动面应清洁、平整,其安装位置应从支承面中心向位移反方向偏移1/2位移值或符合设计文件规定;

5) 竖井内的立管,每隔二~三层应设导向支架。在建筑结构负重允许的情况下,水平安装管道支、吊架的间距应符合表9.3.8的规定;

6) 管道支、吊架的焊接应由合格持证焊工施焊,并不得有漏焊、欠焊或焊接裂纹等缺陷。支架与管道焊接时,管道侧的咬边量,应小于0.1管壁厚。

钢管道支、吊架的最大间距　　　　　　表9.3.8

公称直径(mm)		15	20	25	32	40	50	70	80	100	125	150	200	250	300
支架的最大间距(m)	L_1	1.5	2.0	2.5	2.5	3.0	3.5	4.0	5.0	5.0	5.5	6.5	7.5	8.5	9.5
	L_2	2.5	3	3.5	4	4.5	5.0	6.0	6.5	6.5	7.5	7.5	9.0	9.5	10.5
		对大于300mm的管道可参考300mm管道													

注:1. 适用于工作压力不大于2.0MPa,不保温或保温材料密度不大于200kg/m³的管道系统;
  2. L_1用于保温管道,L_2用于不保温管道。

检查数量:按系统支架数量抽查5%,不得少于5个。

检查方法:尺量、观察检查。

9.3.9 采用建筑用硬聚氯乙烯(PVC-U)、聚丙烯(PP-R)与交联聚乙烯(PEX)等管道时,管道与金属支、吊架之间应有隔绝措施,不可直接接触。当为热水管道时,还应加宽其接触的面积。支、吊架的间距应符合设计和产品技术要求的规定。

检查数量:按系统支架数量抽查5%,不得少于5个。

检查方法:观察检查。

9.3.10 阀门、集气罐、自动排气装置、除污器(水过滤器)等管道部件的安装应符合设计要求,并应符合下列规定:

4) 闭式系统管路应在系统最高处及所有可能积聚空气的高点设置排气阀,在管路最低点应设置排水管及排水阀。

检查数量:按规格、型号抽查10%,且不得少于2个。

检查方法:对照设计文件尺量、观察和操作检查。

2.11.14 空调水系统安装检验批质量验收记录(设备)

1. 资料表式

空调水系统安装检验批质量验收记录表(设备)　　　表 243-14

检控项目	序号	质量验收规范规定		施工单位检查评定记录	监理(建设)单位验收记录
主控项目	1	系统的设备与附属设备	第9.2.1条		
	2	冷却塔的安装	第9.2.6条		
	3	水泵的安装	第9.2.7条		
	4	其他附属设备的安装	第9.2.8条		
一般项目	1	风机盘管的管道连接	第9.3.7条		
	2	冷却塔的安装	第9.3.11条		
	3	水泵及附属设备的安装	第9.3.12条		
	4	水箱、集水缸、分水缸、储冷罐等设备的安装	第9.3.13条		
	5	水过滤器等设备的安装	第9.3.10-3条		
	6	管道安装			

2. 应用指导

(1) 检查验收统一说明

1) 执行规范章、节

本表的检验批验收执行《通风与空调工程施工质量验收规范》(GB 50243—2002)规范第9章、第9.2节、第9.3节主控项目和一般项目有关条目的质量等级要求。应按其质量标准和检查方法逐一进行验收。

表列应检验项目必须全部进行检查验收不得缺漏,应检项目漏检,应进行补充检查验收,不进行补检不应通过验收。

2) 检验批的划分原则

通风与空调工程的检验批划分(GB 50243—2002)规范将其划分为17个表式,其中涉及有关空调水系统安装的3个检验批:

C.2.7 空调水系统安装检验批验收质量验收记录见附表 C.2.7-1、C.2.7-2 与 C.2.7-3。

3) 质量等级验收评定

① 主控项目是对检验批的基本质量起决定性影响的检验项目,必须全部符合该专业规范的规定,不允许有不符合规范要求的检验结果。

② 一般项目应有80%以上的抽检处符合该规范规定或偏差值在其允许偏差范围内。

4）检验批验收应提交资料

检验批验收时,应提交的施工操作依据和质量检查记录应完整。

5）检验批验收

只按列为主控项目、一般项目的条款来验收,不能随意扩大内容范围和提高质量标准。

6）检验批验收责任制

检验批表式中的责任制签记必须本人签字,替签为无效检验批验收记录。

(2) 检查验收执行条目(摘自《通风与空调工程施工质量验收规范》GB 50243—2002)

9.2.1 空调工程水系统的设备与附属设备、管道、管配件及阀门的型号、规格、材质及连接形式应符合设计规定。

检查数量:按总数抽查10%,且不得少于5件。

检查方法:观察检查外观质量并检查产品质量证明文件、材料进场验收记录。

9.2.6 冷却塔的型号、规格、技术参数必须符合设计要求。对含有易燃材料冷却塔的安装,必须严格执行施工防火安全的规定。

检查数量:全数检查。

检查方法:按图纸核对;监督执行防火规定。

9.2.7 水泵的规格、型号、技术参数应符合设计要求和产品性能指标。水泵正常连续试运行的时间,不应少于2h。

检查数量:全数检查。

检查方法:按图纸核对,实测或查阅水泵试运行记录。

9.2.8 水箱、集水缸、分水缸、储冷罐的满水试验或水压试验必须符合设计要求。储冷罐内壁防腐涂层的材质、涂抹质量、厚度必须符合设计或产品技术文件要求,储冷罐与底座必须进行绝垫处理。

检查数量:全数检查。

检查方法:尺量、观察检查,查阅试验记录。

9.3.7 风机盘管机组及其他空调设备与管道的连接,宜采用弹性接管或软接管(金属或非金属软管),其耐压值应大于等于1.5倍的工作压力。软管的连接应牢固,不应有强扭和瘪管。

检查数量:按总数抽查10%,且不得少于5处。

检查方法:观察、查阅产品合格证明文件。

9.3.10 阀门、集气罐、自动排气装置、除污器(水过滤器)等管道部件的安装应符合设计要求,并应符合下列规定:

1) 阀门安装的位置、进出口方向应正确,并便于操作;连接应牢固紧密,启闭灵活;成排阀门的排列应整齐美观,在同一平面上的允许偏差为3mm;

2) 电动、气动等自控阀门在安装前应进行单体的调试,包括开启、关闭等动作试验;

3) 冷冻水和冷却水的除污器(水过滤器)应安装在进机组前的管道上,方向正确且便于清污;与管道连接牢固、严密,其安装位置应便于滤网的拆装和清洗。过滤器滤网的材质、规格和包扎方法应符合设计要求;

4) 闭式系统管路应在系统最高处及所有可能积聚空气的高点设置排气阀,在管路最低点应设置排水管及排水阀。

检查数量：按规格、型号抽查10%，且不得少于2个。

检查方法：对照设计文件尺量、观察和操作检查。

9.3.11 冷却塔安装应符合下列规定：

1) 基础标高应符合设计的规定，允许误差为±20mm。冷却塔地脚螺栓与预埋件的连接或固定应牢固，各连接部件下应采用热镀锌或不锈钢螺栓，其紧固力应一致、均匀；

2) 冷却塔安装应水平，单台冷却塔安装水平度和垂直度允许偏差均为2/1000。同一冷却水系统的多台冷却塔安装时，各台冷却塔的水面高度应一致，高差不应大于30mm；

3) 冷却塔的出水口及喷嘴的方向和位置应正确，积水盘应严密无渗漏；分水器布水均匀。带转动布水器的冷却塔，其转动部分应灵活，喷水出口按设计或产品要求，方向应一致；

4) 冷却塔风机叶片端部与塔体四周的径向间隙应均匀。对于可调整角度的叶片，角度应一致。

检查数量：全数检查。

检查方法：尺量和观察检查，积水盘做充水试验或查阅试验记录。

9.3.12 水泵及附属设备的安装应符合下列规定：

1) 水泵的平面位置和标高允许偏差为±10mm，安装的地脚螺栓应垂直、拧紧，且与设备底座接触紧密；

2) 垫铁组放置位置正确、平稳，接触紧密，每组不超过3块；

3) 整体安装的泵，纵向水平偏差不应大于0.1/1000，横向水平偏差不应大于0.20/1000；解体安装的泵纵、横向安装水平偏差均不应大于0.05/1000；

水泵与电机采用联轴器连接时，联轴器两轴芯的允许偏差，轴向倾斜不大于0.2/1000，径向位移不应大于0.05mm。

小型整体安装的管道水泵不应有明显偏斜；

4) 减震器与水泵及水泵基础连接牢固、平稳、接触紧密；

检查数量：全数检查。

检验方法：扳手试拧、观察检查，用水平仪和塞尺测量或查阅设备安装记录。

9.3.13 水箱、集水器、分水器、储冷罐等设备的安装，支架或底座的尺寸、位置符合设计要求。设备与支架或底座接触紧密，安装平正、牢固。平面位置允许偏差为15mm，标高允许偏差为±5mm，垂直度允许偏差为1/1000。

膨胀水箱安装的位置及接管的连接，应符合设计文件的要求。

检查数量：全数检查。

检验方法：尺量、观察检查；旁站或查阅试验记录。

9.3.5 钢制管道安装见表9.3.5。

管道安装的允许偏差 表9.3.5

项 目		允许偏差 (mm)	量 测 值 （mm）					
坐标	架空及地沟	室外	25						
		室内	15						
	埋地		60						

续表

项　　目			允许偏差(mm)	量　测　值　(mm)							
标高	架空及地沟	室外	±20								
		室内	±15								
	埋　地		±25								
水平管道平直度	$DN\leqslant100mm$		$2L‰$,最大40								
	$DN>100mm$		$3L‰$,最大60								
立管垂直度			$5L‰$,最大25								
成排管段间距			15								
成排管段或成排阀门在同一平面上			3								

(3) 检验批验收应提供的附件资料(表243-12～表243-14)

1) 质量合格证明文件；
2) 产品性能检测报告；
3) 材料进场验收记录；
4) 阀门严密性试验记录；
5) 隐蔽验收记录；
6) 管道冲洗试验记录；
7) 管道系统水压试验；
8) 补偿器预拉伸记录；
9) 水泵试运行记录；
10) 水箱、集水缸、分水缸、储冷罐满水试验记录；
11) 绝热施工记录；
12) 管道焊接试验记录；
13) 冷却塔充水试验或试验记录；
14) 水泵设备等安装记录；
15) 施工记录；
16) 自检、互检及工序交接检查记录；
17) 其他应报或设计要求报送的资料。

注：1. 合理缺项除外。
　　2. 表243-12～表243-14表示这几个检验批表式的附件资料均相同。

2.11.15　防腐与绝热施工检验批质量验收记录(风管系统)

1. 资料表式

防腐与绝热施工检验批质量验收记录表(风管系统)　　　　表 243-15

检控项目	序号	质量验收规范规定		施工单位检查评定记录	监理(建设)单位验收记录
主控项目	1	材料的验证	第 10.2.1 条		
	2	防腐涂料或油漆质量	第 10.2.2 条		
	3	电加热器与防火墙 2m 管道	第 10.2.3 条		
	4	低温风管的绝热	第 10.2.4 条		
	5	洁净室内风管	第 10.2.5 条		
一般项目	1	防腐涂层质量	第 10.3.1 条		
	2	空调设备、部件油漆或绝热	第 10.3.2、10.3.3 条		
	3	绝热材料厚度及平整度	第 10.3.4 条		
	4	风管绝热粘接固定	第 10.3.5 条		
	5	风管绝热层保温钉固定	第 10.3.6 条		
	6	绝热涂料	第 10.3.7 条		
	7	玻璃布保护层的施工	第 10.3.8 条		
	8	金属保护层的施工	第 10.3.12 条		

2．应用指导

(1) 检查验收统一说明

1) 执行规范章、节

本表的检验批验收执行《通风与空调工程施工质量验收规范》(GB 50243—2002)规范第 10 章、第 10.2 节、第 10.3 节主控项目和一般项目有关条目的质量等级要求。应按其质量标准和检查方法逐一进行验收。

表列应检验项目必须全部进行检查验收不得缺漏，应检项目漏检，应进行补充检查验收，不进行补检不应通过验收。

2) 检验批的划分原则

通风与空调工程的检验批划分(GB 50243—2002)规范将其划分为 17 个表式，其中设计有关防腐与绝热的 2 个检验批：

C.2.8　防腐与绝热施工检验批验收质量验收记录见附表 C.2.8-1、C.2.8-2。

3) 质量等级验收评定

① 主控项目是对检验批的基本质量起决定性影响的检验项目，必须全部符合该专业规范的规定，不允许有不符合规范要求的检验结果。

② 一般项目应有 80% 以上的抽检处符合该规范规定或偏差值在其允许偏差范围内。

4) 检验批验收应提交资料

检验批验收时,应提交的施工操作依据和质量检查记录应完整。

5) 检验批验收

只按列为主控项目、一般项目的条款来验收,不能随意扩大内容范围和提高质量标准。

6) 检验批验收责任制

检验批表式中的责任制签记必须本人签字,替签为无效检验批验收记录。

(2) 检查验收执行条目(摘自《通风与空调工程施工质量验收规范》GB 50243—2002)

10.2.1 风管和管道的绝热,应采用不燃或难燃材料,其材质、密度、规格与厚度应符合设计要求。如采用难燃材料时,应对其难燃性进行检查,合格后方可使用。

检查数量:按批随机抽1件。

检查方法:观察检查、检查材料合格证,并做点燃试验。

10.2.2 防腐涂料和油漆,必须是在有效保质期限内的合格产品。

检查数量:按批检查。

检查方法:观察、检查材料合格证。

10.2.3 在下列场合必须使用不燃绝热材料:

1) 电加热器前后800mm的风管和绝热层;

2) 穿越防火隔墙两侧2m范围内风管、管道和绝热层。

检查数量:全数检查。

检查方法:观察、检查材料合格证与做点燃试验。

10.2.4 输送介质温度低于周围空气露点温度的管道,当采用非闭孔性绝热材料时,隔汽层(防潮层)必须完整,且封闭良好。

检查数量:按数量抽查10%,且不得少于5段。

检查方法:观察检查。

10.2.5 位于洁净室内的风管及管道的绝热,不应采用易产尘的材料(如玻璃纤维、短纤维矿棉等)。

检查数量:全数检查。

检查方法:观察检查。

10.3.1 喷、涂油漆的漆膜,应均匀,无堆积、皱纹、气泡、掺杂、混色与漏涂等缺陷。

检查数量:按面积抽查10%。

检查方法:观察检查。

10.3.2 各类空调设备、部件的油漆喷、涂,不得遮盖铭牌标志和影响部件的功能使用。

检查数量:按数量抽查10%,且不得少于2个。

检查方法:观察检查。

10.3.3 风管系统部件的绝热,不得影响其操作功能。

检查数量:按数量抽查10%,且不得少于2个。

检查方法:观察检查。

10.3.4 绝热材料层应密实,无裂缝、空隙等缺陷。表面应平整,当采用卷材或板材时,允许偏差为5mm;采用涂抹或其他方式时,允许偏差为10mm。防潮层(包括绝热层的端部)应完整,且封闭良好;其搭接缝应顺水。

检查数量：管道按轴线长度抽查10%；部件、阀门抽查10%，且不得少于2个。

检查方法：观察检查、用钢丝刺入保温层、尺量。

10.3.5 风管绝热层采用粘结方法固定时，施工应符合下列规定：

1) 粘结剂的性能应符合使用温度和环境卫生的要求，并与绝热材料相匹配；

2) 粘结材料宜均匀地涂在风管、部件或设备的外表面上，绝热材料与风管、部件及设备表面应紧密贴合，无空隙；

3) 绝热层纵、横向的接缝，应错开；

4) 绝热层粘贴后，如进行包扎或捆扎，包扎的搭接处应均匀、贴紧；捆扎的应松紧适度，不得损坏绝热层。

检查数量：按数量抽查10%。

检查方法：观察检查和检查材料合格证。

10.3.6 风管绝热层采用保温钉连接固定时，应符合下列规定：

1) 保温钉与风管、部件及设备表面的连接，可采用粘接或焊接，结合应牢固，不得脱落；焊接后应保持风管的平整，并不应影响镀锌钢板的防腐性能；

2) 矩形风管或设备保温钉的分布应均匀，其数量底面每平方米不应少于16个，侧面不应少于10个，顶面不应少于8个。首行保温钉至风管或保温材料边沿的距离应小于120mm；

3) 风管法兰部位的绝热层的厚度，不应低于风管绝热层的0.8倍；

4) 带有防潮隔汽层绝热材料的拼缝处，应用粘胶带封严。粘胶带的宽度不应小于50mm。粘胶带应牢固地粘贴在防潮面层上，不得有涨裂和脱落。

检查数量：按数量抽查10%，且不得少于5处。

检查方法：观察检查。

10.3.7 绝热涂料作绝热层时，应分层涂抹；厚度均匀，不得有气泡和漏涂等缺陷，表面固化层应光滑，牢固无缝隙。

检查数量：按数量抽查10%。

检查方法：观察检查。

10.3.8 当采用玻璃纤维布作绝热保护层时，搭接的宽度应均匀，宜为30~50mm，且松紧适度。

检查数量：按数量抽查10%，且不得少于10m^2。

检查方法：观察、尺量检查。

10.3.12 金属保护壳的施工，应符合下列规定：

1) 应紧贴绝热层，不得有脱壳、摺皱、强行接口等现象。接口的搭接应顺水，并有凸筋加强，搭接尺寸为20~25mm。采用自攻螺丝固定时，螺钉间距应匀称，并不得刺破防潮层。

2) 户外金属保护壳的纵、横向接缝，应顺水；其纵向接缝应位于管道的侧面。金属保护壳与外墙面或屋顶的交接处应加设泛水。

检查数量：按数量抽查10%

检查方法：观察检查。

2.11.16 防腐与绝热施工检验批质量验收记录(管道系统)

1. 资料表式

防腐与绝热施工检验批质量验收记录表(管道系统)　　表243-16

检控项目	序号	质量验收规范规定		施工单位检查评定记录	监理(建设)单位验收记录
主控项目	1	材料的验证	第10.2.1条		
	2	防腐涂料或油漆质量	第10.2.2条		
	3	电加热器与防火墙2m管道	第10.2.3条		
	4	冷冻水管道的绝热	第10.2.4条		
	5	洁净室内管道	第10.2.5条		
一般项目	1	防腐涂层质量	第10.3.1条		
	2	空调设备、部件油漆或绝热	第10.3.2,10.3.3条		
	3	绝热材料厚度及平整度	第10.3.4条		
	4	绝热涂料	第10.3.7条		
	5	玻璃布保护层的施工	第10.3.8条		
	6	管道阀门的绝热	第10.3.9条		
	7	管道绝热层施工	第10.3.10条		
	8	管道防潮层的施工	第10.3.11条		
	9	金属保护层的施工	第10.3.12条		
	10	机房内制冷管道色标	第10.3.13条		

2. 应用指导

(1) 检查验收统一说明

1) 执行规范章、节

本表的检验批验收执行《通风与空调工程施工质量验收规范》(GB 50243—2002)规范第10章、第10.2节、第10.3节主控项目和一般项目有关条目的质量等级要求。应按其质量标准和检查方法逐一进行验收。

表列应检验项目必须全部进行检查验收不得缺漏,应检项目漏检,应进行补充检查验收,不进行补检不应通过验收。

2) 检验批的划分原则

通风与空调工程的检验批划分(GB 50243—2002)规范将其划分为17个表式,其中设计有关防腐与绝热的2个检验批:

C.2.8　防腐与绝热施工检验批验收质量验收记录见附表C.2.8-1、C.2.8-2。

3) 质量等级验收评定

① 主控项目是对检验批的基本质量起决定性影响的检验项目,必须全部符合该专业规范的规定,不允许有不符合规范要求的检验结果。

② 一般项目应有80%以上的抽检处符合该规范规定或偏差值在其允许偏差范围内。

4) 检验批验收应提交资料

检验批验收时,应提交的施工操作依据和质量检查记录应完整。

5) 检验批验收,只按列为主控项目、一般项目的条款来验收,不能随意扩大内容范围和提高质量标准。

6) 检验批验收责任制

检验批表式中的责任制签记必须本人签字,替签为无效检验批验收记录。

(2) 检查验收执行条目(摘自《通风与空调工程施工质量验收规范》GB 50243—2002)

10.2.1 风管和管道的绝热,应采用不燃或难燃材料,其材质、密度、规格与厚度应符合设计要求。如采用难燃材料时,应对其难燃性进行检查,合格后方可使用。

检查数量:按批随机抽1件。

检查方法:观察检查、检查材料合格证,并做点燃试验。

10.2.2 防腐涂料和油漆,必须是在有效保质期限内的合格产品。

检查数量:按批检查。

检查方法:观察、检查材料合格证。

10.2.3 在下列场合必须使用不燃绝热材料:

1) 电加热器前后800mm的风管和绝热层。

2) 穿越防火隔墙两侧2m范围内风管、管道和绝热层。

检查数量:全数检查。

检查方法:观察、检查材料合格证与做点燃试验。

10.2.4 输送介质温度低于周围空气露点温度的管道,当采用非闭孔性绝热材料时,隔汽层(防潮层)必须完整,且封闭良好。

检查数量:按数量抽查10%,且不得少于5段。

检查方法:观察检查。

10.2.5 位于洁净室内的风管及管道的绝热,不应采用易产尘的材料(如玻璃纤维、短纤维矿棉等)。

检查数量:全数检查。

检查方法:观察检查。

10.3.1 喷、涂油漆的漆膜,应均匀,无堆积、皱纹、气泡、掺杂、混色与漏涂等缺陷。

检查数量:按面积抽查10%。

检查方法:观察检查。

10.3.2 各类空调设备、部件的油漆喷、涂,不得遮盖铭牌标志和影响部件的功能使用。

检查数量:按数量抽查10%,且不得少于2个。

检查方法:观察检查。

10.3.3 风管系统部件的绝热,不得影响其操作功能。

检查数量:按数量抽查10%,且不得少于2个。

检查方法:观察检查。

10.3.4 绝热材料层应密实,无裂缝、空隙等缺陷。表面应平整,当采用卷材或板材时,允许偏差为5mm;采用涂抹或其他方式时,允许偏差为10mm。防潮层(包括绝热层的端部)应完整,且封闭良好;其搭接缝应顺水。

检查数量:管道按轴线长度抽查10%;部件、阀门抽查10%,且不得少于2个。

检查方法:观察检查、用钢丝刺入保温层、尺量。

10.3.7 绝热涂料作绝热层时,应分层涂抹;厚度均匀,不得有气泡和漏涂等缺陷,表面固化层应光滑,牢固无缝隙。

检查数量:按数量抽查10%。

检查方法:观察检查。

10.3.8 当采用玻璃纤维布作绝热保护层时,搭接的宽度应均匀,直为30~50mm,且松紧适度。

检查数量:按数量抽查10%,且不得少于10m²。

检查方法:观察、尺量检查。

10.3.9 管道阀门、过滤器及法兰部位的绝热结构应能单独拆卸。

检查数量:按数量抽查10%,且不得少于5个。

检查方法:观察检查。

10.3.10 管道绝热层的施工,应符合下列规定:

1)绝热产品的材质和规格,应符合设计要求;管壳的粘贴应牢固、铺设应平整;绑扎应紧密,无滑动、松弛与断裂现象;

2)硬质或半硬质绝热管壳的拼接缝隙,保温时不应大于5mm,保冷时不应大于2mm;并用粘结材料勾缝填满,纵缝应错开,外层的水平接缝应设在侧下方。当绝热层的厚度大于100mm时,应分层铺设,层间应压缝;

3)硬质或半硬质绝热管壳应用金属丝或难腐织带捆扎,其间距为300~350mm,且每节至少捆扎两道;

4)松散或软质绝热材料应按规定的密度压缩其体积,疏密应均匀。毡类材料在管道上包扎时,搭接处不应有空隙。

检查数量:按数量抽查10%,且不得少于10段。

检查方法:观察、尺量及查阅施工记录。

10.3.11 管道防潮层的施工应符合下列规定:

1)防潮层应紧密粘贴在绝热层上,封闭良好,不得有虚粘、气泡、折皱、裂缝等缺陷;

2)立管的防潮层,应由管道的低端向高端敷设,环向搭接的缝口应朝向低端;纵向的搭接缝应位于管道的侧面,并顺水;

3)卷材防潮层采用螺旋形缠绕的方式施工时,卷材的搭接宽度宜为30~50mm。

检查数量:按数量抽查10%,且不得少于10m。

检查方法:观察、尺量检查。

10.3.12 金属保护壳的施工,应符合下列规定:

1)应紧贴绝热层,不得有脱壳、摺皱、强行接口等现象。接口的搭接应顺水;并有凸筋加强,搭接尺寸为20~25mm。采用自攻螺丝固定时,螺钉间距应匀称,并不得刺破防潮层。

2)户外金属保护壳的纵、横向接缝,应顺水;其纵向接缝应位于管道的侧面。金属保护壳与外墙面或屋顶的交接处应加设泛水。

检查数量：按数量抽查10%。

检查方法：观察检查。

10.3.13 冷热源机房内制冷系统管道的外表面，应作色标。

检查数量：按数量抽查10%。

检查方法：观察检查。

(3) 检验批验收应提供的附件资料（表243-15、表243-16）

1) 质量合格证明文件；
2) 产品性能检测报告；
3) 材料进场验收记录；
4) 材料点燃试验记录；
5) 管道施工记录；
6) 有关验收文件；
7) 自检、互检及工序交接检查记录；
8) 其他应报或设计要求报送的资料。

注：1. 合理缺项除外。

2. 表243-15、表243-16表示这几个检验批表式的附件资料均相同。

2.11.17 工程系统调试检验批质量验收记录

1. 资料表式

工程系统调试检验批质量验收记录表　　　　表243-17

检控项目	序号	质量验收规范规定		施工单位检查评定记录	监理(建设)单位验收记录
主控项目	1	通风机、空调机组单机试运转及调试	第11.2.2-1条		
	2	水泵单机试运转及调试	第11.2.2-2条		
	3	冷却塔单机试运转及调试	第11.2.2-3条		
	4	制冷机组单机试运转及调试	第11.2.2-4条		
	5	电控防、排烟阀的动作试验	第11.2.2-5条		
	6	系统风量的调试	第11.2.3-1条		
	7	空调水系统的调试	第11.2.3-2条		
	8	恒温、恒湿空调	第11.2.3-3条		
	9	防、排系统调试	第11.2.4条		
	10	净化空调系统的调试	第11.2.5条		

续表

检控项目	序号	质量验收规范规定		施工单位检查评定记录	监理(建设)单位验收记录
一般项目	1	风机、空调机组	第 11.3.1-2,3 条		
	2	水泵的安装	第 11.3.1-1 条		
	3	风口风量的平衡	第 11.3.2-2 条		
	4	水系统的试运行	第 11.3.3-1、11.3.3-3 条		
	5	水系统检测元件的工作	第 11.3.3-2 条		
	6	空调房间的参数	第 11.3.3-4,5,6 条		
	7	洁净空调房间的参数	第 11.3.3 条		
	8	工程的控制和监测元件和执行结构	第 11.3.4 条		

2. 应用指导

(1) 检查验收统一说明

1) 执行规范章、节

本表的检验批验收执行《通风与空调工程施工质量验收规范》(GB 50243—2002)规范第 11 章、第 11.2 节、第 11.3 节主控项目和一般项目有关条目的质量等级要求。应按其质量标准和检查方法逐一进行验收。

表列应检验项目必须全部进行检查验收不得缺漏,应检项目漏检,应进行补充检查验收,不进行补检不应通过验收。

2) 检验批的划分原则

通风与空调工程的检验批划分(GB 50243—2002)规范将其划分为 17 个表式,其中设计有关工程系统调试的 1 个检验批。

C.2.9 工程系统调试检验批验收质量验收记录见附表 C.2.9。

3) 质量等级验收评定

① 主控项目是对检验批的基本质量起决定性影响的检验项目,必须全部符合该专业规范的规定,不允许有不符合规范要求的检验结果。

② 一般项目应有 80% 以上的抽检处符合该规范规定或偏差值在其允许偏差范围内。

4) 检验批验收应提交资料

检验批验收时,应提交的施工操作依据和质量检查记录应完整。

5) 检验批验收

只按列为主控项目、一般项目的条款来验收,不能随意扩大内容范围和提高质量标准。

6) 检验批验收责任制

检验批表式中的责任制签记必须本人签字,替签为无效检验批验收记录。

(2) 检查验收执行条目(摘自《通风与空调工程施工质量验收规范》GB 50243—2002)

11.2.2 设备单机试运转及调试应符合下列规定：

1）通风机、空气调节机组中的风机，叶轮旋转方向正确、运转平稳、无异常振动与声响，其电机运行功率应符合设备技术文件的规定。在额定转速下连续运转2h后，滑动轴承外壳最高温度不得超过70℃；滚动轴承不得超过80℃；

2）水泵叶轮旋转方向正确，无异常振动和声响，紧固连接部件无松动，其电机运行功率值符合设备技术文件的规定。水泵连续运转2h后，滑动轴承外壳最高温度不得超过70℃；滚动轴承不得超过75℃；

3）冷却塔本体应稳固、无异常振动，其噪声应符合设备技术文件的规定。风机试运转按本条第1款的规定；

冷却塔风机与冷却水系统循环试运行不少于2h，运行应无异常情况；

4）制冷机组、单元式空气调节机组的试运转，应符合设备技术文件和现行国家标准《制冷设备、空调分离设备安装工程施工及验收规范》GB 50274的有关规定，正常运转不应少于8h；

5）电控防火、防排烟风阀（口）的手动、电动操作应灵活、可靠，信号输出正确。

检查数量：第1款按风机数量抽查10%，且不得少于1台；第2、3、4款全数检查；第5款按系统中风阀的数量抽查20%，且不得少于5件。

检查方法：观察、旁站、用声级计测定、查阅试运转记录及有关文件。

11.2.3 系统无生产负荷的联合试运转及调试应符合下列规定：

1）系统总风量调试结果与设计风量的偏差不应大于10%；

2）空调冷热水、冷却水总流量测试结果与设计流量的偏差不应大于10%；

3）舒适空调的温度、相对湿度应符合设计的要求。恒温、恒湿房间内空气温度、相对湿度及波动范围应符合设计规定。

检查数量：按风管系统数量抽查10%，且不得少于1个系统。

检查方法：观察、旁站、查阅调试记录。

11.2.4 防排烟系统联合试运行与调试的结果，（风量及正压），必须符合设计与消防的规定。

检查数量：按总数抽查10%，且不得少于2个楼层。

检查方法：观察、旁站、查阅调试记录。

11.2.5 净化空调系统还应符合下列规定：

1）单向流洁净室系统的系统总风量调试结果与设计风量的允许偏差为0%～20%，室内各风口风量与设计风量的允许偏差为15%；

新风量与设计新风量的允许偏差为10%；

2）单向流洁净室系统的室内截面平均风速的允许偏差为(0～+20)%，且截面风速不均匀度不应大于0.25。新风量和设计新风量的允许偏差为10%；

3）相邻不同级别洁净室之间和洁净室与非洁净室之间的静压差不应小于5Pa，洁净室与室外的静压差不应小于10Pa；

4）室内空气洁净度等级必须符合设计规定的等级或在商定验收状态下的等级要求；高于、等于5级的单向流洁净室，在门开启的状态下，测定距离门0.6m室内侧工作高度处空气含尘浓度，亦不应超过室内洁净度等级上限的规定。

检查数量:调试记录全数检查,测点抽查5%,且不得少于一点。
检查方法:检查、验证调试记录,按附录B进行测试校核。

11.3.1 设备单机试运转及调试应符合下列规定:

1)水泵运行时不应有异常振动和声响、壳体密封处不得泄漏、紧固连接部位不应松动、轴封的温升应正常;在无特殊要求的情况下,普通填料泄漏量不应大于60mL/h,机械密封的不应大于5mL/h;

2)风机、空调机组、风冷热泵等设备运行时,产生的噪声不宜超过产品性能说明书的规定值;

3)风机盘管机组的三速、温控开关的动作应正确,并与机组运行状态一一对应。

检查数量:第1、2款抽查20%,且不得少于一台;第3款抽查10%,且不得少于5台。
检验方法:观察、旁站、查阅试运转记录。

11.3.2 通风工程系统无生产负荷联动试运转及调试应符合下列规定:

1)系统联动试运转中,设备及主要部件的联动必须符合设计要求,动作协调、正确,无异常现象;

2)系统经过平衡调整,各风口或吸风罩的风量与设计风量的允许偏差不应大于15%;

3)湿式除尘器的供水与排水系统运行应正常。

11.3.3 空调工程系统无生产负荷联动试运转及调试还应符合下列规定:

1)空调工程水系统应冲洗干净、不含杂物,并排除管道系统中的空气;系统连续运行应达到正常、平稳;水泵的压力与水泵电机的电流不出现大幅波动。系统平衡调整后,各空气调节机组的水流量应符合设计的要求,允许偏差20%;

2)各种自动计量检测元件和执行机构的工作应正常,满足建筑设备自动化(BA、FA等)系统对被测定参数进行检测和控制的要求;

3)多台冷却塔并联运行时,各冷却塔的进、出水量应达到均衡一致;

4)空调室内噪声应符合设计规定要求;

5)有压差要求的房间、厅堂与其他相连房间之间的压差,舒适性空调正压力为0~25Pa;工艺性的空调应符合设计的规定;

6)有环境噪声要求的场所,制冷、空调机组应按现行国家标准《采暖通风与空气调节设备噪声声功率级的测定—工程法》GB 9068的规定进行测定。洁净室内的噪声应符合设计的规定。

检查数量:按系统数量抽查10%,且不得少于1个系统或1间。
检验方法:观察、用仪表测量检查及查阅调试记录。

11.3.4 通风与空调工程的控制和监测设备,应能与系统的检测元件和执行机构正常沟通,系统的状态参数应能正确显示,设备联锁、自动调节、自动保护应能正确动作。

检查数量:按系统或监测系统总数抽查30%,不得少于一个系统。
检查方法:旁站观察,查阅调试记录。

(3) 检验批验收应提供的附件资料

1)设备单机试运转及调试记录;
2)系统无生产负荷下的联合试运转及调试记录;
3)设备试运转记录及有关文件;

4) 净化空调系统检测报告(风量或风速、静压差、空气过滤器泄漏、室内空气洁净度、室内浮游菌和沉降菌、室内空气温度和湿度、单向洁净室截面平均速度、速度不均匀度、室内噪声等检测);

5) 有关验收文件;

6) 自检、互检及工序交接检查记录;

7) 其他应报或设计要求报送的资料。

注:合理缺项除外。

2.12 建筑电气工程

2.12.1 架空线路及杆上电气设备安装检验批质量验收记录

1. 资料表式

架空线路及杆上电气设备安装检验批质量验收记录表　　表303-1

检控项目	序号	质量验收规范规定		施工单位检查评定记录	监理(建设)单位验收记录
主控项目	1	电杆坑、拉线坑深允许偏差	不深于设计坑深100mm		
			不浅于设计坑深50mm		
	2	架空导线的弧垂值	不大于设计弧垂值±5%		
			水平排列同档导线间弧垂值不大于±50mm		
	3	变压器中性点连接与接地电阻值	符合设计要求		
	4	杆上设备的交接试验规定	第4.1.4条 第3.1.8条		
	5	低压配电箱的交接试验	第4.1.5条		
一般项目	1	拉线的方向、数量规格及弧垂值	第4.2.1条		
	2	电杆组	第4.2.2条		
	3	直线杆单横担装设位置与镀锌	第4.2.3条		
	4	导线与绝缘子固定,金具规格与导线规格适配	第4.2.4条		
	5	线路安全距离及破口绝缘修复	第4.2.5条		
	6	杆上电气设备安装规定	第4.2.6条		

2. 应用指导

(1) 检查验收统一说明

1) 执行规范章、节

本表的检验批验收执行《建筑电气工程施工质量验收规范》(GB 50303—2002)规范第4章、第4.1节、第4.2节主控项目和一般项目有关条目的质量等级要求。应按其质量标准和检查方法逐一进行验收。

表列应检验项目必须全部进行检查验收不得缺漏，应检项目漏检，应进行补充检查验收，不进行补检不应通过验收。

2) 检验批的划分原则

建筑电气分部工程施工质量检验时，检验批的划分应符合下列规定：

① 室外电气安装工程中分项工程的检验批，依据庭院大小、投运时间先后、功能区块不同划分；

② 变配电室安装工程中分项工程的检验批，主变配电室为一个检验批；有数个分变配电室，且不属于子单位工程的子分部工程，各为一个检验批，其验收记录汇入所有变配电室有关分项工程的验收记录中；如各分交配电室属于各个单位工程的子分部工程，所属分项工程各为一个检验批，其验收记录为一个分项工程验收记录，经子分部工程验收记录汇入分部工程验收记录中；

③ 供电干线安装工程分项工程的检验批，依据供电区段和电气线缆竖井的编号划分；

④ 电气动力和电气照明安装工程中分项工程及建筑物等电位联结分项工程的检验批，其划分的界区，应与建筑土建工程一致；

⑤ 备用和不间断电源安装工程中分项工程各自成为一个检验批；

⑥ 防雷及接地装置安装工程中分项工程检验批，人工接地装置和利用建筑物基础钢筋的接地体各为一个检验批，大型基础可按区块划分成几个检验批；避雷引下线安装6层以下的建筑为一个检验批，高层建筑依均压环设置间隔的层数为一个检验批；接闪器安装同一屋面为一个检验批。

3) 质量等级验收评定

① 主控项目是对检验批的基本质量起决定性影响的检验项目，必须全部符合该专业规范的规定，不允许有不符合规范要求的检验结果。

② 一般项目应有80%以上的抽检处符合该规范规定或偏差值在其允许偏差范围内。

4) 检验批验收应提交资料

检验批验收时，应提交的施工操作依据和质量检查记录应完整。

5) 检验批验收

只按列为主控项目、一般项目的条款来验收，不能随意扩大内容范围和提高质量标准。

6) 检验批验收责任制

检验批表式中的责任制签记必须本人签字，替签为无效检验批验收记录。

(2) 检查验收执行条目(摘自《建筑电气工程施工质量验收规范》GB 50303—2002)

4.1.1　电杆坑、拉线坑的深度允许偏差，应不深于设计坑深100mm、不浅于设计坑深50mm。

4.1.2　架空导线的弧垂值，允许偏差不应大于设计弧垂值的±5%，水平排列的同档导线间弧垂值偏差±50mm。

4.1.3 变压器中性点应与接地装置引出干线直接连接、接地装置的接地电阻值必须符合设计要求。

4.1.4 杆上变压器和高压绝缘子、高压隔离开关、跌落式熔断器、避雷器等必须按本规范 3.1.8 的规定交接试验合格。

4.1.5 杆上低压配电箱的电气装置和馈电线路交接试验应符合下列规定：
1) 每路配电开关及保护装置的规格、型号，应符合设计要求；
2) 相间和相对地间的绝缘电阻值应大于 0.5MΩ；
3) 电气装置的交流工频耐压试验电压 1kV，当绝缘电阻值大于 10MΩ 时，可采用 2500V 兆欧表摇测替代，试验持续时间 1min，无击穿闪络现象。

4.2.1 拉线的绝缘子及金具应齐全，位置正确，承力拉线应与线路中心线方向一致，转角拉线应与线路分角线方向一致。拉线应收紧，收紧程度与杆上导线数量规格及弧垂值相适配。

4.2.2 电杆组立应正直，直线杆横向位移不应大于 50mm，杆梢偏移不应大于梢径的 1/2，转角杆紧线后不向内角倾斜，向外角倾斜不应大于 1 个梢径。

4.2.3 直线杆单横担应装于受电侧，终端杆、转角杆的单横担应装于拉线侧。横担的上下歪斜和左右扭斜，从横担端部测量不应大于 20mm。横担等镀锌制品应热浸镀锌。

4.2.4 导线无断股、扭绞和死弯，与绝缘子固定可靠，金具规格应与导线规格适配。

4.2.5 线路的跳线、过引线、接户线的线间和线对地间的安全距离，电压等级为 6～10kV 的，应大于 300mm；电压等级为 1kV 及以下的，应大于 150mm。用绝缘导线架设的线路，绝缘破口处应修补完整。

4.2.6 杆上电气设备安装应符合下列规定：
1) 固定电气设备的支架、紧固件为热浸镀锌制品，紧固件及防松零件齐全；
2) 变压器油位正常、附件齐全、无渗油现象，外壳涂层完整；
3) 跌落式熔断器安装的相间距离不小于 500mm；熔管试操动能自然打开旋下；
4) 杆上隔离开关分、合操动灵活，操动机构机械锁定可靠，分合时三相同期性好，分闸后，刀片与静触头间空气间隙距离不小于 200mm；地面操作杆的接地(PE)可靠，且有标识；
5) 杆上避雷器排列整齐，相间距离不小于 350mm，电源侧引线铜线截面积不小于 $16mm^2$，铝线截面积不小于 $25mm^2$，接地侧引线铜线截面积不小于 $25mm^2$，铝线截面积不小于 $35mm^2$。与接地装置引出线连接可靠。

(3) 检验批验收应提供的附件资料
1) 主要器具、设备、材料合格证；
2) 进场验收记录；
3) 接地电阻测试记录；
4) 高压隔离开关、跌落式熔断器、避雷器等的交接试验记录；
5) 交流工频耐压试验；
6) 绝缘电阻测试记录；
7) 有关验收文件；
8) 自检、互检及工序交接检查记录；
9) 其他应报或设计要求报送的资料。

注：合理缺项除外。

2.12.2 变压器、箱式变电压安装检验批质量验收记录

1. 资料表式

变压器、箱式变电压安装检验批质量验收记录表　　　　表 303-2

检控项目	序号	质量验收规范规定		施工单位检查评定记录	监理(建设)单位验收记录
主控项目	1	变压器安装	第 5.1.1 条		
	2	接地装置的接地	第 5.1.2 条		
	3	变压器的交接试验	第 5.1.3 条		
	4	变配电设备基础安装与接地接零	第 5.1.4 条		
	5	箱式变电箱的交接试验	第 5.1.5 条		
一般项目	1	有载调压开关的传动、点动	第 5.2.1 条		
	2	绝缘件的质量	第 5.2.2 条		
	3	装有滚轮变压器的固定	第 5.2.3 条		
	4	变压器的器身检查	第 5.2.4 条		
	5	箱式变电所涂层及通风口	第 5.2.5 条		
	6	箱式变电所接线标记	第 5.2.6 条		
	7	气体继电器气流坡度 1.0%～1.5% 升高坡度	第 5.2.7 条		

2. 应用指导

(1) 检查验收统一说明

1) 执行规范章、节

本表的检验批验收执行《建筑电气工程施工质量验收规范》(GB 50303—2002)规范第 5 章、第 5.1 节、第 5.2 节主控项目和一般项目有关条目的质量等级要求。应按其质量标准和检查方法逐一进行验收。

表列应检验项目必须全部进行检查验收不得缺漏，应检项目漏检，应进行补充检查验收，不进行补检不应通过验收。

2) 检验批的划分原则

建筑电气分部工程施工质量检验时，检验批的划分应符合下列规定：

① 室外电气安装工程中分项工程的检验批，依据庭院大小、投运时间先后、功能区块不同划分；

② 变配电室安装工程中分项工程的检验批，主变配电室为一个检验批；有数个分变配电室，且不属于子单位工程的子分部工程，各为一个检验批，其验收记录汇入所有变配电室

有关分项工程的验收记录中；如各分交配电室属于各个单位工程的子分部工程，所属分项工程各为一个检验批，其验收记录为一个分项工程验收记录，经子分部工程验收记录汇入分部工程验收记录中。

③ 供电干线安装工程分项工程的检验批，依据供电区段和电气线缆竖井的编号划分；

④ 电气动力和电气照明安装工程中分项工程及建筑物等电位联结分项工程的检验批，其划分的界区，应与建筑土建工程一致；

⑤ 备用和不间断电源安装工程中分项工程各自成为一个检验批；

⑥ 防雷及接地装置安装工程中分项工程检验批，人工接地装置和利用建筑物基础钢筋的接地体各为一个检验批，大型基础可按区块划分成几个检验批；避雷引下线安装 6 层以下的建筑为一个检验批，高层建筑依均压环设置间隔的层数为一个检验批；接闪器安装同一屋面为一个检验批。

3）质量等级验收评定

① 主控项目是对检验批的基本质量起决定性影响的检验项目，必须全部符合该专业规范的规定，不允许有不符合规范要求的检验结果。

② 一般项目应有 80% 以上的抽检处符合该规范规定或偏差值在其允许偏差范围内。

4）检验批验收应提交资料

检验批验收时，应提交的施工操作依据和质量检查记录应完整。

5）检验批验收

只按列为主控项目、一般项目的条款来验收，不能随意扩大内容范围和提高质量标准。

6）检验批验收责任制

检验批表式中的责任制签记必须本人签字，替签为无效检验批验收记录。

(2) 检查验收执行条目（摘自《建筑电气工程施工质量验收规范》GB 50303—2002）

5.1.1 变压器安装应位置正确，附件齐全，油浸变压器油位正常，无渗油现象。

5.1.2 接地装置引出的接地干线与变压器的低压侧中性点直接连接；接地干线与箱式变电所的 N 母线和 PE 母线直接连接；变压器箱体、干式变压器的支架或外壳应接地（PE）。所有连接应可靠，紧固件及防松零件齐全。

5.1.3 变压器必须按本规范 3.1.8 条的规定交接试验合格。

5.1.4 箱式变电所及落地式配电箱的基础应高于室外地坪，周围排水通畅。用地脚螺栓固定的螺帽齐全，拧紧牢固；自由安放的应垫平放正。金属箱式变电所及落地式配电箱，箱体应接地（PE）或接零（PEN）可靠，且有标识。

5.1.5 箱式变电所的交接试验，必须符合下列规定：

1）由高压成套开关柜、低压成套开关柜和变压器三个独立单元组合成的箱式变电所高压电气设备部分，按本规范 3.1.8 的规定交接试验合格；

2）高压开关、熔断器等与变压器组合在同一个密闭油箱内的箱式变电所，交接试验按产品提供的技术文件要求执行；

3）低压成套配电柜交接试验符合下列规定。

4.1.5 杆上低压配电箱的电气装置和馈电线路交接试验应符合下列规定：

1）每路配电开关及保护装置的规格、型号，应符合设计要求；

2）相间和相对地间的绝缘电阻值大于 0.5MΩ；

3) 电气装置的交流工频耐压试验电压 1kV,当绝缘电阻值大于 10MΩ 时,可采用 2500V 兆欧表摇测替代,试验持续时间 1min,无击穿闪络现象。

5.2.1 有载调压开关的传动部分润滑应良好,动作灵活,点动给定位置与开关实际位置一致,自动调节符合产品的技术文件要求。

5.2.2 绝缘件应无裂纹、缺损和瓷件瓷釉损坏等缺陷,外表清洁,测温仪表指示准确。

5.2.3 装有滚轮的变压器就位后,应将滚轮用能拆卸的制动部件固定。

5.2.4 变压器应按产品技术文件要求进行检查器身,当满足下列条件之一时,可不检查器身。

1) 制造厂规定不检查器身者;
2) 就地生产仅作短途运输的变压器,且在运输过程中有效监督,无紧急制动、剧烈振动、冲撞或严重颠簸等异常情况者。

5.2.5 箱式变电所内外涂层完整、无损伤,有通风口的风口防护网完好。

5.2.6 箱式变电所的高、低压柜内部接线完整、低压每个输出回路标记清晰,回路名称准确。

5.2.7 装有气体继电器的变压器顶盖,沿气体继电器的气流方向有 1.0%~1.5% 的升高坡度。

(3) 检验批验收应提供的附件资料

1) 主要器具、设备、材料合格证;
2) 器具设备材料进场验收记录;
3) 接地电阻测试记录;
4) 变压器、箱式变电所的交接试验记录;
5) 交流频耐压试验记录;
6) 绝缘电阻测试记录;
7) 有关验收文件;
8) 自检、互检及工序交接检查记录;
9) 其他应报或设计要求报送的资料。

注:合理缺项除外。

2.12.3 成套配电柜、控制距(屏、台)和动力、照明配电箱(盘)安装检验批质量验收记录

1. 资料表式

成套配电柜、控制距(屏、台)和动力、照明配电箱(盘)安装检验批质量验收记录表 表 303-3

检控项目	序号	质量验收规范规定	施工单位检查评定记录	监理(建设)单位验收记录
主控项目	1	框屏、台、箱、盘的接地或接零	第6.1.1条	
	2	低压成套设备的电击保护以及保护导体的最小截面积	第6.1.2条	
	3	手车、抽出式成套配电柜推拉要求	第6.1.3条	

续表

检控项目	序号	质量验收规范规定		施工单位检查评定记录	监理(建设)单位验收记录
主控项目	4	高压成套配电柜的交接试验	第6.1.4条		
	5	低压成套配电柜的交接试验	第6.1.5条		
	6	柜、屏、台、箱、盘;绝缘电阻值	第6.1.6条		
	7	柜、屏、台、箱、盘的耐压试验	第6.1.7条		
	8	直流屏试验	第6.1.8条		
	9	照明配电箱(盘)安装	第6.1.9条		
一般项目	1	基础型钢安装	第6.2.1条		
	2	柜、屏、台、箱、盘的连接	第6.2.2条		
	3	柜、屏、台、箱、盘的安装	第6.2.3条		
	4	柜、屏、台、箱、盘内检查试验	第6.2.4条		
	5	低压电气组合	第6.2.5条		
	6	柜、屏、台、箱、盘间配线	第6.2.6条		
	7	电器及控制台、板等可动部位的电线	第6.2.7条		
	8	照明配电箱(盘)安装	第6.2.8条		

2．应用指导

(1) 检查验收统一说明

1) 执行规范章、节

本表的检验批验收执行《建筑电气工程施工质量验收规范》(GB 50303—2002)规范第6章、第6.1节、第6.2节主控项目和一般项目有关条目的质量等级要求。应按其质量标准和检查方法逐一进行验收。

表列应检验项目必须全部进行检查验收不得缺漏,应检项目漏检,应进行补充检查验收,不进行补检不应通过验收。

2) 检验批的划分原则

建筑电气分部工程施工质量检验时,检验批的划分应符合下列规定：

① 室外电气安装工程中分项工程的检验批,依据庭院大小、投运时间先后、功能区块不同划分;

② 变配电室安装工程中分项工程的检验批,主变配电室为一个检验批;有数个分变配电室,且不属于子单位工程的子分部工程,各为一个检验批,其验收记录汇入所有变配电室有关分项工程的验收记录中;如各分交配电室属于各个单位工程的子分部工程,所属分项工程各为一个检验批,其验收记录为一个分项工程验收记录,经子分部工程验收记录汇入分部工程验收记录中;

③ 供电干线安装工程分项工程的检验批,依据供电区段和电气线缆竖井的编号划分;

④ 电气动力和电气照明安装工程中分项工程及建筑物等电位联结分项工程的检验批,

其划分的界区,应与建筑土建工程一致;

⑤ 备用和不间断电源安装工程中分项工程各自成为一个检验批;

⑥ 防雷及接地装置安装工程中分项工程检验批,人工接地装置和利用建筑物基础钢筋的接地体各为一个检验批,大型基础可按区块划分成几个检验批;避雷引下线安装6层以下的建筑为一个检验批,高层建筑依均压环设置间隔的层数为一个检验批;接闪器安装同一屋面为一个检验批。

3) 质量等级验收评定

① 主控项目是对检验批的基本质量起决定性影响的检验项目,必须全部符合该专业规范的规定,不允许有不符合规范要求的检验结果。

② 一般项目应有80%以上的抽检处符合该规范规定或偏差值在其允许偏差范围内。

4) 检验批验收应提交资料

检验批验收时,应提交的施工操作依据和质量检查记录应完整。

5) 检验批验收

只按列为主控项目、一般项目的条款来验收,不能随意扩大内容范围和提高质量标准。

6) 检验批验收责任制

检验批表式中的责任制签记必须本人签字,替签为无效检验批验收记录。

(2) 检查验收执行条目(摘自《建筑电气工程施工质量验收规范》GB 50303—2002)

6.1.1 柜、屏、台、箱、盘的金属框架及基础型钢必须接地(PE)或接零(PEN)可靠;装有电器的可开启门,门和框架的接地端子间应用裸编织铜线连接,且有标识。

6.1.2 低压成套配电柜、控制柜(屏、台)和动力、照明配电箱(盘)应有可靠的电击保护,柜(屏、台、箱、盘)内保护导体应有裸露的连接外部保护导体的端子,当设计无要求时,柜(屏、台、箱、盘)内保护导体最小截面积 S_P 不应小于表6.1.2的规定。

保护导体的截面积　　　　　　　表6.1.2

相线的截面积 $S(mm^2)$	相应保护导体的最小截面积 $S_P(mm^2)$	相线的截面积 $S(mm^2)$	相应保护导体的最小截面积 $S_P(mm^2)$
$S \leqslant 16$	S	$400 < S \leqslant 800$	200
$16 < S \leqslant 35$	16	$S > 800$	$S/4$
$35 < S \leqslant 400$	$S/2$		

注:S 指柜(屏、台、箱、盘)电源进线相线截面积,且两者(S、S_P)材质相同。

6.1.3、6.1.4、6.1.5、6.1.9 应分别必须符合(GB 50303—2002)规范有关条款的要求。

6.1.6 柜、屏、台、箱、盘间线路的线间和线对地间绝缘电阻值,馈电线路必须大于0.5MΩ;二次回路必须大于1MΩ。

6.1.7 柜、屏、台、箱、盘间二次回路交流工频耐压试验,当绝缘电阻值大于10MΩ时,用2500V兆欧表摇测1min,应无闪络击穿现象;当绝缘电阻值在1~10MΩ时,做1000V交流工频耐压试验,时间1min,应无闪络击穿现象。

6.1.8 直流屏试验,应将屏内电子器件从线路上退出,检测主回路线间和线对地间绝缘电阻值应大于0.5MΩ,直流屏所附蓄电池组的充、放电应符合产品技术文件要求;整流器的控制调整和输出特性试验应符合产品技术文件要求。

6.2.1 基础型钢安装应符合表6.2.1的规定。

表6.2.1

项 目	允许偏差		量 测 值								
	(mm/m)	(mm/全长)									
不直度	1	5									
水平度	1	5									
不平行度	—	5									

6.2.3 柜、屏、台、箱、盘安装垂直度不应大于1.5‰,相互间接缝不应大于2mm,成列盘面偏差不应大于5mm。

6.2.4 柜、屏、台、箱、盘内检查试验应符合下列规定:
1) 控制开关及保护装置的规格、型号符合设计要求;
2) 闭锁装置动作准确、可靠;
3) 主开关的辅助开关切换动作与主开关动作一致;
4) 柜、屏、台、箱、盘上的标识器件标明被控设备编号及名称,或操作位置,接线端子有编号,且清晰、工整、不易脱色;
5) 回路中的电子元件不应参加交流工频耐压试验;48V及以下回路可不做交流工频耐压试验。

6.2.5 低压电器组合应符合下列规定:
1) 发热元件安装在散热良好的位置;
2) 熔断器的熔体规格、自动开关的整定值符合设计要求;
3) 切换压板接触良好,相邻压板间有安全距离,切换时,不触及相邻的压板;
4) 信号回路的信号灯、按钮、光字牌、电铃、电笛、事故电钟等动作和信号显示准确;
5) 外壳需接地(PE)或接零(PEN)的,连接可靠;
6) 端子排安装牢固,端子有序号,强电、弱电端子隔离布置,端子规格与芯线截面积大小适配。

6.2.6 柜、屏、台、箱、盘间配线:电流回路应采用额定电压不低于750V、芯线截面积不小于2.5mm^{2}的铜芯绝缘电线或电缆;除电子元件回路或类似回路外,其他回路的电线应采用额定电压不低于750V,芯线截面不小于1.5mm^{2}的铜芯绝缘电线或电缆。

二次回路连线应成束绑扎,不同电压等级、交流、直流线路及计算机控制线路应分别绑扎,且有标识;固定后不应妨碍手车开关或抽出式部件的拉出或推入。

6.2.7 连接柜、屏、台、箱、盘面板上的电器及控制台、板等可动部位的电线应符合下列规定:
1) 采用多股铜芯软电线,敷设长度留有适当裕量;
2) 线束有外套塑料管等加强缘保护层;
3) 与电器连接时,端部绞紧,且有不开口的终端端子或搪锡,不松散、断股;
4) 可转动部位的两端用卡子固定。

6.2.8 照明配电箱(盘)安装应符合下列规定:
1) 位置正确,部件齐全,箱体开孔与导管管径适配,暗装配电箱箱盖紧贴墙面,箱(盘)涂层完整;

2)箱(盘)内接线整齐,回路编号齐全,标识正确;
3)箱(盘)不采用可燃材料制作;
4)箱(盘)安装牢固,垂直度允许偏差为1.5‰;底边距地面为1.5m,照明配电板底边距地面不小于1.8m。

(3) 检验批验收应提供的附件资料
1) 主要器具、设备、材料合格证;
2) 器具设备材料进场验收记录;
3) 接地电阻测试记录;
4) 成套配电柜、控制柜(屏、台)和动力、照明配电箱(盘)的交接试验记录;
5) 交流工频耐压试验;
6) 绝缘电阻测试记录;
7) 有关验收文件;
8) 自检、互检及工序交接检查记录;
9) 其他应报或设计要求报送的资料。

注:合理缺项除外。

2.12.4 低压电动机、电加热器及电动执行机构检查接线检验批质量验收记录

1. 资料表式

低压电动机、电加热器及电动执行机构检查接线检验批质量验收记录表　　　表303-4

检控项目	序号	质量验收规范规定	施工单位检查评定记录	监理(建设)单位验收记录
主控项目	1	可接近裸露导体	第7.1.1条	
	2	绝缘电阻值	第7.1.2条	
	3	100kW以上电动机应测各相直流电阻值	第7.1.3条	
一般项目	1	电气设备安装	第7.2.1条	
	2	抽芯检查规定	第7.2.2条	
	3	电动机的抽芯检查	第7.2.3条	
	4	裸露导线间最小间距	第7.2.4条	

2. 应用指导
(1) 检查验收统一说明
1) 执行规范章、节

本表的检验批验收执行《建筑电气工程施工质量验收规范》(GB 50303—2002)规范第7章、第7.1节、第7.2节主控项目和一般项目有关条目的质量等级要求。应按其质量标准和

检查方法逐一进行验收。

表列应检验项目必须全部进行检查验收不得缺漏,应检项目漏检,应进行补充检查验收,不进行补检不应通过验收。

2) 检验批的划分原则

建筑电气分部工程施工质量检验时,检验批的划分应符合下列规定:

① 室外电气安装工程中分项工程的检验批,依据庭院大小、投运时间先后、功能区块不同划分;

② 变配电室安装工程中分项工程的检验批,主变配电室为一个检验批;有数个分变配电室,且不属于子单位工程的子分部工程,各为一个检验批,其验收记录汇入所有变配电室有关分项工程的验收记录中;如各分交配电室属于各个单位工程的子分部工程,所属分项工程各为一个检验批,其验收记录为一个分项工程验收记录,经子分部工程验收记录汇入分部工程验收记录中。

③ 供电干线安装工程分项工程的检验批,依据供电区段和电气线缆竖井的编号划分;

④ 电气动力和电气照明安装工程中分项工程及建筑物等电位联结分项工程的检验批,其划分的界区,应与建筑土建工程一致;

⑤ 备用和不间断电源安装工程中分项工程各自成为一个检验批;

⑥ 防雷及接地装置安装工程中分项工程检验批,人工接地装置和利用建筑物基础钢筋的接地体各为一个检验批,大型基础可按区块划分成几个检验批;避雷引下线安装 6 层以下的建筑为一个检验批,高层建筑依均压环设置间隔的层数为一个检验批;接闪器安装同一屋面为一个检验批。

3) 质量等级验收评定

① 主控项目是对检验批的基本质量起决定性影响的检验项目,必须全部符合该专业规范的规定,不允许有不符合规范要求的检验结果。

② 一般项目应有 80% 以上的抽检处符合该规范规定或偏差值在其允许偏差范围内。

4) 检验批验收应提交资料

检验批验收时,应提交的施工操作依据和质量检查记录应完整。

5) 检验批验收

只按列为主控项目、一般项目的条款来验收,不能随意扩大内容范围和提高质量标准。

6) 检验批验收责任制

检验批表式中的责任制签记必须本人签字,替签为无效检验批验收记录。

(2) 检查验收执行条目(摘自《建筑电气工程施工质量验收规范》GB 50303—2002)

7.1.1 电动机、电加热器及电动执行机构的可接近裸露导体必须接地(PE)或接零(PEN)。

7.1.2 电动机、电加热器及电动执行机构绝缘电阻值应大于 0.5MΩ。

7.1.3 100kW 以上的电动机,应测量各相直流电阻值,相互差不应大于最小值的 2%;无中性点引出的电动机,测量线间直流电阻值,相互差不应大于最小值的 1%。

7.2.1 电气设备安装应牢固,螺栓及防松零件齐全,不松动。防水防潮电气设备的接线入口及接线盒盖等应做密封处理。

7.2.2 除电动机随带技术文件说明不允许在施工现场抽芯检查外,有下列情况之一的电动机,应抽芯检查:

1) 出厂时间已超过制造厂保证期限,无保证期限的已超过出厂时间一年以上;
2) 外观检查、电气试验、手动盘转和试运转,有异常情况。

7.2.3 电动机抽芯检查,应符合下列规定:

1) 线圈绝缘层完好,无伤痕,端部绑线不松动,槽楔固定、无断裂、引线焊接饱满、内部清洁、通风孔道无堵塞;
2) 轴承无锈斑,注油(脂)的型号、规格和数量正确,转子平衡块紧固,平衡螺丝锁紧,风扇叶片无裂纹;
3) 连接用紧固件的防松零件齐全完整;
4) 其他指标符合产品技术文件的特有要求。

7.2.4 在设备接线盒内裸露的不同相导线间和导线对地间最小距离应大于8mm,否则应采取绝缘防护措施。

(3) 检验批验收应提供的附件资料

1) 主要器具、设备、材料合格证;
2) 进场验收记录;
3) 接地电阻测试记录;
4) 施工安装记录(抽芯试运转等不允许抽芯的电机抽芯检查除外);
5) 交流工频耐压试验;
6) 绝缘电阻测试记录;
7) 有关验收文件;
8) 自检、互检及工序交接检查记录;
9) 其他应报或设计要求报送的资料。

注:合理缺项除外。

2.12.5 柴油发电机组安装检验批质量验收记录

1.资料表式

柴油发电机组安装检验批质量验收记录表 　　　　表303-5

检控项目	序号	质量验收规范规定	施工单位检查评定记录	监理(建设)单位验收记录
主控项目	1	发动机的试验	第8.1.1条	
	2	绝缘电阻值与直流耐压试验	第8.1.2条	
	3	馈电线路两端相序	第8.1.3条	
	4	发电动中性能(工作零线)	第8.1.4条	

续表

检控项目	序号	质量验收规范规定		施工单位检查评定记录	监理(建设)单位验收记录
一般项目	1	控制柜接线	第8.2.1条		
	2	发电机裸露导体的接地或接零	第8.2.2条		
	3	切换装置和保护装置试验	第8.2.3条		

2．应用指导

(1) 检查验收统一说明

1) 执行规范章、节

本表的检验批验收执行《建筑电气工程施工质量验收规范》(GB 50303—2002)规范第8章、第8.1节、第8.2节主控项目和一般项目有关条目的质量等级要求。应按其质量标准和检查方法逐一进行验收。

表列应检验项目必须全部进行检查验收不得缺漏，应检项目漏检，应进行补充检查验收，不进行补检不应通过验收。

2) 检验批的划分原则

建筑电气分部工程施工质量检验时，检验批的划分应符合下列规定：

① 室外电气安装工程中分项工程的检验批，依据庭院大小、投运时间先后、功能区块不同划分；

② 变配电室安装工程中分项工程的检验批，主变配电室为一个检验批；有数个分变配电室，且不属于子单位工程的子分部工程，各为一个检验批，其验收记录汇入所有变配电室有关分项工程的验收记录中；如各分交配电室属于各个单位工程的子分部工程，所属分项工程各为一个检验批，其验收记录为一个分项工程验收记录，经子分部工程验收记录汇入分部工程验收记录中。

③ 供电干线安装工程分项工程的检验批，依据供电区段和电气线缆竖井的编号划分；

④ 电气动力和电气照明安装工程中分项工程及建筑物等电位联结分项工程的检验批，其划分的界区，应与建筑土建工程一致；

⑤ 备用和不间断电源安装工程中分项工程各自成为一个检验批；

⑥ 防雷及接地装置安装工程中分项工程检验批，人工接地装置和利用建筑物基础钢筋的接地体各为一个检验批，大型基础可按区块划分成几个检验批；避雷引下线安装6层以下的建筑为一个检验批，高层建筑依均压环设置间隔的层数为一个检验批；接闪器安装同一屋面为一个检验批。

3) 质量等级验收评定

① 主控项目是对检验批的基本质量起决定性影响的检验项目,必须全部符合该专业规范的规定,不允许有不符合规范要求的检验结果。

② 一般项目应有80%以上的抽检处符合该规范规定或偏差值在其允许偏差范围内。

4) 检验批验收应提交资料

检验批验收时,应提交的施工操作依据和质量检查记录应完整。

5) 检验批验收

只按列为主控项目、一般项目的条款来验收,不能随意扩大内容范围和提高质量标准。

6) 检验批验收责任制

检验批表式中的责任制签记必须本人签字,替签为无效检验批验收记录。

(2) 检查验收执行条目(摘自《建筑电气工程施工质量验收规范》GB 50303—2002)

8.1.1 发电机的试验必须符合《建筑电气安装工程施工质量验收规范》附录 A 的规定。

8.1.2 发电机组至低压配电柜馈电线路的相间、相对地间的绝缘电阻值应大于 $0.5M\Omega$;塑料绝缘电缆馈电线路直流耐压试验为2.4kV,时间15min,泄漏电流稳定,无击穿现象。

8.1.3 柴油发电机馈电线路连接后,两端的相序必须与原供电系统的相序一致。

8.1.4 发电机中性线(工作零线)应与接地干线直接连接,螺栓防松零件齐全,且有标识。

8.2.1 发电机组随带的控制柜接线应正确,紧固件紧固状态良好,无遗漏脱落。开关、保护装置的型号、规格正确,验证出厂试验的锁定标记应无变动,否则应重新按制造厂要求试验标定。

8.2.2 发电机本体和机械部分的可接近裸露导体应接地(PE)或接零(PEN),且有标识。

8.2.3 受电侧低压配电柜的开关设备、自动或手动切换装置和保护装置等试验合格,应按设计的自备电源使用分配预案进行负荷试验,机组连续运行12h无故障。

(3) 检验批验收应提供的附件资料

1) 主要器具、设备、材料合格证;

2) 进场验收记录;

3) 接地电阻测试记录;

4) 发电机交接试验(静态、运转);

5) 直流耐压试验;

6) 绝缘电阻测试记录;

7) 空载试运行和负荷试运行记录(12h无故障);

8) 施工安装记录;

9) 自检、互检及工序交接检查记录;

10) 其他应报或设计要求报送的资料。

注:合理缺项除外。

2.12.6 不间断电源安装检验批质量验收记录

1. 资料表式

不间断电源安装检验批质量验收记录表

表 303-6

检控项目	序号	质量验收规范规定		施工单位检查评定记录	监理(建设)单位验收记录
主控项目	1	整流装置、逆变装置和静态开关装置的规格、型号	第9.1.1条		
	2	保护系统和输出开关动作的试验调整	第9.1.2条		
	3	绝缘电阻值规定	大于0.5MΩ		
	4	输出端中性线的接地	第9.1.4条		
一般项目	1	电源的机架组装	第9.2.1条		
	2	电线、电缆敷设与接地	第9.2.2条		
	3	可接近裸露导体的接地	第9.2.3条		
	4	运行时的噪声控制	第9.2.4条		
	1)	A声级噪声	不应大于45dB		
	2)	电流5A以下噪声	30dB		

2. 应用指导

(1) 检查验收统一说明

1) 执行规范章、节

本表的检验批验收执行《建筑电气工程施工质量验收规范》(GB 50303—2002)规范第9章、第9.1节、第9.2节主控项目和一般项目有关条目的质量等级要求。应按其质量标准和检查方法逐一进行验收。

表列应检验项目必须全部进行检查验收不得缺漏,应检项目漏检,应进行补充检查验收,不进行补检不应通过验收。

2) 检验批的划分原则

建筑电气分部工程施工质量检验时,检验批的划分应符合下列规定:

① 室外电气安装工程中分项工程的检验批,依据庭院大小、投运时间先后、功能区块不同划分;

② 变配电室安装工程中分项工程的检验批,主变配电室为一个检验批;有数个分变配电室,且不属于子单位工程的子分部工程,各为一个检验批,其验收记录汇入所有变配电室有关分项工程的验收记录中;如各分交配电室属于各个单位工程的子分部工程,所属分项工程各为一个检验批,其验收记录为一个分项工程验收记录,经子分部工程验收记录汇入分部工程验收记录中;

③ 供电干线安装工程分项工程的检验批,依据供电区段和电气线缆竖井的编号划分;

④ 电气动力和电气照明安装工程中分项工程及建筑物等电位联结分项工程的检验批,其划分的界区,应与建筑土建工程一致;

⑤ 备用和不间断电源安装工程中分项工程各自成为一个检验批;

⑥ 防雷及接地装置安装工程中分项工程检验批,人工接地装置和利用建筑物基础钢筋的接地体各为一个检验批,大型基础可按区块划分成几个检验批;避雷引下线安装6层以下的建筑为一个检验批,高层建筑依均压环设置间隔的层数为一个检验批;接闪器安装同一屋面为一个检验批。

3) 质量等级验收评定

① 主控项目是对检验批的基本质量起决定性影响的检验项目,必须全部符合该专业规范的规定,不允许有不符合规范要求的检验结果。

② 一般项目应有80%以上的抽检处符合该规范规定或偏差值在其允许偏差范围内。

4) 检验批验收应提交资料

检验批验收时,应提交的施工操作依据和质量检查记录应完整。

5) 检验批验收

只按列为主控项目、一般项目的条款来验收,不能随意扩大内容范围和提高质量标准。

6) 检验批验收责任制

检验批表式中的责任制签记必须本人签字,替签为无效检验批验收记录。

(2) 检查验收执行条目(摘自《建筑电气工程施工质量验收规范》GB 50303—2002)

9.1.1 不间断电源的整流装置、逆变装置和静态开关装置的规格、型号必须符合设计要求。内部结线连接正确、紧固件齐全,可靠不松动,焊接连接无脱落现象。

9.1.2 不间断电源的输入、输出各级保护系统和输出的电压稳定性、波形畸变系数、频率、相位、静态开关的动作等各项技术性能指标试验调整必须符合产品技术文件要求,且符合设计文件要求。

9.1.3 不间断电源装置间连线的线间、线对地间绝缘电阻值应大于 0.5MΩ。

9.1.4 **不间断电源输出端的中性线(N 极),必须与由接地装置直接引来的接地干线相连接,做重复接地。**

9.2.1 安放不间断电源的机架组装应横平竖直,水平度、垂直度允许偏差不应大于 1.5‰,紧固件齐全。

9.2.2 引入或引出不间断电源装置的主回路电线、电缆和控制电线、电缆分别穿保护管敷设,在电缆支架上平行敷设应保持 150mm 的距离,电线、电缆的屏蔽护套接地连接可靠,与接地干线就近连接,紧固件齐全。

9.2.3 不间断电源装置的可接近裸露导体应接地(PE)或接零(PEN)可靠,且有标识。

9.2.4 不间断电源正常运行时产生的 A 声级噪声,不应大于 45dB;输出额定电流为 5A 及以下的小型不间断电源噪声,不应大于 30dB。

(3) 检验批验收应提供的附件资料

1) 主要器具、设备、材料合格证;

2) 进场验收记录;

3) 接地电阻测试记录(含重复接地);

4) 施工安装记录(不间断噪声测试等);

5）隐蔽验收记录；

6）自检、互检及工序交接检查记录；

7）其他应报或设计要求报送的资料。

注：合理缺项除外。

2.12.7 低压电气动力设备试验和试运行检验批质量验收记录

1. 资料表式

低压电气动力设备试验和试运行检验批质量验收记录表　　　表303-7

检控项目	序号	质量验收规范规定		施工单位检查评定记录	监理（建设）单位验收记录
主控项目	1	相关电气设备和线路试验	第10.1.1条		
	2	单独安装的低压电器交接试验	第10.1.2条		
一般项目	1	柜、台、箱运行电压、电流	第10.2.1条		
	2	电动机通电、转向、转动试运行	第10.2.2条		
	3	交流电动机的空载试运行	第10.2.3条		
	4	大容量导线或母线连接处的温度抽测	第10.2.4条		
	5	电动执行机构的动作方向及指示	第10.2.5条		

2. 应用指导

（1）检查验收统一说明

1）执行规范章、节

本表的检验批验收执行《建筑电气工程施工质量验收规范》（GB 50303—2002）规范第10章、第10.1节、第10.2节主控项目和一般项目有关条目的质量等级要求。应按其质量标准和检查方法逐一进行验收。

表列应检验项目必须全部进行检查验收不得缺漏，应检项目漏检，应进行补充检查验收，不进行补检不应通过验收。

2) 检验批的划分原则

建筑电气分部工程施工质量检验时,检验批的划分应符合下列规定:

① 室外电气安装工程中分项工程的检验批,依据庭院大小、投运时间先后、功能区块不同划分;

② 变配电室安装工程中分项工程的检验批,主变配电室为一个检验批;有数个分变配电室,且不属于子单位工程的子分部工程,各为一个检验批,其验收记录汇入所有变配电室有关分项工程的验收记录中;如各分交配电室属于各个单位工程的子分部工程,所属分项工程各为一个检验批,其验收记录为一个分项工程验收记录,经子分部工程验收记录汇入分部工程验收记录中;

③ 供电干线安装工程分项工程的检验批,依据供电区段和电气线缆竖井的编号划分;

④ 电气动力和电气照明安装工程中分项工程及建筑物等电位联结分项工程的检验批,其划分的界区,应与建筑土建工程一致;

⑤ 备用和不间断电源安装工程中分项工程各自成为一个检验批;

⑥ 防雷及接地装置安装工程中分项工程检验批,人工接地装置和利用建筑物基础钢筋的接地体各为一个检验批,大型基础可按区块划分成几个检验批;避雷引下线安装 6 层以下的建筑为一个检验批,高层建筑依均压环设置间隔的层数为一个检验批;接闪器安装同一屋面为一个检验批。

3) 质量等级验收评定

① 主控项目是对检验批的基本质量起决定性影响的检验项目,必须全部符合该专业规范的规定,不允许有不符合规范要求的检验结果。

② 一般项目应有 80% 以上的抽检处符合该规范规定或偏差值在其允许偏差范围内。

4) 检验批验收应提交资料

检验批验收时,应提交的施工操作依据和质量检查记录应完整。

5) 检验批验收

只按列为主控项目、一般项目的条款来验收,不能随意扩大内容范围和提高质量标准。

6) 检验批验收责任制

检验批表式中的责任制签记必须本人签字,替签为无效检验批验收记录。

(2) 检查验收执行条目(摘自《建筑电气工程施工质量验收规范》GB 50303—2002)

10.1.1 试运行前,相关电气设备和线路应按规范的规定试验合格。

10.1.2 现场单独安装的低压电器交接试验项目应符合附录 B 的规定。

10.2.1 成套配电(控制)柜、台、箱、盘的运行电压、电流应正常,各种仪表指示正常。

10.2.2 电动机应试通电,检查转向和机械转动有无异常情况;可空载试运行的电动机,时间一般为 2h,记录空载电流,且检查机身和轴承的温升。

10.2.3 交流电动机在空载状态(不投料)可启动次数及间隔时间应符合产品技术条件的要求;无要求时,连续启动 2 次的时间间隔不应小于 5min,再次启动应在电动机冷却至常温下。空载状态(不投料)运行,应记录电流、电压、温度、运行时间等有关数据,符合建筑设备或工艺装置的空载状态运行(不投料)要求。

10.2.4 大容量(630A 及以上)导线或母线连接处,在设计计算负荷运行情况下应作温度抽测记录,温升值稳定不大于设计值。

10.2.5 电动执行机构的动作方向及指示,应与工艺装置的设计要求保持一致。

(3) 检验批验收应提供的附件资料

1) 交接试验记录(低压电器);
2) 电气设备试运行记录;
3) 电动机空载试运行记录;
4) 温度抽芯记录(大容量导线、母线);
5) 施工安装记录;
6) 自检、互检记录;
7) 其他应报或设计要求报送的资料。

注:合理缺项除外。

2.12.8 裸母线、封闭母线、插接式母线安装检验批质量验收记录

1. 资料表式

裸母线、封闭母线、插接式母线安装检验批质量验收记录表　　表 303-8

检控项目	序号	质量验收规范规定		施工单位检查评定记录	监理(建设)单位验收记录
主控项目	1	裸露导体的接地或接零	第11.1.1条		
	2	母线、电器接线端子的连接规定	第11.1.2条		
	3	封闭插接式母线安装	第11.1.3条		
	4	室内裸母线的最小安全净距规定	第11.1.4条		
	5	高压母线交流工频耐压试验	合　格		
	6	低压母线交接试验规定	第11.1.6条		
一般项目	1	支架与预埋铁件的固定	第11.2.1条		
	2	母线、电器接线端子,搭接面处理	第11.2.2条		
	3	母线的相序排列及涂色	第11.2.3条		
	4	母线在绝缘子上安装	第11.2.4条		
	5	封闭、插接式母线组装和固定	第11.2.5条		

2. 应用指导
(1) 检查验收统一说明
1) 执行规范章、节

本表的检验批验收执行《建筑电气工程施工质量验收规范》(GB 50303—2002)规范第11章、第11.1节、第11.2节主控项目和一般项目有关条目的质量等级要求。应按其质量标准和检查方法逐一进行验收。

表列应检验项目必须全部进行检查验收不得缺漏,应检项目漏检,应进行补充检查验收,不进行补检不应通过验收。

2) 检验批的划分原则

建筑电气分部工程施工质量检验时,检验批的划分应符合下列规定:

① 室外电气安装工程中分项工程的检验批,依据庭院大小、投运时间先后、功能区块不同划分;

② 变配电室安装工程中分项工程的检验批,主变配电室为一个检验批;有数个分变配电室,且不属于子单位工程的子分部工程,各为一个检验批,其验收记录汇入所有变配电室有关分项工程的验收记录中;如各分交配电室属于各个单位工程的子分部工程,所属分项工程各为一个检验批,其验收记录为一个分项工程验收记录,经子分部工程验收记录汇入分部工程验收记录中;

③ 供电干线安装工程分项工程的检验批,依据供电区段和电气线缆竖井的编号划分;

④ 电气动力和电气照明安装工程中分项工程及建筑物等电位联结分项工程的检验批,其划分的界区,应与建筑土建工程一致;

⑤ 备用和不间断电源安装工程中分项工程各自成为一个检验批;

⑥ 防雷及接地装置安装工程中分项工程检验批,人工接地装置和利用建筑物基础钢筋的接地体各为一个检验批,大型基础可按区块划分成几个检验批;避雷引下线安装6层以下的建筑为一个检验批,高层建筑依均压环设置间隔的层数为一个检验批;接闪器安装同一屋面为一个检验批。

3) 质量等级验收评定

① 主控项目是对检验批的基本质量起决定性影响的检验项目,必须全部符合该专业规范的规定,不允许有不符合规范要求的检验结果。

② 一般项目应有80%以上的抽检处符合该规范规定或偏差值在其允许偏差范围内。

4) 检验批验收应提交资料

检验批验收时,应提交的施工操作依据和质量检查记录应完整。

5) 检验批验收

只按列为主控项目、一般项目的条款来验收,不能随意扩大内容范围和提高质量标准。

6) 检验批验收责任制

检验批表式中的责任制签记必须本人签字,替签为无效检验批验收记录。

(2) 检查验收执行条目(摘自《建筑电气工程施工质量验收规范》GB 50303—2002)

11.1.1 绝缘子的底座、套管的法兰、保护网(罩)及母线支架等可接近裸露导体应接地(PE)或接零(PEN)可靠。不应作为接地(PE)或接零(PEN)的接续导体。

11.1.2 母线与母线或母线与电器接线端子,当采用螺栓搭接连接时,应符合下列规定:

1) 母线的各类搭接连接的钻孔直径和搭接长度符合(GB 50303—2002)规范附录 C 的规定,用力矩扳手拧紧钢制连接螺栓的力矩值符合(GB 50303—2002)规范附录 D 的规定;

2) 母线接触面保持清洁,涂电力复合脂,螺栓孔周边无毛刺;

3) 连接螺栓两侧有平垫圈,相邻垫圈间有大于 3mm 的间隙,螺母侧装有弹簧垫圈或锁紧螺母;

4) 螺栓受力均匀,不使电器的接线端子受额外应力。

11.1.3 封闭、插接式母线安装应符合下列规定:

1) 母线与外壳同心,允许偏差为±5mm;

2) 当段与段连接时,两相邻段母线及外壳对准,连接后不使母线及外壳受额外应力;

3) 母线的连接方法符合产品技术文件要求。

11.1.4 室内裸母线的最小安全净距应符合附录 E 的规定。

11.1.5 高压母线交流工频耐压试验必须按 3.1.8 的规定交接试验合格。

11.1.6 低压母线交接试验应符合 4.1.5 的规定。

11.2.1 母线的支架与预埋铁件采用焊接固定时,焊缝应饱满;用膨胀螺栓固定,选用的螺栓应适配,连接应牢固。

11.2.2 母线与母线、母线与电器接线端子搭接,搭接面的处理应符合下列规定:

1) 铜与铜:室外、高温且潮湿的室内,搭接面搪锡;干燥的室内,不搪锡;

2) 铅与铝:搭接面不做涂层处理;

3) 钢与钢:搭接面搪锡或镀锌;

4) 钢与铝:在干燥的室内,铜导体搭接面搪锡,在潮湿场所,铜导体搭接面搪锡,且采用钢铝过渡板与铝导体连接;

5) 钢与铜或铝:钢搭接面搪锡。

11.2.3 母线的相序排列及涂色,当设计无要求时应符合下列规定:

1) 上、下布置的交流母线,由上至下排列为 A、B、C 相;直流母线正极在上,负极在下;

2) 水平布置的交流母线,由盘后向盘前排列为 A、B、C 相;直流母线正极在后,负极在前;

3) 面对引下线的交流母线,由左至右排列为 A、B、C 相,直流母线正极在左,负极在右;

4) 母线的涂色:交流,A 相为黄色、B 相为绿色、C 相为红色;直流,正极为赭色、负极为蓝色;在连接处或支持件边缘两侧 10mm 以内不涂色。

11.2.4 母线在绝缘子上安装应符合下列规定:

1) 金具与绝缘子间的固定平整牢固、不使母线受额外应力;

2) 交流母线的固定金具或其他支持金具不形成闭合铁磁回路;

3) 除固定点外,当母线平置时,母线支持夹板的上部压板与母线间有 1~1.5mm 的间隙;当母线立置时,上部压板与母线间有 1.5~2mm 的间隙;

4) 母线的固定点,每段设置一个,设置于全长或两母线伸缩节的中点;

5) 母线采用螺栓搭接时,连接处距绝缘子的支持夹板边缘不小于 50mm。

11.2.5 封闭、插接式母线组装和固定位置应正确,外壳与底座间、外壳各连接部位和母线的连接螺栓应按产品技术文件要求选择正确、连接紧固。

(3) 检验批验收应提供的附件资料

1) 主要器具、设备、材料合格证；
2) 进场验收记录；
3) 接地电阻测试记录(绝缘子、底座、套管法兰、保护网(罩)、母线支架)；
4) 施工安装记录；
5) 交接试验记录(高压母线)；
6) 隐蔽验收记录；
7) 自检、互检及工序交接检查记录；
8) 其他应报或设计要求报送的资料；

注：合理缺项除外。

2.12.9 电缆桥架安装和桥架内电缆敷设检验批质量验收记录

1. 资料表式

电缆桥架安装和桥架内电缆敷设检验批质量验收记录表　　　表 303-9

检控项目	序号	质量验收规范规定		施工单位检查评定记录	监理(建设)单位验收记录
主控项目	1	桥架、支架和引入、引出金属电缆导管接地或接零	第 12.1.1 条		
	2	电缆敷设严禁有绞拧、铠装压扁、护层断裂和表面划伤等缺陷			
一般项目	1	电缆桥架安装规定	第 12.2.1 条		
	2	桥架内电缆敷设规定	第 12.2.2 条		
	3	电缆的首端、末端和分支处应设标志牌	第 12.2.3 条		

2. 应用指导

(1) 检查验收统一说明

1) 执行规范章、节

本表的检验批验收执行《建筑电气工程施工质量验收规范》(GB 50303—2002)规范第

12章、第12.1节、第12.2节主控项目和一般项目有关条目的质量等级要求。应按其质量标准和检查方法逐一进行验收。

表列应检验项目必须全部进行检查验收不得缺漏,应检项目漏检,应进行补充检查验收,不进行补检不应通过验收。

2) 检验批的划分原则

建筑电气分部工程施工质量检验时,检验批的划分应符合下列规定:

① 室外电气安装工程中分项工程的检验批,依据庭院大小、投运时间先后、功能区块不同划分;

② 变配电室安装工程中分项工程的检验批,主变配电室为一个检验批;有数个分变配电室,且不属于子单位工程的子分部工程,各为一个检验批,其验收记录汇入所有变配电室有关分项工程的验收记录中;如各分交配电室属于各个单位工程的子分部工程,所属分项工程各为一个检验批,其验收记录为一个分项工程验收记录,经子分部工程验收记录汇入分部工程验收记录中;

③ 供电干线安装工程分项工程的检验批,依据供电区段和电气线缆竖井的编号划分;

④ 电气动力和电气照明安装工程中分项工程及建筑物等电位联结分项工程的检验批,其划分的界区,应与建筑土建工程一致;

⑤ 备用和不间断电源安装工程中分项工程各自成为一个检验批;

⑥ 防雷及接地装置安装工程中分项工程检验批,人工接地装置和利用建筑物基础钢筋的接地体各为一个检验批,大型基础可按区块划分成几个检验批;避雷引下线安装6层以下的建筑为一个检验批,高层建筑依均压环设置间隔的层数为一个检验批;接闪器安装同一屋面为一个检验批。

3) 质量等级验收评定

① 主控项目是对检验批的基本质量起决定性影响的检验项目,必须全部符合该专业规范的规定,不允许有不符合规范要求的检验结果。

② 一般项目应有80%以上的抽检处符合该规范规定或偏差值在其允许偏差范围内。

4) 检验批验收应提交资料

检验批验收时,应提交的施工操作依据和质量检查记录应完整。

5) 检验批验收

只按列为主控项目、一般项目的条款来验收,不能随意扩大内容范围和提高质量标准。

6) 检验批验收责任制

检验批表式中的责任制签记必须本人签字,替签为无效检验批验收记录。

(2) 检查验收执行条目(摘自《建筑电气工程施工质量验收规范》GB 50303—2002)

12.1.1 金属电缆桥架及其支架和引入或引出的金属电缆导管必须接地(PE)或接零(PEN)可靠,且符合下列规定:

1) 金属电缆桥架及其支架全长应不少于两处与接地(PE)或接零(PEN)干线相连接;

2) 非镀锌电缆桥架间连接板的两端跨接铜芯接地线,接地线最小允许截面积不小于 $4mm^2$;

3) 镀锌电缆桥架间连接板的两端不跨接接地线,但连接板两端不少于两个有防松螺帽或防松垫圈的连接固定螺栓。

12.1.2 电缆敷设严禁有绞拧、铠装压扁、护层断裂和表面严重划伤等缺陷。

12.2.1 电缆桥架安装应符合下列规定：

1）直线段钢制电缆桥架长度超过30m、铝合金或玻璃钢制电缆桥架长度超过15m设有伸缩节；电缆桥架跨越建筑物变形缝处设置补偿装置；

2）电缆桥架转弯处的弯曲半径，不小于桥架内电缆最小允许弯曲半径，电缆最小允许弯曲半径见表12.2.1-1；

电缆最小允许弯曲半径 表12.2.1-1

序号	电缆种类	最小允许弯曲半径
1	无铅包钢铠护套的橡皮绝缘电力电缆	10D
2	有钢铠护套的橡皮绝缘电力电缆	20D
3	聚氯乙烯绝缘电力电缆	10D
4	交联聚氯乙烯绝缘电力电缆	15D
5	多芯控制电缆	10D

注：D为电缆外径。

3）当设计无要求时，电缆桥架水平安装的支架间距为1.5～3m；垂直安装的支架间距不大于2m；

4）桥架与支架间螺栓、桥架连接板螺栓固定紧固无遗漏，螺母位于桥架外侧；当铝合金桥架与钢支架固定时，有相互间绝缘的防电化腐蚀措施；

5）电缆桥架敷设在易燃易爆气体管道和热力管道的下方，当设计无要求时，与管道的最小净距，符合表12.2.1-2的规定：

与管道的最小净距(m) 表12.2.1-2

管道类别		平行净距(m)	交叉净距(m)
一般工艺管道		0.4	0.3
易燃易爆气体管道		0.5	0.5
热力管道	有保温层	0.5	0.3
	无保温层	1.0	0.5

6）敷设在竖井内和穿越不同防火区的桥架，按设计要求位置，有防火隔堵措施；

7）支架与预埋件焊接固定，焊缝饱满；膨胀螺栓固定，选用螺栓适配，连接紧固，防松零件齐全。

12.2.2 桥架内电缆敷设应符合下列规定：

1）大于45°倾斜敷设的电缆每隔2m处设固定点；

2）电缆出入电缆沟、竖井、建筑物、柜(盘)、台处以及管子管口处等做密封处理；

3）电缆敷设排列整齐，水平敷设的电缆，首尾两端，转弯两侧及每隔5～10m处设固定点；敷设于垂直桥架内的电缆固定点间距，不大于表12.2.2的规定。

电缆固定点的间距(mm)　　　　　　　　　　　表 12.2.2

电 缆 种 类		固定点间的距离(mm)
电力电缆	全 塑 型	1000
	除全塑型外的电缆	1500
控 制 电 缆		1000

12.2.3 电缆的首端、末端和分支处应设标志牌。

(3) 检验批验收应提供的附件资料

1) 主要器具、设备、材料合格证；
2) 进场验收记录；
3) 接地电阻测试记录；
4) 施工安装记录；
5) 隐蔽验收记录；
6) 自检、互检及工序交接检查记录；
7) 其他应报或设计要求报送的资料。

注：合理缺项除外。

2.12.10 电缆沟内和电缆竖井内电缆敷设检验批质量验收记录

1. 资料表式

电缆沟内和电缆竖井内电缆敷设检验批质量验收记录表　　　表 303-10

检控项目	序号	质量验收规范规定		施工单位检查评定记录	监理(建设)单位验收记录
主控项目	1	金属电缆支架、电缆导管必须接地(PE)或接零(PEN)可靠			
	2	电缆敷设严禁有绞拧、铠装压扁、护层断裂和表面严重划伤等缺陷			
一般项目	1	电缆支架安装规定	第13.2.1条		
	2	电缆在支架上敷设,转弯处的最小允许弯曲半径	第13.2.2条		
	3	电缆敷设固定规定	第13.2.3条		
	4	电缆的首端、末端和分支处应设标志牌			

2. 应用指导

(1) 检查验收统一说明

1) 执行规范章、节

本表的检验批验收执行《建筑电气工程施工质量验收规范》(GB 50303—2002)规范第13章、第13.1节、第13.2节主控项目和一般项目有关条目的质量等级要求。应按其质量标准和检查方法逐一进行验收。

表列应检验项目必须全部进行检查验收不得缺漏,应检项目漏检,应进行补充检查验收,不进行补检不应通过验收。

2) 检验批的划分原则

建筑电气分部工程施工质量检验时,检验批的划分应符合下列规定:

① 室外电气安装工程中分项工程的检验批,依据庭院大小、投运时间先后、功能区块不同划分;

② 变配电室安装工程中分项工程的检验批,主变配电室为一个检验批;有数个分变配电室,且不属于子单位工程的子分部工程,各为一个检验批,其验收记录汇入所有变配电室有关分项工程的验收记录中;如各分交配电室属于各个单位工程的子分部工程,所属分项工程各为一个检验批,其验收记录为一个分项工程验收记录,经子分部工程验收记录汇入分部工程验收记录中;

③ 供电干线安装工程分项工程的检验批,依据供电区段和电气线缆竖井的编号划分;

④ 电气动力和电气照明安装工程中分项工程及建筑物等电位联结分项工程的检验批,其划分的界区,应与建筑土建工程一致;

⑤ 备用和不间断电源安装工程中分项工程各自成为一个检验批;

⑥ 防雷及接地装置安装工程中分项工程检验批,人工接地装置和利用建筑物基础钢筋的接地体各为一个检验批,大型基础可按区块划分成几个检验批;避雷引下线安装6层以下的建筑为一个检验批,高层建筑依均压环设置间隔的层数为一个检验批;接闪器安装同一屋面为一个检验批。

3) 质量等级验收评定

① 主控项目是对检验批的基本质量起决定性影响的检验项目,必须全部符合该专业规范的规定,不允许有不符合规范要求的检验结果。

② 一般项目应有80%以上的抽检处符合该规范规定或偏差值在其允许偏差范围内。

4) 检验批验收应提交资料

检验批验收时,应提交的施工操作依据和质量检查记录应完整。

5) 检验批验收

只按列为主控项目、一般项目的条款来验收,不能随意扩大内容范围和提高质量标准。

6) 检验批验收责任制

检验批表式中的责任制签记必须本人签字,替签为无效检验批验收记录。

(2) 检查验收执行条目(摘自《建筑电气工程施工质量验收规范》GB 50303—2002)

13.1.1 金属电缆支架、电缆导管必须接地(PE)或接零(PEN)可靠。

13.1.2 电缆敷设严禁有绞拧、铠装压扁、护层断裂和表面严重划伤等缺陷。

13.2.1 电缆支架安装应符合下列规定:

1) 当设计无要求时,电线支架最上层至竖井顶部或楼板的距离不小于150~200mm;电缆支架最下层至沟底或地面的距离不小于50~100mm;

2) 当设计无要求时,电缆支架层间最小允许距离符合表13.2.1的规定;

电缆支架层间最小距离　　　　　　表13.2.1

电缆种类	支架层间最小距离(mm)
控制电缆	120
10kV及以下电力电缆	150~200

3) 支架与预埋件焊接固定时,焊缝饱满;用膨胀螺栓固定时,选用螺栓适配,连接紧固,防松零件齐全。

13.2.2 电缆在支架上敷设,转弯处的最小允许弯曲半径应符合(GB 50303—2002)规范表12.2.1-1的规定。

13.2.3 电缆敷设固定应符合下列规定:

1) 垂直敷设或大于45°倾斜敷设的电缆在每个支架上固定;

2) 交流单芯电缆或分相后的每相电缆固定用的夹具和支架,不形成闭合铁磁回路;

3) 电缆排列整齐,少交叉,当设计无要求时,电缆支持点间距,不大于表13.2.3的规定;

电缆支撑点间距　　　　　　表13.2.3

电缆种类	敷设方式	
	水 平(mm)	垂 直(mm)
电力电缆 全塑型	400	1000
电力电缆 除全塑型外的电缆	800	1500
控制电缆	800	1000

4) 当设计无要求时,电缆与管道的最小净距,符合(GB 50303—2002)规范表12.2.1-2的规定,且敷设在易燃易爆气体管道和热力管道的下方;

5) 敷设电缆的电缆沟和竖井,按设计要求位置,有防火隔堵措施。

13.2.4 电缆的首端、末端和分支处应设标志牌。

(3) 检验批验收应提供的附件资料

1) 主要器具、设备、材料合格证;
2) 进场验收记录;
3) 接地电阻测试记录;
4) 施工安装记录;
5) 隐蔽验收记录;
6) 自检、互检及工序交接检查记录;
7) 其他应报或设计要求报送的资料。

注:合理缺项除外。

2.12.11 电线导管、电缆导管和线槽敷设检验批质量验收记录

1. 资料表式

电线导管、电缆导管和线槽敷设检验批质量验收记录表　　　　表 303-11

检控项目	序号	质量验收规范规定		施工单位检查评定记录	监理(建设)单位验收记录
主控项目	1	金属的导管和线槽必须接地(PE)或接零(PEN)可靠并符合规定	第14.1.1条		
	2	金属导管严禁对口熔焊连接；镀锌和壁厚小于等于2mm的钢导管不得套管熔焊连接			
	3	防爆导管连接及其要求	第14.1.3条		
	4	绝缘导管在砌体上剔槽埋设规定	第14.1.4条		
一般项目	1	室外电缆导管埋地敷设要求	第14.2.1条		
	2	室外导管管口设置的处理	第14.2.2条		
	3	电缆导管弯曲半径规定	第14.2.3条		
	4	金属导管内、外壁的防腐	第14.2.4条		
	5	室内落地导管管口的安装高度	第14.2.5条		
	6	暗配、明配导管的装设规定	第14.2.6条		
	7	线槽的安装要求	第14.2.7条		
	8	防爆导管敷设规定	第14.2.8条		
	9	绝缘导管敷设规定	第14.2.9条		
	10	金属、非金属柔性导管敷设规定	第14.2.10条		
	11	导管和线槽,在建筑物变形缝处应设补偿装置			

2. 应用指导

(1) 检查验收统一说明

1) 执行规范章、节

本表的检验批验收执行《建筑电气工程施工质量验收规范》(GB 50303—2002)规范第14章、第14.1节、第14.2节主控项目和一般项目有关条目的质量等级要求。应按其质量标准和检查方法逐一进行验收。

表列应检验项目必须全部进行检查验收不得缺漏,应检项目漏检,应进行补充检查验收,不进行补检不应通过验收。

2) 检验批的划分原则

建筑电气分部工程施工质量检验时,检验批的划分应符合下列规定：

① 室外电气安装工程中分项工程的检验批,依据庭院大小、投运时间先后、功能区块不同划分；

② 变配电室安装工程中分项工程的检验批,主变配电室为一个检验批;有数个分变配电室,且不属于子单位工程的子分部工程,各为一个检验批,其验收记录汇入所有变配电室有关分项工程的验收记录中;如各分变配电室属于各个单位工程的子分部工程,所属分项工程各为一个检验批,其验收记录为一个分项工程验收记录,经子分部工程验收记录汇入分部工程验收记录中;

③ 供电干线安装工程分项工程的检验批,依据供电区段和电气线缆竖井的编号划分;

④ 电气动力和电气照明安装工程中分项工程及建筑物等电位联结分项工程的检验批,其划分的界区,应与建筑土建工程一致;

⑤ 备用和不间断电源安装工程中分项工程各自成为一个检验批;

⑥ 防雷及接地装置安装工程中分项工程检验批,人工接地装置和利用建筑物基础钢筋的接地体各为一个检验批,大型基础可按区块划分成几个检验批;避雷引下线安装6层以下的建筑为一个检验批,高层建筑依均压环设置间隔的层数为一个检验批;接闪器安装同一屋面为一个检验批。

3) 质量等级验收评定

① 主控项目是对检验批的基本质量起决定性影响的检验项目,必须全部符合该专业规范的规定,不允许有不符合规范要求的检验结果。

② 一般项目应有80%以上的抽检处符合该规范规定或偏差值在其允许偏差范围内。

4) 检验批验收应提交资料

检验批验收时,应提交的施工操作依据和质量检查记录应完整。

5) 检验批验收

只按列为主控项目、一般项目的条款来验收,不能随意扩大内容范围和提高质量标准。

6) 检验批验收责任制

检验批表式中的责任制签记必须本人签字,替签为无效检验批验收记录。

(2) 保证质量措施条目(摘自《建筑电气工程施工质量验收规范》GB 50303—2002)

14.1.1 金属的导管和线槽必须接地(PE)或接零(PEN)可靠,并符合下列规定:

1) 镀锌的钢导管、可挠性导管和金属线槽不得熔焊跨接接地线,以专用接地卡跨接的两卡间连线为铜芯软导线,截面积不小于$4mm^2$;

2) 当非镀锌钢导管采用螺纹连接时,连接处的两端焊跨接接地线;当镀锌钢导管采用螺纹连接时,连接处的两端用专用接地卡固定跨接接地线;

3) 金属线槽不作设备的接地导体,当设计无要求时,金属线槽全长不少于两处与接地(PE)或接零(PEN)干线连接;

4) 非镀锌金属线槽间连接板的两端跨接钢芯接地线,镀锌线槽间连接板的两端不跨接接地线,但连接板两端不少于两个有防松螺帽或防松垫圈的连接固定螺栓。

14.1.2 金属导管严禁对口熔焊连接;镀锌和壁厚小于等于2mm的钢导管不得套管熔焊连接。

14.1.3 防爆导管不应采用倒扣连接,当连接有困难时,应采用防爆活接头,其接合面应严密。

14.1.4 当绝缘导管在砌体上剔槽埋设时,应采用强度等级不小于M10的水泥砂浆抹面保护,保护层厚度大于15mm。

14.2.1 室外埋地敷设的电缆导管,埋深不应小于0.7m。壁厚小于等于2mm的钢电线导管不应埋设于室外土壤内。

14.2.2 室外导管的管口应设置在盒、箱内,在落地式配电箱内的管口,箱底无封板的,管口应高出基础面50~80mm。所有管口在穿入电线、电缆后应作密封处理。由箱式变电所或落地式配电箱引向建筑物的导管,建筑物一侧的导管管口应设在建筑物内。

14.2.3 电缆导管的弯曲半径不应小于电缆最小允许弯曲半径,电缆最小允许弯曲半径应符合表12.2.1-1的规定。

14.2.4 金属导管内、外壁应防腐处理;埋设于混凝土内的导管内壁应防腐处理,外壁可不做防腐处理。

14.2.5 室内进入落地式柜、台、箱、盘内的导管管口,应高出柜、台、箱、盘的基础面50~80mm。

14.2.6 暗配的导管,埋设深度与建筑物、构筑物表面的距离不应小于15mm;明配的导管应排列整齐,固定点间距均匀,安装牢固;在终端、弯头中点或柜、台、箱、盘等边缘的距离150~500mm范围内设有管卡,中间直线段管卡间的最大距离应符合表14.2.6的规定。

管卡间最大距离　　　　　　表14.2.6

敷设方式	导管种类	导管直径(mm)				
		15~20	25~32	32~40	50~65	65以上
		管卡最大距离(m)				
支架或沿墙明敷	壁厚>2mm刚性钢导管	1.5	2.0	2.5	2.5	3.5
	壁厚≤2mm刚性钢导管	1.0	1.5	2.0	—	—
	刚性绝缘导管	1.0	1.5	1.5	2.0	2.0

14.2.7 线槽应安装牢固,无扭曲变形,紧固件的螺母应在线槽外侧。

(3) 检查验收执行条目(摘自《建筑电气工程施工质量验收规范》GB 50303—2002)

14.2.8 防爆导管敷设应符合下列规定:

1) 导管间及与灯具、开关、线盒等的螺纹连接处紧密牢固,除设计有特殊要求外,连接处不跨接接地线,在螺纹上涂以电力复合酯或导电性防锈酯;

2) 安装牢固顺直,镀锌层锈蚀或剥落处作防腐处理;

14.2.9 绝缘导管敷设应符合下列规定:

1) 管口平整光滑;管与管、管与盒(箱)等器件采用插入法连接,连接处结合面涂专用胶合剂,接口牢固密封;

2) 直埋于地下或楼板内的刚性绝缘导管,在穿出地面或楼板易受机械损伤的 段,采取保护措施;

3) 当设计无要求时,埋设在墙内或混凝土内的绝缘导管,采用中型以上的导管;

4) 沿建筑物、构筑物表面和在支架上敷设的刚性绝缘导管,按设计要求装设温度补偿装置。

14.2.10 金属、非金属柔性导管敷设应符合下列规定:

1) 刚性导管经柔性导管与电气设备、器具连接,柔性导管的长度在动力工程中不大于0.8m,在照明工程中不大于1.2m;

2）可挠金属管或其他柔性导管与刚性导管或电气设备、器具间的连接采用专用接头；复合型可挠金属管或其他柔性导管的连接处密封良好，防液覆盖层完整无损；

3）可挠性金属导管和金属柔性导管不能做接地(PE)或接零(PEN)的接续导体。

(4) 检验批验收应提供的附件资料

1）主要器具、设备、材料合格证；

2）进场验收记录；

3）接地电阻测试记录；

4）施工安装记录；

5）隐蔽验收记录；

6）自检、互检及工序交接检查记录；

7）其他应报或设计要求报送的资料。

注：合理缺项除外。

2.12.12 电线、电缆导管和线槽敷线检验批质量验收记录

1. 资料表式

电线、电缆导管和线槽敷线检验批质量验收记录表　　　　表 303-12

检控项目	序号	质量验收规范规定		施工单位检查评定记录	监理(建设)单位验收记录
主控项目	1	三相或单相的交流单芯电缆，不得单独穿于钢导管内	第15.1.1条		
	2	电线可穿或不可穿入同一导管的要求	第15.1.2条		
	3	爆炸危险环境照明线路的电线和电缆额定电压，不低于750V，电线必须穿于钢导管内			
一般项目	1	穿管前的杂物清除及管口保护	第15.2.1条		
	2	多相供电，电线绝缘层颜色选择规定	第15.2.2条		
	3	线槽敷线规定	第15.2.3条		

2. 应用指导

(1) 检查验收统一说明

1) 执行规范章、节

本表的检验批验收执行《建筑电气工程施工质量验收规范》(GB 50303—2002)规范第15章、第15.1节、第15.2节主控项目和一般项目有关条目的质量等级要求。应按其质量标准和检查方法逐一进行验收。

表列应检验项目必须全部进行检查验收不得缺漏,应检项目漏检,应进行补充检查验收,不进行补检不应通过验收。

2) 检验批的划分原则

建筑电气分部工程施工质量检验时,检验批的划分应符合下列规定:

① 室外电气安装工程中分项工程的检验批,依据庭院大小、投运时间先后、功能区块不同划分;

② 变配电室安装工程中分项工程的检验批,主变配电室为一个检验批;有数个分变配电室,且不属于子单位工程的子分部工程,各为一个检验批,其验收记录汇入所有变配电室有关分项工程的验收记录中;如各分交配电室属于各个单位工程的子分部工程,所属分项工程各为一个检验批,其验收记录为一个分项工程验收记录,经子分部工程验收记录汇入分部工程验收记录中;

③ 供电干线安装工程分项工程的检验批,依据供电区段和电气线缆竖井的编号划分;

④ 电气动力和电气照明安装工程中分项工程及建筑物等电位联结分项工程的检验批,其划分的界区,应与建筑土建工程一致;

⑤ 备用和不间断电源安装工程中分项工程各自成为一个检验批;

⑥ 防雷及接地装置安装工程中分项工程检验批,人工接地装置和利用建筑物基础钢筋的接地体各为一个检验批,大型基础可按区块划分成几个检验批;避雷引下线安装6层以下的建筑为一个检验批,高层建筑依均压环设置间隔的层数为一个检验批;接闪器安装同一屋面为一个检验批。

3) 质量等级验收评定

① 主控项目是对检验批的基本质量起决定性影响的检验项目,必须全部符合该专业规范的规定,不允许有不符合规范要求的检验结果。

② 一般项目应有80%以上的抽检处符合该规范规定或偏差值在其允许偏差范围内。

4) 检验批验收应提交资料

检验批验收时,应提交的施工操作依据和质量检查记录应完整。

5) 检验批验收

只按列为主控项目、一般项目的条款来验收,不能随意扩大内容范围和提高质量标准。

6) 检验批验收责任制

检验批表式中的责任制签记必须本人签字,替签为无效检验批验收记录。

(2) 检查验收执行条目(摘自《建筑电气工程施工质量验收规范》GB 50303—2002)

15.1.1 三相或单相的交流单芯电缆,不得单独穿于钢导管内。

15.1.2 不同回路、不同电压等级和交流与直流的电线,不应穿于同一导管内;同一交流回路的电线应穿于同一金属导管内,管内电线不得有接头。

15.1.3 爆炸危险环境照明线路的电线和电缆额定电压不得低于750V,电线必须穿于钢导管内。

15.2.1 电线、电缆穿管前,应清除管内杂物和积水。管口应有保护措施,不进入接线盒(箱)的垂直管口穿入电线、电缆后,管口应密封。

15.2.2 当采用多相供电时,同一建筑物、构筑物的电线绝缘层颜色选择应一致;即保护地线(PE线)应是黄绿相间色;零线用淡蓝色;相线用:A 相——黄色、B 相——绿色、C 相——红色。

15.2.3 线槽敷线应符合下列规定:

1) 电线在线槽内有一定余量,不得有接头。电线按回路编号分段绑扎,绑扎点间距不大于2m;

2) 同一回路的相线和零线,敷设于同一金属线槽内;

3) 同一电源的不同回路无抗干扰要求的线路可敷设于同一线槽内;敷设于同一线槽内有抗干扰要求的线路用隔板隔离,或采用屏蔽电线且屏蔽护套一端接地。

(3) 检验批验收应提供的附件资料

1) 主要器具、设备、材料合格证;
2) 进场验收记录;
3) 接地电阻测试记录;
4) 施工安装记录;
5) 隐蔽验收记录;
6) 自检、互检及工序交接检查记录;
7) 其他应报或设计要求报送的资料。

注:合理缺项除外。

2.12.13 槽板配线检验批质量验收记录

1. 资料表式

槽板配线检验批质量验收记录表　　　　　　表 303-13

检控项目	序号	质量验收规范规定	施工单位检查评定记录	监理(建设)单位验收记录
主控项目	1	槽板内电线无接头,电线连接设在器具处;槽板与各种器具连接时,电线应留有余量,器具底座应压住槽板端部		
	2	槽板敷设应紧贴建筑物表面,横平竖直、固定可靠,严禁用木楔固定,木槽板应经阻燃处理,塑料槽板表面应有阻燃标识		

续表

检控项目	序号	质量验收规范规定	施工单位检查评定记录	监理(建设)单位验收记录
一般项目	1	木槽板无劈裂,塑料槽板无扭曲变形。槽板底板固定点间距小于500mm;槽板盖板固定点间距应小于300mm;底板距终端50mm和盖板距终端30mm处应固定		
	2	槽板的底板接口与盖板接口应错开20mm,盖板在直线段和90°转角处应成45°斜口对接,T形分支处应成三角叉接,盖板应无翘角,接口应严密整齐		
	3	槽板穿过梁、墙和楼板处应有保护套管,跨越建筑物变形缝处槽板应设补偿装置,且与槽板结合严密		

2．检验批验收应提供的附件资料

1）主要器具、设备、材料合格证；
2）进场验收记录；
3）施工安装记录；
4）隐蔽验收记录；
5）自检、互检及工序交接检查记录；
6）其他应报或设计要求报送的资料。

注：合理缺项除外。

2.12.14 钢索配线检验批质量验收记录

1．资料表式

钢索配线检验批质量验收记录表　　　　表303-14

检控项目	序号	质量验收规范规定	施工单位检查评定记录	监理(建设)单位验收记录
主控项目	1	应采用镀锌钢索,不应采用含油芯的钢索。钢索的钢丝直径应小于0.5mm,钢索不应有扭曲和断股等缺陷		
	2	钢索的终端拉环埋件应牢固可靠,钢索与终端拉环套接处应采用心形环,固定钢索的线卡不应少于2个,钢索端头应用镀锌绑扎紧密,且应接地(PE)或接零(PEN)可靠		
	3	当钢索长度50m及以下时,可在其一端装设花篮螺栓紧固;当钢索长度大于50m时,应在钢索两端装设花篮螺栓紧固		

续表

检控项目	序号	质量验收规范规定	施工单位检查评定记录	监理(建设)单位验收记录
一般项目	1	钢索中间吊架间距不应大于12m，吊架与钢索连接处的吊钩深度不应小于20mm，并应有防止钢索跳出的锁定零件		
	2	电线和灯具在钢索上安装后，钢索应承受全部负载，且钢索表面整洁，无锈蚀		
	3	钢索配线的零件间和线间距离如下：		

配线类别	支持件之间最大距离(mm)	支持件与灯头盒之间最大距离(mm)
1) 钢管	1500	200
2) 刚性绝缘导管	1000	150
3) 塑料护套线	200	100

2. 检验批验收应提供的附件资料

1) 主要器具、设备、材料合格证；
2) 进场验收记录；
3) 接地电阻测试记录；
4) 施工安装记录；
5) 隐蔽验收记录；
6) 自检、互检及工序交接检查记录；
7) 其他应报或设计要求报送的资料。

注：合理缺项除外。

2.12.15 电缆头制作、接地和线路绝缘测试检验批质量验收记录

1. 资料表式

电缆头制作、接地和线路绝缘测试检验批质量验收记录表　　　表303-15

检控项目	序号	质量验收规范规定	施工单位检查评定记录	监理(建设)单位验收记录
主控项目	1	高压电力电缆直流耐压试验	第18.1.1条	
	2	低压电线、电缆绝缘电阻值测定	第18.1.2条	
	3	铠装电力电缆头接地线规定	第18.1.3条	
	4	电线、电缆接线必须准确，并联运行电线或电缆的型号、规格、长度、相位应一致	第18.1.4条	

续表

检控项目	序号	质量验收规范规定		施工单位检查评定记录	监理(建设)单位验收记录
一般项目	1	芯线与电器设备的连接规定	第18.2.1条		
	2	电线、电缆的芯线连接金具(连接管和端子),规格应与芯线规格适配,且不得采用开口端子	第18.2.2条		
	3	电线、电缆的回路标记应清晰,编号准确	第18.2.3条		

2．应用指导

(1) 检查验收统一说明

1) 执行规范章、节

本表的检验批验收执行《建筑电气工程施工质量验收规范》(GB 50303—2002)规范第18章、第18.1节、第18.2节主控项目和一般项目有关条目的质量等级要求。应按其质量标准和检查方法逐一进行验收。

表列应检验项目必须全部进行检查验收不得缺漏,应检项目漏检,应进行补充检查验收,不进行补检不应通过验收。

2) 检验批的划分原则

建筑电气分部工程施工质量检验时,检验批的划分应符合下列规定:

① 室外电气安装工程中分项工程的检验批,依据庭院大小、投运时间先后、功能区块不同划分;

② 变配电室安装工程中分项工程的检验批,主变配电室为一个检验批;有数个分变配电室,且不属于子单位工程的子分部工程,各为一个检验批,其验收记录汇入所有变配电室有关分项工程的验收记录中;如各分交配电室属于各个单位工程的子分部工程,所属分项工程各为一个检验批,其验收记录为一个分项工程验收记录,经子分部工程验收记录汇入分部工程验收记录中;

③ 供电干线安装工程分项工程的检验批,依据供电区段和电气线缆竖井的编号划分;

④ 电气动力和电气照明安装工程中分项工程及建筑物等电位联结分项工程的检验批,其划分的界区,应与建筑土建工程一致;

⑤ 备用和不间断电源安装工程中分项工程各自成为一个检验批;

⑥ 防雷及接地装置安装工程中分项工程检验批,人工接地装置和利用建筑物基础钢筋

的接地体各为一个检验批,大型基础可按区块划分成几个检验批;避雷引下线安装6层以下的建筑为一个检验批,高层建筑依均压环设置间隔的层数为一个检验批;接闪器安装同一屋面为一个检验批。

3) 质量等级验收评定

① 主控项目是对检验批的基本质量起决定性影响的检验项目,必须全部符合该专业规范的规定,不允许有不符合规范要求的检验结果。

② 一般项目应有80%以上的抽检处符合该规范规定或偏差值在其允许偏差范围内。

4) 检验批验收应提交资料

检验批验收时,应提交的施工操作依据和质量检查记录应完整。

5) 检验批验收

只按列为主控项目、一般项目的条款来验收,不能随意扩大内容范围和提高质量标准。

6) 检验批验收责任制

检验批表式中的责任制签记必须本人签字,替签为无效检验批验收记录。

(2) 检查验收执行条目(摘自《建筑电气工程施工质量验收规范》GB 50303—2002)

3.1.8 高压的电气设备和布线系统及继电保护系统的交接试验,必须符合现行国家标准《电气装置安装工程电气设备交接试验标准》GB 50150 的规定。

18.1.1 高压电力电缆直流耐压试验必须按(GB 50303—2002)规范 3.1.8 的规定交接试验合格。

18.1.2 低压电线和电缆,线间和线对地间的绝缘电阻值必须大于 0.5MΩ。

18.1.3 铠装电力电缆头的接地线应采用铜绞线或镀锡铜编织线,截面积不应小于表 18.1.3 的规定。

接 地 线 截 面 积　　　　　　　表 18.1.3

电缆芯线截面积(mm^2)	接地线截面积(mm^2)
120 及以下	16
150 及以上	25

18.1.4 电线、电缆接线必须准确,并联运行电线或电缆的型号、规格、长度、相位应一致。

18.2.1 芯线与电器设备的连接应符合下列规定:

1) 截面积 $10mm^2$ 及以下的单股铜芯线和单股铝芯线可直接与设备、器具的端子连接;

2) 截面积 $2.5mm^2$ 及以下的多股铜芯线拧紧搪锡或接续端子后与设备、器具的端子连接;

3) 截面积大于 $2.5mm^2$ 的多股铜芯线,除设备自带插接式端子外,接续端子后与设备或器具的端子连接;多股铜芯线与插接式端子连接前,端部拧紧搪锡;

4) 多股铝芯线接续端子后与设备、器具的端子连接;

5) 每个设备和器具的端子接线不多于两根电线。

18.2.2 电线、电缆的芯线连接金具(连接管和端子),规格应与芯线的规格适配,且不得采用开口端子。

18.2.3 电线、电缆的回路标记应清晰,编号准确。

(3) 检验批验收应提供的附件资料

1) 交接试验记录(电力电缆直流耐压试验);
2) 绝缘电阻测试记录;
3) 有关验收文件;
4) 自检、互检及工序交接检查记录;
5) 其他应报或设计要求报送的资料。

注：合理缺项除外。

2.12.16 普通灯具安装检验批质量验收记录

1．资料表式

普通灯具安装检验批质量验收记录表　　　　表 303-16

检控项目	序号	质量验收规范规定		施工单位检查评定记录	监理(建设)单位验收记录
主控项目	1	灯具的固定	第19.1.1条		
	2	花灯吊钩圆钢直径、大型花灯过载试验规定	第19.1.2条		
	3	对钢管作灯杆的要求	第19.1.3条		
	4	对固定灯具带电部件的绝缘材料要求	第19.1.4条		
	5	灯具安装高度和使用电压等级规定	第19.1.5条		
	6	灯具距地面高度小于2.4m时,可接近裸露导体的接地或接零	第19.1.6条		
一般项目	1	导线线芯的最小截面	第19.2.1条		
	2	灯具外形,灯头及其接线规定	第19.2.2条		
	3	变电所内安装灯具要求	第19.2.3条		
	4	白炽灯泡的装设要求	第19.2.4条		
	5	大型灯具防溅落措施	第19.2.5条		
	6	投光灯的装设要求	第19.2.6条		
	7	室外壁灯的防水措施	第19.2.7条		

2．应用指导

(1) 检查验收统一说明

1) 执行规范章、节

本表的检验批验收执行《建筑电气工程施工质量验收规范》(GB 50303—2002)规范第19章、第19.1节、第19.2节主控项目和一般项目有关条目的质量等级要求。应按其质量标准和检查方法逐一进行验收。

表列应检验项目必须全部进行检查验收不得缺漏,应检项目漏检,应进行补充检查验收,不进行补检不应通过验收。

2) 检验批的划分原则

建筑电气分部工程施工质量检验时,检验批的划分应符合下列规定:

① 室外电气安装工程中分项工程的检验批,依据庭院大小、投运时间先后、功能区块不同划分;

② 变配电室安装工程中分项工程的检验批,主变配电室为一个检验批;有数个分变配电室,且不属于子单位工程的子分部工程,各为一个检验批,其验收记录汇入所有变配电室有关分项工程的验收记录中;如各分交配电室属于各个单位工程的子分部工程,所属分项工程各为一个检验批,其验收记录为一个分项工程验收记录,经子分部工程验收记录汇入分部工程验收记录中;

③ 供电干线安装工程分项工程的检验批,依据供电区段和电气线缆竖井的编号划分;

④ 电气动力和电气照明安装工程中分项工程及建筑物等电位联结分项工程的检验批,其划分的界区,应与建筑土建工程一致;

⑤ 备用和不间断电源安装工程中分项工程各自成为一个检验批;

⑥ 防雷及接地装置安装工程中分项工程检验批,人工接地装置和利用建筑物基础钢筋的接地体各为一个检验批,大型基础可按区块划分成几个检验批;避雷引下线安装 6 层以下的建筑为一个检验批,高层建筑依均压环设置间隔的层数为一个检验批;接闪器安装同一屋面为一个检验批。

3) 质量等级验收评定

① 主控项目是对检验批的基本质量起决定性影响的检验项目,必须全部符合该专业规范的规定,不允许有不符合规范要求的检验结果。

② 一般项目应有 80% 以上的抽检处符合该规范规定或偏差值在其允许偏差范围内。

4) 检验批验收应提交资料

检验批验收时,应提交的施工操作依据和质量检查记录应完整。

5) 检验批验收

只按列为主控项目、一般项目的条款来验收,不能随意扩大内容范围和提高质量标准。

6) 检验批验收责任制

检验批表式中的责任制签记必须本人签字,替签为无效检验批验收记录。

(2) 检查验收执行条目(摘自《建筑电气工程施工质量验收规范》GB 50303—2002)

19.1.1 灯具的固定应符合下列规定:

1) 灯具重量大于 3kg 时,固定在螺栓或预埋吊钩上;

2) 软线吊灯,灯具重量在 0.5kg 及以下时,采用软电线自身吊装,大于 0.5kg 的灯具采用吊链,且软电线编叉在吊链内,使电线不受力;

3) 灯具固定牢固可靠,不使用木楔,每个灯具固定用螺钉或螺栓不少于 2 个;当绝缘台直径在 75mm 及以下时,采用 1 个螺钉或螺栓固定。

19.1.2 花灯吊钩圆钢直径不应小于灯具挂销直径、且不应小于 6mm。大型花灯的固定及悬吊装置,应按灯具重量的 2 倍做过载试验。

19.1.3 当钢管作灯杆时,钢管内径不应小于10mm,钢管厚度不应小于1.5mm。

19.1.4 固定灯具带电部件的绝缘材料以及提供防触电保护的绝缘材料,应耐燃烧和防明火。

19.1.5 当设计无要求时,灯具的安装高度和使用电压等级应符合下列规定:

1)一般敞开式灯具,灯头对地面距离不小于下列数值(采用安全电压时除外):

① 室外:2.5m(室外墙上安装);

② 厂房:2.5m;

③ 室内:2m;

④ 软吊线带升降器的灯具在吊线展开后:0.8m。

2)危险性较大及特殊危险场所,当灯具距地面高度小于2.4m时,使用额定电压为36V及以下的照明灯具,或有专用保护措施。

19.1.6 当灯具距地面高度小于2.4m时,灯具的可接近裸露导体必须接地(PE)或接零(PEN)可靠,并应有专用接地螺栓,且有标识。

19.2.1 引向每个灯具的导线线芯最小截面应符合表19.2.1的规定:

导线线芯最小截面积　　　　　表19.2.1

灯具安装的场所及用途		线芯最小截面积(mm²)		
		铜芯软线	铜 线	铝 线
灯头线	民用建筑室内	0.5	0.5	2.5
	工业建筑室内	0.5	1.0	2.5
	室 外	1.0	1.0	2.5

19.2.2 灯具的外形,灯头及其接线应符合下列规定:

1)灯具及其配件齐全,无机械损伤、变形、涂层剥落和灯罩破裂等缺陷;

2)软线吊灯的软线两端作保护扣,两端芯线搪锡,当装升降器时,套塑料软管,采用安全灯头;

3)除敞开式灯具外,其他各类灯具灯泡容量在100W及以上者采用瓷质灯头;

4)连接灯具的软线盘扣、搪锡压线,当采用螺口灯头时,相线接于螺口灯头中间的端子上;

5)灯头的绝缘外壳不破损和漏电,带有开关的灯头,开关手柄无裸露的金属部分。

19.2.3 变电所内,高、低压配电设备及裸母线的正上方不应安装灯具。

19.2.4 装有白炽灯泡的吸顶灯具,灯泡不应紧贴灯罩;当灯泡与绝缘台间距离小于5mm时,灯泡与绝缘台间应采取隔热措施。

19.2.5 安装在重要场所大型灯具的玻璃罩,应采取防止玻璃罩碎裂后向下溅落的措施。

19.2.6 投光灯的底座及支架应固定牢固,枢轴应沿需要的光轴方向拧紧固定。

19.2.7 安装在室外的壁灯应有泄水孔,绝缘台与墙面之间应有防水措施。

(3) 检验批验收应提供的附件资料

1)主要器具、设备、材料合格证;

2)进场验收记录;

3)过载试验(大型花灯);

4) 绝缘电阻测试记录；

5) 接地电阻测试记录；

6) 施工安装记录；

7) 隐蔽验收记录；

8) 自检、互检及工序交接检查记录；

9) 其他应报或设计要求报送的资料。

注：合理缺项除外。

2.12.17 专用灯具安装检验批质量验收记录

1．资料表式

专用灯具安装检验批质量验收记录表　　　　表 303-17

检控项目	序号	质量验收规范规定		施工单位检查评定记录	监理(建设)单位验收记录
主控项目	1	36V 及以下行灯变压器和安装	第20.1.1条		
	2	游泳池和类似场所灯具安装	第20.1.2条		
	3	手术台无影灯安装规定	第20.1.3条		
	4	应急照明灯具安装规定	第20.1.4条		
	5	防爆灯具安装及规定	第20.1.5条		
一般项目	1	36V 及以下行灯变压器和安装	第20.2.1条		
	2	手术台无影灯安装规定	第20.2.2条		
	3	应急照明灯具安装规定	第20.2.3条		
	4	防爆灯具安装的规定	第20.2.4条		

2．应用指导

(1) 检查验收统一说明

1) 执行规范章、节

本表的检验批验收执行《建筑电气工程施工质量验收规范》(GB 50303—2002)规范第

20章、第20.1节、第20.2节主控项目和一般项目有关条目的质量等级要求。应按其质量标准和检查方法逐一进行验收。

表列应检验项目必须全部进行检查验收不得缺漏,应检项目漏检,应进行补充检查验收,不进行补检不应通过验收。

2) 检验批的划分原则

建筑电气分部工程施工质量检验时,检验批的划分应符合下列规定:

① 室外电气安装工程中分项工程的检验批,依据庭院大小、投运时间先后、功能区块不同划分;

② 变配电室安装工程中分项工程的检验批,主变配电室为一个检验批;有数个分变配电室,且不属于子单位工程的子分部工程,各为一个检验批,其验收记录汇入所有变配电室有关分项工程的验收记录中;如各分交配电室属于各个单位工程的子分部工程,所属分项工程各为一个检验批,其验收记录为一个分项工程验收记录,经子分部工程验收记录汇入分部工程验收记录中;

③ 供电干线安装工程分项工程的检验批,依据供电区段和电气线缆竖井的编号划分;

④ 电气动力和电气照明安装工程中分项工程及建筑物等电位联结分项工程的检验批,其划分的界区,应与建筑土建工程一致;

⑤ 备用和不间断电源安装工程中分项工程各自成为一个检验批;

⑥ 防雷及接地装置安装工程中分项工程检验批,人工接地装置和利用建筑物基础钢筋的接地体各为一个检验批,大型基础可按区块划分成几个检验批;避雷引下线安装6层以下的建筑为一个检验批,高层建筑依均压环设置间隔的层数为一个检验批;接闪器安装同一屋面为一个检验批。

3) 质量等级验收评定

① 主控项目是对检验批的基本质量起决定性影响的检验项目,必须全部符合该专业规范的规定,不允许有不符合规范要求的检验结果。

② 一般项目应有80%以上的抽检处符合该规范规定或偏差值在其允许偏差范围内。

4) 检验批验收应提交资料

检验批验收时,应提交的施工操作依据和质量检查记录应完整。

5) 检验批验收

只按列为主控项目、一般项目的条款来验收,不能随意扩大内容范围和提高质量标准。

6) 检验批验收责任制

检验批表式中的责任制签记必须本人签字,替签为无效检验批验收记录。

(2) 检查验收执行条目(摘自《建筑电气工程施工质量验收规范》GB 50303—2002)

20.1.1 36V及以下行灯变压器和行灯安装按20.1.1条执行

20.1.2 游泳池和类似场所灯具(水下灯及防水灯具)的等电位联结应可靠,有明显标识,其电源的专用漏电保护装置应全部检测合格。自电源引入灯具的导管必须采用绝缘导管,严禁采用金属或有金属护层的导管。

20.1.3 手术台无影灯安装应符合下列规定:

1) 固定灯座的螺栓数量不少于灯具法兰底座上的固定孔数,且螺栓直径与底座孔径相适配;螺栓采用双螺母锁固;

2) 在混凝土结构上螺栓与主筋相焊接或将螺栓末端弯曲与主筋绑扎锚固；

3) 配电箱内装有专用的总开关及分路开关，电源分别接在两条专用的回路上，开关至灯具的电线采用额定电压不低于750V的铜芯多股绝缘电线。

20.1.4 应急照明灯具安装应符合下列规定：

1) 应急照明灯的电源除正常电源外，另有一路电源供电，或者是独立于正常电源的柴油发电机组供电；或由蓄电池柜供电或选用自带电源型应急灯具；

2) 应急照明在正常电源断电后，电源转换时间为：疏散照明≤15s；备用照明≤15s（金融商店交易所≤1.5s）；安全照明≤0.5s；

3) 疏散照明由安全出口标志灯和疏散标志灯组成，且安全出口标志灯距地高度不低于2m，安装在疏散出口和楼梯口里侧上方；

4) 疏散标志灯安装在安全出口的顶部，楼梯间、疏散走道及其转角处应安装在1m以下的墙面上。不易安装的部位可安装在上部。疏散通道上的标志灯间距不大于20m（人防工程不大于10m）；

5) 疏散标志灯的设置，不影响正常通行，且不在其周围设置容易混同疏散标志灯的其他标志牌等。

6) 应急照明灯具、运行中温度大于60℃的灯具，当靠近可燃物时，采取隔热、散热等防火措施。当采用白炽灯，卤钨灯等光源时，不直接安装在可燃装修材料或可燃物件上；

7) 应急照明线路在每个防火分区有独立的应急照明回路，穿越不同防火分区的线路有防火隔堵措施；

8) 疏散照明线路采用耐火电线、电缆，穿管明敷或在非燃烧体内穿刚性导管暗敷，暗敷保护层厚度不小于30mm。电线采用额定电压不低于750V的铜芯绝缘电线。

20.1.5 防爆灯具安装按20.1.5条执行

灯具种类和防爆结构的类型　　　　　　表20.1.5

爆炸危险区域防爆结构 照明设备种类	Ⅰ区		Ⅱ区	
	隔爆型d	增安型e	隔爆型d	增安型e
固定式灯	○	×	○	○
移动式灯	△	—	○	—
携带式电池灯	○	—	—	—
镇流器	○	△	○	○

表中符号：○为适用；△为慎用；×为不适用。

20.2.1 36V及以下行灯变压器和行灯安装应符合下列规定：

1) 行灯变压器的固定支架牢固，油漆完整；

2) 携带式局部照明灯电线采用橡套软线。

20.2.2 手术台无影灯安装应符合下列规定：

1) 底座紧贴顶板，四周无缝隙；

2) 表面保持整洁，无污染，灯具镀、涂层完整无划伤。

20.2.3 应急照明灯具安装应符合下列规定：

1) 疏散照明采用荧光灯或白炽灯;安全照明采用卤钨灯,或采用瞬时可靠点燃的荧光灯;

2) 安全出口标志灯和疏散标志灯装有玻璃或非燃材料的保护罩,面板亮度均匀度为1:10(最低:最高),保护罩应完整、无裂纹。

20.2.4 防爆灯具安装应符合下列规定:

1) 灯具及开关的外壳完整,无损伤、无凹陷或沟槽,灯罩无裂纹,金属护网无扭曲变形,防爆标志清晰;

2) 灯具及开关的紧固螺栓无松动、锈蚀、密封垫圈完好。

(3) 检验批验收应提供的附件资料

1) 主要器具、设备、材料合格证;
2) 进场验收记录;
3) 绝缘电阻测试记录;
4) 接地电阻测试记录;
5) 施工安装记录;
6) 有关验收文件;
7) 自检、互检及工序交接检查记录;
8) 其他应报或设计要求报送的资料。

注:合理缺项除外。

2.12.18 建筑物景观照明灯、航空障碍标志灯和庭院灯安装检验批量质量验收记录

1. 资料表式

建筑物景观照明灯、航空障碍标志灯和庭院灯
安装检验批量质量验收记录表   表303-18

检控项目	序号	质量验收规范规定		施工单位检查评定记录	监理(建设)单位验收记录
主控项目	1	建筑物彩灯安装规定	第21.1.1条		
	2	霓虹灯安装规定	第20.2.2条		
	3	建筑物景观灯具安装规定	第21.1.3条		
	4	航空障碍标志灯安装规定	第21.1.4条		
	5	庭院灯安装规定	第21.1.5条		

续表

检控项目	序号	质量验收规范规定		施工单位检查评定记录	监理(建设)单位验收记录
一般项目	1	建筑物彩灯安装的规定	第21.2.1条		
	2	霓虹灯安装规定	第21.2.2条		
	3	建筑物景观灯安装与保护	第21.2.3条		
	4	航空障碍标志灯安装	第21.2.4条		
	5	庭院灯安装规定	第21.2.5条		

2. 应用指导

(1) 检查验收统一说明

1) 执行规范章、节

本表的检验批验收执行《建筑电气工程施工质量验收规范》(GB 50303—2002)规范第21章、第21.1节、第21.2节主控项目和一般项目有关条目的质量等级要求。应按其质量标准和检查方法逐一进行验收。

表列应检验项目必须全部进行检查验收不得缺漏，应检项目漏检，应进行补充检查验收，不进行补检不应通过验收。

2) 检验批的划分原则

建筑电气分部工程施工质量检验时，检验批的划分应符合下列规定：

① 室外电气安装工程中分项工程的检验批，依据庭院大小、投运时间先后、功能区块不同划分；

② 变配电室安装工程中分项工程的检验批，主变配电室为一个检验批；有数个分变配电室，且不属于子单位工程的子分部工程，各为一个检验批，其验收记录汇入所有变配电室有关分项工程的验收记录中；如各分交配电室属于各个单位工程的子分部工程，所属分项工程各为一个检验批，其验收记录为一个分项工程验收记录，经子分部工程验收记录汇入分部工程验收记录中；

③ 供电干线安装工程分项工程的检验批，依据供电区段和电气线缆竖井的编号划分；

④ 电气动力和电气照明安装工程中分项工程及建筑物等电位联结分项工程的检验批，其划分的界区，应与建筑土建工程一致；

⑤ 备用和不间断电源安装工程中分项工程各自成为一个检验批；

⑥ 防雷及接地装置安装工程中分项工程检验批，人工接地装置和利用建筑物基础钢筋的接地体各为一个检验批，大型基础可按区块划分成几个检验批；避雷引下线安装6层以下的建筑为一个检验批，高层建筑依均压环设置间隔的层数为一个检验批；接闪器安装同一屋面为一个检验批。

3) 质量等级验收评定

① 主控项目是对检验批的基本质量起决定性影响的检验项目，必须全部符合该专业规范的规定，不允许有不符合规范要求的检验结果。

② 一般项目应有80%以上的抽检处符合该规范规定或偏差值在其允许偏差范围内。

4) 检验批验收应提交资料

检验批验收时，应提交的施工操作依据和质量检查记录应完整。

5) 检验批验收

只按列为主控项目、一般项目的条款来验收，不能随意扩大内容范围和提高质量标准。

6) 检验批验收责任制

检验批表式中的责任制签记必须本人签字，替签为无效检验批验收记录。

(2) 检查验收执行条目(摘自《建筑电气工程施工质量验收规范》GB 50303—2002)

21.1.1 建筑物彩灯安装应符合下列规定：

1) 建筑物顶部彩灯采用有防雨性能的专用灯具，灯罩要拧紧；

2) 彩灯配线管路按明配管敷设，且有防雨功能。管路间、管路与灯头盒间螺纹连接，金属导管及彩灯的构架、钢索等可接近裸露导体接地(PE)或接零(PEN)可靠；

3) 垂直彩灯悬挂挑臂采用不小于10#槽钢，端部吊挂钢索用的开口吊钩螺栓直径不小于10mm，螺栓在槽钢上固定，两侧有螺帽，且加平垫及弹簧垫圈，紧固；

4) 悬挂钢丝绳直径不小于4.5mm，底把圆钢直径不小于16mm，地锚采用架空外线用拉线盘，埋设深度大于1.5m；

5) 垂直彩灯采用防水吊线灯头，下端灯头距离地面高于3m。

21.1.2 霓虹灯安装应符合下列规定：

1) 霓虹灯管完好，无破裂；

2) 灯管采用专用的绝缘支架固定，且牢固可靠。灯管固定后，与建筑物、构筑物表面的距离不小于20mm；

3) 霓虹灯专用变压器采用双圈式，所供灯管长度不大于允许负载长度，露天安装的有防雨措施；

4) 霓虹灯专用变压器的二次电线和灯管间的连接线采用额定电压大于15kV的高压绝缘电线。二次电线与建筑物、构筑物表面的距离不小于20mm。

21.1.3 建筑物景观照明灯具安装应符合下列规定：

1) 每套灯具的导电部分对地绝缘电阻值大于2MΩ；

2) 在人行道等人员来往密集场所安装的落地式灯具，无围栏防护，安装高度距地面2.5m以上；

3) 金属构架和灯具的可接近裸露导体及金属软管的接地(PE)或接零(PEN)可靠，且有标识。

21.1.4 航空障碍标志灯安装应符合下列规定：

1) 灯具装设在建筑物或构筑物的最高部位。当最高部位平面面积较大或为建筑群时，除在最高端装设外，还在其外侧转角的顶端分别装设灯具；

2) 当灯具在烟囱顶上装设时，安装在低于烟囱口1.5~3m的部位且呈正三角形水平排列；

3) 灯具的选型根据安装高度决定；低光强的(距地面60m以下装设时采用)为红色光，

其有效光强大于1600cd。高光强的(距地面150m以上装设时采用)为白色光,有效光强随背景亮度而定;

4) 灯具的电源按主体建筑中最高负荷等级要求供电;

5) 灯具安装牢固可靠,且设置维修和更换光源的措施。

21.1.5 庭院灯安装应符合下列规定:

1) 每套灯具的导电部分对地绝缘电阻值大于2MΩ;

2) 立柱式路灯、落地式路灯、特种园艺灯等灯具与基础固定可靠,地脚螺栓备帽齐全。灯具的接线盒或熔断器盒,盒盖的防水密封垫完整。

3) 金属立柱及灯具可接近裸露导体接地(PE)或接零(PEN)可靠,接地线单设干线,干线沿庭院灯布置位置形成环网状,且不少于2处与接地装置引出线连接,由干线引出支线与金属灯柱及灯具的接地端子连接,且有标识。

21.2.1 建筑物彩灯安装应符合下列规定:

1) 建筑物顶部彩灯灯罩完整,无碎裂;

2) 彩灯电线导管防腐完好,敷设平整、顺直。

21.2.2 霓虹灯安装应符合下列规定:

1) 当霓虹灯变压器明装时,高度不小于3m;低于3m采取防护措施;

2) 霓虹灯变压器的安装位置方便检修,且隐蔽在不易被非检修人触及的场所,不装在吊平顶内;

3) 当橱窗内装有霓虹灯时,橱窗门与霓虹灯变压器一次侧开关有联锁装置,确保开门不接通霓虹灯变压器的电源;

4) 霓虹灯变压器二次侧的电线采用玻璃制品绝缘支持物固定,支持点距离不大于下列数值;

水平线段:0.5m;

垂直线段:0.75m。

21.2.3 建筑物景观照明灯具构架应固定可靠,地脚螺栓拧紧,备帽齐全;灯具的螺栓紧固、无遗漏。灯具外露的电线或电缆应有柔性金属导管保护。

21.2.4 航空障碍标志灯安装应符合下列规定:

1) 同一建筑物或建筑群灯具间的水平、垂直距离不大于45m;

2) 灯具的自动通、断电源控制装置动作准确。

21.2.5 庭院灯安装应符合下列规定:

1) 灯具的自动通、断电源控制装置动作准确,每套灯具熔断器盒内熔丝齐全,规格与灯具适配;

2) 架空线路电杆上的路灯,固定可靠,紧固件齐全、拧紧,灯位正确;每套灯具配有熔断器保护。

(3) 检验批验收应提供的附件资料

1) 主要器具、设备、材料合格证;

2) 器具设备材料进场验收记录;

3) 绝缘电阻测试记录;

4) 接地电阻测试记录;

5) 施工安装记录；

6) 有关验收文件；

7) 自检、互检及工序交接检查记录；

8) 其他应报或设计要求报送的资料。

注：合理缺项除外。

2.12.19 开关、插座、风扇安装检验批质量验收记录

1. 资料表式

开关、插座、风扇安装检验批质量验收记录表　　　　表303-19

检控项目	序号	质量验收规范规定		施工单位检查评定记录	监理(建设)单位验收记录
主控项目	1	插座安装	第22.1.1条		
	2	插座接线	第22.1.2条		
	3	特殊情况下插座安装	第22.1.3条		
	4	照明开关安装	第22.1.4条		
	5	吊扇安装	第22.1.5条		
	6	壁扇安装	第22.1.6条		
一般项目	1	插座安装	第22.2.1条		
	2	照明开关安装	第22.2.2条		
	3	吊扇安装	第22.2.3条		
	4	壁扇安装	第22.2.4条		

2. 应用指导

(1) 检查验收统一说明

1) 执行规范章、节

本表的检验批验收执行《建筑电气工程施工质量验收规范》(GB 50303—2002)规范第22章、第22.1节、第22.2节主控项目和一般项目有关条目的质量等级要求。应按其质量标准和检查方法逐一进行验收。

表列应检验项目必须全部进行检查验收不得缺漏，应检项目漏检，应进行补充检查验收，不进行补检不应通过验收。

2) 检验批的划分原则

建筑电气分部工程施工质量检验时,检验批的划分应符合下列规定:

① 室外电气安装工程中分项工程的检验批,依据庭院大小、投运时间先后、功能区块不同划分;

② 变配电室安装工程中分项工程的检验批,主变配电室为一个检验批;有数个分变配电室,且不属于子单位工程的子分部工程,各为一个检验批,其验收记录汇入所有变配电室有关分项工程的验收记录中;如各分交配电室属于各个单位工程的子分部工程,所属分项工程各为一个检验批,其验收记录为一个分项工程验收记录,经子分部工程验收记录汇入分部工程验收记录中;

③ 供电干线安装工程分项工程的检验批,依据供电区段和电气线缆竖井的编号划分;

④ 电气动力和电气照明安装工程中分项工程及建筑物等电位联结分项工程的检验批,其划分的界区,应与建筑土建工程一致;

⑤ 备用和不间断电源安装工程中分项工程各自成为一个检验批;

⑥ 防雷及接地装置安装工程中分项工程检验批,人工接地装置和利用建筑物基础钢筋的接地体各为一个检验批,大型基础可按区块划分成几个检验批;避雷引下线安装6层以下的建筑为一个检验批,高层建筑依均压环设置间隔的层数为一个检验批;接闪器安装同一屋面为一个检验批。

3) 质量等级验收评定

① 主控项目是对检验批的基本质量起决定性影响的检验项目,必须全部符合该专业规范的规定,不允许有不符合规范要求的检验结果。

② 一般项目应有80%以上的抽检处符合该规范规定或偏差值在其允许偏差范围内。

4) 检验批验收应提交资料

检验批验收时,应提交的施工操作依据和质量检查记录应完整。

5) 检验批验收

只按列为主控项目、一般项目的条款来验收,不能随意扩大内容范围和提高质量标准。

6) 检验批验收责任制

检验批表式中的责任制签记必须本人签字,替签为无效检验批验收记录。

(2) 检查验收执行条目(摘自《建筑电气工程施工质量验收规范》GB 50303—2002)

22.1.1 当交流、直流或不同电压等级的插座安装在同一场所时,应有明显的区别,且必须选择不同结构、不同规格和不能互换的插座;配套的插头应按交流、直流或不同电压等级区别使用。

22.1.2 插座接线应符合下列规定:

1) 单相两孔插座,面对插座的右孔或上孔与相线连接,左孔或下孔与零线连接;单相三孔插座,面对插座的右孔与相线连接,左孔与零线连接;

2) 单相三孔、三相四孔及三相五孔插座的接地(PE)或接零(PEN)线接在上孔。插座的接地端子不与零线端子连接。同一场所的三相插座,接线的相序一致;

3) 接地(PE)或接零(PEN)线在插座间不串联连接。

22.1.3 特殊情况下插座安装应符合下列规定:

1) 当接插有触电危险家用电器的电源时,采用能断开电源的带开关插座,开关断开相线;

2）潮湿场所采用密封型并带保护地线触头的保护型插座,安装高度不低于1.5m。

22.1.4 照明开关安装应符合下列规定:

1）同一建筑物、构筑物的开关采用同一系列的产品,开关的通断位置一致,操作灵活、接触可靠;

2）相线经开关控制,民用住宅无软线引至床边的床头开关。

22.1.5 吊扇安装应符合下列规定:

1）吊扇挂钩安装牢固,吊扇挂钩的直径不小于吊扇挂销直径,且不小于8mm,有防振橡胶垫,挂销的防松零件齐全、可靠;

2）吊扇扇叶距地高度不小于2.5m;

3）吊扇组装不改变扇叶角度,扇叶固定螺栓防松零件齐全;

4）吊杆间、吊杆与电机间螺纹连接,啮合长度每端不小于20mm,且防松零件齐全紧固;

5）吊扇接线正确、当运转时扇叶无明显颤动和异常声响。

22.1.6 壁扇安装应符合下列规定:

1）壁扇底座采用尼龙塞或膨胀螺栓固定;尼龙塞或膨胀螺栓的数量不少于2个,且直径不小于8mm。固定牢固可靠;

2）壁扇防护罩扣紧,固定可靠,当运转时扇叶和防护罩无明显颤动和异常声响。

22.2.1 插座安装应符合下列规定:

1）当不采用安全型插座时,托儿所、幼儿园及小学等儿童活动场所安装高度不小于1.8m;

2）暗装的插座面板紧贴墙面,四周无缝隙,安装牢固,表面光滑整洁,无碎裂、划伤,装饰帽齐全;

3）车间及试（实）验室的插座安装高度距地面不小于0.3m;特殊场所暗装的插座不小于0.15m;同一室内插座安装高度一致;

4）地插座面板与地面齐平或紧贴地面,盖板固定牢固,密封良好。

22.2.2 照明开关安装应符合下列规定:

1）开关安装位置便于操作,开关边缘距门框边缘的距离0.15~0.2m,开关距地面高度1.3m;拉线开关距地面高度2~3m,层高小于3m时,拉线开关距顶板不小于100mm,拉线出口垂直向下;

2）相同型号并列安装及同一室内开关安装高度一致,且控制有序不错位。并列安装的拉线开关的相邻间距不小于20mm;

3）暗装的开关面板应紧贴墙面,四周无缝隙,安装牢固,表面光滑整洁、无碎裂、划伤,装饰帽齐全。

22.2.3 吊扇安装应符合下列规定:

1）涂层完整,表面无划痕,无污染,吊杆上、下扣碗安装牢固到位;

2）同一室内并列安装的吊扇开关高度一致,且控制有序不错位。

22.2.4 壁扇安装应符合下列规定:

1）壁扇下侧边缘距地面高度不小于1.8m;

2）涂层完整,表面无划痕,无污染,防护罩无变形。

(3) 检验批验收应提供的附件资料

1) 主要器具、设备、材料合格证；
2) 器具设备材料进场验收记录；
3) 接地电阻测试记录；
4) 施工安装记录；
5) 隐蔽验收记录；
6) 自检、互检及工序交接检查记录；
7) 其他应报或设计要求报送的资料。

注：合理缺项除外。

2.12.20　建筑物通电照明试运行检验批质量验收记录

1. 资料表式

建筑物通电照明试运行检验批质量验收记录表　　　　表303-20

检控项目	序号	质量验收规范规定	施工单位检查评定记录	监理(建设)单位验收记录
主控项目	1	照明系统通电，灯具回路控制应与照明箱及回路的标识一致；开关与灯具控制顺序相对应，风扇的转向及调速开关应正常	第23.1.1条	
	2	公安建筑照明系统通电连续试运行时间应24h，民用住宅照明系统通电连续试运行时间应8h。所有照明灯具均应开启，且每2h启示运行状态一次，连续试运行时间内无故障	第23.1.2条	
一般项目				

2. 检验批验收应提供的附件资料
1) 照明通电试运行记录(照明系统的开关与灯具、风扇转向与调速等的运行记录);
2) 有关验收文件;
3) 自检、互检及工序交接检查记录;
4) 其他应报或设计要求报送的资料。

注:合理缺项除外。

2.12.21 接地装置安装检验批质量验收记录

1. 资料表式

接地装置安装检验批质量验收记录表　　　　表303-21

检控项目	序号	质量验收规范规定	施工单位检查评定记录	监理(建设)单位验收记录
主控项目	1	接地装置测试点位置设置要求	第24.1.1条	
	2	测试的接地电阻值必须符合设计要求	第24.1.2条	
	3	防雷接地的人工接地装置	第24.1.3条	
	4	接地模块埋深、间距、基坑尺寸等	第24.1.4条	
	5	接地模块应垂直或水平就位,不应倾斜设置,保持与原土层接触良好		
一般项目	1	接地装置的埋设规定	第24.2.1条	
	2	接地装置的材料采用规定	第24.2.2条	
	3	接地模块应集中引线,用干线把接地模块并联焊接成一个环路,干线的材质与接地模块焊接点材质应相同,钢制的采用热浸镀锌扁钢,引出线不少于2处	第24.2.3条	

2. 应用指导

(1) 检查验收统一说明

1) 执行规范章、节

本表的检验批验收执行《建筑电气工程施工质量验收规范》(GB 50303—2002)规范第24章、第24.1节、第24.2节主控项目和一般项目有关条目的质量等级要求。应按其质量标准和检查方法逐一进行验收。

表列应检验项目必须全部进行检查验收不得缺漏,应检项目漏检,应进行补充检查验收,不进行补检不应通过验收。

2) 检验批的划分原则

建筑电气分部工程施工质量检验时,检验批的划分应符合下列规定:

① 室外电气安装工程中分项工程的检验批,依据庭院大小、投运时间先后、功能区块不同划分;

② 变配电室安装工程中分项工程的检验批,主变配电室为一个检验批;有数个分变配电室,且不属于子单位工程的子分部工程,各为一个检验批,其验收记录汇入所有变配电室有关分项工程的验收记录中;如各分交配电室属于各个单位工程的子分部工程,所属分项工程各为一个检验批,其验收记录为一个分项工程验收记录,经子分部工程验收记录汇入分部工程验收记录中;

③ 供电干线安装工程分项工程的检验批,依据供电区段和电气线缆竖井的编号划分;

④ 电气动力和电气照明安装工程中分项工程及建筑物等电位联结分项工程的检验批,其划分的界区,应与建筑土建工程一致;

⑤ 备用和不间断电源安装工程中分项工程各自成为一个检验批;

⑥ 防雷及接地装置安装工程中分项工程检验批,人工接地装置和利用建筑物基础钢筋的接地体各为一个检验批,大型基础可按区块划分成几个检验批;避雷引下线安装6层以下的建筑为一个检验批,高层建筑依均压环设置间隔的层数为一个检验批;接闪器安装同一屋面为一个检验批。

3) 质量等级验收评定

① 主控项目是对检验批的基本质量起决定性影响的检验项目,必须全部符合该专业规范的规定,不允许有不符合规范要求的检验结果。

② 一般项目应有80%以上的抽检处符合该规范规定或偏差值在其允许偏差范围内。

4) 检验批验收应提交资料

检验批验收时,应提交的施工操作依据和质量检查记录应完整。

5) 检验批验收

只按列为主控项目、一般项目的条款来验收,不能随意扩大内容范围和提高质量标准。

6) 检验批验收责任制

检验批表式中的责任制签记必须本人签字,替签为无效检验批验收记录。

(2) 检查验收执行条目(摘自《建筑电气工程施工质量验收规范》GB 50303—2002)

24.1.1 人工接地装置或利用建筑物基础钢筋的接地装置必须在地面以上按设计要求位置设测试点。

24.1.2 测试接地装置的接地电阻值必须符合设计要求。

24.1.3 防雷接地的人工接地装置的接地干线埋设,经人行通道处地深度不应小于1m。且应采取均压措施或在其上方铺设卵石或沥青地面。

24.1.4 接地模块顶面埋深不应小于0.6m,接地模块间距不应小于模块长度的3~5

倍。接地模块埋设基坑,一般为模块外形尺寸的1.2~1.4倍,且在开挖深度内详细记录地层情况。

24.1.5 接地模块应垂直或水平就位,不应倾斜设置,保持与原土层接触良好。

24.2.1 当设计无要求时,接地装置顶面埋设深度不应小于0.6m。圆钢、角钢及钢管接地极应垂直埋入地下,间距不小于5m。接地装置的焊接应采用搭接焊,搭接长度应符合下列规定:

1) 扁钢与扁钢搭接为扁钢宽度的2倍,不少于三面施焊;
2) 圆钢与圆钢搭接为圆钢直径的6倍,双面施焊;
3) 圆钢与扁钢搭接为圆钢直径的6倍,双面施焊;
4) 扁钢与钢管,扁钢与角钢焊接,紧贴角钢外侧两面,或紧贴3/4钢管表面,上、下两侧施焊;
5) 除埋设在混凝土中的焊接接头外,有防腐措施。

24.2.2 当设计无要求时,接地装置的材料采用为钢材,热浸镀锌处理,最小允许规格、尺寸应符合表24.2.2的规定:

最小允许规格、尺寸　　　　　　表24.2.2

种类规格及单位		敷设位置及使用类别			
		地 上		地 下	
		室 内	室 外	交流电流回路	直流电流回路
圆钢直径(mm)		6	8	10	12
扁钢	截面(mm²)	60	100	100	100
	厚度(mm)	3	4	4	6
角钢厚度(mm)		2	2.5	4	6
钢管管壁厚度(mm)		2.5	2.5	3.5	4.5

24.2.3 接地模块应集中引线,用干线把接地模块并联焊接成一个环路,干线的材质与接地模块焊接点的材质应相同,钢制的采用热浸镀锌扁钢,引出线不少于2处。

(3) 检验批验收应提供的附件资料

1) 主要器具、设备、材料合格证;
2) 进场验收记录;
3) 施工安装记录;
4) 接地电阻测试记录;
5) 隐蔽工程验收记录;
6) 自检、互检及工序交接检查记录;
7) 其他应报或设计要求报送的资料。

注:合理缺项除外。

2.12.22 避雷引下线和变配电室接地干线敷设检验批质量验收记录

1. 资料表式

避雷引下线和变配电室接地干线敷设检验批质量验收记录表　　　　表 303-22

检控项目	序号	质量验收规范规定		施工单位检查评定记录	监理(建设)单位验收记录
主控项目	1	引下线敷设的固定与防腐	第25.1.1条		
	2	变压器室、高低压开关室内接地干线,应有不少于2处与接地装置引出干线连接	第25.1.2条		
	3	当利用金属构件、金属管道做接地线时,应在构件或管道与接地干线间焊接金属跨接线	第25.1.3条		
一般项目	1	钢制接地线的焊接连接、材料采用的规定	第25.2.1条		
	2	支持件水平、垂直、弯曲部分的尺寸规定	第25.2.2条		
	3	接地线穿越墙壁、楼板和地坪处的加保护套管要求	第25.2.3条		
	4	变配电室内明敷接地干线安装	第25.2.4条		
	5	电缆穿过零序电流互感器时的要求	第25.2.5条		
	6	变配电室金属门绞链处接地连接	第25.2.6条		
	7	幕墙金属框架接地与防腐	第25.2.7条		

2．应用指导

(1) 检查验收统一说明

1) 执行规范章、节

本表的检验批验收执行《建筑电气工程施工质量验收规范》(GB 50303—2002)规范第25章、第25.1节、第25.2节主控项目和一般项目有关条目的质量等级要求。应按其质量标准和检查方法逐一进行验收。

表列应检验项目必须全部进行检查验收不得缺漏,应检项目漏检,应进行补充检查验收,不进行补检不应通过验收。

2) 检验批的划分原则

建筑电气分部工程施工质量检验时,检验批的划分应符合下列规定:

① 室外电气安装工程中分项工程的检验批,依据庭院大小、投运时间先后、功能区块不同划分;

② 变配电室安装工程中分项工程的检验批,主变配电室为一个检验批;有数个分变配电室,且不属于子单位工程的子分部工程,各为一个检验批,其验收记录汇入所有变配电室有关分项工程的验收记录中;如各分交配电室属于各个单位工程的子分部工程,所属分项工程各为一个检验批,其验收记录为一个分项工程验收记录,经子分部工程验收记录汇入分部工程验收记录中;

③ 供电干线安装工程分项工程的检验批,依据供电区段和电气线缆竖井的编号划分;

④ 电气动力和电气照明安装工程中分项工程及建筑物等电位联结分项工程的检验批,其划分的界区,应与建筑土建工程一致;

⑤ 备用和不间断电源安装工程中分项工程各自成为一个检验批;

⑥ 防雷及接地装置安装工程中分项工程检验批,人工接地装置和利用建筑物基础钢筋的接地体各为一个检验批,大型基础可按区块划分成几个检验批;避雷引下线安装6层以下的建筑为一个检验批,高层建筑依均压环设置间隔的层数为一个检验批;接闪器安装同一屋面为一个检验批。

3) 质量等级验收评定

① 主控项目是对检验批的基本质量起决定性影响的检验项目,必须全部符合该专业规范的规定,不允许有不符合规范要求的检验结果。

② 一般项目应有80%以上的抽检处符合该规范规定或偏差值在其允许偏差范围内。

4) 检验批验收应提交资料

检验批验收时,应提交的施工操作依据和质量检查记录应完整。

5) 检验批验收

只按列为主控项目、一般项目的条款来验收,不能随意扩大内容范围和提高质量标准。

6) 检验批验收责任制

检验批表式中的责任制签记必须本人签字,替签为无效检验批验收记录。

(2) 检查验收执行条目(摘自《建筑电气工程施工质量验收规范》GB 50303—2002)

25.1.1 暗敷在建筑物抹灰层内的引下线应有卡钉分段固定;明敷的引下线应平直,无急弯,与支架焊接处,油漆防腐且无遗漏。

25.1.2 变压器室、高低压开关室内的接地干线应有不少于2处与接地装置引出干线连接。

25.1.3 当利用金属构件、金属管道作接地线时,应在构件或管道与接地干线间焊接金属跨接线。

25.2.1 钢制接地线的焊接连接符合(GB 50303—2002)规范24.2.1的规定,材料采用及最小允许规格、尺寸符合本规范24.2.2的规定。

25.2.2 明敷接地引下线及室内接地干线的支持件间距应均匀,水平直线部分0.5~1.5m;垂直直线部分1.5~3m;弯曲部分0.3~0.5m。

25.2.3 接地线在穿越墙壁、楼板和地坪处应加套钢管或其他坚固的保护套管,钢套管应与接地线做电气连通。

25.2.4 变配电室内明敷接地干线安装应符合下列规定:

1) 便于检查,敷设位置不妨碍设备的拆卸与检修;

2) 当沿建筑物墙壁水平敷设时,距地面高度250~300mm;与建筑物墙壁间的间隙10~15mm;

3) 当接地线跨越建筑物变形缝时,设补偿装置;

4) 接地线表面沿长度方向,每段为15~100mm,分别涂以绿色和黄色相间的条纹;

5) 变压器室、高压配电室的接地干线上应设置不少于2个供临时接地用的接线柱或接地螺栓。

25.2.5 当电缆穿过零序电流互感器时,电缆头的接地线应通过零序电流互感器后接地;由电缆头至穿过零序电流互感器的一段电缆金属护层和接地线应对地绝缘。

25.2.6 配电间隔和静止补偿装置的栅栏门及变配电室金属门绞链处的接地连接,应采用编织铜线。变配电室的避雷器应用最短的接地线与接地干线连接。

25.2.7 设计要求接地的幕墙金属框架和建筑物的金属门窗,应就近与接地干线连接可靠,连接处不同金属间应有防电化腐蚀措施。

(3) 检验批验收应提供的附件资料

1) 主要器具、设备、材料合格证;
2) 器具设备材料进场验收记录;
3) 接地电阻测试记录;
4) 施工安装记录;
5) 隐蔽工程验收记录;
6) 自检、互检及工序交接检查记录;
7) 其他应报或设计要求报送的资料。

注:合理缺项除外。

2.12.23 接闪器安装检验批质量验收记录

1. 资料表式

接闪器安装检验批质量验收记录表　　　　表303-23

检控项目	序号	质量验收规范规定	施工单位检查评定记录	监理(建设)单位验收记录
主控项目	1	建筑物顶部的避雷针、避雷带等必须与顶部外露的其他金属物体连成一个整体的电气通路,且与避雷引下线连接可靠	第26.1.1条	

续表

检控项目	序号	质量验收规范规定	施工单位检查评定记录	监理(建设)单位验收记录
一般项目	1	避雷针、避雷带应位置正确,焊接固定的焊缝饱满无遗漏,螺栓固定的应备帽等防松零件齐全,焊接部分补刷的防腐油漆完整	第26.2.1条	
	2	避雷带应平正顺直,固定点支持件间距均匀,固定可靠,每个支持件应能承受大于49N(5kg)的垂直拉力。当设计无要求时,支持件间距符合: 水平直线部分:0.5~1.5mm 垂直直线部分:1.5~3.0mm 弯曲部分:0.3~0.5mm	第26.2.2条	

2. 检验批验收应提供的附件资料

1) 主要器具、设备、材料合格证；
2) 进场验收记录；
3) 接地电阻测试记录；
4) 施工安装记录；
5) 隐蔽工程验收记录；
6) 自检、互检及工序交接检查记录；
7) 其他应报或设计要求报送的资料。

注：合理缺项除外。

2.12.24 建筑物等电位联结检验批质量验收记录

1. 资料表式

建筑物等电位联结检验批质量验收记录表　　　　表303-24

检控项目	序号		质量验收规范规定	施工单位检查评定记录	监理(建设)单位验收记录
主控项目	1		建筑物等电位联结有关要求	第27.1.1条	
	2		等电位联结线的最小允许截面	第27.1.2条	
	(1)	铜(干线)		16mm^2	
	(2)	铜(支线)		6mm^2	
	(3)	钢(干线)		50mm^2	
	(4)	钢(支线)		16mm^2	

续表

检控项目	序号	质量验收规范规定		施工单位检查评定记录	监理(建设)单位验收记录
一般项目	1	等电位联结的可接近裸露导体或其他金属部件、构件与支线连接可靠,熔焊、钎焊或机械紧固应导通正常	第27.2.1条		
	2	需等电位联结的高级装修金属部件或零件,应有专用接线螺栓与等电位联结支线连接,且有标识连接处螺帽紧固、防松零件齐全	第27.2.2条		

2. 检验批验收应提供的附件资料

1）接地电阻测试记录；
2）施工安装记录；
3）隐蔽工程验收记录；
4）自检、互检及工序交接检查记录；
5）其他应报或设计要求报送的资料。

注：合理缺项除外。

2.13 电 梯 工 程

2.13.1 电力驱动的曳引式或强制式电梯安装设备进场验收记录

1. 资料表式

电力驱动的曳引式或强制式电梯安装设备进场验收记录表　　表310-1

执行标准名称及编号				
检验项目			检验结果	
			合　格	不合格
主控项目	1.随机文件必须包括下列资料：	第4.1.1条 第5.1.1条		

续表

执行标准名称及编号			
检验项目		检验结果	
		合 格	不合格
主控项目	1) 土建布置图		
	2) 产品出厂合格证		
	3) 门锁装置、限速器、安全钳及缓冲器型式试验证书复印件		
一般项目	1. 随机文件还应包括下列资料：	第4.1.2条 第5.1.2条	
	1) 装箱单		
	2) 安装、使用维护说明书		
	3) 动力电路和安全电路的电气原理图		
	2. 设备零部件应与装箱单	内容符合	
	3. 设备外观	不应存在明显的损坏	

2.13.2 液压电梯安装设备进场验收记录

1. 资料表式

液压电梯安装设备进场验收记录表　　　　表310-1A

检验项目		检验结果	
		合 格	不合格
主控项目	1. 随机文件必须包括下列资料：	第5.1.1条	
	1) 土建布置图		
	2) 产品出厂合格证		
	3) 门锁装置、限速器(如果有)、安全钳(如果有)及缓冲器(如果有)型式试验证书复印件		

续表

检验项目		检验结果	
		合 格	不合格
一般项目	1. 随机文件还应包括下列资料：	第5.1.2条	
	1) 装箱单		
	2) 安装、使用维护说明书		
	3) 动力电路和安全电路的电气原理图		
	4) 液压系统原理图		
	2. 设备零部件应与装箱单内容相符	第5.1.3条	
	3. 设备外观不应存在明显的损坏	第5.1.4条	

2. 检验批验收应提供的附件资料（表301-1～表310-1A）

1) 土建布置图；
2) 出厂合格证、准用证；
3) 型式试验认证书；
4) 设备开箱检验（随机文件、设备零配件）记录；
5) 有关验收文件；
6) 自检、互检及工序交接检查记录；
7) 其他应报或设计要求报送的资料。

注：1. 合理缺项除外。
　　2. 表310-1～表310-1A表示这几个检验批表式的附件资料均相同。

2.13.3 电力驱动的曳引式或强制式电梯安装土建交接检验记录

1. 资料表式

电力驱动的曳引式或强制式电梯安装土建交接检验记录表　　表310-2

	检验项目		检验结果	
			合 格	不合格
主控项目	1. 机房内部、井道土建结构及布置	第4.2.1条		
	2. 主电源开关	第4.2.2条		
	3. 井道	第4.2.3条		

续表

检验项目		检验结果	
		合格	不合格
一般项目	1. 机房 第4.2.4条		
	2. 井道 第4.2.5条		

注：液压电梯安装土建交接检验也用此表

2．应用指导

(1) 检查验收统一说明

1) 执行规范章、节

本表的检验批验收执行《电梯工程施工质量验收规范》(GB 50310—2002)规范第4章、第4.2节主控项目和一般项目有关条目的质量等级要求。应按其质量标准和检查方法逐一进行验收。

表列应检验项目必须全部进行检查验收不得缺漏，应检项目漏检，应进行补充检查验收，不进行补检不应通过验收。

2) 检验批的划分原则

电梯安装的检验批划分原则为一个分项划为一个检验批

3) 质量等级验收评定

① 主控项目是对检验批的基本质量起决定性影响的检验项目，必须全部符合该专业规范的规定，不允许有不符合规范要求的检验结果。

② 一般项目应有80%以上的抽检处符合该规范规定或偏差值在其允许偏差范围内。

4) 检验批验收应提交资料

检验批验收时，应提交的施工操作依据和质量检查记录应完整。

5) 检验批验收

只按列为主控项目、一般项目的条款来验收，不能随意扩大内容范围和提高质量标准。

6) 检验批验收责任制

检验批表式中的责任制签记必须本人签字，替签为无效检验批验收记录。

(2) 检查验收执行条目(摘自《电梯工程施工质量验收规范》GB 50310—2002)

4.2.1 机房(如果有)内部、井道土建(钢架)结构及布置必须符合电梯土建布置图的要求。

4.2.2 主电源开关必须符合下列规定：

1) 主电源开关应能够切断电梯正常使用情况下最大电流；

2) 对有机房电梯，该开关应能从机房入口处方便地接近；

3) 对无机房电梯该开关应设置在井道外工作人员方便接近的地方，且应具有必要的安全防护。

4.2.3 井道必须符合下列规定：

1） 当底坑底面下有人员能到达的空间存在，且对重（或平衡重）上未设有安全钳装置时，对重缓冲器必须能安装在（或平衡重运行区域的下边必须）一直延伸到坚固地面上的实心桩墩上；

2） 电梯安装之前，所有层门预留孔必须设有高度不小于1.2m的安全保护围封，并应保证有足够的强度；

3） 当相邻两层门地坎间的距离大于11m时，其间必须设置井道安全门，井道安全门严禁向井道内开启，且必须装有安全门处于关闭时电梯才能运行的电气安全装置。当相邻轿厢间有相互救援用轿厢安全门时，可不执行本款。

4.2.4 机房（如果有）还应符合下列规定：

1）机房内应设有固定的电气照明，地板表面上的照度不应小于200lx。机房内应设置一个或多个电源插座。在机房内靠近入口的适当高度处应设有一个开关或类似装置控制机房照明电源；

2）机房内应通风，从建筑物其他部分抽出的陈腐空气，不得排入机房内；

3）应根据产品供应商的要求，提供设备进场所需要的通道和搬运空间；

4）电梯工作人员应能方便地进入机房或滑轮间，而不需要临时借助于其他辅助设施；

5）机房应采用经久耐用且不易产生灰尘的材料建造，机房内的地板应采用防滑材料；

注：此项可在电梯安装后验收。

6）在一个机房内，当有两个以上不同平面的工作平台，且相邻平台高度差大于0.5m时，应设置楼梯或台阶，并应设置高度不小于0.9m的安全防护栏杆。当机房地面有深度大于0.5m的凹坑或槽坑时，均应盖住。供人员活动空间和工作台面以上的净高度不应小于1.8m；

7）供人员进出检修活板门应有不小于0.8m×0.8m的净通道，开门到位后应能自行保持在开启位置。检修活板门关闭后应能支撑两个人重量（每个人按在门的任意0.2m×0.2m面积上作用1000N力计算），不得有永久性变形；

8）门或检修活板门应装有带钥匙的锁，它应从机房内不用钥匙打开。只供运送器材的活板门，可只在机房内部锁住；

9）电源零线和接地线应分开。机房内接地装置的接地电阻值不应大于4Ω；

10）机房应有良好的防渗、防漏水保护。

4.2.5 井道还应符合下列规定：

1）井道尺寸是指垂直于电梯设计运行方向的井道截面沿电梯设计运行方向投影所测定的井道最小净空尺寸，该尺寸应和土建布置图所要求的一致，允许偏差应符合下列规定：

① 当电梯行程高度小于等于30m时，为0～+25mm；② 当电梯行程高度大于30m且小于等于60m时，为0～+35mm；③ 当电梯行程高度大于60m且小于等于90m时，为0～+50mm；④ 当电梯行程高度大于90m时，允许偏差应符合土建布置图要求；

2）全封闭或部分封闭的井道，井道的隔离保护、井道壁、底坑底面和顶板应具有安装电梯部件所需要的足够强度，应采用非燃烧材料建造，且应不易产生灰尘；

3）当底坑深度大于2.5m且建筑物布置允许时，应设置一个符合安全门要求的底坑进口；当没有进入底坑的其他通道时，应设置一个从层门进入底坑的永久性装置，且此装置不得凸入电梯运行空间；

4) 井道应为电梯专用，井道内不得装设与电梯无关的设备、电缆等。井道可装设采暖设备，但不得采用蒸汽和水作为热源，且采暖设备的控制与调节装置应装在井道外面；

5) 井道内应设置永久性电气照明，井道内照度应不得小于50lx，井道最高点和最低点0.5m以内应各装一盏灯，再设中间灯，并分别在机房和底坑设置一控制开关；

6) 装有多台电梯的井道内各电梯的底坑之间应设置最低点离底坑地面不大于0.3m，且至少延伸到最低层站楼面以上2.5m高度的隔障，在隔障宽度方向上隔障与井道壁之间的间隙不应大于150mm；

当轿顶边缘和相邻电梯运动部件(轿厢、对重或平衡重)之间的水平距离小于0.5m时，隔障应延长贯穿整个井道的高度。隔障的宽度不得小于被保护的运动部件(或其部分)的宽度每边再各加0.1m；

7) 底坑内应有良好的防渗、防漏水保护，底坑内不得有积水；

8) 每层楼面应有水平面基准标识。

(3) 检验批验收应提供的附件资料

1) 交接检验记录；
2) 有关验收文件；
3) 自检、互检及工序交接检查记录；
4) 其他应报或设计要求报送的资料。

注：合理缺项除外。

2.13.4 电力驱动的曳引式或强制式电梯安装驱动主机工程质量验收记录

1. 资料表式

电力驱动曳引式或强制式电梯安装驱动主机工程质量验收记录表　　表310-3

检验项目			检验结果	
			合格	不合格
主控项目	1. 紧急操作装置动作必须正常。可拆卸的装置必须置于驱动主机附近易接近处，紧急救援操作说明必须贴于紧急操作时易见处	第4.3.1条		
一般项目	1. 当驱动主机承重梁需埋入承重墙时，埋入端长度应超过墙厚中心至少20mm，且支承长度不应小于75mm	第4.3.2条		
	2. 制动器动作应灵活，制动间隙调整应符合产品设计要求	第4.3.3条		

续表

检验项目		检验结果	
		合格	不合格
一般项目	3. 驱动主机、驱动主机底座与承重梁的安装应符合产品设计要求 第4.3.4条		
	4. 驱动主机减速箱（如果有）内油量应在油标所限定的范围内 第4.3.5条		
	5. 机房内钢丝绳与楼板孔洞边间隙应为20～40mm，通向井道的孔洞四周应设置高度不小于50mm的台缘 第4.3.6条		
注：液压电梯导轨安装分项也用此表			

2. 检验批验收应提供的附件资料

1）施工安装记录（紧急操作装置、驱动主机承重梁、制动器动作、减速箱油量、钢丝绳等）；
2）隐蔽工程验收记录；
3）自检、互检及工序交接检查记录；
4）其他应报或设计要求报送的资料。
注：合理缺项除外。

2.13.5 电力驱动的曳引式或强制式电梯安装导轨工程质量验收记录

1. 资料表式

电力驱动曳引式或强制式电梯安装导轨工程质量验收记录表　　表310-4

检验项目		检验结果	
		合格	不合格
主控项目	1. 导轨安装位置必须符合土建布置图要求 第4.4.1条		
一般项目	1. 两列导轨顶面间的距离偏差应为： 轿厢导轨 0～+2mm； 对重导轨 0～+3mm 第4.4.2条		
	2. 导轨支架 第4.4.3条		
	3. 导轨工作面与安装基准线偏差 第4.4.4条		

续表

检验项目			检验结果	
			合格	不合格
一般项目	设安全钳			
	不设安全钳			
	4．设有安全钳对重(平衡重)导轨工作面接头	第4.4.5条		
	5．不设安全钳对重(平衡重)导轨接头 1) 接头缝隙(mm) 2) 接头台阶(mm)	第4.4.6条 不应大于1.0 不应大于0.15		

注：液压电梯导轨安装分项也用此表

2．应用指导

(1) 检查验收统一说明

1) 执行规范章、节

本表的检验批验收执行《电梯工程施工质量验收规范》(GB 50310—2002)规范第4章、第4.4节主控项目和一般项目有关条目的质量等级要求。应按其质量标准和检查方法逐一进行验收。

表列应检验项目必须全部进行检查验收不得缺漏，应检项目漏检，应进行补充检查验收，不进行补检不应通过验收。

2) 检验批的划分原则

电梯安装的检验批划分原则为一个分项划为一个检验批

3) 质量等级验收评定

① 主控项目是对检验批的基本质量起决定性影响的检验项目,必须全部符合该专业规范的规定,不允许有不符合规范要求的检验结果。

② 一般项目应有80%以上的抽检处符合该规范规定或偏差值在其允许偏差范围内。

4) 检验批验收应提交资料

检验批验收时，应提交的施工操作依据和质量检查记录应完整。

5) 检验批验收

只按列为主控项目、一般项目的条款来验收，不能随意扩大内容范围和提高质量标准。

6) 检验批验收责任制

检验批表式中的责任制签记必须本人签字，替签为无效检验批验收记录。

(2) 保证质量措施条目(摘自《电梯工程施工质量验收规范》GB 50310—2002)

4.4.1 导轨安装位置必须符合土建布置图要求。

4.4.2 两列导轨顶面间的距离偏差应为：轿厢导轨0～+2mm；对重导轨0～+3mm。

4.4.3 导轨支架在井道壁上的安装应固定可靠。预埋件应符合土建布置图要求。锚栓(如膨胀螺栓等)固定应在井道壁的混凝土构件上使用，其连接强度与承受振动的能力应满足电梯产品设计要求，混凝土构件的压缩强度应符合土建布置图要求。

4.4.4 每列导轨工作面(包括侧面与顶面)与安装基准线每5m的偏差均不应大于下

列数值：

轿厢导轨和设有安全钳的对重(平衡重)导轨为0.6mm；不设安全钳的对重(平衡重)导轨为1.0mm。

4.4.5 轿厢导轨和设有安全钳的对重(平衡重)导轨工作面接头处不应有连续缝隙，导轨接头处台阶不应大于0.05mm。如超过应修平，修平长度应大于150mm。

4.4.6 不设安全钳的对重(平衡重)导轨接头处缝隙不应大于1.0mm，导轨工作面接头处台阶不应大于0.15mm。

(3) 检验批验收应提供的附件资料

1) 施工安装记录(导轨安装位置、两列导轨顶面间距离、导轨支架等)；

2) 有关验收文件；

3) 自检、互检及工序交接检查记录；

4) 其他应报或设计要求报送的资料。

注：合理缺项除外。

2.13.6 电力驱动的曳引式或强制式电梯安装门系统工程质量验收记录

1. 资料表式

电力驱动曳引式或强制式电梯安装门系统工程质量验收记录表　　表310-5

检验项目		检验结果	
		合　格	不合格
主控项目	1. 层门地坎至轿厢地坎之间的水平距离偏差	第4.5.1条	
	2. 层门强迫关门装置	第4.5.2条	
	3. 动力操纵的水平滑动门	第4.5.3条	
	4. 层门锁钩	第4.5.4条	
一般项目	1. 门刀与层门地坎、门锁滚轮与轿厢地坎间隙不应小于5mm	第4.5.5条	
	2. 层门地坎水平度不得大于2/1000	第4.5.6条	
	3. 层门指示灯盒、召唤盒和消防开关盒	第4.5.7条	
	4. 门扇与门套、门楣、门口处轿壁、门扇下端与地坎相互间间隙	第4.5.8条	
	注：液压电梯门系统安装分项也用此表		

2. 应用指导
(1) 检查验收统一说明
1) 执行规范章、节

本表的检验批验收执行《电梯工程施工质量验收规范》(GB 50310—2002)规范第4章、第4.5节主控项目和一般项目有关条目的质量等级要求。应按其质量标准和检查方法逐一进行验收。

表列应检验项目必须全部进行检查验收不得缺漏，应检项目漏检，应进行补充检查验收，不进行补检不应通过验收。

2) 检验批的划分原则

电梯安装的检验批划分原则为一个分项划为一个检验批。

3) 质量等级验收评定

① 主控项目是对检验批的基本质量起决定性影响的检验项目，必须全部符合该专业规范的规定，不允许有不符合规范要求的检验结果。

② 一般项目应有80%以上的抽检处符合该规范规定或偏差值在其允许偏差范围内。

4) 检验批验收应提交资料

检验批验收时，应提交的施工操作依据和质量检查记录应完整。

5) 检验批验收

只按列为主控项目、一般项目的条款来验收，不能随意扩大内容范围和提高质量标准。

6) 检验批验收责任制

检验批表式中的责任制签记必须本人签字，替签为无效检验批验收记录。

(2) 检查验收执行条目(摘自《电梯工程施工质量验收规范》GB 50310—2002)

4.5.1 层门地坎至轿厢地坎之间的水平距离偏差为0～+3mm，且最大距离严禁超过35mm。

4.5.2 层门强迫关门装置必须动作正常。

4.5.3 动力操纵的水平滑动门在关门开始的1/3行程之后，阻止关门的力严禁超过150N。

4.5.4 层门锁钩必须动作灵活，在证实锁紧的电气安全装置动作之前，锁紧元件的最小啮合长度为7mm。

4.5.5 门刀与层门地坎、门锁滚轮与轿厢地坎间隙不应小于5mm。

4.5.6 层门地坎水平度不得大于2/1000，地坎应高出装修地面2～5mm。

4.5.7 层门指示灯盒、召唤盒和消防开关盒应安装正确，其面板与墙面贴实，横竖端正。

4.5.8 门扇与门扇、门扇与门套、门扇与门楣、门扇与门口处轿壁、门扇下端与地坎的间隙，乘客电梯不应大于6mm，载货电梯不应大于8mm。

(3) 检验批验收应提供的附件资料
1) 施工安装记录（层门地嵌与轿箱地嵌距离、关门装置、层门结构等）；
2) 有关验收文件；
3) 自检、互检及工序交接检查记录；
4) 其他应报或设计要求报送的资料。

注：合理缺项除外。

2.13.7 电力驱动的曳引式或强制式电梯安装轿厢工程质量验收记录

1. 资料表式

电力驱动曳引式或强制式电梯安装轿厢工程质量验收记录表　　　表310-6

检验项目			检验结果	
			合格	不合格
主控项目	1. 当距轿底面在1.1m以下使用玻璃轿壁时,必须在距轿底面0.9～1.1m的高度安装扶手,且扶手必须独立地固定,不得与玻璃有关	第4.6.1条		
一般项目	1. 当轿厢有反绳轮时,反绳轮应设置防护装置和挡绳装置	第4.6.2条		
	2. 当轿顶外侧边缘至井道壁水平方向的自由距离大于0.3m时,轿顶应装设防护栏及警示性标识	第4.6.3条		

注：液压电梯轿厢安装分项也用此表

2. 检验批验收应提供的附件资料

1）施工安装记录（扶手固定、保护装置、挡绳装置等）；
2）有关验收文件；
3）自检、互检及工序交接检查记录；
4）其他应报或设计要求报送的资料。

注：合理缺项除外。

2.13.8 电力驱动的曳引式或强制式电梯安装对重（平衡重）工程质量验收记录

1. 资料表式

电力驱动曳引式或强制式电梯安装对重(平衡重)工程质量验收记录表　　表310-7

检验项目		检验结果	
		合格	不合格
主控项目			
一般项目	1. 当对重(平衡重)架有反绳轮,反绳轮应设置防护装置和挡绳装置	第4.7.1条	
	2. 对重(平衡重)块应可靠固定	第4.7.2条	
	注：液压电梯对重(平衡重)安装分项也用此表		

2. 检验批验收应提供的附件资料

1) 施工安装记录(反绳轮防护、挡绳装置等)；
2) 有关验收文件；
3) 自检、互检及工序交接检查记录；
4) 其他应报或设计要求报送的资料。

注：合理缺项除外。

2.13.9 电力驱动的曳引式或强制式电梯安装安全部件工程质量验收记录

1. 资料表式

电力驱动曳引式或强制式电梯安装安全部件工程质量验收记录表　　表310-8

执行标准名称及编号			
检 验 项 目		检 验 结 果	
		合 格	不 合 格
主控项目	1. 限速器动作速度整定封记必须完好,且无拆动痕迹	第4.8.1条	
	2. 当安全钳可调节时,整定封记应完好,且无拆动痕迹	第4.8.2条	
一般项目	1. 限速器张紧装置与其限位开关相对位置安装应正确	第4.8.3条	
	2. 安全钳与导轨的间隙应符合产品设计要求	第4.8.4条	
	3. 轿厢在两端站平层位置时,轿厢、对重的缓冲器撞板与缓冲器顶面间的距离应符合土建布置图要求。轿厢、对重的缓冲器撞板中心与缓冲器中心的偏差不应大于20mm	第4.8.5条	
	4. 液压缓冲器柱塞铅垂度不应大于0.5%,充液量应正确	第4.8.6条	

2. 检验批验收应提供的附件资料

1) 施工安装记录(限速器动作、安全钳与导轨间距等);
2) 有关验收文件;
3) 自检、互检及工序交接检查记录;
4) 其他应报或设计要求报送的资料。

注:合理缺项除外。

2.13.10 电力驱动的曳引式或强制式电梯安装悬挂装置、随行电缆、补偿装置工程质量验收记录

1. 资料表式

电力驱动曳引式或强制式电梯安装悬挂装置、随行电缆、补偿装置
工程质量验收记录表　　表310-9

检 验 项 目		检 验 结 果	
		合 格	不 合 格
主控项目	1. 绳头组合	第4.9.1条 第5.9.1条	

续表

检验项目			检验结果	
			合格	不合格
主控项目	2. 钢丝绳严禁有死弯	第4.9.2条 第5.9.2条		
	3. 轿厢悬挂的电气安全开关	第4.9.3条 第5.9.3条		
	4. 随行电缆	第4.9.4条 第5.9.4条		
一般项目	1. 每根钢丝绳与平均值偏差不应大于5%	第4.9.5条 第5.9.5条		
	2. 随行电缆安装	第4.9.6条 第5.9.6条		
	3. 补偿绳、链、缆等补偿装置	第4.9.7条		
	4. 补偿绳张紧的电气安全开关	第4.9.8条		

注：液压电梯悬挂装置、随行电缆也用此表。

2．应用指导

(1) 检查验收统一说明

1) 执行规范章、节

本表的检验批验收执行《电梯工程施工质量验收规范》(GB 50310—2002)规范第4章、5章、第4.9节、第5.9节主控项目和一般项目有关条目的质量等级要求。应按其质量标准和检查方法逐一进行验收。

表列应检验项目必须全部进行检查验收不得缺漏，应检项目漏检，应进行补充检查验收，不进行补检不应通过验收。

2) 检验批的划分原则

电梯安装的检验批划分原则为一个分项划为一个检验批。

3) 质量等级验收评定

① 主控项目是对检验批的基本质量起决定性影响的检验项目，必须全部符合该专业规范的规定，不允许有不符合规范要求的检验结果。

② 一般项目应有80%以上的抽检处符合该规范规定或偏差值在其允许偏差范围内。

4) 检验批验收应提交资料

检验批验收时，应提交的施工操作依据和质量检查记录应完整。

5) 检验批验收

只按列为主控项目、一般项目的条款来验收，不能随意扩大内容范围和提高质量标准。

6) 检验批验收责任制

检验批表式中的责任制签记必须本人签字,替签为无效检验批验收记录。

(2) 保证质量措施条目(摘自《电梯工程施工质量验收规范》GB 50310—2002)

4.9.1 绳头组合必须安全可靠,且每个绳头组合必须安装防螺母松动和脱落的装置。

4.9.2 钢丝绳严禁有死弯。

4.9.3 当轿厢悬挂在两根钢丝绳或链条上,且其中一根钢丝绳或链条发生异常相对伸长时,为此装设的电气安全开关应动作可靠。

4.9.4 随行电缆严禁有打结和波浪扭曲现象。

4.9.5 每根钢丝绳张力与平均值偏差不应大于5%。

(3) 检查验收执行条目(摘自《电梯工程施工质量验收规范》GB 50310—2002)

4.9.1~4.9.5(同上)

4.9.6 随行电缆的安装应符合下列规定:

1) 随行电缆端部应固定可靠;

2) 随行电缆在运行中应避免与井道内其他部件干涉。当轿厢完全压在缓冲器上时,随行电缆不得与底坑地面接触。

4.9.7 补偿绳、链、缆等补偿装置的端部应固定可靠。

4.9.8 对补偿绳的张紧轮,验证补偿绳张紧的电气安全开关应动作可靠。张紧轮应安装防护装置。

5.9.1 如果有绳头组合,必须符合(GB 50310—2002)规范第4.9.1条的规定。

5.9.2 如果有钢丝绳,严禁有死弯。

5.9.3 当轿厢悬挂在两根钢丝绳或链条上,其中一根钢丝绳或链条发生异常相对伸长时,为此装设的电气安全开关必须动作可靠。对具有两个或多个液压顶升机构的液压电梯,每一组悬挂钢丝绳均应符合上述要求。

5.9.4 随行电缆严禁有打结和波浪扭曲现象。

5.9.5 如果有钢丝绳或链条,每根张力与平均值偏差不应大于5%。

5.9.6 随行电缆的安装还应符合下列规定:

1) 随行电缆端部应固定可靠。

2) 随行电缆在运行中应避免与井道内其他部件干涉。当轿厢完全压在缓冲器上时,随行电缆不得与底坑地面接触。

(4) 检验批验收应提供的附件资料

1) 施工安装记录(绳头组合、电气安全开关动作、钢丝绳张力等);

2) 隐蔽工程验收记录;

3) 自检、互检及工序交接检查记录;

4) 其他应报或设计要求报送的资料。

注:合理缺项除外。

2.13.11 电力驱动的曳引式或强制式电梯安装电气装置工程质量验收记录

1. 资料表式

电力驱动曳引式或强制式电梯安装电气装置分项工程质量验收记录表　　表 310-10

检 验 项 目			检 验 结 果	
			合 格	不 合 格
主控项目	1. 电气设备接地	第 4.10.1 条		
	2. 绝缘电阻	第 4.10.2 条		
	1) 动力及电气安全电路	0.5MΩ		
	2) 其他电路	0.25MΩ		
一般项目	1. 主电源开关	第 4.10.3 条		
	2. 机房和井道配线	第 4.10.4 条		
	3. 导管、线槽的敷设	第 4.10.5 条		
	4. 接地支线应采用黄绿相间绝缘导线	第 4.10.6 条		
	5. 控制柜(屏)的安装位置	第 4.10.7 条		

注：液压电梯安装电气装置检查也用此表

2．应用指导

(1) 检查验收统一说明

1) 执行规范章、节

本表的检验批验收执行《电梯工程施工质量验收规范》(GB 50310—2002)规范第 4 章、第 4.10 节主控项目和一般项目有关条目的质量等级要求。应按其质量标准和检查方法逐一进行验收。

表列应检验项目必须全部进行检查验收不得缺漏，应检项目漏检，应进行补充检查验收，不进行补检不应通过验收。

2) 检验批的划分原则

电梯安装的检验批划分原则为一个分项划为一个检验批。

3) 质量等级验收评定

① 主控项目是对检验批的基本质量起决定性影响的检验项目，必须全部符合该专业规范的规定，不允许有不符合规范要求的检验结果。

② 一般项目应有 80% 以上的抽检处符合该规范规定或偏差值在其允许偏差范围内。

4) 检验批验收应提交资料

检验批验收时，应提交的施工操作依据和质量检查记录应完整。

5) 检验批验收

只按列为主控项目、一般项目的条款来验收,不能随意扩大内容范围和提高质量标准。

6) 检验批验收责任制

检验批表式中的责任制签记必须本人签字,替签为无效检验批验收记录。

(2) 检查验收执行条目(摘自《电梯工程施工质量验收规范》GB 50310—2002)

4.10.1　电气设备接地必须符合下列规定:

1) 所有电气设备及导管、线槽的外露可导电部分均必须可靠接地(PE);

2) 接地支线应分别直接接至接地干线接线柱上,不得互相连接后再接地。

4.10.2　导体之间和导体对地之间的绝缘电阻必须大于 $1000\Omega/V$,且其值不得小于:

1) 动力电路和电气安全装置电路:$0.5M\Omega$;

2) 其他电路(控制、照明、信号等):$0.25M\Omega$。

4.10.3　主电源开关不应切断下列供电电路:

1) 轿厢照明和通风;

2) 机房和滑轮间照明;

3) 机房、轿顶和底坑的电源插座;

4) 井道照明;

5) 报警装置。

4.10.4　机房和井道内应按产品要求配线。软线和无护套电缆应在导管、线槽或能确保起到等效防护作用的装置中使用。护套电缆和橡套软电缆可明敷于井道或机房内使用,但不得明敷于地面。

4.10.5　导管、线槽的敷设应整齐牢固。线槽内导线总面积不应大于线槽净面积60%;导管内导线总面积不应大于导管内净面积40%;软管固定间距不应大于 1m,端头固定间距不应大于 0.1m。

4.10.6　接地支线应采用黄绿相间的绝缘导线。

4.10.7　控制柜(屏)的安装位置应符合电梯土建布置图中的要求。

(3) 检验批验收应提供的附件资料

1) 施工安装记录(主电源开关、机房和井道配线、导管与线槽敷设等);

2) 绝缘电阻测试记录;

3) 接地电阻测试记录;

4) 隐蔽工程验收记录;

5) 自检、互检及工序交接检查记录;

6) 其他应报或设计要求报送的资料。

注:合理缺项除外。

2.13.12　电力驱动的曳引式或强制式电梯安装整机安装验收工程质量验收记录

1. 资料表式

电力驱动曳引式或强制式电梯安装整机安装验收工程质量验收记录表

表 310-11

检验项目		检验结果	
		合格	不合格
主控项目	1. 安全保护验收　　第4.11.1条		
	1）必须检查的安全装置		
	2）应检查的安全开关动作		
	2. 限速器安全钳联动试验　　第4.11.2条		
	3. 层门与轿门的试验　　第4.11.3条		
	4. 曳引能力试验　　第4.11.4条		
一般项目	1. 曳引式电梯的平衡系数应为0.4~0.5　　第4.11.5条		
	2. 运行试验　　第4.11.6条		
	3. 噪声检验　　第4.11.7条		
	4. 平层准确度检验　　第4.11.8条		
	5. 运行速度检验　　第4.11.9条		
	6. 观感检查　　第4.11.10条		

2. 应用指导

（1）检查验收统一说明

1）执行规范章、节

本表的检验批验收执行《电梯工程施工质量验收规范》(GB 50310—2002)规范第4章、第4.11节主控项目和一般项目有关条目的质量等级要求。应按其质量标准和检查方法逐一进行验收。

表列应检验项目必须全部进行检查验收不得缺漏，应检项目漏检，应进行补充检查验收，不进行补检不应通过验收。

2）检验批的划分原则

电梯安装的检验批划分原则为一个分项划为一个检验批。

3）质量等级验收评定

① 主控项目是对检验批的基本质量起决定性影响的检验项目，必须全部符合该专业规范的规定，不允许有不符合规范要求的检验结果。

② 一般项目应有80%以上的抽检处符合该规范规定或偏差值在其允许偏差范围内。

4）检验批验收应提交资料

检验批验收时，应提交的施工操作依据和质量检查记录应完整。

5) 检验批验收

只按列为主控项目、一般项目的条款来验收,不能随意扩大内容范围和提高质量标准。

6) 检验批验收责任制

检验批表式中的责任制签记必须本人签字,替签为无效检验批验收记录。

(2) 检查验收执行条目(摘自《电梯工程施工质量验收规范》GB 50310—2002)

4.11.1 安全保护验收必须符合下列规定:

1) 必须检查以下安全装置或功能:

① 断相、错相保护装置或功能

当控制柜三相电源中任何一相断开或任何二相错接时,断相、错相保护装置或功能应使电梯不发生危险故障。

注:当错相不影响电梯正常运行时可没有错相保护装置或功能。

② 短路、过载保护装置

动力电路、控制电路、安全电路必须有与负载匹配的短路保护装置;动力电路必须有过载保护装置。

③ 限速器:限速器上的轿厢(对重、平衡重)下行标志必须与轿厢(对重、平衡重)的实际下行方向相符。限速器铭牌上的额定速度、动作速度必须与被检电梯相符。

④ 安全钳:安全钳必须与其型式试验证书相符。

⑤ 缓冲器:缓冲器必须与其型式试验证书相符。

⑥ 门锁装置:门锁装置必须与其型式试验证书相符。

⑦ 上、下极限开关:上、下极限开关必须是安全触点,在端站位置进行动作试验时必须动作正常。在轿厢或对重(如果有)接触缓冲器之前必须动作,且缓冲器完全压缩时,保持动作状态。

⑧ 轿顶、机房(如果有)、滑轮间(如果有)、底坑停止装置。

位于轿顶、机房(如果有)、滑轮间(如果有)、底坑的停止装置的动作必须正常。

2) 下列安全开关,必须动作可靠:

① 限速器绳张紧开关;

② 液压缓冲器复位开关;

③ 有补偿张紧轮时,补偿绳张紧开关;

④ 当额定速度大于 3.5m/s 时,补偿绳轮防跳开关;

⑤ 轿厢安全窗(如果有)开关;

⑥ 安全门、底坑门、检修活板门(如果有)的开关;

⑦ 对可拆卸式紧急操作装置所需要的安全开关;

⑧ 悬挂钢丝绳(链条)为两根时,防松动安全开关。

4.11.2 限速器安全钳联动试验必须符合下列规定:

1) 限速器与安全钳电气开关在联动试验中必须动作可靠,且应使驱动主机立即制动;

2) 对瞬时式安全钳,轿厢应载有均匀分布的额定载重量;对渐进式安全钳,轿厢应载有均匀分布的 125% 额定载重量。当短接限速器及安全钳电气开关,轿厢以检修速度下行,人为使限速器机械动作时,安全钳应可靠动作,轿厢必须可靠制动,且轿底倾斜度不应大于 5%。

4.11.3 层门与轿门的试验必须符合下列规定：

1）每层层门必须能够用三角钥匙正常开启；

2）当一个层门或轿门（在多扇门中任何一扇门）非正常打开时，电梯严禁启动或继续运行。

4.11.4 曳引式电梯的曳引能力试验必须符合下列规定：

1）轿厢在行程上部范围空载上行及行程下部范围载有125%额定载重量下行，分别停层3次以上，轿厢必须可靠地制停（空载上行工况应平层）。轿厢载有125%额定载重量以正常运行速度下行时，切断电动机与制动器供电，电梯必须可靠制动；

2）当对重完全压在缓冲器上，且驱动主机按轿厢上行方向连续运转时，空载轿厢严禁向上提升。

4.11.6 电梯安装后应进行运行试验；轿厢分别在空载、额定载荷工况下，按产品设计规定的每小时启动次数和负载持续率各运行1000次（每天不少于8h），电梯应运行平稳、制动可靠、连续运行无故障。

4.11.7 噪声检验应符合下列规定：

1）机房噪声：对额定速度小于等于4m/s的电梯，不应大于80dB(A)；对额定速度大于4m/s的电梯，不应大于85dB(A)；

2）乘客电梯和病床电梯运行中轿内噪声：对额定速度小于等于4m/s的电梯，不应大于55dB(A)；对额定速度大于4m/s的电梯，不应大于60dB(A)；

3）乘客电梯和病床电梯的开关门过程噪声不应大于65dB(A)。

4.11.8 平层准确度检验应符合下列规定：

1）额定速度小于等于0.63m/s的交流双速电梯，应在±15mm的范围内；

2）额定速度大于0.63m/s且小于等于1.0m/s的交流双速电梯，应在±30mm的范围内；

3）其他调速方式的电梯，应在±15mm的范围内。

4.11.9 运行速度检验应符合下列规定：

当电源为额定频率和额定电压、轿厢载有50%额定载荷时，向下运行至行程中段（除去加速加减段）时的速度，不应大于额定速度的105%，且不应小于额定速度的92%。

4.11.10 观感检查应符合下列规定：

1）轿门带动层门开、关运行，门扇与门扇、门扇与门套、门扇与门楣、门扇与门口处轿壁、门扇下端与地坎应无刮碰现象；

2）门扇与门扇、门扇与门套、门扇与门楣、门扇与门口处轿壁、门扇下端与地坎之间各自的间隙在整个长度上应基本一致；

3）对机房（如果有）、导轨支架、底坑、轿顶、轿内、轿门、层门及门地坎等部位应进行清理。

(3) 检验批验收应提供的附件资料

1）施工安装记录；

2）安全保护验收；

3）联动试验；

4）层门与轿箱试验；

5）曳引能力试验；

6）平衡系数；

7）噪声试验；

8）平层准确度检验；

9）运行速度检测；

10）观感检查记录；

11）有关验收文件；

12）自检、互检及工序交接检查记录；

13）其他应报或设计要求报送的资料。

注：合理缺项除外。

2.13.13 液压电梯安装液压系统工程质量验收记录

1．资料表式

液压电梯安装液压系统分项工程质量验收记录表　　表310-12

检验项目		检验结果	
		合格	不合格
主控项目	1．液压泵站及液压顶升机构的安装必须按土建布置图进行。顶升机构必须牢固，缸体垂直度严禁大于0.4%	第5.3.1条	
一般项目	1．液压管路应可靠联接，且无渗漏现象	第5.3.2条	
	2．液压泵站油位显示应清晰、准确	第5.3.3条	
	3．显示系统工作压力的压力表应清晰、准确	第5.3.4条	

2．检验批验收应提供的附件资料

液压系统

1）施工安装记录（液压泵站及液压顶升机构安装、管径连接、油位显示、工作压力等）；

2）有关验收文件；

3) 自检、互检及工序交接检查记录；

4) 其他应报或设计要求报送的资料。

注：合理缺项除外。

2.13.14 液压电梯安装整机安装验收工程质量验收记录

1. 资料表式

液压电梯安装整机安装验收工程质量验收记录表 表 310-13

检验项目			检验结果	
			合 格	不合格
主控项目	1. 液压电梯安全保护验收	第 5.11.1		
	1) 安全装置和功能检查			
	2) 安全开关动作			
	2. 限速器(安全绳)安全钳联动试验	第 5.11.2		
	3. 层门与轿门试验	第 5.11.3		
	4. 超载试验	第 5.11.4		
一般项目	1. 运行试验	第 5.11.5		
	2. 噪声检验	第 5.11.6		
	3. 平层准确度检验	第 5.11.7		
	4. 运行速度检验	第 5.11.8		
	5. 额定载重量沉降量试验	第 5.11.9		
	6. 液压泵站溢流阀压力检查	第 5.11.10		
	7. 超压静载试验	第 5.11.11		
	8. 观感检查	第 5.11.12		

2. 应用指导

(1) 检查验收统一说明

1) 执行规范章、节

本表的检验批验收执行《电梯工程施工质量验收规范》(GB 50310—2002)规范第 5 章、第 11 节主控项目和一般项目有关条目的质量等级要求。应按其质量标准和检查方法逐一进行验收。

表列应检验项目必须全部进行检查验收不得缺漏，应检项目漏检，应进行补充检查验收，不进行补检不应通过验收。

2) 检验批的划分原则

电梯安装的检验批划分原则为一个分项划为一个检验批。

3) 质量等级验收评定

① 主控项目是对检验批的基本质量起决定性影响的检验项目,必须全部符合该专业规范的规定,不允许有不符合规范要求的检验结果。

② 一般项目应有 80% 以上的抽检处符合该规范规定或偏差值在其允许偏差范围内。

4) 检验批验收应提交资料

检验批验收时,应提交的施工操作依据和质量检查记录应完整。

5) 检验批验收

只按列为主控项目、一般项目的条款来验收,不能随意扩大内容范围和提高质量标准。

6) 检验批验收责任制

检验批表式中的责任制签记必须本人签字,替签为无效检验批验收记录。

(2) 检查验收执行条目(摘自《电梯工程施工质量验收规范》GB 50310—2002)

5.11.1 液压电梯安全保护验收必须符合下列规定:

1) 必须检查以下安全装置或功能:

① 断相、错相保护装置或功能

当控制柜三相电源中任何一相断开或任何二相错接时,断相、错相保护装置或功能应使电梯不发生危险故障。

注:当错相不影响电梯正常运行时可没有错相保护装置或功能。

② 短路、过载保护装置

动力电路、控制电路、安全电路必须有与负载匹配的短路保护装置;动力电路必须有过载保护装置。

③ 防止轿厢坠落、超速下降的装置

液压电梯必须装有防止轿厢坠落、超速下降的装置,且各装置必须与其型式试验证书相符。

④ 门锁装置

门锁装置必须与其型式试验证书相符。

⑤ 上极限开关

上极限开关必须是安全触点,在端站位置进行动作试验时必须动作正常。它必须在柱塞接触到其缓冲制停装置之前动作,且柱塞处于缓冲制停区时保持动作状态。

⑥ 机房、滑轮间(如果有)、轿顶、底坑停止装置

位于轿顶、机房、滑轮间(如果有)、底坑的停止装置的动作必须正常。

⑦ 液压油温升保护装置

当液压油达到产品设计温度时,温升保护装置必须动作,使液压电梯停止运行。

⑧ 移动轿厢的装置

在停电或电气系统发生故障时,移动轿厢的装置必须能移动轿厢上行或下行,且下行时还必须装设防止顶升机构与轿厢运动相脱离的装置。

2) 下列安全开关,必须动作可靠:

① 限速器(如果有)张紧开关;

② 液压缓冲器(如果有)复位开关;

③ 轿厢安全窗(如果有)开关;

④ 安全门、底坑门、检修活板门(如果有)的开关；

⑤ 悬挂钢丝绳(链条)为两根时,防松动安全开关。

5.11.2 限速器(安全绳)安全钳联动试验必须符合下列规定：

1) 限速器(安全绳)与安全钳电气开关在联动试验中必须动作可靠,且应使电梯停止运行。

2) 联动试验时轿厢载荷及速度应符合下列规定：

① 当液压电梯额定载重量与轿厢最大有效面积符合表5.11.2的规定时,轿厢应载有均匀分布的额定载重量；当液压电梯额定载重量小于表5.11.2规定的轿厢最大有效面积对应的额定载重量时,轿厢应载有均匀分布的125%的液压电梯额定载重量,但该载荷不应超过表5.11.2规定的轿厢最大有效面积对应的额定载重量；

② 对瞬时式安全钳,轿厢应以额定速度下行；对渐进式安全钳,轿厢应以检修速度下行；

3) 当装有限速器安全钳时,使下行阀保持开启状态(直到钢丝绳松弛为止)的同时,人为使限速器机械动作,安全钳应可靠动作,轿厢必须可靠制动,且轿底倾斜度不应大于5%；

4) 当装有安全绳安全钳时,使下行阀保持开启状态(直到钢丝绳松弛为止)的同时,人为使安全绳机械动作,安全钳应可靠动作,轿厢必须可靠制动,且轿底倾斜度不应大于5%。

额定载重量与轿厢最大有效面积之间关系 表5.11.2

额定载重量(kg)	轿厢最大有效面积(m^2)	额定载重量(kg)	轿厢最大有效面积(m^2)	额定载重量(kg)	轿厢最大有效面积(m^2)	额定载重量(kg)	轿厢最大有效面积(m^2)
100[1]	0.37	525	1.45	900	2.20	1275	2.95
180[2]	0.58	600	1.60	975	2.35	1350	3.10
225	0.70	630	1.66	1000	2.40	1425	3.25
300	0.90	675	1.75	1050	2.50	1500	3.40
375	1.10	750	1.90	1125	2.65	1600	3.56
400	1.17	800	2.00	1200	2.80	2000	4.20
450	1.30	825	2.05	1250	2.90	2500[3]	5.00

注：1 一人电梯的最小值；

2 二人电梯的最小值；

3 额定载重量超过2500kg时,每增加100kg面积增加0.16m^2,对中间的载重量其面积由线性插入法确定。

5.11.3 层门与轿门的试验符合下列规定：

层门与轿门的试验必须符合本规范第4.11.3条的规定。

5.11.4 超载试验必须符合下列规定：

当轿厢载有120%额定载荷时液压电梯严禁启动。

5.11.5 液压电梯安装后应进行运行试验；轿厢在额定载重量工况下,按产品设计规定的每小时启动次数运行1000次(每天不少于8h),液压电梯应平稳、制动可靠、连续运行无故障。

5.11.6 噪声检验应符合下列规定：

1）液压电梯的机房噪声不应大于 85dB(A)；

2）乘客液压电梯和病床液压电梯运行中轿内噪声不应大于 55dB(A)；

3）乘客液压电梯和病床液压电梯的开关门过程噪声不应大于 65dB(A)。

5.11.7 平层准确度检验应符合下列规定：

液压电梯平层准确度应在 ±15mm 范围内。

5.11.8 运行速度检验应符合下列规定：

空载轿厢上行速度与上行额定速度的差值不应大于上行额定速度的 8%；载有额定载重量的轿厢下行速度与下行额定速度的差值不应大于下行额定速度的 8%。

5.11.9 额定载重量沉降量试验应符合下列规定：

载有额定载重量的轿厢停靠在最高层站时，停梯 10min，沉降量不应大于 10mm，但因油温变化而引起的油体积缩小所造成的沉降不包括在 10mm 内。

5.11.10 液压泵站溢流阀压力检查应符合下列规定：

液压泵站上的溢流阀应设定在系统压力为满载压力的 140%~170% 时动作。

5.11.11 超压静载试验应符合下列规定：

将截止阀关闭，在轿内施加 200% 的额定载荷，持续 5min 后，液压系统应完好无损。

5.11.12 观感检查应符合本规范第 4.11.10 条的规定。

4.11.10 观感检查应符合下列规定：

1）轿门带动层门开、关运行，门扇与门扇、门扇与门套、门扇与门楣、门扇与门口处轿壁、门扇下端与地坎应无刮碰现象；

2）门扇与门扇、门扇与门套、门扇与门楣、门扇与门口处轿壁、门扇下端与地坎之间各自的间隙在整个长度上应基本一致；

3）对机房（如果有）、导轨支架、底坑、轿顶、轿内、轿门、层门及门地坎等部位应进行清理。

(3) 检验批验收应提供的附件资料

1）施工安装记录（安全保护验收、限速器、安全钳、联动试验、层门与轿箱试验、超载试验、运行试验、噪声试验、平层准确度检验、运行速度检测、沉降量试验、溢流阀压力试验、超压静载试验、观感）；

2）有关验收文件；

3）自检、互检及工序交接检查记录；

4）其他应报或设计要求报送的资料。

注：合理缺项除外。

2.13.15 自动扶梯、自动人行道安装设备进场验收工程质量验收记录

1. 资料表式

自动扶梯、自动人行道安装设备进场验收分项工程质量验收记录表　　表310-14

检 验 项 目			检 验 结 果	
			合　格	不合格
主控项目	1. 必须提供以下资料	第6.1.1条		
	1）技术资料			
	① 梯级或踏板的型式试验报告复印件，或胶带的断裂强度证明文件复印件；			
	② 对公共交通型自动扶梯、自动人行道应有扶手带的断裂强度证书复印件			
	2）随机文件			
	① 土建布置图；			
	② 产品出厂合格证			
一般项目	1. 随机文件还应提供以下资料：	第6.1.2条		
	1）装箱单；			
	2）安装、使用维护说明书；			
	3）动力电路和安全电路的电气原理图			
	2. 设备零部件应与装箱单内容相符	第6.1.3条		
	3. 设备外观不应存在明显的损坏	第6.1.4条		

2. 检验批验收应提供的附件资料

1）土建布置图；
2）出厂合格证；
3）型式试验认证书；
4）设备开箱检验（随机文件、设备零配件）；
5）有关验收文件；
6）自检、互检及工序交接检查记录；
7）其他应报或设计要求报送的资料。

注：合理缺项除外。

2.13.16　自动扶梯、自动人行道安装土建交接检验工程质量验收记录

1. 资料表式

自动扶梯、自动人行道安装土建交接检验工程质量验收记录表　　　表 310-15

检 验 项 目			检 验 结 果	
			合　格	不合格
主控项目	1. 自动扶梯的梯级或自动人行道的踏板或胶带上空,垂直净高度严禁小于2.3m	第 6.2.1 条		
	2. 在安装之前,井道周围必须设有保证安全的栏杆或屏障,其高度严禁小于 1.2m	**第 6.2.2 条**		
一般项目	1. 土建工程应按照土建布置图进行施工,且其主要尺寸允许误差应为: 提升高度 −15～+15mm; 跨度 0～+15mm	第 6.2.3 条		
	2. 根据产品供应商的要求应提供设备进场所需的通道和搬运空间	第 6.2.3 条		
	3. 在安装之前,土建施工单位应提供明显的水平基准线标识	第 6.2.4 条		
	4. 电源零线和接地线应始终分开。接地装置的接地电阻值不应大于4Ω。	第 6.2.5 条		

2. 检验批验收应提供的附件资料

(1) 土建交接检验

1) 交接检验记录;
2) 有关验收文件;
3) 自检、互检及工序交接检查记录;
4) 其他应报或设计要求报送的资料;

注:合理缺项除外。

(2) 整机安装验收

1) 施工安装记录。

2.13.17　自动扶梯、自动人行道安装整机安装验收工程质量验收记录

1. 资料表式

2.13 电梯工程

**自动扶梯、自动人行道安装整机安装验收
工程质量验收记录表**　　　　　　　　表 310-16

检验项目			检验结果	
			合格	不合格
主控项目	1. 自动扶梯、自动人行道的自动停止运行	第 6.3.1 条		
	2. 绝缘电阻测量	第 6.3.2 条		
	3. 电气设备接地	第 4.10.1 条		
一般项目	1. 整机安装检查	第 6.3.4 条		
	2. 性能试验	第 6.3.5 条		
	3. 自动扶梯、自动人行道制动试验	第 6.3.6 条		
	4. 电气装置	第 6.3.7 条		
	5. 观感检查	第 6.3.8 条		

2．应用指导
(1) 检查验收统一说明

1) 执行规范章、节

本表的检验批验收执行《电梯工程施工质量验收规范》(GB 50310—2002)规范第 6 章、第 6.3 节主控项目和一般项目有关条目的质量等级要求。应按其质量标准和检查方法逐一进行验收。

表列应检验项目必须全部进行检查验收不得缺漏，应检项目漏检，应进行补充检查验收，不进行补检不应通过验收。

2) 检验批的划分原则

电梯安装的检验批划分原则为一个分项划为一个检验批。

3) 质量等级验收评定

① 主控项目是对检验批的基本质量起决定性影响的检验项目，必须全部符合该专业规范的规定，不允许有不符合规范要求的检验结果。

② 一般项目应有 80% 以上的抽检处符合该规范规定或偏差值在其允许偏差范围内。

4) 检验批验收应提交资料

检验批验收时，应提交的施工操作依据和质量检查记录应完整。

5) 检验批验收

只按列为主控项目、一般项目的条款来验收，不能随意扩大内容范围和提高质量标准。

6) 检验批验收责任制

检验批表式中的责任制签记必须本人签字,替签为无效检验批验收记录。

(2) 检查验收执行条目(摘自《电梯工程施工质量验收规范》GB 50310—2002)

6.3.1 在下列情况下,自动扶梯、自动人行道必须自动停止运行,且第 4 款至第 11 款情况下的开关断开的动作必须通过安全触点或安全电路来完成。

1) 无控制电压;
2) 电路接地的故障;
3) 过载;
4) 控制装置在超速和运行方向非操纵逆转下动作;
5) 附加制动器(如果有)动作;
6) 直接驱动梯级、踏板或胶带的部件(如链条或齿条)断裂或过分伸长;
7) 驱动装置与转向装置之间的距离(无意性)缩短;
8) 梯级、踏板或胶带进入梳齿板处有异物夹住,且产生损坏梯级、踏板或胶带支撑结构;
9) 无中间出口的连续安装的多台自动扶梯、自动人行道中的一台停止运行;
10) 扶手带入口保护装置动作;
11) 梯级或踏板下陷。

6.3.2 应测量不同回路导线对地的绝缘电阻。测量时,电子元件应断开。导体之间和导体对地之间的绝缘电阻应大于 $1000\Omega/V$,且其值必须大于:

1) 动力电路和电气安全装置电路 $0.5M\Omega$;
2) 其他电路(控制、照明、信号等)$0.25M\Omega$。

6.3.3 电气设备接地必须符合下列规定:

1) 所有电气设备及导管、线槽的外露可导电部分均必须可靠接地(PE);
2) 接地支线应分别直接接至接地干线接线柱上,不得互相连接后再接地。

6.3.4 整机安装检查应符合下列规定:

1) 梯级、踏板、胶带的楞齿及梳齿板应完整、光滑;
2) 在自动扶梯、自动人行道入口处应设置使用须知的标牌;
3) 内盖板、外盖板、围裙板、扶手支架、扶手导轨、护壁板接缝应平整。接缝处的凸台不应大于 0.5mm;
4) 梳齿板梳齿与踏板面齿槽的啮合深度不应小于 6mm;
5) 梳齿板梳齿与踏板面齿槽的间隙不应大于 4mm;
6) 围裙板与梯级、踏板或胶带任何一侧的水平间隙不应大于 4mm,两边的间隙之和不应大于 7mm。当自动人行道的围裙板设置在踏板或胶带之上时,踏板表面与围裙板下端之间的垂直间隙不应大于 4mm。当踏板或胶带有横向摆动时,踏板或胶带的侧边与围裙板垂直投影之间不得产生间隙;
7) 梯级间或踏板间的间隙在工作区段内的任何位置,从踏面测得的两个相邻梯级或两个相邻踏板之间的间隙不应大于 6mm。在自动人行道过渡曲线区段,踏板的前缘和相邻踏板的后缘啮合,其间隙不应大于 8mm;
8) 护壁板之间的空隙不应大于 4mm。

6.3.5 性能试验应符合下列规定:

1) 在额定频率和额定电压下,梯级、踏板或胶带沿运行方向空载时的速度与额定速度之间的允许偏差为±5%;

2) 扶手带的运行速度相对梯级、踏板或胶带的速度允许偏差为0~+2%。

6.3.6 自动扶梯、自动人行道制动试验应符合下列规定:

1) 自动扶梯、自动人行道应进行空载制动试验,制停距离应符合表6.3.6-1的规定。

制 停 距 离　　　　　　　　表6.3.6-1

额定速度	制停距离范围(m)	
(m/s)	自动扶梯	自动人行道
0.5	0.20~1.00	0.20~1.00
0.65	0.30~1.30	0.30~1.30
0.75	0.35~1.50	0.35~1.50
0.90	—	0.40~1.70

注:若速度在上述数值之间,制停距离用插入法计算。制停距离应从电气制动装置动作开始测量。

2) 自动扶梯应进行载有制动载荷的制停距离试验(除非制停距离可以通过其他方法检验),制动载荷应符合表6.3.6-2规定,制停距离应符合表6.3.6-1的规定;对自动人行道,制造商应提供按载有表6.3.6-2规定的制动载荷计算的制停距离,且制停距离应符合表6.3.6-1的规定。

制 动 载 荷　　　　　　　　表6.3.6-2

梯级、踏板或胶带的名义宽度(m)	自动扶梯每个梯级上的载荷(kg)	自动人行道每0.4m长度上的载荷(kg)
$z \leqslant 0.6$	60	50
$0.6 < z \leqslant 0.8$	90	75
$0.8 < z \leqslant 1.1$	120	100

注:1 自动扶梯受载的梯级数量由提升高度除以最大可见梯级踢板高度求得,在试验时允许将总制动载荷分布在所求得的2/3的梯级上;

2 当自动人行道倾斜角度不大于6°,踏板或胶带的名义宽度大于1.1m时,宽度每增加0.3m,制动载荷应在每0.4m长度上增加25kg;

3 当自动人行道在长度范围内有多个不同倾斜角度(高度不同)时,制动载荷应仅考虑到那些能组合成最不利载荷的水平区段和倾斜区段。

6.3.7 电气装置还应符合下列规定:

1) 主电源开关不应切断电源插座、检修和维护所必需的照明电源。

2) 配线应符合(GB 50310—2002)规范第4.10.4、4.10.5、4.10.6条的规定。

4.10.1 **电气设备接地必须符合下列规定:**

1) 所有电气设备及导管、线槽的外露可导电部分均必须可靠接地(PE);

2) 接地支线应分别直接接至接地干线接线柱上,不得互相连接后再接地。

4.10.4 机房和井道内应按产品要求配线。软线和无护套电缆应在导管、线槽或能确保起到等效防护作用的装置中使用。护套电缆和橡套软电缆可明敷于井道或机房内使用,但不得明敷于地面。

4.10.5 导管、线槽的敷设应整齐牢固。线槽内导线总面积不应大于线槽净面积60%;导管内导线总面积不应大于导管内净面积40%;软管固定间距不应大于1m,端头固定间距不应大于0.1m。

4.10.6 接地支线应采用黄绿相间的绝缘导线。

6.3.8 观感检查应符合下列规定：

1）上行和下行自动扶梯、自动人行道，梯级、踏板或胶带与围裙板之间应无刮碰现象（梯级、踏板或胶带上的导向部分与围裙板接触除外），扶手带外表面应无刮痕；

2）对梯级（踏板或胶带）、梳齿板、扶手带、护壁板、围裙板、内外盖板、前沿板及活动盖板等部位的外表面应进行清理。

(3) 检验批验收应提供的附件资料

1）施工安装记录；
2）绝缘电阻测试；
3）接地电阻测试；
4）整机安装检查记录；
5）整机性能试验；
6）制动试验；
7）电气装置试验；
8）观感检查验收记录；
9）隐蔽工程验收记录；
10）自检、互检及工序交接检查记录；
11）其他应报或设计要求报送的资料。

注：合理缺项除外。

3 建筑工程施工质量验收举例

3.1 建筑工程施工质量的验收程序与有关说明

1. 单位工程施工质量验收的程序
(1) 检验批质量验收；
(2) 分项工程质量验收；
(3) 分部(子分部)工程质量验收；
(4) 单位(子单位)工程质量验收。
单位工程施工质量验收必须按以上顺序依序进行，报送资料逆向依序编制。

2. 验收的汇整与有关说明
(1) 检验批验收合格完成后，应将有关的检验批汇集构成分项工程；
(2) 分项工程验收合格完成后，应将有关分项工程汇集构成分部(子分部)工程；分部工程和子分部工程的验收的内容是相同的，都应进行分项工程质量验收、质量控制资料核查、安全和功能检验(检测)报告核查和观感质量验收。
(3) 子分部工程验收合格完成后，为了明确该单位工程的分部工程包含多少子分部工程，故应将有关子分部工程分别列于相关分部工程项下，以示完整。
分部(子分部)工程均不能简单地加以组合即认为已经进行验收，尚需增加进行以下两类检查：
① 涉及安全和使用功能的地基基础、主体结构、有关安全及重要使用功能的安装分部工程应进行有关见证取样、送样试验或抽样检验(详见统一标准 GB 50300—2001 表 G.0.1-2 及表 G.0.1-3)。
② 分部(子分部)观感质量验收。验收时只给出好、一般、差，不评合格与不合格。对差的应进行返修处理。由施工、监理单位的项目经理和总监理工程师主持验收。检查的内容、方法、结论均应在分部工程的相应部分中予以阐述。
(4) 单位工程质量验收(竣工验收)。
施工单位将已经验收合格的分部(子分部)工程以及在分部(子分部)工程验收合格的经审查无误的技术资料编制完整的基础上，按单位(子单位)工程质量竣工验收表式所列的分部工程、质量控制资料核查、安全和主要使用功能核查及抽查结果、观感质量验收结果，经整理将其验收结果分别填写在"验收记录"项下。将填写完成的该表报监理(建设)单位审查同意，监理单位填写验收结论后，由施工单位向建设单位提交工程验收报告和完整的工程技术资料，请建设单位组织勘察、设计、单位审查、施工、监理等各方参加竣工验收。经各方验收同意质量等级达到合格后，由建设单位填写"综合验收结论"并对工程质量是否符合设计和规范要求及总体质量水平做出评价。

3.2 施工质量验收举例
（以华龙房地产公司鑫园小区 2 号住宅楼的主体结构分部为例）

1. 工程概况

（1）该工程为华龙房地产开发公司鑫园小区 2 号住宅楼,建筑面积 $4558.66m^2$,六层,砖混结构,层高 2.9m,建筑物共 3 个单元,基本构造作法为：

1）本工程设有地下室,梁式混凝土满堂基础、混凝土强度等级为 C25,地下室、墙身砌筑砂浆为 M10；

2）楼面板、梁混凝土为全部现浇结构,混凝土强度等级为 C20；

砌体除基础为普通粘土砖外均为多孔砖砌体,砖的强度等级均为 MU10,砌体砂浆为水泥石灰砂浆 M5.0；砌体设构造柱；

3）屋面为卷材防水屋面；

4）楼地面为混凝土垫层(C15)随打随抹,厚 30mm,基层 3∶7 灰土,厚为 300mm；

5）室内中级抹灰(普通),室外 1∶2.5 水泥砂浆抹面；

6）木制门窗,入户为特种防盗门；

7）给水、排水与采暖：给水系统为铝塑复合管,排水系统为承插铸铁排水管,采暖为柱式暖气片、普通卫生器具；

8）建筑电气：敷管为阻燃塑料管及配线,设普通灯具、插座、电话、开关等。

（2）建筑物为三个单元,本例按《建筑工程施工质量验收统一标准》(GB 50300—2001)规定,检验批划分可按楼层、缝、段划分,本例按段划分,每层①～⑯轴段为一检验批,每层⑯～㊲轴段为另一个检验批。该单位工程按施工图设计,工程验收包括的分部工程有地基基础分部、主体结构分部、建筑装饰与装修分部、建筑屋面分部、建筑给水排水与采暖分部、建筑电气等六个分部工程(作为例题该单位工程举例的工程质量验收部分只将主体分部的工程质量验收一一列出,并加以说明。工程质量控制资料、工程安全和功能资料核查及主要功能抽查按工程质量验收涉及内容列出)。

（3）主体结构分部施工质量验收包括两个子分部,一是混凝土结构子分部,另一个是砌体结构子分部。

混凝土结构子分部在本例中涉及需要进行施工质量验收的分项工程包括：模板、钢筋、混凝土和现浇结构分项工程；

砌体结构子分部在本例中涉及需要进行施工质量验收的分项工程是砖砌体分项。

2. 资料附图

标准层平面见图 3-1,北立面见图 3-2,剖、侧面见图 3-3。

据此,分别将该例的单位(子单位)工程质量验收资料、工程质量检测资料、工程安全和功能资料核查及主要功能抽查资料的质量检查列后,供参考。

注：后面本例与说明中所附表式不论工程质量验收资料、工程质量记录资料中的工程质量控制资料和工程安全和功能资料及主要功能抽查资料等均填写一张表式,说明其填写内容及方法。不是所有应检查项目一一列出。

3. 单位工程、分部(子分部)、分项、检验批工程质量验收填表统一说明

《建筑工程施工质量验收统一标准》(GB 50300—2001)中检验批、分项工程、分部(子分

3.2 施工质量验收举例　737

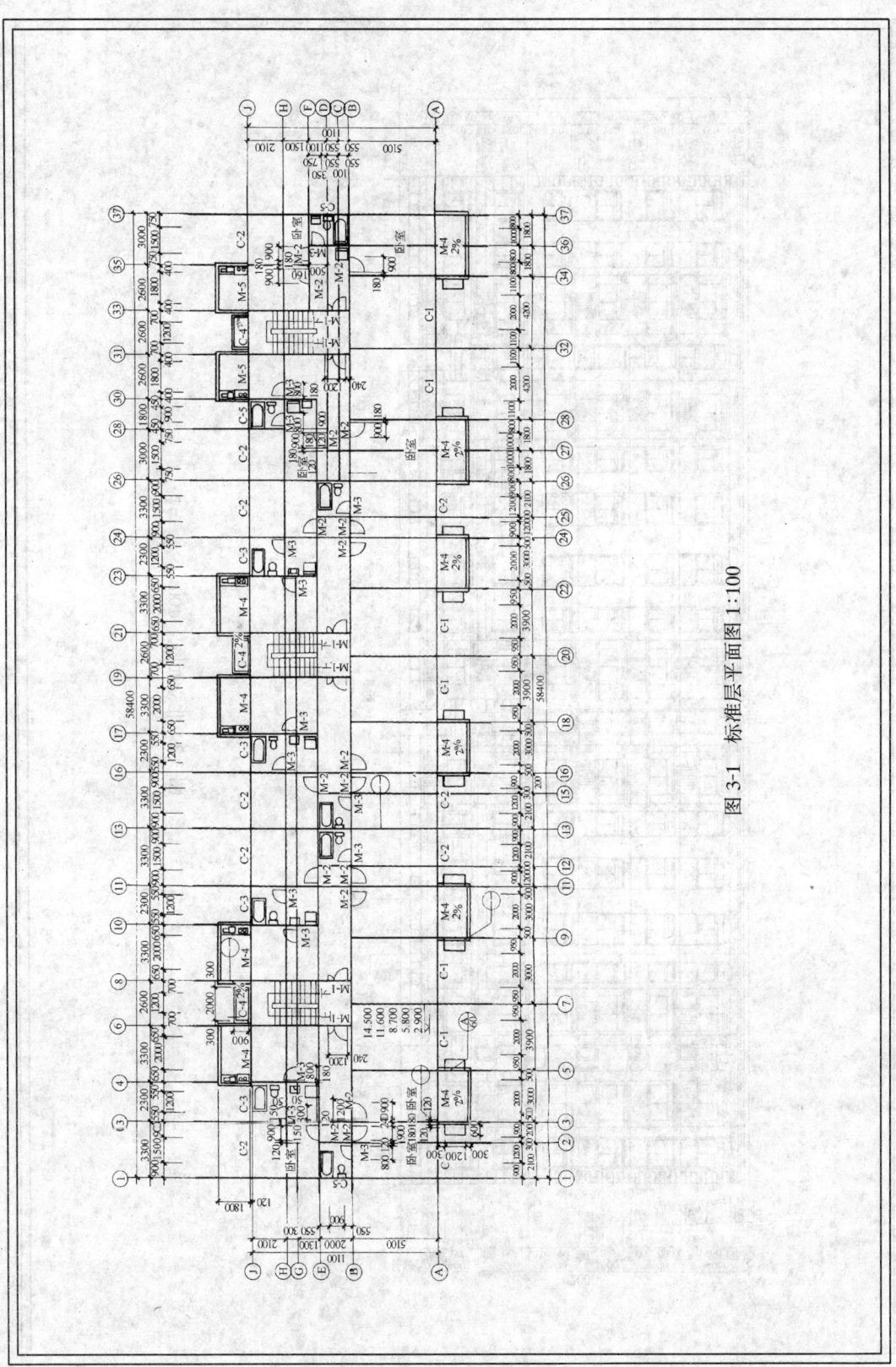

图 3-1 标准层平面图 1:100

738　3　建筑工程施工质量验收举例

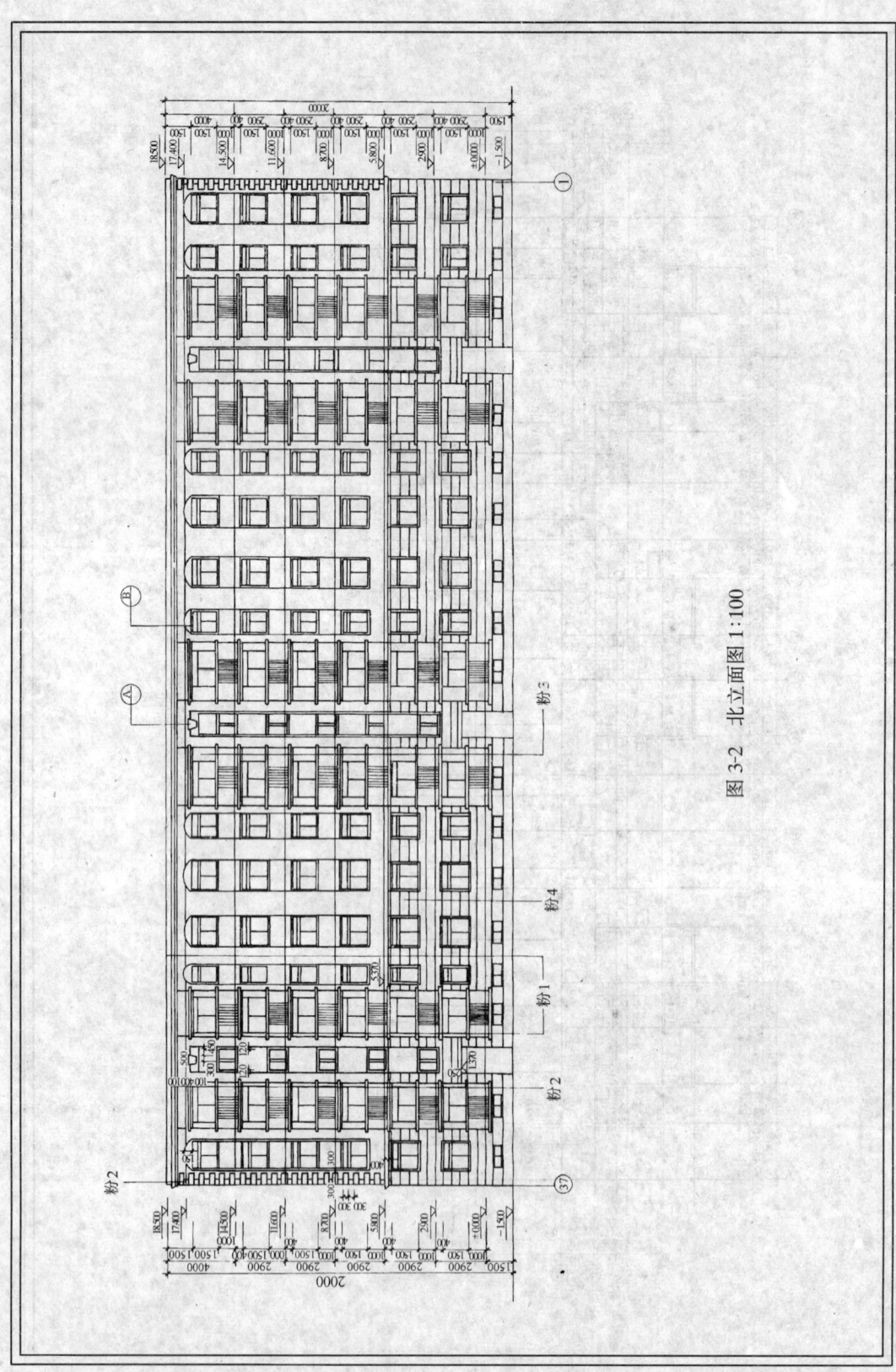

图 3-2　北立面图 1:100

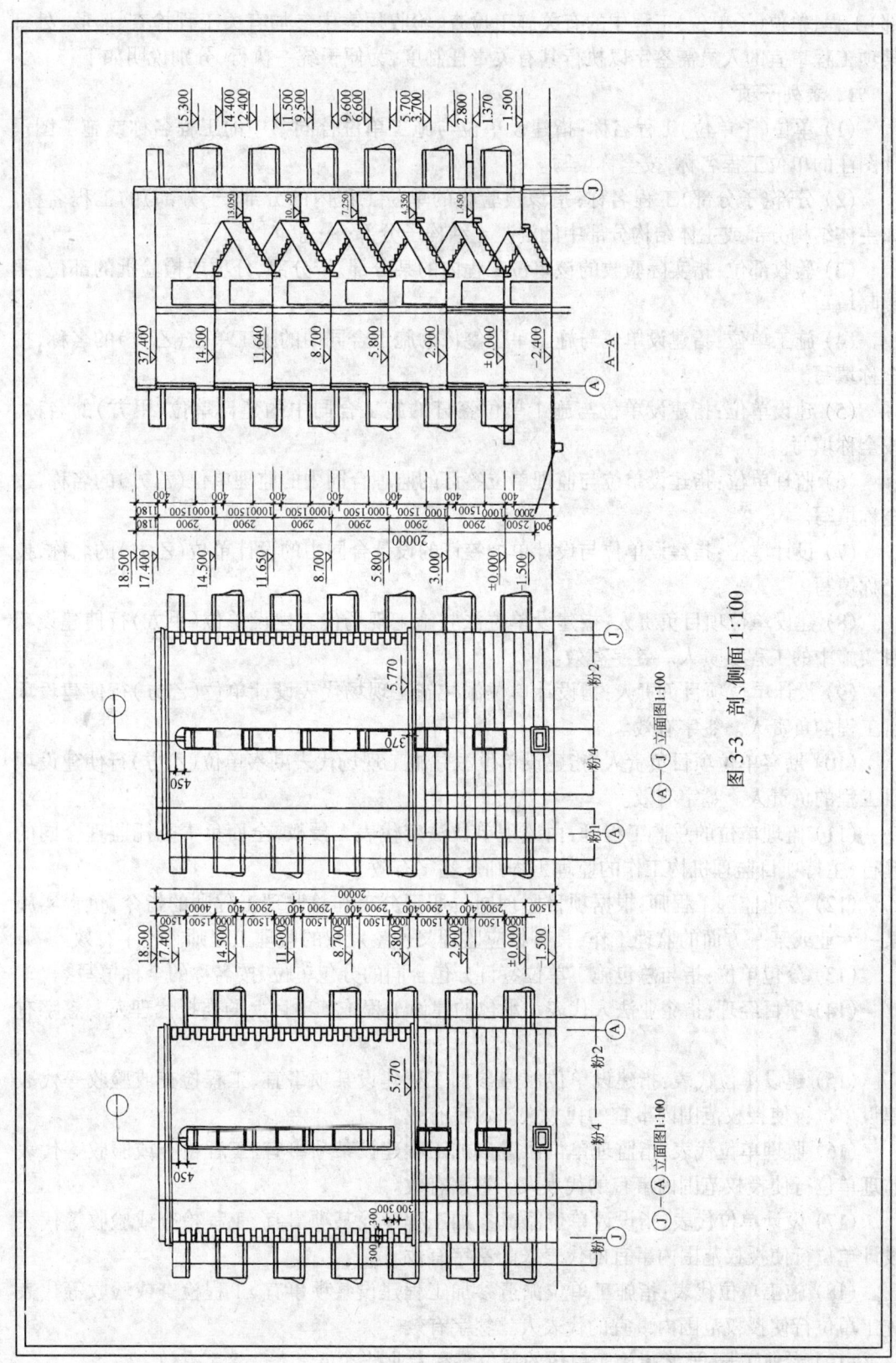

图 3-3 剖、侧面 1:100

部)工程、单位(子单位)工程中的有关施工检查、验收用表中参加有关工程检查、验收、处理某项工程事宜的人员需签字以执行其有关责任制度,为便于统一执行,分别说明如下:

1. 表列子项

(1) 单位(子单位)工程名称:指建设单位与施工单位合同书中的工程名称或施工图设计图注的单位工程名称,按全称填写。

(2) 分部(子分部)工程名称:指该被验收的单位工程内的分部(子分部)的工程名称。如主体结构分部或主体结构分部中的混凝土结构子分部……。

(3) 验收部位:指实际验收的该单位工程内的某分部、子分部、分项或检验批的部位,照实际填写。

(4) 施工单位:指建设单位与施工单位签订的施工合同中的施工单位(乙方)的名称,按全称填写。

(5) 建设单位:指建设单位与施工单位签订的施工合同中的建设单位(甲方)的名称。按全称填写。

(6) 监理单位:指建设单位与监理单位签订的监理合同中的监理单位(乙方)的名称,按全称填写。

(7) 设计单位:指建设单位与设计单位签订的设计合同中的设计单位(乙方)的名称,按全称填写。

(8) 建设单位项目负责人:指建设单位派驻施工现场代表建设单位(甲方)行使建设项目实施中的工程负责人。签字有效。

(9) 设计单位项目负责人:指设计单位派往施工现场代表设计单位(乙方)行使建设项目工程的负责人。签字有效。

(10) 勘察单位项目负责人:指建设单位派驻施工现场代表勘察单位(乙方)行使建设项目工程的负责人。签字有效。

(11) 监理单位的总监工程师:由监理单位法定代表人授权,全面负责委托监理合同的履行、主持项目监理机构工作的监理工程师。签字有效。

(12) 专业监理工程师:根据项目监理岗位职责分工和总监理工程师的指令,负责实施某一专业或某一方面的监理工作,具有相应监理文件签发权的监理工程师。签字有效。

(13) 分包单位:指与总包施工单位签订分包合同的分包单位,按名称的全称填写。

(14) 项目经理:指企业法人代表在承包的建设工程施工项目上的委托代理人。签字有效。

(15) 建设单位代表:指建设单位派遣参加工程建设某项事宜、工程检查或验收等代表建设单位行使授权范围内事宜的代表人。签字有效。

(16) 监理单位代表:指监理单位派遣参加工程建设某项事宜、工程检查或验收等代表监理单位行使授权范围内事宜的代表人。签字有效。

(17) 设计单位代表:指设计单位派遣参加工程建设某项事宜、工程检查或验收等代表设计单位行使授权范围内事宜的代表人。签字有效。

(18) 施工单位代表:指施工单位派遣参加工程建设某项事宜、工程检查或验收等代表施工单位行使授权范围内事宜的代表人。签字有效。

(19) 专业工长:通常指施工单位的单位工程专业技术负责人。签字有效。

(20) 专职质检员：指负责该单位工程的某一专业的专职质检员。签字有效。

(21) 施工班组长：指施工单位直接参加该项工程施工操作的班组长，签字有效。

(22) 施工执行标准名称及编号：指施工企业根据行业标准、协会标准、施工指南、手册等技术资料进行转化为施工企业的专项技术工艺标准。如砌砖工艺标准、钢筋工艺标准、混凝土工艺标准等（不是施工质量验收规范，这一点请注意）。

(23) 施工单位检查评定结果：指被检检验批、分项、子分部、分部工程，按相应专业工程质量验收规范标准验收，将主控项目、一般项目的检查结果或按分项、子分部、分部工程标准规定的合格质量等级评定后的该检验批、分项、子分部、分部工程的质量评定等级。按实际验收评定结果填写。

应达到合格及其以上等级，不符合合格等级时应按"统一标准"第5.0.6条执行。

(24) 检验批部位、区段：指分项工程质量验收汇集构成分项工程的检验批所在分部（子分部）工程的部位或区段。例如一层：①～⑯轴等，照实际填写。

建筑工程施工技术资料

单位(子单位)工程质量验收资料

工程名称　华龙房地产鑫园小区 2 号住宅楼

建设单位　华龙房地产开发公司

设计单位　天宇设计事务所

监理单位　诚信监理公司

施工单位　建筑安装总公司直属第二项目部

2002 年 11 月 15 日

工程质量验收资料目录

1. 施工现场质量管理检查记录
2. 单位工程、分部工程、子分部工程、分项工程和检验批划分的名称与数量
3. 单位(子单位)工程质量竣工验收记录
4. 砌体结构(子分部)工程质量验收记录
5. 混凝土结构(子分部)工程质量验收记录
6. 砖砌体分项工程质量验收记录
7. 模板分项工程质量验收记录
8. 钢筋分项工程质量验收记录
9. 混凝土分项工程质量验收记录(混凝土施工)
10. 混凝土现浇结构分项工程质量验收记录(尺寸与外观)
11. 砖砌体(混水)工程检验批质量验收记录表
12. 现浇结构模板安装检验批质量验收记录
13. 现浇结构模板拆除检验批质量验收记录
14. 钢筋原材料检验批质量验收记录
15. 钢筋加工检验批质量验收记录
16. 钢筋连接检验批质量验收记录
17. 钢筋安装检验批质量验收记录
18. 混凝土原材料检验批质量验收记录
19. 混凝土配合比设计检验批质量验收记录
20. 混凝土施工检验批质量验收记录
21. 现浇结构外观检验批质量验收记录
22. 现浇结构尺寸允许偏差检验批验收记录
23. 单位(子单位)工程观感质量检查记录

1. 施工现场质量管理检查记录(表 3-1)

施工现场质量管理检查记录表

开工日期：   表 3-1

工程名称	华龙房地产鑫圆小区 2 号住宅楼		施工许可证(开工证)	冀邯 0200128
建设单位	华龙房地产开发公司		建设单位项目负责人	田利民
设计单位	天宇设计事务所		设计单位项目负责人	于 克
监理单位	诚信监理公司		总监理工程师	袁行键
施工单位	建安总公司第二项目部	项目经理 王家义	项目技术负责人	梁 光

序号	项目	内容
1	现场质量管理制度	有图纸会审、质量例会、自检互检交接检、质量检评、质量事故处理、月评比和奖励等制度
2	质量责任制	有岗位责任制、设计交底、技术交底、定期质量检查
3	主要专业工种操作上岗证书	有测量工、钢筋工、起重工、电焊工、架子工等
4	分包方资质与对分包单位的管理制度	
5	施工图审查情况	有审查报告及审查批准书(邯冀 02006)
6	地质勘察资料	有工程地质勘察报告
7	施工组织设计、施工方案及审批	有施工组织设计编制、审查、批准责任制齐全
8	施工技术标准	有模板、钢筋、混凝土浇筑、瓦工、焊接等工艺标准 20 多种
9	工程质量检验制度	有原材料、构配件试(检)验制度、施工试验制度等
10	搅拌站及计量设置	有管理制度和计量设施精确度及控制措施
11	现场材料、设备存放与管理	有钢材、砂、石、水泥、砖、玻璃、饰面板、地板砖等管理办法
12		

检查结论：

现场质量管理制度基本完整。

总监理工程师
(建设单位项目负责人)   袁行键 2002 年 3 月 13 日

说明：

1. 该表应在开工之前由施工单位技术负责人填报完成。
2. 一个工程的一个标段或一个单位工程只查一次。如分段施工,人员更换或管理不到位时,可再次检查报审。
3. 本表是施工进场后必须向项目监理机构报审的资料。
4. 如总监理工程师或建设单位项目负责人审查不合格,施工单位必须限期改正,否则不准开工。
5. 表列内容栏内的有关文件的原件或复印件应附在表的后页作为附件资料。
6. 施工现场质量管理必须做到有标准、有体系、有制度。

2. 单位工程、分部工程、子分部工程、分项工程和检验批划分的名称与数量

华龙房地产开发公司鑫园小区 2 号住宅楼单位工程施工质量验收中单位工程、分部工程、子分部工程、分项工程和检验批名称数量汇整结果详见表 3-2。

华龙房地产开发公司鑫园小区 2 号住宅楼单位工程、分部工程、子分部工程、分项工程和检验批名称数量一览表　　　　表 3-2

序号	名称		数量	备注
1	单位工程		1	无子单位工程
2	分部工程		6	
(1)	地基与基础		1	
(2)	主体结构		1	
(3)	建筑装饰装修		1	
(4)	建筑屋面		1	
(5)	建筑给水、排水及采暖		1	
(6)	建筑电气		1	
3	子分部工程		21	共 21 个子分部工程
(1)	地基与基础分部	地基与基础处理,无支护土方	5	无支护土方 1 个;地基处理 1 个;地下防水 1 个;混凝土基础 1 个;砖砌体 1 个。
		地下防水		
		混凝土基础		
		砌体基础		
(2)	结构主体分部	混凝土结构	2	子分部工程划分按 GB 50300—2001 标准划分结果取用
		砌体结构		
(3)	建筑装饰装修分部	地面	6	子分部工程划分按 GB 50300—2001 标准划分结果取用
		抹灰、饰面砖(板)共 2 个		
		门窗		
		涂饰		
		细部		
(4)	建筑屋面分部	防水卷材屋面	1	子分部工程划分按 GB 50300—2001 标准划分结果取用
(5)	建筑给水、排水及采暖分部	室内给水系统	4	子分部工程划分按 GB 50300—2001 标准划分结果取用
		室内排水系统		
		卫生器具安装		
		室内采暖系统		
(6)	建筑电气分部	电气动力	3	子分部工程划分按 GB 50300—2001 标准划分结果取用
		电气照明安装		
		防雷及接地安装		

续表

序 号	名 称		数 量	备 注
4		分项工程计有	51	
(1)	地基与基础处理子分部	砂和砂石地基	3	分项工程划分按 GB 50300—2001 标准划分结果取用
		土方开挖、土方回填		
(2)	地下防水子分部	水泥砂浆防水层	2	分项工程划分按 GB 50300—2001 标准划分结果取用
		卷材防水层		
(3)	基础混凝土子分部	模 板	4	分项工程划分按 GB 50300—2001 标准划分结果取用
		钢 筋		
		混 凝 土		
		现浇结构		
(4)	砌体基础子分部	砖 砌 体	1	分项工程划分按 GB 50300—2001 标准划分结果取用
(5)	混凝土结构子分部	模 板	4	分项工程划分按 GB 50300—2001 标准划分结果取用
		钢 筋		
		混凝土施工		
		现浇结构		
(6)	砖砌体子分部	砖 基 础	2	分项工程划分按 GB 50300—2001 标准划分结果取用
		砖砌体（主体）		
(7)	地面子分部	基 土 分 项	4	分项工程划分按 GB 50300—2001 标准划分结果取用
		灰 土 垫 层		
		水泥混凝土垫层		
		陶瓷地砖面层		
(8)	抹灰、饰面砖(板)子分部	一般抹灰分项工程	2	分项工程划分按 GB 50300—2001 标准划分结果取用
		饰面砖粘贴		
(9)	门窗子分部	木门窗制作与安装	4	分项工程划分按 GB 50300—2001 标准划分结果取用
		塑料门窗安装		
		门窗玻璃安装		
		特种门窗安装		
(10)	涂饰子分部	水性涂料涂饰分项	2	
		溶剂型涂料涂饰分项		
(11)	细部子分部	护栏扶手制作与安装	1	分项工程划分按 GB 50300—2001 标准划分结果取用

续表

序 号	名 称		数量	备 注
(12)	卷材防水屋面子分部	保温层分项工程	4	分项工程划分按 GB 50300—2001 标准划分结果取用
		找平层分项工程		
		卷材防水分项工程		
		细部构造分项工程		
(13)	室内给水系统子分部	给水管道及配件安装	1	分项工程划分按 GB 50300—2001 标准划分结果取用
(14)	室内排水系统子分部	排水管道及配件安装	2	分项工程划分按 GB 50300—2001 标准划分结果取用
		雨水管道及配件		
(15)	卫生器具安装子分部	卫生器具安装	3	分项工程划分按 GB 50300—2001 标准划分结果取用
		卫生器具给水及配件安装		
		卫生器具排水及配件安装		
(16)	室内采暖系统	管道及配件安装	4	分项工程划分按 GB 50300—2001 标准划分结果取用
		辅助设备及散热器安装		
		系统水压试验及调试		
		防腐绝热		
(17)	电气照明安装	照明配电箱安装	5	分项工程划分按 GB 50300—2001 标准划分结果取用
		电线、电缆导管和线槽敷设		
		普通灯具安装		
		插座、开关、风扇安装		
		照明通电试运行		
(18)	防雷接地安装	接地装置安装	3	分项工程划分按 GB 50300—2001 标准划分结果取用
		避雷引下线和变配电室接地干线敷设		
		建筑物等电位联接		
5		检验批（合计）	395	
(1)A	砂石垫层	砂及砂石地基检验批	1	1个分项工程为1个检验批
(2)A	土方工程	土方开挖	2	1个分项工程为一个检验批
		土方回填		
(3)B	砖砌体	地下室基础砌砖	14	地下室砌砖2个检验批 主体砌砖每层2个，计12个检验批
		主体结构砌砖		

续表

序 号	名 称		数 量	备 注
(4)C	模板	垫层模板安装与拆除	32	垫层、基础模板安装各1个、拆除各1个检验批；地下室：模板安装2个，拆除2个；主体模板安装与拆除24个
		基础模板安装与拆除		
		主体模板安装与拆除		
(5)C	钢筋	基础钢筋原材料、加工；连接、安装	60	基础钢筋原材料1个检验批，钢筋加工1个检验批，钢筋连接1个检验批，钢筋安装1个检验批，计4个检验批； 地下室钢筋原材料2个检验批，钢筋加工2个检验批，钢筋连接2个检验批，钢筋安装2个检验批。计8个检验批； 主体结构钢筋原材料2个×6层=12检验批，钢筋加工2个×6层=12个检验批，钢筋连接2个×6层=12个检验批，钢筋安装2个×6层=12个检验批。计48个检验批；共计60个
		地下室钢筋原材料、加工；连接、安装		
		主体钢筋原材料、加工；连接、安装		
(6)C	混凝土	基础垫层混凝土原材料配合比	48	垫层混凝土原材料1个检验批，配合比1个检验批；基础混凝土施工原材料1个检验批，配合比1个检验批； 垫层混凝土施工1个检验批，基础混凝土施工1个检验批； 地下室混凝土原材料2个检验批，配合比2个检验批，混凝土施工2个检验批； 主体结构混凝土原材料2个×6层=12个检验批，配合比2个×6层=12个检验批；混凝土施工2个×6层=12检验批
		基础垫层混凝土施工		
		主体结构混凝土原材料、配合比		
		主体混凝土施工		
(7)C	现浇结构	基础垫层、基础混凝土外观、尺寸	32	基础垫层外观1个检验批，尺寸1个检验批；基础混凝土外观1个检验批，尺寸1个检验批； 地下室现浇结构外观2个检验批，尺寸2个检验批； 主体结构的现浇结构外观2个×6层=12个检验批，尺寸2个×6层=12个检验批
		地下室现浇结构外观、尺寸		
		主体结构混凝土外观、尺寸		
(8)D	地下防水	水泥砂浆防水层	2	水泥砂浆防水层1个，卷材防水层1个
		卷材防水层		
(9)E	基层敷设	基 土	18	地下室：基土、灰土、混凝土垫层各2个检验批；楼层：混凝土垫层每层2个×6=12个检验批
		灰土垫层		
		水泥混凝土垫层		
(10)E	整体面层	水泥混凝土面层	14	地下室：面层2个检验批 楼层：12个检验批

续表

序 号	名 称		数 量	备 注
(11)F	卷材防水屋面	保温层检验批	5	其中保温层、找平层、卷材防水、雨水管道、细部构造各一个检验批
		找平层检验批		
		卷材防水层检验批		
		雨水管道安装检验批		
		细部构造检验批		
(12)G	抹灰	一般抹灰工程检验批	8	中等抹灰:5个 室外抹灰:3个
(13)G	饰面砖粘贴	外铺饰面板粘贴	2	
(14)G1	木门窗制作与安装	木门窗制作与安装	4	不同规格、型号木门窗每100樘为一个检验批
(14)G2	塑料门窗制作与安装	塑料门制作与安装	3	不同规格、型号木门窗每100樘为一个检验批
(14)G3	特种门安装	特种门安装	1	不同规格、型号的特种门每50樘为一个检验批
(14)G4	门窗玻璃安装	门窗玻璃安装	6	不同规格、型号的门窗每100樘为一个检验批(共计539樘)
(15)H	水性涂料涂饰	水性涂料涂饰	8	室内每50个自然间为一个检验批,室外每500~1000m² 为一个检验批。室内5个、室外3个
(16)H	溶剂型涂料涂饰	溶剂型涂料涂饰	8	室内每50个自然间为一个检验批,室外每500~1000m² 为一个检验批。室内5个、室外3个
(17)I	护栏及扶手制作与安装	护栏及扶手制作与安装	3	一个单元的楼梯间为一个检验批,3个单元为3个检验批
(18)J	给水管道及配件安装	给水管道及配件安装	3	一个单元为一个系统共3个单元,计3个检验批
(19)J	排水管道及配件安装	排水管道及配件安装	3	一个单元为一个系统共3个单元,计3个检验批
(20)J	卫生器具安装	卫生器具安装	3	一个单元为一个系统共3个单元,计3个检验批
(21)J	卫生器具给水配件安装	卫生器具给水配件安装	3	一个单元为一个系统共3个单元,计3个检验批

续表

序 号	名 称		数 量	备 注
(22)J	卫生器具排水管道安装	卫生器具排水管道安装	3	一个单元为一个系统共3个单元,计3个检验批
(23)K	卫生采暖管道及配件安装	卫生采暖管道及配件安装	3	一个单元为一个系统共3个单元,计3个检验批
(24)K	辅助设备及散热器安装	辅助设备及散热器安装	3	一个单元为一个系统共3个单元,计3个检验批
(25)K	系统水压试验及调试	系统水压试验及调试	3	一个单元为一个系统共3个单元,计3个检验批
(26)L	成套配电柜、控制柜(屏、台)和动力、照明配电箱(盘)安装	成套配电柜、控制柜(屏、台)和动力照明配电箱安装	14	建筑电气检验批划分同土建工程地下室为2个检验批,主体工程每层为2个检验批,6层计12个检验批,合计14个检验批
(27)L	电线导管、电缆导管和线路敷设	电线导管、电缆导管和线路敷设	14	建筑电气检验批划分同土建工程地下室为2个检验批,主体工程每层为2个检验批,6层计12个检验批,合计14个检验批
(28)L	电线、电缆穿管和线槽敷设	电线、电缆穿管和线槽敷设	14	建筑电气检验批划分同土建工程地下室为2个检验批,主体工程每层为2个检验批,6层计12个检验批,合计14个检验批
(29)L	普通灯具安装	普通灯具安装	14	建筑电气检验批划分同土建工程地下室为2个检验批,主体工程每层为2个检验批,6层计12个检验批,合计14个检验批
(30)L	开关、插座安装	开关、插座安装	14	建筑电气检验批划分同土建工程地下室为2个检验批,主体工程每层为2个检验批,6层计12个检验批,合计14个检验批
(31)L	建筑物照明通电试运行	建筑物照明通电试运行	14	建筑电气检验批划分同土建工程地下室为2个检验批,主体工程每层为2个检验批,6层计12个检验批,合计14个检验批

续表

序 号	名 称		数 量	备 注
(32)L	接地装置安装	接地装置安装	1	防雷和接地装置的人工接地装置为一个检验批
(33)L	避雷引下线和变配电交接地干线敷设	避雷引下线和变配电交接地干线敷设	1	利用建筑物基础钢筋接地为一个检验批
(34)L	建筑物等电位联接	建筑物等电位联接	14	建筑电气检验批划分同土建工程地下室为2个检验批,主体工程每层为2个检验批,6层计12个检验批,合计14个检验批

3. 单位(子单位)工程质量竣工验收记录(表3-3)

单位(子单位)工程质量竣工验收　　　　　　　　表3-3

工程名称	华龙房地产鑫园2#楼	结构类型	砖混	层数/建筑面积	6层/3792.68m²
施工单位	建安总公司第二项目部	技术负责人	刘赞中	开工日期	2002年3月15日
项目经理	王家义	项目技术负责人	梁光	竣工日期	2002年11月20日

序 号	项 目	验 收 记 录	验 收 结 论
1	分部工程	共6分部,经查6分部符合标准及设计要求6分部	同 意 验 收
2	质量控制资料核查	共47项,经审查符合要求47项,经核定符合规范要求47项	同 意 验 收
3	安全和主要使用功能核查及抽查结果	共核查9项,符合要求9项,共抽查2项,符合要求2项,经返工处理符合要求0项	同 意 验 收
4	观感质量验收	共抽查10项,符合要求10项,不符合要求0项	好
5	综合验收结论	合　　格	

参加验收单位	建设单位	监理单位	施工单位	设计单位
	(公章)	(公章)	(公章)	(公章)
	田利民 单位(项目)负责人 2002年11月28日	袁行键 总监理工程师 2002年11月28日	王家义 单位负责人 2002年11月28日	于 克 单位(项目)负责人 2002年11月28日

说明：

(1) 综合验收结论：由建设单位组织验收后填写。

(2) 参加验收单位：均需加盖单位公章,相应的责任人签字。

(3) 该表填写全部完成后,由建设单位向当地建设行政主管部门或其授权机构备案。

4. 砌体结构(子分部)工程质量验收记录(主体分部)(表3-4)

砌体结构(子分部)工程质量验收记录 表3-4

单位(子单位)工程名称		华龙房地产鑫园小区2号住宅楼		结构类型及层数		砖混6层
施工单位		建筑安装总公司直属第二项目部	技术部门负责人	刘赞中	质量部门负责人	任中华
分包单位			分包单位负责人		分包技术负责人	
序 号	分项工程名称	检验批数	施工单位检查评定		验 收 意 见	
1	砖砌体分项工程	12	合 格			
2						
3					初验合格	
4					同意验收	
5						
6						
质量控制资料		按GB 50300—2001标准G.0.1-2内容检查符合要求			同意验收	
安全和功能检验(检测)报告		按GB 50300—2001标准G.0.1-3内容检查符合要求			同意验收	
观感质量验收		按GB 50300—2001标准G.0.1-4内容检查符合要求			同意验收	
验收单位	分包单位		项目经理		2002年7月20日	
	施工单位	建筑安装总公司直属第二项目部 项目经理 王家义			2002年7月20日	
	勘察单位	金天地勘察公司 项目负责人 陈洁仁			2002年7月20日	
	设计单位	天宇设计事务所 项目负责人 于克			2002年7月20日	
	监理(建设)单位	总监理工程师 袁行键 (建设单位项目专业负责人)			2002年7月20日	

5. 混凝土结构(子分部)工程质量验收记录(主体分部)(表3-5)

混凝土结构(子分部)工程质量验收记录　　　　　表3-5

单位(子单位)工程名称		华龙房地产鑫园小区2号住宅楼			结构类型及层数		砖混6层
施工单位		建筑安装总公司直属第二项目部	技术部门负责人	刘赞中	质量部门负责人		任华彬
分包单位			分包单位负责人		分包技术负责人		
序号	分项工程名称		检验批数	施工单位检查评定	验 收 意 见		
1	模板分项工程		24	合　格			
2	钢筋分项工程		48	合　格			
3	混凝土分项工程		36	合　格			
4	混凝土现浇结构分项工程		24	合　格	初验合格 同意验收		
5							
6							
质量控制资料			按GB 50300—2001标准G.0.1-2内容检查符合要求		同意验收		
安全和功能检验(检测)报告			按GB 50300—2001标准G.0.1-2内容检查符合要求		同意验收		
观感质量验收			按GB 50300—2001标准G.0.1-2内容检查符合要求		同意验收		
验收单位	分包单位				项目经理　年 月 日		
	施工单位		建筑安装总公司直属第二项目部		项目经理　王家义 2002年7月20日		
	勘察单位		金天地勘察公司		项目负责人　2002年7月20日		
	设计单位		天宇设计事务所		项目负责人　2002年7月20日		
	监理(建设)单位		总监理工程师　袁行键 (建设单位项目专业负责人)		2002年7月20日		

6. 砖砌体分项工程质量验收记录(表3-6)

砖砌体分项工程质量验收记录　　　　表3-6

单位(子单位)工程名称	华龙房地产鑫园小区2号住宅楼	结构类型	砖 混
分部(子分部)工程名称	主体结构分部混凝土结构子分部	检验批数	12
施 工 单 位	建筑安装总公司直属第二项目部	项目经理	王家义

序号	检验批部位、区段	施工单位检查评定结果	监理(建设)单位验收结论
1	一层①~⑯、⑯~㊲轴砖砌体检验批质量	按GB 50203—2002规范验收合格	
2	二层①~⑯、⑯~㊲轴砖砌体检验批质量	按GB 50203—2002规范验收合格	
3	三层①~⑯、⑯~㊲轴砖砌体检验批质量	按GB 50203—2002规范验收合格	质量符合GB 50203—2002规范合格标准
4	四层①~⑯、⑯~㊲轴砖砌体检验批质量	按GB 50203—2002规范验收合格	
5	五层①~⑯、⑯~㊲轴砖砌体检验批质量	按GB 50203—2002规范验收合格	
6	六层①~⑯、⑯~㊲轴砖砌体检验批质量	按GB 50203—2002规范验收合格	
7			

说明	1. ①~⑯、⑯~㊲轴分别进行检验批验收、检验批部位、区段合并汇整。 2. 砖砌体分项工程共12个检验批。 3. 全高垂直度：分别各检查8点，允许偏差为：全高7~11mm；垂直度：2.5~3mm，均在允许的偏差内。 4. 砂浆试块抗压强度依次为：6.1、6.3、5.9、5.8、6.0等，符合要求

检查结论	预验合格 项目专业技术负责人：牛芳铭 2002年7月25日	验收结论	初验合格 监理工程师：王志鹏 (建设单位项目专业技术负责人) 2002年7月10日

7. 模板分项工程质量验收记录(表3-7)

模板分项工程质量验收记录　　　　表3-7

单位(子单位)工程名称	华龙房地产鑫园小区2号住宅楼	结构类型	砖　混
分部(子分部)工程名称	主体结构分部混凝土结构子分部	检验批数	12
施工单位	建筑安装总公司直属第二项目部	项目经理	王家义

序号	检验批部位、区段	施工单位检查评定结果	监理(建设)单位验收结论
1	一层①~⑯、⑯~㊲轴模板安装、拆除	按 GB 50204—2002 规范验收合格	
2	二层①~⑯、⑯~㊲轴模板安装、拆除	按 GB 50204—2002 规范验收合格	
3	三层⑧~⑯、⑯~㊲轴模板安装、拆除	按 GB 50204—2002 规范验收合格	质量符合 GB 50203—2002 规范合格标准
4	四层⑧~⑯、⑯~㊲轴模板安装、拆除	按 GB 50204—2002 规范验收合格	
5	五层⑧~⑯、⑯~㊲轴模板安装、拆除	按 GB 50204—2002 规范验收合格	
6	六层⑧~⑯、⑯~㊲轴模板安装、拆除	按 GB 50204—2002 规范验收合格	
7			

| 说明 | 1. ①~⑯、⑯~㊲轴按层分别进行检验批验收,检验批部位、区段合并汇整。
2. 模板分项工程共24个检验批,其中模板安装12个,模板拆除12个 |||

检查结论	预验合格 项目专业技术负责人:刘赞中 2002年7月12日	验收结论	初验合格 监理工程师:王志鹏 (建设单位项目专业技术负责人) 2002年7月12日

8. 钢筋分项工程质量验收记录(表3-8)

钢筋分项工程质量验收记录　　　　　表3-8

单位(子单位)工程名称	华龙房地产鑫园小区2号住宅楼	结构类型	砖　混
分部(子分部)工程名称	主体结构分部混凝土结构子分部	检验批数	48
施工单位	建筑安装总公司直属第二项目部	项目经理	王家义

序号	检验批部位、区段	施工单位检查评定结果	监理(建设)单位验收结论
1	一层①~⑯、⑯~㊲轴原材料、钢筋加工、钢筋连接、钢筋安装	按 GB 50204—2002 规范验收合格	质量符合 GB 50204—2002 规范合格标准
2	二层①~⑯、⑯~㊲轴原材料、钢筋加工、钢筋连接、钢筋安装	按 GB 50204—2002 规范验收合格	
3	三层①~⑯、⑯~㊲轴原材料、钢筋加工、钢筋连接、钢筋安装	按 GB 50204—2002 规范验收合格	
4	四层①~⑯、⑯~㊲轴原材料、钢筋加工、钢筋连接、钢筋安装	按 GB 50204—2002 规范验收合格	
5	五层①~⑯、⑯~㊲轴原材料、钢筋加工、钢筋连接、钢筋安装	按 GB 50204—2002 规范验收合格	
6	六层①~⑯、⑯~㊲轴原材料、钢筋加工、钢筋连接、钢筋安装	按 GB 50204—2002 规范验收合格	
7			

说明	1. ①~⑯、⑯~㊲轴按层分别进行检验批验收,检验批部位、区段合并汇整。 2. 钢筋分项工程共48个检验批,其中原材料12个、钢筋加工12个、钢筋连接12个、钢筋安装12个

检查结论	预验合格 项目专业技术负责人:刘赞中 2002年7月13日	验收结论	初验合格 监理工程师:王志鹏 (建设单位项目专业技术负责人) 2002年7月13日

9. 混凝土分项工程质量验收记录(混凝土施工)(表 3-9)

混凝土分项工程质量验收记录(混凝土施工)　　　　表 3-9

单位(子单位)工程名称	华龙房地产鑫园小区 2 号住宅楼	结构类型	砖混
分部(子分部)工程名称	主体结构分部混凝土结构子分部	检验批数	12
施工单位	建筑安装总公司直属第二项目部	项目经理	王家义

序号	检验批部位、区段	施工单位检查评定结果	监理(建设)单位验收结论
1	一层①~⑯、⑯~㊲轴原材料、配合比混凝土施工	按 GB 50204—2002 规范验收合格	
2	二层①~⑯、⑯~㊲轴原材料、配合比混凝土施工	按 GB 50204—2002 规范验收合格	
3	三层①~⑯、⑯~㊲轴原材料、配合比混凝土施工	按 GB 50204—2002 规范验收合格	
4	四层①~⑯、⑯~㊲轴原材料、配合比混凝土施工	按 GB 50204—2002 规范验收合格	质量符合 GB 50204—2002 规范合格标准
5	五层①~⑯、⑯~㊲轴原材料、配合比混凝土施工	按 GB 50204—2002 规范验收合格	
6	六层①~⑯、⑯~㊲轴原材料、配合比混凝土施工	按 GB 50204—2002 规范验收合格	
7			

说明	1. ①~⑯、⑯~㊲轴按层分别进行检验批验收,检验批部位、区段合并汇整。 2. 混凝土施工分项工程共 12 个检验批

检查结论	预验合格 项目专业技术负责人:刘赞义 2002 年 7 月 14 日	验收结论	初验合格 监理工程师:王志鹏 (建设单位项目专业技术负责人) 2002 年 7 月 14 日

10. 混凝土现浇结构分项工程质量验收记录(尺寸与外观)(表 3-10)

混凝土现浇结构分项工程质量验收记录(尺寸与外观)　　　　表 3-10

单位(子单位)工程名称	华龙房地产鑫园小区 2 号住宅楼	结构类型	砖 混
分部(子分部)工程名称	主体结构分部混凝土结构子分部	检 验 批 数	24(12)
施工单位	建筑安装总公司直属第二项目部	项目经理	王 家 义

序号	检验批部位、区段	施工单位检查评定结果	监理(建设)单位验收结论
1	一层①~⑯、⑯~㊲轴现浇结构外观、尺寸	按 GB 50204—2002 规范验收合格	
2	二层①~⑯、⑯~㊲轴现浇结构外观、尺寸	按 GB 50204—2002 规范验收合格	
3	三层①~⑯、⑯~㊲轴现浇结构外观、尺寸	按 GB 50204—2002 规范验收合格	质量符合 GB 50204—2002 规范合格标准
4	四层①~⑯、⑯~㊲轴现浇结构外观、尺寸	按 GB 50204—2002 规范验收合格	
5	五层①~⑯、⑯~㊲轴现浇结构外观、尺寸	按 GB 50204—2002 规范验收合格	
6	六层①~⑯、⑯~㊲轴现浇结构外观、尺寸	按 GB 50204—2002 规范验收合格	
7			

说明	1. ①~⑯、⑯~㊲轴按层分别进行检验批验收,检验批部位、区段合并汇整。 2. 混凝土现浇结构分项工程共 24 个检验批,其中外观 12 个、尺寸 12 个,如合并检查时为 12 个

检查结论	预验合格 项目专业技术负责人:刘赞义 2002 年 7 月 15 日	验收结论	初验合格 监理工程师:王志鹏 (建设单位项目专业技术负责人) 2002 年 7 月 15 日

11. 砖砌体(混水)工程检验批质量验收记录(表3-11)

砖砌体(混水)工程检验批质量验收记录表　　　　表3-11

单位(子单位)工程名称			华龙房地产鑫园小区2号住宅楼										
分部(子分部)工程名称			主体结构分部					验收部位			一层①~⑯轴		
施工单位			建筑安装总公司直属第二项目部					项目经理			王家义		
分包单位			—					分包项目经理			—		
施工执行标准名称及编号					QBJ 001—1								
检控项目	序号	质量验收规范规定			施工单位检查评定记录							监理(建设)单位验收记录		
主控项目	1	砖强度等级	设计要求 MU		试验编号 E-0556 和 E-0445 号烧结普通砖与多孔砖资料报告符合 MU10 要求							质量符合 GB 50203—2002 规范合格等级要求,计数检查合格点率100%		
	2	砂浆强度等级	设计要求 M		试验编号 0111-218、0111-213 报告符合 M5.0 要求									
	3	砌筑及斜槎留置	第5.2.3条		纵横墙连接处均有构造柱									
	4	直槎拉结钢筋及接槎处理	第5.2.4条		拉结筋240墙2根,370墙3根,伸入长度1000mm。									
		项　目	允许偏差(mm)		量测值(mm)									
	5	水平灰缝砂浆饱满度	≥80%		85	89	92	97	95	90	90	96	97	
	6	轴线位移	≤10mm		5 7	7 6	4 5	5 3	2 5	7 5	6 5	5 4	4 5	7 9
	7	垂直度	≤5mm		3	3	4	4	3					
一般项目	1	组砌方法	第5.3.1条		组砌正确,上下错缝、内外墙加筋与混凝土连接							质量符合 GB 50203—2002 规范合格等级要求,计数检查合格点率达80%		
		项　目	允许偏差(mm)		量测值(mm)									
	2	水平灰缝厚度	灰缝:10mm,不大于12mm,不少于8mm		10	9	10	8	9	9	10	9	8	
	3	基础顶(楼)面标高	±15mm以内		6	5	7	3	9	6	7	6	6	5
	4	表面平整度	清水墙、柱 5mm 混水墙、柱 8mm		6	4	3	4	7	5	5	6	6	
	5	门窗洞口	±5mm以内		2	⑥	2	⑦	3	3	5	2	3	2
	6	窗口偏移	20mm		8	10	10	9	7	12	9			
	7	水平灰缝平直度	清水 7mm 混水 10mm		5	6	8	⑫	8	9				
施工单位检查评定结果			专业工长(施工员)		牛芳铭				施工班组长			张长河		
			预验合格 项目专业质量检查员:韩建新									2002年5月2日		
监理(建设)单位验收结论			初验合格 专业监理工程师:王志鹏 (建设单位项目专业技术负责人):									2002年5月2日		

12. 现浇结构模板安装检验批质量验收记录（表3-12）

现浇结构模板安装检验批质量验收记录表　　　　　　表3-12

单位(子单位)工程名称			华龙房地产鑫园小区2号住宅楼				
分部(子分部)工程名称			主体结构混凝土子分部工程			验收部位	一层①~⑯轴楼板
施工单位			建筑安装总公司直属第二项目部			项目经理	王家义
分包单位						分包项目经理	
施工执行标准名称及编号			QBJ 002—1				
检控项目	序号	质量验收规范规定		施工单位检查评定记录			监理(建设)单位验收记录
主控项目	1	模板、支架、立柱及垫板	第4.2.1条	模板、支架支撑、立柱上下对齐、支垫通板			质量符合GB 50204—2002规范合格等级要求
	2	涂刷隔离剂	第4.2.2条	隔离剂涂刷未污染钢筋			
一般项目	1	模板安装		第4.2.3条	支撑稳固、拼缝严密、墙面平整、位置准确		质量符合GB 50204—2002规范合格等级要求，计数检查合格点率达80%以上
	2	用作模板的地坪与胎膜		第4.2.4条	支柱基土已夯实		
	3	模板起拱		第4.2.5条	模板起拱1.5/1000		
		项　目		允许偏差(mm)	量　测　值　(mm)		
	4	预埋钢板中心线位置		3			
	5	预埋管、预留孔中心线位置		3			
	6	插筋	中心线位置	5			
			外露长度	+10,0			
	7	预埋螺栓	中心线位置	2			
			外露长度	+10,0			
	8	预留洞	中心线位置	10	8　8　⑪　5　7　6		
			外露长度	+10,0	4　2　3　2　1　3		
	9	轴线位置纵、横两个方向		5			
	10	底模上表面标高		±5	3　2　2　5　⑥　3		
	11	截面内部尺寸	基础	±10			
			柱、墙、梁	+4,-5			
	12	层高垂直度	不大于5m	6	5　4　3　6		
			大于5m	8			
	13	相邻两板表面高低差		2			
	14	表面平整度		5	3　2　3　⑥　2　2		
施工单位检查评定结果		专业工长(施工员)		牛芳铭		施工班组长	邱瑞林
		项目专业质量检查员：韩建新		预验合格			2002年5月16日
监理(建设)单位验收结论		专业监理工程师：王志鹏 (建设单位项目专业技术负责人)：		初验合格			2002年5月16日

13. 现浇结构模板拆除检验批质量验收记录(表3-13)

模板拆除检验批质量验收记录表

表3-13

单位(子单位)工程名称		华龙房地产鑫园小区2号住宅楼		
分部(子分部)工程名称		主体结构混凝土子分部工程	验收部位	一层①~⑯轴楼板
施工单位		建筑安装总公司直属第二项目部	项目经理	王家义
分包单位			分包项目经理	
施工执行标准名称及编号		QBJ 002—1		
检控项目	序号	质量验收规范规定	施工单位检查评定记录	监理(建设)单位验收记录
主控项目	1	底模及其支架拆除　第4.3.1条	底模及支架拆除混凝土强度等级达100%	质量符合GB 50204—2002规范合格等级要求
	2	后张预应力混凝土构件模板拆除　第4.3.2条	—	
	3	后浇带模板的拆除和支顶　第4.3.3条	—	
一般项目	1	侧模拆除对混凝土强度要求　第4.3.3条	侧模拆除混凝土强度达75%	质量符合GB 50204—2002规范合格等级要求,计数检查合格点率达80%以上
	2	对模板拆除的操作要求　第4.3.4条	操作规范,施工中没有形成冲击荷载或乱堆放等	
施工单位检查评定结果	专业工长(施工员)	牛芳铭	施工班组长	邱瑞林
	项目专业质量检查员:韩建新		预验合格	2002年6月14日
监理(建设)单位验收结论	专业监理工程师:王志鹏 (建设单位项目专业技术负责人):		初验合格	2002年6月14日

14. 钢筋原材料检验批质量验收记录(表3-14)

钢筋原材料检验批质量验收记录表　　　　　表3-14

单位(子单位)工程名称			华龙房地产鑫园小区2号住宅楼		
分部(子分部)工程名称			主体结构分部混凝土结构子分部	验收部位	一层①～⑯顶板
施工单位			建筑安装总公司直属第二项目部	项目经理	王家义
分包单位				分包项目经理	
施工执行标准名称及编号			QBJ 002—2		
检控项目	序号	质量验收规范规定		施工单位检查评定记录	监理(建设)单位验收记录
主控项目	1	钢筋进场抽检	第5.2.1条	进场钢筋已全检,4张试验单编号为:0208-458、G-1784、G201-419、G1787	质量符合 GB 50203—2002规范合格等级要求
	2	抗震框架结构用钢筋	第5.2.2条	—	
		抗拉强度与屈服强度比值	≥1.25	—	
		屈服强度与强度标准值	≤1.3	—	
	3	钢筋脆断、性能不良等的检验	第5.2.3条	—	
一般项目	1	钢筋外观质量	第5.2.4条	外观平直、无损伤、无裂纹及锈斑	质量符合 GB 50204—2002规范合格等级要求,计数检查合格点率达80%以上
施工单位检查评定结果		专业工长(施工员)	牛芳铭	施工班组长	景春林
		预验合格			
		项目专业质量检查员:韩建新			2002年5月16日
监理(建设)单位验收结论		初验合格			
		专业监理工程师:王志鹏			
		(建设单位项目专业技术负责人):			2002年5月16日

15. 钢筋加工检验批质量验收记录(表3-15)

钢筋加工检验批质量验收记录表 表 3-15

单位(子单位)工程名称		华龙房地产鑫园小区2号住宅楼		
分部(子分部)工程名称		主体结构分部混凝土结构子分部	验收部位	一层①~⑯顶板
施工单位		建筑安装总公司直属第二项目部	项目经理	王家义
分包单位			分包项目经理	
施工执行标准名称及编号			QBJ 002—2	

检控项目	序号	质量验收规范规定		施工单位检查评定记录								监理(建设)单位验收记录
主控项目	1	钢筋的弯钩和弯折	第5.3.1条	弯起距离符合设计要求，Ⅰ级钢弯后平直长度3d，Ⅱ级钢5d。								质量符合 GB 50204—2002规范合格等级要求
	2	箍筋弯钩形式	第5.3.2条	箍筋弯钩135°								
一般项目	1	钢筋的机械调直与冷拉调直	第5.3.3条									质量符合 GB 50204—2002规范合格等级要求，计数检查合格点率达80%以上
		项目	允许偏差(mm)	量 测 值 (mm)								
	2	受力钢筋沿长度方向全长的净尺寸	±10	8	9	3	2	6	8	8	3	⑪	10
	3	弯起钢筋的弯折位置	±20	8	㉒	5	6	7	15	13	9	6	10
	4	箍筋内净尺寸	±5										

施工单位检查评定结果	专业工长(施工员)	牛芳铭	施工班组长	景春林
	预验合格			
	项目专业质量检查员：韩建新			2002年5月16日

监理(建设)单位验收结论	初验合格
	专业监理工程师：王志鹏
	(建设单位项目专业技术负责人)： 2002年5月16日

16. 钢筋连接检验批质量验收记录（表3-16）

钢筋连接检验批质量验收记录表　　　　　表3-16

单位(子单位)工程名称			华龙房地产鑫园小区2号住宅楼		
分部(子分部)工程名称			主体结构分部混凝土结构子分部	验收部位	一层①~⑯顶板
施工单位			建筑安装总公司直属第二项目部	项目经理	王家义
分包单位				分包项目经理	
施工执行标准名称及编号			QBJ 002—2		
检控项目	序号	质量验收规范规定		施工单位检查评定记录	监理(建设)单位验收记录
主控项目	1	纵向受力钢筋连接	第5.4.1条	焊接。符合设计要求。	质量符合 GB 50203—2002规范合格等级要求
	2	钢筋连接的试件检验	第5.4.2条	试件数量符合要求,2张焊接报告,编号为:0110-110、0110-72	
一般项目	1	钢筋接头位置的设置	第5.4.3条	接头至弯点距离≥10d	质量符合 GB 50204—2002规范合格等级要求,计数检查合格点率达80%以上,无严重缺陷
	2	钢筋连接的外观检查	第5.4.4条	符合JGJ 18的规定	
	3	钢筋连接的接头百分率	第5.4.5条	钢筋连接接头百分率≤50%	
	4	绑扎钢筋接头百分率	第5.4.6条	绑接接头≤50%	
	5	梁柱类构件的箍筋配置	第5.4.7条		
施工单位检查评定结果		专业工长(施工员)	牛芳铭	施工班组长	景春林
		项目专业质量检查员:韩建新		预验合格	2002年5月21日
监理(建设)单位验收结论		专业监理工程师:王志鹏　　初验合格 (建设单位项目专业技术负责人):			2002年5月21日

17. 钢筋安装检验批质量验收记录(表3-17)

钢筋安装检验批质量验收记录表 表 3-17

单位(子单位)工程名称			华龙房地产鑫园小区 2 号住宅楼		验收部位	一层①~⑯顶板
分部(子分部)工程名称			主体结构分部混凝土结构子分部			
施工单位			建筑安装总公司直属第二项目部		项目经理	王家义
分包单位					分包项目经理	
施工执行标准名称及编号			QBJ 002—2			
检控项目	序号	质量验收规范规定		施工单位检查评定记录		监理(建设)单位验收记录
主控项目	1	受力钢筋的品种、级别规格与数量		第5.5.1条	符合设计要求	质量符合 GB 50204—2002 规范合格等级要求
一般项目		项目		允许偏差(mm)	量测值(mm)	质量符合 GB 50204—2002 规范合格等级要求,计数检查合格点率达 80%以上,无严重缺陷
	1	绑扎钢筋网	长、宽	±10		
			网眼尺寸	±20		
	2	绑扎钢筋骨架	长	±10		
			宽、高	±5		
	3	受力钢筋	间距	±10	6 8 7 6 5 ⑪ 6 8 12 9	
			排距	±5		
	4	保护层厚度	基础	±10		
			柱、梁	±5		
			板、墙、壳	±3	3 2 2 1 ④ 2 3 2 3	
	5	绑扎箍筋、横向钢筋间隙		±20		
	6	钢筋弯起点位置		20		
	7	预埋件	中心线位置	5		
			水平高差	+3,0		
	注:1. 检查埋件中心线位置时,应沿纵、横两个方向量测,并取其中的较大值; 2. 表中梁类、板类构件上部纵向受力钢筋保护层厚度的合格点率应达到 90%及以上,且不得有超过表中数值 1.5 倍的尺寸偏差					
施工单位检查评定结果		专业工长(施工员)		牛芳铭	施工班组长	景春林
		项目专业质量检查员:韩建新			预验合格	2002 年 5 月 21 日
监理(建设)单位验收结论		专业监理工程师:王志鹏 (建设单位项目专业技术负责人):			初验合格	2002 年 5 月 21 日

18. 混凝土原材料检验批质量验收记录(3-18)

混凝土原材料检验批质量验收记录　　　　表 3-18

单位(子单位)工程名称		华龙房地产鑫园小区 2 号住宅楼			
分部(子分部)工程名称		主体结构分部混凝土结构子分部		验收部位	一层①～⑯顶板
施工单位		建筑安装总公司直属第二项目部		项目经理	王家义
分包单位				分包项目经理	
施工执行标准名称及编号		QBJ 002—3			
检控项目	序号	质量验收规范规定		施工单位检查评定记录	监理(建设)单位验收记录
主控项目	1	进场水泥的检复验	第 7.2.1 条	进场后见证取样,详试验报告,报告编号(如 0202-474),符合水泥标准要求	质量符合 GB 50204—2002 规范合格等级要求
	2	外加剂的质量标准	第 7.2.2 条		
	3	氯化物和碱总含量	第 7.2.3 条	符合 GB 50010—2002 第 3.4.2 条要求	
一般项目	1	掺用矿物掺合料质量	第 7.2.4 条	未掺加掺合料	质量符合 GB 50204—2002 规范合格等级要求
	2	粗、细骨料质量	第 7.2.5 条	粗细骨料均符合相应标准要求,试验报告编号分别为	
	3	拌制混凝土用水	第 7.2.6 条	用饮用水	
施工单位检查评定结果		专业工长(施工员)　　牛芳铭　　　施工班组长　　陈岩峰			
		项目专业质量检查员:韩建新　　　预验合格　　　2002 年 5 月 23 日			
监理(建设)单位验收结论		专业监理工程师:王志鹏　　　　初验合格 (建设单位项目专业技术负责人):　　　　2002 年 5 月 23 日			

19. 混凝土配合比设计检验批质量验收记录(表 3-19)

混凝土配合比设计检验批质量验收记录表　　　　　表 3-19

单位(子单位)工程名称			华龙房地产鑫园小区 2 号住宅楼		
分部(子分部)工程名称			主体结构分部混凝土结构子分部	验收部位	一层①~⑯顶板
施工单位			建筑安装总公司直属第二项目部	项目经理	王家义
分包单位				分包项目经理	
施工执行标准名称及编号				QBJ 002—3	
检控项目	序号	质量验收规范规定	施工单位检查评定记录	监理(建设)单位验收记录	
主控项目	1	混凝土应按国家现行标准《普通混凝土配合比设计规程》JGJ 55 的有关规定,根据混凝土强度等级、耐久性和工作性等要求进行配合比设计。对有特殊要求的混凝土,尚应符合国家现行有关标准的专门规定	检查配合比设计资料	该配合比由检测中心试验室提供,所用水泥、砂、石由现场取样测试,见证人:韩建新	质量符合 GB 50204—2002 规范合格等级要求
一般项目	1	首次使用的混凝土应进行开盘鉴定,其工作性应满足设计配合比要求。开始生产时应至少留置一组标养试件,作为验证配合比依据	检查开盘鉴定资料和试块强度试验报告	按 02115580 号配合比试验报告单执行,进行了开盘鉴定。详混凝土开盘鉴定记录,第一组试块已留置。试块编号为 01-001	质量符合 GB 50204—2002 规范合格等级要求
一般项目	2	拌制前应测定砂、石含水率,据此调整施工配合比	每工作班检查一次;检查含水率测定结果和施工配合比通知单	砂、石含水率测定结果分别为: 砂:2.5% 石:0.5%	
施工单位检查评定结果		专业工长(施工员)	牛芳铭	施工班组长	陈岩峰
		项目专业质量检查员: 韩建新		预验合格 2002 年 5 月 23 日	
监理(建设)单位验收结论		专业监理工程师: 王志鹏 (建设单位项目专业技术负责人):		初验合格 2002 年 5 月 23 日	

20．混凝土施工检验批质量验收记录(表3-20)

混凝土施工检验批质量验收记录表　　　　　表3-20

单位(子单位)工程名称			华龙房地产鑫园小区2号住宅楼		
分部(子分部)工程名称			主体结构分部混凝土结构子分部	验收部位	①～⑯轴顶板
施工单位			建筑安装总公司直属第二项目部	项目经理	王家义
分包单位				分包项目经理	
施工执行标准名称及编号			QBJ 002—3		
检控项目	序号	质量验收规范规定		施工单位检查评定记录	监理(建设)单位验收记录
主控项目	1	混凝土试件的取样与留置	第7.4.1条	①～⑯轴混凝土数量约80m³,连续浇筑取样共三组,其中一组标养。	质量符合 GB 50204—2002规范合格等级要求
	2	抗渗混凝土的试件留置	第7.4.2条	无抗渗混凝土	
	3	混凝土原材料称量偏差	第7.4.3条	混凝土原材料称量分别为4次	
		1)水泥掺合料	±2%	袋装水泥称量结果均在-1%~1.5%	
		2)粗、细骨料	±3%	粗、细骨料分别抽测4次,第一次为3%,第二~四次为-2%	
		3)水、外加剂	±2%	外加剂为计量称量,液体加入均在2%以内	
	4	混凝土运输、浇筑及间歇的全部时间	第7.4.4条	从搅拌直到入模,混凝土均在60min以内完成	
一般项目	1	施工缝的位置与处理	第7.4.5条	①～⑯轴混凝土未留置施工缝	质量符合 GB 50204—2002规范合格等级要求
	2	后浇带的留置位置确定和浇筑	第7.4.6条	①～⑯轴混凝土未留置后浇带	
	3	混凝土养护措施规定	第7.4.7条	浇注后12h开始浇水养护、塑料薄膜覆盖	
施工单位检查评定结果		专业工长(施工员)		牛芳铭	施工班组长	陈岩峰
		预验合格 项目专业质量检查员:韩建新				2002年5月24日
监理(建设)单位验收结论		初验合格 专业监理工程师:王志鹏 (建设单位项目专业技术负责人):				2002年5月24日

21. 现浇结构外观检验批质量验收记录(表 3-21)

现浇结构外观检验批质量验收记录表　　　　表 3-21

单位(子单位)工程名称	华龙房地产鑫园小区 2 号住宅楼		
分部(子分部)工程名称	主体结构分部混凝土结构子分部	验收部位	一层①~⑯顶板
施工单位	建筑安装总公司直属第二项目部	项目经理	王家义
分包单位		分包项目经理	
施工执行标准名称及编号	QBJ 002—2		

检控项目	序号	质量验收规范规定		施工单位检查评定记录	监理(建设)单位验收记录
主控项目	1	外观质量不应有严重缺陷,对已经出现的严重缺陷,应由施工单位提出技术处理方案,并经监理(建设)单位认可后进行处理。对经处理的部位,应重新检查验收。 全数检查。 观察,检查技术处理方案	第 8.2.1 条	无严重缺陷	质量符合 GB 50204—2002 规范合格等级标准
一般项目		现浇结构的外观质量不宜有一般缺陷。 对已经出现的一般缺陷,应由施工单位按技术处理方案进行处理,并重新检查验收。 全数检查。 观察,检查技术处理方案	第 8.2.2 条	无一般缺陷	质量符合 GB 50204—2002 规范合格等级标准
施工单位检查结果评定		项目专业质量检查员:韩建新		预验合格	2002 年 7 月 10 日
监理(建设)单位验收结论		监理工程师　王志鹏 (建设单位项目专业技术负责人)		初验合格	2002 年 7 月 10 日

22. 现浇结构尺寸允许偏差检验批质量验收记录(表 3-22)

现浇结构尺寸允许偏差检验批质量验收记录表　　　　表 3-22

单位(子单位)工程名称		华龙房地产鑫园小区 2 号住宅楼											
分部(子分部)工程名称		主体结构分部混凝土结构子分部				验收部位			一层①~⑯顶板				
施工单位		建筑安装总公司直属第二项目部				项目经理			王家义				
分包单位						分包项目经理							
施工执行标准名称及编号					QBJ 002—2								

检控项目	序号	质量验收规范规定			施工单位检查评定记录									监理(建设)单位验收记录
主控项目	1	现浇结构尺寸允许偏差的检查与验收		第 8.3.1 条	板、梁轴线、垂直度、标高、表面平整度检查符合设计和规范规定。									质量符合 GB 50203—2002 规范合格等级标准
一般项目		现浇结构拆模后尺寸		允许偏差(mm)	量 测 值(mm)									
	1	轴线位置	基础	15										
			独立基础	10										
			墙、柱、梁	8	4	3	5	5	3	4	6	6	5	6
			剪力墙	5										
	2	垂直度	层高 ≤5m	8	5	6	4	6	6	⑨	6	5	7	3
			层高 >5m	10										
			全高(H)	H/1000 且≤30										
	3	标　高	层高	±10	9	8	8	7	⑪	7	9	8	7	
			全高	±30										质量符合 GB 50204—2002 规范合格等级要求,计数检查合格点率均达到 80% 以上,且无影响结构性能的偏差
	4	截面尺寸		+8,-5										
	5	电梯井	井筒长、宽对定位中心线	+25,0										
			井筒全高(H)垂直度	H/1000 且≤30										
	6	表面平整度		8										
	7	预埋设施中心线位置	预埋件	10										
			预埋螺栓	5										
			预埋管	5										
	8	预留洞中心线位置		15										
注:检查轴线,中心线位置时,应沿纵、横两个方向量测,并取其中的较大值														

施工单位检查结果评定	项目专业质量检查员:韩建新	预验合格	2002 年 7 月 10 日
监理(建设)单位验收结论	监理工程师　王志鹏 (建设单位项目专业技术负责人)	初验合格	2002 年 7 月 10 日

23. 单位(子单位)工程观感质量检查记录(表3-23)

单位(子单位)工程观感质量检查记录表 表3-23

工程名称		华龙房地产开发公司鑫园小区2号住宅楼	施工单位	建筑安装总公司直属第二项目部		
序号		项 目	抽查质量状况	好	一般	差
1	建筑与结构	室外墙面		√		
2		变形缝				
3		水落管,屋面			√	
4		室内墙面		√		
5		室内顶棚				
6		室内地面			√	
7		楼梯、踏步、护栏		√		
8		门窗			√	
1	给排水与采暖	管道接口、坡度、支架		√		
2		卫生器具、支架、阀门		√		
3		检查口、扫除口、地漏			√	
4		散热器、支架		√		
1	建筑电气	配电箱、盘、板、接线盒		√		
2		设备器具、开关、插座		√		
3		防雷、接地			√	
1	通风与空调	风管、支架				
2		风口、风阀				
3		风机、空调设备				
4		阀门、支架				
5		水泵、冷却塔				
6		绝热				
1	电梯	运行、平层、开关门				
2		层门、信号系统				
3		机房				
1	智能建筑	机房设备安装及布局				
2		现场设备安装				
3						
观感质量综合评价			好			
检查结论		施工单位项目经理　　王家义　　2002年10月　日		好 总监理工程师 (建设单位项目负责人)　　袁行键 2002年　月　日		

附 录

附录 A 专业规范测试规定

附录 A1 地基与基础施工勘察要点

一、一般规定

1. 所有建(构)筑物均应进行施工验槽。遇到下列情况之一时,应进行专门的施工勘察。
(1) 工程地质条件复杂,详勘阶段难以查清时;
(2) 开挖基槽发现土质、土层结构与勘察资料不符时;
(3) 施工中边坡失稳,需查明原因,进行观察处理时;
(4) 施工中,地基土受扰动,需查明其性状及工程性质时;
(5) 为地基处理,需进一步提供勘察资料时;
(6) 建(构)筑物有特殊要求,或在施工时出现新的岩土工程地质问题时。

2. 施工勘察应针对需要解决的岩土工程问题布置工作量,勘察方法可根据具体条件情况选用施工验槽、钻探取样和原位测试等。

二、天然地基基础验槽检验要点

1. 基槽开挖后,应检验下列内容:
(1) 核对基坑的位置、平面尺寸、坑底标高;
(2) 核对基坑土质和地下水情况;
(3) 空穴、古墓,古井、防空掩体及地下埋设物的位置、深度、性状。

2. 在进行直接观察时,可用袖珍式贯入仪作为辅助手段。

3. 遇到下列情况之一时,应在基坑底普遍进行轻型动力触探:
(1) 持力层明显不均匀;
(2) 浅部有软弱下卧层;
(3) 有浅埋的坑穴、古墓、古井等,直接观察难以发现时;
(4) 勘察报告或设计文件规定应进行轻型动力触探时。

4. 采用轻型动力触探进行基槽检验时,检验深度及间距按表 A1-1 执行。

轻型动力触探检验深度及间距表　　　　表 A1-1

排列方式	基坑宽度 (m)	检验深度 (m)	检验间距
中心一排	<0.8	1.2	1.0~1.5m 视地质复杂情况
两排错开	0.8~2.0	1.5	
梅花型	>2.0	2.1	

5. 遇下列情况之一时,可不进行轻型动力触探:
(1) 基坑不深处有承压水层,触探可造成冒水涌砂时;
(2) 持力层为砾石或卵石层,且其厚度满足设计要求时。
6. 基槽检验应填写验槽记录或检验报告。

三、深基础施工勘察要点

1. 当预制打入桩、静力压桩或锤击沉管灌注桩的入土深度与勘察资料不符或对桩端下卧层有怀疑时,应核查桩端下主要受力层范围内的标准贯入击数和岩土工程性质。

2. 在单柱单桩的大直径桩施工中,如发现地层变化异常或怀疑持力层可能存在破碎带或溶洞等情况时,应对其分布、性质、程度进行检查,评价其对工程安全的影响程度。

3. 人工挖孔混凝土灌注桩应逐孔进行持力层岩土性质的描述及鉴别;当发现与勘察资料不符时,应对异常之处进行施工勘察,重新评价,并提供处理的技术措施。

四、地基处理工程施工勘察要点

1. 根据地基处理方案,对勘察资料中场地工程地质及水文地质条件进行核查和补充,对详勘阶段遗留问题或地基处理设计中的特殊要求进行有针对性的勘察,提供地基处理所需的岩土工程设计参数,评价现场施工条件及施工对环境的影响。

2. 当地基处理施工中发生异常情况时,进行施工勘察,查明原因,为调整、变更设计方案提供岩土工程设计参数,并提供处理的技术措施。

五、施工勘察报告的主要内容

1. 工程概况;
2. 目的和要求;
3. 原因分析;
4. 工程安全性评价;
5. 处理措施及建议。

附录 A2 混凝土工程测试

附录 A2-1 预制构件结构性能检验方法

1. 预制构件结构性能试验条件应满足下列要求:
(1) 构件应在 0℃ 以上的温度中进行试验;
(2) 蒸汽养护后的构件应在冷却至常温后进行试验;
(3) 构件在试验前应量测其实际尺寸,并检查构件表面,所有的缺陷和裂缝应在构件上标出;
(4) 试验用的加荷设备及量测仪表应预先进行标定或校准。

2. 试验构件的支承方式应符合下列规定:
(1) 板、梁和桁架等简支构件,试验时应一端采用铰支承,另一端采用滚动支承。铰支承可采用角钢、半圆型钢或焊于钢板上的圆钢,滚动支承可采用圆钢;
(2) 四边简支或四角简支的双向板,其支承方式应保证支承处构件能自由转动,支承面可以相对水平移动;
(3) 当试验的构件承受较大集中力或支座反力时,应对支承部分进行局部受压承载力验算；

(4) 构件与支承面应紧密接触。钢垫板与构件、钢垫板与支墩间宜铺砂浆垫平；

(5) 构件支承的中心线位置应符合标准图或设计的要求。

3. 试验构件的荷载布置应符合下列要求：

(1) 构件的试验荷载布置应符合标准图或设计的要求；

(2) 当试验荷载布置不能完全与标准图或设计的要求相符时，应按荷载效应等效的原则换算，即使构件试验的内力图形与设计的内力图形相似，并使控制截面上的内力值相等，但应考虑荷载布置改变后对构件其他部位的不利影响。

4. 加载方法应根据标准图或设计的加载要求、构件类型及设备条件等进行选择。当按不同形式荷载组合进行加载试验(包括均布荷载、集中荷载、水平荷载和垂直荷载等)时，各种荷载应按比例增加。

(1) 荷重块加载。荷重块加载运用于均布加载试验。荷重块应按区格成垛堆放，垛与垛之间间隙不宜小于50mm；

(2) 千斤顶加载。千斤顶加载适用于集中加载试验。千斤顶加载时，可采用分配梁系统实现多点集中加载。千斤顶的加载值宜采用荷载传感器量测，也可采用油压表量测；

(3) 梁或桁架可采用水平对顶加载方法，此时构件应垫平且不应妨碍构件在水平方向的位移。梁也可采用竖直对顶的加载方法；

(4) 当屋架仅作挠度、抗裂或裂缝宽度检验时，可将两榀屋架并列，安放屋面板后进行加载试验。

5. 构件应分级加载。当荷载小于荷载标准值时，每级荷载不应大于荷载标准值的20%；当荷载大于荷载标准值时，每级荷载不应大于荷载标准值的10%；当荷载接近抗裂检验荷载值时，每级荷载不应大于荷载标准值的5%；当荷载接近承载力检验荷载值时，每级荷载不应大于承载力检验荷载设计值的5%。

对仅作挠度、抗裂或裂缝宽度检验的构件应分级卸载。

作用在构件上的试验设备重量及构件自重应作为第一次加载的一部分。

注：构件在试验前，宜进行预压，以检查试验装置的工作是否正常，同时应防止构件因预压而产生裂缝。

6. 每级加载完成后，应持续10~15min；在荷载标准值作用下，应持续30min。在持续时间内，应观察裂缝的出现和开展，以及钢筋有无滑移等；在持续时间结束时，应观察并记录各项读数。

7. 对构件进行承载力检验时，应加载至构件出现(GB 50204—2002)规范表9.3.2所列承载能力极限状态的检验标志。当在规定的荷载持续时间内出现上述检验标志之一时，应取本级荷载值与前一级荷载值的平均值作为其承载力检验荷载实测值；当在规定的荷载持续时间结束后出现上述检验标志之一时，应取本级荷载值作为其承载力检验荷载实测值。

注：当受压构件采用试验机或千斤顶加荷时，承载力检验荷载实测值应取构件直至破坏的整个试验过程中所达到的荷载最大值。

8. 构件挠度可用百分表、位移传感器、水平仪等进行观测。接近破坏阶段的挠度，可用水平仪或拉线、钢尺等测量。

试验时，应量测构件跨中位移和支座沉陷。对宽度较大的构件，应在每一量测截面的两边或两肋布置测点,并取其量测结果的平均值作为该处的位移。

当试验荷载竖直向下作用时,对水平放置的试件,在各级荷载下的跨中挠度实测值应按下列公式计算:

$$a_t^0 = a_q^0 + a_g^0 \tag{C.0.8-1}$$

$$a_q^0 = r_m^0 - \frac{1}{2}(l_l^0 + v_r^0) \tag{C.0.8-2}$$

$$a_g^0 = \frac{M_s}{M_b} a_b^0 \tag{C.0.8-3}$$

式中 a_t^0——全部荷载作用下构件跨中的挠度实测值(mm);

a_q^0——外加试验荷载作用下构件跨中的挠度实测值(mm);

a_g^0——构件自重及加荷设备重产生的跨中挠度值(mm);

r_m^0——外加试验荷载作用下构件跨中的位移实测值(mm);

r_l^0、v_r^0——外加试验荷载作用下构件左、右端支座沉陷位移的实测值(mm);

M_g——构件自重和加荷设备重产生的跨中弯矩值(kN·m);

M_b——从外加试验荷载开始至构件出现裂缝的前一级荷载为止的外加荷载产生的跨中弯矩值(kN·m);

a_b^0——从外加试验荷载开始至构件出现裂缝的前一级荷载为止的外加荷载产生的跨中挠度实测值(mm)。

9. 当采用等效集中力加载模拟均布荷载进行试验时,挠度实测值应乘以修正系数 ψ。当采用三分点加载时,ψ 可取 0.98;当采用其他形式集中力加载时,ψ 应经计算确定。

10. 试验中裂缝的观测应符合下列规定:

(1) 观察裂缝出现可采用放大镜。若试验中未能及时观察到正截面裂缝的出现,可取荷载—挠度曲线上的转折点(曲线第一弯转段两端点切线的交点)的荷载值作为构件的开裂荷载实测值;

(2) 构件抗裂检验中,当在规定的荷载持续时间内出现裂缝时,应取本级荷载值与前一级荷载值的平均值作为其开裂荷载实测值;当在规定的荷载持续时间结束后出现裂缝时,应取本级荷载值作为其开裂荷载实测值;

(3) 裂缝宽度可采用精度为 0.05mm 的刻度放大镜等仪器进行观测;

(4) 对正截面裂缝,应量测受拉主筋处的最大裂缝宽度;对斜截面裂缝,应量测腹部斜裂缝的最大裂缝宽度。确定受弯构件受拉主筋处的裂缝宽度时,应在构件侧面量测。

11. 试验时必须注意下列安全事项:

(1) 试验的加荷设备、支架、支墩等,应有足够的承载力安全储备;

(2) 对屋架等大型构件进行加载试验时,必须根据设计要求设置侧向支承,以防止构件受力后产生侧向弯曲和倾倒;侧向支承应不妨碍构件在其平面内的位移;

(3) 试验过程中应注意人身和仪表安全;为防止构件破坏时试验设备及构件坍落,应采取安全措施(如在试验构件下面设置防护支承等)。

12. 构件试验报告应符合下列要求:

(1) 试验报告应包括试验背景、试验方案、试验记录、检验结论等内容,不得有漏项缺检；

(2) 试验报告中的原始数据和观察记录必须真实、准确，不得任意涂抹篡改；

(3) 试验报告宜在试验现场完成，及时审核、签字、盖章，并登记归档。

附录A2-2 结构实体检验用同条件养护试件强度检验

1. 同条件养护试件的留置方式和取样数量，应符合下列要求：

(1) 同条件养护试件所对应的结构构件或结构部位，应由监理（建设）、施工等各方共同选定；

(2) 对混凝土结构工程中的各混凝土强度等级，均应留置同条件养护试件；

(3) 同一强度等级的同条件养护试件，其留置的数量应根据混凝土工程量和重要性确定，不宜少于10组，且不应少于3组；

(4) 同条件养护试件拆模后，应放置在靠近相应结构构件或结构部位的适当位置，并应采取相同的养护方法。

2. 同条件养护试件应在达到等效养护龄期时进行强度试验。

等效养护龄期应根据同条件养护试件强度与在标准养护条件下28d龄期试件强度相等的原则确定。

3. 同条件自然养护试件的等效养护龄期及相应的试件强度代表值，宜根据当地的气温和养护条件，按下列规定确定：

(1) 等效养护龄期可取按日平均温度逐日累计达到600℃·d时所对应的龄期，0℃及以下的龄期不计入；等效养护龄期不应小于14d，也不宜大于60d；

(2) 同条件养护试件的强度代表值应根据强度试验结果按现行国家标准《混凝土强度检验评定标准》GBJ 107的规定确定后，乘折算系数取用；折算系数宜为1.10，也可根据当地的试验统计结果作适当调整。

4. 冬期施工、人工加热养护的结构构件，其同条件养护试件的等效养护龄期可按结构构件的实际养护条件，由监理（建设）、施工等各方根据本附录第D.0.2条的规定共同确定。

附录A2-3 结构实体钢筋保护层厚度检验

1. 钢筋保护层厚度检验的结构部位和构件数量，应符合下列要求：

(1) 钢筋保护层厚度检验的结构部位，应由监理（建设）、施工等各方根据结构构件的重要性共同选定；

(2) 对梁、板类构件，应各抽取构件数量的2%且不少于5个构件进行检验；当有悬挑构件时，抽取的构件中悬挑梁类、板类构件所占比例均不宜小于50%。

2. 对选定的梁类构件，应对全部纵向受力钢筋的保护层厚度进行检验；对选定的板类构件，应抽取不少于6根纵向受力钢筋的保护层厚度进行检验。对每根钢筋，应在有代表性的部位测量1点。

3. 钢筋保护层厚度的检验，可采用非破损或局部破损的方法，也可采用非破损方法测试并用局部破损方法进行校准。当采用非破损方法检验时，所使用的检测仪器应经过计量检验，检测操作应符合相应规程的规定。

钢筋保护层厚度检验的检测误差不应大于1mm。

4. 钢筋保护层厚度检验时,纵向受力钢筋保护层厚度的允许偏差,对梁类构件为+10mm、-7mm,对板类构件为+8mm、-5mm。

5. 对梁类、板类构件纵向受力钢筋的保护层厚度应分别进行验收。结构实体钢筋保护层厚度的合格质量应符合下列规定:

(1) 当全部钢筋保护层厚度的检测结果的合格点率为90%及以上时,钢筋保护层厚度的检验结果应判为合格;

(2) 当全部钢筋保护层厚度的检测结果的合格点率小于90%但不小于80%时,可再抽取相同数量的构件进行检验;当按两次抽样总和计算的合格率为90%及以上时,钢筋保护层厚度的检验结果仍应判为合格;

(3) 每次抽样检验结果中不合格点的最大偏差均不应大于A2-3.4条规定允许偏差的1.5倍。

附录 A3 钢结构工程测试

附录 A3-1 钢结构防火涂料涂层厚度测定方法

1. 测针:

测针(厚度测量仪),由针杆和可滑动的圆盘组成,圆盘始终保持与针杆垂直,并在其上装有固定装置,圆盘直径不大于30mm,以保证完全接触被测试件的表面。如果厚度测量仪不易插入被测材料中,也可使用其他适宜的方法测试。

测试时,将测厚探针(见图A3-1-1)垂直插入防火涂层直至钢基材表面上,记录标尺读数。

2. 测点选定:

(1) 楼板和防火墙的防火涂层厚度测定,可选两相邻纵、横轴线相交中的面积为一个单元,在其对角线上,按每米长度选一点进行测试;

(2) 全钢框架结构的梁和柱的防火涂层厚度测定,在构件长度内每隔3m取一截面,按图A3-1-2所示位置测试。

(3) 行架结构,上弦和下弦按第2款的规定每隔3m取一截面检测,其他腹杆每根取一截面检测。

3. 测量结果:对于楼板和墙面,在所选择的面积中,至少测出5个点;对于梁和柱在所选择的位置中,分别测出6

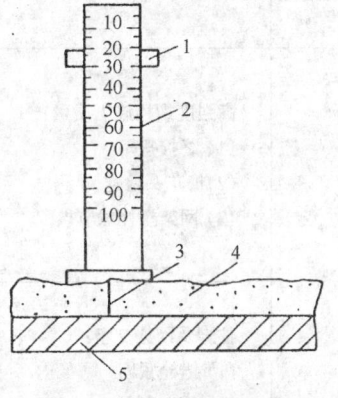

图 A3-1-1 测厚度示意图
1—标尺;2—刻度;3—测针;
4—防火涂层;5—钢基材

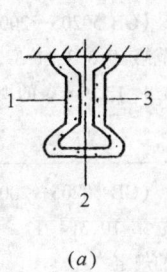

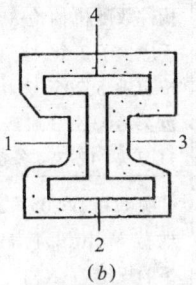

(a)   (b)   (c)

图 A3-1-2 测点示意图

个和8个点。分别计算出它们的平均值,精确到0.5mm。

附录A3-2 钢结构工程有关安全及功能的检验和见证检测项目

1. 钢结构分部(子分部)工程有关安全及功能的检验和见证检测项目按表A3-2规定进行。

钢结构分部(子分部)工程有关安全及功能的检验和见证检测项目　　　　表A3-2

项次	项目	抽检数量及检验方法	合格质量标准	备注
1	见证取样送样试验项目: (1) 钢材及焊接材料复验 (2) 高强度螺栓预拉力、扭矩系数复验 (3) 摩擦面抗滑移系数复验 (4) 网架节点承载力试验	见(GB 50205—2002)规范第4.2.2、4.3.2、4.4.2、4.4.3、6.3.1、12.3.3条规定	符合设计要求和国家现行有关产品标准的规定	
2	焊缝质量: (1) 内部缺陷 (2) 外观缺陷 (3) 焊缝尺寸	一、二级焊缝按焊缝处数随机抽检3%,且不应少于3处;检验采用超声波或射线探伤及(GB 50205—2002)规范第5.2.6、5.2.8、5.2.9条方法	(GB 50205—2002)规范第5.2.4、5.2.6、5.2.8、5.2.9条规定	
3	高强度螺栓施工质量: (1) 终拧扭矩 (2) 梅花头检查 (3) 网架螺栓球节点	按节点数随机抽检3%,且不应少于3个节点,检验按(GB 50205—2002)规范第6.3.2、6.3.3、6.3.8条方法执行	(GB 50205—2001)规范第6.3.2、6.3.3、6.3.8条的规定	
4	柱脚及网架支座: (1) 锚栓紧固 (2) 垫板、垫块 (3) 二次灌浆	按柱脚及网架支座数随机抽检10%,且不应少于3个;采用观察和尺量等方法进行检验	符合设计要求和本规范的规定	
5	主要构件变形: (1) 钢屋(托)架、桁架、钢梁、吊车架等垂直度和侧向弯曲 (2) 钢柱垂直度 (3) 网架结构挠度	除网架结构外,其他按构件数随机抽检3%,且不应少于3个;检验方法按(GB 50205—2001)规范第10.3.3、11.3.2、11.3.4、12.3.4条执行	(GB 50205—2001)规范第10.3.3、11.3.2、11.3.4、12.3.4条的规定	
6	主体结构尺寸: (1) 整体垂直度 (2) 整体平面弯曲	见(GB 50205—2001)规范第10.3.4、11.3.5条的规定	(GB 50205—2001)规范第10.3.4、11.3.5条的规定	

附录 A3-3 钢结构工程有关观感质量检查项目

1. 钢结构分部(子分部)工程观感质量检查项目按表 A3-3 规定进行。

钢结构分部(子分部)工程观感质量检查项目　　　　　表 A3-3

项次	项目	抽检数量	合格质量标准	备注
1	普通涂层表面	随机抽查3个轴线结构构件	(GB 50205—2001)规范第14.2.3条的要求	
2	防火涂层表面	随机抽查3个轴线结构构件	(GB 50205—2001)规范第14.3.4、14.3.5、14.3.6条的要求	
3	压型金属板表面	随机抽查3个轴线间压型金属板表面	(GB 50205—2001)规范第13.3.4条的要求	
4	钢平台、钢梯、钢栏杆	随机抽查10%	连接牢固,无明显外观缺陷	

附录 A4　防水工程防水材料的质量指标及工程测试

附录 A4-1　地下工程防水材料的质量指标

1. 防水卷材和胶粘剂的质量应符合以下规定:

(1) 高聚物改性沥青防水卷材的主要物理性能应符合表 A4-1-1 的要求。

高聚物改性沥青防水卷材主要物理性能　　　　　表 A4-1-1

项目		性 能 要 求		
		聚酯毡胎体卷材	玻纤毡胎体卷体	聚乙烯膜胎体体卷材
拉伸性能	拉力(N/50mm)	≥800(纵横向)	≥500(纵向) ≥300(横向)	≥140(纵向) ≥120(横向)
	最大拉力时延伸率(%)	≥400(横向)	—	≥250(纵横向)
低温柔软度(℃)		≤−15		
		3mm厚,$r=15mm$;4mm厚,$r=25mm$;3s,弯180°,无裂纹		
不透水性		压力0.3MPa,保持时间30min,不透水		

(2) 合成高分子防水卷材的主要物理性能应符合表 A4-1-2 的要求。

合成高分子防水卷材主要物理性能　　　　　表 A4-1-2

项目	性 能 要 求				
	硫化橡胶类		非硫化橡胶类	合成树脂类	纤维胎增强类
	JL_1	JL_2	JF_3	JS_1	
拉伸强度(MPa)	≥8	≥7	≥5	≥8	≥8
继裂伸长率(%)	≥450	≥400	≥200	≥200	≥10
低温弯折性(%)	−45	−40	−20	−20	−20
不透水性	压力0.3MPa,保持时间30min,不透水				

(3) 胶粘剂的质量应符合表 A4-1-3 的要求。

胶粘剂质量要求　　　　表 A4-1-3

项目	高聚物改性沥青卷材	合成高分子卷材
粘结剥离强度(N/10mm)	≥8	≥15
浸水 168h 后粘结剥离强度保持率(%)	—	≥70

2. 防水涂料和胎体增强材料的质量应符合以下规定：

(1) 有机防水涂料的物理性能应符合表 A4-1-4 的要求。

有机防水涂料物理性能　　　　表 A4-1-4

涂料种类	可操作时间(min)	潮湿基面粘结强度(MPa)	抗渗性(MPa)			浸水 168h 后断裂伸长率(%)	浸水 168h 后拉伸强度(MPa)	耐水性(%)	表干(h)	实干(h)
			涂膜(30min)	砂浆迎水面	砂浆背水面					
反应型	≥20	≥0.3	≥0.3	≥0.6	≥0.2	≥300	≥1.65	≥80	≤8	≤24
水乳型	≥50	≥0.2	≥0.3	≥0.6	≥0.2	≥350	≥0.5	≥80	≤4	≤12
聚合物水泥	≥30	≥0.6	≥0.3	≥0.8	≥0.6	≥80	≥1.5	≥80	≤4	≤12

注：耐水性是指在浸水 168h 后材料的粘结强度及砂浆抗渗性的保持率。

(2) 无机防水涂料的物理性能应符合表 A4-1-5 的要求。

无机防水涂料物理性能　　　　表 A4-1-5

涂料种类	抗折强度(MPa)	粘接强度(MPa)	抗渗性(MPa)	冻融循环
水泥基防水涂料	>4	>1.0	>0.8	>D50
水泥基渗透结晶型防水涂料	≥3	≥1.0	>0.8	>D50

(3) 胎体增强材料质量应符合表 A4-1-6 的要求

胎体增强材料质量要求　　　　表 A4-1-6

项目		聚酯无纺布	化纤无纺布	玻纤网布
外观		均匀无团状，平整无折皱		
拉力(宽 50mm)	纵向(N)	≥150	≥45	≥90
	横向(N)	≥100	≥35	≥50
延伸率	纵向(%)	≥10	≥20	≥3
	横向(%)	≥20	≥25	≥3

3. 塑料板的主要物理性能应符合表 A4-1-7 的要求。

4. 高分子材料止水带质量应符合以下规定：

(1) 止水带的尺寸允许偏差应符合表 A4-1-8 的要求。

塑料板主要物理性能　　　　　　　　　　　　　表 A4-1-7

项　目	性　能　要　求			
	EVA	ECB	PVC	PE
拉伸强度(MPa)≥	15	10	10	10
断裂延伸率(%)≥	500	450	200	400
不透水性 24h(MPa)≥	0.2	0.2	0.2	0.2
低温弯折性(℃)≤	−35	−35	−20	−35
热处理尺寸变化率(%)≤	2.0	2.5	2.0	2.0

注：EVA-乙烯醋乙烯共聚物；ECB-乙烯共聚物沥青；PVC-聚氯乙烯；PE-聚乙烯。

止水带尺寸允许偏差　　　　　　　　　　　　　表 A4-1-8

	止水带尺寸(mm)	允许偏差(mm)		止水带尺寸(mm)	允许偏差(mm)
厚　度	4~6	+1,0	厚　度	11~20	+2,0
	7~10	+1.3,0	宽　度	L,%	±3

（2）止水带表面不允许有开裂、缺胶、海绵状等影响使用的缺陷，中心孔偏心不允许超过管状断面厚度的 1/3；止水带表面允许有深度不大于 2mm、面积不大于 16mm^2 的凹痕、气泡、杂质、明疤等缺陷，每米不超过 4 处。

（3）止水带的物理性能应符合表 A4-1-9 的要求。

止水带物理性能表　　　　　　　　　　　　　　表 A4-1-9

项　目			性　能　要　求		
			B 型	S 型	J 型
硬度(邵尔 A,度)			60±5	60±5	60±5
拉伸强度(MPa)		≥	15	12	10
扯断伸长率(%)		≥	380	380	300
压缩永久变形	70℃×24h,%	≤	35	35	35
	23℃×168h,%	≤	20	20	20
撕裂强度(kN/m)		≥	30	25	25
脆性温度(℃)		≤	−45	−40	−40
热空气老化	70℃×168h	硬度变化(邵尔 A,度)	+8	+8	—
		拉伸强度(MPa) ≥	12	10	—
		扯断伸长率(%) ≥	300	300	—
	100℃×168h	硬度变化(邵尔 A,度)	—	—	+8
		拉伸强度(MPa) ≥	—	—	9
		扯断伸长率(%) ≥	—	—	250
臭氧老化 50PPhm;20%,48h			2 级	2 级	0 级
橡胶与金属粘合			断面在弹性体内		

注：1. B 型适用于变形缝用止水带；S 型适用于施工缝用止水带；J 型适用于有特殊耐老化要求的接缝用止水带；
　　2. 橡胶与金属粘合项仅适用于具有钢边的止水带。

5. 遇水膨胀橡胶腻子止水条的质量应符合以下规定：

(1) 遇水膨胀橡胶腻子止水条的物理性能应符合表 A4-1-10 的要求。

遇水膨胀橡胶腻子止水条物理性能　　　　表 A4-1-10

项　目	性　能　要　求		
	PN-150	PN-220	PN-300
体积膨胀倍率(%)	≥150	≥220	≥300
高温流淌性(80℃×5h)	无流淌	无流淌	无流淌
低温试验(−20℃×2h)	无脆裂	无脆裂	无脆裂

注：体积膨胀倍率 = $\dfrac{膨胀后的体积}{膨胀前的体积} \times 100\%$。

(2) 选用的遇水膨胀橡胶腻子止水条应具有缓胀性能，其 7d 的膨胀率应不大于最终膨胀率的 60%。当不符合时，应采取表面涂缓膨胀剂措施。

6. 接缝密封材料的质量应符合以下规定：

(1) 改性石油沥青密封材料的物理性能应符合表 A4-1-11 的要求。

改性石油沥青密封材料物理性能　　　　表 A4-1-11

项　目		性　能　要　求	
		Ⅰ类	Ⅱ类
耐热度	温度(℃)	70	80
	下垂值 mm	≤0.4	≤0.4
低温柔性	温度(℃)	−20	−10
	粘结状态	无裂纹和剥离现象	
拉伸粘结性(%)		≥125	
浸水后拉伸粘结性(%)		≥125	
挥 发 性 (%)		≤2.8	
施 工 度 (mm)		≥22.0	≥22.0

注：改性石油沥青密封材料按耐热度和低温柔性分为Ⅰ类和Ⅱ类。

(2) 合成高分子密封材料的物理性能应符合表 A4-1-12 的要求。

合成高分子密封材料物理性能　　　　表 A4-1-12

项　目		性　能　要　求	
		弹性体密封材料	塑性体密封材料
拉伸粘结性	拉伸强度(MPa)	≥0.2	≥0.02
	延伸率(%)	≥200	≥250
柔 性 (℃)		−30，无裂纹	−20，无裂纹
拉伸—压缩循环性能	拉伸—压缩率(%)	≥±20	≥±10
	粘结和内聚破坏面积(%)	≤25	

7. 管片接缝密封垫材料的质量应符合以下规定：

(1) 弹性橡胶密封垫材料的物理性能应符合表 A4-1-13 的要求。

弹性橡胶密封垫材料物理性能　　　　　　表 A4-1-13

项　目		性　能　要　求	
		氯丁橡胶	三元乙丙胶
硬度(邵尔 A,度)		$45\pm5\sim60\pm5$	$55\pm5\sim70\pm5$
伸 长 率 (%)		≥380	≥350
拉伸强度(MPa)		≥9.5	≥10.5
热空气老化 (70℃×96h)	硬度变化值(邵尔 A,度)	≤+8	≤+6
	扯断伸长率(%)	≥-30	≥-30
	拉伸强度变化率(%)	≥-20	≥-15
压缩永久变形(70℃×24h)(%)		≤35	≤28
防霉等级		达到与优于2级	达到与优于2级

注：以上指标均为成品切片测试的数据，若只能以胶料制成试样测试，则其力学性能数据应达到本规定的120%。

(2) 遇水膨胀密封垫胶料的物理性能应符合表 A4-1-14 的要求。

遇水膨胀橡胶密封垫胶料物理性能　　　　　　表 A4-1-14

项　目		性　能　要　求			
		PZ-150	PZ-250	PZ-400	PZ-600
硬度(邵尔 A,度)		42 ± 7	42 ± 7	45 ± 7	48 ± 7
拉伸强度(MPa)≥		3.5	3.5	3	3
扯断伸长率(%)≥		450	450	350	350
体积膨胀倍率(%)≥		150	250	400	600
反复浸水 试　验	拉伸强度(MPa)≥	3	3	2	2
	扯断伸长率(%)≥	350	350	250	350
	体积膨胀倍率(%)≥	150	250	450	600
低温弯折(-20℃×2h)		无裂纹	无裂纹	无裂纹	无裂纹
防霉等级		达到与优于2级			

注：1. 成品切片测试应达到(GB 50208—2002)标准的80%。
　　2. 接头部位的拉伸强度指标不得低于(GB 50208—2002)标准的50%。

8. 排水用土工复合材料的主要物理性能应符合表 A4-1-15 的要求。

排水层材料主要物理性能　　　　　　表 A4-1-15

项　目	性　能　要　求		项　目	性　能　要　求	
	聚丙烯无纺布	聚酯无纺布		聚丙烯无纺布	聚酯无纺布
单位面积质量(g/m²)	≥280	≥280	横向伸长率(%)	≥120	≥105
纵向拉伸强度(N/50mm)	≥900	≥700	顶破强度(kN)	≥1.11	≥0.95
横向拉伸强度(N/50mm)	≥950	≥840	渗透系数(cm/s)	$\geq5.5\times10^{-2}$	$\geq4.2\times10^{-2}$
纵向伸长率(%)	≥110	≥100			

附录 A4-2 地下防水工程渗漏水调查与量测方法

1. 渗漏水调查

(1) 地下防水工程质量验收时,施工单位必须提供地下工程"背水内表面的结构工程展开图"。

(2) 房屋建筑地下室只调查围护结构内墙和底板。

(3) 全埋设于地下的结构(地下商场、地铁车站、军事地下库等),除调查围护结构内墙和底板外,背水的顶板(拱顶)系重点调查目标。

(4) 钢筋混凝土衬砌的隧道以及钢筋混凝土管片衬砌的隧道渗漏水调查的重点为上半环。

(5) 施工单位必须在"背水内表面的结构工程展开图"上详细标示:

1) 在工程自检时发现的裂缝,并标明位置、宽度、长度和渗漏水现象;

2) 经修补、堵漏的渗漏水部位;

3) 防水等级标准容许的渗漏水现象位置。

(6) 地下防水工程验收时,经检查、核对标示好的"背水内表面的结构工程展开图"必须纳入竣工验收资料。

2. 渗漏水现象描述使用的术语、定义和标识符号,可按表 A4-2-1 选用

渗漏水现象描述使用的术语、定义和标识符号　　　　表 A4-2-1

术 语	定　义	标识符号
湿 渍	地下混凝土结构背水面,呈现明显色泽变化的潮湿斑或流挂水膜	⊞
渗 水	水从地下混凝土结构衬砌内表面渗出,在背水的墙壁上可观察到明显的流挂水膜范围	○
水 珠	悬垂在地下混凝土结构衬砌背水顶板(拱顶)的水珠,其滴落间隔时间超过 1min 称水珠现象	◇
滴 漏	地下混凝土结构衬砌背水顶板(拱顶)渗漏水的滴落速度,每分钟至少 1 滴,称为滴漏现象	▽
线 漏	指渗漏成线或喷水状态	↓

3. 当被验收的地下工程有结露现象时,不宜进行渗漏水检测

4. 房屋建筑地下室渗漏水现象检测

(1) 地下工程防水等级对"湿渍面积"与"总防水面积"(包括顶板、墙面、地面)的比例作了规定。按防水等级二级设防的房屋建筑地下室,单个湿渍的最大面积不大于 $0.1m^2$,任意 $100m^2$ 防水面积上的湿渍不超过 1 处。

(2) 湿渍的现象:湿渍主要是由混凝土密实度差异造成毛细现象或由混凝土容许裂缝(宽度小于 0.2mm)产生,在混凝土表面肉眼可见的"明显色泽变化的潮湿斑"。一般在人工通风条件下可消失,即蒸发量大于渗入量的状态。

(3) 湿渍的检测方法:检查人员用干手触摸湿斑,无水分浸润感觉。用吸墨纸或报纸贴附,纸不变颜色。检查时,要用粉笔勾划出湿渍范围,然后用钢尺测量高度和宽度,计算面积,标示在"展开图"上。

(4) 渗水的现象：渗水是由于不允许的混凝土密实度差异或混凝土有害裂缝（宽度大于0.2mm）而产生的地下水连续渗入混凝土结构，在背水的混凝土墙壁表面肉眼可观察到明显的流挂水膜范围，在加强人工通风的条件下也不会消失，即渗入量大于蒸发量的状态。

(5) 渗水的检测方法：检查人员用干手触摸可感觉到水分浸润，手上会沾有水分。用吸墨纸或报纸贴附，纸会浸润变颜色。检查时，要用粉笔勾划出渗水范围，然后用钢尺测量高度和宽度，计算面积，标示在"展开图"上。

(6) 对房屋建筑地下室检测出来的"渗水点"，一般情况下应准予修补堵漏，然后重新验收。

(7) 对防水混凝土结构的细部构造渗漏水检测尚应按本条内容执行。若发现严重渗水必须分析、查明原因，应准予修补堵漏，然后重新验收。

5. 钢筋混凝土隧道衬砌内表面渗漏水现象检测

(1) 隧道防水工程，若要求对湿渍和渗水作检测时，应按房屋建筑地下室渗漏水现象检测方法操作。

(2) 隧道上半部的明显滴漏和连续渗流，可直接用有刻度的容器收集量测，计算单位时间的渗漏量（如L/min，或L/h等）。还可用带有密封缘口的规定尺寸方框，安装在要求测量的隧道内表面，将渗漏水导入量测容器内。同时，将每个渗漏点位置、单位时间渗漏水量，标示在"隧道渗漏水平面展开图"上。

(3) 若检测器具或登高有困难时，允许通过目测计取每分钟或数分钟内的滴落数目，计算出该点的渗漏量。经验告诉我们，当每分钟滴落速度3~4滴的漏水点，24h的渗水量就是1L。如果滴落速度每分钟大于300滴，则形成连续细流。

(4) 为使不同施工方法、不同长度和断面尺寸隧道的渗漏水状况能够相互加以比较，必须确定一个具有代表性的标准单位。国际上通用$L/d·m^2$，即渗漏水量的定义为隧道的内表面，每平方米在一昼夜（24h）时间内的渗漏水立升值。

(5) 隧道内表面积的计算应按下列方法求得：

1) 竣工的区间隧道验收（未实施机电设备安装）通过计算求出横断面的内径周长，再乘以隧道长度，得出内表面积数值。对盾构法隧道不计取管片嵌缝槽、螺栓孔盒子凹进部位等实际面积。

2) 即将投入运营的城市隧道系统验收（完成了机电设备安装）。通过计算求出横断面的内径周长，再乘以隧道长度，得出内表面积数值。不计取凹槽、道床、排水沟等实际面积。

6. 隧道总渗漏水量的量测

隧道总渗漏水量可采用以下4种方法，然后通过计算换算成规定单位：$L/d·m^2$。

(1) 集水井积水量测：量测在设定时间内的水位上升数值，通过计算得出渗漏水量。

(2) 隧道最低处积水量测：量测在设定时间内的水位上升数值，通过计算得出渗漏水量。

(3) 有流动水的隧道内设量水堰：靠量水堰上开设的V形槽口量测水流量，然后计算得出渗漏水量。

(4) 通过专用排水泵的运转计算隧道专用排水泵的工作时间，计算排水量，换算成渗漏水量。

附录 A4-3 屋面防水材料质量指标

沥青防水卷材技术性能 表 A4-3-1

项 目		性 能 要 求	
		350 号	500 号
纵向拉力(25±2℃)(N)		≥340	≥440
耐热度(85±2℃,2h)		不流淌、无集中性气泡	
柔性(18±2℃)		绕φ20mm圆棒无裂纹	绕φ25mm圆棒无裂纹
不透水性	压力(MPa)	≥0.10	≥0.15
	保持时间(min)	≥30	≥30

高聚物改性沥青防水涂料质量要求 表 A4-3-2

项 目		质 量 要 求
固体含量(%)		≥43
耐热度(80℃,5h)		无流淌、起泡和滑动
柔性(-10℃)		3mm厚,绕φ20mm圆棒无裂纹、断裂
不透水性	压力(MPa)	≥0.1
	保持时间(min)	≥30
延伸(20±2℃拉伸 mm)		≥4.5

高聚物改性沥青防水卷材物理性能 表 A4-3-3

项 目		性 能 要 求		
		聚酯毡胎体	玻纤胎体	聚乙烯胎体
拉力(N/50mm)		≥450	纵向≥350 横向≥250	≥100
延伸率(%)		最大拉力时,≥30	—	断裂时,≥200
耐热度(℃,2h)		SBS卷材90,APP卷材110,无滑动、流淌、滴落		PEE卷材90,无流淌、起泡
低温柔软度(℃)		SBS卷材-18,APP卷材-5,PEE卷材-10 3mm厚,r=15mm;4mm厚,r=25mm;3s弯180°,无裂纹		
不透水性	压力(MPa)	≥0.3	≥0.2	≥0.3
	保持时间(min)	≥30		

注:SBS—弹性体改性沥青防水卷材;APP—塑性体改性沥青防水卷材;PEE—改性沥青聚乙烯胎防水卷材。

合成高分子防水卷材物理性能 表 A4-3-4

项 目		性 能 要 求			
		硫化橡胶类	非硫化橡胶类	树脂类	纤维增强类
断裂拉伸强度(MPa)		≥6	≥3	≥10	≥9
扯断伸长率(%)		≥400	≥200	≥200	≥10
低温弯折(℃)		-30	-20	-20	-20
不透水性	压力(MPa)	≥0.3	≥0.2	≥0.3	≥0.3
	保持时间(min)	≥30			
加热收缩率(%)		<1.2	<2.0	<2.0	<1.0
热老化保持率 (80℃,168h)	断裂拉伸强度	≥80%			
	扯断伸长率	≥70%			

合成高分子防水涂料质量要求   表 A4-3-5

项 目		性 能 要 求		
		反应固化型	挥发固化型	聚合物水泥涂料
固体含量(%)		≥94	≥65	≥65
拉伸强度(MPa)		≥1.65	≥1.5	≥1.2
断裂延伸率(%)		≥350	≥300	≥200
柔 性(℃)		-30,弯折无裂纹	-20,弯折无裂纹	-10,绕φ10mm棒无裂纹
不透水性	压力(MPa)	≥0.3		
	保持时间(min)	≥30		

胎体增强材料质量要求   表 A4-3-6

项 目		聚酯无纺布	化纤无纺布	玻纤网布
外 观		均匀、无团状,平整无折皱		
拉力(N/50mm)	纵向	≥150	≥45	≥90
	横向	≥100	≥35	≥50
延伸率(%)	纵向	≥10	≥20	≥3
	横向	≥20	≥25	≥3

改性石油沥青密封材料物理性能   表 A4-3-7

项 目		性 能 要 求	
		Ⅰ	Ⅱ
耐热度	温度(℃)	70	80
	下垂值(mm)	≤4.0	≤4.0
低温柔性	温度(℃)	-20	-10
	粘结状态	无裂纹和剥离现象	
拉伸粘结性(%)		≥125	
浸水后拉伸粘结性(%)		≥125	
挥 发 性(%)		≤2.8	
施 工 度(mm)		≥22.0	≥22.0

注:改性石油沥青密封材料按耐热度和低温柔性分为Ⅰ类和Ⅱ类。

合成高分子密封材料物理性能   表 A4-3-8

项 目		性 能 要 求	
		弹性体密封材料	塑性体密封材料
拉伸粘结性	拉伸强度(MPa)	≥0.2	≥0.02
	延伸率(%)	≥200	≥250
柔 性(℃)		-30,无裂纹	-20,无裂纹
拉伸-压缩循环性能	拉伸-压缩率(%)	≥±20	≥±10
	粘结和内聚破坏面积(%)	≤25	

附录 A5　建筑地面工程测试

附录 A5-1　不发生火花(防爆的)建筑地面材料及其制品不发火性的试验方法

1．不发火性的定义

(1) 当所有材料与金属或石块等坚硬物体发生摩擦、冲击或冲擦等机械作用时,不发生火花(或火星),致使易燃物引起发火或爆炸的危险,即为具有不发火性。

2．试验方法

(1) 试验前的准备。材料不发火的鉴定,可采用砂轮来进行。试验的房间应完全黑暗,以便在试验时易于看见火花。

试验用的砂轮直径为150mm,试验时其转速应为600~1000r/min,并在暗室内检查其分离火花的能力。检查砂轮是否合格,可在砂轮旋转时用工具钢、石英岩或含有石英岩的混凝土等能发生火花的试件进行摩擦,摩擦时应加10~20N的压力,如果发生清晰的火花,则该砂轮即认为合格。

(2) 粗骨料的试验。从不少于50个试件中选出做不发生火花试验的试件10个。被选出的试件,应是不同表面、不同颜色、不同结晶体、不同硬度的。每个试件重50~250g,准确度应达到1g。

试验时也应在完全黑暗的房间内进行。每个试件在砂轮上摩擦时,应加以10~20N的压力,将试件任意部分接触砂轮后,仔细观察试件与砂轮摩擦的地方,有无火花发生。

必须在每个试件的重量磨掉不少于20g后,才能结束试验。

在试验中如没有发现任何瞬时的火花,该材料即为合格。

(3) 粉状骨料的试验。粉状骨料除着重试验其制造的原料外,并应将这些细粒材料用胶结料(水泥或沥青)制成块状材料来进行试验,以便于以后发现制品不符合不发火的要求时,能检查原因,同时,也可以减少制品不符合要求的可能性。

(4) 不发火水泥砂浆、水磨石和水泥混凝土的试验。主要试验方法同本节。

附录 A6　建筑电气工程测试

附录 A6-1　低压电器交接试验

低压电器交接试验　　　　　表 A6-1

序号	试验内容	试验标准或条件
1	绝缘电阻	用 500V 兆欧表摇测,绝缘电阻值≥1Ω;潮湿场所,绝缘电阻值≥0.5Ω
2	低压电器动作情况	除产品另有规定外,电压、液压或气压在额定值的85%~110%范围内能可靠动作

续表

序号	试验内容	试验标准或条件
3	脱扣器的整定值	整定值误差不得超过产品技术条件的规定
4	电阻器和变阻器的直流电阻差值	符合产品技术条件规定

附录 A7 通风与空调工程测试

附录 A7-1 漏光法检测与漏风量测试

1. 一般规定

(1) 漏光法检测是利用光线对小孔的强穿透力,对系统风管严密程度进行检测的方法。

(2) 检测应采用具有一定强度的安全光源。手持移动光源可采用不低下 100W 带保护罩的低压照明灯,或其他低压光源。

(3) 系统风管漏光检测时,光源可置于风管内侧或外侧,但其相对侧应为暗黑环境。检测光源应沿着被检测接口部位与接缝作缓慢移动,在另一侧进行观察,当发现有光线射出,则说明查到明显漏风处,并作好记录。

(4) 对系统风管的检测,宜采用分段检测,汇总分析的方法。在严格安装质量管理的基础上,系统风管的检测以总管和干管为主。当采用漏光法检测系统的严密性时,低压系统风管以每 10m 接缝,漏光点不大于 2 处,且 100m 接缝平均不应大于 16 处为合格;中压系统风管每 10m 接缝,漏光点不大于 1 处,且 100m 接缝平均不大于 8 处为合格。

(5) 漏光检测中对发现的条缝形漏光,应作密封处理。

2. 测试装置

(1) 漏风量测试应采用经检验合格的专用测量仪器,或采用符合现行国家标准《流量测量节流装置》规定的计量元件搭设的测量装置。

(2) 漏风量测试装置可采用风管式或风室式。风管式测试装置采用孔板作计量元件;风室式测试装置采用喷嘴作计量元件。

(3) 漏风量测试装置的风机,其风压和风量应选择分别大于被测定系统或设备的规定试验压力及最大允许漏风量的 1.2 倍。

(4) 漏风量测试装置试验压力的调节,可采用调整风机转速的方法,也可采用控制节流装置开度的方法。漏风量值必须在系统经调整后,保持稳压的条件下测得。

(5) 漏风量测试装置的压差测定应采用微压计,其最小读数分格不应大于 2.0Pa。

(6) 风管式漏风量测试装置:

1) 风管式漏风量测试装置由风机、连接风管、测压仪器、整流栅、节流器和标准孔板等组成(图 A7-1-1)。

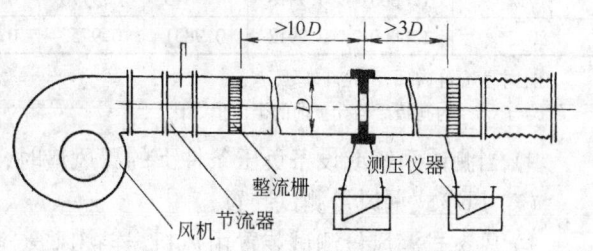

图 A7-1-1 正压风管式漏风量测试装置

2) 本装置采用角接取压的标准孔板。孔板 β 值范围为 $0.22\sim 0.7(\beta=d/D)$;孔板至前、后整流栅及整流栅外直管段距离,分别应符合大于 10 倍与 5 倍圆管直径 D 的规定。

3) 本装置的连接风管均为光滑圆管。孔板至上游 $2D$ 范围内其圆度允许偏差为 0.3%;下游为 2%。

4) 孔板与风管连接,其前端与管道轴线垂直度允许偏差为 $1°$;孔板与风管同心度允许偏差为 $0.015D$。

5) 在第一整流栅后,所有连接部分应该严密不漏。

6) 用下列公式计算漏风量

$$Q = 3600\varepsilon \cdot a \cdot A_n \sqrt{\frac{2}{\rho}\Delta P} \qquad (\text{式 A7-1-1})$$

式中　Q——漏风量(m^3/h);

　　　ε——空气流束膨胀系数;

　　　a——孔板的流量系数;

　　　A_n——孔板开口面积(m^2);

　　　ρ——空气密度(kg/m^3);

　　　ΔP——孔板差压(Pa)。

7) 孔板的流量系数与 β 值的关系见附图 A7-1-2 确定,其适用范围应满足下列条件:

$10^5 < R_{ep} < 2.0\times 10^5$

$0.05 < \beta^2 \leqslant 0.49$

$50mm < D \leqslant 1000mm$

在此范围内,不计管道粗糙度对流量系数的影响。

雷诺数小于 10^5 时,则应按现行国家标准《流量测量节流装置》求得流量系数 α。

8) 孔板的空气流速膨胀系数 E 值可根据附表 A7-1-1 查得。

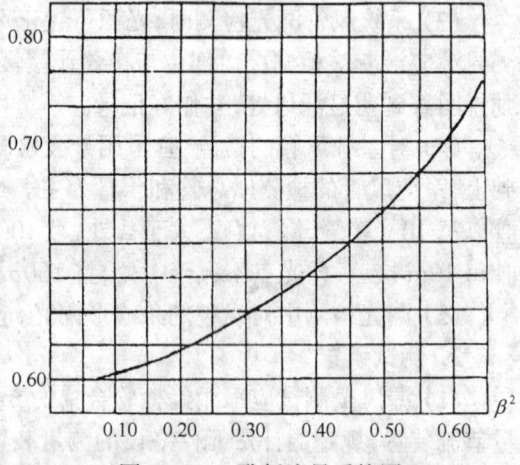

图 A7-1-2　孔板流量系统图

膨胀系数 E 值　　　　　　　　　表 A7-1-1

β^4 \ P_2/P_1	1.0	0.98	0.96	0.94	0.92	0.90	0.85	0.80	0.75
0.08	1.0000	0.9930	0.9866	0.9803	0.9742	0.9681	0.9531	0.9381	0.9232
0.1	1.0000	0.9924	0.9854	0.9787	0.9720	0.9654	0.9491	0.9328	0.9166
0.2	1.0000	0.9918	0.9843	0.9770	0.9698	0.9627	0.9450	0.9275	0.9100
0.3	1.0000	0.9912	0.9831	0.9753	0.9676	0.9599	0.9410	0.9222	0.9034

注:本表允许内插,不允许外延。

　　P_2/P_1 为孔板后与孔板前的全压值之比。

9) 当测试系统或设备负压条件下的漏风量时,装置连接如附图 A7-1-3 的规定。

(7) 风室式漏风量测试装置

1) 风室式漏风量测试装置由风机、连接风管、测压仪器、均流板、节流器、风室、隔板和喷嘴等组成,如附图 A7-1-4 所示。

2) 测试装置采用标准长颈喷嘴,(图 A7-1-5)。喷嘴必须按附图 A7-1-4 的要求安装在隔板上,数量可为单个或多个。两个喷嘴之间的中心距离不得小于较大喷嘴喉部直径的 3 倍;任一喷嘴中心到风室最近侧壁的距离不得小于其喷嘴喉部直径的 1.5 倍。

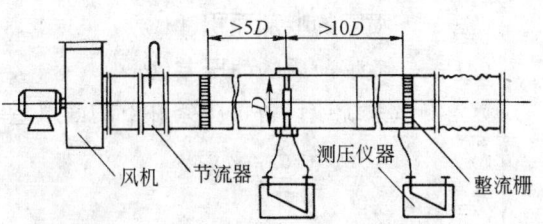

图 A7-1-3 负压风管式漏风量测试装置

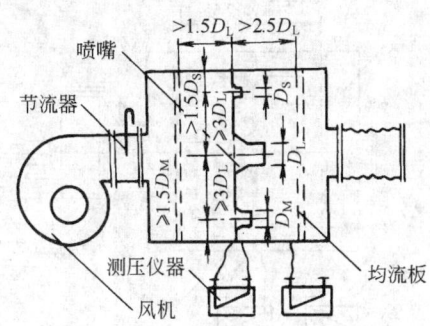

图 A7-1-4 正压风室或漏风量测试装置
注:D_S—小号喷嘴直径;D_M—中号喷嘴直径;D_L—大号喷嘴直径。

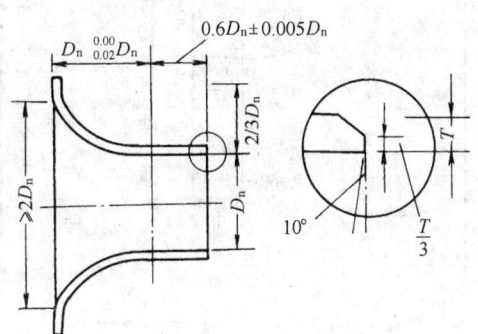

图 A7-1-5 标准长颈风嘴

3) 风室的断面面积不应小于被测定风量按断面平均速度小于 0.75m/s 时的断面积。风室内均流板(多孔板)安装位置应符合附图 A7-1-4 的规定。

4) 风室中喷嘴两端的静压取压接口,应为多个且均布于四壁。静压取压接口至喷嘴隔板的距离不得小于最小喷嘴喉部直径的 1.5 倍。然后,并联成静压环,再与测压仪器相接。

5) 采用本装置测定漏风量时,通过喷嘴喉部的流速应控制在 15~35m/s 范围内。

6) 本装置要求风室中喷嘴隔板后的所有连接部分,应严密不漏。

7) 用下列公式计算单个喷嘴风量

$$Q_n = 3600 C_d \cdot A_d \sqrt{\frac{2}{\rho} \Delta P} \qquad (式 A7-1-2)$$

多个喷嘴风量 $\qquad Q = \Sigma Q_n (m^3/h) \qquad$ (式 A7-1-3)

式中 Q_u——单个喷嘴漏风量(m^3/h);

C_d——喷嘴的流量系数(直径 127mm 以上取 0.99,小于 127mm,可按附表 A7-1-2 或附图 A7-1-6 查取)

喷嘴流量系数表　　　　表 A7-1-2

Re	流量系数 C_d	Re	流量系数 C_d	Re	流量系数 C_d	Re	流量系数 C_d
12000	0.950	40000	0.973	80000	0.983	200000	0.991
16000	0.956	50000	0.977	90000	0.984	250000	0.993
20000	0.961	60000	0.979	100000	0.985	300000	0.994
30000	0.969	70000	0.981	150000	0.989	350000	0.994

注:不计温度系数

A_d——喷嘴的喉部面积(m^2)

ΔP——喷嘴前后的静压差(Pa)

8) 当测试系统或设备负压条件下的漏风量时,装置连接如附图 A7-1-7 的规定。

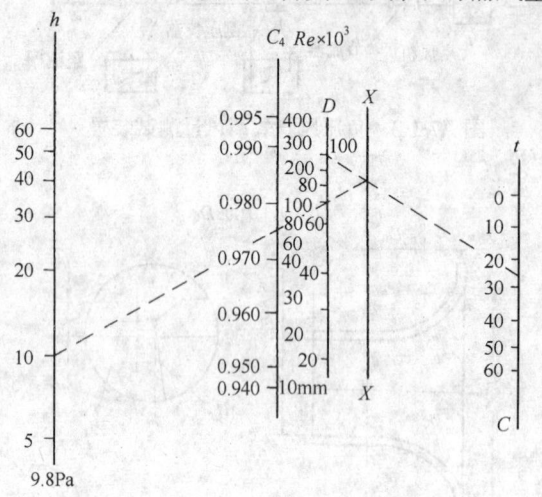

图 A7-1-6　喷嘴流量系数推算

注:先用直径与温度标尺在指数标尺(X)上求点,再将指数与压力标尺点相连,可求取流量系数值。

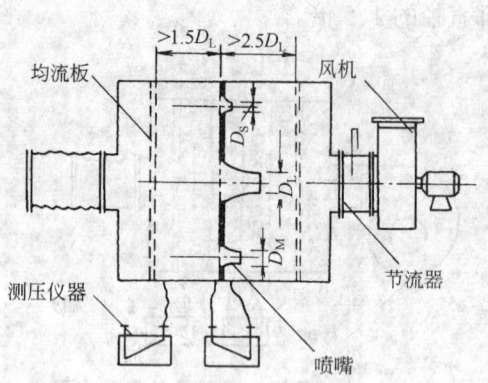

图 A7-1-7　负压风室式漏风量测试装置

3. 漏风量测试

(1) 正压或负压系统风管与设备的漏风量测试,分正压试验和负压试验两类。一般可采用正压条件下的测试来检验。

(2) 系统漏风量测试可以整体或分段进行。测试时,被测系统的所有开口均应封闭,不应漏风。

(3) 被测系统的漏风量超过设计和(GB 50243—2002)规范的规定时,应查出漏风部位(可用听、摸、观察、水或烟检漏),做好标记,修补完工后,重新测试,直至合格。

(4) 漏风量测定值一般应为规定测试压力下的实测数值。特殊条件下,也可用相近或大于规定压力下的测试代替,其漏风量可按下式换算:

$$Q_0 = Q(P_0/P)^{0.65} \quad (\text{式 A7-1-4})$$

式中　P_0——规定试验压力,500Pa;

Q_0——规定试验压力下的漏风量($m^3/h \cdot m^2$);

P——风管工作压力(Pa);

Q——工作压力下的漏风量($m^3/h \cdot m^2$)。

附录 A7-2　洁净室测试方法

1. 风量或风速的检测

(1) 对于单向流洁净室,采用室截面平均风速和截面积乘积的方法确定送风量。离高效过滤器 0.3m,垂直于气流的截面作为采样测试截面,截面上测点间距不宜大于 0.6m,测点数不应少于 5 个,以所有测点风速读数的算术平均值作为平均风速。

(2) 对于非单向流洁净室,采用风口法或风管法确定送风量,做法如下:

1) 风口法是在安装有高效过滤器的风口处,根据风口形状连接辅助风管进行测量。即用镀锌钢板或其他不产尘材料做成与风口形状及风口截面相同,长度等于 2 倍风口长边长的直管段,连接于风口外部。在辅助风管出口平面上,按最少测点数不少于 6 点均匀布置,使用热球式风速仪测定各测点之风速。然后,以求取的风口截面平均风速乘以风口净截面积求取测定风量。

2) 对于风口上风侧有较长的支管段,且已经或可以钻孔时,可以用风管法确定风量。测量断面应位于大于或等于局部阻力部件前 3 倍管径或长边长,局部阻力部件后 5 倍管径或长边长的部位。

对于矩形风管,是将测定截面分割成若干个相等的小截面。每个小截面尽可能接近正方形,边长不应大于 200mm,测点应位于小截面中心,但整个截面上的测点数不宜少于 3 个。

对于圆形风管,应根据管径大小,将截面划分成若干面积相同的同心圆环,每个圆环测 4 点。根据管径确定圆环数量,不宜少于 3 个。

2. 静压差的检测

(1) 静压差的测定应在所有的门关闭的条件下,由高压向低压,由平面布置上与外界最远的里间房间开始,依次向外测定。

(2) 采用的微差压力计,其灵敏度不应低于 2.0Pa。

(3) 有孔洞相通的不同等级相邻的洁净室,其洞口处应有合理的气流流向。洞口的平均风速大于等于 0.2m/s 时,可用热球风速仪检测。

3. 空气过滤器泄漏测试

(1) 高效过滤器的检漏,应使用采样速率大于 1L/min 的光学粒子计数器。D 类高效过滤器宜使用激光粒子计数器或凝结核计数器。

(2) 采用粒子计数器检漏高效过滤器,其上风侧应引入均匀浓度的大气尘或含其他气溶胶尘的空气。对大于等于 $0.5\mu m$ 尘粒,浓度应大于或等于 $3.5\times10^5 Pc/m^3$;或对大于或等于 $0.1\mu m$ 尘粒,浓度应大于或等于 $3.5\times10^7 Pc/m^3$;若检测 D 类高效过滤器,对大于或等于 $0.1\mu m$ 尘粒,浓度应大于或等于 $3.5\times10^9 Pc/m^3$。

(2) 高效过滤器的检测采用扫描法,即在过滤器下风侧用粒子计数器的等动力采样头,放在距离被检部位表面 20~30mm 处,以 5~20mm/s 的速度,对过滤器的表面、边框和封头胶处进行移动扫描检查。

(3) 泄漏率的检测应在接近设计风速的条件下进行。将受检高效过滤器下风侧测得的泄露浓度换算成透过率,高效过滤器不得大于出厂合格透过率的 2 倍;D 类高效过滤器不得大于出厂合格透过率的 3 倍。

(4) 在移动扫描检测工程中,应对计数突然递增的部位进行定点检验。

4. 室内空气洁净度等级的检测

(1) 空气洁净度等级的检测应在设计指定的占用状态(空态,静态,动态)下进行。

(2) 检测仪器的选用:应使用采样速率大于 1L/min 的光学粒子计数器,在仪器选用时应考虑粒径鉴别能力,粒子浓度适用范围和计数效率。仪表应有有效的标定合格证书。

(3) 采样点的规定:

1) 最低限度的采样点数 N_L,见附表 A7-2-1。

最低限度的采样点数表 N_L　　　　　　　　　　　　　表 A7-2-1

测点数 N_L	2	3	4	5	6	7	8	9	10
洁净区面积 $A(m^2)$	2.1~6.0	6.1~12.0	12.1~20.0	20.1~30.0	30.1~42.0	42.1~56.0	56.1~72.0	72.1~90.0	90.1~110.0

注：1. 在水平单向流时，面积 A 为与气流方向呈垂直的流动空气截面的面积；
　　2. 最低限度的采样点数按公式 $N_L = A^{0.5}$ 计算（四舍五入取整数）。

2）采样点应均匀分布于整个面积内，并位于工作区的高度（距地坪 0.8m 的水平面），或设计单位、业主特指的位置。

(4) 采样量的确定：

1）每次采样最少采样量见附表 A7-2-2。

每次采样最少采样量 $V_s(L)$ 表　　　　　　　　　　　　表 A7-2-2

洁净度等级	粒径					
	0.1μm	0.2μm	0.3μm	0.5μm	1.0μm	5.0μm
1	2000	8400	—	—	—	—
2	200	840	1960	5680	—	—
3	20	84	196	568	2400	—
4	2	8	20	57	240	—
5	2	2	2	6	24	680
6	2	2	2	2	2	68
7	—	—	—	2	2	7
8	—	—	—	2	2	2
9	—	—	—	2	2	2

2）每个采样点的最少采样时间为 1min，采样量至少为 2L。

3）每个洁净室（区）最少采样次数为 3 次。当洁净区仅有一个采样点时，则在该点至少采样 3 次。

4）对预期空气洁净度等级达到 4 级或更洁净的环境，采样量很大，可采用 ISO 14644—1 附录 F 规定的顺序采样法。

(5) 检测采样的规定：

1）采样时采样口处的气流速度，应尽可能接近室内的设计气流速度。

2）对单向流洁净室，其粒子计数器的采样管口应迎着气流方向；对于非单向流洁净室，采样管口宜向上。

3）采样管必须干净，连接处不得有渗漏。采样管的长度应根据允许长度确定，如果无规定时，不宜大于 1.5m。

4）室内的测定人员必须穿洁净工作服，且不应超过 3 名，并应远离或位于采样点的下风侧静止不动或微动。

(6) 记录数据评价

空气洁净度测试中,当全室(区)测点为 2~9 点时,必须计算每个采样点的平均粒子浓度 C_i 值、全部采样点的平均粒子浓度 N 及其标准差,求出 95% 置信上限值;采样点超过 9 点时,可采用算术平均值 N 作为置信上限值。

1) 每个采样点的平均粒子浓度 C_i 应小于或等于洁净度等级规定的限值,见附表 A 7-2-3。

洁净度等级及悬浮粒子浓度限值　　　　　　　　　　　表 A7-2-3

洁净度等级	大于或等于表中粒径 D 的最大浓度 C_n(Pc/m³)					
	0.1μm	0.2μm	0.3μm	0.5μm	1.0μm	5.0μm
1	10	2	—			
2	100	24	10	4	—	
3	1000	237	102	35	8	—
4	10000	2370	1020	352	83	
5	100000	237000	10200	3520	832	29
6	1000000	237000	102000	35200	8320	293
7	—	—	—	352000	83200	2930
8				3520000	832000	29300
9				35200000	8320000	293000

注:1. 本表仅表示了整数值的洁净度等级(N)悬浮粒最大浓度的限值;

2. 对于非整数洁净度等级,其对应于粒子粒径 $D(\mu m)$ 的最大浓度限值(C_n),应按下列公式计算求取。

$$C_n = 10^N \times \left(\frac{0.1}{D}\right)^{2.08};$$

3. 洁净度等级定级的粒径范围为 0.1~0.5μm,用于定级的粒径数不应大于 3 个,且其粒径的顺序级差不应小于 1.5 倍。

2) 全部采样点的平均粒子浓度 N 的 95% 置信上限值,应小于或等于洁净等级规定的限值。即:

$$(N + t \times s/\sqrt{n}) \leqslant 级别规定的限值$$

式中　N——室内各测点平均含尘浓度,$N = \Sigma C_i/n$;

n——测点数;

s——室内各测点平均含尘浓度 N 的标准差:$S = \sqrt{\dfrac{(C_i - N)^2}{n-1}}$;

t——置信度上限为 95% 时,单侧 t 分布的系数,见表 A7-2-4。

t 系 数　　　　　　　　　　　　　　表 A7-2-4

点　数	2	3	4	5	6	7~9
t	6.3	2.9	2.4	2.1	2.0	1.9

(7) 每次测试应做记录,并提交性能合格或不合格的测试报告,测试报告包括以下内容:

1) 测试机构的名称、地址;
2) 测试日期和测试者签名;
3) 执行标准的编号及标准实施日期;
4) 被测试的洁净室洁净区的地址、采样点的特定编号及坐标图;
5) 被测洁净室或洁净区的空气洁净度等级、被测粒径(或沉降菌、浮游菌)、被测洁净室所处的状态、气流流型和静压差;
6) 测量用的仪器的编号和标定证书;测试方法细则及测试中特殊情况;
7) 测试结果包括在全部采样点坐标图上注明所测的粒子浓度(或沉降菌、浮游菌的菌落数);
8) 对异常测试值进行说明及数据处理。

5. 室内浮游菌和沉降菌的检测

(1) 微生物检测方法有空气悬浮微生物法和沉降微生物法两种,采样后的基片(或器皿)经过恒温箱内 37℃、48h 的培养生成菌落后进行计数。使用的采样器皿和培养液必须进行消毒灭菌处理。采样点可均匀布置或取代表性地域布置。

(2) 悬浮微生物法应采用离心式、狭缝式和针孔式等碰击式采样器,采样时间应根据空气中微生物浓度来决定,采样点数可与测定空气洁净度测点数相同。各种采样器应按仪器说明书规定的方法使用。

沉降微生物法,应采用直径为 90mm 培养皿,在采样点上沉降 30min 后进行采样,培养皿最少采样数应符合附表 A7-2-5 的规定。

最少培养皿数　　　　　　　表 A7-2-5

空气洁净度级别	培养皿数	空气洁净度级别	培养皿数
<5	44	6	5
5	14	≥7	2

(3) 制药厂洁净室(包括生物洁净空)内浮游菌和沉降菌测试,也可采用按协议确定采样方案。

(4) 用培养皿测定沉降菌,用碰撞式采样器或过滤采样器测定浮游菌,还应遵守以下的规定:

1) 采样装置采样前的准备及采样后的处理,均应在设有高效空气过滤器排风的负压实验室进行操作,该实验室的温度应为 22±2℃;相对湿度应为 50%±10%;
2) 采样仪器应消毒灭菌;
3) 采样器选择应审核其精度和效率,并有合格证书;
4) 采样装置的排气不应污染洁净室;
5) 沉降皿个数及采样点、培养基及培养温度、培养时间按有关规范的规定执行;
6) 浮游菌采样器的采样率宜大于 100L/min;
7) 碰撞培养基的空气速度应小于 20m/s。

6. 室内空气温度和相对湿度的检测

(1) 根据温度和相对湿度波动范围,应选择相应的具有足够精度的仪表进行测定。每次测定间隔不大于 30min。

(2) 室内测点布置：
1) 送、回风口处；
2) 恒温工作区具有代表性的地点(如沿着工艺设备周围布置或等距离布置)；
3) 没有恒温要求的洁净室中心；
4) 测点一般应布置在距外墙表面大于 0.5m, 离地面 0.8m 的同一高度上；也可以根据恒温区的大小，分别布置在离地不同高度的几个平面上。

(3) 测点数应符合附表 A7-2-6 的规定。

温、湿度测点数　　　　　　　表 A7-2-6

波 动 范 围	室面积≤50m²	每增加 2050m²
$\Delta t = \pm 0.5 \sim \pm 2℃$	5	增加 35 个
$\Delta RH = \pm 5\% \sim \pm 10\%$		
$\Delta t \leqslant \pm 0.5℃$	点间距不应大于 2m, 点数不应少于 5 个	
$\Delta RH \leqslant \pm 5\%$		

(4) 有恒温恒湿要求的洁净室：

室温波动范围按各测点的各次温度中偏差控制点温度的最大值，占测点总数的百分比整理成累积统计曲线。如 90% 以上测点偏差值在室温波动范围内，为符合设计要求。反之，为不合格。

区域温度以各测点中最低的一次测试温度为基准，各测点平均温度与超偏差值的点数，占测点总数的百分比整理成累计统计曲线，90% 以上测点所达到的偏差值为区域温差，应符合设计要求。相对温度波动范围可按室温波动范围的规定执行。

7. 单向流洁净室截面平均速度，速度不均匀度的检测

(1) 洁净室垂直单向流和非单向流应选择距墙或围护结构内表面大于 0.5m, 离地面高度 0.5~1.5m 作为工作区。水平单向流以距送风墙或围护结构内表面 0.5m 处的纵断面为第一工作面。

(2) 测定截面的测点数和测定仪器应符合 A7-2 第 6(3)条的规定。

(3) 测定风速应用测定架固定风速仪，以避免人体干扰。不得不用手持风速仪测定时，手臂应伸至最长位置，尽量使人体远离测头。

(4) 室内气流流形的测定，宜采用发烟或悬挂丝线的方法，进行观察测量与记录。然后，标在记录的送风平面的气流流形图上。一般每台过滤器至少对应一个观察点。

风速的不均匀度 β_0 按下列公式计算，一般 β_0 值不大于 0.25。

$$\beta_0 = \frac{s}{v}$$

式中　v——各测点风速的平均值；
　　　s——标准差。

8. 室内噪声的检测

(1) 测噪声仪器应采用带倍频程分析的声级计。
(2) 测点布置应按洁净室面积均分，每 50m² 设一点。测点位于其中心，距地面 1.1~1.5m 高度处或按工艺需要设定。

附录 A8 塑料管道施工规则

1. 粘结：一擦、二净、三涂、四插、五抹、六等。适用于 PVC-U、PVC-C、ABS 等管材。

一擦即擦净插件表面污物；

二净即用清洁剂擦净有可能污染的有机物；

三涂即粘接部位涂粘结剂应周到均匀；

四插即将管材一次迅速插入规定深度并稍加旋转；

五抹即抹去承口插件外表的粘结剂；

六等即保持粘结部位在一定时间内不受外力影响，一般静置 20～30min。

揩擦工序应使用清洁干布，粘结过程不得带水作业或在十分潮湿环境进行。

2. 热熔连接：一量、二净、三热、四插、五等。适用于 PP-R、PP-C、PP-Z、HDPE、PB 等管材。

一量即量出热熔件深度；

二净即擦净承插口表面，保持清洁、干燥；

三热即采用电加热专用热具对承口、插件加热，并准确掌握加热时间；

四插即加热后应无旋转地一次插入规定深度，在承口端部同时形成凸缘，注意不能插入过多，以免插口收小造成局部阻力；

五等即完成后保持一定时间不受外力。

3. 卡套、卡箍式连接：一套、二净、三扩、四插、五卡。适用于 PEX、XPAP 等管材。

一套即在管材端部套入同口径的卡套螺帽及锁紧环或铜质紧箍环；

二净即擦净及清理管口部位污物或残留毛刺、粒屑；

三扩即扩口（卡箍连接时不需扩口）；

四插即插入一次到位；

五卡即锁紧卡套螺母或专用卡紧管钳将铜质紧箍环卡紧。

附录 B 建筑材料标准

附录 B1 钢材力学性能标准

钢筋的力学性能　　　　表 B1-1

编号	公称直径 mm	σ_K(或 $\sigma_{P0.2}$) MPa	σ_b MPa	δ_S %
		不小于		
HRB335	6～25 28～50	335	490	16
HRB400	6～25 28～50	400	570	14
HRB500	6～25 28～50	500	630	12

注：摘自《钢筋混凝土用热轧带肋钢筋》GB 1499—1998。

钢筋的弯曲性能　　　　表 B1-2

牌号	公称直径 a mm	弯曲试验 弯心直径	牌号	公称直径 a mm	弯曲试验 弯心直径
HRB335	6~25 28~50	$3a$ $4a$	HRB500	6~25 28~50	$6a$ $7a$
HRB400	6~25 28~50	$4a$ $5a$			

注：摘自《钢筋混凝土用热轧带肋钢筋》GB 1499—1998。

钢筋的牌号和化学成分　　　　表 B1-3

牌号	化学成分，%					
	C	Si	Mn	P	S	Ceq
HRB335	0.25	0.80	1.60	0.045	0.045	0.52
HRB400	0.25	0.80	1.60	0.045	0.045	0.54
HRB500	0.25	0.80	1.60	0.045	0.045	0.55

注：摘自《钢筋混凝土用热轧带肋钢筋》GB 1499—1998。

钢筋的牌号和化学成分及其范围　　　　表 B1-4

牌号	原牌号	化学成分，%						P	S
		C	Si	Mn	V	Nb	Ti	不 大 于	
HRB335	20MnSi	0.17~0.25	0.40~0.80	1.20~1.60	—		—	0.045	0.045
HRB	20MnSiV	0.17~0.25	0.20~0.80	1.20~1.60	0.04~0.12		—	0.045	0.045
	20MnSiNb	0.17~0.25	0.20~0.80	1.20~1.60		0.02~0.04		0.045	0.045
	20MnTi	0.17~0.25	0.17~0.37	1.20~1.60	—		0.02~0.05	0.045	0.045

注：摘自《钢筋混凝土用热轧带肋钢筋》GB 1499—1998。

冷轧带肋钢筋的试验项目、取样方法及试验方法　　　　表 B1-5

序号	试验项目	试验数量	取样方法	试验方法
1	拉伸试验	每盘1个	在每（任）盘中随机切取	GB/T 228 GB/T 6397
2	弯曲试验	每批2个		GB/T 232
3	反复弯曲试验	每批2个		GB/T 228
4	应力松弛试验	定期1个		GB/T 10120 GB/T 13788—2000 第 7.3
5	尺寸	逐盘		GB/T 13788—2000 第 7.4
6	表面	逐盘		目视
7	重量偏差	每盘1个		GB/T 13788—2000 第 7.5

注：1. 供方在保证 $\sigma_{P0.2}$ 合格的条件下，可逐盘进行 $\sigma_{P0.2}$ 的试验。
　　2. 表中试验数量栏中的"盘"指生产钢筋"原料盘"。
　　3. 本表摘自《冷轧带肋钢筋》GB 13788—2000。

冷轧带肋钢筋力学性能和工艺性能   表 B1-6

牌 号	σ_b MPa 不小于	伸长率,%		弯曲试验 180°	反复弯曲次数	松弛率 初始应力 $\sigma_{con}=0.7\sigma_b$	
		δ_{10}	δ_{100}			1000h,% 不小于	10h,% 不大于
CRB550	550	8.0	—	$D=3d$	—	—	—
CRB650	650	—	4.0	—	3	8	5
CRB800	800	—	4.0	—	3	8	5
CRB970	970	—	4.0	—	3	8	5
CRB1170	1170	—	4.0	—	3	8	5

注:1. 表中 D 为弯心直径,d 为钢筋公称直径;
  2. 本表摘自《冷轧带肋钢筋》GB 13788—2000。

冷轧带肋钢筋用盘条的参考牌号和化学成分   表 B1-7

钢筋牌号	盘条牌号	化学成分,%					
		C	Si	Mn	V、Ti	S	P
CRB550	Q215	0.09~0.15	≤0.03	0.25~0.55	—	≤0.050	≤0.045
CRB650	Q235	0.14~0.22	≤0.03	0.30~0.65	—	≤0.050	≤0.045
CRB800	24MnTi	0.19~0.27	0.17~0.37	1.20~1.60	Ti:0.01~0.05	≤0.045	≤0.045
	20MnSi	0.17~0.25	0.40~0.80	1.20~1.60	—	≤0.045	≤0.045
CRB970	41MnSiV	0.37~0.45	0.60~1.10	1.00~1.40	V:0.05~0.12	≤0.045	≤0.045
	60	0.57~0.25	0.17~0.37	0.50~0.80	—	≤0.035	≤0.035
CRB1170	70Ti	0.66~0.70	0.17~0.37	0.60~1.00	Ti:0.01~0.05	≤0.045	≤0.045
	70	0.67~0.75	0.17~0.37	0.50~0.80	—	≤0.035	≤0.035

注:本表摘自《冷轧带肋钢筋》GB 13788—2000。

检验项目、取样数量和试验方法   表 B1-8

序 号	检验项目	取样数量		试验方法
		出厂检验	型式检验	
1	外观质量	逐 根	逐 根	目 测
2	轧扁厚度	每批三个	每批三个	GB 3046—98.6.1.1
3	节 距	每批三个	每批三个	GB 3046—98.6.1.2
4	定尺长度	—	每批三个	GB 3046—98.6.1.3
5	重 量	每批三个	每批三个	GB 3046—98.6.2
6	化学成分	—	每批三个	GB 3046—98.6.3
7	拉伸试验	每批三个	每批三个	GB 3046—98.6.4
8	冷弯试验	每批三个	每批三个	GB 3046—98.6.5

注:1. 拉伸试验中伸长率测定的原始标距为 $10d$(d 为冷轧钢筋标志直径);
  2. 本表摘自《冷轧扭钢筋》GB 3046—1998。

力 学 性 能

表 B1-9

抗拉强度 σ_b N/mm²	伸长率 δ_{10} %	冷弯 180° (弯心直径=3d)
≥580	≥4.5	受弯曲部位表面不得产生裂纹

注：1. d 为冷轧扭钢筋标志直径；
2. δ_{10} 为以标距为10倍标志直径的试样拉断伸长率；
3. 本表摘自《冷轧扭钢筋》GB 3046—1998。

附录 B2　水泥质量标准

硅酸盐水泥、普通水泥规定龄期的强度最低值（MPa）

表 B2-1

品　种	强度等级	抗 压 强 度		抗 折 强 度	
		3天	28天	3天	28天
硅酸盐水泥	42.5	17.0	42.5	3.5	6.5
	42.5R	22.0	42.5	4.0	6.5
	52.5	23.0	52.5	4.0	7.0
	52.5R	27.0	52.5	5.0	7.0
	62.5	28.0	62.5	5.0	8.0
	62.5R	32.0	62.5	5.5	8.0
普通水泥	32.5	11.0	32.5	2.5	5.5
	32.5R	16.0	32.5	3.5	5.5
	42.5	16.0	42.5	3.5	6.5
	42.5R	21.0	42.5	4.0	6.5
	52.5	22.0	52.5	4.0	7.0
	52.5R	26.0	52.5	5.0	7.0

注：本表摘自《硅酸盐水泥、普通硅酸盐水泥》GB 175—1999。

矿渣水泥、火山灰水泥、粉煤灰水泥规定龄期强度最低值（MPa）

表 B2-2

强 度 等 级	抗 压 强 度		抗 折 强 度	
	3天	28天	3天	28天
32.5	10.0	32.5	2.5	5.5
32.5R	15.0	32.5	3.5	5.5
42.5	15.0	42.5	3.5	5.5
42.5R	19.0	42.5	4.0	6.5
52.5	21.0	52.5	4.0	7.0
52.5R	23.0	52.5	4.5	7.0

注：本表摘自《矿渣硅酸盐水泥、火山灰硅酸盐水泥、粉煤灰硅酸盐水泥》GB 1344—1999。

复合硅酸盐水泥规定龄期强度最低值(MPa) 表 B2-3

强度等级	抗压强度		抗折强度	
	3天	28天	3天	28天
32.5	11.0	32.5	2.5	5.5
32.5R	16.0	32.5	3.5	5.5
42.5	16.0	42.5	3.5	6.5
42.5R	21.0	42.5	4.0	6.5
52.5	22.0	52.5	4.0	7.0
52.5R	26.0	52.5	5.0	7.0

注：本表摘自《复合硅酸盐水泥》GB 12958—1999。

附录 B3　砖、砌块质量标准

烧结普通砖尺寸允许偏差(mm) 表 B3-1

公称尺寸	优等品		一等品		合格品	
	样本平均偏差	样本极差≤	样本平均偏差	样本极差≤	样本平均偏差	样本极差≤
240	±2.0	8	±2.5	8	±3.0	8
115	±1.5	6	±2.0	6	±2.5	7
53	±1.5	4	±1.6	5	±2.0	6

注：本表摘自《烧结普通砖》GB/T 5101—1998。

烧结普通砖外观质量(mm) 表 B3-2

项　目		优等品	一等品	合格品
两条面高度差	不大于	2	3	5
弯曲	不大于	2	3	5
杂质凸出高度	不大于	2	3	5
缺棱掉角的三个破坏尺寸	不得同时大于	15	20	30
裂纹长度	不大于			
a．大面上宽度方向及其延伸至条面的长度		70	70	110
b．大面上长度方向及其延伸至顶面的长度或条顶面上水平裂纹的长度		100	100	150
完整面不得少于		一条面和一顶面	一条面和一顶面	—
颜色		基本一致	—	—

注：1. 为装饰面施加的色差、凹凸纹、拉毛、压花等不算作缺陷。
　　2. 凡有下列缺陷之一者，不得称为完整面：
　　（a）缺损在条面或顶面上造成的破坏面尺寸同时大于10mm×10mm；
　　（b）条面或顶面上裂纹宽度大于1mm，其长度超过30mm；
　　（c）压陷、粘底、焦花在条面或顶面上的凹陷或凸出超过2mm，区域尺寸同时大于10mm×10mm。
　　3. 本表摘自《烧结普通砖》GB/T 5101—1998。

烧结普通砖强度等级(MPa)　　　　　　　　　　　　　　　　　　　　表 B3-3

强 度 等 级	抗压强度平均值 $\bar{f}\geq$	变异系数 $\delta\leq 0.21$ 强度标准值 $f_k\geq$	变异系数 $\delta>0.21$ 单块最小抗压强度 $f_{min}\geq$
MU30	30.0	22.0	25.0
MU25	25.0	18.0	22.0
MU20	20.0	14.0	16.0
MU15	15.0	10.0	12.0
MU10	10.0	6.5	7.5

注：本表摘自《烧结普通砖》GB/T 5101—1998。

烧结多孔砖外观质量(mm)　　　　　　　　　　　　　　　　　　　　表 B3-4

项　　目		优等品	一等品	合格品
1. 颜色(一条面和一顶面)		一致	基本一致	—
2. 完整面　　　　　　　　　　　　　不得少于		一条面和一顶面	一条面和一顶面	—
3. 缺棱掉角的三个破坏尺寸　　　　　不得同时大于		15	20	30
4. 裂纹长度　　　　　　　　　　　　不得同时大于				
a. 大面上深入孔壁 15mm 以上宽度方向及其延伸到条面的长度		60	80	100
b. 大面上深入孔壁 15mm 以上宽度方向及其延伸到顶面的长度		60	100	120
c. 条顶面上的水平裂纹		80	100	120
5. 杂质在砖面上造成的凸出高度　　　不大于		3	4	5

注：1. 为装饰而施加的色差、凹凸纹、拉毛、压花等不算缺陷。
　　2. 凡有下列缺陷之一者，不能称为完整面：
　　　　(a) 缺损在条面或顶面上造成的破坏面尺寸同时大于 20mm×30mm；
　　　　(b) 条面或顶面上裂纹宽度大于 1mm，其长度超过 70mm；
　　　　(c) 压陷、焦花、粘底在外面或顶面上的凹陷或凸出超过 2mm，区域尺寸同时大于 20mm×30mm。
　　3. 本表摘自《烧结多孔砖》GB 13544—2000。

烧结多孔砖强度等级(MPa)　　　　　　　　　　　　　　　　　　　　表 B3-5

强 度 等 级	抗压强度平均值 $\bar{f}\geq$	变异系数 $\delta\leq 0.21$ 强度标准值 $f_k\geq$	变异系数 $\delta>0.21$ 单块最小抗压强度 $f_{min}\geq$
MU30	30.0	22.0	25.0
MU25	25.0	18.0	22.0
MU20	20.0	14.0	16.0
MU15	15.0	10.0	12.0
MU10	10.0	6.5	7.5

注：本表摘自《烧结多孔砖》GB 13544—1998。

灰砂砖外观质量(mm)　　　　　　　　　　　　　　　　　　　　　　表 B3-6

项　　目		指　　标		
		优等品	一等品	合格品
(1) 尺寸偏差　　　　　　　　　　　　　不超过				
长度		±2		
宽度		±2	±2	±3
高度		±1		
(2) 对应高度差　　　　　　　　　　　　不大于		±1	±2	±3
(3) 缺棱掉角的最大破坏尺寸不大于		10	15	25

续表

项 目		指标		
		优等品	一等品	合格品
(4) 完整面	不少于	2个条面和1个顶面或2个顶面和1个条面	1个条面和1个顶面	1个条面和1个顶面
(5) 裂缝长度 a. 大于上宽度方向及延伸到条面的长度 b. 大面上长度方向及其延伸到顶面上的长度或条、顶面水平裂纹的长度	不大于	30 50	50 70	70 100

注：凡有以下缺陷者，均为非完整面：
    a. 缺棱尺寸或掉角的最小尺寸大于8mm；
    b. 灰球粘土团、草根等杂物造成破坏面的两个尺寸同时大于10mm×20mm；
    c. 有气泡、麻面、龟裂等缺陷。

灰砂砖力学性能（MPa） 表 B3-7

强度等级	抗压强度		抗折强度	
	平均值不小于	单块值不小于	平均值不小于	单块值不小于
25	25.0	20.0	5.0	4.0
20	20.0	16.0	4.0	3.2
15	15.0	12.0	3.3	2.6
10	10.0	8.0	2.5	2.0

注：优等品的强度级别不得小于15级。

灰砂砖的抗冻性指标（MPa） 表 B3-8

强度级别	抗压强度平均值不小于	单块砖的干质量损失（%）不大于
25	20.0	2.0
20	16.0	2.0
15	12.0	2.0
10	8.0	2.0

注：优等品的强度级别不得小于15级。

普通混凝土小型空心砌块强度等级（MPa） 表 B3-9

强度等级	砌块抗压强度		强度等级	砌块抗压强度	
	平均值不小于	单块最小值不小于		平均值不小于	单块最小值不小于
MU3.5	3.5	2.8	MU0.0	10.0	8.0
MU5.0	5.0	4.0	MU15.0	15.0	12.0
MU7.5	7.5	6.0	MU20.0	20.0	16.0

注：本表摘自《普通混凝土小型空心砌块》GB 8239—1997。

普通混凝土小型空心砌块相对含水率(%) 表B3-10

使用地区	潮湿	中等	干燥
相对含水率不大于	45	40	35

注：1. 潮湿——系指年平均相对湿度大于75%的地区；
　　2. 中等——系指年平均相对湿度50%～75%的地区；
　　3. 干燥——系指年平均相对湿度小于50%的地区；
　　4. 本表摘自《普通混凝土小型空心砌块》GB 8239—1997。

普通混凝土小型空心砌抗渗性(mm) 表B3-11

项目名称	指标
水面下降高度	三块中任一块不大于10

注：本表摘自《普通混凝土小型空心砌块》GB 8239—1997。

普通混凝土小型空心砌抗冻性(mm) 表B3-12

使用环境条件		抗冻标号	指标
非采暖地区		不规定	—
采暖地区	一般环境	D15	强度损失≤25%
	干湿交替环境	D25	质量损失≤5%

注：1. 非采暖地区指最冷月份平均气温高于-5℃的地区；
　　2. 采暖地区指最冷月份平均气温低于或等于-5℃的地区；
　　3. 本表摘自《普通混凝土小型空心砌块》GB 8239—1997。

蒸压加气混凝土砌块尺寸偏差及外观质量 表B3-13

项目			指标		
			优等品(A)	一等品(B)	合格品(C)
尺寸允许偏差 (mm)	长度	L_1	±3	±4	±5
	高度	B_1	±2	±3	+3,-4
	宽度	H_1	±2	±3	+3,-4
外观质量	缺棱掉角	个数，不得多于(个)	0	1	2
		最大尺寸不得大于(mm)	0	70	70
		最小尺寸不得大于(mm)	0	30	30
	平面弯曲不得大于(mm)		0	3	5
	裂纹	条数，不得多于(条)	0	1	2
		任一面上的裂纹长度不得大于裂纹方向尺寸的	0	1/3	1/2
		贯穿一棱二面的裂纹长度不得大于裂纹所在面的裂纹方向尺寸总和的	0	1/3	1/2
	爆裂、粘模和损坏深度不得大于(mm)		10	20	30
	表面疏松、层裂		不允许		
	表面油污		不允许		

注：本表摘自《蒸压加气混凝土砌块》GB/T 11968—1997。

蒸压加气混凝土砌块抗压强度(MPa)　　　　表 B3-14

强度等级	立方体抗压强度		强度等级	立方体抗压强度	
	平均值不小于	单块最小值不小于		平均值不小于	单块最小值不小于
A1.0	1.0	0.8	A5.0	5.0	4.0
A2.0	2.0	1.6	A7.5	7.5	6.0
A2.5	2.5	2.0	A10.0	10.0	8.0
A3.5	3.5	2.8			

注：本表摘自《蒸压加气混凝土砌块》GB/T 11968—1997。

蒸压加气混凝土砌块强度级别　　　　表 B3-15

体积密度级别		B03	B04	B05	B06	B07	B08
强度级别	优等品(A)			A3.5	A5.0	A7.5	A10.0
	一等品(B)	A1.0	A2.0	A3.5	A5.0	A7.5	A10.0
	合格品(C)			A2.5	A3.5	A5.0	A7.5

注：本表摘自《蒸压加气混凝土砌块》GB/T 11968—1997。

蒸压加气混凝土砌块干体积密度(kg/m^3)　　　　表 B3-16

密度级别		B03	B04	B05	B06	B07	B08
体积密度	优等品(A)≤	300	400	500	600	700	800
	一等品(B)≤	330	430	530	630	730	830
	合格品(C)≤	350	450	550	650	750	850

注：本表摘自《蒸压加气混凝土砌块》GB/T 11968—1997。

蒸压加气混凝土砌块干燥收缩、抗冻性和导热系数　　　　表 B3-17

体积密度级别			B03	B04	B05	B06	B07	B08
干燥收缩值	标准法≤	(mm/m)	0.50					
	快速法≤		0.80					
抗冻性	质量损失(%)≤		5.0					
	冻后强度(MPa)≥		0.8	1.6	2.0	2.8	4.0	6.0
导热系数(干态),(W/m·K)≤			0.10	0.12	0.14	0.16	—	—

注：1. 规定采用标准法、快速法测定砌块干燥收缩值，若测定结果发生矛盾不能判定时，则以标准法测定的结果为准；
　　2. 用于墙体的砌块，允许不测导热系数；
　　3. 本表摘自《蒸压加气混凝土砌块》GB/T 11968—1997。

附录 B4　建筑防水工程材料标准

现行建筑防水工程材料标准　　　　表 B4-1

类　别	标 准 名 称	标 准 号
改性沥青和沥青防水卷材	1. 石油沥青纸胎油毡、油纸	GB 326—89
	2. 石油沥青玻璃纤维胎油毡	GB/T 14686—93
	3. 石油沥青玻璃布胎油毡	JC/T 84—1996

续表

类 别	标 准 名 称	标 准 号
改性沥青和沥青防水卷材	4. 铝箔面油毡 5. 改性沥青聚乙烯胎防水卷材 6. 沥青复合胎柔性防水卷材 7. 自粘橡胶沥青防水卷材 8. 弹性体改性沥青防水卷材 9. 塑性体改性沥青防水卷材	JC/T 504—1992(1996) JC/T 633—1996 JC/T 690—1998 JC/T 840—1999 GB 18242—2000 GB 18243—2000
高分子防水卷材	1. 聚氯乙烯防水卷材 2. 氯化聚乙烯防水卷材 3. 氯化聚乙烯-橡胶共混防水卷材 4. 三元丁橡胶防水卷材 5. 高分子防水材料(第一部分片材)	GB 12952—91 GB 12953—91 JC/T 684—1997 JC/T 645—1996 GB 18173—1—2000
防水涂料	1. 聚氨酯防水涂料 2. 溶剂型橡胶沥青防水涂料 3. 聚合物乳液防水涂料 4. 聚合物水泥防水涂料	JC/T 500—1992(1996) JC/T 852—1999 JC/T 864—2000 JC/T 894—2001
密封材料	1. 建筑石油沥青 2. 聚氨酯建筑密封膏 3. 聚硫建筑密封膏 4. 丙烯酸建筑密封膏 5. 建筑防水沥青嵌缝油膏 6. 聚氯乙烯建筑防水接缝材料 7. 建筑用硅酮结构密封胶	GB 494—85 JC 482—1992(1996) JC 483—1992(1996) JC 484—1992(1996) JC/T 207—1996 JC/T 798—1997 GB 16776—1997
刚性防水材料	1. 砂浆、混凝土防水剂 2. 混凝土膨胀剂 3. 水泥基渗透结晶型防水材料	JC 474—92(1999) JC 476—92(1998) GB 18445—2001
防水材料试验方法	1. 沥青防水卷材试验方法 2. 建筑胶粘剂通用试验方法 3. 建筑密封材料试验方法 4. 建筑防水涂料试验方法 5. 建筑防水材料老化试验方法	GB 328—89 GB/T 12954—91 GB/T 13477—92 GB/T 16777—1997 GB/T 18244—2000
瓦	1. 油毡瓦 2. 烧结瓦 3. 混凝土平瓦	JC/T 503—1992(1996) JC 709—1998 JC 746—1999

屋面防水工程材料现场抽样复验项目 表 B4-2

序	材料名称	现场抽样数量	外观质量检验	物理性能检验
1	沥青防水卷材	大于1000卷抽5卷,每500~1000卷抽4卷,100~499卷抽3卷,100卷以下抽2卷,进行规格尺寸和外观质量检验。在外观质量检验合格的卷材中,任取一卷作物理性能检验	孔洞、硌伤、露胎、涂盖不匀、折纹、皱折、裂纹、裂口、短边,每卷卷材的接头	纵向拉力,耐热度,柔度,不透水性
2	高聚物改性沥青防水卷材	同1	短边、孔洞、裂口,边缘不整齐,胎体露白、未浸透,撒布材料粒度、颜色,每卷卷材的接头	拉力,最大拉力时延伸率,耐热度,低温柔性,不透水性

续表

序	材料名称	现场抽样数量	外观质量检验	物理性能检验
3	合成高分子防水卷材	同1	折痕、杂质、胶块、凹痕,每卷卷材的接头	断裂拉伸强度,扯断伸长率,低温弯折、不透水性
4	石油沥青	同一批至少抽一次	—	针入度,延度,软化点
5	沥青玛瑞脂	每工作班至少抽一次	—	耐热度,柔韧性,粘结力
6	高聚物改性沥青防水涂料	每10t为一批,不足10t按一批抽样	包装完好无损,且标明涂料名称、生产日期、生产厂名、产品有效期;无沉淀、凝胶、分层	固体含量,耐热度,柔性,不透水性,延伸率
7	合成高分子防水涂料	每10t为一批,不足10t按一批抽样	包装完好无损,且标明涂料名称、生产日期、生产厂名、产品有效期	固体含量,拉伸强度,断裂延伸率,柔性,不透水性
8	胎体增强材料	每3000m² 为一批,不足3000m² 按一批抽样	均匀,无团状,平整,无折皱	拉力,延伸率
9	改性石油沥青密封材料	每2t为一批,不足2t按一批抽样	黑色均匀膏状,无结块和未浸透的填料	耐热度,低温柔性,拉伸粘结性,施工度
10	合成高分子密封材料	每1t为一批,不足1t按一批抽样	均匀膏状物,无结皮、凝胶或不易分散的固体团状	拉伸,粘结性,柔性
11	平瓦	同一批至少抽一次	边缘整齐,表面光滑,不得有分层、裂纹、露砂	—
12	油毡瓦	同一批至少抽一次	边缘整齐,切槽清晰,厚薄均匀,表面无孔洞、硌伤、裂纹、折皱及起泡	耐热度,柔度
13	金属板材	同一批至少抽一次	边缘整齐,表面光滑,色泽均匀,外形规则,不得有扭翘、脱膜、锈蚀	—

建筑防水材料现场抽样复验　　表B4-3

序	材料名称	现场抽样数量	外观质量检验	物理性能检验
1	高聚物改性沥青防水卷材	大于1000卷抽5卷,每500～1000卷抽4卷,100～499卷抽4卷,100卷以下抽2卷,进行规格尺寸和外观质量检验。在外观质量检验合格的卷材中,任取一卷作物理性能检验	断裂、皱折、孔洞、剥离、边缘不整齐、胎体露白、未浸透、撒布材料粒度、颜色、每卷卷材的接头	拉力,最大拉力时延伸率,低温柔度,不透水性
2	合成高分子防水卷材	同1	折痕、杂质、胶块、凹痕,每卷卷材的接头	断裂拉伸强度,扯断伸长率,低温弯折,不透水性
3	沥青基防水涂料	每工作班生产量为一批抽样	搅匀和分散在水溶液中,无明显沥青丝团	固体含量,耐热度,柔性,不透水性,延伸率
4	无机防水涂料	每10t为一批,不足10t按一批抽样	包装完好无损,且标明涂料名称、生产日期、生产厂家、产品有效期	抗折强度,粘结强度,抗渗性

续表

序	材料名称	现场抽样数量	外观质量检验	物理性能检验
5	有机防水涂料	每5t为一批，不足5t按一批抽样	同 4	固体含量，拉伸强度，断裂延伸率，柔性、不透水性
6	胎体增强材料	每3000m²为一批，不足3000m²按一批抽样	均匀、无团状，平整、无折皱	拉力，延伸率
7	改性石油沥青密封材料	每2t为一批，不足2t按一批抽样	黑色均匀膏体，无结块和未浸透的填料	低温柔性，拉伸粘结性，施工度
8	合成高分子密封材料	每2t为一批，不足2t按一批抽样	均匀膏状物，无起皮、凝结或不易分散的固体团块	拉伸粘结性，柔性
9	高分子防水材料止水带	按每月同标记的止水带产量为一批抽样	尺寸公差；开裂、缺胶、海绵状；中心孔偏心；凹痕，气泡，杂质，明疤	拉伸强度，扯断伸长率，撕裂强度
10	高分子防水材料遇水膨胀橡胶	按每月同标记的膨胀橡胶产量为一批抽样	尺寸公差；开裂、缺胶、海绵状；凹痕，气泡，杂质，明疤	拉伸强度，扯断伸长率，体积膨胀倍率

附录C 必试项目与检验规则

必试项目取样规定　　　　　　　　表 C-1

序号	名称与现行标准	必试项目	验收批划分及取样数量
1	水泥 GB 175—1999 GB 1344—1999 GB 12958—1999 GB 12573—1999	安定性、凝结时间、胶砂强度（抗压、抗折）	（1）以同一水泥厂、同品牌、同强度等级、同一出厂编号，袋装水泥每≤200t为一验收批，散装水泥每≤500t为一验收批，每批取样一组(12kg)； （2）从20个以上不同部位或20袋中取等量样品拌合均匀
2	砂 JGJ 52—92	筛分析、含泥量、泥块含量	（1）以同一产地、同一规格每≤400m³或600t为一验收批，每一验收批取样一组(20kg)； （2）当质量比较稳定，进料量较大时，可定期检验； （3）取样部位应均匀分布，在料堆上从8个不同部位抽取等量试样（每份11kg）。然后用四分法缩至20kg,取样前先将取样部位表面铲除
3	石 JGJ 53—92	筛分析、含泥量、泥块含量、针片状颗粒含量、压碎指标用于≥C50混凝土时为必试项目	（1）以同一产地、同一规格≤400m³或600t为一验收批，每一验收批取样一组； （2）当质量比较稳定、进料量较大时，可定期检验； （3）取样一组40kg(最大粒径10、16、20mm)或60kg(最大粒径31.5、40mm)取样部位应均匀分布，在料堆上从五个不同的部位抽取大致相等的试样15份(料堆的顶部、中部、底部)，每份5～40kg，然后缩分至40kg或60kg送试

续表

序号	名称与现行标准	必试项目	验收批划分及取样数量
4	轻集料 GB/T 17431.1—1998 GB/T 17431.2—1998	轻粗集料：筛分析、堆积密度、粒型系数、吸水率 轻细集料：细度模数、堆积密度	(1) 同一品种、同一密度等级每≤200m³ 为一验收批，每一验收批取样一组，最大粒径≤20mm时取样0.08m³； (2) 试样可以从料堆堆体自上到下不同部位、不同方向任选10点(袋装料应从10袋中抽取)，应避免离析及面层材料
5	掺合料 ① 粉煤灰 GB 1596—91	烧失量、需水量比、细度；	粉煤灰： (1) 以连续供应相同等级的≤200t 为一验收批，每批取试验一组(不少于1.0kg)； (2) 取样方法： 散装灰取样：从不同部位取15份试样，每份1~3kg，混合拌匀按四分法缩取出1kg送试(平均样)； 袋装灰取样：从每批任抽10袋不少于1kg，按上述方法取平均样1kg送试。
	② 天然沸石粉 JGJ/T 112—97	需水量比、吸铵值、细度，28d 水泥胶砂抗压强度比	沸石粉： (1) 以相同等级的沸石粉≤120t 为一验收批，每一验收批取样一组(不少于1.0kg)； (2) 取样方法 袋装粉取样时，应从每批中任抽10袋，每袋中各取样不得少于1.0kg，按四分法缩取平均试样。 散装沸石粉取样时，应从不同部位取10份试样，每份不少于1.0kg，然后缩取平均试样
6	砌墙砖和砌块： ①烧结普通砖 GB/T 5101—1998	抗压强度	每≤15万块为一验收批。每一验收批取样一组(10块)
	② 烧结多孔砖 GB 13544—92	抗压强度、抗折强度	每≤5万块为一验收批。每一验收批取样一组(10块)
	③ 烧结空心砖 GB 13545—92	抗压强度(大条面)	每≤3万块为一验收批。每一验收批取样一组(5块)
	④ 普通混凝土空心砌块 GB 8239—1997	抗压强度(大条面)	每≤1万块为一验收批。每一验收批取样一组(5块)
	⑤ 非烧结普通砖 JC 422—91	抗压强度、抗折强度	每≤5万块为一验收批。每一验收批取样一组(10块)
	⑥ 粉煤灰砖 JC 239—91	抗压强度、抗折强度	每≤10万块为一验收批。每一验收批取样一组(20块)

续表

序号	名称与现行标准	必试项目	验收批划分及取样数量
6	⑦粉煤灰砌块 JC 238—91	抗压强度	每≤200m³ 为一验收批。每一验收批取样一组(3块)
	⑧轻集料混凝土小型砌块 GB/T 4111—1997	抗压强度	每≤1万块为一验收批。每一验收批取样一组(5块)
	⑨蒸压灰砂砖 GB 11945—1999	抗压强度、抗折强度	每≤10万块为一验收批。每一验收批取样一组(10块)
	⑩蒸压灰砂空心砖 JC/T 637—1996	抗压强度	每≤10万块为一验收批。每一验收批取样二组(10块),NF砖为二组(20块)
7	钢材: ①碳素结构钢 GB 700—88	拉伸试验(σ_s、σ_b、σ_5)弯曲试验	同一厂别、同一炉罐号、同一规格、同一交货状态每≤60t 为一验收批。每一验收批取一组试件(拉伸、弯曲各1个)
	②热轧带肋钢筋 GB/T 1499—1998 ③热轧光圆钢筋 GB 13013—91	拉伸试验(σ_s、σ_b、σ_5)弯曲试验	在以上四种条件下每≤60t 为一验收批。每一验收批取一组试件(拉伸、弯曲各2个)
	④热轧圆盘条 GB/T 701—1997	拉伸试验(σ_s、σ_b、σ_{10})弯曲试验	在上述条件下取一组试件(拉伸1个,弯曲2个,取自不同盘)
	⑤冷轧带肋 GB 13788—92	拉伸试验(σ_s、σ_b、σ_{10}、σ_{100})弯曲试验	同一牌号、同一规格尺寸、同一台轧机、同一台班≤10t 为一验收批,每批冷弯试件1个,拉伸试件2个,重量、节距、厚度各3个
	⑦预应力混凝土用钢丝 GB/T 5223—1995	抗拉强度试验、弯曲试验、伸长率试验;每季度抽验;屈服强度试验、松弛试验	(1) 同一牌号、同一规格、同一生产工艺制度的钢丝组成,每批重量不大于60t; (2) 钢丝的检验应按(GB/T 2103)的规定执行。在每盘钢丝的两端进行抗拉强度、弯曲和伸长率的试验。屈服强度的松弛试验每季度抽验一次,每次至少3根
	⑧中强度预应力混凝土用钢丝 YB/T 156—1999	抗拉强度、反复弯曲、伸长率。每季度抽验:非比例伸长应力($\sigma_{0.2}$)松弛试验	(1) 同一牌号、同一规格、同一强度级别、同一生产工艺制度的钢丝组成,每批重量不大于60t; (2) 钢丝的检验应按(GB/T 2103)的规定执行在每盘钢丝的两端进行抗拉强度、弯曲和伸长率的检验
	⑨预应力混凝土用钢棒 YB/T 111—1997		钢棒应成批验收,同一牌号、同一外形、同一公称截面尺寸、同一热处理制度加工的钢棒组成。批量划分试样数量,检验项目见 B.0.3
	⑩冷拉钢筋	拉伸试验(σ_s、σ_b、σ_{10})弯曲试验	(1) 同级别、同直径的每≤20t 为一验收批。 (2) 从每批冷拉钢筋中抽取两根钢筋,每根取两个试样分别进行拉力和冷弯试验

续表

序号	名称与现行标准	必试项目	验收批划分及取样数量
7	(11)冷拔钢丝 包括:冷拔低碳钢丝、冷拔低合金钢丝	拉伸试验 (σ_b、σ_{100})弯曲试验 (180°)	(1)用作预应力筋的冷拔丝: ① 逐盘检查外观,钢丝表面不得有裂纹和机械损伤; ② 力学性能应逐盘检验,从每盘钢丝上任一端截去不少于500mm的两个试样,分别作拉力和反复弯曲试验。 (2)用作非预应力筋的冷拔钢丝: 以同一直径的钢丝5t为一验收批,从中任取3盘,每盘各截取2个试样(拉力、反复弯曲)
8	钢筋接头(焊接与连接) GB 50204—92 JGJ 27—86 JGJ 18—96 JGJ 107—96 JGJ 108—96 JGJ 109—96 JG/T 3057—1999		一、焊接接头(包括电阻点焊、闪光对焊、电弧焊、电渣压力焊、气压焊、预埋件埋弧压力焊) 1. 班前焊(可焊性能试验)在工程开工或每批钢筋正式焊接前,应进行现场条件下的焊接性能试验。合格后,方可正式生产。试件数量与要求,应与质量检查与验收时相同。 2. 焊接接头质量检验。 (1)电阻点焊制品: a. 凡钢筋级别、直径及尺寸相同的焊接骨架应视为同一类型制品,且每200件作为一批,一周内不足200件的按一批计算。 b. 试件应从成品中切取,当所切取试件的尺寸小于规定的试件尺寸时,或受力钢筋大于8mm时,可在生产过程中焊接试验用网片从中切取试件。试件尺寸见图: 焊接试验网片与试件 c. 由几种钢筋直径组合的焊接骨架,应对每种组合做力学性能检验;热轧钢筋的焊点,应作抗剪试验,试件数量4件;冷拔低碳钢丝焊点,应作抗剪试验及对较小的钢筋作拉伸试验,试件数量3件。 (2)钢筋焊接网: a. 凡钢筋级别、直径及尺寸相同的焊接网应视为同一类型制品,每批不应大于30t,或者每200件为一批,一周内不足30t或200件亦应按一批计算; b. 试件应从成品中切取; c. 冷轧带肋钢筋或冷拔低碳钢丝的焊点应作拉伸试验,纵向试件数量1件,横向试件数量1件;冷轧带肋钢筋焊点应作弯曲试验,纵向试件数量1件,横向试件数量1件;热轧钢筋、冷轧带肋钢筋或冷拔低碳钢丝的焊点应作抗剪试验,试件数量3件。 (3)闪光对焊接头:同一台班内由同一焊工完成的300个同级别、同直径钢筋焊接接头,300个为一验收批(或一周内累计<300个接头的亦可按一批计算)。每批3个拉力试件,3个弯曲试件

续表

序号	名称与依据标准	必试项目	验收批划分及取样数量
8	钢筋接头(焊接与连接) GB 50204—92 JGJ 27—86 JGJ 18—96 JGJ 107—96 JGJ 108—96 JGJ 109—96 JG/T 3057—1999		注：① 试件应随机切取； ② 焊接等长预应力钢筋(包括螺丝端杆与钢筋)。可按生产条件作模拟试件； ③ 若当初试检验结果不符合要求时,可随机再取双倍数量的试件进行复试； ④ 模拟试件检验结果不符合要求时复试应从成品中切取试件,其数量和要求与初试时相同。 (4) 电弧焊接头： 工厂焊接条件下：同接头形式、同钢筋级别 300 个接头为一验收批。在现场安装条件下：每一至二楼层中同接头形式、同钢筋级别的接头≤300 个接头为一验收批,每一验收批取 3 个拉力试件。 注：① 试件应从成品中随机切取。 ② 装配式结构节点的焊接接头可按生产条件制作模拟试件。 ③ 当初试结果不符合要求时应再取 6 个试件进行复试。 (5) 电渣压力焊接头： 一般构筑物中以 300 个同级别钢筋接头作为一验收批。 现浇钢筋混凝土框架结构中以每一楼层或施工区的同级别钢筋接头≤300 个接头作为一验收批。 每一验收批取 3 个拉力试件。 注：① 试件应从成品中随机切取。 ② 当初试结果不符合要求时应再取 6 个试件进行复试。 (6) 钢筋气压焊接头： 一般构筑物中,以 300 个接头为一验收批。 现浇钢筋混凝土房屋结构中,同一楼层中≤300 个接头作为一验收批。 每一验收批 3 个拉力试件,在梁、板的水平钢筋焊接中另取 3 个弯曲试件。 注：① 试件应从成品中随机切取。 ② 当初试结果不符合要求时,应再取双倍数量试件进行复试。 (7) 预埋件钢筋埋弧压力焊： 同类型预埋件一周内累计≤300 件时为一验收批。每批随机切取 3 个拉力试件。 注：当初试结果不符合规定时再取 6 个试件进行复试。 二、机械连接(锥螺纹连接、套筒挤压接头、镦粗直螺纹钢筋接头) 1. 工艺检验试验 在正式施工前,按同批钢筋、同等机械连接形式的接头试件不少于 3 根,同时对应截取接头试件的钢筋母材,进行抗拉强度试验。 2. 现场检验 ① 接头的现场检验按验收批进行； ② 同一施工条件下采用同一批材料的同等级、同形式、同规格接头≤500 个为一验收批； ③ 每一验收批必须在工程结构中随机截取 3 个试件做单向拉伸强度试验； ④ 在现场连续检验 10 个验收批,其全部单向拉伸试件一次抽样均合格时,验收批接头数量可扩大一倍

预埋件
T 型接头拉伸试件
1—钢板；2—钢筋

续表

序号	名称与依据标准	必试项目	验收批划分及取样数量
9	(1) 石油沥青油毡、 GB 326—98 GB 328.1—328.7—89	拉力 耐热度 不透水性 柔度	(1) 以同一生产厂、同一品种、同一标号、同一等级每≤1500卷为一批验收； (2) 每一验收批中抽取一卷作物理性能试验； (3) 切除距外层卷头 250mm 后，顺纵向截取 1000mm 全幅卷材送试(或 500mm² 块)
	(2) 建筑石油沥青 GB 494—85 SY 2001—84	针入度 软化点 延度	(1) 以同一生产厂、同一品种、同一标号每≤20t 为一验收批，取样一组(1kg) (2) 取样部位应均匀分布(不少于五处)，并不得含有粒土等杂物
	(3) 弹性体沥青防水卷材(SBS 再生胶改性防水卷材)、塑性体沥青防水卷材(APP)等 JC/T 559—1994 JC/T 560—1994	拉力 断裂伸长率 不透水性 柔度 (-10℃,-15℃) 耐热度 (85℃,90℃)	(1) 以同一生产厂、同一品种、同一标号的产品每≤1000卷为一验收批； (2) 每一验收批中抽取一卷做物理性能试验； (3) 切除距外层卷头 2500mm 后，顺纵向截取长 500mm 全幅卷材试样 2 块
	(4) 改性沥青聚乙烯胎防水卷材(OEE,MEE,PEE) JC/T 633—1996	接力 断裂延伸率 不透水性 柔度 耐热度	(1) 从同一品种、同一规格、同一等级的≤1000卷为一验收批； (2) 将被检测一卷卷材，在端部 2000mm 处顺纵向截取长 1000mm 全幅 2 块
	(5) 三元乙丙防水卷材 HG 2402—92	拉伸强度 扯断伸长率 不透水性 低温弯折性 粘合性能(卷材间搭接)	(1) 以同一生产厂、同一规格、同一等级≤3000m 为一验收批； (2) 以抽检外观、长度、宽度、厚度等合格的三卷中任一卷为试样； (3) 在距端部 300mm 处，纵向截取 1800mm 全幅材料送试
	(6) 聚氯乙烯防水卷材 氯化聚乙烯防水卷材 GB 12952—91 GB 12953—91	拉伸强度 断裂伸长率 不透水性 低温弯折性 剪切状态下的粘合性	(1) 以同一生产厂、同一规格、同一类型的卷材，不超过 5000m² 为一验收批； (2) 以抽检外观、平整度、厚度、尺寸合格的三卷中任一卷为试样； 在距端部 300mm 处，纵向截取 300mm 全幅材料送试
	(7) 氯化聚乙烯—橡胶共混防水卷材 JC/T 684—1997	拉伸强度 断裂伸长率 不透水性 低温弯折性 粘结剂剥离强度	(1) 以同类型、同规格的卷材≤250卷为一验收批； (2) 每批任取三卷做检验。在规格尺寸、外观检查合格的卷材中任取一卷做物理力学性能检验，从端部裁 300mm，顺纵向截取 1500mm 全幅两块

续表

序号	名称与依据标准	必 试 项 目	验收批划分及取样数量
9	(8) 防水卷材粘结材料 GB 50207—94	用于屋面时： 改性沥青胶粘剂 粘接剥离强度 合成高分子胶粘剂 粘接剥离强度及其侵水后保持率	
	(9) 聚氨酯防水涂料 JC 500—92 GB 3186—82	不透水性 低温柔性 断裂伸长率 拉伸强度	(1) 以同一生产厂甲组份每≤5t为一验收批，乙组份按产品重量配比相应增加； (2) 每一验收批按产品的配比取样，甲乙组份样品总重为2kg； (3) 取样方法：搅拌均匀后，装入干燥的样品容器中，样品容器应留有约5%的空隙，密封并做好标志。(甲乙组份分装不同的容器中)
10	回填土	击实实验 （必要时做） 干密度	取原土样50kg(密封)保持自然含水率 按取点布置图取样、编号、取土后连同环刀一并送试，取样数量： (1) 柱基：抽查柱基10%，但不少于5点； (2) 基槽管沟：每层按长度20～50m取点，但不少于1点； (3) 基坑：每层100～500m²取1点，但不少于1点； (4) 挖方，填方：每层100～500m²取1点，但不少于1点； (5) 场地平整：每层400～900m²取1点，但不少于1点； (6) 排水沟：每层长度20～500m²取1点，但不少于1点； 地(路)面基层：每层按10～500m²取1点，但不少于1点
11	普通混凝土 GB 50204—92 GB 14902—94 JGJ 55—2000 GB J107—87 JG J104—97	稠度 抗压强度	试块留置 (1) 普通混凝土强度试验以同一混凝土强度等级，同一配合比，同种原材料，①每拌制100盘且不超过100m³；②每一工作台班；③每一现浇楼层同一单位工程，每一验收项目为一取样单位，留标准养护试块不得少于1组(3块)并根据需要制作相应组数的同条件试块； (2) 冬期施工还应留置，转常温试块和临界强度试块。 (3) 对预拌混凝土，当一个分项工程连续供应相同配合比的混凝土量大于1000m³时，其交货检验的试样，每200m³混凝土取样不得少于一次。 (4) 取样方法及数量：用于检查结构构件混凝土力理的试件，应在混凝土浇注地点随机取样制作；每组试件所用的拌和物应从同一盘搅拌或同一车运送的混凝土中取出，对于预伴混凝土还应在卸料过程中卸料量的1/4～3/4之间取样，每个试样量应满足混凝土质量检验项目所需用量的1.5倍，但不少于0.02m³

续表

序号	名称与依据标准	必试项目	验收批划分及取样数量
12	抗渗混凝土 GBJ 208—83	稠度 抗压强度 抗渗等级	(1) 同一混凝土强度等级、抗渗等级，同一配合比，生产工艺基本相同，每单位工程不得少于两组抗渗试块（每组6个试件）； (2) 试块应在浇注地点制作，其中至少一组应在标准条件下养护，其余试块应与构件相同条件下养护； (3) 留置抗渗试件的同时需留置抗压强度试件并应取自同一混凝土拌合物中； (4) 取样方法同普通混凝土中第(4)项
13	砌筑砂浆 ① 配合比设计与试配 ② 工程施工试验 JGJ 70—92 JGJ 98—2000 GB 50203—98 JC 860—2000	稠度 抗压强度 分层度 稠度 抗压强度	现场检验 ① 以同一砂浆强度等级，同一配合比，同种原材料每一楼层或250m^2砌体（基础砌体可按一个楼层计）为一个取样单位，每取样单位标准养护试块的留置不得少于一组（每组6块）； ② 干拌砂浆：同强度等级每≤400t为一验收批。每批从20个以上不同部位取等量样品，总质量不少于15kg，取样两份，一份送试，一份备用
14	建筑工程饰面砖 JGJ 110—97	粘结强度	(1) 现场镶贴的外部饰面砖工程：每300m^2同类墙体取一组试样，每组3个，每一楼层不得小于一组，不足300m^2同类墙体，每两楼层取一组试件，每组3个； (2) 带饰面砖的预制墙板，每生产≤100块预制板墙取一组，每组在三块板中各取1个试件
15	玻璃幕墙工程及建筑外窗	风压变形性能 雨水渗透性能 空气渗透性能	
16	玻璃幕墙 结构硅酮密封胶	相容性试验	

注：表内要求提供的取样数量为必试项目要求的取样数量。

附录D　建筑气候区划指标

建筑气候区划指标　　　　　　　　　　　　表 D-1

区名	主 要 指 标	辅 助 指 标	各区辖行政区范围
Ⅰ	月平均气温≤-10℃ 7月平均气温≤25℃ 1月平均相对湿度≥50%	年降水量 200～800mm 年日平均气温≤5℃的日数≥145d	黑龙江、吉林全境；辽宁大部；内蒙古中、北部及陕西、山西、河北、北京北部的部分地区

续表

区名	主要指标	辅助指标	各区辖行政区范围
Ⅱ	1月平均气温 -10~0℃ 7月平均气温 18~28℃	年日平均气温≥25℃的日数＜80d， 年日平均气温≤5℃的日数145~90d	天津、山东、宁夏全境；北京、河北、山西、陕西大部；辽宁南部；甘肃中东部以及河南、安徽、江苏北部的部分地区
Ⅲ	1月平均气温 0~10℃ 7月平均气温 25~30℃	年日平均气温≥25℃的日数 40~110d 年日平均气温≤5℃的日数 90~0d	上海、浙江、江西、湖北、湖南全境；江苏、安徽、四川大部；陕西、河南南部；贵州东部；福建、广东、广西北部和甘肃南部的部分地区
Ⅳ	1月平均气温＞10℃ 7月平均气温 25~29℃	年日平均气温≥25℃的日数 100~200d	海南、台湾全境；福建南部；广东、广西大部以及云南西南部和元江河谷地区
Ⅴ	7月平均气温 18~25℃ 1月平均气温 0~13℃	年日平均气温≤5℃的日数 0~90d	云南大部；贵州、四川西南部；西藏南部一小部分地区
Ⅵ	7月平均气温＜18℃ 1月平均气温 0~-22℃	年日平均气温≤5℃的日数 90~285d	青海全境；西藏大部；四川西部；甘肃西南部；新疆南部部分地区
Ⅶ	7月平均气温≥18℃ 1月平均气温 -5~-20℃ 7月平均相对湿度＜50%	年降水量 10~600mm 年日平均气温≤25℃的日数＜120d 年日平均气温≤5℃的日数 110~180d	新疆大部；甘肃北部；内蒙古西部